ESTRUCTURAS HIPERESTÁTICAS

Análisis de estructuras

Tomás Wilson Alemán Ramírez

ESTRUCTURAS HIPERESTÁTICAS

Análisis de estructuras

Tomás Wilson Alemán Ramírez

Estructuras hiperestáticas

Primera edición, 2024

www.marcombo.com

Ilustración de cubierta: Jotaká
Maquetación: Reverté-Aguilar, S. L.
Corrección: Nuria Barroso
Directora de producción: M.ª Rosa Castillo

ISBN: 978-84-267-3748-9
D.L.: B 2446-2024

Impreso en Servicepoint
Printed in Spain

Libro ecológico
Impreso con papel procedente de bosques gestionados de manera eficiente, libre de cloro

Para mi sol, mi cielo y mis estrellas. Las tres con su amor, cariño y comprensión han hecho posible la publicación de este libro, mi mamá Martha Ramírez (†), mi esposa Fabiola Ochoa y mi hijita Briana Alemán.

Antes de comenzar a leer este libro

Es muy importante mantener una secuencia en el aprendizaje de los temas porque la publicación ha sido diseñada didácticamente para que exista una continuidad gradual y sistematizada del contenido y de los ejercicios resueltos, por esa razón es importante abordar la obra de principio a fin, sin obviar la teoría y siempre poniéndote como reto el volver a resolver los ejercicios propuestos en cada capítulo.

Contenido

Prólogo

Muchas de las personas que estudian ingeniería civil presentan dificultad para analizar el comportamiento de los esfuerzos y deformaciones en estructuras. Esta afirmación se fundamenta en el bajo nivel de aprovechamientos en las diferentes materias estructurales dictadas en nuestras universidades. Lamentablemente, esta situación hace que muchos estudiantes de ingeniería civil decidan escoger otras especialidades de la carrera.

De esta situación nace mi interés por elaborar esta publicación que, si bien no es la solución para este problema, al menos pretende aumentar el índice de aprovechamiento de nuestros universitarios.

Esta obra contiene los métodos más importantes para el análisis de estructuras, enfocados desde un punto de vista menos tradicional y más práctico, de tal manera que el lector pueda introducirse inmediatamente en las aplicaciones prácticas; sin embargo, no se intenta descuidar la importancia de la teoría, por lo cual se le da un tratamiento especial a los conceptos teóricos que el estudiante debe afianzar para poder encarar cualquier tipo de problema.

En cada capítulo se explica la importancia de estudiar cada tema, los objetivos que el lector deberá alcanzar una vez finalizado el mismo, así como los conceptos básicos, los criterios fundamentales, el desarrollo matemático de las fórmulas y los artificios estructurales que a la hora de encarar los problemas prácticos serán de vital importancia. La colección de ejercicios resueltos ha sido calculada paso a paso, procurando no saltar ninguna operación importante y, además, han sido verificados a través de tecnología informática de última generación para que tengas la seguridad de que están bien calculados.

El autor

Agradecimientos

Agradezco a Dios que me ha mostrado el camino y a las personas precisas para que pueda compartir mi experiencia profesional y docente a través de la publicación de un libro, que es el fruto de más de veinte años de ejercicio profesional.

CAPÍTULO 1

MÉTODO DE CARGA VIRTUAL

1.1. OBJETIVOS

Al finalizar este capítulo el lector deberá tener la habilidad para:

- Representar la deformación de vigas, pórticos y reticulados.
- Calcular cualquier tipo de desplazamiento.
- Analizar los desplazamientos de una sección debido a efectos especiales, como temperaturas, asentamientos, etc.

1.2. INTRODUCCIÓN

Cuando se diseña la estructura de un edificio, se debe considerar dos factores muy importantes, las tensiones y las deformaciones; ambos fenómenos inciden en la vida útil y apariencia estética de una edificación. Por esta razón, las piezas que componen el esqueleto estructural deben ser diseñadas con la capacidad de absorber estas demandas de una manera armónica y equilibrada, es decir, dentro de los límites permitidos por el material.

Las deformaciones exageradas en estructuras suelen ocasionar serios problemas en la funcionalidad y estética de los edificios, por ejemplo, si una viga se flexiona exageradamente adquiriendo una curvatura pronunciada esta afectará a los materiales que estén dispuestos por encima de ella. Vea la siguiente figura:

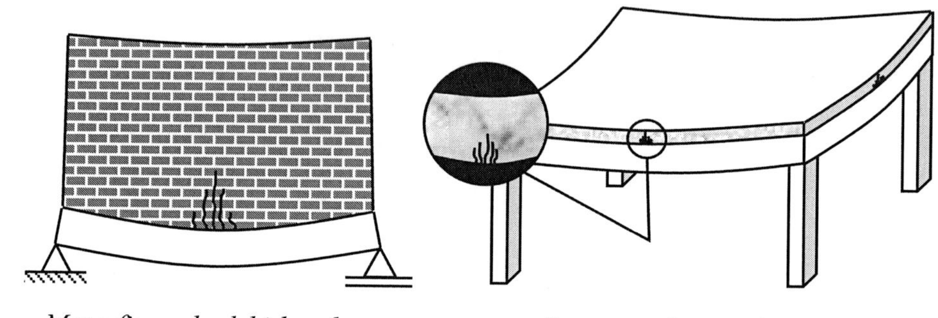

Muro fisurado debido a la deformación exagerada de la viga

Losa con fisuras debido a la deformación pronunciada de la viga

Figura 1.1 Elementos estructurales deformados.

El mismo fenómeno ocurre con los materiales de las losas cuando estas se encuentren apoyadas sobre vigas con deformaciones muy pronunciadas. Observe la figura anterior.

Cuando las deformaciones son difíciles de controlar, como es el caso de vigas con grandes luces, se suele recomendar un incremento en la altura de la sección, de tal modo que la pieza incremente su inercia y con ellos su capacidad indeformable; sin embargo, al hacer esto, también se está incrementando la carga que produce dicha deformación. Esta lógica nos hace pensar en una solución más practica como la de construir una viga con una leve deformación contraria, de tal manera que una vez aplicada las cargas esta pueda contrarrestar el sentido gravitacional de la deformación. Véase la siguiente figura:

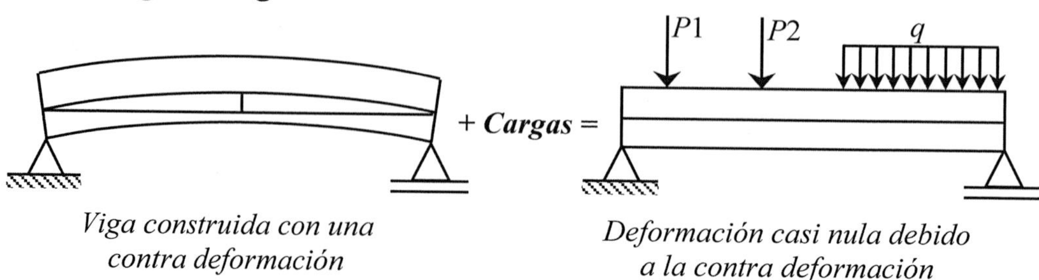

Viga construida con una contra deformación

Deformación casi nula debido a la contra deformación

Figura 1.2 Viga con deformación antigravedad.

En fin, un edificio con grandes deformaciones no le da confianza a ningún usuario; por ello que, aunque existan, deben ser tan pequeñas que no puedan ser percibidas a simple vista.

1.3. CLASIFICACIÓN DE LOS CUERPOS SEGÚN SU DEFORMACIÓN

Cualquier estructura deformada consta de las siguientes partes:

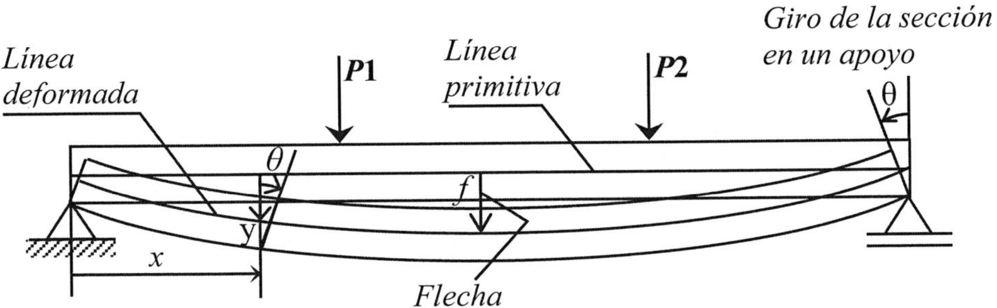

Figura 1.3 Partes de una viga deformada.

En la figura anterior se tienen los siguientes elementos:

P1 y P2 = Cargas que producen la deformación de la estructura.

Línea primitiva = Eje definido por el baricentro de la sección.

Línea deformada = Representación gráfica de la deformación de la línea primitiva.

f = flecha o desplazamiento máximo, direccionado transversalmente a la barra.

θ = Giro o desplazamiento rotacional de una sección.

La posición de la línea elástica con respecto a la línea primitiva, para un cargamento actuante en un periodo de tiempo arbitrario, nos permite definir el comportamiento deformativo de tres tipos de cuerpos, que se detallan a continuación.

1.3.1. Cuerpos elásticos

Los cuerpos elásticos son aquellos que se deforman simultáneamente con la aplicación de la carga y tienen la capacidad de volver a su estado inicial no deformable una vez es retirada la carga.

1.3.2. Cuerpos plásticos

Se denominan cuerpos plásticos a aquellos elementos estructurales, que, al estar sometidos a un conjunto de carga, se deforman sin la posibilidad de recuperar su estado inicial, por más que se hayan retirado las cargas.

1.3.3. Cuerpos rígidos

Se llaman elementos rígidos a aquellos cuerpos que no sufren deformación alguna durante o después de aplicarse sobre estos un conjunto de cargas. En estos sólidos la línea elástica se superpone con la línea primitiva manteniéndose invariable.

1.4. DEFORMACIÓN - DESPLAZAMIENTO

Estos dos conceptos suelen ser empleados como sinónimos en muchas situaciones; sin embargo, no es lo correcto, por ende, es muy importante tener claro estos dos conceptos antes de empezar su estudio.

1.4.1. Deformación

La deformación comprende los cambios de forma, longitud y posición que experimenta el conjunto de la estructura cuando es sometida a un sistema de cargas. Vea la figura siguiente.

Las barras de esta estructura cambian de longitud al comprimirse la columna y traccionarse la viga; además, se flexionan (curvean) y presentan la tendencia parcial a trasladarse lateralmente a la derecha.

La deformación de una estructura es descriptiva en términos generales y cuantitativa cuando se hace mención a una traslación o desplazamiento máximo que representa su comportamiento.

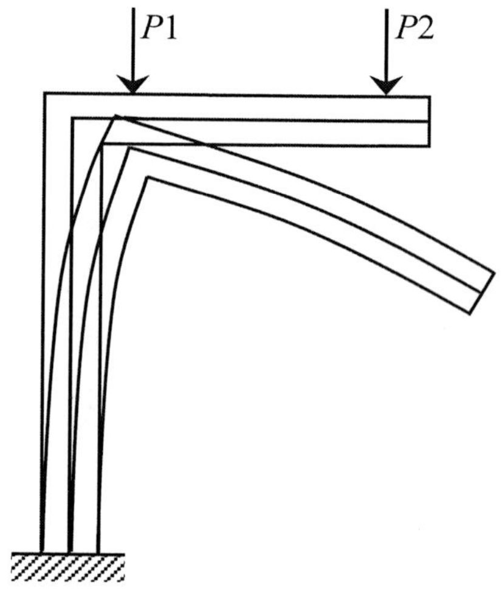

Figura 1.4 Pórtico deformado.

1.4.2. Desplazamiento

El desplazamiento se refiere al cambio de posición o traslación longitudinal/angular que experimenta una sección cualquiera de la estructura cuando se encuentra deformada. A través de un conjunto de desplazamientos longitudinales y angulares se puede definir la configuración deformativa de cualquier estructura. Vea la figura siguiente:

La sección s-s de la barra horizontal experimenta tres desplazamientos, una traslación horizontal (derecha), otra vertical (abajo) y una rotacional (horaria). Estos desplazamientos definen la coordenada de un punto por donde pasa la línea deformada de la estructura.

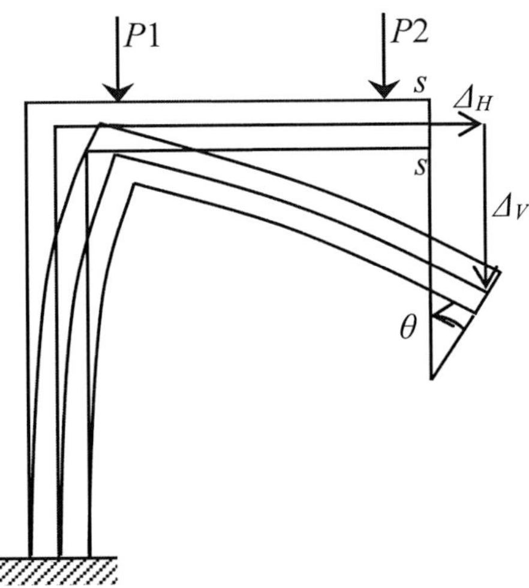

Figura 1.5 Desplazamientos en el extremo libre del voladizo.

1.5. DESPLAZAMIENTOS EN NUDOS

Los desplazamientos en los nudos se clasifican en:

1.5.1. Desplazamientos en vínculos internos

Estos desplazamientos pueden ser de nudo continuo o articulado.

a) Nudo continuo: Cuando dos o más barras se unen para formar un solo cuerpo, estos adquieren la capacidad de rigidez continua. Este tipo de nudo experimenta una misma traslación longitudinal y además tiene la cualidad de rotar de manera conjunta. Vea la siguiente figura:

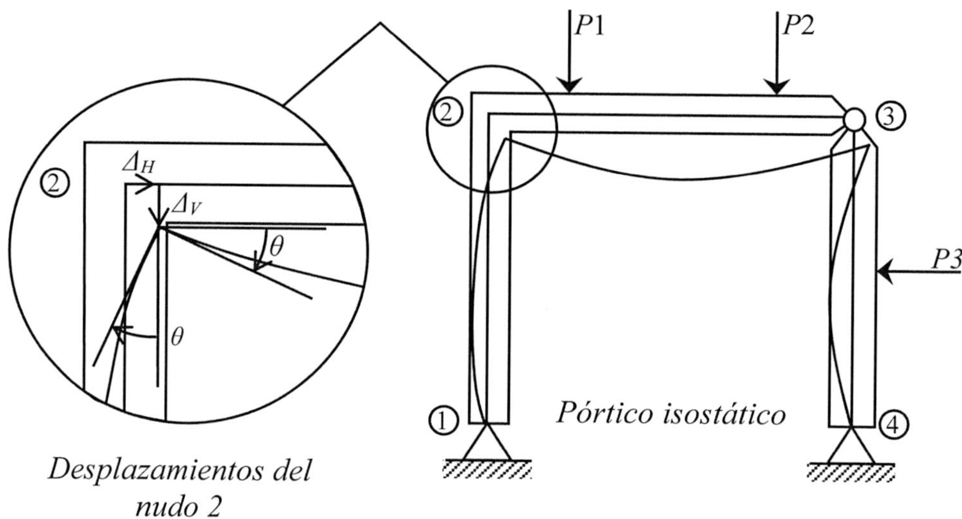

Figura 1.6 Desplazamiento de una unión continua.

El nudo 2 es continuo; por lo tanto, las barras 1-2 y 2-3 experimentan en el nudo 2 los mismos desplazamientos longitudinales (Δ_H y Δ_V) y el mismo desplazamiento rotacional (θ).

b) Nudo articulado: Cuando dos o más barras se articulan a un mismo nudo, adquieren la capacidad de desplazarse longitudinalmente de manera conjunta, y de mantener desplazamientos rotacionales independientes en cada barra. Véase la siguiente figura:

El nudo 3, es articulado,; por lo tanto, las barras 2-3 y 3-4 experimentan en el nudo 3 los mismos desplazamientos longitudinales (Δ_H y Δ_V) y diferente desplazamiento rotacional (θ).

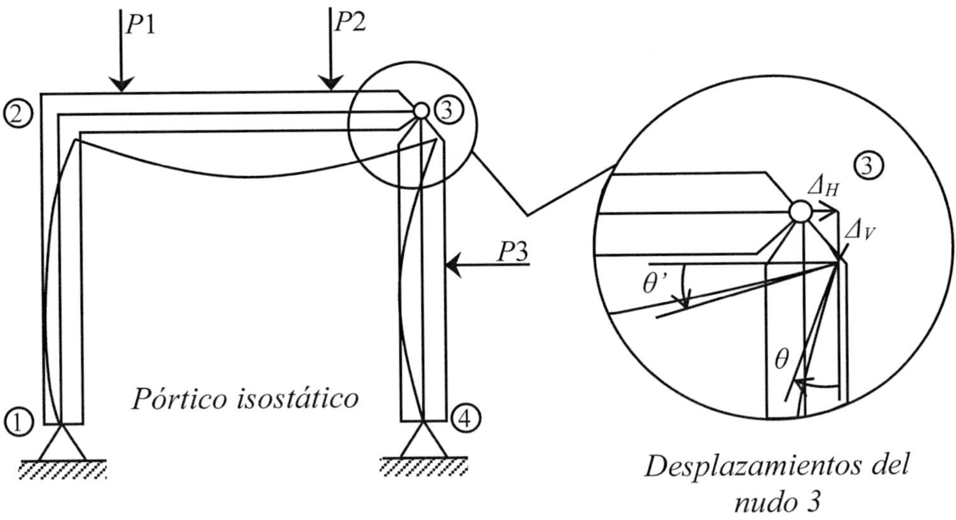

Figura 1.7 Desplazamientos de una unión articulada.

1.5.2. Desplazamientos en vínculos externos o apoyos

Según sus grados de libertad, los apoyos pueden presentar desplazamientos traslacionales o rotacionales.

a) Apoyo empotrado: Un nudo con este apoyo no experimenta ningún tipo de desplazamiento.

b) Apoyo fijo: Sus traslaciones horizontal y vertical se encuentran restringidas, por lo tanto, solo pueden girar o rotar.

c) Apoyo móvil: Tienen dos grados de libertad, por lo cual, pueden trasladarse en una dirección longitudinal y otra angular.

d) Apoyos elásticos: Estos apoyos a pesar de contener una o más reacciones admiten dos desplazamientos longitudinales y uno rotacional.

En el siguiente ejemplo tenemos una columna perteneciente a un pórtico con diferentes tipos de apoyos. Veamos su comportamiento deformativo.

Los desplazamientos horizontal vertical y rotacional son nulos en este tipo de apoyo.

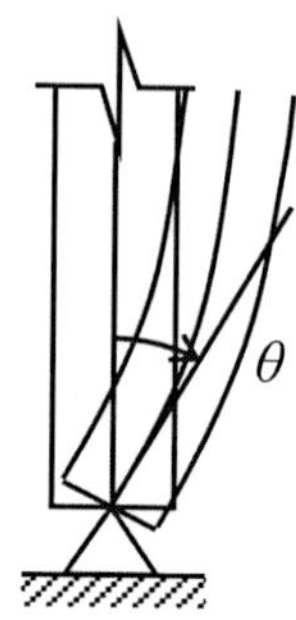

Este apoyo solo tiene la capacidad de rotar o girar.

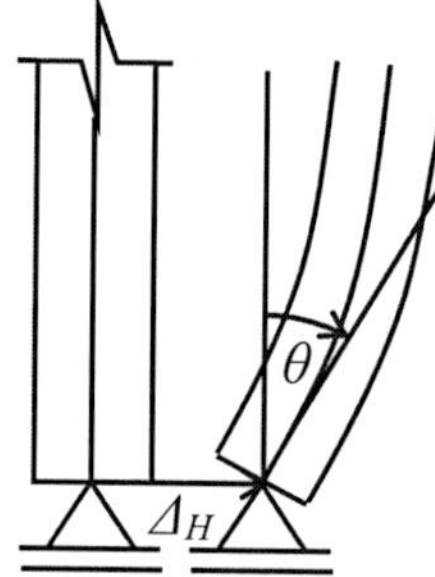

El desplazamiento horizontal y rotacional es diferente de cero.

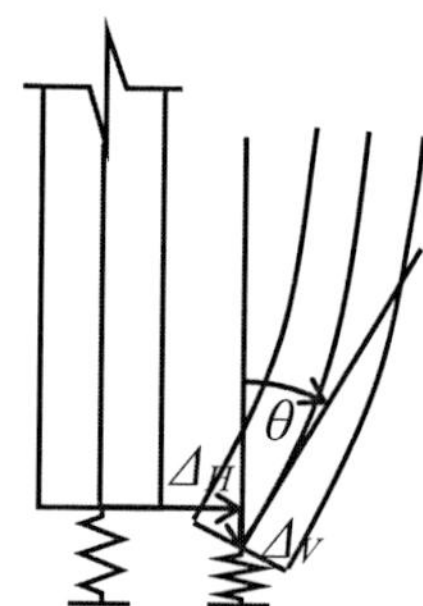

Todos sus desplazamientos son diferentes de cero.

Figura 1.8 Desplazamientos en apoyos.

1.6. CLASIFICACIÓN DE LOS DESPLAZAMIENTOS

De forma general, los desplazamientos se clasifican en:

- Desplazamientos longitudinales
- Desplazamientos angulares

Estos desplazamientos a su vez se pueden descomponer en otra forma de desplazamientos que describiremos a continuación.

1.6.1. Desplazamientos longitudinales

Es el vector distancia correspondiente al cambio de coordenada que experimenta un punto material de la estructura siguiendo una trayectoria rectilínea. Estos desplazamientos se miden en mm, cm y m. Ver figura siguiente.

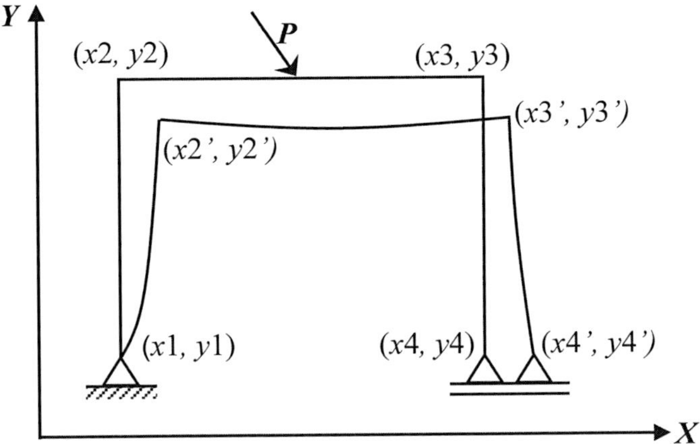

Figura 1.9 Coordenadas de los nudos desplazados.

Al igual que todo elemento vectorial, los desplazamientos longitudinales están definidos por:

- Magnitud
- Dirección
- Sentido y
- Punto de aplicación

Por ejemplo, para la siguiente estructura la sección S se traslada a la posición S' después de deformarse; esta nueva ubicación es la referencia para definir la magnitud, dirección, sentido y punto de aplicación del vector desplazamiento. Véase la figura siguiente.

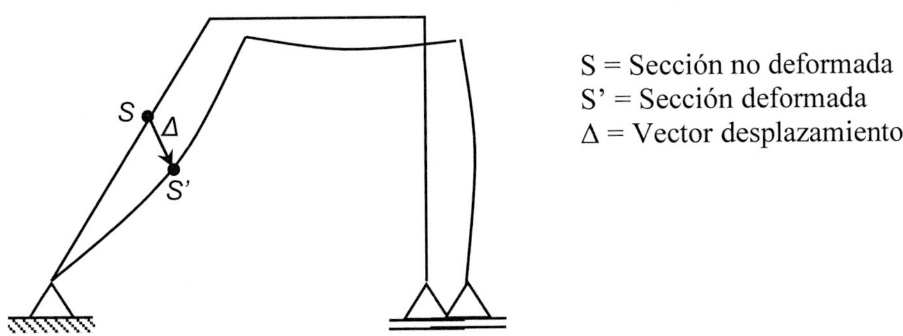

Figura 1.10 Vector desplazamiento de la sección s-s.

Para que este vector quede perfectamente definido tendremos que obtener:

Magnitud: Distancia existente entre la sección S (estructura no deformada) y la sección S' (estructura deformada).

Dirección: Ángulo de la línea recta que pasa por los puntos S y S'.

Sentido: Orientación del desplazamiento definido siempre de S hacia S'.

Punto de aplicación: Siempre la sección S (estructura no deformada).

Como todo elemento de naturaleza vectorial, se puede descomponer en diferentes direcciones según convenga; veamos estos componentes que también son desplazamientos y que, además, son motivo de cálculo en este tema.

a) Desplazamiento de una sección S según una recta directriz

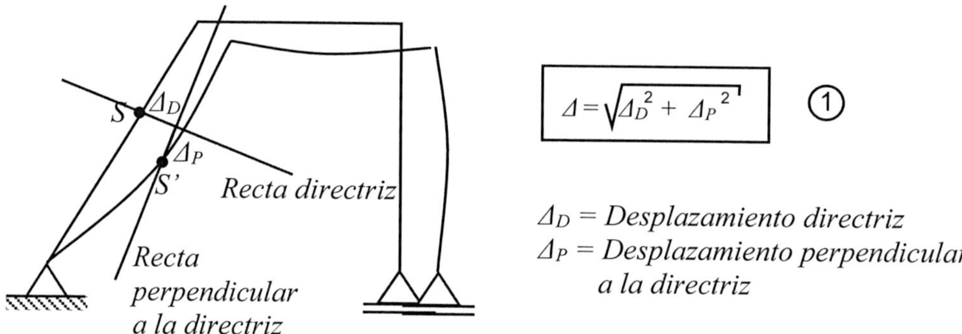

Figura 1.11 Desplazamiento transversal y axial.

b) Desplazamiento de una sección S según los ejes cartesianos X, Y.

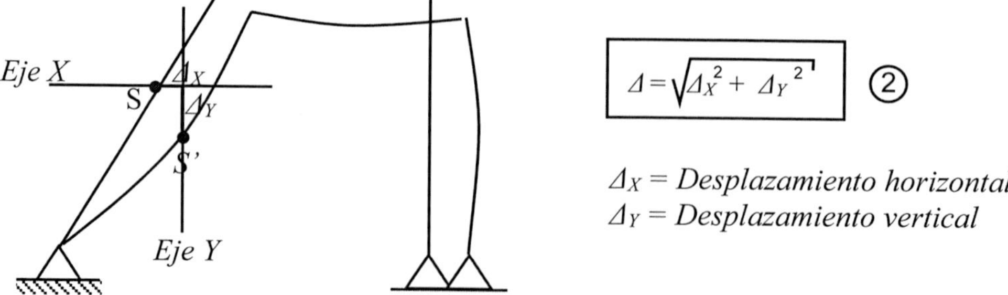

Figura 1.12 Desplazamientos cartesianos.

c) Desplazamiento de una sección S según un eje axial y otro transversal a la barra.

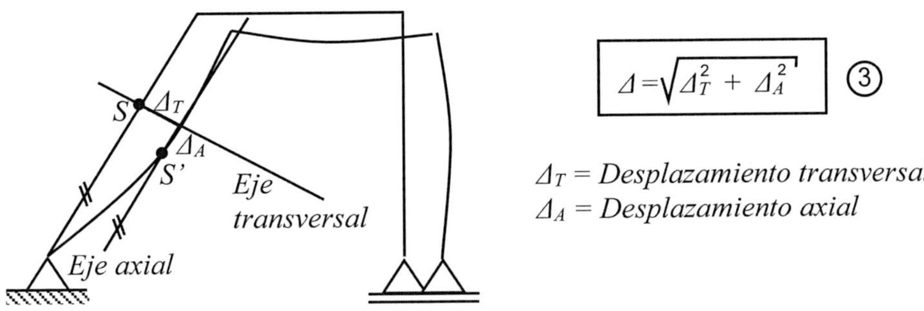

Figura 1.13 Desplazamientos transversal y axial.

1.6.2. Desplazamientos angulares, giros o rotaciones

Se refieren al cambio angular que experimenta una sección cuando se ha deformado transversalmente. Para entender mejor este concepto veamos el siguiente ejemplo.

Supongamos una viga simplemente apoyada en sus extremos.

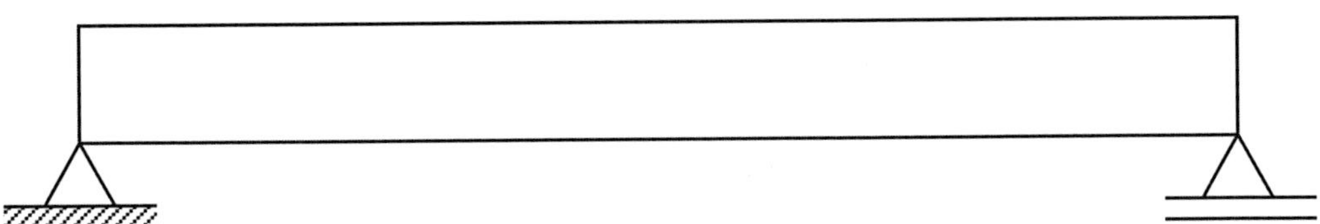

Figura 1.14 Viga simplemente apoyada.

Dividamos esta viga en 6 partes iguales o 5 secciones, tal como se muestra a continuación:

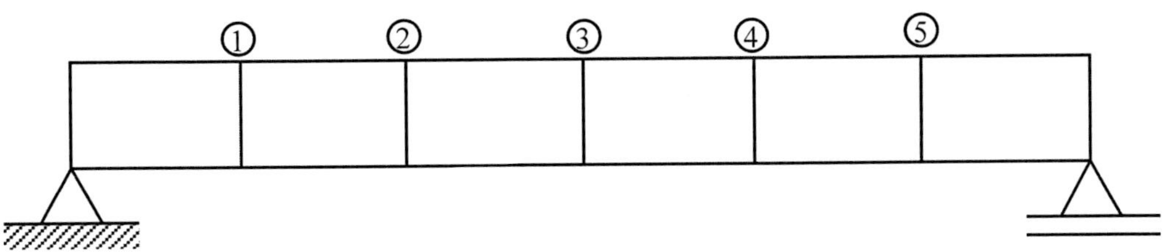

Figura 1.15 Viga seccionada.

Ahora apliquemos un conjunto de carga y veamos cómo se deforma.

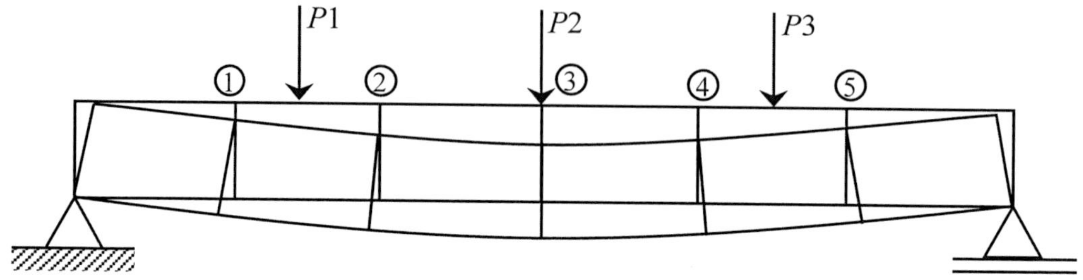

Figura 1.16 Secciones giradas por la deflexión de la viga.

Las secciones marcadas rotan o giran a medida que la viga se deforma, las secciones 1 y 2 rotan en sentido horario, mientras que las secciones 4 y 5 lo hacen en sentido antihorario. La medición angular de la rotación siempre se realiza desde la sección inicial sin deformar hacia la sección de la viga deformada; este fenómeno se denomina desplazamiento angular, y sus unidades de medición se expresan en radianes o grados sexagesimales.

Al igual que los desplazamientos longitudinales, este desplazamiento también se puede expresar como un elemento vectorial, donde sus componentes son:

Magnitud: Ángulo comprendido entre la abertura formada por la sección de la viga sin deformar con la sección de la viga deformada.

Dirección: La rotación o giro tiene como única dirección la trayectoria de una circunferencia.

Sentido: Puede ser horario o antihorario y siempre se orienta desde la sección sin deformar y se dirige hacia la sección deformada.

Punto de aplicación: Es la sección de la viga sin deformar.

Pero no olvidemos que, para efectos de cálculos, debemos trabajar sobre la viga idealizada; por este motivo se propone la siguiente representación gráfica del giro o rotación.

Pongamos como ejemplo la rotación de la sección 2.

Dibuje la viga idealizada y su deformación. Véase la siguiente figura:

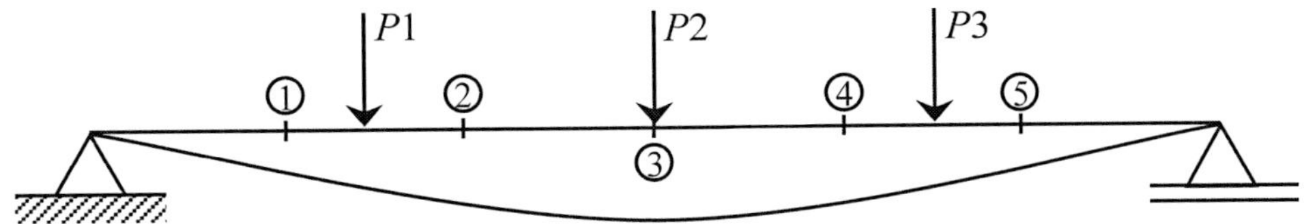

Figura 1.17 Viga idealizada deformada.

Por la sección 2 de la viga ya deformada pasemos una recta que sea tangente a la viga deformada.

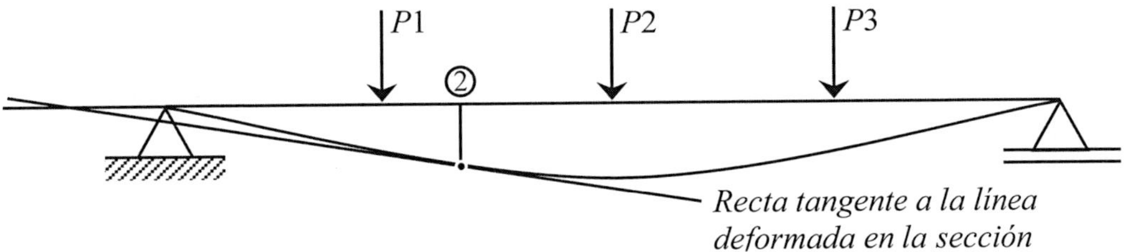

Figura 1.18 Recta tangente en el punto 2 de la línea deformada.

El giro (θ) en la sección 2 estará comprendido por el ángulo de la abertura formada entre la viga idealizada y la recta tangente a la sección 2 que pasa por la línea deformada.

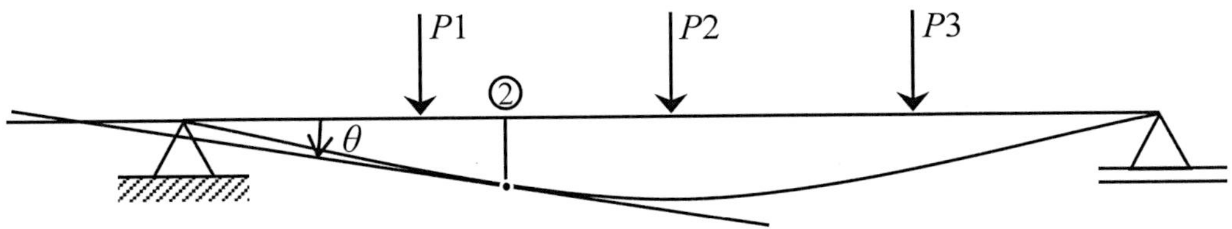

Figura 1.19 Giro o rotación del nudo 2.

El sentido del giro estará orientado desde la viga idealizada hacia la línea deformada, para nuestro ejemplo es horario.

Los desplazamientos angulares se dividen a su vez en:

- Rotación o giro de una sección s-s
- Giro relativo de una sección s-s con otra r-r
- Giro de una cuerda o barra A-B
- Giro relativo de una cuerda A-B con otra C-D
- Rotación torsional o giro torsional
- Giro torsional relativo de una sección s-s con otra r-r

Veamos gráficamente en qué consisten estos giros:

a) Giro de una sección s-s: Cambio de posición angular que experimenta una sección.

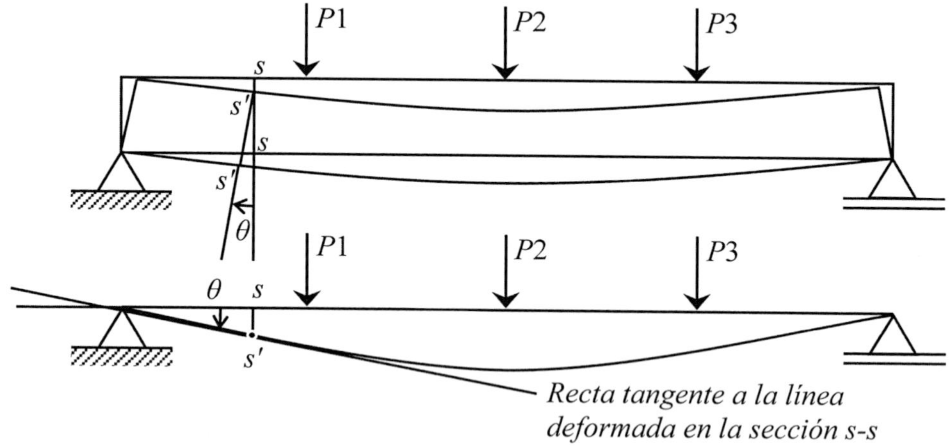

Figura 1.20 Giro de la sección s-s.

b) Giro relativo de una sección s-s con otra r-r: Abertura formada por dos secciones después de haber girado.

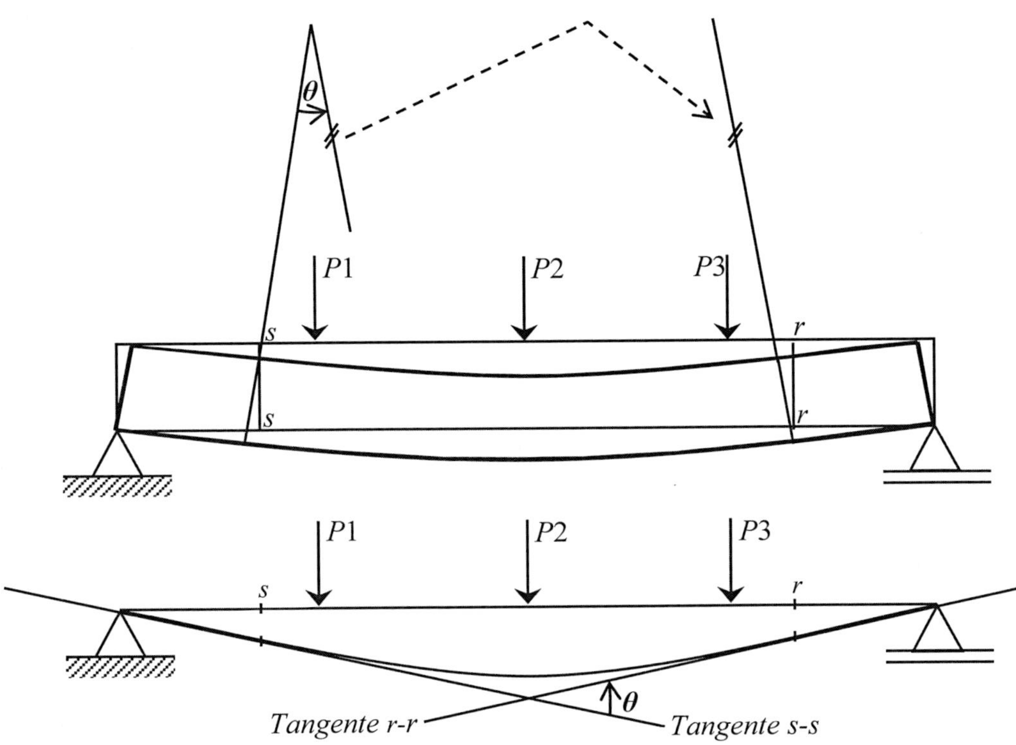

Figura 1.21 Rotación relativa de las secciones s-s y r-r.

c) Giro de una cuerda o barra A-B: Abertura formada por la cuerda AB de la estructura sin deformar con la cuerda A'B' de la estructura deformada.

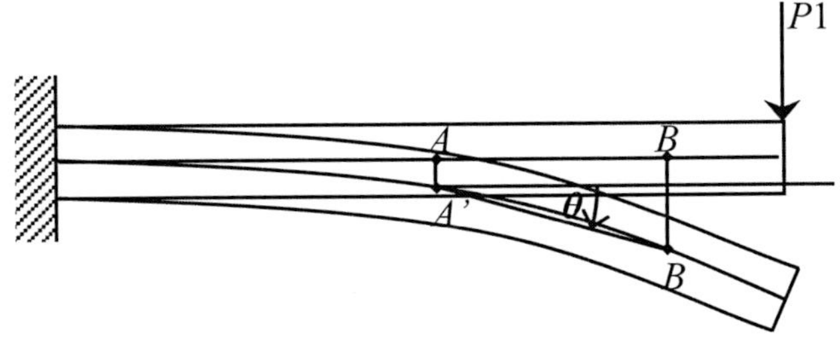

Figura 1.22 Rotación absoluta de la cuerda AB.

d) Giro relativo de una cuerda A-B con otra C-D: Abertura formada por las cuerdas AB y CD después de que la viga se ha deformado.

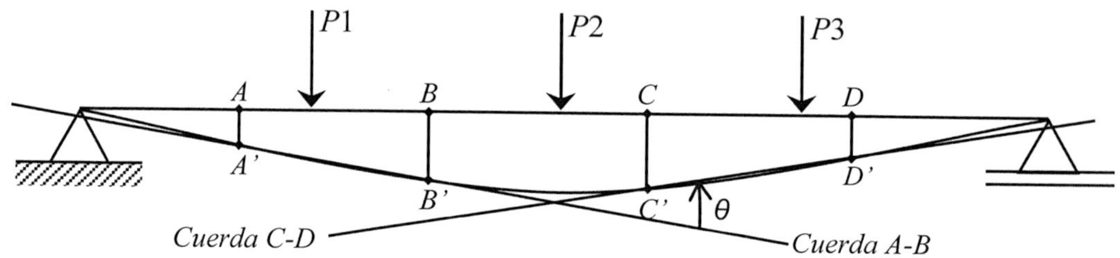

Figura 1.23 Rotación relativa de las cuerdas AB y BC.

e) Rotación torsional o giro torsional: Ángulo comprendido entre la sección sin deformar con la sección deformada cuando la misma ha rotado sobre su propio eje.

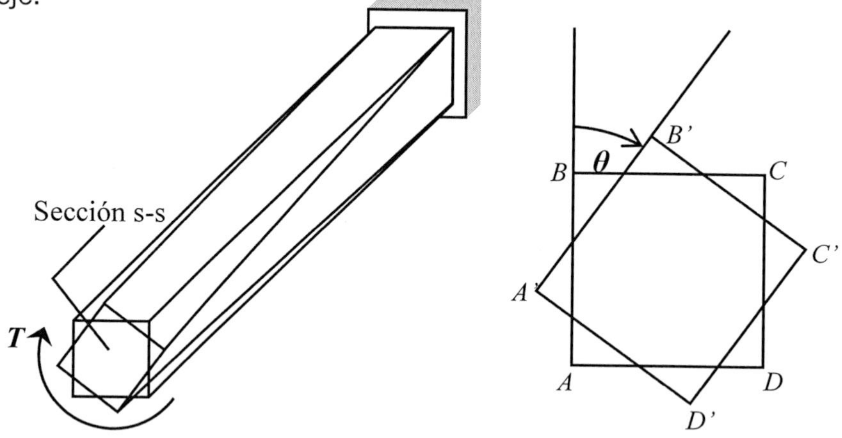

Figura 1.24 Rotación o giro torsional de la sección s-s.

f) Giro torsional relativo de una sección s-s con otra r-r: Abertura formada entre las secciones s-s y r-r después de haber rotado sobre su propio eje.

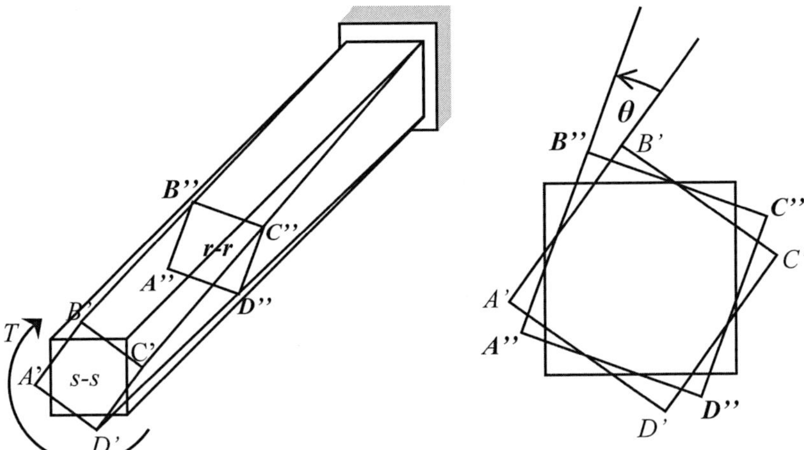

Figura 1.25 Giro relativo de s-s con r-r.

1.7. RELACIÓN DE ESFUERZO-DEFORMACIÓN

Si a un pórtico plano lo sometemos a un conjunto de cargas, estas afectarán a todos los puntos materiales de la estructura, provocando la aparición de esfuerzos internos que transformarán la geometría y dimensión de la estructura. Véase la figura:

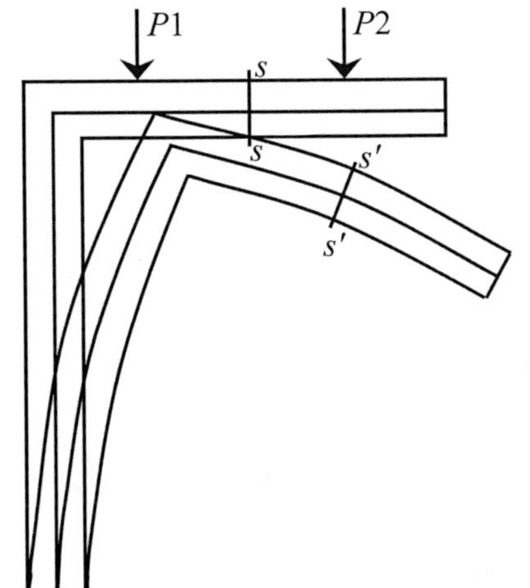

En la sección s-s, debido al cargamento aplicado, se producen los esfuerzos de momento, normal y cortante tal como lo indica la siguiente figura.

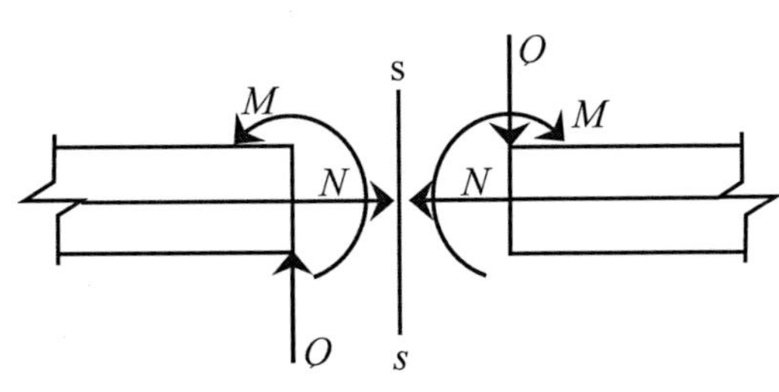

Figura 1.26 Esfuerzos internos en la sección s-s.

Estos esfuerzos internos tienen relación directa con la deformación que sufre la estructura, veamos en qué consisten estas relaciones.

a) Relación momento – giro: Es la rotación relativa de dos secciones paralelas, separadas una distancia ds (ds tiende a cero) que son producidas por un momento flector M.

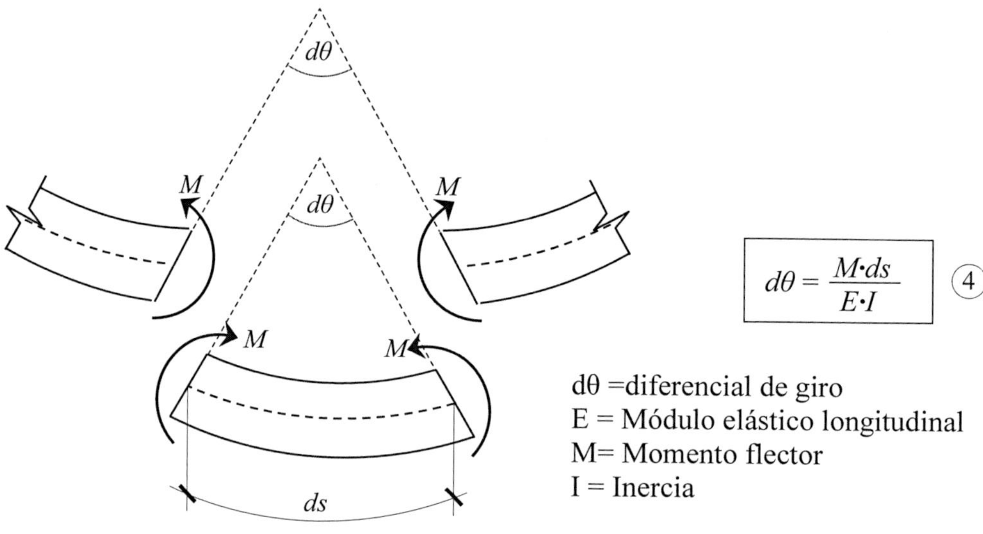

Figura 1.27 Relación momento flector y giro.

b) Relación esfuerzo normal – deformación axial: Es la deformación axial de dos secciones paralelas separadas una distancia ds (ds tiende a cero), debido al esfuerzo normal N.

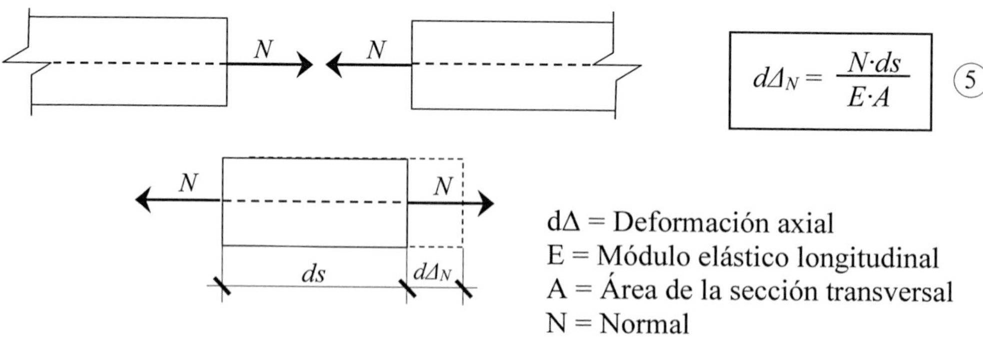

Figura 1.28 Relación esfuerzo normal y deformación axial.

c) Relación esfuerzo de corte-deformación cortante: Es el deslizamiento transversal a la barra de dos secciones paralelas separadas una distancia ds, debido al esfuerzo cortante.

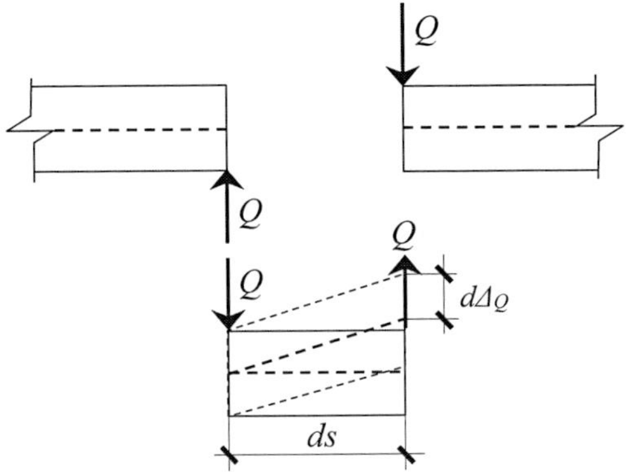

$$d\Delta_Q = \frac{X \cdot Q \cdot ds}{G \cdot A} \quad ⑥$$

Q = Cortante
G = Módulo de elasticidad transversal
A = Área
χ = Coeficiente de reducción, resultante de la distribución no uniforme de las tensiones cortantes.

Para secciones rectangulares es:

$$\chi = \frac{12 + 11\mu}{10(1+\mu)}$$

μ = coeficiente de Poisson

Figura 1.29 Esfuerzo cortante versus deformación transversal.

d) Relación Momento torsión-giro torsional: Es la rotación relativa transversal a la barra que experimenta dos secciones paralelas separadas una distancia ds, debido al momento torsor T.

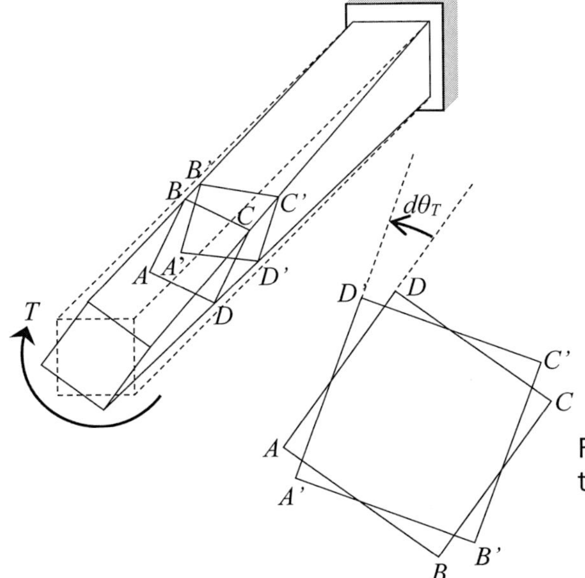

$$d\theta_T = \frac{T \cdot ds}{G \cdot It} \quad ⑦$$

$d\theta_T$ = Rotación torsional
G = Módulo de elasticidad transversal
It = Inercia torsional

Figura 1.30 Momento de torsión vers giro torsional.

Las siguientes son inercias torsionales para secciones conocidas.

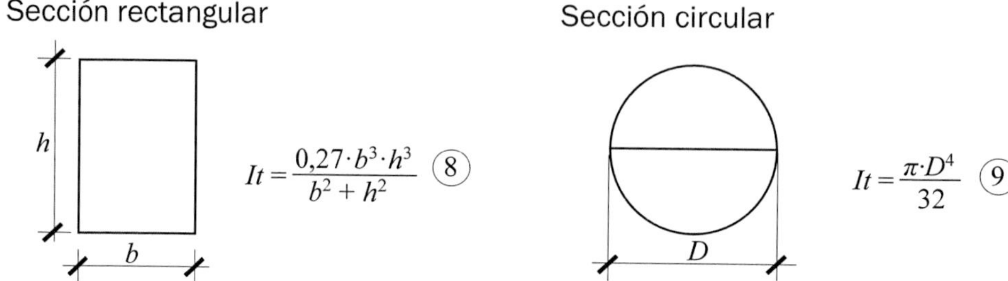

Figura 1.31 Secciones rectangular y circular.

1.8. CARGA VIRTUAL

Carga virtual es un método para calcular desplazamientos debido a diversas causas y en diferentes tipos de estructura. Su formulación está sustentada en el principio de la conservación de la energía y el trabajo virtual. Este método a comparación de los métodos geométricos es mucho más general y de mayor aplicación, porque nos permite calcular desplazamientos no solo en vigas, sino también en pórticos, reticulados, parrillas, pórticos espaciales, reticulados espaciales y nos permite considerar efectos de cargamentos complejos como temperatura, error de montaje, hundimiento, etc.

Para entender la lógica de este método es preciso estudiar los siguientes criterios estructurales.

1.8.1. Principio de conservación de la energía

Un cuerpo al estar sometido a un conjunto de cargas externas experimenta dos fenómenos:

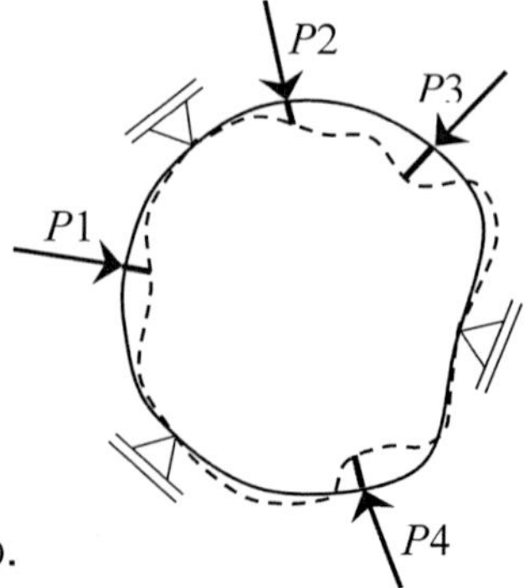

Figura 1.32 Cuerpo genérico.

- Las fuerzas externas (P1, P2, P3 y P4) aplicadas al exterior del cuerpo empujan ciertas partes del sólido desplazándolas en la misma dirección de las fuerzas.

- En el interior del cuerpo aparecen fuerzas internas (momento, normal y cortante) aplicadas en los infinitos puntos materiales de la estructura. Ante esta situación, las partículas, en su intento de mantenerse unidas, cederán en su forma, deformándose pequeñas cantidades y, al mismo tiempo, reacomodándose con respecto a las otras partículas. Es precisamente la deformación de estas partículas las que definen los desplazamientos en las direcciones de las fuerzas externas.

De estos dos fenómenos podemos concluir dos condiciones que debe cumplir todo cuerpo para mantenerse en equilibrio.

- Las fuerzas externas (P1, P2, P3 y P4) y las fuerzas internas (M, N y Q) deben estar condicionadas por ecuaciones de equilibrio estático.

- Las fuerzas externas producen desplazamientos en sus mismas direcciones y los esfuerzos internos deformaciones en cada punto material del sólido. Para que estos desplazamientos y deformaciones estén en equilibrio, el trabajo efectuado por todas las fuerzas externas (We) que actúan sobre el cuerpo, deben ser igual al trabajo interno (Wi) o energía de deformación producida por los esfuerzos internos.

$$We = Wi \quad (10)$$

We = En función de las fuerzas externas (cargas) y desplazamientos.

WI = En función de las fuerzas internas y deformaciones.

1.8.2. Principio de trabajo virtual

Supongamos una viga biapoyada sometida a una fuerza F1.

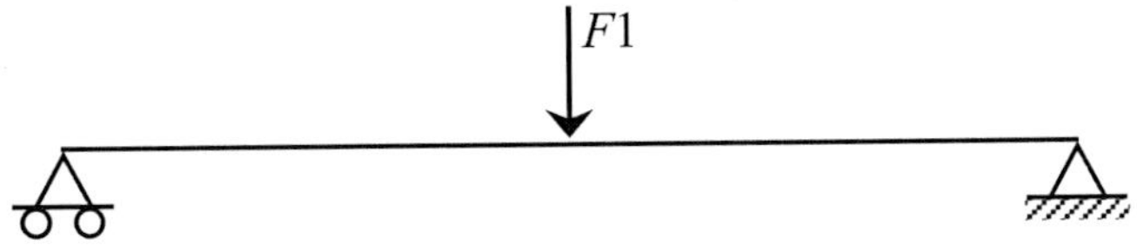

Figura 1.33 Viga simplemente apoyada.

La viga se deformará y presentará un desplazamiento particular debajo de F1:

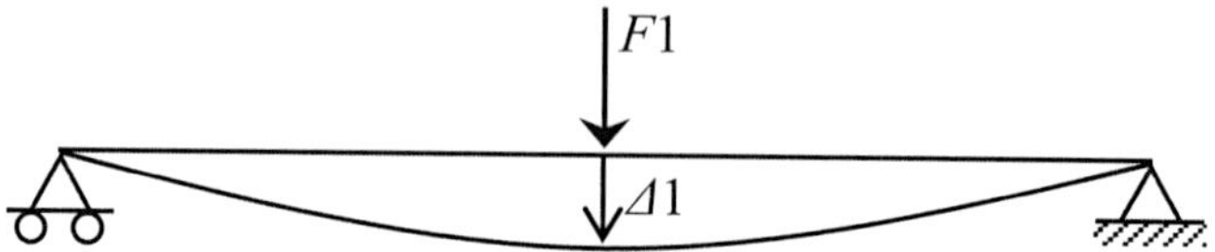

Figura 1.34 Viga con desplazamiento 1.

Si luego aplicamos sobre F1 una segunda fuerza F2, la viga aumentará su deformación en un valor Δ2.

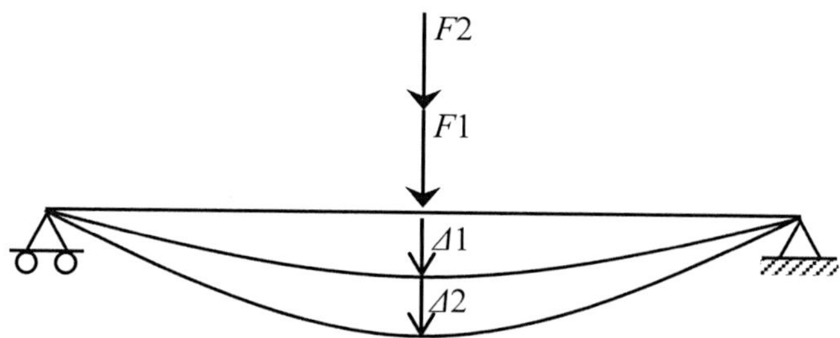

Figura 1.35 Viga incrementada en su deformación.

El trabajo que produce F1 con respecto a Δ2 es conocido como trabajo virtual debido a que este desplazamiento en realidad es producido por F2; sin embargo, cuando se produce este nuevo desplazamiento (Δ2) la fuerza F1 acompaña el movimiento de la sección y por lo tanto es válido el concepto de trabajo. Así pues, llamaremos trabajo virtual al producto de una fuerza con un desplazamiento de igual dirección que no es producido por dicha fuerza, es decir:

$$W_{1\text{-}2} = F1 \cdot \Delta 2 \qquad (11)$$

Es importante tener en cuenta que la fuerza F2 con respecto al desplazamiento Δ1 no produce ningún tipo de trabajo, esto debido a que cuando se aplica la fuerza F2 el desplazamiento Δ1 ya existe en el sistema.

Con el objetivo de ser más prácticos y poder determinar cuantitativamente el valor de este trabajo debemos separar el sistema de viga anterior en dos sistemas simples, es decir:

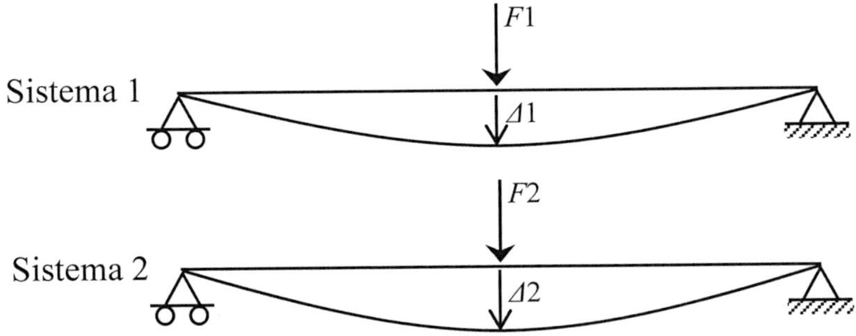

Figura 1.36 Descomposición de efectos según fuerza y deformación.

Para determinar el trabajo virtual $W_{1\text{-}2}$, consideremos el siguiente criterio:

"El trabajo virtual es la fuerza del sistema 1 multiplicado por el desplazamiento del sistema 2", es decir:

$$W_{1\text{-}2} = F1 \cdot \Delta 2$$

Es importante considerar este criterio, pues el mismo se aplicará para deducir la fórmula del método de carga virtual. Además, observe que no se requiere para nada el desplazamiento del sistema 1, ni la fuerza del sistema 2.

1.8.3. Formulación del método

Supongamos que queremos calcular el desplazamiento Δ del punto A producido por las cargas P1, P2, P3 y P4, tal como se muestra en la siguiente figura:

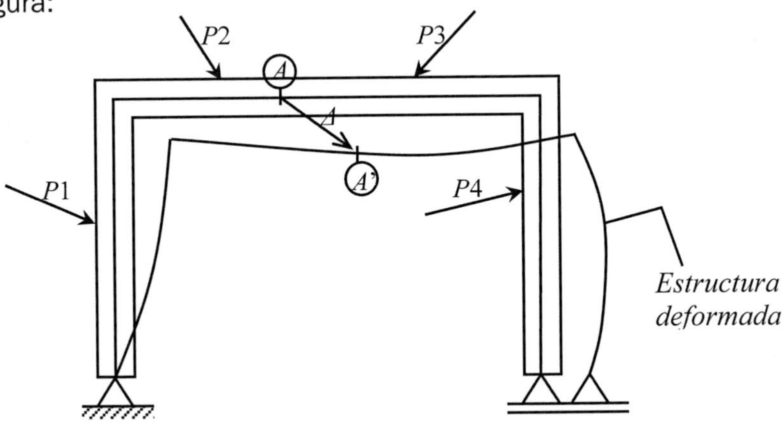

Figura 1.37 Pórtico deformado con desplazamiento Δ.

Para calcular este desplazamiento utilizaremos el principio de conservación de la energía y el principio de trabajo virtual. Veamos en qué consiste este análisis:

En el punto A del pórtico coloquemos una carga P' (virtual) en la misma dirección del desplazamiento Δ, a este sistema lo denominaremos virtual, luego determinemos para una sección arbitraria los esfuerzos que se desarrollan en el mismo, tal como se muestra en la siguiente figura.

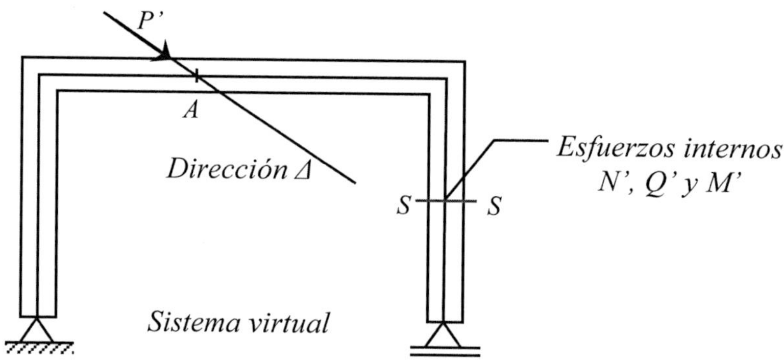

Figura 1.38 Esfuerzos internos en la sección s-s.

Como se pretende calcular el desplazamiento Δ debido a las cargas reales P1, P2, P3 y P4, debemos colocarlas sobre la estructura, para que estas se transformen en el interior de la misma en esfuerzos internos (N, Q y M) aplicadas en la sección s-s para un ancho diferencial ds. Este ancho ds sufrirá deformaciones proporcionales a sus esfuerzos, $d\Delta_N$, $d\Delta_Q$ y $d\theta$. Véase la siguiente figura:

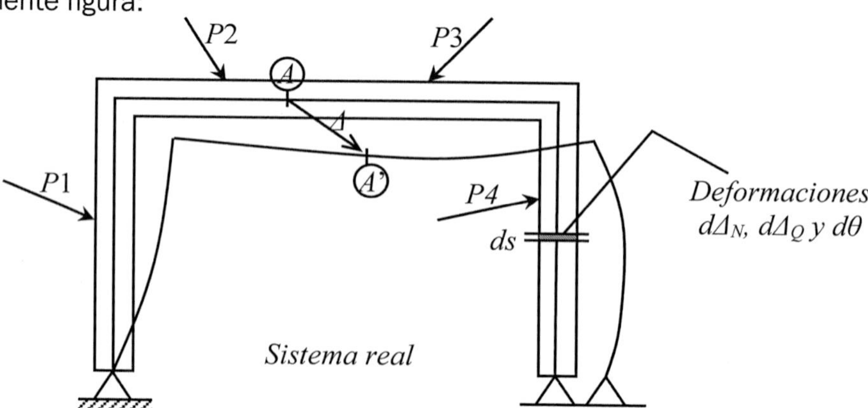

Figura 1.39 Deformaciones en la sección s-s.

Sabiendo que en ds actúan los esfuerzos N, Q y M, sus deformaciones son:

$$\left.\begin{aligned} d\Delta_N &= \frac{N\cdot ds}{E\cdot A} \\ d\Delta_Q &= \frac{X\cdot Q\cdot ds}{G\cdot A} \\ d\theta &= \frac{M\cdot ds}{E\cdot I} \end{aligned}\right\} \quad (12)$$

Aplicamos el principio de conservación de la energía:

$$Wext = Wint \quad (13)$$

Primero aplicamos el principio de trabajo virtual para la fuerza externa P' del sistema virtual con respecto al desplazamiento Δ del sistema real, obteniendo de este modo el trabajo virtual externo, es decir:

$$Wext = P'\cdot\Delta \quad (14)$$

Aplicamos nuevamente el principio de trabajo virtual para los esfuerzos internos N', Q' y M' del sistema virtual con respecto a las deformaciones $d\Delta_N$, $d\Delta_Q$ y $d\theta$ del sistema real, de este modo calculamos el trabajo virtual interno.

$$dWint = N'\cdot d\Delta_N + Q'\cdot d\Delta_Q' + M'\cdot d\theta \quad (15)$$

Aplicamos integrales a ambos miembros para resolver la ecuación diferencial:

$$Wint = \int N'\cdot d\Delta_N + \int Q'\cdot d\Delta_Q' + \int M'\cdot d\theta \quad (16)$$

Reemplazamos en la expresión 16, las ecuaciones de 12, obteniendo:

$$Wint = \int \frac{M\cdot M'\cdot ds}{E\cdot I} + \int \frac{N\cdot N'\cdot ds}{E\cdot A} + \int \frac{x\cdot Q\cdot Q'\cdot ds}{G\cdot A} \quad (17)$$

Sustituimos las ecuaciones 14 y 17 en la ecuación 13, obtenemos la ecuación general que rige el método de carga virtual:

$$P'\cdot\Delta = \int \frac{M\cdot M'\cdot ds}{E\cdot I} + \int \frac{N\cdot N'\cdot ds}{E\cdot A} + \int \frac{x\cdot Q\cdot Q'\cdot ds}{G\cdot A} \quad (18)$$

Sabiendo que:

M= Ecuaciones de momento flector del sistema real
M' = Ecuaciones de momento flector del sistema virtual
N = Ecuaciones de normal del sistema real
N' = Ecuaciones de normal del sistema virtual
Q = Ecuaciones de cortante del sistema real
Q' = Ecuaciones de cortante del sistema virtual
I = Inercia de la sección transversal
E = Módulo de elasticidad longitudinal
P' = Carga virtual (valor arbitrario)
Δ = Desplazamiento solicitado (desplazamiento longitudinal o rotacional)
ds = dx en elementos rectos (vigas, pórticos, etc.)
A = Área de la sección transversal
G = Módulo de elasticidad transversal
μ = Coeficiente de Poisson

En caso que se conozca G, se obtendrá con la siguiente fórmula:

$$G = \frac{E}{2(1+\mu)} \quad (19)$$

1.8.3.1. Consideraciones

1.- El valor de P' puede ser cualquiera; sin embargo, escoger un valor unitario nos facilita los cálculos y nos libera de la operación de dividir el valor de P' por el segundo miembro para obtener el desplazamiento Δ (fórmula 18).

2.- La fuerza virtual tiene que ser compatible direccionalmente con el desplazamiento que se quiere calcular; por ejemplo, si se pretende calcular un desplazamiento vertical, la fuerza virtual también tiene que ser vertical, y si fuese horizontal el desplazamiento requerido, la fuerza tendrá que ser horizontal, o si se desea calcular un giro en una determinada sección, la fuerza virtual deberá ser un momento puntual. Para otras demandas véase la tabla 1 presentada en las siguientes páginas.

3.- El sentido de la carga virtual, sea fuerza o momento, puede ser definido en forma arbitraria. Al final, el signo resultante de operar la fórmula 18 (desplazamiento Δ) será positivo cuando el desplazamiento tenga el mismo sentido de la carga virtual asumida, y negativo en caso contrario.

4.- Al operar la fórmula de carga virtual el desplazamiento producido por el esfuerzo cortante tanto en vigas como en pórticos resulta despreciable.

5.- Según el tipo de estructura que se esté analizando, los componentes de la ecuación 18 pueden eliminarse para el cálculo de los desplazamientos. Por ejemplo, para una viga con cargas transversales, solo se tendrá los esfuerzos Q y M, y por lo tanto se puede eliminar la componente N, o para las estructuras reticulares que solo existen valores de N, en estas se puede prescindir de los componentes Q y M. También hay otras estructuras como las parrillas o los pórticos espaciales en las que se deben incluir otros esfuerzos, como el torsional. Véase la tabla 2 para la determinación de esfuerzos a considerar en el análisis de las diferentes estructuras.

TABLA 1. CARGA VIRTUAL

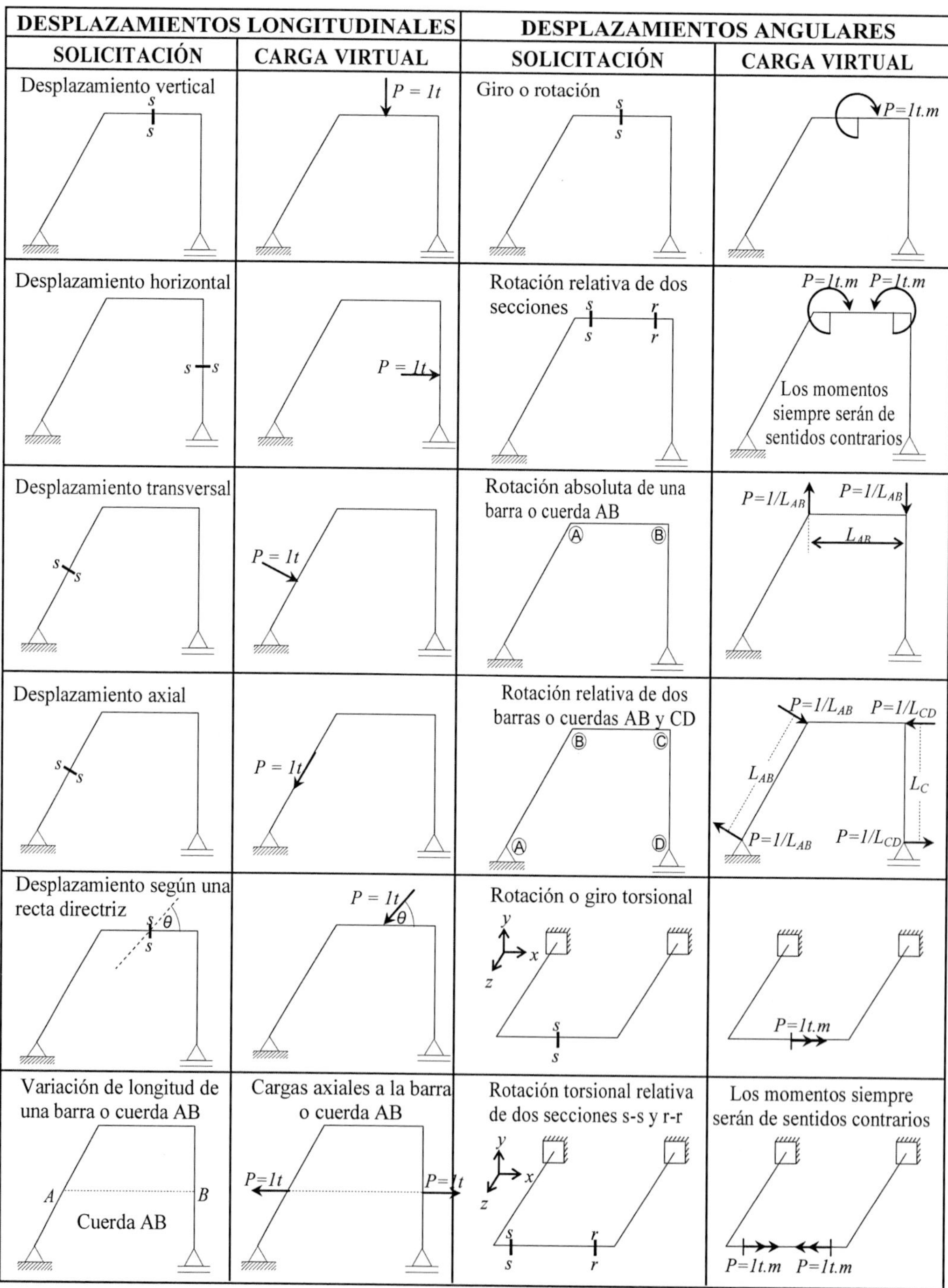

TABLA 2. ESFUERZOS A CONSIDERAR

TIPO DE ESTRUCTURA	FÓRMULA PARA CALCULAR EL DESPLAZAMIENTO	
Barras con carga axial 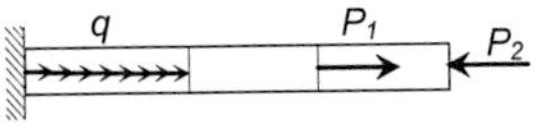	Si "N" es variable a lo largo de un tramo $P \cdot \Delta = \int_{L_O}^{L_F} \frac{N \cdot N'}{E \cdot A} ds$	Si "N" es constante a lo largo de un tramo $P \cdot \Delta = \sum \frac{N \cdot N' \cdot L}{E \cdot A}$
Vigas con carga transversal 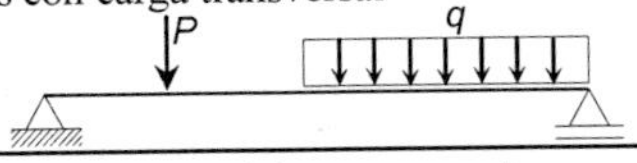	$P \cdot \Delta = \int_{L_O}^{L_F} \frac{M \cdot M'}{E \cdot I} ds$	
Vigas con carga axial y transversal 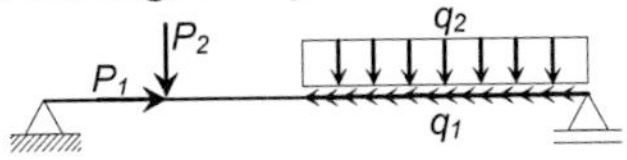	Si "N" es variable a lo largo de un tramo $P \cdot \Delta = \int_{L_O}^{L_F} \frac{M \cdot M'}{E \cdot I} ds + \int_{L_O}^{L_F} \frac{N \cdot N'}{E \cdot A} ds$	Si "N" es constante a lo largo de un tramo $P \cdot \Delta = \int_{L_O}^{L_F} \frac{M \cdot M'}{E \cdot I} ds + \sum \frac{N \cdot N' \cdot L}{E \cdot A}$
Pórticos 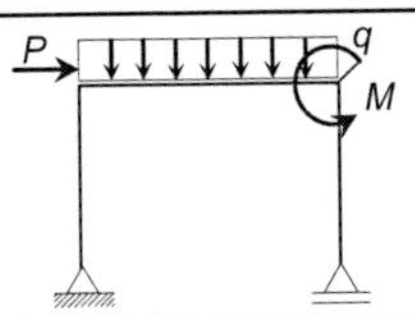	$P \cdot \Delta = \int_{L_O}^{L_F} \frac{M \cdot M'}{E \cdot I} ds$	Resultado de mayor precisión $P \cdot \Delta = \int_{L_O}^{L_F} \frac{M \cdot M'}{E \cdot I} ds + \int_{L_O}^{L_F} \frac{N \cdot N'}{E \cdot A} ds$
Reticulados 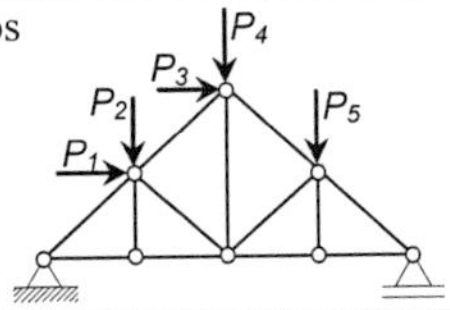	Si "N" es variable a lo largo de un tramo $P \cdot \Delta = \int_{L_O}^{L_F} \frac{N \cdot N'}{E \cdot A} ds$	Si "N" es constante a lo largo de un tramo $P \cdot \Delta = \sum \frac{N \cdot N' \cdot L}{E \cdot A}$
Arcos circulares 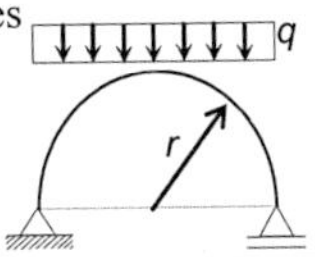	$P \cdot \Delta = \int^{L_F} \frac{M \cdot M'}{E \cdot I} ds$	Resultado de mayor precisión $P \cdot \Delta = \int_{L_O}^{L_F} \frac{M \cdot M'}{E \cdot I} ds + \int_{L_O}^{L_F} \frac{N \cdot N'}{E \cdot A} ds$
Parrillas sin torsión 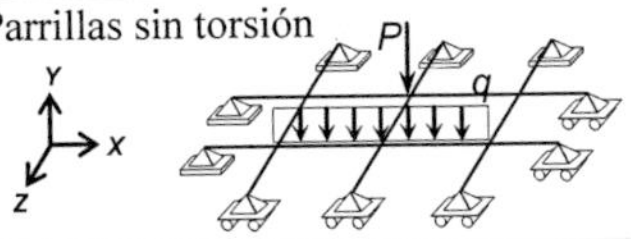	$P \cdot \Delta = \int_{L_O}^{L_F} \frac{M \cdot M'}{E \cdot I} ds$	
Parrillas con torsión 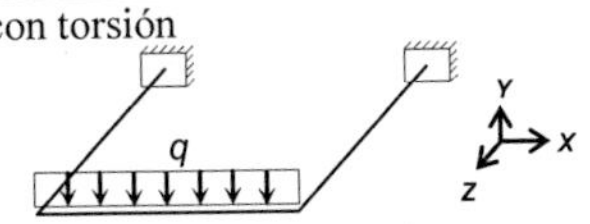	Si "T" es variable a lo largo de un tramo $P \cdot \Delta = \int_{L_O}^{L_F} \frac{M \cdot M'}{E \cdot I} ds + \int_{L_O}^{L_F} \frac{T \cdot T'}{G \cdot I_T} ds$	Si "T" es constante a lo largo de un tramo $P \cdot \Delta = \int_{L_O}^{L_F} \frac{M \cdot M'}{E \cdot I} ds + \sum \frac{T \cdot T' \cdot L}{G \cdot I_T}$
Reticulado 3D 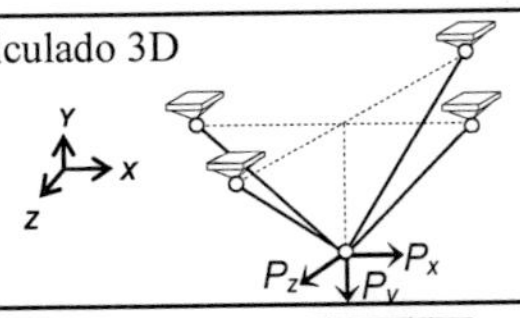	Si "N" es variable a lo largo de un tramo $P \cdot \Delta = \int_{L_O}^{L_F} \frac{N \cdot N'}{E \cdot A} ds$	Si "N" es constante a lo largo de un tramo $P \cdot \Delta = \sum \frac{N \cdot N' \cdot L}{E \cdot A}$
Pórtico 3D 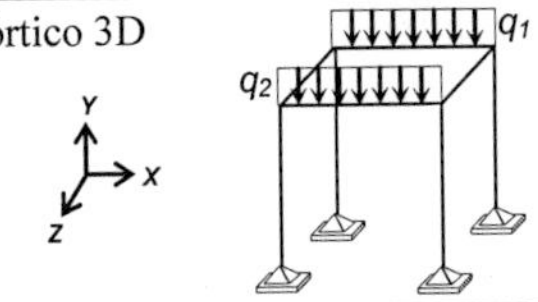	$P \cdot \Delta = \int_{L_O}^{L_F} \frac{M_V \cdot M'_V}{E \cdot I_V} ds + \int_{L_O}^{L_F} \frac{M_W \cdot M'_W}{E \cdot I_W} ds + \int_{L_O}^{L_F} \frac{T \cdot T'}{G \cdot I_T} ds + \int_{L_O}^{L_F} \frac{N \cdot N'}{E \cdot A} ds$	

EJERCICIO 1

Calcular el desplazamiento vertical debajo de la fuerza puntual.

Datos

$E = 2 \cdot 10^6$ t/m^2

b/h = 20/30

Figura 1.40 Viga con carga distribuida y puntual.

1.- Sistema real y virtual

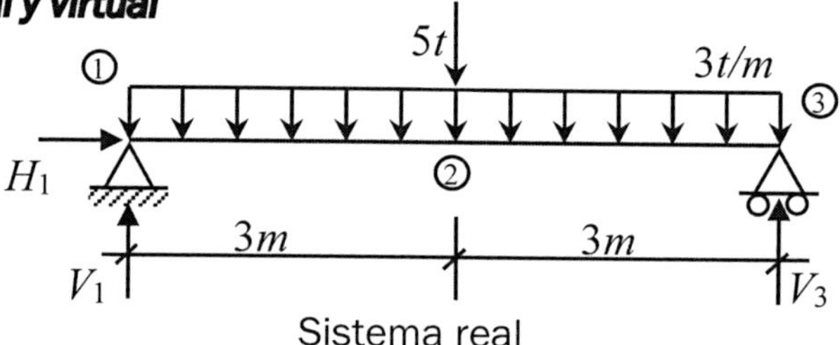

Sistema real

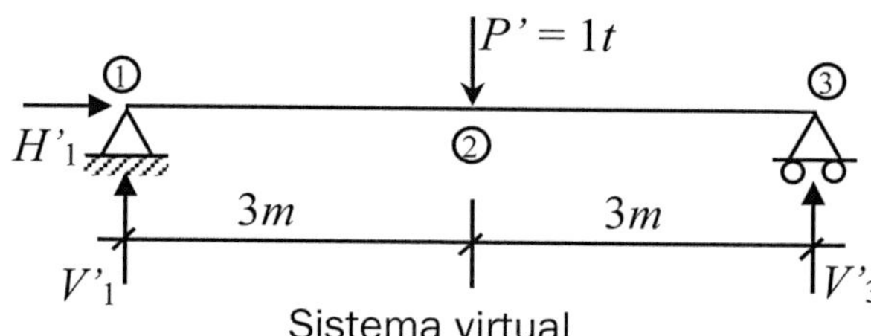

Sistema virtual

2.- Cálculo de reacciones

a) Sistema real

$$\sum FH = 0 \rightarrow \oplus$$

$$H_1 = 0$$

$$\sum M_1 = 0 \circlearrowright \oplus$$

$$5 \cdot 3 + (3 \cdot 6) \cdot 3 - V_3 \cdot 6 = 0$$

$$V_3 = 11{,}5t$$

$$\sum FV = 0 \uparrow \oplus$$

$$V_1 - 5 - 3 \cdot 6 + 11{,}5 = 0$$

$$V_1 = 11{,}5t$$

b) Sistema virtual

$$\sum FH = 0 \rightarrow \oplus$$

$$H'_1 = 0$$

$$\sum M_1 = 0 \circlearrowright \oplus$$

$$1 \cdot 3 - V'_3 \cdot 6 = 0$$

$$V'_3 = 0{,}5t$$

$$\sum FV = 0 \uparrow \oplus$$

$$V'_1 - 1 + 0{,}5 = 0$$

$$V'_1 = 0{,}5t$$

3.- Ecuaciones de esfuerzo (momento flector)

a) Sistema real

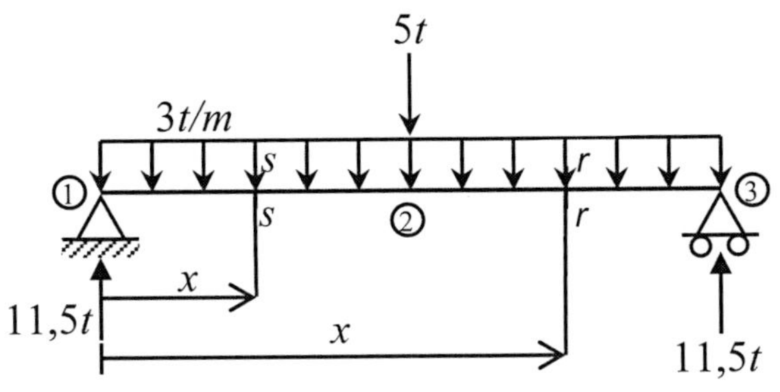

Tramo 1-2 $(0 \le x \le 3)$

$$Mx = 11{,}5x - 3 \cdot x \cdot \frac{x}{2}$$

$$Mx = 11{,}5x - 1{,}5x^2$$

Tramo 2-3 $(3 \le x \le 6)$

$$Mx = 11{,}5x - 3x \cdot \frac{x}{2} - 5(x-3)$$

$$Mx = -1{,}5x^2 + 6{,}5x + 15$$

b) Sistema virtual

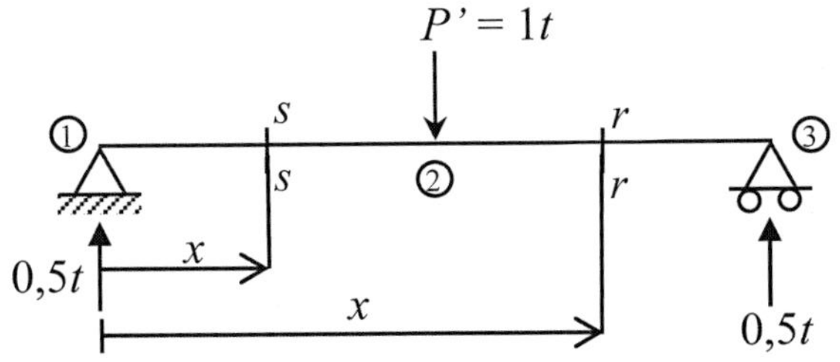

Tramo 1-2 $(0 \le x \le 3)$

$$Mx = 0{,}5x$$

Tramo 2-3 $(3 \le x \le 6)$

$$Mx = 0{,}5x - 1(x-3)$$

$$Mx = -0{,}5x + 3$$

4.- Cálculo del desplazamiento

$$P^{`} \cdot \Delta = \int \frac{M \cdot M^{`}}{E \cdot I} dx$$

$$E \cdot I = 2 \cdot 10^6 \cdot \frac{0{,}2 \cdot 0{,}3^3}{12} = 900$$

$$1 \cdot \Delta = \int_0^3 \frac{(11{,}5x - 1{,}5x^2)(0{,}5x)}{900} dx + \int_3^6 \frac{(-1{,}5x^2 + 6{,}5x + 15)(-0{,}5x + 3)}{900} dx$$

$$\Delta = 8{,}125 \cdot 10^{-2}\, m = 8{,}125\, cm$$

5.- Representación gráfica

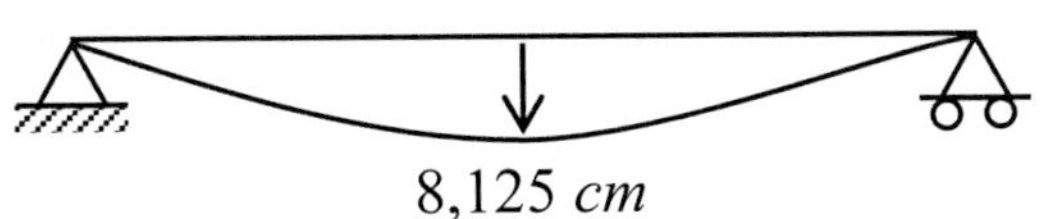

8,125 cm

EJERCICIO 2

Calcular el giro en el nudo 3.

Datos

E = 2·10⁶ t/m²

b = 15 cm

h = 30 cm

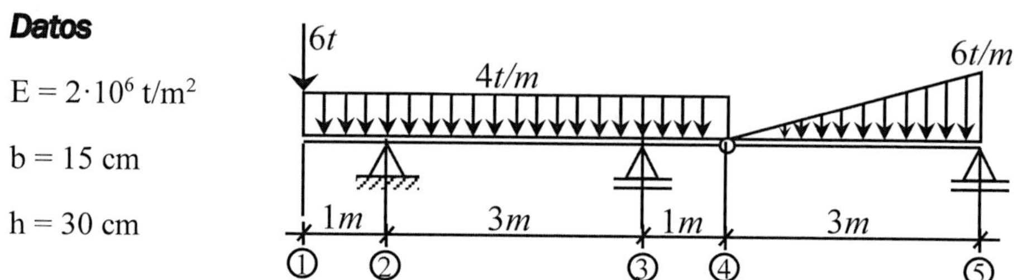

Figura 1.41 Viga con articulación y voladizo.

1.- Sistema real y virtual

Para el cargado del sistema virtual puede consultar la tabla 1.

Sistema real

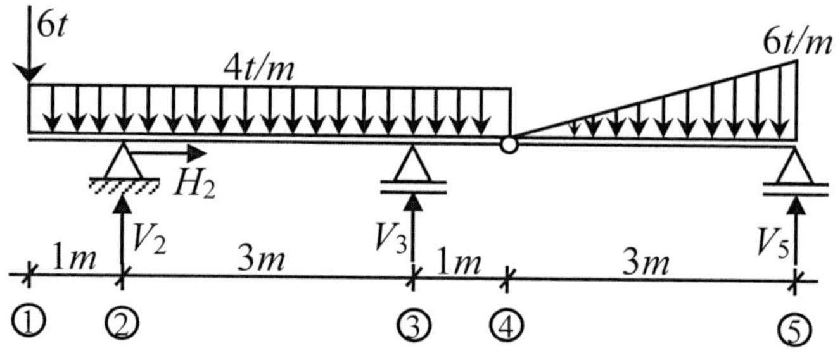

Sistema virtual

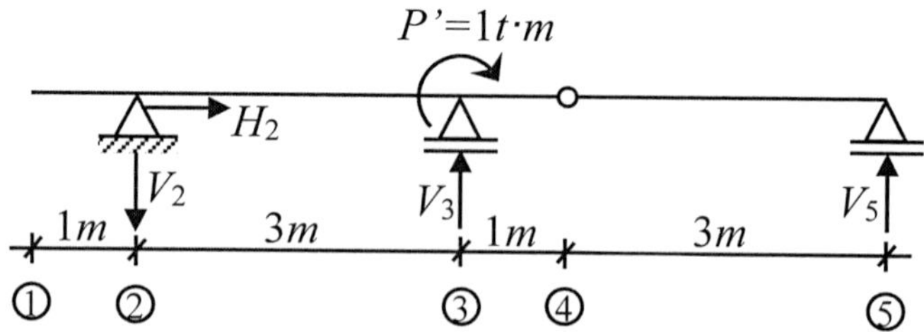

2.- Cálculo de reacciones

Asumimos el sentido de las reacciones y aplicamos las ecuaciones de equilibrio estático.

a) Sistema real

$$\Sigma F_H = 0 \rightarrow \oplus$$
$$H_2 = 0$$

$$\Sigma M_4 = 0 \circlearrowright \oplus \text{ (derecha)}$$
$$\frac{6 \cdot 3}{2} \cdot 2 - V_5 \cdot 3 = 0$$
$$V_5 = 6t$$

$$\Sigma M_2 = 0 \circlearrowright \oplus$$
$$-6 \cdot 1 + 4 \cdot 5 \cdot 1{,}5 - V_3 \cdot 3 + \frac{6 \cdot 3}{2} \cdot 6 - 6 \cdot 7 = 0$$
$$V_3 = 12t$$

$$\Sigma F_V = 0 \uparrow \oplus$$
$$-6 + V_2 - 4 \cdot 5 + 12 - \frac{6 \cdot 3}{2} + 6 = 0$$
$$V_2 = 17t$$

b) Sistema virtual

$$\Sigma F_H = 0 \rightarrow \oplus$$
$$H_2 = 0$$

$$\Sigma M_4 = 0 \circlearrowright \oplus \text{ (derecha)}$$
$$-V_5 \cdot 3 = 0$$
$$V_5 = 0$$

$$\Sigma M_2 = 0 \circlearrowright \oplus$$
$$1 - V_3 \cdot 3 = 0$$
$$V_3 = 0{,}3333t$$

$$\Sigma F_V = 0 \uparrow \oplus$$
$$-V_2 + 0{,}3333 = 0$$
$$V_2 = 0{,}3333t$$

3.- Ecuaciones de momentos

a) Sistema real

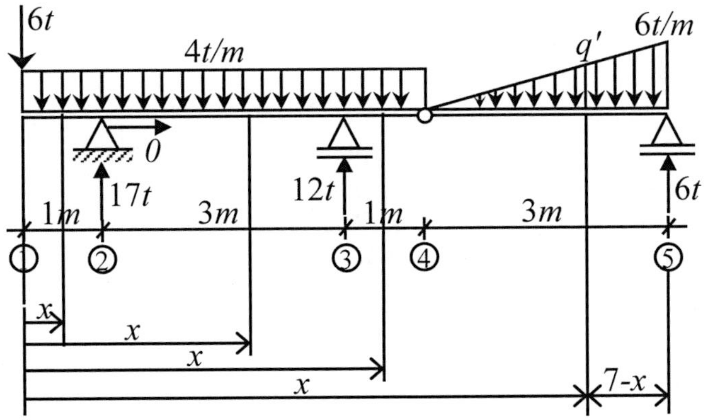

$$\frac{q'}{x-5} = \frac{6}{3}$$
$$q' = 2(x-5)$$

Tramo1 - 2 $(0 \le x \le 1)$

$$M_{12} = -6x - 4x \cdot \frac{x}{2}$$

$$M_{12} = -6x - 2x^2$$

Tramo2 - 3 $(1 \le x \le 4)$

$$M_{23} = -6x + 17(x-1) - 4x \cdot \frac{x}{2}$$

$$M_{23} = -6x + 17x - 17 - 2x^2$$

$$M_{23} = -2x^2 + 11x - 17$$

Tramo3 - 4 $(4 \le x \le 5)$

$$M_{34} = -6x + 17(x-1) - 4x \cdot \frac{x}{2} + 12(x-4)$$

$$M_{34} = -6x + 17x - 17 - 2x^2 + 12x - 48$$

$$M_{34} = -2x^2 + 23x - 65$$

Tramo4 - 5 $(5 \le x \le 8)$

$$M_{45} = -6x + 17(x-1) - 4 \cdot 5(x-2.5) + 12(x-4) - \frac{q'(x-5)}{2} \cdot \frac{(x-5)}{3}$$

$$M_{45} = -6x + 17x - 17 - 20x + 50 + 12x - 48 - \frac{q'(x-5)^2}{6}$$

$$M_{45} = 3x - 15 - \frac{(x-5)^3}{3}$$

b) Sistema virtual

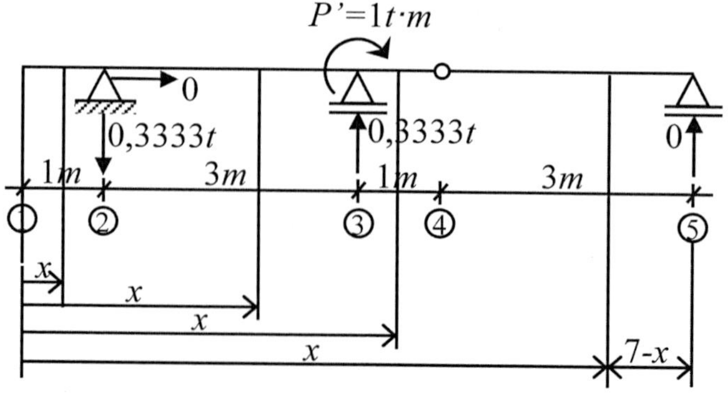

$\text{Tramo1 - 2}\ (0 \leq x \leq 1)$

$M_{12} = 0$

$\text{Tramo2 - 3}\ (1 \leq x \leq 4)$

$M_{23} = -0{,}3333(x-1)$

$M_{23} = -0{,}3333x + 0{,}3333$

$\text{Tramo3 - 4}\ (4 \leq x \leq 5)$

$M_{34} = -0{,}3333(x-1) + 1 + 0{,}3333(x-4)$

$M_{34} = -0{,}3333x + 0{,}3333 + 1 + 0{,}3333x - 1{,}3332$

$M_{34} = 0$

$\text{Tramo4 - 5}\ (5 \leq x \leq 8)$

$M_{45} = 0$

4.- Cálculo del desplazamiento

De la tabla 2 (vigas con cargas transversales) se obtiene la siguiente fórmula:

$$P' \cdot \Delta = \int_{L_O}^{L_F} \frac{M \cdot M'}{E \cdot I} dx$$

Primero calculamos E·I.

$$E \cdot I = 2 \cdot 10^6 \cdot \frac{(0{,}15 \cdot 0{,}3^3)}{12} = 675$$

Reemplazamos los valores correspondientes a la fórmula anterior:

$$1 \cdot \theta = \int_0^1 \frac{(-6-2 \cdot x^2) \cdot 0}{675}\, dx + \int_1^4 \frac{(-2 \cdot x^2+11x-17) \cdot (-0{,}3333x+0{,}3333)}{675}\, dx +$$

$$+ \int_4^5 \frac{(-2 \cdot x^2+23x-65) \cdot 0}{675}\, dx + \int_5^8 \frac{[3x-15-\frac{(x-5)^3}{3}](0)}{675}\, dx$$

$$\theta = 0{,}006666 \text{ rad}$$

El signo positivo indica que el sentido de θ es el mismo de la carga virtual:

$\theta = \ 0{,}382°$ *(Horario)*

5.- Representación gráfica del desplazamiento

Asumimos una deformación coherente para poder representar correctamente el desplazamiento calculado.

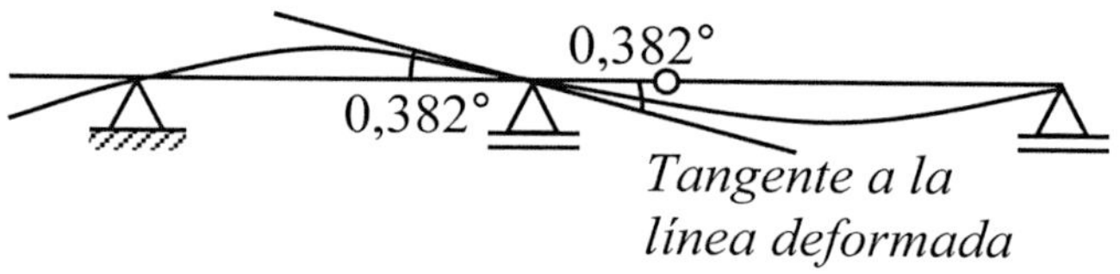

0,382°

0,382°

Tangente a la línea deformada

EJERCICIO 3

Calcular el desplazamiento horizontal del apoyo móvil.

Datos

E = $2 \cdot 10^6$ t/m^2

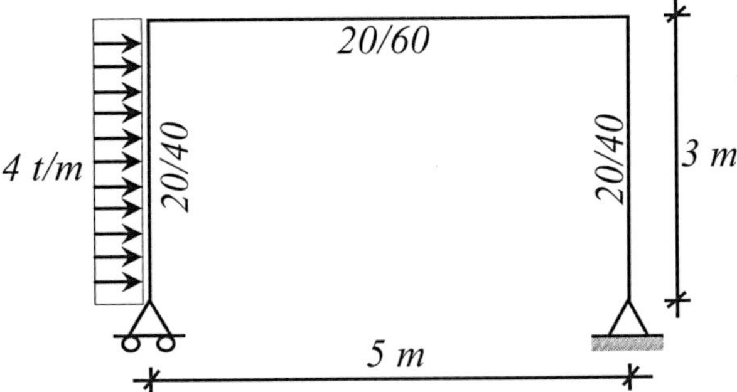

Figura 1.42 Pórtico con carga distribuida lateral.

1.- Sistema real y virtual

Para la carga del sistema virtual puede consultar la tabla 1.

Sistema real

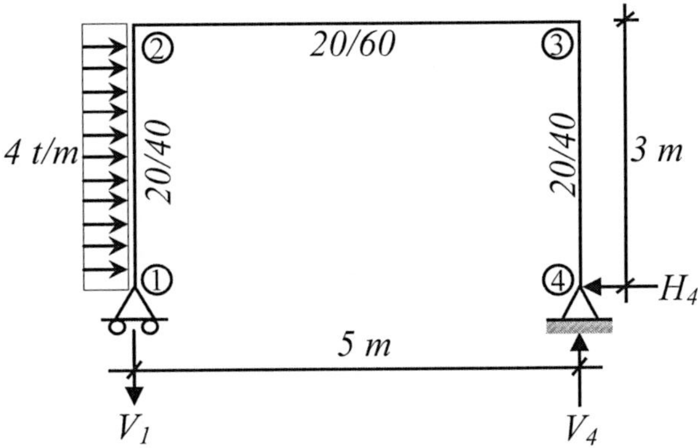

Sistema virtual

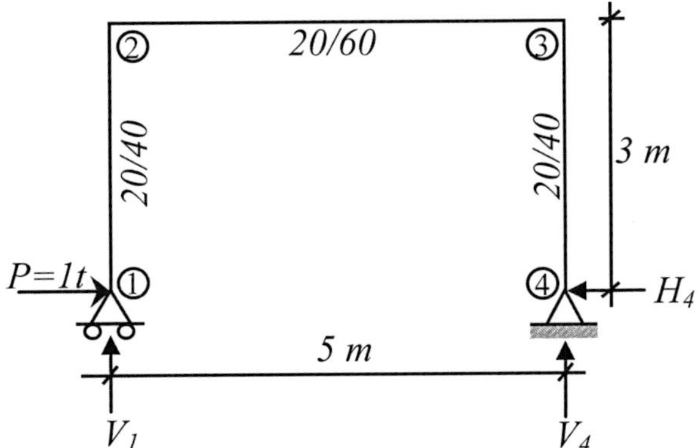

2.- Cálculo de reacciones

Asumimos el sentido de las reacciones y aplicamos las ecuaciones de equilibrio estático

a) Sistema real

$\Sigma M_1 = 0 ↻ \oplus$
$4·3·1{,}5 - V_4·5 = 0$
$V_4 = 3{,}6\ t$

$\Sigma Fv = 0 \uparrow \oplus$
$-V1 + 3{,}6 = 0$
$V_1 = 3{,}6\ t$

$\Sigma F_H = 0 \rightarrow \oplus$
$4·3 - H_4 = 0$
$H_4 = 12\ t$

b) Sistema virtual

$\Sigma M_1 = 0 ↻ \oplus$
$-V_4·5 = 0$
$V_4 = 0\ t$

$\Sigma Fv = 0 \uparrow \oplus$
$V_1 = 0$ t

$\Sigma F_H = 0 \rightarrow \oplus$
$1 - H_4 = 0$
$H_4 = 1\ t$

3.- Ecuaciones de momento

a) Sistema real

Tramo 1-2 ($0 \leq x \leq 3$)

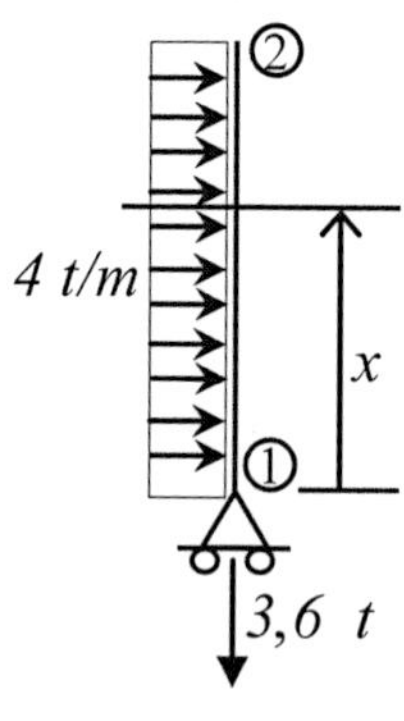

$M_{1\text{-}2} = -4·x·\dfrac{x}{2}$

$M_{1\text{-}2} = -2·x^2$

Tramo 2-3 ($0 \leq x \leq 5$)

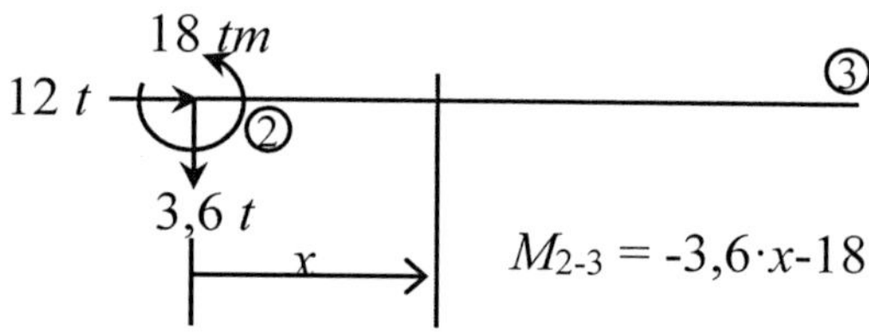

$M_{2\text{-}3} = -3{,}6·x - 18$

Tramo 3-4 ($0 \leq x \leq 3$)

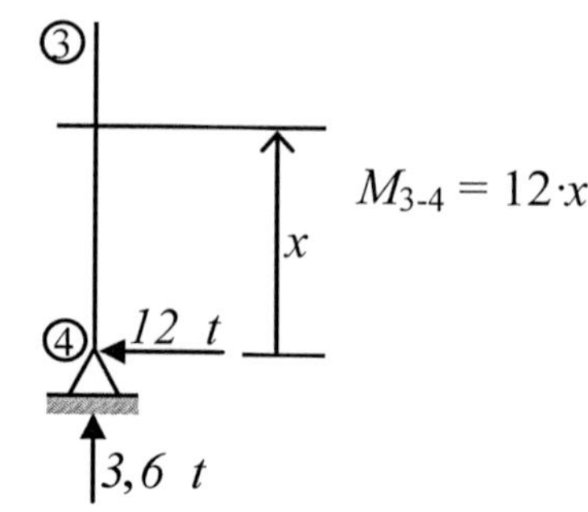

$M_{3\text{-}4} = 12·x$

b) Sistema virtual

Tramo 1-2 $(0 \leq x \leq 3)$

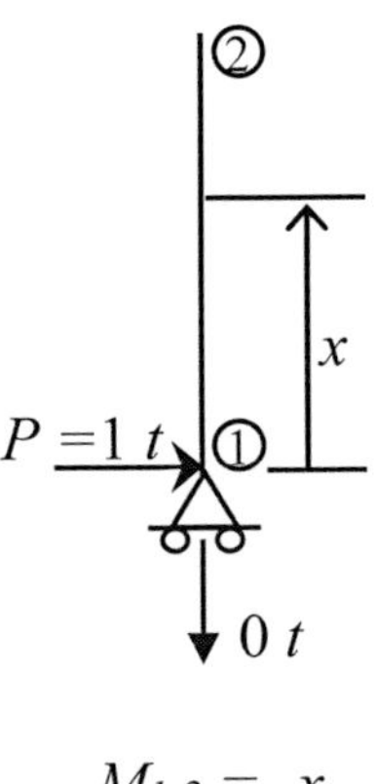

$M_{1-2} = -x$

Tramo 2-3 $(0 \leq x \leq 5)$

3 *tm*

1 *t*

② x ③

$M_{2-3} = -3$

Tramo 3-4 $(0 \leq x \leq 3)$

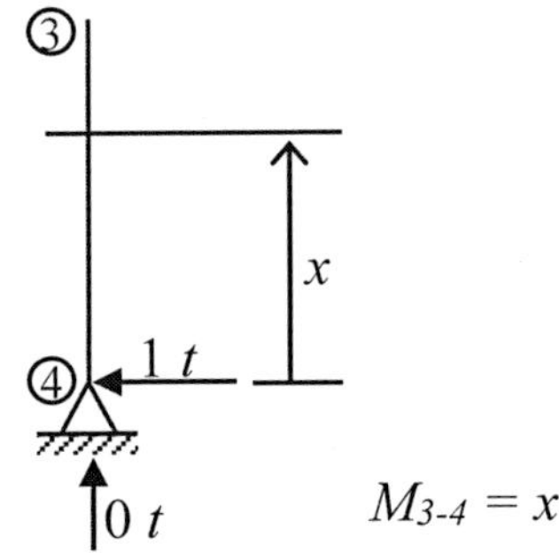

$M_{3-4} = x$

4.- Cálculo del desplazamiento horizontal

De la tabla 2 (Pórticos) se obtiene la siguiente fórmula:

$$P' \cdot \Delta = \int_{L_O}^{L_F} \frac{M \cdot M'}{E \cdot I} dx$$

Primero calculemos E·I

Barra 1-2 = barra 3-4

$$E \cdot I = 2 \cdot 10^6 \cdot \frac{(0,2 \cdot 0,4^3)}{12} = 2133,333$$

$$E \cdot I = 2 \cdot 10^6 \cdot \frac{(0,2 \cdot 0,6^3)}{12} = 7200$$

Barra 2-3

$$1 \cdot \Delta_H = \int_0^3 \frac{(-2 \cdot x^2) \cdot (-x)}{2133,333} dx + \int_0^5 \frac{(-3,6 \cdot x - 18) \cdot (-3)}{7200} dx + \int_0^3 \frac{12 \cdot x \cdot x}{2133,333} dx$$

$\Delta_H =$ 0,019 m + 0,056 m + 0,051 m

$\Delta_H =$ 0,126 m

El signo positivo indica que el desplazamiento tiene el mismo sentido que la carga virtual

$\Delta_H =$ 12,6 cm (hacia la derecha)

5.- Representación gráfica del desplazamiento

Asumimos una deformación coherente para poder representar correctamente el desplazamiento calculado.

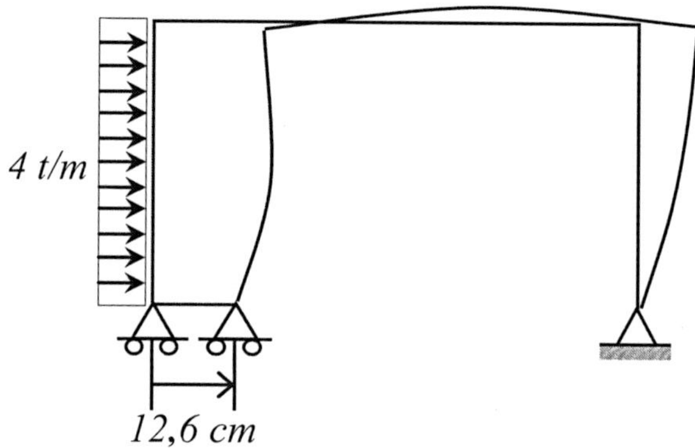

EJERCICIO 4

Calcular el desplazamiento vertical en el extremo libre del voladizo.

Datos

$E = 2 \cdot 10^6$ t/m^2

b = 20 cm

h = 40 cm

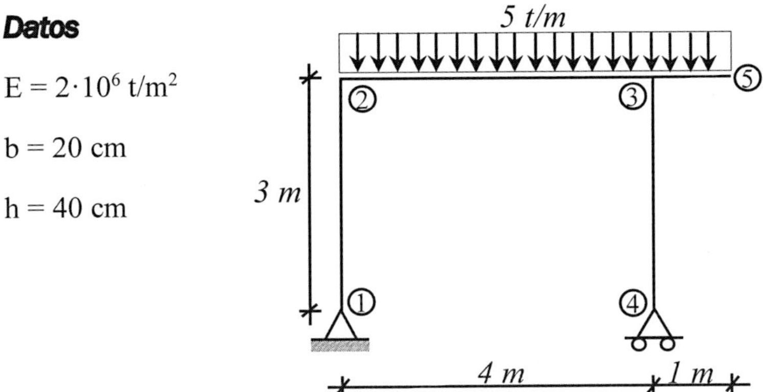

Figura 1.43 Pórtico con carga distribuida vertical y voladizo.

1.- Sistema real y virtual

Para la carga del sistema virtual puede consultar la tabla 1.

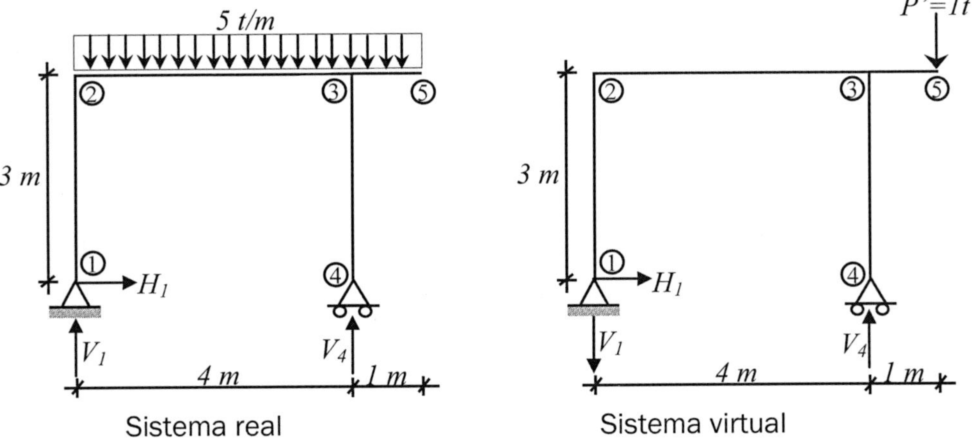

2.- Cálculo de reacciones

Asumimos el sentido de las reacciones y aplicamos las ecuaciones de equilibrio estático.

a) Sistema real

$$\Sigma F_H = 0 \rightarrow \oplus$$
$$H_1 = 0$$
$$\Sigma M_1 = 0 \circlearrowright \oplus$$
$$5 \cdot 5 \cdot 2{,}5 - V_4 \cdot 4 = 0$$
$$V_4 = 15{,}625t$$
$$\Sigma F_V = 0 \uparrow \oplus$$
$$V_1 - 5 \cdot 5 + 15{,}625 = 0$$
$$V_1 = 9{,}375t$$

b) Sistema virtual

$$\Sigma F_H = 0 \rightarrow \oplus$$
$$H_1 = 0$$
$$\Sigma M_1 = 0 \circlearrowright \oplus$$
$$1 \cdot 5 - V_4 \cdot 4 = 0$$
$$V_4 = 1{,}25t$$
$$\Sigma F_V = 0 \uparrow \oplus$$
$$-V_1 - 1 + 1{,}25 = 0$$
$$V_1 = 0{,}25t$$

3.- Ecuaciones de momento

a) Sistema real

Tramo 1-2 ($0 \leq x \leq 3$)

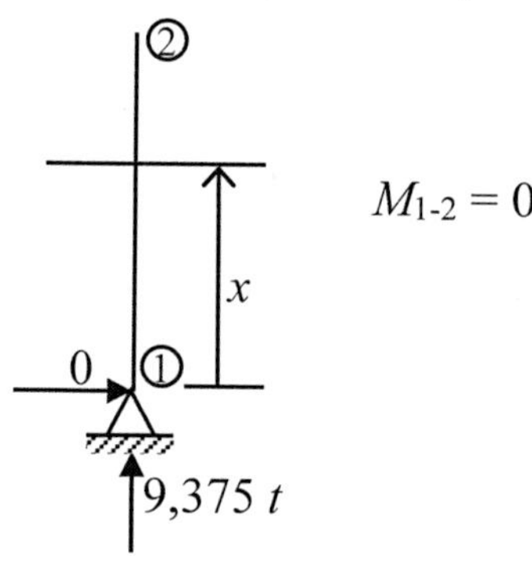

$$M_{1\text{-}2} = 0$$

Tramo 2-3 ($0 \leq x \leq 4$)

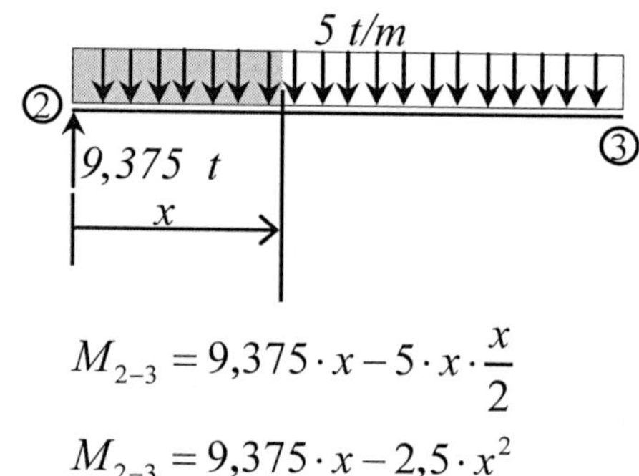

$$M_{2-3} = 9{,}375 \cdot x - 5 \cdot x \cdot \frac{x}{2}$$
$$M_{2-3} = 9{,}375 \cdot x - 2{,}5 \cdot x^2$$

Tramo 3-4 ($0 \leq x \leq 3$)
avanzamos de 4 a 3

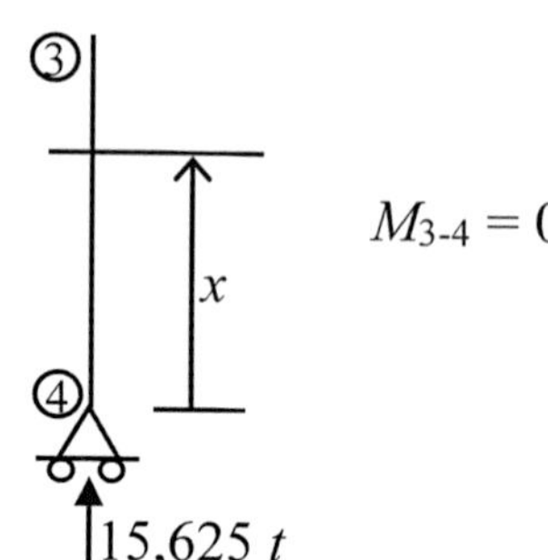

$$M_{3\text{-}4} = 0$$

Tramo 3-5 ($0 \leq x \leq 1$)
avanzamos de 5 a 3

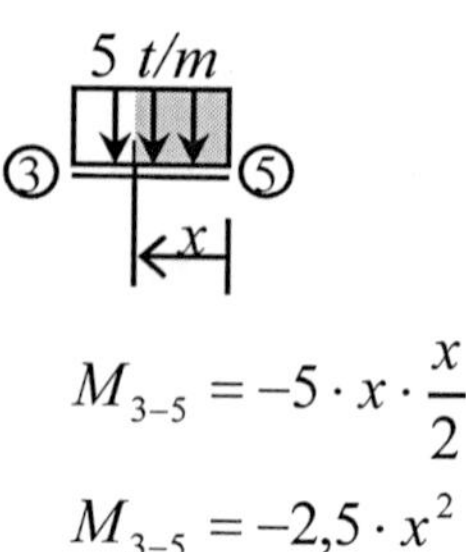

$$M_{3-5} = -5 \cdot x \cdot \frac{x}{2}$$
$$M_{3-5} = -2{,}5 \cdot x^2$$

b) Sistema virtual

Tramo 1-2 ($0 \leq x \leq 3$)

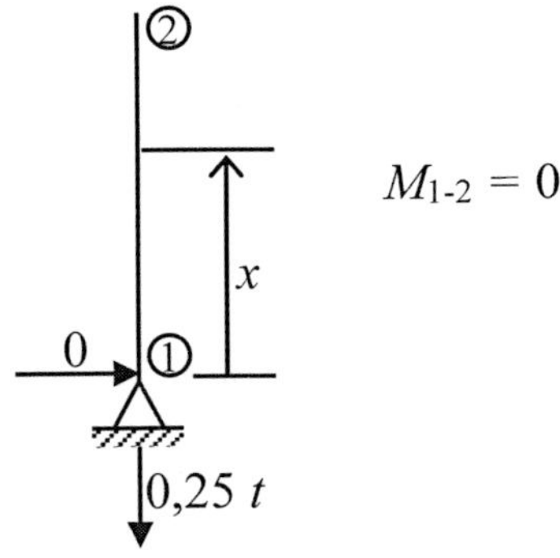

$M_{1-2} = 0$

Tramo 2-3 ($0 \leq x \leq 4$)

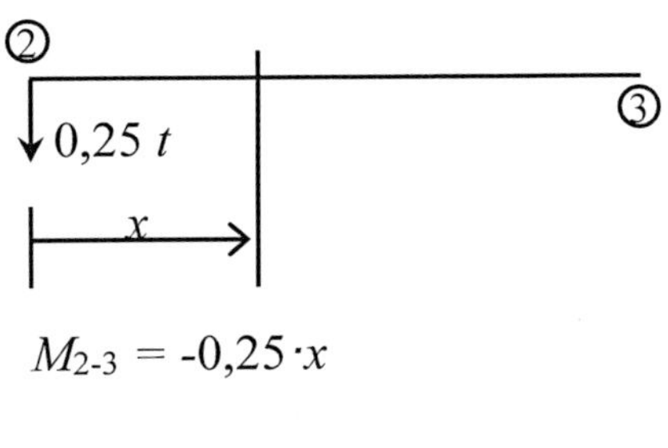

$M_{2-3} = -0{,}25 \cdot x$

Tramo 3-4($0 \leq x \leq 3$)
avanzamos de 4 a 3

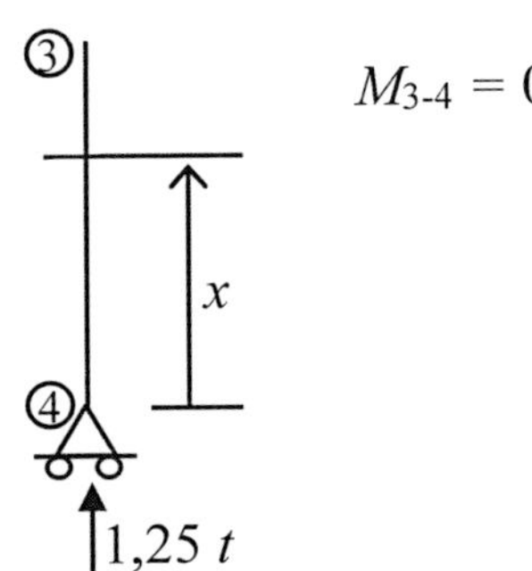

$M_{3-4} = 0$

Tramo 3-5 ($0 \leq x \leq 3$)
avanzamos de 5 a 3

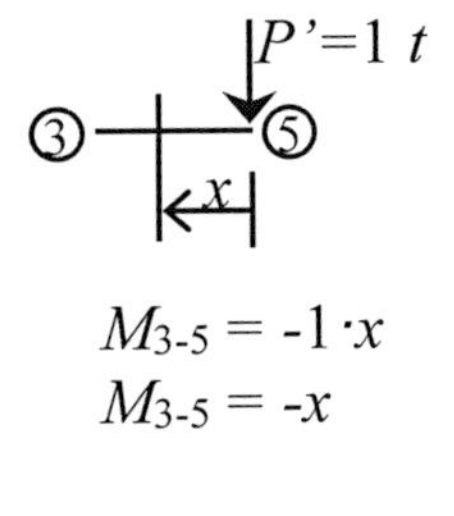

$M_{3-5} = -1 \cdot x$
$M_{3-5} = -x$

4.- Cálculo del desplazamiento

De la tabla 2 (Pórticos) se obtiene la siguiente fórmula:

$$P' \cdot \Delta = \int_{L_O}^{L_F} \frac{M \cdot M'}{E \cdot I} dx$$

Primero calculemos E·I:

$$E \cdot I = 2 \cdot 10^6 \cdot \frac{(0{,}2 \cdot 0{,}4^3)}{12} = 2133{,}333$$

Reemplazando los valores correspondientes obtenemos:

$$1\cdot\Delta_V = \int_0^3 \frac{0\cdot 0}{2133{,}333}dx + \int_0^4 \frac{(9{,}375\cdot x-2{,}5\cdot x^2)\cdot(-0{,}25\cdot x)}{2133{,}33}dx + \int_0^3 \frac{0\cdot 0}{2133{,}333}dx +$$

$$+ \int_0^1 \frac{(-2{,}5\cdot x^2)\cdot(-x)}{2133{,}333}dx$$

$\Delta_V = -0{,}004395$ m

El signo negativo indica que el desplazamiento vertical tiene sentido opuesto al de la carga virtual:

$\Delta_V = -4{,}395$ mm (hacia la derecha)

5.- Representación gráfica del desplazamiento

Asumimos una deformación coherente para poder representar correctamente el desplazamiento calculado.

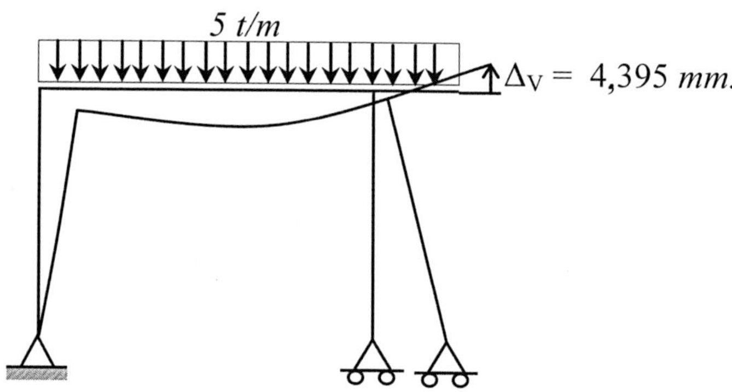

EJERCICIO 5

Calcular el desplazamiento horizontal en el nudo 8.

Datos

$E = 2 \cdot 10^6 \, t/m^2$

$b/h = 10/30$

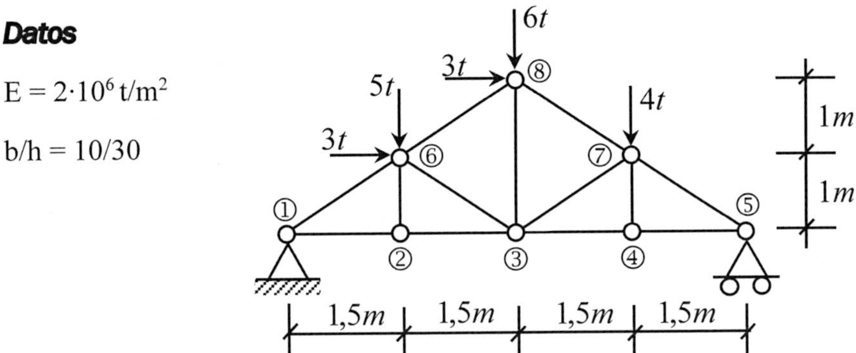

Figura 1.44 Cercha simplemente apoyada.

1.- Sistema real y virtual

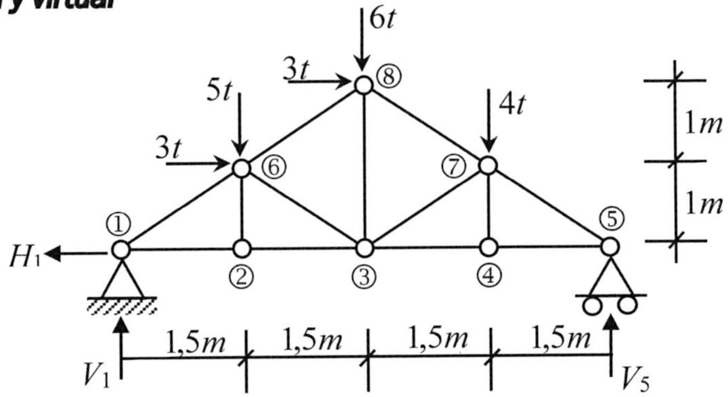

Sistema real

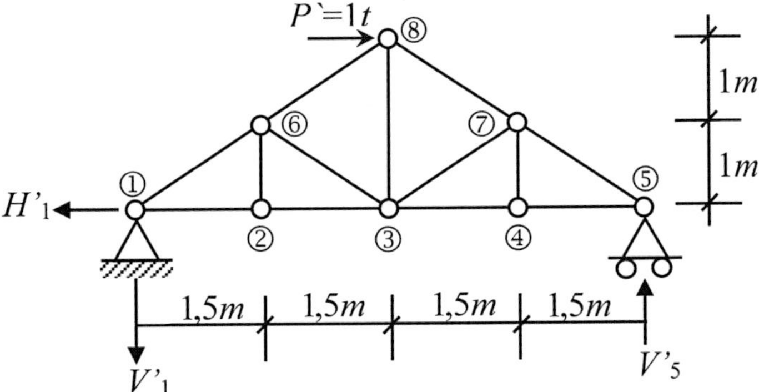

Sistema virtual

2.- Cálculo de reacciones

a) Sistema real

$$\sum FH = 0 \rightarrow \oplus$$
$$-H_1 + 3 + 3 = 0$$
$$H_1 = 6t$$
$$\sum M_1 = 0 \circlearrowright \oplus$$
$$3,1 + 5 \cdot 1,5 + 3 \cdot 2 + 6 \cdot 3 + 4 \cdot 4,5 - V_5 \cdot 6 = 0$$
$$V_5 = 8,75t$$

$$\sum FV = 0 \uparrow \oplus$$
$$V_1 - 5 - 6 - 4 + 8,75 = 0$$
$$V_1 = 6,25t$$

b) Sistema virtual

$$\sum FH = 0 \rightarrow \oplus$$
$$-H'_1 + 1 = 0$$
$$H'_1 = 1t$$
$$\sum M_1 = 0 \circlearrowright \oplus$$
$$1 \cdot 2 - V'_5 \cdot 6 = 0$$
$$V'_5 = \frac{1}{3}t$$

$$\sum FV = 0 \uparrow \oplus$$
$$-V'_1 + \frac{1}{3} = 0$$
$$V'_1 = \frac{1}{3}t$$

3.- Esfuerzos internos

a) Sistema real

Nudo 1

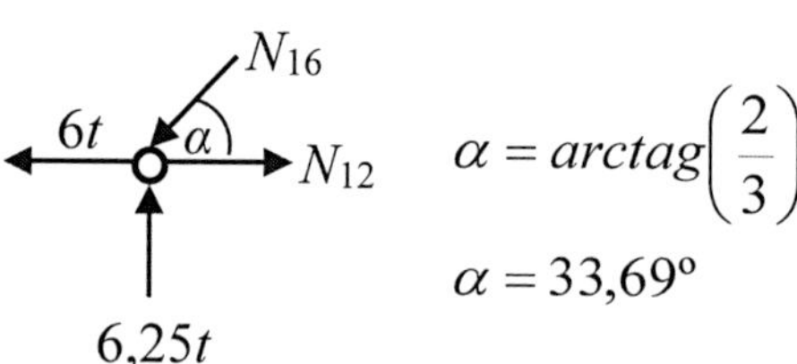

$$\alpha = arctag\left(\frac{2}{3}\right)$$
$$\alpha = 33,69^o$$

$$\sum Fv = 0 \uparrow \oplus$$
$$6,25 - N_{16} \cdot sen\alpha = 0$$
$$N_{16} = 11,27t(comp.)$$
$$\sum FH = 0 \rightarrow \oplus$$
$$-6 - 11,27 \cdot \cos\alpha + N_{12} = 0$$
$$N_{12} = 15,38t(trac.)$$

Nudo 2

N_{26}

$15,38t$ N_{23}

$$\sum FH = 0 \rightarrow \oplus$$
$$N_{23} - 15,38 = 0$$
$$N_{23} = 15,38t(trac.)$$
$$\sum FV = 0 \uparrow \oplus$$
$$N_{26} = 0$$

Nudo 6

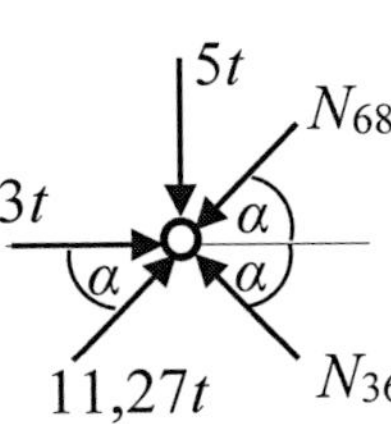

$\alpha = 33{,}69^{\circ}$

$$\sum FH = 0 \rightarrow \oplus$$

$$3 + 11{,}27\cos\alpha - N_{36}\cos\alpha - N_{68}\cos\alpha = 0 \ldots (\div \cos\alpha)$$

$$N_{36} + N_{68} = \frac{3}{\cos\alpha} + 11{,}27$$

$$N_{36} + N_{68} = 14{,}87 \quad ①$$

$$\sum FV = 0 \uparrow \oplus$$

$$N_{36} sen\alpha - N_{68} sen\alpha - 5 + 11{,}27 sen\alpha = 0 \ldots (\div sen\alpha)$$

$$N_{36} - N_{68} = \frac{5}{sen\alpha} - 11{,}27$$

$$N_{36} - N_{68} = -2{,}26 \quad ②$$

Resolviendo ① y ②:

$$N_{36} = 6{,}305t(comp.)$$

$$N_{68} = 8{,}565t(comp.)$$

Nudo 5

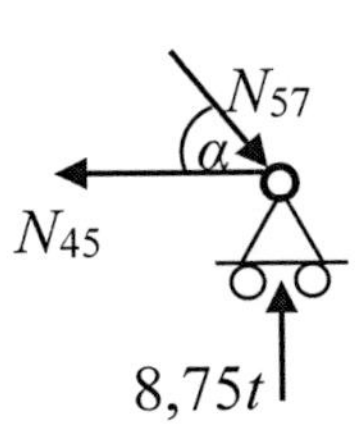

$\alpha = 33{,}69^{\circ}$

$$\sum FV = 0 \uparrow \oplus$$

$$-N_{57} sen\alpha + 8{,}75 = 0$$

$$N_{57} = 15{,}77t(comp.)$$

$$\sum FH = 0 \rightarrow \oplus$$

$$15{,}77\cos\alpha - N_{45} = 0$$

$$N_{45} = 13{,}12t(trac.)$$

Nudo 4

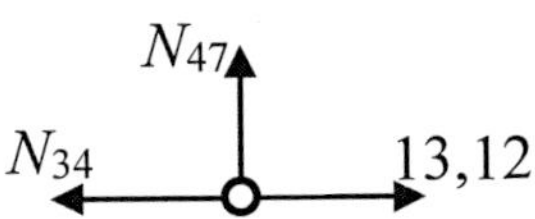

$$\sum FV = 0 \uparrow \oplus$$

$$N_{47} = 0$$

$$\sum FH = 0 \rightarrow \oplus$$

$$-N_{34} + 13{,}12 = 0$$

$$N_{34} = 13{,}12t(trac.)$$

Nudo 7

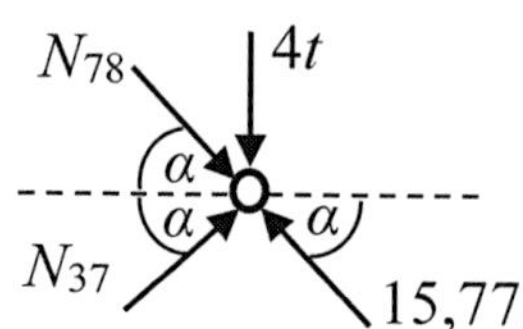

$$\sum FH = 0 \rightarrow \oplus$$

$$N_{37}\cos\alpha + N_{78}\cos\alpha - 15{,}77\cos\alpha = 0 \div \cos\alpha$$

$$N_{37} + N_{78} = 15{,}77t \quad ③$$

$$\sum FV = 0 \uparrow \oplus$$

$$N_{37}sen\alpha - N_{78}sen\alpha - 4 + 15{,}77sen\alpha = 0 \div sen\alpha$$

$$N_{37} - N_{78} = \frac{4}{sen\alpha} - 15{,}77$$

$$N_{37} - N_{78} = -8{,}56 \quad ④$$

Resolviendo ③ y ④:

$$N_{37} = 3{,}605t(comp.)$$

$$N_{78} = 12{,}165t(comp.)$$

Nudo 8

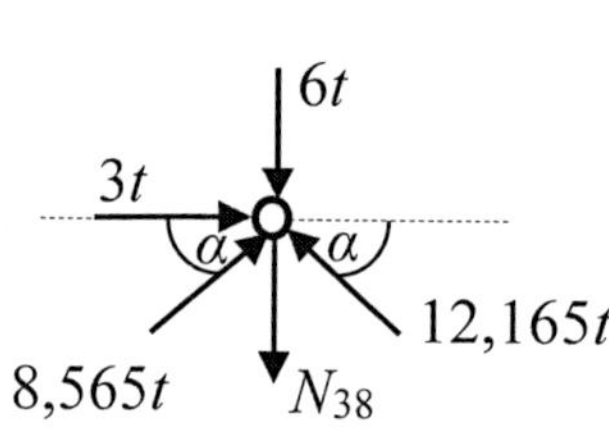

$\alpha = 33{,}69^{\circ}$

$$\sum FH = 0 \rightarrow \oplus$$

$$3 + 8{,}565\cos\alpha - 12{,}165\cos\alpha = 0$$

$0 = 0$ *Cumple equilibrio*

$$\sum FV = 0 \uparrow \oplus$$

$$-N_{38} - 6 + 8{,}565sen\alpha + 12{,}165sen\alpha = 0$$

$$N_{38} = 5{,}5t(tracc.)$$

b) Sistema virtual

Nudo 1

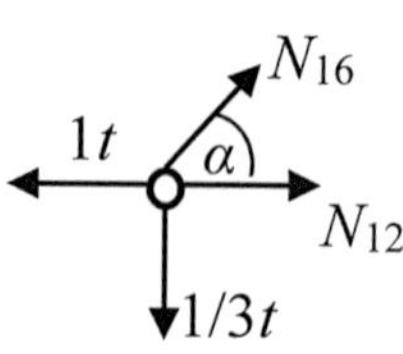

$\alpha = 33{,}69^{\circ}$

$$\sum FV = 0 \uparrow \oplus$$

$$N_{16}sen\alpha - \frac{1}{3} = 0$$

$$N_{16} = 0{,}6t(trac.)$$

$$\sum FH = 0 \rightarrow \oplus$$

$$-1 + N_{12} + 0{,}6\cos\alpha = 0$$

$$N_{12} = 0{,}5t(trac.)$$

Nudo 2

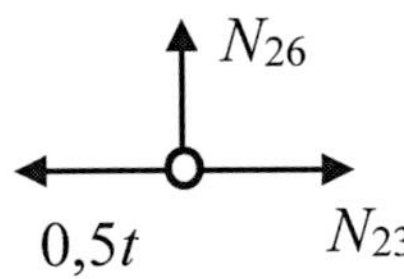

$$\sum FH = 0 \rightarrow \oplus$$
$$N_{23} - 0{,}5 = 0$$
$$N_{23} = 0{,}5t(trac.)$$

$$\sum FV = 0 \uparrow \oplus$$
$$N_{26} = 0$$

Nudo 6

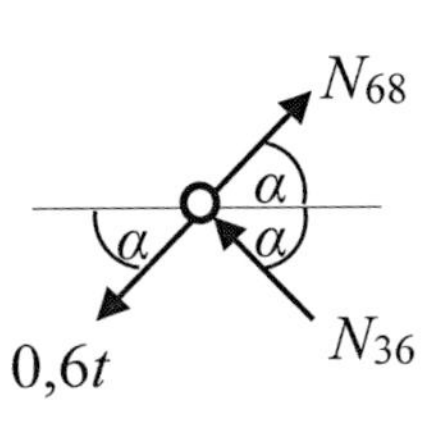

$$\alpha = 33{,}69^{o}$$

$$\sum FH = 0 \rightarrow \oplus$$
$$N_{68}\cos\alpha - N_{36}\cos\alpha - 0{,}6\cos\alpha = 0 \div \cos\alpha$$
$$N_{68} - N_{36} = 0{,}6 \text{ ①}$$

$$\sum FV = 0 \uparrow \oplus$$
$$N_{68} sen\alpha + N_{36} sen\alpha - 0{,}6 sen\alpha = 0 \div sen\alpha$$
$$N_{68} + N_{36} = 0{,}6 \text{ ②}$$

Resolviendo ① y ②:

$$N_{36} = 0$$
$$N_{68} = 0{,}6t(comp.)$$

Nudo 5

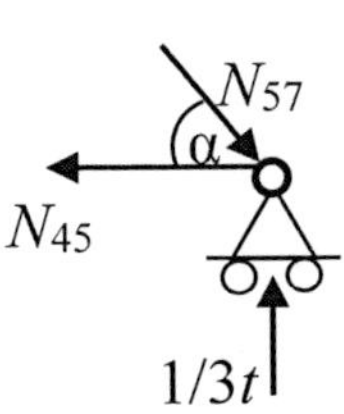

$$\sum FV = 0 \uparrow \oplus$$
$$-N_{57} sen\alpha + \frac{1}{3} = 0$$
$$N_{57} = 0{,}6t(comp.)$$

$$\sum FH = 0 \rightarrow \oplus$$
$$-N_{45} + 0{,}6\cos\alpha = 0$$
$$N_{45} = 0{,}5t(trac.)$$

Nudo 4

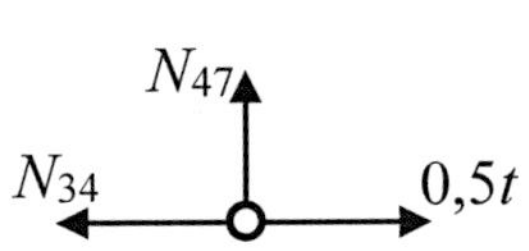

$$\sum FH = 0 \rightarrow \oplus$$
$$-N_{34} + 0{,}5 = 0$$
$$N_{34} = 0{,}5t(trac.)$$

$$\sum FV = 0 \uparrow \oplus$$
$$N_{47} = 0$$

Nudo 7

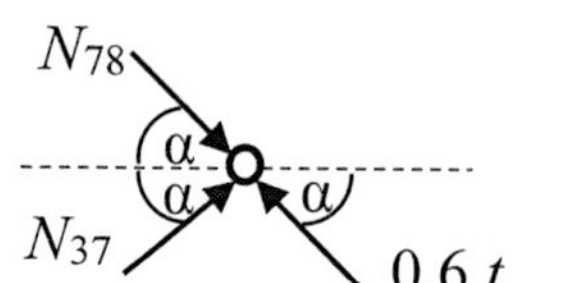

$$\sum FH = 0 \rightarrow \oplus$$

$$N_{78}\cos\alpha + N_{37}\cos\alpha - 0{,}6\cos\alpha = 0(\div\cos\alpha)$$

$$N_{78} + N_{37} = 0{,}6 \text{ ③}$$

$$\sum FV = 0 \uparrow \oplus$$

$$-N_{78}sen\alpha + N_{37}sen\alpha + 0{,}6sen\alpha = 0$$

$$-N_{78} + N_{37} = -0{,}6 \text{ ④}$$

Resolviendo ③ y ④:

$$N_{78} = 0{,}6t(comp.)$$

$$N_{37} = 0$$

Nudo 8

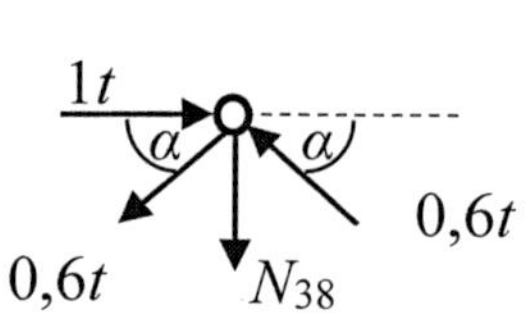

$$\sum FH = 0 \rightarrow \oplus$$

$$1 - 0{,}6\cos\alpha - 0{,}6\cos\alpha = 0$$

$$0 = 0 \quad \textit{Cumple equilibrio}$$

$$\sum FV = 0 \uparrow \oplus$$

$$-N_{38} - 0{,}6sen\alpha + 0{,}6sen\alpha = 0$$

$$N_{38} = 0$$

4.- Cálculo del desplazamiento

Barra	N	N'	L	E·A	(N·N'·L)/(E·A)
1-2	15,38	0,5	1,5	60000	$1{,}9225\cdot 10^{-4}$
1-6	-11,27	0,6	1,803	60000	$-2{,}03198\cdot 10^{-4}$
2-3	15,38	0,5	1,5	60000	$1{,}9225\cdot 10^{-4}$
2-6	0	0	1	60000	0
3-4	13,12	0,5	1,+5	60000	$1{,}64\cdot 10^{-4}$
3-6	-6,305	0	1,803	60000	0
3-7	-3,605	0	1,803	60000	0

Barra	N	N'	L	E·A	(N·N'·L)/(E·A)
3-8	5,5	0	2	60000	0
4-5	13,12	0,5	1,5	60000	$1{,}64\cdot10^{-4}$
4-7	0	0	1	60000	0
5-7	-15,77	-0,6	1,803	60000	$2{,}8433\cdot10^{-4}$
6-8	-8,565	0,6	1,803	60000	$-1{,}5443\cdot10^{-4}$
7-8	-12,165	-0,6	1,803	60000	$2{,}193\cdot10^{-4}$
					$8{,}585\cdot10^{-4}$

$$\Delta = 8{,}585\cdot10^{-4}\,m\cdot\frac{1000mm}{1m} = 0{,}858mm$$

5.- Representación gráfica

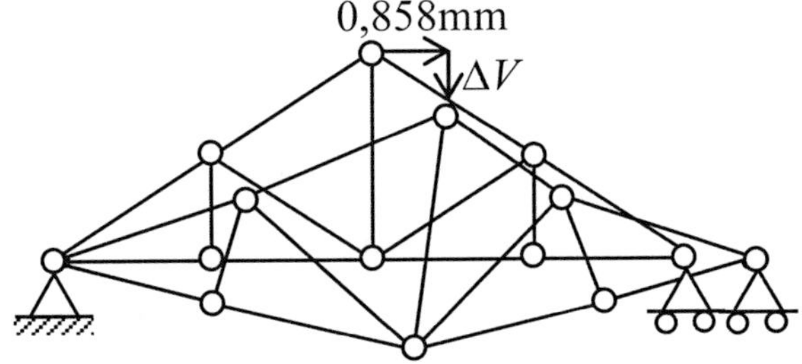

EJERCICIO 6

Calcular el desplazamiento vertical del apoyo móvil.

Datos

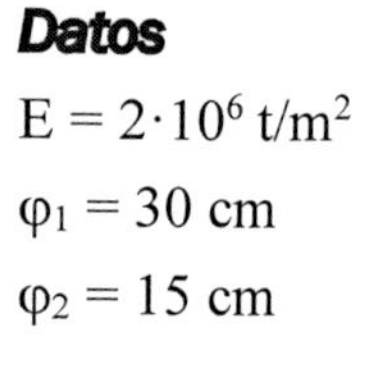

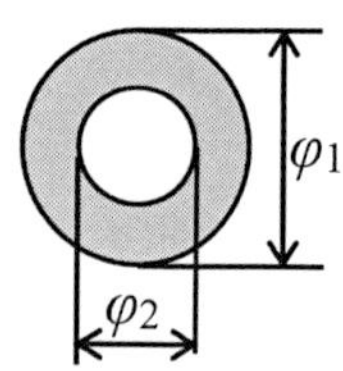

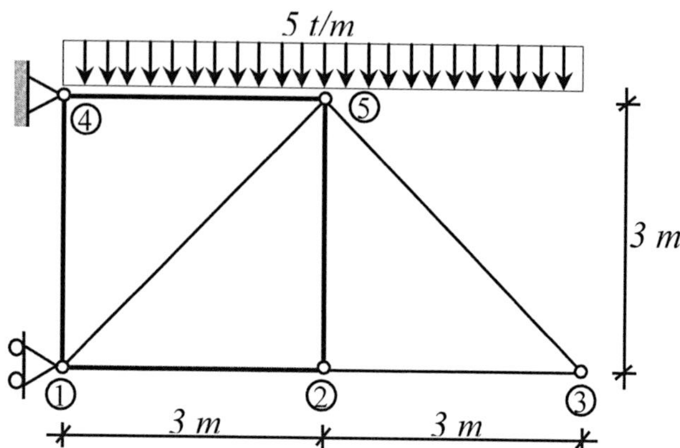

Figura 1.45 Reticulado en voladizo.

1.- Carga nodal

Primeramente, reemplazamos la carga distribuida por cargas puntuales aplicadas en los nudos.

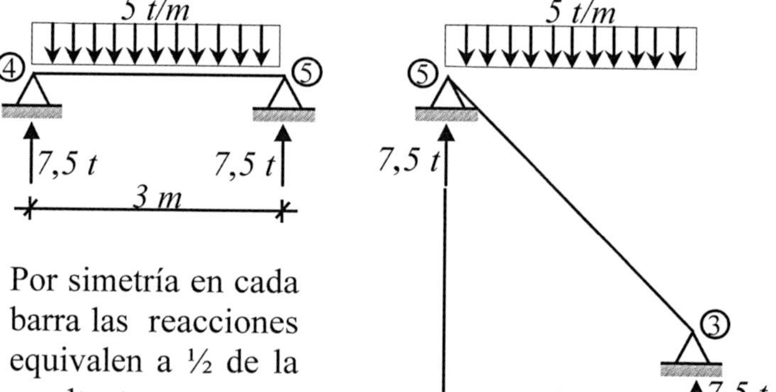

Las barras con cargas distribuidas se separan del sistema, reemplazando sus articulaciones por apoyos de segunda especie, luego se determinarán sus reacciones, las cuales serán colocadas en los nudos de la estructura cambiando su sentido. Finalmente se sumarán aquellas fuerzas (reacciones) que se ubiquen en un mismo nudo. Está por demás aclarar que para estas barras las reacciones horizontales son nulas debido a la ausencia de cargas horizontales.

2.- Sistema real y virtual

Para la carga del sistema virtual puede consultar la tabla 1.

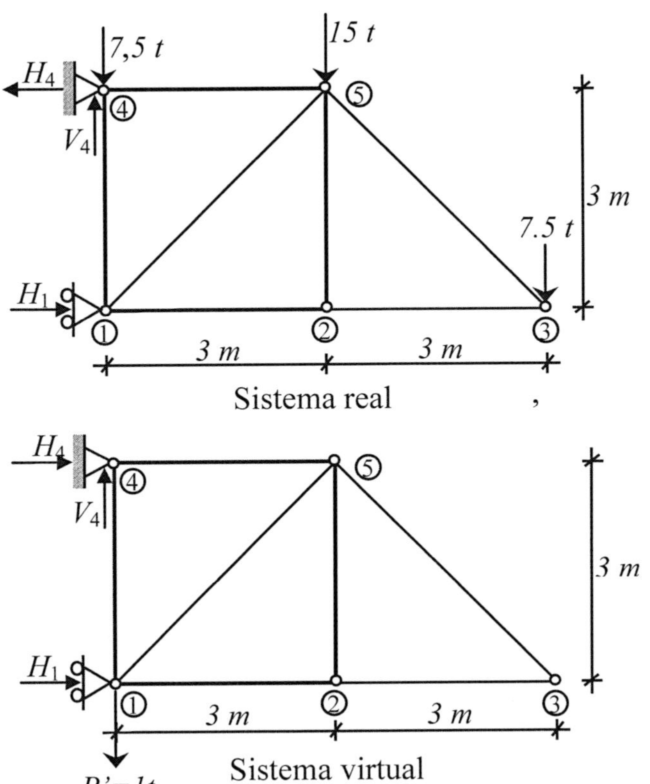

3.- Cálculo de reacciones

Asumimos el sentido de las reacciones y aplicamos las ecuaciones de equilibrio.

a) Sistema real

$\Sigma M_4=0$ ↻ ⊕

$15\cdot3+7{,}5\cdot6-H_1\cdot3=0$

$H_1 = 30$ t

$\Sigma F_v=0$ ↑ ⊕

$V_4 -7{,}5-15-7{,}5=0$

$V_4= 30$ t

$\Sigma F_H =0$ → ⊕

$-H_4+30 =0$

$H_4 = 30$ t

b) Sistema virtual

$\Sigma M_4=0$ ↻ ⊕

$H_1 =0$

$\Sigma F_H =0$ → ⊕

$H_4=0$

$\Sigma F_v=0$ ↑ ⊕

$V_4 - 1=0$

$V_4= 1$ t

4.- Cálculo de normales

En estructuras reticulares los desplazamientos se calculan en función de los esfuerzos normales, con la aplicación de la siguiente fórmula (ver tabla 2 - Reticulados):

$$P' \cdot \Delta = \sum \frac{N \cdot N' \cdot L}{E \cdot A}$$

En la aplicación de esta fórmula, si una de las normales es cero, significa que no interviene en el desplazamiento de la sección solicitada.

Si observamos las cargas del sistema virtual, notaremos que únicamente se producirá esfuerzos no nulos en la barra 1-4; por lo tanto, únicamente necesitamos calcular la normal de la barra I en ambos sistemas.

a) Sistema real

Nudo 1

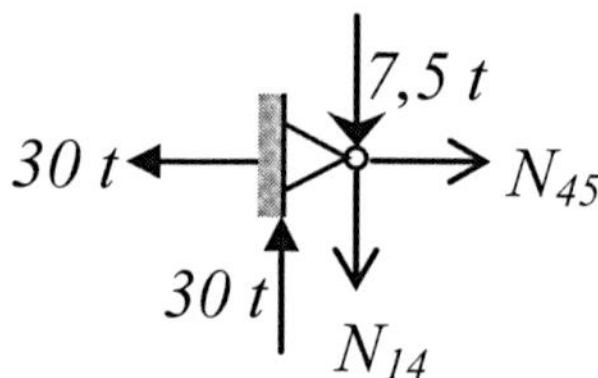

$\Sigma Fv=0 \uparrow \oplus$

$30-7{,}5-N_{14}=0$

$N_{14}= 22{,}5t$ (*tracción*)

b) Sistema virtual

Nudo 1

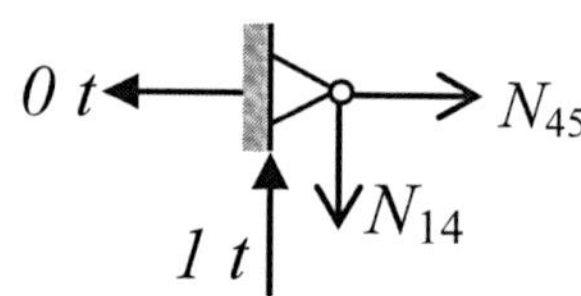

$\Sigma Fv=0 \uparrow \oplus$

$1-N_{14}=0$

$N_{14}= 1\text{t}$ (*tracción*)

5.- Cálculo del desplazamiento

$$E \cdot A = 2 \cdot 10^6 \cdot \left(\frac{\pi \cdot 0{,}3^2}{4} - \frac{\pi \cdot 0{,}15^2}{4}\right) = 106029$$

$$1\Delta_V = \frac{1 \cdot 22{,}5 \cdot 3}{106029} = 6{,}366 \cdot 10^{-4}\ m$$

El signo positivo indica que el sentido del desplazamiento es el mismo de la carga virtual.

$$\Delta_V = 0{,}637\ mm\ (hacia\ abajo)$$

6.- Representación gráfica del desplazamiento

Asumimos una deformación coherente para poder representar correctamente el desplazamiento calculado.

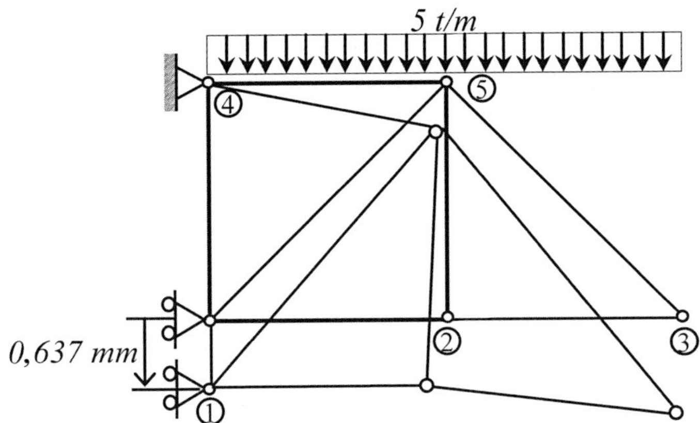

EJERCICIO 7

Calcular el desplazamiento horizontal en el apoyo móvil.

Datos

$E = 2 \cdot 10^6$ t/m^2

b = 10 cm

h = 20 cm

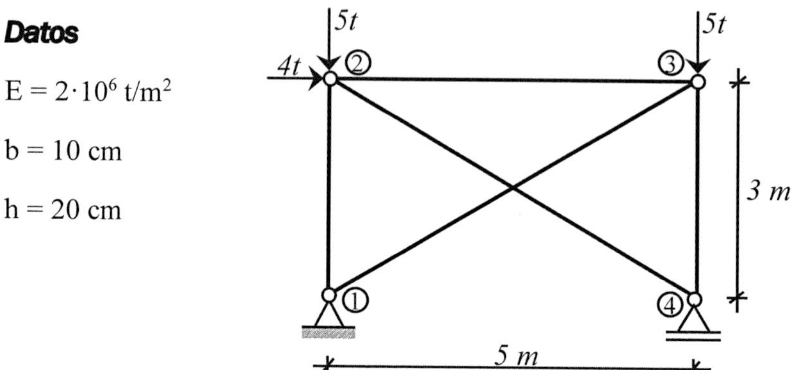

Figura 1.46 Reticulado.

1.- Sistema real y virtual

Para la carga del sistema virtual puede consultar la tabla 1 (anexo).

Sistema real

Sistema virtual

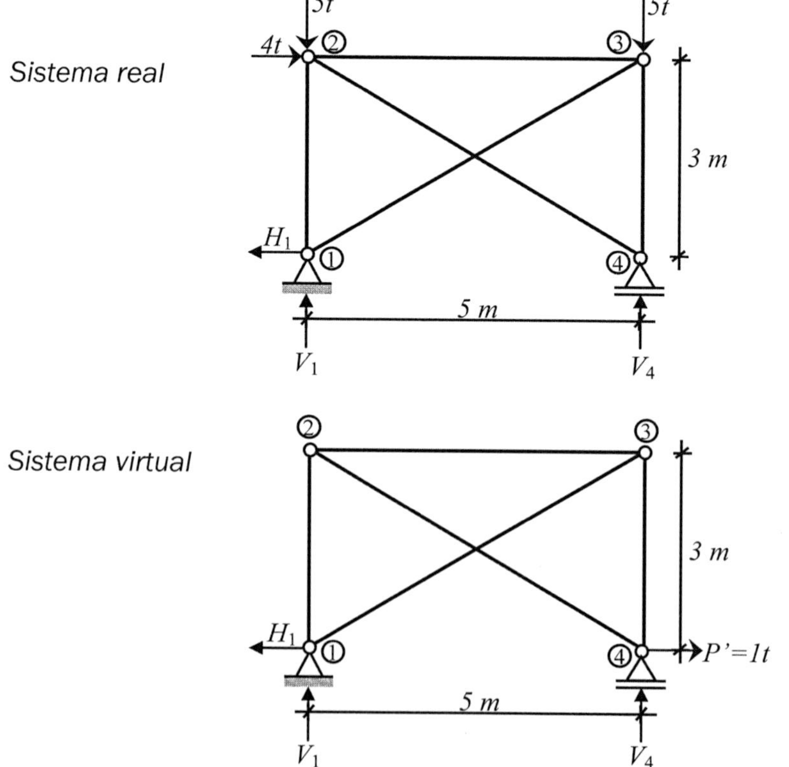

2.- Cálculo de reacciones

Asumimos el sentido de las reacciones y aplicamos las ecuaciones de equilibrio.

a) Sistema real

$$\Sigma F_H = 0 \rightarrow \oplus$$
$$4 - H_1 = 0$$
$$H_1 = 4t$$
$$\Sigma M_1 = 0 \circlearrowleft \oplus$$
$$4 \cdot 3 + 5 \cdot 5 - V_4 \cdot 5 = 0$$
$$V_4 = 7{,}4t$$
$$\Sigma F_V = 0 \uparrow \oplus$$
$$V_1 - 5 - 5 + 7{,}4 = 0$$
$$V_1 = 2{,}6t$$

b) Sistema virtual

$$\Sigma F_H = 0 \rightarrow \oplus$$
$$-H_1 + 1 = 0$$
$$H_1 = 1t$$
$$\Sigma M_1 = 0 \circlearrowleft \oplus$$
$$-V_4 \cdot 5 = 0$$
$$V_4 = 0$$
$$\Sigma F_V = 0 \uparrow \oplus$$
$$V_1 = 0$$

3.- Cálculo de normales

a) Sistema real

- Nudo 1

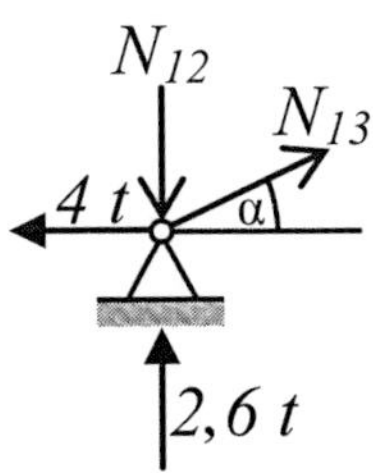

$$\alpha = arctag\left(\frac{3}{5}\right) = 30{,}964^\circ$$

$$\Sigma F_H = 0 \rightarrow \oplus$$
$$-4 + N_{13} \cdot \cos\alpha = 0$$
$$N_{13} = 4{,}665t \text{ (tracción)}$$

$$\Sigma F_V = 0 \uparrow \oplus$$
$$2{,}6 - N_{12} + 4{,}665 \cdot sen\alpha = 0$$
$$N_{12} = 5t \text{ (compresión)}$$

- Nudo 2

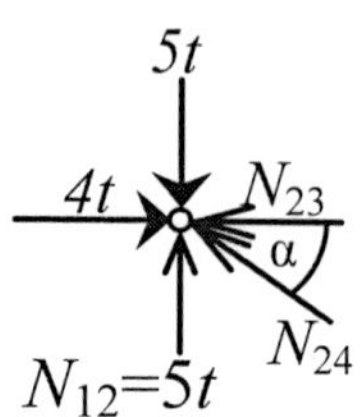

$$\Sigma F_V = 0 \uparrow \oplus$$
$$5 - 5 + N_{24} \cdot sen\alpha = 0$$
$$N_{24} = 0$$

$$\Sigma F_H = 0 \rightarrow \oplus$$
$$4 - N_{23} = 0$$
$$N_{23} = 4t \quad \text{(compresión)}$$

- Nudo 4

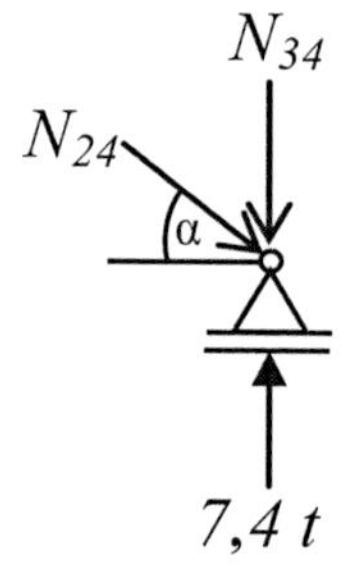

$$\Sigma F_H = 0 \rightarrow \oplus$$
$$N_{24} \cdot \cos\alpha = 0$$
$$N_{24} = 0$$

$$\Sigma F_V = 0 \uparrow \oplus$$
$$7{,}4 - N_{34} = 0$$
$$N_{34} = 7{,}4t \quad \text{(compresión)}$$

b) Sistema virtual

- Nudo 1

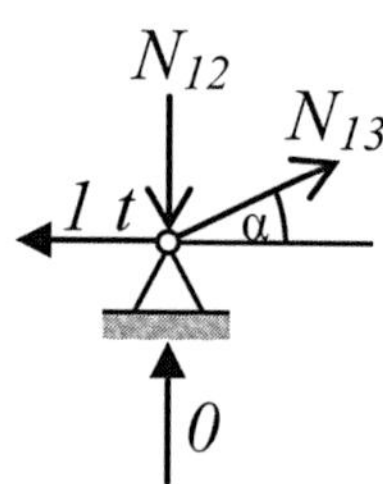

$$\Sigma F_H = 0 \rightarrow \oplus$$
$$N_{13} \cdot \cos\alpha - 1 = 0$$
$$N_{13} = 1{,}1662t \quad \text{(tracción)}$$

$$\Sigma F_V = 0 \uparrow \oplus$$
$$-N_{12} + 1{,}1662 \cdot sen\alpha = 0$$
$$N_{12} = 0{,}6t \quad \text{(compresión)}$$

- Nudo 2

N23
α
N24
N12=0,6t

$$\Sigma F_V = 0 \uparrow \oplus$$
$$0{,}6 - N_{24} \cdot sen\alpha = 0$$
$$N_{24} = 1{,}1662t \quad \text{(tracción)}$$

$$\Sigma F_H = 0 \uparrow \oplus$$
$$-N_{23} + 1{,}1662 \cdot \cos\alpha = 0$$
$$N_{23} = 1t \quad \text{(compresión)}$$

- Nudo 4

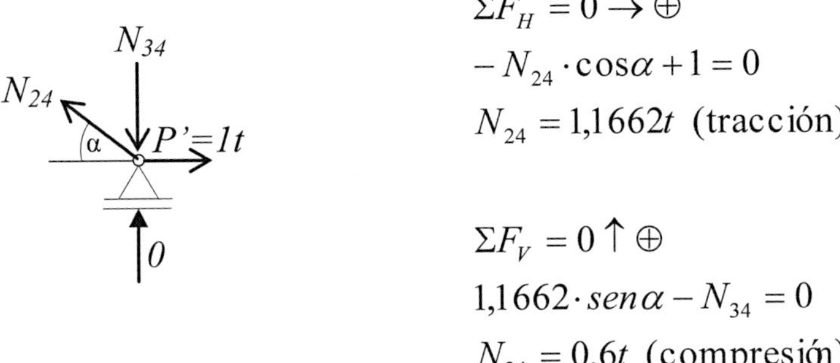

$$\Sigma F_H = 0 \rightarrow \oplus$$
$$-N_{24} \cdot \cos\alpha + 1 = 0$$
$$N_{24} = 1{,}1662t \text{ (tracción)}$$

$$\Sigma F_V = 0 \uparrow \oplus$$
$$1{,}1662 \cdot sen\alpha - N_{34} = 0$$
$$N_{34} = 0{,}6t \text{ (compresión)}$$

Resumen de los esfuerzos normales:

Barra	Esfuerzos normales	
	Sistema real	**Sistema virtual**
1-2	-5	-0,6
1-3	4,665	1,1662
2-3	-4	-1
2-4	0	1,1662
3-4	-7,4	-0,6

4.- Cálculo del desplazamiento

De la tabla 2 (Reticulados) se obtiene la siguiente fórmula:

$$P' \cdot \Delta = \sum \frac{N \cdot N' \cdot L}{E \cdot A}$$

Aplicando la fórmula, tenemos:

Barra	**N**	**N'**	**L**	**EA**	$\frac{\mathbf{N \cdot N' \cdot L}}{\mathbf{E \cdot A}}$
1-2	-5	-0,6	3	40000	$2{,}25 \cdot 10^{-4}$
1-3	4,665	1,1662	5,831	40000	$7{,}93 \cdot 10^{-4}$
2-3	-4	-1	5	40000	$5 \cdot 10^{-4}$
2-4	0	1,1662	5,831	40000	0
3-4	-7,4	-0,6	3	40000	$3{,}33 \cdot 10^{-4}$
				$\Delta_H =$	$1{,}851 \cdot 10^{-3}$

$$\therefore \Delta_H = 1{,}851 \cdot 10^{-3} m = 1{,}851 mm$$

5.- Representación gráfica del desplazamiento

Asumimos una deformación coherente para poder representar correctamente el desplazamiento calculado.

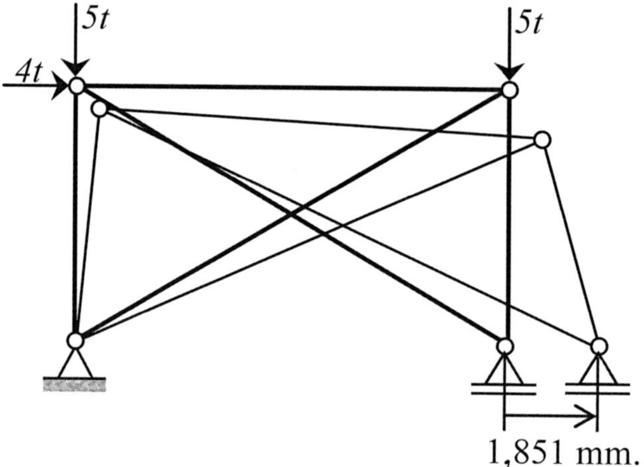

EJERCICIO 8

Representar la línea deformada de la siguiente estructura.

Datos

$E = 2 \cdot 10^6\ t/m^2$

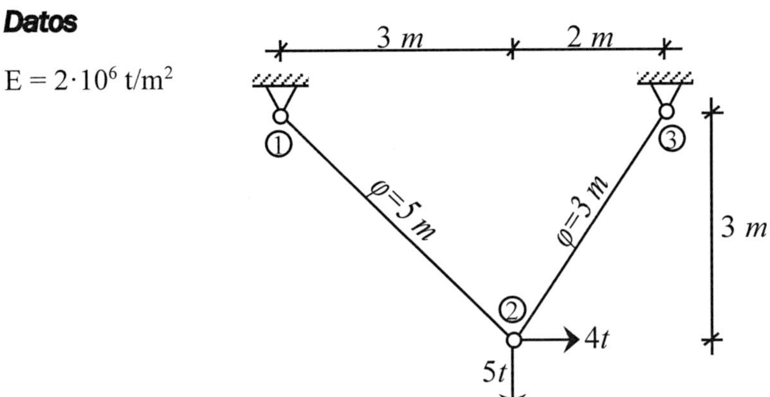

Figura 1.47 Barras articuladas.

Para dibujar la línea deformada tenemos que calcular el desplazamiento horizontal y vertical del nudo 2.

I.- Desplazamiento horizontal

1.- Sistema real y virtual

Para la carga del sistema virtual puede consultar la tabla 1.

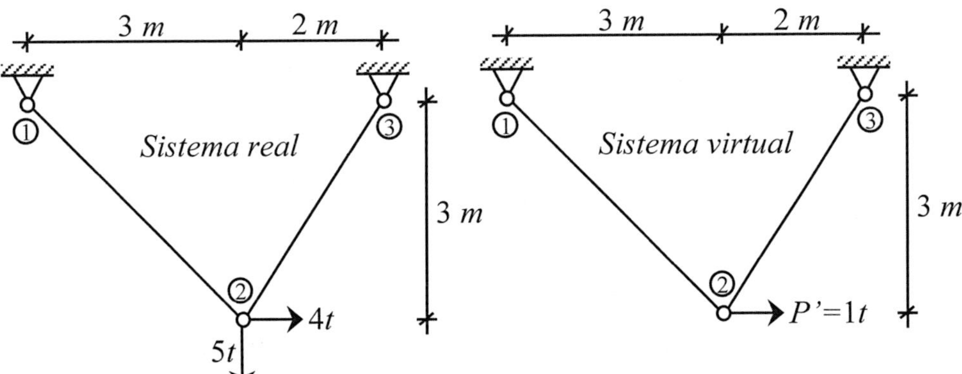

2.- Cálculo de reacciones

No es necesario, pues podemos calcular los esfuerzos normales a partir del análisis del nudo 2.

3.- Cálculo de normales

a) Sistema real

- Nudo 2

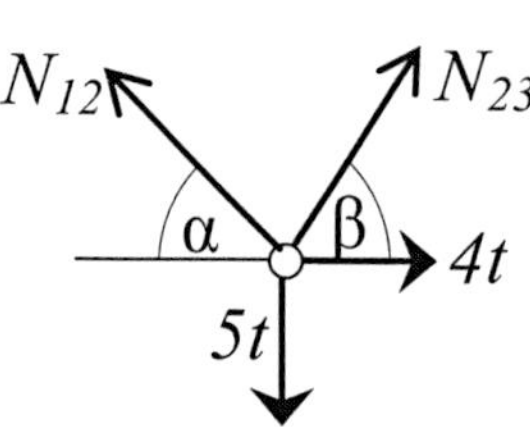

$$\Sigma F_H = 0 \rightarrow \oplus$$

$$-N_{12} \cdot \cos\alpha + N_{23} \cdot \cos\beta + 4 = 0$$

$$-0{,}707 \cdot N_{12} + 0{,}5547 \cdot N_{23} = -4 \quad ①$$

$$\Sigma F_V = 0 \uparrow \oplus$$

$$N_{12} \cdot sen\alpha + N_{23} \cdot sen\beta - 5 = 0$$

$$0{,}707 \cdot N_{12} + 0{,}832 \cdot N_{23} = 5 \quad ②$$

$$\alpha = arctag\left(\frac{3}{3}\right) = 45^\circ$$

$$\beta = arctag\left(\frac{3}{2}\right) = 56{,}31^\circ$$

Resolviendo 1 y 2 tenemos:

$N_{12} = 6{,}223\,t$ (tracción)

$N_{23} = 0{,}7211\,t$ (tracción)

b) Sistema virtual

- Nudo 2

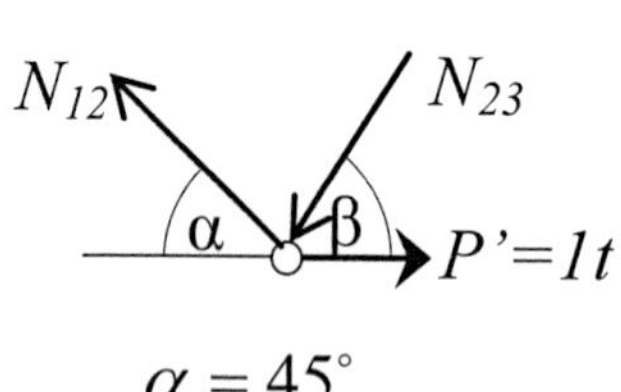

$$\alpha = 45^\circ$$

$$\beta = 56{,}31^\circ$$

$$\Sigma F_H = 0 \rightarrow \oplus$$

$$-N_{12} \cdot \cos\alpha - N_{23} \cdot \cos\beta + 1 = 0$$

$$-0{,}707 \cdot N_{12} - 0{,}5547 \cdot N_{23} = -1 \quad *(-1)$$

$$0{,}707 \cdot N_{12} + 0{,}5547 \cdot N_{23} = 1 \quad ③$$

$$\Sigma F_V = 0 \uparrow \oplus$$

$$N_{12} \cdot sen\alpha - N_{23} \cdot sen\beta = 0$$

$$0{,}707 \cdot N_{12} - 0{,}832 \cdot N_{23} = 0 \quad ④$$

Resolviendo 3 y 4 tenemos:

$N_{12} = 0{,}8486\,t$ (tracción)

$N_{23} = 0{,}7211\,t$ (compresión)

4.- Cálculo del desplazamiento

De la tabla 2 (Reticulados) se obtiene la siguiente fórmula:

$$P'\cdot\Delta = \sum \frac{N\cdot N'\cdot L}{E\cdot A}$$

Aplicando la fórmula, tenemos:

Barra	N	N'	L	EA	$\frac{N\cdot N'\cdot L}{E\cdot A}$
1-2	6,223	0,8486	4,2426	3927	$5{,}7053\cdot 10^{-3}$
2-3	0,7211	-0,7211	3,6055	1413,72	$-1{,}3262\cdot 10^{-3}$
				$\Delta_H =$	$4{,}379\cdot 10^{-3}$

$$\therefore \Delta_H = 4{,}379\cdot 10^{-3}\,m = 4{,}379\,mm$$

II.- Desplazamiento vertical

1.- Sistema real y virtual

Para la carga del sistema virtual puede consultar la tabla 1 (anexo).

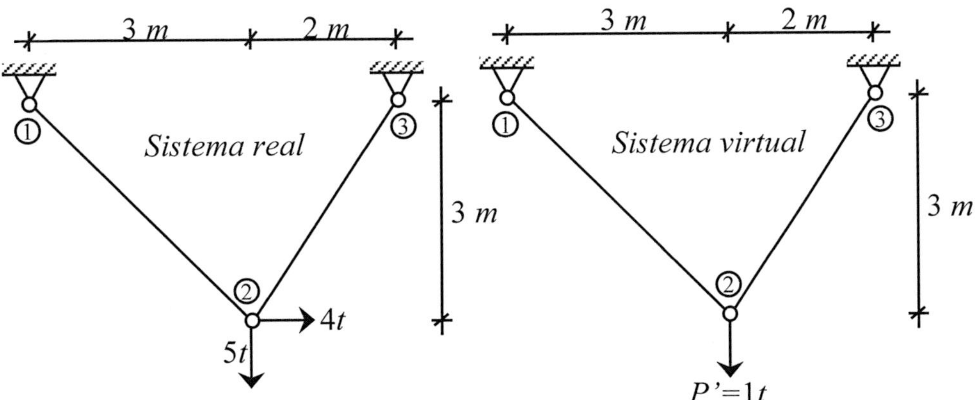

2.- Cálculo de reacciones

No es necesario, pues podemos calcular los esfuerzos normales a partir del análisis del nudo 2.

3.- Cálculo de normales

a) Sistema real

Este sistema está resuelto en el paso 3 del apartado I.

$$N_{12} = 6{,}223\,t\,(tracción)$$

$$N_{23} = 0{,}7211\,t\,(tracción)$$

b) Sistema virtual

- Nudo 2

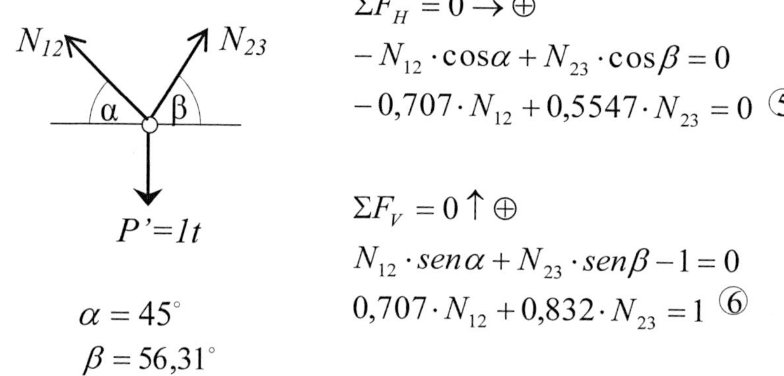

$$\Sigma F_H = 0 \rightarrow \oplus$$

$$-N_{12}\cdot\cos\alpha + N_{23}\cdot\cos\beta = 0$$

$$-0{,}707\cdot N_{12} + 0{,}5547\cdot N_{23} = 0 \quad (5)$$

$$\Sigma F_V = 0 \uparrow \oplus$$

$$N_{12}\cdot sen\alpha + N_{23}\cdot sen\beta - 1 = 0$$

$$0{,}707\cdot N_{12} + 0{,}832\cdot N_{23} = 1 \quad (6)$$

$$\alpha = 45^\circ$$

$$\beta = 56{,}31^\circ$$

Resolviendo 5 y 6 tenemos:

$$N_{12} = 0{,}5658\,t\,(tracción)$$

$$N_{23} = 0{,}7211\,t\,(tracción)$$

4.- Cálculo del desplazamiento

De la tabla 2 (Reticulados) se obtiene la siguiente fórmula:

$$P'\cdot\Delta = \sum \frac{N\cdot N'\cdot L}{E\cdot A}$$

Aplicando la fórmula, tenemos:

Barra	N	N'	L	EA	$\frac{N\cdot N'\cdot L}{E\cdot A}$
1-2	6,223	0,5658	4,2426	3927	$3{,}804\cdot 10^{-3}$
2-3	0,7211	0,7211	3,6055	1413,72	$1{,}326\cdot 10^{-3}$
				$\Delta_V =$	$5{,}13\cdot 10^{-3}$

$$\therefore \Delta_H = 5{,}13\cdot 10^{-3}\,m = 5{,}13\,mm$$

III.- Representación gráfica del desplazamiento

Asumimos una deformación coherente para poder representar correctamente el desplazamiento calculado.

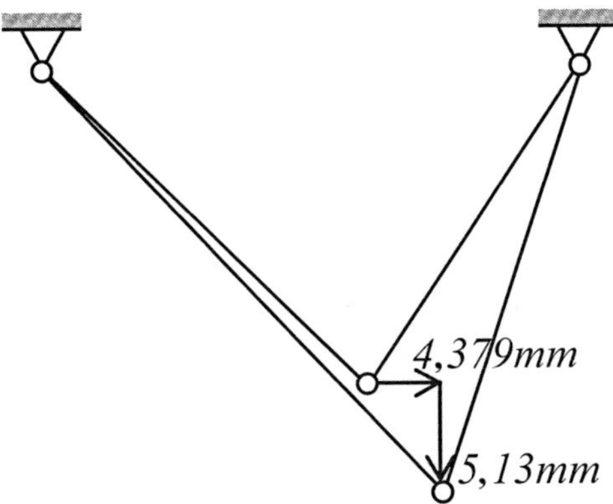

1.9. INTEGRACIÓN SEMIGRÁFICA

Para calcular cualquier desplazamiento debemos resolver una o varias integrales, para ello se deben calcular previamente las ecuaciones de momento del sistema real y del sistema virtual, las cuales se multiplicarán para luego integrar dicha función como ya es costumbre. Este procedimiento es muy tedioso por lo cual se ha tabulado las soluciones de las integrales en función a las características geométricas de los diagramas de sus esfuerzos internos.

Cualquiera sea el desplazamiento a calcular, los diagramas de momento, corte y normal, para los sistemas virtuales corresponderá una función de primer grado, es decir, una línea recta, oblicua a la barra. En el caso de los sistemas reales, estos esfuerzos podrán ser funciones de primer, segundo o tercer grados.

$$P'\cdot\Delta=\int\frac{M\cdot M'\cdot ds}{E\cdot I}+\int\frac{N\cdot N'\cdot ds}{E\cdot A}+\int\frac{x\cdot Q\cdot Q'\cdot ds}{G\cdot A}$$

Según estas consideraciones, estudiaremos la interpretación gráfica de la anterior expresión.

Tomemos como ejemplo la integral de momentos, y consideremos la geometría del momento M' (sistema virtual) una línea recta oblicua a la barra de longitud L y el momento M (del sistema real) una curva cualquiera.

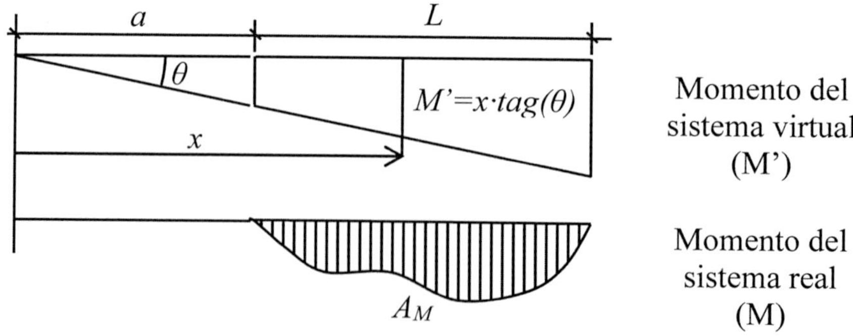

Figura 1.48 Diagramas de momento.

La integral se escribirá:

$$P'\cdot\Delta = \frac{1}{E\cdot I}\int M\cdot M'\cdot ds$$

Reemplazando $M' = x\cdot tag(\theta)$

$$P'\cdot\Delta = \frac{1}{E\cdot I}\int_{a}^{a+L} M\cdot x\cdot tag(\theta)\cdot ds \qquad (20)$$

Sacando $tag(\theta)$ fuera de la integral tenemos:

$$P'\cdot\Delta = \frac{1}{E\cdot I}\cdot tag(\theta)\cdot\int_{a}^{a+L} M\cdot x\cdot\, ds \qquad (21)$$

La integral de $M\cdot x$ representa el momento estático que empleábamos para calcular el baricentro de una superficie definida por una función, es decir:

$$A_M\cdot\overline{x} = \int_{a}^{a+L} M\cdot x\cdot\, ds \qquad (22)$$

Reemplazando 26 en 25 tenemos:

$$P'\cdot\Delta = \frac{1}{E\cdot I}\cdot tag(\theta)\cdot A_M\cdot\overline{x} \qquad (23)$$

A_M = Área del diagrama de momento del sistema real

$\overline{x}$ = Coordenada x del baricentro de G del sistema real

La interpretación gráfica de la ecuación 23 es:

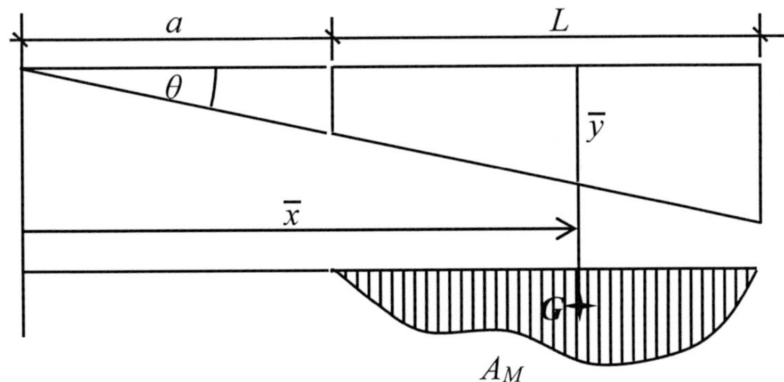

Figura 1.49 Posición del baricentro G.

Además, sabiendo que:

$$tag(\theta) = \frac{\overline{y}}{\overline{x}} \rightarrow \overline{y} = \overline{x} \cdot tag(\theta) \quad (24)$$

Reemplazando 24 en 23 obtenemos:

$$P' \cdot \Delta = \frac{1}{E \cdot I} \cdot A_M \cdot \overline{y}$$

De esta última expresión debemos entender que la integral de la fórmula del método de carga virtual es equivalente a:

$$\int_0^L M \cdot M' \cdot ds = A_M \cdot \overline{y} \quad (25)$$

A_M = Área del diagrama de momento del sistema real.

$\overline{y}$ = Altura de momento del sistema virtual en la posición x del baricentro G del diagrama de momento del sistema real.

Como los diagramas de esfuerzos son figuras de geometría conocida, podremos aplicar la fórmula 25 para determinar cualquier desplazamiento.

Por ejemplo, si el diagrama de esfuerzo del sistema real es una parábola de 2.º grado y además el diagrama de esfuerzo del sistema virtual es un triángulo rectángulo, tendremos el siguiente análisis.

- Sistema real

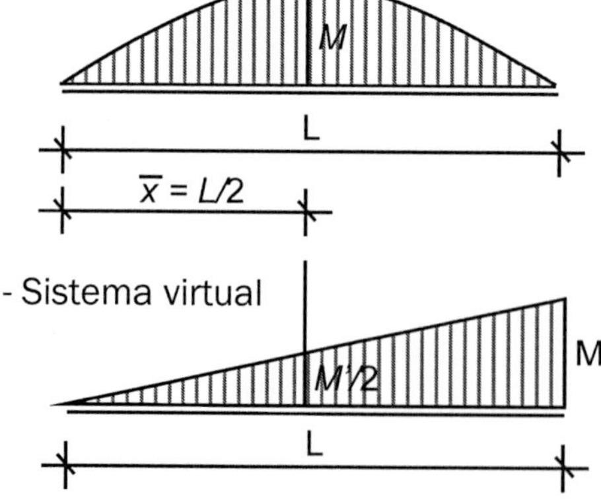

El área del diagrama de momento del sistema real es:

$$A_M = \frac{2 \cdot M \cdot L}{3}$$

El baricentro del sistema real está a $L/2$ y en esa posición y del sistema virtual tiene un valor de:

$$\overline{y} = \frac{M'}{25}$$

Figura 1.50 Combinación de diagramas de momento.

Por lo tanto, la integral será:

$$\int_0^L M \cdot M' \cdot ds = A_{M'} y = \frac{2}{3} \cdot M \cdot L \cdot \frac{M'}{2} = \frac{1}{3} \cdot M \cdot M' \cdot L$$

Los diagramas de esfuerzos suelen ser figuras rectangulares, triangulares, trapezoidales o parabólicas, si aplicamos la expresión 25 para combinar cada una de estas figuras con las restantes, podemos liberarnos de efectuar el cálculo de la integral para obtener los desplazamientos. La tabla 3 resume las integrales semigráficas para las combinaciones más comunes.

Para un uso correcto de esta tabla se deberán considerar los siguientes puntos:

1.- Los diagramas de esfuerzos del sistema real y virtual se deberán descomponer en figuras simples (rectángulo, triangulo, trapecio, etc.) utilizando el principio de descomposición de áreas o utilizando la tabla 4 de artificios, de tal manera que podamos encontrar dichas figuras en la tabla de integración semigráfica.

2.- Para combinar los diagramas de esfuerzos se entrará por la primera columna de la tabla, perteneciente a las figuras de los diagramas de esfuerzos del sistema real; en esta columna identificará la figura correspondiente al esfuerzo, por ejemplo, un triángulo, luego, en la fila de los diagramas del sistema virtual, identificaremos la figura correspondiente, por ejemplo, un trapecio. Finalmente, interceptamos la fila y columna de ambas figuras obteniendo la fórmula correspondiente para la combinación de las figuras del sistema real y virtual. Véase la siguiente figura aclaratoria:

Válido para los diagramas de momento, cortante, normal y momento de torsión.	**SISTEMAS VIRTUALES**			
	M	M'_B	M'_A M'_B	M' α' β'
M	$L \cdot M \cdot M'$	$\frac{1}{2} \cdot L \cdot M \cdot M'_B$	$\frac{1}{2} \cdot L \cdot M \cdot (M'_A + M'_B)$	$\frac{1}{2} \cdot L \cdot M \cdot M'$
M_B	$\frac{1}{2} \cdot L \cdot M_B \cdot M'$	$\frac{1}{3} \cdot L \cdot M_B \cdot M'_B$	$\frac{1}{6} \cdot L \cdot M_B \cdot (M'_A + 2M'_B)$	$\frac{1}{6} \cdot L(1+\alpha) \cdot M_B \cdot M'$
M_A	$\frac{1}{2} \cdot L \cdot M_A \cdot M'$	$\frac{1}{6} \cdot L \cdot M_A \cdot M'_B$	$\frac{1}{6} \cdot L \cdot M_A \cdot (2M'_A + M'_B)$	$\frac{1}{6} \cdot L(1+\beta) \cdot M_A \cdot M'$
M_A M_B	$\frac{1}{2} \cdot L \cdot (M_A + M_B) \cdot M'$	$\frac{1}{6} \cdot L(M_A + 2M_B) \cdot M'_B$	$\frac{1}{6} \cdot L[M'_A \cdot (2M_A + M_B) + M'_B(M_A + 2M_B)]$	$\frac{1}{6} \cdot L[(1+\beta) \cdot M_A + (1+\alpha) \cdot M_B]M'$

Figura 1.51 Tabla de integración semigráfica.

3.- Cuando seleccionamos las figuras en la primera fila y columna de la tabla, además de la forma geométrica del esfuerzo interno debemos considerar los siguientes aspectos:

a) Combinación de figuras asimétricas

La fórmula a emplear es la misma cuando ambas figuras tienen pendientes positivas o pendientes negativas:

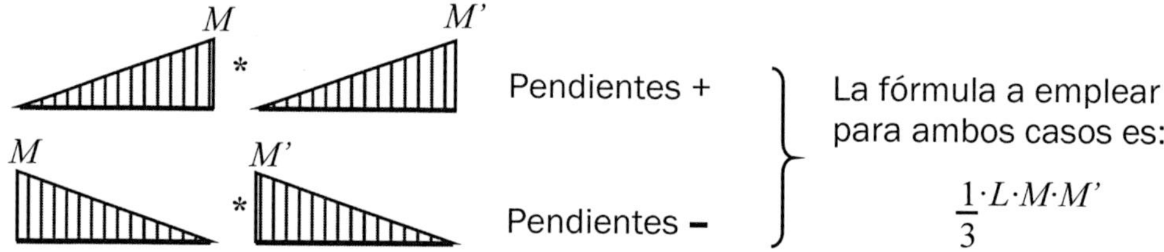

Figura 1.52 Combinación de diagramas.

La combinación de dos figuras tiene la misma fórmula cuando las pendientes tienen signos opuestos.

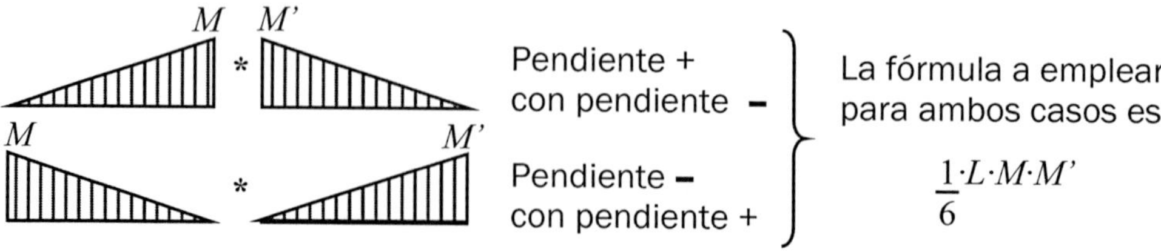

Figura 1.53 Combinación de diagramas.

b) Combinación de una figura simétrica con otra asimétrica

En la determinación de la fórmula no influye el signo de la pendiente.

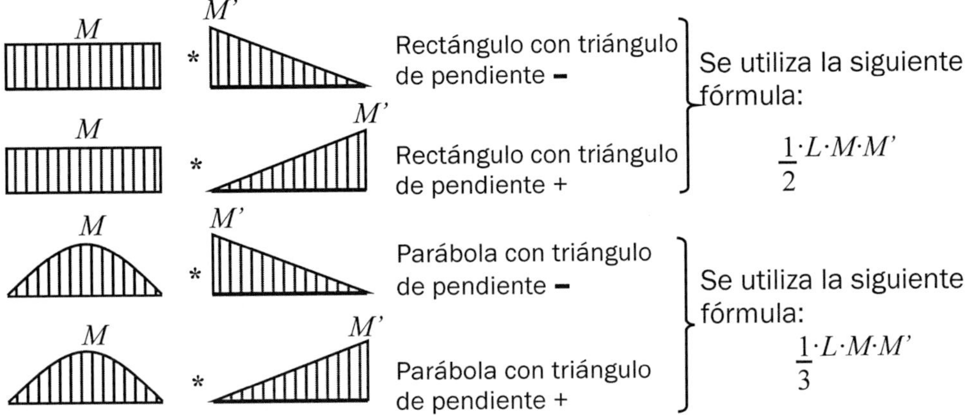

Figura 1.54 Combinación de figura simétrica con otra asimétrica.

4.- La combinación de los diagramas de esfuerzos podrán tener signos positivos o negativos según la posición de los diagramas con respecto a las barras,; se asignará un signo (+ o -) para la fórmula seleccionada.

- Diagramas de esfuerzos del sistema real y virtual a un mismo lado de la barra tienen signo positivo.

Figura 1.55 Combinación de figuras con signos iguales.

- Diagramas de esfuerzos del sistema real y virtual en lados diferentes de la barra tienen signo negativo.

Figura 1.56 Combinación de figuras con signos diferentes.

5.- Las fórmulas deducidas para combinar los diagramas de momento también son válidas para combinar otros tipos de esfuerzos internos como los de corte, normal o momento de torsión.

TABLA 3. INTEGRACIÓN SEMIGRÁFICA

Válido para los diagramas de momento, cortante, normal y momento de torsión.	SISTEMAS VIRTUALES			
SISTEMAS REALES	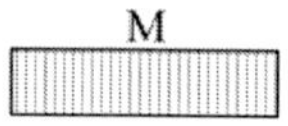 M	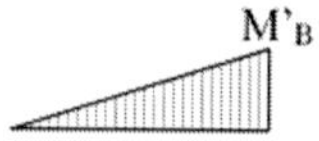 M'_B	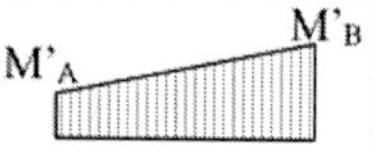 M'_A, M'_B	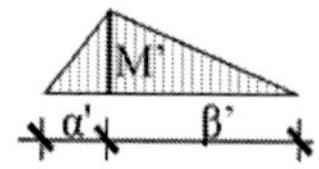 M' (α', β')
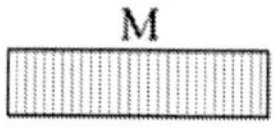 M	$L\cdot M\cdot M'$	$\frac{1}{2}L\cdot M\cdot M'_B$	$\frac{1}{2}L\cdot M\cdot(M'_A+M'_B)$	$\frac{1}{2}L\cdot M\cdot M'$
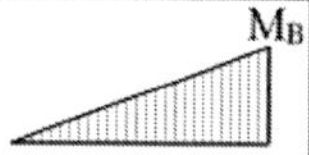 M_B	$\frac{1}{2}L\cdot M_B\cdot M'$	$\frac{1}{3}L\cdot M_B\cdot M'_B$	$\frac{1}{6}L\cdot M_B\cdot(M'_A+2M'_B)$	$\frac{1}{6}L(1+\alpha)\cdot M_B\cdot M'$
 M_A	$\frac{1}{2}L\cdot M_A\cdot M'$	$\frac{1}{6}L\cdot M_A\cdot M'_B$	$\frac{1}{6}L\cdot M_A\cdot(2M'_A+M'_B)$	$\frac{1}{6}L(1+\beta)\cdot M_A\cdot M'$
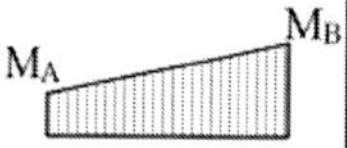 M_A, M_B	$\frac{1}{2}L\cdot(M_A+M_B)\cdot M'$	$\frac{1}{6}L(M_A+2M_B)\cdot M'_B$	$\frac{1}{6}L[M'_A\cdot(2M_A+M_B)+M'_B(M_A+2M_B)]$	$\frac{1}{6}L[(1+\beta)\cdot M_A+(1+\alpha)\cdot M_B]M'$
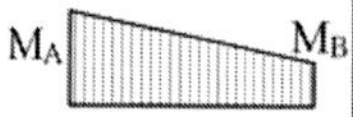 M_A, M_B	$\frac{1}{2}L\cdot(M_A+M_B)\cdot M'$	$\frac{1}{6}L(M_A+2M_B)\cdot M'_B$	$\frac{1}{6}L[M'_A\cdot(2M_A+M_B)+M'_B(M_A+2M_B)]$	$\frac{1}{6}L[(1+\beta)\cdot M_A+(1+\alpha)\cdot M_B]M'$
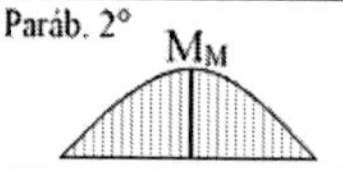 Paráb. 2° M_M	$\frac{2}{3}L\cdot M_M\cdot M'$	$\frac{1}{3}L\cdot M_M\cdot M'_B$	$\frac{1}{3}L\cdot M_M\cdot(M'_A+M'_B)$	$\frac{1}{3}L(1+\alpha\cdot\beta)\cdot M_M\cdot M'$
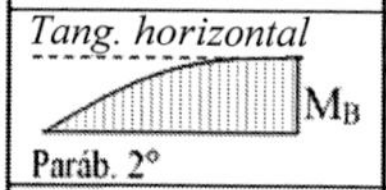 *Tang. horizontal* M_B Paráb. 2°	$\frac{2}{3}L\cdot M_B\cdot M'$	$\frac{5}{12}L\cdot M_B\cdot M'_B$	$\frac{1}{12}L\cdot M_B(3M'_A+5M'_B)$	$\frac{1}{12}L(5-\beta-\beta^2)\cdot M_B\cdot M'$
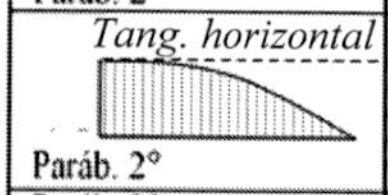 *Tang. horizontal* Paráb. 2°	$\frac{2}{3}L\cdot M_A\cdot M'$	$\frac{1}{4}L\cdot M_A\cdot M'_B$	$\frac{1}{12}L\cdot M_A(5M'_A+3M'_B)$	$\frac{1}{12}L(5-\alpha-\alpha^2)\cdot M_A\cdot M'$
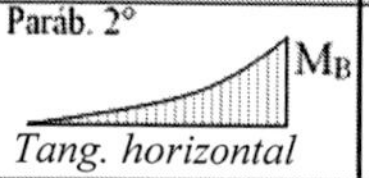 Paráb. 2° M_B *Tang. horizontal*	$\frac{1}{3}L\cdot M_B\cdot M'$	$\frac{1}{4}L\cdot M_B\cdot M'_B$	$\frac{1}{12}L\cdot M_B(M'_A+3M'_B)$	$\frac{1}{12}L(1+\alpha+\alpha^2)\cdot M_B\cdot M'$
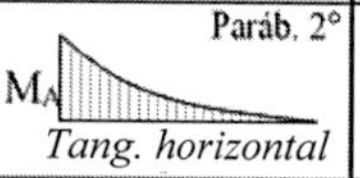 Paráb. 2° M_A *Tang. horizontal*	$\frac{1}{3}L\cdot M_A\cdot M'$	$\frac{1}{12}L\cdot M_A\cdot M'_B$	$\frac{1}{12}L\cdot M_A(3M'_A+M'_B)$	$\frac{1}{12}L(1+\beta+\beta^2)\cdot M_A\cdot M'$
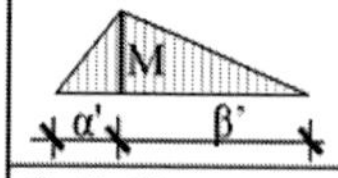 M (α', β')	$\frac{1}{2}L\cdot M\cdot M'$	$\frac{1}{6}L(1+\alpha)\cdot M\cdot M'_B$	$\frac{1}{6}L\cdot M[(1+\beta)\cdot M'_A+(1+\alpha)\cdot M'_B]$	$\frac{1}{3}L\cdot M\cdot M'$
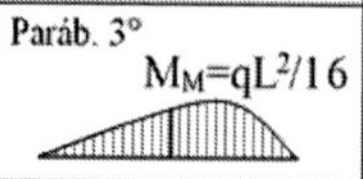 Paráb. 3° $M_M=qL^2/16$	$\frac{2}{3}L\cdot M_M\cdot M'$	$\frac{16}{45}L\cdot M_M\cdot M'_B$	$\frac{2}{45}L\cdot M_M(7M'_A+8M'_B)$	$\frac{2\cdot L\cdot M_M\cdot M'}{45\cdot\alpha\cdot\beta}[8(\beta-1)+3\alpha^5-10\alpha^3+15\alpha]$
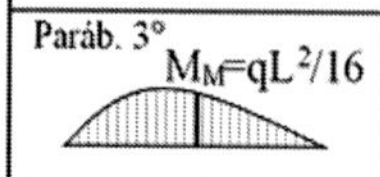 Paráb. 3° $M_M=qL^2/16$	$\frac{2}{3}L\cdot M_M\cdot M'$	$\frac{14}{45}L\cdot M_M\cdot M'_B$	$\frac{2}{45}L\cdot M_M(8M'_A+7M'_B)$	$\frac{2\cdot L\cdot M_M\cdot M'}{45\cdot\alpha\cdot\beta}[7(\beta-1)-3\alpha^5+15\alpha^4-20\alpha^3+15\alpha]$

Para los valores de $\alpha = \alpha'/L$ y $\beta = \beta'/L$.

TABLA 4. ARTIFICIOS PARA INTEGRACIÓN SEMIGRÁFICA

INICIAL	DESCOMPOSICIÓN	INICIAL	DESCOMPOSICIÓN

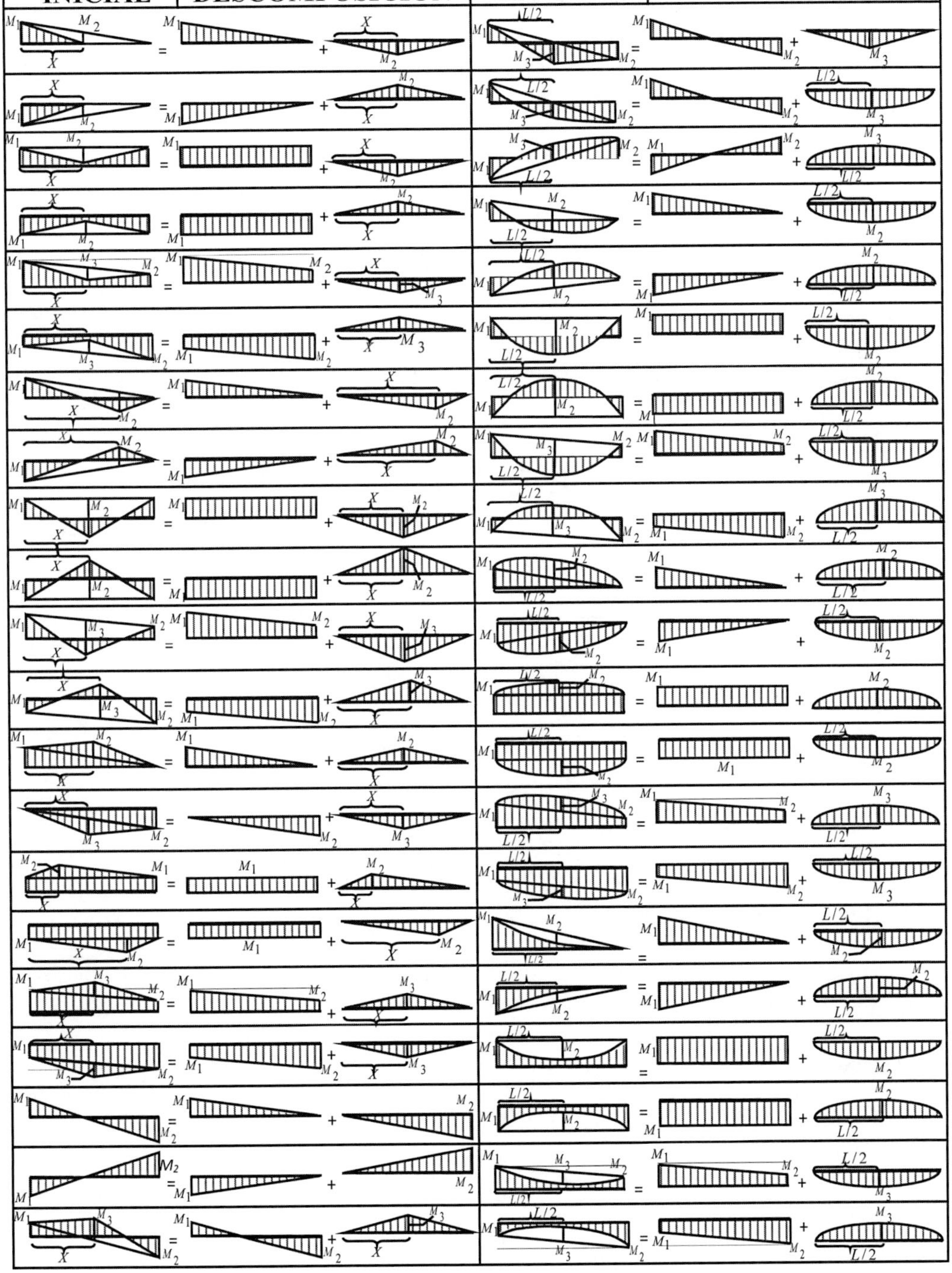

EJERCICIO 9

Calcular el desplazamiento vertical de la sección s-s.

Datos

E, I

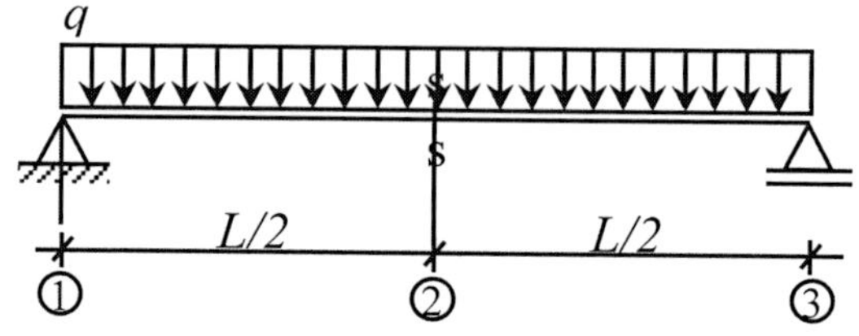

Figura 1.57 Viga simplemente apoyada.

1.- Sistema real y virtual

Para la carga del sistema virtual puede consultar la tabla 1.

Sistema real

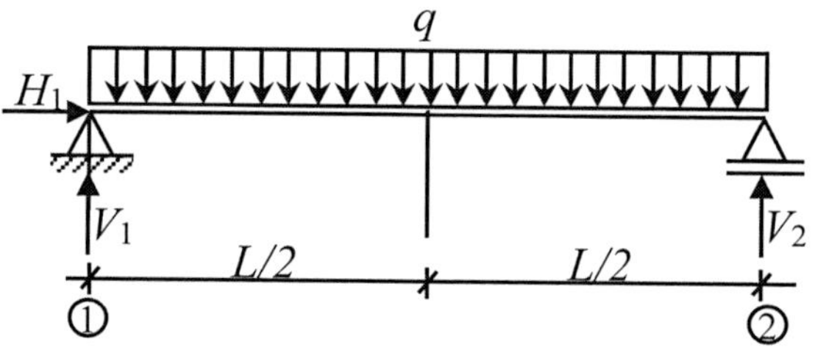

Sistema virtual

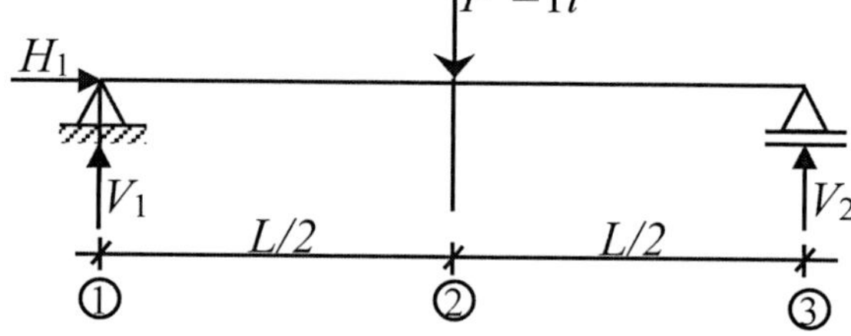

2.- Cálculo de reacciones

Asumimos el sentido de las reacciones y aplicamos las ecuaciones de equilibrio estático.

a) Sistema real

$$\Sigma F_H = 0 \rightarrow \oplus$$

$$H_1 = 0$$

$$\Sigma M_1 = 0 \circlearrowright \oplus$$

$$q \cdot L \cdot \frac{L}{2} - V_2 \cdot L = 0$$

$$V_2 = \frac{q \cdot L}{2}$$

$$\Sigma F_V = 0 \uparrow \oplus$$

$$V_1 - q \cdot L + \frac{q \cdot L}{2} = 0$$

$$V_1 = \frac{q \cdot L}{2}$$

b) Sistema virtual

$$\Sigma F_H = 0 \rightarrow \oplus$$
$$H_1 = 0$$

$$\Sigma M_1 = 0 \circlearrowleft \oplus$$
$$1 \cdot \frac{L}{2} - V_2 \cdot L = 0$$
$$V_2 = 0{,}5t$$

$$\Sigma F_V = 0 \uparrow \oplus$$
$$V_1 - 1 + 0{,}5 = 0$$
$$V_1 = 0{,}5t$$

3.- Diagramas de momento

a) Sistema real

b) Sistema virtual

4.- Cálculo del desplazamiento

De la tabla 2 (Vigas con cargas transversales) se obtiene la siguiente fórmula:

$$P' \cdot \Delta = \int_{L_O}^{L_F} \frac{M \cdot M'}{E \cdot I} dx = \frac{1}{E \cdot I} \left[\int_{L_O}^{L_F} M \cdot M' \, dx \right]$$

La integral del corchete lo resolvemos aplicando la tabla 3.

$$\Delta_V = \frac{1}{E \cdot I} \cdot \left[\frac{1}{3} \cdot L \left(1 + \frac{\frac{L}{2}}{L} \cdot \frac{\frac{L}{2}}{L} \right) \cdot \frac{q \cdot L^2}{8} \cdot \frac{L}{4} \right] = \frac{1}{E \cdot I} \left[\frac{L}{3} \cdot \left(1 + \frac{1}{4} \right) \cdot \frac{q \cdot L^3}{32} \right] = \frac{5 \cdot q \cdot L^4}{384 \cdot E \cdot I}$$

5.- Representación gráfica del desplazamiento

Asumimos una deformación coherente para poder representar correctamente el desplazamiento calculado.

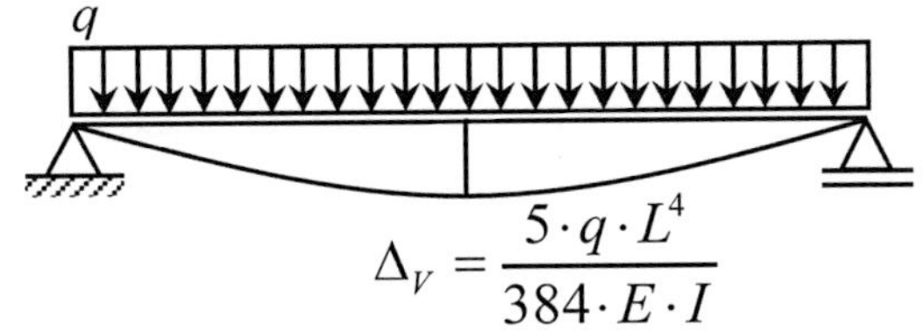

$$\Delta_V = \frac{5 \cdot q \cdot L^4}{384 \cdot E \cdot I}$$

EJERCICIO 10

Calcular el desplazamiento vertical máximo.

Datos

E, I

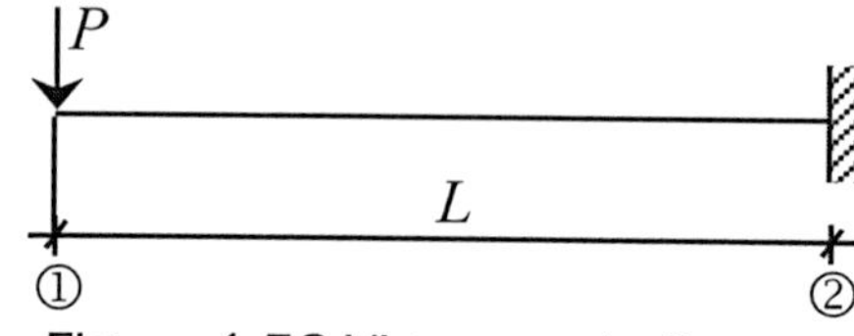

Figura 1.58 Viga en voladizo.

1.- Sistema real y virtual

El desplazamiento máximo se produce debajo de la carga P.

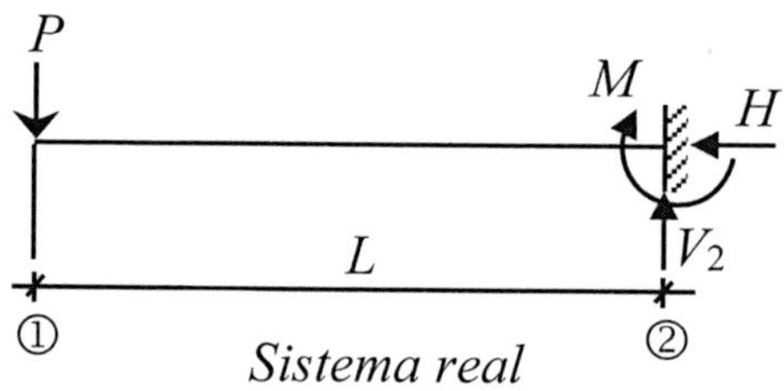

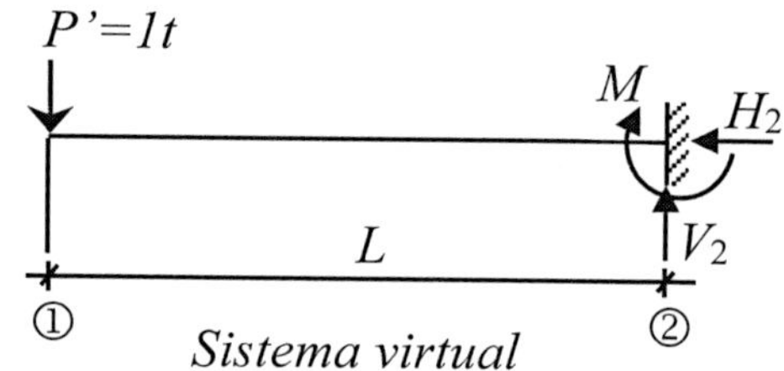

2.- Cálculo de reacciones

Asumimos el sentido de las reacciones y aplicamos las ecuaciones de equilibrio estático.

a) Sistema real

$$\Sigma F_H = 0 \rightarrow \oplus$$
$$-H_2 = 0$$
$$H_2 = 0$$

$$\Sigma F_V = 0 \uparrow \oplus$$
$$-P + V_2 = 0$$
$$V_2 = P$$

$$\Sigma M_2 = 0 \circlearrowleft \oplus$$
$$-P \cdot L + M_2 = 0$$
$$M_2 = P \cdot L$$

b) Sistema virtual

$$\Sigma F_H = 0 \rightarrow \oplus$$
$$-H_2 = 0$$
$$H_2 = 0$$

$$\Sigma F_V = 0 \uparrow \oplus$$
$$-1 + V_2 = 0$$
$$V_2 = 1$$

$$\Sigma M_2 = 0 \circlearrowleft \oplus$$
$$-1 \cdot L + M_2 = 0$$
$$M_2 = L$$

3.- Diagramas de momento

a) Sistema real

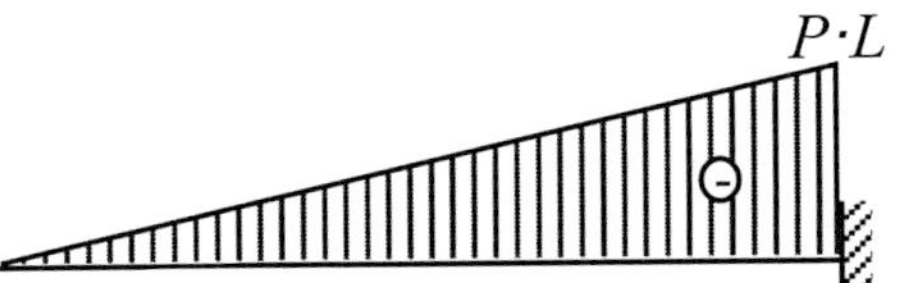

b) Sistema virtual

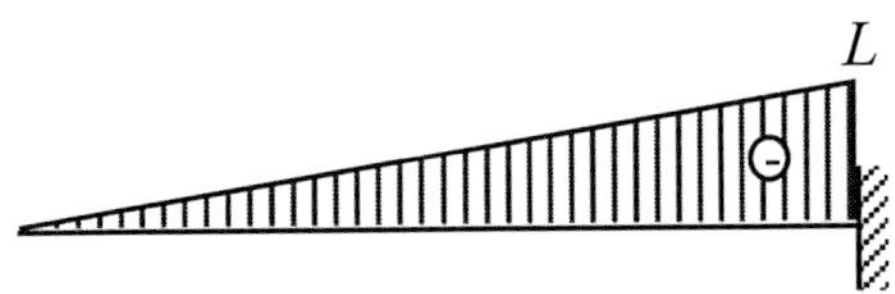

4.- Cálculo del desplazamiento

De la tabla 2 (Vigas con cargas transversales) se obtiene la siguiente fórmula:

$$P'\cdot\Delta = \int_{L_O}^{L_F} \frac{M\cdot M'}{E\cdot I}dx = \frac{1}{E\cdot I}\left[\int_{L_O}^{L_F} M\cdot M'\,dx\right]$$

La integral del corchete la resolvemos aplicando la tabla 3.

$$\Delta_{V(MAX)} = \frac{1}{E\cdot I}\cdot\left[\frac{1}{3}\cdot L\cdot(-PL)\cdot(-L)\right]$$

$$\Delta_{V(MAX)} = \frac{P\cdot L^3}{3\cdot E\cdot I}$$

5.- Representación gráfica del desplazamiento

Asumimos una deformación coherente para poder representar correctamente el desplazamiento calculado.

EJERCICIO 11

Utilizando la tabla de integración semigráfica, calcular el desplazamiento vertical en el nudo 3.

Datos

$E = 2 \cdot 10^6 \, t/m^2$

$b/h = 20/30$

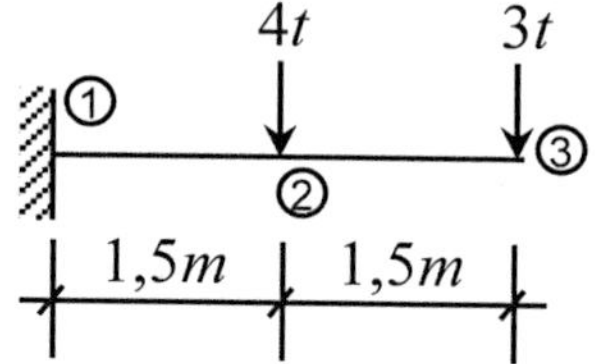

Figura 1.59 Viga en voladizo.

1.- Sistema real y virtual

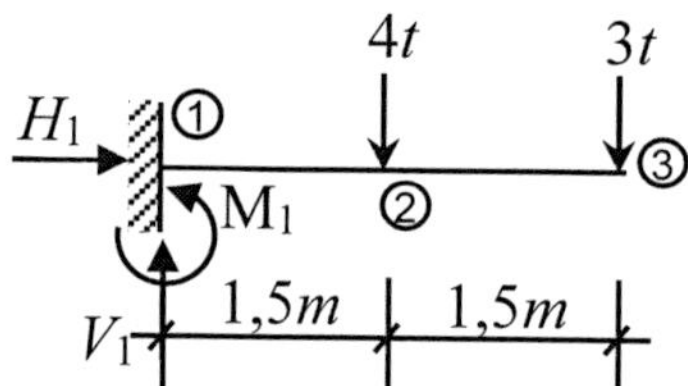

Sistema real

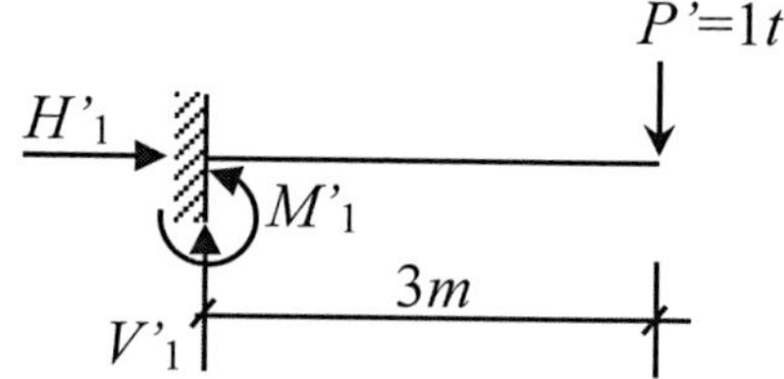

Sistema virtual

2.- Cálculo de reacciones

a) Sistema real

$$\sum FH = 0 \rightarrow \oplus$$
$$H_1 = 0$$
$$\sum FV = 0 \uparrow \oplus$$
$$V_1 - 4 - 5 = 0$$
$$V_1 = 9t$$
$$\sum M_1 = 0 \circlearrowright \oplus$$
$$-M_1 + 4 \cdot 1{,}5 + 3 \cdot 3 = 0$$
$$M_1 = 15tm$$

b) Sistema virtual

$$\sum FH = 0 \rightarrow \oplus$$
$$H'_1 = 0$$
$$\sum FV = 0 \uparrow \oplus$$
$$V'_1 - 1 = 0$$
$$V'_1 = 1t$$
$$\sum M_1 = 0 \circlearrowright \oplus$$
$$-M'_1 + 1 \cdot 3 = 0$$
$$M'_1 = 3tm$$

3.- Diagrama de momento

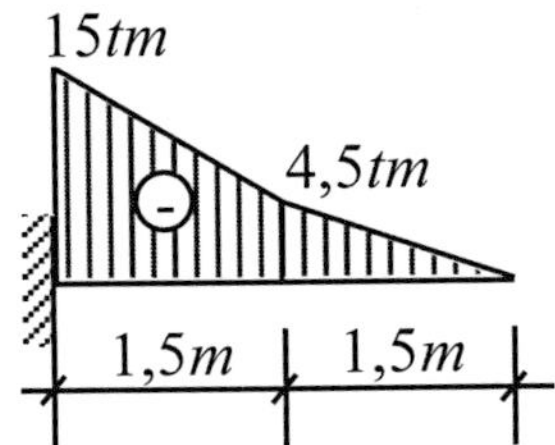

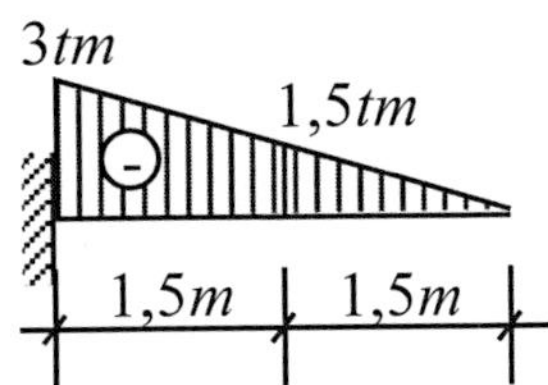

4.- Cálculo de desplazamiento

$$P`\Delta = \int \frac{M \cdot M'}{EI} dx$$

$$EI = 2 \cdot 10^6 \cdot \frac{0{,}2 \cdot 0{,}3^3}{12} = 900$$

$$1 \cdot \Delta = \frac{1}{EI}\left[\underset{1{,}5m}{\overset{15tm \quad 4{,}5tm}{\square}} * \underset{1{,}5m}{\overset{3tm \quad 1{,}5tm}{\square}} + \underset{1{,}5m}{\overset{4{,}5tm}{\triangle}} * \underset{1{,}5m}{\overset{1{,}5tm}{\triangle}} \right]$$

$$1 \cdot \Delta = \frac{1}{900}\left[\frac{1}{6}(1{,}5)[4{,}5 \cdot (2 \cdot 1{,}5 + 3) + 15(1{,}5 + 2 \cdot 3)] + \frac{1}{3} \cdot 1{,}5 \cdot 4{,}5 \cdot 1{,}5 \right] = 0{,}0425m$$

$$\Delta = 4{,}25cm$$

5.- Representación gráfica

EJERCICIO 12

Calcular la rotación absoluta de la cuerda 2-3. Utilice la tabla de integración semigráfica.

Datos

$E = 2 \cdot 10^6$ t/m^2

b = 20 cm

h = 50 cm

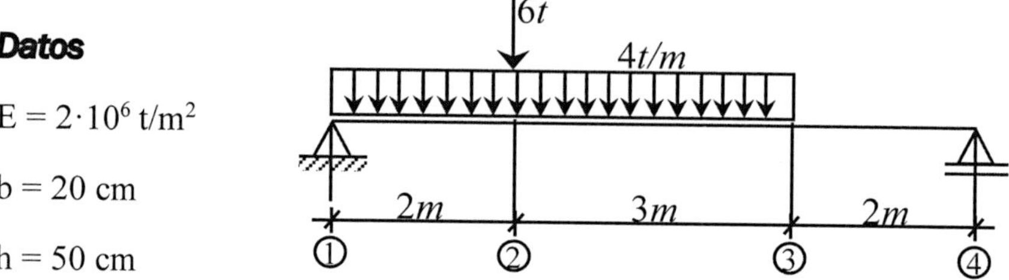

Figura 1.60 Viga con carga distribuida y puntual.

1.- Sistema real y virtual

Para la carga del sistema virtual puede consultar la tabla 1.

Sistema real

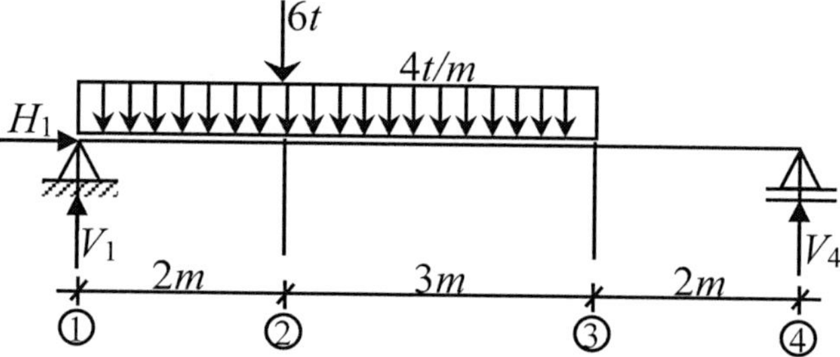

Sistema virtual

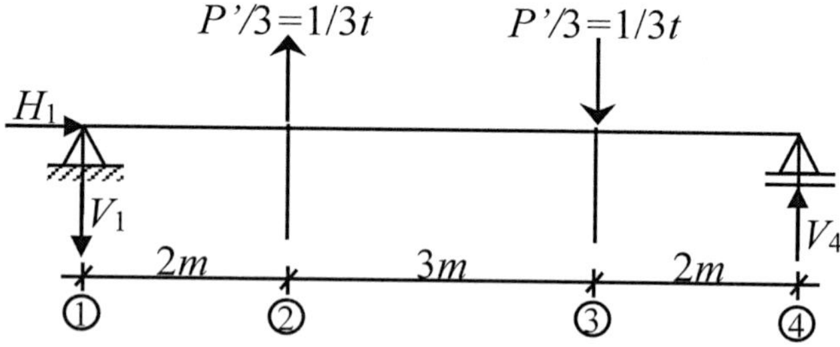

2.- Cálculo de reacciones

Asumimos el sentido de las reacciones y aplicamos las ecuaciones de equilibrio estático.

a) Sistema real

$$\Sigma F_H = 0 \rightarrow \oplus$$
$$H_1 = 0$$

$$\Sigma M_1 = 0 \circlearrowright \oplus$$
$$6 \cdot 2 + 4 \cdot 5 \cdot 2{,}5 - V_4 \cdot 7 = 0$$
$$V_4 = 8{,}857t$$

$$\Sigma F_V = 0 \uparrow \oplus$$
$$V_1 - 6 - 4 \cdot 5 + 8{,}857 = 0$$
$$V_1 = 17{,}143t$$

b) Sistema virtual

$$\Sigma F_H = 0 \rightarrow \oplus$$
$$H_1 = 0$$

$$\Sigma M_1 = 0 \circlearrowright \oplus$$
$$-\frac{1}{3} \cdot 2 + \frac{1}{3} \cdot 5 - V_4 \cdot 7 = 0$$
$$V_4 = 0{,}14286t$$

$$\Sigma F_V = 0 \uparrow \oplus$$
$$-V_1 + \frac{1}{3} - \frac{1}{3} + 0{,}14286 = 0$$
$$V_1 = 0{,}14286t$$

3.- Diagramas de momento

a) Sistema real

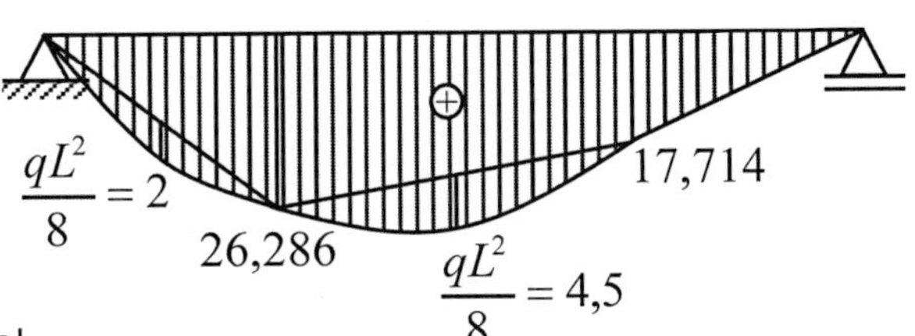

b) Sistema virtual

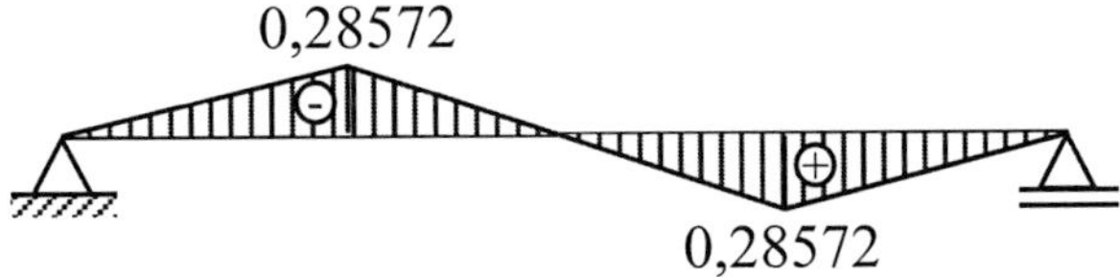

4.- Cálculo del desplazamiento

De la tabla 2 del anexo (Vigas con cargas transversales) se obtiene la siguiente fórmula:

$$P' \cdot \Delta = \int_{L_O}^{L_F} \frac{M \cdot M'}{E \cdot I} dx = \frac{1}{E \cdot I} \left[\int_{L_O}^{L_F} M \cdot M' \, dx \right]$$

La integral del corchete la resolvemos aplicando la tabla 3.

Primero calculamos E·I.

$$E{\cdot}I = 2\cdot10^6\cdot\frac{(0{,}2\cdot0{,}5^3)}{12} = 4166{,}667$$

Aplicamos la tabla 3, para calcular el desplazamiento.

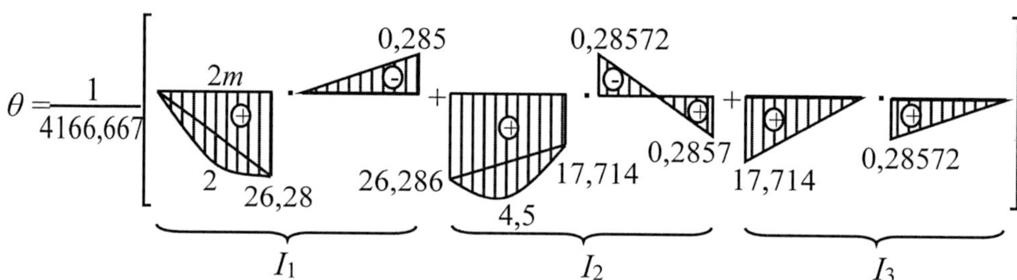

Utilizando la tabla 4, descomponemos en figuras simples las figuras anteriores.

- Cálculo de I_1

$I_1 =$ 2, 26,286, 0,2857, 2 $=$ 2, 26,286, 0,285, 2 $+$ 2, 2, 0,285, 2

$$I_1 = \frac{1}{3}\cdot2\cdot26{,}286\cdot(-0{,}28572) + \frac{1}{3}\cdot2\cdot2\cdot(-0{,}28572) = -5{,}3879$$

- Cálculo de I_2

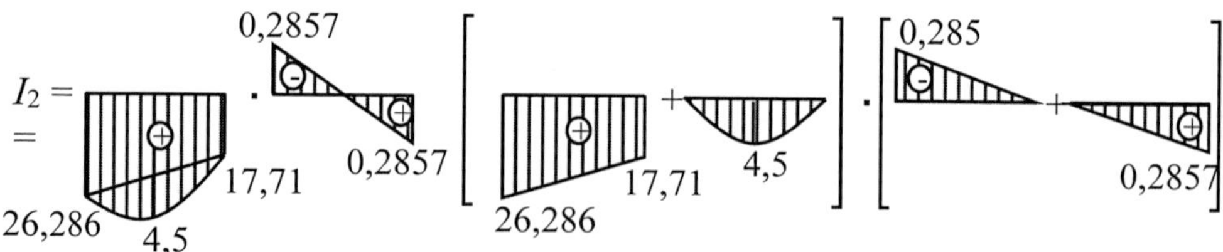

El trapecio del primer corchete se combina con cada triángulo del segundo corchete, de igual modo se procede con la parábola.

$$I_2 = \frac{1}{6}\cdot 3\cdot(17{,}714 + 2\cdot 26{,}286)(-0{,}28572) + \frac{1}{6}\cdot 3\cdot(2\cdot 17{,}714 + 26{,}286)\cdot 0{,}28572 +$$

$$+\frac{1}{3}\cdot 3\cdot 4{,}5\cdot(-0{,}28572) + \frac{1}{3}\cdot 3\cdot 4{,}5(0{,}28572)$$

$$I_2 = -1{,}2246$$

- Cálculo de I_2

I_3 =

17,714 · 0,28572

$$I_3 = \frac{1}{3}\cdot 2\cdot 17{,}714\cdot 0{,}28572 = 3{,}37416$$

$$\therefore \theta = \frac{1}{4166{,}667}\cdot\left[-5{,}3879 - 1{,}2246 + 3{,}37416\right] = -7{,}772\cdot 10^{-4}\,rad$$

$$\theta = -7{,}772\cdot 10^{-4}\,rad\cdot\frac{180^\circ}{\pi\cdot rad} = -0{,}0445^\circ$$

El signo negativo indica que el giro es opuesto al sentido asumido de la carga virtual.

5.- Representación gráfica del desplazamiento

Asumimos una deformación coherente para poder representar correctamente el desplazamiento calculado.

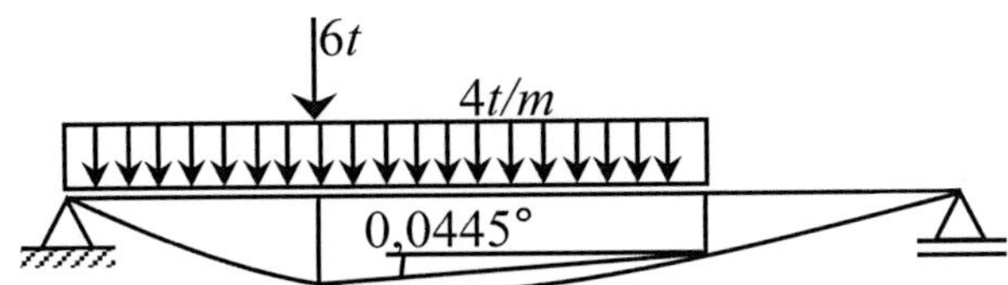

EJERCICIO 13

Calcular el desplazamiento horizontal en el nudo 2 utilizando la tabla de integración semigráfica.

Datos

E = $2 \cdot 10^6$ t/m

b/h = 20/30

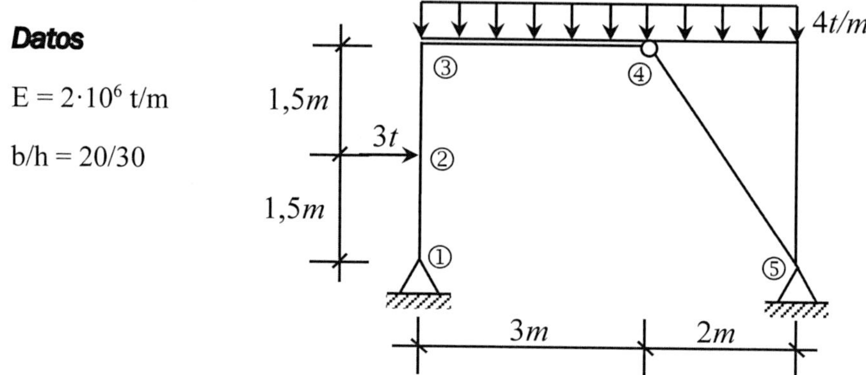

Figura 1.61 Portico con articulación.

1.- Sistema real y virtual

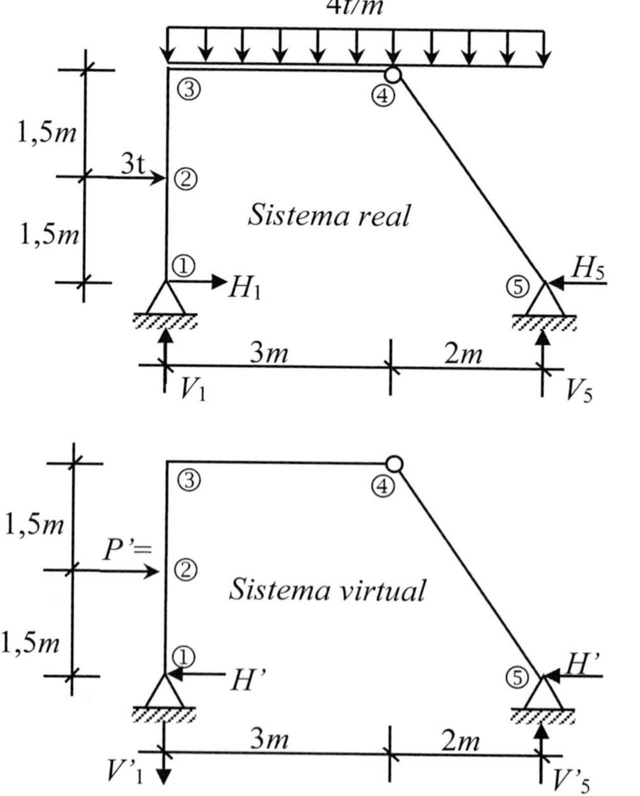

2.- Cálculo de reacciones

a) Sistema real

$$\sum M_1 = 0 \circlearrowright \oplus$$
$$3 \cdot 1{,}5 + (4 \cdot 5)2{,}5 - V_5 \cdot 5 = 0$$
$$V_5 = 10{,}9t$$

$$\sum M_4 = 0 \circlearrowright \oplus \ (derecha)$$
$$(4 \cdot 2)1 + H_5 \cdot 3 - 10{,}9 \cdot 2 = 0$$
$$H_5 = 4{,}6t$$

$$\sum FH = 0 \rightarrow \oplus$$
$$3 + H_1 - 4{,}6 = 0$$
$$H_1 = 1{,}6t$$

$$\sum FV = 0 \uparrow \oplus$$
$$V_1 - 4 \cdot 5 + 10{,}9 = 0$$
$$V_1 = 9{,}1t$$

b) Sistema virtual

$$\sum M_1 = 0 \circlearrowright \oplus$$
$$1 \cdot 1{,}5 - V'_5 \cdot 5 = 0$$
$$V'_5 = 0{,}3t$$

$$\sum M_4 = 0 \circlearrowright \oplus \ (derecha)$$
$$-0{,}3 \cdot 2 + H'_5 \cdot 3 = 0$$
$$H'_5 = 0{,}2t$$

$$\sum FV = 0 \rightarrow \oplus$$
$$1 - H'_1 - 0{,}2 = 0$$
$$H'_1 = 0{,}8t$$

$$\sum FV = 0 \uparrow \oplus$$
$$-V'_1 + 0{,}3 = 0$$
$$V'_1 = 0{,}3t$$

3.- Diagramas de esfuerzos

a) Momento flector

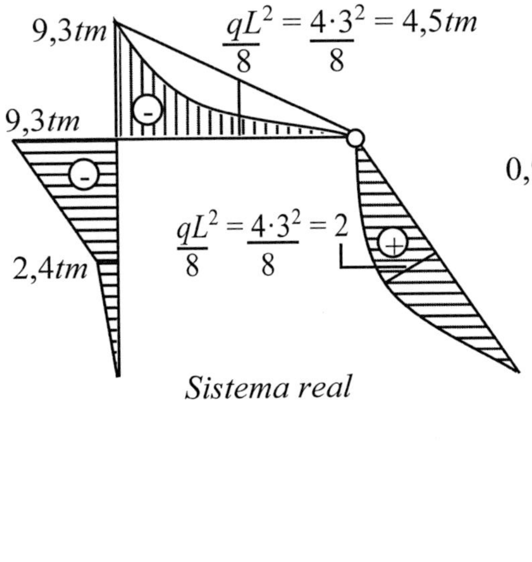

Sistema real

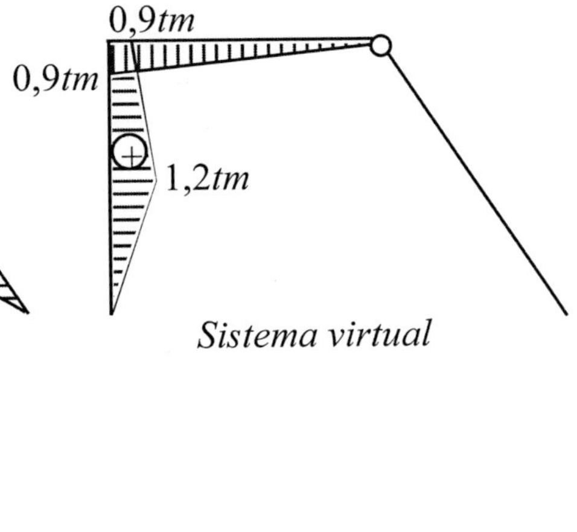

Sistema virtual

b) Normal

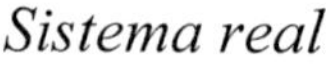

$$\alpha = arctag\left(\frac{3}{2}\right)$$

$$\alpha = 56{,}31^{o}$$

$$N_1 = 4{,}6\cos\alpha$$

$$N_1 = 2{,}55t$$

$$N_2 = 10{,}9sen\alpha$$

$$N_2 = 9{,}07t$$

$$N_3 = 8\cos\alpha$$

$$N_3 = 4{,}4t$$

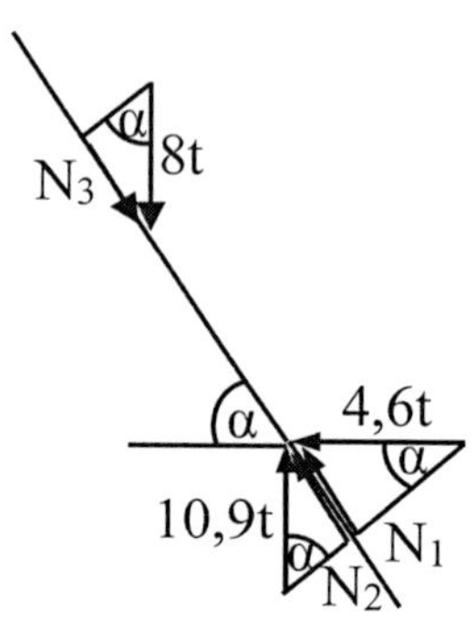

Sistema virtual

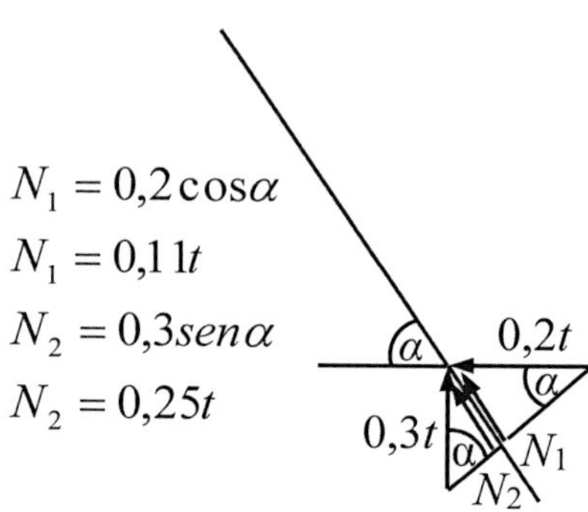

$$N_1 = 0{,}2\cos\alpha$$

$$N_1 = 0{,}11t$$

$$N_2 = 0{,}3sen\alpha$$

$$N_2 = 0{,}25t$$

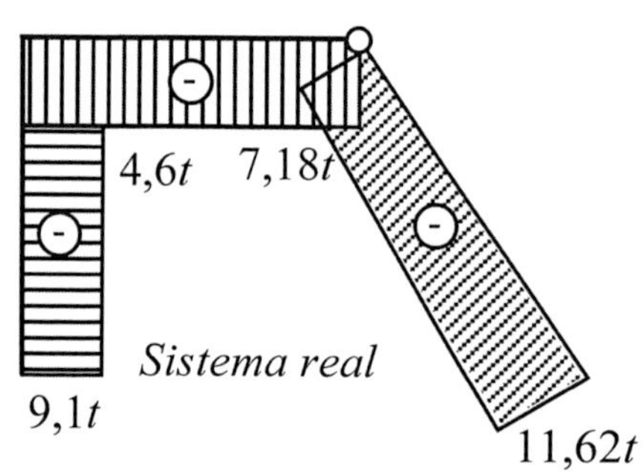

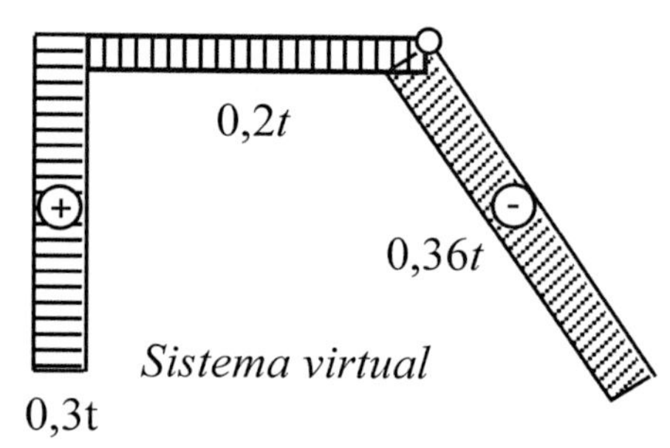

4.- Cálculo del desplazamiento

$$P'\Delta = \int \frac{M \cdot M'}{E \cdot I} dx + \int \frac{N \cdot N'}{E \cdot A} dx$$

$$E \cdot I = 2 \cdot 10^{6} \cdot \frac{0{,}2 \cdot 0{,}3^{3}}{12} = 900 \qquad E \cdot A = 2 \cdot 10^{6} \cdot 0{,}2 \cdot 0{,}3 = 120000$$

$$1 \cdot \Delta = \frac{1}{900}\Big[\; (2{,}4 \; \ast \; 1{,}2) + (9{,}3 \;\; 0{,}9 \; \ast \; 2{,}4 \;\; 1{,}2) + (9{,}3 \;\; 4{,}5 \; \ast \; 0{,}9) \;\Big] + \frac{1}{120000}\Big[\; (9{,}1 \; \ast \; 0{,}3)$$

$$+ \; (4{,}5 \; \ast \; 0{,}2) + (7{,}18 \;\; 11{,}62 \; \ast \; 0{,}36) \;\Big]$$

$$\Delta = \frac{1}{900}\left[-\frac{1}{3}\cdot 1{,}5\cdot 2{,}4\cdot 1{,}2-\frac{1}{6}\cdot 1{,}5\big(2{,}4(0{,}9+2\cdot 1{,}2)+9{,}3(2\cdot 0{,}9+1\cdot 2)\big)\right]+ \underset{3m}{\overset{9{,}3}{\text{◺}}} * \underset{0{,}9}{\overset{3m}{\text{◸}}}$$

$$+ \underset{4{,}5}{\overset{3m}{\smile}} * \underset{0{,}9}{\overset{3m}{\text{◸}}}\ \Big] + \frac{1}{120000}\left[-3\cdot 9{,}1\cdot 0{,}3+3\cdot 4{,}6\cdot 0{,}2+\frac{1}{2}\sqrt{13}\cdot 0{,}36(7{,}18+1{,}62)\right]$$

$$\Delta = \frac{1}{900}\left[-10{,}395-\frac{1}{3}\cdot 3(9{,}3)(0{,}9)+\frac{1}{3}\cdot 3(4{,}5)(0{,}9)\right]+\frac{1}{120000}[6{,}771]$$

$\Delta = -0{,}0163m = -1{,}63cm$ *su sentido es opuesto a la carga virtual.*

5.- Representación gráfica

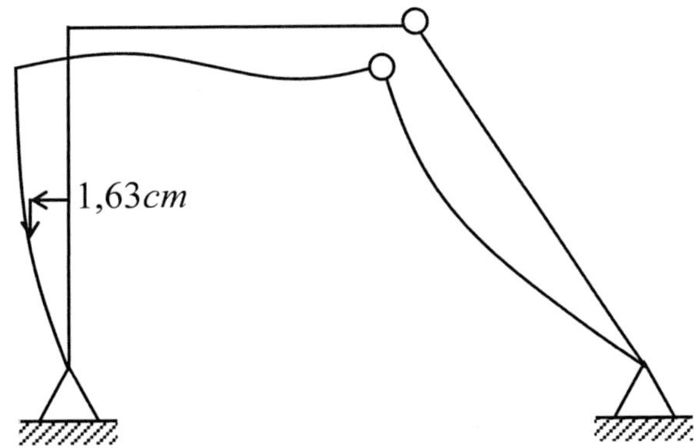

EJERCICIO 14

Calcular la rotación absoluta de la barra 1-2. Utilice la tabla de integración semigráfica.

Datos

$E = 2 \cdot 10^6 \text{ t/m}^2$

$b = 20 \text{ cm}$

$h = 40 \text{ cm}$

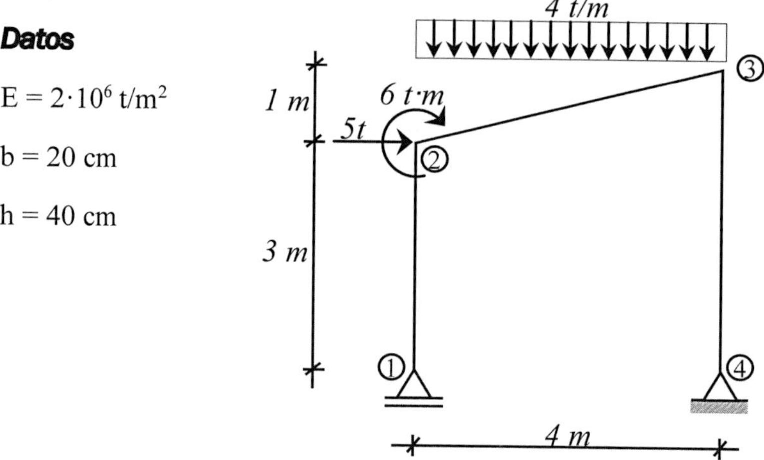

Figura 1.62 Pórtico con cargas puntuales y distribuidas.

1.- Sistema real y virtual

Para el cargado del sistema virtual puede consultar la tabla 1.

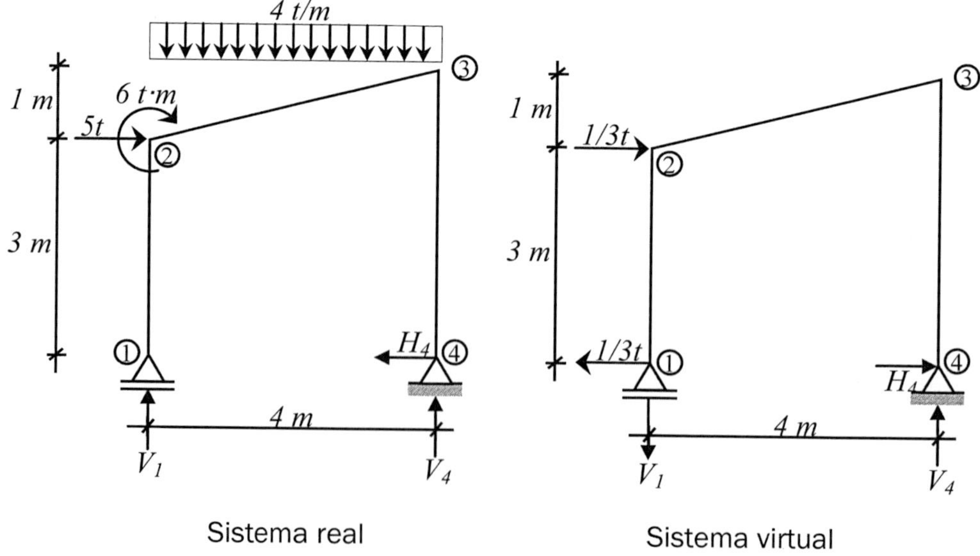

Sistema real

Sistema virtual

2.- Cálculo de reacciones

Asumimos el sentido de las reacciones y aplicamos las ecuaciones de equilibrio estático.

a) Sistema real

$$\Sigma F_H = 0 \rightarrow \oplus$$
$$5 - H_4 = 0$$
$$H_4 = 5t$$

$$\Sigma M_1 = 0 \circlearrowright \oplus$$
$$5 \cdot 3 + 6 + 4 \cdot 4 \cdot 2 - V_4 \cdot 4 = 0$$
$$V_4 = 13{,}25t$$

$$\Sigma F_V = 0 \uparrow \oplus$$
$$V_1 - 4 \cdot 4 + 13{,}25 = 0$$
$$V_1 = 2{,}75t$$

b) Sistema virtual

$$\Sigma F_H = 0 \rightarrow \oplus$$
$$\frac{1}{3} - \frac{1}{3} + H_4 = 0$$
$$H_4 = 0$$

$$\Sigma M_1 = 0 \circlearrowright \oplus$$
$$\frac{1}{3} \cdot 3 - V_4 \cdot 4 = 0$$
$$V_4 = 0{,}25t$$

$$\Sigma F_V = 0 \uparrow \oplus$$
$$-V_1 + 0{,}25 = 0$$
$$V_1 = 0{,}25t$$

3.- Diagramas de momento

a) Sistema real

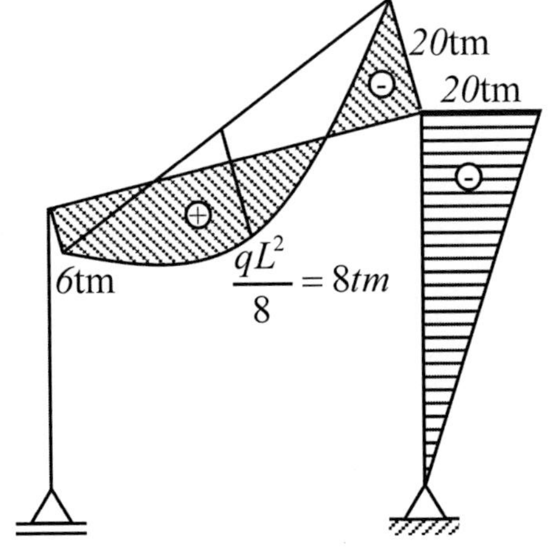

b) Sistema virtual

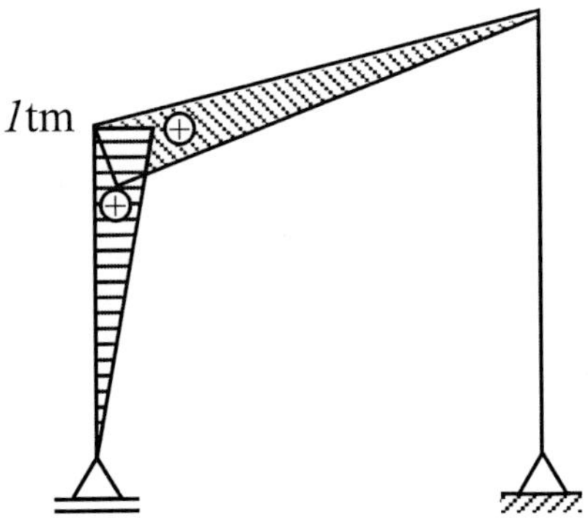

4.- Cálculo del desplazamiento

De la tabla 2 del anexo (Pórticos) se obtiene la siguiente fórmula:

$$P'\cdot\Delta = \int_{L_O}^{L_F} \frac{M\cdot M'}{E\cdot I}\,dx = \frac{1}{E\cdot I}\left[\int_{L_O}^{L_F} M\cdot M'\,dx\right]$$

La integral del corchete la resolvemos aplicando la tabla 3.

Primero calculamos E·I.

$$E\cdot I = 2\cdot 10^6\cdot\frac{(0{,}2\cdot 0{,}4^3)}{12} = 2133{,}333$$

Aplicamos la tabla 3 para calcular el desplazamiento.

$$\theta = \frac{1}{2133{,}333}\left[\ \cdot\ \right]$$

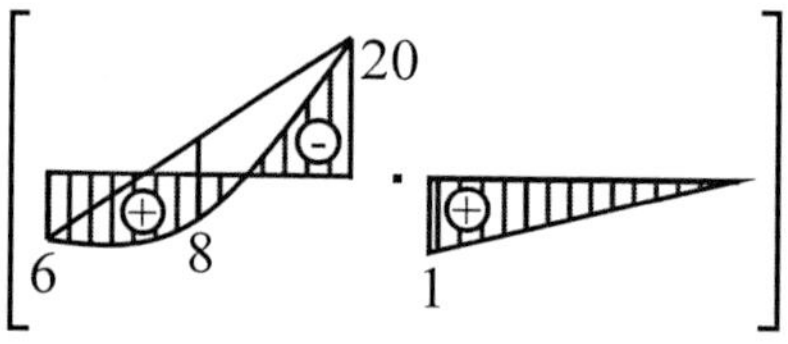

6 8 20 1

Solo se efectúa esta combinación porque en la barra 2-3 existe diagrama de momento en ambos sistemas.

Utilizando la tabla 4 descomponemos en figuras simples las figuras anteriores.

$$\theta = \frac{1}{2133{,}333}\left[\left(\ +\ \right)\ \right]$$

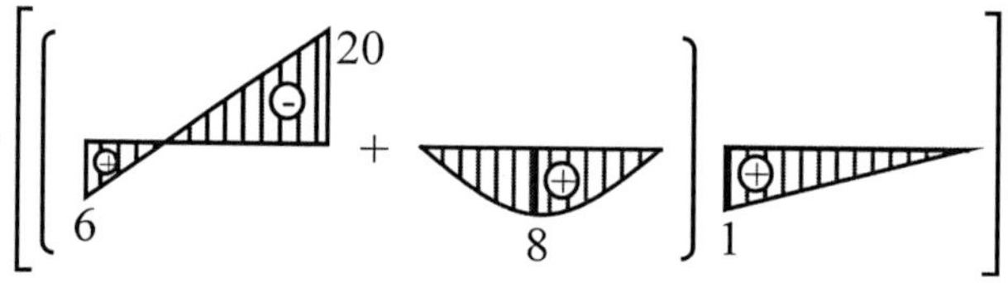

20 6 8 1

$$\theta = \frac{1}{2133{,}333}\left[\left(\ +\ +\ \right)\ \right]$$

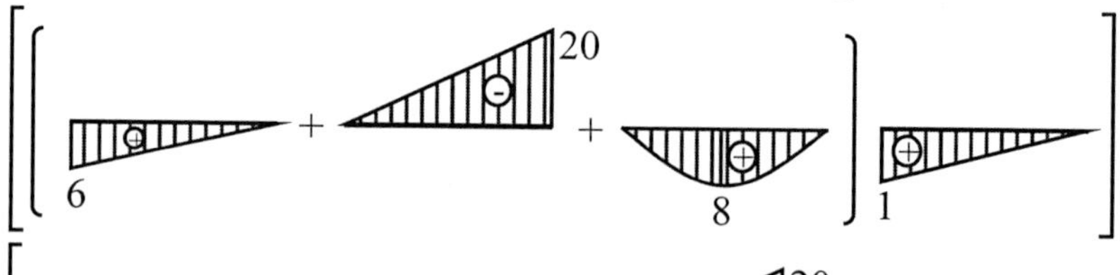

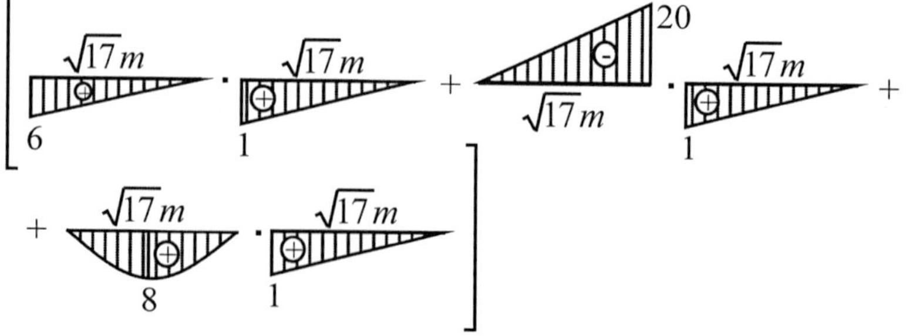

20 6 8 1

$$\theta = \frac{1}{2133{,}333}\left[\ \cdot\ +\ \cdot\ +\ \cdot\ \right]$$

$\sqrt{17}m$ 6 · $\sqrt{17}m$ 1 + 20 $\sqrt{17}m$ · $\sqrt{17}m$ 1 +

+ $\sqrt{17}m$ 8 · $\sqrt{17}m$ 1

$$\therefore \theta = \frac{1}{2133{,}333} \cdot \left[\frac{1}{3} \cdot \sqrt{17} \cdot 6 \cdot 1 + \frac{1}{6} \cdot \sqrt{17} \cdot (-20) \cdot 1 + \frac{1}{3} \cdot \sqrt{17} \cdot 8 \cdot 1 \right]$$

$$\theta = \frac{1}{2133{,}333} \cdot [8{,}2462 - 13{,}7437 + 10{,}995] = 2{,}5769 \cdot 10^{-3} rad$$

$$\theta = 2{,}5769 \cdot 10^{-3} rad \cdot \frac{180^\circ}{\pi \cdot rad} = 0{,}1476^\circ$$

5.- Representación gráfica del desplazamiento

Asumimos una deformación coherente para poder representar correctamente el desplazamiento calculado.

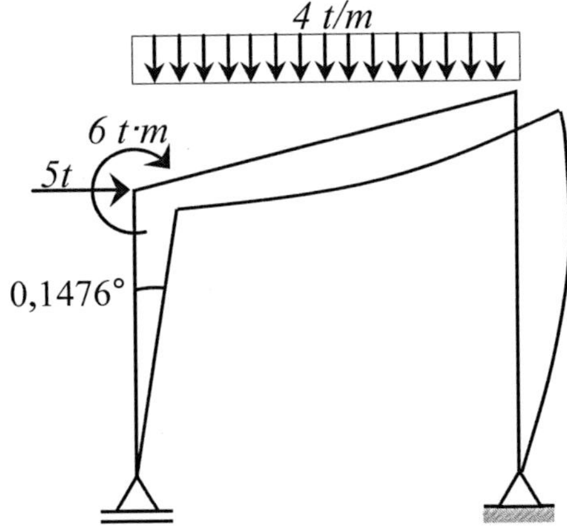

EJERCICIO 15

Calcular el desplazamiento transversal en la sección s-s. Utilice la tabla de integración semigráfica.

Datos

$E = 2 \cdot 10^6 \ t/m^2$

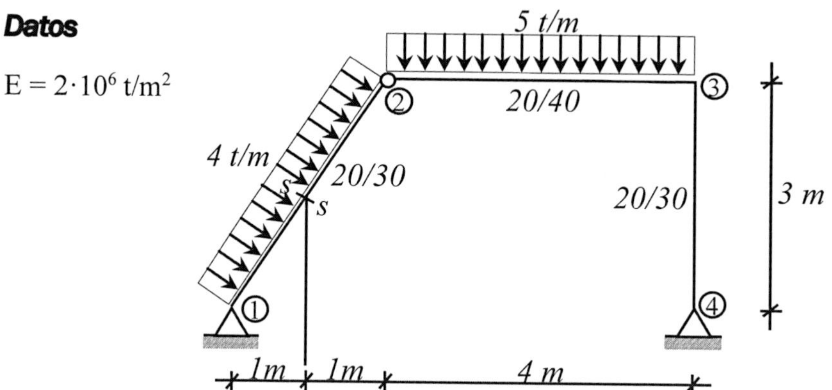

Figura 1.63 Pórtico articulado.

1.- Sistema real y virtual

Para la carga del sistema virtual puede consultar la tabla 1.

Sistema real

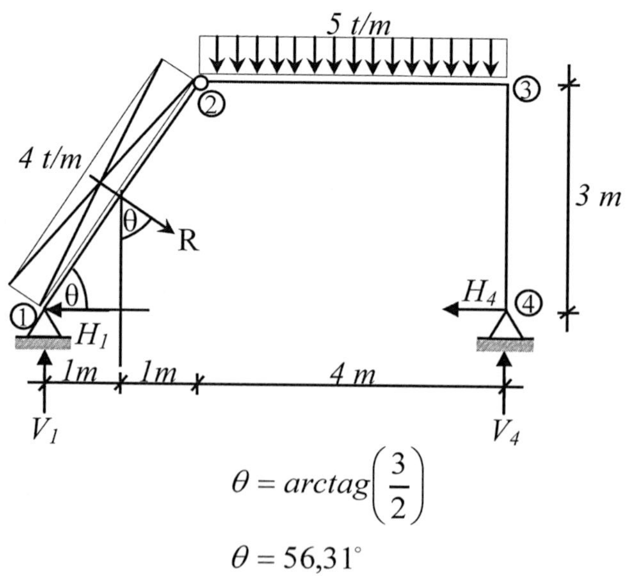

$$\theta = arctag\left(\frac{3}{2}\right)$$

$$\theta = 56{,}31^\circ$$

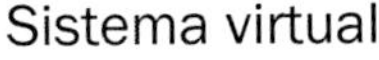

Sistema virtual

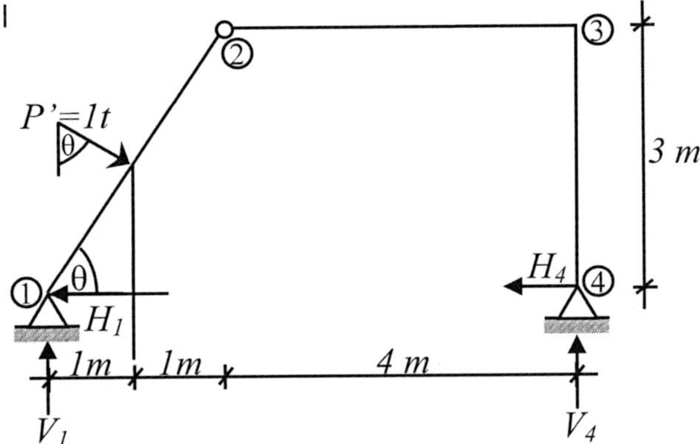

2.- Cálculo de reacciones

Asumimos el sentido de las reacciones y aplicamos las ecuaciones de equilibrio estático.

a) Sistema real

$$\Sigma M_1 = 0 \circlearrowright \oplus$$

$$4 \cdot \sqrt{13} \cdot \frac{\sqrt{13}}{2} + 5 \cdot 4 \cdot 4 - V_4 \cdot 6 = 0$$

$$V_4 = 17{,}667t$$

$$\Sigma M_2 = 0 \circlearrowright \oplus (derecha)$$

$$5 \cdot 4 \cdot 2 - 17{,}667 \cdot 4 + H_4 \cdot 3 = 0$$

$$H_4 = 10{,}222t$$

$$\Sigma F_H = 0 \rightarrow \oplus$$

$$-H_1 + 4 \cdot \sqrt{13} \cdot Sen\theta - 10{,}222 = 0$$

$$H_1 = 1{,}778t$$

$$\Sigma M_2 = 0 \circlearrowright \oplus (izquierda)$$

$$1{,}778 \cdot 3 + V_1 \cdot 2 - 4 \cdot \sqrt{13} \cdot \frac{\sqrt{13}}{2} = 0$$

$$V_1 = 10{,}333t$$

b) Sistema virtual

$$\Sigma M_1 = 0 \circlearrowright \oplus$$

$$1 \cdot \frac{\sqrt{13}}{2} - V_4 \cdot 6 = 0$$

$$V_4 = 0{,}3005t$$

$$\Sigma M_2 = 0 \circlearrowright \oplus (derecha)$$

$$-0{,}3005 \cdot 4 + H_4 \cdot 3 = 0$$

$$H_4 = 0{,}4007t$$

$$\Sigma F_H = 0 \rightarrow \oplus$$

$$-H_1 + 1 \cdot Sen\theta - 0{,}4007 = 0$$

$$H_1 = 0{,}43135t$$

$$\Sigma M_2 = 0 \circlearrowright \oplus (izquierda)$$

$$0{,}43135 \cdot 3 + V_1 \cdot 2 - 1 \cdot \frac{\sqrt{13}}{2} = 0$$

$$V_1 = 0{,}2544t$$

3.- Diagramas de momento

a) Sistema real

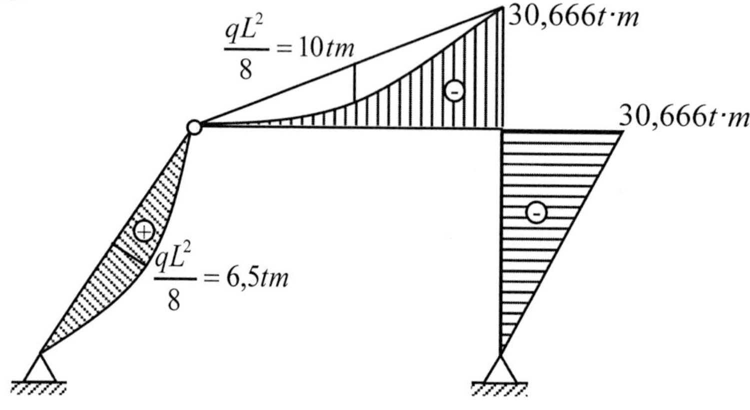

b) Sistema virtual

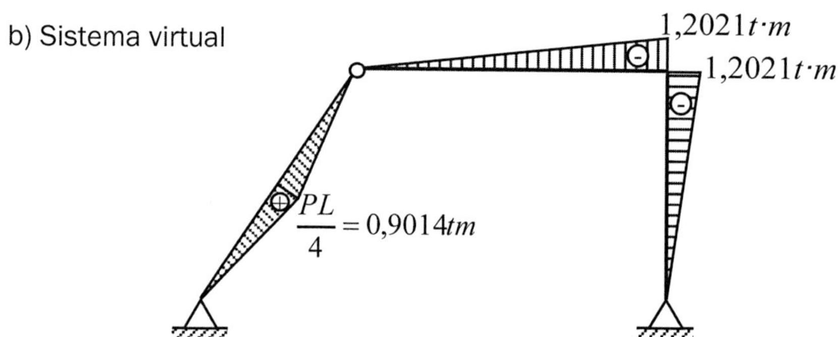

4.- Cálculo del desplazamiento

La fórmula a utilizar según la tabla 2 del anexo (pórticos) es:

$$P' \cdot \Delta = \int_{L_O}^{L_F} \frac{M \cdot M'}{E \cdot I}\, dx = \frac{1}{E \cdot I} \left[\int_{L_O}^{L_F} M \cdot M'\, dx \right]$$

La integral del corchete la obtenemos de la tabla 3.

Primero calculamos E·I.

$$E \cdot I = 2 \cdot 10^6 \cdot \frac{(0{,}2 \cdot 0{,}3^3)}{12} = 900$$

$$E \cdot I = 2 \cdot 10^6 \cdot \frac{(0{,}2 \cdot 0{,}4^3)}{12} = 2133{,}333$$

Aplicamos la tabla 3 para calcular el desplazamiento.

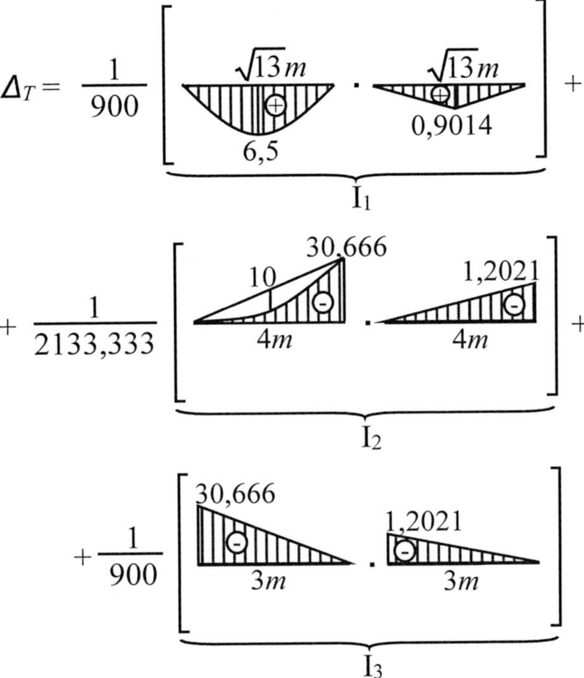

I_1 e I_3 se pueden calcular directamente utilizando la tabla de Integración semigráfica:

$$I_1 = \frac{1}{3} \cdot \sqrt{13} \cdot \left[1 + \frac{1}{2} \cdot \frac{1}{2} \right] \cdot 6{,}5 \cdot 0{,}9014 = 8{,}8022$$

$$I_3 = \frac{1}{3} \cdot 3 \cdot (-30{,}666) \cdot (-1{,}2021) = 36{,}8636$$

Para I_2 primero utilizamos la tabla 4.

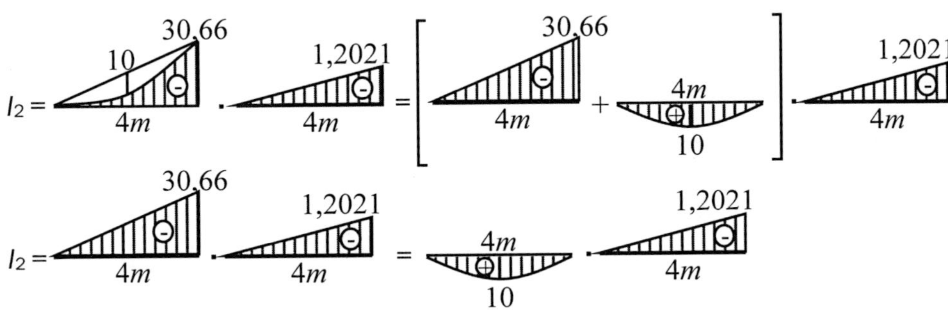

Luego aplicamos la tabla 3.

$$I_2 = \frac{1}{3} \cdot 4 \cdot (-30{,}666) \cdot (-1{,}2021) + \frac{1}{3} \cdot 4 \cdot 10 \cdot (-1{,}2021) = 33{,}1235$$

$$\therefore \Delta_T = \frac{1}{900} \cdot 8{,}8022 + \frac{1}{2133{,}333} \cdot 33{,}1235 + \frac{1}{900} \cdot 36{,}8636 = 0{,}0663m$$

5.- Representación gráfica del desplazamiento

Asumimos una deformación coherente para poder representar correctamente el desplazamiento calculado.

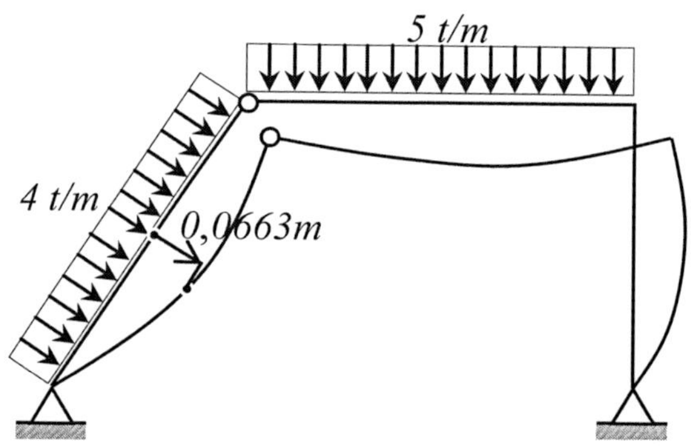

1.10. LÍNEA DEFORMADA

Para representar la línea deformada se deben seguir los siguientes pasos:

1.- Calcular todos los desplazamientos en los nudos según ejes cartesianos (horizontal, vertical y rotacional); véase los siguientes ejemplos.

a) Viga con carga transversal

Como la carga es transversal a la viga, no existen desplazamientos horizontales.

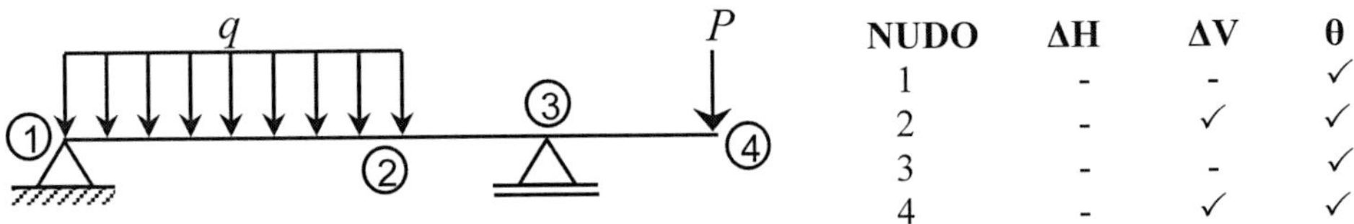

NUDO	ΔH	ΔV	θ
1	-	-	✓
2	-	✓	✓
3	-	-	✓
4	-	✓	✓

Figura 1.64 Desplazamientos en los nudos de una viga.

Se calcularán 6 desplazamientos en total.

b) Pórtico

Las barras que concurren a un nudo articulado presentan rotaciones independientes; por lo tanto, se deben calcular los giros de cada una de estas; para nuestro ejemplo tendríamos que calcular dos giros.

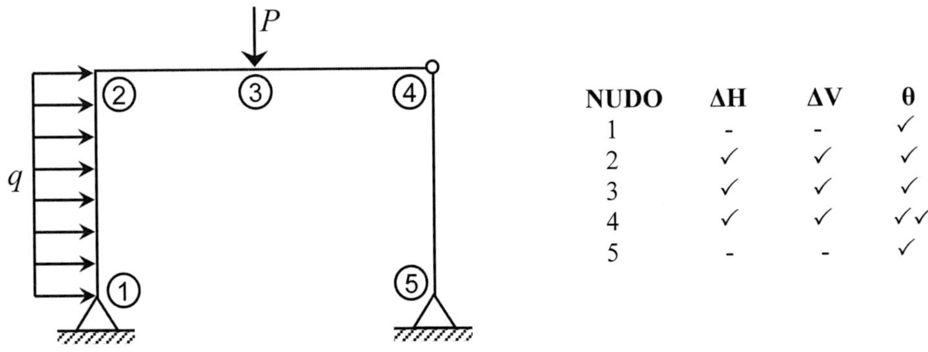

NUDO	ΔH	ΔV	θ
1	-	-	✓
2	✓	✓	✓
3	✓	✓	✓
4	✓	✓	✓✓
5	-	-	✓

Figura 1.65 Desplazamientos en los nudos de un pórtico.

En total debemos calcular 12 desplazamientos.

c) Reticulado

En reticulados o cerchas, solo calcularemos desplazamientos horizontales y verticales.

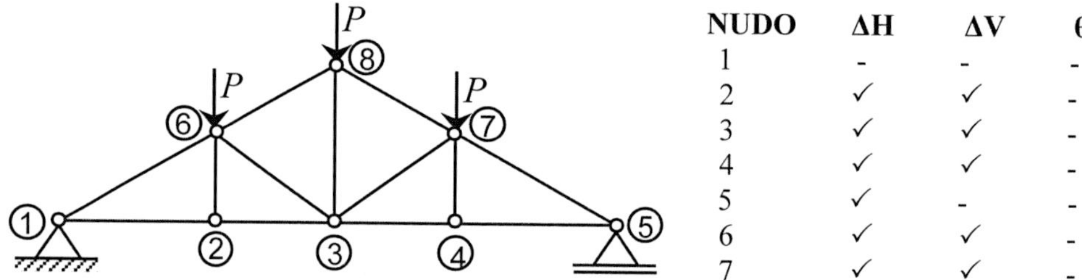

NUDO	ΔH	ΔV	θ
1	-	-	-
2	✓	✓	-
3	✓	✓	-
4	✓	✓	-
5	✓	-	-
6	✓	✓	-
7	✓	✓	-

Figura 1.66 Desplazamientos en los nudos de un reticulado.

Son 13 los desplazamientos que se tienen que calcular para esta cercha.

MUY IMPORTANTE

Como son muchos los desplazamientos que se tienen que calcular, se recomienda que las cargas virtuales se coloquen orientadas según los sentidos positivos de los ejes cartesianos, es decir:

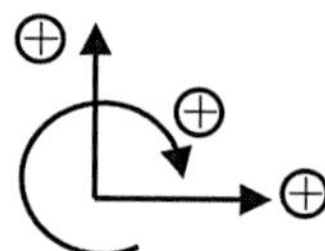

Figura 1.67 Sentidos positivos convencionales.

Esto se lleva a cabo con el objetivo de uniformizar el signo de los desplazamientos, y de este modo tener una mejor manipulación de los resultados, por ejemplo, todos los desplazamientos verticales que salgan negativos, se desplazarán hacia abajo, o todos los giros que salgan positivos, rotarán en sentido horario.

2.- Utilizando una escala mayorada representar los desplazamientos en todos los nudos de la estructura. Pongamos como ejemplo el pórtico siguiente:

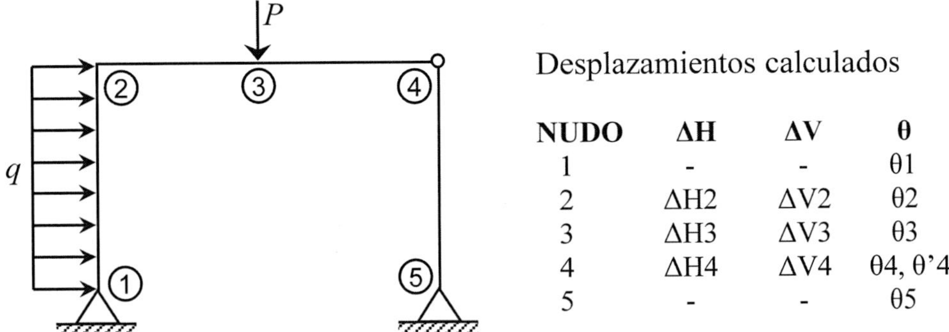

Desplazamientos calculados

NUDO	ΔH	ΔV	θ
1	-	-	θ1
2	ΔH2	ΔV2	θ2
3	ΔH3	ΔV3	θ3
4	ΔH4	ΔV4	θ4, θ'4
5	-	-	θ5

Figura 1.68 Desplazamientos en un pórtico con articulación.

Según el signo de estos desplazamientos, se irá dibujando a una escala conveniente (no precisamente la del pórtico) en los diferentes nudos de la estructura, considerando el siguiente orden:

- Desplazamiento horizontal
- Desplazamiento vertical
- Giro

Figura 1.69 Representación gráfica de los desplazamientos en los nudos.

3.- Trazar la línea deformada de la estructura teniendo en cuenta los siguientes criterios:

a) La línea deformada tiene como paso obligatorio la nueva posición de los nudos definidos por los desplazamientos *ΔH* y *ΔV*.

b) La línea deformada parte y llega a un nudo de manera tangente a la recta que define el giro *θ* (excluyente en reticulados o cerchas).

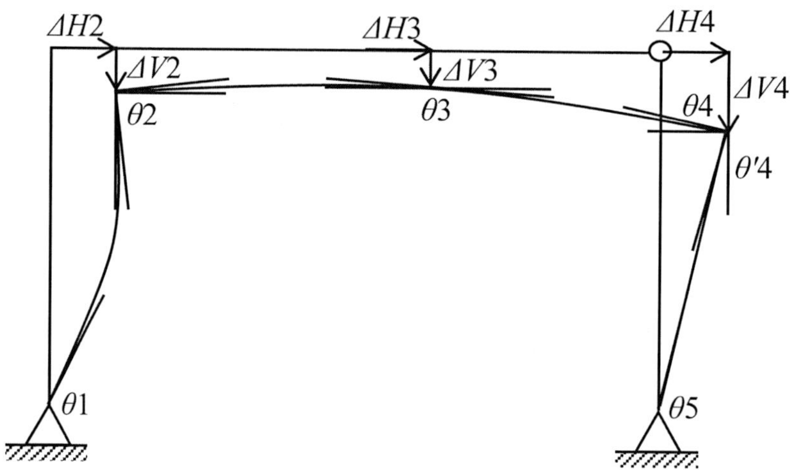

Figura 1.70 Línea elástica o deformada de un pórtico.

1.11. DEFORMACIONES EN ARCOS

1.11.1. Arcos circulares

Para calcular desplazamientos en arcos circulares debemos previamente efectuar un cambio de variable en la ecuación 18 (fórmula para el cálculo de los desplazamiento); esto se debe a que las ecuaciones que involucran los esfuerzos internos (N, Q y M) están en función de una variable angular que define la longitud ds. Veamos cómo encarar este cambio.

Sea la siguiente estructura un arco isostático sometido a un sistema de fuerzas que lo mantienen en equilibrio, y sea ds un elemento diferencial de longitud de arco, definido para la abertura angular dφ, en una posición φ cualquiera.

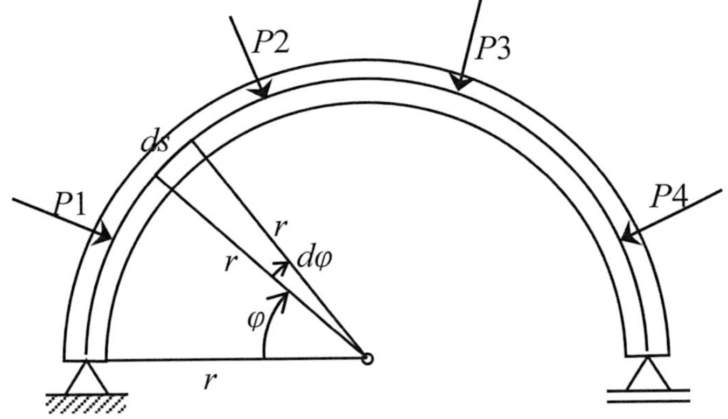

Figura 1.71 Arco circular.

Conociendo *r* (radio), la relación entre *ds* y *dφ* es como sigue:

$$ds = r \cdot d\varphi \quad (27)$$

Reemplazando 27 en 18, obtenemos la fórmula para calcular desplazamientos en arcos circulares.

$$P' \cdot \Delta = \int \frac{M \cdot M'}{E \cdot I} \cdot r \cdot d\varphi + \int \frac{N \cdot N'}{E \cdot A} \cdot r \cdot d\varphi + \int \frac{x \cdot Q \cdot Q'}{G \cdot A} \cdot r \cdot d\varphi \quad (28)$$

M y M' = Ecuación de momento del sistema real y virtual, respectivamente.

N y N' = Ecuación de normal del sistema real y virtual, respectivamente.

Q y Q' = Ecuación de cortante del sistema real y virtual, respectivamente.

E = Módulo de elasticidad axial.

G = Módulo de elasticidad transversal.

A = Área de la sección transversal.

I = Inercia de la sección transversal.

1.11.2. Arcos parabólicos

Para un arco parabólico definido por una ecuación de segundo grado y afectado por un conjunto de cargas que lo mantienen en equilibrio, tenemos que ds es una longitud diferencial de arco ubicado a partir de las coordenadas x e y, tal como muestra la figura.

Si analizamos un ds cualquiera, observaremos que la dependencia con respecto a los infinitésimos dx y dy responde a una expresión cuadrática; veamos el siguiente análisis.

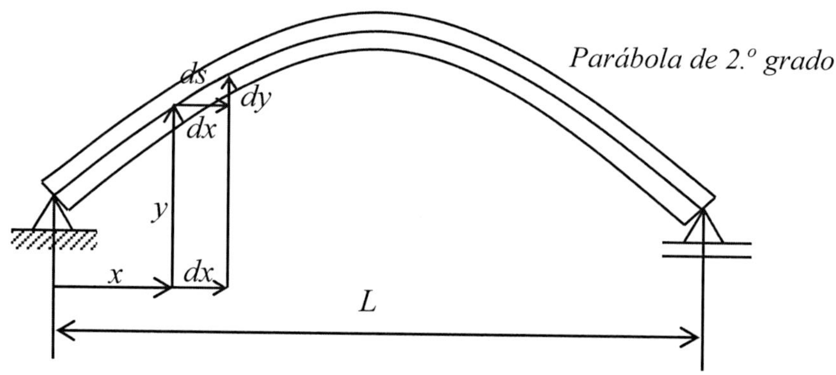

Figura 1.72 Arco parabólico.

Al ser ds muy pequeño se confunde con la hipotenusa de un triángulo rectángulo y, por lo tanto, se puede aplicar a este el teorema de Pitágoras.

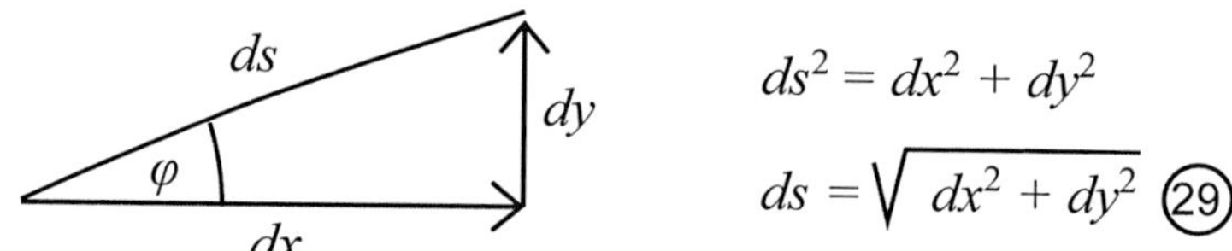

$$ds^2 = dx^2 + dy^2$$

$$ds = \sqrt{dx^2 + dy^2} \quad (29)$$

Figura 1.73 Elemento diferencia.

También podemos observar que ds se confunde con la tangente a la curva en las coordenadas x;y y por lo tanto el cociente de dy entre dx equivale a la derivada de la ecuación del arco. Es decir:

$$f'(x) = \frac{dy}{dx}$$

De la expresión anterior despejamos el diferencial dy.

$$dy = f'(x)\cdot dx \quad (30)$$

Reemplazando 33 en 32, obtenemos:

$$ds = \sqrt{dx^2 + (f'(x)\cdot dx)^2}$$

$$ds = \sqrt{1 + (f'(x))^2}\cdot dx \quad (31)$$

Reemplazando la ecuacion 31 en la ecuacion 18, obtenemos la fórmula para calcular desplazamientos en arcos parabólicos.

$$P'\cdot\Delta = \int \frac{M\cdot M'}{E\cdot I}\cdot\sqrt{1+(f'(x))^2}\cdot dx + \int \frac{N\cdot N'}{E\cdot A}\cdot\sqrt{1+(f'(x))^2}\cdot dx + \int \frac{x\cdot Q\cdot Q'}{G\cdot A}\cdot\sqrt{1+(f'(x))^2}\cdot dx \quad (32)$$

En esta expresión:

f'(x) = Es la derivada de la función parabólica del arco con respecto a x.

M, N y Q = Ecuaciones de momento, normal y cortante del sistema real en función de x.

M', N' y Q' = Ecuaciones de momento normal y cortante del sistema virtual en función de x.

1.11.3. Arcos según una función

Para un arco trigonométrico, elíptico, etc., como el que muestra la siguiente figura, se debe emplear la ecuación 32.

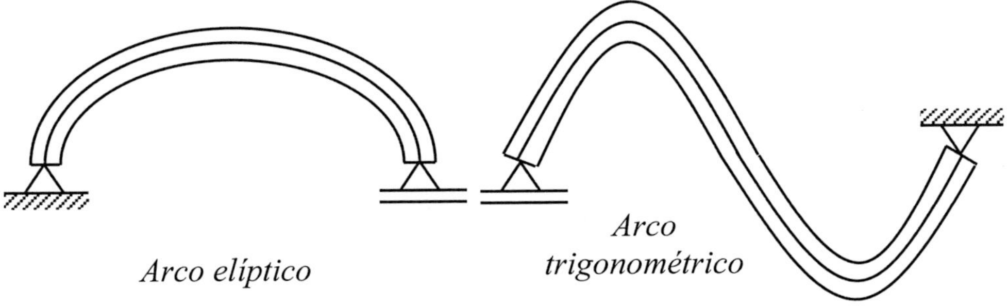

Figura 1.74 Otros tipos de arcos.

EJERCICIO 16

Calcular el desplazamiento del apoyo móvil.

Datos

b/h = 20/30

$E = 2 \cdot 10^6 \, t/m^2$

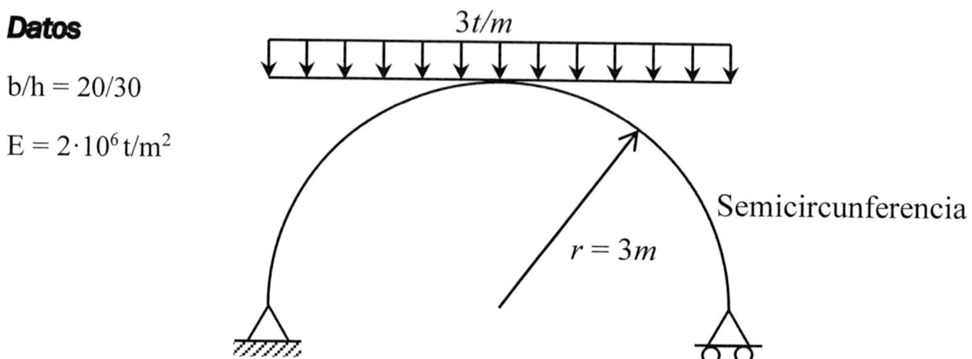

Figura 1.75 Arco circular.

1.- Sistema real y virtual

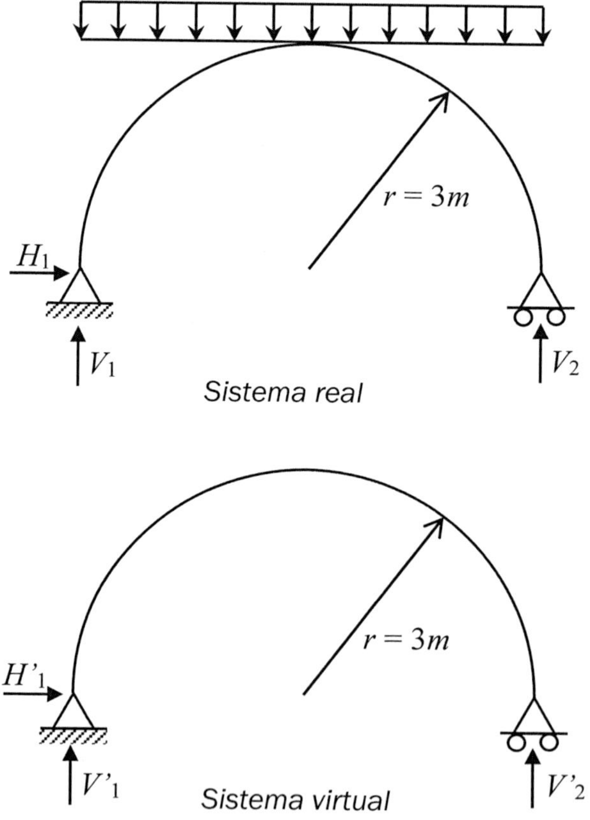

2.- Cálculo de reacciones

a) Sistema real

$$\sum FH = 0 \rightarrow \oplus$$

$$H_1 = 0$$

$$\sum M_1 = 0 \circlearrowright \oplus$$

$$(3 \cdot 6)3 - V_2 \cdot 6 = 0$$

$$V_2 = 9t$$

$$\sum FV = 0 \uparrow \oplus$$

$$V_1 - 3 \cdot 6 + 9 = 0$$

$$V_1 = 9t$$

b) Sistema virtual

$$\sum FH = 0 \rightarrow \oplus$$

$$-H'_1 + 1 = 0$$

$$H'_1 = 1t$$

$$\sum M_1 = 0 \circlearrowright \oplus$$

$$-V'_2 \cdot 6 = 0$$

$$V'_2 = 0$$

$$\sum FV = 0 \uparrow \oplus$$

$$V'_1 = 0$$

3.- Ecuación de esfuerzos internos

a) Sistema real

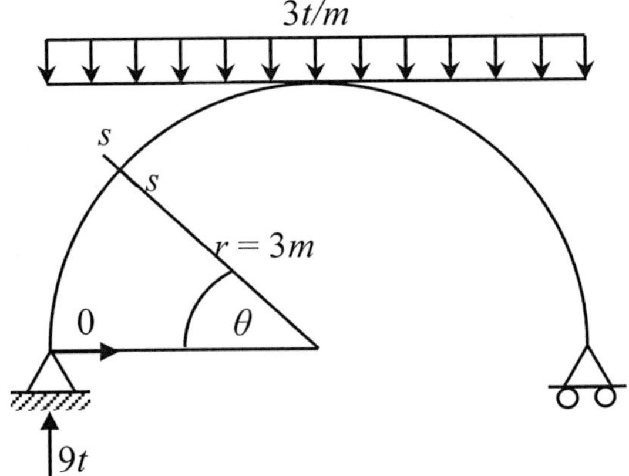

$$M\theta = 9(3 - 3\cos\theta) - 3(3 - 3 \cdot \cos\theta)\frac{(3 - 3 \cdot \cos\theta)}{2}$$

$$M\theta = 27 - 27 \cdot \cos\theta - 1{,}5(9 - 18 \cdot \cos\theta + 9 \cdot \cos^2\theta)$$

$$M\theta = 13{,}5 - 13{,}15 \cdot \cos^2\theta$$

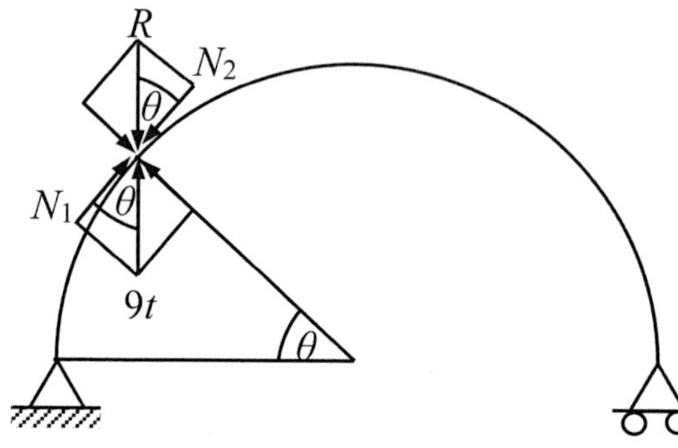

$$R = 3(3 - 3\cdot\cos\theta) = 9 - 9\cdot\cos\theta$$
$$N_1 = 9\cdot\cos\theta$$
$$N_2 = R\cdot\cos\theta = (9 - 9\cdot\cos\theta)\cos\theta$$
$$N_2 = 9\cdot\cos\theta - 9\cdot\cos^2\theta$$
$$N\theta = -N_1 + N_2$$
$$N\theta = -9\cdot\cos\theta + 9\cdot\cos\theta - 9\cdot\cos^2\theta$$
$$N\theta = -9\cdot\cos^2\theta$$

b) Sistema virtual

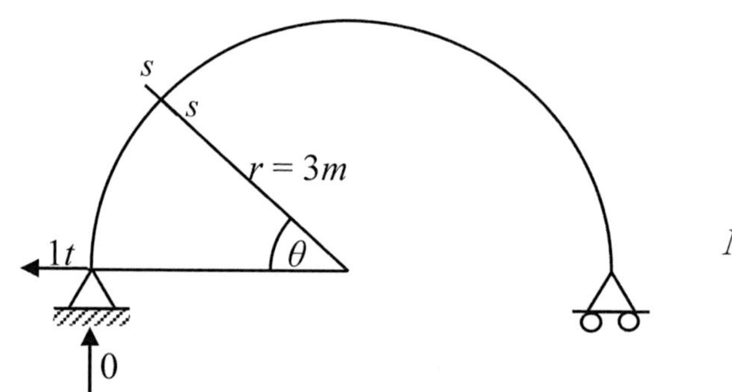

$$M\theta = 3\cdot sen\theta$$

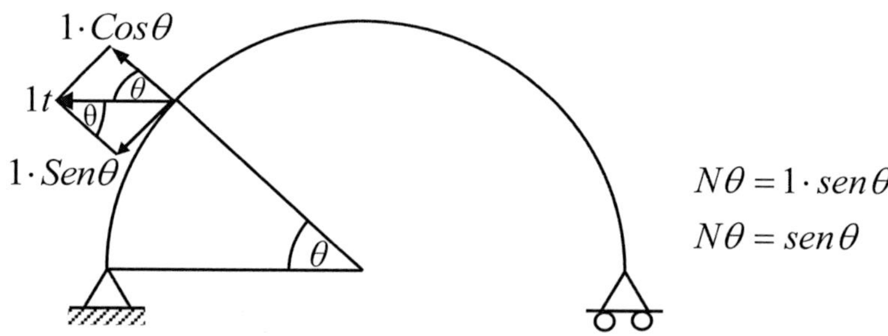

$$N\theta = 1\cdot sen\theta$$
$$N\theta = sen\theta$$

4.- Cálculo del desplazamiento

$$P^{`}\Delta = \int \frac{M\cdot M'\cdot R}{E\cdot I}d\theta + \int \frac{N\cdot N'\cdot R}{E\cdot A}d\theta$$

$$E\cdot I = 2\cdot 10^6\cdot\frac{0{,}2\cdot 0{,}3^3}{12} = 900 \qquad E\cdot A = 2\cdot 10^6\cdot 0{,}2\cdot 0{,}3 = 120000$$

$$1.\Delta = \int_0^{\pi} \frac{(13{,}5 - 13{,}5 \cdot \cos^2\theta)(3 \cdot sen\theta) \cdot 3d\theta}{900} + \int_0^{\pi} \frac{(-9 \cdot \cos^2\theta)(sen\theta)}{120000}.3d\theta$$

$$\Delta = 0{,}17985m$$

$$\Delta = 17{,}985cm$$

5.- Representación gráfica

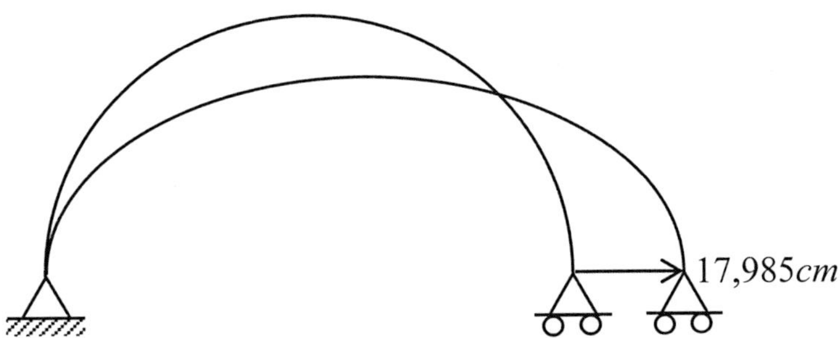

EJERCICIO 17

Calcular el desplazamiento vertical en el vértice del arco parabólico.

Datos

b/h = 20/30

$E = 2 \cdot 10^6\, t/m^2$

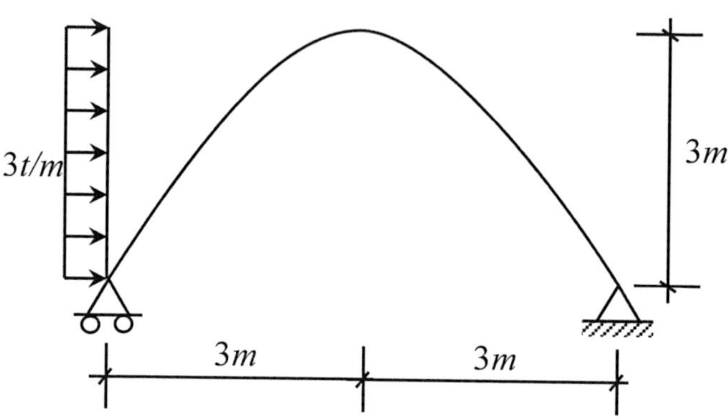

Figura 1.76 Arco parabólico.

1.- Sistema real y virtual

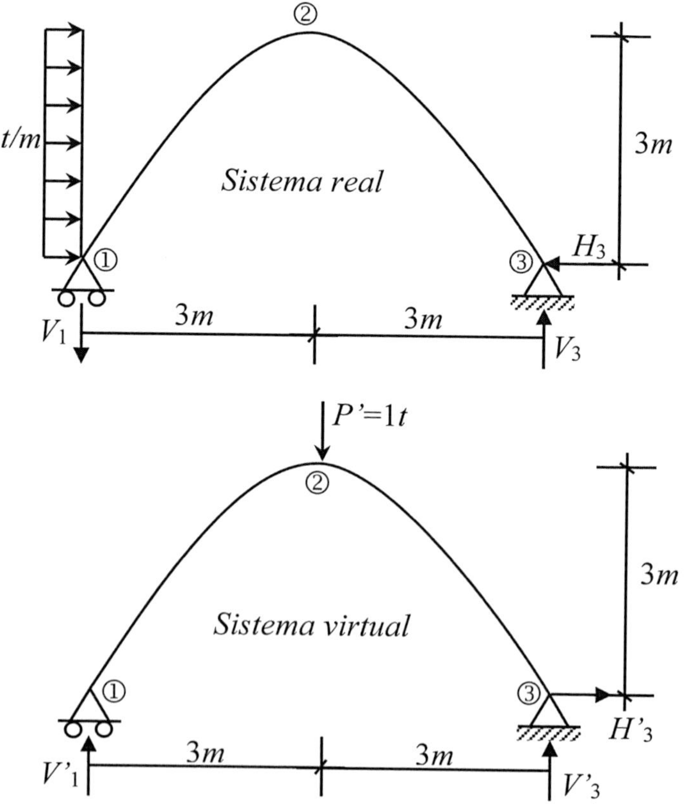

2.- Cálculo de reacciones

a) Sistema real

$$\sum FH = 0 \rightarrow \oplus$$
$$3 \cdot 3 - H_3 = 0$$
$$H_3 = 9t$$

$$\sum M_1 = 0 \circlearrowright \oplus$$
$$(3 \cdot 3)1{,}5 - V_3 \cdot 6 = 0$$
$$V_3 = 2{,}25t$$

$$\sum FV = 0 \uparrow \oplus$$
$$-V_1 + 2{,}25 = 0$$
$$V_1 = 2{,}25t$$

b) Sistema virtual

$$\sum FH = 0 \rightarrow \oplus$$
$$H'_3 = 0$$

$$\sum M_1 = 0 \circlearrowright \oplus$$
$$1 \cdot 3 - V'_3 \cdot 6 = 0$$
$$V'_3 = 0{,}5t$$

$$\sum FV = 0 \uparrow \oplus$$
$$V'_1 - 1 + 0{,}5 = 0$$
$$V'_1 = 0{,}5t$$

3.- Ecuación del arco parabólico

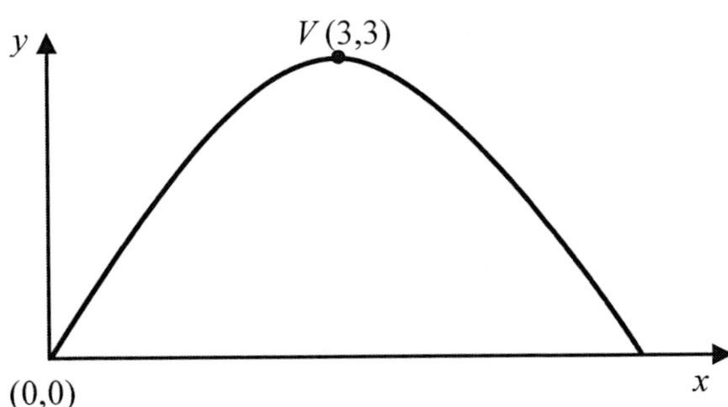

$$P(x, y) = (0{,}0)$$
$$V(h, k) = (3{,}3)$$

Sustituir P y V

$$(x-h)^2 = -4a(y-k)$$
$$(0-3)^2 = -4a(0-3)$$
$$9 = 12a$$
$$a = \frac{9}{12}$$
$$a = \frac{3}{4}$$

Sustituir V y a

$$(x-3)^2 = -4\left(\frac{3}{4}\right)(y-3)$$
$$x^2 - 6x + 9 = -3y + 9$$
$$y = \frac{6x - x^2}{3}$$

4.- Ecuación de esfuerzos

Trabajemos con el momento flector para obtener resultados relativamente exactos.

a) Sistema real

Tramo 1 – 2 $(0 \le x \le 3)$

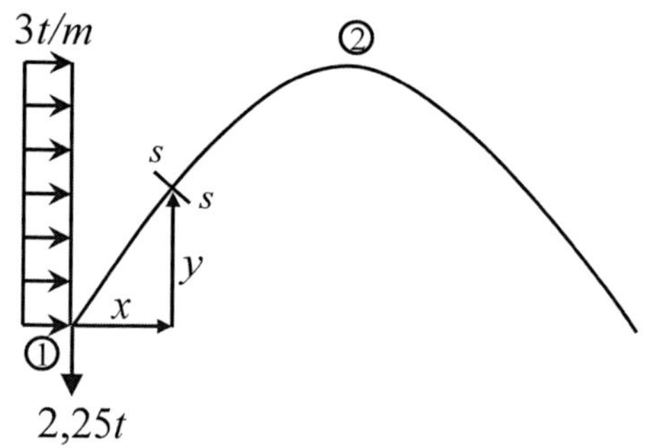

$$M = -2{,}25x - 3 \cdot y \cdot \frac{y}{2}$$

$$M = -2{,}25x - 1{,}5y^2$$

$$M = -2{,}25x - 1{,}5\left(\frac{6x - x^2}{3}\right)^2$$

$$M = -2{,}25x - \frac{1{,}5}{9}(36x^2 - 12x^3 + x^4)$$

$$M = -0{,}167x^4 + 2x^3 - 6x^2 - 2{,}25x$$

Tramo 2 – 3 $(3 \le x \le 6)$

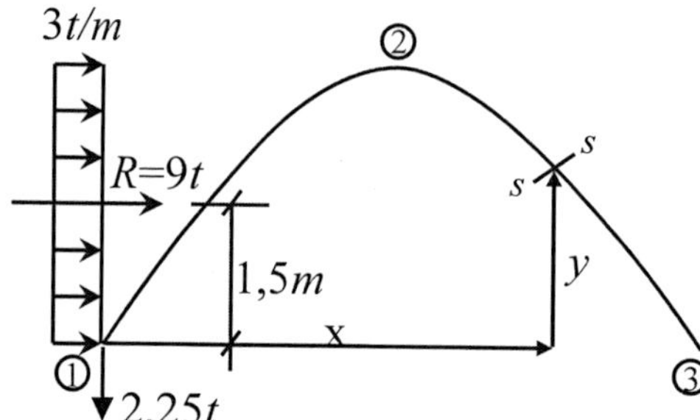

$$M = -2{,}25x - 9(y - 1{,}5)$$

$$M = -2{,}25x - 9y + 13{,}5$$

$$M = -2{,}25x - 9\left(\frac{6x - x^2}{3}\right) + 13{,}5$$

$$M = -2{,}25x - 18x + 3x^2 + 13{,}5$$

$$M = 3x^2 - 20{,}25x + 13{,}5$$

b) Sistema virtual

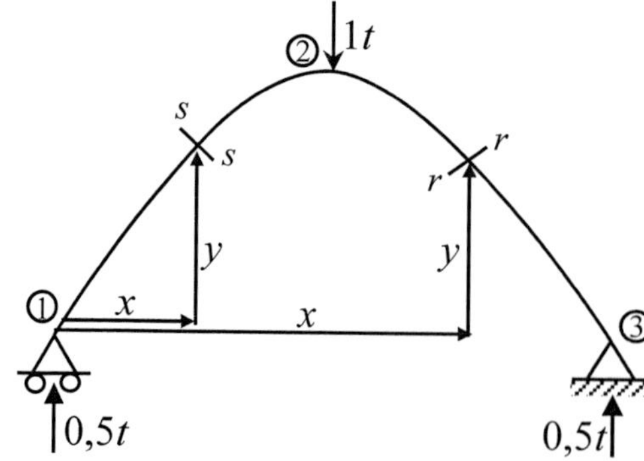

Tramo 1 – 2 $(0 \le x \le 3)$

$$M = 0{,}5x$$

Tramo 2 – 3 $(3 \le x \le 6)$

$$M = 0{,}5x - 1(x - 3)$$

$$M = -0{,}5x + 3$$

5.- Cálculo del desplazamiento

$$P`\cdot\Delta = \int \frac{M \cdot M` \sqrt{1+\left(\frac{dy}{dx}\right)^2}}{E \cdot I} dx$$

$$1 \cdot \Delta = \int_0^3 \frac{(-0{,}167x^4 + 2x^3 - 6x^2 - 2{,}25x)(0{,}5x) \cdot \sqrt{1+\left(2-\frac{2}{3}x\right)^2}}{900} dx +$$

$$+ \int_3^6 \frac{(3x^2 - 20{,}25x + 13{,}5)(-0{,}5x+3) \cdot \sqrt{1+\left(2-\frac{2}{3}x\right)^2}}{900} dx$$

$$\Delta = -9{,}598 \cdot 10^{-2} m = -9{,}6cm$$

$$E \cdot I = 2 \cdot 10^6 \cdot \frac{0{,}2 \cdot 0{,}3^3}{12} = 900$$

$$\frac{dy}{dx} = 2 - \frac{2x}{3}$$

6.- Representación gráfica

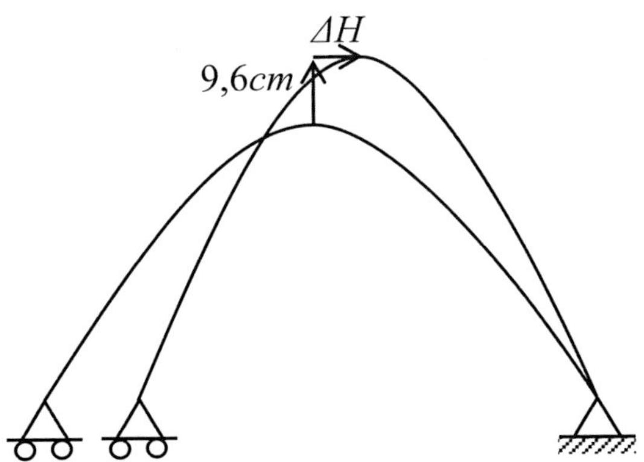

1.12. PIEZAS DE SECCIÓN VARIABLE

Para calcular desplazamientos en piezas de sección variable se debe considerar que el área y la inercia de la fórmula 18 dejan de ser constantes y, por lo tanto, deberán incluirse como parte del argumento de la integral.

Así pues, la solución a este tipo de problemas se resume en determinar ecuaciones características de área e inercia que varíen según una distancia x arbitraria. Veamos cómo realizar este análisis.

La siguiente pieza tiene una sección de base y altura que varían según una línea recta, tal como se muestra en la figura siguiente.

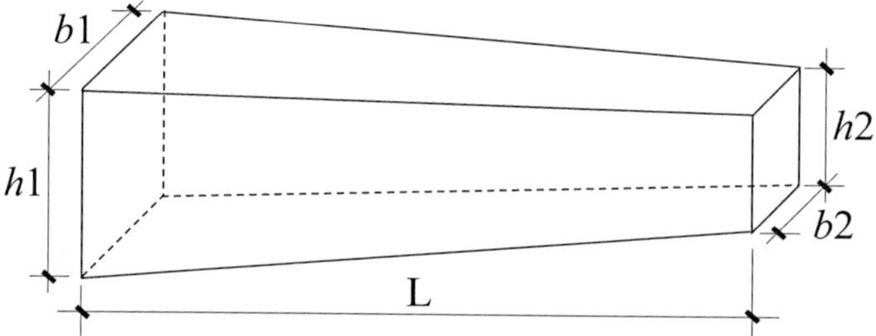

Figura 1.77 Viga de sección variable.

Nuestro objetivo es determinar los valores de bx y hx los cuales son la base y altura, respectivamente, en una sección ubicada a una distancia x. Véase la siguiente figura.

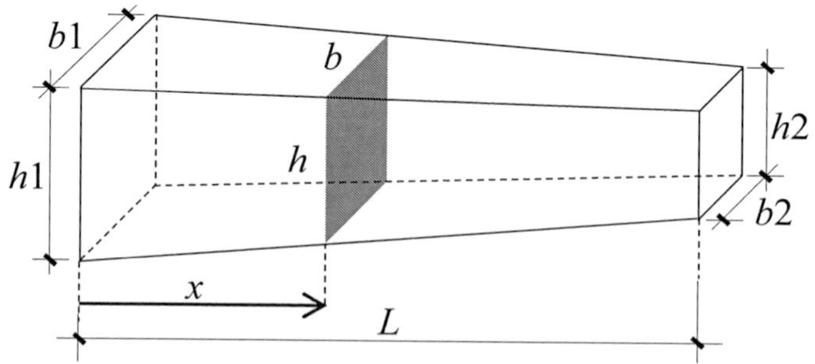

Figura 1.78 Sección a una distancia x.

Como la variación de base y altura es lineal, podemos utilizar como ley general la ecuación de la recta.

- Para la altura bx

La ecuación de la recta es:

$$bx = m \cdot x + n \quad (33)$$

Los datos con que contamos son:

$$x = 0, \quad bx = b1$$

$$x = L, \quad bx = b2$$

Reemplazando estas coordenadas tenemos:

$$b1 = 0 \cdot x + n$$

$$n = \mathrm{b1}$$

$$b2 = m \cdot L + n$$

Reemplazando el valor de n:

$$m = \frac{b2\text{-}n}{L}$$

$$m = \frac{b2\text{-}b1}{L}$$

Reemplazando m y n en la ecuación 36:

$$\boxed{bx = \frac{(b2\text{-}b1) \cdot x}{L} + b1} \quad (34)$$

- Para la altura hx

La ecuación de la recta es:

$$hx = m \cdot x + n \quad (35)$$

Los datos con que contamos son:

$$x = 0, \quad bx = h1$$

$$x = L, \quad bx = h2$$

Reemplazando estas coordenadas tenemos:

$$h1 = 0 \cdot x + n$$

$$n = h1$$

$$h2 = m \cdot L + n$$

$$m = \frac{h2\text{-}n}{L}$$

Reemplazando el valor de n.

$$m = \frac{h2\text{-}h1}{L}$$

Reemplazando m y n en la ecuación 35.

$$\boxed{hx = \frac{(h2\text{-}h1) \cdot x}{L} + h1} \quad (36)$$

Calculemos las funciones de área e inercial.

$$Ax = bx \cdot hx$$

$$\boxed{Ax = \frac{((b2\text{-}b1) \cdot x + b1 \cdot L) \cdot ((h2\text{-}h1) \cdot x + h1 \cdot L)}{L^2}} \quad (37)$$

$$Ix = \frac{bx \cdot hx^3}{12}$$

$$\boxed{Ix = \frac{((b2\text{-}b1) \cdot x + b1 \cdot L) \cdot ((h2\text{-}h1) \cdot x + h1 \cdot L)^3}{12 \cdot L^4}} \quad (38)$$

Finalmente reemplazamos Ax y Ix en la ecuación 23.

$$\boxed{P' \cdot \Delta = \int \frac{M \cdot M' \cdot ds}{E \cdot I_x} + \int \frac{N \cdot N' \cdot ds}{E \cdot A_x} + \int \frac{x \cdot Q \cdot Q' \cdot ds}{G \cdot A_x}} \quad (39)$$

Cuando la base o la altura son constantes, las ecuaciones 37 y 38 se transforman en las siguientes expresiones:

- *Si la base es constante*

$$Ax = \frac{b\cdot((h2\text{-}h1)\cdot x + h1\cdot L)}{L} \quad (40)$$

$$Ix = \frac{b\cdot((h2\text{-}h1)\cdot x + h1\cdot L)^3}{12\cdot L^3} \quad (41)$$

- *Si la altura es constante*

$$Ax = \frac{((b2\text{-}b1)\cdot x + b1\cdot L)\cdot h}{L} \quad (42)$$

$$Ix = \frac{((b2\text{-}b1)\cdot x + b1\cdot L)\cdot h^3}{12\cdot L} \quad (43)$$

EJERCICIO 18

Calcular el desplazamiento vertical máximo de la siguiente viga.

Datos

$E = 2 \cdot 10^6 \ t/m^2$

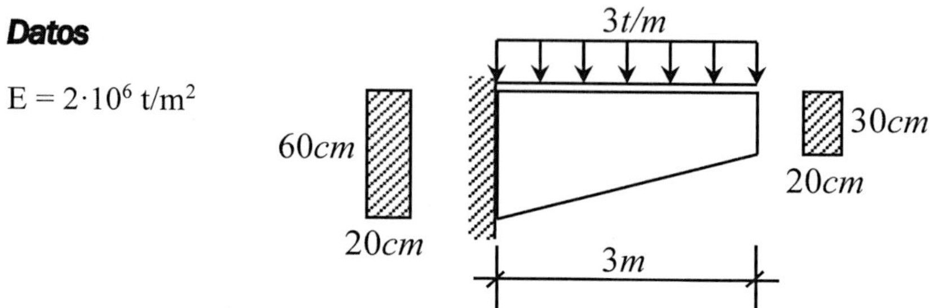

Figura 1.79 Viga en voladizo.

1.- Idealización

$$H = \frac{h1 - h2}{2}$$

$$H = \frac{0,6 - 0,3}{2} = 0,15$$

El desnivel es pequeño, por lo tato puede considerarse despreciable, es decir:

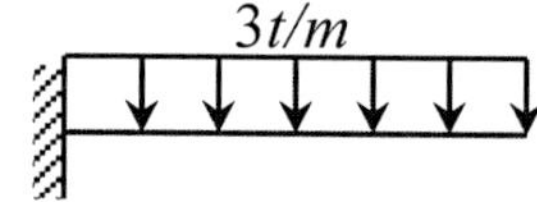

2.- Sistema real y virtual

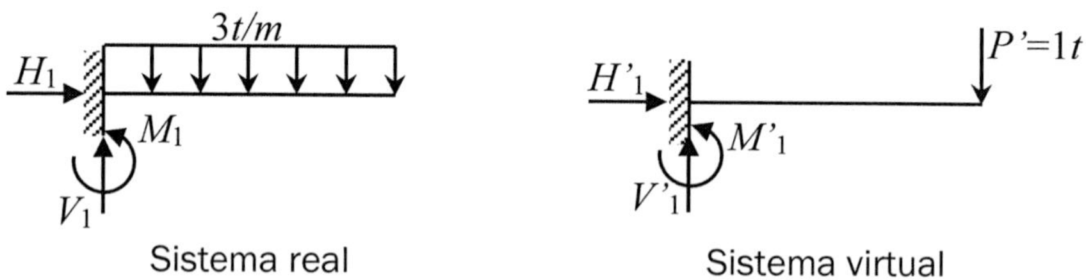

Sistema real

Sistema virtual

3.- Cálculo de reacciones

a) Sistema real

$$\sum FH = 0 \rightarrow \oplus$$
$$H_1 = 0$$

$$\sum FV = 0 \uparrow \oplus$$
$$V_1 - 3 \cdot 3 = 0$$
$$V_1 = 9t$$

$$\sum M_1 = 0 \circlearrowleft \oplus$$
$$-M_1 + (3 \cdot 3)1,5 = 0$$
$$M_1 = 13,5t$$

b) Sistema virtual

$$\sum FH = 0 \rightarrow \oplus$$
$$H'_1 = 0$$

$$\sum FV = 0 \uparrow \oplus$$
$$V'_1 - 1 = 0$$
$$V'_1 = 1t$$

$$\sum M_1 = 0 \circlearrowleft \oplus$$
$$-M'_1 + 1 \cdot 3 = 0$$
$$M'_1 = 3tm$$

4.- Ecuaciones de momentos

a) Sistema real

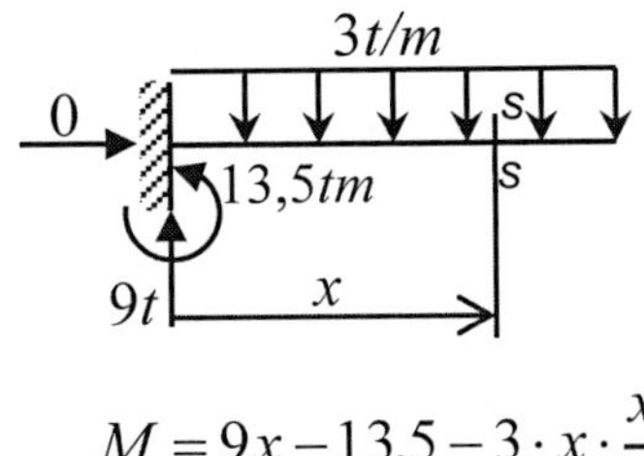

$$M = 9x - 13{,}5 - 3 \cdot x \cdot \frac{x}{2}$$
$$M = -1{,}5x^2 + 9x - 13{,}5$$

b) Sistema virtual

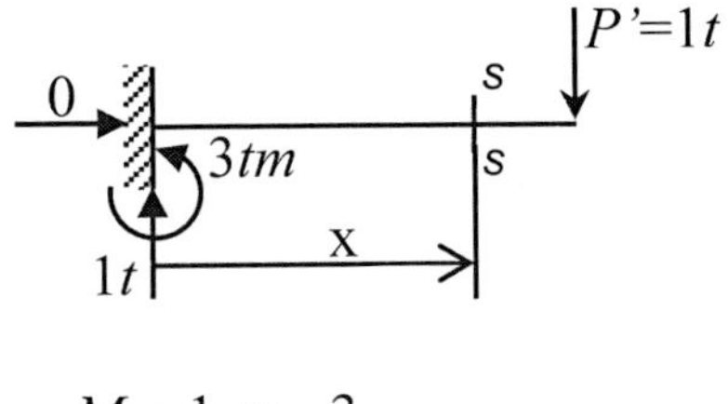

$$M = 1 \cdot x - 3$$
$$M = x - 3$$

5.- Cálculo del desplazamiento

$$P^{`}\Delta = \int \frac{M \cdot M^{`}}{E \cdot I_x} dx$$

$$Ix = \frac{b((h_2 - h_1)x + h_1 \cdot L)^3}{12 \cdot L^3} = 0{,}2 \cdot \frac{[(0{,}3 - 0{,}6)x + 0{,}6 \cdot 3]^3}{12 \cdot 3^3} = \frac{0{,}2}{324}(-0{,}3x + 1{,}8)^3$$

$$Ix = \frac{0{,}2}{324}(-0{,}027x^3 + 0{,}486x^2 - 2{,}916x + 5{,}832)$$

$$Ix = \frac{-0{,}0054x^3 + 0{,}0972x^2 - 0{,}5832x + 1{,}1664}{324}$$

$$1.\Delta = \int_0^3 \frac{(-1{,}5x^2 + 9x - 13{,}5)(x - 3)}{2 \cdot 10^6 \left(\frac{-0{,}0054x^3 + 0{,}0972x^2 - 0{,}5832x + 1{,}1664}{324} \right)} dx$$

$$\Delta = 6{,}15042 \cdot 10^{-3} m = 6{,}15mm$$

6.- Representación gráfica

1.13. EFECTO TÉRMICO

Cuando un cuerpo es sometido a altas temperaturas se dilata o alarga, y si las temperaturas son bajas se contrae o acorta, este criterio tan elemental es el que aplicaremos para analizar estructuras que son afectadas por cargas térmicas. En las barras de una estructura cualquiera este fenómeno de alargamiento o acortamiento puede ir acompañado de un efecto flexionante cuando es afectado simultáneamente por diferentes temperaturas. Por ejemplo, a una barra empotrada en un extremo y libre en el otro, se la somete a una temperatura inferior T1 y una temperatura superior T2, siendo T2 mayor que T1 y ambas positivas. Veamos a través del siguiente gráfico el comportamiento de esta barra.

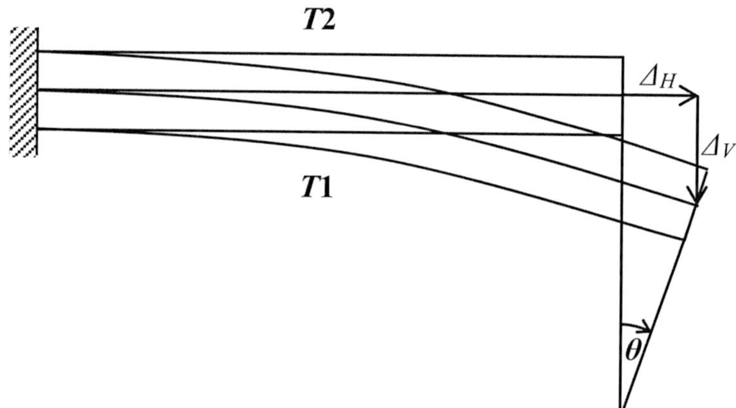

Figura 1.80 Viga deformada por variación de temperaturas.

En el gráfico anterior podemos observar que la fibra superior se dilata más que la fibra inferior, esto se debe a que T2 es mayor que T1, y además, en consecuencia, se produce un giro y desplazamiento vertical de las secciones transversales.

Es precisamente este el comportamiento que sufren las barras de la estructura de un edificio cuando es afectado por temperaturas de exteriores de 40 °C e interiores de 10 °C.

El hecho de que cada pieza se deforme trae como consecuencia un cambio en la configuración geométrica de la estructura, a este cambio se denomina deformación térmica.

Para resolver este tipo de problemas utilizamos el principio de conservación de la energía. Para ello, suponemos una estructura isostática sometida a un conjunto de cargas térmicas (T1, T2, T3 y T4), las cuales al actuar sobre cada una de sus piezas alteran la geometría inicial de la estructura. Veamos la figura siguiente.

Supongamos que queremos calcular el desplazamiento Δ en la sección A, tal como se muestra en la figura.

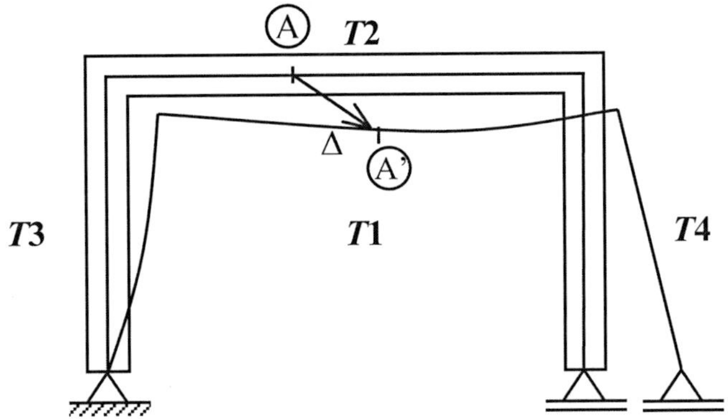

Figura 1.81 Pórtico deformado por acción térmica.

Para lograr este objetivo seguiremos los siguientes pasos.

1.- Colocar una carga virtual en la sección A que sea compatible con el tipo de desplazamiento que queremos calcular; en este caso, una fuerza puntual P' en la dirección delta. Luego para una sección s-s arbitraria determinemos los esfuerzos Normal (N'), Cortante (Q') y Momento (M'). Véase la siguiente figura:

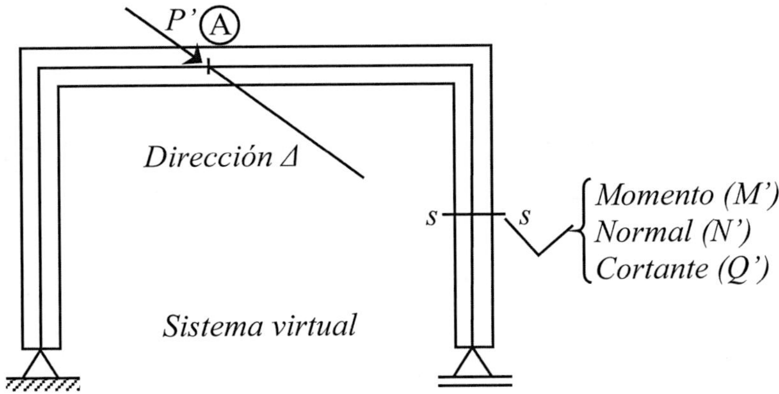

Figura 1.82 Esfuerzos internos en la sección s-s.

De este sistema llamado virtual nos interesa la magnitud de P' y los esfuerzos internos M', N' y Q'.

2.- Luego colocaremos la carga térmica en la estructura y veremos la deformación que se produce.

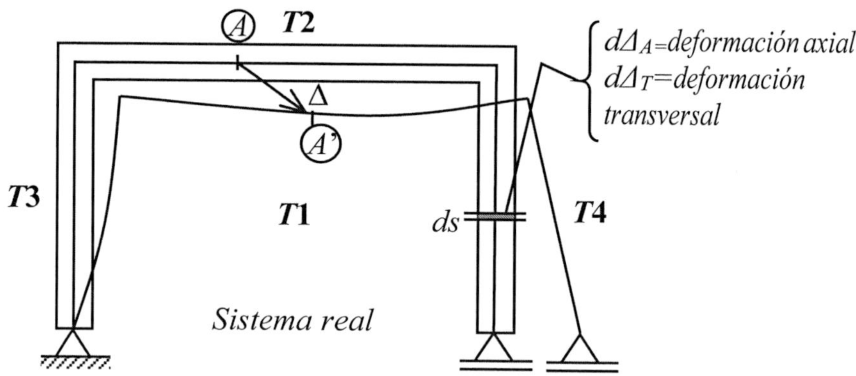

Figura 1.83 Deformaciones en la sección s-s.

De este sistema nos interesa el desplazamiento Δ del punto A y la deformación en la sección s-s definida para un ancho diferencial ds. Veamos cuáles son estos cambios de forma.

a) Efecto axial

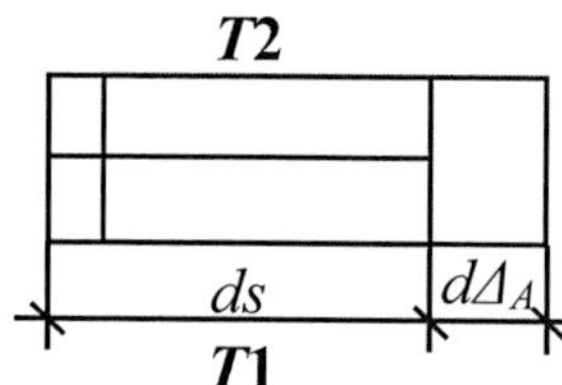

$$d\Delta_A = \frac{\alpha \cdot (T1+T2) \cdot ds}{2} \quad (44)$$

$d\Delta_A$ = deformación axial
α = coeficiente de dilatación térmica
T1, T2 = temperaturas

Figura 1.84 Deformación axial.

b) Efecto transversal

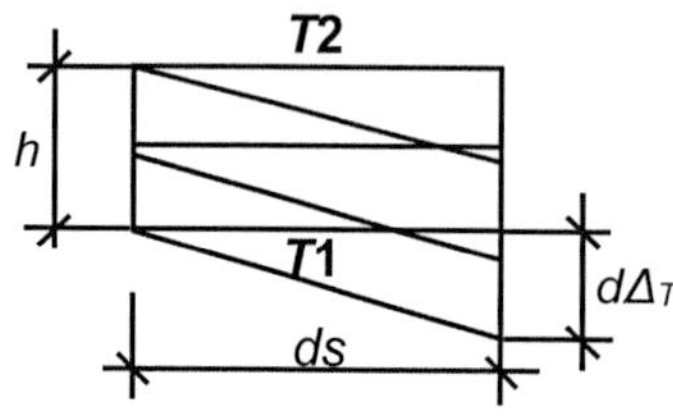

$$d\Delta_T = \frac{\alpha \cdot (T1-T2) \cdot s \cdot ds}{h} \quad (45)$$

$d\Delta_T$ = deformación transversal
α = coeficiente de dilatación térmica
T1, T2 = temperaturas
s = posición del diferencial ds
h = altura de la sección que separa T1 y T2

Figura 1.85 Deformación de corte.

c) Efecto rotacional

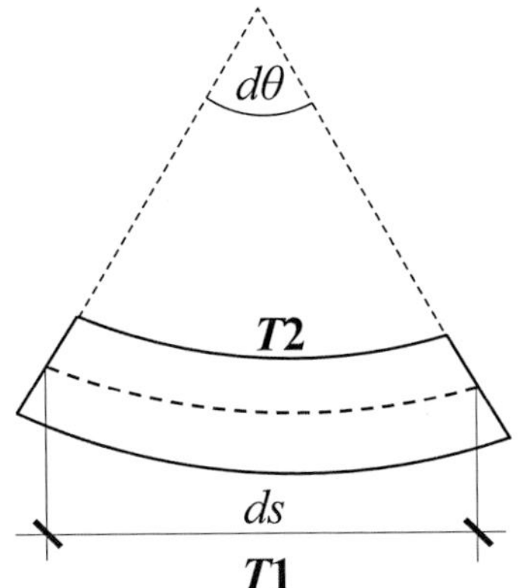

Figura 1.86 Flexión.

$$d\theta = \frac{\alpha \cdot (T1\text{-}T2).ds}{h} \quad (46)$$

dθ = deformación angular
α = coeficiente de dilatación térmica
T1, T2 = temperaturas
h = altura de la sección que separa T1 y T2

Aplicando el principio de conservación de la energía tenemos:

$$Wext = Wint \quad (47)$$

- Aplicando el principio de trabajo virtual para la fuerza P' del sistema virtual y el desplazamiento Δ del sistema real:

$$Wext = P' \cdot \Delta \quad (48)$$

- Aplicamos nuevamente el principio de trabajo virtual para los esfuerzos M', N' y Q' del sistema virtual y las deformaciones dθ, $d\Delta_A$ y $d\Delta_T$ del sistema real.

$$dWint = M' \cdot d\theta + N' \cdot d\Delta_A + Q' \cdot d\Delta_T \quad (49)$$

- Aplicando integrales a ambos miembros:

$$Wint = \int M' \cdot d\theta + \int N' \cdot d\Delta_A + \int Q' \cdot d\Delta_T \quad (50)$$

- Reemplazando en la expresión 50 las ecuaciones 44, 45 y 46 obtenemos:

$$Wint = \int M' \cdot \alpha \cdot \frac{(T1\text{-}T2)}{h} \cdot ds + \int N' \cdot \alpha \cdot \frac{(T1+T2)}{2} \cdot ds + \int Q' \cdot \alpha \cdot \frac{(T1\text{-}T2)}{h} \cdot s \cdot ds \quad (51)$$

- Reemplazamos las ecuaciones 48 y 51 en 47; además, sabiendo que α, T1, T2, h y s son valores constantes, la anterior fórmula queda definida por:

$$P'\cdot\Delta = \frac{\alpha\cdot(T1\text{-}T2)\cdot}{h}\int M'\cdot ds + \frac{\alpha\cdot(T1+T2)\cdot}{2}\int N'\cdot ds + \frac{\alpha\cdot(T1\text{-}T2)\cdot}{h}\int Q'\cdot s\cdot ds \quad (52)$$

Esta es la ecuación general para el cálculo de desplazamientos por temperatura; sin embargo, para estructuras compuestas de barras rectas se puede aplicar la siguiente expresión:

$$P'\cdot\Delta = \frac{\alpha\cdot(T1\text{-}T2)\cdot A_M'}{h} + \frac{\alpha\cdot(T1+T2)\cdot A_N'}{2} + \frac{\alpha\cdot(T1\text{-}T2)\cdot A_Q'\cdot x_G}{h} \quad (53)$$

Sabiendo que:

α = Coeficiente de dilatación térmica.

T1 = Temperatura ubicada al lado de la barra donde el momento o corte son positivos, según sea el caso.

T2 = Temperatura ubicada al lado de la barra donde el momento o corte son negativos, según sea el caso.

h = Altura de la sección que separa a las temperaturas T1 y T2.

A_M' = Área del diagrama de momento del sistema virtual.

A_N' = Área del diagrama de normal del sistema virtual.

A_Q'= Área del diagrama de corte del sistema virtual.

x_G = Posición x del baricentro del área correspondiente al diagrama de corte.

MUY IMPORTANTE

El valor deformativo que proporciona el efecto transversal o cortante en comparación con el efecto axial o rotacional suele ser tan pequeño que puede considerarse despreciable. Siendo así, la ecuación 55 quedará como:

$$P'\cdot\Delta = \frac{\alpha\cdot(T1\text{-}T2)\cdot A_M'}{h} + \frac{\alpha\cdot(T1+T2)\cdot A_N'}{2} \quad (54)$$

El área del diagrama de momento A_M' será positivo cuando el diagrama de momento es positivo y negativo en caso contrario. En el caso de A_N' será positivo si el esfuerzo normal es de tracción y negativo si es de compresión.

1.13.1. Efecto térmico en arcos circulares

Para calcular desplazamientos en arcos circulares se utilizará la fórmula 54, efectuando previamente un cambio de coordenadas. Véase el siguiente análisis.

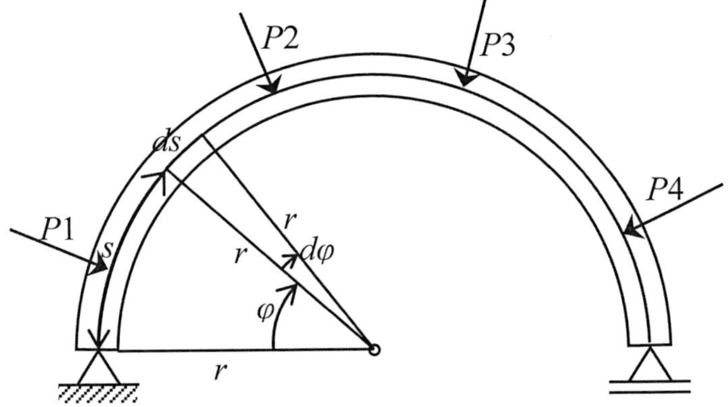

Figura 1.87 Arco circular.

De la figura anterior tenemos:

$$ds = r \cdot d\varphi \quad (55)$$

$$s = r \cdot \varphi \quad (56)$$

Reemplazando 57 y 58 en la ecuación 54.

$$P' \cdot \Delta = \frac{\alpha \cdot (T1\text{-}T2) \cdot r \cdot}{h} \int M' \cdot d\varphi + \frac{\alpha \cdot (T1+T2) \cdot r \cdot}{2} \int N' \cdot d\varphi + \frac{\alpha \cdot (T1\text{-}T2) \cdot r^2 \cdot}{h} \int Q' \cdot \varphi \cdot d\varphi \quad (57)$$

1.13.2. Efecto térmico en arcos parabólicos

El estudio de la acción deformativa en arcos parabólicos sometidos a carga térmica implica la transformación de la variable s a otra que esté en función de los esfuerzos característicos. Véase el siguiente análisis.

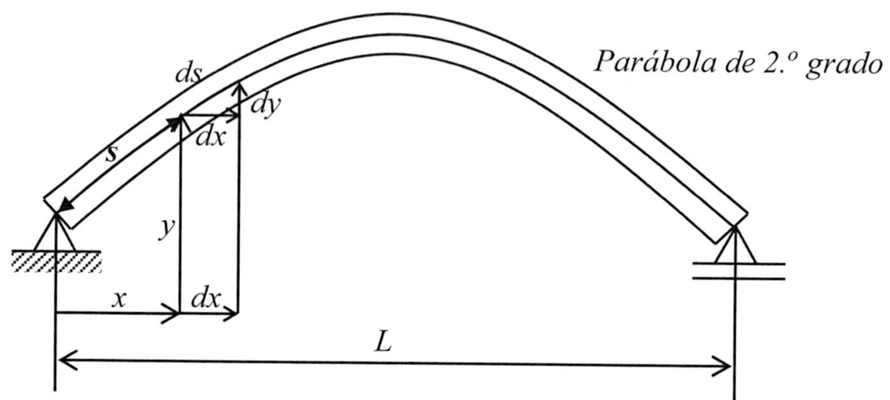

Figura 1.88 Arco parabólico.

Para el anterior arco ds, dx y dy, pueden relacionarse según el teorema de Pitágoras, el cual es posible gracias a sus diminutas dimensiones.

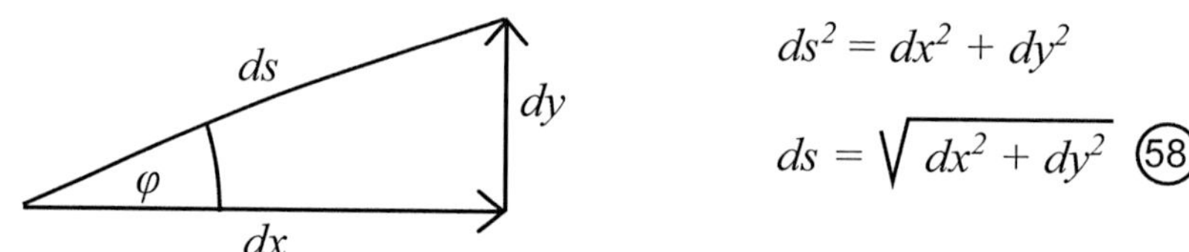

$$ds^2 = dx^2 + dy^2$$

$$ds = \sqrt{dx^2 + dy^2} \quad (58)$$

Figura 1.89 Elemento diferencial.

Pero también sabemos que el cociente entre dy y dx equivale a la derivada de la ecuación del arco parabólico. Es decir:

$$f'(x) = \frac{dy}{dx}$$

De la expresión anterior despejamos el diferencial dy.

$$dy = f'(x) \cdot dx \quad (59)$$

Reemplazando 61 en 60, obtenemos:

$$ds = \sqrt{dx^2 + (f'(x) \cdot dx)^2}$$

$$ds = \sqrt{1 + (f'(x))^2} \cdot dx \quad (60)$$

Integrando ambos miembros tenemos:

$$s = \int \sqrt{1 + (f'(x))^2} \cdot dx \quad (61)$$

Reemplazamos 60 y 61 en 52 obteniendo:

$$P'\cdot\Delta = \frac{\alpha\cdot(T1-T2)}{h}\cdot\int M'\cdot\sqrt{1+(f'(x))^2}\,dx+\alpha\cdot\frac{(T1+T2)}{2}\cdot\int N'\cdot\sqrt{1+(f'(x))^2}\,ds+\ldots$$

$$\ldots+\alpha\cdot\frac{(T1-T2)}{h}\cdot\int Q'\left[\int\sqrt{1+(f'(x))^2}\,dx\right]\sqrt{1+(f'(x))^2}\cdot dx \qquad (62)$$

1.13.3. Efecto térmico en barras de sección variable

Para barras de sección variable se realizan los siguientes cambios en la ecuación 52. Veamos en qué consisten estos cambios.

Sea la siguiente una barra de variación rectilínea, y sean hx y bx los valores de altura y base, respectivamente, para cualquier distancia x arbitraria.

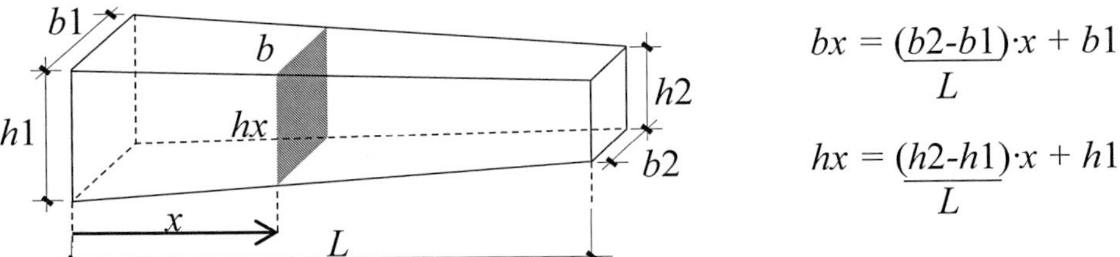

$$bx = \frac{(b2-b1)\cdot x}{L} + b1$$

$$hx = \frac{(h2-h1)\cdot x}{L} + h1$$

Figura 1.90 Viga de sección variable.

Para la ecuación 52 solo se efectuarán las siguientes modificaciones:

$$ds = dx$$

$$s = x$$

$$h = hx$$

Reemplazando el grupo de ecuaciones anteriores en la ecuación 52, obtenemos:

$$P'\cdot\Delta = \frac{\alpha\cdot(T1-T2)}{hx}\cdot\int M'\cdot dx+\alpha\cdot\frac{(T1+T2)}{2}\cdot\int N'\cdot dx+\alpha\cdot\frac{(T1-T2)}{hx}\cdot\int Q'\cdot x\cdot dx \qquad (63)$$

Esta ecuación es válida para resolver problemas de deformación en barras que tienen una variación recta de su sección.

EJERCICIO 19

Calcular la rotación absoluta de la barra 1-2.

Datos

$\alpha = 1{,}2 \cdot 10^{-5}\ °C^{-1}$

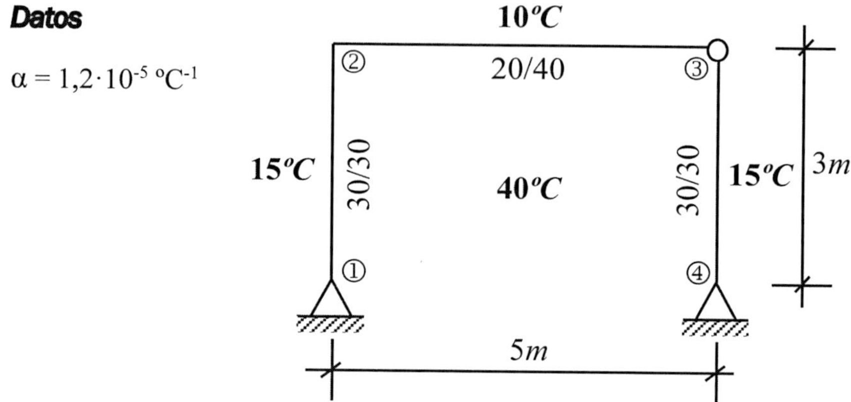

Figura 1.91 Pórtico.

1.- Sistema real y virtual

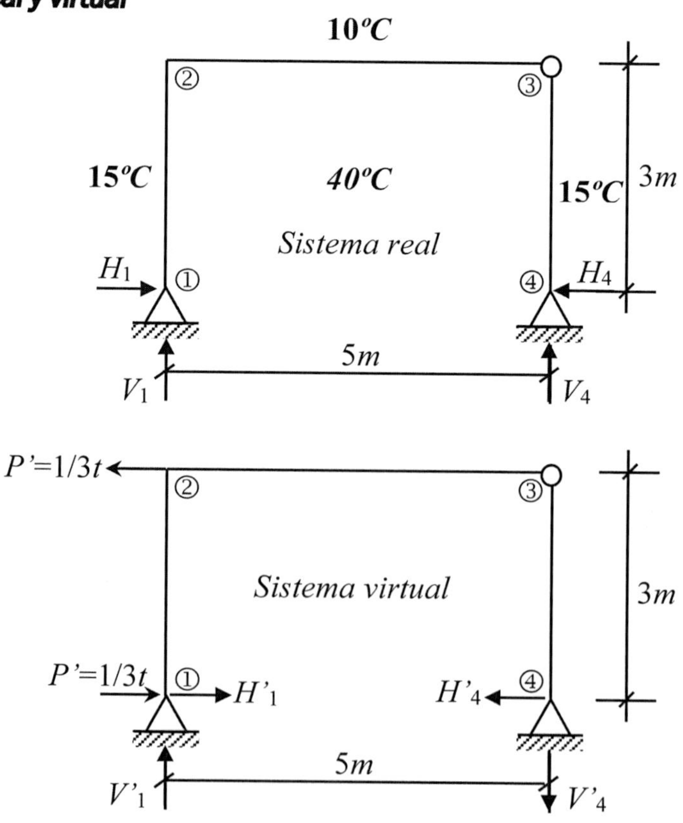

2.- Cálculo de reacciones

a) Sistema real

No tiene reacciones

$$H_1 = 0$$
$$V_1 = 0$$
$$H_4 = 0$$
$$V_4 = 0$$

b) Sistema virtual

$$\sum M_3 = 0 \circlearrowright \oplus (abajo)$$
$$H'_4 \cdot 3 = 0$$
$$H'_4 = 0$$

$$\sum FH = 0 \rightarrow \oplus$$
$$H'_1 + \frac{1}{3} - \frac{1}{3} = 0$$
$$H'_1 = 0$$

$$\sum M_1 = 0 \circlearrowright \oplus$$
$$-\frac{1}{3}(3) + V'_4 \cdot 5 = 0$$
$$V'_4 = 0,2t$$

$$\sum FV = 0 \uparrow \oplus$$
$$V'_1 - 0,2 = 0$$
$$V'_1 = 0,2t$$

3.- Diagrama de esfuerzos

a) Momento

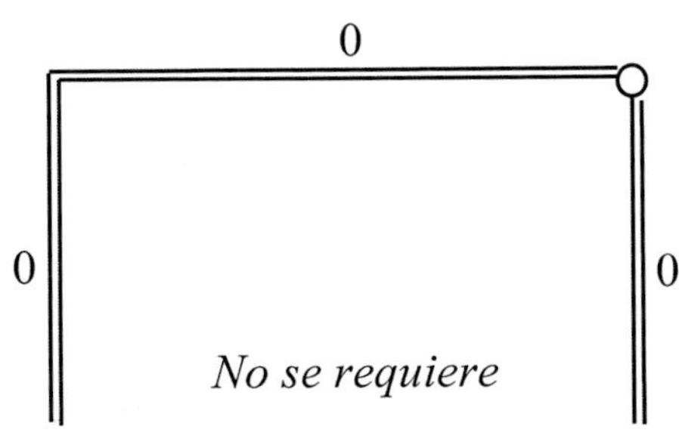

Sistema real

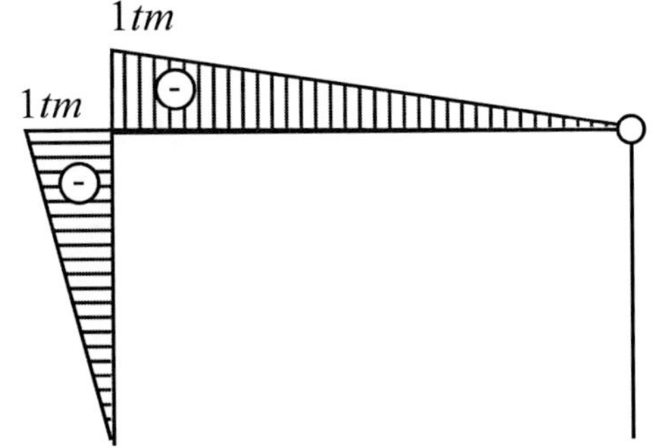

Sistema virtual

b) Normal

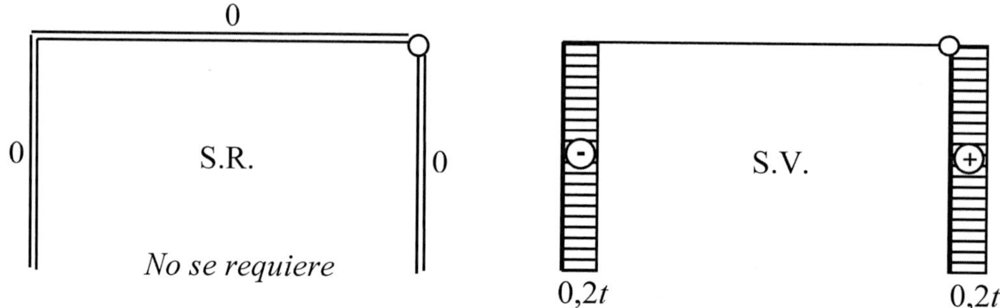

4.- Cálculo del desplazamiento

$$P' \cdot \Delta = \alpha\left(\frac{T_1 - T_2}{h}\right)A_{M'} + \alpha\frac{(T_1 + T_2)}{2}A_{N'} = \alpha\left[\left(\frac{T_1 - T_2}{h}\right)A_{M'} + \frac{(T_1 + T_2)}{2}A_{N'}\right]$$

$$1 \cdot \Delta = 1{,}2 \cdot 10^{-5}\left[\left(\frac{40-15}{0{,}3}\right) \cdot \frac{3(-1)}{2} + \left(\frac{40-10}{0{,}4}\right) \cdot \frac{5(-1)}{2} + \left(\frac{40+15}{2}\right)3(-0{,}2) + \left(\frac{40+15}{2}\right) \cdot 3(0{,}2)\right]$$

$$\Delta = -3{,}75 \cdot 10^{-3}\, rad \cdot \frac{180}{\pi} = -0{,}215^{\circ}$$

Es contrario a la copla dibujada en el sistema virtual, es decir, la barra 1-2 gira en sentido horario.

5.- Representación gráfica

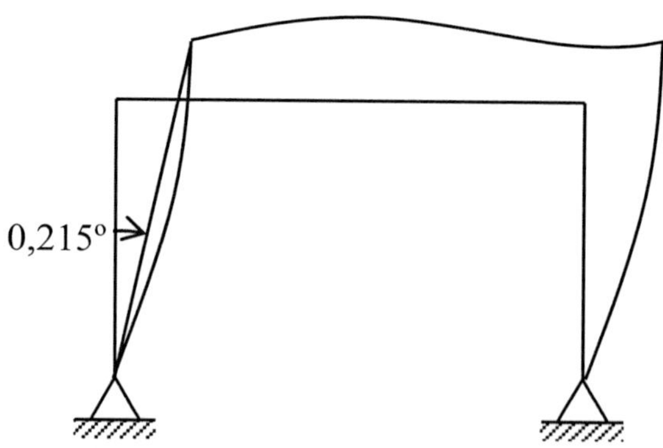

EJERCICIO 20

Calcular el giro en el apoyo fijo izquierdo.

Datos

$\alpha = 1{,}2 \cdot 10^{-5}\ ^{o}C^{-1}$

b/h = 20/30

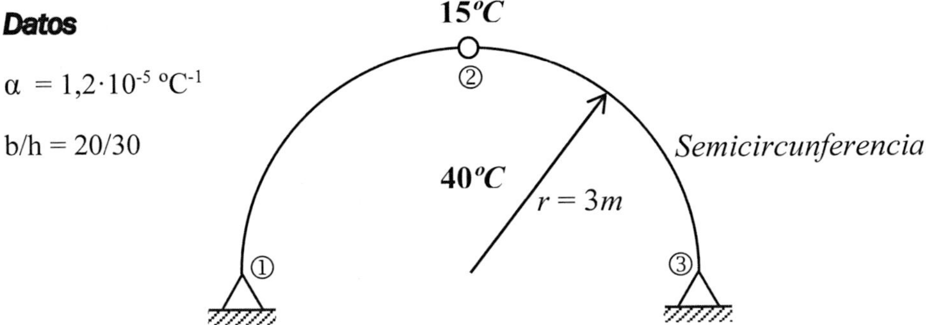

Figura 1.92 Arco circular.

1.- Sistema real y virtual

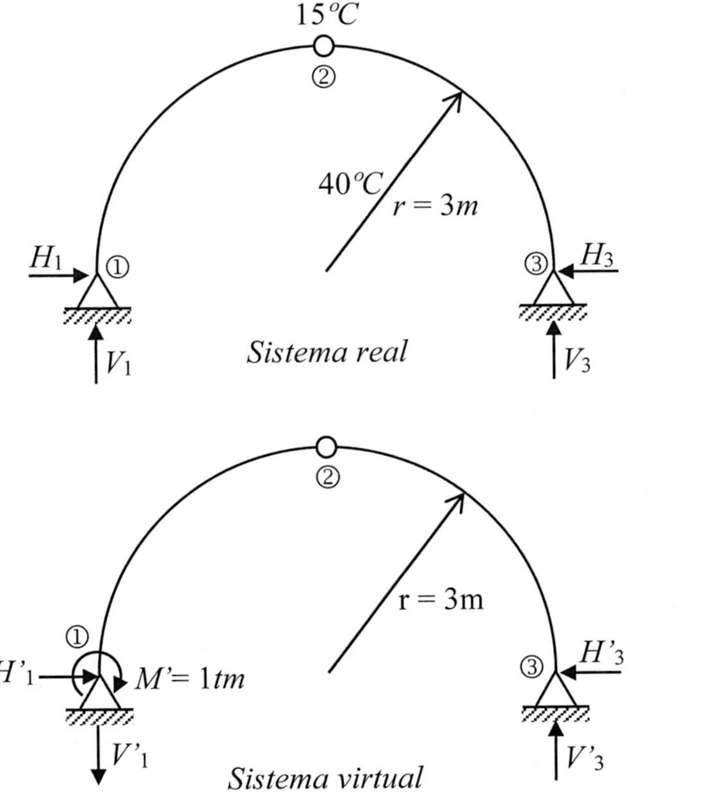

2.- Cálculo de reacciones

a) Sistema real

$M_1 = 0$

$V_1 = 0$

$H_3 = 0$

$V_3 = 0$

b) Sistema virtual

$\sum M_1 = 0 \circlearrowright \oplus$

$1 - V'_3 \cdot 6 = 0$

$V'_3 = \frac{1}{6} t$

$\sum M_2 = 0 \circlearrowright \oplus (derecha)$

$-\frac{1}{6}(3) + H'_3 \cdot 3 = 0$

$H'_3 = \frac{1}{6} t$

$\sum FV = 0 \uparrow \oplus$

$-V'_1 + \frac{1}{6} = 0$

$V'_1 = \frac{1}{6} t$

$\sum FH = 0 \rightarrow \oplus$

$H'_1 - \frac{1}{6} = 0$

$H`_1 = \frac{1}{6} t$

3.- Ecuaciones de esfuerzos

a) Sistema real

No tiene

b) Sistema virtual

Tramo 1-2 = tramo 2-3

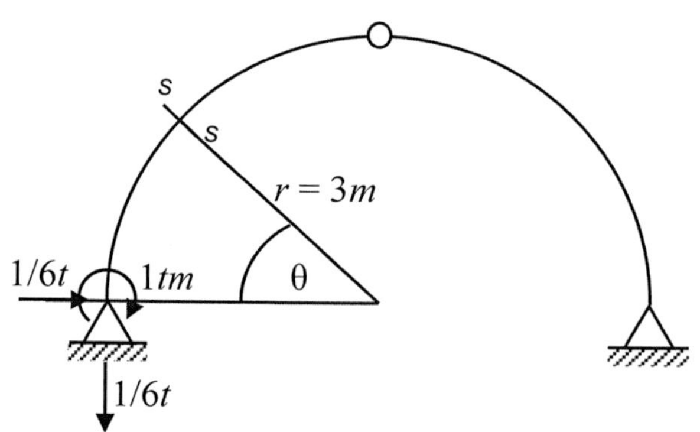

$$M\theta = 1 - \frac{1}{6} \cdot (3sen\theta) - \frac{1}{6}(3 - 3\cos\theta)$$

$$M\theta = 1 - 0{,}5sen\theta - 0{,}5 + 0{,}5\cos\theta$$

$$M\theta = 0{,}5 - 0{,}5sen\theta + 0{,}5\cos\theta$$

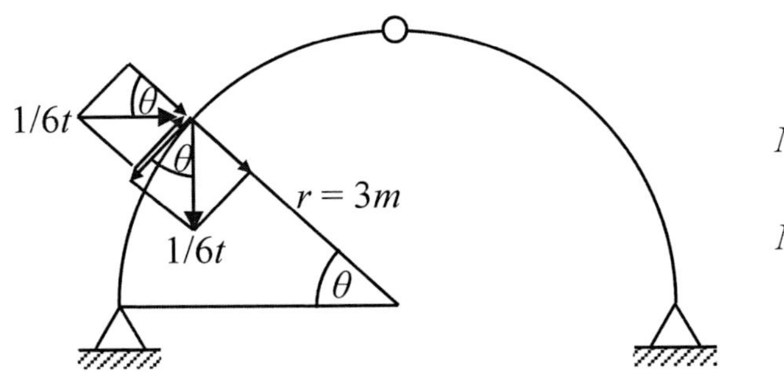

$$N\theta = \frac{1}{6}.\cos\theta - \frac{1}{6}sen\theta$$

$$N\theta = \frac{\cos\theta}{6} - \frac{sen\theta}{6}$$

4.- Cálculo del desplazamiento

$$P'\cdot\Delta = \frac{\alpha(T_1 - T_2)\cdot R}{h}\cdot\int M'd\theta + \frac{\alpha(T_1 + T_2)\cdot R}{2}\cdot\int N'd\theta$$

$$P'\cdot\Delta = \frac{1{,}2\cdot 10^{-5}(40-15)\cdot 3}{0{,}3}\cdot\int_0^{\pi}(0{,}5 - 0{,}5sen\theta + 0{,}5\cos\theta)d\theta +$$

$$+1{,}2\cdot 10^{-5}\cdot\frac{(40+15)}{2}\cdot 3\cdot\int_0^{\pi}\left(\frac{\cos\theta}{6} - \frac{sen\theta}{6}\right)d\theta$$

$$\Delta = 1{,}382\cdot 10^{-3}\cdot rad\cdot\frac{180}{\pi} = 0{,}079^{\text{o}}$$

5.- Representación gráfica

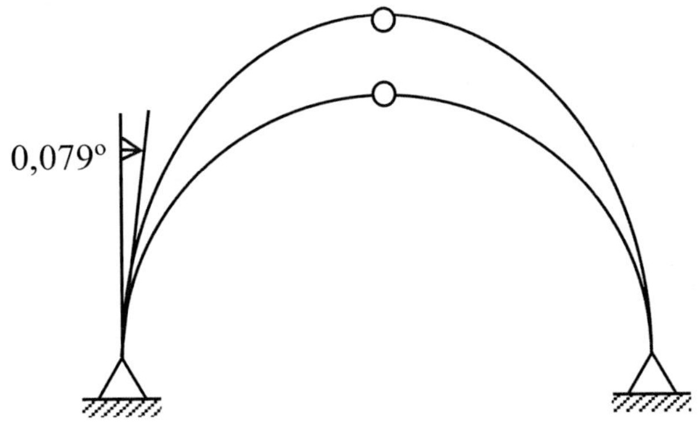

EJERCICIO 21

Calcular el desplazamiento vertical en el nudo 2.

Datos

$b_1/h_1 = b_3/h_3 = 20/30$

$b_2/h_2 = 20/50$

$E = 2 \cdot 10^6\ t/m^2$

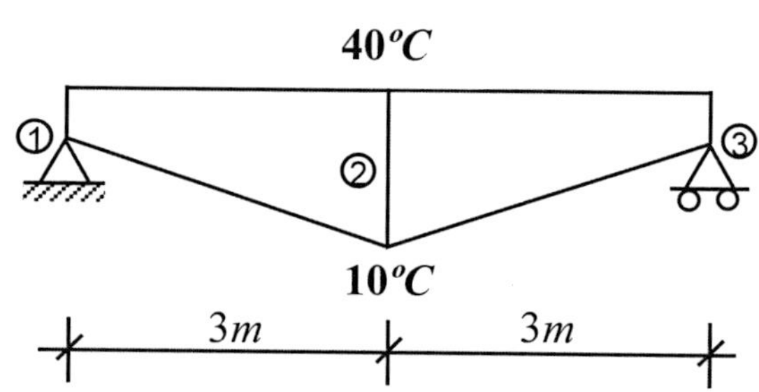

Figura 1.93 Viga de sección variable.

1.- Sistema real y virtual

Sistema real

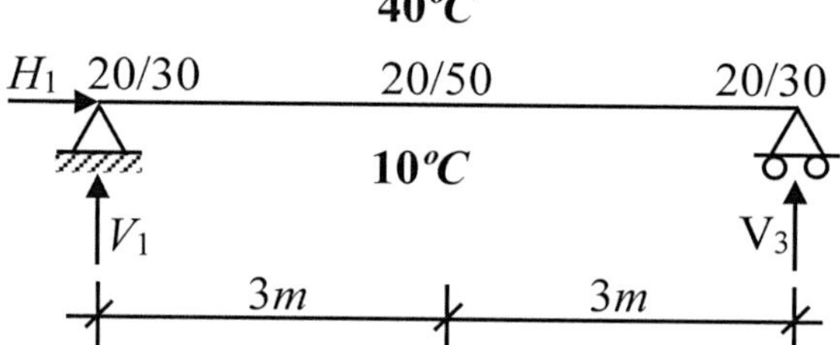

Sistema virtual

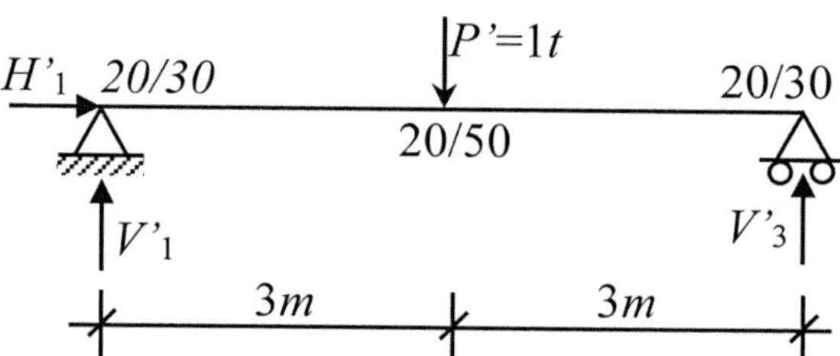

2.- Cálculo de reacciones

a) Sistema real

No tiene reacciones

$H_1 = 0$

$V_1 = 0$

$V_3 = 0$

b) Sistema virtual

$\sum FH = 0 \rightarrow \oplus$

$H'_1 = 0$

$\sum M_1 = 0 \circlearrowright \oplus$

$1 \cdot 3 - V'_3 \cdot 6 = 0$

$V'_3 = 0{,}5t$

$\sum FV = 0 \uparrow \oplus$

$V'_1 - 1 + 0{,}5 = 0$

$V'_1 = 0{,}5t$

3.- Ecuaciones de esfuerzos

a) Sistema real

No tiene

b) Sistema virtual

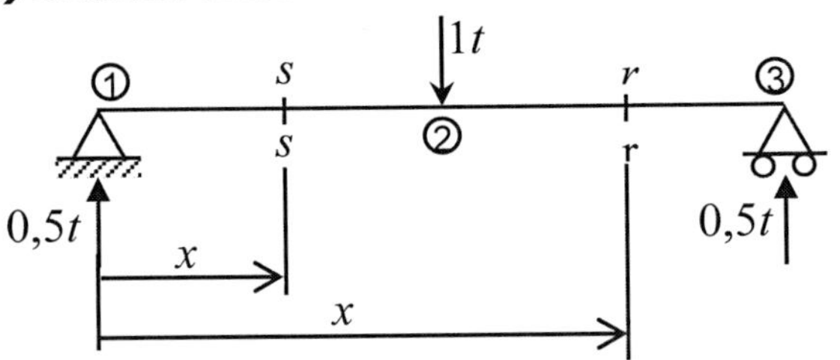

Tramo 1-2 $(0 \le x \le 3)$

$$M = 0{,}5x$$

Tramo 2-3 $(3 \le x \le 6)$

$$M = 0{,}5x - 1(x-3)$$

$$M = -0{,}5x + 3$$

4.- Cálculo del desplazamiento (solo tiene momento flector)

Calculamos h_x

Tramo 1-2 $(0 \le x \le 3)$

h1=0,3

h2=0,5

L=3m

$$h_x = \frac{(h_2 - h_1)x}{L} + h_1$$

$$h_x = \frac{(0{,}5 - 0{,}3)x}{3} + 0{,}3$$

$$h_x = 0{,}0667x + 0{,}3$$

Tramo 2-3 $(3 \le x \le 6)$

h1=0,5

h2=0,3

m=3

L=3m

$$h_x = \frac{(h_2 - h_1)(x-m)}{L} + h_1$$

$$h_x = \frac{(0{,}3 - 0{,}5)(x-3)}{3} + 0{,}5$$

$$h_x = -0{,}0667X + 0{,}2 + 0{,}5 = -0{,}0667 + 0{,}7$$

$$P'\Delta = \alpha(T_1 + T_2)\int \frac{M'}{h_x}dx$$

$$1 \cdot \Delta = 1{,}2 \cdot 10^{-5}(10-40)\int_0^3 \left(\frac{0{,}5x}{0{,}0667x + 0{,}3} \right) dx + 1{,}2 \cdot 10^{-5}(10-40)\int_3^6 \left(\frac{-0{,}5x+3}{-0{,}0667x+0{,}7} \right) dx$$

$$\Delta = -3{,}787 \cdot 10^{-3}m = -3{,}787mm$$

5.- Representación gráfica

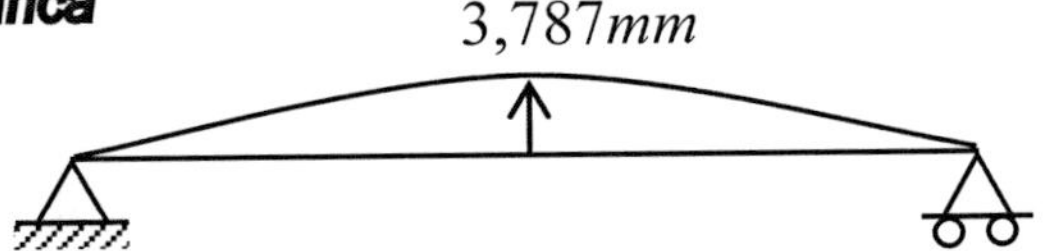

1.14. ASENTAMIENTOS

Desde el punto de vista estructural, el asentamiento o hundimiento es el desplazamiento que sufre un apoyo según una o varias de sus direcciones restringidas. Estos asentamientos se producen cuando la capacidad comprensible del terreno es superada por la presión ejercida de los apoyos (zapatas). Entre estos desplazamientos destacamos los siguientes:

1.14.1 Asentamiento horizontal

Es el desplazamiento horizontal de un apoyo restringido horizontalmente. Véase el siguiente ejemplo.

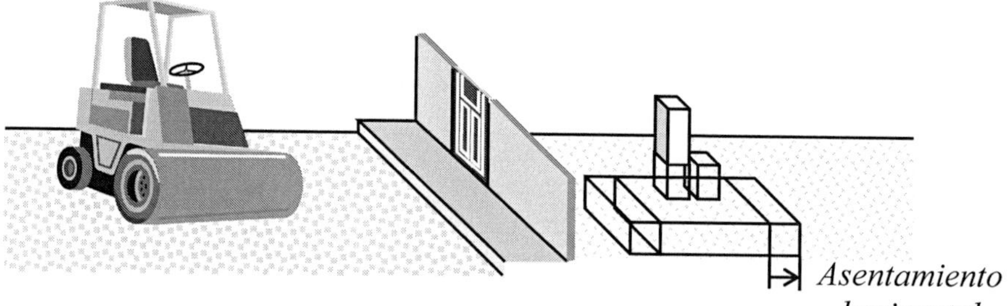

Figura 1.94 Zapata con asentamiento lateral.

La aplanadora, al consolidar el terreno, produce un reacomodo lateral de las partículas del suelo, que trae como consecuencia el desplazamiento lateral de sus apoyos.

1.14.2. Asentamiento vertical

Se refiere a la traslación vertical que sufre un apoyo restringido en dicha dirección. Obsérvese la siguiente figura.

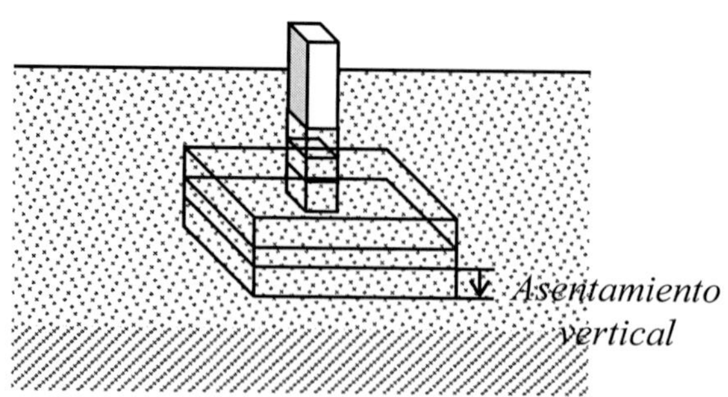

Figura 1.95 Zapata con asentamiento vertical.

La capacidad comprensible uniforme del terreno hace que los desplazamientos verticales también sean uniformes.

1.14.3. Asentamiento rotacional

Es el giro producido en un apoyo restringido rotacionalmente. Véase el siguiente ejemplo.

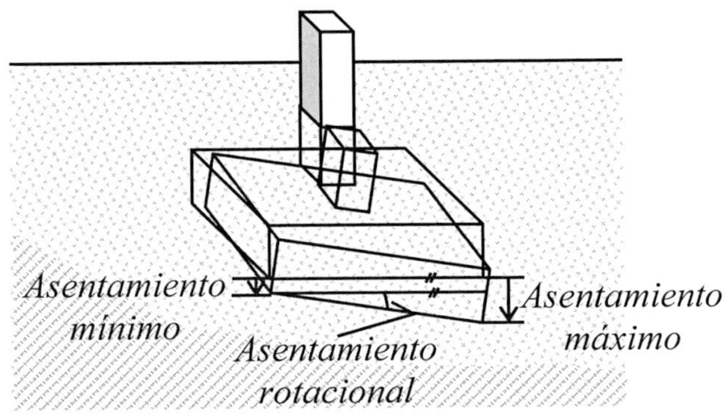

Figura 1.96 Zapata con asentamiento angular o rotacional.

Cuando los estratos del suelo no son de comprensibilidad uniforme, se producen los asentamientos rotacionales.

1.14.4. Desplazamientos en una estructura que se asienta

Cuando los apoyos de una estructura isostática se asientan, la estructura experimenta una traslación y rotación absoluta sin que sus distintas barras sufran deformaciones. Véase el siguiente ejemplo.

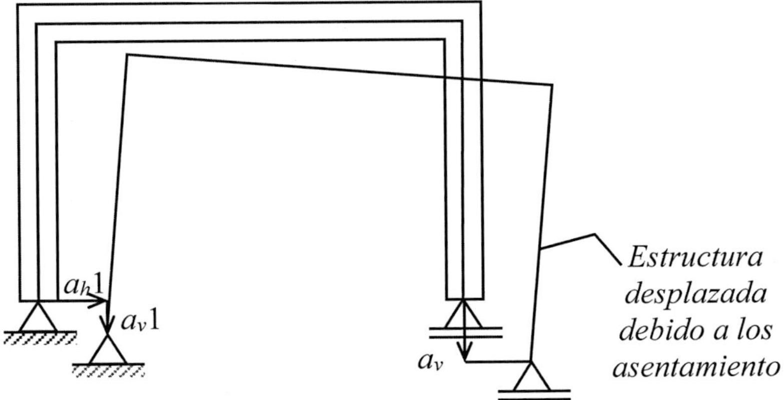

Figura 1.97 Pórtico con asentamientos.

En esta figura se puede observar que ninguna de sus barras experimenta deformaciones, es decir, no se acortan, no se alargan ni se flexionan.

Ahora supongamos que queremos calcular el desplazamiento Δ producido en la sección A. Véase la siguiente figura.

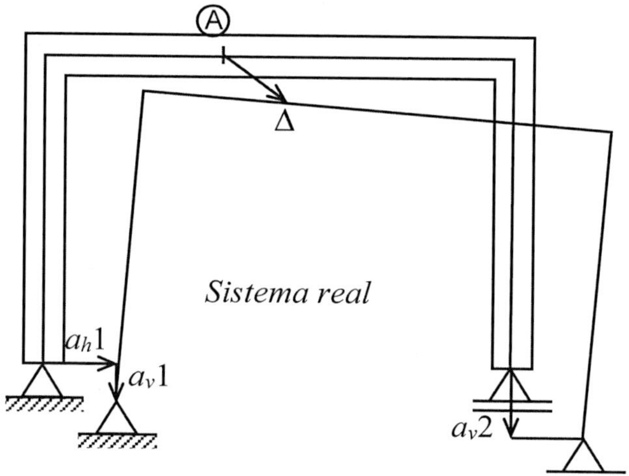

Figura 1.98 Vector desplazamiento Δ.

Para determinar el desplazamiento Δ, seguiremos los siguientes pasos.

1.- Colocar en la sección A y en la dirección Δ una carga virtual P' y luego determinar sus esfuerzos M', N' y Q' en una sección s-s arbitraria y sus reacciones.

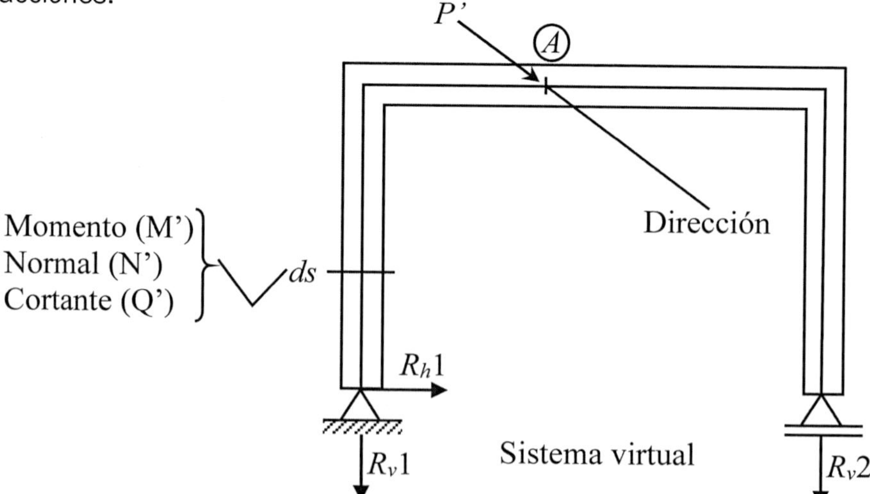

Figura 1.99 Esfuerzos internos en la sección s-s.

La carga P' se transforma en esfuerzos M', N' y Q' en el interior de la estructura y en reacciones R_h1, R_v1 y R_v2 en los vínculos de los apoyos.

2.- Ahora coloquemos los asentamientos en los apoyos y analicemos los fenómenos de traslación y rotación absoluta debido a estos asentamientos.

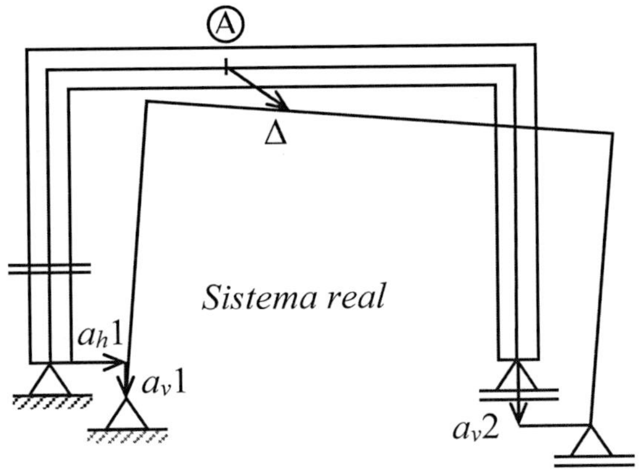

Figura 1.100 Asentamientos en los apoyos.

3.- Apliquemos el principio de la conservación de la energía para deducir la fórmula que gobierna los desplazamientos en estructuras con apoyos asentados.

$$Wext = Wint \quad (64)$$

4.- Apliquemos el principio de trabajo virtual para la fuerza P' y las reacciones Rh1, Rv1 y M1 del sistema virtual con los desplazamientos Δ, ah1, av1 y av2 del sistema real.

$$Wext = P' \cdot \Delta + R_h1 \cdot a_h1 + R_v1 \cdot a_v1 + R_v2 \cdot a_v2 \quad (65)$$

5.- Volvamos a aplicar el principio de trabajo virtual pero a los esfuerzos M', N' y Q' del sistema virtual con las deformaciones del sistema real (las barras de este sistema no se deforman, por lo tanto $d\Delta_A$, $d\Delta_T$ y dθ valen cero).

$$dWint = M' \cdot d\theta + N' \cdot d\Delta_A + Q' \cdot d\Delta_T$$

$$dWint = M' \cdot 0 + N' \cdot 0 + Q' \cdot 0$$

$$Wint = 0 \quad (66)$$

Sustituir las ecuaciones 65 y 66 en 64, de tal modo que obtengamos:

$$P'{\cdot}\Delta + R_h1 \cdot a_h1 + R_v{\cdot}a_v1 + R_v2 \cdot a_v2 = 0$$

Luego despejar el desplazamiento Δ:

$$P'{\cdot}\Delta = -R_h1 \cdot a_h1 - R_v{\cdot}a_v1 - R_v2 \cdot a_v2$$

Sabiendo que los asentamientos pueden variar en número, tenemos:

$$\boxed{P'{\cdot}\Delta = -\Sigma R{\cdot}a} \quad (67)$$

1.14.5. Convenio de signos

Si el asentamiento y la reacción tienen el mismo sentido, el producto de R·a es positivo, en caso contrario será negativo. Obsérvense los siguientes ejemplos.

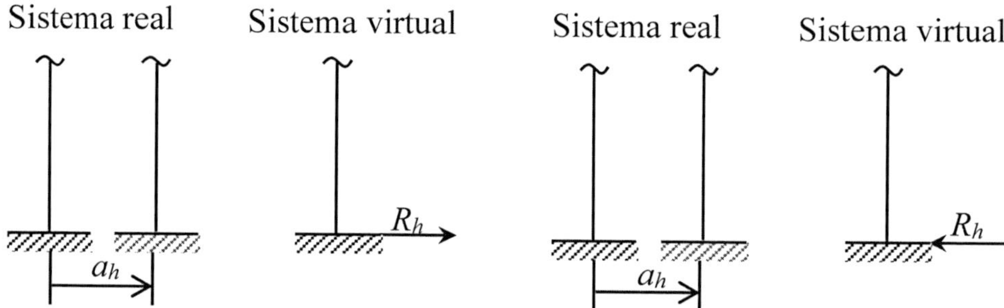

Como el asentamiento del apoyo y la reacción tiene sentidos contrarios, el producto $R_h{\cdot}a_h$ será negativo.

Como el asentamiento del apoyo y la reacción tiene sentidos contrarios, el producto $R_v{\cdot}a_v$ será negativo.

Figura 1.101 Convenio de signos en la dirección horizontal.

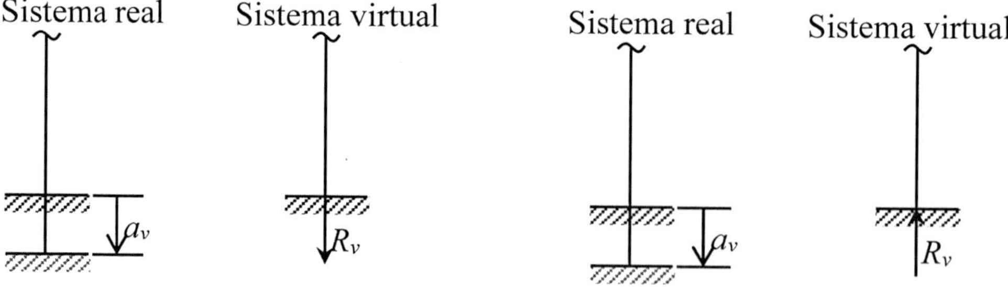

Como el asentamiento del apoyo y la reacción tienen el mismo sentido, el producto $R_v{\cdot}a_v$ será positivo.

Como el asentamiento del apoyo y la reacción tiene sentidos contrarios, el producto $R_v{\cdot}a_v$ será negativo.

Figura 1.102 Convenio de signos en la dirección vertical.

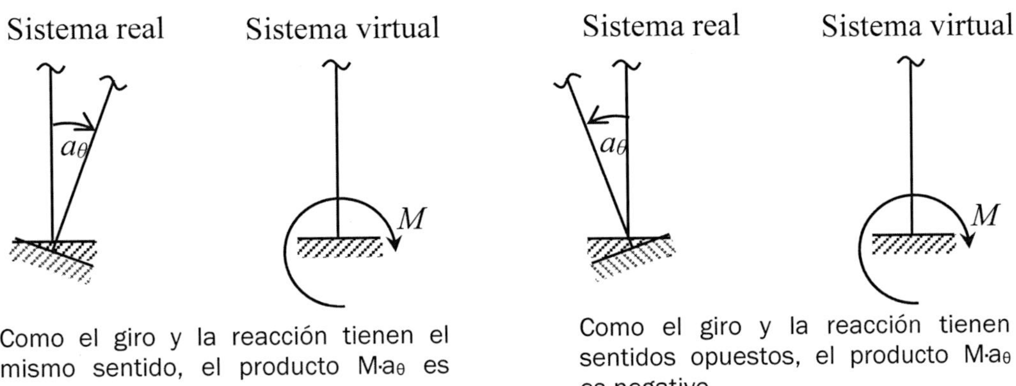

Como el giro y la reacción tienen el mismo sentido, el producto $M \cdot a_\theta$ es positivo.

Como el giro y la reacción tienen sentidos opuestos, el producto $M \cdot a_\theta$ es negativo.

Figura 1.103 Convenio de signos en la dirección rotacional.

EJERCICIO 22

Calcular el desplazamiento transversal en la sección s-s.

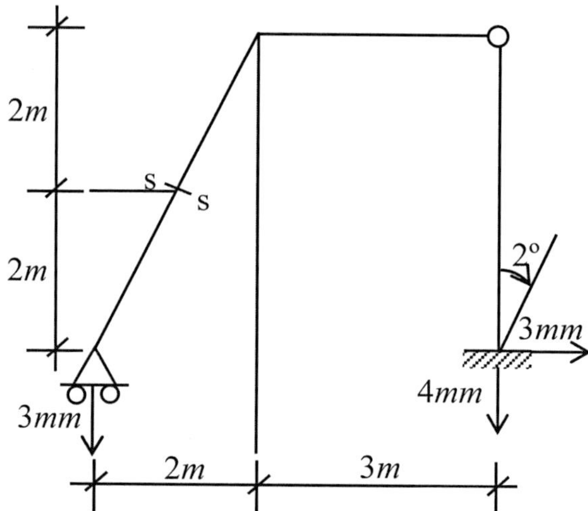

Figura 1.104 Pórtico con asentamientos.

1.- Sistema real y virtual

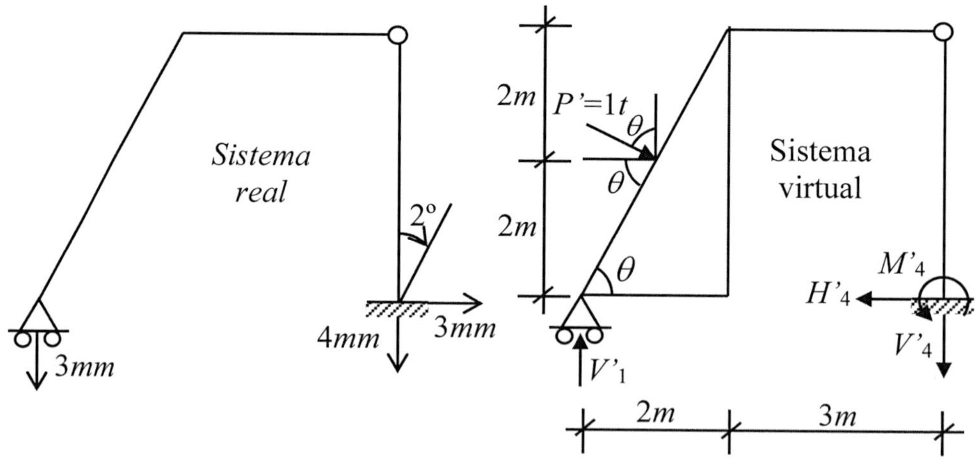

2.- Cálculo de reacciones

a) Sistema real

No tiene reacciones.

b) Sistema virtual

$$\sum FH = 0 \rightarrow \oplus$$
$$1 \cdot sen\theta - H'_4 = 0$$
$$H'_4 = 0{,}894t$$
$$\sum M_3 = 0 \ \circlearrowright \oplus (abajo)$$
$$-M'_4 + 0{,}894 \cdot 4 = 0$$
$$M'_4 = 3{,}576tm$$
$$\sum M_1 = 0 \ \circlearrowright \oplus$$
$$1 \cdot \frac{2}{sen\theta} - 3{,}576 - V'_4 \cdot 5 = 0$$
$$V'_4 = 0{,}268t$$
$$\sum FV = 0 \uparrow \oplus$$
$$V'_1 - 1 \cdot \cos\theta - 0{,}268 = 0$$
$$V'_1 = 0{,}7153t$$

$$\theta = arctag\left(\frac{4}{2}\right) = 63{,}43^\circ$$

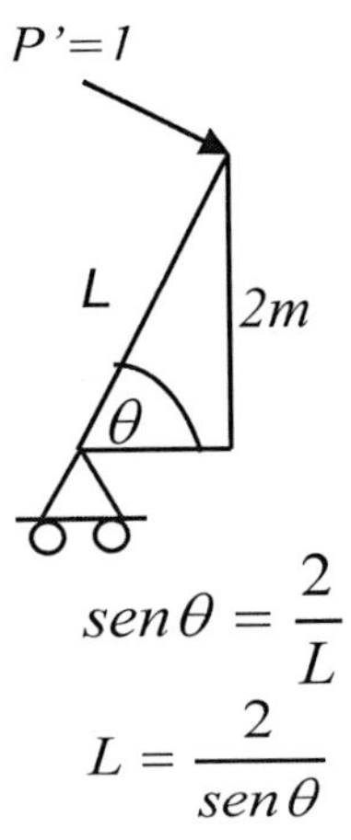

$$sen\theta = \frac{2}{L}$$
$$L = \frac{2}{sen\theta}$$

3.- Cálculo del desplazamiento

$$P'\Delta = -\sum R \cdot a$$

$$1 \cdot \Delta = -\left[-0{,}7153(-3 \cdot 10^{-3}) + (-0{,}268)(-4 \cdot 10^{-4}) + (-0{,}894)(3 \cdot 10^{-3}) + (-3{,}576) \cdot 2^\circ \left(\frac{\pi}{180^\circ}\right)\right]$$

$\Delta = -0{,}1252m = 12{,}52cm$ (el mismo sentido que la fuerza virtual)

4.- Representación gráfica

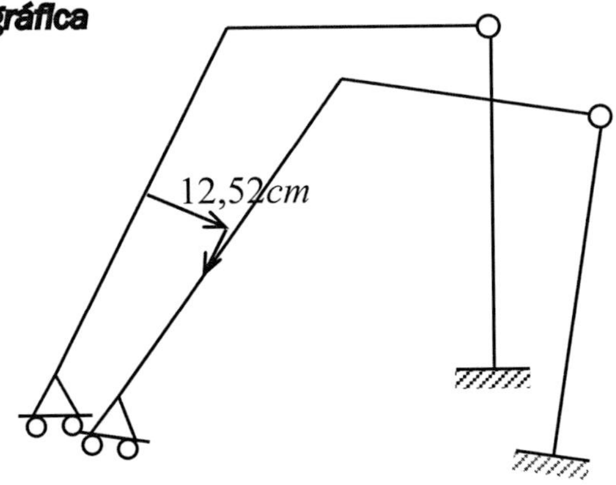

1.15. APOYOS ELÁSTICOS

Obsérvese la siguiente estructura compuesta de dos barras, de las cuales la barra 3-4 es estáticamente independiente y la barra 1-2 es dependiente estáticamente de la barra 3-4. Decimos esto porque la barra 3-4, en su punto medio, realiza la función de un apoyo de primera especie para la barra 1-2, pero, además, le proporciona un desplazamiento Δ en la misma dirección de la reacción. Este desplazamiento dependerá exclusivamente de las características geométricas y mecánicas de la barra 3-4 y, además, de la intensidad de fuerza que le pueda transmitir la barra 1-2.

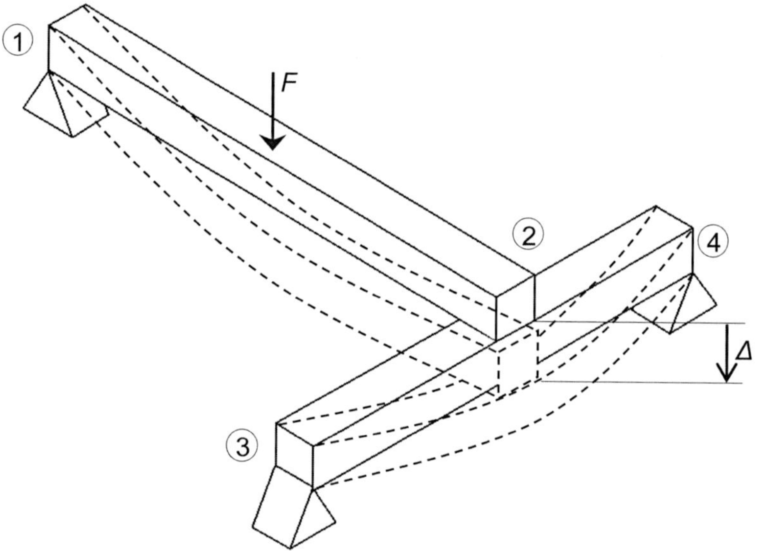

Figura 1.105 Viga apoyada sobre otra viga.

Cuando un apoyo tiene la propiedad de proporcionar una reacción en una dirección (vertical, horizontal o momento) y, además, tiene la capacidad de producir un desplazamiento en la misma dirección se denomina apoyo elástico.

Un apoyo elástico puede ser representado como un resorte donde su deformación es proporcional a la fuerza que se aplica en la dirección del resorte y a una constante de resorte que llamaremos f.

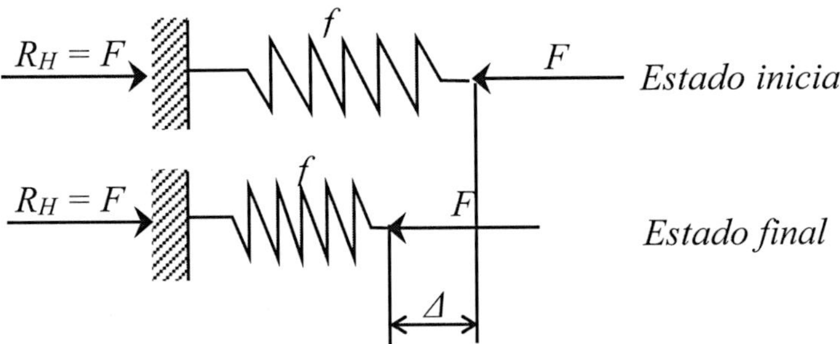

Figura 1.106 Apoyo elástico longitudinal.

F = Fuerza actuante en la dirección del resorte

f = Constante de resorte (flexibilidad)

R_H = Reacción horizontal del apoyo

Δ = Desplazamiento en la dirección de la fuerza F

Por lo tanto, la viga 3-4 puede ser reemplazada por un apoyo elástico ubicado en el nudo 2.

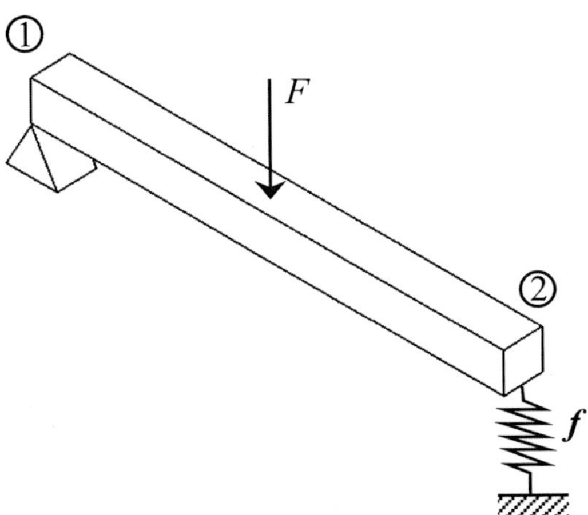

Figura 1.107 Viga con apoyo elástico.

La flexibilidad se define como ***"el desplazamiento producido por una fuerza unitaria"***, y, en el caso de nuestro sistema estructural, el valor de f dependerá exclusivamente de las características geométricas y mecánicas de la barra 3-4, y su cálculo será realizado a través del método de carga virtual.

Para calcular la flexibilidad colocaremos una carga unitaria en el nudo 2 y aplicaremos el método de carga virtual para determinar el desplazamiento en el mismo nudo y en la misma dirección de la carga. Veamos este análisis.

1.- Sistema real y virtual

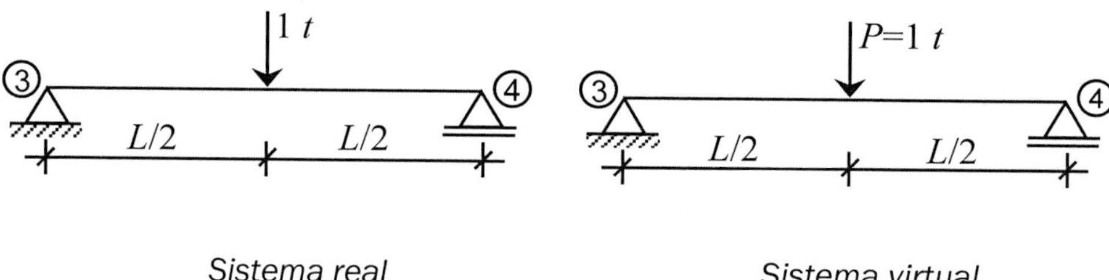

Sistema real *Sistema virtual*

Figura 1.108 Sistema real y virtual.

Obsérvese que ambos sistemas son iguales; aunque en el sistema virtual la carga virtual P puede ser distinta de uno, en el sistema real la carga siempre deberá ser unitaria.

2.- Reacciones

Para ambos sistemas las reacciones en los apoyos es 0,5 toneladas.

3.- Ecuaciones de momento

Las ecuaciones de momento para ambos sistemas será la misma:

Tramo 1 $(0 \leq x \leq L/2)$

$$M = 0{,}5 \cdot x$$

Tramo 2 $(L/2 \leq x \leq L)$

$$M = 0{,}5 \cdot x - 1 \cdot (x - 0{,}5 \cdot L)$$

$$M = -0{,}5 \cdot x + 0{,}5 \cdot L$$

4.- Desplazamiento (flexibilidad)

Fórmula para calcular el desplazamiento $P' \cdot \Delta = \int \frac{M \cdot M' \cdot dx}{E \cdot I}$

Como M es igual a M', entonces: $P' \cdot \Delta = \int \frac{M^2}{E \cdot I} \cdot dx$

$$1 \cdot \Delta = \int_0^{0,5 \cdot L} \frac{(0,5 \cdot x)^2}{E \cdot I} \cdot dx + \int_{0,5 \cdot L}^{L} \frac{(-0,5 \cdot x + 0,5 \cdot L)^2 \cdot dx}{E \cdot I} = \frac{L^3}{96 \cdot E \cdot I} + \frac{L^3}{96 \cdot E \cdot I} = \frac{L^3}{48 \cdot E \cdot I}$$

Por lo tanto, la flexibilidad f del apoyo elástico es: $f = \frac{L^3}{48 E \cdot I}$

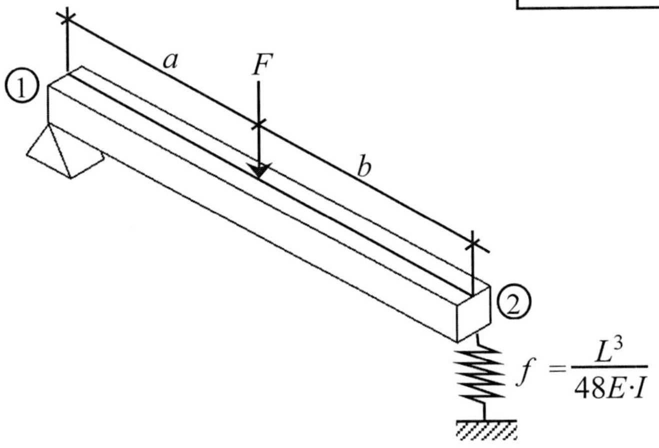

Figura 1.109 Viga con apoyo elástico y coeficiente de flexibilidad.

Resolviendo la anterior estructura obtendremos:

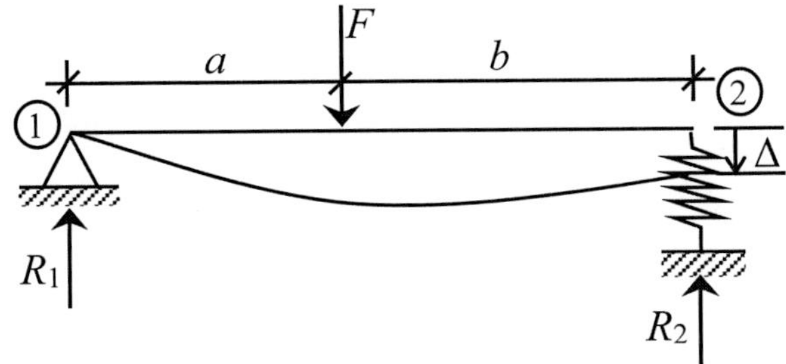

Figura 1.110 Reacción y desplazamiento de apoyo elástico.

$\Sigma M_1 = 0 \circlearrowright \oplus$

$F \cdot a - R_2 \cdot (a+b) = 0$

$R_2 = \dfrac{F \cdot a}{a+b}$

$\Sigma M_2 = 0 \circlearrowright \oplus$

$-F \cdot b + R_1 \cdot (a+b) = 0$

$R_1 = \dfrac{F \cdot b}{a+b}$

$\Delta = f \cdot R_2$

$\Delta = \dfrac{L^3}{E \cdot I}\left[\dfrac{F \cdot b}{a+b}\right]$

$\Delta = \dfrac{F \cdot L^3 \cdot b}{E \cdot I \cdot (a+b)}$

En el siguiente caso se observa una viga sostenida en un extremo por un cable; este cable hace la función de un apoyo de primera especie en dirección vertical y al mismo tiempo cede en dirección vertical debido al alargamiento del cable sometido a tracción.

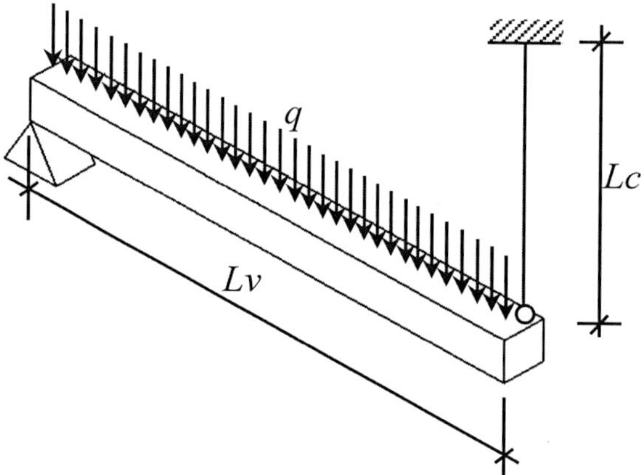

Figura 1.111 Viga sujetada por un cable.

El cable puede reemplazarse por un apoyo elástico, donde la constante de flexibilidad depende de las propiedades geométricas y mecánicas del cable.

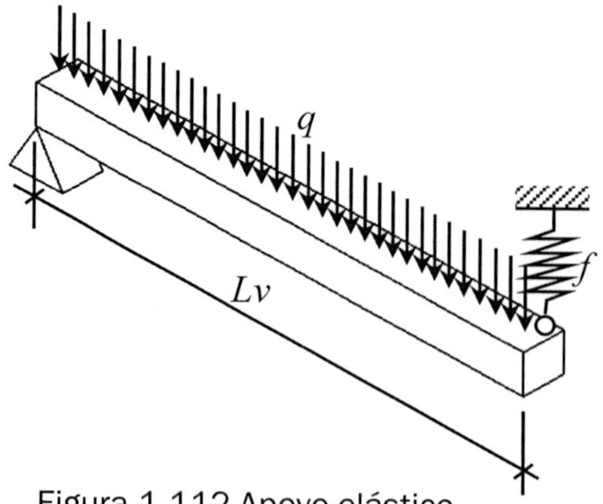

Figura 1.112 Apoyo elástico.

Para definir la flexibilidad del apoyo elástico debemos calcular la deformación del cable debido a una carga unitaria, tal como se observa a continuación.

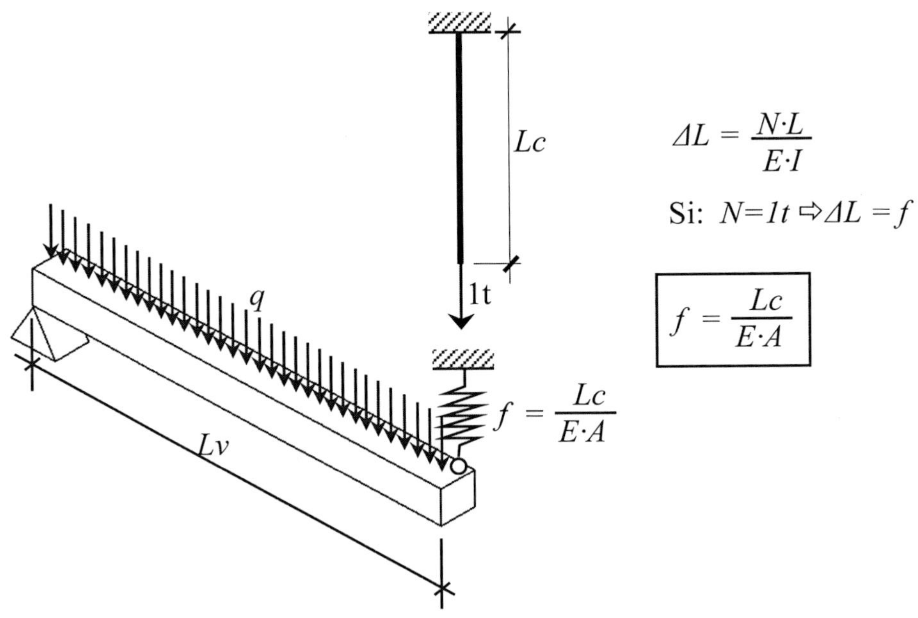

Figura 1.113 Coeficiente de flexibilidad en apoyo elástico.

Idealizando la estructura y resolviéndola, tenemos:

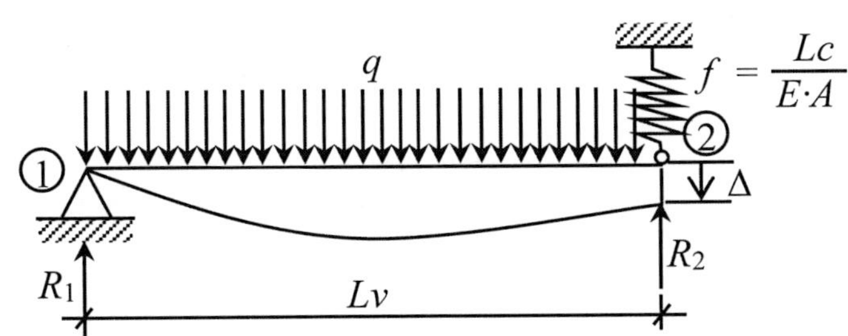

Figura 1.114 Reacción y desplazamiento en apoyo elástico.

$\Sigma M_1 = 0$ ↻ ⊕

$q \cdot L_V \cdot \frac{L_V}{2} - R_2 \cdot L_V = 0$

$R_2 = \frac{q \cdot L_V}{2}$

$\Sigma M_2 = 0$ ↻ ⊕

$-q \cdot L_V \cdot \frac{L_V}{2} + R_1 \cdot L_V = 0$

$R_1 = \frac{q \cdot L_V}{2}$

$\Delta = f \cdot R_B$

$\Delta = \frac{Lc}{E \cdot A} \left[\frac{q \cdot L_V}{2} \right]$

$\Delta = \frac{q \cdot L_C \cdot L_V}{2 \cdot E \cdot A}$

1.15.1. Deformaciones en estructuras con apoyos elásticos

La siguiente estructura está sometida a un conjunto de cargas que lo mantiene en equilibrio y, además, sus vínculos externos son apoyos elásticos. Ahora supongamos que necesitamos calcular el desplazamiento Δ en la sección A mostrada en la siguiente figura.

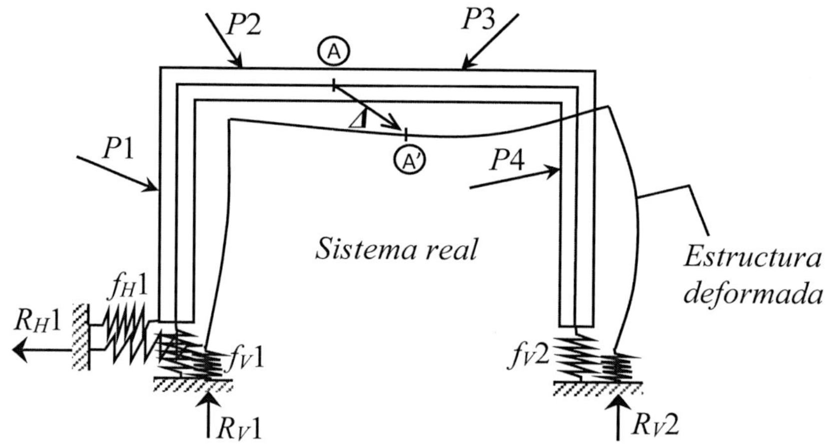

Figura 1.115 Pórtico con apoyos elásticos.

Para lograr este objetivo seguiremos los siguientes pasos:

1.- En la dirección Δ y en la sección A, colocamos una carga virtual P', para luego determinar los esfuerzos M', N' y Q' en una sección s-s arbitraria y las reacciones en los apoyos elásticos. Véase la siguiente figura.

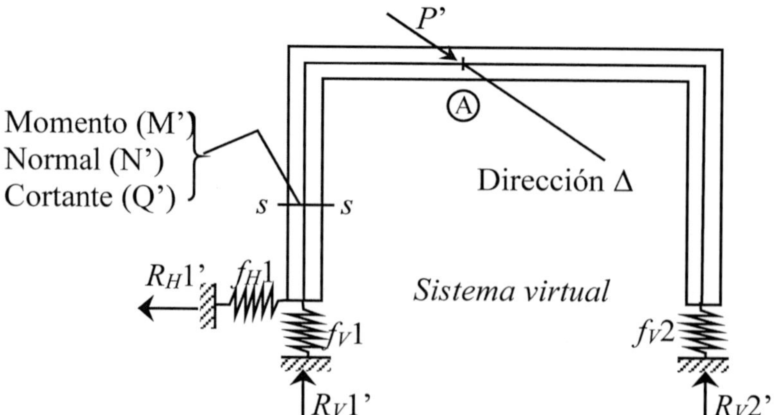

Figura 1.116 Esfuerzos internos en la sección s-s.

2.- Ahora quitemos la carga virtual y coloquemos al sistema las fuerzas originales y veamos cómo se deforma. Luego determinemos el valor de los desplazamientos en los apoyos elásticos y las deformaciones para un ancho diferencial ds en una sección s-s de la estructura.

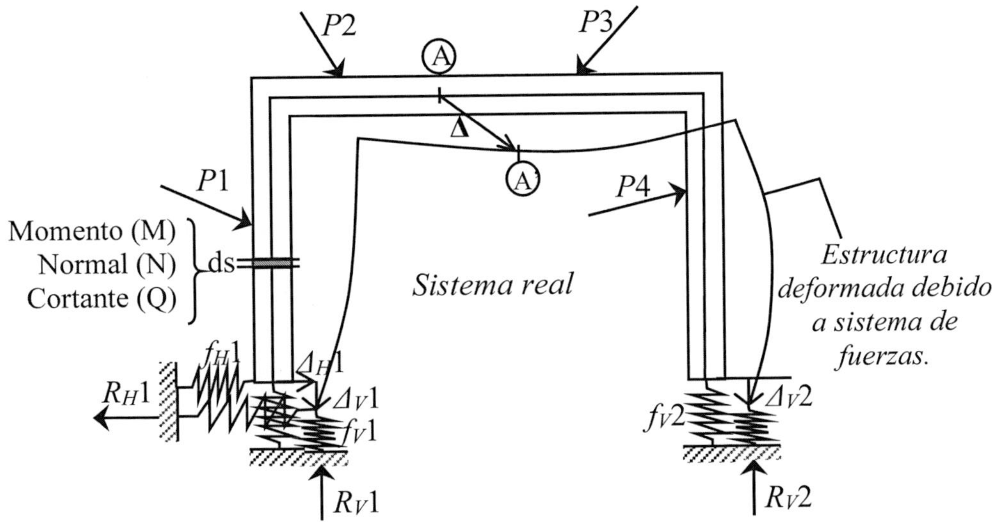

Figura 1.117 Estructura deformada.

Si analizamos una sección cualquiera definida por un ancho diferencial ds, encontraremos deformaciones debido a los esfuerzos internos (M, N y Q) actuantes, deformaciones que denominaremos:

$$\left.\begin{array}{ll} \text{Deformación angular} & d\theta = \dfrac{M \cdot ds}{E \cdot I} \\ \text{Deformación axial} & d\Delta_N = \dfrac{N \cdot ds}{E \cdot A} \\ \text{Deformación de corte} & d\Delta_Q = \dfrac{x \cdot Q \cdot ds}{G \cdot A} \end{array}\right\} \quad (68)$$

Además, los apoyos elásticos sufren desplazamientos de sentidos opuestos a sus reacciones.

$$\left.\begin{array}{ll}\text{Desplazamiento horizontal 1} & \Delta_H 1 = f_H 1 \cdot R_H 1 \\ \text{Desplazamiento vertical 1} & \Delta_V 1 = f_V 1 \cdot R_V 1 \\ \text{Desplazamiento vertical 2} & \Delta_V 2 = f_V 2 \cdot R_V 2\end{array}\right\} \quad (69)$$

3.- Aplicamos el principio de conservación de la energía:

$$Wext = Wint \quad (70)$$

4.- Considerando la fuerza P' y reacciones R_{H1}', R_{V1}' y R_{V2}' del sistema virtual y los desplazamientos Δ, $\Delta_H 1$, $\Delta_V 1$ y $\Delta_V 2$ del sistema real, aplicamos el principio de trabajo virtual para determinar el trabajo virtual exterior.

$$Wext = P' \cdot \Delta - R_H 1' \cdot \Delta_H 1 - R_V 1' \cdot \Delta_V 1 - R_V 2' \cdot \Delta_V 2 \quad (71)$$

Reemplazamos el 69 en 71:

$$Wext = P' \cdot \Delta - R_H 1' \cdot f_H 1 \cdot R_H 1 - R_V 1' \cdot f_V 1 \cdot R_V 1 - R_V 2' \cdot f_V 2 \cdot R_V 2 \quad (72)$$

Sintetizando la fórmula anterior:

$$P' \cdot \Delta - \Sigma f \cdot R \cdot R'$$

5.- Considerando los esfuerzos internos M', N' y Q' del sistema virtual y las deformaciones dθ, $d\Delta_N$ y $d\Delta_Q$ del sistema real aplicamos el principio de trabajo virtual para determinar el trabajo virtual interior.

$$dWint = M' \cdot d\theta + N' \cdot d\Delta_N + Q' \cdot d\Delta_Q'$$

Aplicando integrales a ambos miembros:

$$Wint = \int M' \cdot d\theta + \int N' \cdot d\Delta_N + \int Q' \cdot d\Delta_Q'$$

Reemplazando las ecuaciones 68 en la expresión anterior, obtenemos:

$$Wint = \int \frac{M \cdot M' \cdot ds}{E \cdot I} + \int \frac{N \cdot N' \cdot ds}{E \cdot A} + \int \frac{x \cdot Q \cdot Q' \cdot ds}{G \cdot A} \quad (73)$$

Igualando el trabajo externo con el trabajo interno, obtendremos la ecuación general para el cálculo de los desplazamientos en estructuras con apoyos elásticos.

$$Wext = Wint$$

$$P'\cdot\Delta - \Sigma f\cdot R\cdot R' = \int \frac{M\cdot M'\cdot ds}{E\cdot I} + \int \frac{N\cdot N'\cdot ds}{E\cdot A} + \int \frac{x\cdot Q\cdot Q'\cdot ds}{G\cdot A}$$

$$\boxed{P'\cdot\Delta = \int \frac{M\cdot M'\cdot ds}{E\cdot I} + \int \frac{N\cdot N'\cdot ds}{E\cdot A} + \int \frac{x\cdot Q\cdot Q'\cdot ds}{G\cdot A} + \Sigma f\cdot R\cdot R'} \quad (71)$$

Donde:

R = Reacciones del sistema real

R' = Reacciones del sistema real

f = Flexibilidad (coeficiente del resorte)

MUY IMPORTANTE

El producto f·R·R' tendrá signo positivo si las reacciones R y R' tienen el mismo sentido, en caso contrario tienen signo negativo y la flexibilidad, al ser un valor propio del resorte, carece de signo.

EJERCICIO 23

Calcular el desplazamiento vertical debajo de la carga vertical puntual.

Datos

$E = 2 \cdot 10^6\ t/m^2$

$b/h = 20/40$

$f_1 = 2 \cdot 10^{-6}\ m/t$

$f_2 = 3 \cdot 10^{-6}\ m/t$

$f_3 = 2{,}5 \cdot 10^{-6}\ m/t$

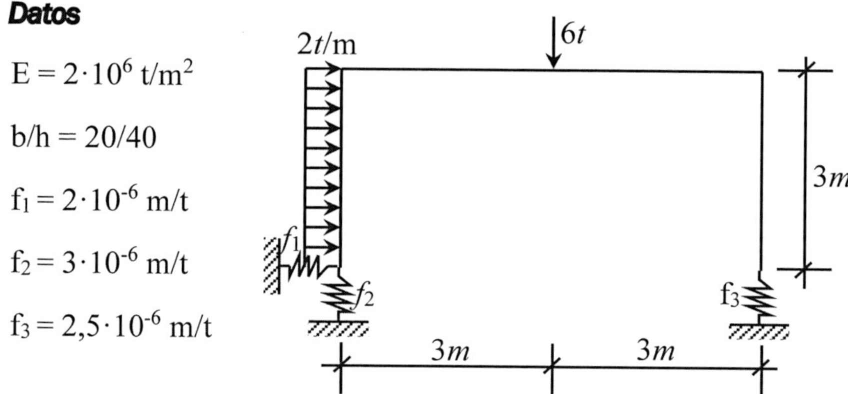

Figura 1.118 Pórtico con apoyos elásticos.

1.- Sistema real y virtual

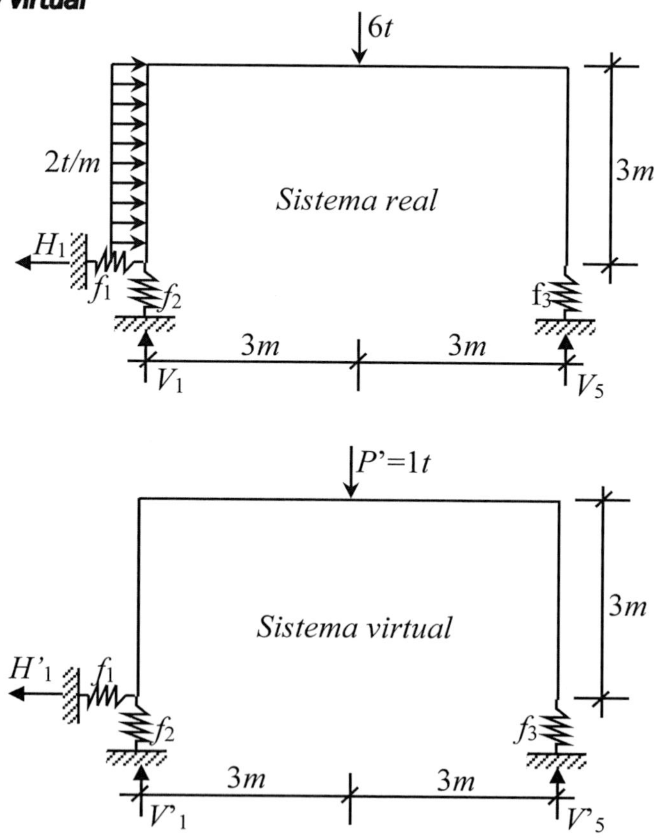

2.- Cálculo de reacciones

a) Sistema real

$$\sum FH = 0 \rightarrow \oplus$$
$$-H_1 + 2 \cdot 3 = 0$$
$$H_1 = 6t$$
$$\sum M_1 = 0 \circlearrowright \oplus$$
$$(2 \cdot 3)1{,}5 + 6 \cdot 3 - V_5 \cdot 6 = 0$$
$$V_5 = 4{,}5t$$
$$\sum FV = 0 \uparrow \oplus$$
$$V_1 - 6 + 4{,}5 = 0$$
$$V_1 = 1{,}5t$$

b) Sistema virtual

$$\sum FH = 0 \rightarrow \oplus$$
$$H'_1 = 0$$
$$\sum M_1 = 0 \circlearrowright \oplus$$
$$1 \cdot 3 - V_5 \cdot 6 = 0$$
$$V'_5 = 0{,}5t$$
$$\sum FV = 0 \uparrow \oplus$$
$$V'_1 - 1 + 0{,}5 = 0$$
$$V'_1 = 0{,}5t$$

3.- Diagrama de esfuerzos

a) Momento flector

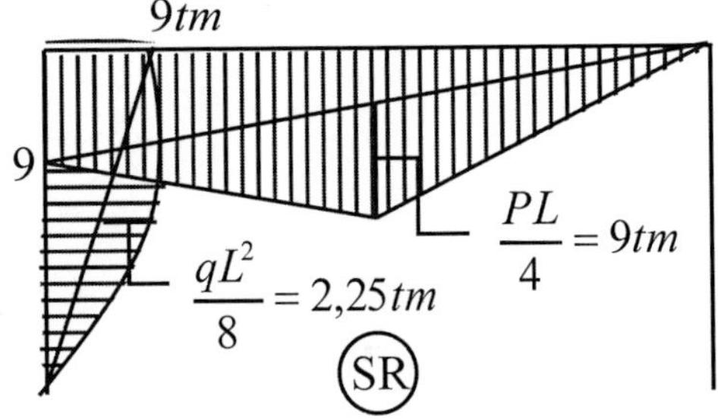

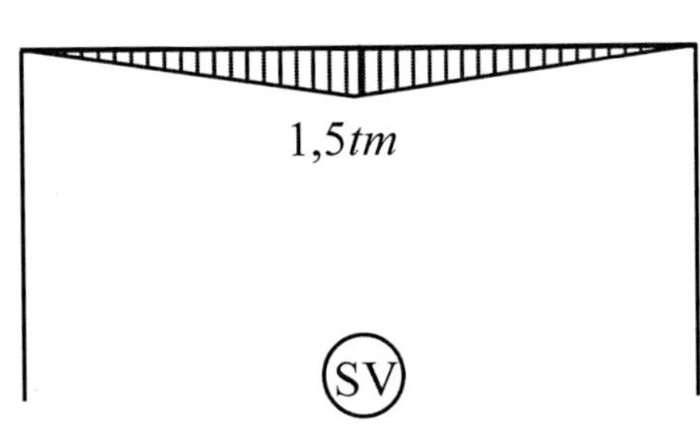

b) Normal

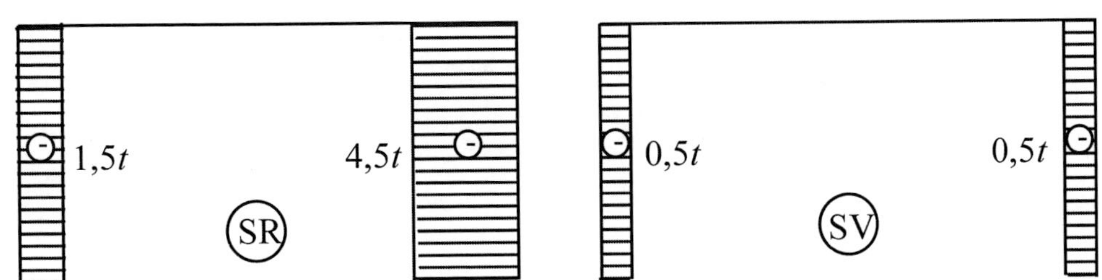

4.- Cálculo del desplazamiento

$$P'\Delta = \int \frac{M \cdot M'}{EI}dx + \int \frac{N \cdot N'}{EA}dx + \sum f \cdot R \cdot R' \qquad \text{(para } R \text{ y } R'\text{)}$$

$$E \cdot I = 2 \cdot 10^6 \cdot \frac{0{,}2 \cdot 0{,}4^3}{12} = 2133{,}33$$

$$E \cdot A = 2 \cdot 10^6 \cdot 0{,}2 \cdot 0{,}4 = 160000$$

$$1 \cdot \Delta = \frac{1}{2133{,}33}\Big[\overbrace{(6m;\ 9t,\ 9t)\ \ (6m;\ 1{,}5tm)}^{I_1}\Big] + \frac{1}{160000}\Big[(3m;\ 1{,}5\ \ 0{,}5) + (4{,}5\ \ 0{,}5)\Big] +$$

$$+ f_1 \cdot H_1 \cdot H'_1 + f_2 \cdot V_1 \cdot V'_1 + f_3 \cdot V_5 \cdot V'_5$$

$$I_1 = (6m;\ 9)\ (6m;\ 1{,}5) + (6m;\ 9)\ (6m;\ 1{,}5)$$

$$I_1 = \frac{1}{6} \cdot 6\left(1 + \frac{3}{6}\right)9 \cdot 1{,}5 + \frac{1}{3} \cdot 6 \cdot 9 \cdot 1{,}5$$

$$I_1 = 47{,}25$$

$$\Delta = \frac{1}{2133{,}33}[47{,}25] + \frac{1}{160000}[3(-1{,}5)(-0{,}5) + 3(-4{,}5)(-0{,}5)] +$$

$$+ 2 \cdot 10^{-6}(-6)(0) + 3 \cdot 10^{-6}(1{,}5)(0{,}5) + 2{,}5 \cdot 10^{-6}(4{,}5)(0{,}5) = 0{,}0222m = 2{,}22cm$$

5.- Representación gráfica

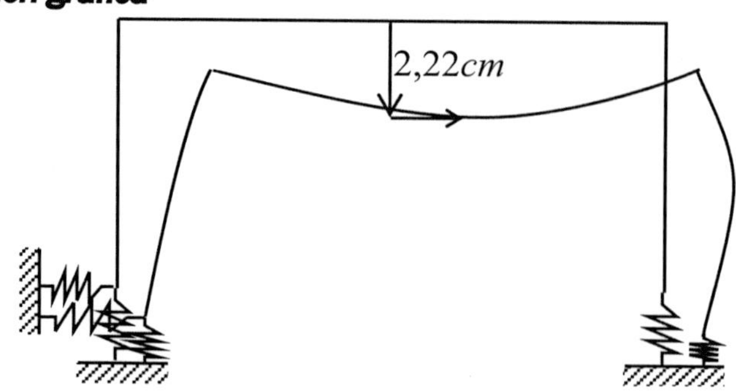

1.16. ERROR DE MONTAJE

Si queremos construir una cercha metálica y accidentalmente cortamos una o varias de sus piezas un poco más larga o corta de lo previsto estamos cometiendo un error de longitud que será reconocido en el momento que se realice el montaje. Como esta variación de longitud es pequeña (del orden de 1,2,3, ... mm) muchos constructores no vuelven a cortar la pieza, sino más bien tratan de reacomodarla, alterando su posición original. Este modo de proceder, que es casi inevitable, provoca que la estructura se traslade en ciertas direcciones alterando su geometría inicial.

Ahora supongamos que queremos calcular en el punto A el desplazamiento Δ debido al error de longitud de una barra biarticulada. Véase la siguiente estructura.

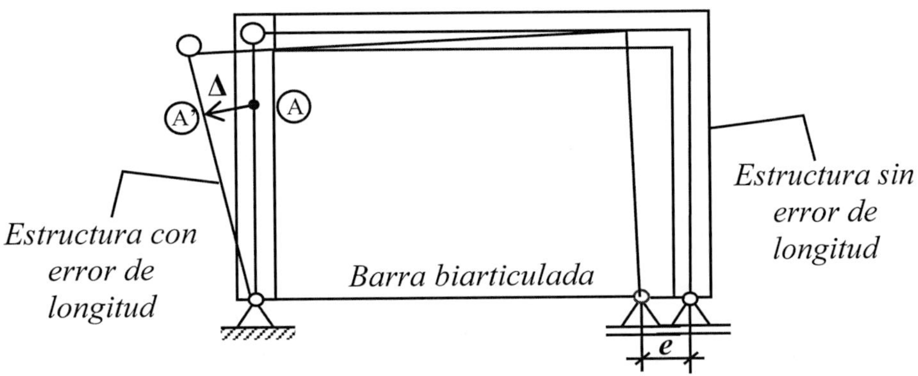

Figura 1.119 Estructura deformada debido a error de longitud en la barra biarticulada.

Para lograr este objetivo considérense los siguientes pasos:

1.- Colocaremos una carga virtual P' en la dirección Δ y en la sección A y luego calculamos los esfuerzos en una sección s-s arbitraria en el pórtico y en el cable que posee el error de longitud.

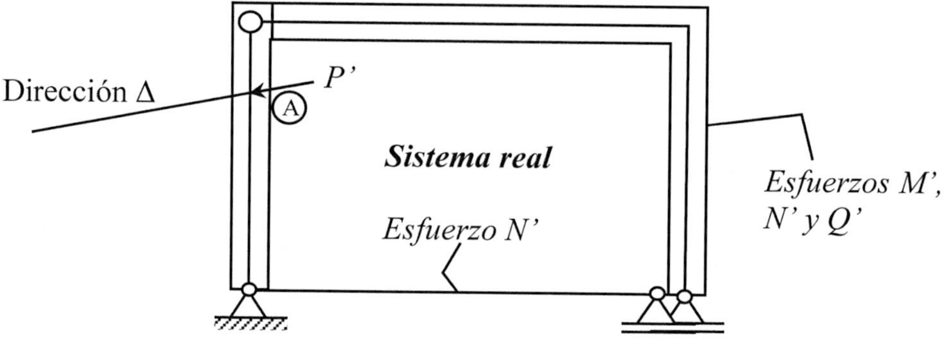

Figura 1.120 Esfuerzos internos.

2.- Ahora introduzcamos el error de longitud a la estructura.

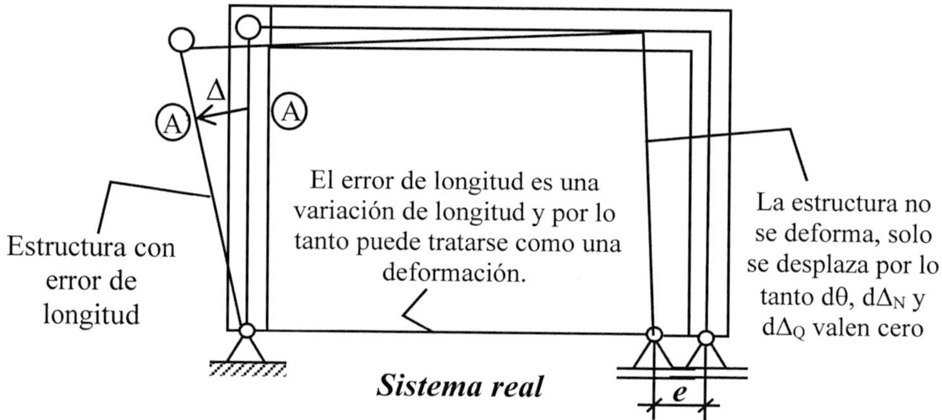

Figura 1.121 Deformación de la estructura debido al error de longitud.

Aplicamos el principio de conservación de la energía, es decir:

$$\boldsymbol{Wext = Wint}$$

Luego aplicamos el principio de trabajo virtual para la fuerza P' del sistema virtual y el desplazamiento Δ del sistema real, obteniendo de este modo el trabajo virtual exterior.

$$Wext = P' \cdot \Delta$$

Nuevamente utilizamos el principio de trabajo virtual para los esfuerzos internos M', N' y Q' del sistema virtual con las deformaciones del sistema real. No olvidemos que el error de longitud del cable puede ser tratado como una deformación y que ninguna barra del pórtico experimenta deformación.

$$Wint = \underbrace{M'\cdot 0 + N'\cdot 0 + Q'\cdot 0}_{\text{Barras del pórtico}} + \underbrace{N'\cdot e}_{\text{Cable con error de longitud}}$$

$$Wint = N'\cdot e$$

Igualando ambos trabajos tenemos:

$$Wext = Wint$$

$$\boxed{P'\cdot\Delta = N'\cdot e} \quad (72)$$

Donde:

N' = Esfuerzo normal de la barra con error de montaje en el sistema virtual

e = Error de longitud en el sistema real

MUY IMPORTANTE

Para conocer el signo del producto ***N'·e*** se deberá multiplicar los signos de la normal y el error de longitud, los cuales seguirán el siguiente convenio:

- El esfuerzo normal será positivo si es tracción y negativo en caso que sea compresión.
- El error de longitud es positivo cuando representa un alargamiento de la barra y negativo cuando signifique un acortamiento.

EJERCICIO 24

Calcular el desplazamiento horizontal del nudo 5.

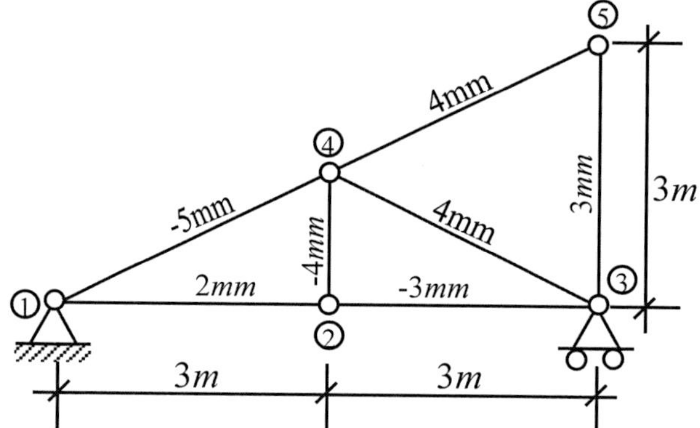

Figura 1.122 Reticulado con error de longitud.

1.- Sistema real y virtual

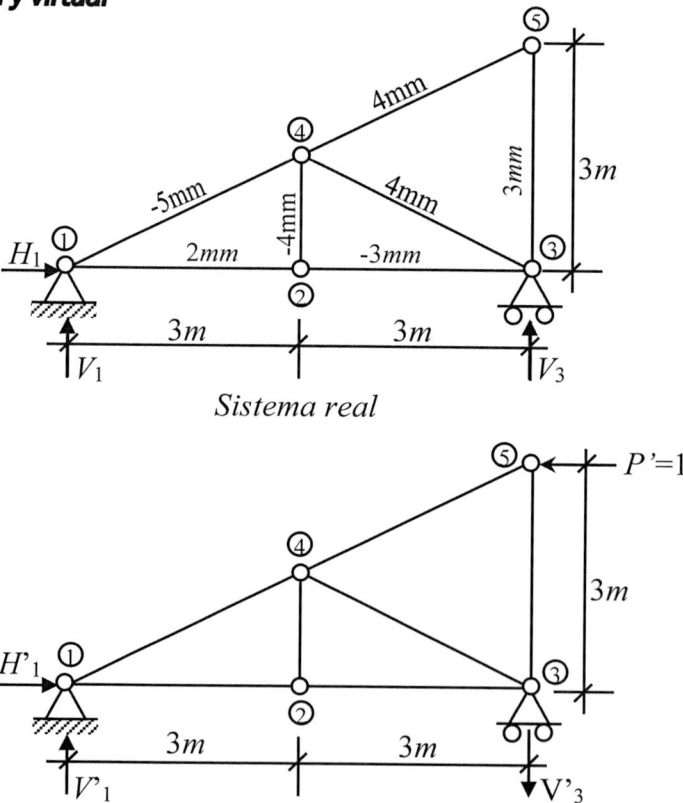

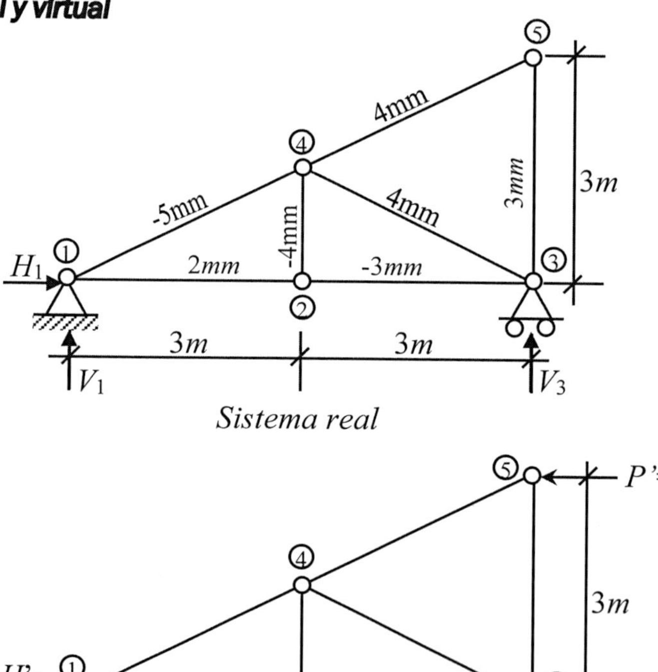

2.- Cálculo de reacciones

a) Sistema real

No tiene reacciones

$H1 = 0$

$V1 = 0$

$V3 = 0$

b) Sistema virtual

$\sum FH = 0 \rightarrow \oplus$

$H'_1 - 1 = 0$

$H'_1 = 1t$

$\sum M_1 = 0 \circlearrowleft \oplus$

$V'_3 \cdot 6 - 1 \cdot 3 = 0$

$V'_3 = 0,5t$

$\sum FV = 0 \uparrow \oplus$

$V'_1 - 0,5 = 0$

$V'_1 = 0,5t$

3.- Esfuerzo normal

a) Sistema real

No tiene

b) Sistema virtual

Nudo ① (1.º)

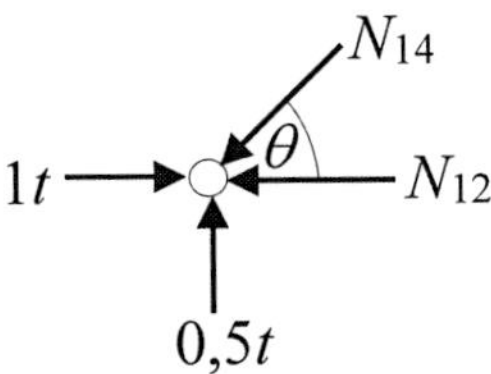

$\sum FV = 0 \uparrow \oplus$

$0,5 - N_{14} sen\theta = 0$

$N_{14} = 1,12t(Comp)$

$\sum FH = 0 \rightarrow \oplus$

$1 - 1,12 \cdot \cos\theta - N_{12} = 0$

$N_{12} = 0$

$\theta = arctag\left(\frac{3}{6}\right)$

$\theta = 26,56°$

Nudo ② (2.º)

N24

N12=0 N23

$\sum FH = 0 \rightarrow \oplus$

$N_{23} = 0$

$\sum FV = 0 \uparrow \oplus$

$N_{24} = 0$

Nudo ③ (3.º)

N_{34}, N_{35}, $N_{23}=0$, θ, $0{,}5t$

$\sum FH = 0 \rightarrow \oplus$

$-N_{34}\cos\theta = 0$

$N_{34} = 0$

$\sum FV = 0 \uparrow \oplus$

$-0{,}5 + N_{35} = 0$

$N_{35} = 0{,}5t(Trac)$

Nudo ⑤ (4.º)

$1t$, θ, N_{45}, $0{,}5t$

$\sum FH = 0 \rightarrow \oplus$

$N_{45}\cos\theta - 1 = 0$

$N_{45} = 1{,}12t(Comp)$

$\sum FV = 0 \uparrow \oplus$

$-0{,}5 + 1{,}12 \cdot sen\,\theta = 0$

$0 = 0$ Ok!

4.- Cálculo del desplazamiento

$$P'\Delta = \sum N'e$$

Barra	N'	e	N'e
1-2	0	$2\cdot 10^{-3}$	0
1-4	-1,12	$-5\cdot 10^{-3}$	$5{,}6\cdot 10^{-3}$
2-3	0	$-3\cdot 10^{-3}$	0
2-4	0	$-4\cdot 10^{-3}$	0
3-4	0	$4\cdot 10^{-3}$	0
3-5	0,5	$3\cdot 10^{-3}$	$1{,}5\cdot 10^{-3}$
4-5	-1,12	$4\cdot 10^{-3}$	$-4{,}48\cdot 10^{-3}$

$$\sum N'e = 2{,}62\cdot 10^{-3} m$$

$$P'\Delta = \sum N'e$$

$$1\,\Delta = 2{,}62 \cdot 10^{-3}\,m$$

$$\Delta = 2{,}62mm$$

5.- Representación gráfica

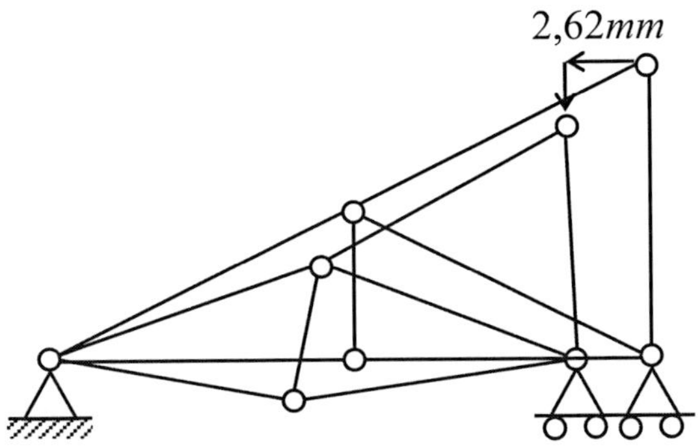

1.17. EFECTOS COMBINADOS

Cuando una estructura está sometida de manera simultánea a cargas, temperatura, asentamiento, error de montaje, etc., como la que se muestra a continuación:

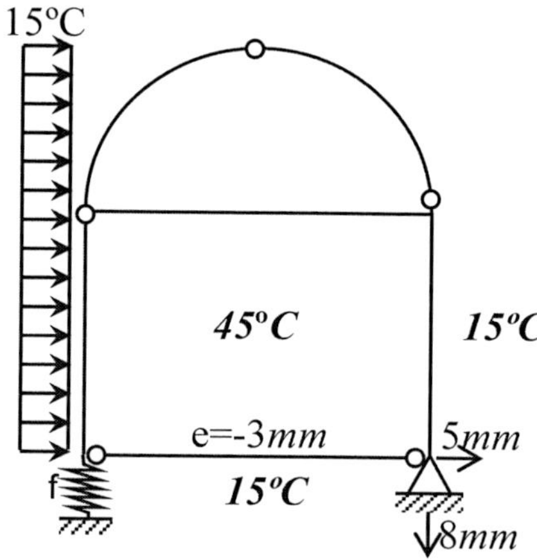

Figura 1.123 Estructura con diversos efectos combinados.

se debe incluir en la ecuación general todos los componentes de estos efectos y, además, debemos considerar que los criterios a seguir son los expuestos en cada uno de los apartados anteriores. Por ejemplo, para la siguiente estructura la fórmula que se debe considerar para su solución es la siguiente:

$$P'\cdot\Delta = \underbrace{\int \frac{M\cdot M'\cdot ds}{E\cdot I} + \int \frac{N\cdot N'\cdot ds}{E\cdot A} + \int \frac{x\cdot Q\cdot Q'\cdot ds}{G\cdot A}}_{\text{Carga distribuida en barras}} + \underbrace{\int \frac{M\cdot M'\cdot r\cdot d\varphi}{E\cdot I} + \int \frac{N\cdot N'\cdot r\cdot d\varphi}{E\cdot A} + \int \frac{x\cdot Q\cdot Q'\cdot r\cdot d\varphi}{G\cdot A}}_{\text{Carga distribuida en arcos}} + \ldots$$

$$\ldots \underbrace{+\Sigma f\cdot R\cdot R'}_{\text{Apoyo elástico}} \underbrace{-\Sigma R\cdot a}_{\text{Asentamiento}} + \underbrace{\alpha\cdot\frac{(T1-T2)}{h}\cdot A_M' + \alpha\cdot\frac{(T1+T2)}{2}\cdot A_N' + \alpha\cdot\frac{(T1-T2)}{h}\cdot A_Q'\cdot x_G}_{\text{Temperatura en barras}}$$

CAPÍTULO 2

MÉTODO DE LAS FUERZAS

2.1. OBJETIVOS

Durante este capítulo es lector tendrá que lograr los siguientes objetivos:

- Identificar los diferentes tipos de estructuras hiperestáticas.
- Calcular el grado hiperestático de las estructuras.
- Calcular reacciones y diagramar esfuerzos en estructuras hiperestática.
- Analizar los esfuerzos adicionales que puedan producirse debido a efectos especiales como la temperatura, error de montaje, etc.

2.2. INTRODUCCIÓN

En 1864 el ingeniero James Clerck Maxwell presentó un método para analizar estructuras estáticamente indeterminadas, el cual se basaba en la obtención de reacciones redundantes a partir del concepto de desplazamiento nulo, pero la publicación no tuvo mayor importancia debido a sus limitaciones. Posteriormente, en el año 1874, el ingeniero Otto Mohr amplía la teoría de James hasta transformarla en el método actual.

2.3. ESTRUCTURAS HIPERESTÁTICAS

Cuando una estructura tiene más reacciones que las que pueden determinarse con las ecuaciones de equilibrio estático o sus esfuerzos internos no pueden determinarse directamente para una sección cualquiera, se dice que estamos frente a una estructura estáticamente indeterminada o hiperestática.

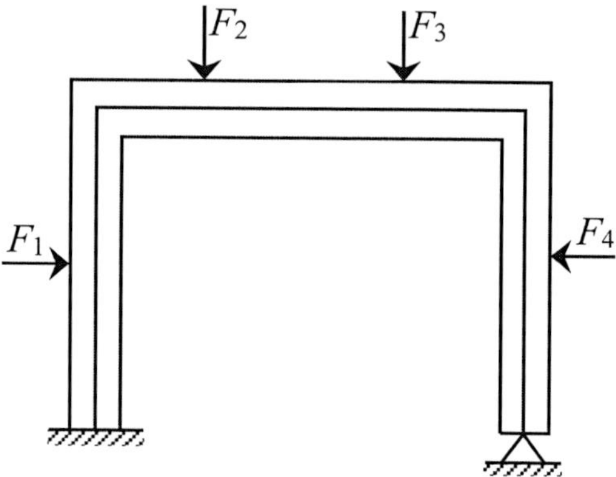

Figura 2.1 Estructura estáticamente indeterminada.

En esta estructura se cuenta con tres ecuaciones de equilibrio (ΣFH, ΣFV y ΣM) frente a cinco reacciones que suman ambos apoyos; por lo tanto, esta estructura es hiperestática.

En la siguiene estructura las reacciones se pueden determinar con las ecuaciones de equilibrio; sin embargo, para una sección s-s cualquiera no es posible determinar sus esfuerzos internos, debido a que no se identifica cuáles son las cargas que intervienen en el cálculo de estos.

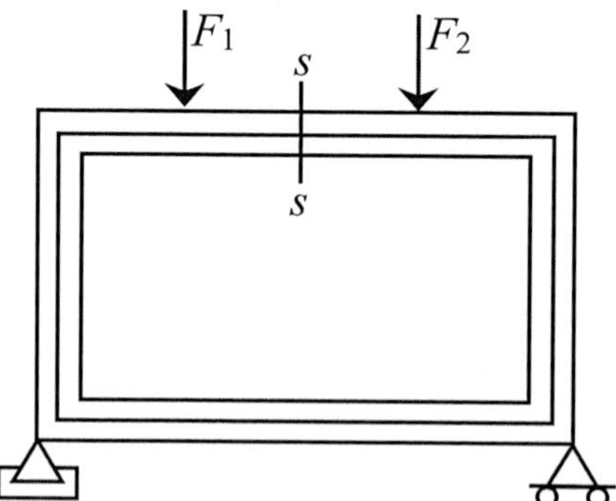

Figura 2.2 Estructura internamente hiperestática.

Para resolver una estructura hiperestática se debe identificar primeramente el número de indeterminación estática. Por ejemplo, para la siguiente estructura las reacciones que no son necesarias para que la estructura sea isostáticamente estable se denominan reacciones superabundantes o redundantes y el número de estas equivale al grado de indeterminación estática. Véanse los siguientes casos.

Viga isostática que consta de 3 reacciones que pueden resolverse con las 3 ecuaciones de la estática; por lo tanto, su indeterminación es cero.

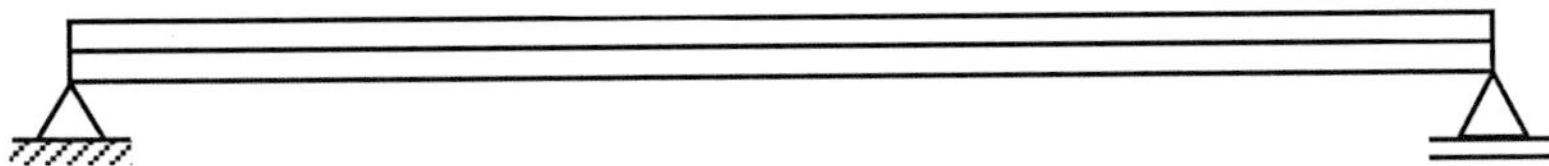

Figura 2.3 Viga simplemente apoyada.

Viga hiperestática que consta de 1 apoyo superabundante.

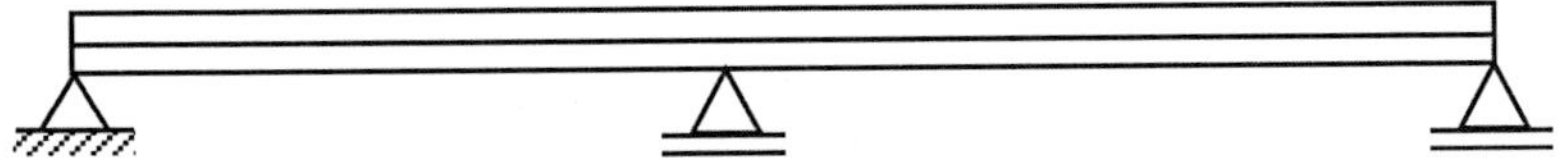

Figura 2.4 Viga con un grado de hiperestaticidad.

Viga hiperestática que consta de 2 apoyos superabundante.

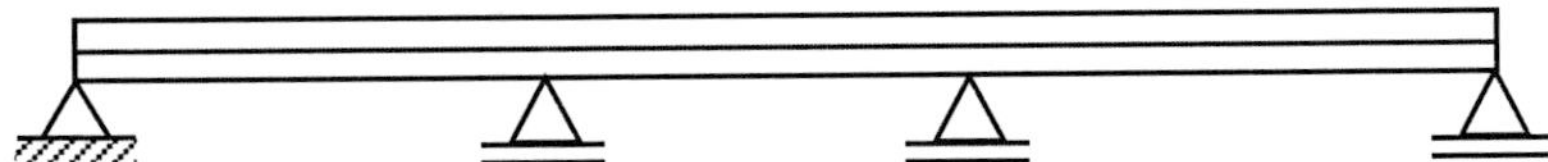

Figura 2.5 Viga con dos grados de hiperestaticidad.

Viga hiperestática que consta de 3 apoyos superabundante.

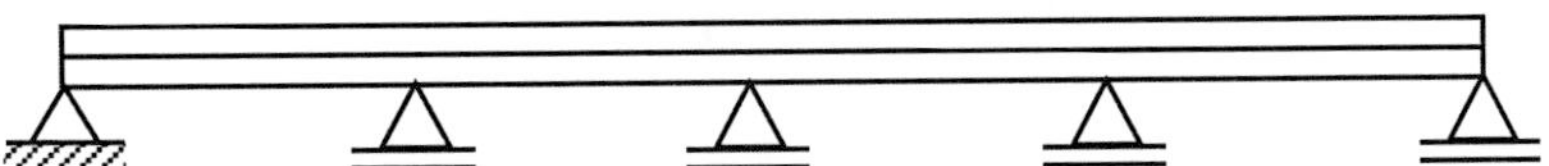

Figura 2.6 Viga con tres grados de hiperestaticidad.

El número de reacciones superabundantes definen el grado hiperestático de la estructura y, además, son un indicador del número de ecuaciones complementarias que deben adicionarse a las ecuaciones de equilibrio estático para resolver un sistema estructural hiperestático.

Como no solamente existe indeterminación en los apoyos, ahora analicemos el siguiente sistema estructural cerrado.

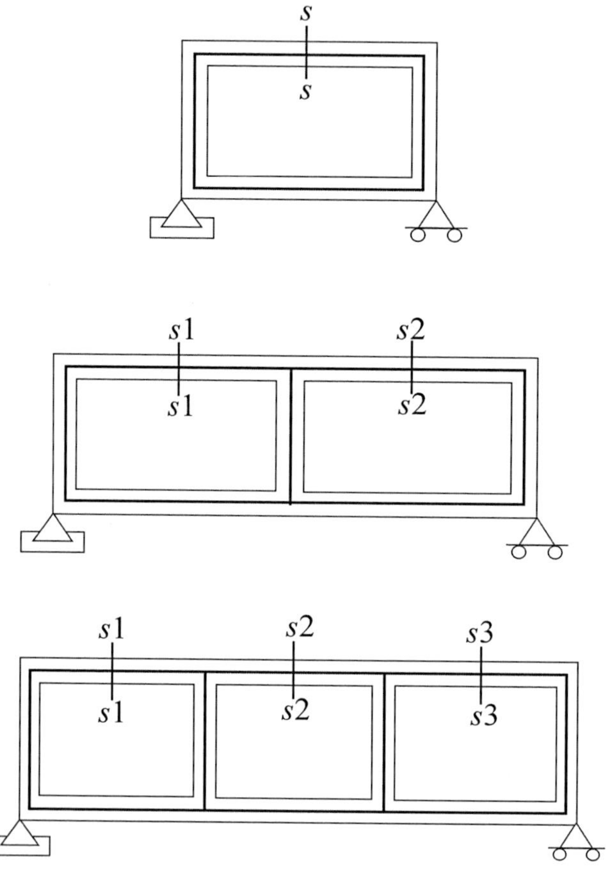

En el análisis de esfuerzos internos no es posible determinar los tres esfuerzos característicos que se generan en la sección s-s; por lo tanto, su indeterminación es de tercer grado.

En el análisis de esfuerzos internos no es posible determinar los esfuerzos característicos que se generan en la sección s1-s1 y s2-s2; por lo tanto, su indeterminación es de sexto grado.

No es posible determinar los esfuerzos característicos que se generan en la sección s1-s1, s2-s2 y s3-s3; por lo tanto, su indeterminación es de noveno grado.

Figura 2.7 Pórticos cerrados.

2.4. VENTAJAS Y DESVENTAJAS DE LAS ESTRUCTURAS HIPERESTÁTICAS

Casi el 100% de las estructuras que se diseñan en el mundo suelen tener restringidas más direcciones de lo necesario, es decir, son hiperestáticas y además suelen formar figuras cerradas que incrementan su rigidez; por ejemplo, las siguientes son estructuras hiperestáticas.

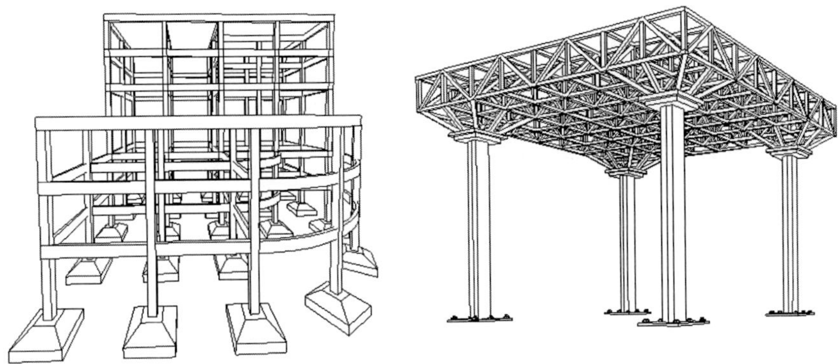

Figura 2.8 Estructuras en el espacio.

El uso de estructuras hiperestáticas se debe a las ventajas estructurales que poseen frente a las estructuras isostáticas; veamos cuáles son estas ventajas.

2.4.1. Ventajas

Entre las ventajas más importantes que poseen las estructuras hiperestáticas destacan:

Mejor distribución de los esfuerzos internos

En la estructura isostática mostrada, la fibra inferior de la barra horizontal absorbe el total del esfuerzo flexionante dejando libres de este esfuerzo a las barras verticales; sin embargo, la estructura hiperestática redistribuye mejor este esfuerzo no solo en el conjunto de sus barras, sino también para ambas fibras. De este modo se evita una fatiga localizada que suele ser perjudicial en el comportamiento resistente de la estructura.

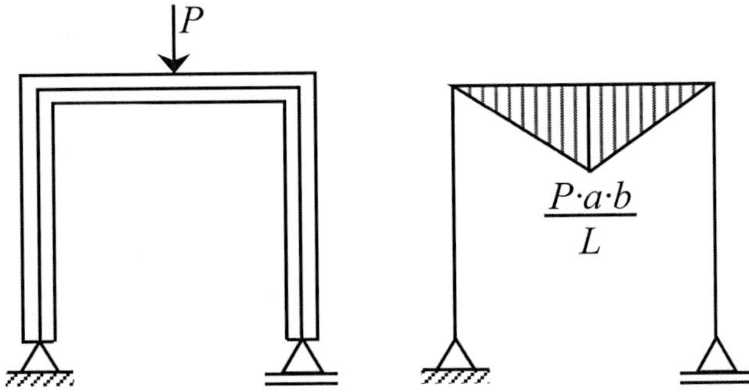

Figura 2.9 Estructura isostática y diagrama de momento flector.

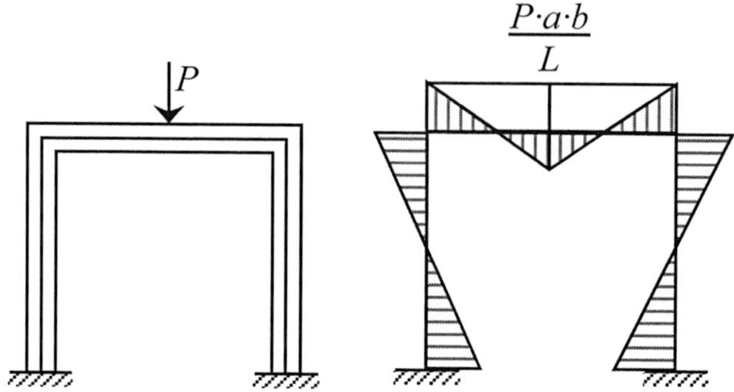

Figura 2.10 Estructura hiperestática y diagrama de momento flector.

Menor deformación de la estructura

La deformación es uno de los criterios de diseño que deben ser controlados para lograr una estructura funcional. Partiendo de este criterio, y a través del siguiente ejemplo, podemos observar que las estructuras hiperestáticas controlan mejor este fenómeno.

Supongamos una viga de longitud L bi-apoyada en sus extremos, la cual soporta una carga q y experimenta un desplazamiento máximo Δ, si a esta viga le introducimos un apoyo móvil estamos incrementando el número de tramos en dos, disminuyendo la luz afectada por la deformación y, al mismo tiempo, el desplazamiento máximo Δ. En fin, a medida que introducimos un nuevo apoyo móvil, estamos haciendo la estructura hiperestática y disminuyendo su deformación.

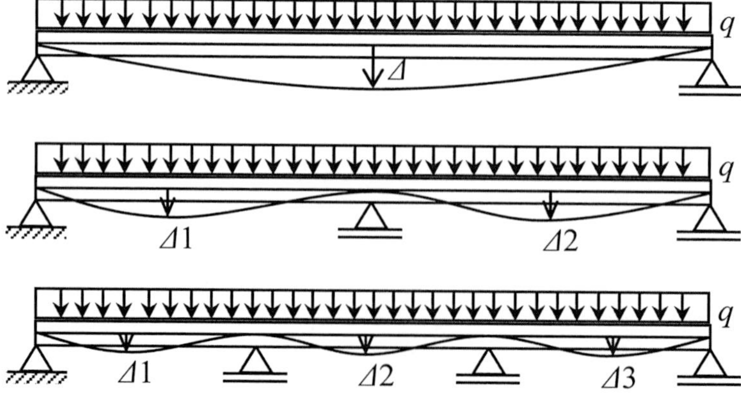

Figura 2.11 Deformación en diversas vigas.

Estructuras más estéticas

Las formas geométricas cada vez más atractivas y complejas de los diseños arquitectónicos traen como consecuencia disposiciones estructurales también complejas, las cuales solo serían posibles restringiendo más direcciones de lo necesario y formando figuras cerradas que mejoren su rigidez y resistencia; de este modo, garantizan en las edificaciones un equilibrio entre su estética y resistencia.

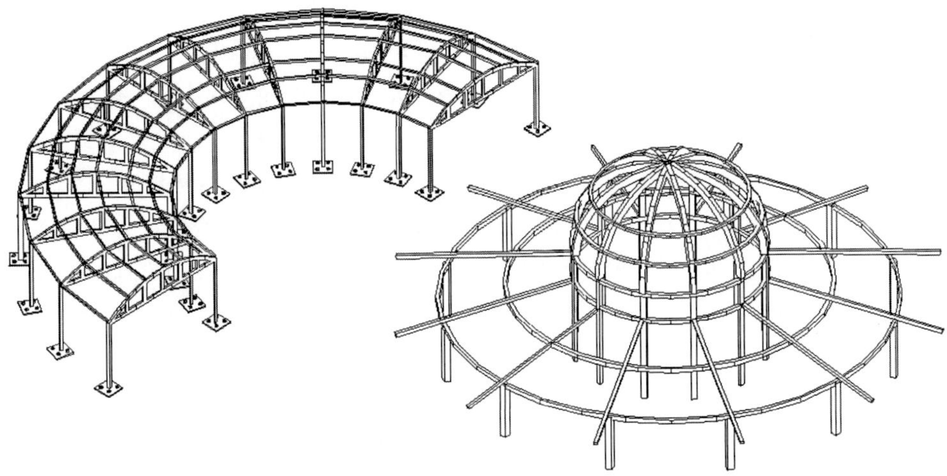

Figura 2.12 Estructuras en el espacio.

2.4.2. Desventajas

Haciendo un análisis comparativo de las estructuras isostáticas respecto a las estructuras hiperestáticas ponen al descubierto una serie de desventajas, las cuales se detallarán a continuación.

Análisis estructural más complejo

Analizar una estructura implica calcular sus reacciones, diagramar sus esfuerzos y determinar sus deformaciones; el método para lograr este objetivo en estructuras isostáticas se resume en aplicar tres ecuaciones, ΣFH, ΣFV y ΣM, las cuales conocemos como ecuaciones de equilibrio estático; sin embargo, cuando las estructuras son hiperestáticas estas ecuaciones resultan insuficientes y, por lo tanto, se deben recurrir a otras ecuaciones de naturaleza deformativa. Estas ecuaciones complementarias, al ser de naturaleza deformativa, requieren de ciertos datos como las dimensiones de la pieza (sección y longitud) y características de rigidez del material (módulo de elasticidad), datos que no son necesarios para calcular reacciones o diagramar esfuerzos en estructura isostática. Todo esto hace que el proceso de análisis en estructuras hiperestáticas sea más complejo y extenso.

Esfuerzos adicionales

Existen acciones como la temperatura, el asentamiento y el error de montaje, que producen solo deformaciones o traslaciones en estructuras isostáticas; sin embargo, estos mismos efectos en estructuras hiperestáticas producen la aparición de esfuerzos y reacciones adicionales; esto se debe al mayor número de direcciones restringidas. Por ejemplo, una viga empotrada en un extremo y libre en el otro, sometida a una temperatura uniforme y positiva, provocará en la viga un alargamiento o dilatación ΔL; sin embargo, si a esta misma viga le introducimos un apoyo empotrado en el otro extremo la estamos convirtiendo en hiperestática y al mismo tiempo le estamos restringiendo la libertad de dilatarse libremente; esta aptitud hace que la barra en el intento de deformarse o dilatarse accione sobre el apoyo, provocando en este una reacción por temperatura, que representará un esfuerzo de compresión. Véanse las siguientes figuras.

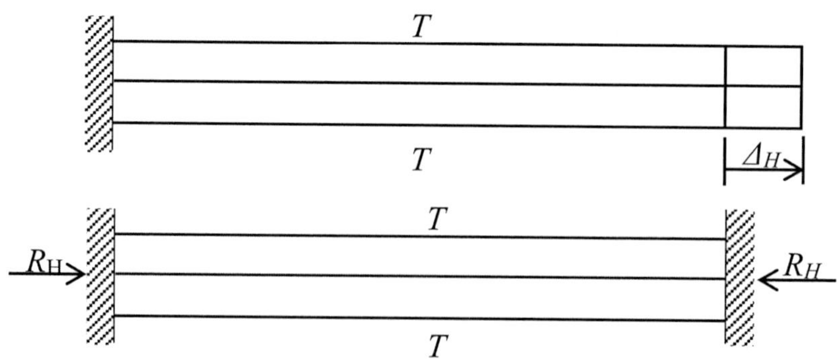

Figura 2.13 Viga afectada por temperatura.

Complejidad en el diseño estructural

Una estructura está formada por un conjunto de piezas (vigas y columnas en edificios) cuya geometría y disposición depende del conjunto de cargas que la afectan.

Diseñar una estructura implica delinear un esqueleto estructural que sea capaz de soportar las solicitaciones más críticas a la que puede estar sometida una edificación. En términos más técnicos, diseñar una estructura consiste en definir la mejor disposición geométrica tanto en planta como en elevación de las piezas que constituyen una estructura, y al mismo tiempo definir las formas y dimensiones más adecuadas de sus secciones, de tal manera que puedan soportar adecuadamente los efectos de sus cargas más desfavorables.

Para diseñar una estructura se requiere previamente los resultados de su análisis; el criterio de dependencia entre estos dos conceptos define el grado de dificultad en los procesos de cálculo para estructuras de tipo isostático o hiperestático. En estructuras isostáticas, el diseño depende íntegramente de su análisis, es decir, el análisis es totalmente independiente del diseño y, además, ambos procesos se ejecutan una sola vez. En cambio, en estructuras hiperestáticas existe una dependencia recíproca entre el análisis y su diseño, ya que para diseñar las piezas en este tipo de estructura se requieren previamente de los resultados de su análisis; por otro lado, el análisis de sus esfuerzos involucra datos como el área y la inercia. Esta dependencia de ida y vuelta se resuelven adoptando inicialmente las formas y dimensiones de las piezas, calculando los esfuerzos internos y, posteriormente, a través de los criterios de diseño verificar las dimensiones adoptadas; con estas nuevas dimensiones se evalúa nuevamente el análisis estructural para posteriormente volver a verificar el diseño hasta que las dimensiones obtenidas no varíen de un cálculo a otro, este proceso repetitivo hoy en día es realizado con la ayuda del ordenador.

2.5. MÉTODO DE LAS FUERZAS

El método de las fuerzas se utilizó durante varias décadas para el cálculo de reacciones redundantes o esfuerzos internos indeterminados; su análisis parte de considerar que los desplazamientos en direcciones de las reacciones redundantes son nulos. Véase la siguiente figura.

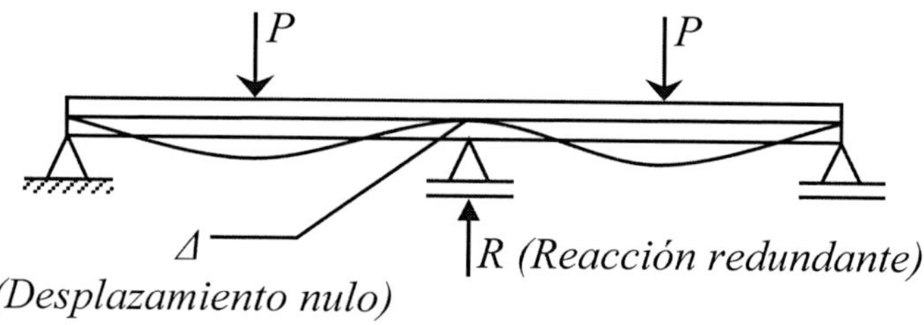

Figura 2.14 Viga hiperestática.

Además de considerar a las reacciones redundantes como parte de las cargas que afectan a la estructura, véase la siguiente figura.

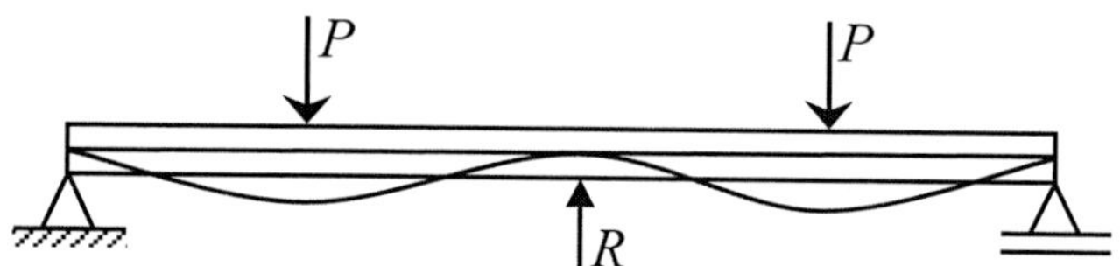

Figura 2.15 Reacción redundante.

Al ser la reacción R una carga más para la estructura (carga desconocida), esta se puede suponer isostática. A partir de esta estructura se calcula el desplazamiento en la dirección de la reacción redundante aplicando el método de carga virtual. Del cálculo efectuado anteriormente no se obtendrá un valor numérico, pues las ecuaciones de momento del sistema real corresponderán a una función de R, luego se asignará al desplazamiento el valor de cero, formando así una ecuación donde el único valor desconocido es R (reacción redundante). La solución de esta ecuación permite conocer el valor de la reacción redundante y, a partir de este y con la ayuda de las ecuaciones de equilibrio estático, sus restantes reacciones.

2.6. CLASIFICACIÓN DE LAS ESTRUCTURAS HIPERESTÁTICAS SEGÚN EL MÉTODO DE LAS FUERZAS

Las estructuras hiperestáticas, según la naturaleza de su indeterminación estática, se clasifican en tres grupos:

- Estructuras externamente hiperestáticas o abiertas
- Estructuras internamente hiperestáticas o cerradas
- Estructuras externa e internamente hiperestáticas o complejas

2.6.1. Estructuras externamente hiperestáticas o estructuras abiertas

Son aquellas estructuras para las cuales no conseguimos determinar las reacciones de vínculo externo a través de las ecuaciones de la estática. Dicho de otra forma, diremos que son aquellas estructuras que tienen más reacciones de lo necesario para cumplir un equilibrio estático. Es decir, que su grado de indeterminación depende del número de reacciones superabundantes que pueda tener la estructura. Véanse los siguientes ejemplos:

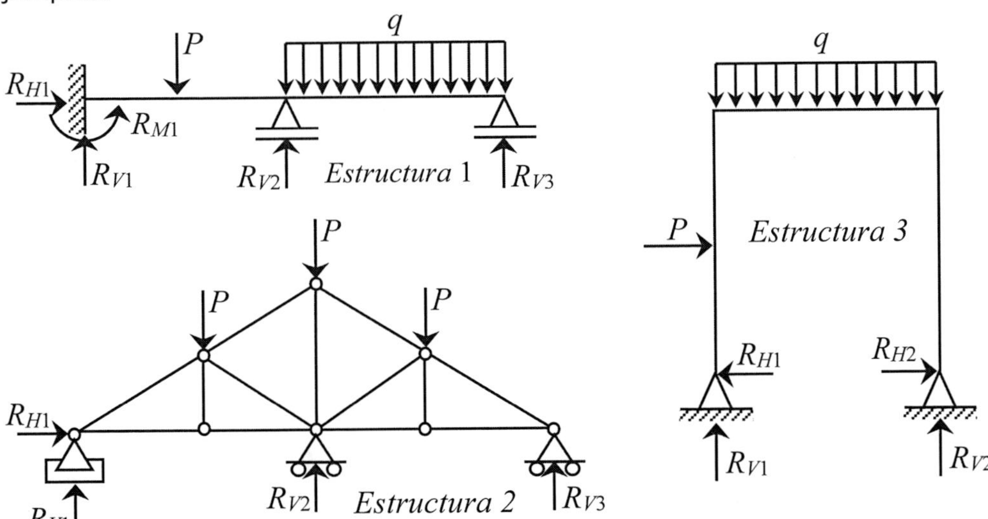

Figura 2.16 Tipos de estructuras.

Estructura 1: Esta viga solo requiere del apoyo empotrado para estar en equilibrio estático; por lo tanto, posee dos reacciones verticales de más o dos reacciones superabundantes que generan la indeterminación estática de la estructura.

Estructura 2: La cercha está equilibrada hiperestáticamente por dos apoyos móviles y un apoyo fijo, haciendo un total de 4 reacciones; sin embargo, solo se necesita de las 2 reacciones del apoyo fijo y de una del apoyo móvil; por lo tanto, existe una reacción vertical redundante.

Estructura 3: El pórtico mostrado posee dos reacciones verticales y dos horizontales de las cuales solo requiere dos reacciones verticales y una horizontal para entrar en equilibrio estático, es decir, que su indeterminación estática es producida por una reacción horizontal superabundante.

2.6.2. Estructuras internamente hiperestáticas o estructuras cerradas

Son estructuras para las cuales podemos calcular las reacciones de sus apoyos, aplicando las ecuaciones de equilibrio estático, mas no conseguimos determinar los esfuerzos internos para una sección s-s cuando realizamos una sumatoria de esfuerzos internos a la derecha o izquierda de la sección. El grado de indeterminación de estas estructuras depende del número de esfuerzos internos que se generan cuando realizamos un corte imaginario en una sección cualquiera, verificando que el resto de la estructura mantiene su equilibrio estático.

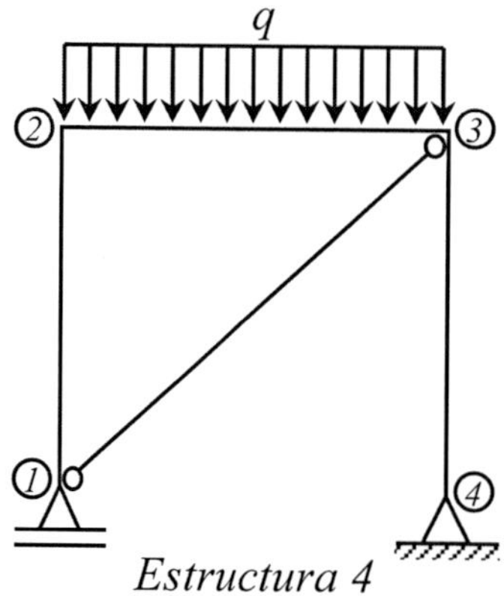

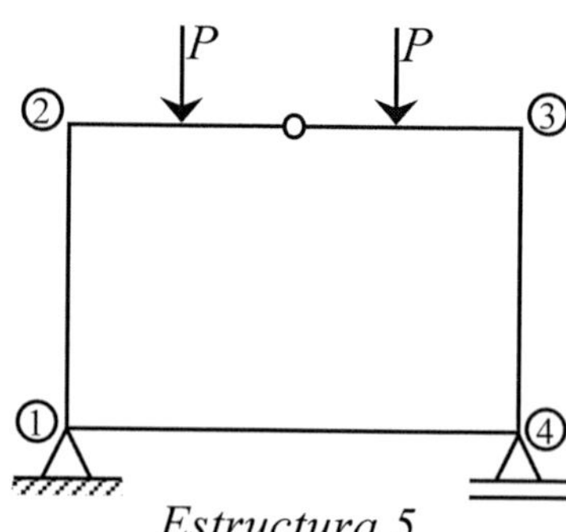

Figura 2.17 Estructuras con articulaciones.

Estructura 6

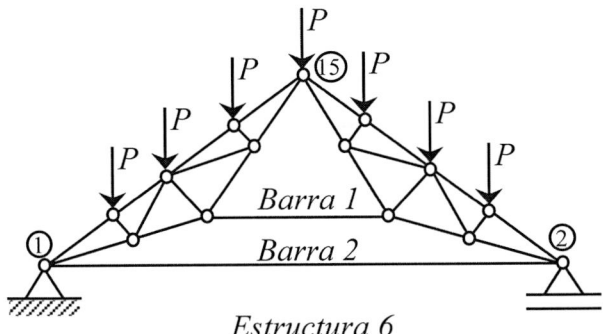

Figura 2.18 Reticulado compuesto.

Las reacciones en las estructuras anteriores pueden ser calculadas directamente con las ecuaciones de la estática; sin embargo, existe la dificultad en calcular los esfuerzos internos.

Estructura 4:

Esta estructura tiene como dificultad el cálculo de los esfuerzos internos para las barras 1-2, 1-3 y 2-3. Para el caso de la barra 3-4 no existe este problema ya que, para toda sección de esta, están definidas claramente las cargas de la izquierda y derecha. Si cortamos la barra 1-3 en el nudo 1 observaremos la presencia de un esfuerzo normal N y, además, la estructura sigue manteniendo el equilibrio estático. A partir de este corte el circuito cerrado formado por las barras 1-2, 1-3 y 2-3 queda abierto y al mismo tiempo se elimina la dificultad de calcular sus esfuerzos internos.

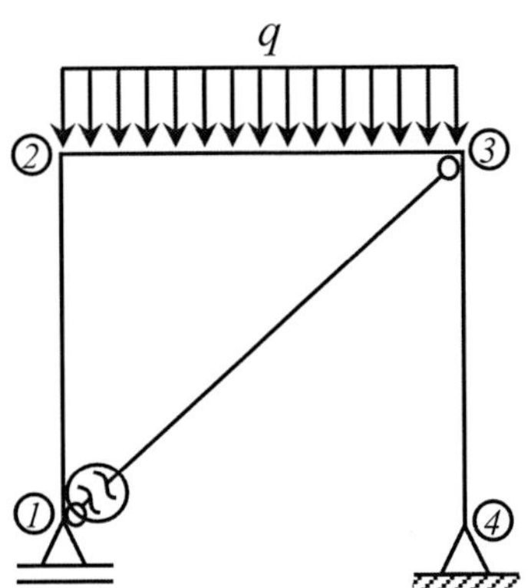

Ampliando este corte se puede observar la presencia del esfuerzo normal.

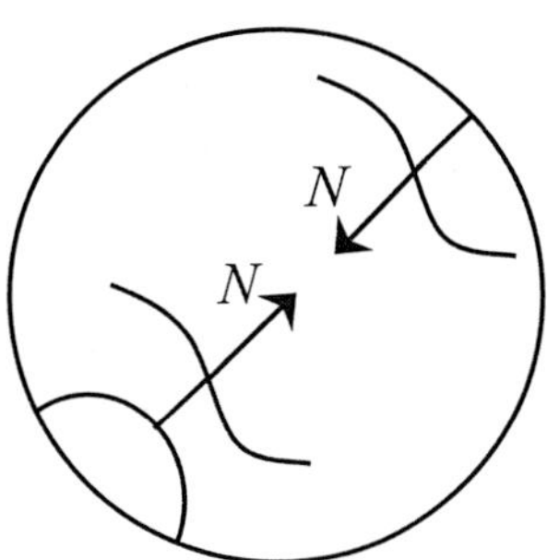

Figura 2.19 Pórtico con tirante.

Estructura 5:

En este pórtico no es posible determinar los esfuerzos internos en las barras 1-2, 1-4, 2-3 y 3-4 , esto se debe al circuito cerrado que forman esta barras,; por lo tanto se deberá buscar una sección de corte a partir de la cual la estructura se transforma en abierta y, además, siga manteniendo su equilibrio estático.

La única sección que se puede cortar cumpliendo las condiciones anteriores es la perteneciente al nudo articulado, el cual, una vez cortado, presentara dos esfuerzos, uno normal y otro cortante tal como se muestra en la figura siguiente.

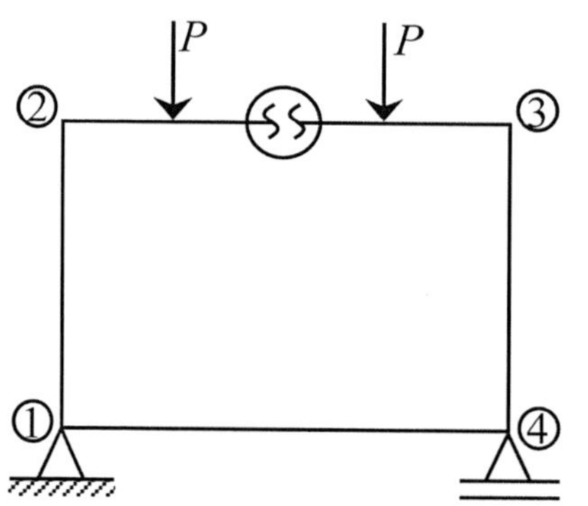

Ampliando el corte en la articulación podemos observar los esfuerzos en este.

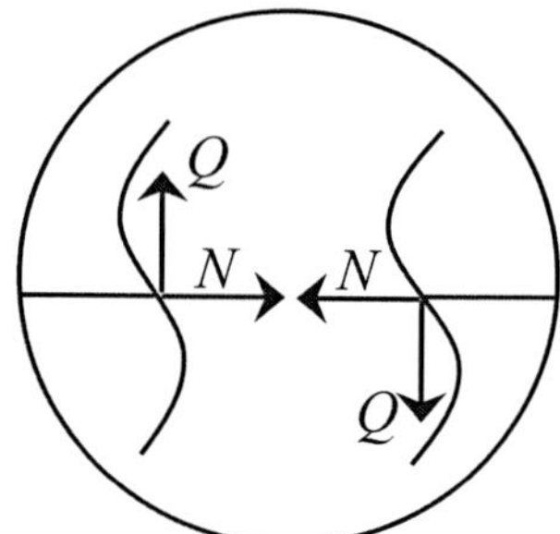

Figura 2.20 Pórtico cerrado.

Estructura 6:

La cercha es un caso de reticulado compuesto, donde sus normales no pueden ser calculadas por ningún método isostático y su grado de indeterminación depende del número de barras que debemos cortar para que el reticulado sea isostático. Un reticulado compuesto es isostático cuando los reticulados simples se unen por un nudo y una barra, para esta estructura los reticulados simples se unen por el nudo 15 y las barras 1 y 2; por lo tanto, una barra es excedente y para convertirla al tipo isostático debemos cortar la barra 2 en el nudo 1 y en este colocar el esfuerzo normal existente. Veamos la siguiente figura.

Como el corte tiene un ancho prácticamente cero, ampliamos este para poder visualizar su esfuerzo normal.

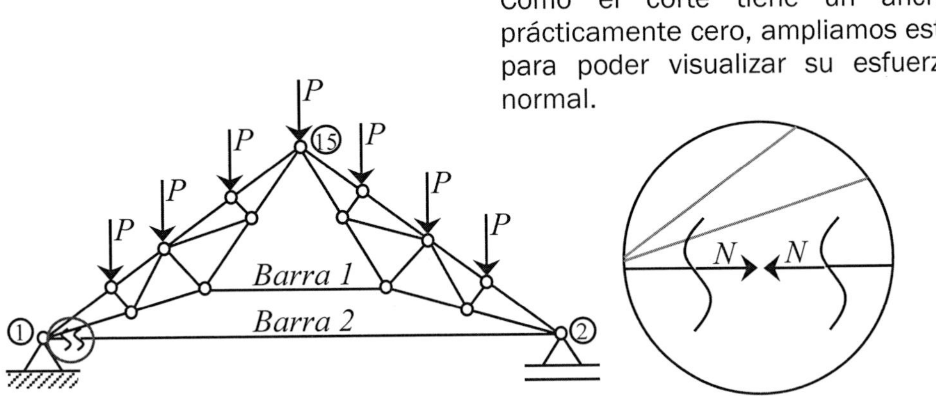

Figura 2.21 Reticulado compuesto.

2.6.3. Estructuras interna y externamente hiperestáticas o estructuras complejas

En estas estructuras no es posible calcular sus reacciones de vínculo externo ni los esfuerzos internos con la aplicación de las ecuaciones de la estática. El grado de indeterminación se define como la suma de las reacciones superabundante y los esfuerzos internos que se generan cuando cortamos una de las barras de los circuitos cerrados, verificando que la estructura se mantenga en equilibrio estático. Las siguientes son estructuras complejas:

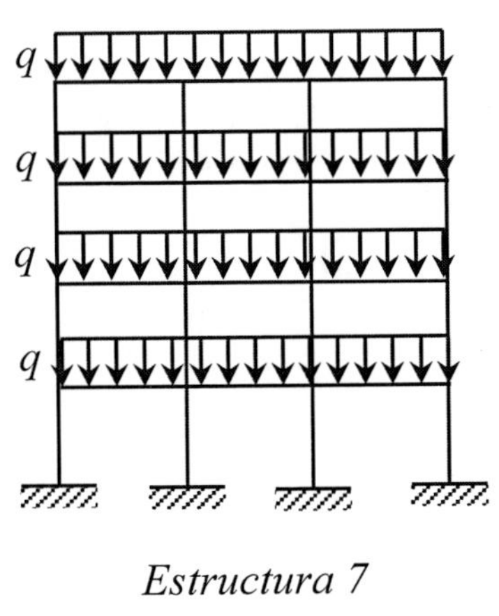

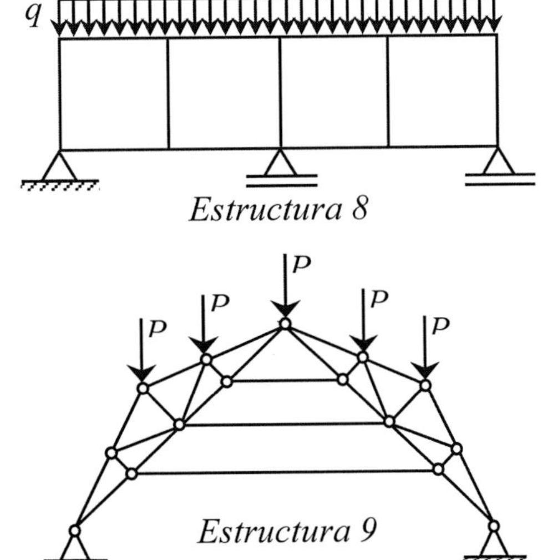

Figura 2.22 Tipos de estructuras.

Estructura 7: Esta estructura presenta un grado de indeterminación externa de 9, ya que para que la estructura mantenga la condición isostática solo requiere de un apoyo empotrado; además, posee una indeterminación interna de 27, 3 por cada circuito cerrado, haciendo un total de 36.

Estructura 8: El pórtico mostrado es conocido como marco, este tiene una indeterminación externa de 1, debido a uno de sus apoyos móviles, y una indeterminación interna de 12, debido a los 4 circuitos cerrados, es decir, que tiene un grado hiperestático total de 13.

Estructura 9: La cercha hiperestática es de tipo compuesta, para conocer su grado de indeterminación se la debe trasformar a isostática; según esto solo necesita tres de las cuatro reacciones existentes y, por lo tanto, su indeterminación externa es de 1; además de sus 3 cables, solo requiere de 1; por lo tanto, las diferencias de estos denotan un grado de indeterminación interna de 2. En total, el grado de indeterminación de esta estructura es de 3.

2.7. DETERMINACIÓN DEL GRADO HIPERESTÁTICO

Se define como grado hiperestático al número de reacciones superabundantes y esfuerzos internos indeterminados que hacen que la estructura sea estáticamente indeterminada.

Para calcular el grado hiperestático se sumarán las indeterminaciones externas e internas que tenga una estructura.

Para la determinación del grado hiperestático se podrá utilizar la siguiente fórmula:

$$\boxed{G_H = 3 \cdot N_A - G_L}$$

G_H = Grado hiperestático

N_A = Número de anillos

G_L = Grados de libertad

Esta fórmula nos puede servir como parámetro para reconocer si una estructura es isostática, hiperestática o hipostática. Si G_H es cero, la estructura es isostática, si es mayor a cero hiperestática, y si es menor que cero decimos que la estructura es hipostática.

Veamos cuáles son sus parámetros de medición.

A) Número de anillos N_a

Es la suma de los anillos cerrados y abiertos que tiene la estructura, es decir:

$$N_A = N_{AA} + N_{AC}$$

N_{AA} = Número de anillos abiertos

N_{AC} = Número de anillos cerrados

Los anillos abiertos están en función de la cantidad de apoyos que tenga la estructura, sin importar que estos sean fijo móvil o empotrado. Para su determinación se utilizará la siguiente fórmula:

$$N_{AA} = N^\circ \, apoyos - 1$$

EJERCICIO 25

Determinar el número de anillos abiertos que tienen las siguientes estructuras:

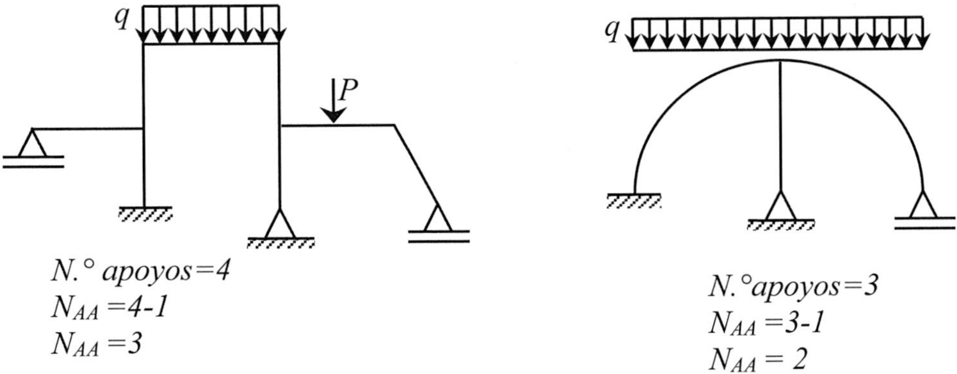

Figura 2.23 Pórtico y arco circular.

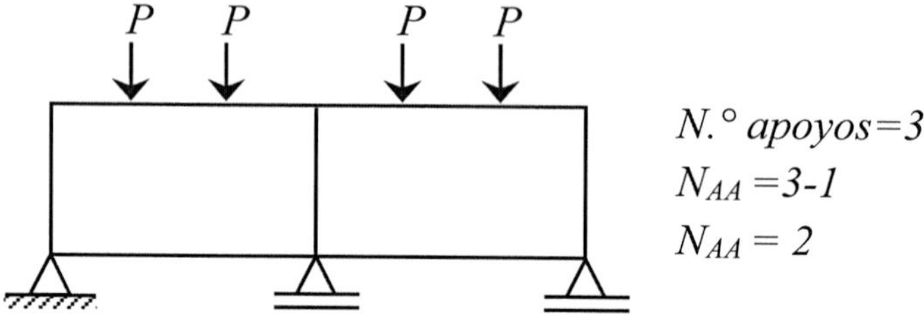

Figura 2.24 Pórtico cerrado.

Los anillos cerrados se obtienen por simple observación, pues se define como anillo cerrado al conjunto de barras unidas que formen un circuito cerrado. Obsérvese los siguientes ejemplos de anillos cerrados.

EJERCICIO 26

Determinar el número de anillos cerrados.

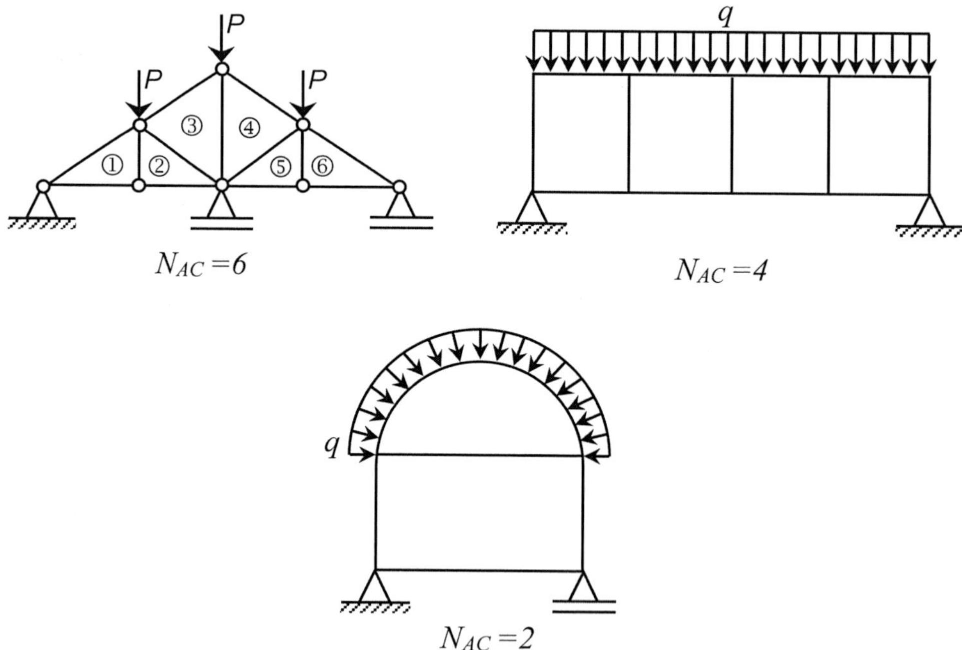

Figura 2.25 Tipos de estructuras.

B) Grados de libertad G_l

Son las direcciones libres de apoyos y articulaciones. Los grados de libertad de una estructura representan la suma de los grados de libertad generados en los apoyos y en las rótulas.

$$G_L = G_{LA} + G_{LR}$$

G_{LA} = Grados de libertad en los apoyos

G_{LR} = Grados de libertad en las rótulas

Representan la cantidad de direcciones libre que posee un apoyo de cualquier especie con respecto a las tres direcciones posibles. Su determinación para la estructura se la realizará sumando todas las direcciones libres que existan en los apoyos. Véase la siguiente tabla para su determinación.

Apoyo	**Símbolo**	**Grado de libertad**
Móvil		2
Fijo		1
Empotrado		0
Guiado		1
Momento		2

EJERCICIO 27

Calcular el grado de libertad en las siguientes estructuras:

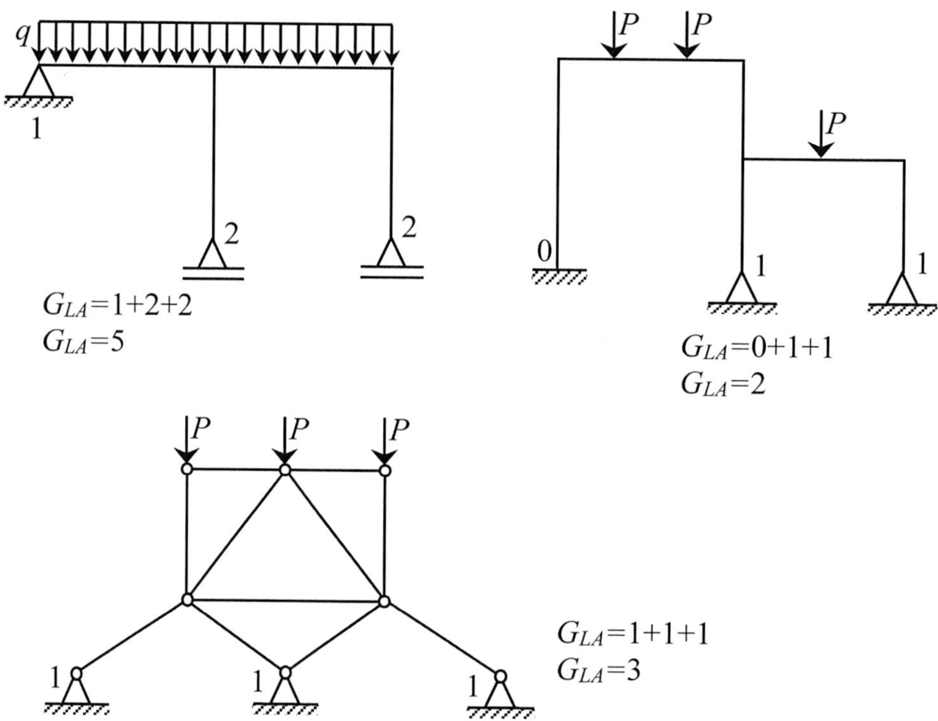

Figura 2.26 Tipos de estructuras.

Representan las direcciones libres que posee un conjunto de barras articuladas. Su determinación se realiza con la aplicación de la siguiente formula:

$$G_{LR} = N_{BA}-1$$

N_{BA} = Número de barras que concurren a una articulación.

EJERCICIO 28

Calcúlense los grados de libertad debido a las articulaciones en las siguientes estructuras:

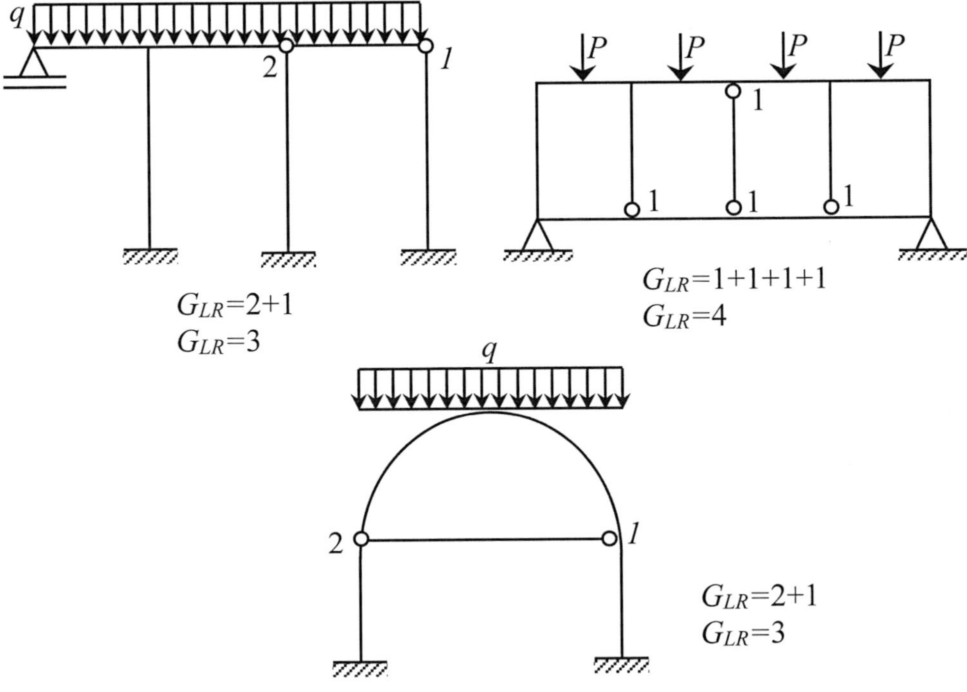

Figura 2.27 Tipos de estructuras.

Ahora ya estamos capacitados para determinar el grado hiperestático de cualquier estructura; veamos los siguientes ejemplos.

EJERCICIO 29

Determinar el grado hiperestático en la siguiente viga:

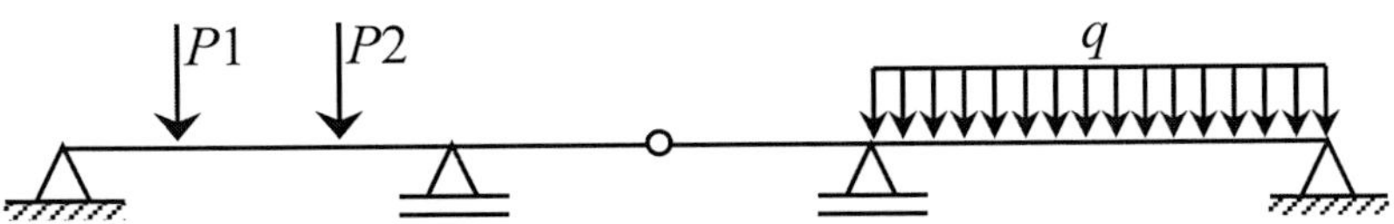

Figura 2.28 Viga hiperestática.

Recordemos que la fórmula para calcular el grado hiperestático es:

$$G_H = 3 \cdot N_A - G_L$$

Para este tipo de estructura solo existen anillos abiertos que, como ya sabemos, son equivalentes al número de apoyos menos uno. El número de apoyos es 4.

$$N_A = 4-1 = 3$$

Los grados de libertad son 1 debido a la rótula y 6 debido a los apoyos.

$$G_L = G_{LA}+G_{LR}$$

$$G_L = 6 + 1 = 7$$

Por lo tanto, el grado hiperestático es:

$$G_H = 3 \cdot 3 - 7$$

$$\mathbf{G_H = 2°}$$

Este valor expresa la existencia de dos reacciones redundantes, una horizontal y otra vertical; sin embargo, al no existir cargas horizontales, la reacción horizontal es nula y, por lo tanto, el grado hiperestático es 1.

EJERCICIO 30

Calcular el grado de indeterminación para la siguiente viga:

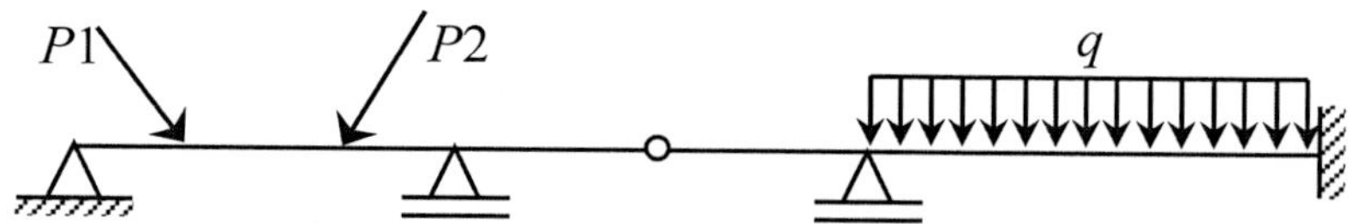

Figura 2.29 Viga hiperestática.

En este ejemplo solo existen anillos abiertos.

$$N_A = N_{AA} = N.^o\,Apoyos - 1$$

$$N_A = 4 - 1 = 3$$

Los grados de libertad son 5 en apoyos y 1 en articulaciones.

$$G_L = G_{LA}+G_{LR}$$

$$G_L = 5+1 = 6$$

Reemplazando los valores de N_A y G_L en la fórmula general para el cálculo de grado hiperestático.

$$G_H = 3\cdot 3- 6$$

$$G_H = 3°$$

A diferencia del anterior ejemplo, esta viga sí posee cargas horizontales, por lo cual, su grado hiperestático es el valor calculado.

EJERCICIO 31

Calcular el grado de indeterminación de la siguiente estructura:

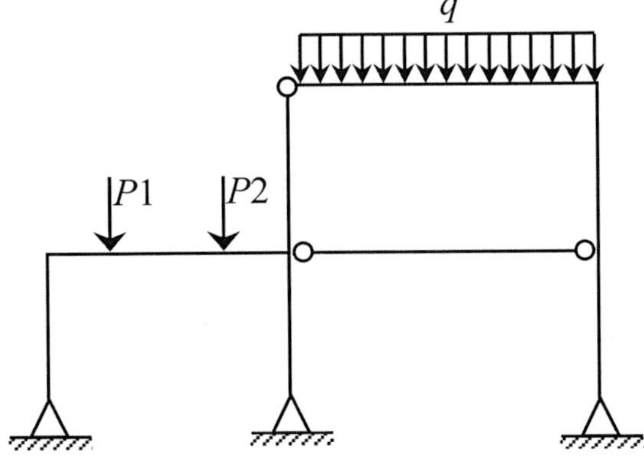

Figura 2.30 Pórtico con articulaciones.

El grado de indeterminación o grado hiperestático se la realiza con la siguiente fórmula:

$$G_H = 3\cdot N_A- G_L$$

Número de anillos abiertos = 3-1 =2

Número de anillos cerrados = 1

Por lo tanto, el número de anillos será igual a la suma de los anteriores datos.

$$N_A = 2+1 = 3$$

El grado de libertad en apoyos es 3 y en rótulas es 3; calculemos los grados de libertad sumando estos valores.

$$G_L = G_{LA} + G_{LR}$$

$$G_L = 3+3 = 6$$

Reemplazando en la formula general, obtenemos:

$$G_H = 3 \cdot 3 - 6$$

$$\mathbf{G_H = 3°}$$

EJERCICIO 32

Calcular el grado de indeterminación estática para el siguiente reticulado:

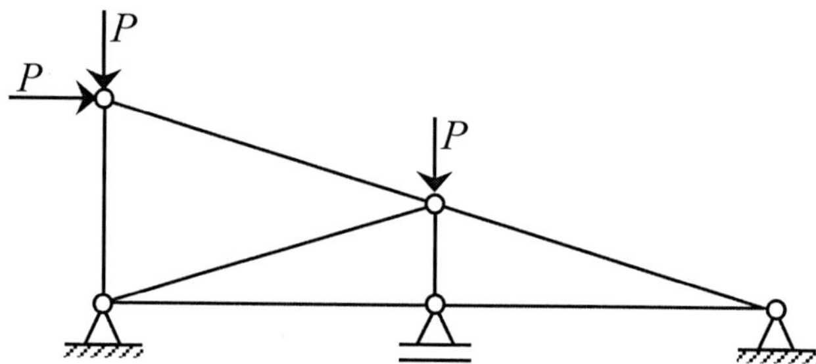

Figura 2.31 Cercha.

El grado hiperestático se calculará con la siguiente fórmula:

$$G_H = 3 \cdot N_A - G_L$$

En este ejemplo existen 3 anillos cerrados y 2 abiertos.

Número de anillos abiertos = 3-1 =2 (3 es la cantidad de apoyos)

Número de anillos cerrados = 3 (corresponde a los tres triángulos que se forman)

$$N_A = N_{AA} + N_{AC}$$

$$N_A = 2 + 3 = 5$$

El grado de libertad en apoyos suma 4 y en las articulaciones 9; en total tenemos:

$$G_L = G_{LA} + G_{LR}$$

$$G_L = 4+9 = 13$$

Calculamos el G_H utilizando la fórmula general:

$$G_H = 3 \cdot 5 - 13$$

$$G_H = 2°$$

2.8. PRINCIPIOS FUNDAMENTALES

Antes de empezar a estudiar el método de las fuerzas debemos conocer los siguientes principios que serán de vital importancia para el planteamiento de este método.

2.8.1. Principio de superposición de efectos

Una estructura cualquiera afectada por un conjunto de cargas, como fuerzas puntuales, distribuidas o cualquier otro tipo de carga que produzca en la estructura reacciones, esfuerzos y deformaciones; a estas solicitaciones se denominan análisis estructural, el cual puede estudiarse a partir de la suma de los efectos parciales que producen estas cargas cuando actúan individualmente en la estructura. Véase el siguiente ejemplo.

Sus reacciones

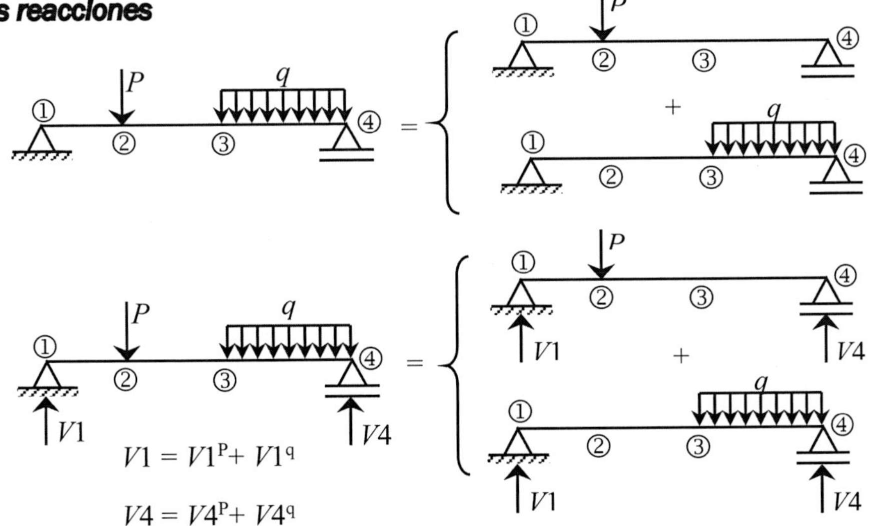

Figura 2.32 Descomposición de las cargas.

Sus esfuerzos

Pongamos como ejemplo el momento flector.

$$M2 = M2^P + M2^q$$

$$M3 = M3^P + M3^q$$

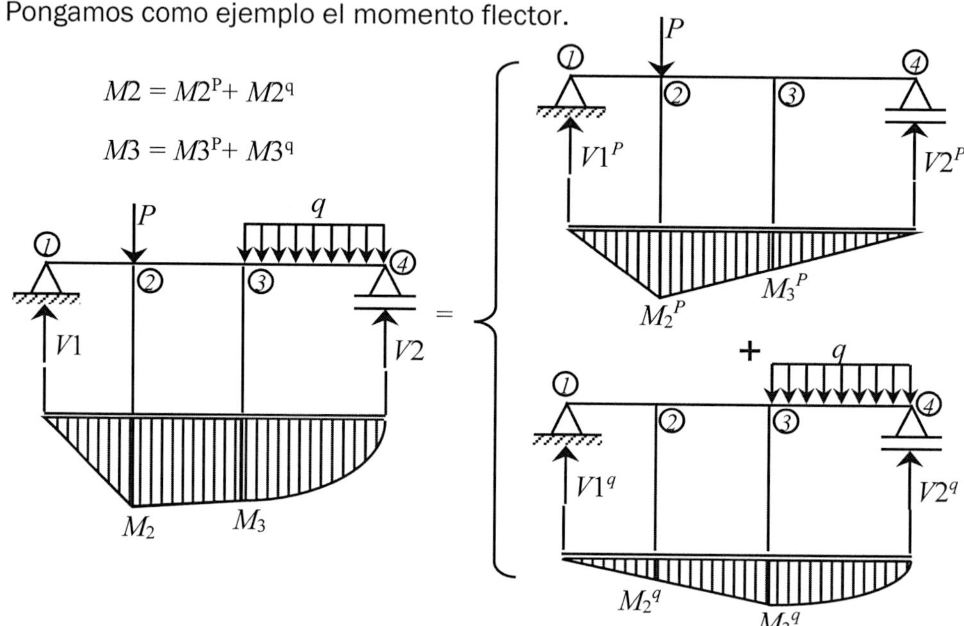

Figura 2.33 Diagramas de momentos.

Sus deformaciones

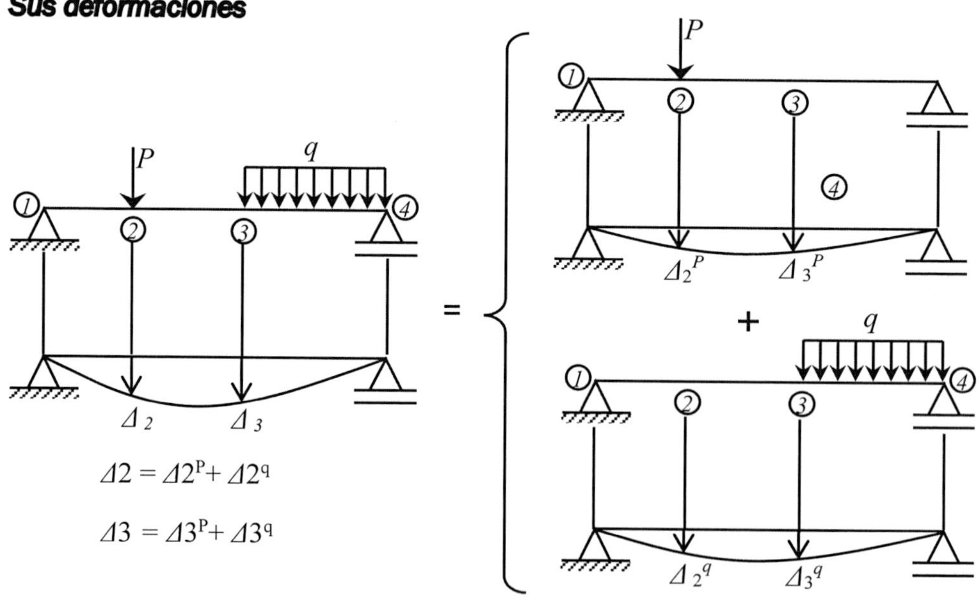

$$\Delta 2 = \Delta 2^P + \Delta 2^q$$

$$\Delta 3 = \Delta 3^P + \Delta 3^q$$

Figura 2.34 Deformación de las vigas.

2.8.2. Principio de proporcionalidad

Una carga aplicada a una estructura provoca en estas reacciones esfuerzos y deformaciones, los mismos pueden obtenerse como producto del valor numérico de la carga por los resultados de analizar la misma estructura, pero referida a una carga unitaria. Véase el siguiente ejemplo.

Sus reacciones

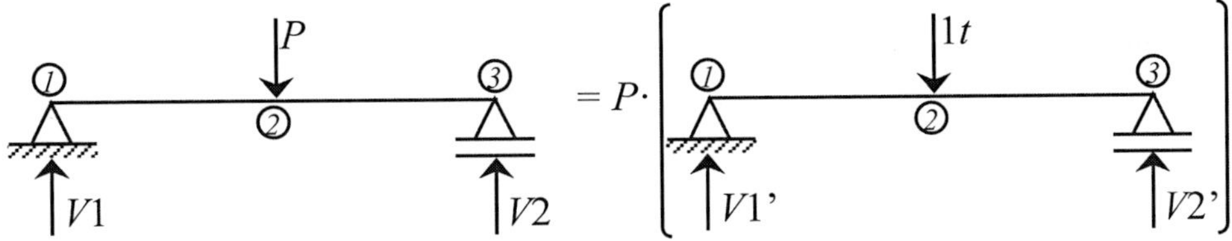

Figura 2.35 Proporcionalidad en reacciones.

$$V1 = P \cdot V1'$$

$$V2 = P \cdot V2'$$

Sus esfuerzos

Pongamos como ejemplo el momento flector.

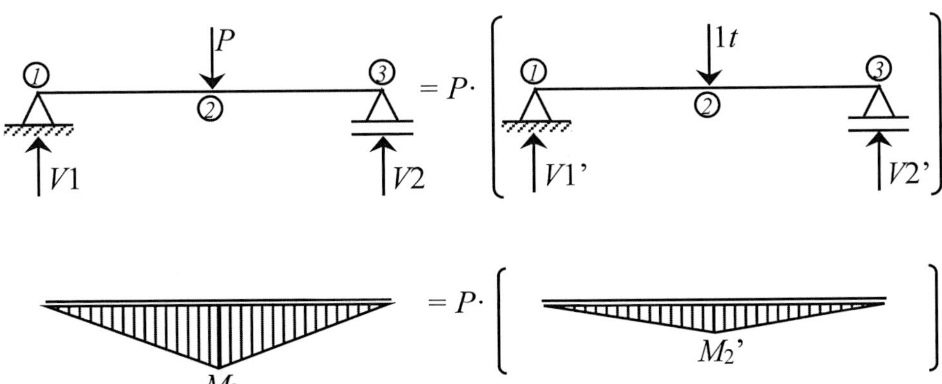

Figura 2.36 Proporcionalidad en esfuerzos internos.

$$M2 = P \cdot M2'$$

Sus deformaciones

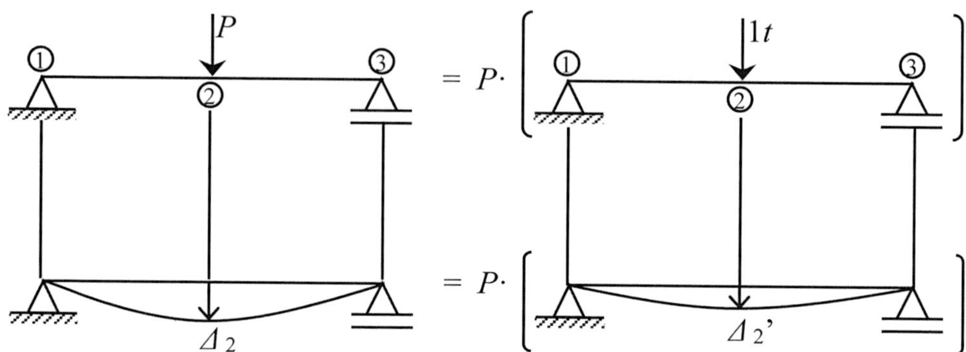

Figura 2.37 Proporcionalidad en deformación.

$$\Delta 2 = P \cdot \Delta 2'$$

2.9. PLANTEAMIENTO DEL MÉTODO

Resolver una estructura hiperestática implica calcular las reacciones o esfuerzos que hacen a una estructura indeterminada estáticamente. Veamos cómo determinar estos valores.

Primero debemos Identificar la redundante de la estructura, sea esta reacción o esfuerzo; por ejemplo, en la siguiente viga la redundante es la reacción vertical de un apoyo móvil. Véase la siguiente figura.

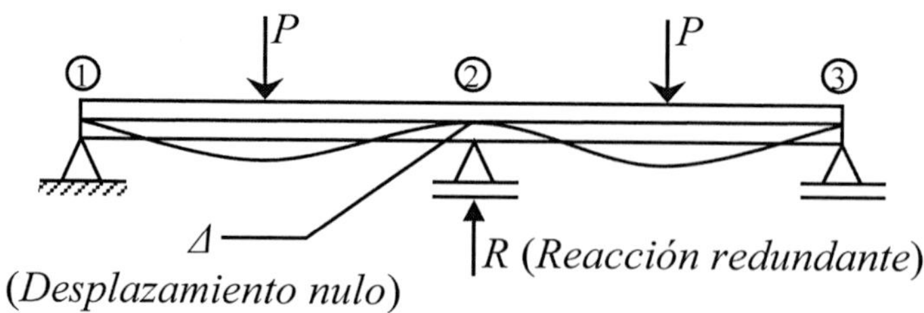

Figura 2.38 Reacción redundante.

Si quitamos el apoyo intermedio, la línea elástica se desplazará un valor Δ en dirección contraria a la reacción del apoyo redundante.

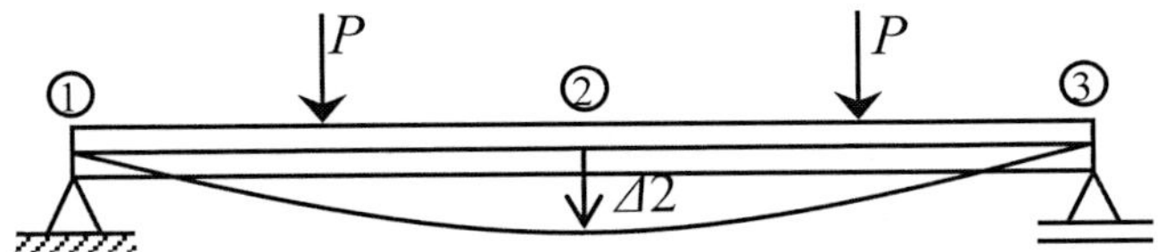

Figura 2.39 Deformación de viga simplemente apoyada.

Calcular la reacción redundante implica encontrar el valor de R tal que este sea capaz de garantizar que el desplazamiento correspondiente al apoyo del nudo ② sea nulo. Es decir, que la reacción R es la fuerza puntual que empuja la línea elástica de la figura anterior hasta hacer que su desplazamiento Δ2 sea cero. Véase la siguiente figura.

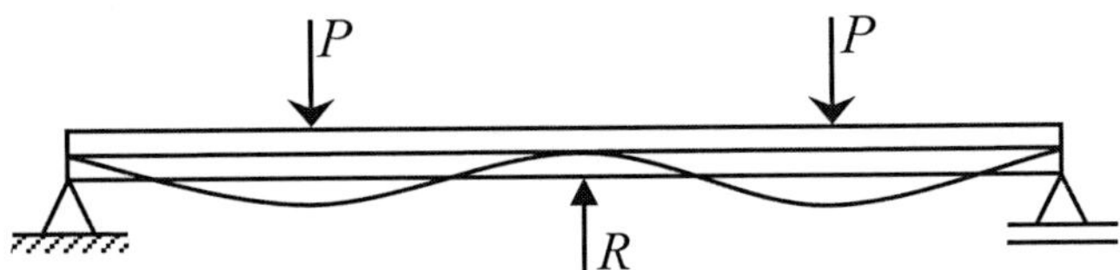

Figura 2.40 Reacción redundante.

Matemáticamente, podemos expresar lo anterior calculando el valor del desplazamiento para el sistema anterior y reemplazando por cero el valor de este.

$$P'\cdot\overset{0}{\cancel{\Delta}} = \int \frac{M\cdot M'\cdot ds}{E\cdot I} + \int \frac{N\cdot N'\cdot ds}{E\cdot A} + \int \frac{x\cdot Q\cdot Q'\cdot ds}{G\cdot A}$$

M, N y Q = Ecuaciones de esfuerzos del sistema real. Estarán en función de la redundante R.

M', N' y Q' = Ecuaciones de esfuerzos del sistema virtual. No están en función de R.

$$\int \frac{M\cdot M'\cdot ds}{E\cdot I} + \int \frac{N\cdot N'\cdot ds}{E\cdot A} + \int \frac{x\cdot Q\cdot Q'\cdot ds}{G\cdot A} = 0$$

Al final, resolviendo esta ecuación obtendremos el valor de R y, posteriormente, el valor de las restantes reacciones cuando apliquemos las ecuaciones de equilibrio estático.

EJERCICIO 33

Calcular la reacción del apoyo intermedio.

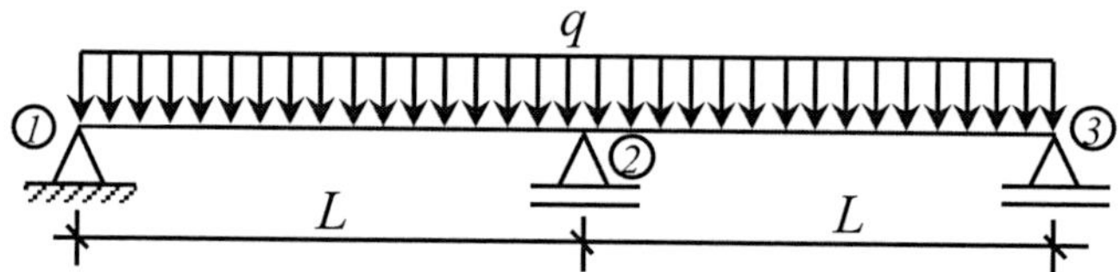

Figura 2.41 Viga hiperestática.

1.º: Planteamos una estructura isostática e introducimos una fuerza genérica R en la dirección del apoyo redundante.

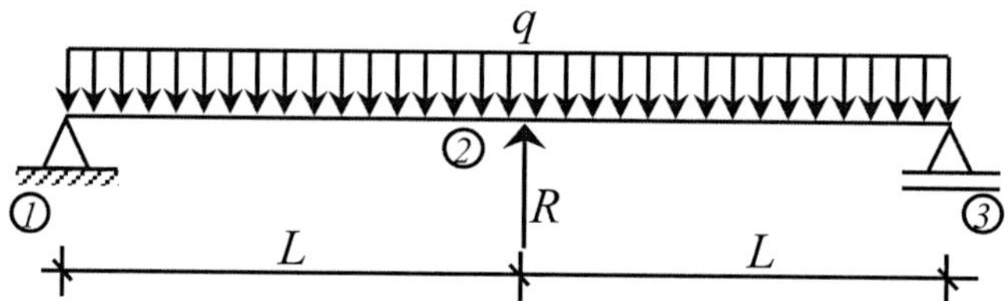

2.º: Calculamos el desplazamiento vertical en el apoyo liberado y lo igualamos a cero.

a) Sistema real y virtual

Sistema real

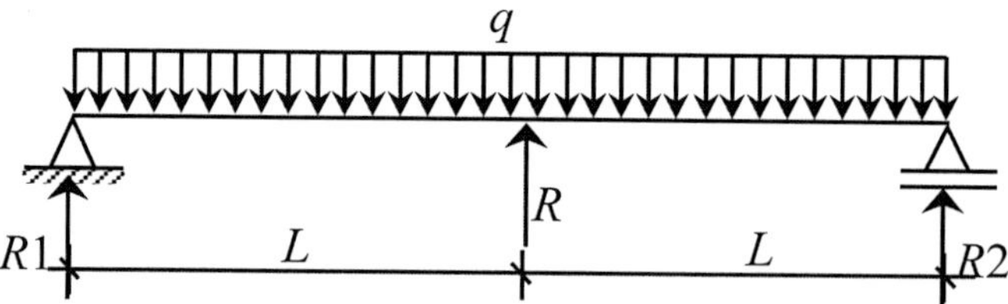

Sistema virtual

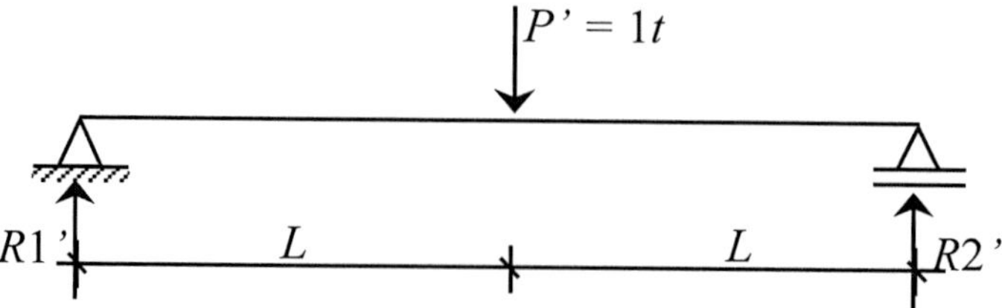

b) Calculamos sus reacciones

Por simetría de la estructura, obtenemos las reacciones de ambos sistemas.

Sistema real

$$R_1 = R_2 = q \cdot L - \frac{R}{2}$$

Sistema virtual

$$R_1' = R_2' = \frac{1}{2} t$$

c) Ecuaciones de momento

Por la simetría en ambos sistemas solo será necesario analizar un solo tramo.

Sistema real

$$0 \leq x \leq L$$

$$M = \frac{(q \cdot L - \frac{R}{2}) \cdot x}{} - \frac{q \cdot x^2}{2}$$

Sistema virtual

$$0 \leq x \leq L$$

$$M = \frac{1 \cdot x}{2}$$

d) Cálculo del desplazamiento

$$\int \frac{M \cdot M' \cdot ds}{E \cdot I} = 0$$

$$\int_0^L \frac{\left[(q \cdot L - \frac{R}{2}) \cdot x - \frac{q \cdot x^2}{2}\right]\left[\frac{x}{2}\right]}{E \cdot I} dx = 0$$

$$\frac{\left[(q \cdot L - \frac{R}{2}) \cdot \frac{x^3}{6} - \frac{q \cdot x^4}{16}\right]_0^L}{E \cdot I} = 0$$

$$(q \cdot L - \frac{R}{2}) \cdot \frac{L^3}{6} - \frac{q \cdot L^4}{16} = 0$$

Despejando R, obtenemos:

$$\boxed{R = \frac{5}{4} q \cdot L}$$

EJERCICIO 34

Calcular la reacción del apoyo móvil:

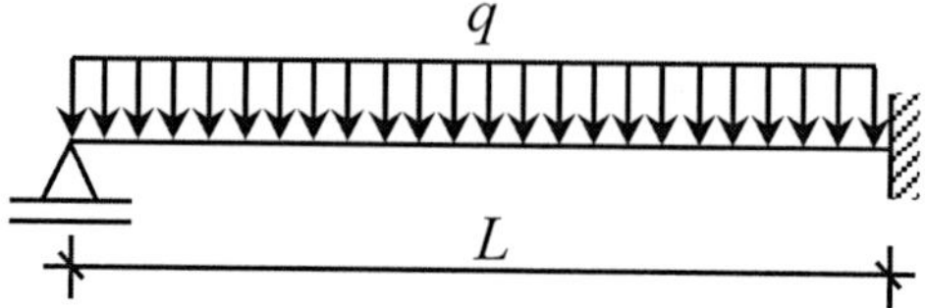

Figura 2.42 Viga hiperestática.

1.º: Identificar el apoyo redundante, lo liberamos y, en su lugar, colocamos una fuerza R que representa la reacción de dicho apoyo.

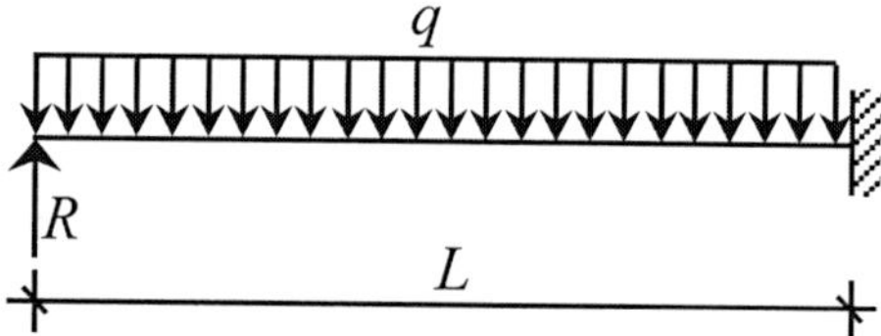

2.º: Calculamos el desplazamiento que se genere en la dirección del apoyo redundante y lo igualamos a cero.

a) Sistema básico y virtual

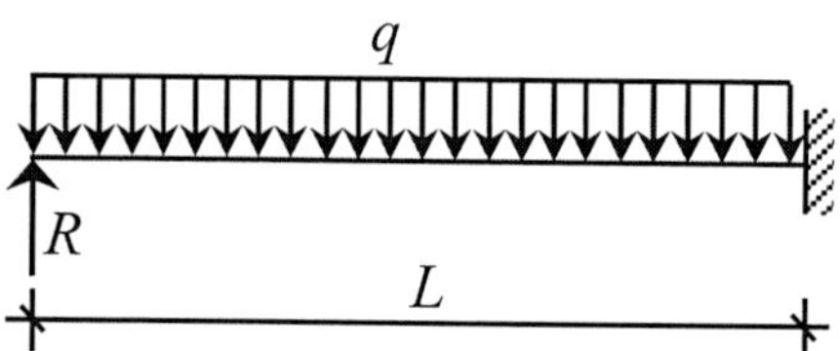

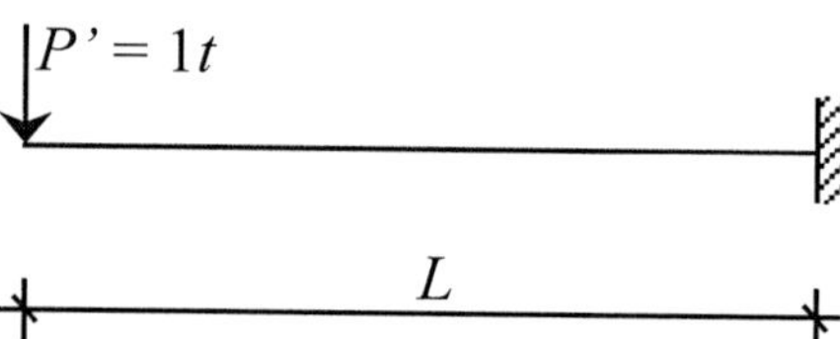

b) Ecuaciones de momento

Sistema básico

$0 \leq x \leq L$

$$M = R \cdot x - \frac{q \cdot x^2}{2}$$

Sistema virtual

$0 \leq x \leq L$

$M = -x$

c) Cálculo del desplazamiento

$$\int \frac{M \cdot M' \cdot ds}{E \cdot I} = 0$$

$$\int_0^L \frac{\left[R\cdot x - \frac{q\cdot x^2}{2}\right]\cdot(-x)}{E\cdot I}dx = \frac{\left[\frac{q\cdot x^4}{8} - \frac{R\cdot x^3}{3}\right]_0^L}{E\cdot I} = \frac{q\cdot L^4}{8} - \frac{R\cdot L^3}{3} = 0$$

Despejamos R, y obtenemos:

$$\boxed{R = \frac{3}{8}q\cdot L}$$

2.9.1. Sistematización del método

Resolver de esta forma una estructura hiperestática de primer orden resulta fácil, pero cuando el número de incógnitas aumenta el planteamiento del problema se hace más complejo; esto se debe al hecho de que los resultados obtenidos a partir de los desplazamientos nulos son ecuaciones que están en función de las redundantes. Para evitar trabajar desde el comienzo con valores genéricos (redundantes) que resultan muy morosos, transformaremos el procedimiento anterior de tal forma que obtengamos los coeficientes de un sistema de ecuaciones que definan los valores de las redundantes. Veamos en qué consiste esta transformación.

Sea la siguiente una estructura hiperestática sujeta a un conjunto de cargas que lo mantienen en equilibrio, a la cual llamaremos sistema real.

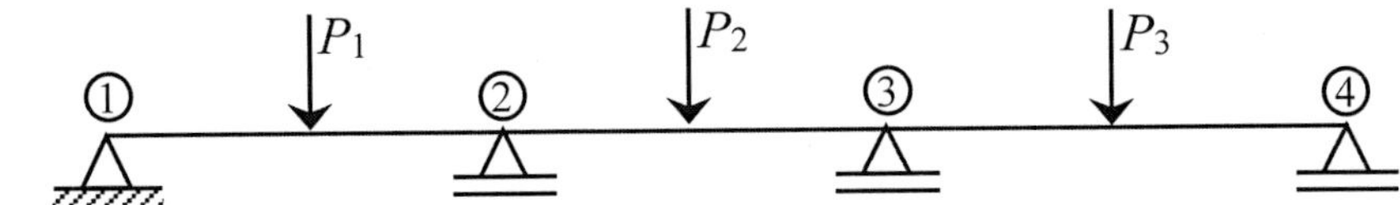

Figura 2.43 Viga hiperestática (sistema real).

Para determinar las reacciones redundantes de este sistema efectuaremos los siguientes pasos:

Identificación de las redundantes

Identificamos las redundantes del sistema estructural (apoyos 2 y 3) y las representamos gráficamente como cargas que actúan en la estructura y no como reacciones de apoyo. A este nuevo sistema lo llamaremos isostático equivalente ya que, si bien gráficamente los apoyos no existen, sus efectos están presentes en las cargas x1 y x2.

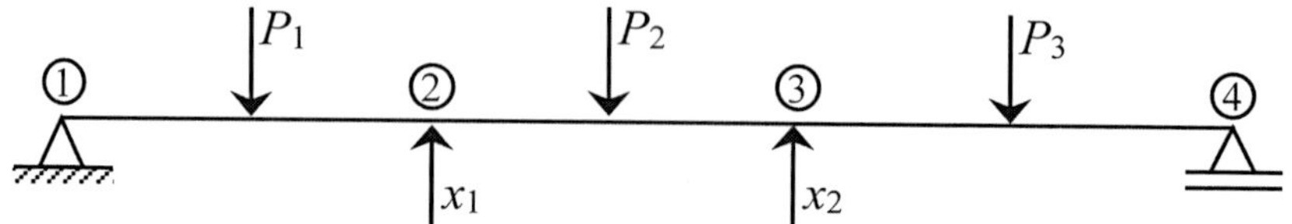

Figura 2.44 Sistema isostática equivalente.

Superposición de efectos

Aplicamos el principio de superposición de efectos a las cargas externas y a cada una de sus redundantes, de este modo obtenemos tres sistemas, uno con las cargas P1, P2 y P3, al cual llamaremos sistema básico, otro con la reacción redundante x1, denominado sistema auxiliar uno, y el tercero con la redundante x2, llamado sistema auxiliar dos, y según existan más redundantes, se irá incluyendo por cada una de estas un nuevo sistema auxiliar. Véase la siguiente figura.

Sistema básico

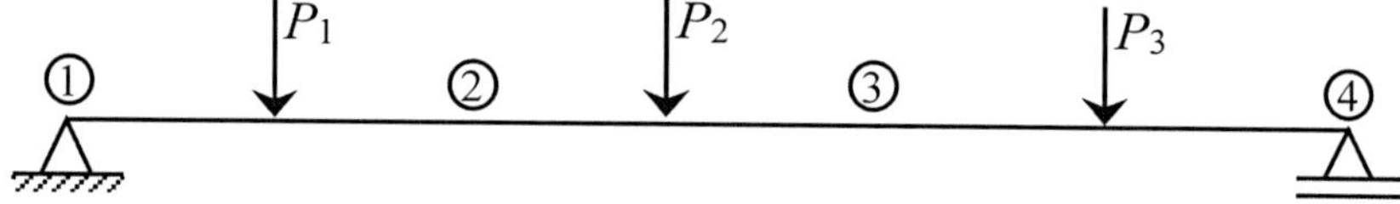

Figura 2.45 Sistema básico.

Sistema auxiliar 1

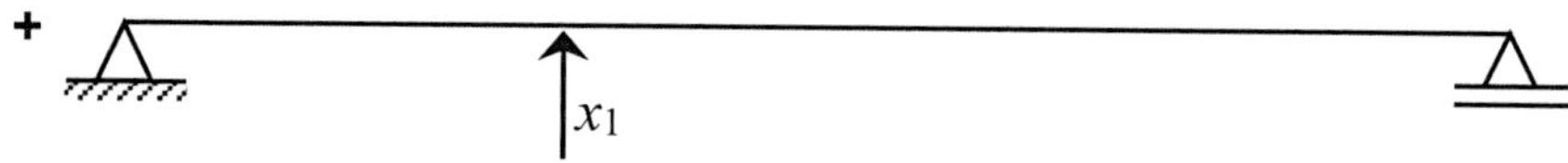

Figura 2.46 Sistema auxiliar 1.

Sistema auxiliar 2

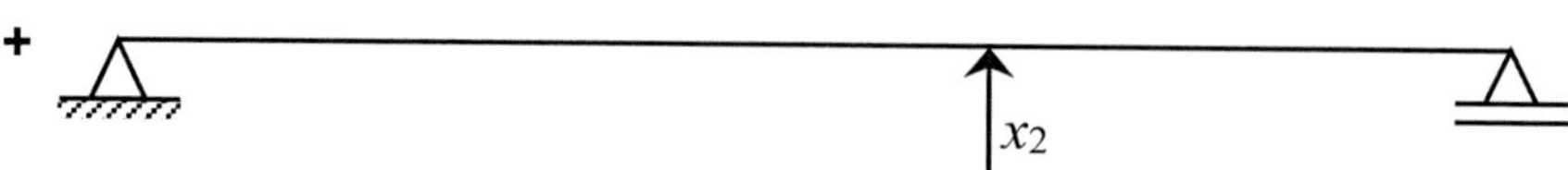

Figura 2.47 Sistema auxiliar 2.

Principio de proporcionalidad

Aplicamos el principio de proporcionalidad a los sistemas auxiliares y llamamos dirección 1 y 2 a las direcciones correspondientes a la redundantes x1 y x2, respectivamente.

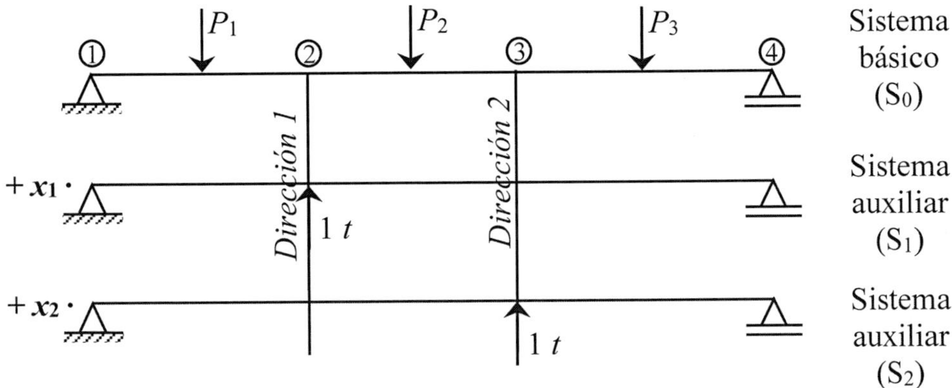

Figura 2.48 Dirección 1 y 2 de los apoyos superabundantes.

Desplazamientos en las direcciones restringidas

Definamos la deformación de cada uno de los sistemas y llamemos a los desplazamientos correspondientes a las direcciones uno y dos Δij, donde i es el número correspondiente a la dirección, y j el número correspondiente al sistema, por ejemplo, el desplazamiento en la dirección 2 para el sistema auxiliar 1, se denomina Δ21.

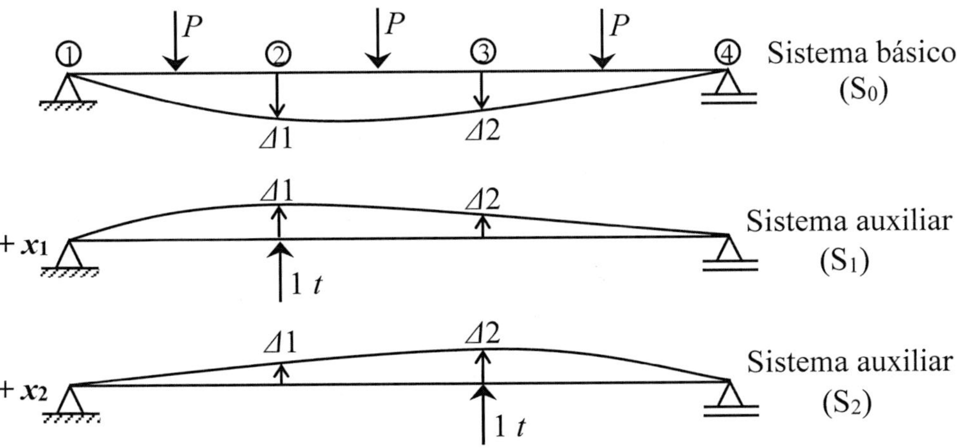

Figura 2.49 Deformaciones.

Si sumamos los desplazamientos en los sistemas S_0, S_1 y S_2 obtenemos el comportamiento del sistema real, es decir:

$$\Delta_{10} + \Delta_{11} \cdot x_1 + \Delta_{12} \cdot x_2 = 0$$

$$\Delta_{20} + \Delta_{21} \cdot x_1 + \Delta_{22} \cdot x_2 = 0$$

A estas ecuaciones se denomina ***sistema de ecuaciones de compatibilidad de las deformaciones elásticas***.

Es decir, que para calcular las redundantes x1 Y x2 tenemos que calcular 6 desplazamientos, los cuales se pueden obtener utilizando el método de carga virtual, el cual exige la existencia de sistemas virtuales que contienen cargas puntuales ubicadas en las direcciones redundantes y, por lo general, unitarias. Si observamos los sistemas auxiliares, están compuestos de cargas unitarias ubicadas según las direcciones redundantes, y por lo tanto pueden ser utilizadas como sistemas virtuales para el cálculo de los desplazamientos.

Según lo mencionado anteriormente, el desplazamiento Δ12 tendría como sistema real al sistema auxiliar 2 y como sistema virtual al sistema auxiliar 1. De modo general, para calcular el desplazamiento Δij utilizaremos el sistema i como sistema real y el sistema j como sistema virtual. De ahí que la ecuación general para el cálculo de estos desplazamientos será:

$$\not{P}^{1} \cdot \Delta ij = \int \frac{Mi \cdot Mj \cdot ds}{E \cdot I} + \int \frac{Ni \cdot Nj \cdot ds}{E \cdot A} + \int \frac{x \cdot Qi \cdot Qj \cdot ds}{G \cdot A}$$

Comprendiendo que el producto Mi·Mj es igual a Mj·Mi, se sobreentiende que el desplazamiento Δij es igual a Δji, y de este modo disminuimos de 6 a 5 la cantidad de desplazamientos a calcular.

2.10. SISTEMA ISOSTÁTICO EQUIVALENTE

El sistema isostático equivalente consiste en convertir una estructura hiperestática en otra isostática sin cambiar su naturaleza, por ejemplo, para el siguiente pórtico compues to de 2 apoyos empotrados, se liberan las reacciones que hacen a esta estructura hiperestática y sus efectos se los reemplazan por cargas X desconocidas.

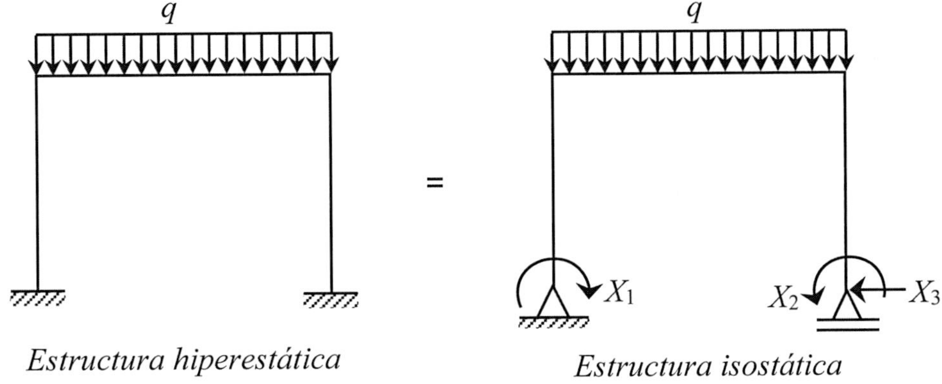

Figura 2.50 Pórtico hiperestático y su transformación a isostático.

Para convertir una estructura hiperestática en otra isostática equivalente se pueden aplicar los siguientes criterios:

- Liberar reacciones
- Realizar cortes
- Introducir articulaciones

2.10.1. Liberación de reacciones

Este criterio se puede aplicar solo para estructuras hiperestáticas con indeterminaciones externas y consiste en liberar las reacciones de una estructura hasta convertirla en isostática, colocando en su lugar una fuerza o momento de la misma naturaleza que la reacción liberada.

Cuando proponemos una estructura isostática equivalente corremos el riesgo de plantear una estructura inestable, para evitar esta situación debemos conservar en la estructura un mínimo de reacciones con características particulares de estabilidad. Según sea la estructura simple o compuesta se debe considerar los siguientes casos.

2.10.1.1. Estructuras simples

Las estructuras simples son vigas y pórticos que carecen de articulaciones.

Veamos cuáles son las características de las reacciones que hacen a una estructura isostática y estable.

Caso 1: Las reacciones, horizontal, vertical y momento, hacen a una estructura isostática y estable; por lo tanto, siempre que sea posible debemos conservarlas en la estructura y liberar las restantes reacciones; veamos el siguiente ejemplo.

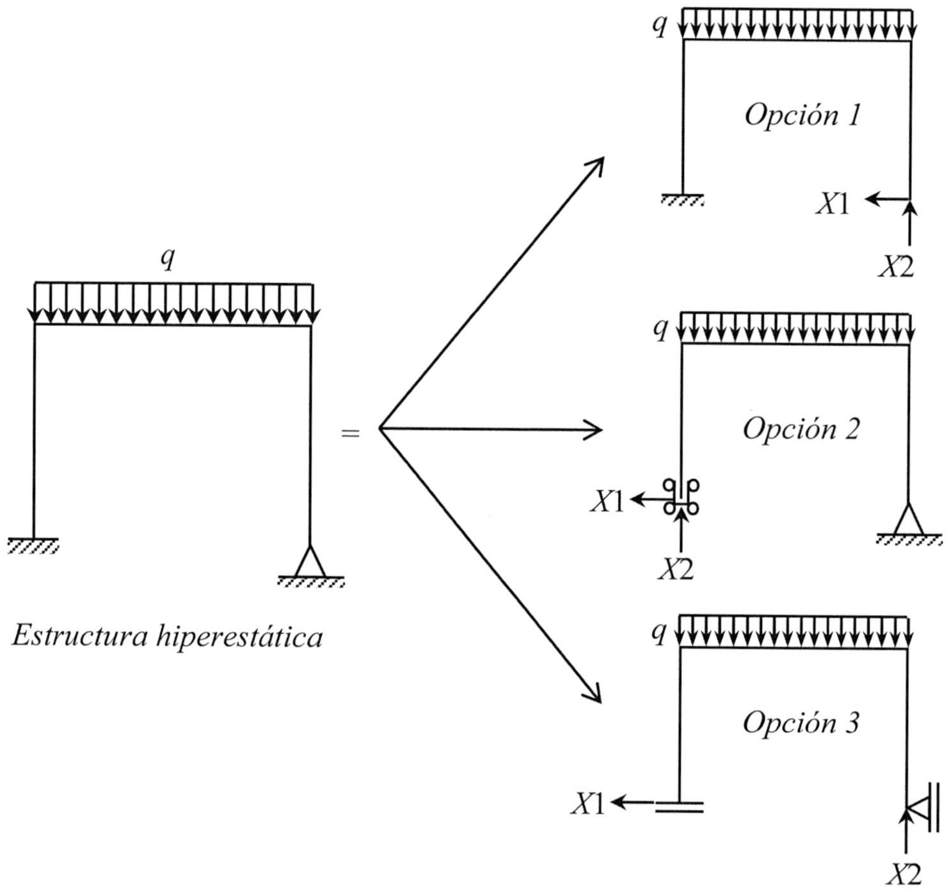

Figura 2.51 Diversos tipos de sistemas isostáticos equivalentes.

Cualquiera de las tres opciones son estructuras isostáticas y estables porque cumplen con la condición de conservar una reacción horizontal, vertical y momento. En la primera opción se liberan las reacciones del apoyo fijo, en la segunda opción se liberan las reacciones horizontal y vertical del apoyo empotrado reduciéndolo a un apoyo de momento y la tercera opción libera la reacción horizontal del apoyo empotrado y la reacción vertical del apoyo fijo.

Caso 2: Conservando 2 reacciones verticales no colineales y una reacción horizontal obtenemos una estructura isostática y estable, siendo las restantes reacciones consideradas como redundantes y, por lo tanto, deben liberarse del sistema. Para entender mejor este caso, estudiemos el siguiente ejemplo.

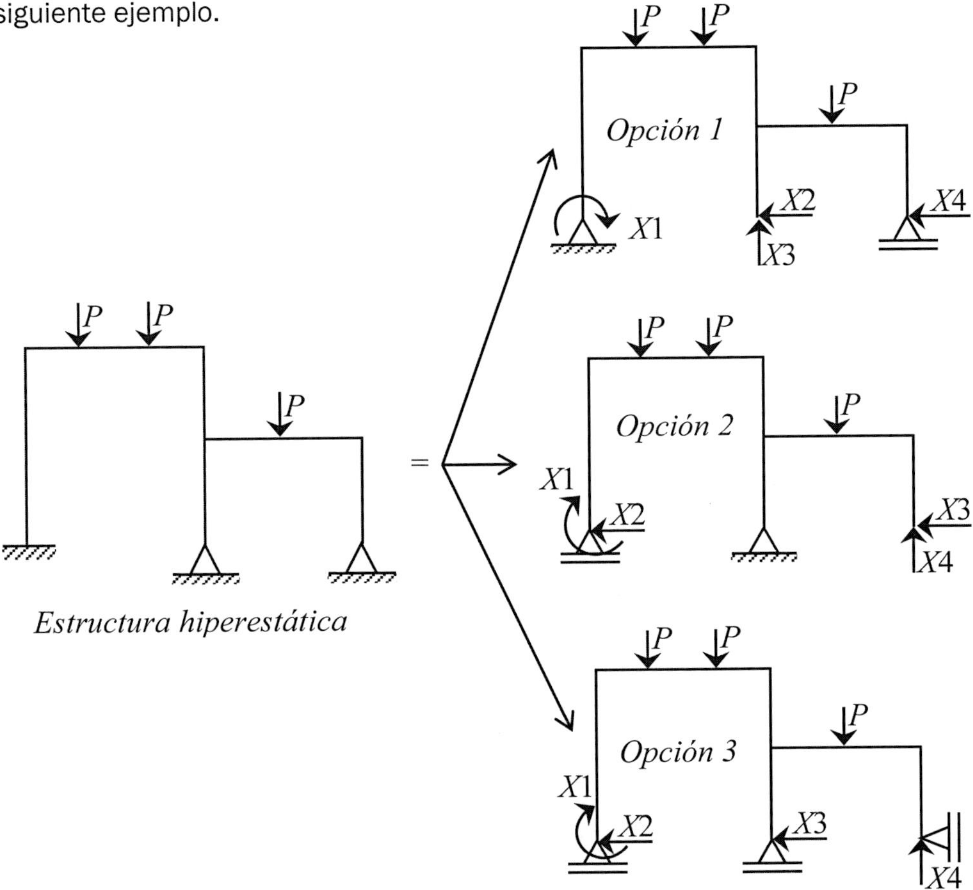

Figura 2.52 Opciones de sistema isostático equivalente.

Las tres opciones son isostáticas y estables porque conservan las reacciones indicadas en el caso 2. Para la primera opción, el apoyo empotrado se transforma a un apoyo fijo, se elimina un apoyo fijo y se libera la reacción horizontal del otro; en la segunda opción, el apoyo empotrado se reduce a un apoyo móvil vertical y se liberan las reacciones de un apoyo fijo; en la tercera opción, los apoyos se reducen a apoyos móviles, dos verticales y uno horizontal.

Caso 3: Una estructura simple que cuenta con 2 reacciones horizontales no colineales y una reacción vertical es isostática y estable. Para este caso conservamos las reacciones indicadas y liberamos las restantes reacciones.

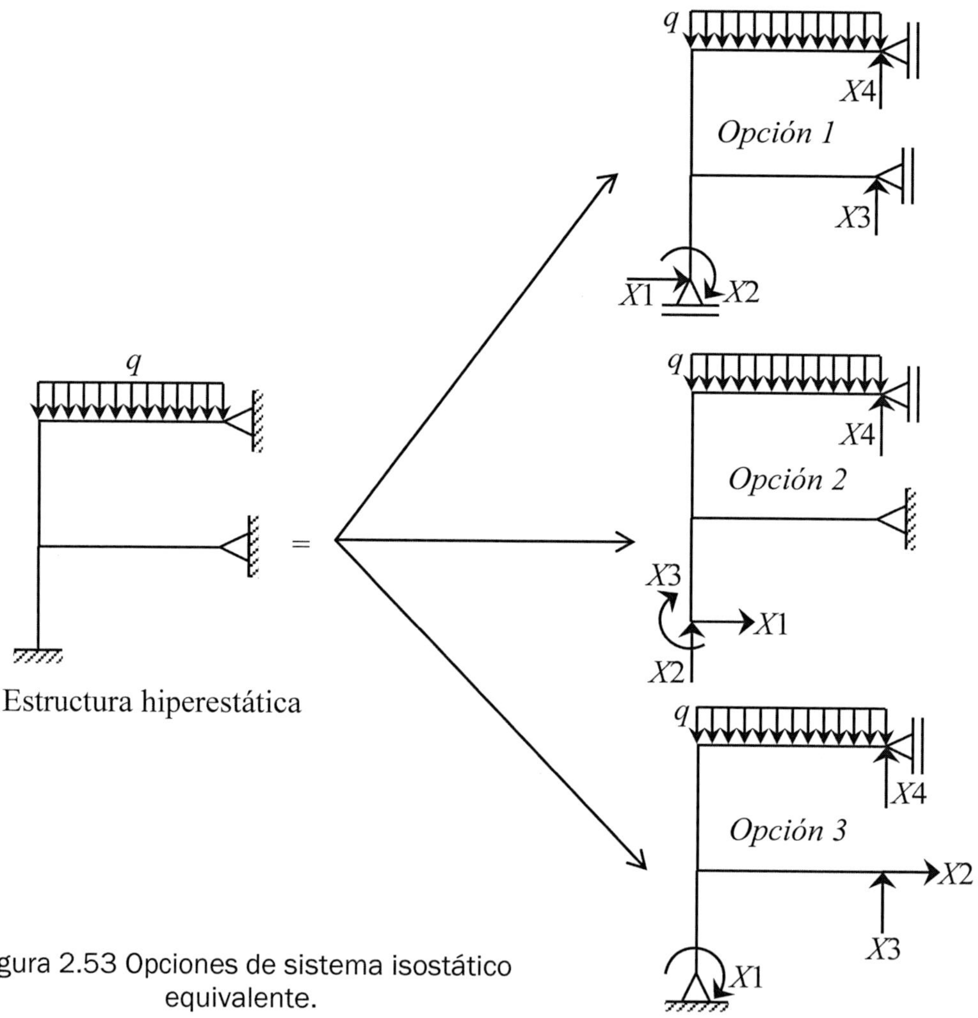

Figura 2.53 Opciones de sistema isostático equivalente.

La primera opción libera las reacciones horizontal y momento del apoyo empotrado y las reacciones verticales de los apoyos fijos, la segunda opción libera las tres reacciones del apoyo empotrado y la reacción vertical de un apoyo fijo y la tercera reacción libera la reacción de momento del apoyo empotrado y las reacciones de un apoyo fijo y la vertical del otro.

EJERCICIO 35

Calcular reacciones y diagramar esfuerzos liberando reacciones.

Datos

E = $2 \cdot 10^6$ t/m^2

b/h = 20/30

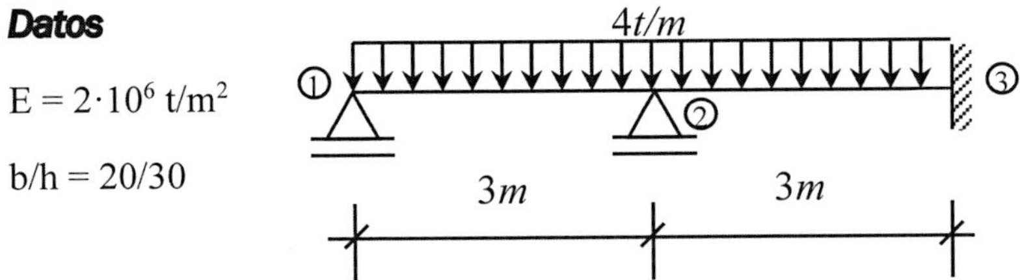

Figura 2.54 Viga hiperestática.

1.- Grado hiperestático

$$G_H = 3N_A - G_L$$

$$G_H = 3(2) - 4$$

$$G_H = 2^o$$

2.- Sistema isostático equivalente

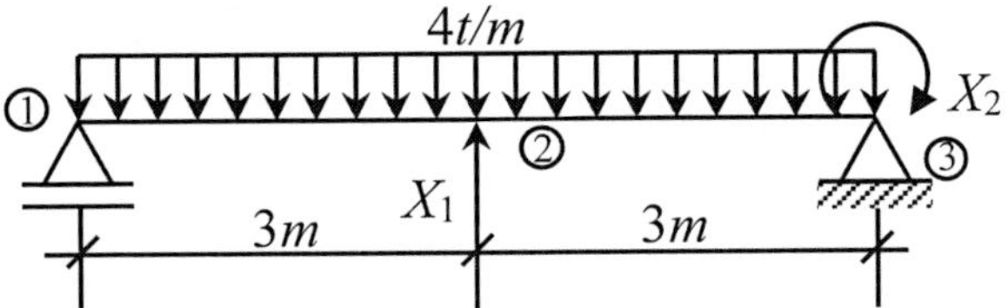

3.- Sistema básico y auxiliares

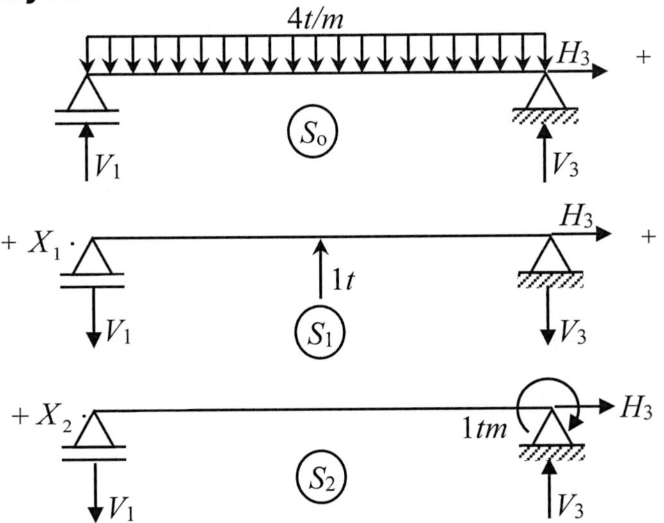

4.- Cálculo de reacciones

a) Sistema básico

$$\sum FH = 0 \rightarrow \oplus$$
$$H_3 = 0$$
$$\sum M_1 = 0 \circlearrowright \oplus$$
$$4 \cdot 6 \cdot 3 - V_3 \cdot 6 = 0$$
$$V_3 = 12t$$
$$\sum FV = 0 \uparrow \oplus$$
$$V_1 - 4 \cdot 6 + 12 = 0$$
$$V_1 = 12t$$

b) Sistema auxiliar 1

$$\sum FH = 0 \rightarrow \oplus$$
$$H_3 = 0$$
$$\sum M_1 = 0 \circlearrowright \oplus$$
$$-1 \cdot 3 + V_3 \cdot 6 = 0$$
$$V_3 = 0{,}5t$$
$$\sum FV = 0 \uparrow \oplus$$
$$-V_1 + 1 - 0{,}5 = 0$$
$$V_1 = 0{,}5t$$

c) Sistema auxiliar 2

$$\sum FH = 0 \rightarrow \oplus$$
$$H_3 = 0$$
$$\sum M_1 = 0 \circlearrowright \oplus$$
$$1 - V_3 \cdot 6 = 0$$
$$V_3 = \frac{1}{6}t$$
$$\sum FV = 0 \uparrow \oplus$$
$$-V_1 + \frac{1}{6} = 0$$
$$V_1 = \frac{1}{6}t$$

5.- Diagramas de momentos

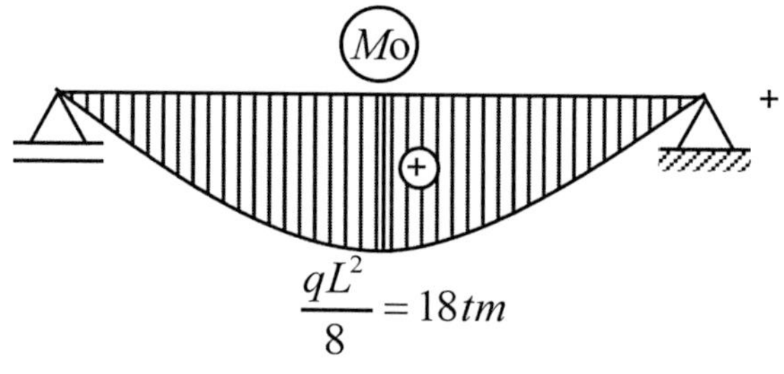

$$\frac{qL^2}{8} = 18tm$$

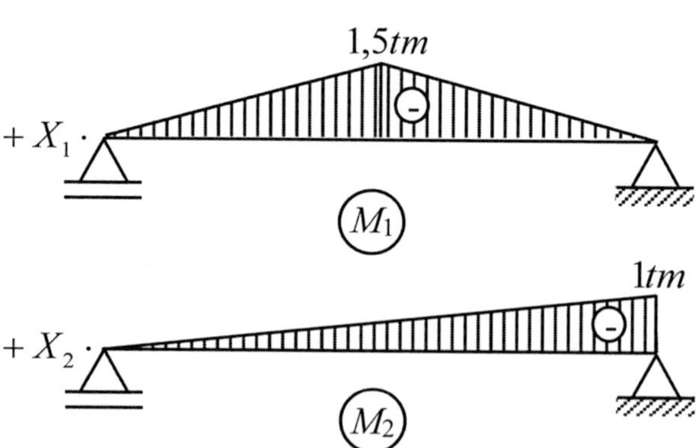

6.- Ecuaciones de compatibilidad

$$\Delta_{11} \cdot X_1 + \Delta_{12} \cdot X_2 = -\Delta_{10}$$
$$\Delta_{21} \cdot X_1 + \Delta_{22} \cdot X_2 = -\Delta_{20}$$

$$\Delta_{ij} = \int \frac{M_i M_j}{EI} dx \quad \text{(Por tabla)}$$

$$\Delta_{11} = \frac{1}{EI}\left[\text{1,5}tm \;\; 6m \quad \text{1,5}tm \;\; 6m \right] = \frac{1}{EI}\left(\frac{1}{3}\cdot 6\cdot 1{,}5\cdot 1{,}5\right) = \frac{4{,}5}{EI}$$

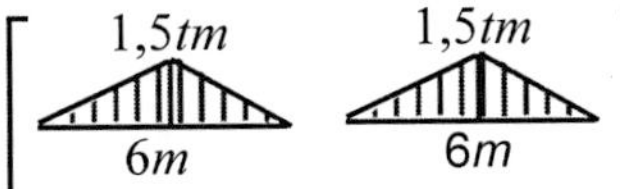

$$\Delta_{12} = \Delta_{21} = \frac{1}{EI}\left[\text{1,5}tm \;\; 6m \quad 1tm \;\; 6m \right] = \frac{1}{EI}\left[\frac{1}{6}\cdot 6\left(1+\frac{3}{6}\right)1\cdot 5\cdot 1\right] = \frac{2{,}25}{EI}$$

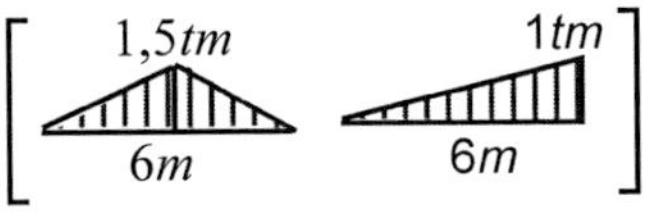

$$\Delta_{22} = \frac{1}{EI}\left[1tm \;\; 6m \quad 1tm \;\; 6m \right] = \frac{1}{EI}\left(\frac{1}{3}\cdot 6\cdot 1\cdot 1\right) = \frac{2}{EI}$$

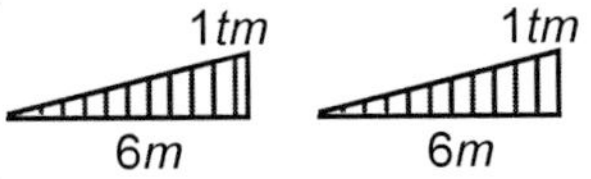

$$\Delta_{10} = \frac{1}{EI}\left[\text{1,5}tm \;\; 6m \quad 6m \;\; 18tm \right] = -\frac{1}{EI}\left[\frac{1}{3}\cdot 6\left(1+\frac{3}{6}\cdot\frac{3}{6}\right)1{,}5\cdot 18\right] = -\frac{67{,}5}{EI}$$

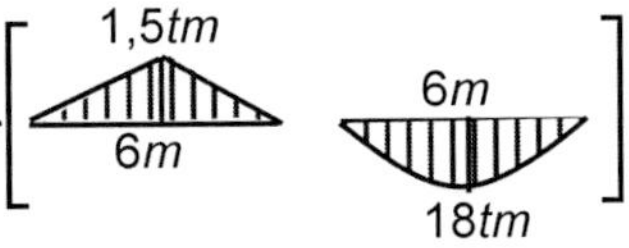

$$\Delta_{20} = \frac{1}{EI}\left[1tm \;\; 6m \quad 6m \;\; 18tm \right] = -\frac{1}{EI}\left(\frac{1}{3}\cdot 6\cdot 1\cdot 18\right) = -\frac{36}{EI}$$

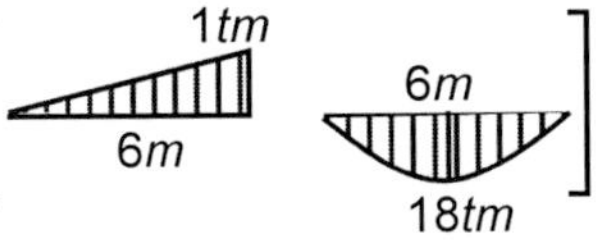

$$\left(\frac{4{,}5}{EI}\right)X_1 + \left(\frac{2{,}25}{EI}\right)X_2 = -\left(-\frac{67{,}5}{EI}\right)\cdot EI \Rightarrow 4{,}5X_1 + 2{,}25X_2 = 67{,}5$$

$$\left(\frac{2{,}25}{EI}\right)X_1 + \left(\frac{2}{EI}\right)X_2 = -\left(-\frac{36}{EI}\right)\cdot EI \Rightarrow 2{,}25X_1 + 2X_2 = 36$$

Resolviendo el sistema de ecuaciones obtenemos:

$$X_1 = 13{,}71t$$
$$X_2 = 2{,}57tm$$

7.- Reacciones finales

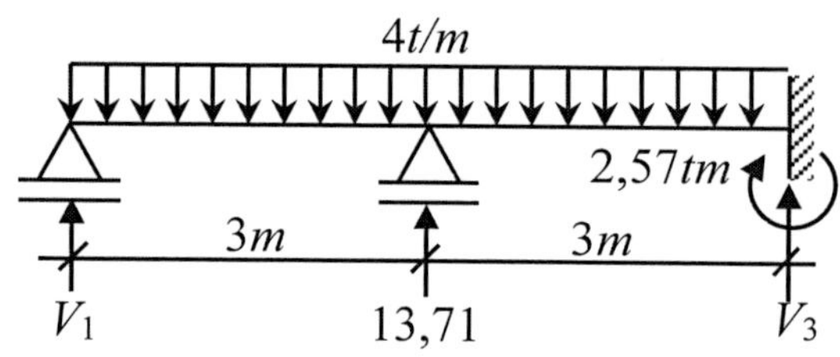

$$\sum M_1 = 0 \circlearrowright \oplus$$

$$4 \cdot 6 \cdot 3 - 13{,}71 \cdot 3 + 2{,}57 - V_3 \cdot 6 = 0$$

$$V_3 = 5{,}573t$$

$$\sum FV = 0 \uparrow \oplus$$

$$V_1 - 4 \cdot 6 + 13{,}71 + 5{,}573 = 0$$

$$V_1 = 4{,}717t$$

8.- Diagrama de esfuerzos finales

a) Momento

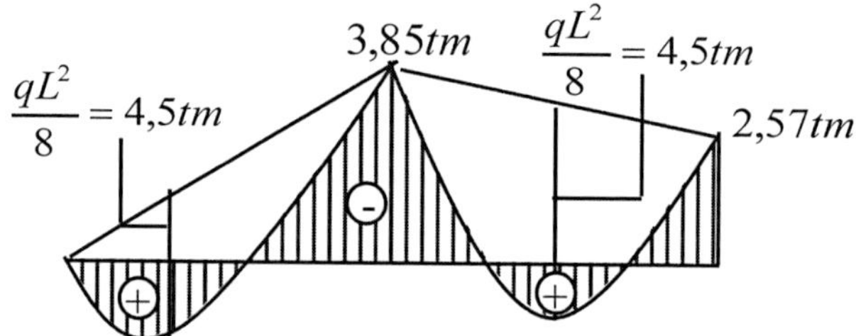

b) Cortante

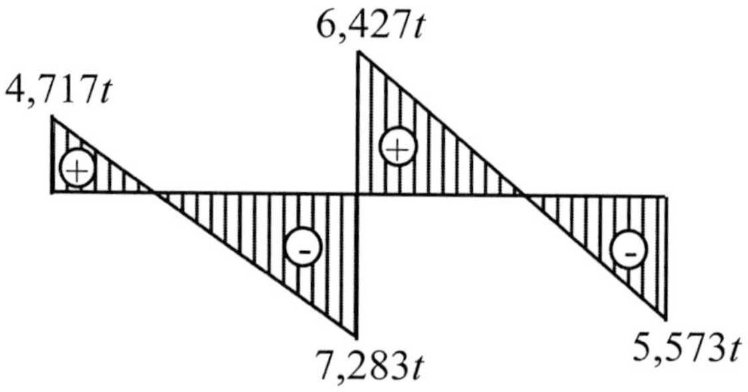

EJERCICIO 36

Calcular reacciones y diagramar esfuerzos.

Datos

$$E = 2 \cdot 10^6 \ t/m^2$$

5 t

3 t/m

20/30 20/20 20/20

1,5 m 1,5 m 2 m 1 m

Figura 2.55 Viga con voladizo.

1.- Grado hiperestático

$$G_H = 3N_A - G_L$$

$$G_H = 3 \cdot 2 - 5$$

$$G_H = 1$$

2.- Sistema isostático equivalente

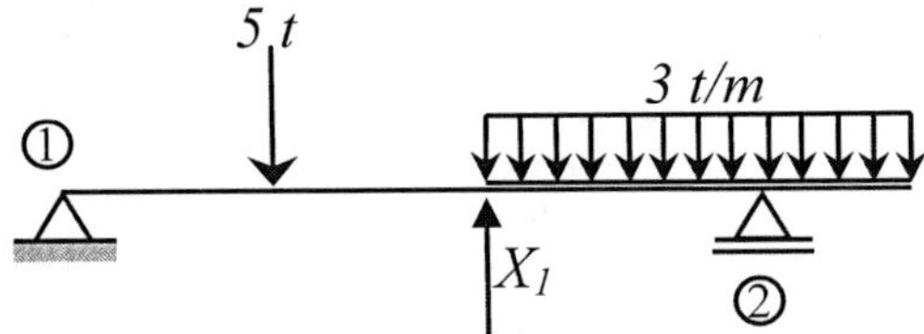

3.- Sistema básico y auxiliar

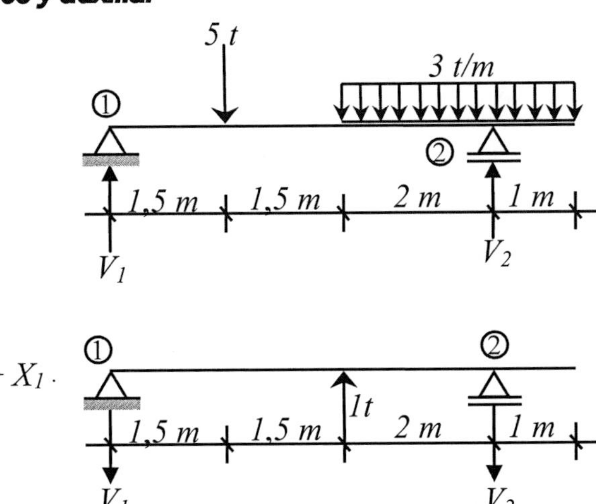

4.- Cálculo de reacciones

Asumimos el sentido de las reacciones.

a) Sistema básico S_0

$\Sigma M_2 = 0$ ↻⊕

$$V_1 \cdot 5 - 5 \cdot 3{,}5 - 3 \cdot 3 \cdot 0{,}5 = 0$$
$$V_1 = 4{,}4\,t$$

$\Sigma F_V = 0$ ↑⊕

$$4{,}4 - 5 - 3 \cdot 3 + V_2 = 0$$
$$V_2 = 9{,}6\,t$$

b) Sistema auxiliar S_1

$\Sigma M_2 = 0$ ↻⊕

$$-V_1 \cdot 5 + 1 \cdot 2 = 0$$
$$V_1 = 0{,}4\,t$$

$\Sigma F_V = 0$ ↑⊕

$$-0{,}4 + 1 - V_2 = 0$$
$$V_2 = 0{,}6\,t$$

5.- Diagramas de momento

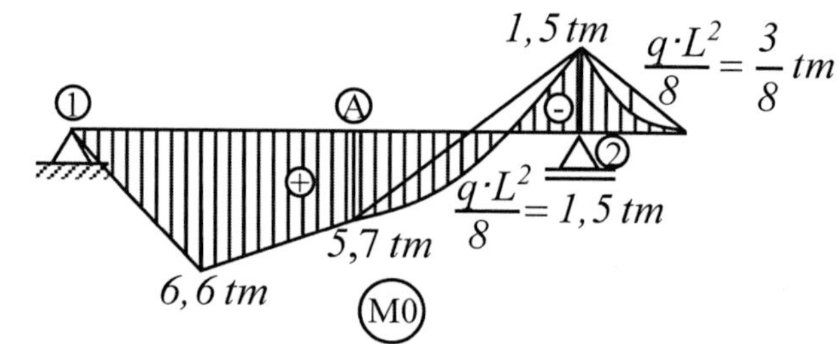

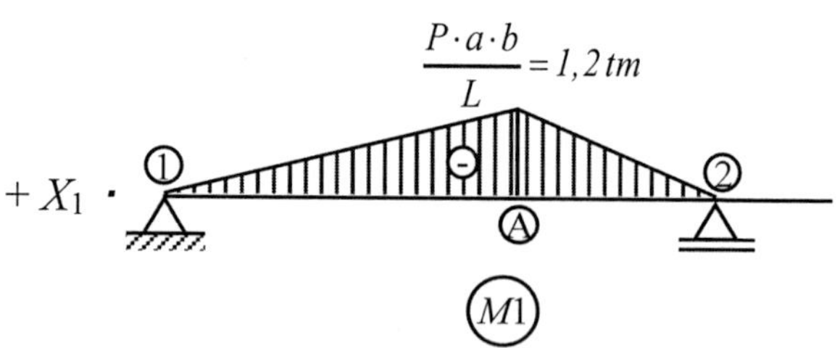

6.- Ecuación de compatibilidad

$$\Delta_{11} x_1 + \Delta_{10} = 0$$

$$x_1 = -\frac{\Delta_{10}}{\Delta_{11}}$$

Donde:

$$\Delta_{ij} = \int \frac{M_i M_j dx}{EI} = \frac{1}{EI} \int M_i M_j dx$$

Primero calculamos EI:

$$EI_1 = 2 \cdot 10^6 \cdot \frac{0{,}2 \cdot 0{,}3^3}{12} = 900$$

$$EI_2 = 2 \cdot 10^6 \cdot \frac{0{,}2 \cdot 0{,}2^3}{12} = 266{,}667$$

Utilizando la tabla de integración semigráfica (tabla 3), tenemos:

$$\Delta_{11} = \frac{1}{900}\left(\frac{1}{3} \cdot 3 \cdot 1{,}2 \cdot 1{,}2\right) + \frac{1}{266{,}667}\left(\frac{1}{3} \cdot 2 \cdot 1{,}2 \cdot 1{,}2\right) = 0{,}0052$$

Para calcular Δ_{10}, descomponemos el diagrama de momento del sistema S_0 utilizando la tabla de artificios para integración semigráfica (ver tabla 4).

Tramo 1-A

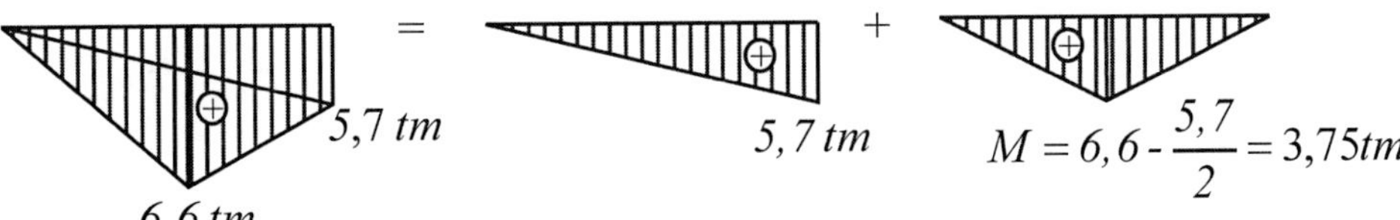

Tramo A-2

1,5 tm = 1,5 tm + ; 1,5 tm ; 5,7 tm ; 5,7 tm ; 1,5 tm

1,5 tm = + 1,5 tm + ; 1,5 tm ; 5,7 tm ; 5,7 tm ; 1,5 tm

Con estas figuras descompuestas, ya podemos utilizar la tabla de integración semigráfica (tabla 3).

$$\Delta_{10} = \frac{1}{EI_1}\left[\begin{matrix} 1,2\,tm \\ 3m \end{matrix} \cdot \left[\begin{matrix} 3m \\ 5,7\,tm \end{matrix} + \begin{matrix} 3m \\ 3,75\,tm \end{matrix} \right]\right] + \ldots$$

$$\ldots + \frac{1}{EI_2}\left[\begin{matrix} 1,2\,tm \\ 2m \end{matrix} \cdot \left[\begin{matrix} 2m \\ 5,7\,tm \end{matrix} + \begin{matrix} 1,5\,tm \\ 2m \end{matrix} + \begin{matrix} 2m \\ 1,5\,tm \end{matrix} \right]\right]$$

La figura fuera del paréntesis se combina con cada una de las figuras en el interior del paréntesis.

$$\Delta_{10} = \frac{1}{900}\left[\frac{1}{3}\cdot 3\cdot(-1{,}2)\cdot 5{,}7 + \frac{1}{6}\cdot 3\cdot\left(1+\frac{1{,}5}{3}\right)\cdot(-1{,}2)\cdot 3{,}75\right] + \frac{1}{266{,}667}\cdot\left[\right.$$

$$\left.\cdot\left[\frac{1}{3}\cdot 2\cdot(-1{,}2)\cdot 5{,}7 + \frac{1}{6}\cdot 2\cdot(-1{,}2)\cdot(-1{,}5) + \frac{1}{3}\cdot 2\cdot(-1{,}2)\cdot 1{,}5\right]\right] = -0{,}0306999$$

Reemplazamos los valores anteriores en x_1

$$x_1 = \frac{-\Delta_{10}}{\Delta_{11}}$$

$$x_1 = \frac{-(-0{,}0306999)}{0{,}0052}$$

$$x_1 = 5{,}9038t$$

7.- Reacciones finales

Reemplazamos la reacción encontrada en el sistema original.

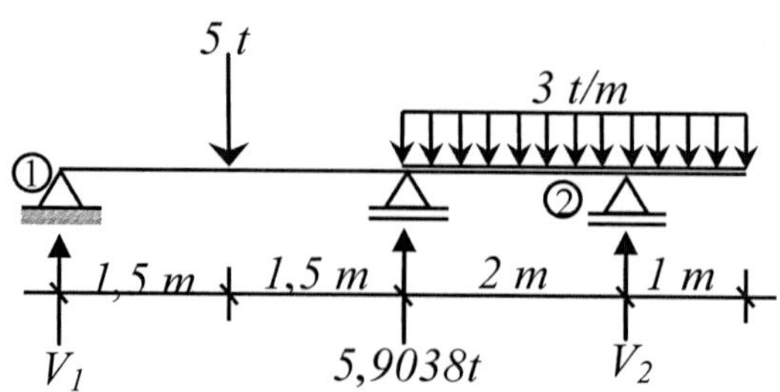

Aplicando ecuaciones de equilibrio, obtenemos:

$\Sigma M_1 = 0$ ↻⊕

$$5 \cdot 1{,}5 - 5{,}9038 \cdot 3 + 3 \cdot 3 \cdot 4{,}5 - V_2 \cdot 5 = 0$$

$$V_2 = 6{,}058\,t$$

$\Sigma F_V = 0$ ↑⊕

$$V_1 - 5 + 5{,}9038 - 3 \cdot 3 + 6{,}058 = 0$$

$$V_2 = 2{,}0382\,t$$

8.- Diagramas de esfuerzos finales

a) Momento flector

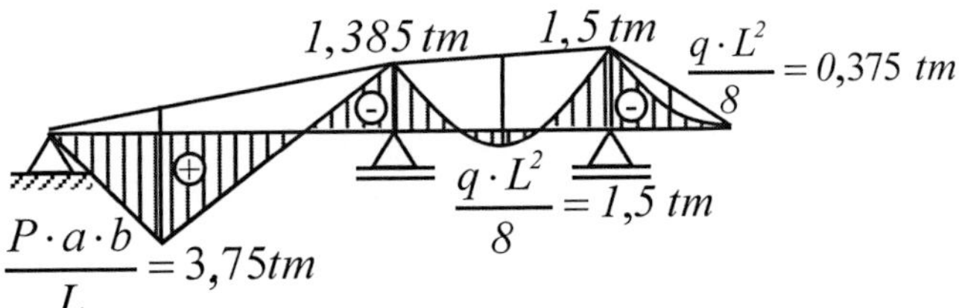

b) Cortante

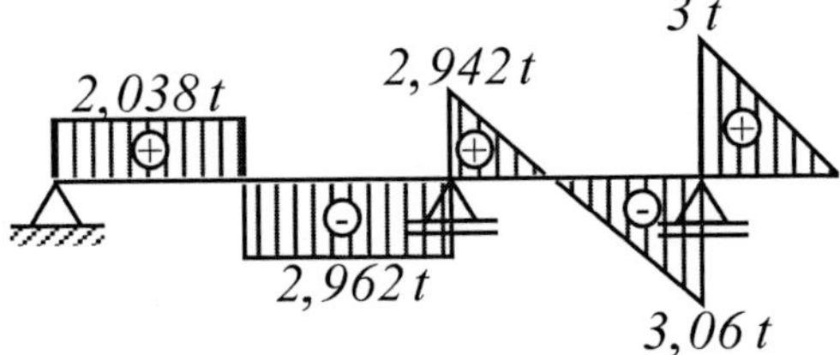

EJERCICIO 37

Calcular reacciones y diagramar esfuerzos liberando reacciones.

Datos

$E = 2 \cdot 10^6$ t/m^2

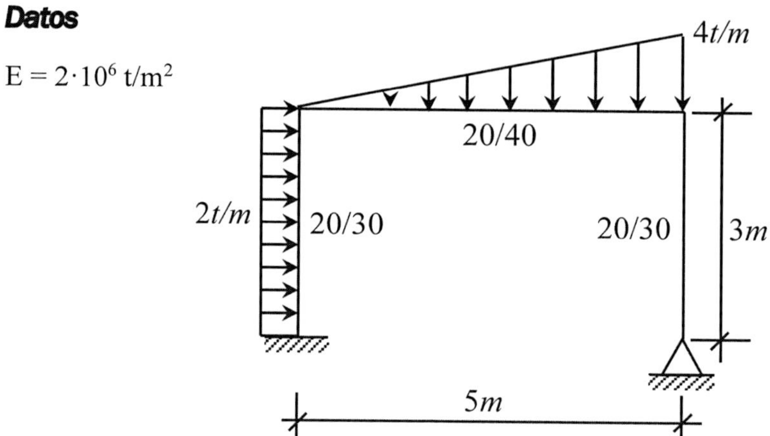

Figura 2.56 Pórtico hiperestático.

1.- Grado hiperestático

$$G_H = 3N_A - G_L$$
$$G_H = 3(1) - 1$$
$$G_H = 2^{\circ}$$

2.- Sistema isostático equivalente

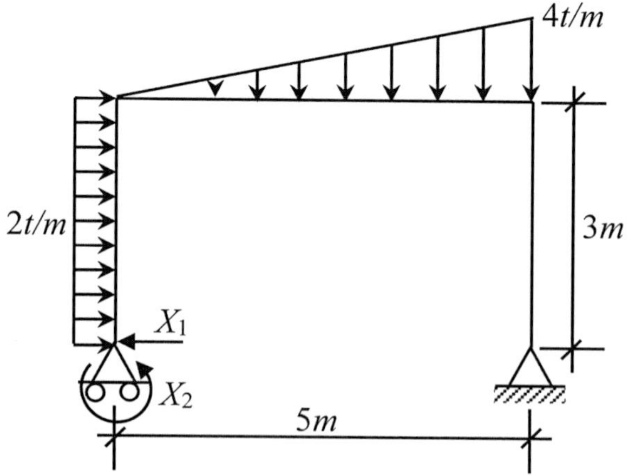

3.- Sistema básico y auxiliares

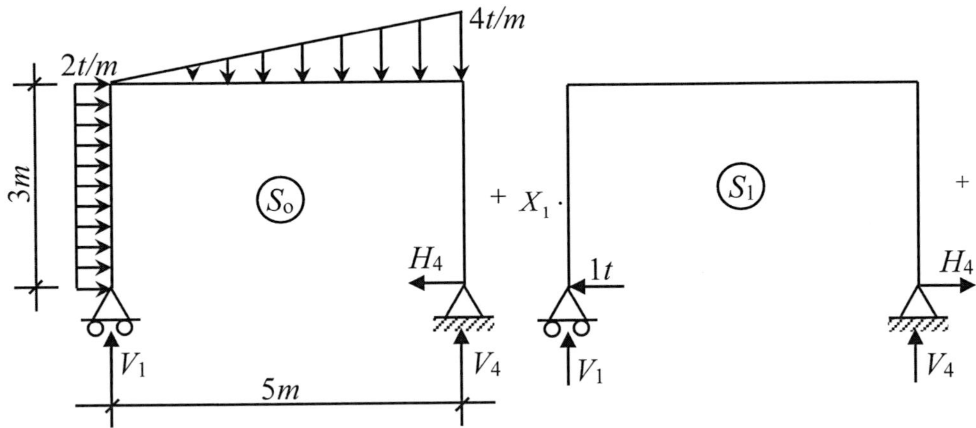

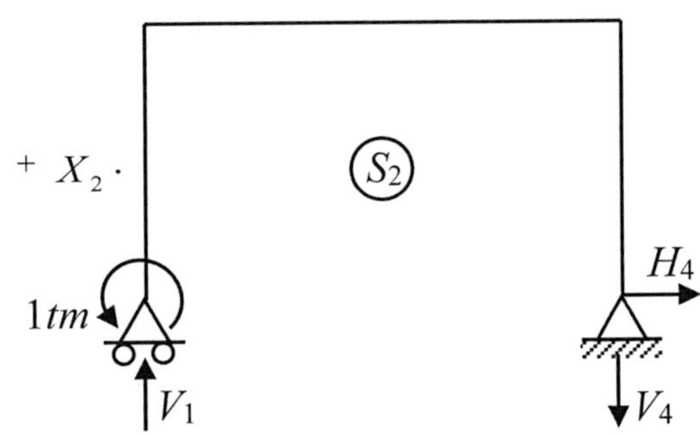

4.- Cálculo de reacciones

a) Sistema básico

$$\sum FH = 0 \rightarrow \oplus$$

$$2 \cdot 3 - H_4 = 0$$

$$H_4 = 6t$$

$$\sum M_1 = 0 \ \circlearrowright \oplus$$

$$2 \cdot 3 \cdot 1{,}5 + \frac{4{,}5}{2}\left(\frac{2}{3} \cdot 5\right) - V_4 \cdot 5 = 0$$

$$V_4 = 8{,}467t$$

$$\sum FV = 0 \ \uparrow \oplus$$

$$V_1 - \frac{4 \cdot 5}{2} + 8{,}467 = 0$$

$$V_1 = 1{,}533t$$

b) Sistema auxiliar 1

$$\sum FH = 0 \rightarrow \oplus$$

$$-1 + H_4 = 0$$

$$H_4 = 1t$$

$$\sum M_1 = 0 \ \circlearrowright \ \oplus$$

$$V_4 = 0$$

$$\sum FV = 0 \ \uparrow \oplus$$

$$V_1 = 0$$

c) Sistema auxiliar 2

$$\sum FH = 0 \rightarrow \oplus$$

$$H_4 = 0$$

$$\sum M_1 = 0 \ \circlearrowright \oplus$$

$$-1 + V_4 \cdot 5 = 0$$

$$V_4 = 0{,}2t$$

$$\sum FV = 0 \ \uparrow \oplus$$

$$V_1 - 0{,}2 = 0$$

$$V_1 = 0{,}2t$$

5.- Diagramas de momentos

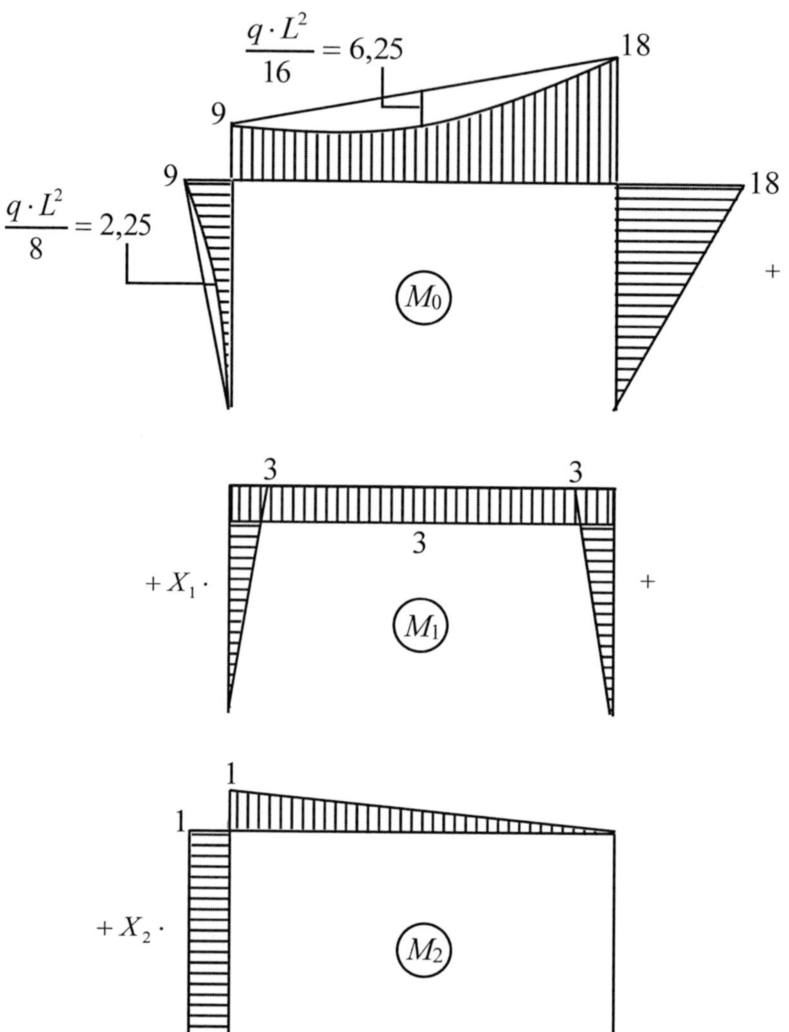

6.- Ecuaciones de compatibilidad

$$EI_1 = 2 \cdot 10^6 \, \frac{0{,}2 \cdot 0{,}3^3}{12} = 900$$

$$EI_2 = 2 \cdot 10^6 \, \frac{0{,}2 \cdot 0{,}4^3}{12} = 2133{,}33$$

$$\Delta_{11} \cdot X_1 + \Delta_{12} \cdot X_2 = -\Delta_{10}$$

$$\Delta_{21} \cdot X_1 + \Delta_{22} \cdot X_2 = -\Delta_{20}$$

$$\Delta_{ij} = \int \frac{M_i M_j}{EI} dx \quad (Por\ tabla)$$

$$\Delta_{11} = \frac{1}{EI_1}\left[\text{(3m, 3)} \cdot \text{(3m, 3)}\right] + \frac{1}{EI_2}\left[\text{(5m, 3)} \cdot \text{(5m, 3)}\right] + \frac{1}{EI_1}\left[\text{(3m, 3)} \cdot \text{(3m, 3)}\right]$$

$$\Delta_{11} = \left[\frac{\frac{1}{3}\cdot 3\cdot 3\cdot 3}{900} + \frac{5\cdot 3\cdot 3}{2133{,}33} + \frac{\frac{1}{3}\cdot 3\cdot 3\cdot 3}{900}\right] = 0{,}0411$$

$$\Delta_{12} = \Delta_{21} = \frac{1}{EI_1}\left[\text{(3m, 3)} \cdot \text{(1tm, 3m)}\right] + \frac{1}{EI_2}\left[\text{(5m, 3tm)} \cdot \text{(1tm, 5m)}\right]$$

$$\Delta_{12} = \Delta_{21} = \left[\frac{-\frac{1}{2}\cdot 3\cdot 3\cdot 1}{900} + \frac{-\frac{1}{2}\cdot 5\cdot 3\cdot 1}{2133{,}33}\right] = -0{,}008516$$

$$\Delta_{22} = \frac{1}{EI_1}\left[\text{(1tm, 3m)} \cdot \text{(1tm, 3m)}\right] + \frac{1}{EI_2}\left[\text{(1tm, 5m)} \cdot \text{(1tm, 5m)}\right]$$

$$\Delta_{22} = \left[\frac{3\cdot 1\cdot 1}{900} + \frac{\frac{1}{3}\cdot 5\cdot 1\cdot 1}{2133{,}33}\right] = 0{,}004115$$

$$\Delta_{10} = \frac{1}{EI_1}\left[\text{(2,25; 9tm; 3m)} \cdot \text{(3m, 3)}\right] + \frac{1}{EI_2}\left[\underbrace{\text{(9; 6,25; 18; 5m)} \cdot \text{(5m, 3tm)}}_{I_1}\right] +$$

$$+\frac{1}{EI_1}\left[\text{(18, 3m)} \cdot \text{(3m, 3)}\right] = \frac{-\frac{1}{4}\cdot 3\cdot 9\cdot 3}{900} + \frac{I_1}{2133{,}33} + \frac{-\frac{1}{3}\cdot 3\cdot 18\cdot 3}{900}$$

$$\Delta_{10} = -0{,}0825 + \frac{I_1}{2133{,}33}$$

$I_1 =$

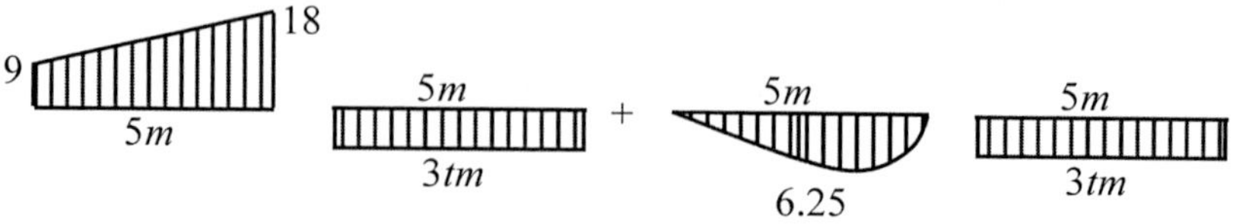

$$I_1 = -\frac{1}{2}\cdot 5\cdot 3(9+18)+\frac{2}{3}\cdot 5\cdot 6{,}25\cdot 3 = -140$$

$$\therefore \Delta_{10} = -0{,}0825 + \frac{-140}{2133{,}33} = -0{,}1481$$

$\Delta_{20} =$

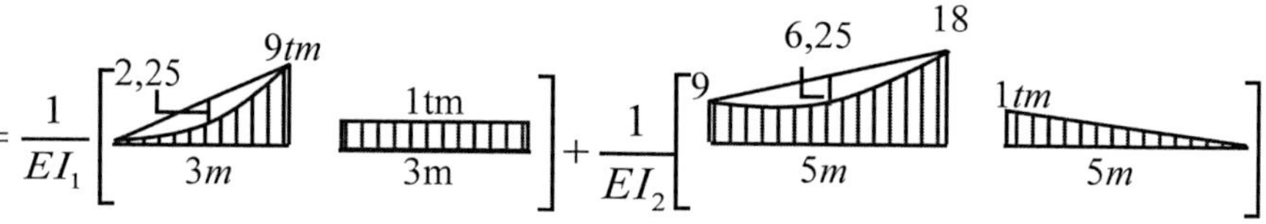

$$\Delta_{20} = \frac{\frac{1}{3}\cdot 3\cdot 9\cdot 1}{900} + \frac{1}{2133{,}33}\cdot$$

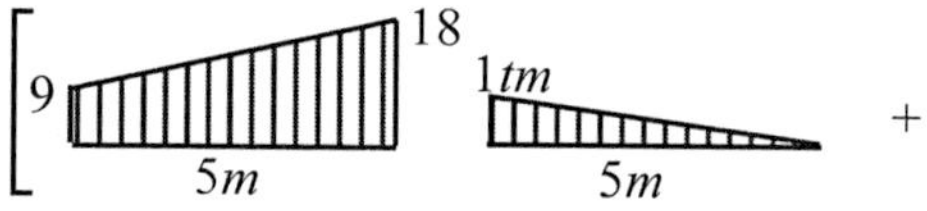

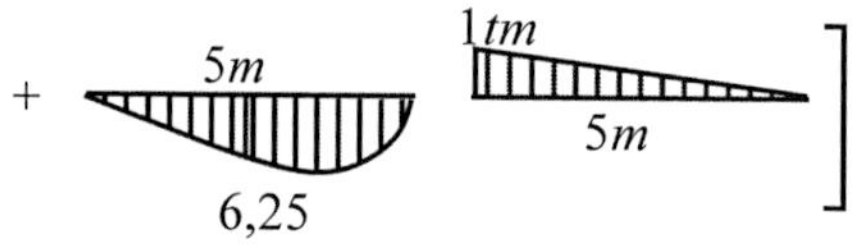

$$\Delta_{20} = \left[0{,}01 + \frac{\frac{1}{6}\cdot 5\cdot 1(2\cdot 9+18) - \frac{14}{45}\cdot 5\cdot 6{,}25\cdot 1}{2133{,}33}\right] = 0{,}019505$$

$$0{,}0411X_1 - 0{,}008516X_2 = -(-0{,}1481)\cdot 1000$$
$$-0{,}008516X_1 + 0{,}004115X_2 = -(0{,}0195)\cdot 1000$$

$$41{,}1X_1 - 8{,}516X_2 = 148{,}1$$
$$-8{,}516X_1 + 4{,}115X_2 = -19{,}5$$

Resolviendo el sistema de ecuaciones obtenemos:

$$X_1 = 4{,}59t$$
$$X_2 = 4{,}76tm$$

7.- Reacciones finales

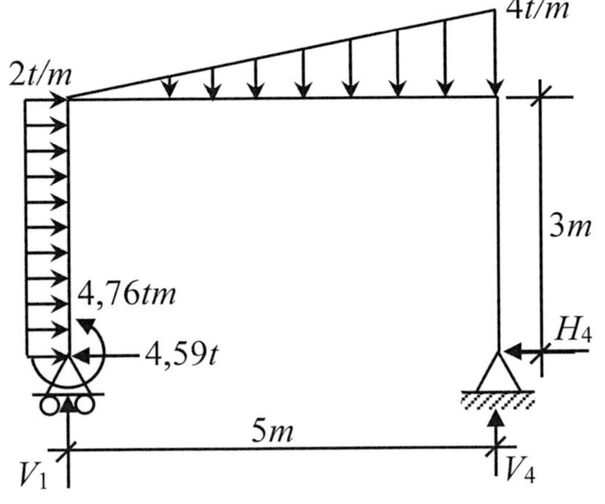

$$\sum FH = 0 \rightarrow \oplus$$

$$2 \cdot 3 - 4{,}59 - H_4 = 0$$

$$H_4 = 1{,}41t$$

$$\sum M_1 = 0 \circlearrowright \oplus$$

$$-4{,}76 + 2 \cdot 3 \cdot 1{,}5 + \ldots$$

$$\ldots + \frac{4.5}{2}\left(\frac{2}{3} \cdot 5\right) - V_4 \cdot 5 = 0$$

$$V_4 = 7{,}515t$$

$$\sum FV = 0 \uparrow \oplus$$

$$V_1 - \frac{4 \cdot 5}{2} + 7{,}515 = 0$$

$$V_1 = 2{,}485t$$

8.- Diagramas finales

a) Normal

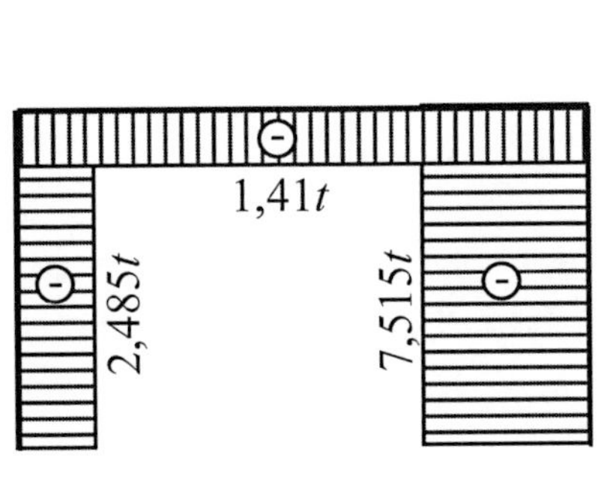

b) Cortante

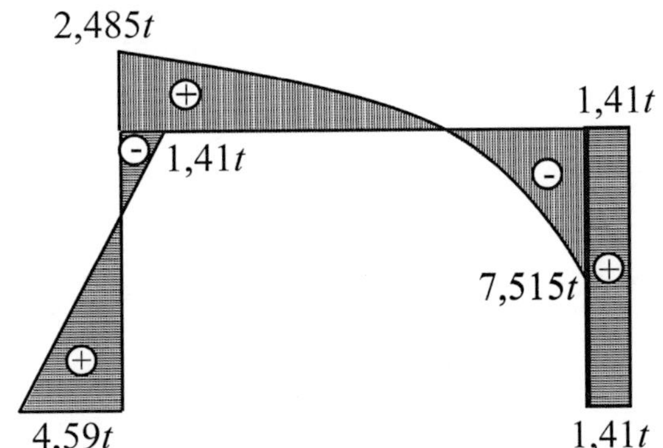

c) Momento

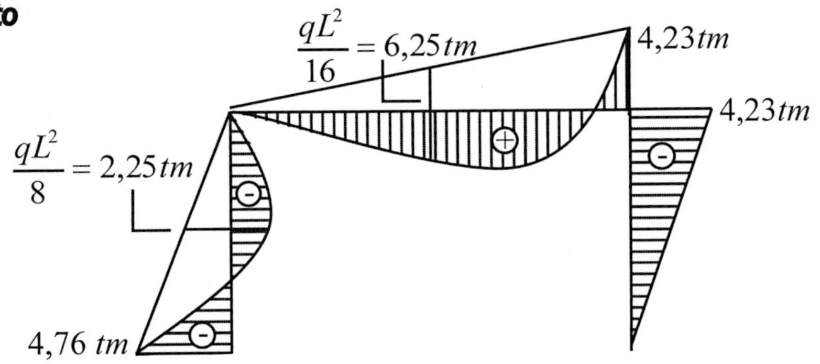

EJERCICIO 38

Calcular reacciones y diagramar esfuerzos.

Datos

$E = 2 \cdot 10^6 \ t/m^2$

$b = 20 \ cm$

$h = 35 \ cm$

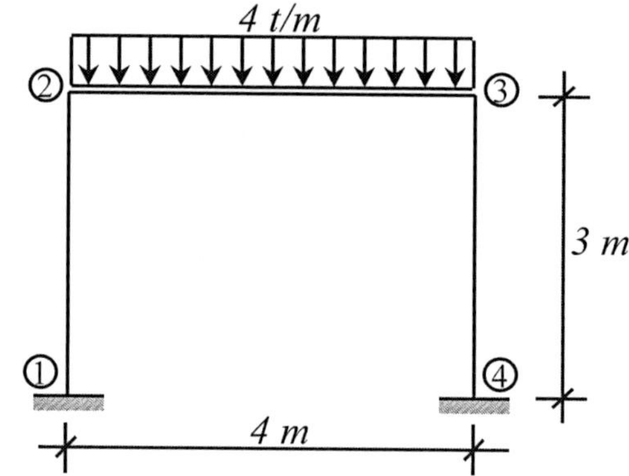

Figura 2.57 Pórtico simétrico.

1.- Grado hiperestático

$$G_H = 3N_A - G_L$$
$$G_H = 3 \cdot 1 - 0$$
$$G_H = 3$$

2.- Sistema isostático equivalente

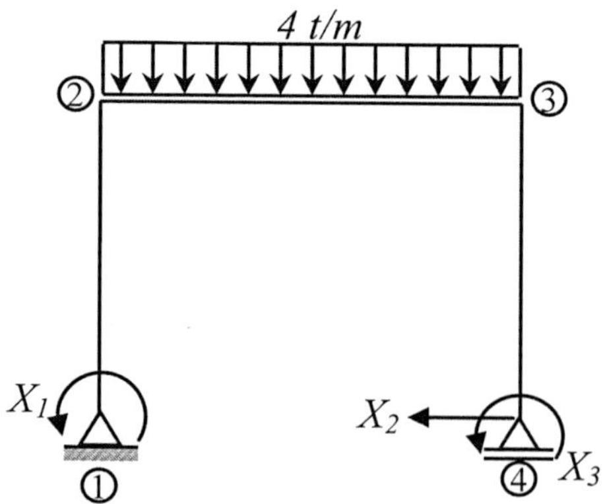

3.- Sistema básico y auxiliar

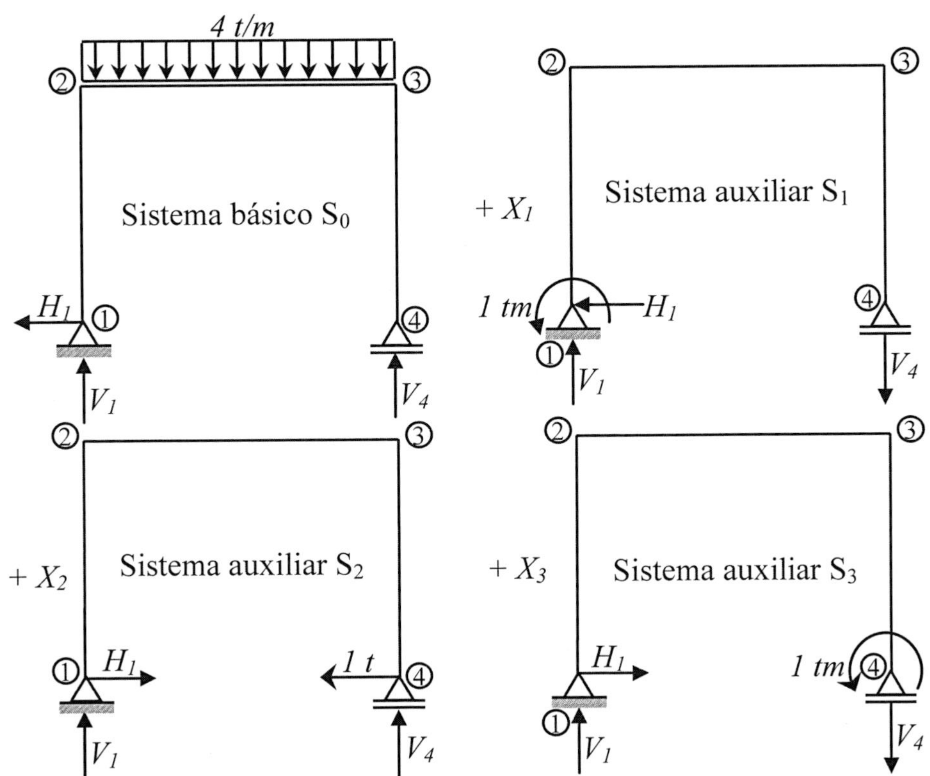

4.- Cálculo de reacciones

Asumimos el sentido de las reacciones.

a) Sistema básico S_0

$\Sigma F_H = 0 \rightarrow \oplus$

$$-H_1 = 0$$
$$H_1 = 0\,t$$

$\Sigma M_1 = 0$ ↻$\oplus$

$$4 \cdot 4 \cdot 2 - V_4 \cdot 4 = 0$$
$$V_4 = 8\,t$$

b) Sistema auxiliar S_1

$\Sigma F_H = 0 \rightarrow \oplus$

$$-H_1 = 0$$
$$H_1 = 0\,t$$

$\Sigma M_1 = 0$ ↻$\oplus$

$$-1 + V_4 \cdot 4 = 0$$
$$V_4 = 0{,}25\,t$$

$\Sigma F_V = 0 \uparrow\oplus$

$$V_1 - 4 \cdot 4 + 8 = 0$$

$$V_1 = 8\,t$$

$\Sigma F_V = 0 \uparrow\oplus$

$$V_1 - 0{,}25 = 0$$

$$V_1 = 0{,}25\,t$$

c) Sistema auxiliar S_2

$\Sigma F_H = 0 \rightarrow \oplus$

$$H_1 - 1 = 0$$

$$H_1 = 1\,t$$

$\Sigma M_1 = 0 \circlearrowright\oplus$

$$-V_4 \cdot 4 = 0$$

$$V_4 = 0\,tm$$

$\Sigma F_V = 0 \uparrow\oplus$

$$V_1 + 0 = 0$$

$$V_1 = 0\,t$$

d) Sistema auxiliar S_3

$\Sigma F_H = 0 \rightarrow \oplus$

$$H_1 = 0$$

$\Sigma M_1 = 0 \circlearrowright\oplus$

$$-1 + V_4 \cdot 4 = 0$$

$$V_4 = 0{,}25\,tm$$

$\Sigma F_V = 0 \uparrow\oplus$

$$V_1 - 0{,}25 = 0$$

$$V_1 = 0{,}25\,t$$

5.- Diagramas de momento

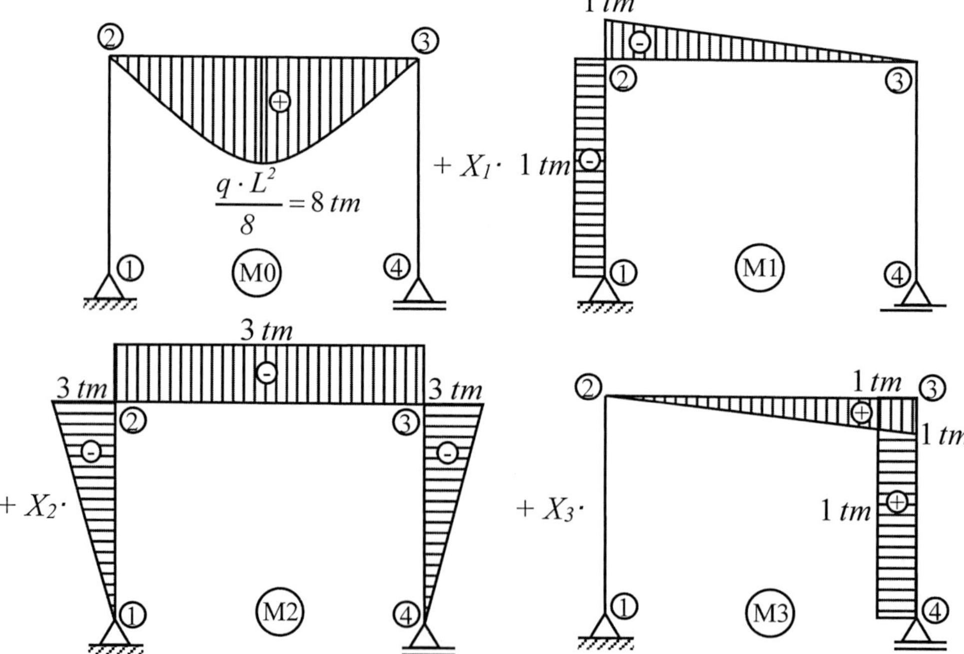

6.- Ecuaciones de compatibilidad

$$\Delta_{11}x_1 + \Delta_{12}x_2 + \Delta_{13}x_3 = -\Delta_{10}$$
$$\Delta_{21}x_1 + \Delta_{22}x_2 + \Delta_{23}x_3 = -\Delta_{20}$$
$$\Delta_{31}x_1 + \Delta_{32}x_2 + \Delta_{33}x_3 = -\Delta_{30}$$

Utilizando la tabla de integración semigráfica (tabla 3), obtenemos:

$$\Delta_{11} = \frac{1}{EI}\left(3\cdot(-1)\cdot(-1) + \frac{1}{3}\cdot 4\cdot(-1)\cdot(-1)\right) = \frac{4{,}333}{EI}$$

$$\Delta_{12} = \Delta_{21} = \frac{1}{EI}\left(\frac{1}{2}\cdot 3\cdot(-1)\cdot(-3) + \frac{1}{2}\cdot 4\cdot(-1)\cdot(-3)\right) = \frac{10{,}5}{EI}$$

$$\Delta_{13} = \Delta_{31} = \frac{1}{EI}\left(\frac{1}{6}\cdot 4\cdot(-1)\cdot(1)\right) = \frac{-0{,}6667}{EI}$$

$$\Delta_{22} = \frac{1}{EI}\left(\frac{1}{3}\cdot 3\cdot(-3)\cdot(-3) + 4\cdot(-3)\cdot(-3) + \frac{1}{3}\cdot 3\cdot(-3)\cdot(-3)\right) = \frac{54}{EI}$$

$$\Delta_{23} = \Delta_{32} = \frac{1}{EI}\left(\frac{1}{2}\cdot 4\cdot(-3)\cdot 1 + \frac{1}{2}\cdot 3\cdot(-3)\cdot 1\right) = \frac{-10{,}5}{EI}$$

$$\Delta_{33} = \frac{1}{EI}\left(\frac{1}{3}\cdot 4\cdot 1\cdot 1 + 3\cdot 1\cdot 1\right) = \frac{4{,}333}{EI}$$

$$\Delta_{10} = \frac{1}{EI}\left(\frac{1}{3}\cdot 4\cdot 8\cdot(-1)\right) = \frac{-10{,}667}{EI}$$

$$\Delta_{20} = \frac{1}{EI}\left(\frac{2}{3}\cdot 4\cdot 8\cdot(-3)\right) = \frac{-64}{EI}$$

$$\Delta_{30} = \frac{1}{EI}\left(\frac{1}{3}\cdot 4\cdot 8\cdot 1\right) = \frac{10{,}667}{EI}$$

Reemplazando en el sistema de ecuaciones de compatibilidad, obtenemos:

$$\frac{4{,}333}{EI}x_1 + \frac{10{,}5}{EI}x_2 - \frac{0{,}6667}{EI}x_3 = -\left(\frac{-10{,}667}{EI}\right)$$

$$\frac{10{,}5}{EI}x_1 + \frac{54}{EI}x_2 - \frac{10{,}5}{EI}x_3 = -\left(\frac{-64}{EI}\right)$$

$$\frac{-0{,}6667}{EI}x_1 - \frac{10{,}5}{EI}x_2 + \frac{4{,}333}{EI}x_3 = -\left(\frac{10{,}667}{EI}\right)$$

Simplificando, obtenemos:

$$4{,}333x_1 + 10{,}5x_2 - 0{,}6667x_3 = 10{,}667$$
$$10{,}5x_1 + 54x_2 - 10{,}5x_3 = 64$$
$$-0{,}6667x_1 - 10{,}5x_2 + 4{,}333x_3 = -10{,}667$$

Resolviendo el sistema de ecuaciones, obtenemos:

$$x_1 = -1{,}9396\,tm$$
$$x_2 = 1{,}9394\,t$$
$$x_3 = 1{,}9396\,tm$$

7.- Reacciones finales

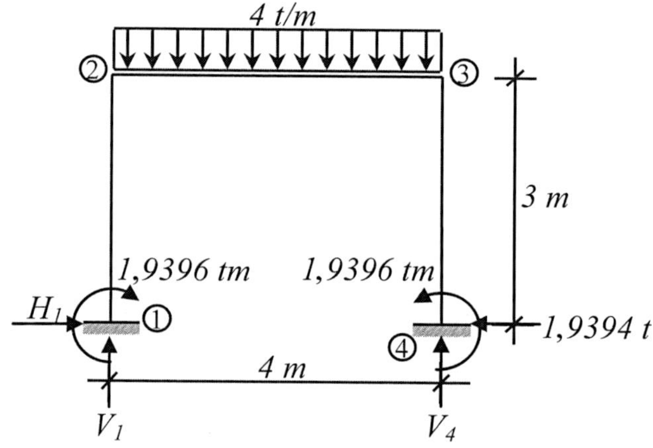

$$\Sigma F_H = 0 \rightarrow \oplus$$
$$H_1 - 1{,}9394 = 0$$
$$H_1 = 1{,}9394\,t$$

$$\Sigma M_1 = 0 \circlearrowright \oplus$$
$$1{,}9396 + 4 \cdot 4 \cdot 2 - 1{,}9396 - V_4 \cdot 4 = 0$$
$$V_4 = 8\,t$$

$$\Sigma F_V = 0 \uparrow \oplus$$
$$V_1 - 4 \cdot 4 + 8 = 0$$
$$V_1 = 8\,t$$

8.- Diagramas de esfuerzos Internos

a) Momento

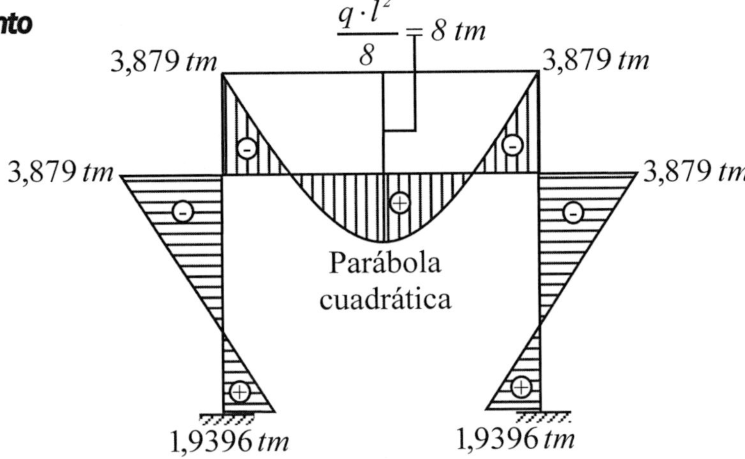

b) Corte

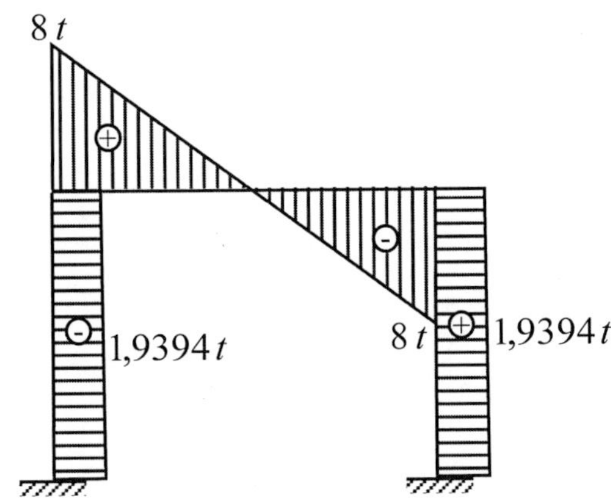

c) Normal

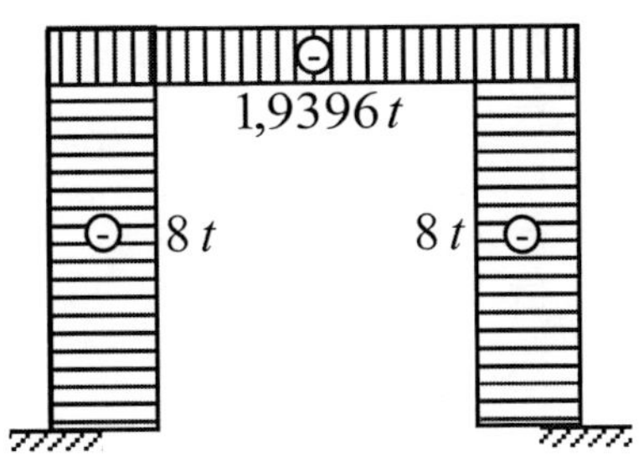

EJERCICIO 39

Calcular reacciones y diagramar esfuerzos.

Datos

$E = 2 \cdot 10^6$ t/m^2

b = 20 cm

h = 30 cm

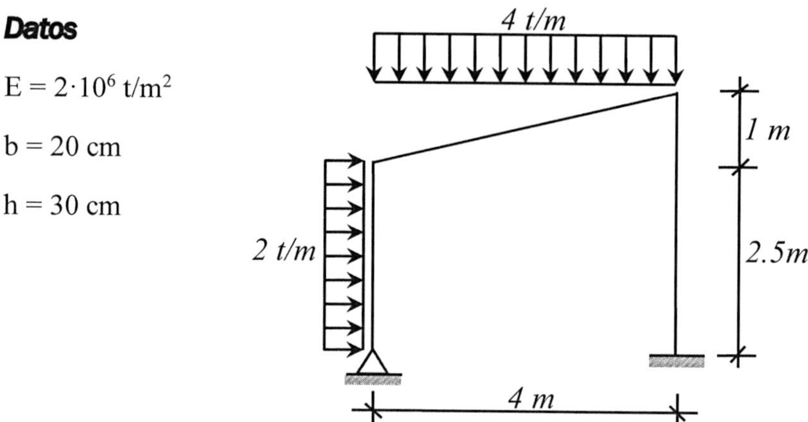

Figura 2.58 Pórtico.

1.- Grado hiperestático

$$G_H = 3 \cdot N_A - G_L$$

$$G_H = 3 \cdot 1 - 1$$

$$G_H = 2$$

2.- Sistema isostático equivalente

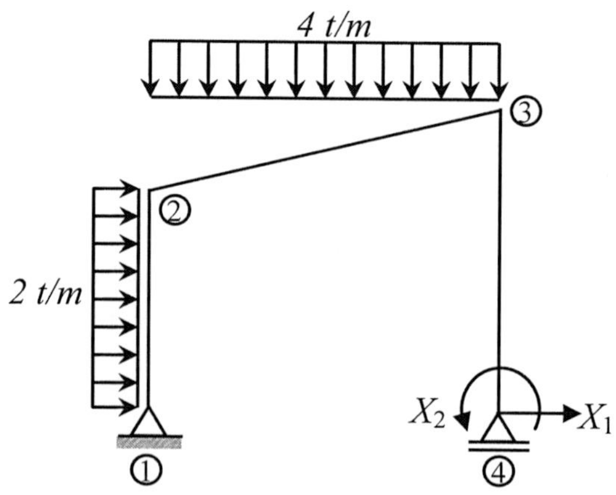

3.- Sistema básico y auxiliar

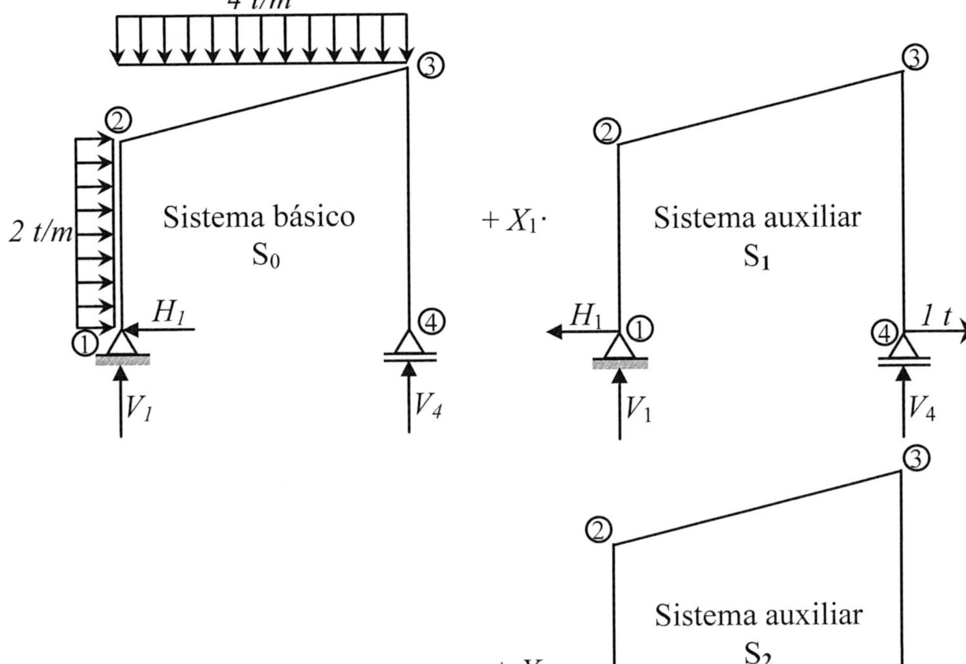

4.- Cálculo de reacciones

Asumiendo el sentido de las reacciones:

a) Sistema S₀

$\Sigma M_1 = 0$ ↻⊕

$2 \cdot 2{,}5 \cdot 1{,}25 + 4 \cdot 4 \cdot 2 - V_4 \cdot 4 = 0$

$\Sigma F_V = 0$ ↑⊕

$V_1 - 4 \cdot 4 + 9{,}5625 = 0$

$V_1 = 6{,}4375\text{t}$

$\Sigma F_H = 0$ →⊕

$2 \cdot 2{,}5 - H_1 = 0$

$H_1 = 5$ t

b) Sistema S₁

$\Sigma M_1 = 0$ ↻⊕

$V_4 = 0$

$\Sigma F_V = 0$ ↑⊕

$V_1 = 0$

$\Sigma F_H = 0$ →⊕

$-H_1 + 1 = 0$

$H_1 = 1$ t

c) Sistema S₂

$\Sigma M_1 = 0$ ↻⊕

$V_4 \cdot 4 - 1 = 0$

$\Sigma F_V = 0$ ↑⊕

$V_1 - 0{,}25 = 0$

$V_1 = 0{,}25$ t

$\Sigma F_H = 0$ →⊕

$H_1 = 0$

5.- Diagrama de momento

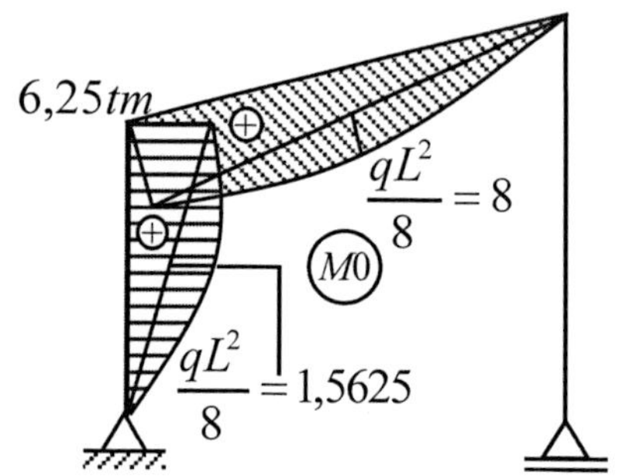

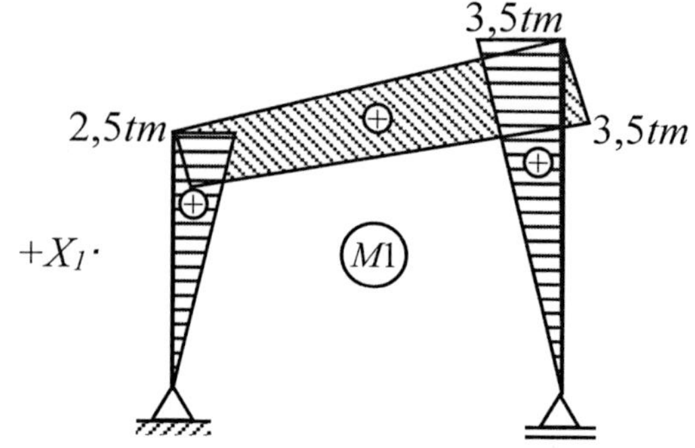

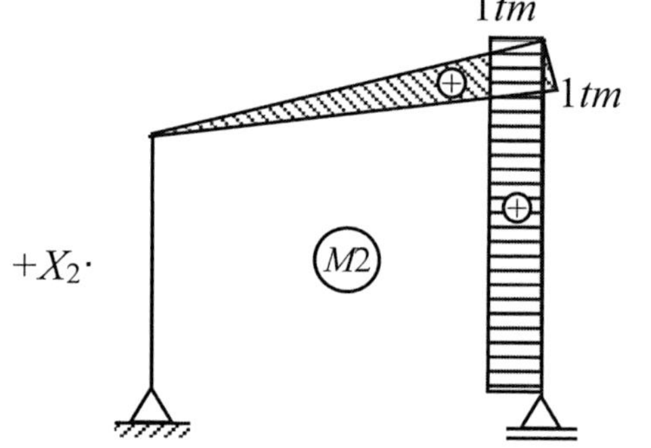

6.- Ecuación de compatibilidad

$$\Delta_{11} \cdot X_1 + \Delta_{12} \cdot X_2 = -\Delta_{10}$$

$$\Delta_{21} \cdot X_1 + \Delta_{22} \cdot X_2 = -\Delta_{20}$$

Utilizando la tabla de integración semigráfica (tabla 3 del anexo), tenemos:

$$\Delta_{11} = \frac{1}{EI}\left[\frac{1}{3} \cdot 2{,}5 \cdot 2{,}5 \cdot 2{,}5 + \frac{1}{6} \cdot \sqrt{17} \cdot \left(2{,}5 \cdot (2 \cdot 2{,}5 + 3{,}5) + 3{,}5(2{,}5 + 2 \cdot 3{,}5)\right) + \frac{1}{3} \cdot 3{,}5 \cdot 3{,}5 \cdot 3{,}5\right] = \frac{56{,}952}{EI}$$

$$\Delta_{12} = \frac{1}{EI}\left[\frac{1}{6} \cdot \sqrt{17} \cdot 1(2{,}5 + 2 \cdot 3{,}5) + \frac{1}{2} \cdot 3{,}5 \cdot 3{,}5 \cdot 1\right] = \frac{12{,}653}{EI}$$

$$\Delta_{22} = \frac{1}{EI}\left[\frac{1}{3} \cdot \sqrt{17} \cdot 1 \cdot 1 + 3{,}5 \cdot 1 \cdot 1\right] = \frac{4{,}8744}{EI}$$

$$\Delta_{10} = \frac{1}{EI}\left[\frac{1}{3} \cdot 2{,}5 \cdot 6{,}25 \cdot 2{,}5 + \frac{1}{3} \cdot 2{,}5 \cdot 1{,}5625 \cdot 2{,}5 + \frac{1}{6} \cdot \sqrt{17} \cdot 6{,}25 \cdot (2 \cdot 2{,}5 + 3{,}5) + \frac{1}{3} \cdot \sqrt{17} \cdot 8 \cdot (2{,}5 + 3{,}5)\right]$$

$$\Delta_{10} = \frac{118{,}7524}{EI}$$

$$\Delta_{20} = \frac{1}{EI}\left[\frac{1}{6}\cdot\sqrt{17}\cdot 6{,}25\cdot 1 + \frac{1}{3}\cdot\sqrt{17}\cdot 8\cdot 1\right] = \frac{15{,}2899}{EI}$$

Reemplazando en el sistema de ecuaciones:

$$\left(\frac{56{,}952}{EI}\right)X_1 + \left(\frac{12{,}653}{EI}\right)X_2 = -\frac{118{,}7524}{EI}$$

$$\left(\frac{12{,}653}{EI}\right)X_1 + \left(\frac{4{,}8744}{EI}\right)X_2 = -\frac{15{,}2899}{EI}$$

Simplificando estas ecuaciones, obtenemos:

$$56{,}952\cdot X_1 + 12{,}653\cdot X_2 = -\,118{,}7524$$

$$12{,}653\cdot X_1 + 4{,}8744\cdot X_2 = -\,15{,}2899$$

$$12{,}653\cdot X_1 + 4{,}8744\cdot X_2 = -\,15{,}2899$$

Resolviendo este sistema de ecuaciones, obtenemos:

$$X_1 = -\,3{,}28\ t$$

$$X_2 = 5{,}38\ t$$

7.- Reacciones finales

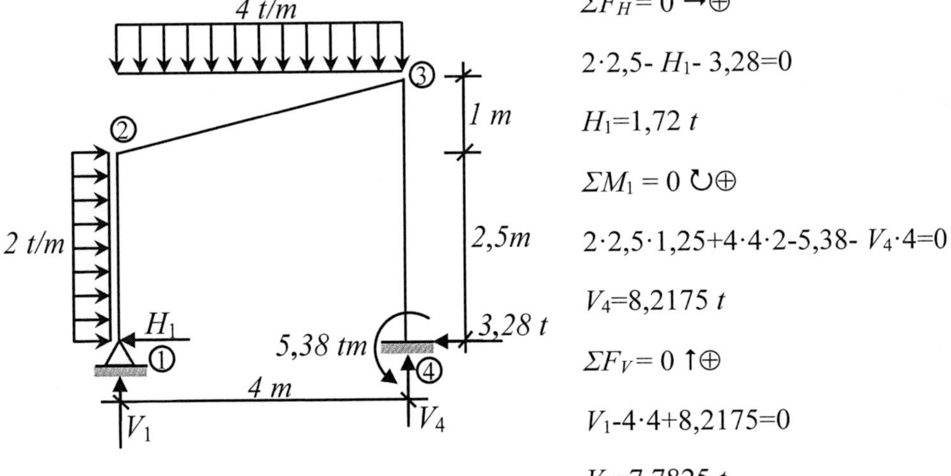

$\Sigma F_H = 0 \rightarrow\oplus$

$2\cdot 2{,}5 - H_1 - 3{,}28 = 0$

$H_1 = 1{,}72\ t$

$\Sigma M_1 = 0 \circlearrowleft\oplus$

$2\cdot 2{,}5\cdot 1{,}25 + 4\cdot 4\cdot 2 - 5{,}38 - V_4\cdot 4 = 0$

$V_4 = 8{,}2175\ t$

$\Sigma F_V = 0 \uparrow\oplus$

$V_1 - 4\cdot 4 + 8{,}2175 = 0$

$V_1 = 7{,}7825\ t$

8.- Diagrama de esfuerzos

a) Momento flector

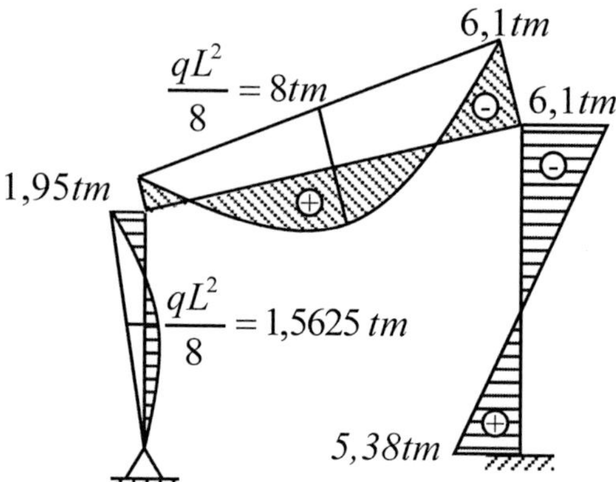

b) Cortante y normal

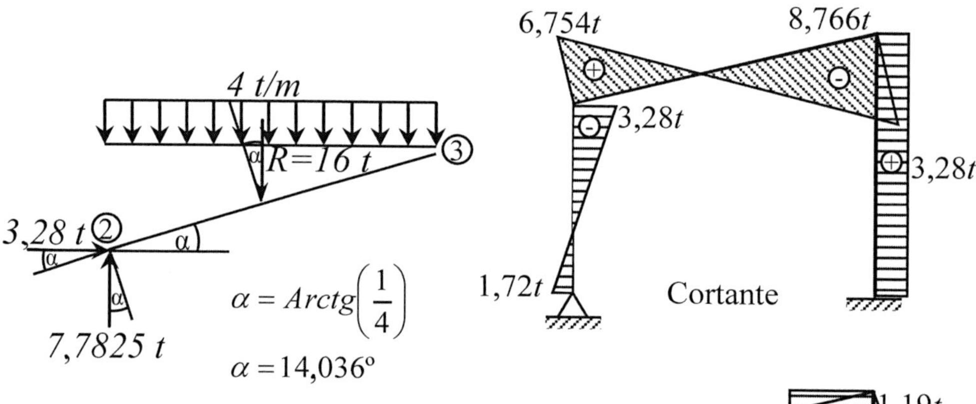

Descomponemos las fuerzas en dirección cortante y normal.

2.10.1.2. Para estructuras compuestas

Son vigas y pórticos que presentan articulaciones entre sus nudos. Para proponer un sistema isostático equivalente en este tipo de estructuras se deben seguir los siguientes pasos:

1.- Desensamblar la estructura a partir de sus articulaciones. Analicemos el siguiente ejemplo.

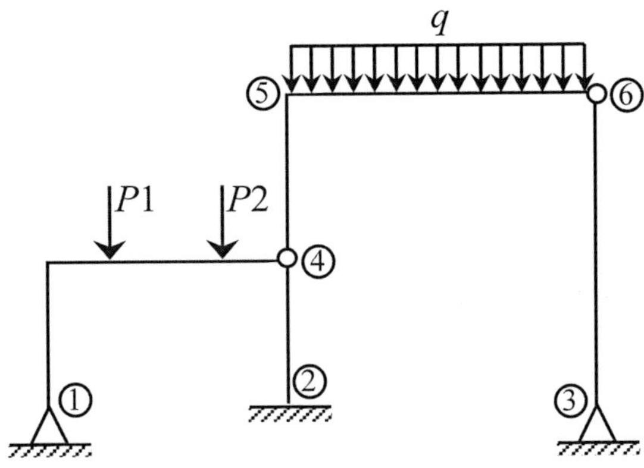

Figura 2.59 Estructrura hiperestática.

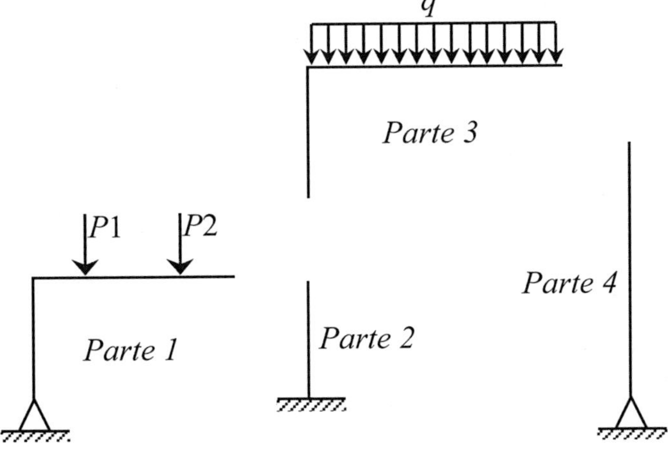

Figura 2.60 Estructura desensamblada.

2.- En cada articulación cortada se debe considerar uno, dos, tres o más apoyos fijos según el número de barras que concurren a dicha articulación. Por ejemplo, a una articulación que une dos barras se considera un apoyo fijo, a otra que une tres barras dos apoyos fijos, y así sucesivamente. A partir de este criterio distribuiremos las reacciones de estos apoyos fijos entre los nudos que concurren en cada articulación, controlando que las partes en que han quedado dividida la estructura mantengan su equilibrio estático y estabilidad a través de la liberación de reacciones de sus apoyos externos. Veamos las siguientes opciones.

1.ª opción

Los dos apoyos fijos que concentra la articulación del nudo 4 la distribuiremos de la siguiente forma: una reacción vertical para la parte 1, una reacción horizontal para la parte 2 y un apoyo fijo para la parte 3. El apoyo fijo de la articulación 6 se distribuye de la siguiente forma: una reacción vertical para la parte 3 y una reacción horizontal para la parte 4.

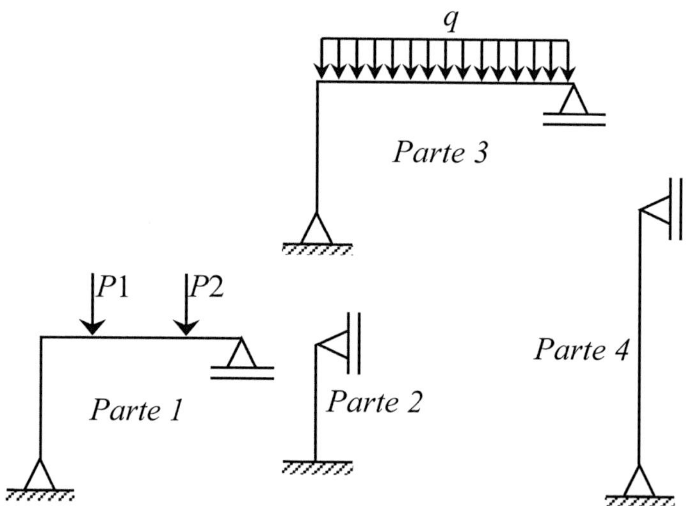

Figura 2.61 Apoyos internos.

Según los casos para estructuras simples, las partes 1, 3 y 4 son isostáticas y estables, y la parte 2 será estable liberando la reacción de momento del apoyo empotrado.

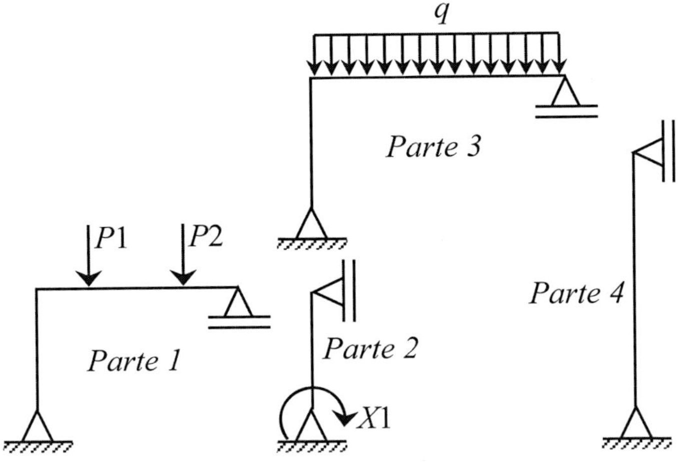

Figura 2.62 Liberación de reacción.

Una vez sean isostáticas y estables todas las partes de la estructura, se vuelve a ensamblar la estructura, consiguiendo de este modo el sistema isostático equivalente y sus redundantes.

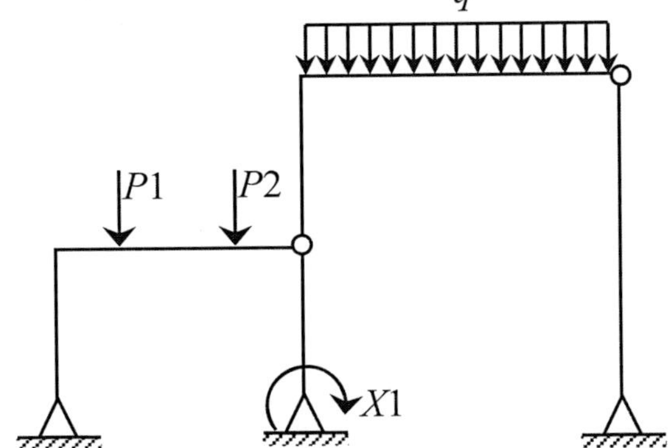

Figura 2.63 Sistema isostático equivalente.

Por lo general, todo este procedimiento se hace mentalmente.

2.ª opción

Uno de los dos apoyos fijos de la articulación del nudo 4 se colocará en el nudo 4 de la parte 1 y el otro en el mismo nudo de la parte 3. En el nudo 6 se distribuirán las reacciones del apoyo fijo considerando la reacción vertical para la parte 3 y la reacción horizontal para la parte 4. Véase la siguiente figura.

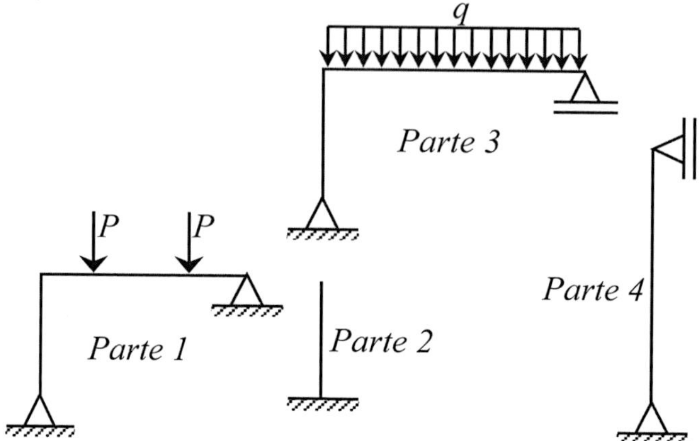

Figura 2.64 Sistema desensamblado.

Con esta distribución de apoyos internos, la parte 1 sigue siendo hiperestática; para convertirla a isostática utilizaremos el caso 2 o 3 para estructuras simples. Véanse las siguientes figuras.

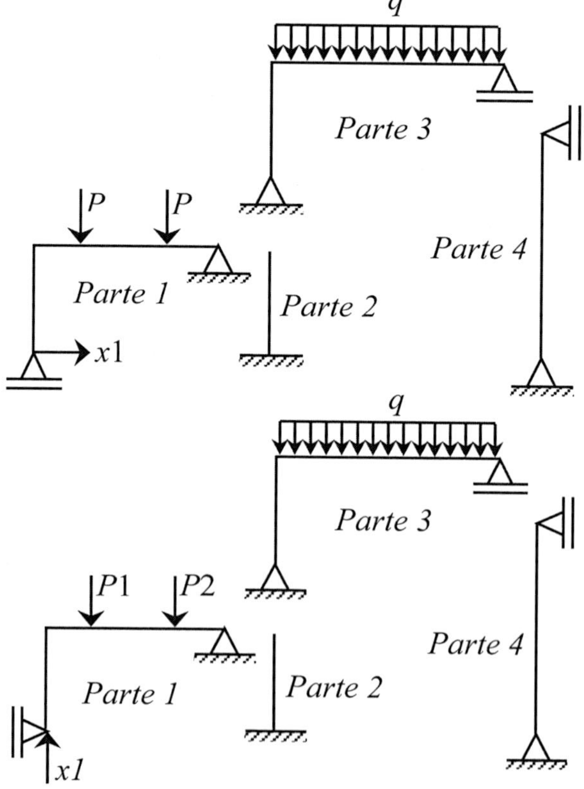

Figura 2.65 Sistema isostático equivalente.

Finalmente, volvemos a ensamblar la estructura encontrando así el sistema isostático equivalente y su redundante.

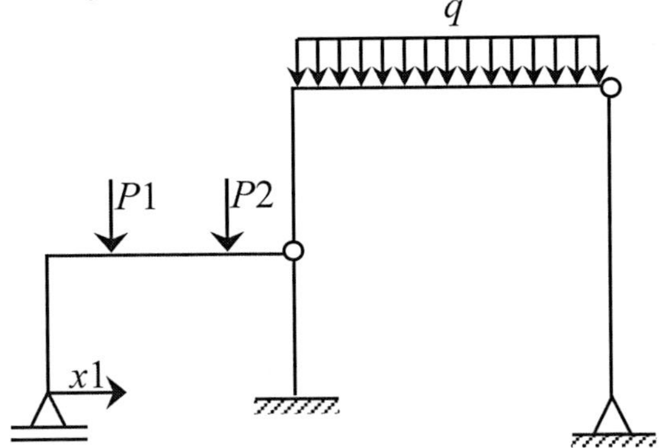

Figura 2.66 Pórtico con incognita x1.

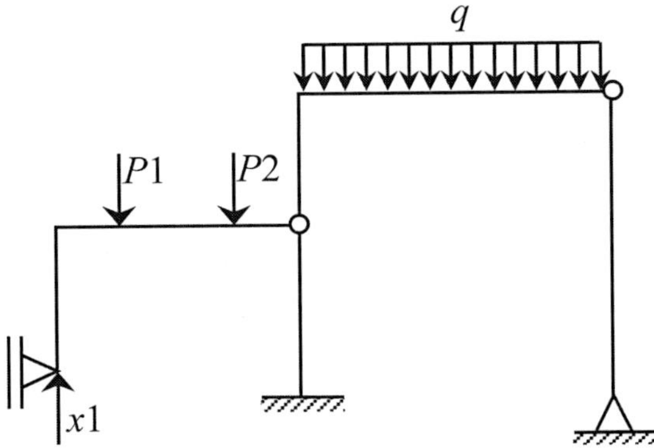

Figura 2.67 Sistema isostático equivalente.

A medida que vayamos adquiriendo práctica en este tipo problemas podremos plantear estos sistemas de manera directa.

EJERCICIO 40

Calcular reacciones y diagramar esfuerzos.

Datos

$E = 2 \cdot 10^6\ t/m^2$

$b = 12\ cm$

$h = 25\ cm$

Figura 2.68 Viga hiperestática.

1.- Grado hiperestático

$$G_H = 3 \cdot N_A - G_L$$

$$G_H = 3 \cdot 3 - 8$$

$$G_H = 1°$$

2.- Sistema isostático equivalente

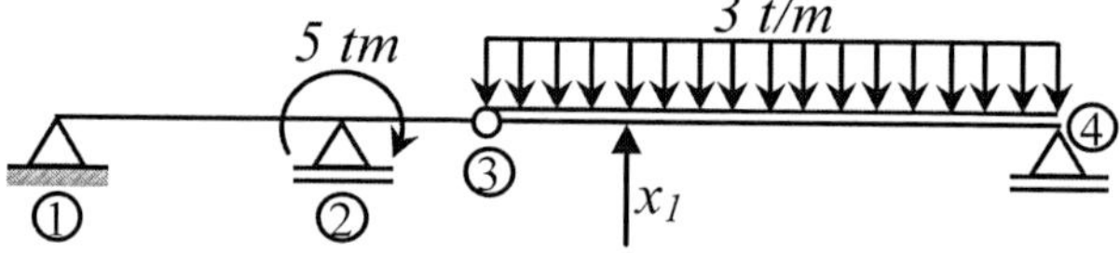

3.- Sistema básico y auxiliar

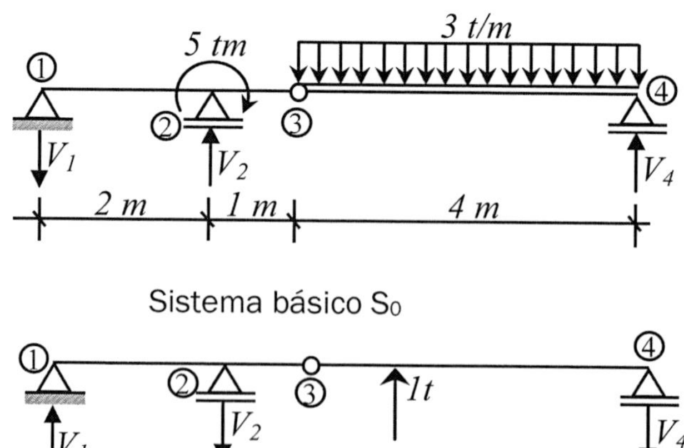

Sistema básico S_0

Sistema auxiliar S_1

4.- Cálculo de reacciones

Asumimos el sentido de las reacciones.

a) Sistema básico S₀

$\Sigma M_3 = 0$ ↻⊕ (*derecha*)

$3 \cdot 4 \cdot 2 - V_4 \cdot 4 = 0$

$V_4 = 6\ t$

$\Sigma M_1 = 0$ ↻⊕

$5 - V_2 \cdot 2 + 3 \cdot 4 \cdot 5 - 6 \cdot 7 = 0$

$V_2 = 11{,}5\ t$

$\Sigma FV = 0$ ↑⊕

$-V_1 + 11{,}5 - 3 \cdot 4 + 6 = 0$

$V_1 = 5{,}5\ t$

b) Sistema auxiliar S₁

$\Sigma M_3 = 0$ ↻⊕ (*derecha*)

$-1 \cdot 1 + V_4 \cdot 4 = 0$

$V_4 = 0{,}25\ t$

$\Sigma M_1 = 0$ ↻⊕

$V_2 \cdot 2 - 1 \cdot 4 + 0{,}25 \cdot 7 = 0$

$V_2 = 1{,}125\ t$

$\Sigma FV = 0$ ↑⊕

$V_1 - 1{,}125 + 1 - 0{,}25 = 0$

$V_1 = 0{,}375\ t$

5.- Diagramas de momento

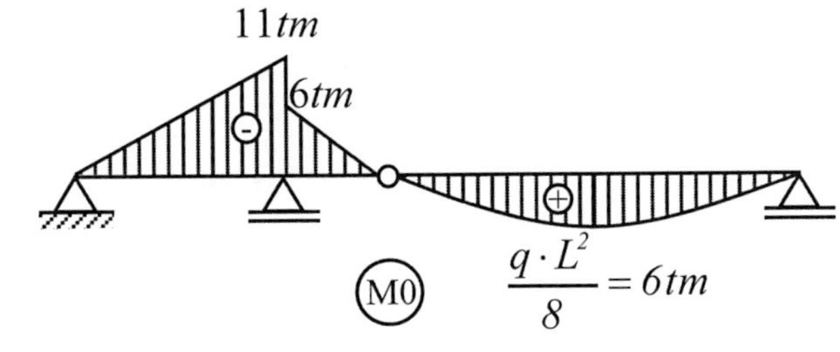

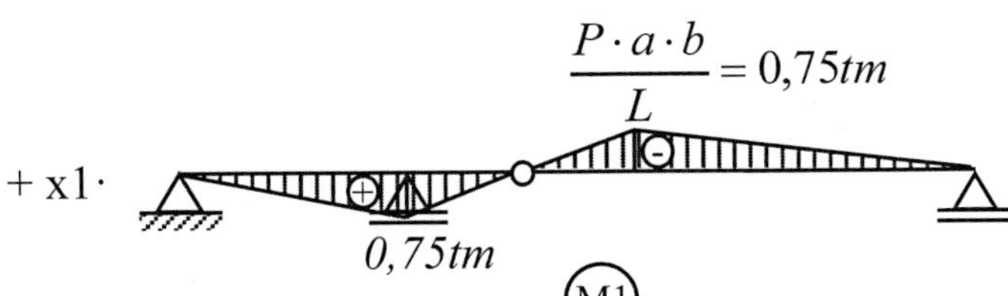

6.- Ecuaciones de compatibilidad

$$\Delta_{11} x_1 + \Delta_{10} = 0$$

$$x_1 = -\frac{\Delta_{10}}{\Delta_{11}}$$

Los desplazamientos Δij se obtienen con la siguiente fórmula:

$$\Delta_{ij} = \int \frac{M_i M_j dx}{EI} = \frac{1}{EI}\int M_i M_j dx$$

El integral de Mi·Mj·dx se obtiene de la tabla de integración semigráfica (ver la tabla 3 del anexo).

$$\Delta_{11} = \frac{1}{EI}\left(\frac{1}{3}\cdot 3\cdot 0{,}75\cdot 0{,}75 + \frac{1}{3}\cdot 4\cdot(-0{,}75)\cdot(-0{,}75)\right) = \frac{1{,}3125}{EI}$$

$$\Delta_{10} = \frac{1}{EI}\left(\frac{1}{3}\cdot 2\cdot(-11)\cdot 0{,}75 + \frac{1}{3}\cdot 1\cdot 0{,}75\cdot(-6) + \frac{1}{3}\cdot 4\cdot\left(1+\frac{1}{4}\cdot\frac{3}{4}\right)\cdot 6\cdot(-0{,}75)\right) = \frac{-14{,}125}{EI}$$

Reemplazando Δ_{10} y Δ_{11} en X_1 tenemos:

$$x_1 = \frac{-\left(\dfrac{-14{,}125}{EI}\right)}{\dfrac{1{,}3125}{EI}} = 10{,}762\, t$$

7.- Reacciones finales

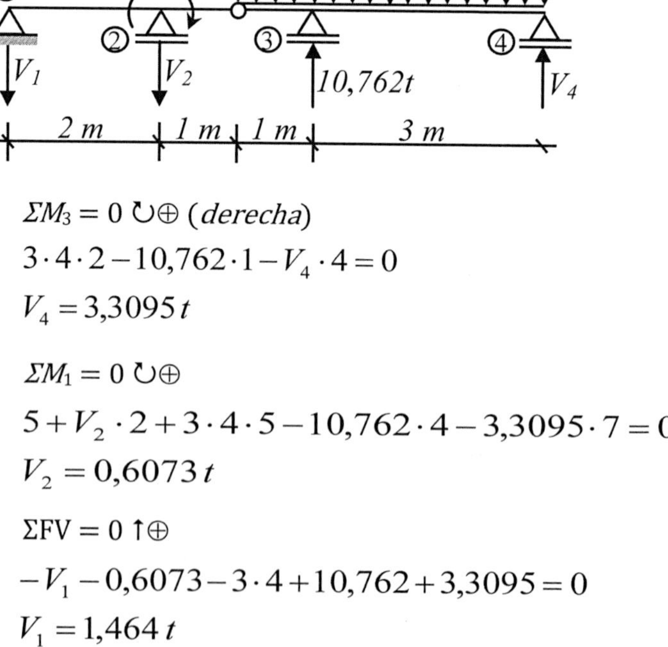

$\Sigma M_3 = 0$ ↻⊕ (*derecha*)

$$3\cdot 4\cdot 2 - 10{,}762\cdot 1 - V_4\cdot 4 = 0$$

$$V_4 = 3{,}3095\, t$$

$\Sigma M_1 = 0$ ↻⊕

$$5 + V_2\cdot 2 + 3\cdot 4\cdot 5 - 10{,}762\cdot 4 - 3{,}3095\cdot 7 = 0$$

$$V_2 = 0{,}6073\, t$$

$\Sigma FV = 0$ ↑⊕

$$-V_1 - 0{,}6073 - 3\cdot 4 + 10{,}762 + 3{,}3095 = 0$$

$$V_1 = 1{,}464\, t$$

8.- Diagramas de esfuerzos finales

a) Momento

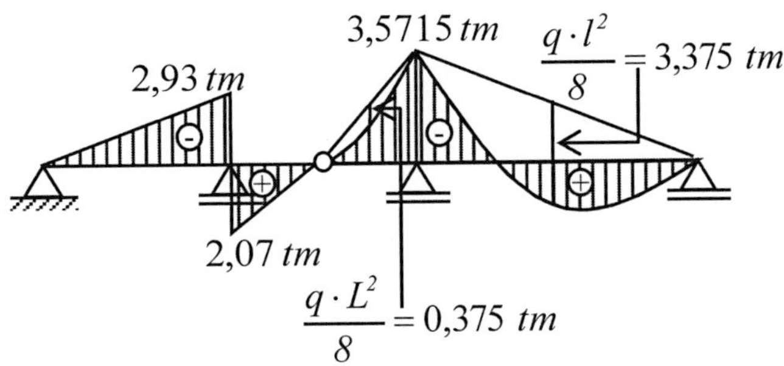

b) Cortante

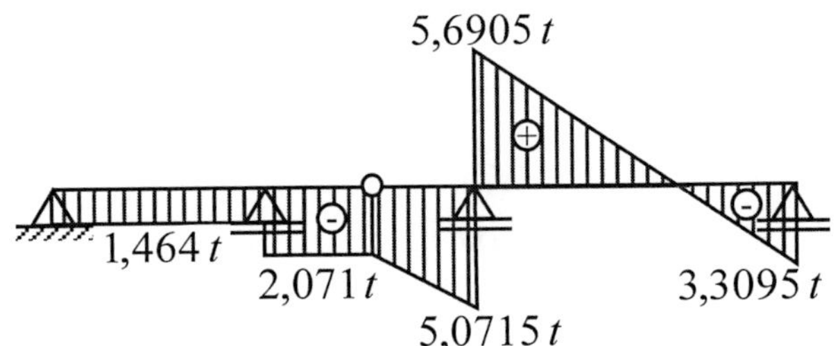

EJERCICIO 41

Calcular reacciones y diagramar esfuerzos.

Datos

$$E = 2 \cdot 10^6 \; t/m^2$$
$$b = 20\,cm$$
$$h = 30\,cm$$

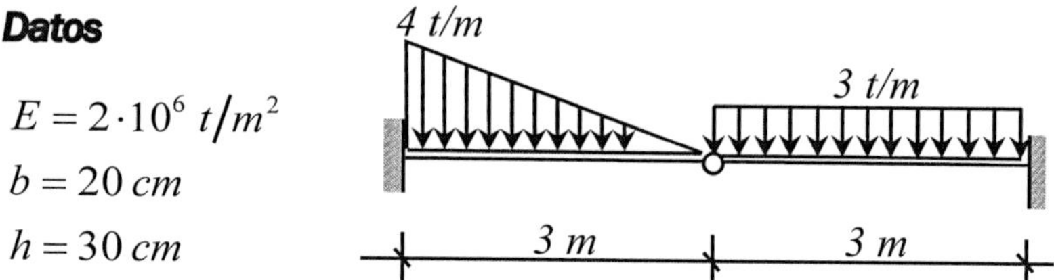

Figura 2.69 Viga hiperestática articulada.

1.- Grado hiperestático

$$G_H = 3N_A - G_L$$
$$G_H = 3 \cdot 1 - 1$$
$$G_H = 2$$

Este valor representa la reacción horizontal y de momento de un apoyo empotrado; sin embargo, al no existir cargas horizontales, la reacción horizontal es nula y, por lo tanto, el grado hiperestático se disminuye en uno, es decir:

$$G_H = 1$$

2.- Sistema isostático equivalente

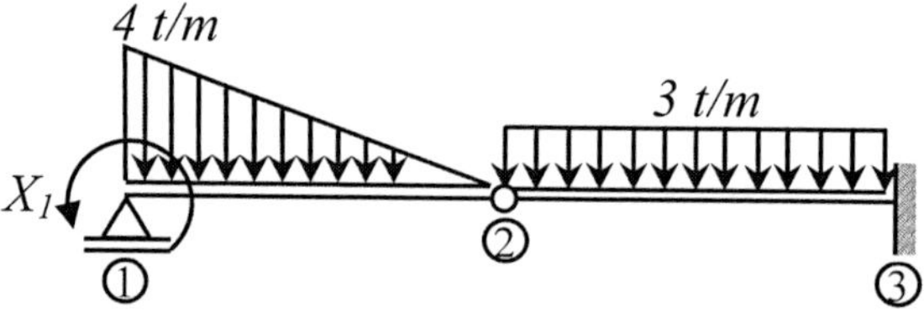

3.- Sistema básico y auxiliar

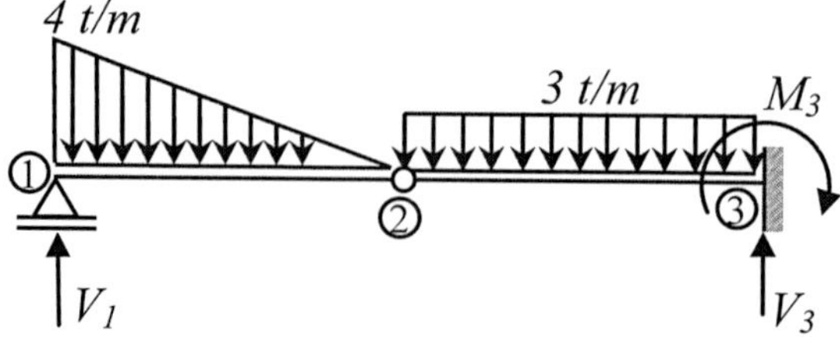

Sistema básico S_0

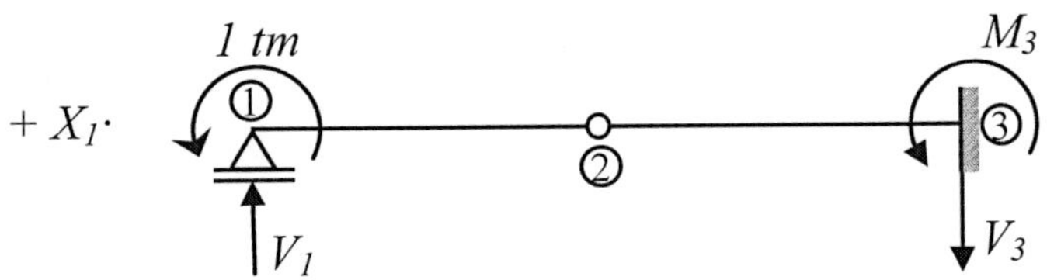

Sistema auxiliar S_1

4.- Cálculo de reacciones

Asumimos el sentido de las reacciones.

a) Sistema básico S_0

$\Sigma M_2 = 0$ ↻⊕ (izquierda)

$$V_1 \cdot 3 - \frac{4 \cdot 3}{2} \cdot 2 = 0$$

$$V_1 = 4\,t$$

$\Sigma FV = 0$ ↑⊕

$$4 - \frac{4 \cdot 3}{2} - 3 \cdot 3 + V_3 = 0$$

$$V_3 = 11\,t$$

$\Sigma M_2 = 0$ ↻⊕ (derecha)

$$3 \cdot 3 \cdot 1{,}5 - 11 \cdot 3 + M_3 = 0$$

$$M_3 = 19{,}5\,tm$$

b) Sistema auxiliar S_1

$\Sigma M_2 = 0$ ↻⊕ (izquierda)

$$-1 + V_1 \cdot 3 = 0$$

$$V_1 = 0{,}333\,t$$

$\Sigma FV = 0$ ↑⊕

$$V_1 - V_3 = 0$$

$$V_3 = 0{,}333\,t$$

$\Sigma M_2 = 0$ ↻⊕ (derecha)

$$-M_3 + 0{,}333 \cdot 3 = 0$$

$$M_3 = 1\,tm$$

5.- Diagramas de momento

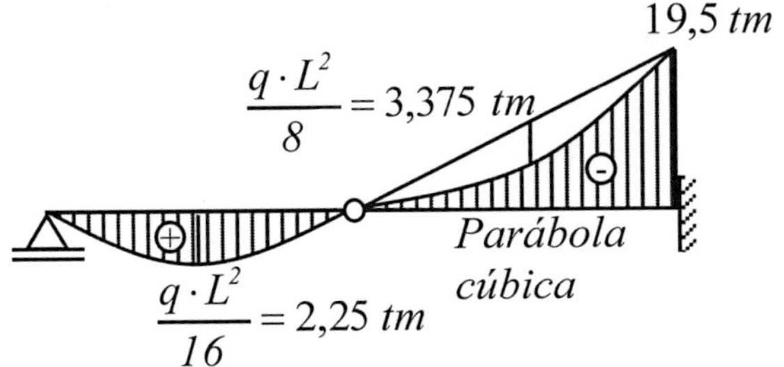

Sistema básico S_0

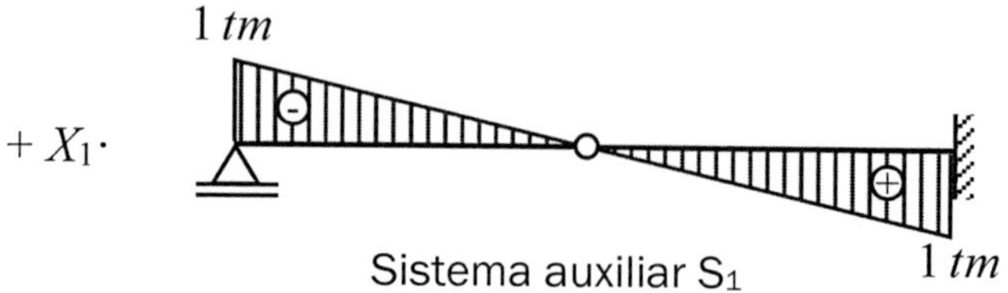

Sistema auxiliar S_1

6.- Ecuación de compatibilidad

$$\Delta_{11} x_1 + \Delta_{10} = 0$$

$$x_1 = -\frac{\Delta_{10}}{\Delta_{11}}$$

Los desplazamientos Δij se obtienen con la siguiente fórmula:

$$\Delta_{ij} = \int \frac{M_i M_j dx}{EI} = \frac{1}{EI} \int M_i M_j dx$$

El valor de la integral se obtiene de la tabla de integración semigráfica (ver la tabla 3 del anexo).

$$\Delta_{11} = \frac{1}{EI}\left(\frac{1}{3} \cdot 3 \cdot (-1) \cdot (-1) + \frac{1}{3} \cdot 3 \cdot 1 \cdot 1 \right) = \frac{2}{EI}$$

Para el desplazamiento Δ_{10} procedemos de la siguiente manera:

$$\Delta_{10} = \frac{1}{EI}\left[\ldots \right]$$

19,5 tm; 3,375 tm; 1 tm; Paráb. 3°; 2,25 tm; 1 tm

Utilizando la tabla de artificios para integración semigráfica (tabla 4), tenemos:

$$\Delta_{10} = \frac{1}{EI}\left[\left[\ldots + \ldots \right] \cdot \ldots + \ldots \cdot \ldots \right]$$

19,5 tm; Paráb. 2.°; 3,375 tm; 1 tm; 1 tm; Paráb. 3.°; 2,25 tm

$$\Delta_{10} = \frac{1}{EI}\Bigg[$$ 19,5 tm ⊖ · ⊕ 1 tm + Paráb. 2.° ⊕ 3,375 tm · ⊕ 1 tm + Paráb. 3.° ⊕ 2,25 tm · 1 tm ⊖ $$\Bigg]$$

$$\Delta_{10} = \frac{1}{EI}\left[\frac{1}{3}\cdot 3\cdot(-19{,}5)\cdot 1 + \frac{1}{3}\cdot 3\cdot 3{,}375\cdot 1 + \frac{16}{45}\cdot 3\cdot 2{,}25\cdot(-1)\right] = -\frac{18{,}525}{EI}$$

Reemplazando X_1 tenemos:

$$x_1 = \frac{-\left(\dfrac{-18{,}525}{EI}\right)}{\dfrac{2}{EI}} = 9{,}2625\,t$$

7.- Reacciones finales

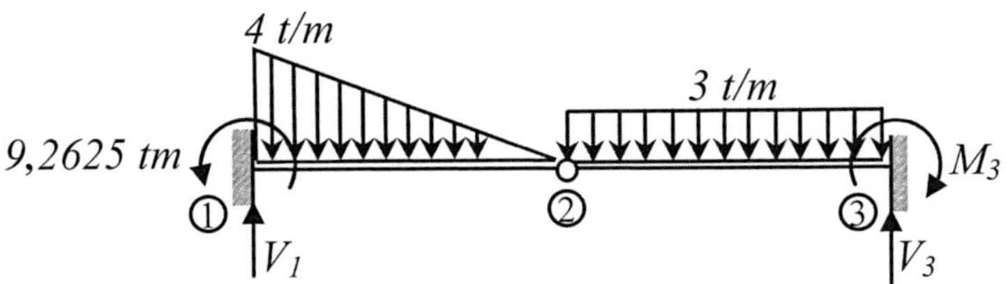

$$\Sigma M_2 = 0 \circlearrowleft \oplus \ (izquierda)$$

$$-9{,}2625 + V_1\cdot 3 - \frac{4\cdot 3}{2}\cdot 2 = 0$$

$$V_1 = 7{,}0875\,t$$

$$\Sigma F_V = 0 \uparrow\oplus$$

$$7{,}0875 - \frac{4\cdot 3}{2} - 3\cdot 3 + V_3 = 0$$

$$V_3 = 7{,}9125\,t$$

$$\Sigma M_2 = 0 \circlearrowleft\oplus \ (derecha)$$

$$3 \cdot 3 \cdot 1{,}5 + M_3 - 7{,}9125 \cdot 3 = 0$$

$$M_3 = 10{,}2375\,tm$$

8.- Diagrama de esfuerzos finales

a) Momento

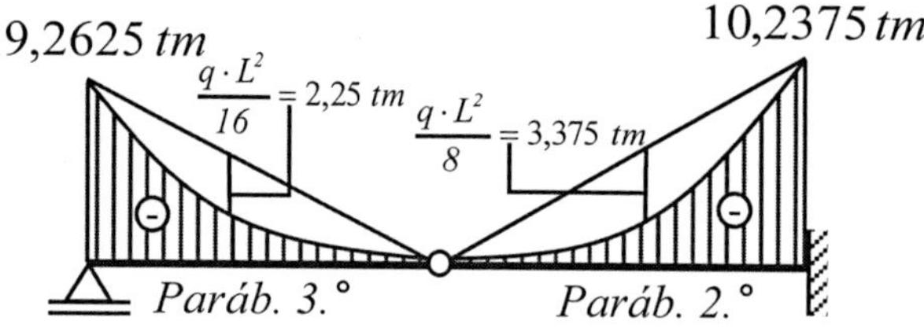

b) Cortante

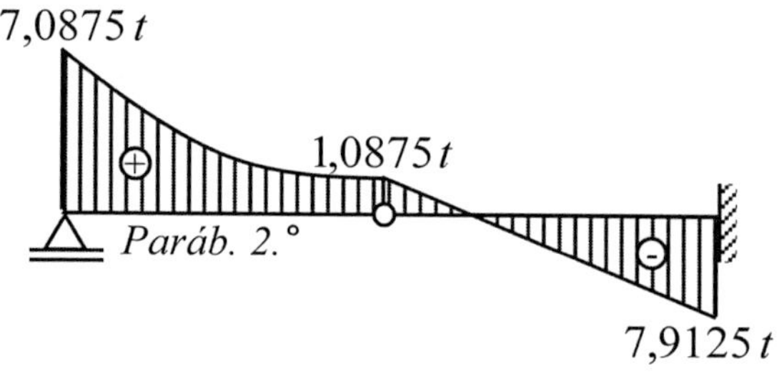

EJERCICIO 42

Calcular reacciones y diagramar esfuerzos.

Datos

$$E = 2 \cdot 10^6 \ t/m^2$$

3t/m 4t 15/30 15/30 15/25

3 m 1 m 2 m

Figura 2.70 Viga hiperestática.

1.- Grado hiperestático

$$G_H = 3N_A - G_L$$

$$G_H = 3 \cdot 2 - 4$$

$$G_H = 2$$

Este valor representa las dos reacciones del apoyo fijo; sin embargo, al no existir cargas horizontales, la reacción horizontal de este apoyo es nula y, por lo tanto, el grado hiperestático se reduce a uno.

$$G_H = 1$$

2.- Sistema isostático equivalente

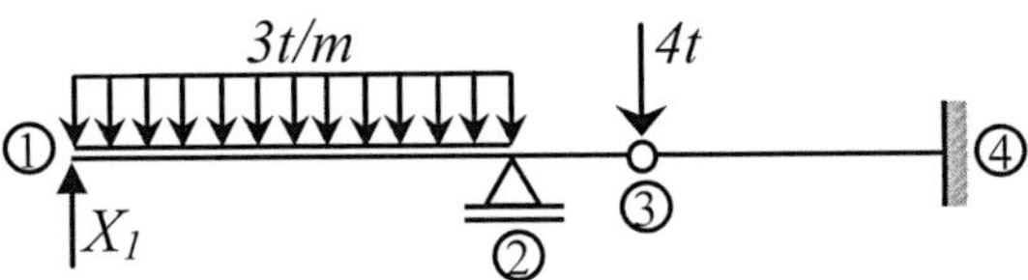

3.- Sistema básico y auxiliar

Sistema básico S_0:

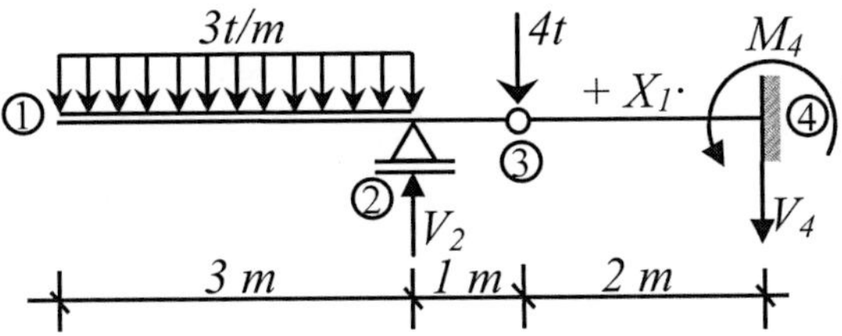

Sistema auxiliar S_1:

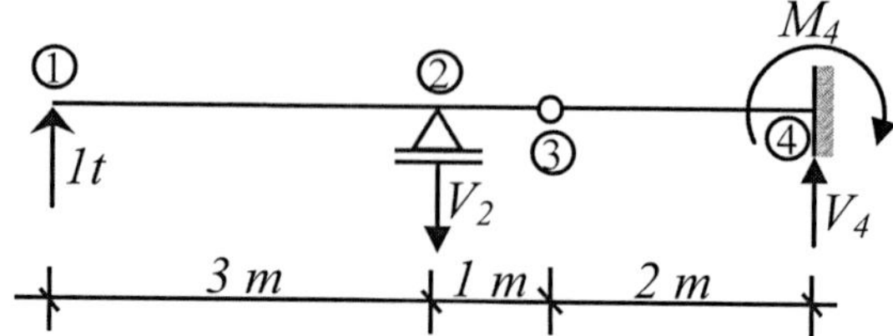

4.- Cálculo de reacciones

Asumimos el sentido de las reacciones.

a) Sistema básico S_0

$\Sigma M_3 = 0$ ↻⊕ (*izquierda*)

$$-3\cdot 3\cdot 2{,}5 + V_2\cdot 1 = 0$$

$$V_2 = 22{,}5\,t$$

$\Sigma F_V = 0$ ↑⊕

$$-3\cdot 3 + 22{,}5 - 4 - V_4 = 0$$

$$V_4 = 9{,}5\,t$$

$\Sigma M_3 = 0$ ↻⊕ (*derecha*)

$$9{,}5\cdot 2 - M_4 = 0$$

$$M_4 = 19\,tm$$

b) Sistema auxiliar S_1

$\Sigma M_3 = 0$ ↻⊕ (*izquierda*)

$$1\cdot 4 - V_2\cdot 1 = 0$$

$$V_2 = 4\,t$$

$\Sigma F_V = 0$ ↑⊕

$$1 - 4 + V_4 = 0$$

$$V_4 = 3\,t$$

$\Sigma M_3 = 0$ ↻⊕ (*derecha*)

$$M_4 - 3\cdot 2 = 0$$

$$M_4 = 6\,tm$$

5.- Diagramas de momento

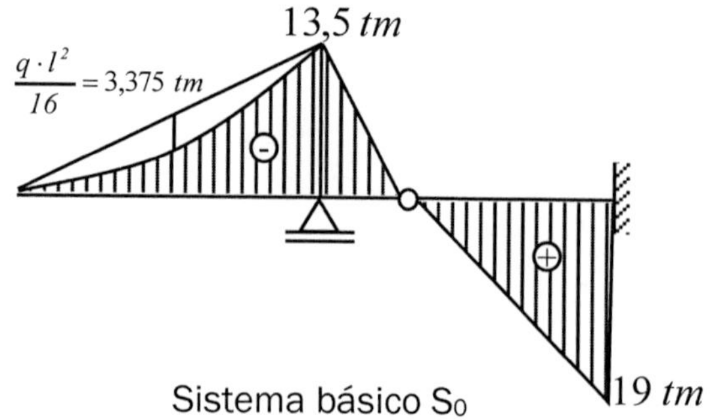

Sistema básico S_0

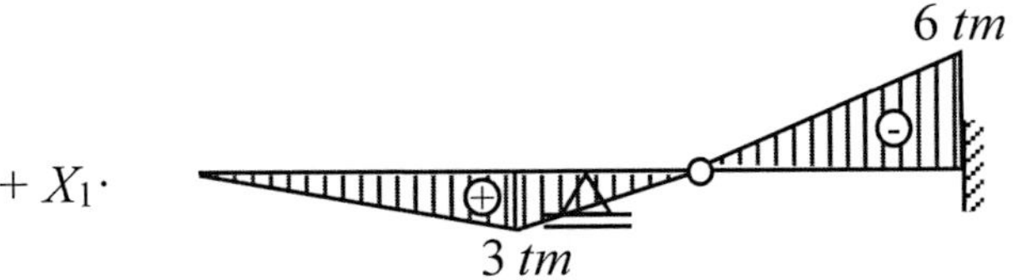

Sistema auxiliar S1

6.- Ecuaciones de compatibilidad

$$\Delta_{11} x_1 + \Delta_{10} = 0$$

$$x_1 = -\frac{\Delta_{10}}{\Delta_{11}}$$

Los desplazamientos Δ_{ij} se obtienen con la siguiente fórmula:

$$\Delta_{ij} = \int \frac{M_i M_j dx}{EI} = \frac{1}{EI} \int M_i M_j dx$$

El valor de la integral se obtiene de la tabla de integración semigráfica (ver la tabla 3 del anexo).

$$EI_1 = 2 \cdot 10^6 \cdot \frac{0,15 \cdot 0,3^3}{12} = 675$$

$$EI_2 = 2 \cdot 10^6 \cdot \frac{0,15 \cdot 0,25^3}{12} = 390,625$$

$$\Delta_{11} = \frac{1}{675}\left[\frac{1}{3} \cdot 4 \cdot 3 \cdot 3\right] + \frac{1}{390,625}\left[\frac{1}{3} \cdot 2 \cdot (-6) \cdot (-6)\right] = 0,0792178$$

$$\Delta_{10} = \frac{1}{675}\left[\frac{1}{4} \cdot 3 \cdot (-13,5) \cdot 3 + \frac{1}{3} \cdot 1 \cdot (-13,5) \cdot 3\right] + \frac{1}{390,625}\left[\frac{1}{3} \cdot 2 \cdot 19 \cdot (-6)\right] = -0,25956$$

Reemplazamos X_1:

$$x_1 = \frac{-(-0,25956\ )}{0,0792178} = 3,2765\ t$$

7.- Reacciones finales

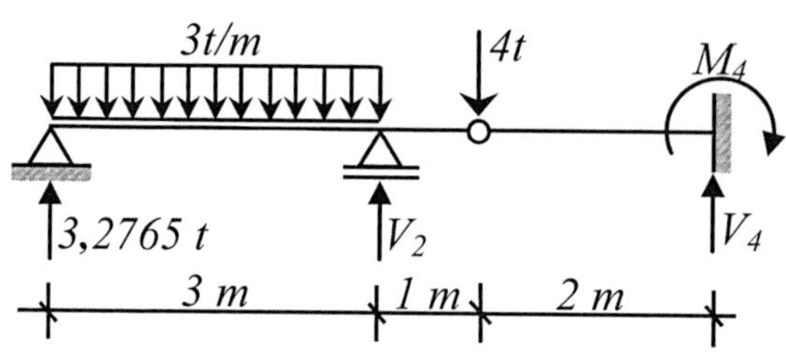

$\Sigma M_3 = 0$ ↻⊕ (*izquierda*)

$$3{,}2765 \cdot 4 - 3 \cdot 3 \cdot 2{,}5 + V_2 \cdot 1 = 0$$
$$V_2 = 9{,}394\, t$$

$\Sigma FV = 0$ ↑⊕

$$3{,}2765 - 3 \cdot 3 + 9{,}394 - 4 + V_4 = 0$$
$$V_4 = 0{,}3295\, t$$

$\Sigma M_3 = 0$ ↻⊕ (*derecha*)

$$-0{,}3295 \cdot 2 + M_4 = 0$$
$$M_4 = 0{,}659\, tm$$

8.- Diagrama de esfuerzos finales

a) Momento flector

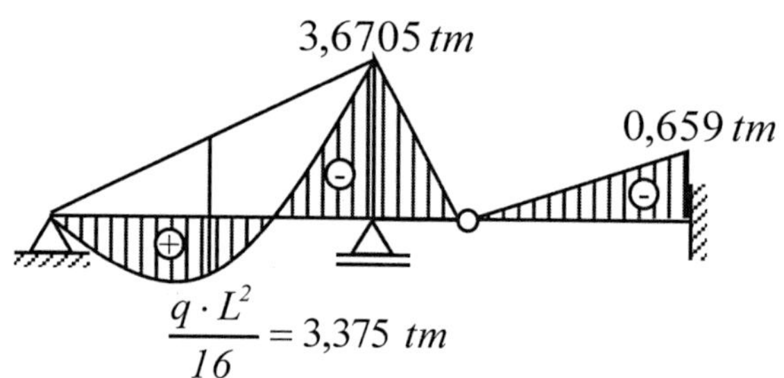

b) Cortante

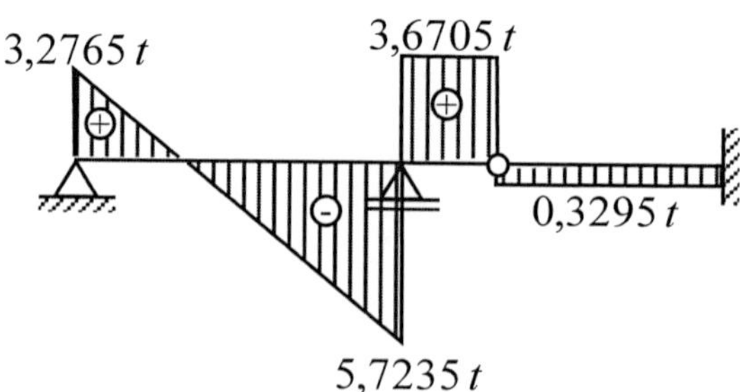

EJERCICIO 43

Calcular reacciones y diagramar esfuerzos.

$E = 2 \cdot 10^6$ t/m^2

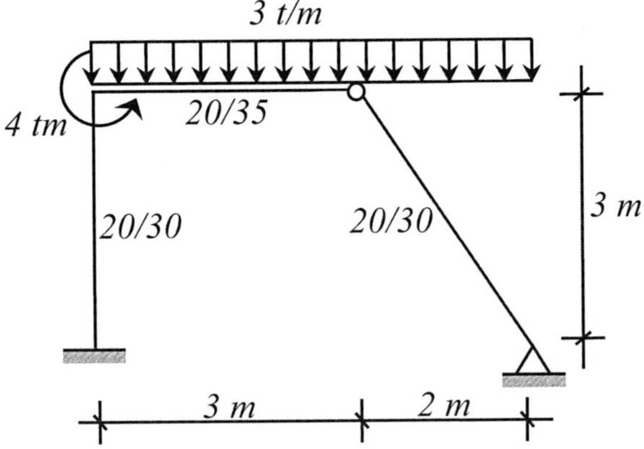

Figura 2.71 Pórtico articulado.

1.- Grado hiperestático

$$G_H = 3 \cdot N_A - G_L$$

$$G_H = 3 \cdot 1 - 2$$

$$G_H = 1$$

2.- Sistema isostático equivalente

Liberamos la reacción de momento del apoyo empotrado.

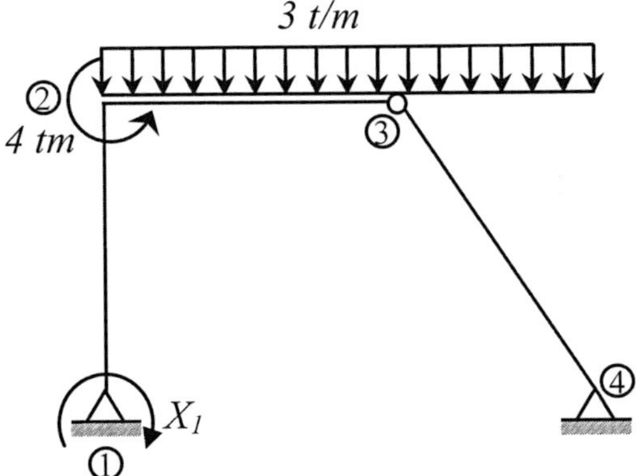

3.- Sistema básico y auxiliar

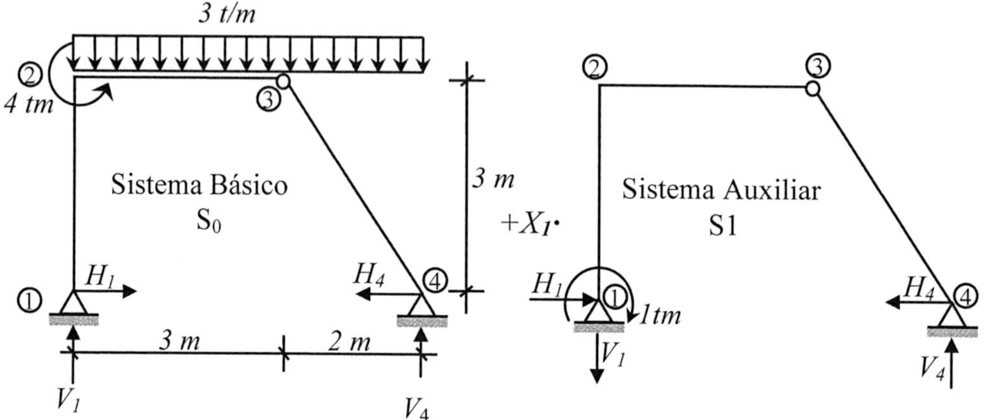

4.- Cálculo de reacciones

Asumimos el sentido de las reacciones.

a) Sistema basico S_0

$\Sigma M_1=0$ ↻⊕

$-4+3\cdot 5\cdot 2{,}5-V_4\cdot 5=0$

$V_4=6{,}7\ t$

$\Sigma F_V=0$ ↑⊕

$V_1-3\cdot 5+6{,}7=0$

$V_1=8{,}3\ t$

$\Sigma M_3=0$ ↻⊕ (*derecha*)

(*derecha*)

$3\cdot 2\cdot 1-6{,}7\cdot 2+H_4\cdot 3=0$

$H_4=2{,}467\ t$

$\Sigma F_H=0$ →⊕

$H_1-2{,}467=0$

$H_1=2{,}467\ t$

b) Sistema auxiliar S_1

$\Sigma M_1=0$ ↻⊕

$1-V_4\cdot 5=0$

$V_4=0{,}2\ t$

$\Sigma F_V=0$ ↑⊕

$-V_1+0{,}2=0$

$V_1=0{,}2\ t$

$\Sigma M_3=0$ ↻⊕

$-0{,}2\cdot 2+H_4\cdot 3=0$

$H_4=0{,}1333\ t$

$\Sigma F_H=0$ →⊕

$H_1-0{,}1333=0$

$H_1=0{,}1333\ t$

5.- Diagrama de momento

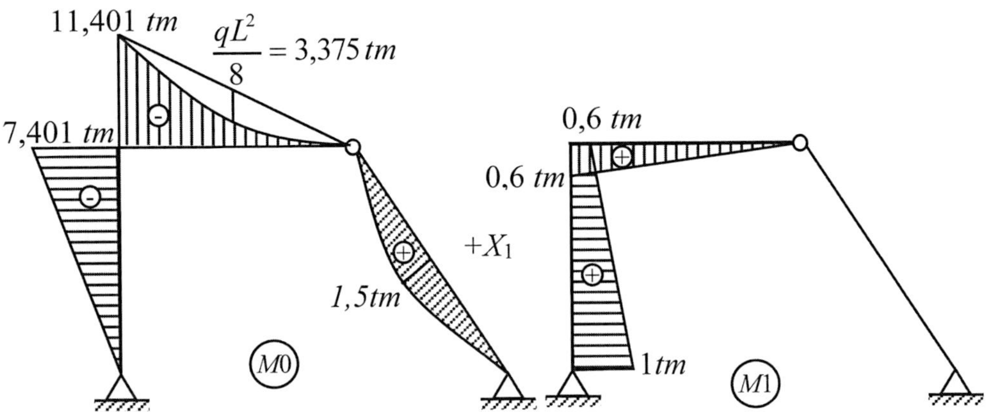

6.- Ecuación de compatibilidad

$$\Delta_{11}X_1 + \Delta_{10} = 0$$

$$X_1 = -\frac{\Delta_{10}}{\Delta_{11}}$$

Primero calculamos E·I:

$$EI_1 = 2\cdot 10^6 \cdot \frac{0{,}2\cdot 0{,}3^3}{12} = 900$$

$$EI_2 = 2\cdot 10^6 \cdot \frac{0{,}2\cdot 0{,}35^3}{12} = 1429{,}167$$

Ahora efectuamos las combinaciones:

$$\Delta_{10} = \underbrace{\frac{1}{900}\cdot\frac{1}{6}\cdot 3\cdot(2\cdot 0{,}6+1)\cdot(-7{,}401)}_{-9{,}04566\cdot 10^{-3}} + \underbrace{\frac{1}{1429{,}167}\cdot\left[\;11{,}401 \quad 3{,}375 \quad 0{,}6\;\right]}_{I_1}$$

Utilizamos la tabla 4 (anexo) para artificio de integración semigráfica y luego la tabla 3 (anexo).

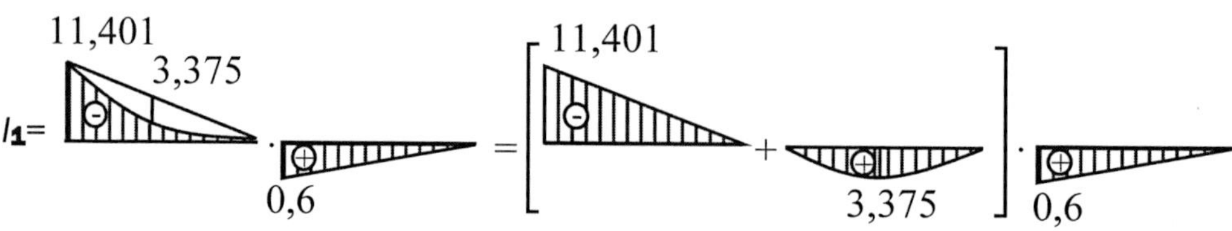

$I_1 =$

11,401

0,6 + 3,375 · 0,6

$$I_1 = \frac{1}{3} \cdot 3(-11{,}401)0{,}6 + \frac{1}{3} \cdot 3 \cdot 3{,}375 \cdot 0{,}6 = -4{,}8156$$

$$\therefore \Delta_{10} = -9{,}04566 \cdot 10^{-3} + \frac{1}{1429{,}167}(-4{,}8156)$$

$$\Delta_{10} = -0{,}012415$$

$$\Delta_{11} = \frac{1}{900}\left[\frac{1}{6} \cdot 3 \cdot (0{,}6 \cdot (2 \cdot 0{,}6 + 1) + 1 \cdot (0{,}6 + 2 \cdot 1))\right] + \frac{1}{1429{,}167}\left[\frac{1}{3} \cdot 3 \cdot 0{,}6 \cdot 0{,}6\right]$$

$$\Delta_{11} = 2{,}4297 \cdot 10^{-3}$$

Reemplazando en X_1:

$$X_1 = -\frac{\Delta_{10}}{\Delta_{11}}$$

$$X_1 = -\frac{(-0{,}012415)}{2{,}4297 \cdot 10^{-3}}$$

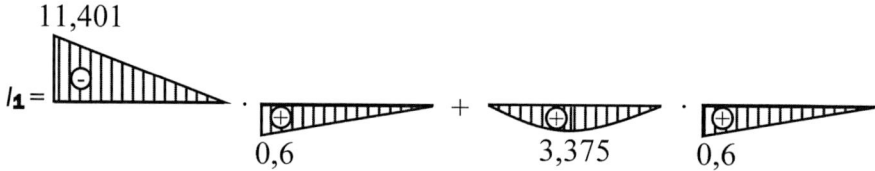

$$X_1 = 5{,}11tm$$

7.- Reacciones finales

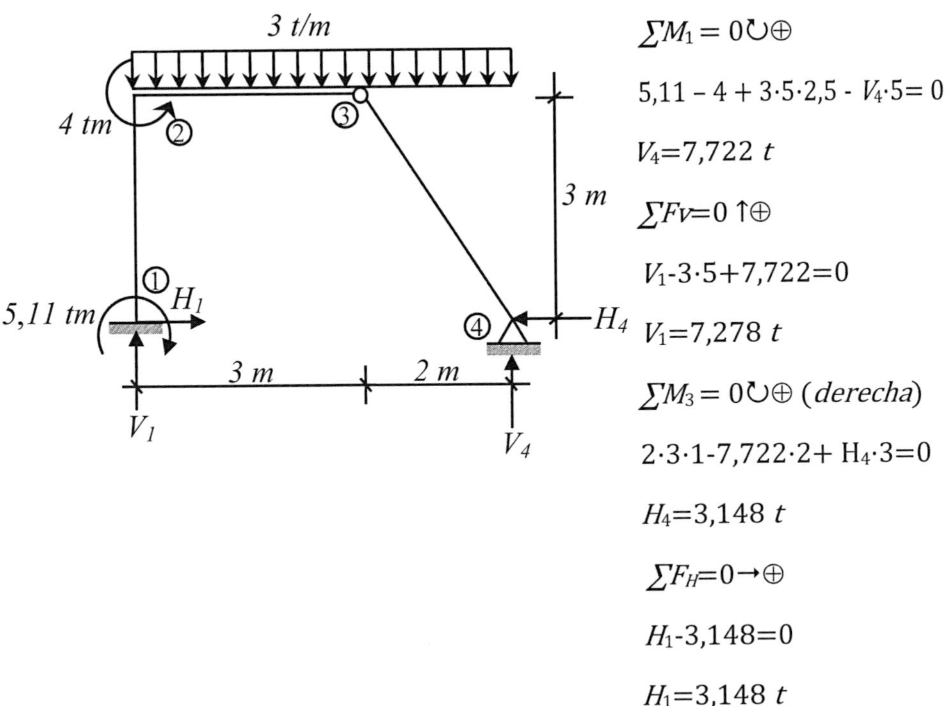

$\sum M_1 = 0 \circlearrowright \oplus$

$5{,}11 - 4 + 3 \cdot 5 \cdot 2{,}5 - V_4 \cdot 5 = 0$

$V_4 = 7{,}722\ t$

$\sum F_V = 0 \uparrow \oplus$

$V_1 - 3 \cdot 5 + 7{,}722 = 0$

$V_1 = 7{,}278\ t$

$\sum M_3 = 0 \circlearrowright \oplus$ (*derecha*)

$2 \cdot 3 \cdot 1 - 7{,}722 \cdot 2 + H_4 \cdot 3 = 0$

$H_4 = 3{,}148\ t$

$\sum F_H = 0 \rightarrow \oplus$

$H_1 - 3{,}148 = 0$

$H_1 = 3{,}148\ t$

8.- Diagramas de esfuerzos

a) Diagrama de momento

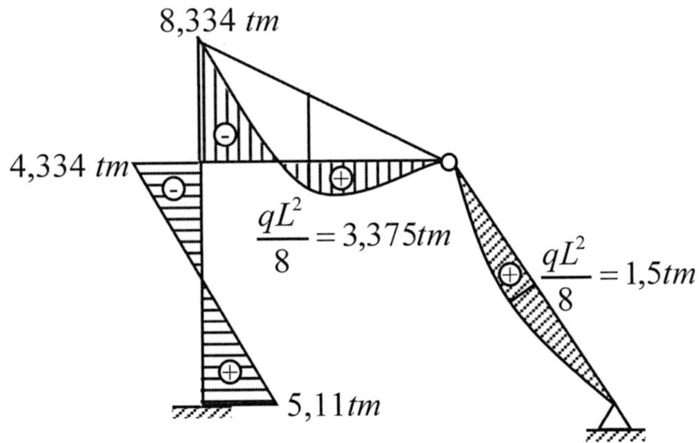

b) Diagrama de corte

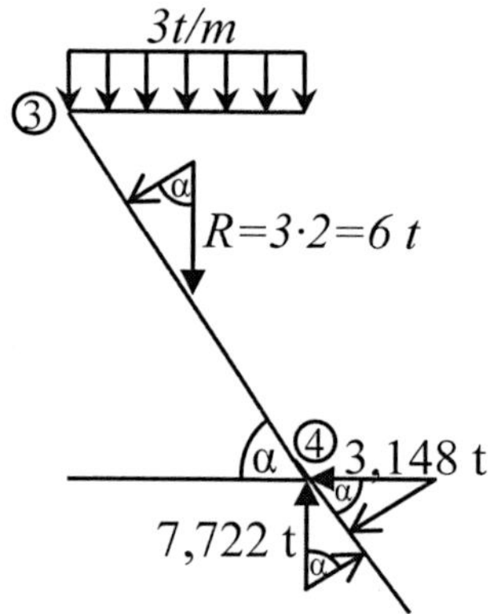

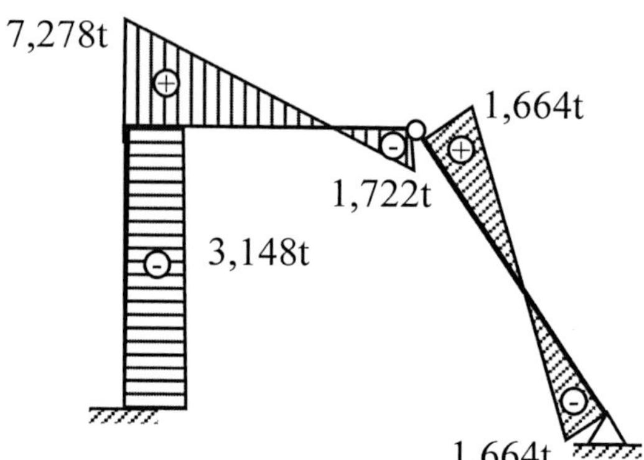

$$\alpha = Arctg\left(\frac{3}{2}\right) = 56{,}31^{\circ}$$

$$Q_3 = -7{,}722 \cdot Cos\alpha + 3{,}148 \cdot Sen\alpha + 6 \cdot Cos\alpha$$

$$Q_3 = 1{,}664t$$

$$Q_4 = 3{,}148 \cdot Sen\alpha - 7{,}722 \cdot Cos\alpha$$

$$Q_4 = -1{,}664t$$

c) Diagrama de normal

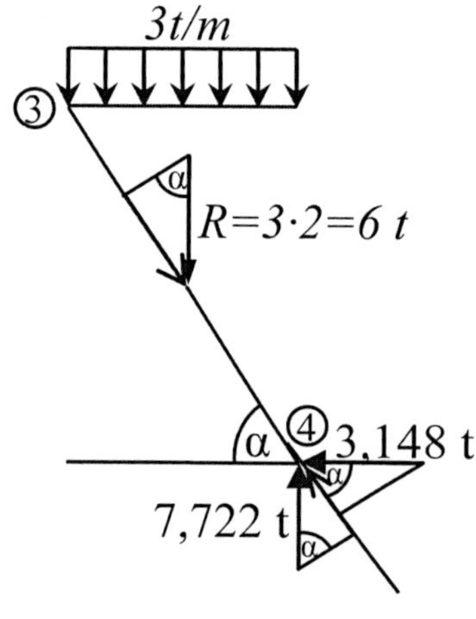

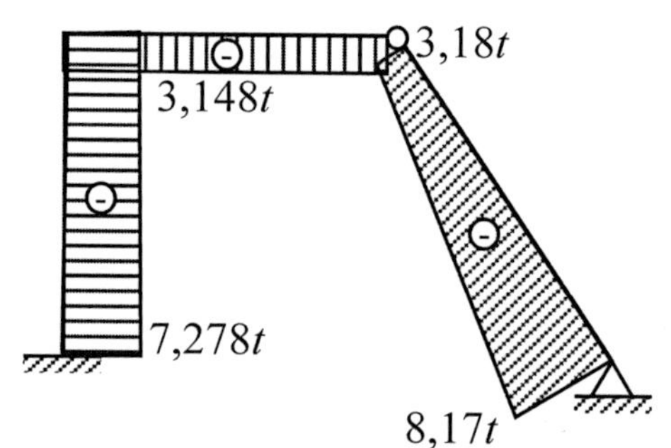

$$N_3 = -3{,}148 \cdot Cos\alpha - 7{,}722 \cdot Sen\alpha + 6 \cdot Sen\alpha$$

$$N_3 = -3{,}18t$$

$$N_4 = -3{,}148 \cdot Cos\alpha - 7{,}722 \cdot Sen\alpha$$

$$N_4 = -8{,}17t$$

2.10.2. Cortes

Este criterio se puede utilizar en estructuras hiperestáticas con indeterminaciones internas y externas; su aplicación consiste en practicar 1 o varios cortes en lugares estratégicos de la estructura de tal manera que después del corte se transformen en estructuras isostáticas y estables. En este método, las redundantes son los esfuerzos internos que existen en la sección donde se ejecuta el corte. Veamos los siguientes casos.

Caso 1.- Si existe alguna barra articulada en sus extremos y el grado hiperestático es igual a 1.

En este caso, se corta la estructura en uno de los dos extremos de la barra biarticulada y se coloca como redundante el esfuerzo normal de esta.

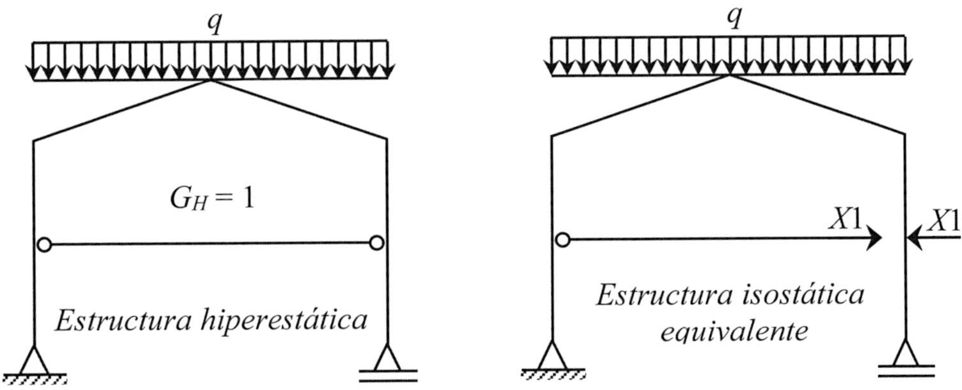

Figura 2.72 Pórtico con tirante.

Caso 2.- Si existe una articulación en el sistema estructural y el grado hiperestático es igual a 2.

En este caso, se corta la estructura en la sección correspondiente al nudo articulado y en este se coloca un esfuerzo normal y otro cortante o una fuerza horizontal y otra vertical. Veamos el siguiente ejemplo.

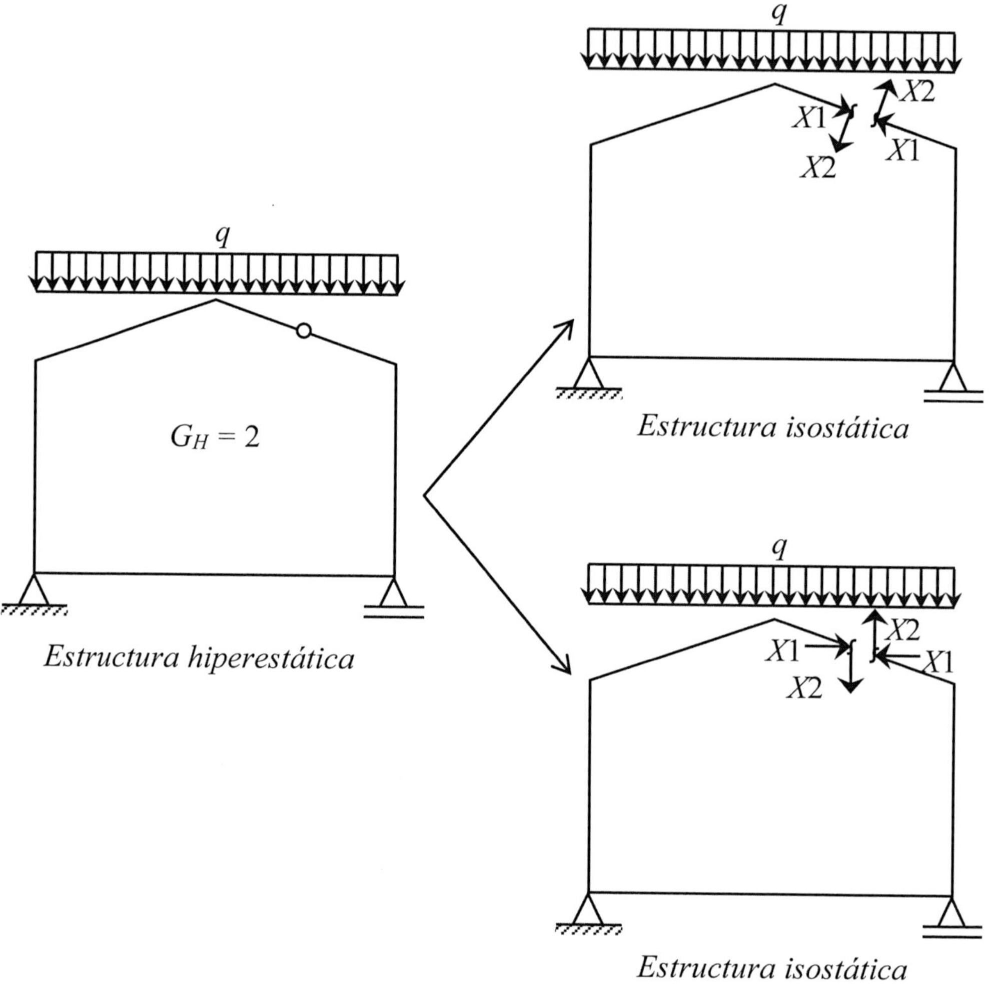

Figura 2.73 Diferentes propuestas de sistema isostático equivalente.

Caso 3.- Si no existe ninguna articulación y su grado hiperestático es igual a tres.

En este caso, se corta la estructura en cualquier sección de la estructura con la única condición de que esta se mantenga isostática y estable después del corte. Veamos los siguientes ejemplos.

Opción 1.- Pórtico abierto

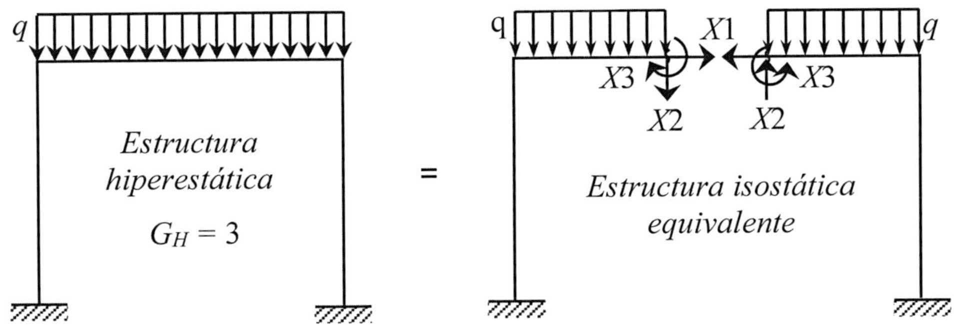

Figura 2.74 Esfuerzos internos como incógnitas.

La estructura hiperestática al cortarse forma dos pórticos simples.

Opción 2.- Pórtico cerrado

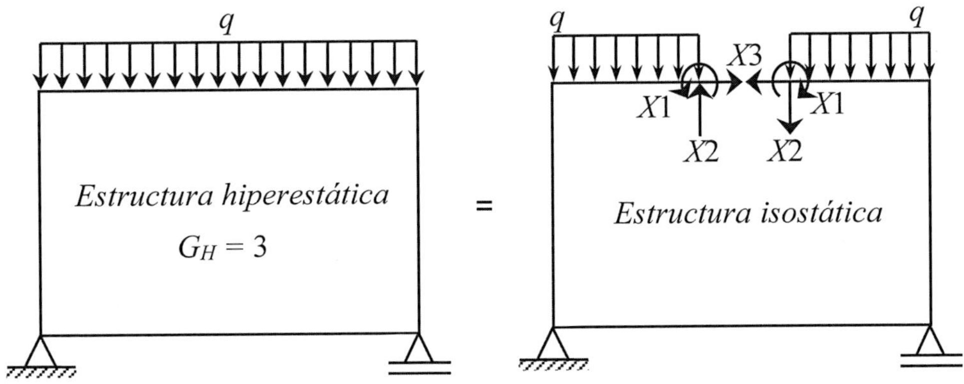

Figura 2.75 Esfuerzos internos como incógnitas en pórticos cerrados.

La estructura hiperestática al cortase se transforma en abierta.

Caso 4.- Si el grado hiperestático es mayor a 3 se combinan los casos anteriores de tal manera que sumen el grado hiperestático. Veamos los siguientes ejemplos.

Opción 1

Estructura cerrada con grado hiperestático igual a 4.

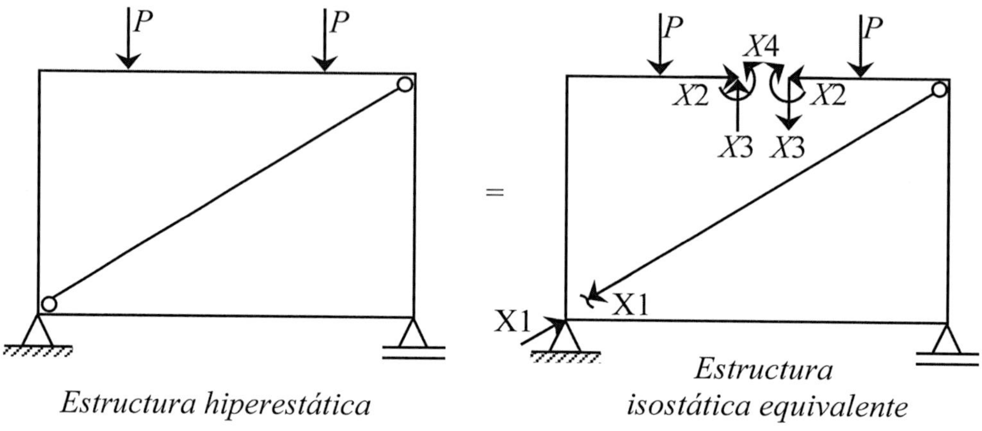

Figura 2.76 Esfuerzos internos expresados como incógnita.

Para este ejemplo hemos combinado los casos 1 y 3.

Opción 2

Estructura abierta de grado hiperestático 5.

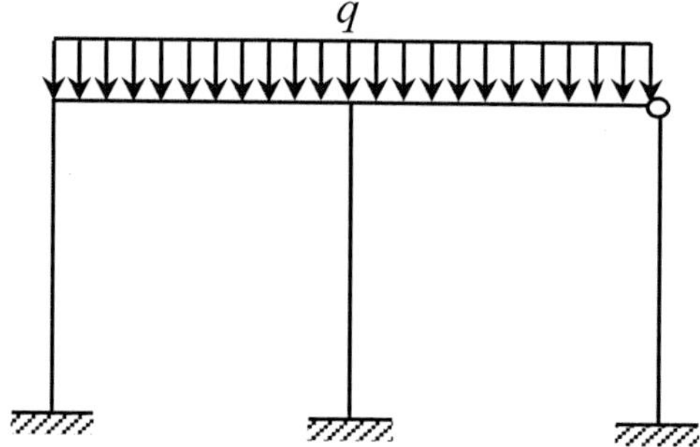

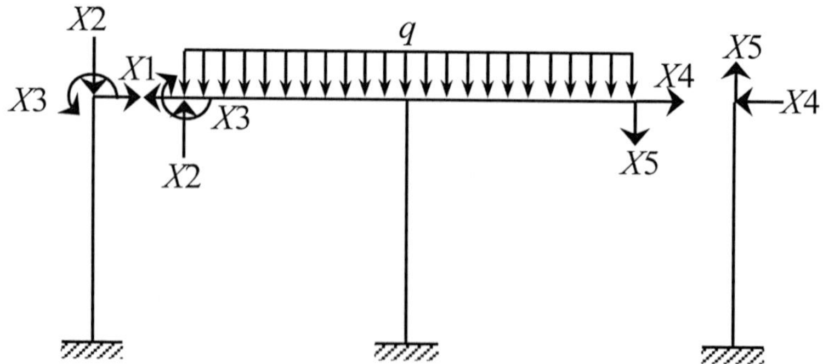

Figura 2.77 Incógnitas expresadas como incógnitas.

EJERCICIO 44

Resolver la siguiente estructura hiperestática mediante corte.

Datos

$E = 2 \cdot 10^6$ t/m²

b/h = 20/40

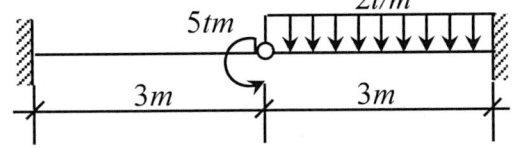

Figura 2.78 Viga hiperestática articulada.

1.- Grado hiperestático

$$G_H = 3 \cdot N_A - G_L$$
$$G_H = 3(1) - 1$$
$$G_H = 2^o$$

En vigas, cuando no existen cargas horizontales se resta al G_H el valor R_f:

$$R_f = N^o{}_{\text{Re}\,ac.Hor} - 1$$
$$R_f = 2 - 1 = 1$$
$$\therefore G_H = 1^o$$

2.- Sistema isostático equivalente

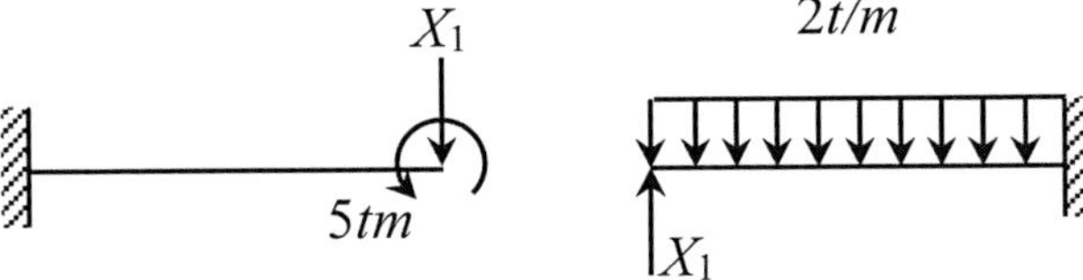

3.- Sistema básico y auxiliares

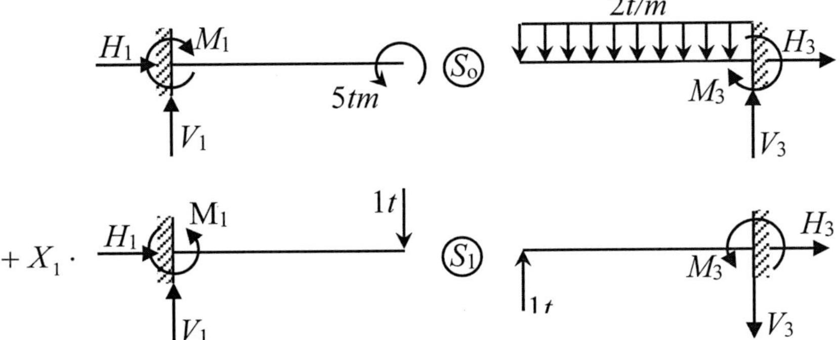

4.- Cálculo de reacciones

a) Sistema básico

Lado izquierdo

$\sum FH = 0 \rightarrow \oplus$

$H_1 = 0$

$\sum FV = 0 \uparrow \oplus$

$V_1 = 0$

$\sum M_1 = 0 \circlearrowright \oplus$

$M_1 - 5 = 0$

$M_1 = 5tm$

Lado derecho

$\sum FH = 0 \rightarrow \oplus$

$H_3 = 0$

$\sum FV = 0 \uparrow \oplus$

$V_3 - 2 \cdot 3 = 0$

$V_3 = 6t$

$\sum M_3 = 0 \circlearrowright \oplus$

$-2 \cdot 3 \cdot 1{,}5 + M_3 = 0$

$M_3 = 9tm$

b) Sistema auxiliar 1

Lado izquierdo

$\sum FH = 0 \rightarrow \oplus$

$H_1 = 0$

$\sum FV = 0 \uparrow \oplus$

$V_1 - 1 = 0$

$V_1 = 1t$

$\sum M_1 = 0 \circlearrowright \oplus$

$-M_1 + 1 \cdot 3 = 0$

$M_1 = 3tm$

Lado derecho

$\sum FH = 0 \rightarrow \oplus$

$H_3 = 0$

$\sum FV = 0 \uparrow \oplus$

$1 - V_3 = 0$

$V_3 = 1t$

$\sum M_3 = 0 \circlearrowright \oplus$

$1 \cdot 3 - M_3 = 0$

$M_3 = 3tm$

5.- Diagramas de momento

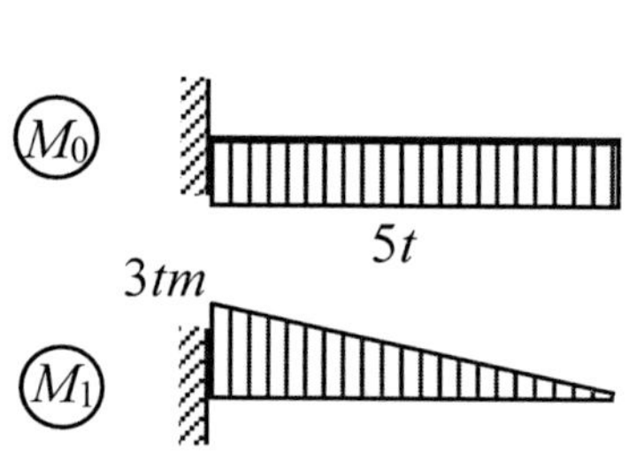

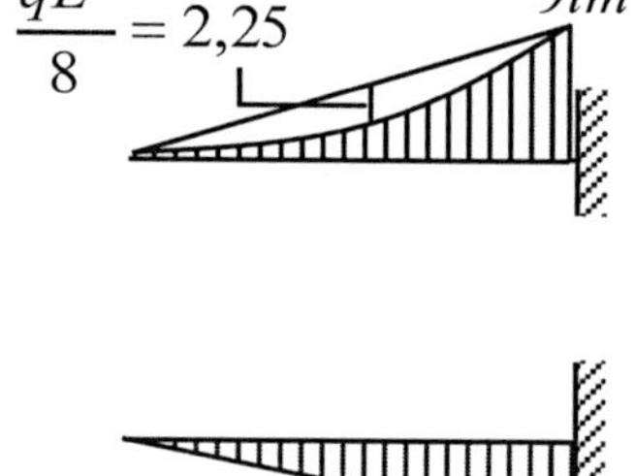

6.- Ecuaciones de compatibilidad

$$\Delta_{11} X_1 = -\Delta_{10}$$

$$X_1 = -\frac{\Delta_{10}}{\Delta_{11}}$$

$$\Delta_{ij} = \int \frac{M_i M_j}{EI} dx$$

$$\Delta_{11} = \frac{1}{E \cdot I}\left[\text{(3; 3m)} \; \text{(3; 3m)} + \text{(3m; 3)} \; \text{(3m; 3)} \right]$$

$$\Delta_{11} = \frac{1}{E \cdot I}\left[\frac{1}{3} \cdot 3 \cdot 3 \cdot 3 + \frac{1}{3} \cdot 3 \cdot 3 \cdot 3\right] = \frac{18}{E \cdot I}$$

$$\Delta_{10} = \frac{1}{EI}\left[\ \ldots\ \right]$$

3m, 5tm, 3, 3m, +, 2,25, 9tm, 3m, 3m, 3

$$\Delta_{10} = \frac{1}{EI}\left[-\frac{1}{2}\cdot 3\cdot 5\cdot 3 - \frac{1}{4}\cdot 3\cdot 9\cdot 3\right] = -\frac{42{,}75}{EI}$$

$$X_1 = -\frac{\Delta_{10}}{\Delta_{11}} = -\left(\frac{\frac{-42{,}75}{EI}}{\frac{18}{EI}}\right) = \frac{42{,}75}{18} = 2{,}375t$$

7.- Reacciones finales

Sentido	Reacción	Ro	R1	X1	Rr=R2+x1·R1
→	H1	0	0	2,375	0
↑	V1	0	1	2,375	2,375
↻	M1	5	-3	2,375	-2,125
→	H3	0	0	2,375	0
↑	V3	6	-1	2,375	3,625
↻	M3	9	-3	2,375	1,875

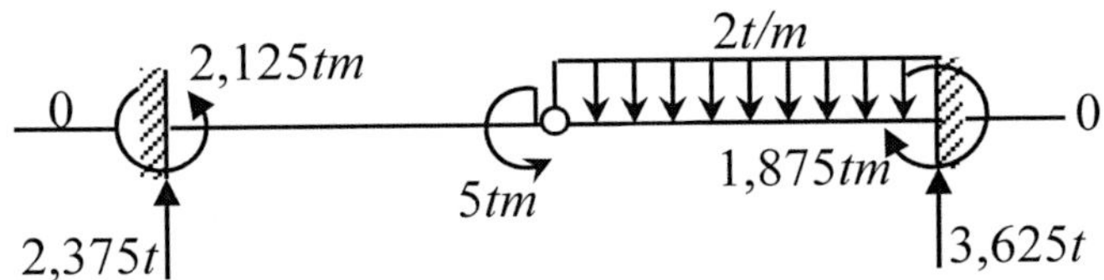

8.- Diagramas finales

a) Momento

2,125tm
$\frac{qL^2}{8} = 2{,}25$
1,875tm
5tm

b) Cortante

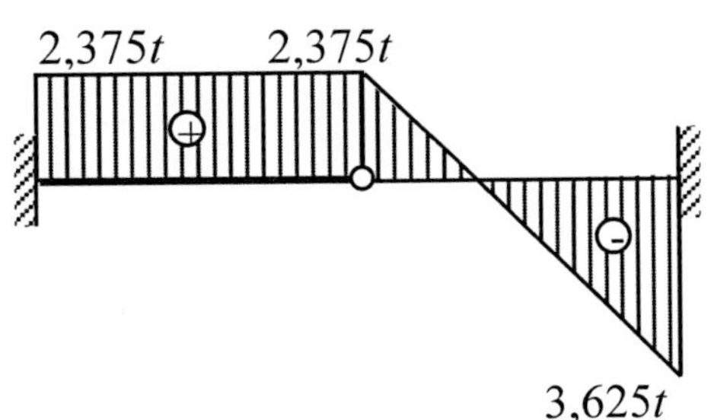

EJERCICIO 45

Analizar la siguiente estructura efectuando un corte.

Datos

$E = 2 \cdot 10^6 \ t/m^2$

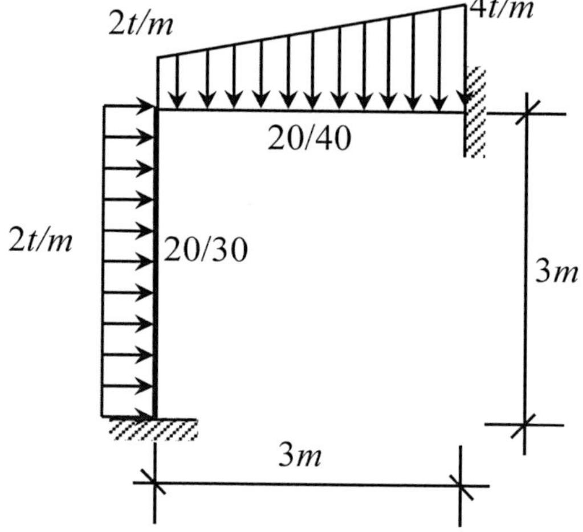

Figura 2.79 Pórtico hiperestático.

1.- Grado hiperestático

$$G_H = 3N_A - G_L$$
$$G_H = 3(1) - 0$$
$$G_H = 3^o$$

2.- Sistema isostático equivalente

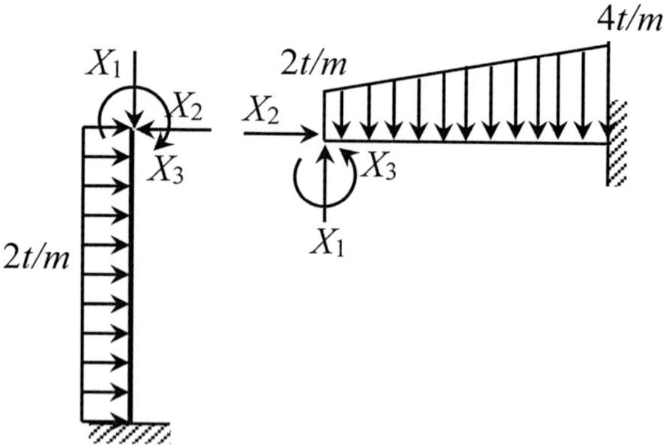

3.- Sistema básico y auxiliares

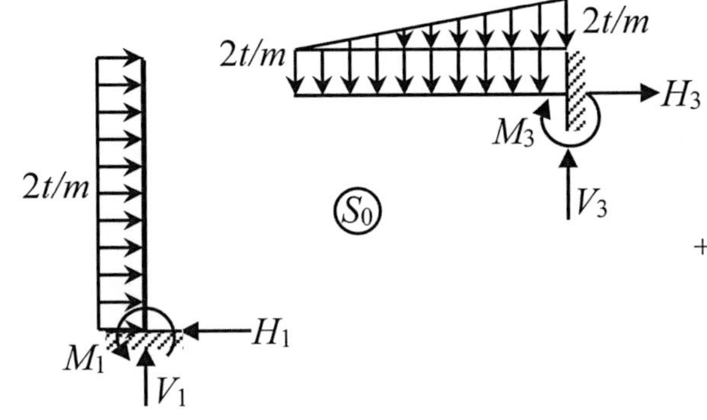

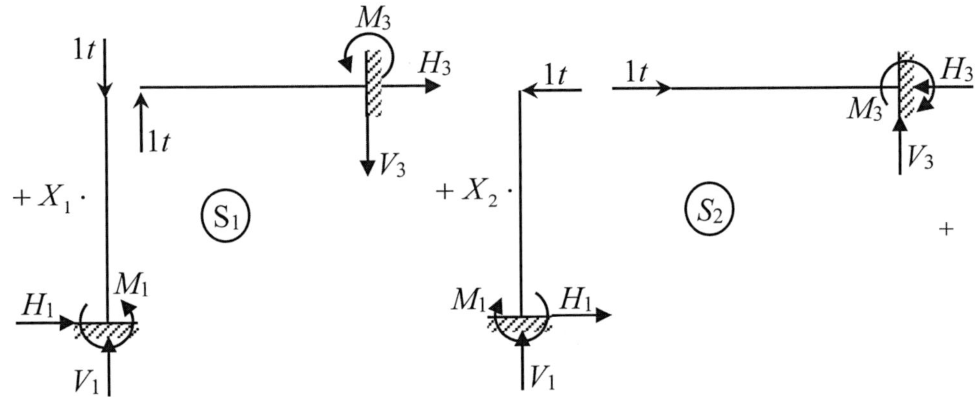

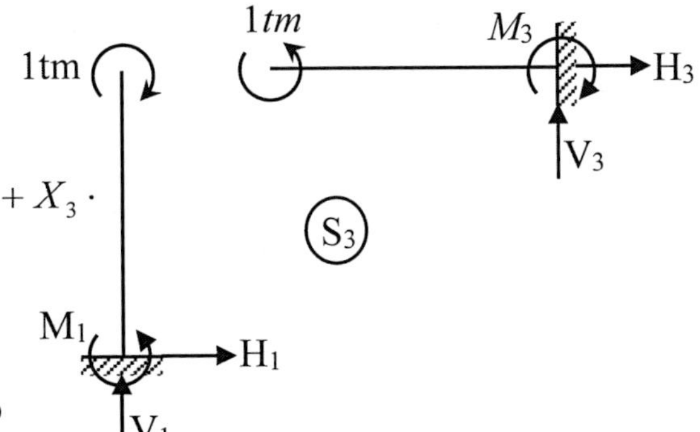

S_0 = Sistema básico

S_1 = Sistema auxiliar 1

S_2 = Sistema auxiliar 2

S_3 = Sistema auxiliar 3

4.- Cálculo de reacciones

a) Sistema básico

Lado izquierdo

$\sum FH = 0 \rightarrow \oplus$

$2 \cdot 3 - H_1 = 0$

$H_1 = 6t$

$\sum FV = 0 \uparrow \oplus$

$V_1 = 0$

$\sum M_1 = 0 \circlearrowright \oplus$

$-M_1 + 2 \cdot 3 \cdot 1{,}5 = 0$

$M_1 = 9tm$

Lado derecho

$\sum FH = 0 \rightarrow \oplus$

$H_3 = 0$

$\sum FV = 0 \uparrow \oplus$

$-2 \cdot 3 - \frac{2 \cdot 3}{2} + V_3 = 0$

$V_3 = 9t$

$\sum M_3 = 0 \circlearrowright \oplus$

$-2 \cdot 3 \cdot 1{,}5 - \frac{2 \cdot 3}{2} \cdot 1 + M_3 = 0$

$M_3 = 12tm$

b) Sistema auxiliar 1

Lado izquierdo

$\sum FH = 0 \rightarrow \oplus$

$H_1 = 0$

$\sum FV = 0 \uparrow \oplus$

$V_1 - 1 = 0$

$V_1 = 1t$

$\sum M_1 = 0 \circlearrowright \oplus$

$-M_1 = 0$

$M_1 = 0$

Lado derecho

$\sum FH = 0 \rightarrow \oplus$

$H_3 = 0$

$\sum FV = 0 \uparrow \oplus$

$1 - V_3 = 0$

$V_3 = 1t$

$\sum M_3 = 0 \circlearrowright \oplus$

$1 \cdot 3 - M_3 = 0$

$M_3 = 3tm$

c) Sistema auxiliar 2

Lado izquierdo

$\sum FH = 0 \rightarrow \oplus$

$H_1 - 1 = 0$

$H_1 = 1t$

$\sum FV = 0 \uparrow \oplus$

$V_1 = 0$

$\sum M_1 = 0 \circlearrowright \oplus$

$M_1 - 1 \cdot 3 = 0$

$M_1 = 3tm$

Lado derecho

$\sum FH = 0 \rightarrow \oplus$

$1 - H_3 = 0$

$H_3 = 1t$

$\sum FV = 0 \uparrow \oplus$

$V_3 = 0$

$\sum M_3 = 0 \circlearrowright \oplus$

$M_3 = 0$

d) Sistema auxiliar 3

Lado izquierdo

$\sum FH = 0 \rightarrow \oplus$

$H_1 = 0$

$\sum FV = 0 \uparrow \oplus$

$V_1 = 0$

$\sum M_1 = 0 \circlearrowright \oplus$

$1 - M_1 = 0$

$M_1 = 1tm$

Lado derecho

$\sum FH = 0 \rightarrow \oplus$

$H_3 = 0$

$\sum FV = 0 \uparrow \oplus$

$V_3 = 0$

$\sum M_3 = 0 \circlearrowright \oplus$

$M_3 - 1 = 0$

$M_3 = 1tm$

5.- Diagramas de momento

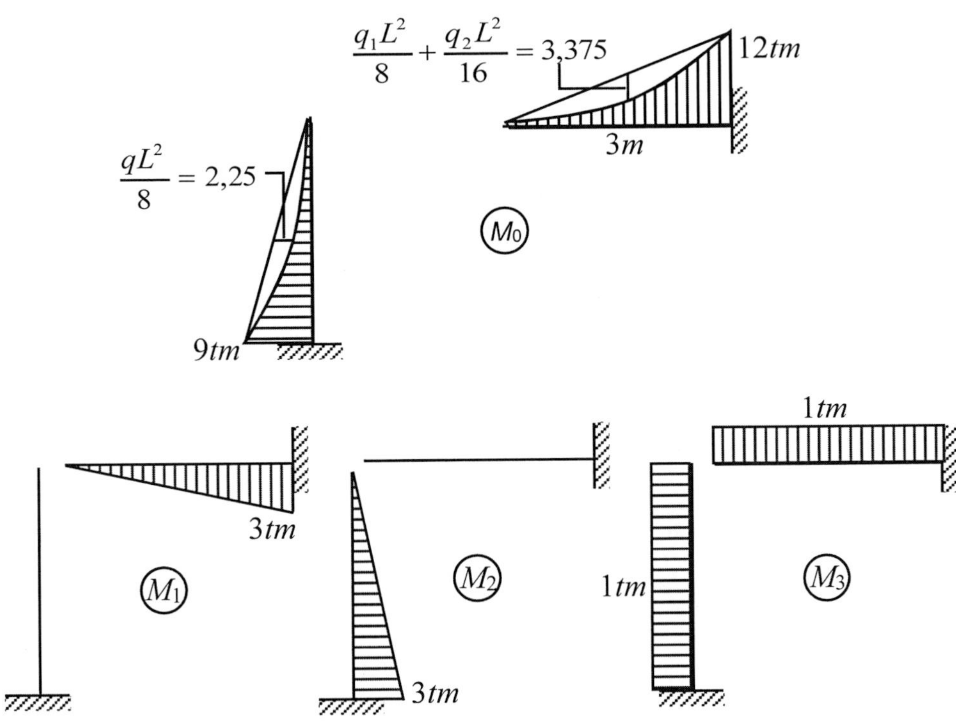

6.- Ecuaciones de compatibilidad

$$EI_1 = 2\cdot 10^6\,\frac{0{,}2\cdot 0{,}3^3}{12} = 900$$

$$EI_2 = 2\cdot 10^6\,\frac{0{,}2\cdot 0{,}4^3}{12} = 2133{,}33$$

$$\Delta_{11}\cdot X_1 + \Delta_{12}\cdot X_2 + \Delta_{13}\cdot X_3 = -\Delta_{10}$$

$$\Delta_{21}\cdot X_1 + \Delta_{22}\cdot X_2 + \Delta_{23}\cdot X_3 = -\Delta_{20}$$

$$\Delta_{31}\cdot X_3 + \Delta_{32}\cdot X_3 + \Delta_{33}\cdot X_3 = -\Delta_{30}$$

$$\Delta_{ij} = \int \frac{M_i\cdot M_j}{E\cdot I}\,dx$$

$$\Delta_{11} = \frac{1}{2133{,}33}\left[\ \underset{3tm}{\overset{3m}{\text{◢}}}\quad \underset{3tm}{\overset{3m}{\text{◢}}}\ \right] = \frac{1}{2133{,}33}\left(\frac{1}{3}\cdot 3\cdot 3\cdot 3\right) = 0{,}004219$$

$$\Delta_{12} = \Delta_{21} = 0$$

$$\Delta_{13} = \Delta_{31} = \frac{1}{2133{,}33}\left[\ \underset{3tm}{\overset{3m}{\text{◢}}}\quad \underset{3m}{\overset{1tm}{\text{▬}}}\ \right] = -\frac{1}{2133{,}33}\left(\frac{1}{2}\cdot 3\cdot 3\cdot 1\right) = -0{,}002109$$

$$\Delta_{22} = \frac{1}{900}\left[\ \ \right] = \frac{1}{900}\left(\frac{1}{3}\cdot 3\cdot 3\cdot 3\right) = 0{,}01$$

3m 3m 3tm 3tm

$$\Delta_{23} = \Delta_{32} = \frac{1}{900}\left[\ \ \right] = -\frac{1}{900}\left(\frac{1}{2}\cdot 3\cdot 3\cdot 1\right) = -0{,}005$$

3m 1tm 3m 3tm

$$\Delta_{33} = \frac{1}{900}\left[\ \ \right] + \frac{1}{2133{,}33}\left[\ \ \right]$$

1tm 3m 1tm 3m 1tm 3m 1tm 3m

$$\Delta_{33} = \frac{1}{900}(3\cdot 1\cdot 1) + \frac{1}{2133{,}33}(3\cdot 1\cdot 1) = 0{,}00474$$

$$\Delta_{10} = \frac{1}{2133{,}33}\left[\ \ \right]$$

M_1 12tm 3m 3m 3tm

$$M_1 = \frac{q_1 L^2}{8} + \frac{q_2 L^2}{16}$$

$$M_1 = 2{,}25 + 1{,}125$$

$$\Delta_{10} = \frac{1}{2133{,}33}\left[\left(\ \ + \ \ + \ \ \right)\ \ \right]$$

12tm 3m 3m 2,25tm 3m 1,125tm 3m 3tm

$$\Delta_{10} = \frac{1}{2133{,}33}\left[\ \ + \ \ + \ \ + \ \ \right]$$

12tm 3m 3m 3tm 3m 2,25 3m 3tm 3m 1,125tm 3m 3tm

$$\Delta_{10} = \frac{1}{2133{,}33}\left[-\frac{1}{3}\cdot 3\cdot 12\cdot 3 + \frac{1}{3}\cdot 3\cdot 3\cdot 2{,}25 + \frac{16}{45}\cdot 3\cdot 1{,}125\cdot 3\right] = -0{,}01202$$

$$\Delta_{20} = \frac{1}{900}\left[\ \ \right] = \frac{1}{900}\left(-\frac{1}{4}\cdot 3\cdot 9\cdot 3\right) = -0{,}0225$$

9tm 2,25tm 3m 3m 3tm

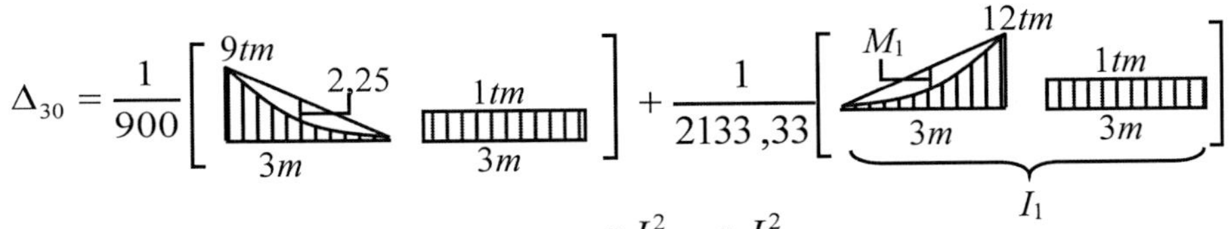

$$\Delta_{30} = \frac{1}{900}\left[\ 9tm,\ 2{,}25,\ 3m \quad 1tm,\ 3m\ \right] + \frac{1}{2133{,}33}\left[\ M_1,\ 12tm,\ 3m \quad 1tm,\ 3m\ \right]$$

I_1

$$M_1 = \frac{q_1 L^2}{8} + \frac{q_2 L^2}{16}$$

$$M_1 = 2{,}25 + 1{,}125$$

$$\Delta_{30} = \frac{1}{900}\left[\frac{1}{3}\cdot 3\cdot 9\cdot 1\right] + \frac{1}{2133{,}33}[I_1]$$

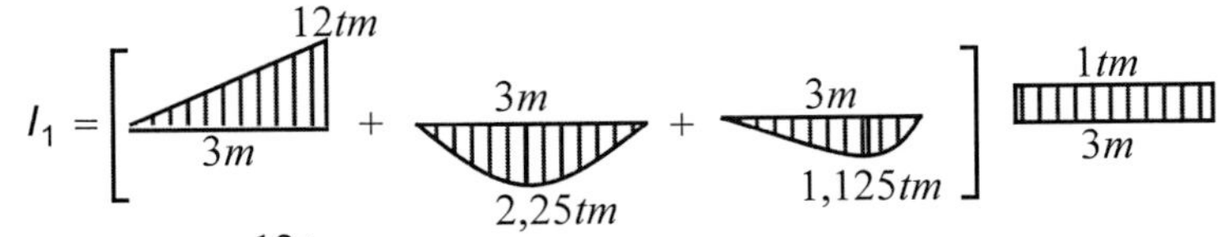

$$I_1 = \left[\ 12tm,\ 3m \ + \ 3m,\ 2{,}25tm \ + \ 3m,\ 1{,}125tm\ \right]\ 1tm,\ 3m$$

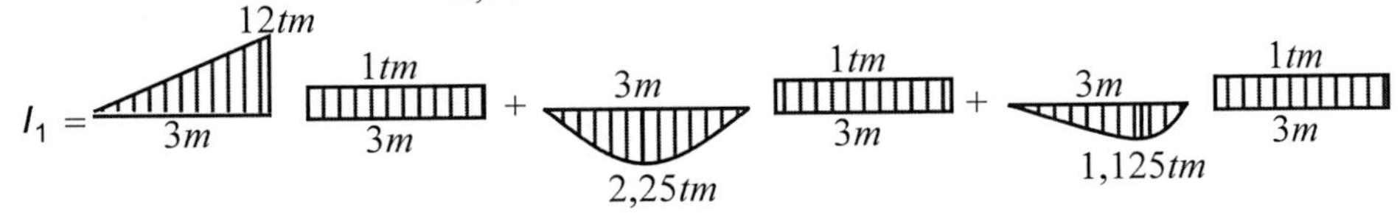

$$I_1 = 12tm,\ 3m \quad 1tm,\ 3m \ + \ 3m,\ 2{,}25tm \quad 1tm,\ 3m \ + \ 3m,\ 1{,}125tm \quad 1tm,\ 3m$$

$$I_1 = \frac{1}{2}(3)\cdot 12\cdot 1 - \frac{2}{3}\cdot 3\cdot 2{,}25\cdot 1 - \frac{2}{3}\cdot 3\cdot 1{,}125\cdot 1 = 10{,}75$$

$$\therefore\ \Delta_{30} = \frac{1}{900}(9) + \frac{1}{2133{,}33}(10{,}75) = 0{,}01504$$

$$\begin{aligned} &0{,}004219X_1 + 0X_2 - 0{,}002109X_3 = -(-0{,}01202) && *1000 \\ &0X_1 + 0{,}01X_2 - 0{,}005X_3 = -(-0{,}0225) && *1000 \\ &-0{,}002109X_1 - 0{,}005X_2 + 0{,}00474X_3 = -0{,}01504 && *1000 \end{aligned}$$

$$\begin{aligned} &4{,}219X_1 - 2{,}109X_3 = 12{,}02 \\ &10X_1 - 5X_3 = 22{,}5 \\ &-2{,}109X_1 - 5X_2 + 4{,}74X_3 = -15{,}04 \end{aligned}$$

Resolviendo el sistema de ecuaciones:

$$X_1 = 3{,}78t$$

$$X_2 = 3{,}19t$$

$$X_3 = 1{,}87tm$$

7.- Reacciones finales

Sentido	*Tipo*	*R0*	*X1*	*R1*	*X2*	*R2*	*X3*	*R3*	*Rf*
→	H1	-6	3,78	0	3,19	1	1,87	0	-2,81
↑	V1	0	3,78	1	3,19	0	1,87	0	3,78
↻	M1	-9	3,78	0	3,19	3	1,87	1	-1,3
→	H3	0	3,78	0	3,19	-1	1,87	0	-3,19
↑	V3	9	3,78	-1	3,19	0	1,87	0	5,22
↻	M3	12	3,78	-3	3,19	0	1,87	1	2,53

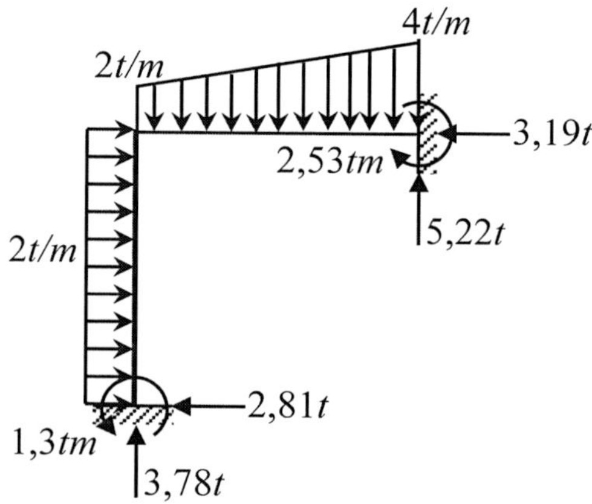

8.- Diagramas finales

a) Normal

3,19t

3,78t

b) Cortante

3,78t

3,19t

5,22t

2,81t

c) Momento

2,53tm

1,87tm

1,87tm

$$\frac{qL^2}{8} = 2,25$$

1,3tm

$$\frac{q_1L^2}{8} + \frac{q_2L^2}{16} = 3,375$$

EJERCICIO 46

Analizar la siguiente estructura por corte.

Datos

$E = 2 \cdot 10^6 \ t/m^2$

$b/h = 20/30$

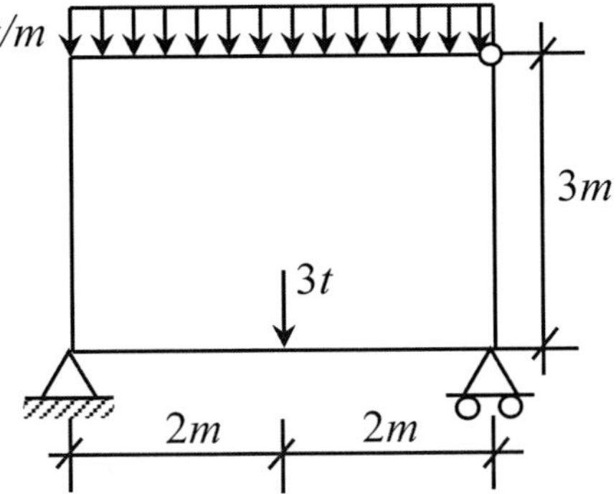

Figura 2.80
Pórtico cerrado.

1.- Grado hiperestático

$$G_H = 3N_A - G_L$$
$$G_H = 3(2) - 4 = 2°$$

2.- Sistema isostático equivalente

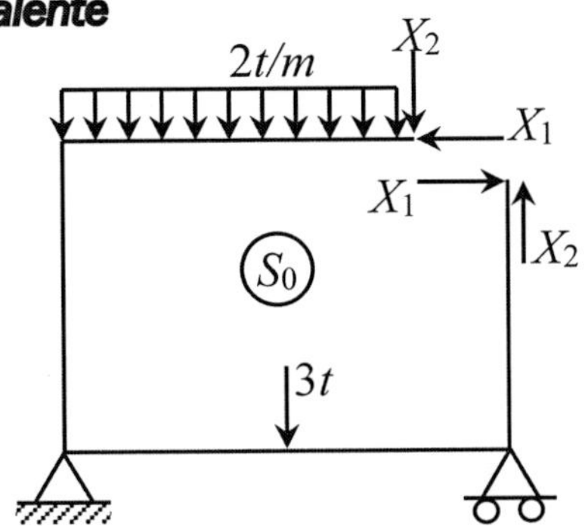

3.- Sistema básico y auxiliares

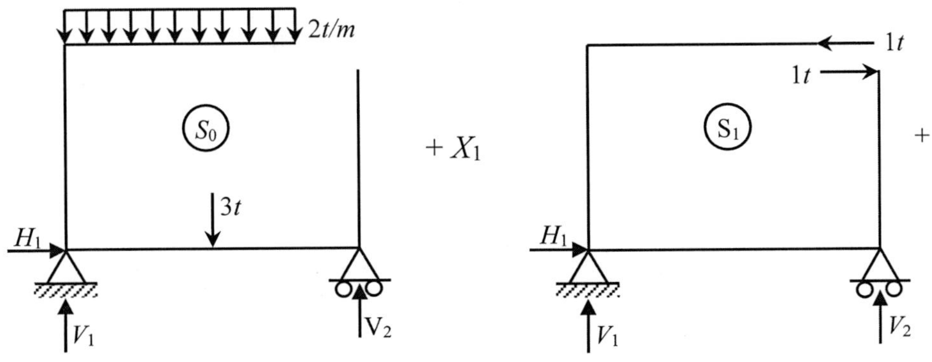

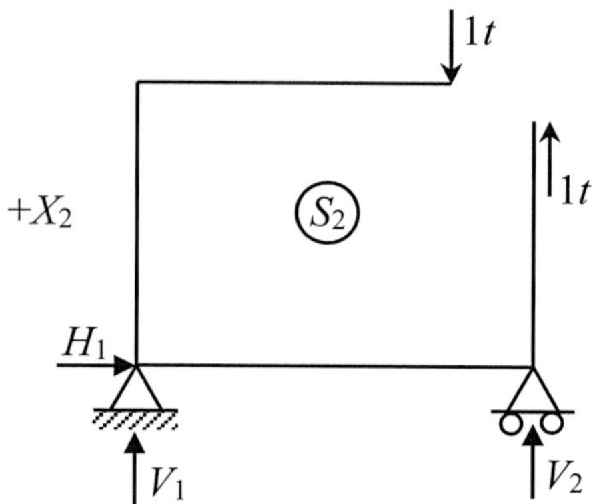

4.- Cálculo de reacciones

a) Sistema básico

$\sum FH = 0 \rightarrow \oplus$

$H_1 = 0$

$\sum M_1 = 0 \circlearrowright \oplus$

$(2 \cdot 4)2 + 3 \cdot 2 - V_2 \cdot 4 = 0$

$V_2 = 5{,}5t$

$\sum FV = 0 \uparrow \oplus$

$V_1 - 2 \cdot 4 - 3 + 5{,}5 = 0$

$V_1 = 5{,}5t$

b) Sistema auxiliar 1

$\sum FH = 0 \rightarrow \oplus$

$H_1 = 0$

$\sum M_1 = 0 \circlearrowright \oplus$

$V_2 = 0$

$\sum FV = 0 \uparrow \oplus$

$V_1 = 0$

c) Sistema auxiliar

$\sum FH = 0 \rightarrow \oplus$

$H_1 = 0$

$\sum M_1 = 0 \circlearrowright \oplus$

$V_2 = 0$

$\sum FV = 0 \uparrow \oplus$

$V_1 = 0$

5.- Diagrama de momento

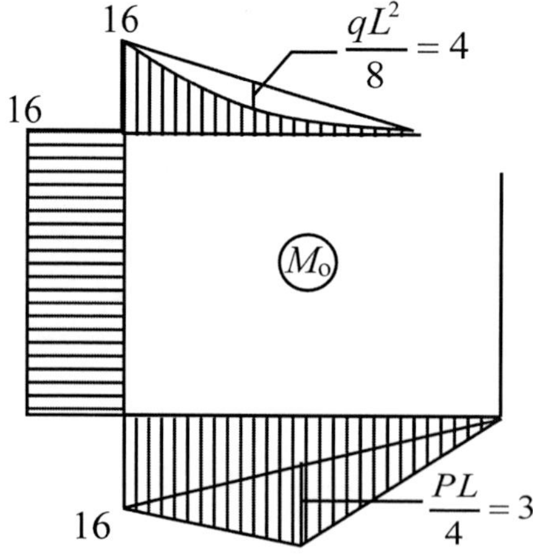

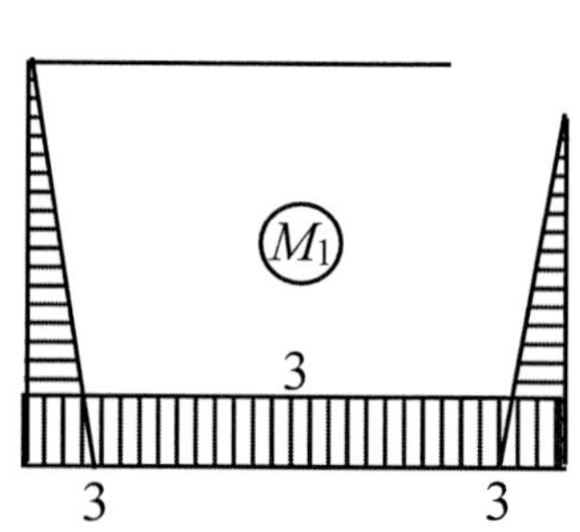

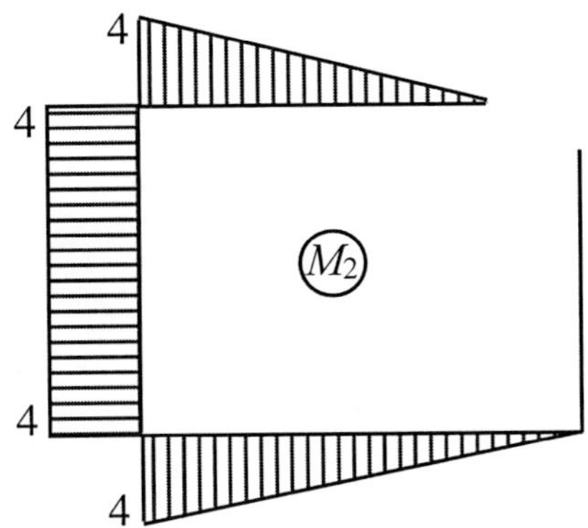

6.- Sistema de ecuaciones de compatibilidad

$$\Delta_{11} \cdot X_1 + \Delta_{12} \cdot X_2 = -\Delta_{10}$$
$$\Delta_{21} \cdot X_1 + \Delta_{22} \cdot X_2 = -\Delta_{20}$$

$$\Delta_{ij} = \int \frac{M_i \cdot M_j}{E \cdot I} dx \quad (Por\ tabla)$$

$\Delta_{11} = \frac{1}{EI}$ [3tm 3m · 3tm 3m + 3tm 4m · 3tm 4m + 3tm 3m · 3tm 3m]

$$\Delta_{11} = \frac{1}{EI}\left[\frac{1}{3} \cdot 3 \cdot 3 \cdot 3 + 4 \cdot 3 \cdot 3 + \frac{1}{3} \cdot 3 \cdot 3 \cdot 3\right] = \frac{54}{EI}$$

$\Delta_{12} = \Delta_{21} = \frac{1}{EI}$ [3tm 3m · 3m 4tm + 3tm 4m · 4m 4tm]

$$\Delta_{12} = \Delta_{21} = \frac{1}{EI}\left[-\frac{1}{2} \cdot 3 \cdot 3 \cdot 4 - \frac{1}{2} \cdot 4 \cdot 3 \cdot 4\right] = -\frac{42}{EI}$$

$\Delta_{22} = \frac{1}{EI}$ [4tm 4m · 4tm + 3m 4tm · 3m 4tm +.....

+..... 4m 4tm · 4m 4tm]

$$\Delta_{22} = \frac{1}{EI}\left[\frac{1}{3}\cdot 4\cdot 4\cdot 4 + 3\cdot 4\cdot 4 + \frac{1}{3}\cdot 4\cdot 4\cdot 4\right] = \frac{90{,}667}{EI}$$

$\Delta_{10} = \frac{1}{EI}\Big[$ 3m, 16tm · 3tm, 3m + 4m, 16tm, 3tm · 3tm, 4m $\Big]$

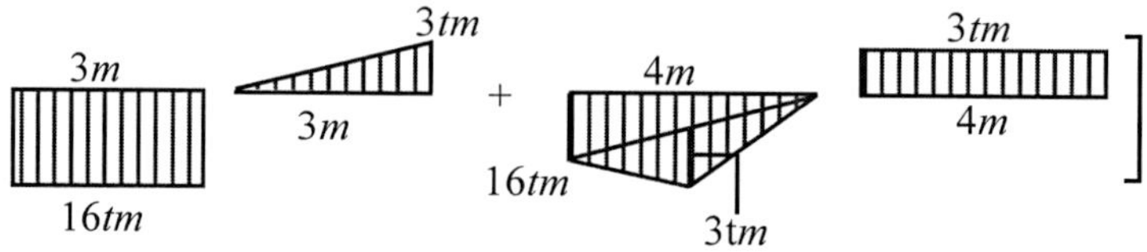

$\Delta_{10} = \frac{1}{EI}\Big[-\frac{1}{2}\cdot 3\cdot 16\cdot 3 +$ 4m, 16tm · 3tm, 4m + 4m, 3tm · 3tm, 4m $\Big]$

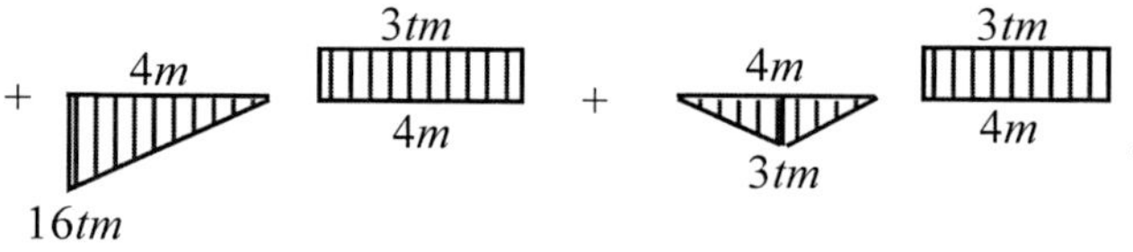

$$\Delta_{10} = \frac{1}{EI}\left[-72 - \frac{1}{2}\cdot 4\cdot 16\cdot 3 - \frac{1}{2}\cdot 4\cdot 3\cdot 3\right] = \frac{-186}{EI}$$

$\Delta_{20} = \frac{1}{EI}\Big[$ 16tm, 4tm, 4m · 4tm, 4m + 3m, 16tm · 3m, 4tm + 4m, 16tm, 3tm · 4m, 4tm $\Big]$

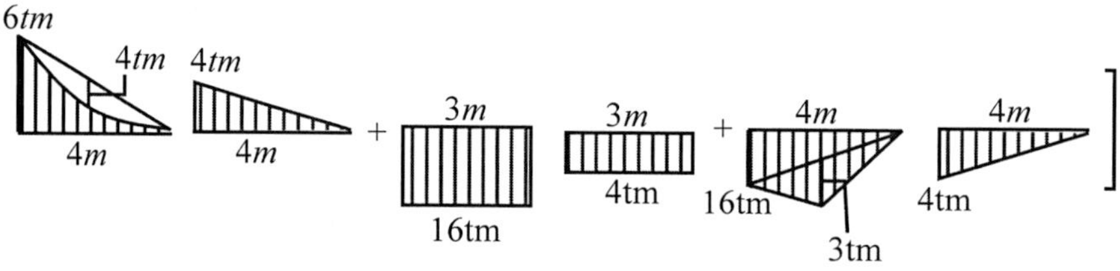

$\Delta_{20} = \frac{1}{EI}\Big[\frac{1}{4}\cdot 4\cdot 16\cdot 4 + 3\cdot 16\cdot 4 +$ 4m, 16tm · 4m, 4tm + 4m, 3tm · 4m, 4tm $\Big]$

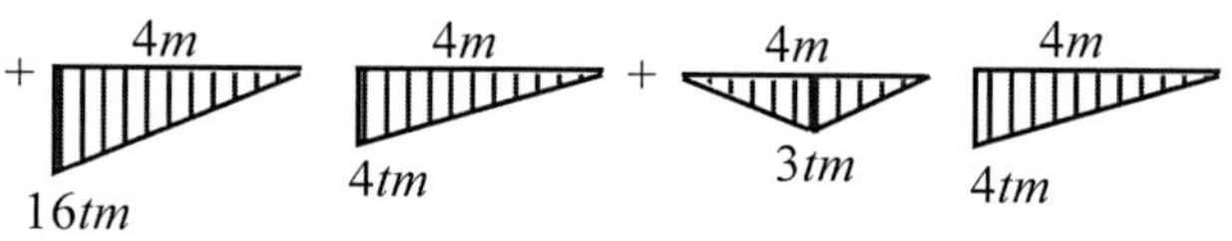

$$\Delta_{20} = \frac{1}{EI}\left[256 + \frac{1}{3}\cdot 4\cdot 16\cdot 4 + \frac{1}{6}\cdot 4\left(1+\frac{2}{4}\right)\cdot 3\cdot 4\right] = \frac{353{,}33}{EI}$$

$$\left(\frac{54}{EI}\right)\cdot X_1 - \left(\frac{42}{EI}\right)\cdot X_2 = -\left(-\frac{186}{EI}\right) \qquad * \text{EI}$$

$$-\left(\frac{42}{EI}\right)\cdot X_1 + \left(\frac{90{,}667}{EI}\right)\cdot X_2 = -\left(\frac{353{,}33}{EI}\right) \qquad * \text{EI}$$

$$\left.\begin{aligned} 54\cdot X_1 - 42\cdot X_2 &= 186 \\ -42\cdot X_1 + 90{,}667\cdot X_2 &= -353{,}33 \end{aligned}\right\} \textit{Resolviendo} \quad \begin{aligned} X_1 &= 0{,}65t \\ X_2 &= -3{,}6t \end{aligned}$$

7.- Reacciones finales

Cuando la estructura es internamente hiperestática sus reacciones son equivalentes al del sistema básico.

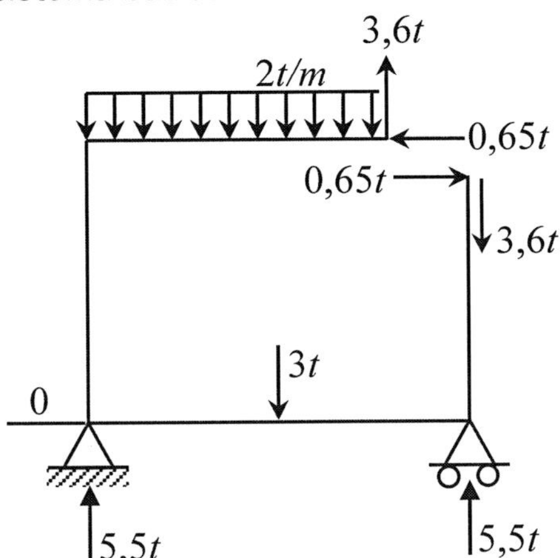

8.- Diagramas finales

a) Normal

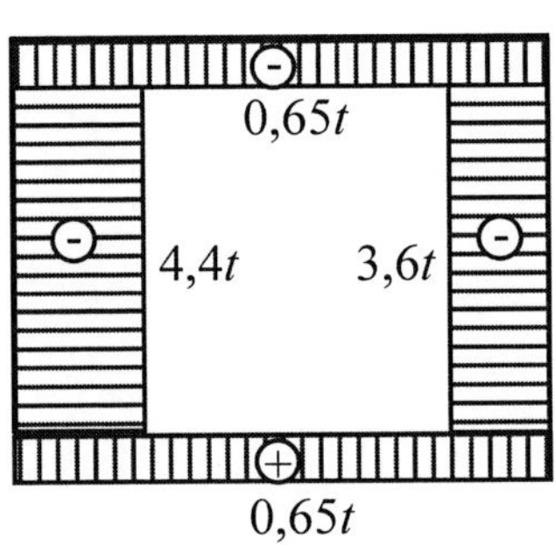

b) Cortante

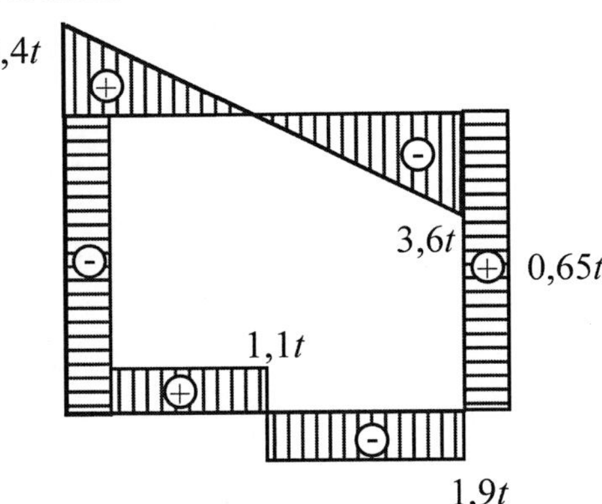

c) Momento

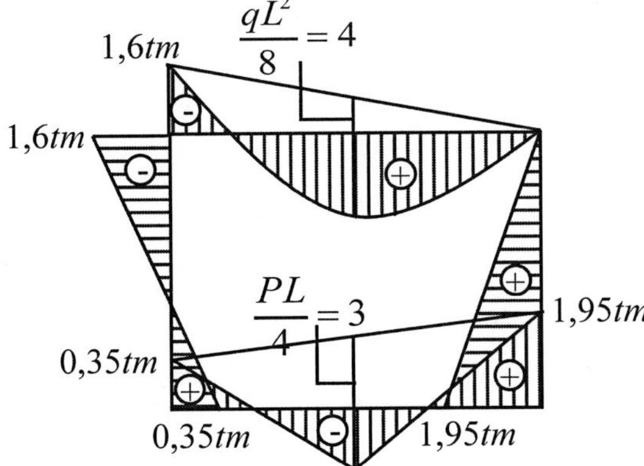

EJERCICIO 47

Calcular reacciones y diagramar esfuerzos.

Datos

$E = 2 \cdot 10^6$ t/m²

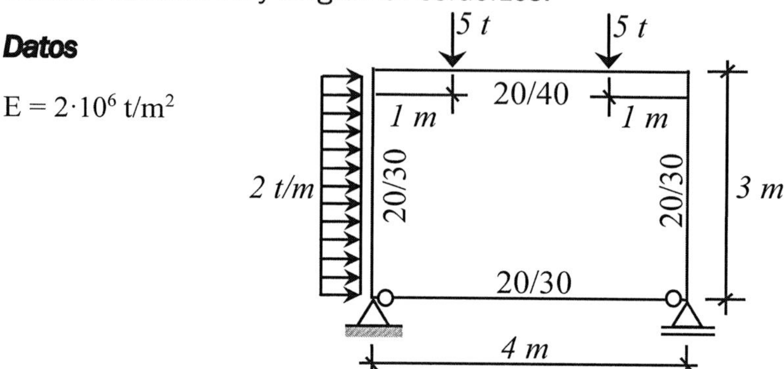

Figura 2.81 Pórtico cerrado.

1.- Grado hiperestático

$$G_H = 3 \cdot N_A - G_L = 3 \cdot 2 - 5 = 1$$

2.- Sistema isostático equivalente

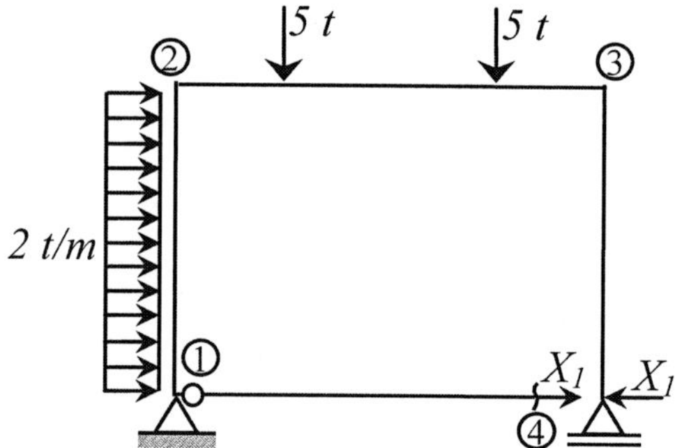

3.- Sistema básico y auxiliar

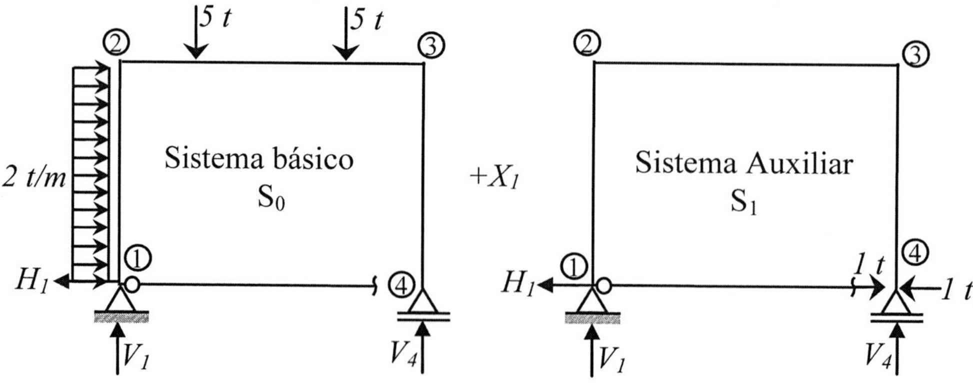

4.- Cálculo de reacciones

Asumiendo el sentido de las reacciones:

a) Sistema S_0

$\Sigma F_H = 0 \rightarrow \oplus$	$\Sigma M_1 = 0 \circlearrowright \oplus$	$\Sigma F_V = 0 \uparrow \oplus$
$-H_1 + 2{\cdot}3 = 0$	$2{\cdot}3{\cdot}1{,}5 + 5{\cdot}1 + 5{\cdot}3 - V_4{\cdot}4 = 0$	$V_1 - 5 - 5 + 7{,}25 = 0$
$H_1 = 6t$	$V_4 = 7{,}25t$	$V_1 = 2{,}75t$

b) Sistema S_1

$\Sigma F_H = 0 \rightarrow \oplus$	$\Sigma M_1 = 0 \circlearrowright \oplus$	$\Sigma F_V = 0 \uparrow \oplus$
$-H_1 - 1 + 1 = 0$	$-V_4{\cdot}4 = 0$	$V_1 = 0$
$H_1 = 0$	$V_4 = 0$	

5.- Diagramas de momento y normal

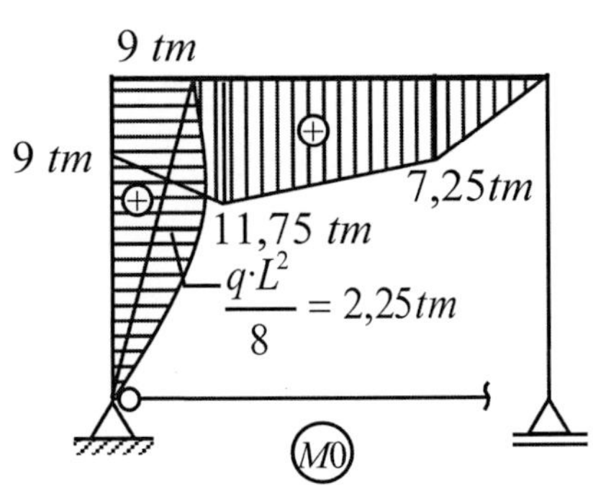

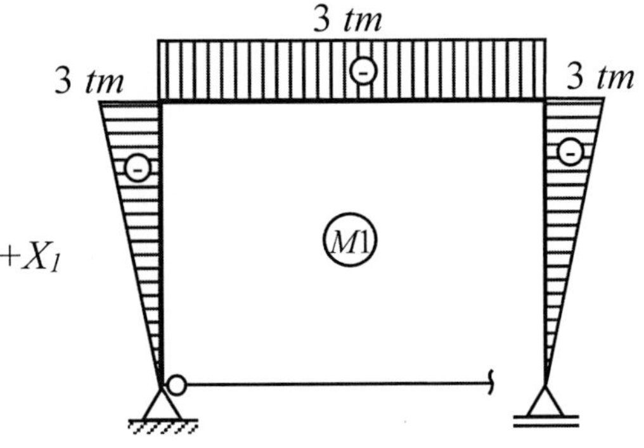

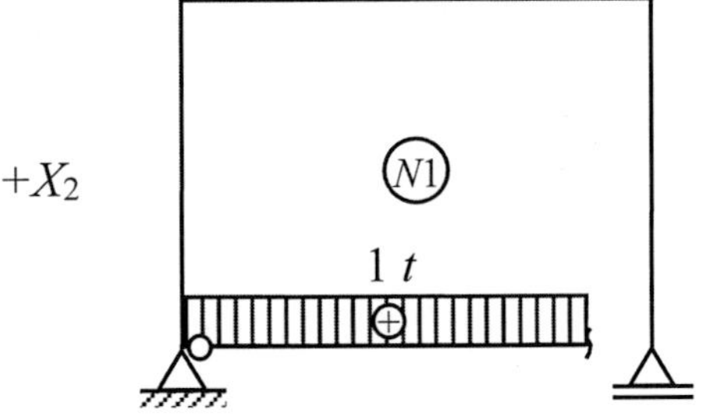

6.- Ecuación de compatibilidad

$$\Delta_{11} X_1 + \Delta_{10} = 0$$

$$\Delta_1 = -\frac{\Delta_{10}}{\Delta_{11}}$$

Primero calculamos:

$$EI_1 = 2{\cdot}10^6 \cdot \frac{0,2{\cdot}0,3^3}{12} = 900 \qquad EA_1 = 2{\cdot}10^6 {\cdot} 0,2{\cdot}0,3 = 120000$$

$$EI_2 = 2{\cdot}10^6 \cdot \frac{0,2{\cdot}0,4^3}{12} = 2133,333$$

Aplicando la tabla 3 de Integración semigráfica, obtenemos:

$$\Delta_{10} = \frac{1}{900}\left[\frac{1}{3}{\cdot}3{\cdot}9(-3) + \frac{1}{3}{\cdot}3{\cdot}2,25{\cdot}(-3)\right] + \ldots\ldots\ldots$$

$$\ldots\ldots + \frac{1}{2133,333}\left[\frac{1}{2}{\cdot}1{\cdot}(-3){\cdot}(9+11,75) + \frac{1}{2}{\cdot}2{\cdot}(-3)(7,25+11,75) + \frac{1}{2}{\cdot}1{\cdot}(-3){\cdot}7,25\right]$$

$$\Delta_{10} = -0,07758$$

$$\Delta_{11} = \frac{1}{900}\left[\frac{1}{3}{\cdot}3{\cdot}(-3)(-3) + \frac{1}{3}{\cdot}3{\cdot}(-3)(-3)\right] + \frac{1}{2133,333}(4{\cdot}(-3){\cdot}(-3)) + \frac{4{\cdot}1{\cdot}1}{120000}$$

$$\Delta_{11} = 0,03691$$

Reemplazamos en X_1:

$$X_1 = -\frac{-0,07758}{0,03691} = 2,1t$$

7.- Reacciones finales

Cuando la estructura es internamente hiperestática sus reacciones corresponden a las del sistema básico:

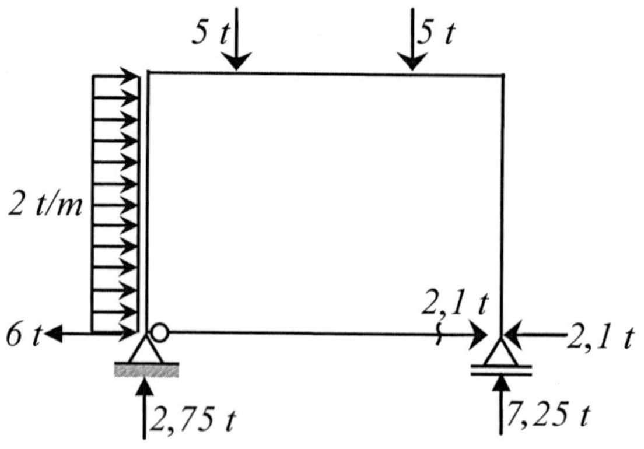

8.- Diagramas de esfuerzos

a) Momento flector

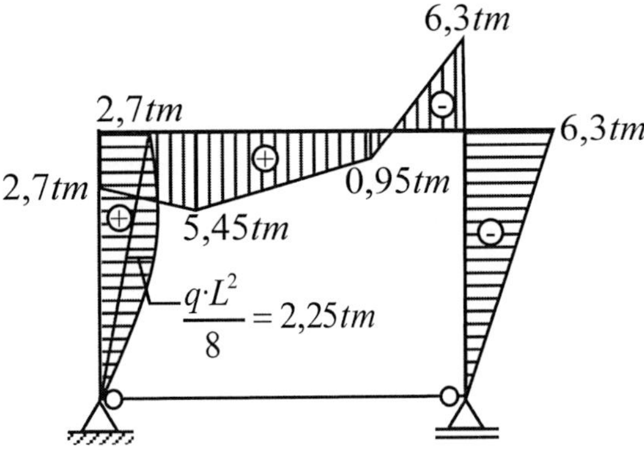

b) Cortante

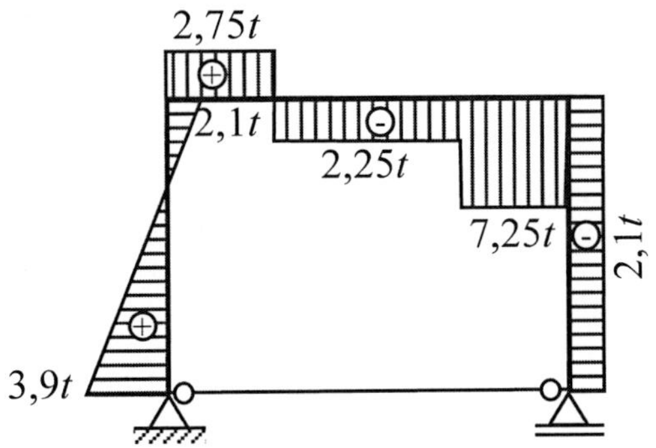

c) Normal

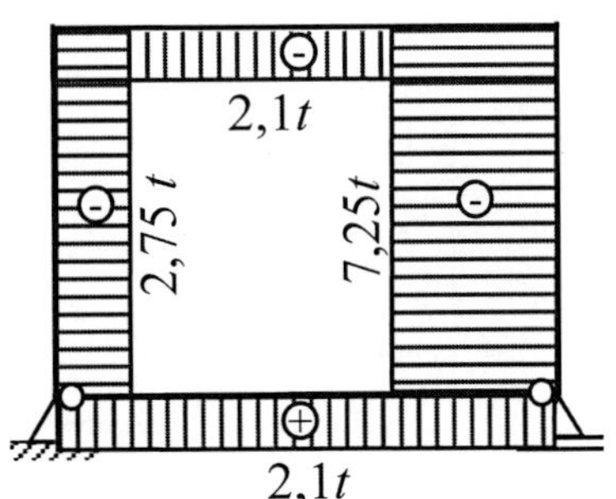

EJERCICIO 48

Calcular reacciones y diagramar esfuerzos.

Datos

$E = 2 \cdot 10^6\ t/m^2$

$b = 15\ cm$

$h = 35\ cm$

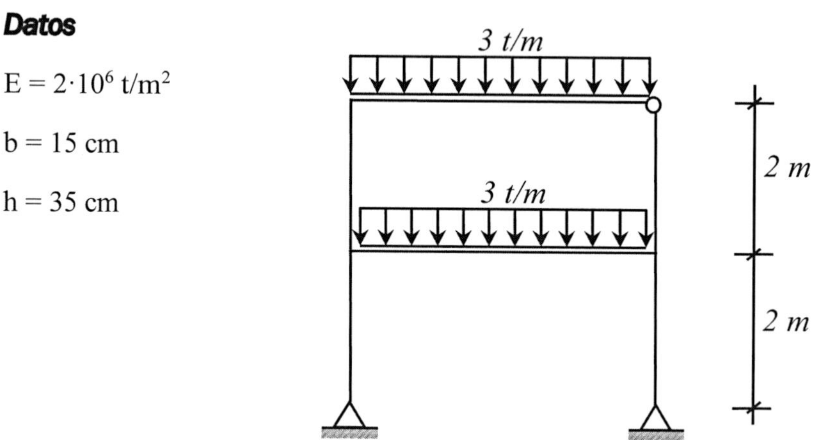

Figura 2.82 Pórtico con un anillo cerrado.

1.- Grado hiperestático

$$G_H = 3 \cdot N_A - G_L = 3 \cdot 2 - 3$$

$$G_H = 3$$

2.- Sistema isostático equivalente

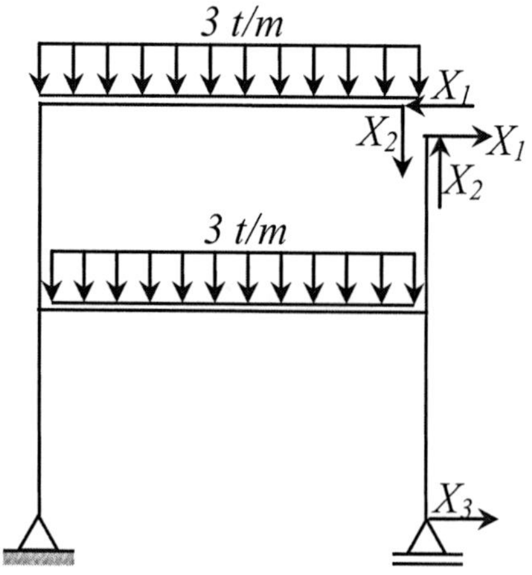

3.- Sistema isostático equivalente

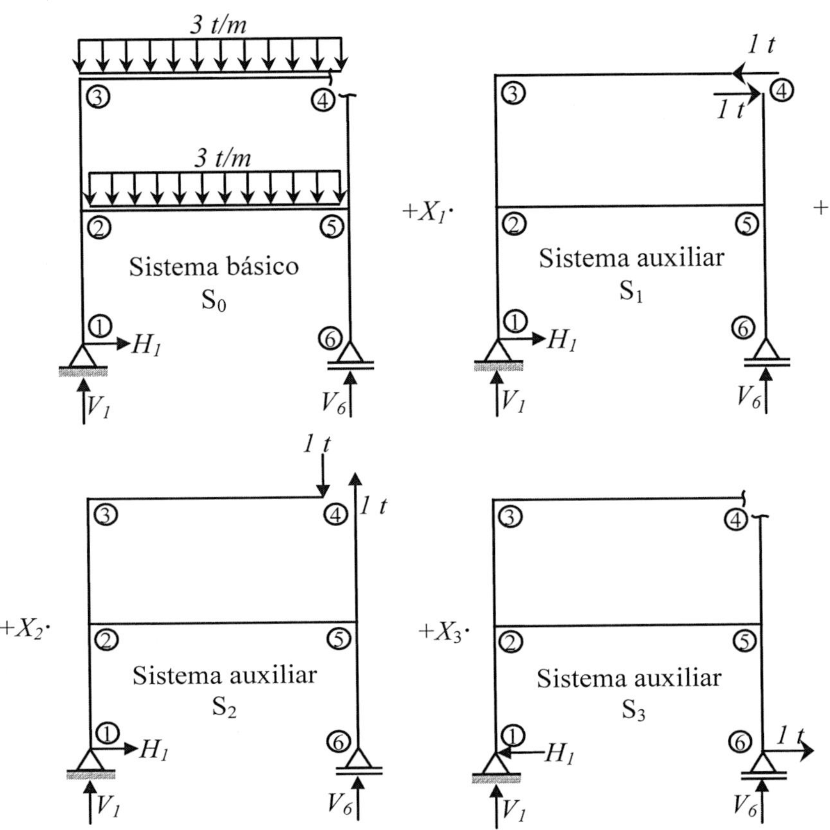

4.- Cálculo de reacciones

a) Sistema S_0

$\Sigma F_H = 0 \rightarrow \oplus$

$H_1 = 0$

$\Sigma M_1 = 0 \circlearrowleft \oplus$

$3{\cdot}4{\cdot}2 + 3{\cdot}4{\cdot}2 - V_6{\cdot}4 = 0$

$V_6 = 12t$

$\Sigma F_V = 0 \uparrow \oplus$

$V_1 - 3{\cdot}4 - 3{\cdot}4 + 12 = 0$

$V_1 = 12t$

b) Sistema S_1

$\Sigma F_H = 0 \rightarrow \oplus$

$H_1 - 1 + 1 = 0$

$H_1 = 0$

$\Sigma M_1 = 0 \circlearrowleft \oplus$

$-1{\cdot}4 + 1{\cdot}4 - V_6{\cdot}4 = 0$

$V_6 = 0$

$\Sigma F_V = 0 \uparrow \oplus$

$V_1 = 0$

c) Sistema S_2

$\Sigma F_H = 0 \rightarrow \oplus$

$H_1 = 0$

$\Sigma M_1 = 0 \circlearrowleft \oplus$

$1{\cdot}4 - 1{\cdot}4 - V_6{\cdot}4 = 0$

$V_6 = 0$

$\Sigma F_V = 0 \uparrow \oplus$

$V_1 - 1 + 1 = 0$

$V_1 = 0$

d) Sistema S_3

$\Sigma F_H = 0 \rightarrow \oplus$

$-H_1 + 1 = 0$

$H_1 = 1t$

$\Sigma M_1 = 0 \circlearrowleft \oplus$

$-V_6{\cdot}4 = 0$

$V_6 = 0$

$\Sigma F_V = 0 \uparrow \oplus$

$V_1 = 0$

5.- Diagramas de momento

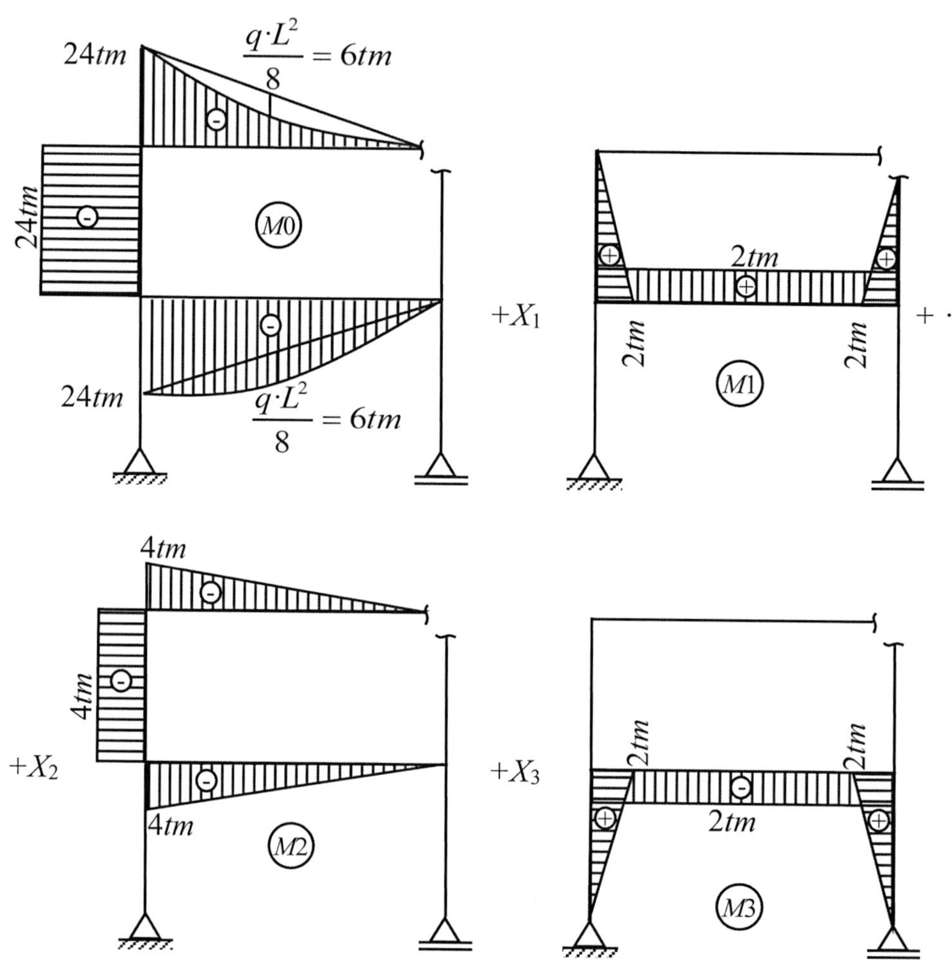

6.- Ecuación de compatibilidad

$$\Delta_{11} \cdot X_1 + \Delta_{12} \cdot X_2 + \Delta_{13} \cdot X_3 = -\Delta_{10}$$

$$\Delta_{21} \cdot X_1 + \Delta_{22} \cdot X_2 + \Delta_{23} \cdot X_3 = -\Delta_{20}$$

$$\Delta_{31} \cdot X_1 + \Delta_{32} \cdot X_2 + \Delta_{33} \cdot X_3 = -\Delta_{30}$$

Utilizando la tabla de integración semigráfica (tabla 3), tenemos:

$$\Delta_{11}=\frac{1}{EI}\left[\frac{1}{3}\cdot 2\cdot 2\cdot 2+4\cdot 2\cdot 2+\frac{1}{3}\cdot 2\cdot 2\cdot 2\right]=\frac{21{,}333}{EI}$$

$$\Delta_{12}=\frac{1}{EI}\left[\frac{1}{2}\cdot 2\cdot 2\cdot(-4)+\frac{1}{2}\cdot 4\cdot 2\cdot(-4)\right]=-\frac{24}{EI}$$

$$\Delta_{13}=\frac{1}{EI}\left[4\cdot(-2)\cdot 2\right]=-\frac{16}{EI}$$

$$\Delta_{22}=\frac{1}{EI}\left[\frac{1}{3}\cdot 4(-4)(-4)+2\cdot(-4)(-4)+\frac{1}{3}\cdot 4\cdot(-4)(-4)\right]=\frac{74{,}667}{EI}$$

$$\Delta_{23}=\frac{1}{EI}\left[\frac{1}{2}\cdot 4(-4)(-2)\right]=\frac{16}{EI}$$

$$\Delta_{33}=\frac{1}{EI}\left[\frac{1}{3}\cdot 2\cdot 2\cdot 2+4(-2)(-2)+\frac{1}{3}\cdot 2\cdot 2\cdot 2\right]=\frac{21{,}333}{EI}$$

$$\Delta_{10}=\frac{1}{EI}\left[\frac{1}{2}\cdot 2\cdot(-24)\cdot 2+\frac{1}{2}\cdot 4\cdot(-24)\cdot 2+\frac{2}{3}\cdot 4\cdot(-6)\cdot 2\right]=-\frac{176}{EI}$$

$$\Delta_{20}=\frac{1}{EI}\left[\frac{1}{4}\cdot 4(-24)(-4)+2(-24)(-4)+\frac{1}{3}\cdot 4\cdot(-24)(-4)+\frac{1}{3}\cdot 4\cdot(-6)(-4)\right]=\frac{448}{EI}$$

$$\Delta_{30}=\frac{1}{EI}\left[\frac{1}{2}\cdot 4(-24)(-2)+\frac{2}{3}\cdot 4\cdot(-6)(-2)\right]=\frac{128}{EI}$$

Reemplazando en el sistema de ecuaciones:

$$\left(\frac{21{,}333}{EI}\right)X_1-\left(\frac{24}{EI}\right)X_2-\left(\frac{16}{EI}\right)X_3=-\left(\frac{-176}{EI}\right)$$

$$-\left(\frac{24}{EI}\right)X_1+\left(\frac{74{,}667}{EI}\right)X_2+\left(\frac{16}{EI}\right)X_3=-\left(\frac{448}{EI}\right)$$

$$-\left(\frac{16}{EI}\right)X_1+\left(\frac{16}{EI}\right)X_2+\left(\frac{21{,}333}{EI}\right)X_3=-\left(\frac{128}{EI}\right)$$

Simplificamos las anteriores ecuaciones:

$$21{,}333\cdot X_1-24\cdot X_2-16\cdot X_3=176$$

$$-24\cdot X_1+74{,}667\cdot X_2+16\cdot X_3=-448$$

$$-16\cdot X_1+16\cdot X_2+21{,}333\cdot X_3=-128$$

Resolviendo este sistema de ecuaciones tenemos:

$$X_1 = 1,79\ t$$

$$X_2 = -\ 5,27\ t$$

$$X_3 = -\ 0,7\ t$$

7.- Reacciones finales

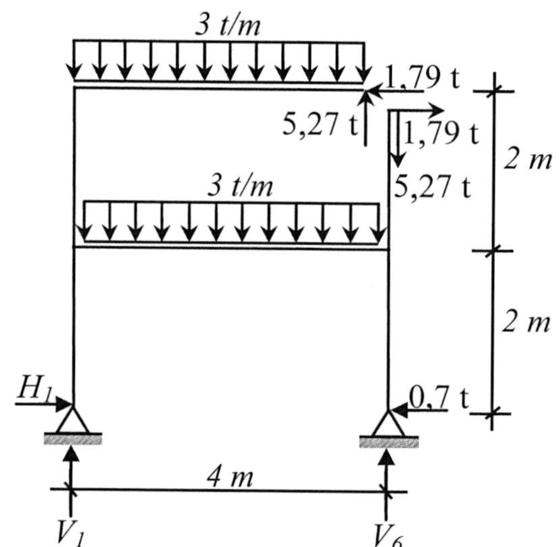

$$\Sigma F_H = 0 \rightarrow \oplus$$

$$H_1 - 0,7 = 0$$

$$H_1 = 0,7t$$

$$\Sigma M_1 = 0 \circlearrowleft \oplus$$

$$3 \cdot 4 \cdot 2 + 3 \cdot 4 \cdot 2 - V_6 \cdot 4 = 0$$

$$V_6 = 12t$$

$$\Sigma F_V = 0 \uparrow \oplus$$

$$V_1 - 3 \cdot 4 - 3 \cdot 4 + 12 = 0$$

$$V_1 = 12t$$

8.- Diagramas de esfuerzos

a) Normal

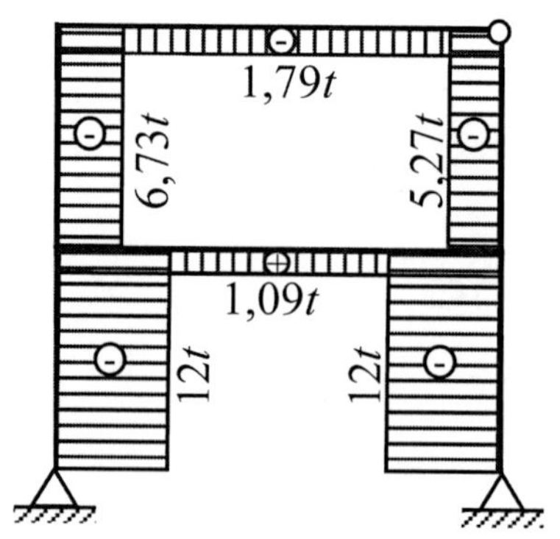

b) Cortante

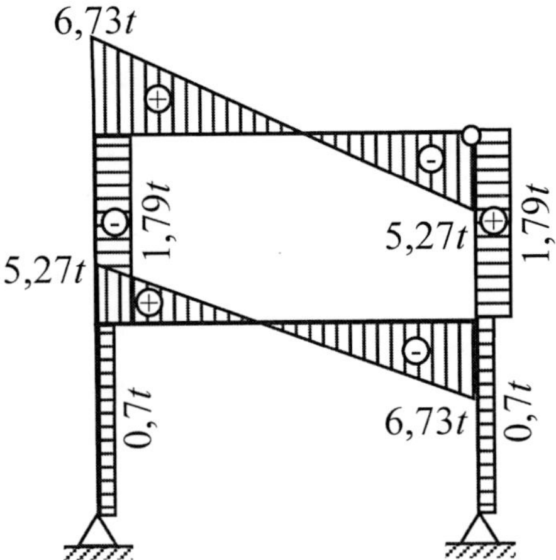

c) Momento flector

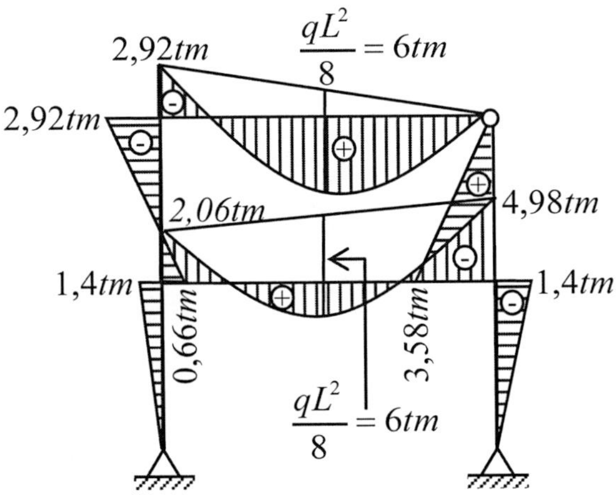

2.10.3. Adición de articulaciones

Este criterio para convertir una estructura hiperestática en otra isostática se puede emplear en cualquiera de los 3 tipos de estructuras hiperestáticas. Su aplicación consiste en transformar una estructura hiperestática en isostática colocando articulaciones en puntos estratégicos de la estructura, de tal manera que los grados de libertad de estos igualen al grado hiperestático de la estructura sin provocar su inestabilidad.

La introducción de articulaciones en la estructura hiperestática altera su naturaleza, pues al hacerlo anulamos el momento flector en estos puntos; esta situación puede salvarse colocando momentos flectores puntuales ubicados a ambos lados de cada articulación que representen las redundantes anuladas del sistema hiperestático.

Para lograr una estructura isostática equivalente por adición de articulaciones se deben considerar los siguientes pasos:

Primero. - Determinar el grado hiperestático de la estructura. Supongamos la siguiente estructura:

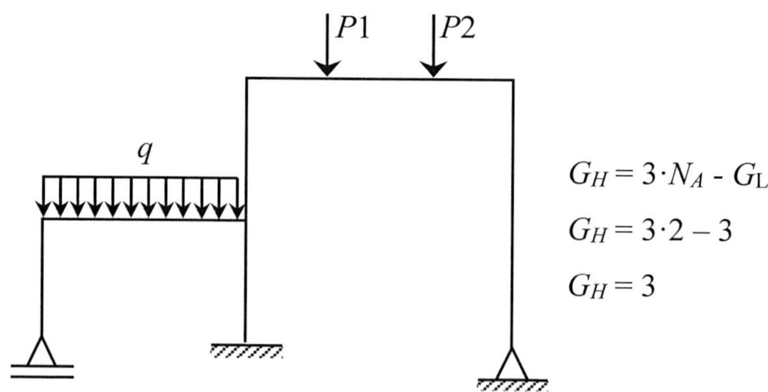

$$G_H = 3 \cdot N_A - G_L$$

$$G_H = 3 \cdot 2 - 3$$

$$G_H = 3$$

Figura 2.83 Pórtico hiperestático.

Segundo. - Introducir una cantidad de articulaciones que generen un grado de libertad equivalente al grado hiperestático de la estructura y colocar a ambos lados de estas, según las barras que se conectan, un momento concentrado x. Recordemos que una articulación que une dos barras presenta un grado de libertad y por cada barra sumada a esta articulación se adiciona un grado de libertad. Por lo tanto, para esta estructura existen las siguientes opciones:

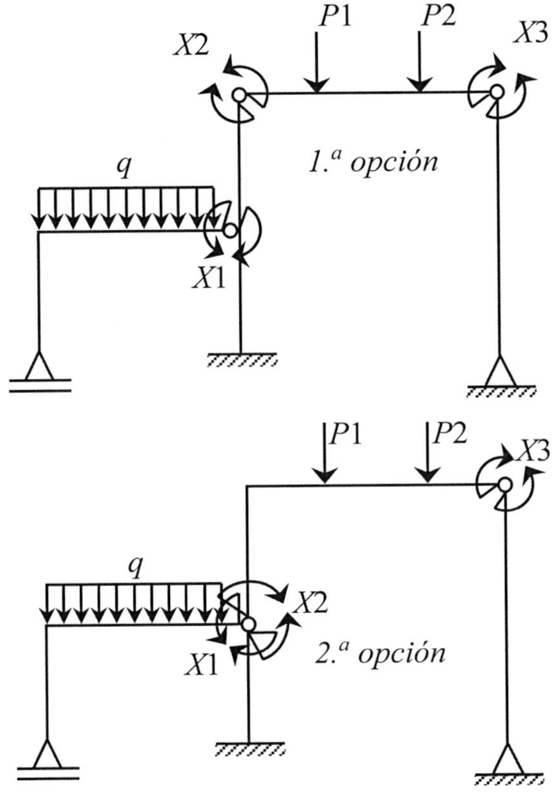

Figura 2.84 Incorporación de articulaciones.

Para pórticos cerrados se siguen los mismos criterios. Veamos el siguiente ejemplo de pórtico cerrado.

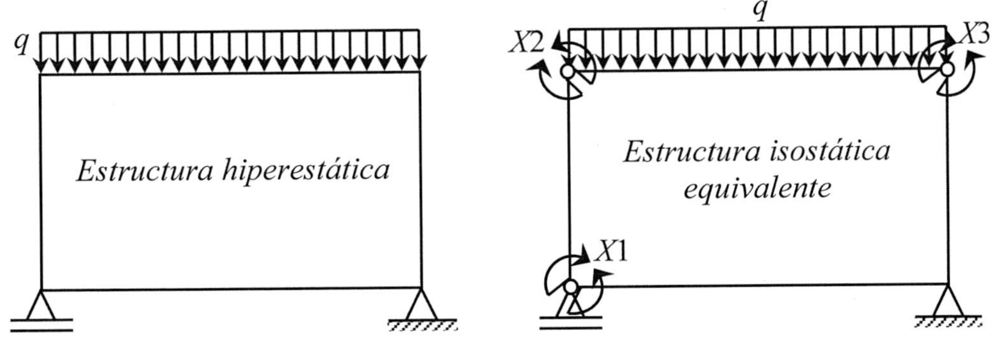

Figura 2.85 Sistema isostático equivalente a partir de articulaciones.

Tercero. - Se debe verificar que las articulaciones introducidas no hagan inestable a la estructura; esto se realiza desensamblado la estructura a partir de sus articulaciones y verificando que cada una de sus partes sea isostática y estable. Efectuemos esta verificación para los ejemplos anteriores.

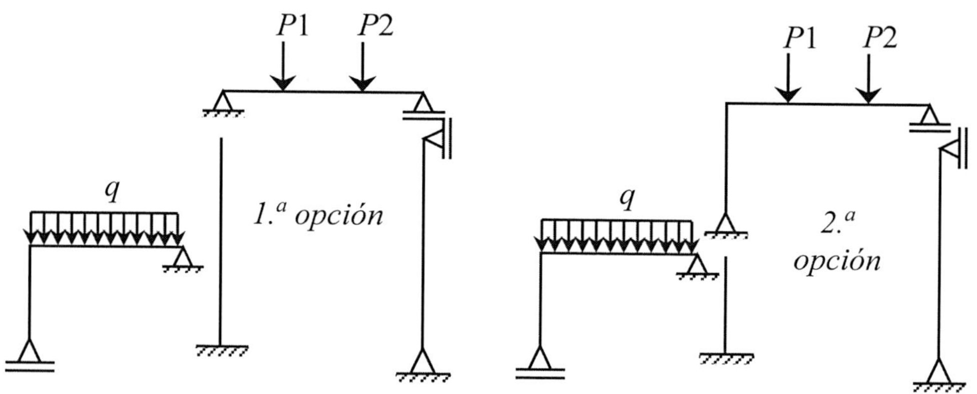

Figura 2.86 Desensamblado de la estructura.

En todos los casos, en cada una de las partes de la estructura, al desensamblarse a partir de sus articulaciones verifican su estabilidad y equilibrio estático; por lo tanto, la solución es correcta.

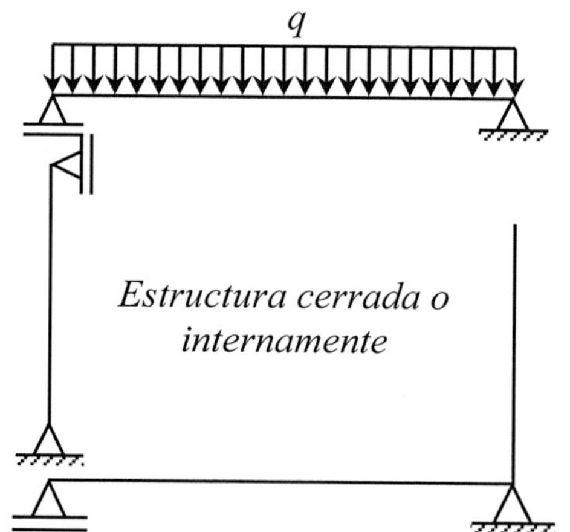

Figura 2.87 Estructura desensamblada.

EJERCICIO 49

Resolver la siguiente viga, articulando.

Datos

$E = 2 \cdot 10^6$ t/m²

b/h = 20/30

Figura 2.88 Viga hiperestática.

1.- Grado hiperestatico

$$G_H = 3 \cdot N_A - G_L$$

$$G_H = 3(1)-2$$

$$G_H = 1^o$$

2.- Sistema isostático equivalente

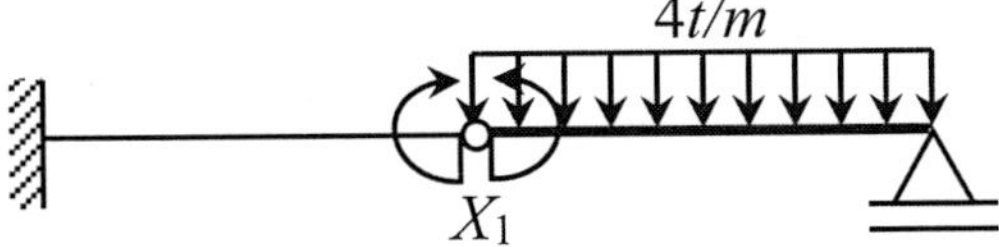

3.- Sistema básico y auxiliares

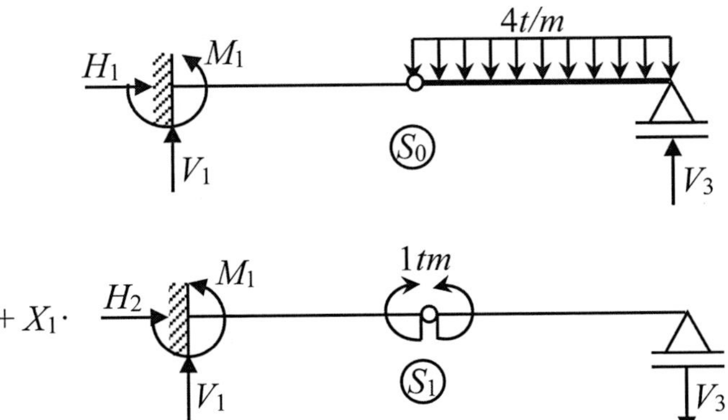

4.- Cálculo de reacciones

a) Sistema básico

$$\sum FH = 0 \rightarrow \oplus$$
$$H_1 = 0$$
$$\sum M_2 = 0 \circlearrowleft \oplus \ (derecha)$$
$$4 \cdot 3 \cdot 1{,}5 - V_3 \cdot 3 = 0$$
$$V_3 = 6t$$

$$\sum FV = 0 \uparrow \oplus$$
$$V_1 - 4 \cdot 3 + 6 = 0$$
$$V_1 = 6t$$

$$\sum M_2 = 0 \circlearrowleft \oplus \ (izquierda)$$
$$6 \cdot 3 - M_1 = 0$$
$$M_1 = 18tm$$

b) Sistema auxiliar 1

$$\sum FH = 0 \rightarrow \oplus$$
$$H_1 = 0$$
$$\sum M_2 = 0 \circlearrowleft \oplus \ (derecha)$$
$$-1 + V_3 \cdot 3 = 0$$
$$V_3 = 1/3t$$

$$\sum FV = 0 \uparrow \oplus$$
$$V_1 - 1/3 = 0$$
$$V_1 = 1/3t$$

$$\sum M_2 = 0 \circlearrowleft \oplus \ (izquierda)$$
$$1/3 \cdot 3 + 1 - M_1 = 0$$
$$M_1 = 2tm$$

5.- Diagramas de momento

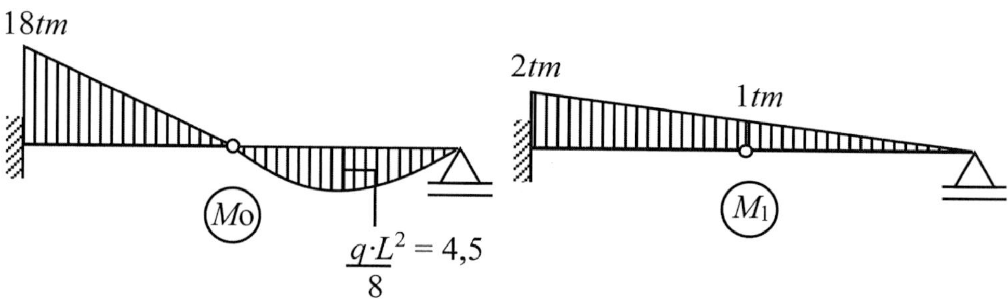

6.- Ecuaciones de compatibilidad

$$\Delta_{11} \cdot X_1 = -\Delta_{10}$$

$$X_1 = \frac{-\Delta_{10}}{\Delta_{11}} \qquad \Delta_{ij} = \int \frac{Mi \cdot Mj}{E \cdot I} dx$$

2tm 2tm

6m 6m

$$\Delta_{11} = \frac{1}{EI}\left[\quad \right] = \frac{1}{EI}\left[\frac{1}{3} \cdot 6 \cdot 2 \cdot 2\right] = \frac{8}{EI}$$

$$\Delta_{12} = \frac{1}{EI}$$

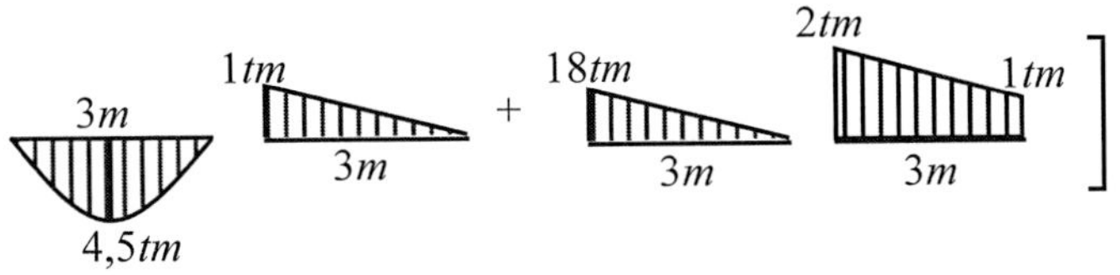

$$\Delta_{10} = \frac{1}{EI}\left[-\frac{1}{3}\cdot 3\cdot 4{,}5\cdot 1+\frac{1}{6}\cdot 3\cdot 18\cdot(1+2\cdot 2)\right] = \frac{40{,}5}{EI}$$

$$X_1 = \frac{-\dfrac{40{,}5}{EI}}{\dfrac{8}{EI}} = -5{,}06\ tm$$

7.- Reacciones finales

Sentido (+)	Tipo	R_0	X_1	R_1	$Rf=R_0+x_1\cdot R_1$
→	H1	0	-5,06	0	0
↑	V1	6	-5,06	1/3	4,313 tm
↻	M1	-18	-5,06	-2	-7,880 tm
↑	V3	6	-5,06	-1/3	7,687 tm

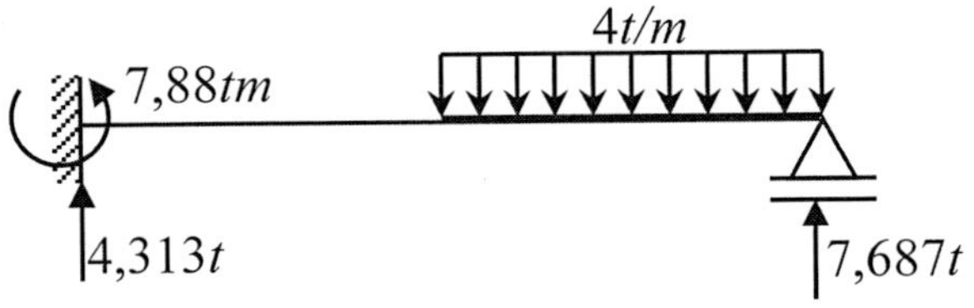

8.- Diagramas finales

a) Momento

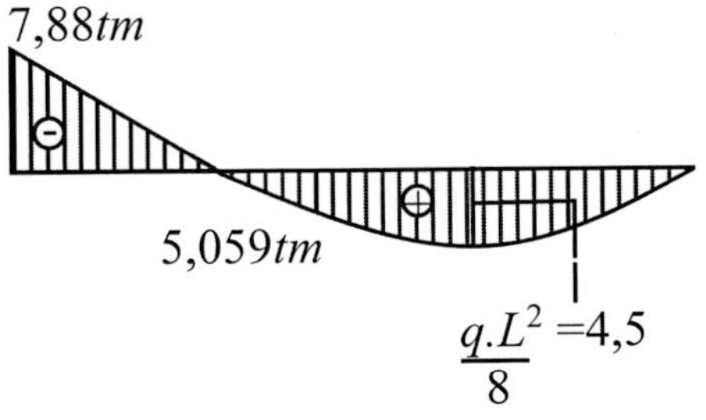

b) Cortante

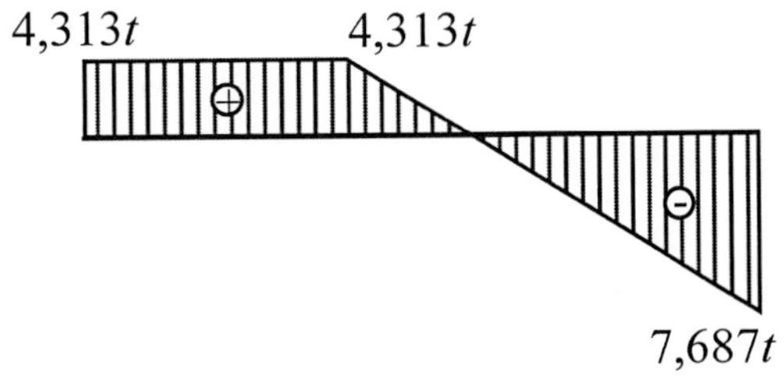

EJERCICIO 50

Resolver el siguiente pórtico, articulado.

Datos

$E = 2 \cdot 10^6\ t/m^2$

$b/h = 20/40$

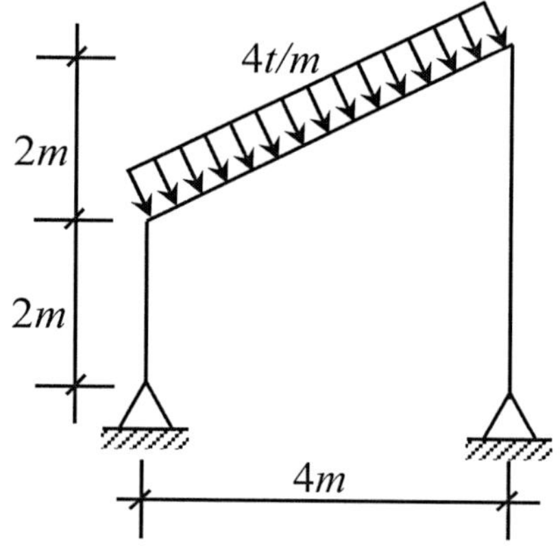

Figura 2.89 Pórtico hiperestático.

1.- Grado hiperestático

$$G_H = 3 \cdot N_A - G_L$$

$$G_H = 3(1) - 2$$

$$G_H = 1^{\underline{o}}$$

2.- Sistema isostático equivalente

Articulamos el nudo 3.

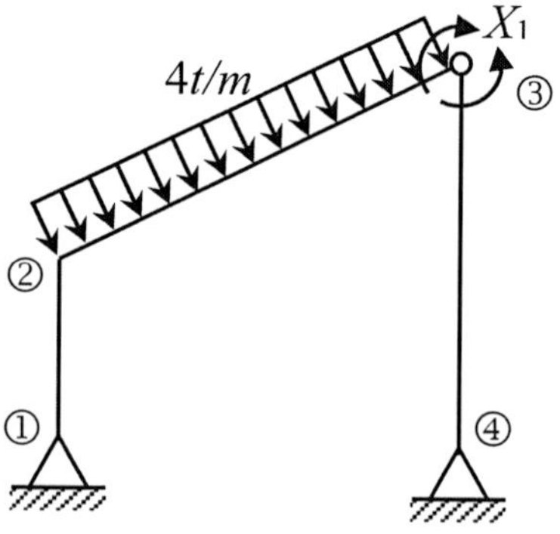

3.- Sistema básico y auxiliar

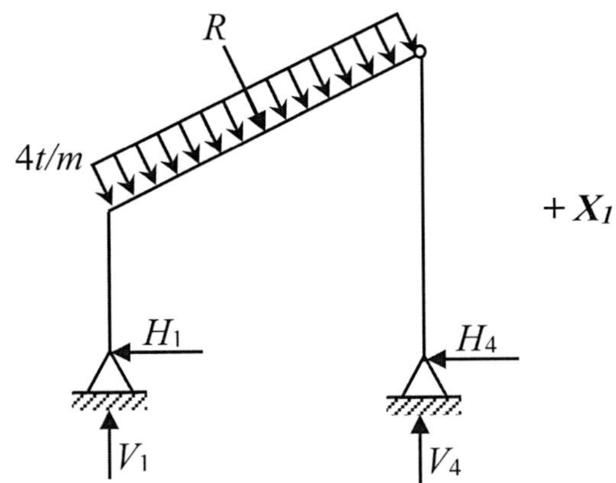

$+X_1$

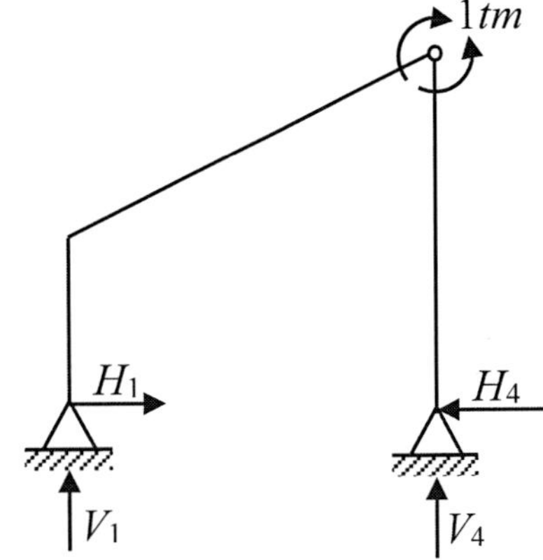

4.- Cálculo de reacciones

a) Sistema real

$$R = 4\sqrt{20} = 17{,}89t$$

$$\theta = arctag\left(\frac{2}{4}\right) = 26{,}56^{\circ}$$

$$\sum M_3 = 0 \circlearrowright \oplus (abajo)$$
$$H_4 = 0$$

$$\sum FH = 0 \rightarrow \oplus$$
$$-H_1 + 17{,}89 \cdot sen\theta = 0$$
$$H_1 = 8t$$

$$\sum M_1 = 0 \circlearrowright \oplus$$
$$17{,}89 \cdot sen\theta \cdot 3 + 17{,}89 \cdot \cos\theta \cdot 2 - V_4 \cdot 4 = 0$$
$$V_4 = 14t$$

b) Sistema básico

$$\sum M_3 = 0 \circlearrowright \oplus (abajo)$$
$$-1 + H_4 \cdot 4 = 0$$
$$H_4 = 0{,}25t$$

$$\sum FH = 0 \rightarrow \oplus$$
$$H_1 - 0{,}25 = 0$$
$$H_1 = 0{,}25t$$

$$\sum M_1 = 0 \circlearrowright \oplus$$
$$1 - 1 - V_4 \cdot 4 = 0$$
$$V_4 = 0$$

$$\sum FV = 0 \uparrow \oplus$$
$$V_1 = 0$$

$$\sum FV = 0 \uparrow \oplus$$

$$V_1 + 14 - 17{,}89 \cdot \cos\theta = 0$$

$$V_1 = 2t$$

5.- Diagramas de momentos

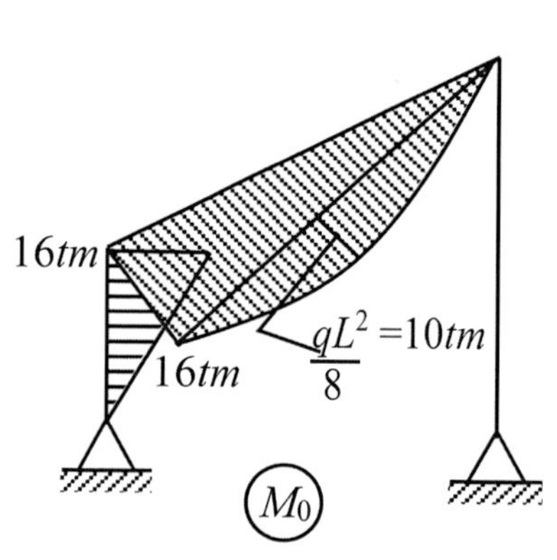

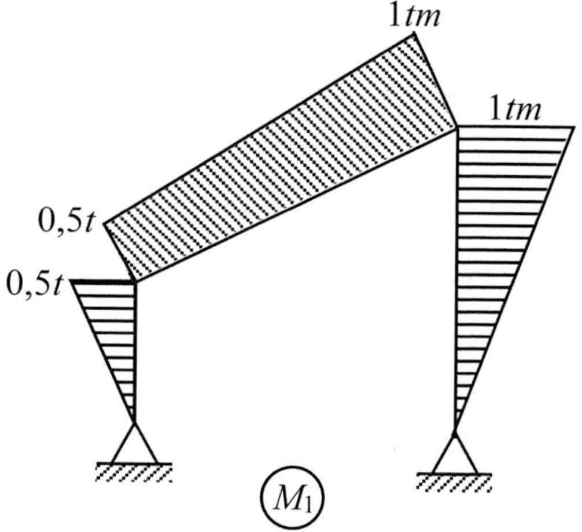

6.- Ecuación de compatibilidad

$$\Delta_{11} \cdot X_1 = -\Delta_{10}$$

$$\Delta_{ij} = \int \frac{Mi \cdot Mj}{E \cdot I} dx \qquad X_1 = -\frac{\Delta_{10}}{\Delta_{11}}$$

$$\Delta_{11} = \frac{1}{EI}\left[\ \right]$$

0,5 — 2m; 0,5 — 2m + 0,5 / 1 — $\sqrt{20}$; 0,5 / 1 — $\sqrt{20}$ + 1 — 4m; 1 — 4m

$$\Delta_{11} = \frac{1}{EI} \cdot \left[\frac{1}{3} \cdot 2 \cdot 0{,}5 \cdot 0{,}5 + \frac{1}{6} \cdot (\sqrt{20})[0{,}5 \cdot (2 \cdot 0{,}5 + 1) + 1(0{,}5 + 2 \cdot 1)] + \frac{1}{3} \cdot 4 \cdot 1 \cdot 1\right]$$

$$\Delta_{11} = \frac{1}{EI}(4{,}109) = \frac{4{,}109}{EI}$$

$$\Delta_{10} = \frac{1}{EI}\left[\ \right]$$

2m — 16; 0,5 — 2m + $\sqrt{20}$ — 16 — 10; 0,5 / 1 — $\sqrt{20}$

$$\Delta_{10} = \frac{1}{EI}\left[-\frac{1}{3}\cdot 2\cdot 16\cdot 0{,}5 + \left[\text{(triángulo } \sqrt{20}\text{, 16)} + \text{(parábola } \sqrt{20}\text{, 10)}\right] * \text{(trapecio } \sqrt{20}\text{; 0,5 – 1)}\right]$$

$$\Delta_{10} = \frac{1}{EI}\left[-5{,}333 + \text{(triángulo } \sqrt{20}\text{, 16)} \cdot \text{(trapecio } \sqrt{20}\text{; 0,5 – 1)} + \text{(parábola } \sqrt{20}\text{, 10)} \cdot \text{(trapecio } \sqrt{20}\text{; 0,5 – 1)}\right]$$

$$\Delta_{10} = \frac{1}{EI}\left[-5{,}333 - \frac{1}{6}\sqrt{20}\cdot 16(2\cdot 0{,}5+1) - \frac{1}{3}\cdot\sqrt{20}\cdot 10(0{,}5+1)\right]$$

$$\Delta_{10} = \frac{-51{,}545}{EI} \qquad X_1 = \frac{\Delta_{10}}{\Delta_{11}} = \frac{-\left(\dfrac{-51{,}545}{EI}\right)}{\dfrac{4{,}109}{EI}} = 12{,}54tm$$

7.- Reacciones finales

Sentido (+)	Tipo	R0	X1	R1	Rf
→	H1	-8	12,54	0,25	-4,865
↑	V1	2	12,54	0	2
→	H4	0	12,54	-0,25	-3,135
↑	V4	14	12,54	0	14

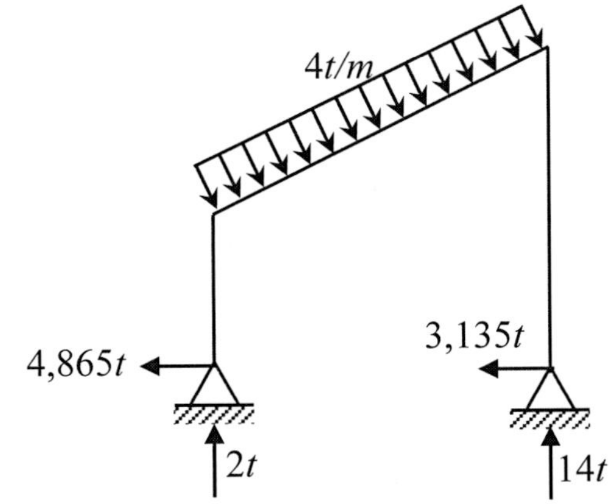

8.- Diagramas finales

Antes de graficar:

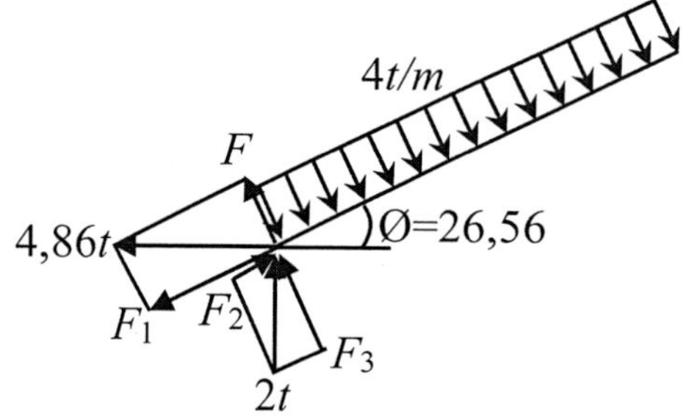

F_1=4,865·cosØ=4,35t

F_2=2·senØ=0,894t

F_3=2·cosØ=1,789t

F_4=4,865·senØ=2,175t

a) Normal

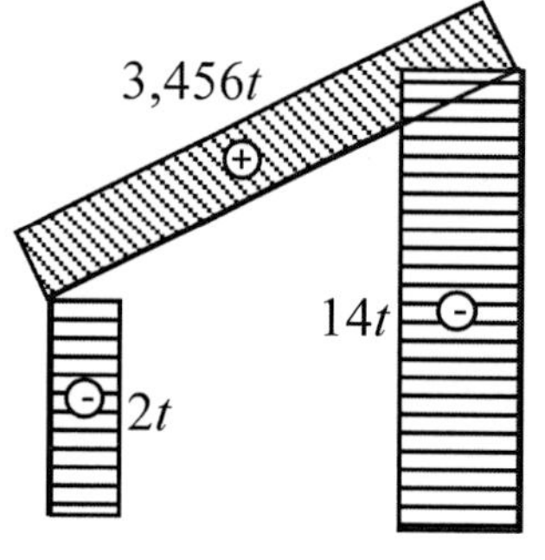

b) Cortante

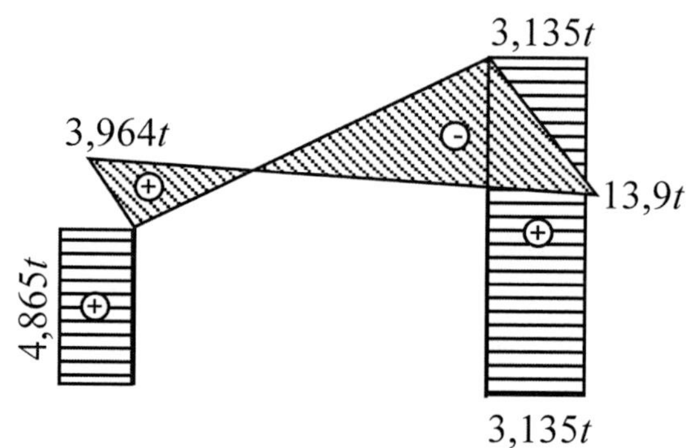

c) Momento

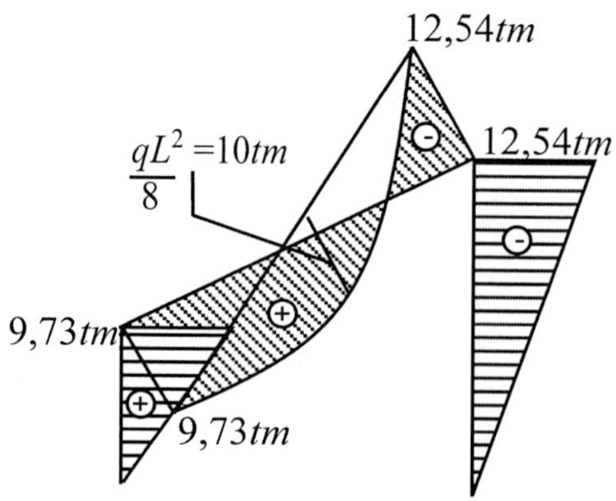

EJERCICIO 51

Analizar la siguiente estructura articulando.

Datos

$E = 2 \cdot 10^6$ t/m^2

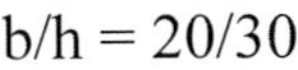
b/h = 20/30

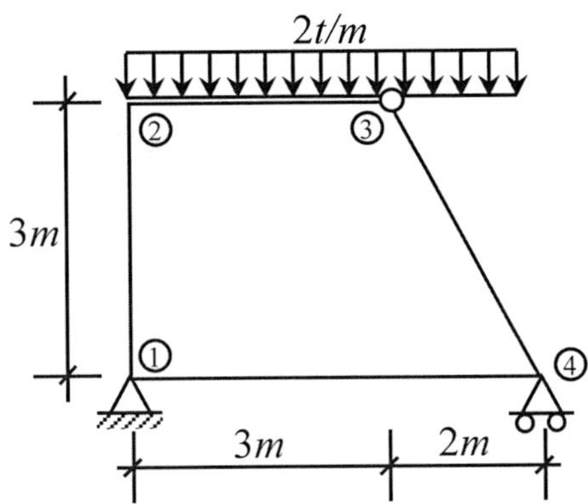

Figura 2.90 Pórtico cerrado.

1.- Grado hiperestatico

$$G_H = 3 \cdot N_A - G_L$$

$$G_H = 3(2) - 4$$

$$G_H = 2^o$$

2.- Sistema isostático equivalente

Articulamos el nudo 1 y 2.

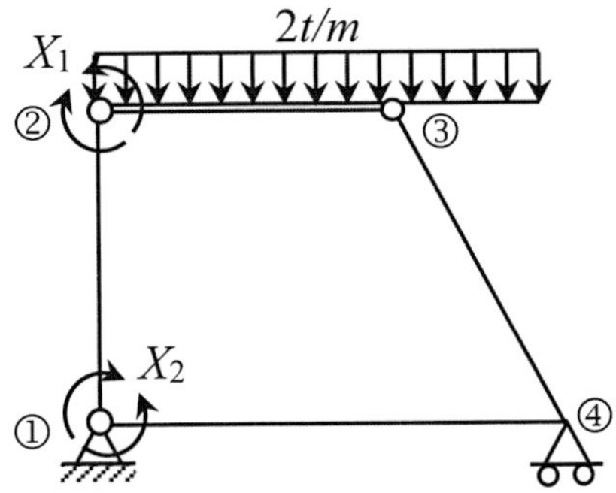

3.- Sistema básico y auxiliares

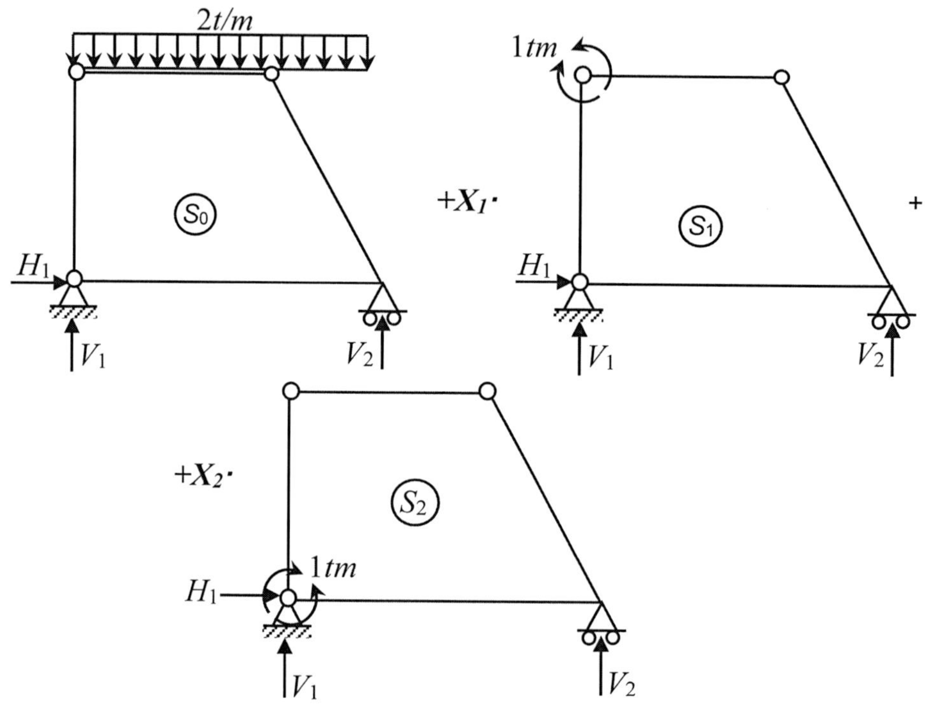

4.- Cálculo de reacciones

a) Sistema básico

$$\sum FH = 0 \rightarrow \oplus$$
$$H_1 = 0$$

$$\sum M_1 = 0 \circlearrowright \oplus$$
$$2 \cdot 5 \cdot 2{,}5 - V_2 \cdot 5 = 0$$
$$V_2 = 5t$$

$$\sum FV = 0 \uparrow \oplus$$
$$V_1 - 2 \cdot 5 + 5 = 0$$
$$V_1 = 5t$$

b) Sistema auxiliar 1

$$\sum FH = 0 \rightarrow \oplus$$
$$H_1 = 0$$

$$\sum M_1 = 0 \circlearrowright \oplus$$
$$V_2 = 0$$

$$\sum FV = 0 \uparrow \oplus$$
$$V_1 = 0$$

c) Sistema auxiliar 2

$$\sum FH = 0 \rightarrow \oplus$$
$$H_1 = 0$$

$$\sum M_1 = 0 \circlearrowright \oplus$$
$$V_2 = 0$$

$$\sum FV = 0 \uparrow \oplus$$
$$V_1 = 0$$

5.- Diagramas de momento

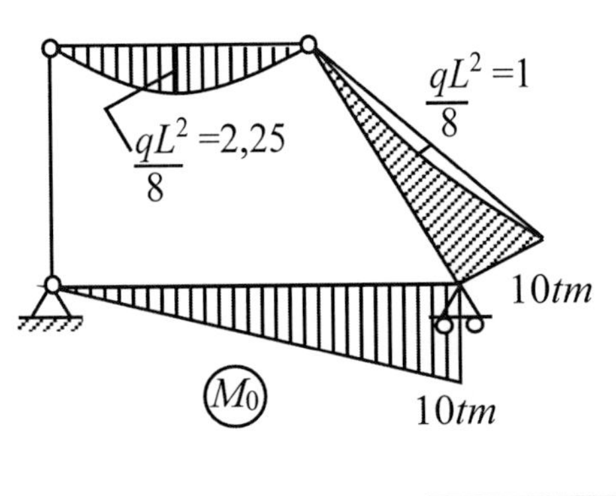

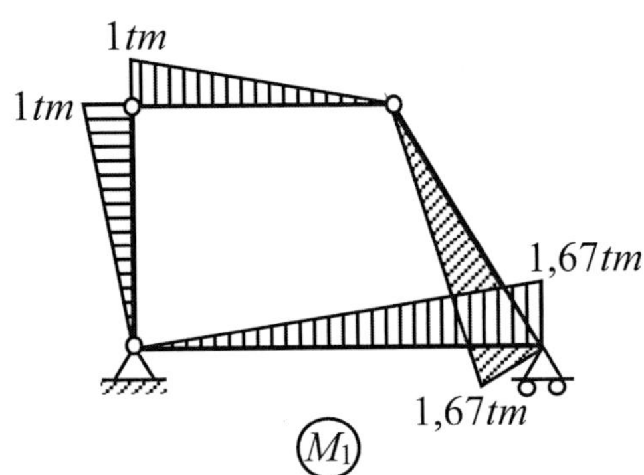

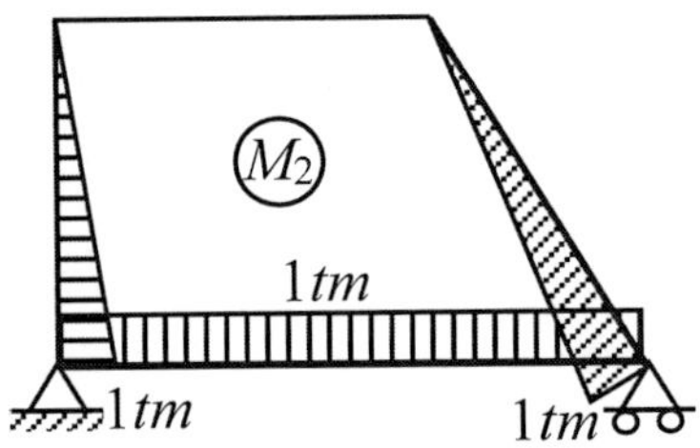

6.- Ecuaciones de compatibilidad

$$\Delta_{11} \cdot X_1 + \Delta_{12} \cdot X_2 = -\Delta_{10}$$

$$\Delta_{21} \cdot X_1 + \Delta_{22} \cdot X_2 = -\Delta_{20}$$

$$\Delta_{ij} = \int \frac{Mi \cdot Mj}{E \cdot I} dx$$

$$\Delta_{11} = \frac{1}{EI}\left[\underset{3}{\overset{1}{\triangle}}\ \underset{3}{\overset{1}{\triangle}} + \underset{3m}{\overset{1}{\triangle}}\ \underset{3}{\overset{1}{\triangle}} + \underset{1,667}{\overset{\sqrt{13}}{\triangle}}\ \underset{1,667}{\overset{\sqrt{13}}{\triangle}} + \underset{5}{\overset{1,667}{\triangle}}\ \underset{5}{\overset{1,667}{\triangle}} \right]$$

$$\Delta_{11} = \frac{1}{EI}\left[\frac{1}{3}\cdot 3\cdot 1\cdot 1 + \frac{1}{3}\cdot 3\cdot 1\cdot 1 + \frac{1}{3}\cdot\sqrt{13}\cdot 1,667\cdot 1,667 + \frac{1}{3}\cdot 5\cdot 1,667\cdot 1,667\right] = \frac{9,97}{EI}$$

$$\Delta_{12} = \frac{1}{EI}\left[\underset{3m}{\overset{1}{\triangle}}\ \underset{1}{\overset{3m}{\triangle}} + \underset{1,667}{\overset{\sqrt{13}}{\triangle}}\ \underset{1}{\overset{\sqrt{13}}{\triangle}} + \underset{5m}{\overset{1.667}{\triangle}}\ \underset{5m}{\overset{1}{\square}} \right]$$

$$\Delta_{12} = \Delta_{21} = \frac{1}{EI}\left[\frac{-1}{6}\cdot 3\cdot 1\cdot 1 + \frac{1}{3}\cdot\sqrt{13}\cdot 1,667\cdot 1 + \frac{1}{2}\cdot 5\cdot 1,667\cdot 1\right] = \frac{5,671}{EI}$$

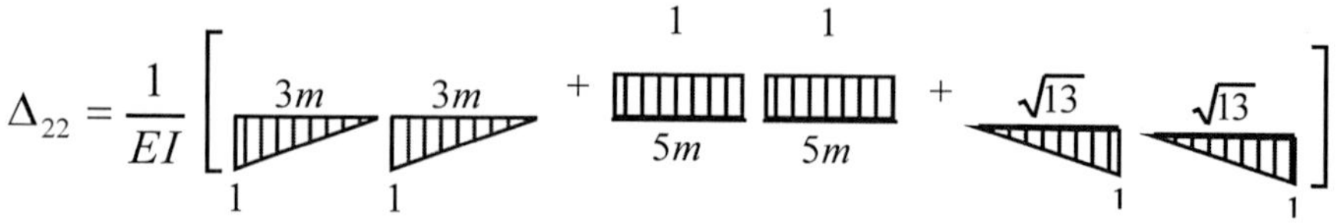

$$\Delta_{22} = \frac{1}{EI}\left[\frac{1}{3}\cdot 3\cdot 1\cdot 1 + 5\cdot 1\cdot 1 + \frac{1}{3}\cdot\sqrt{13}\cdot 1\cdot 1\right] = \frac{7{,}2}{EI}$$

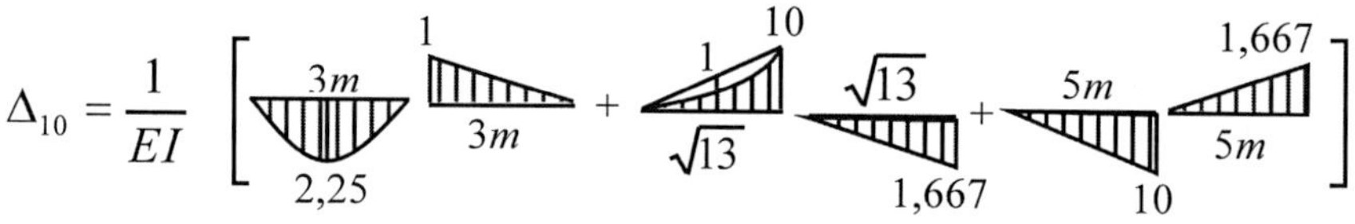

$$\Delta_{10} = \frac{1}{EI}\left[-\frac{1}{3}\cdot 3\cdot 2{,}25\cdot 1 + I_1 - \frac{1}{3}\cdot 5\cdot 10\cdot 1{,}667\right] = \frac{1}{EI}\left[-30{,}03 + I_1\right]$$

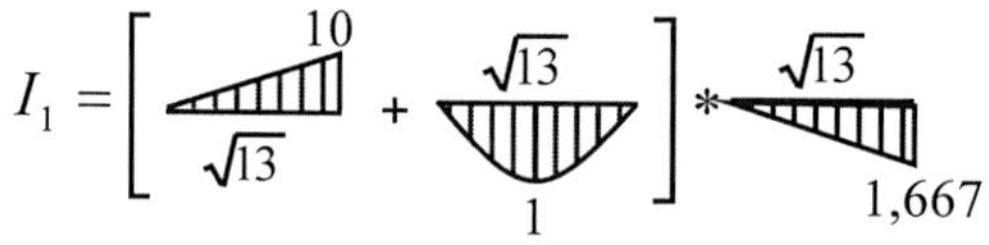

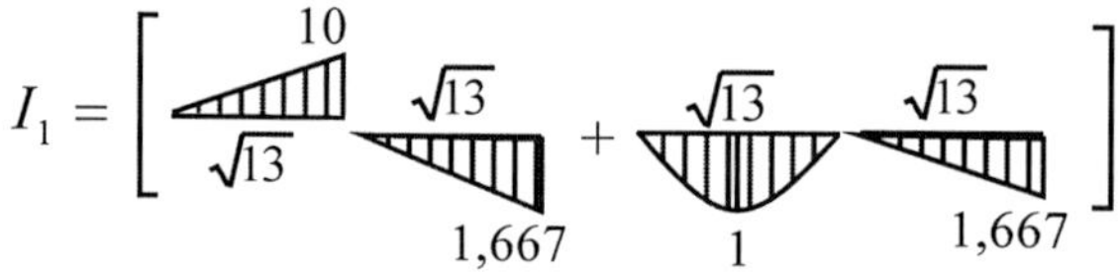

$$I_1 = \frac{-1}{3}\cdot\sqrt{13}\cdot 10\cdot 1{,}667 + \frac{1}{3}\cdot\sqrt{13}\cdot 1\cdot 1{,}667$$

$$I_1 = -18{,}03 \quad \therefore \Delta_{10} = \frac{-48{,}06}{EI}$$

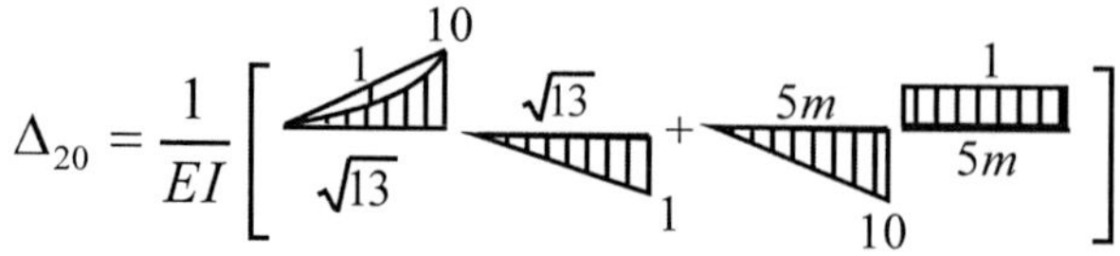

$$\Delta_{20} = \frac{1}{EI}\left[I_2 - \frac{1}{2}\cdot 5\cdot 10\cdot 1\right] = \frac{1}{EI}(I_2 - 25)$$

$I_2 =$ [10, $\sqrt{13}$ + $\sqrt{13}$, 1] * $\sqrt{13}$, 1

$I_2 =$ [10, $\sqrt{13}$ · $\sqrt{13}$, 1 + $\sqrt{13}$, 1 · $\sqrt{13}$, 1]

$$I_2 = \frac{-1}{3} \cdot \sqrt{13} \cdot 10 \cdot 1 + \frac{1}{3} \cdot \sqrt{13} \cdot 1 \cdot 1 = -10{,}82$$

$$\therefore \Delta_{20} = \frac{1}{EI}(-10{,}82 - 25) = \frac{-35{,}82}{EI}$$

$$\left(\frac{9{,}97}{EI}\right) X_1 + \left(\frac{5{,}671}{Ei}\right) X_2 = -\left(\frac{-48{,}06}{EI}\right) EI$$

$$\left(\frac{5{,}671}{EI}\right) X_1 + \left(\frac{7{,}2}{EI}\right) X_2 = -\left(\frac{-35{,}82}{EI}\right) .EI$$

$$\left.\begin{array}{l} 9{,}97 \cdot X_1 + 5{,}671 \cdot X_2 = 48{,}06 \\ 5{,}671 \cdot X_1 + 7{,}2 \cdot X_2 = 35{,}82 \end{array}\right\} \begin{array}{l} X_1 = 3{,}61tm \\ X_2 = 2{,}13tm \end{array}$$

7.- Reacciones finales

En estructuras internamente hiperestáticas las reacciones son equivalentes a las del sistema básico.

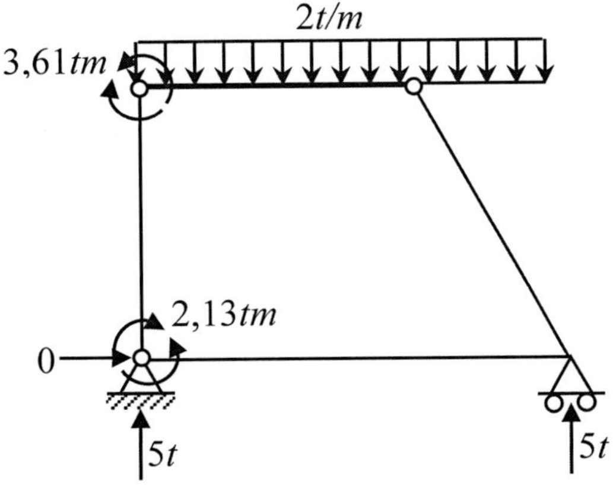

8.- Diagramas finales

Desensamblamos:

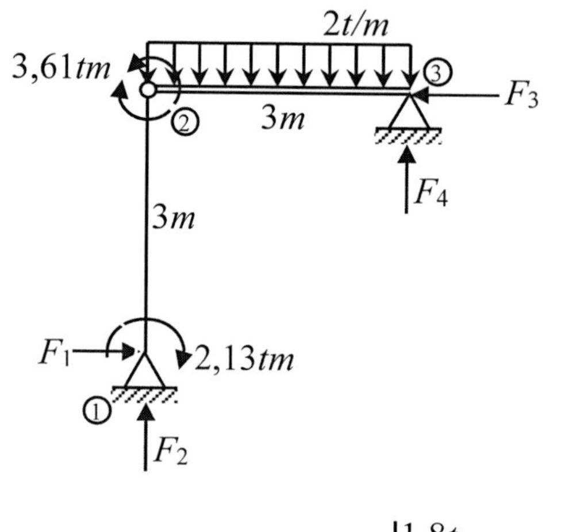

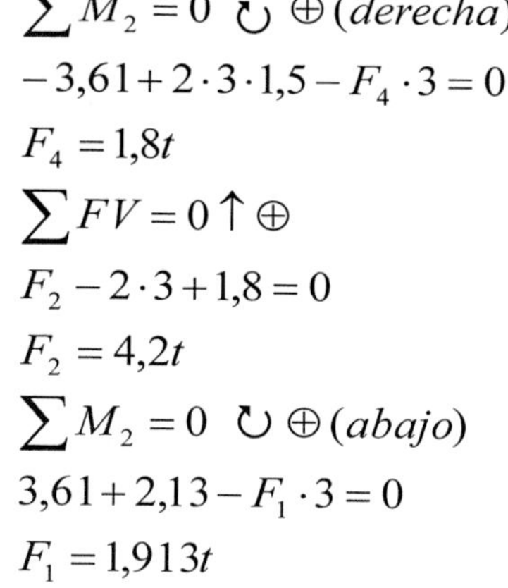

$$\sum M_2 = 0 \ \circlearrowright \oplus (derecha)$$

$$-3{,}61 + 2 \cdot 3 \cdot 1{,}5 - F_4 \cdot 3 = 0$$

$$F_4 = 1{,}8t$$

$$\sum FV = 0 \uparrow \oplus$$

$$F_2 - 2 \cdot 3 + 1{,}8 = 0$$

$$F_2 = 4{,}2t$$

$$\sum M_2 = 0 \ \circlearrowright \oplus (abajo)$$

$$3{,}61 + 2{,}13 - F_1 \cdot 3 = 0$$

$$F_1 = 1{,}913t$$

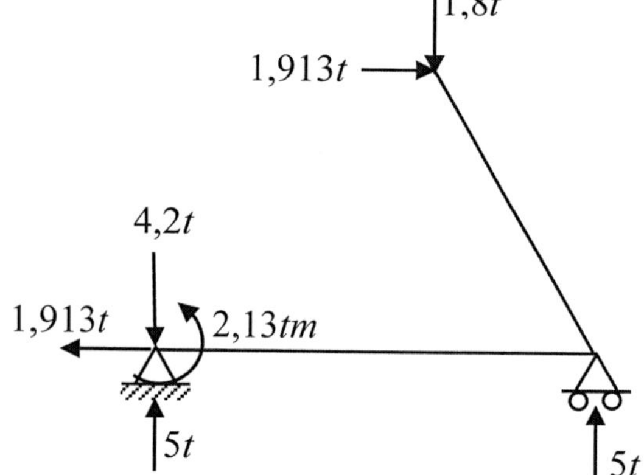

$$\sum FH = 0 \rightarrow \oplus (abajo)$$

$$-F_3 + 1{,}913 = 0$$

$$F_3 = 1{,}913t$$

Descomponiendo las fuerzas en normales y cortantes:

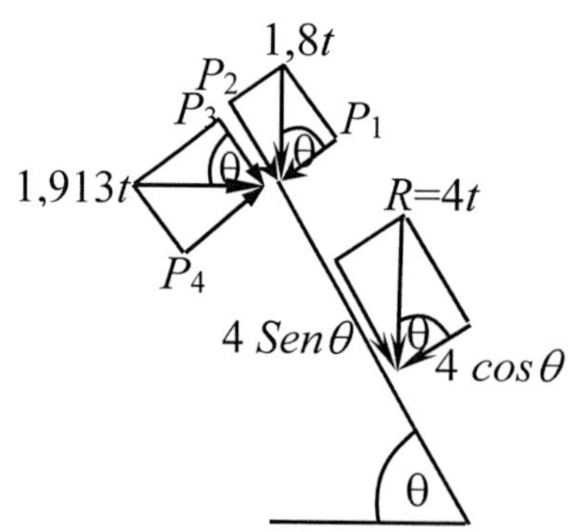

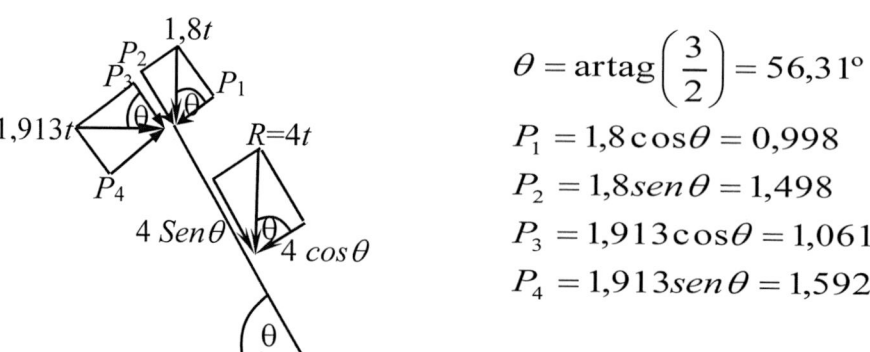

$$\theta = \text{artag}\left(\frac{3}{2}\right) = 56{,}31^{\circ}$$

$$P_1 = 1{,}8\cos\theta = 0{,}998$$

$$P_2 = 1{,}8 sen\,\theta = 1{,}498$$

$$P_3 = 1{,}913\cos\theta = 1{,}061$$

$$P_4 = 1{,}913 sen\,\theta = 1{,}592$$

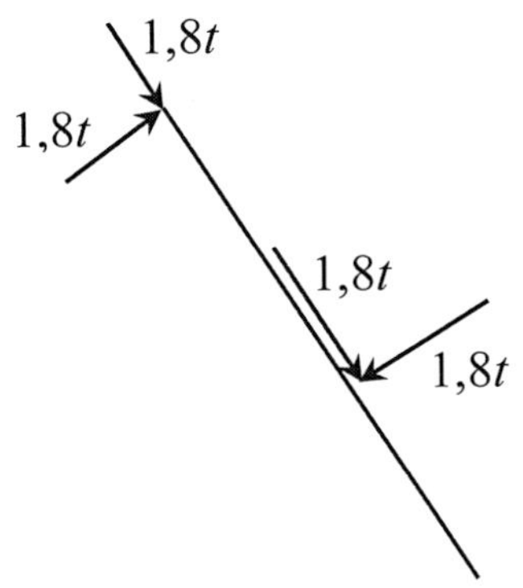

$$P_5 = P_2 + P_3 = 1{,}8t$$
$$P_6 = P_4 - P_1 = 1{,}8t$$
$$4 \cdot \cos\theta = 1{,}8t$$
$$4 \cdot sen\,\theta = 1{,}8t$$

a) Normal

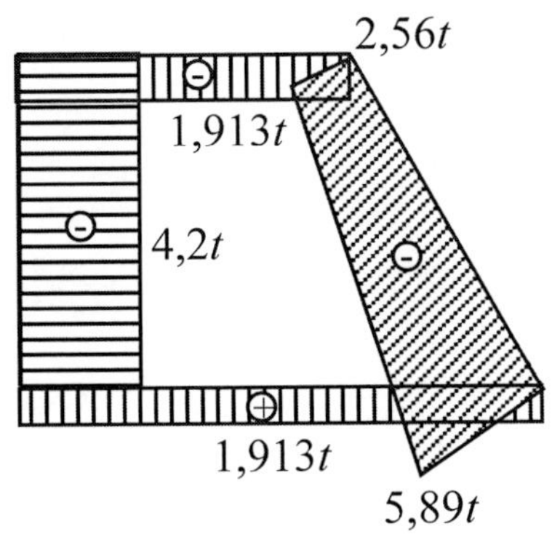

b) Cortante

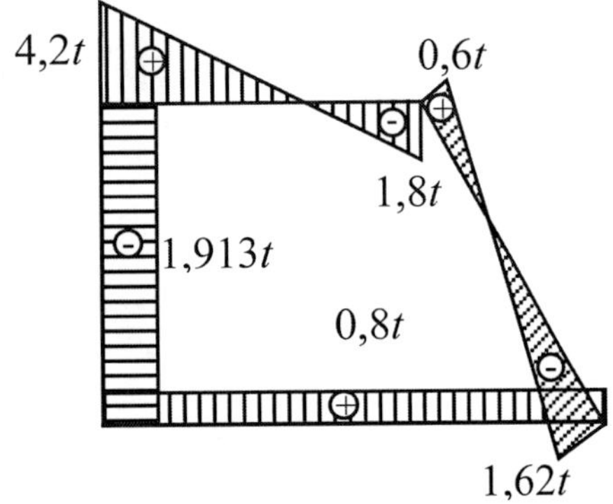

c) Momento

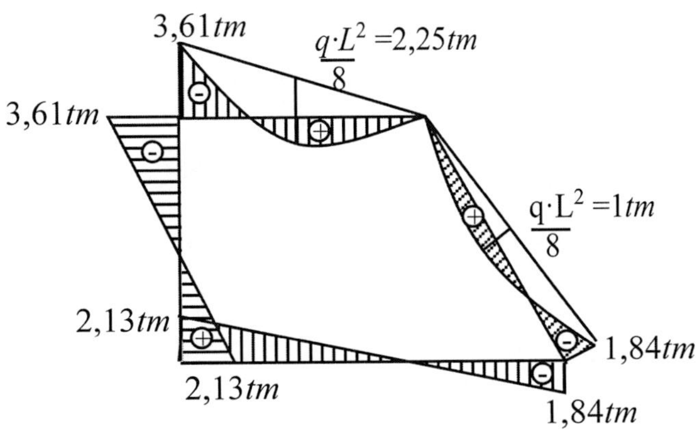

2.10.4. Sistema isostático equivalente para un sistema de barras concurrentes

Este tipo de estructuras presentan en sus barras esfuerzos normales que pueden ser calculadas a partir del equilibrio estático de sus nudos; para tal efecto se pueden aplicar como máximo dos ecuaciones de equilibrio; por lo tanto, el grado de indeterminación en estas estructuras también se puede calcular con la aplicación de la siguiente fórmula:

$$G_H = N^o \ barras - 2$$

Es decir, que para determinar la estructura isostática equivalente se deben cortar todas las barras excepto dos, que son las que mantienen el equilibrio estático.

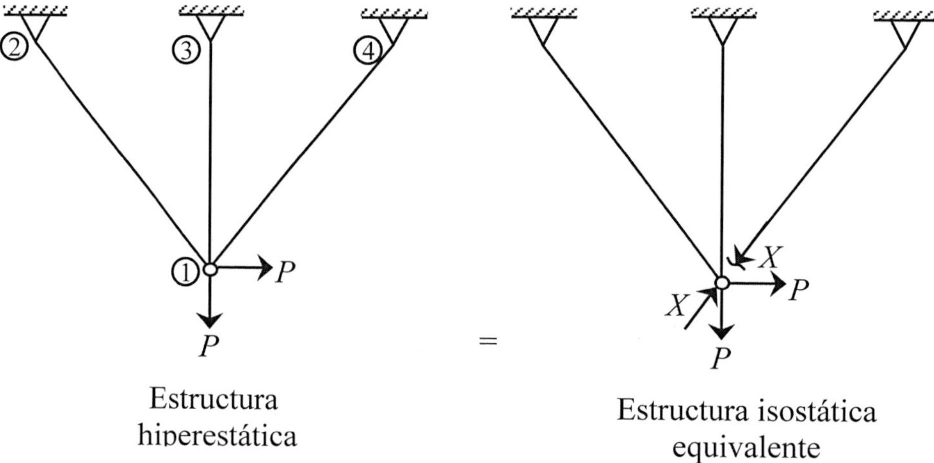

Figura 2.91 Sistema de cables.

2.10.5. Sistema isostático equivalente para reticulados

El sistema isostático equivalente para reticulados comprende los siguientes casos:

Caso 1.- *Reticulados externamente hiperestáticos*

Para reconocer que un reticulado es externamente hiperestático, el $G_{HE} \neq 0$ y el $G_{HI} = 0$ se pueden calcular con la siguiente fórmula:

$$G_{HE} = 3 \cdot N_{AA} - G_{LA}$$

G_{HE} = Grado hiperestático externo

N_{AA} = Número de anillos abiertos

G_{LA} = Grados de libertad en apoyos

$$G_{HI} = 3 \cdot N_{AC} - G_{LR}$$

G_{HI} = Grado hiperestático interno

N_{AC} = Número de anillos cerrados

G_{LR} = Grados de libertad en rótulas o articulaciones

El significado y determinación de estos se pueden estudiar en el apartado 2.7 de este capítulo.

Una vez confirmada la indeterminación externa, se puede determinar el sistema isostático equivalente aplicando el criterio de liberar reacciones, visto en el apartado 2.10.1. Veamos el siguiente ejemplo.

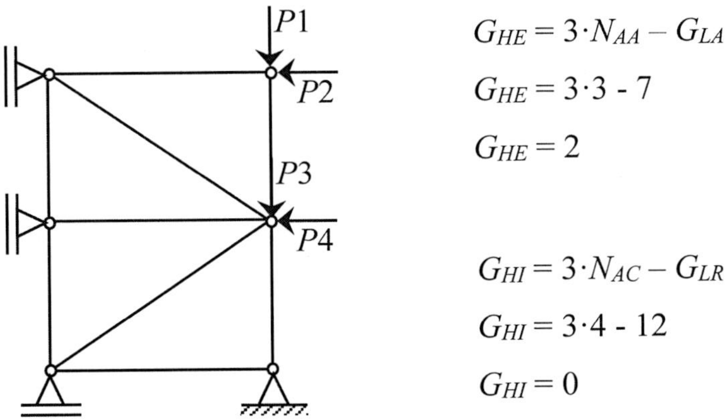

Figura 2.92 Reticulado hiperestático.

Por lo tanto, la estructura es estáticamente indeterminada y podemos utilizar los criterios tratados en el apartado 2.10.1.

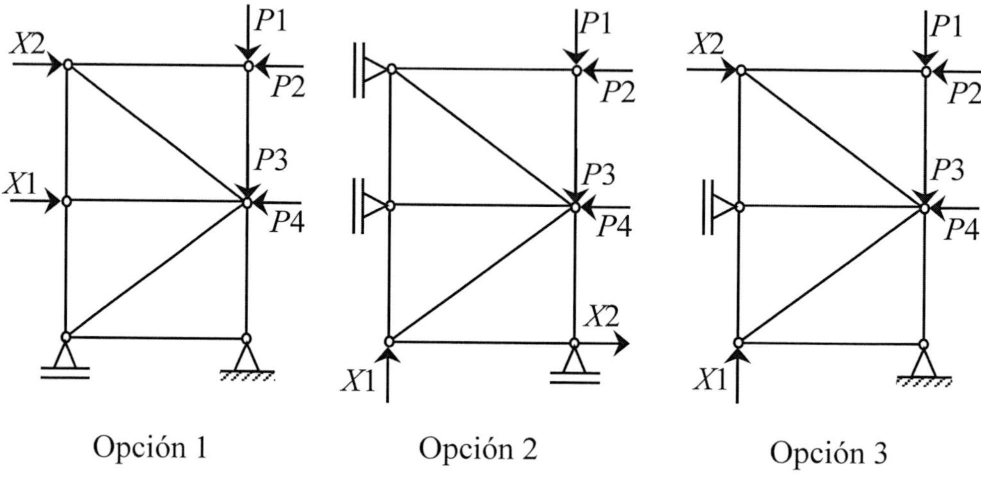

Figura 2.93 Diversos sistemas isostáticos equivalentes.

Caso 2.- *Reticulados Internamente hiperestáticos*

Un reticulado es internamente hiperestático cuando el $G_{HE} = 0$ y el $G_{HI} \neq 0$. Una vez se reconozca la indeterminación interna se puede aplicar el criterio estudiado en el apartado 2.10.2, caso 1, referido al corte de barras bi-articuladas. Veamos el siguiente ejemplo.

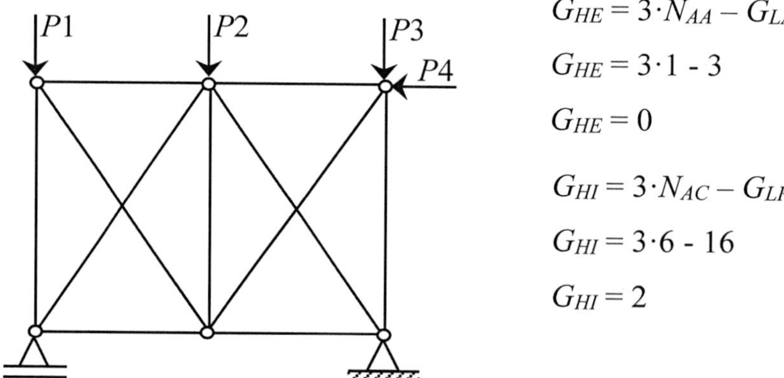

$$G_{HE} = 3 \cdot N_{AA} - G_{LA}$$
$$G_{HE} = 3 \cdot 1 - 3$$
$$G_{HE} = 0$$
$$G_{HI} = 3 \cdot N_{AC} - G_{LR}$$
$$G_{HI} = 3 \cdot 6 - 16$$
$$G_{HI} = 2$$

Figura 2.94 Reticulado.

Para determinar el sistema isostático equivalente debemos aplicar los criterios del apartado 2.8.2, caso 1, de ahí obtenemos las siguientes opciones:

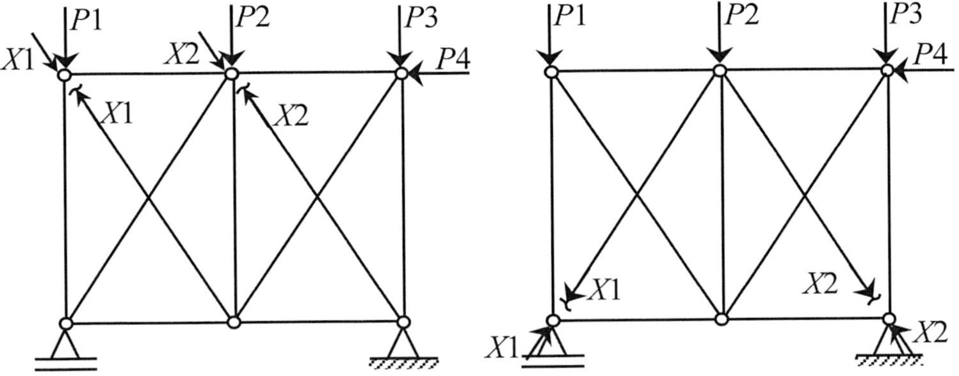

Figura 2.95 Sistema isostático equivalente.

Caso 3.- *Reticulados interna y externamente hiperestáticos*

Un reticulado es interna y externamente hiperestático cuando el $G_{HE} \neq 0$ y el $G_{HI} \neq 0$. Los sistemas isostáticos de estas estructuras se obtienen a partir de los dos casos anteriores, resolviendo la indeterminación externa mediante el caso 1 y la indeterminación interna mediante el caso 2. Analicemos el siguiente ejemplo.

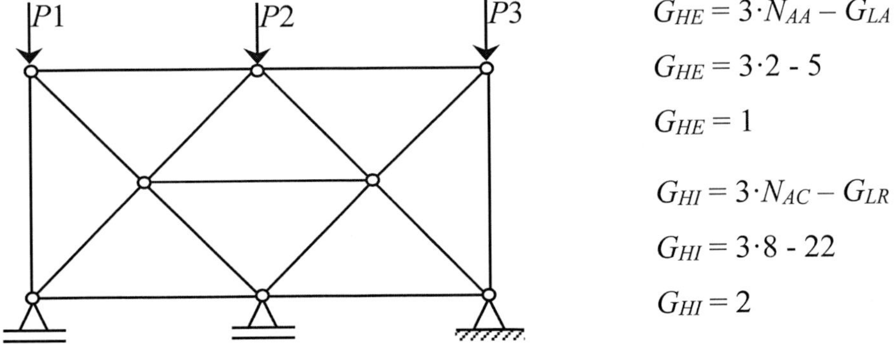

$$G_{HE} = 3 \cdot N_{AA} - G_{LA}$$

$$G_{HE} = 3 \cdot 2 - 5$$

$$G_{HE} = 1$$

$$G_{HI} = 3 \cdot N_{AC} - G_{LR}$$

$$G_{HI} = 3 \cdot 8 - 22$$

$$G_{HI} = 2$$

Figura 2.96 Reticulado hiperestático.

La indeterminación externa se resuelve liberando la reacción vertical del apoyo móvil central y la indeterminación interna mediante la práctica de dos cortes en lugares estratégicos que no hagan de la estructura un sistema inestable. Véase la siguiente figura:

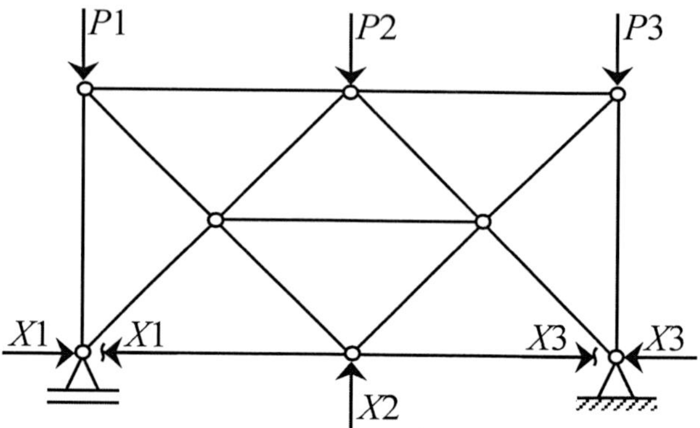

Figura 2.97 Sistema isostático equivalente.

EJERCICIO 52

Analizar la siguiente estructura:

Datos

E = 2·10[6] t/m[2]

Ø = 10 cm

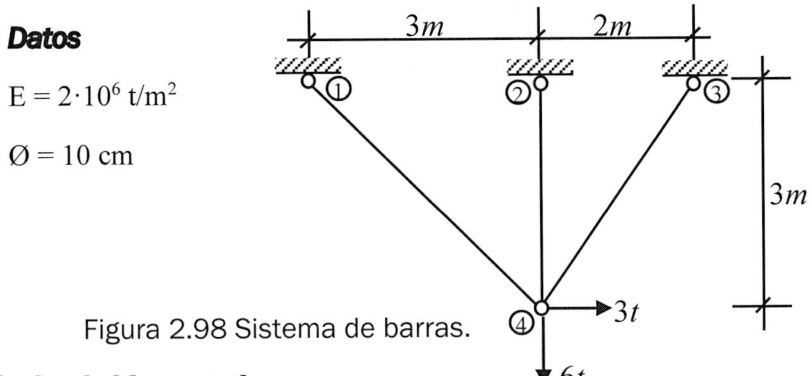

Figura 2.98 Sistema de barras.

1.- Grado hiperestatico

$$G_H = N.^o\ barras\ -2 = 3-2$$

$$G_H = 1^o$$

2.- Sistema isostático equivalente

3.- Sistema básico y auxiliar

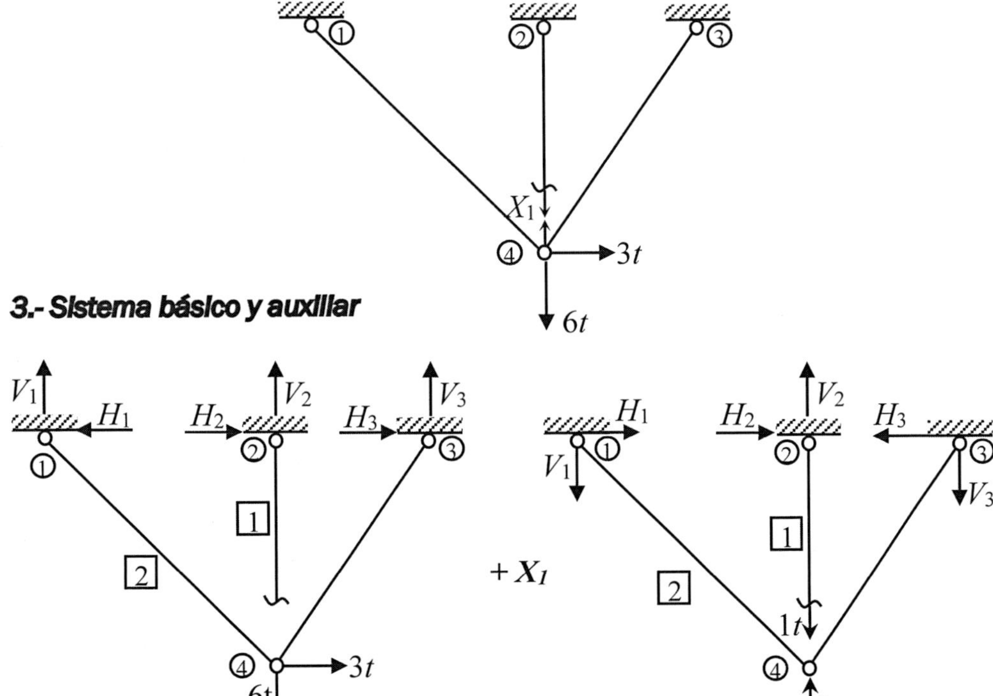

4.- Cálculo de reacciones

a) Sistema básico

Lado1

$$\sum FH = 0 \rightarrow \oplus$$
$$H_2 = 0$$

$$\sum FV = 0 \uparrow \oplus$$
$$V_2 = 0$$

Lado2

$$\sum M_1 = 0 \circlearrowright \oplus$$
$$-V_3 \cdot 5 + 6 \cdot 3 - 3 \cdot 3 = 0$$
$$V_3 = 1{,}8t$$

$$\sum FV = 0 \uparrow \oplus$$
$$V_1 + 1{,}8 - 6 = 0$$
$$V_1 = 4{,}2t$$

$$\sum M_4 = 0 \circlearrowright \oplus \textit{(izq.)}$$
$$-H_1 \cdot 3 + 4{,}2 \cdot 3 = 0$$
$$H_1 = 4{,}2t$$

$$\sum FH = 0 \rightarrow \oplus$$
$$-4{,}2 + H_3 + 3 = 0$$
$$H_3 = 1{,}2t$$

b) Sistema auxiliar

Lado1

$$\sum FH = 0 \rightarrow \oplus$$
$$H_2 = 0$$

$$\sum FV = 0 \uparrow \oplus$$
$$V_2 - 1 = 0$$
$$V_2 = 1t$$

Lado2

$$\sum M_1 = 0 \circlearrowright \oplus$$
$$-1 \cdot 3 + V_3 \cdot 5 = 0$$
$$V_3 = 0{,}6t$$

$$\sum FV = 0 \uparrow \oplus$$
$$-V_1 + 1 - 0{,}6 = 0$$
$$V_1 = 0{,}4t$$

$$\sum M_4 = 0 \circlearrowright \oplus \textit{(izq.)}$$
$$H_1 \cdot 3 - 0{,}4 \cdot 3 = 0$$
$$H_1 = 0{,}4t$$

$$\sum FH = 0 \rightarrow \oplus$$
$$0{,}4 - H_3 = 0$$
$$H_3 = 0{,}4t$$

5.- Esfuerzos normales

a) Sistema básico

Nudo 2

N_{14} N_{34} α β $3t$ $6t$

$$\alpha = arctag\left(\frac{3}{3}\right) = 45°$$

$$\beta = arctag\left(\frac{3}{2}\right) = 56{,}31°$$

$$\sum FH = 0 \rightarrow \oplus$$
$$-N_{14}\cos\alpha + N_{34}\cos\beta + 3 = 0$$
$$-0{,}707N_{14} + 0{,}5547N_{34} = -3 \quad ①$$

$$\sum FV = 0 \uparrow \oplus$$
$$N_{14}sen\alpha + N_{34}sen\beta - 6 = 0$$
$$0{,}707N_{14} + 0{,}832N_{34} = 6 \quad ②$$

b) Sistema auxiliar 1

Nudo 2

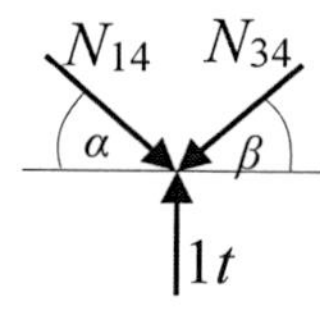

$$\sum FH = 0 \rightarrow \oplus$$
$$N_{14}\cos\alpha - N_{34}\cos\beta = 0$$
$$0{,}707N_{14} - 0{,}5547N_{34} = 0 \quad ③$$

$$\sum FV = 0 \uparrow \oplus$$
$$-N_{14}sen\alpha - N_{34}sen\beta + 1 = 0$$
$$-0{,}707N_{14} - 0{,}832N_{34} = -1 \quad ④$$

Resolviendo ① con ②:

$N_{34} = 2{,}16\,t\,(tracc)$

$N_{14} = 5{,}945\,t\,(tracc)$

Barra 2-4

$N_{24} = 0$

Resolviendo ③ con ④:

$N_{34} = 0{,}721t \quad (comp)$

$N_{14} = 0{,}566t \quad (comp)$

Barra 2-4

$N_{24} = 1t\ (tracc)$

6.- Ecuaciones de compatibilidad

$$\Delta_{11} X_1 = -\Delta_{10}$$

$$X_1 = -\frac{\Delta_{10}}{\Delta_{11}}$$

$$\Delta_{ij} = \frac{\sum Ni \cdot Nj \cdot L}{E \cdot A}$$

Barra	N_0	N_1	L	EA	Δ_{10}	Δ_{11}
1-4	5,945	-0,566	$\sqrt{18}$	15707,96	$-9{,}088\cdot10^{-4}$	$8{,}653\cdot10^{-5}$
2-4	0	1	3	15707,96	0	$1{,}910\cdot10^{-4}$
3-4	2,16	-0,721	$\sqrt{13}$	15707,96	$-3{,}575\cdot10^{-4}$	$1{,}193\cdot10^{-4}$
					$-1{,}266\cdot10^{-3}$	$3{,}968\cdot10^{-4}$

$$X_1 = \frac{-(-1{,}266\cdot10^{-3})}{3{,}968\cdot10^{-4}} = 3{,}19t$$

7.- Reacciones finales

Sentido (+)	Tipo	R0	X1	R1	Rf
→	H1	-4,2	3,19	0,4	-2,924 t
↑	V1	4,2	3,19	-0,4	2,924 t
→	H2	0	3,19	0	0
↑	V2	0	3,19	1	3,190 t
→	H2		3,19	-0,4	-0,076 t
↑	V2		3,19	-0,6	-0,114 t

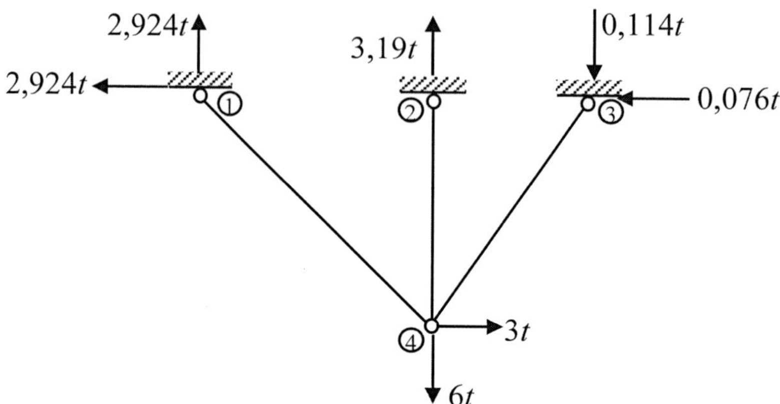

8.- Esfuerzos finales

Barra	N_0	X_1	N_1	Nf	Observ.
1-4	5,945	3,190	-0,566	4,139	Tracción
2-4	0	3,190	1	3,190	Tracción
3-4	2,160	3,190	-0,721	-0,140	Compresión

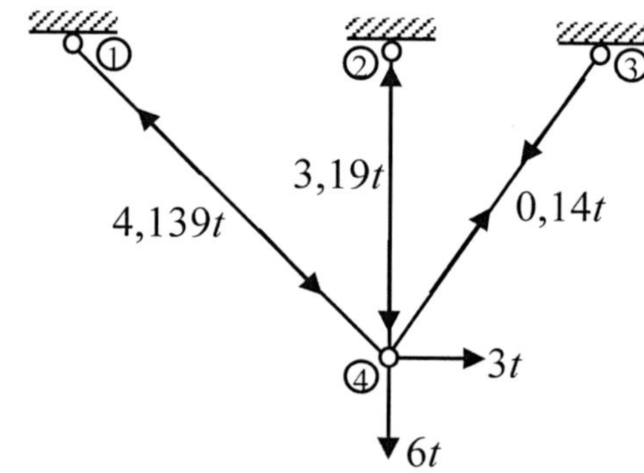

EJERCICIO 53

Resolver el siguiente reticulado:

Datos

$E = 2 \cdot 10^6$ t/m^2

b/h = 10/20

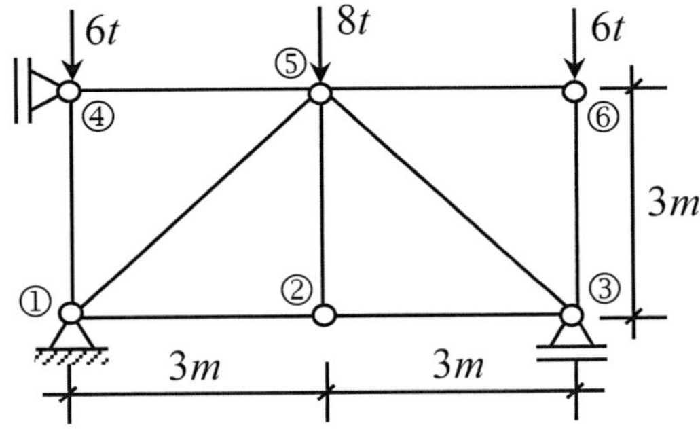

Figura 2.99 Reticulado.

1.- Grado hiperestático

$$G_H = 3N_A - G_L = 3(6) - 17$$

$$G_H = 1^{\underline{o}}$$

2.- Sistema isostático equivalente

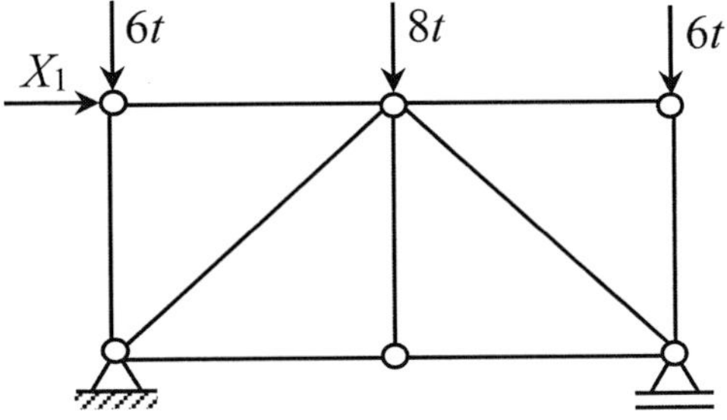

3.- Sistema básico y auxiliares

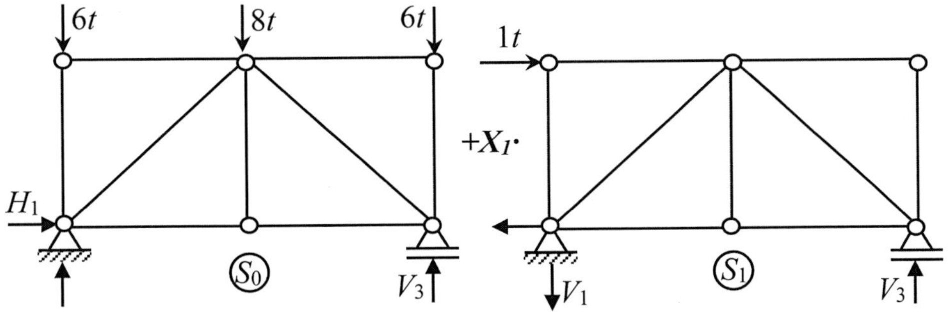

4.- Cálculo de reacciones

a) Sistema básico

$$\sum FH = 0 \rightarrow \oplus$$

$$H_1 = 0$$

$$\sum M_1 = 0 \circlearrowright \oplus$$

$$8{\cdot}3 + 6{\cdot}6 - V_3{\cdot}6 = 0$$

$$V_3 = 10t$$

$$\sum FV = 0 \uparrow \oplus$$

$$V_1 - 6 - 8 - 6 + 10 = 0$$

$$V_1 = 10t$$

b) Sistema auxiliar

$$\sum FH = 0 \rightarrow \oplus$$

$$-H_1 + 1 = 0$$

$$H_1 = 1t$$

$$\sum M_1 = 0 \circlearrowright \oplus$$

$$1{\cdot}3 - V_3{\cdot}6 = 0$$

$$V_3 = 0{,}5t$$

$$\sum FV = 0 \uparrow \oplus$$

$$-V_1 + 0{,}5 = 0$$

$$V_1 = 0{,}5t$$

5.- Cálculo de esfuerzos normales

a) Sistema básico

Nudo 4

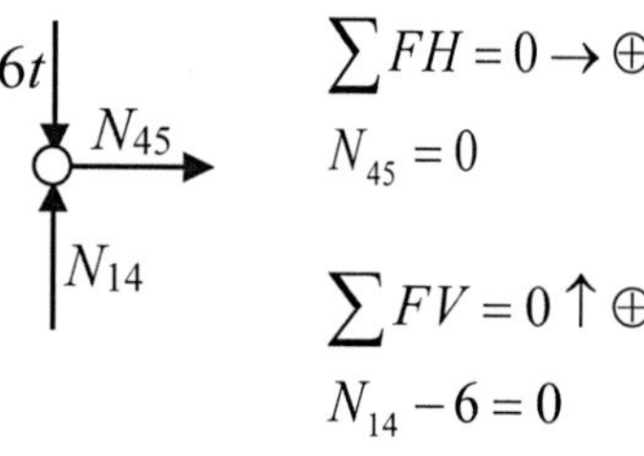

$$\sum FH = 0 \rightarrow \oplus$$

$$N_{45} = 0$$

$$\sum FV = 0 \uparrow \oplus$$

$$N_{14} - 6 = 0$$

$$N_{14} = 6t(comp.)$$

Nudo 1

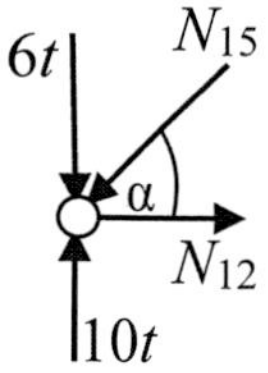

$$\alpha = arctag\left(\frac{3}{3}\right) = 45°$$

$$\sum FV = 0 \uparrow \oplus$$

$$10 - 6 - N_{15}{\cdot}sen\alpha = 0$$

$$N_{15} = 5{,}657t(comp.)$$

$$\sum FH = 0 \rightarrow \oplus$$

$$-5{,}657{\cdot}\cos\alpha + N_{12} = 0$$

$$N_{12} = 4t\ (tracc)$$

b) Sistema auxiliar 1

Nudo 4

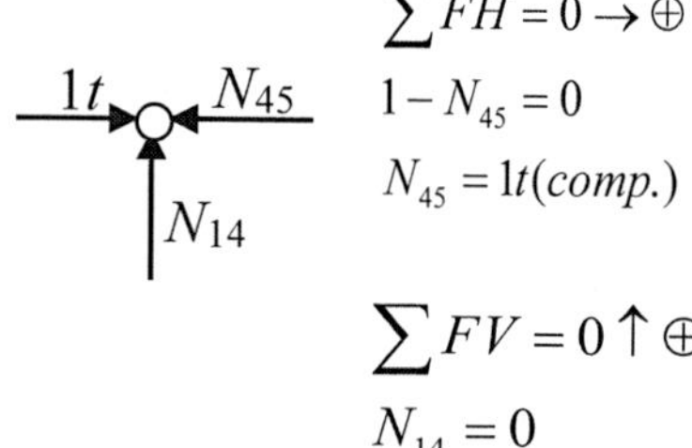

$$\sum FH = 0 \rightarrow \oplus$$

$$1 - N_{45} = 0$$

$$N_{45} = 1t(comp.)$$

$$\sum FV = 0 \uparrow \oplus$$

$$N_{14} = 0$$

Nudo 1

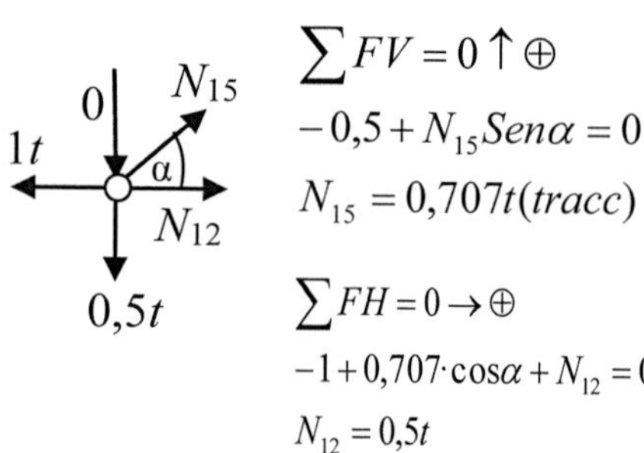

$$\sum FV = 0 \uparrow \oplus$$

$$-0{,}5 + N_{15}Sen\alpha = 0$$

$$N_{15} = 0{,}707t(tracc)$$

$$\sum FH = 0 \rightarrow \oplus$$

$$-1 + 0{,}707{\cdot}\cos\alpha + N_{12} = 0$$

$$N_{12} = 0{,}5t$$

Nudo 2

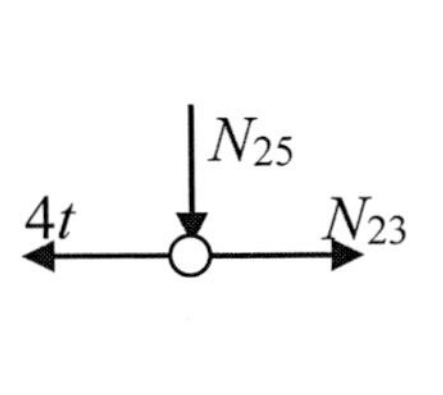

$$\sum FH = 0 \rightarrow \oplus$$
$$N_{23} - 4 = 0$$
$$N_{23} = 4t(tracc)$$
$$\sum FV = 0 \uparrow \oplus$$
$$N_{25} = 0$$

Nudo 6

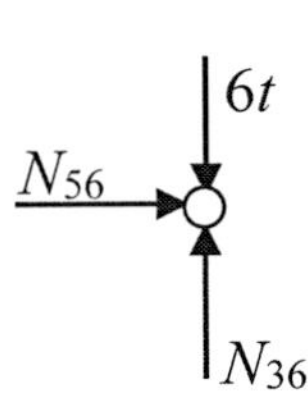

$$\sum FH = 0 \rightarrow \oplus$$
$$N_{56} = 0$$
$$\sum FV = 0 \uparrow \oplus$$
$$N_{36} - 6 = 0$$
$$N_{36} = 6t(comp)$$

Nudo 3

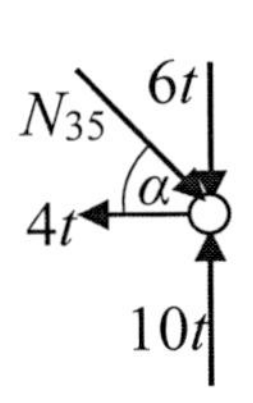

$$\sum FH = 0 \rightarrow \oplus$$
$$-4 + N_{35} \cdot Cos\alpha = 0$$
$$N_{35} = 5{,}657t(comp)$$
$$\sum FV = 0 \uparrow \oplus$$
$$10 - 6 - 5{,}657 sen\alpha = 0$$
$$0 = 0(cumple)$$

Nudo 2

0,5t N25 N23

$$\sum FH = 0 \rightarrow \oplus$$
$$N_{23} - 0{,}5 = 0$$
$$N_{23} = 0{,}5t(tracc)$$
$$\sum FV = 0 \uparrow \oplus$$
$$N_{25} = 0$$

Nudo 6

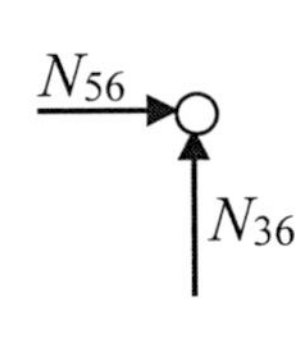

$$\sum FH = 0 \rightarrow \oplus$$
$$N_{56} = 0$$
$$\sum FV = 0 \uparrow \oplus$$
$$N_{36} = 0$$

Nudo 3

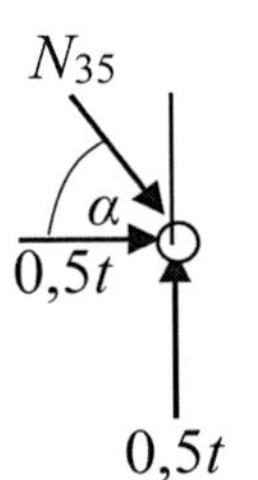

$$\sum FH = 0 \rightarrow \oplus$$
$$N_{35} \cdot Cos\alpha - 0{,}5 = 0$$
$$N_{35} = 0{,}707t(comp)$$
$$\sum FV = 0 \uparrow \oplus$$
$$0{,}5 - N_{35} \cdot Sen\alpha = 0$$
$$0{,}5 - 0{,}707 \cdot Sen\alpha = 0$$
$$0 = 0(cumple)$$

6.- Ecuación de compatibilidad

Barra	N_0	N_1	*L*	*EA*	Δ_{10}	Δ_{11}
1-2	*0,5*	*4*	*3*	40000	$1{,}5 \cdot 10^{-4}$	$1{,}875 \cdot 10^{-5}$
1-4	*0*	*6*	*3*	40000	*0*	*0*
1-5	*0,707*	*-5.657*	$\sqrt{18}$	40000	$-4{,}242 \cdot 10^{-4}$	$5{,}3017 \cdot 10^{-5}$
2-3	*0,5*	*4*	*3*	40000	$1{,}5 \cdot 10^{-4}$	$1{,}875 \cdot 10^{-5}$
2-5	*0*	*0*	*3*	40000	*0*	*0*
3-5	*-0,707*	*-5.657*	$\sqrt{18}$	40000	$4{,}242 \cdot 10^{-4}$	$5{,}3017 \cdot 10^{-5}$

Barra	N_0	N_1	*L*	*EA*	Δ_{10}	Δ_{11}
3-6	*0*	*-6*	*3*	40000	*0*	*0*
4-5	*-1*	*0*	*3*	40000	*0*	$7{,}5\cdot10^{-5}$
5-6	*0*	*0*	*3*	40000	*0*	*0*
				Total	$3\cdot10^{-4}$	$2{,}18534\cdot10^{-4}$

$$X_1 = \frac{-\Delta_{10}}{\Delta_{11}} = \frac{-3\cdot10^{-4}}{2{,}18534\cdot10^{-4}} = -1{,}373t$$

7.- Reacciones finales

Sentido (+)	Tipo	R0	X1	R1	Rf
→	H1	0	-1,373	-1	1,373
↑	V1	10	-1,373	-0,5	10,690
↑	V3	10	-1,373	0,5	9,310
→	H3	0	-1,373	1	-1,373

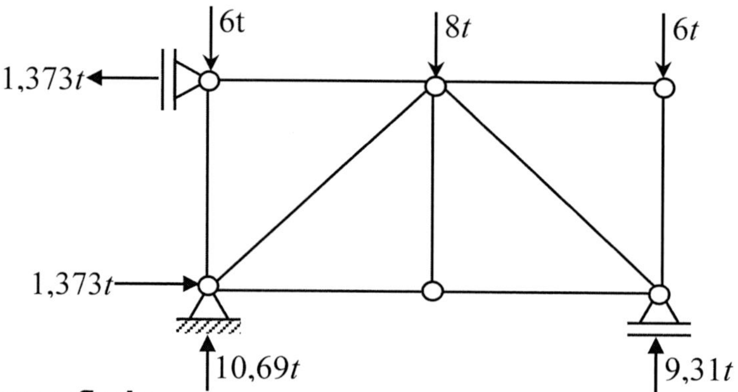

8.- Esfuerzos finales

Barra	N_0	X_1	N_1	Nf	Tipo
1-2	4	-1,373	0,5	3,310	Tracción
1-4	6	-1,373	0	6	Tracción
1-5	-5,657	-1,373	0,707	-6,630	Compresión
2-3	4	-1,373	0,5	3,310	Tracción
2-5	0	-1,373	0	.0	Nulo
3-5	-5,657	-1,373	-0,707	-4,690	Compresión
3-6	-6	-1,373	0	-6	Compresión
4-5	0	-1,373	-1	1,370	Tracción
5-6	0	-1,373	0	0	Nulo

Representación gráfica de los esfuerzos normales:

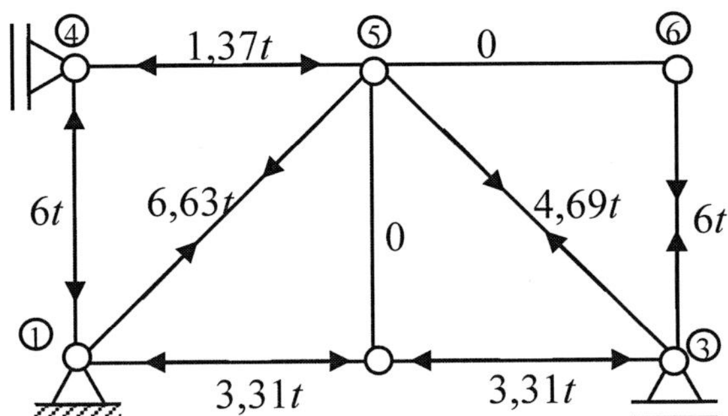

EJERCICIO 54

Calcular reacciones y esfuerzos internos.

Datos

$E = 2 \cdot 10^6$ t/m²

b = 15 cm

h = 20 cm

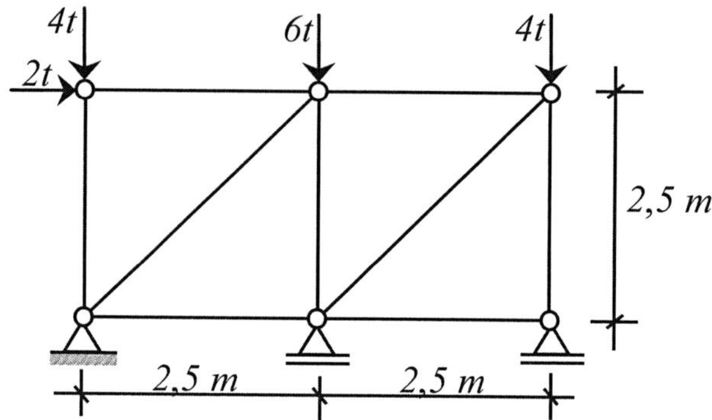

Figura 2.100 Reticulado.

1.- Grado hiperestático

$$G_H = 3 \cdot N_A - G_L = 3 \cdot 6 - 17 = 1°$$

Este valor representa la reacción vertical de uno de los apoyos móviles.

2.- Sistema isostático equivalente

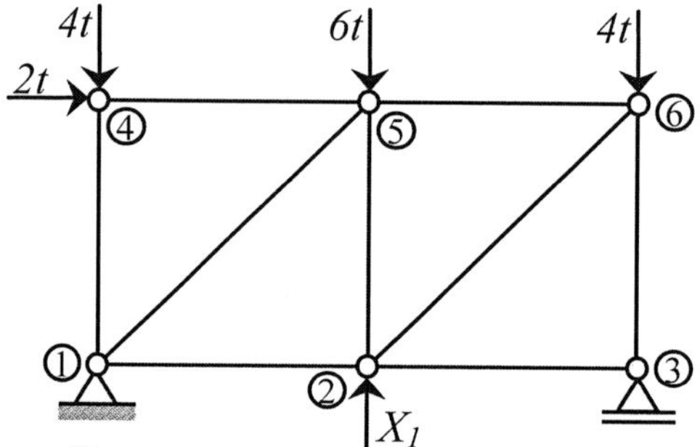

3.- Sistema básico y auxiliar

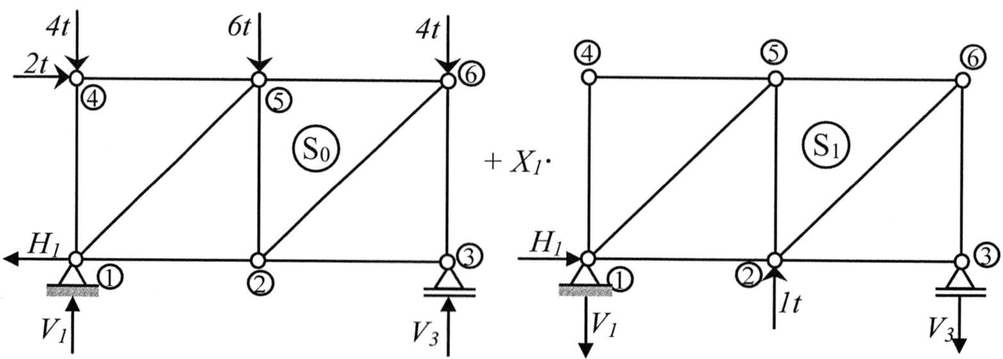

4.- Cálculo de reacciones

Asumimos el sentido de las reacciones y aplicamos las ecuaciones de equilibrio estático.

a) Sistema básico S₀

$\sum M_1 = 0 \circlearrowleft \oplus$

$2 \cdot 2{,}5 + 6 \cdot 2{,}5 + 4 \cdot 5 - V_3 \cdot 5 = 0$

$V_3 = 8\text{t}$

$\sum F_V = 0 \uparrow \oplus$

$V_1 - 4 - 6 - 4 + 8 = 0$

$V_1 = 6\text{t}$

$\sum F_H = 0 \rightarrow \oplus$

$2 - H_1 = 0$

$H_1 = 2t$

b) Sistema auxiliar S₁

$\sum M_1 = 0 \circlearrowleft \oplus$

$-1 \cdot 2{,}5 + V_3 \cdot 5 = 0$

$V_3 = 0{,}5t$

$\sum F_V = 0 \uparrow \oplus$

$-V_1 + 1 - 0{,}5 = 0$

$V_1 = 0{,}5t$

$\sum F_H = 0 \rightarrow \oplus$

$H_1 = 0$

5.- Cálculo de esfuerzos normales

a) Sistema básico S₀

- Nudo 4

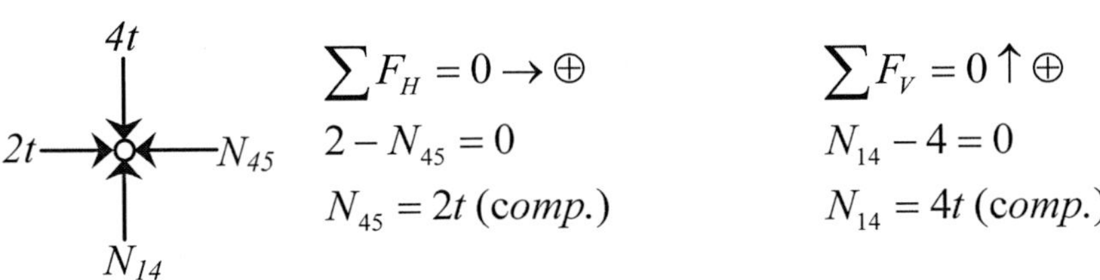

$\sum F_H = 0 \rightarrow \oplus$

$2 - N_{45} = 0$

$N_{45} = 2t\ (comp.)$

$\sum F_V = 0 \uparrow \oplus$

$N_{14} - 4 = 0$

$N_{14} = 4t\ (comp.)$

- Nudo 1

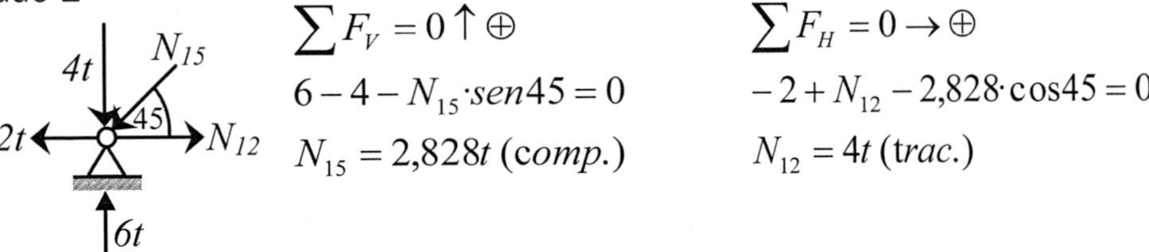

$\sum F_V = 0 \uparrow \oplus$

$6 - 4 - N_{15} \cdot sen45 = 0$

$N_{15} = 2{,}828t\ (comp.)$

$\sum F_H = 0 \rightarrow \oplus$

$-2 + N_{12} - 2{,}828 \cdot \cos 45 = 0$

$N_{12} = 4t\ (trac.)$

- Nudo 5

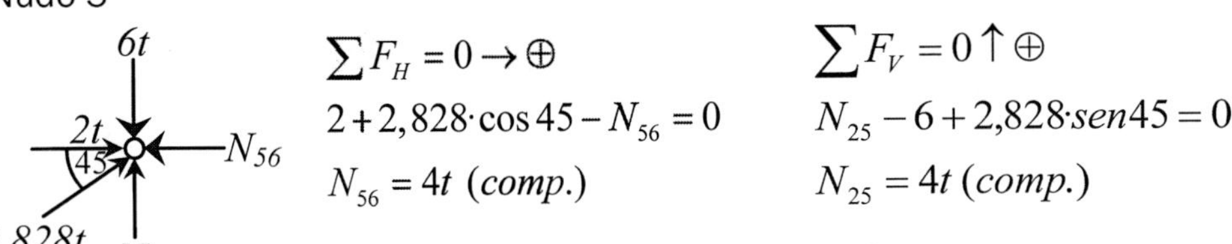

$\sum F_H = 0 \rightarrow \oplus$

$2 + 2{,}828 \cdot \cos 45 - N_{56} = 0$

$N_{56} = 4t\ \ (comp.)$

$\sum F_V = 0 \uparrow \oplus$

$N_{25} - 6 + 2{,}828 \cdot sen45 = 0$

$N_{25} = 4t\ (comp.)$

- Nudo 2

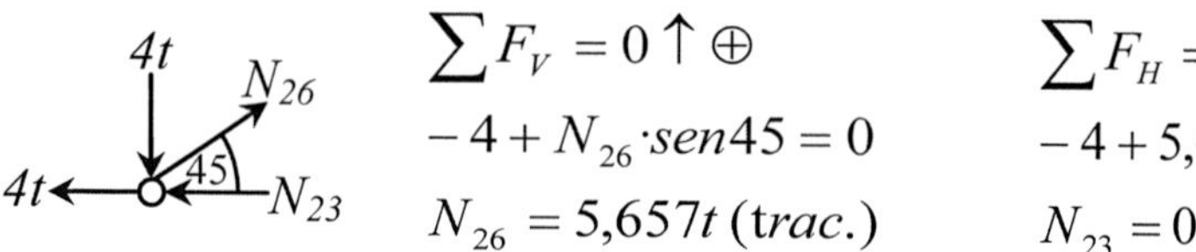

$$\sum F_V = 0 \uparrow \oplus$$
$$-4 + N_{26} \cdot sen45 = 0$$
$$N_{26} = 5{,}657t \text{ (trac.)}$$

$$\sum F_H = 0 \rightarrow \oplus$$
$$-4 + 5{,}657 \cdot \cos 45 - N_{23} = 0$$
$$N_{23} = 0$$

- Nudo 3

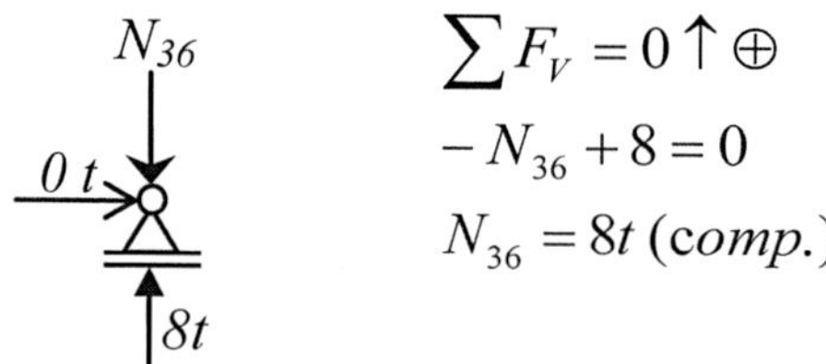

$$\sum F_V = 0 \uparrow \oplus$$
$$-N_{36} + 8 = 0$$
$$N_{36} = 8t \text{ (comp.)}$$

b) Sistema auxiliar S₁

- Nudo 4

$$\sum F_H = 0 \rightarrow \oplus$$
$$N_{45} = 0$$

$$\sum F_V = 0 \uparrow \oplus$$
$$N_{14} = 0$$

- Nudo 1

$$\sum F_V = 0 \uparrow \oplus$$
$$-0{,}5 + N_{15} \cdot sen45 = 0$$
$$N_{15} = 0{,}707t \text{ (trac.)}$$

$$\sum F_H = 0 \rightarrow \oplus$$
$$0{,}707 \cdot \cos 45 - N_{12} = 0$$
$$N_{12} = 0{,}5t \text{ (comp.)}$$

- Nudo 5

$$\sum F_V = 0 \uparrow \oplus$$
$$N_{25} - 0{,}707 \cdot sen45 = 0$$
$$N_{25} = 0{,}5t \text{ (comp.)}$$

$$\sum F_H = 0 \rightarrow \oplus$$
$$N_{56} - 0{,}707 \cdot \cos 45 = 0$$
$$N_{56} = 0{,}5t \text{ (trac.)}$$

- Nudo 2

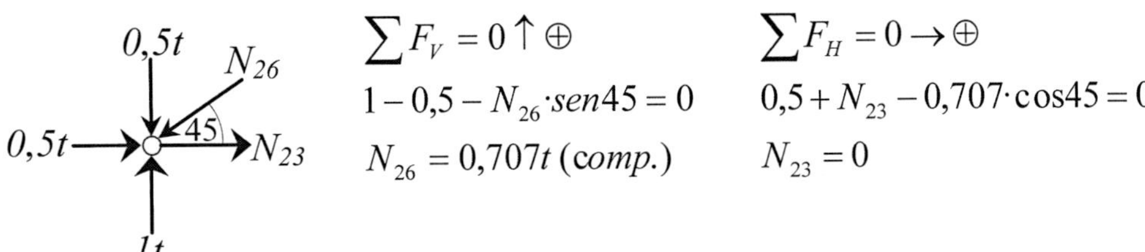

$$\sum F_V = 0 \uparrow \oplus$$
$$1 - 0{,}5 - N_{26} \cdot sen45 = 0$$
$$N_{26} = 0{,}707t\,(comp.)$$

$$\sum F_H = 0 \rightarrow \oplus$$
$$0{,}5 + N_{23} - 0{,}707 \cdot \cos 45 = 0$$
$$N_{23} = 0$$

- Nudo 3

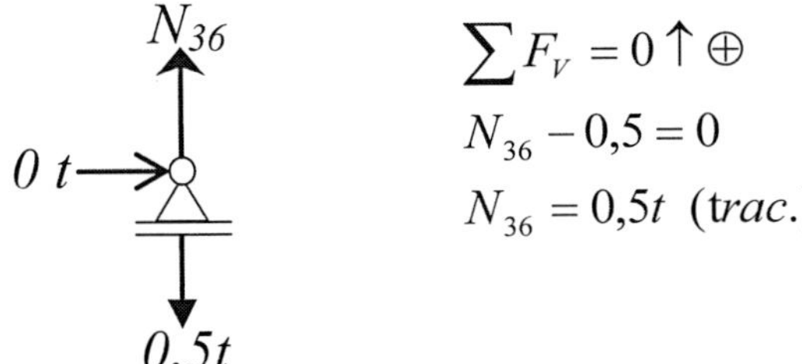

$$\sum F_V = 0 \uparrow \oplus$$
$$N_{36} - 0{,}5 = 0$$
$$N_{36} = 0{,}5t \;\; (trac.)$$

6.- Ecuación de compatibilidad

$Barra$	No	N_1	L	EA	Δ_{10}	Δ_{11}
$1-2$	4	$-0{,}5$	$2{,}5$	60000	$-8{,}3333 \cdot 10^{-5}$	$1{,}04167 \cdot 10^{-5}$
$1-4$	-4	0	$2{,}5$	60000	0	0
$1-5$	$-2{,}828$	$0{,}707$	$\sqrt{12{,}5}$	60000	$-0{,}0001178$	$2{,}94539 \cdot 10^{-5}$
$2-3$	0	0	$2{,}5$	60000	0	0
$2-5$	-4	$-0{,}5$	$2{,}5$	60000	$8{,}3333 \cdot 10^{-5}$	$1{,}04167 \cdot 10^{-5}$
$2-6$	$5{,}657$	$-0{,}707$	$\sqrt{12{,}5}$	60000	$-0{,}00023567$	$2{,}9454 \cdot 10^{-5}$
$3-6$	-8	$0{,}5$	$2{,}5$	60000	$-0{,}0001667$	$1{,}04167 \cdot 10^{-5}$
$4-5$	-2	0	$2{,}5$	60000	0	0
$5-6$	-4	$0{,}5$	$2{,}5$	60000	$-8{,}3333 \cdot 10^{-5}$	$1{,}04167 \cdot 10^{-5}$
					$-0{,}00060349$	$0{,}00010057$

$$X_1 = -\frac{\Delta_{10}}{\Delta_{11}}$$

$$X_1 = -\frac{(-0,00060349)}{0,000100574}$$

$$X_1 = 6t$$

7.- Reacciones finales

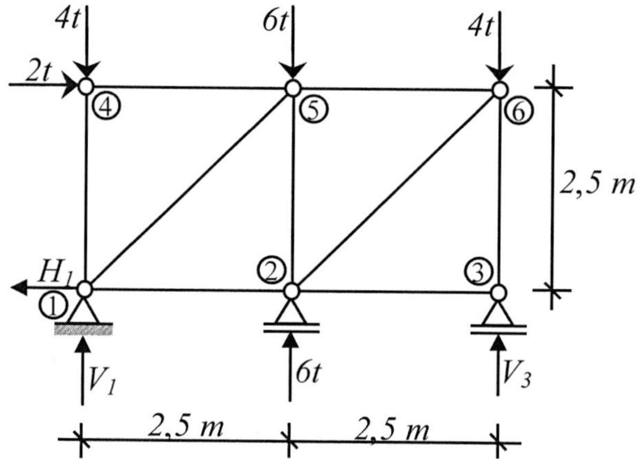

$$\sum F_H = 0 \rightarrow \oplus$$

$$-H_1 + 2 = 0$$

$$H_1 = 2t$$

$$\sum M_1 = 0 \circlearrowleft \oplus$$

$$2 \cdot 2,5 + 6 \cdot 2,5 + 4 \cdot 5 - 6 \cdot 2,5 - V_3 \cdot 5 = 0$$

$$V_3 = 5t$$

$$\sum F_V = 0 \uparrow \oplus$$

$$V_1 - 4 - 6 + 6 - 4 + 5 = 0$$

$$V_1 = 3t$$

8.- Esfuerzos normales finales

Barra	N_0	X_1	N_1	$N = N_0 + X_1 \cdot N_1$
1 − 2	4	6	− 0,5	1
1 − 4	− 4	6	0	− 4
1 − 5	− 2,828	6	0,707	1,414
2 − 3	0	6	0	0
2 − 5	− 4	6	− 0,5	− 7
2 − 6	5,657	6	− 0,707	1,415
3 − 6	− 8	6	0,5	− 5
4 − 5	− 2	6	0	− 2
5 − 6	− 4	6	0,5	−1

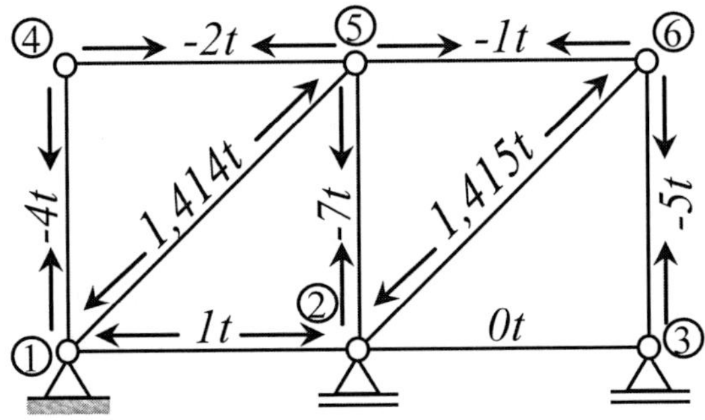

EJERCICIO 55

Calcular reacciones y esfuerzos internos.

Datos

E = 2·10^6 t/m^2

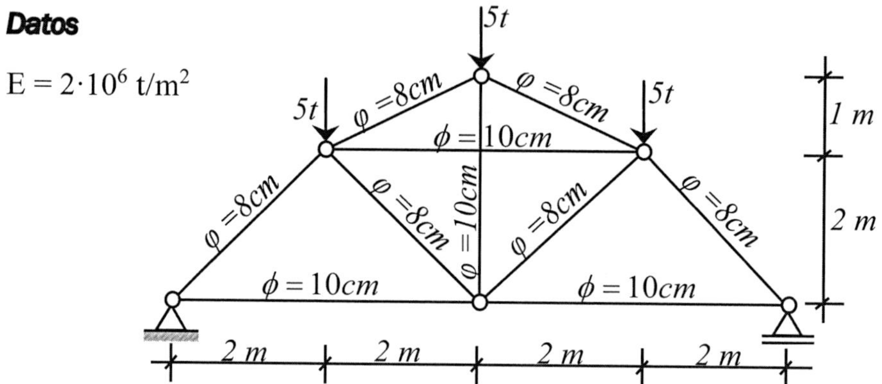

Figura 2.101 Cercha.

1.- Grado hiperestático

$$G_H = 3 \cdot N_A - G_L$$

$$G_H = 3 \cdot 6 - 17$$

$$G_H = 1°$$

Como los apoyos son isostáticos, este valor de 1 corresponde al esfuerzo normal de una barra.

2.- Sistema isostático equivalente

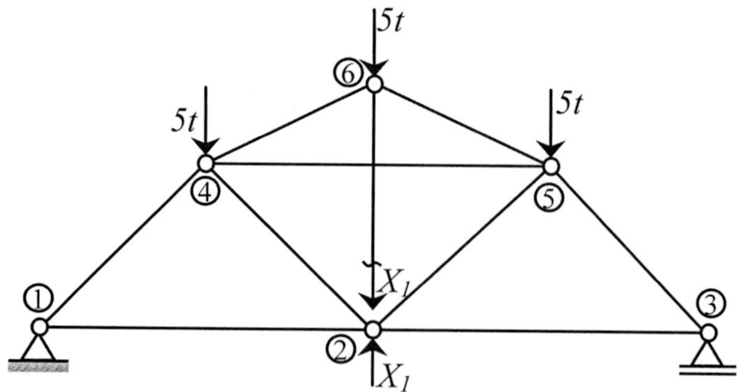

3.- Sistema básico y auxiliar

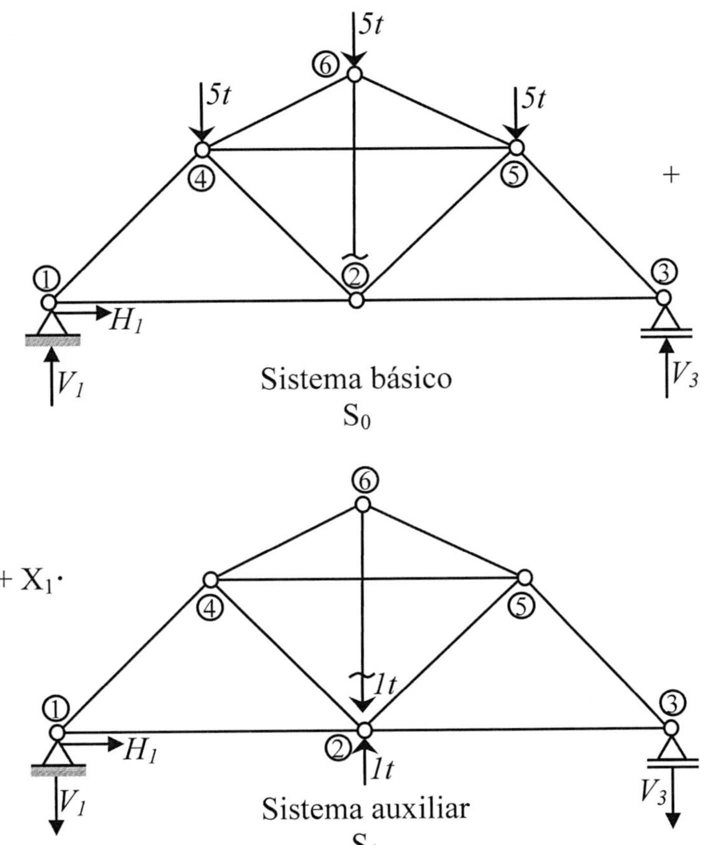

4.- Cálculo de reacciones

Asumimos el sentido de las reacciones.

a) Sistema básico S₀

$\sum F_H = 0 \rightarrow \oplus$

$H_1 = 0$

$\sum M_1 = 0 \circlearrowleft \oplus$

$5{\cdot}2 + 5{\cdot}4 + 5{\cdot}6 - V_3{\cdot}8 = 0$

$V_3 = 7{,}5\text{t}$

$\sum F_V = 0 \uparrow \oplus$

$V_1 - 5 - 5 - 5 + 7{,}5 = 0$

$V_1 = 7{,}5t$

b) Sistema auxiliar S1

$\sum F_H = 0 \rightarrow \oplus$

$H_1 = 0$

$\sum M_1 = 0 \circlearrowleft \oplus$

$V_3 = 0$

$\sum F_V = 0 \uparrow \oplus$

$V_1 = 0$

5.- Cálculo de esfuerzos normales

Por la geometría de sus barras y cargas simétricas, las normales de las barras de la izquierda son iguales a las normales de las barras de la derecha.

b) Sistema básico S_0

- Nudo 1

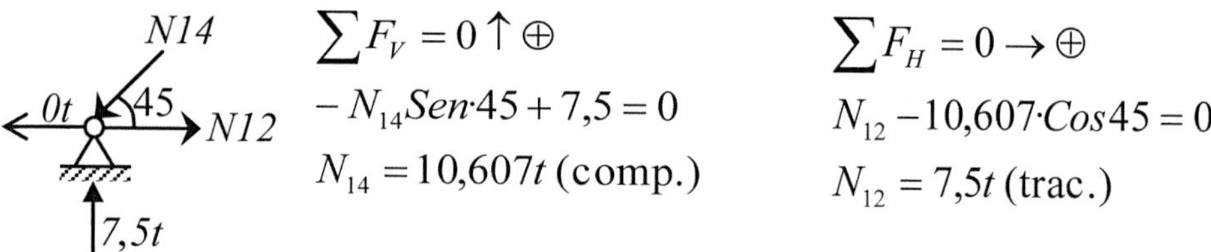

$$\sum F_V = 0 \uparrow \oplus$$
$$-N_{14} Sen \cdot 45 + 7{,}5 = 0$$
$$N_{14} = 10{,}607t \text{ (comp.)}$$

$$\sum F_H = 0 \rightarrow \oplus$$
$$N_{12} - 10{,}607 \cdot Cos 45 = 0$$
$$N_{12} = 7{,}5t \text{ (trac.)}$$

- Nudo 6

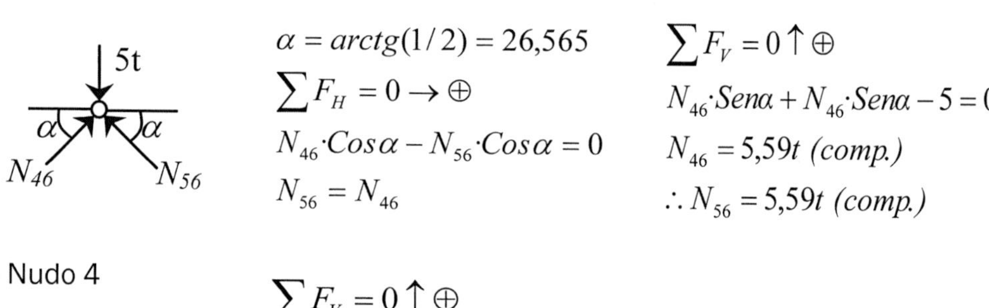

$$\alpha = arctg(1/2) = 26{,}565$$
$$\sum F_H = 0 \rightarrow \oplus$$
$$N_{46} \cdot Cos\alpha - N_{56} \cdot Cos\alpha = 0$$
$$N_{56} = N_{46}$$

$$\sum F_V = 0 \uparrow \oplus$$
$$N_{46} \cdot Sen\alpha + N_{46} \cdot Sen\alpha - 5 = 0$$
$$N_{46} = 5{,}59t \text{ (comp.)}$$
$$\therefore N_{56} = 5{,}59t \text{ (comp.)}$$

- Nudo 4

5t, 5,59t, α, N_{45}, 45, 45, 10,607t, N_{24}

$$\sum F_V = 0 \uparrow \oplus$$
$$N_{24} \cdot Sen 45 + 10{,}607 \cdot Sen 45 - 5{,}59 \cdot Sen\alpha - 5 = 0$$
$$N_{24} = 0$$

$$\sum F_H = 0 \rightarrow \oplus$$
$$-N_{45} + 10{,}607 \cdot Cos 45 - 5{,}59 \cdot Cos\alpha = 0$$
$$N_{45} = 2{,}5t \text{ (comp.)}$$

Las demás normales las obtenemos por simetría:

$$N_{23} = N_{12} = 7{,}5t \text{ (trac.)}$$
$$N_{25} = N_{24} = 0$$
$$N_{35} = N_{14} = 10{,}607t \text{ (comp.)}$$
$$N_{26} = 0$$

b) Sistema auxiliar S₁

- Nudo 1

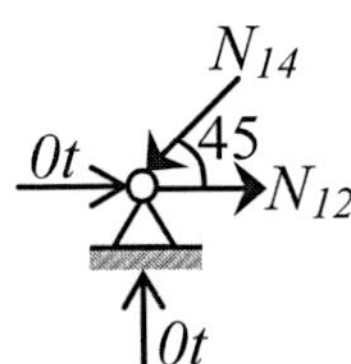

$$\sum F_V = 0 \uparrow \oplus$$
$$-N_{14} \cdot Sen45 = 0$$
$$N_{14} = 0$$

$$\sum F_H = 0 \rightarrow \oplus$$
$$N_{12} = 0$$

- Nudo 6

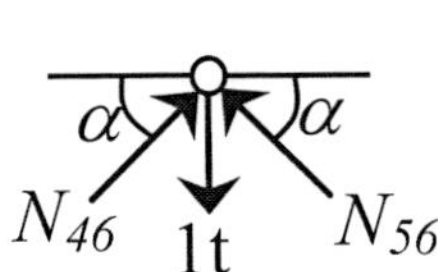

$$\sum F_H = 0 \rightarrow \oplus$$
$$N_{46} \cdot \cos\alpha - N_{56} \cdot \cos\alpha = 0$$
$$N_{56} = N_{46}$$

$$\sum F_V = 0 \uparrow \oplus$$
$$N_{46} \cdot sen\alpha + N_{46} \cdot sen\alpha - 1 = 0$$
$$N_{46} = 1{,}118t \quad \text{(comp.)}$$
$$\therefore N_{56} = 1{,}118t \quad \text{(comp.)}$$

- Nudo 4

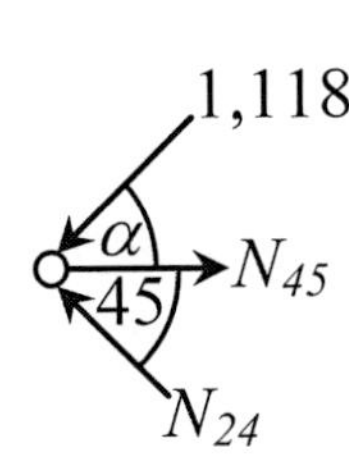

$$\sum F_V = 0 \uparrow \oplus$$
$$N_{24} \cdot sen45 - 1{,}118 \cdot sen\alpha = 0$$
$$N_{24} = 0{,}707t \quad \text{(compresión)}$$

$$\Sigma F_H = 0 \rightarrow \oplus$$
$$-0{,}707 \cdot \cos 45 + N_{45} - 1{,}118 \cdot \cos\alpha = 0$$
$$N_{45} = 1{,}5t \quad \text{(tracción)}$$

Las demás normales las obtenemos por simetría:

$$N_{23} = N_{12} = 0$$
$$N_{25} = N_{24} = 0{,}707t \quad \text{(compresión)}$$
$$N_{35} = N_{14} = 0$$
$$N_{26} = 1 \quad \text{(tracción)}$$

6.- Ecuación de compatibilidad

Barra	N_0	N_1	L	EA	Δ_{10}	Δ_{11}
1−2	7,5	0	4	15708	0	0
1−4	−10,607	0	$\sqrt{8}$	10053,12	0	0
2−3	7,5	0	4	15708	0	0
2−4	0	−0,707	$\sqrt{8}$	10053,12	0	0,000140632
2−5	0	−0,707	$\sqrt{8}$	10053,12	0	0,000140632
2−6	0	1	3	15708	0	0,00019098
3−5	−10,607	0	$\sqrt{8}$	10053,12	0	0
4−5	−2,5	1,5	4	15708	−0,00095493	0,00057296
4−6	−5,59	−1,118	$\sqrt{5}$	10053,12	0,001390073	0,000278015
5−6	−5,59	−1,118	$\sqrt{5}$	10053,12	0,001390073	0,000278015
				Totales = Σ	0,001825219	0,001601235

Reemplazando en la ecuación de compatibilidad tenemos:

$$X_1 = -\frac{\Delta_{10}}{\Delta_{11}}$$

$$X_1 = \frac{-0{,}001825219}{0{,}001601235}$$

$$X_1 = -1{,}140$$

7.- Reacciones finales

Por ser este un reticulado internamente hiperestático sus reacciones equivalen al del sistema básico S_0.

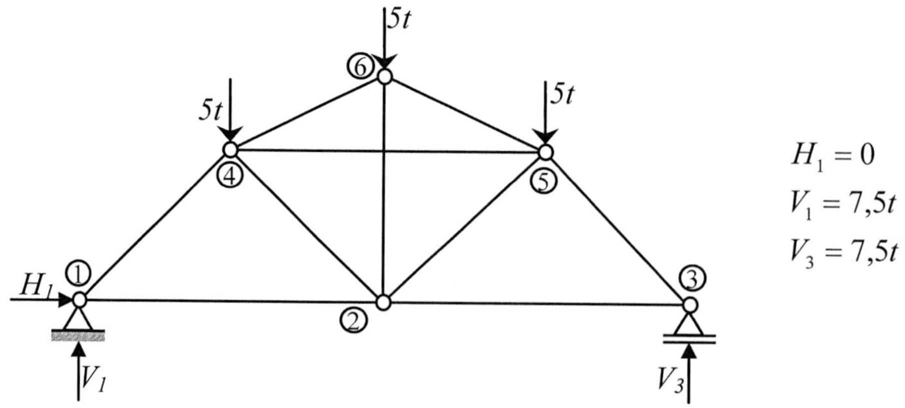

8.- Esfuerzos normales finales

Barra	No	X_1	N_1	$N = N_0 + X_1 \cdot N_1$
$1-2$	7,5	$-1{,}14$	0	7,5
$1-4$	$-10{,}607$	$-1{,}14$	0	$-10{,}607$
$2-3$	7,5	$-1{,}14$	0	7,5
$2-4$	0	$-1{,}14$	$-0{,}707$	0,806
$2-5$	0	$-1{,}14$	$-0{,}707$	0,806
$2-6$	0	$-1{,}14$	1	$-1{,}14$
$3-5$	$-10{,}607$	$-1{,}14$	0	$-10{,}607$
$4-5$	$-2{,}5$	$-1{,}14$	1,5	$-4{,}22$
$4-6$	$-5{,}59$	$-1{,}14$	$-1{,}118$	$-4{,}316$
$5-6$	$-5{,}59$	$-1{,}14$	$-1{,}118$	$-4{,}316$

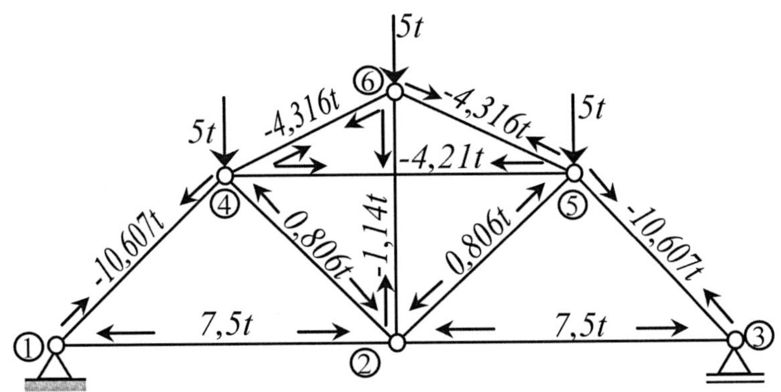

2.11. TÓPICOS ESPECIALES

Hasta el momento, el análisis de estructuras hiperestáticas se ha limitado a estudiar estructuras de tipo tradicional como vigas, pórticos y reticulados; sin embargo, existen estructuras de geometría especial o sometidas a efectos de cargas o apoyos especiales que hacen del análisis estructural un problema especial; veamos cómo encarar este tipo de problemas.

2.11.1. Arcos

Los arcos son elementos cuya dirección varían continuamente según una ley ecuacional, ejemplos de estos son los arcos circulares y parabólicos, los cuales estudiaremos a continuación.

2.11.1.1. Arcos circulares

Para estudiar las reacciones y esfuerzos en arcos hiperestáticos sean estos externos o internos tienen el mismo criterio de solución que para estructuras tradicionales, con la unica diferencia que los desplazamientos adquieren la naturaleza geometrica del arco circular. Veamos el siguiente ejemplo.

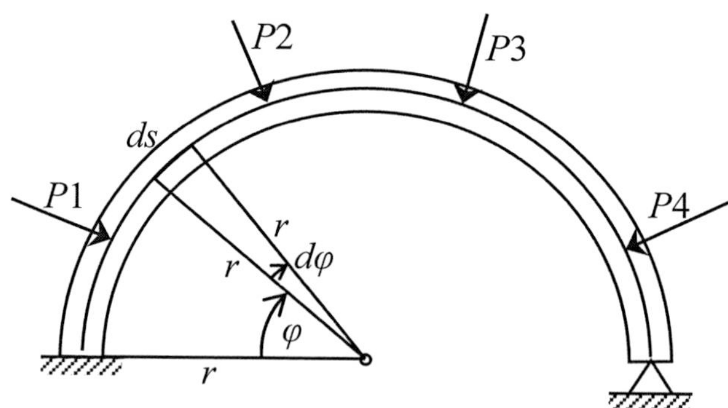

Figura 2.102 Arco circular.

Planteamos el sistema isostático equivalente aplicando la teoría expuesta en el apartado 2.10.

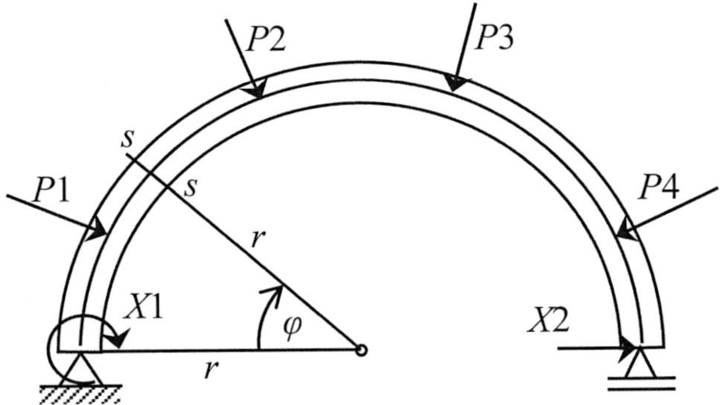

Figura 2.103 Sistema isostático equivalente.

Si aplicamos el principio de superposición y proporcionalidad obtenemos:

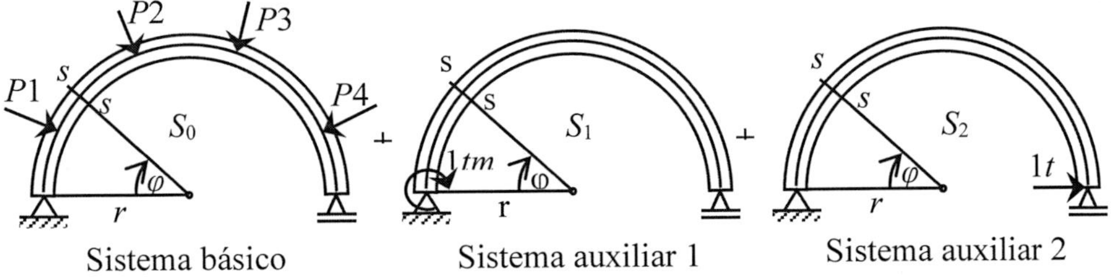

Figura 2.104 Sistema básico y auxiliares.

El arco mostrado tiene una indeterminación de 2, que exige de un sistema de dos ecuaciones con dos incógnitas para la determinación de sus redundantes. Es decir:

$$\Delta_{10} + \Delta_{11} \cdot X_1 + \Delta_{12} \cdot X_2 = 0$$

$$\Delta_{20} + \Delta_{21} \cdot X_1 + \Delta_{22} \cdot X_2 = 0$$

Estos desplazamientos están en función de las características geométricas del arco y se calculan con la siguiente fórmula:

$$\Delta ij = \int \frac{Mi \cdot Mj \cdot r \cdot d\varphi}{E \cdot I} + \int \frac{Ni \cdot Nj \cdot r \cdot d\varphi}{E \cdot A} + \int \frac{x \cdot Qi \cdot Qj \cdot r \cdot d\varphi}{G \cdot A}$$

La inclusión de estos esfuerzos internos depende de la precisión que se requiera.

2.11.1.2. Arcos parabólicos

Para resolver arcos parabólicos hiperestáticos se pueden emplear los criterios desarrollados anteriormente con la única diferencia que los desplazamientos calculados adquieren características propias de la geometría del arco. Veamos algunas pautas de su análisis y para ello pongamos como ejemplo la siguiente estructura.

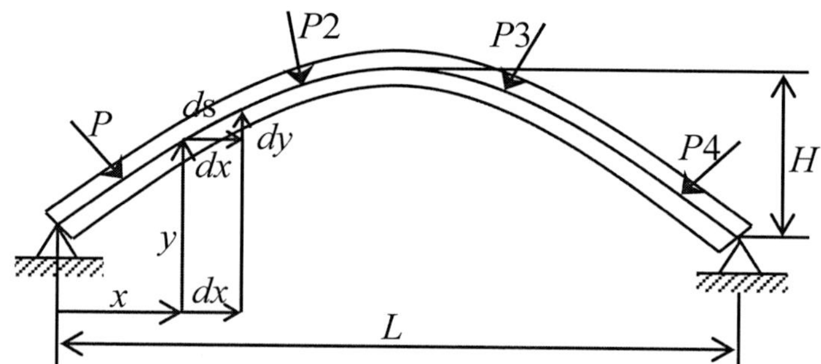

Figura 2.105 Arco parabólico hiperestático.

Determinando el grado hiperestático obtenemos:

$$G_H = 3 \cdot N_A - G_L$$

$$G_H = 3 \cdot 1 - 2$$

$$G_H = 1$$

Por lo tanto, el sistema isostático equivalente comprende la liberación de una de sus dos reacciones horizontales.

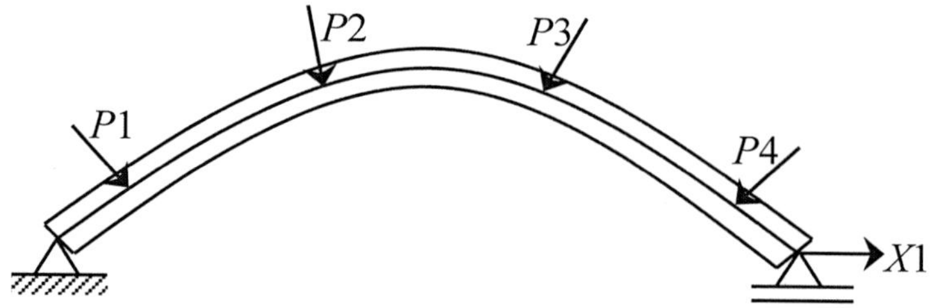

Figura 2.106 Incognita X1.

Aplicando el principio de superposición de efectos y proporcionalidad obtenemos:

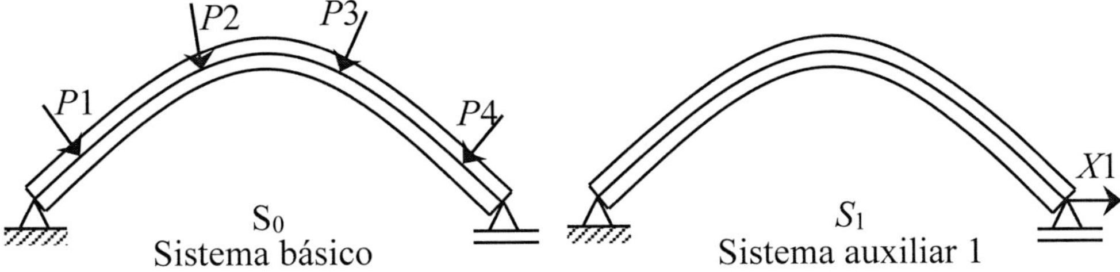

Figura 2.107 Sistema básico y auxiliar.

Para resolver esta estructura se requiere de una ecuación de compatibilidad que relacione el valor x1, es decir:

$$\Delta_{10} + \Delta_{11} \cdot X_1 = 0$$

Los desplazamientos de esta ecuación se pueden determinar a partir de la siguiente expresión:

$$\Delta ij = \int \frac{Mi \cdot Mj}{E \cdot I} \sqrt{1+(f'(x))^2}\, dx + \int \frac{Ni \cdot Nj}{E \cdot A} \sqrt{1+(f'(x))^2}\, dx + \int \frac{x \cdot Qi \cdot Qj}{G \cdot A} \sqrt{1+(f'(x))^2}\, dx$$

Su modo de aplicación se puede estudiar en el apartado 1.12.1 del capítulo 1, y la inclusión de esfuerzos depende de la precisión con que se quieran obtener los resultados.

Esta última ecuación se puede utilizar también en arcos que pertenezcan a otro tipo de función como, por ejemplo, arcos trigonométricos o elípticos de naturaleza hiperestática, como los mostrados en la siguiente figura.

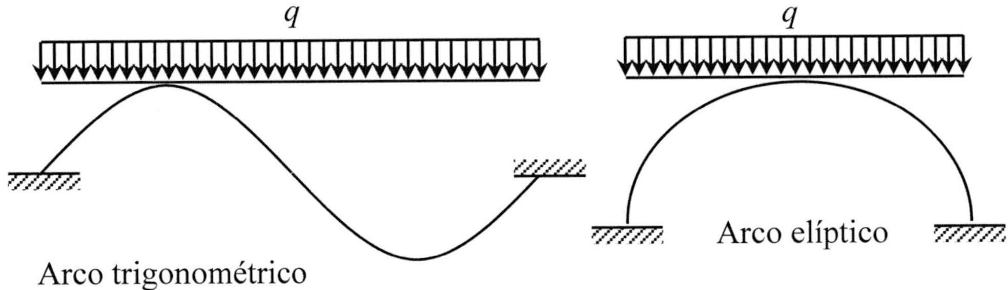

Figura 2.108 Otros tipos de arcos.

EJERCICIO 56

Calcular reacciones y diagramas esfuerzos.

Datos

$E = 2 \cdot 10^6 \ t/m^2$

$b/h = 20/30$

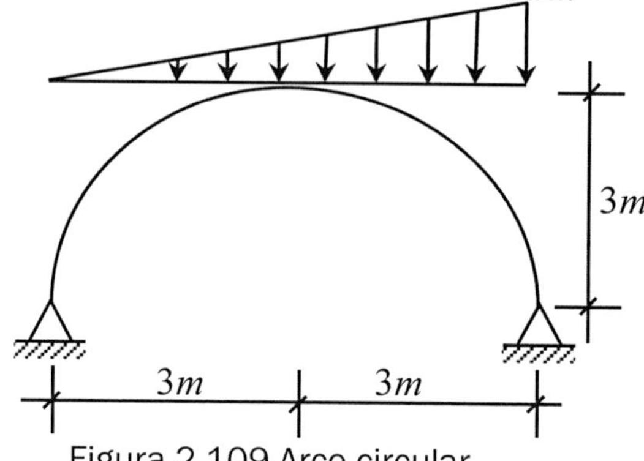

Figura 2.109 Arco circular.

1.- Grado hiperestático

$$G_H = 3 \cdot N_A - G_L = 3(1) - 2 = 1^o$$

2.- Sistema isostático equivalente

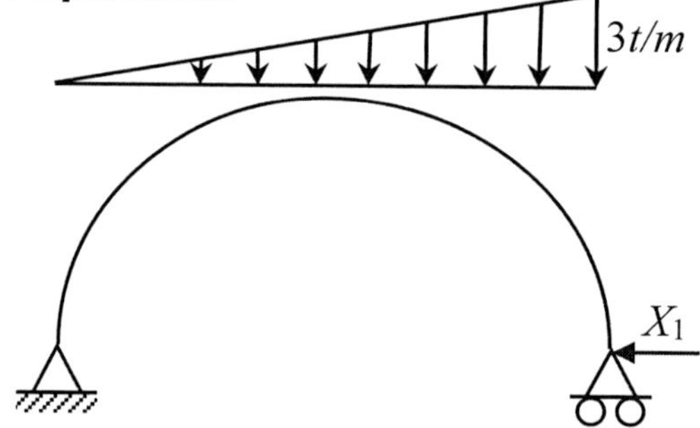

3.- Sistema básico y auxiliar

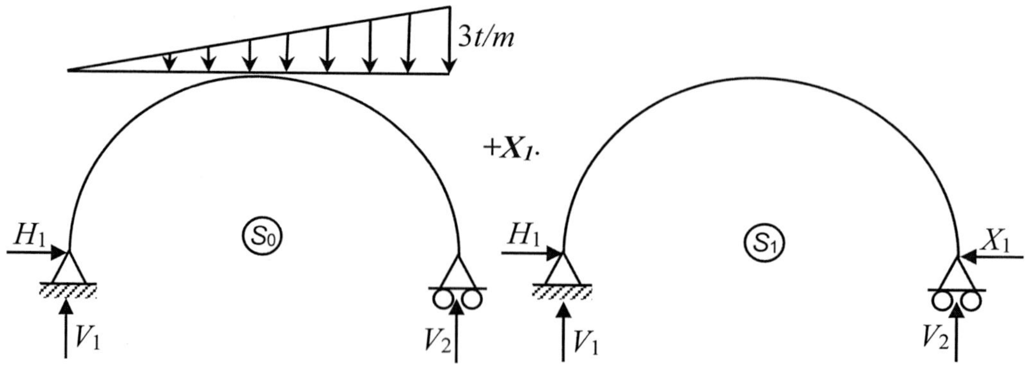

4.- Cálculo de reacciones

a) Sistema básico

$$\sum FH = 0 \rightarrow \oplus$$
$$H_1 = 0$$

$$\sum M_1 = 0 \circlearrowright \oplus$$
$$\frac{3 \cdot 6}{2} \cdot 4 - V_2 \cdot 2 = 0$$
$$V_2 = 6t$$

$$\sum FV = 0 \uparrow \oplus$$
$$V_1 - \frac{3 \cdot 6}{2} + 6 = 0$$
$$V_1 = 3t$$

b) Sistema auxiliar

$$\sum FH = 0 \rightarrow \oplus$$
$$H_1 - 1 = 0$$
$$H_1 = 1t$$

$$\sum M_1 = 0 \circlearrowright \oplus$$
$$V_2 = 0$$

$$\sum FV = 0 \uparrow \oplus$$
$$V_1 = 0$$

5.- Ecuaciones de momentos

a) Sistema básico

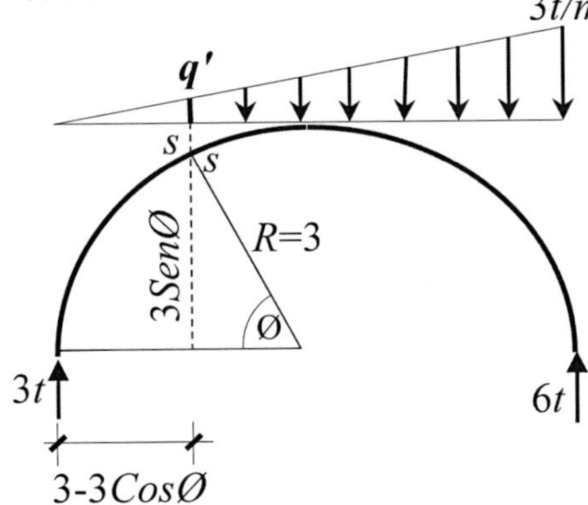

$$\frac{q}{3 - 3 \cdot \cos\theta} = \frac{3}{6}$$
$$q' = \frac{3 - 3Cos\theta}{2}$$

$$M_\theta = 3(3 - 3Cos\theta) - q'\frac{(3 - 3Cos\theta)}{2} \cdot \frac{1}{3}(3 - 3Cos\theta)$$
$$M_\theta = 9 - 9Cos\theta - \left(\frac{3 - 3Cos\theta}{2}\right) \cdot \left(\frac{3 - 3Cos\theta}{2}\right) \cdot \left(\frac{3 - 3Cos\theta}{3}\right)$$
$$M_\theta = 9 - 9Cos\theta - \frac{(3 - 3Cos\theta)^3}{12}$$
$$M_\theta = 6,75 - 2,25 \cdot Cos\theta - 6,75Cos^2\theta + 2,25Cos^3\theta$$

b) Sistema auxiliar 1

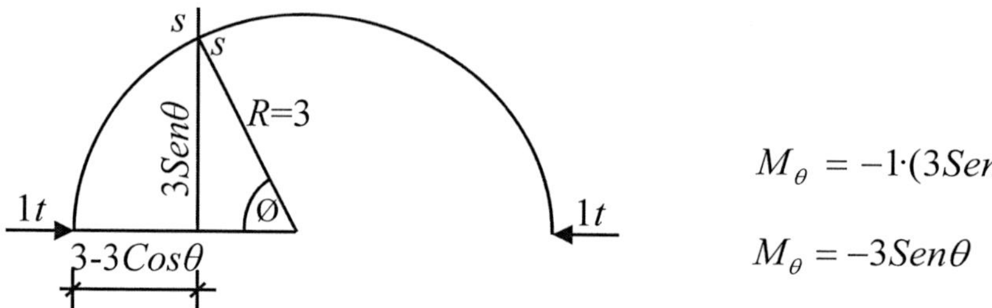

$$M_\theta = -1 \cdot (3Sen\theta)$$

$$M_\theta = -3Sen\theta$$

6.- Ecuaciones de compatibilidad

$$\Delta_{11} X_1 = -\Delta_{10} \rightarrow X_1 = -\frac{\Delta_{10}}{\Delta_{11}} \qquad \Delta_{ij} = \int \frac{Mi \cdot Mj \cdot R}{E \cdot I} d\theta$$

$$\Delta_{11} = \frac{R}{EI} \int_0^\pi (-3sen\theta)(-3Sen\theta) d\theta = \frac{9\pi \cdot R}{2 \cdot E \cdot I} = \frac{14{,}1372 \cdot R}{E \cdot I}$$

$$\Delta_{10} = \frac{R}{EI}$$

$$\int_0^\pi (-3Sen\theta)(6{,}75 - 2{,}25Cos\theta - 6{,}75Cos^2\theta + 2{,}25Cos^3\theta) d\theta = \frac{-27 \cdot R}{E \cdot I}$$

$$X_1 = \frac{-\Delta_{10}}{\Delta_{11}} = \frac{-(-27)}{14{,}1372} = 1{,}91t$$

7.- Reacciones finales

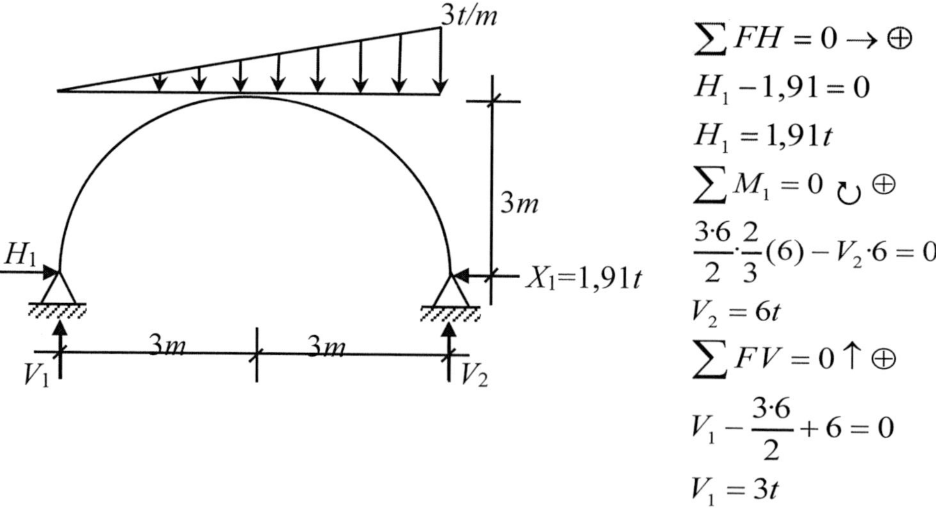

$$\sum FH = 0 \rightarrow \oplus$$

$$H_1 - 1{,}91 = 0$$

$$H_1 = 1{,}91t$$

$$\sum M_1 = 0 \circlearrowright \oplus$$

$$\frac{3 \cdot 6}{2} \cdot \frac{2}{3}(6) - V_2 \cdot 6 = 0$$

$$V_2 = 6t$$

$$\sum FV = 0 \uparrow \oplus$$

$$V_1 - \frac{3 \cdot 6}{2} + 6 = 0$$

$$V_1 = 3t$$

8.- Diagramas finales

a) Normal y corte

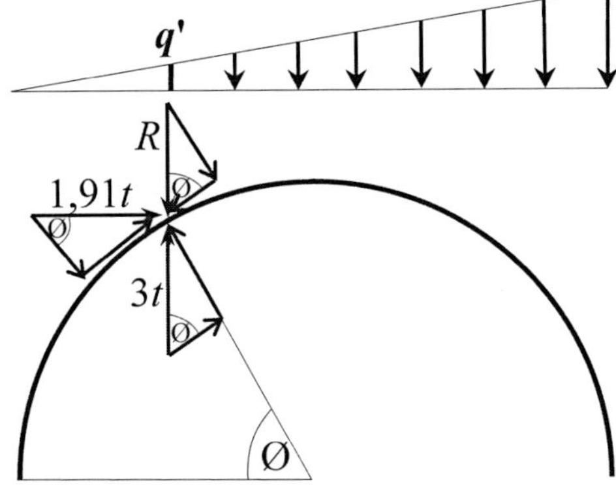

$$\frac{q'}{3-3\cdot\cos\theta}=\frac{3}{6}$$

$$q'=\frac{3-3\cdot\cos\theta}{2}$$

$$R=\frac{q'\cdot(3-3Cos\theta)}{2}$$

$$R=\frac{(3-3Cos\theta)}{2}\cdot\frac{(3-3Cos\theta)}{2}$$

$$R=\frac{(3-3Cos\theta)^2}{4}$$

$$N_\theta=R\cdot Cos\theta-1{,}91Sen\theta-3Cos\theta$$

$$N_\theta=\frac{(3-3Cos\theta)^2}{4}\cdot Cos\theta-1{,}91Sen\theta-3Cos\theta$$

$$N_\theta=-0{,}75Cos\theta-4{,}5Cos^2(\theta)+2{,}25Cos^3(\theta)-1{,}91Sen(X)$$

$$Q_\theta=-R\cdot Sen\theta-1{,}91Cos\theta+3Sen\theta$$

$$Q_\theta=-\frac{(3-3Cos\theta)^2}{4}\cdot Sen\theta-1{,}91Cos\theta+3Sen\theta$$

$$Q_\theta=0{,}75Sen\theta+4{,}5Sen\theta\cdot Cos\theta-2{,}25Sen\theta\cdot Cos^2\theta-1{,}91\cdot Cos\theta$$

θ	Nθ	Qθ
0°	-3	-1,91
30°	-3,52	-0,17
60°	-2,87	1,16
90°	-1,91	0,75
120	-2,69	-0,83
150°	-5,14	-0,76
180°	-6	1,91

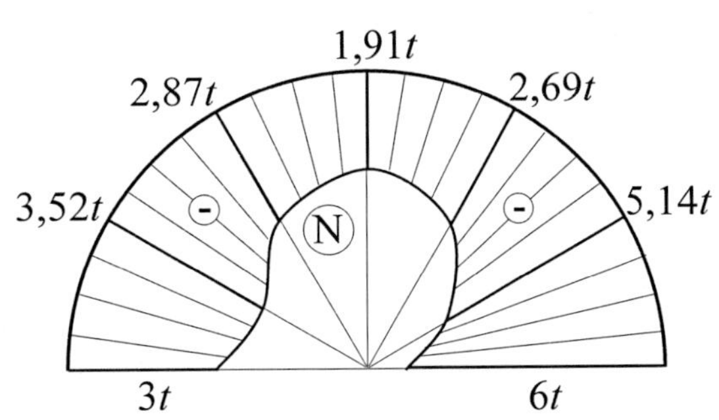

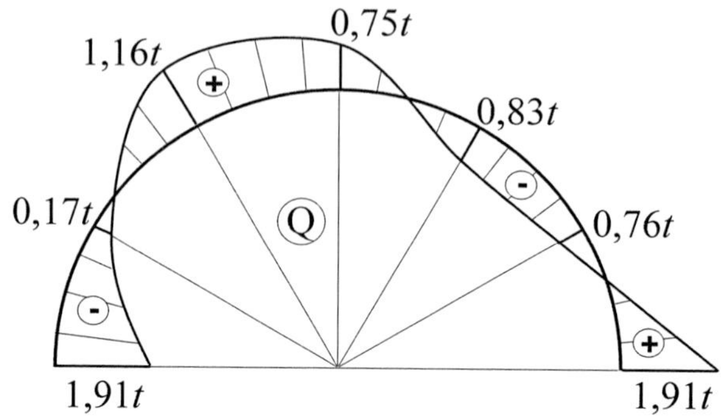

b) Momentos

$$M_\theta = (M_\theta)_0 + X_1(M_\theta)_1$$

$$M_\theta = 6{,}75 - 2{,}25Cos\theta - 6{,}75Cos^2\theta + 2{,}25Cos^3\theta + 1{,}91(-3Sen\theta)$$

$$M_\theta = 6{,}75 - 5{,}73Sen\theta - 2{,}25Cos\theta - 6{,}75Cos^2\theta + 2{,}25Cos^3\theta$$

θ	M_θ
0°	0
30°	-1,66
60°	-0,74
90°	1,02
120°	0,94
150°	-0,69
180°	0

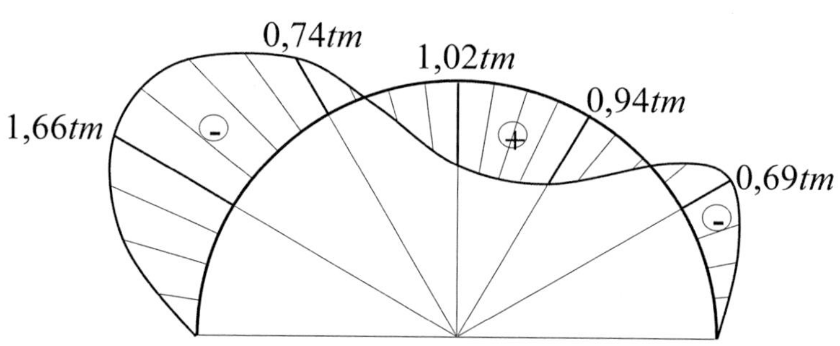

2.11.2. Elementos de sección variable

La siguiente pieza tiene una sección h1, b1 en el extremo inicial y b2, h2 en el extremo final; esta variación que, por lo general, es rectilínea requiere de tratamientos especiales para el cálculo de sus desplazamientos.

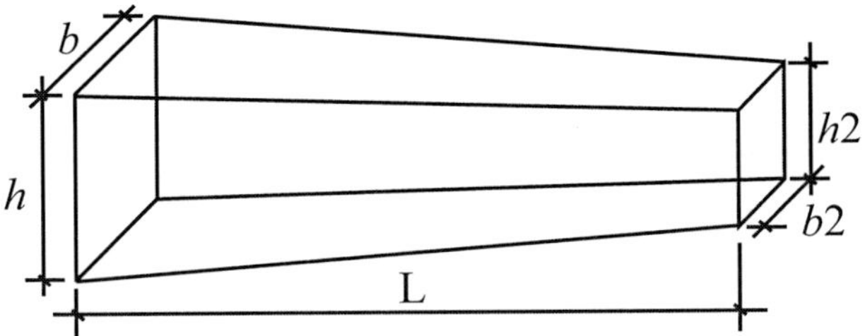

Figura 2.110 Barra de sección variable.

Si a esta pieza le introducimos un apoyo empotrado en cada extremo, el problema se convierte en hiperestático y para su solución se deben considerar los siguientes criterios.

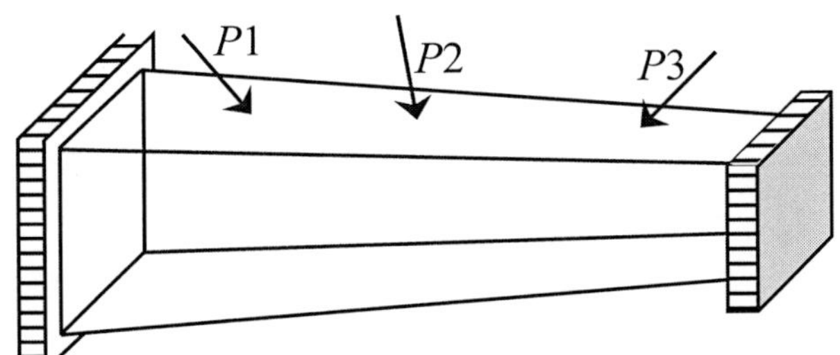

Figura 2.111 Viga hiperestática.

Utilizando los criterios del apartado 2.10 determinamos el sistema isostático equivalente.

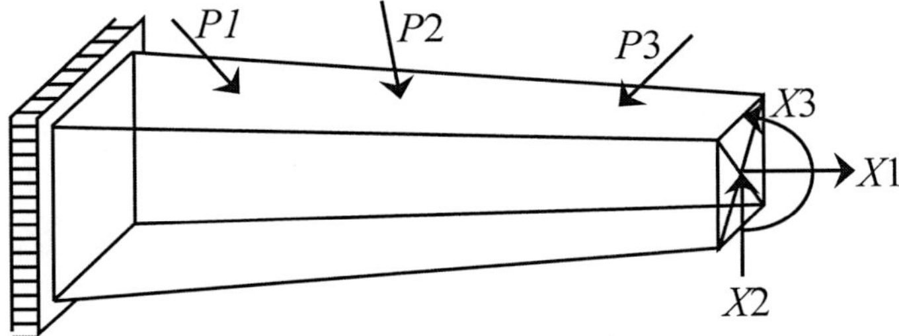

Figura 2.112 Incógnita del método.

Aplicando el principio de superposición y proporcionalidad obtenemos:

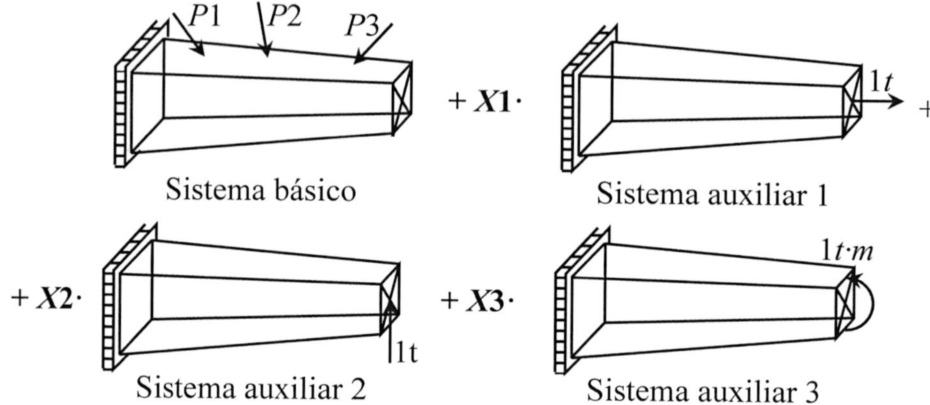

Figura 2.113 Sistema básico y auxiliares.

Para resolver este problema debemos obtener un sistema de ecuaciones con tres incógnitas, tal como se muestra a continuación.

$$\Delta_{10} + \Delta_{11}\cdot X_1 + \Delta_{12}\cdot X_2 + \Delta_{13}\cdot X_3 = 0$$

$$\Delta_{20} + \Delta_{21}\cdot X_1 + \Delta_{22}\cdot X_2 + \Delta_{23}\cdot X_3 = 0$$

$$\Delta_{30} + \Delta_{31}\cdot X_1 + \Delta_{32}\cdot X_2 + \Delta_{33}\cdot X_3 = 0$$

Los desplazamientos de estas ecuaciones se determinan mediante la aplicación de la siguiente fórmula:

$$P'\cdot\Delta = \int \frac{M\cdot M'\cdot ds}{E\cdot I_x} + \int \frac{N\cdot N'\cdot ds}{E\cdot A_x} + \int \frac{x\cdot Q\cdot Q'\cdot ds}{G\cdot A_x}$$

En esta expresión, los valores de Ix y Ax son expresiones que varían según x y, por lo tanto, deben formar parte del argumento en el momento de resolver la integral.

$$Ax = \frac{((b2-b1)\cdot x + b1\cdot L)\cdot((h2-h1)\cdot x + h1\cdot L)}{L^2}$$

$$Ix = \frac{((b2-b1)\cdot x + b1\cdot L)\cdot((h2-h1)\cdot x + h1\cdot L)^3}{12\cdot L^4}$$

EJERCICIO 57

Calcular la siguiente estructura:

Datos

$E = 2\cdot 10^6\ t/m^2$

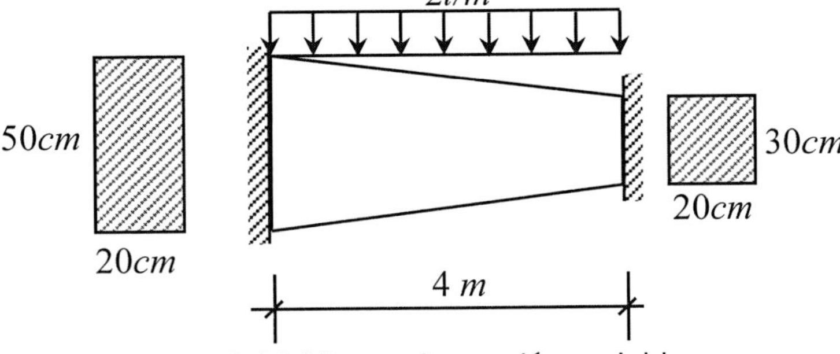

Figura 2.114 Barra de sección variable.

1.- Grado hiperestático

$$G_H = 3N_A - G_L$$
$$G_H = 3(1) - 0$$
$$G_H = 3$$

En vigas se descuenta a G_H el siguiente valor cuando no existen cargas horizontales:

$$Rf = N^o\, reac.H - 1$$
$$Rf = 2 - 1 = 1$$

$$\therefore G_H = 3 - 1 = 2$$

2.- Sistema isostático equivalente

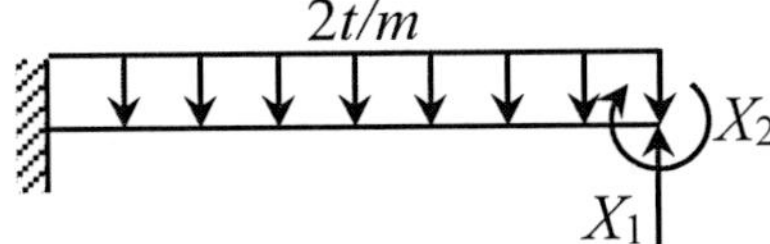

3.- Sistema básico y auxiliares

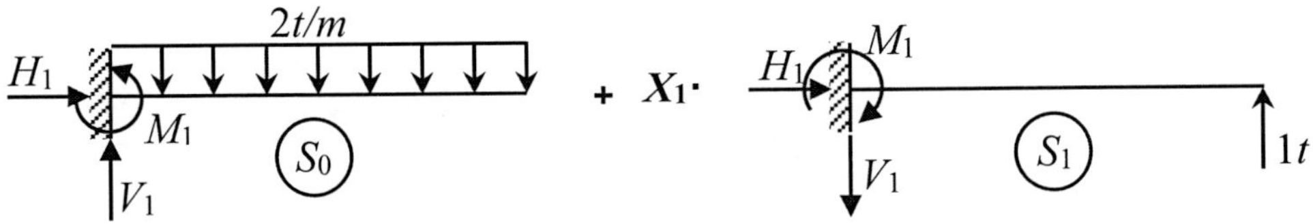

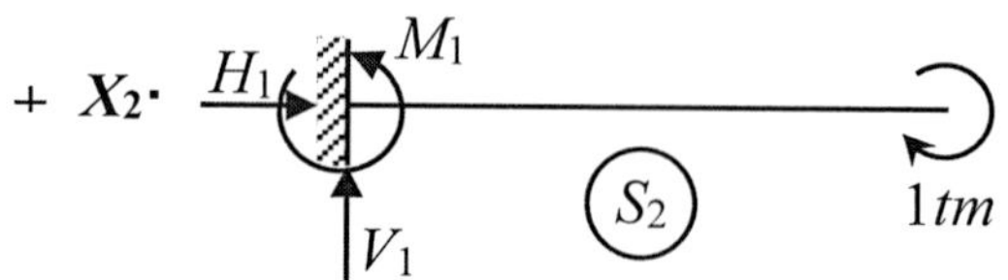

4.- Cálculo de reacciones

a) Sistema básico

$$\sum FH = 0 \rightarrow \oplus$$
$$H_1 = 0$$
$$\sum FV = 0 \uparrow \oplus$$
$$V_1 - 2 \cdot 4 = 0$$
$$V_1 = 8t$$
$$\sum M_1 = 0 \circlearrowright \oplus$$
$$-M_1 + 2 \cdot 4 \cdot 2 = 0$$
$$M_1 = 16tm$$

b) Sistema auxiliar 1

$$\sum FH = 0 \rightarrow \oplus$$
$$H_1 = 0$$
$$\sum FV = 0 \uparrow \oplus$$
$$-V_1 + 1 = 0$$
$$V_1 = 1t$$
$$\sum M_1 = 0 \circlearrowright \oplus$$
$$M_1 - 1 \cdot 4 = 0$$
$$M_1 = 4tm$$

c) Sistema auxiliar 2

$$\sum FH = 0 \rightarrow \oplus$$
$$H_1 = 0$$
$$\sum FV = 0 \uparrow \oplus$$
$$V_1 = 0$$
$$\sum M_1 = 0 \circlearrowright \oplus$$
$$-M_1 + 1 = 0$$
$$M_1 = 1tm$$

5.- Ecuaciones de momento

a) Sistema básico

$$Mx = 8x - 16 - 2 \cdot x \cdot \frac{x}{2}$$
$$Mx = -x^2 + 8x - 16$$

b) Sistema auxiliar 1

$$Mx = -1 \cdot x + 4$$
$$Mx = -x + 4$$

c) Sistema auxiliar 2

$$Mx = -1$$

6.- Ecuaciones de compatibilidad

$$\Delta_{11} \cdot x_1 + \Delta_{12} \cdot x_2 = -\Delta_{10}$$
$$\Delta_{21} \cdot x_1 + \Delta_{22} \cdot x_2 = -\Delta_{20}$$

$$\Delta_{ij} = \int \frac{Mi \cdot Mj}{E \cdot Ix} dx$$

$h_1 = 50$ cm $= 0{,}5$ m

$h_2 = 30$ cm $= 0{,}3$ m

$$Ix = \frac{b \cdot ((h_2 - h_1)x + h_1 \cdot L)^3}{12 \cdot L^3} = \frac{0{,}2[(0{,}3 - 0{,}5)x + 0{,}5 \cdot 4]^3}{12 \cdot 4^3}$$
$$Ix = \frac{0{,}2[-0{,}2x + 2]^3}{768}$$

$$E \cdot Ix = 2 \cdot 10^6 \cdot \frac{0{,}2[-0{,}2x + 2]^3}{768}$$

$$E \cdot Ix = 520{,}83 \cdot (-0{,}2x + 2)^3$$

$$\Delta_{11} = \int_0^4 \frac{(-x+4)\cdot(-x+4)}{520{,}83 \cdot (-0{,}2x+2)^3} dx = 7{,}398 \cdot 10^{-3}$$

$$\Delta_{12} = \Delta_{21} = \int_0^4 \frac{(-x+4)\cdot(-1)}{520{,}83 \cdot (-0{,}2x+2)^3} dx = -3{,}2 \cdot 10^{-3}$$

$$\Delta_{22} = \int_0^4 \frac{(-1)\cdot(-1)}{520{,}83 \cdot (-0{,}2x+2)^3} dx = 2{,}133 \cdot 10^{-3}$$

$$\Delta_{10} = \int_0^4 \frac{(-x+4)\cdot(-x^2+8x-16)}{520{,}83 \cdot (-0{,}2x+2)^3} dx = -2{,}0433 \cdot 10^{-2}$$

$$\Delta_{20} = \int_0^4 \frac{(-1)\cdot(-x^2+8x-16)}{520{,}83 \cdot (-0{,}2x+2)^3} dx = 7{,}398 \cdot 10^{-3}$$

$$\left.\begin{array}{l} 7{,}398 \cdot 10^{-3} x_1 - 3{,}2 \cdot 10^{-3} x_2 = -(-2{,}0433 \cdot 10^{-2}) \\ -3{,}2 \cdot 10^{-3} x_1 + 2{,}133 \cdot 10^{-3} x_2 = -7{,}398 \cdot 10^{-3} \end{array}\right\} * 10^3$$

$$7{,}398x_1 - 3{,}2x_2 = 20{,}433$$
$$-3{,}2x_1 + 2{,}133x_2 = -7{,}398$$

Resolviendo el sistema de ecuaciones obtenemos:

$$x_1 = 3{,}59t$$
$$x_2 = 1{,}92tm$$

7.- Reacciones finales

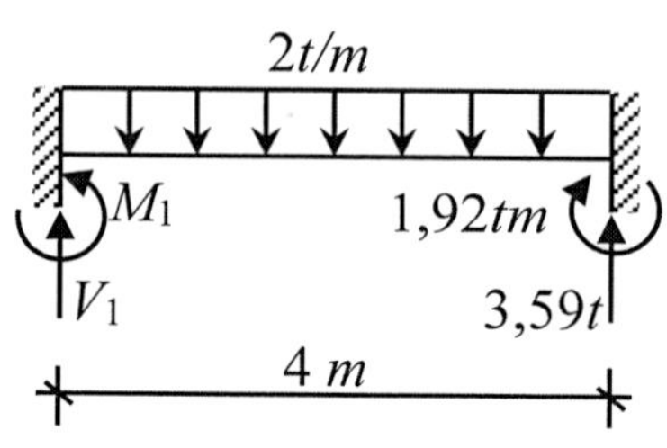

$$\sum FV = 0 \uparrow \oplus$$

$$V_1 - 2 \cdot 4 + 3{,}59 = 0$$

$$V_1 = 4{,}41t$$

$$\sum M_1 = 0 \circlearrowright \oplus$$

$$-M_1 + 2 \cdot 4 \cdot 2 - 3{,}59 \cdot 4 + 1{,}92 = 0$$

$$M_1 = 3{,}56tm$$

8.- Diagramas finales

a) Momento

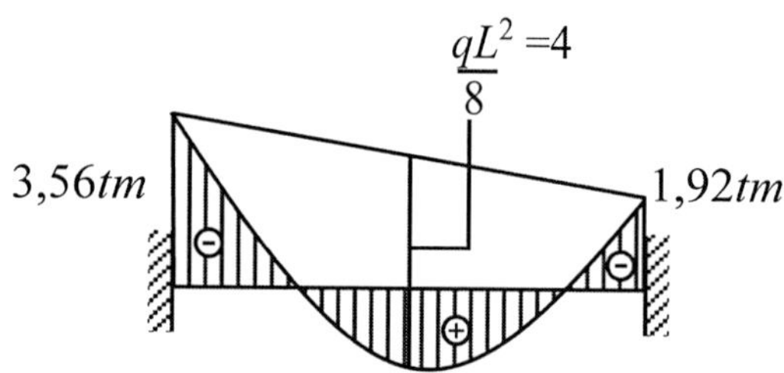

b) Cortante

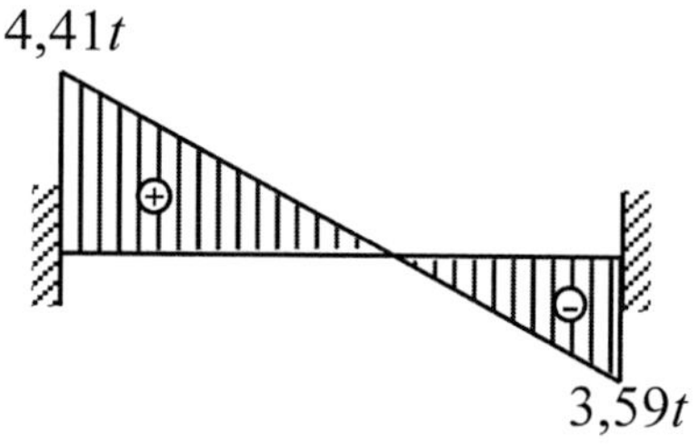

2.11.3. Temperatura

La siguiente estructura de naturaleza hiperestática está sometida a un conjunto de cargas térmicas que producen en este reacciones y esfuerzos adicionales.

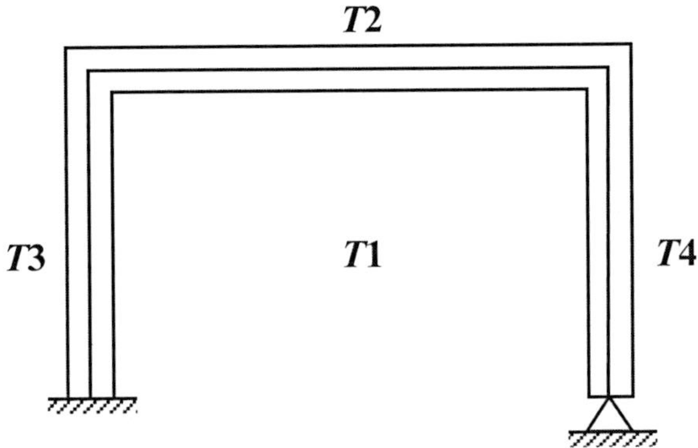

Figura 2.115 Pórtico con variaciones térmicas.

Para resolver esta estructura se deben considerar los siguientes pasos:

1.- Plantear un sistema isostático equivalente aplicando la teoría expuesta en el apartado 2.10 de este capítulo.

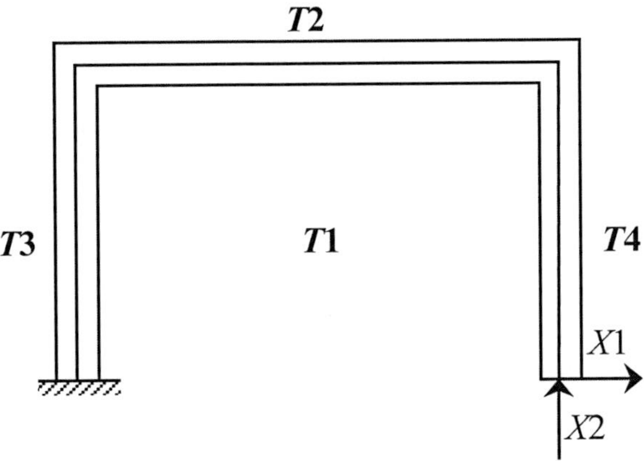

Figura 2.116 Incógnitas X1 y X2.

Aplicamos el principio de superposición de efectos con respecto a las temperaturas y a cada una de sus redundantes, formando así tres sistemas estructurales, uno con todas las temperaturas a la que llamaremos básico, otro con la redundante 1 y otra con la redundante 2 a la que llamaremos sistema auxiliar 1 y 2, respectivamente, y a los cuales aplicaremos el principio de proporcionalidad con respecto a sus redundantes. Veamos estas operaciones en el siguiente gráfico.

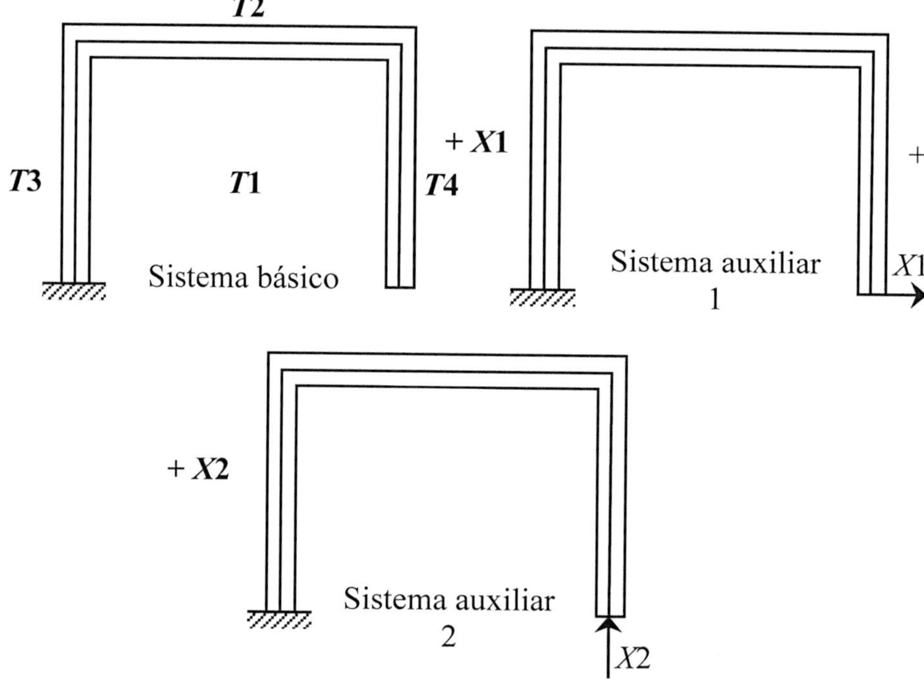

Figura 2.117 Sistema básico y auxiliares.

Para obtener las redundantes X1 y X2 debemos plantear un sistema de dos ecuaciones con dos incógnitas, tal como se muestran a continuación:

$$\Delta_{10} + \Delta_{11} \cdot X_1 + \Delta_{12} \cdot X_2 = 0$$

$$\Delta_{20} + \Delta_{21} \cdot X_1 + \Delta_{22} \cdot X_2 = 0$$

Estos desplazamientos estarán en función de los valores característicos que involucran las deformaciones térmicas y para su determinación utilizaremos la siguiente expresión:

$$\Delta ij = \int \frac{Mi \cdot Mj \cdot ds}{E \cdot I} + \int \frac{Ni \cdot Nj \cdot ds}{E \cdot A} + \int \frac{x \cdot Qi \cdot Qj \cdot ds}{G \cdot A} + \alpha \cdot \frac{(T1 - T2)}{h} \cdot \int Mi \cdot ds + \alpha \cdot \frac{(T1 + T2)}{2} \cdot \int Ni \cdot ds + \alpha \cdot \frac{(T1 - T2)}{h} \cdot \int Qi \cdot s \cdot ds$$

Conociendo que el esfuerzo cortante es despreciable y considerando que el esfuerzo normal es constante en la anterior ecuación, se puede expresar de la siguiente forma:

$$\Delta ij = \int \frac{Mi \cdot Mj \cdot ds}{E \cdot I} + \Sigma \frac{Ni \cdot Nj \cdot L}{E \cdot A} + \frac{\alpha \cdot (T1 - T2) \cdot A_{Mi}}{h} + \frac{\alpha \cdot (T1 + T2) \cdot A_{Ni}}{2}$$

Mi = Momento del sistema i

Mj = Momento del sistema j

E = Módulo de elasticidad longitudinal

I = Momento de inercia (x)

Ni = Normal del sistema i

Nj = Normal del sistema j

L= Longitud donde actúa la normal

A = Área de la sección transversal de la barra

A = Coeficiente de dilatación térmica lineal

T1 = Temperatura hacia donde se encuentra el momento posititvo

T2 = Temperatura opuesta a T1

A_{Mi} = Área del diagrama de momento del sistema i

A_{Ni} = Área del diagrama de normal del sistema i

El empleo de estas fórmulas se la puede estudiar en el apartado 1.14 del capítulo 1 y su inclusión de esfuerzos se debe al mayor o menor grado de precisión.

EJERCICIO 58

Analizar reacciones y diagramar esfuerzos.

Datos

$E = 2 \cdot 10^6 \ t/m^2$

$\alpha = 1{,}2 \cdot 10^{-5} \ °C^{-1}$

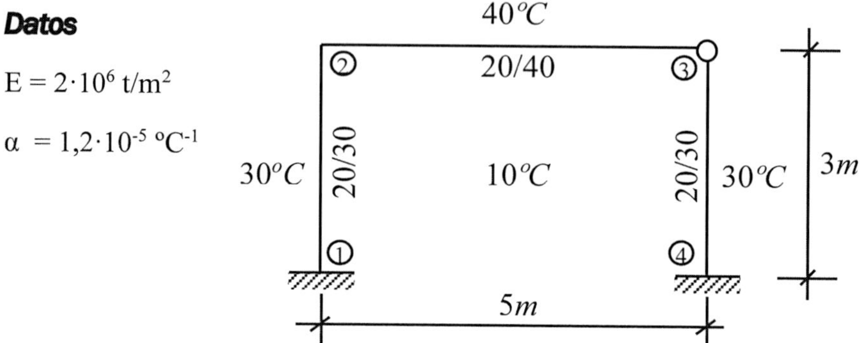

Figura 2.118 Pórtico con carga térmica.

1.- Grado hiperestático

$$G_H = 3N_A - G_L$$

$$G_H = 3(1) - 1$$

$$G_H = 2$$

2.- Sistema isostático equivalente

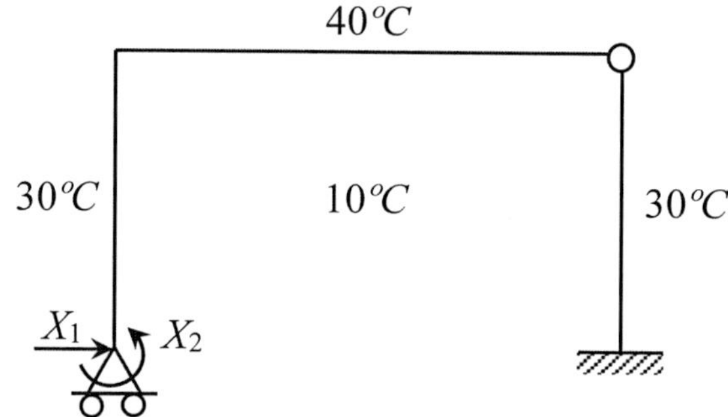

3.- Sistema básico y auxiliares

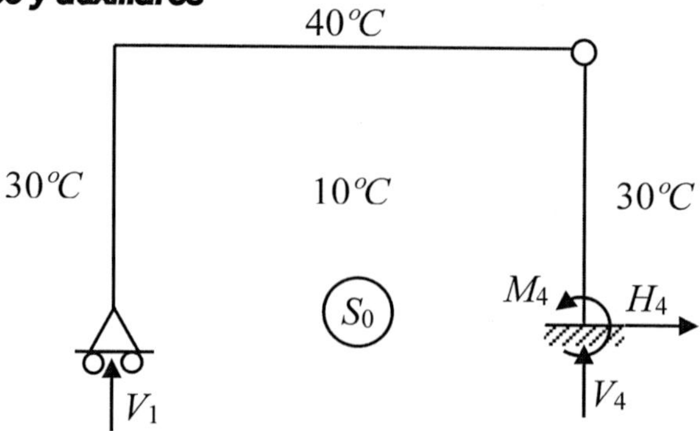

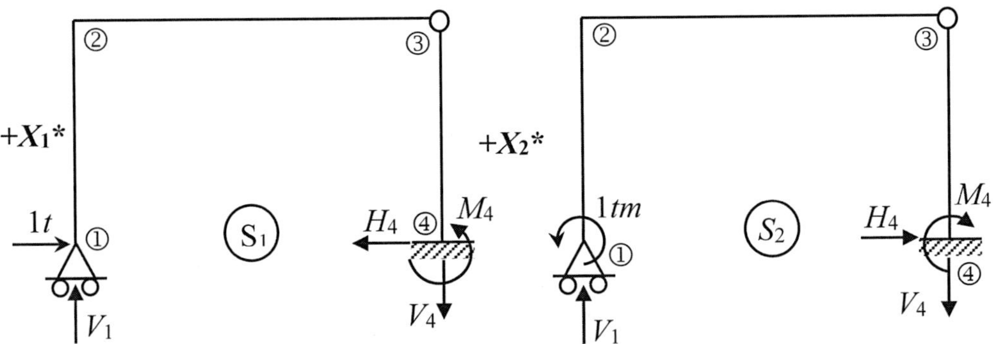

4.- Cálculo de reacciones

a) Sistema básico

$$\sum FH = 0 \rightarrow \oplus$$
$$H_4 = 0$$
$$\sum M_3 = 0 \circlearrowright \oplus (abajo)$$
$$M_4 = 0$$
$$\sum M_1 = 0 \circlearrowright \oplus$$
$$V_4 = 0$$
$$\sum FV = 0 \uparrow \oplus$$
$$V_1 = 0$$

b) Sistema auxiliar 1

$$\sum FH = 0 \rightarrow \oplus$$
$$1 - H_4 = 0$$
$$H_4 = 1t$$
$$\sum M_3 = 0 \circlearrowright \oplus (abajo)$$
$$1 \cdot 3 - M_4 = 0$$
$$M_4 = 3tm$$
$$\sum M_1 = 0 \circlearrowright \oplus$$
$$-3 + V_4 \cdot 5 = 0$$
$$V_4 = 0{,}6t$$
$$\sum FV = 0 \uparrow \oplus$$
$$V_1 - 0{,}6 = 0$$
$$V_1 = 0{,}6t$$

c) Sistema auxiliar 2

$$\sum FH = 0 \rightarrow \oplus$$
$$H_4 = 0$$
$$\sum M_3 = 0 \circlearrowright \oplus (abajo)$$
$$M_4 = 0$$
$$\sum M_1 = 0 \circlearrowright \oplus$$
$$-1 + V_4 \cdot 5 = 0$$
$$V_4 = 0{,}2t$$
$$\sum FV = 0 \uparrow \oplus$$
$$V_1 - 0{,}2 = 0$$
$$V_1 = 0{,}2t$$

5.- Diagramas de esfuerzos

a) Momento flector

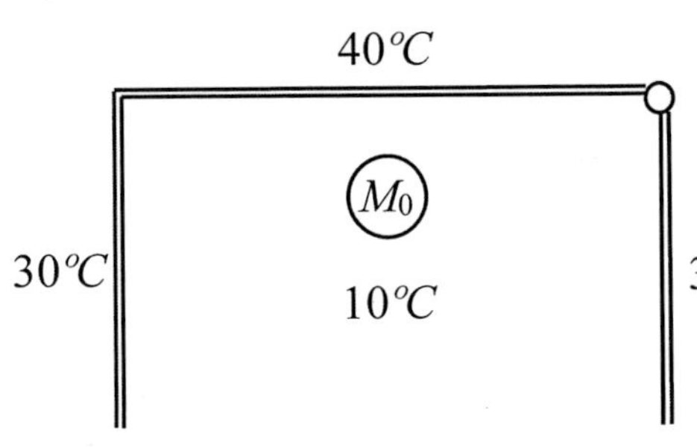

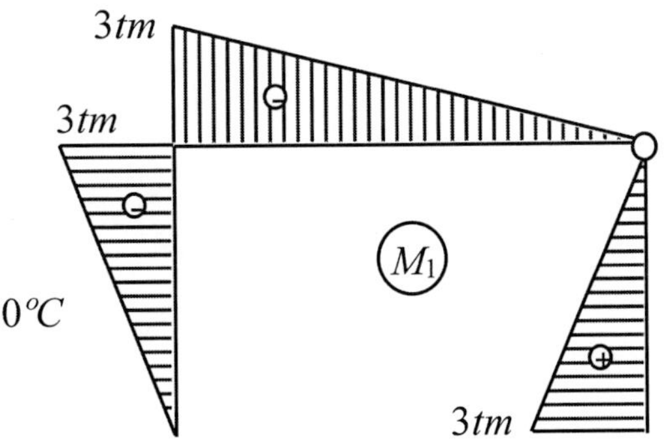

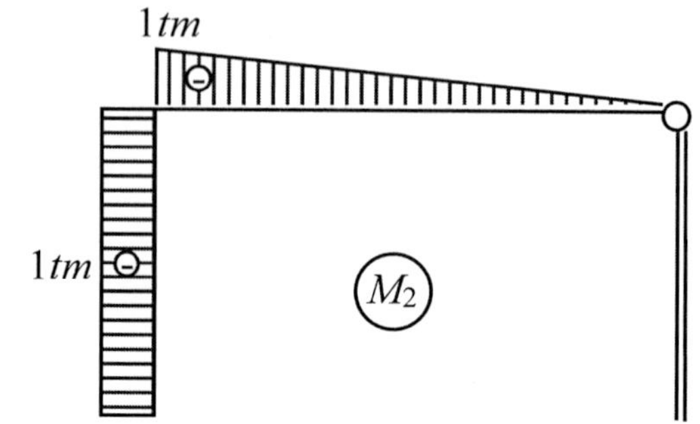

b) Normal

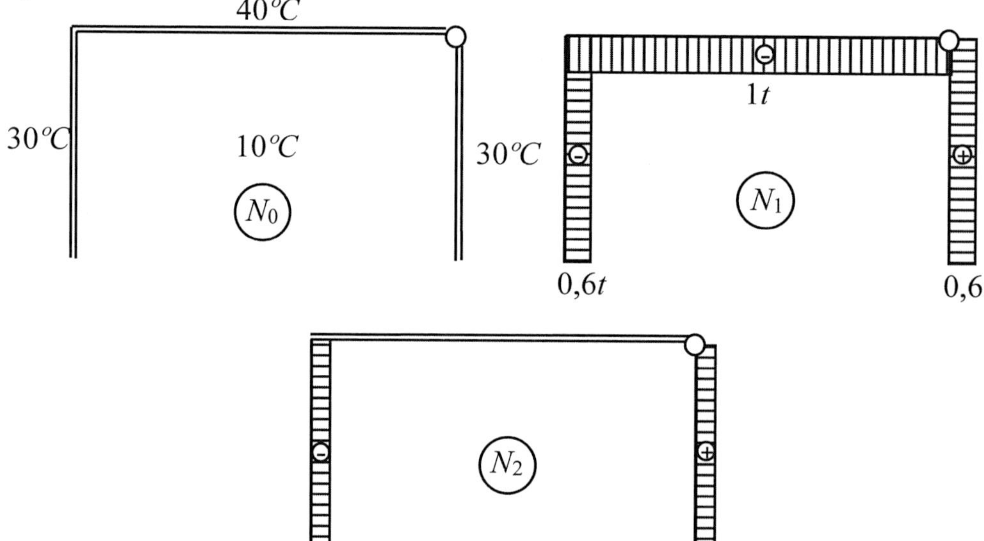

6.- Ecuaciones de compatibilidad

$$\Delta_{11} \cdot x_1 + \Delta_{12} \cdot x_2 = -\Delta_{10}$$
$$\Delta_{21} \cdot x_1 + \Delta_{22} \cdot x_2 = -\Delta_{20}$$

$$\Delta_{ij} = \int \frac{Mi \cdot Mj}{E \cdot I} dx + \frac{\sum Ni \cdot Nj \cdot L}{E \cdot A} + \frac{\alpha \cdot \Delta T}{h} \cdot A_{M'} + \alpha \cdot T_o \cdot A_{N'}$$

$$EI_1 = 2\cdot 10^6 \cdot \frac{0,2\cdot 0,3^3}{12} = 900$$

$$EI_2 = 2\cdot 10^6 \cdot \frac{0,2\cdot 0,4^3}{12} = 2133,33$$

$$EA_1 = 2\cdot 10^6 \cdot 0,2\cdot 0,3 = 120000$$

$$EA_2 = 2\cdot 10^6 \cdot 0,2\cdot 0,4 = 160000$$

$$\Delta_{11} = \underbrace{\frac{\frac{1}{3}\cdot 3\cdot 3\cdot 3}{900} + \frac{\frac{1}{3}\cdot 5\cdot 3\cdot 3}{2133.33} + \frac{\frac{1}{3}\cdot 3\cdot 3\cdot 3}{900}}_{\textit{Momento}} + \underbrace{\frac{(-0,6)(-0,6)\cdot 3}{120000} + \frac{(-1)(-1)\cdot 5}{160000} + \frac{0,6\cdot 0,6\cdot 3}{120000}}_{\textit{Normal}}$$

$$\Delta_{11} = 0,02708$$

$$\Delta_{12} = \Delta_{21} = \frac{\frac{1}{2}\cdot 3\cdot 3\cdot 1}{900} + \frac{\frac{1}{3}\cdot 5\cdot 3\cdot 1}{2133,33} + \frac{(-0,6)(-0,2)\cdot 3}{120000} + \frac{(0,6)(0,2)\cdot 3}{120000}$$

$$\Delta_{12} = \Delta_{21} = 7,3497\cdot 10^{-3}$$

$$\Delta_{22} = \frac{3\cdot 1\cdot 1}{900} + \frac{\frac{1}{3}\cdot 5\cdot 1\cdot 1}{2133,33} + \frac{(-0,2)(-0,2)\cdot 3}{120000} + \frac{(0,2)(0,2)\cdot 3}{120000}$$

$$\Delta_{22} = 4,12\cdot 10^{-3}$$

$$\Delta_{10} = 1,2\cdot 10^{-5}\cdot \frac{(10-30)}{0,3} + \frac{3(-3)}{2} + 1,2\cdot 10^{-5}\cdot \frac{(10-40)}{0,4}\cdot \frac{5(-3)}{2} + 1,2\cdot 10^{-5}\cdot \frac{(10-30)}{0,3}\cdot$$
$$\frac{3\cdot 3}{2} + 1,2\cdot 10^{-5}\cdot \frac{(10+30)}{2}\cdot 3(-0,6) + 1,2\cdot 10^{-5}\cdot \frac{(10+40)}{2}\cdot 5(-1) + 1,2\cdot 10^{-5}\cdot \frac{(10+30)}{2}\cdot$$
$$3\cdot 0,6$$

$$\Delta_{10} = 0,00525$$

$$\Delta_{20} = 1,2\cdot 10^{-5}\cdot \frac{(10-30)}{0,3}\cdot 3(-1) + 1,2\cdot 10^{-5}\cdot \frac{(10-40)}{0,4}\cdot \frac{(-1)\cdot 5}{2} + 1,2\cdot 10^{-5}\cdot \frac{(10+30)}{2}$$
$$\cdot 3(-0,2) + 1,2\cdot 10^{-5}\cdot \frac{(10+30)}{2}\cdot (3)(0,2)$$

$$\Delta_{20} = 0,00465$$

$$0{,}02708x_1 + 0{,}00735x_2 = -0{,}00525 \quad *1000$$
$$0{,}00735x_1 + 0{,}00412x_2 = -0{,}00465 \quad *1000$$

$$\left.\begin{array}{l} 27{,}08x_1 + 7{,}35x_2 = -5{,}25 \\ 7{,}35x_1 + 4{,}12x_2 = -4{,}65 \end{array}\right\} \qquad \begin{array}{l} x_1 = 0{,}22t \\ x_2 = -1{,}52tm \end{array}$$

7.- Reacciones finales

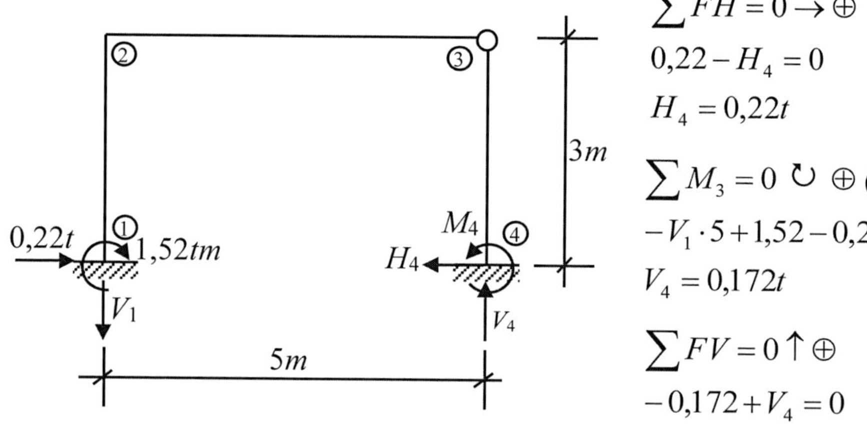

$$\sum FH = 0 \rightarrow \oplus$$
$$0{,}22 - H_4 = 0$$
$$H_4 = 0{,}22t$$

$$\sum M_3 = 0 \circlearrowleft \oplus \; (izq.)$$
$$-V_1 \cdot 5 + 1{,}52 - 0{,}22 \cdot 3 = 0$$
$$V_4 = 0{,}172t$$

$$\sum FV = 0 \uparrow \oplus$$
$$-0{,}172 + V_4 = 0$$
$$V_4 = 0{,}172t$$

8.- Diagramas finales

a) Normal ***b) Cortante***

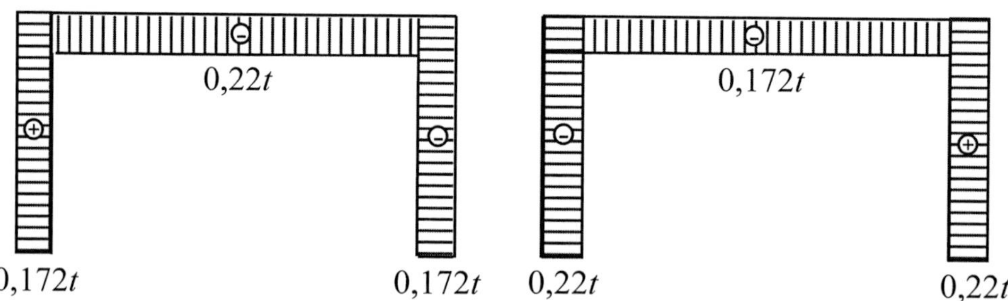

c) Momento

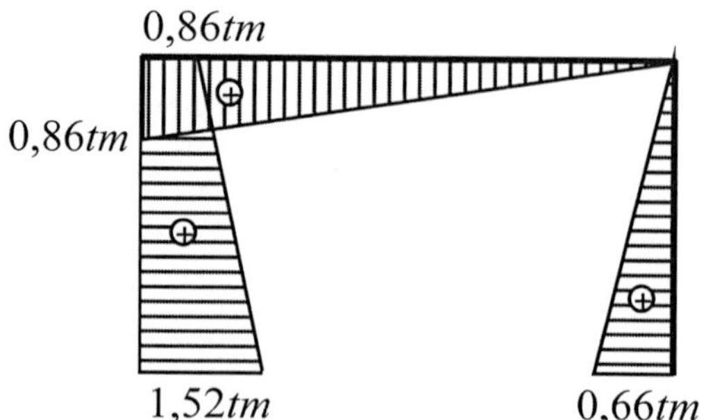

2.11.4. Asentamiento o hundimiento

Al igual que el efecto térmico, el asentamiento produce reacciones y esfuerzos adicionales en estructuras hiperestáticas. Veamos cómo incluir estos efectos en el análisis de una estructura hiperestática.

Para analizar la siguiente estructura hiperestática sometida a un conjunto de asentamientos se deben seguir los siguientes pasos:

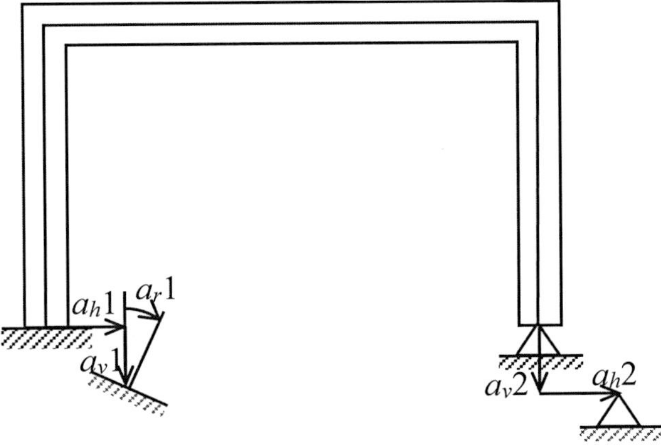

Figura 2.119 Pórtico con asentamientos.

1.- Proponer un sistema isostático equivalente utilizando los criterios empleados en el apartado 2.8 de este capítulo, Por ejemplo.

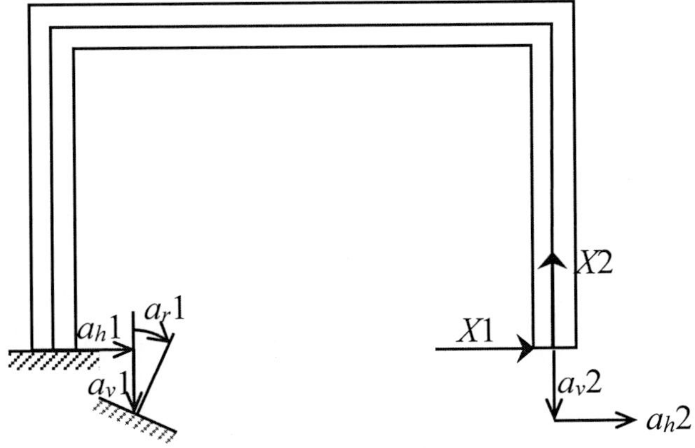

Figura 2.120 Liberación de las reacciones del apoyo fijo.

2.- Aplicar el principio de superposición de efectos formando tres sistemas, uno con todos los asentamientos, otro con la redundante X1 y el tercero con la redundante X2, y luego aplicar el principio de proporcionalidad a ambas redundantes.

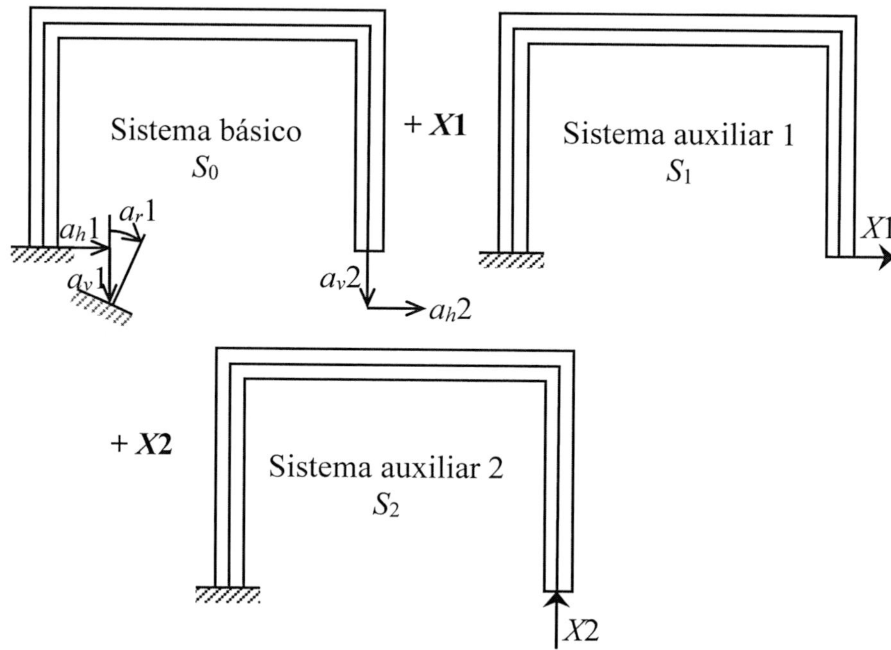

Figura 2.121 Pórtico básico y auxiliares.

Para resolver esta estructura debemos plantear un sistema de dos ecuaciones con dos incógnitas, tal como se muestran a continuación.

$$\Delta_{10} + \Delta_{11} \cdot X_1 + \Delta_{12} \cdot X_2 = 0$$

$$\Delta_{20} + \Delta_{21} \cdot X_1 + \Delta_{22} \cdot X_2 = 0$$

Los desplazamientos mostrados en este sistema de ecuaciones se calcularán mediante la siguiente fórmula:

$$\Delta ij = \int \frac{Mi \cdot Mj \cdot ds}{E \cdot I} + \int \frac{Ni \cdot Nj \cdot ds}{E \cdot A} + \int \frac{x \cdot Qi \cdot Qj \cdot ds}{G \cdot A} - \Sigma Ri \cdot aj$$

Haciendo despreciable el esfuerzo corte y constante al esfuerzo normal, esta ecuación se puede representar de la siguiente forma:

$$\Delta ij = \int \frac{Mi \cdot Mj \cdot ds}{E \cdot I} + \Sigma \frac{Ni \cdot Nj \cdot L}{E \cdot A} - \Sigma Ri \cdot aj$$

Para conocer un poco más el empleo de esta fórmula, consulte el apartado 1.15.1 del capítulo 1.

EJERCICIO 59

Resolver la siguiente estructura:

Datos

$E = 2 \cdot 10^6 \text{ t/m}^2$

$b/h = 20/30$

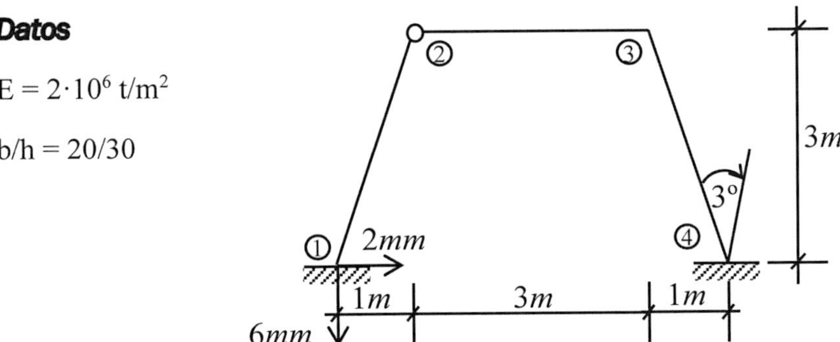

Figura 2.122 Pórtico con asentamiento.

1.- Grado hiperestático

$$G_H = 3N_A - G_L$$

$$G_H = 3(1) - 1$$

$$G_H = 2$$

2.- Sistema isostático equivalente

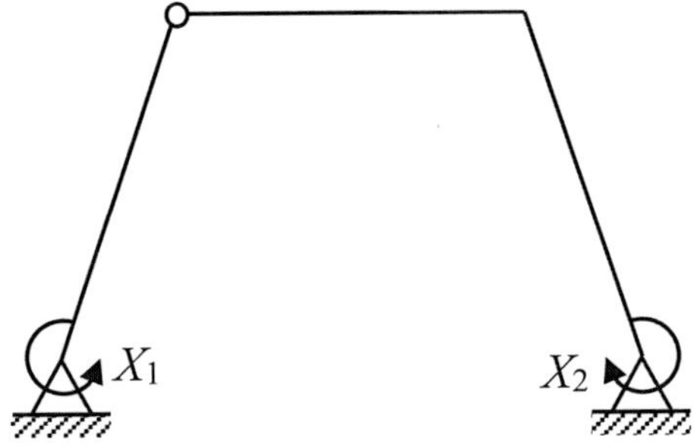

3.- Sistema básico y auxiliares

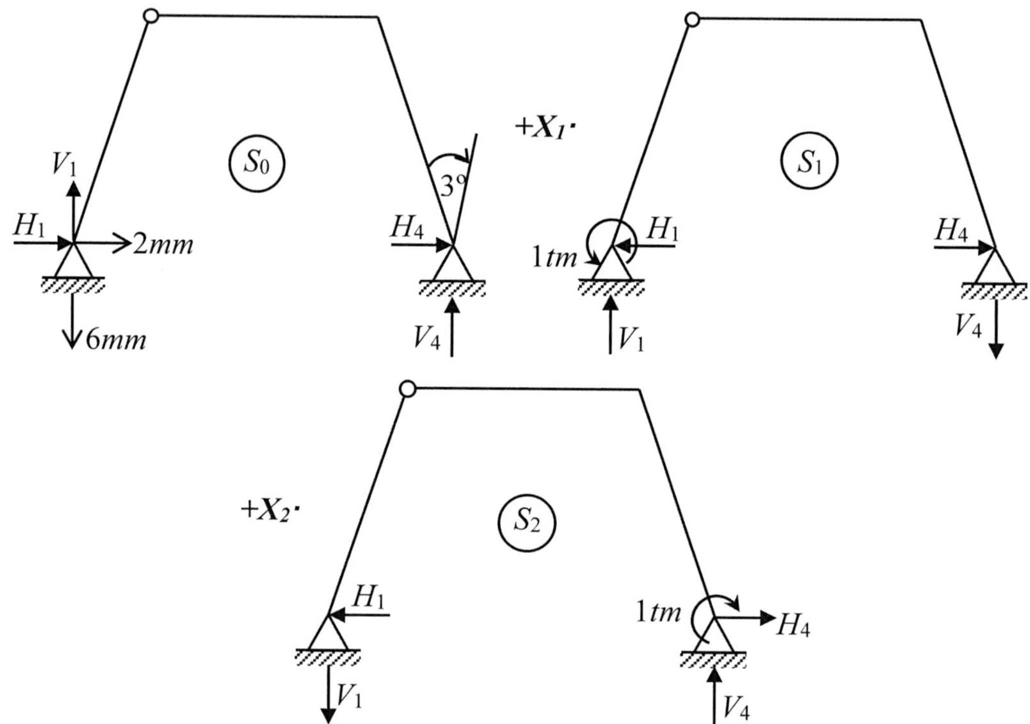

4.- Cálculo de reacciones

a) Sistema básico

No tiene reacciones

$$H_1 = 0$$
$$V_1 = 0$$
$$H_4 = 0$$
$$V_4 = 0$$

b) Sistema auxiliar 1

$$\sum M_1 = 0 \circlearrowright \oplus$$
$$-1 + V_4 \cdot 5 = 0$$
$$V_4 = 0{,}2t$$
$$\sum FV = 0 \uparrow \oplus$$
$$V_1 - 0{,}2 = 0$$
$$V_1 = 0{,}2t$$
$$\sum M_2 = 0 \circlearrowright \oplus \ (der.)$$
$$-H_4 \cdot 3 + 0{,}2 \cdot 4 = 0$$
$$H_4 = 0{,}2667t$$
$$\sum FH = 0 \rightarrow \oplus$$
$$-H_1 + 0{,}2667 = 0$$
$$H_1 = 0{,}2667t$$

c) Sistema auxiliar 2

$$\sum M_1 = 0 \circlearrowright \oplus$$
$$+1 - V_4 \cdot 5 = 0$$
$$V_4 = 0{,}2t$$
$$\sum FV = 0 \uparrow \oplus$$
$$-V_1 - 0{,}2 = 0$$
$$V_1 = 0{,}2t$$
$$\sum M_2 = 0 \circlearrowright \oplus (izq.)$$
$$-0{,}2 \cdot 1 + H_1 \cdot 3 = 0$$
$$H_1 = 0{,}0667t$$
$$\sum FH = 0 \rightarrow \oplus$$
$$-0{,}0667 + H_4 = 0$$
$$H_4 = 0{,}0667t$$

5.- Diagrama de momento

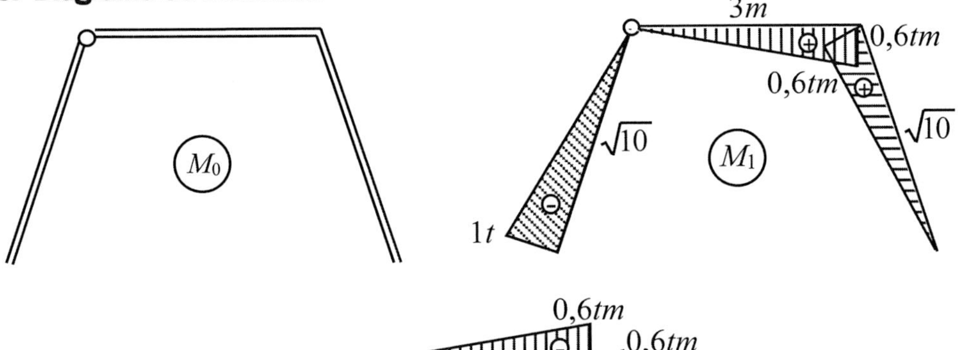

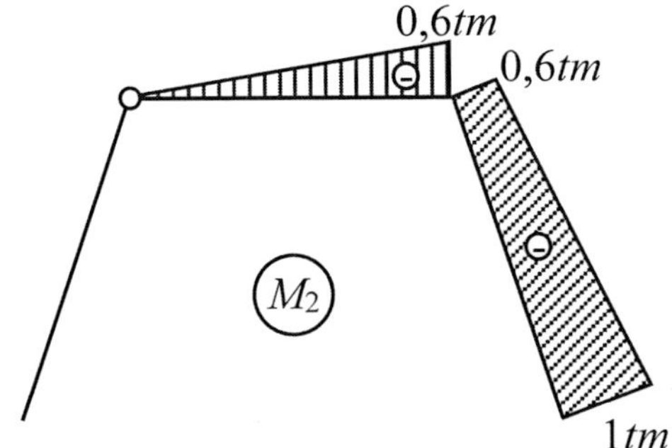

6. Ecuaciones de compatibilidad

$$\Delta_{11}\cdot x_1+\Delta_{12}\cdot x_2=-\Delta_{10}$$
$$\Delta_{21}\cdot x_1+\Delta_{22}\cdot x_2=-\Delta_{20}$$

$$\Delta_{ij}=\int\frac{Mi\cdot Mj}{E\cdot I}dx-\sum Ri\cdot aj$$

$$E\cdot I=2\cdot10^6\cdot\frac{0,2\cdot0,3^3}{12}=900$$

$$\Delta_{11}=\frac{\frac{1}{3}\cdot\sqrt{10}\cdot1\cdot1}{900}+\frac{\frac{1}{3}\cdot3\cdot0,6\cdot0,6}{900}+\frac{\frac{1}{3}\cdot\sqrt{10}\cdot0,6\cdot0,6}{900}=1,993\cdot10^{-3}$$

$$\Delta_{12}=\Delta_{21}=\frac{-\frac{1}{3}\cdot3\cdot0,6\cdot0,6}{900}-\frac{\frac{1}{6}\cdot\sqrt{10}\cdot0,6\cdot(2\cdot0,6+1)}{900}=-1,173\cdot10^{-3}$$

$$\Delta_{22}=\frac{\frac{1}{3}\cdot3\cdot0,6\cdot0,6}{900}+\frac{\frac{1}{6}\cdot\sqrt{10}\cdot[0,6\cdot(2\cdot0,6+1)+1\cdot(0,6+2\cdot1)]}{900}=2,6956\cdot10^{-3}$$

$$\Delta_{10}=-(-0,2667\cdot2\cdot10^{-3}-0,2\cdot6\cdot10^{-3})=1,7334\cdot10^{-3}$$

$$\Delta_{20}=-(-0,0667\cdot2\cdot10^{-3}+0,2\cdot6\cdot10^{-3}+1\cdot3\cdot\frac{\Pi}{180^{\circ}})=-0,05343$$

$$1{,}993\cdot 10^{-3}x_1 - 1{,}173\cdot 10^{-3}x_2 = -1{,}7334\cdot 10^{-3} \qquad *1000$$
$$-1{,}173\cdot 10^{-3}x_1 + 2{,}6956\cdot 10^{-3}x_2 = -(-0{,}05343) \qquad *1000$$

$$\left.\begin{array}{l} 1{,}993x_1 - 1{,}173x_2 = -1{,}7334 \\ -1{,}173x_1 + 2{,}6956x_2 = 53{,}43 \end{array}\right\} \begin{array}{l} x_1 = 14{,}51t \\ x_2 = 26{,}14tm \end{array}$$

7.- Reacciones finales

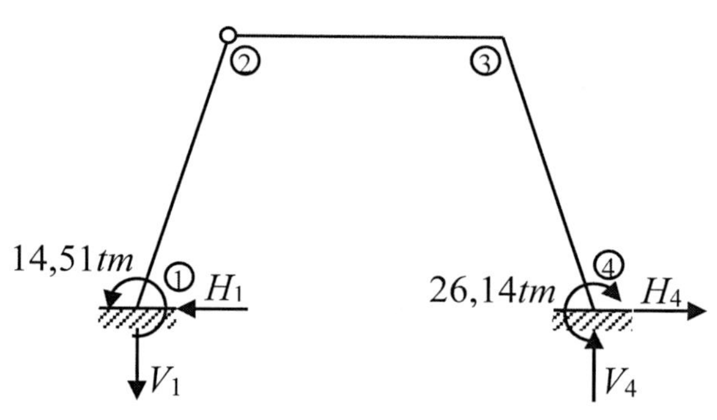

$$\sum M_1 = 0 \circlearrowright \oplus$$
$$26{,}14 - 14{,}51 - V_4\cdot 5 = 0$$
$$V_4 = 2{,}326t$$
$$\sum FV = 0 \uparrow \oplus$$
$$-V_1 + 2{,}326 = 0$$
$$V_1 = 2{,}326t$$
$$\sum M_2 = 0 \circlearrowright \oplus (izq.)$$
$$H_1\cdot 3 - 14{,}51 - 2{,}326\cdot 1 = 0$$
$$H_1 = 5{,}612t$$
$$\sum FH = 0 \rightarrow \oplus$$
$$H_4 - 5{,}612t = 0$$
$$H_4 = 5{,}612t$$

8.- Diagramas finales

Descomponemos las fuerzas en axial y transversal.

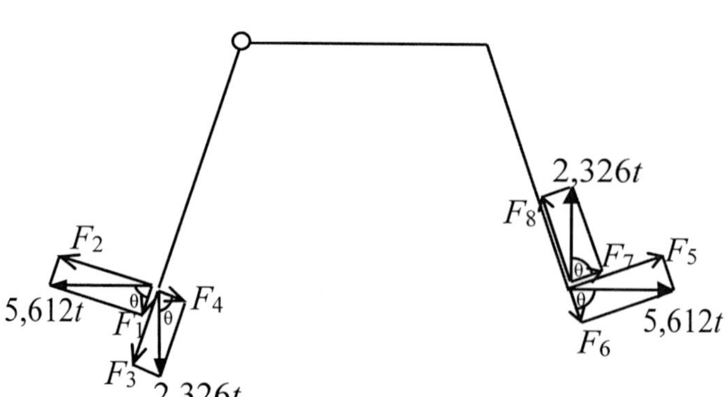

$$\theta = arctag\left(\frac{3}{1}\right) = 71{,}56^{o}$$
$$F_1 = 5{,}612\cdot Cos\theta = 1{,}775$$
$$F_2 = 5{,}612\cdot Sen\theta = 5{,}324$$
$$F_3 = 2{,}326\cdot Sen\theta = 2{,}206$$
$$F_4 = 2{,}326\cdot Cos\theta = 0{,}736$$
$$F_5 = 5{,}612\cdot Sen\theta = 5{,}324$$
$$F_6 = 5{,}612\cdot Cos\theta = 1{,}775$$
$$F_7 = 2{,}326\cdot Cos\theta = 0{,}736$$
$$F_8 = 2{,}326\cdot Sen\theta = 2{,}206$$

Obteniendo las resultantes:

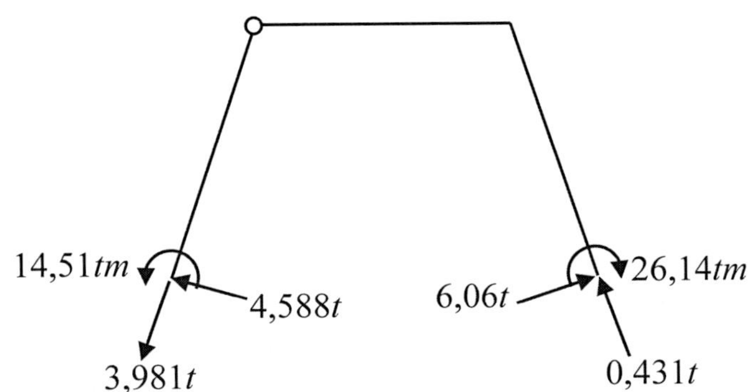

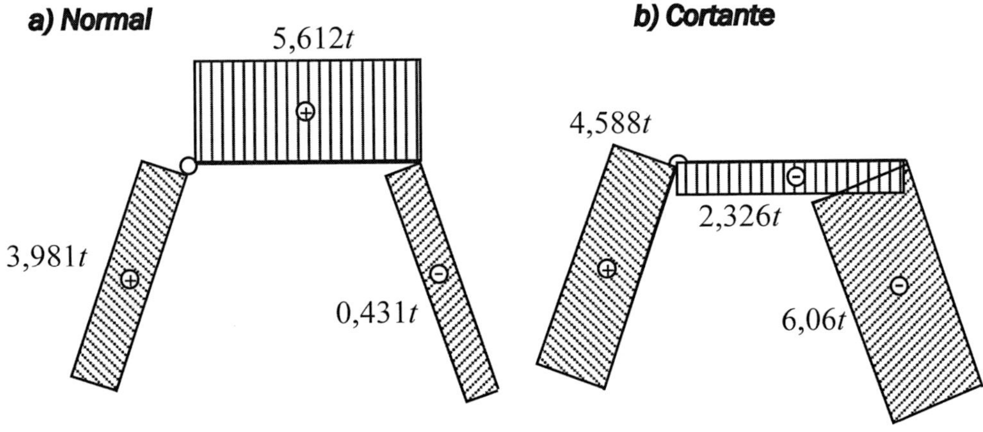

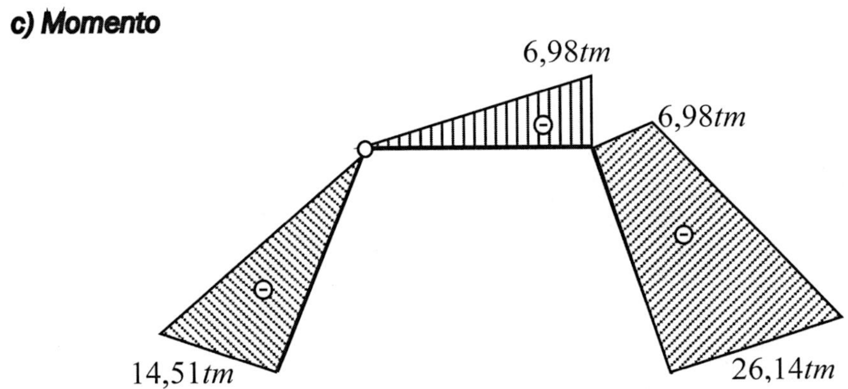

2.11.5. Apoyos elásticos

Para analizar una estructura con apoyos elásticos se deben seguir los siguientes pasos.

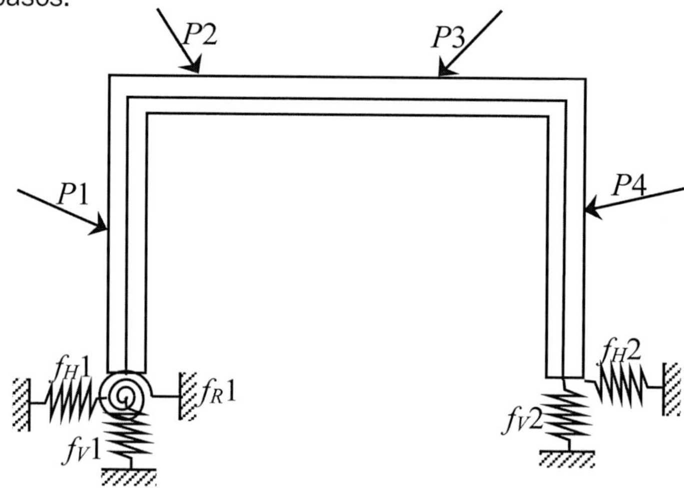

Figura 2.123 Pórtico con apoyos elásticos.

1.- Proponer un sistema isostático equivalente ajustándonos a los criterios desarrollados en el apartado 2.10; por ejemplo, podemos conservar dos reacciones verticales y una horizontal, tal como se indican en el caso 2 del apartado 2.10.1.

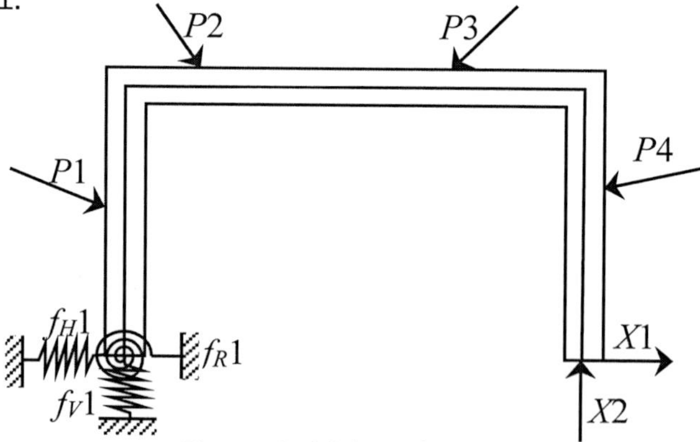

Figura 2.124 Incógnitas.

2.- Aplicamos el principio de superposición de efectos; separamos el sistema anterior en un sistema básico que contenga el total de todas las cargas externas, un sistema auxiliar 1 que contenga la redundante X1 y un sistema auxiliar 2 que contenga a la redundante X2, luego aplicamos el principio de proporcionalidad a los sistemas auxiliares con respecto a sus redundantes.

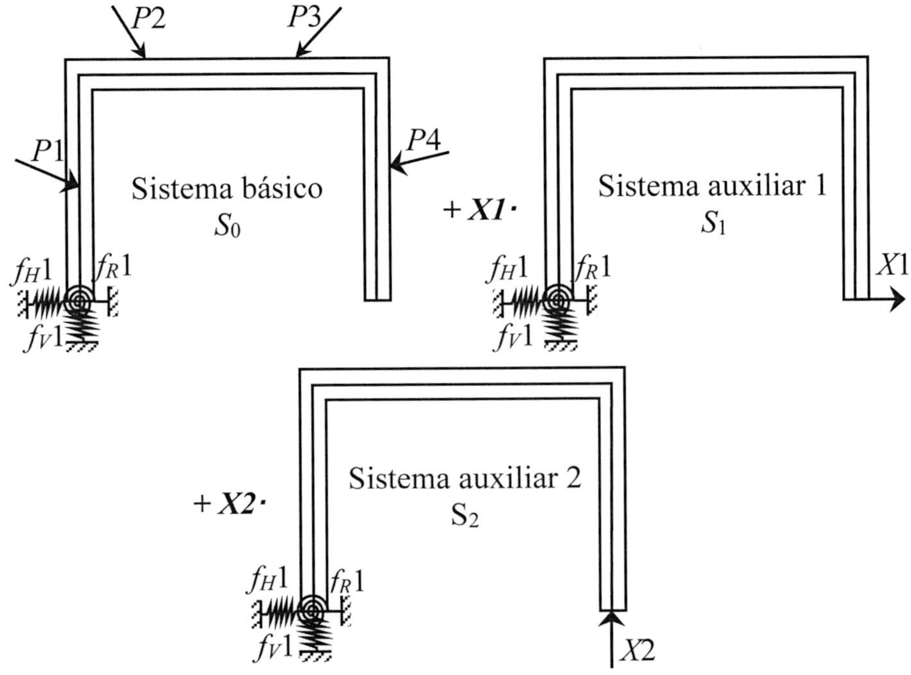

Figura 2.125 Sistema básico y auxiliares.

La solución de este sistema estructural implica la solución del siguiente sistema de ecuaciones:

$$\Delta_{10} + \Delta_{11} \cdot X_1 + \Delta_{12} \cdot X_2 = 0$$

$$\Delta_{20} + \Delta_{21} \cdot X_1 + \Delta_{22} \cdot X_2 = 0$$

Los coeficientes Δij se determinan a partir de la aplicación de la siguiente fórmula:

$$\Delta ij = \int \frac{Mi \cdot Mj \cdot ds}{E \cdot I} + \int \frac{Ni \cdot Nj \cdot ds}{E \cdot A} + \int \frac{x \cdot Qi \cdot Qj \cdot ds}{G \cdot A} + \Sigma f \cdot Ri \cdot Rj$$

También puede utilizar la siguiente fórmula:

$$\Delta ij = \int \frac{Mi \cdot Mj \cdot ds}{E \cdot I} + \Sigma \frac{Ni \cdot Nj \cdot L}{E \cdot A} + \Sigma f \cdot Ri \cdot Rj$$

Según el grado de precisión se utilizarán una de las anteriores fórmulas.

Una vez calculados los valores de X1 y X2, las demás reacciones del sistema hiperestático se pueden calcular a partir de las ecuaciones de equilibrio estático.

EJERCICIO 60

Resolver la siguiente estructura:

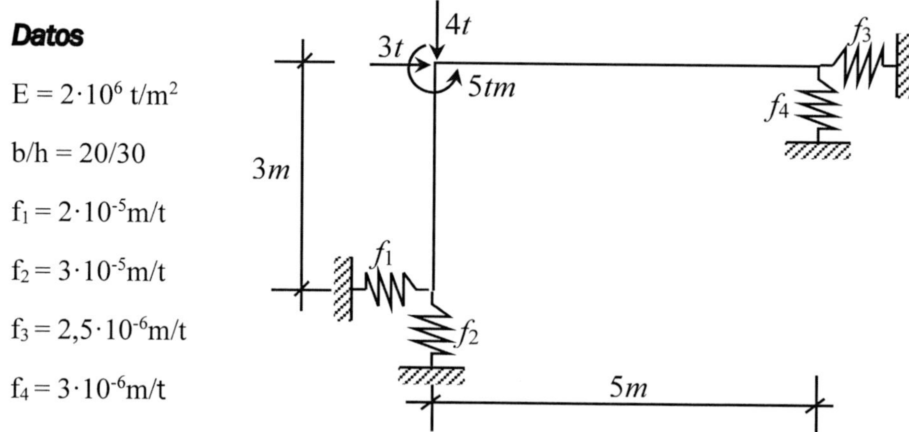

Figura 2.126 Pórtico con apoyos elásticos.

1.- Grado hiperestático

$$G_H = 3N_A - G_L$$
$$G_H = 3(1) - 2$$
$$G_H = 1$$

2.- Sistema isostático equivalente

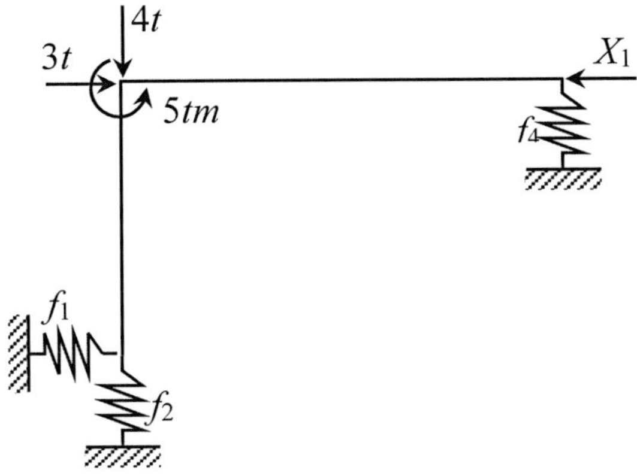

3.- Sistema básico y auxiliar

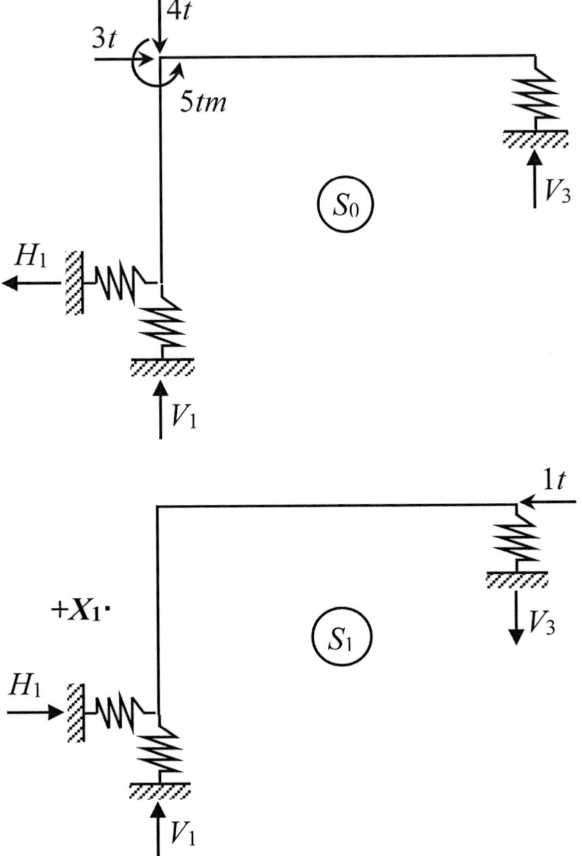

4.- Cálculo de reacciones

a) Sistema básico

$\sum FH = 0 \rightarrow \oplus$

$-H_1 + 3 = 0$

$H_1 = 3t$

$\sum M_1 = 0 \circlearrowright \oplus$

$3 \cdot 3 - 5 - V_3 \cdot 5 = 0$

$V_3 = 0{,}8t$

$\sum FV = 0 \uparrow \oplus$

$V_1 - 4 + 0{,}8 = 0$

$V_1 = 3{,}2t$

b) Sistema auxiliar

$\sum FH = 0 \rightarrow \oplus$

$H_1 - 1 = 0$

$H_1 = 1t$

$\sum M_1 = 0 \circlearrowright \oplus$

$-1 \cdot 3 + V_3 \cdot 5 = 0$

$V_3 = 0{,}6t$

$\sum FV = 0 \uparrow \oplus$

$V_1 - 0{,}6 = 0$

$V_1 = 0.6t$

5.- Diagramas de momento

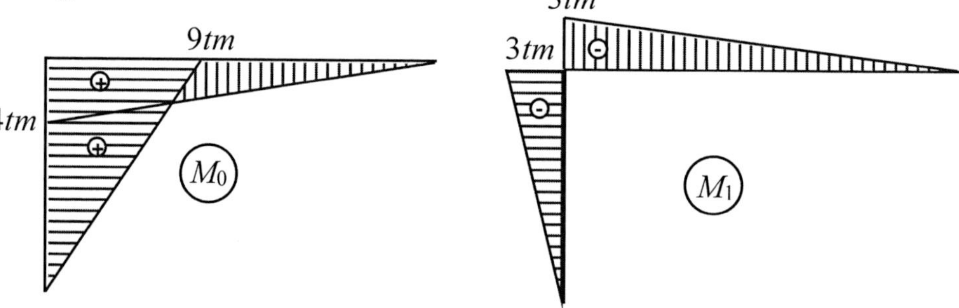

6.- Ecuación de compatibilidad

$$\Delta_{11} x_1 = -\Delta_{10} \Rightarrow x_1 = \frac{-\Delta_{10}}{\Delta_{11}}$$

$$\Delta_{ij} = \int \frac{Mi \cdot Mj}{E \cdot I} dx - \sum f \cdot Ri \cdot Rj$$

$$EI = 2 \cdot 10^6 \cdot \frac{0{,}2 \cdot 0{,}3^3}{12} = 900$$

$$\Delta_{11} = \frac{\frac{1}{3} \cdot 3 \cdot 3 \cdot 3}{900} + \frac{\frac{1}{3} \cdot 5 \cdot 3 \cdot 3}{900} + 2 \cdot 10^{-5} \cdot (1)(1) + 3 \cdot 10^{-5} \cdot (0{,}6)(0{,}6) + 2{,}5 \cdot 10^{-6} \cdot (1)(1) +$$

$$+ 3 \cdot 10^{-6} \cdot (0{,}6)(0{,}6) = 0{,}0267$$

$$\Delta_{10} = \frac{-\frac{1}{3} \cdot 3 \cdot 9 \cdot 3}{900} - \frac{\frac{1}{3} \cdot 5 \cdot 4 \cdot 3}{900} - 2 \cdot 10^{-5} \cdot (3)(1) + 3 \cdot 10^{-5} \cdot (3{,}2)(0.6) + 2.5 \cdot 10^{-6} \cdot (0)(1)$$

$$- 3 \cdot 10^{-6} \cdot (0{,}8)(0{,}6) = -0{,}0522$$

$$X_1 = \frac{-(-0{,}0522)}{0{,}0267} = 1{,}955\,t$$

7.- Reacciones finales

$$\sum FH = 0 \rightarrow \oplus$$

$$-H_1 + 3 - 1{,}955 = 0$$

$$H_1 = 1{,}045t$$

$$\sum M_1 = 0 \circlearrowright \oplus$$

$$3 \cdot 3 - 5 - 1{,}955 \cdot 3 + V_3 \cdot 5 = 0$$

$$V_3 = 0{,}373t$$

$$\sum FV = 0 \uparrow \oplus$$

$$V_1 - 4 + 0{,}373 = 0$$

$$V_1 = 4{,}373t$$

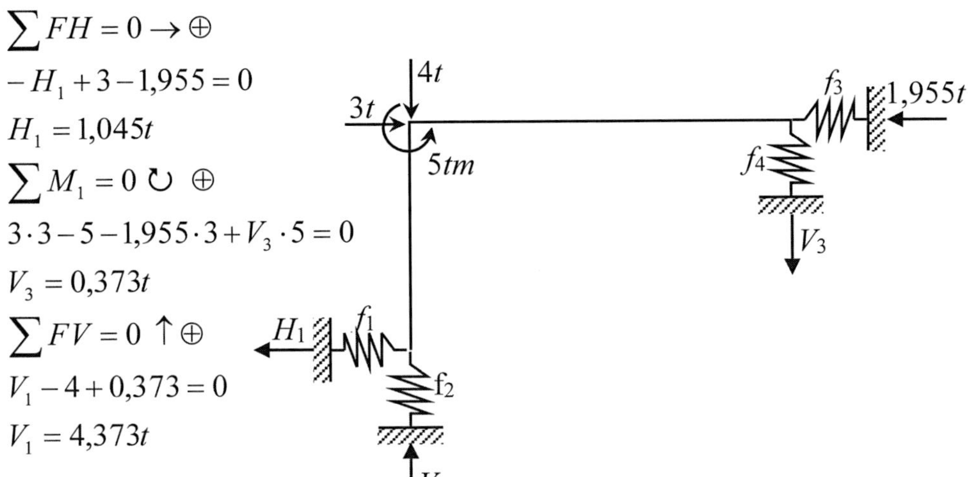

8.- Diagramas finales

a) Normal **b) Cortante**

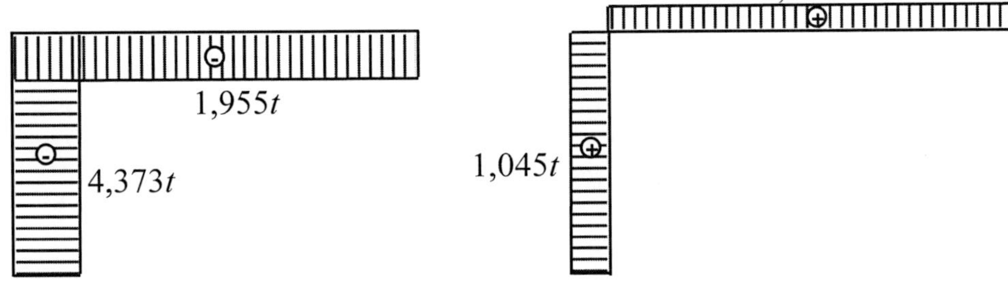

c) Momento

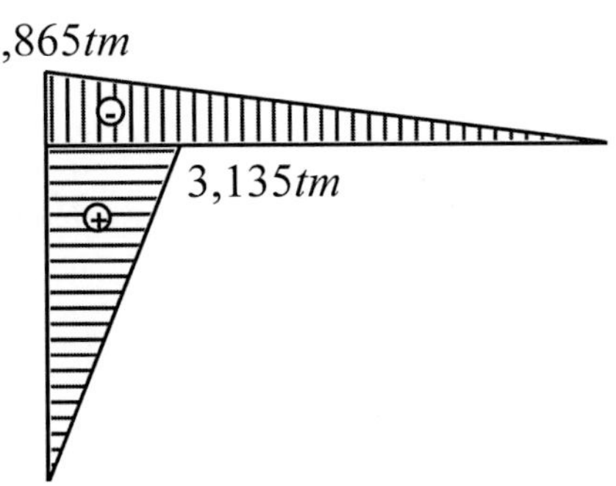

2.11.6. Error de montaje

Una estructura hiperestática con error de montaje como la mostrada en la figura siguiente presenta reacciones y esfuerzos adicionales, que se producen cuando las piezas con error de longitud fuerzan a las restantes barras a reacomodarse según sus errores de longitud.

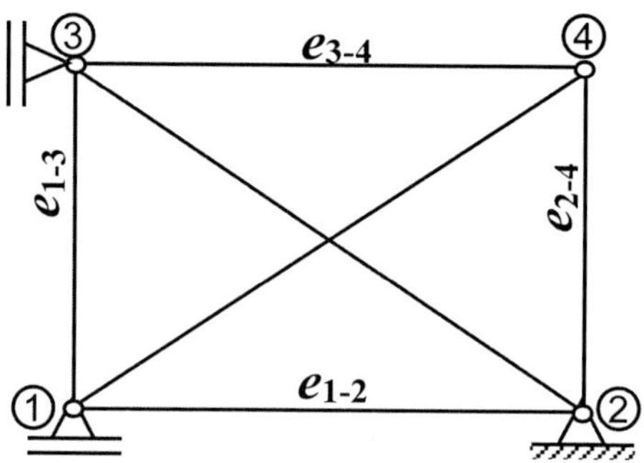

Figura 2.127 Reticulado con error de longitud.

Para resolver estas estructuras se deben seguir los siguientes criterios:

1.- Proponer un sistema isostático equivalente, para ello empleamos los criterios estudiados en el apartado 2.8.5.

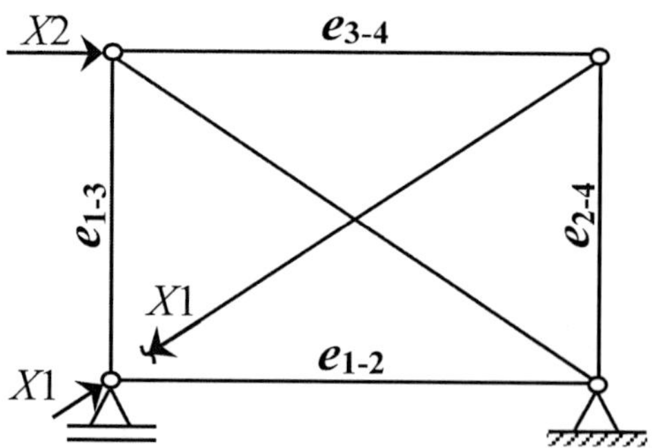

Figura 2.128 Incógnita X1 y X2.

2.- Aplicamos el principio de superposición de efectos, obteniendo un sistema básico compuesto de todos los errores de longitud, un sistema auxiliar 1 afectado por la redundante X1 y un sistema auxiliar 2 afectado por la redundante X2. Veamos lo anteriormente dicho en el siguiente gráfico.

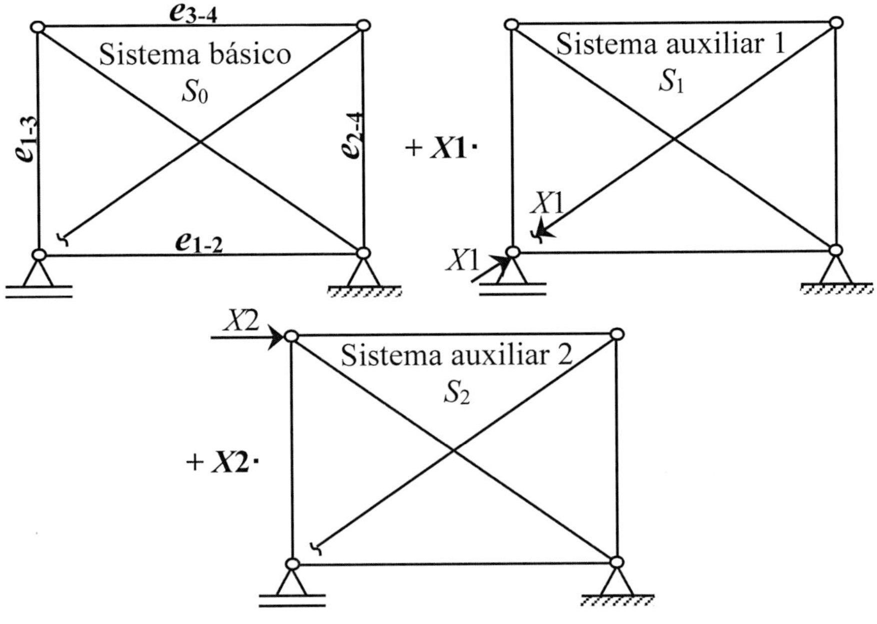

Figura 2.129 Sistema básico y auxiliar.

La solución de esta estructura implica la solución del siguiente sistema de ecuaciones:

$$\Delta_{10} + \Delta_{11} \cdot X_1 + \Delta_{12} \cdot X_2 = 0$$

$$\Delta_{20} + \Delta_{21} \cdot X_1 + \Delta_{22} \cdot X_2 = 0$$

Estos desplazamientos se calculan por aplicación de la siguiente fórmula:

$$\Delta ij = \int \frac{Mi \cdot Mj \cdot ds}{E \cdot I} + \int \frac{Ni \cdot Nj \cdot ds}{E \cdot A} + \int \frac{x \cdot Qi \cdot Qj \cdot ds}{G \cdot A} + \Sigma Ni \cdot ej$$

La inclusión de esfuerzos en la anterior fórmula depende del tipo de estructura que se está analizando y de la precisión con que se quieran obtenerse los resultados del análisis.

Además, no olvidemos que el esfuerzo cortante es despreciable y que el esfuerzo normal al ser constante puede representarse como una sumatoria, es decir:

$$\Delta ij = \int \frac{Mi \cdot Mj \cdot ds}{E \cdot I} + \Sigma \frac{Ni \cdot Nj \cdot L}{E \cdot A} + \Sigma Ni \cdot ej$$

EJERCICIO 61

Resolver la siguiente estructura:

Datos

$E = 2 \cdot 10^6$ t/m^2

b/h = 10/30

Figura 2.130 Pórtico con error de longitud.

1.- Grado hiperestático

$$G_H = 3N_A - G_L$$
$$G_H = 3(5) - 14$$
$$G_H = 1$$

2.- Sistema isostático equivalente

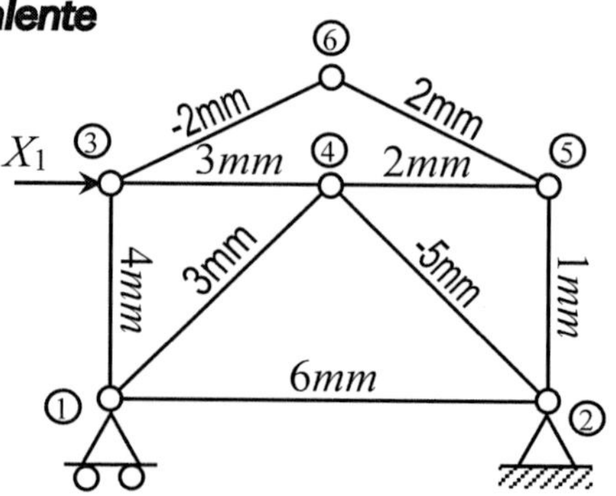

3.- Sistema básico y auxiliares

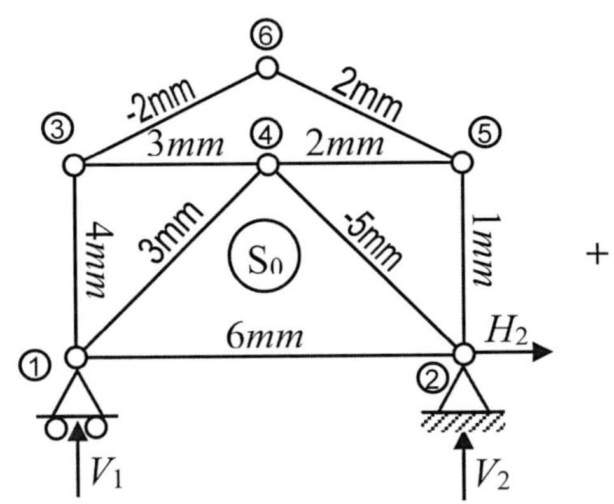

+ $X_1 \cdot$

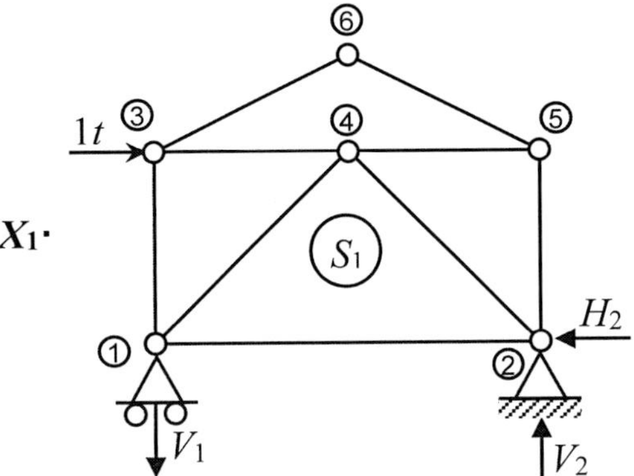

4.- Cálculo de reacciones

a) Sistema básico

No tiene reacciones

$$V_1 = 0$$
$$H_2 = 0$$
$$V_2 = 0$$

b) Sistema auxiliar

$$\sum FH = 0 \rightarrow \oplus$$
$$1 - H_2 = 0$$
$$H_2 = 1t$$
$$\sum M_1 = 0 \circlearrowright \oplus$$
$$1 \cdot 2 - V_2 \cdot 4 = 0$$
$$V_2 = 0{,}5t$$
$$\sum FV = 0 \uparrow \oplus$$
$$-V_1 + 0{,}5 = 0$$
$$V_1 = 0{,}5t$$

5.- Cálculo de esfuerzos normales

a) Sistema auxiliar

- *Nudo 6 (1.º)*

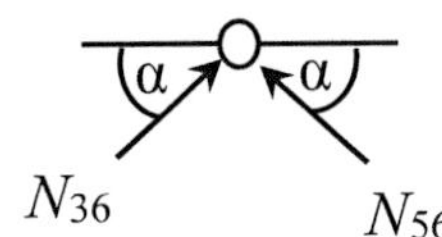

$$\alpha = arctag\left(\frac{1{,}5}{2}\right) = 36{,}97^{o}$$

$$\sum FH = 0 \rightarrow \oplus$$
$$N_{36} \cdot \cos\alpha - N_{56} \cdot \cos\alpha = 0$$
$$N_{36} - N_{56} = 0 \; ①$$
$$\sum FV = 0 \uparrow \oplus$$
$$N_{36} \cdot sen\,\alpha + N_{56} \cdot sen\,\alpha = 0$$
$$N_{36} + N_{56} = 0 \; ②$$
$$Analizando\ 1 \text{ y } 2$$
$$N_{36} = 0$$
$$N_{56} = 0$$

- Nudo 3 (2.º)

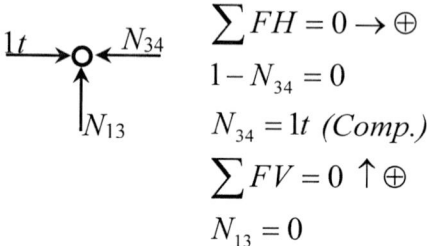

$$\sum FH = 0 \rightarrow \oplus$$
$$1 - N_{34} = 0$$
$$N_{34} = 1t \ (Comp.)$$
$$\sum FV = 0 \uparrow \oplus$$
$$N_{13} = 0$$

- Nudo 5 (3.º)

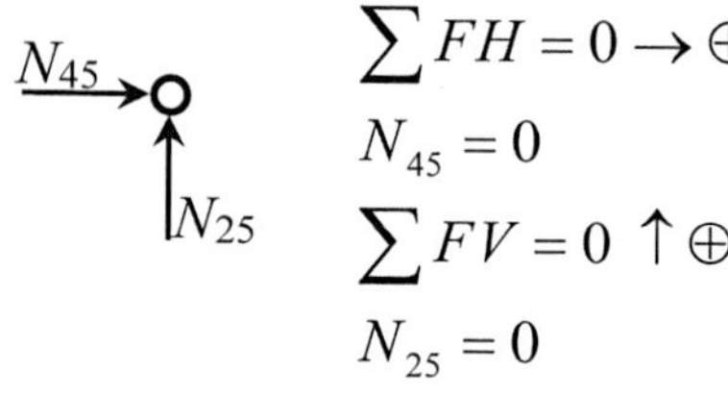

$$\sum FH = 0 \rightarrow \oplus$$
$$N_{45} = 0$$
$$\sum FV = 0 \uparrow \oplus$$
$$N_{25} = 0$$

- Nudo 1 (4.º)

- Nudo 2 (5.º)

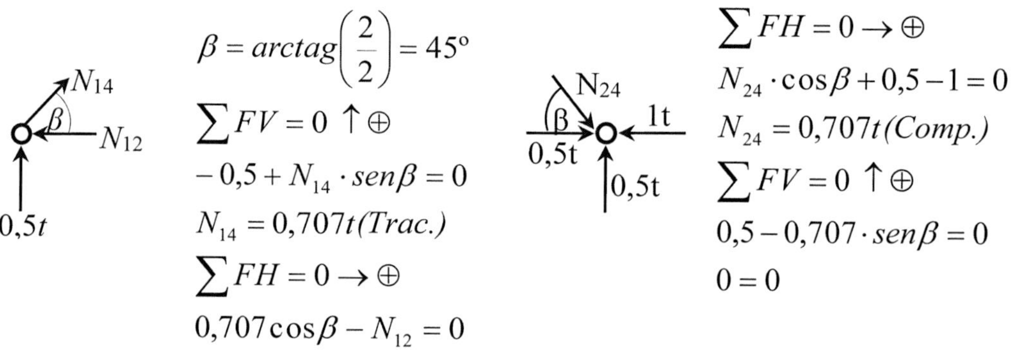

$$\beta = arctag\left(\frac{2}{2}\right) = 45^{o}$$
$$\sum FV = 0 \uparrow \oplus$$
$$-0,5 + N_{14} \cdot sen\beta = 0$$
$$N_{14} = 0,707t(Trac.)$$
$$\sum FH = 0 \rightarrow \oplus$$
$$0,707\cos\beta - N_{12} = 0$$
$$N_{12} = 0,5t(Comp.)$$

$$\sum FH = 0 \rightarrow \oplus$$
$$N_{24} \cdot \cos\beta + 0,5 - 1 = 0$$
$$N_{24} = 0,707t(Comp.)$$
$$\sum FV = 0 \uparrow \oplus$$
$$0,5 - 0,707 \cdot sen\beta = 0$$
$$0 = 0$$

6.- Ecuaciones de compatibilidad

$$\Delta_{11} x_1 = -\Delta_{10} \rightarrow x_1 = \frac{-\Delta_{10}}{\Delta_{11}}$$

$$\Delta_{ij} = \frac{\sum Ni \cdot Nj \cdot L}{EA} + \sum Ni \cdot ej$$

Barra	***N***	e_o	$\Delta_{10} = N_1 \cdot e_o$	***L***	***E·A***	$\Delta_{11} = \frac{N_1 \cdot N_1 \cdot L}{E \cdot A}$
1-2	-0,5	$6 \cdot 10^{-3}$	$-3 \cdot 10^{-3}$	4	60000	$1,667 \cdot 10^{-5}$
1-3	0	$4 \cdot 10^{-3}$	0	2	60000	0
1-4	0,707	$3 \cdot 10^{-3}$	$2,121 \cdot 10^{-3}$	$\sqrt{8}$	60000	$2,3563 \cdot 10^{-5}$

2-4	-0,707	$-5\cdot10^{-3}$	$3{,}535\cdot10^{-3}$	$\sqrt{8}$	60000	$2{,}3563\cdot10^{-5}$
2-5	0	$1\cdot10^{-3}$	0	2	60000	0
3-4	-1	$3\cdot10^{-3}$	$-3\cdot10^{-3}$	2	60000	$3{,}333\cdot10^{-5}$
3-6	0	$-2\cdot10^{-3}$	0	$\sqrt{5}$	60000	0
4-5	0	$2\cdot10^{-3}$	0	2	60000	0
5-6	0	$2\cdot10^{-3}$	0	$\sqrt{5}$	60000	0
			$-3{,}44\cdot10^{-4}$			$9{,}7129\cdot10^{-5}$

$$E\cdot A=2\cdot10^{6}\cdot0{,}1\cdot0{,}3=60000$$

$$X_1=\frac{-(-3{,}44\cdot10^{-4})}{9{,}7129\cdot10^{-5}}$$

$$X_1=3{,}542t$$

7.- Reacciones finales

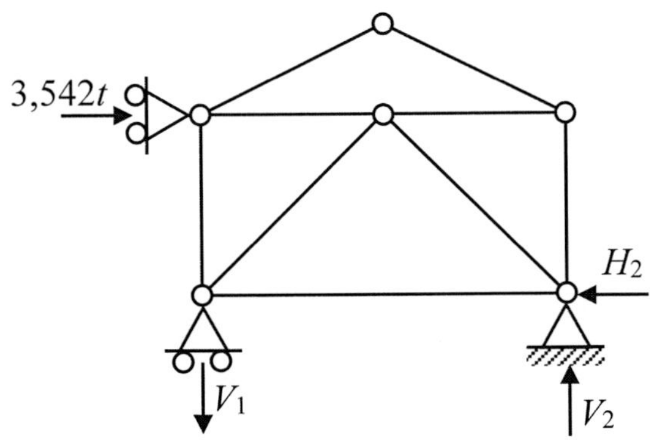

$$\sum FH=0\rightarrow\oplus$$

$$3{,}542-H_2=0$$

$$H_2=3{,}542t$$

$$\sum M_1=0\ \circlearrowleft\ \oplus$$

$$3{,}542\cdot2-V_2\cdot4=0$$

$$V_2=1{,}771t$$

$$\sum FV=0\uparrow\oplus$$

$$-V_1+1{,}771=0$$

$$V_1=1{,}771t$$

8.- Esfuerzos finales

Barra	N_o	X_1	N_1	$N_f = N_o + x_1 \cdot N_1$	Efecto
1-2	0	3,542	-0,5	-1,771	Comp.
1-3	0	3,542	0	0	-
1-4	0	3,542	0,707	2,504	Tracc.
2-4	0	3,542	-0,707	-2,504	Comp.
2-5	0	3,542	0	0	-
3-4	0	3,542	1	3,542	Tracc.
3-6	0	3,542	0	0	-
4-5	0	3,542	0	0	-
5-6	0	3,542	0	0	-

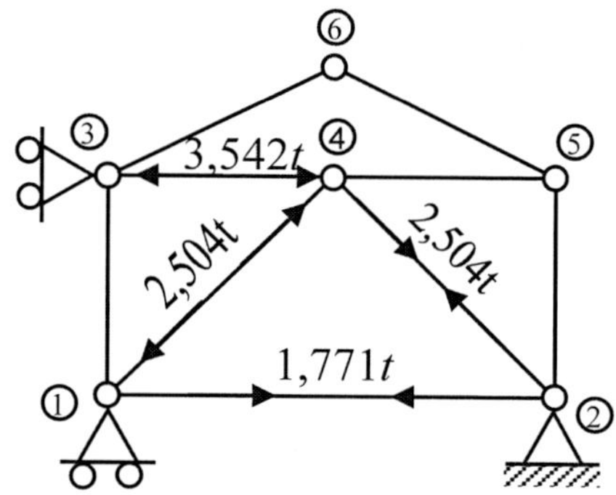

CAPÍTULO 3

MÉTODO DE LAS DEFORMACIONES

3.1. OBJETIVOS

Al término del presente capítulo el lector adquirirá el conocimiento y las destrezas para:

- Identificar las incógnitas fundamentales del método de las deformaciones.
- Identificar los diferentes tipos de estructuras hiperestáticas según el método de las deformaciones.
- Calcular reacciones y diagramar esfuerzos en estructuras hiperestáticas utilizando el método de las deformaciones.

3.2. INTRODUCCIÓN

En la Universidad de Minnesota el profesor George Maney presento en el año 1915 en una revista de ciencias "El método de las deformaciones" también conocido con el nombre de pendiente-deflexión. Su método consiste en obtener los esfuerzos flexionantes (momentos) de una estructura hiperestática (viga o pórtico) a partir del planteamiento de un sistema de ecuaciones donde las incógnitas fundamentales son los desplazamientos angulares y traslacionales producidos en las uniones de la estructura, despreciando la influencia de las deformaciones axiales de sus elementos.

3.3. CRITERIOS GENERALES

El método de las deformaciones considera en su planteamiento y formulación los siguientes criterios:

1.- Las estructuras se analizan a partir del comportamiento individual de cada una de sus barras. Obsérvese el siguiente ejemplo:

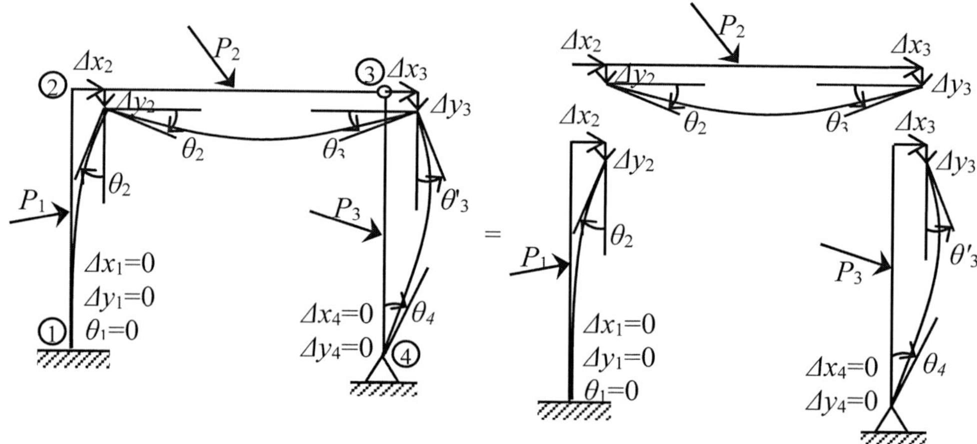

Figura 3.1 Estructura deformada.

Para que podamos analizar cada barra de forma independiente debemos considerar las siguientes condiciones:

- La deformación de cada barra debe coincidir con la deformación del pórtico correspondiente a esa barra; por lo tanto, los desplazamientos en los extremos de las barras que concurren a un mismo nudo, deben ser los mismos que los desplazamientos producidos en los nudos de la estructura.

- En los extremos de cada barra existen esfuerzos internos que pueden ser representados por algún tipo de apoyo; por ejemplo, si el nudo es continuo el apoyo será empotrado y si el nudo es articulado el apoyo será de segunda especie o fijo. Véase nuestro ejemplo.

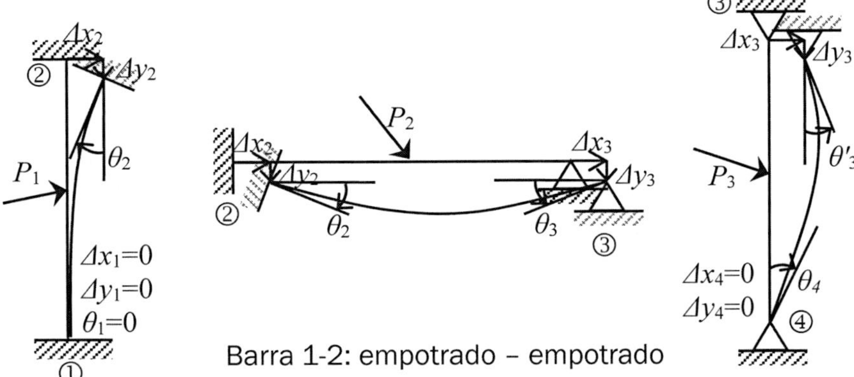

Barra 1-2: empotrado – empotrado

Barra 2-3: empotrado – articulado

Barra 3-4: articulado - articulado

Figura 3.2 Estructura desensamblada.

2.- Para analizar el comportamiento de cada barra (reacciones y esfuerzos) se pueden considerar los desplazamientos como asentamientos de apoyo. Es decir, que es válida la siguiente fórmula:

$$P \cdot \Delta ij = \int \frac{Mi \cdot Mj}{E \cdot I} dx \ - \ \Sigma Ri \cdot \Delta j$$

Donde:

Mi = Ecuación de momento del sistema i

Mj = Ecuación de momento del sistema j

E = Módulo de elasticidad

I = Momento de inercia

Ri = Reacciones en los extremos de las barras

Δj = Desplazamientos en los extremos de las barras (Δx, Δy y θ)

3.- Los nudos, al ser elementos receptores y transmisores de las fuerzas procedentes de cada barra, permiten analizar el comportamiento de la estructura a partir del comportamiento de sus barras.

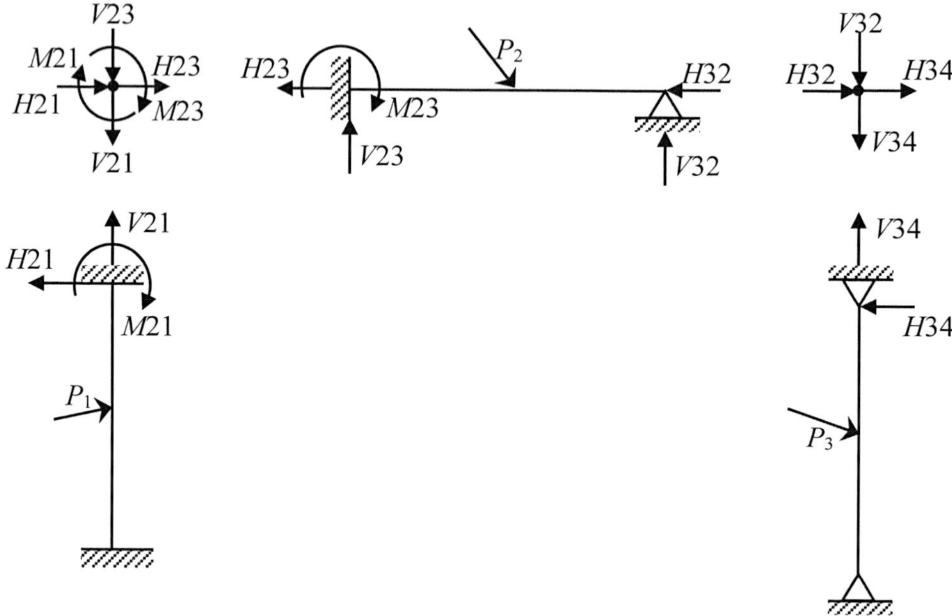

Figura 3.3 Equilibrio de fuerzas en los nudos.

Las reacciones resultantes de analizar cada barra se cargan a los nudos de la estructura con sentido contrario. Estas reacciones están en función de la carga propia de cada barra y los desplazamientos nodales Δx, Δy y θ.

4.- Todas las fuerzas y/o momentos que concurren a un nudo procedente de las barras cumplen la condición de equilibrio estático a partir de las ecuaciones ∑FH=0, ∑FV=0 y ∑M=0

Del nudo 2, del gráfico anterior, tenemos:

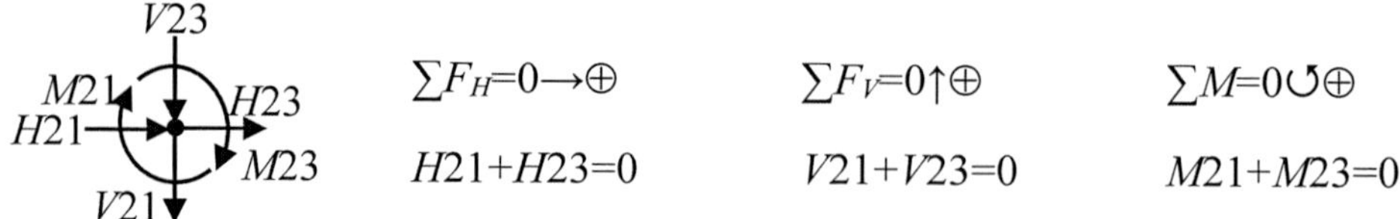

Si existieran cargas puntuales aplicadas en los nudos de la estructura se deben considerar en estas sumatorias.

5.- Las deformaciones producidas por los esfuerzos cortantes y normales son mínimas y, por lo tanto, despreciables frente a los esfuerzos flexionantes, es decir:

$$\Delta ij = \int \frac{Mi \cdot Mj \cdot ds}{E \cdot I} + \int \frac{Ni \cdot Nj \cdot ds}{E \cdot A}^{\nearrow 0} + \int \frac{x \cdot Qi \cdot Qj \cdot ds}{G \cdot A}^{\nearrow 0} = \int \frac{Mi \cdot Mj \cdot ds}{E \cdot I}$$

Si despreciamos el esfuerzo normal podemos decir que ***las barras de la estructura no se alargan ni se acortan, simplemente se flexionan, trasladan y rotan.***

Por lo tanto, los desplazamientos verticales de los nudos 2 y 3 (Δy_2 y Δy_3) son el resultado de la rotación de las barras y no de su acortamiento. Es decir:

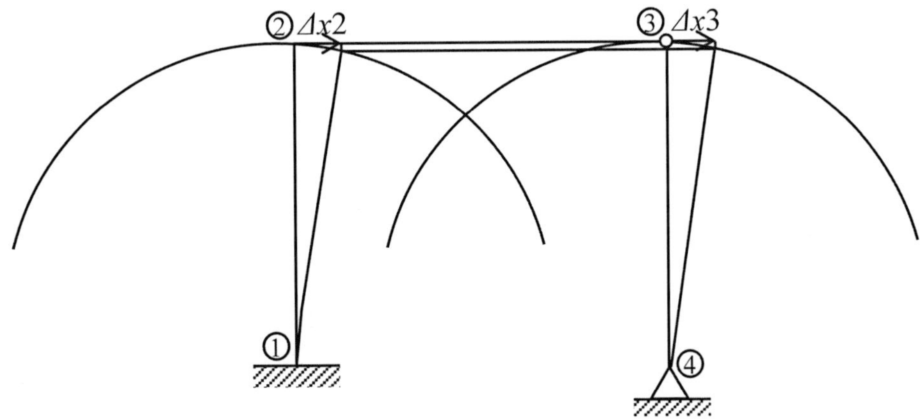

Figura 3.4 Rotación absoluta de las barras.

Aquí podemos notar que los desplazamientos verticales son despreciables en comparación de los desplazamientos horizontales y, por lo tanto, podemos considerar que las barras rotan perpendicularmente a su eje. Para el caso de nuestro ejemplo, podemos dibujar la deformación de la estructura de la siguiente manera:

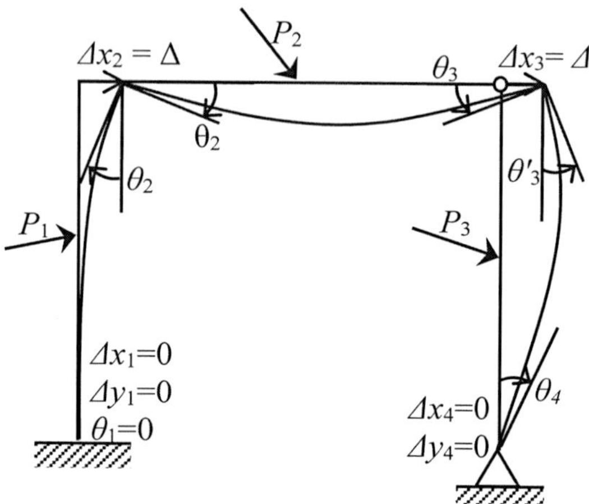

Figura 3.5 Estructura simplificada en su deformación.

Habíamos dicho que las deformaciones debido a los esfuerzos normales son despreciables, es decir, los desplazamientos horizontales son iguales ($\Delta x_2 = \Delta x_3$). De este criterio podemos afirmar que las incógnitas directas de este método son los giros en los nudos y las traslaciones laterales (Δ) de la estructura.

6.- Mediante el principio de superposición de efectos podemos separar el comportamiento flexionante de las barras del efecto traslacional de la estructura.

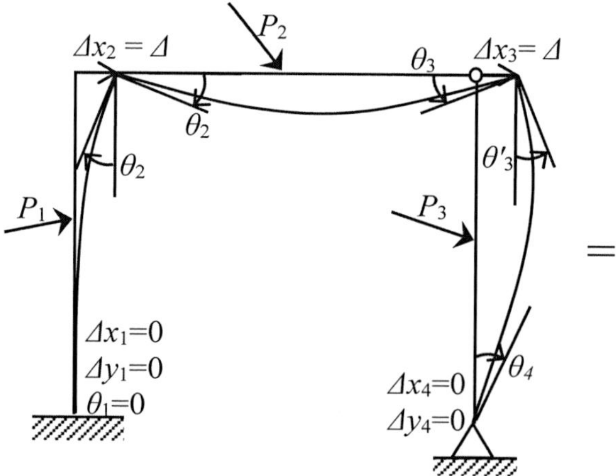

Figura 3.6 Estructura deformada.

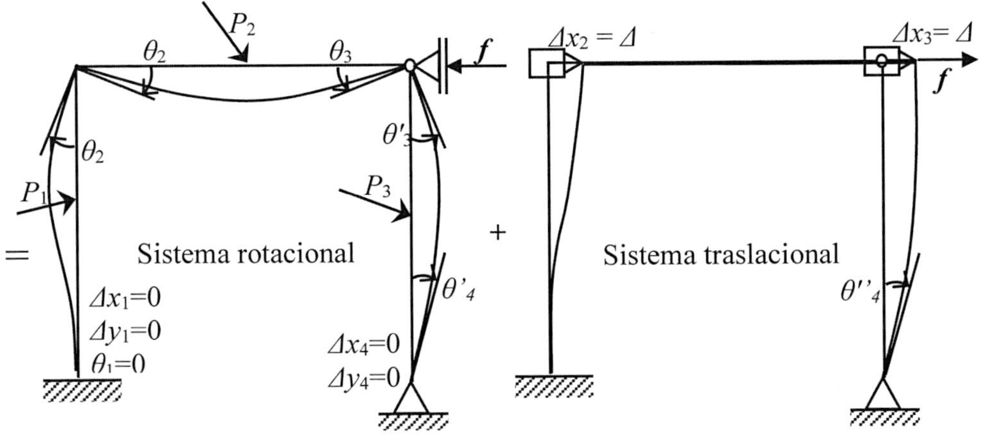

Figura 3.7 Descomposición de la deformación.

Descomponemos el sistema original en un sistema rotacional en el cual colocamos un apoyo móvil horizontal para analizar únicamente el comportamiento flexionante de cada barra y un sistema traslacional restringiendo la rotación de los nudos 2 y 3 para analizar el desplazamiento lateral de la estructura. En el segundo sistema se debe incluir la fuerza f del apoyo ficticio para analizar la traslación de la estructura.

7.- Si efectuamos un corte imaginario sobre una sección cualquiera de la estructura en esta aparecen fuerzas internas que mantienen el equilibrio de la estructura.

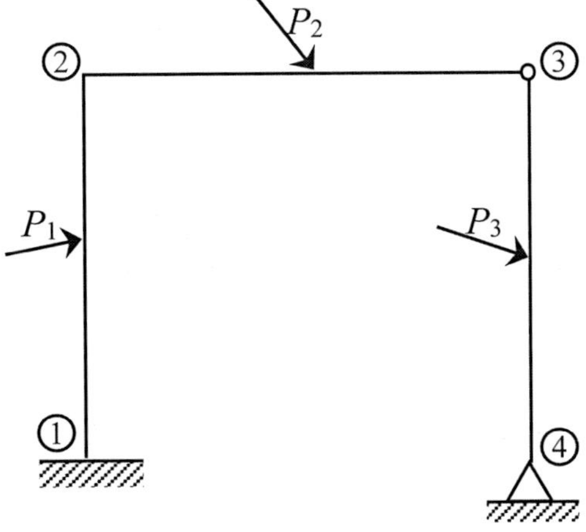

Figura 3.8 Estructura en equilibrio estático.

Si efectuamos un corte en 2 y nos quedamos con el lado derechos de la estructura tendremos:

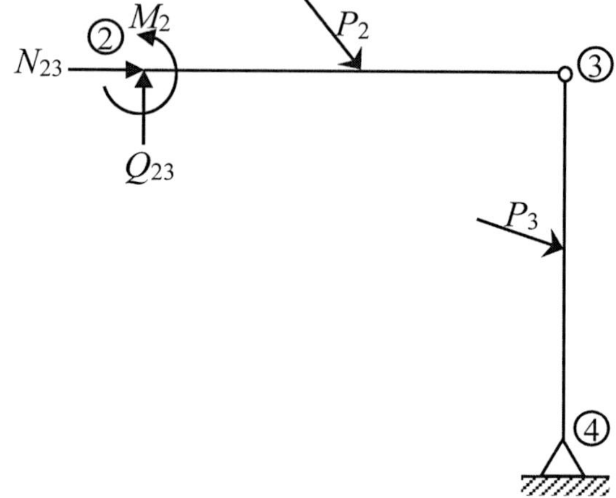

Figura 3.9 Estructura seccionada en en el nudo 2.

3.4. GRADO DE INDETERMINACIÓN

El grado de indeterminación según el método de las deformaciones se define como la suma de los desplazamientos internos y los desplazamientos externos de la estructura.

$$GI = Di + De$$

GI = Grado de indeterminación

Di = Cantidad de desplazamientos internos

De = Cantidad de desplazamientos externos

Veamos en qué consisten estos desplazamientos.

3.4.1. Desplazamientos Internos

Los desplazamientos internos son los giros de aquellos nudos donde concurren dos o más barras no articuladas. Los giros en las articulaciones y en los apoyos fijos o móviles donde concurren una sola barra no son incógnitas, más adelante veremos por qué. En la anterior estructura los giros en los nudos 2 y 3 son desplazamientos internos. Veamos otros ejemplos.

EJERCICIO 62

Para las siguientes estructuras indiquen cuántos desplazamientos internos tienen cada estructura.

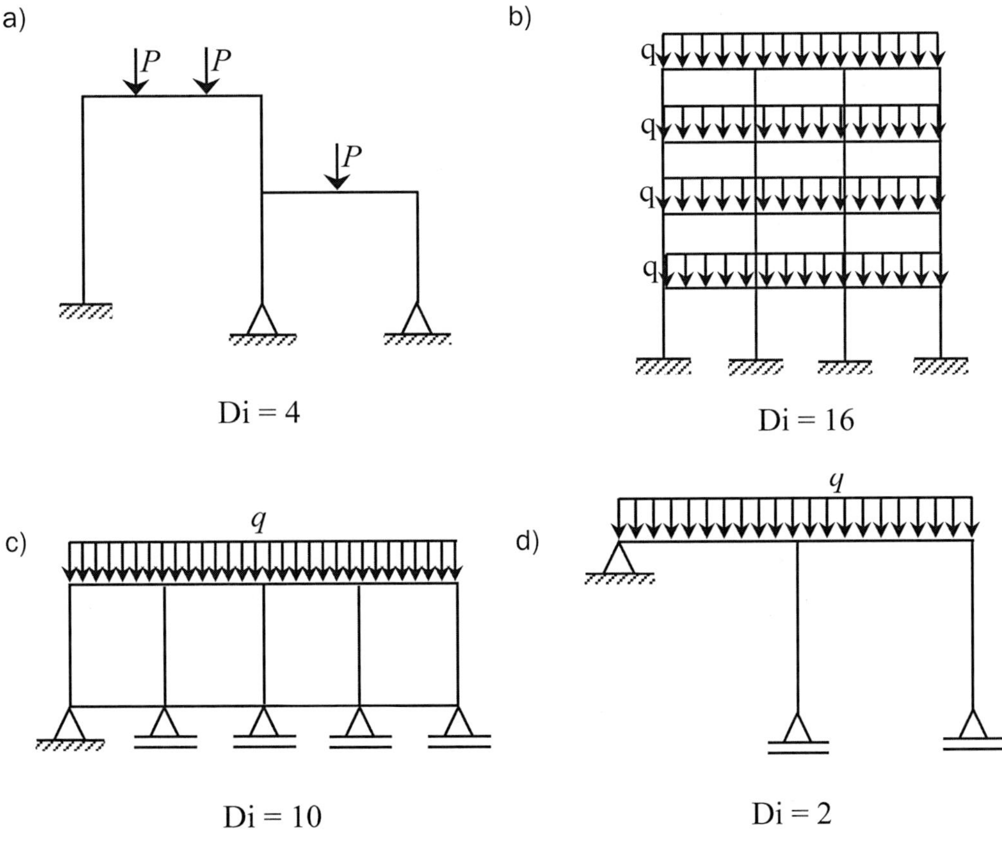

Figura 3.10 Estructuras aporticadas.

3.4.2. Desplazamientos externos

Los desplazamientos externos son las traslaciones horizontales y verticales que experimenta la estructura sin considerar las deformaciones por tracción o comprensión. Analicemos los siguientes ejemplos.

EJERCICIO 63

Para las siguientes estructuras indique cuántos desplazamientos externos existe en cada estructura.

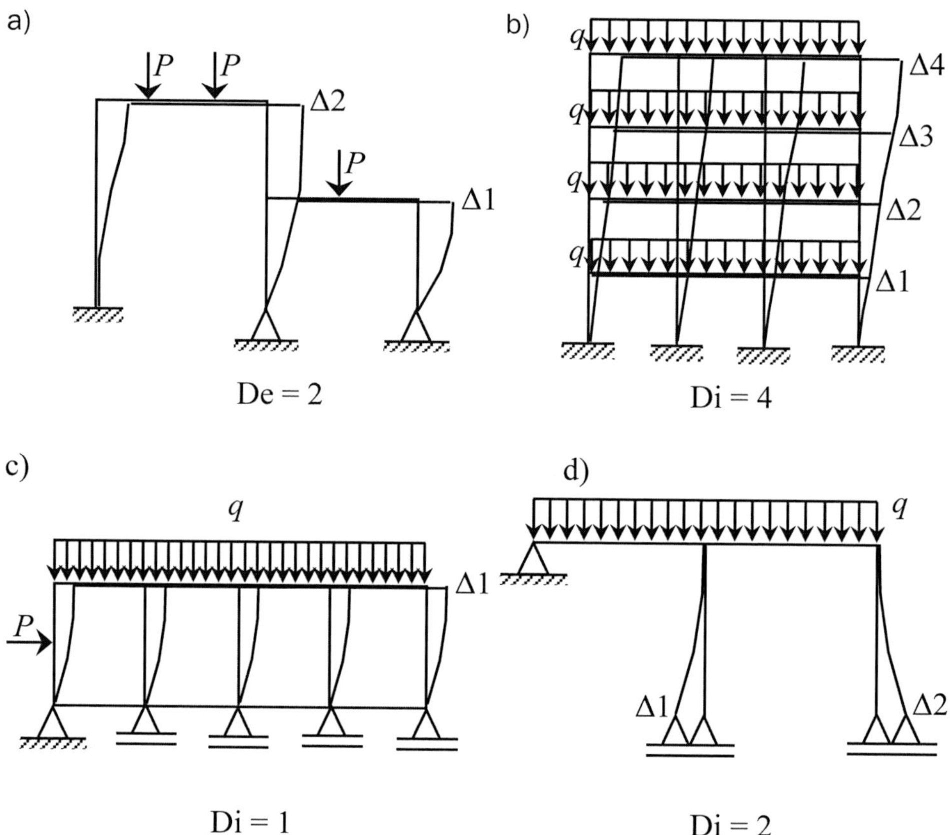

Figura 3.11 Traslación lateral de estructuras.

Por lo tanto, el grado de indeterminación para las estructuras anteriores es:

a) GI = 6

b) GI = 20

c) GI = 11

d) GI = 4

3.5. CLASIFICACIÓN DE LAS ESTRUCTURAS SEGÚN EL MÉTODO DE LAS DEFORMACIONES

Según este método, las estructuras hiperestáticas pueden ser:

- Intraslacionales
- Traslacionales

3.5.1. Estructuras Intraslacionales

Son estructuras que por su geometría y apoyos tienen únicamente incógnitas rotacionales. Es decir, los nudos solo rotan, pero no se trasladan.

Para identificar que una estructura es intraslacional debemos verificar que todos los nudos de la estructura no se desplacen. Veamos qué criterios hacen de un nudo indesplazable.

1.- Un nudo con dos reacciones, una vertical y otra horizontal, es indesplazable, de ahí que los apoyos fijos y empotrados son nudos que no se desplazan.

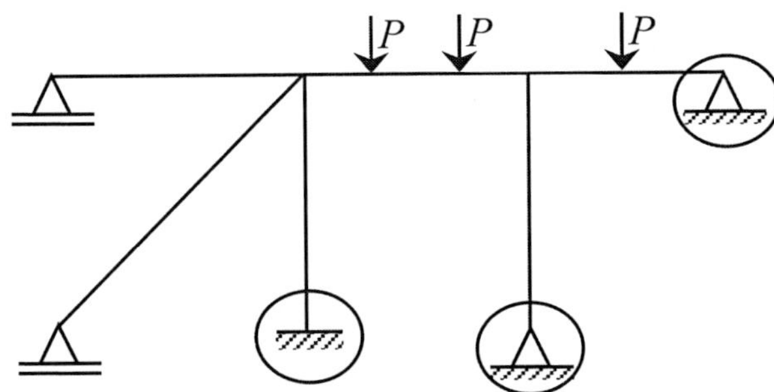

Figura 3.12 Estructura con nudos restringidos al desplazamiento.

2.- Un nudo intermedio es indesplazable cuando los extremos opuestos de dos barras que concurren a dicho nudo son indesplazables. Esta condición es válida cuando el ángulo entre estas barras es diferente de 180.

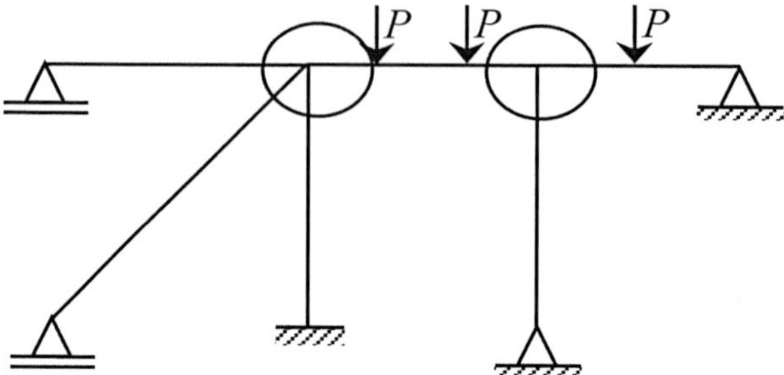

Figura 3.13 Nudos indesplazables por influencia de los apoyos cercanos.

3.- Es válido el principio de transmisión de fuerza para barras horizontales y verticales que contenga reacciones horizontales y verticales.

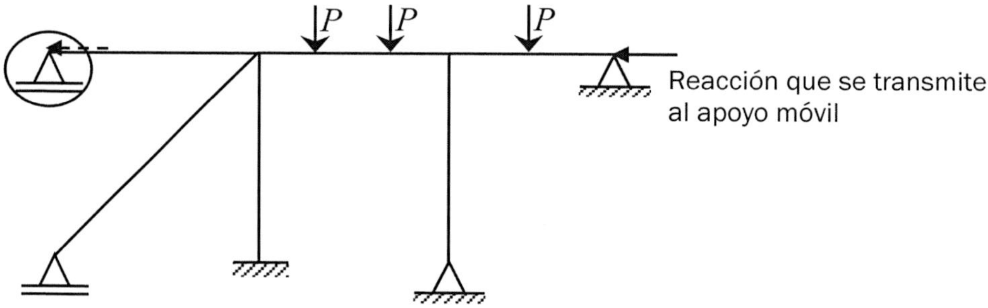

Figura 3.14 Nudo indesplazable por transmisión de restricción.

4.- Cualquier barra inclinada con un extremo indesplazable hará indesplazable el extremo opuesto siempre y cuando contenga un apoyo móvil horizontal o vertical.

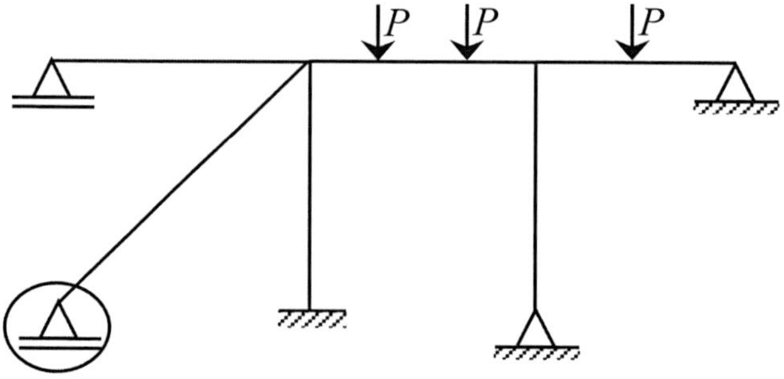

Figura 3.15 Nudo indesplazable en barra oblicua.

Por lo tanto, todos los nudos son indesplazables y la estructura es intraslacional.

EJERCICIO 64

Diga cuál de las siguientes estructuras son intraslacionales.

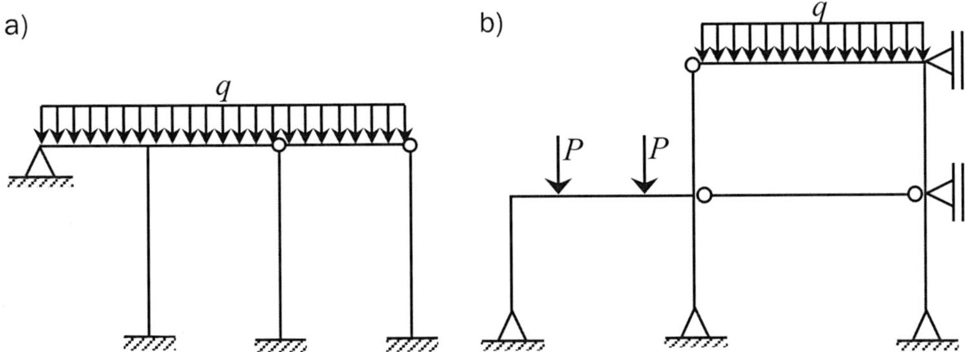

La estructura es intraslacional. La estructura es intraslacional.

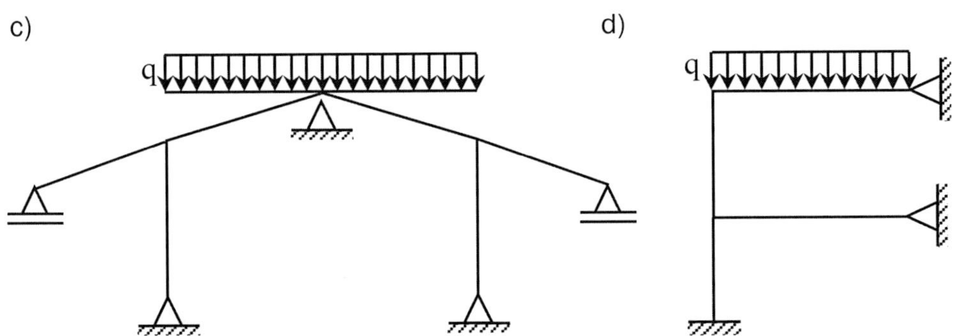

La estructura es intraslacional. La estructura es intraslacional.

Figura 3.16 Estructuras aporticadas.

3.5.2. Estructuras traslacionales

Son estructuras que por su disposición geométrica vinculada a sus apoyos y cargas tienen la libertad de trasladarse lateralmente. Las incógnitas de estas estructuras son los giros en los nudos y sus traslaciones laterales sean estas horizontales y/o verticales.

Para identificar la cantidad de traslaciones que experimenta una estructura, es preciso pensar en un número mínimo de apoyos móviles horizontales y/o verticales que, introducidas al sistema, vuelven a la estructura intrasladable. Veamos los siguientes ejemplos.

EJERCICIO 65

Identificar la cantidad de traslaciones en las siguientes estructuras.

a) Pórtico 1

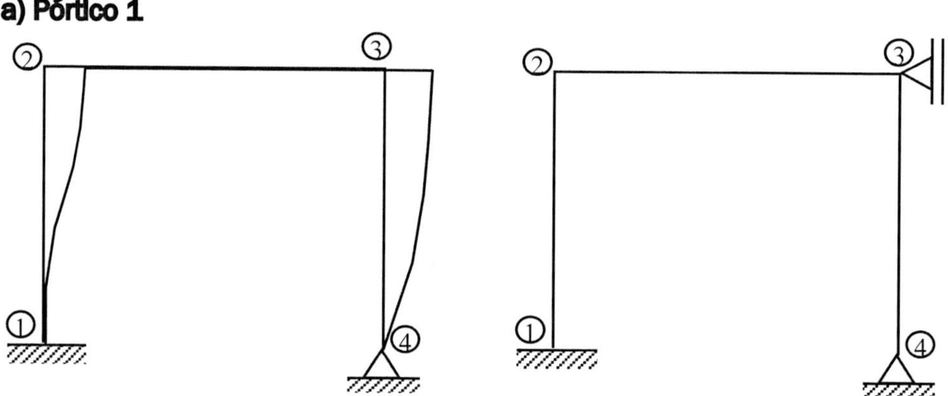

Figura 3.17 Estructura desplazada lateralmente y su restricción.

Colocando un apoyo móvil horizontal en el nudo 2 o 3 volvemos la estructura intrasladable, es decir, existe un solo desplazamiento lateral.

b) Pórtico 2

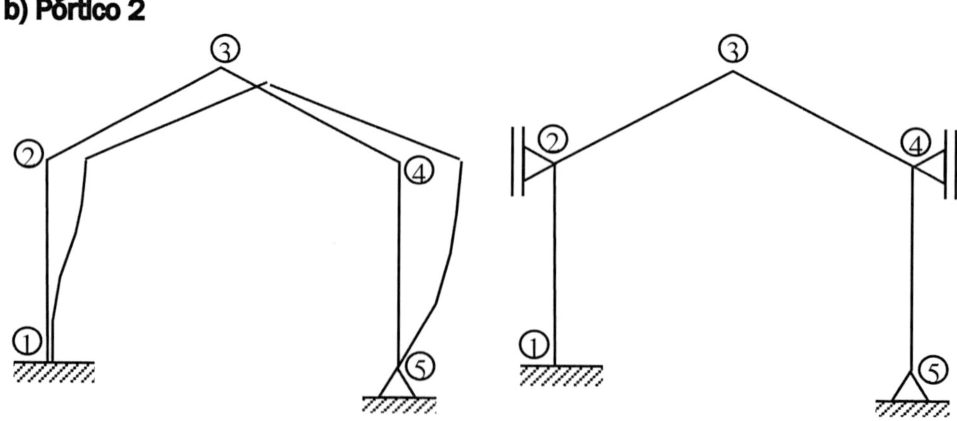

Figura 3.18 Estructura desplazada lateralmente y su restricción.

Introduciendo dos apoyos móviles horizontales en los nudos 2 y 4, volvemos el sistema intrasladable, o sea, existen dos traslaciones.

c) Pórtico 3

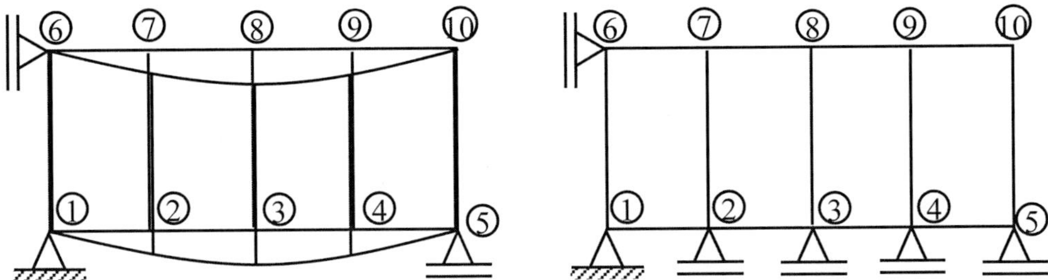

Figura 3.19 Estructura desplazada y sus restricciones.

Para que esta estructura sea intrasladable se deben introducir tres apoyos móviles verticales en los nudos 2, 3 y 4. Por lo tanto, esta estructura tiene tres traslaciones.

3.6. PLANTEAMIENTO Y FORMULACIÓN DEL MÉTODO DE LAS DEFORMACIONES PARA ESTRUCTURAS INTRASLACIONALES

Sea la siguiente estructura hiperestática e intrasladable, compuesta de cinco nudos, cuatro barras y afectada por un conjunto de fuerzas.

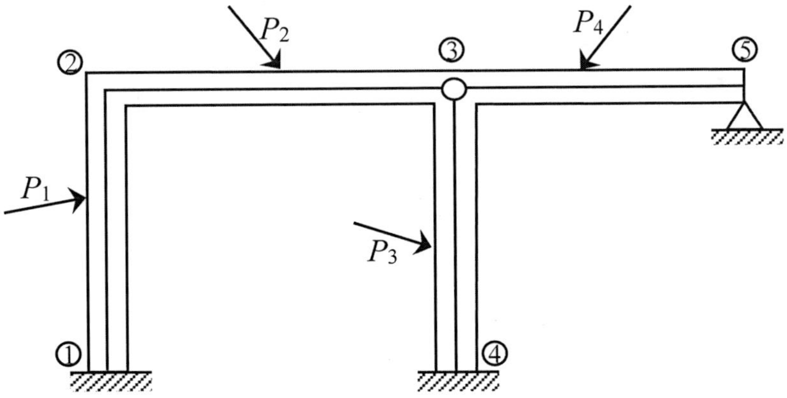

Figura 3.20 Estructura intraslacional.

Según los criterios estudiados, la estructura anterior admite la siguiente deformación:

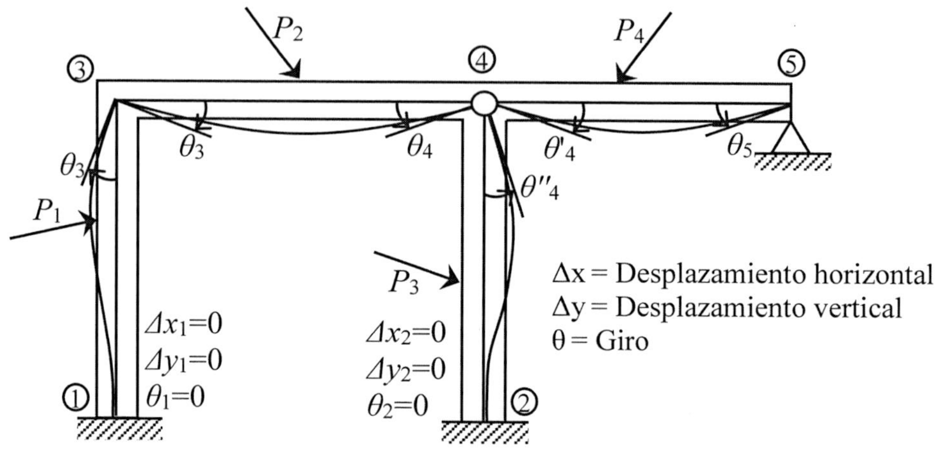

Figura 3.21 Estructura deformada.

Estos desplazamientos rotacionales serán las incógnitas directas para la solución de cualquier estructura hiperestática, a partir de los cuales se determinarán los esfuerzos internos y reacciones.

La formulación de este método fue concebida a partir de los siguientes razonamientos:

3.6.1. Desensamblado de la estructura

Se cortará cada barra en los extremos de unión con el nudo, tal como se observa en el siguiente gráfico.

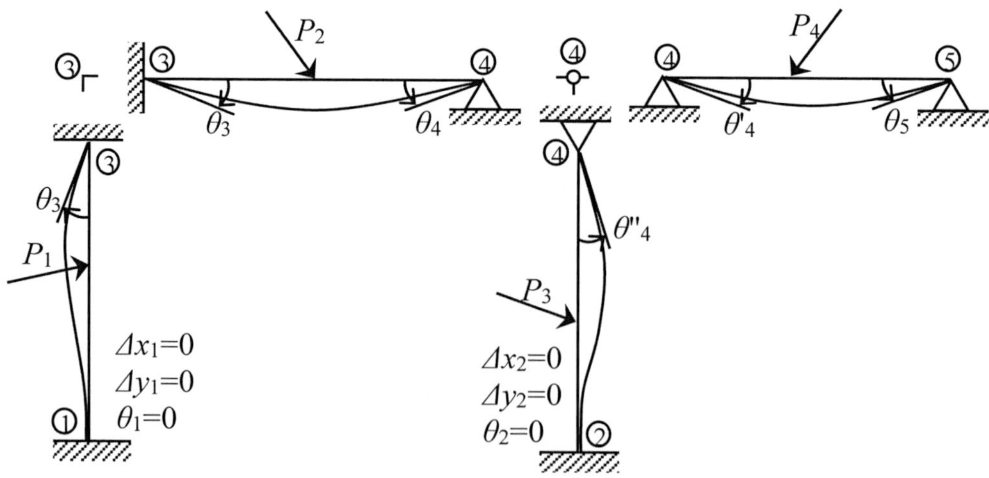

Figura 3.22 Estructura desensamblada.

Al analizar la estructura deformada a partir de cada elemento por separado, llegaremos a las siguientes conclusiones:

- Cuando se desensambla las barras de la estructura los extremos cortados son equilibrados por apoyos compatibles con las fuerzas internas que aparecen en los puntos de corte. Por ejemplo, en un nudo continuo se presume la existencia de tres fuerzas internas, una horizontal, otra vertical y una de momento que pueden ser expresadas por un apoyo empotrado.

- Al desensamblar la estructura, cada barra se comportará como un elemento independiente sometida a una carga cualquiera y a un conjunto de giros que pueden ser estudiados como asentamientos rotacionales impuestos.

- Si observamos las barras resultantes de desensamblar la estructura, podemos notar la existencia de cuatro tipos de barras características:

barra 1-2 = Empotrado – empotrado

barra 2-3 = Empotrado – articulado

barra 3-4 = Articulado – empotrado

barra 3-5 = Articulado – articulado

- Si observamos los nudos de la estructura notaremos lo siguiente:

Nudo 1: Tiene momento, pero no giro.

Nudo 2: Tiene momento y giro.

Nudo 3: Tiene giro, pero no momento.

Nudo 4: Tiene momento, pero no giro.

Nudo 5: Tiene giro, pero no momento.

3.6.2. Análisis individual de cada elemento

Ya es sabido que los asentamientos producen reacciones y esfuerzos internos en estructuras hiperestáticas; por lo tanto, se debe tomar en cuenta en el análisis de cada barra.

La solución de estas barras comprende la determinación de sus reacciones de momento en función de la carga impuesta y de sus giros o asentamientos rotacionales. Podemos optar por el método de las fuerzas para su solución. Veamos cómo analizar la barra 1-2 (empotrado-empotrado).

Como queremos obtener fórmulas generales de solución, consideremos como situación general el hecho de que existen giros en ambos extremos de la barra; después, si alguno de estos es nulo, serán eliminados de la fórmula general que deduzcamos; así mismo, como no conocemos exactamente el sentido de los giros nodales y momento, asumiremos el sentido antihorario como positivo y, además, como son numerosas las cargas que pueden gravitar sobre esta barra, sostendremos durante todo el análisis la presencia de una carga cualquiera. Véase el siguiente gráfico.

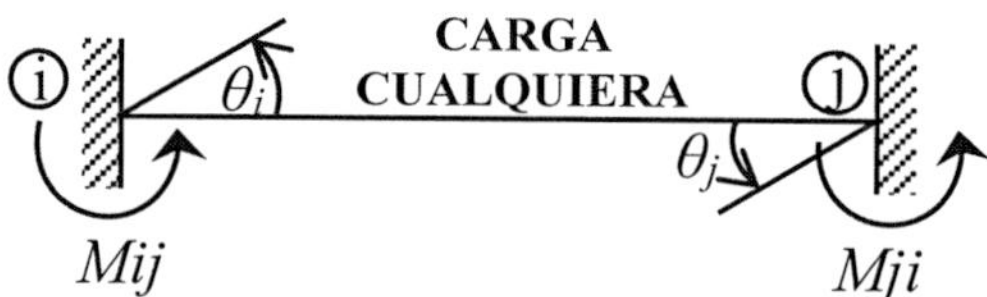

Figura 3.23 Barra biempotrada.

Este sistema estructural se puede descomponer aplicando el principio de superposición de efectos.

Figura 3.24 Estructura descompuesta.

En el caso de la ***estructura 1*** se tendrá que resolver está viga para todos los casos posibles de carga. Veamos el caso de una carga distribuida rectangularmente.

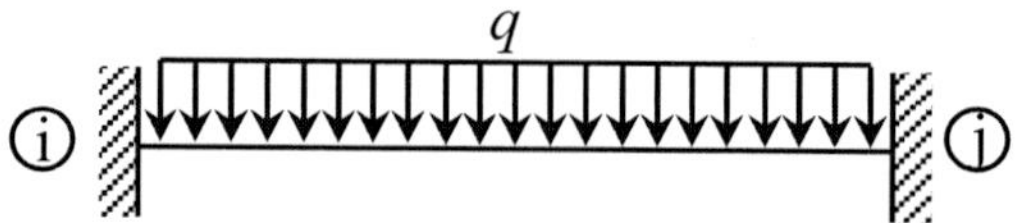

Figura 3.25 Estructura 1.

1.- Grado hiperestático

$$G_H = 3 \cdot N_A - G_L$$

$$G_H = 3 \cdot 1 - 0$$

$$G_H = 3$$

Como no hay cargas horizontales, el grado hiperestático se reduce en uno.

$$G_H = 2$$

2.- Sistema isostático equivalente

Asumimos el sentido antihorario para el momento.

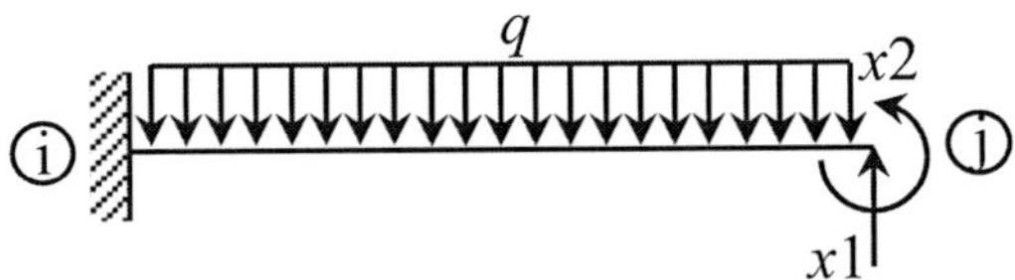

Figura 3.26 Estructura con reacciones hiperestática.

3.- Sistema básico y auxiliar

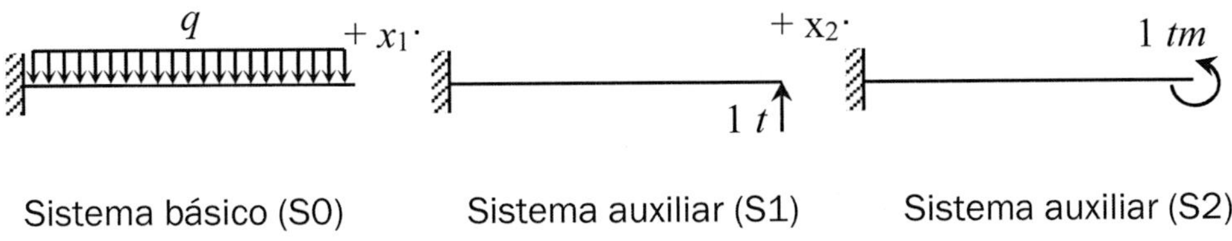

Figura 3.27 Descomposición en sistema básico y auxiliares.

4.- Diagrama de momento

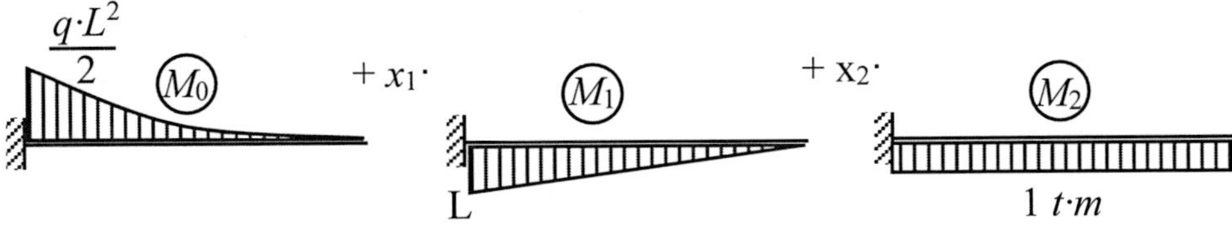

Figura 3.28 Diagramas de momento.

5.- Sistema de ecuaciones de compatibilidad

$$\Delta 11 \cdot x1 + \Delta 12 \cdot x2 = -\Delta 10$$

$$\Delta 21 \cdot x1 + \Delta 22 \cdot x2 = -\Delta 20$$

Usando la tabla de integración semigráfica, obtenemos:

$$\Delta 11 = \frac{L \cdot L \cdot L}{3 \cdot E \cdot I} = \frac{L^3}{3 \cdot E \cdot I} \qquad \Delta 10 = \frac{-1}{E \cdot I} \cdot \left(\frac{1}{4}\right) \cdot L \cdot \left(\frac{q \cdot L^2}{2}\right) \cdot L = -\frac{q \cdot L^4}{8 \cdot E \cdot I}$$

$$\Delta 12 = \frac{L \cdot L \cdot 1}{2 \cdot E \cdot I} = \frac{L^2}{2 \cdot E \cdot I} \qquad \Delta 20 = \frac{-1}{E \cdot I} \cdot \left(\frac{1}{3}\right) \cdot L \cdot \left(\frac{q \cdot L^2}{2}\right) \cdot 1 = -\frac{q \cdot L^3}{6 \cdot E \cdot I}$$

$$\Delta 22 = \frac{L \cdot 1 \cdot 1}{E \cdot I} = \frac{L}{E \cdot I}$$

Reemplazamos en el sistema de ecuaciones:

$$\left(\frac{L^3}{3 \cdot E \cdot I}\right) \cdot x1 + \left(\frac{L^2}{2 \cdot E \cdot I}\right) \cdot x2 = \frac{q \cdot L^4}{8 \cdot E \cdot I}$$

$$\left(\frac{L^2}{2 \cdot E \cdot I}\right) \cdot x1 + \left(\frac{L}{E \cdot I}\right) \cdot x2 = \frac{q \cdot L^3}{6 \cdot E \cdot I}$$

Resolviendo este sistema de ecuaciones, obtenemos:

$$x1 = \frac{q \cdot L}{2} \qquad x2 = -\frac{q \cdot L^2}{12}$$

6.- Demás reacciones

Asumimos el sentido antihorario para el otro momento y luego aplicamos ΣM en el nudo de la izquierda.

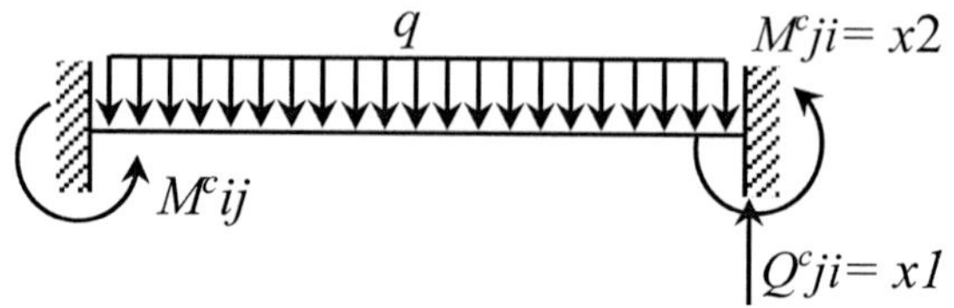

Figura 3.29 Reacciones de momento.

$$\Sigma Mi = 0 \circlearrowleft \oplus$$

$$M^c ij - \frac{q \cdot L^2}{2} + x2 + x1 \cdot L = 0$$

$$M^c ij = \frac{q \cdot L^2}{2} - x2 - x1 \cdot L$$

Reemplazamos el valor de x1 y x2

$$M^c ij = \frac{q \cdot L^2}{2} + \frac{q \cdot L^2}{12} - \left(\frac{q \cdot L}{2}\right) \cdot L$$

$$M^c ij = \frac{6 \cdot q \cdot L^2 + q \cdot L^2 - 6 \cdot q \cdot L^2}{12}$$

$$M^c ij = \frac{q \cdot L^2}{12}$$

Los valores que nos interesan son $M^c ij$ y $M^c ji$, los cuales están tabulados en la tabla 5.

Por lo tanto, la solución de la ***estructura 1*** es:

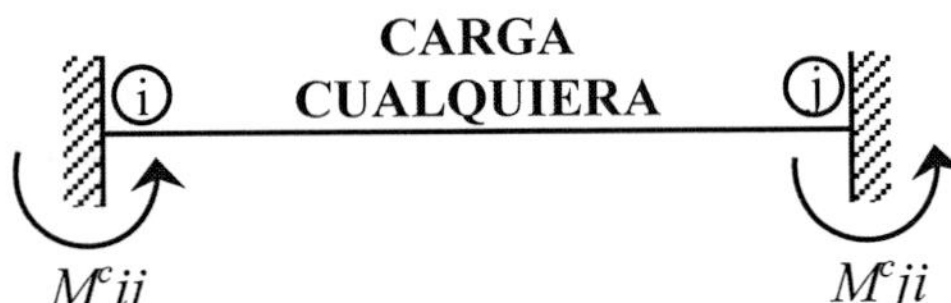

Figura 3.30 Estructura 1.

Donde $M^c ij$ y $M^c ji$ se obtienen de la tabla 5. Véase a continuación:

TABLA 5. MOMENTOS DEBIDO A CARGA

CARGAS	CONDICIONES DE APOYOS EN LOS EXTREMOS			
	EMPOTRADO-EMPOTRADO 		EMPOTRADO-ARTICULADO 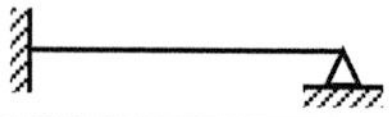	ARTICULADO-EMPOTRADO 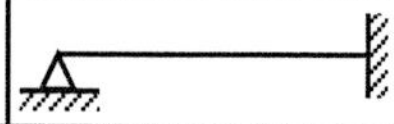
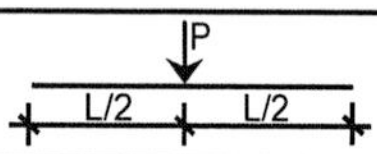 P; L/2, L/2	$\frac{P.L}{8}$	$-\frac{P.L}{8}$	$\frac{3.P.L}{16}$	$-\frac{3.P.L}{16}$
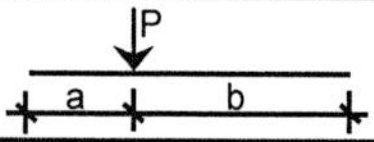 P; a, b	$\frac{P.a.b^2}{L^2}$	$-\frac{P.a^2.b}{L^2}$	$\frac{P.a.b.(L+b)}{2.L^2}$	$-\frac{P.a.b.(L+a)}{2.L^2}$
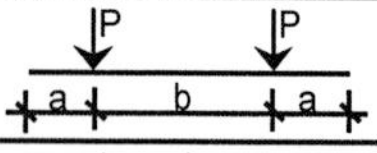 P, P; a, b, a	$\frac{P.a.(L-a)}{L}$	$-\frac{P.a.(L-a)}{L}$	$\frac{3.P.a.(L-a)}{2.L}$	$-\frac{3.P.a.(L-a)}{2.L}$
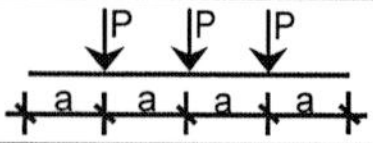 P, P, P; a, a, a, a	$\frac{5.P.L}{16}$	$-\frac{5.P.L}{16}$	$\frac{15.P.L}{32}$	$-\frac{15.P.L}{32}$
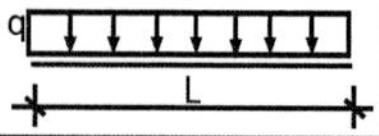 q; L	$\frac{q.L^2}{12}$	$-\frac{q.L^2}{12}$	$\frac{q.L^2}{8}$	$-\frac{q.L^2}{8}$
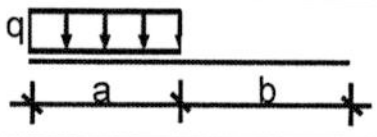 q; a, b	$\frac{q.a^2}{12}.\left[6-\frac{a}{L}.\left(8-\frac{3.a}{L}\right)\right]$	$-\frac{q.a^3}{12.L}.\left(4-\frac{3.a}{L}\right)$	$\frac{q.a^2}{8.L^2}.(L+b)^2$	$-\frac{q.a^2}{8.L^2}.\left(2.L^2-a^2\right)$
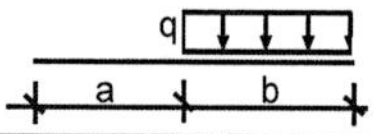 q; a, b	$\frac{q.b^3}{12.L}.\left(4-\frac{3.b}{L}\right)$	$-\frac{q.b^2}{12}.\left[6-\frac{b}{L}.\left(8-\frac{3.b}{L}\right)\right]$	$\frac{q.b^2}{8.L^2}.\left(2.L^2-b^2\right)$	$-\frac{q.b^2}{8.L^2}.(L+a)^2$
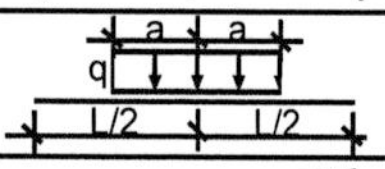 q; a, a; L/2, L/2	$\frac{q.a}{12.L}.\left(3.L^2-4.a^2\right)$	$-\frac{q.a}{12.L}.\left(3.L^2-4.a^2\right)$	$\frac{q.a}{8.L}.\left(3.L^2-4.a^2\right)$	$-\frac{q.a}{8.L}.\left(3.L^2-4.a^2\right)$
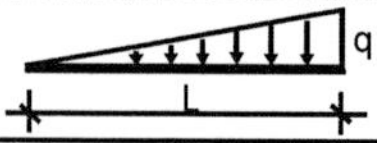 q; L	$\frac{q.L^2}{30}$	$-\frac{q.L^2}{20}$	$\frac{7.q.L^2}{120}$	$-\frac{q.L^2}{15}$
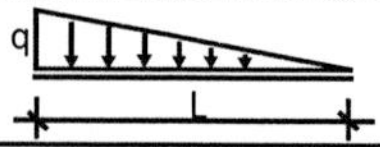 q; L	$\frac{q.L^2}{20}$	$-\frac{q.L^2}{30}$	$\frac{q.L^2}{15}$	$-\frac{7.q.L^2}{120}$
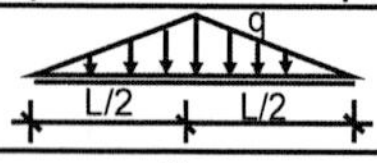 q; L/2, L/2	$\frac{5.q.L^2}{96}$	$-\frac{5.q.L^2}{96}$	$\frac{5.q.L^2}{64}$	$-\frac{5.q.L^2}{64}$
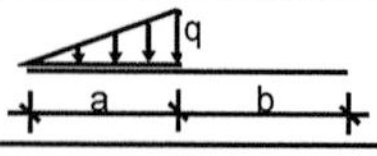 q; a, b	$\frac{q.a^2}{30}.\left[10-\frac{a}{L}.\left(15-\frac{6.a}{L}\right)\right]$	$-\frac{q.a^3}{20.L}.\left(5-\frac{4.a}{L}\right)$	$\frac{q.a^2}{120}.\left(40-\frac{3.a}{L}.\left(15-\frac{4.a}{L}\right)\right)$	$-\frac{q.a^2}{30}.\left(5-\frac{3.a^2}{L^2}\right)$
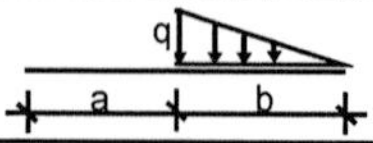 q; a, b	$\frac{q.b^3}{20.L}.\left(5-\frac{4.b}{L}\right)$	$-\frac{q.b^2}{30}.\left[10-\frac{b}{L}.\left(15-\frac{6.b}{L}\right)\right]$	$\frac{q.b^2}{30}.\left(5-\frac{3.b^2}{L^2}\right)$	$-\frac{q.b^2}{120}.\left(40-\frac{3.b}{L}.\left(15-\frac{4.b}{L}\right)\right)$
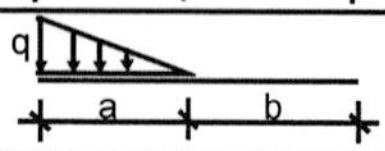 q; a, b	$\frac{q.a^2}{60}.\left[3.\frac{a^2}{L^2}+10.\frac{b}{L}\right]$	$-\frac{q.a^2}{60.L}.\left(5-\frac{3.a}{L}\right)$	$\frac{q.a^2}{120}.\left(20-\frac{3.a}{L}.\left(5-\frac{a}{L}\right)\right)$	$-\frac{q.a^2}{120}.\left(10-\frac{3.a^2}{L^2}\right)$
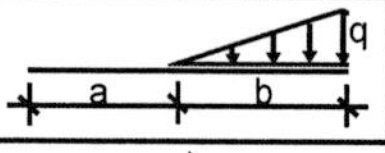 q; a, b	$\frac{q.b^3}{60.L}.\left(5-\frac{3.b}{L}\right)$	$-\frac{q.b^2}{60}.\left[3.\frac{b^2}{L^2}+10.\frac{a}{L}\right]$	$\frac{q.b^2}{120}.\left(10-\frac{3.b^2}{L^2}\right)$	$-\frac{q.b^2}{120}.\left(20-\frac{3.b}{L}.\left(5-\frac{b}{L}\right)\right)$
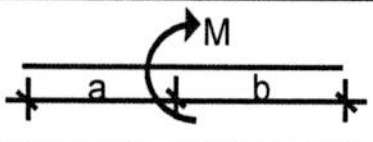 M; a, b	$-\frac{M.b}{L}.\left(2-\frac{3.b}{L}\right)$	$-\frac{M.a}{L}.\left(2-\frac{3.a}{L}\right)$	$\frac{M}{2}.\left(\frac{3.b^2}{L^2}-1\right)$	$\frac{M}{2}.\left(\frac{3.a^2}{L^2}-1\right)$
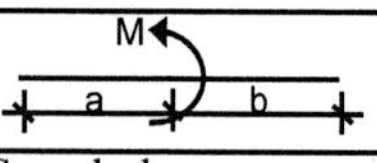 M; a, b	$\frac{M.b}{L}.\left(2-\frac{3.b}{L}\right)$	$\frac{M.a}{L}.\left(2-\frac{3.a}{L}\right)$	$-\frac{M}{2}.\left(\frac{3.b^2}{L^2}-1\right)$	$-\frac{M}{2}.\left(\frac{3.a^2}{L^2}-1\right)$

Cuando las cargas son contrarias a las expuestas se multiplicará por (-1) las fórmulas anteriores.

Para la **estructura 2**, debemos analizar las reacciones de momento debido a los giros θi y θj, para ello utilizaremos el método de las fuerzas. Veamos en que consiste este cálculo.

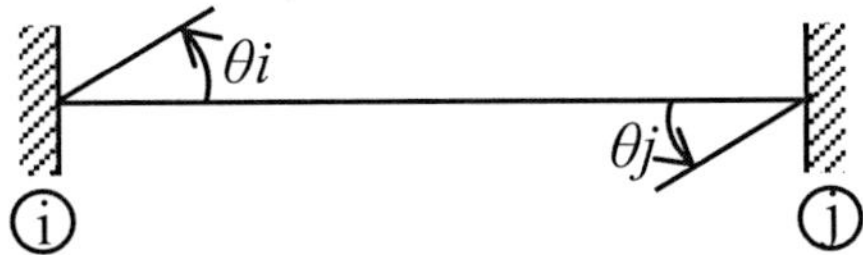

Figura 3.31 Estructura 2.

1.- Grado hiperestático

$$G_H = 3 \cdot N_A - G_L$$

$$G_H = 3 \cdot 1 - 0$$

$$G_H = 3$$

Como no hay desplazamientos horizontales, el grado hiperestático se reduce en uno.

$$G_H = 2$$

2.- Sistema isostático equivalente

Asumimos el sentido antihorario para el momento:

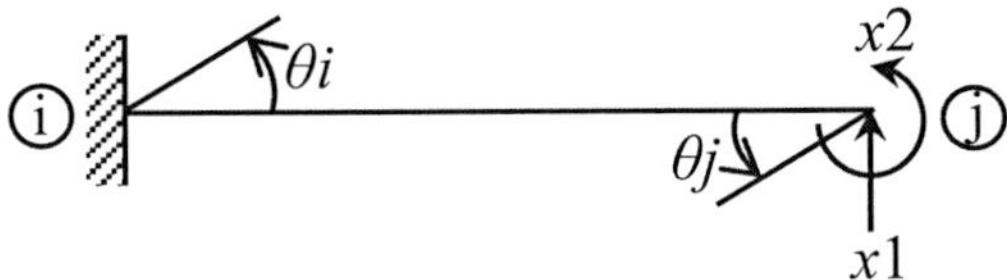

Figura 3.32 Estructura con giros.

3.- Sistema básico y auxiliares (reacciones)

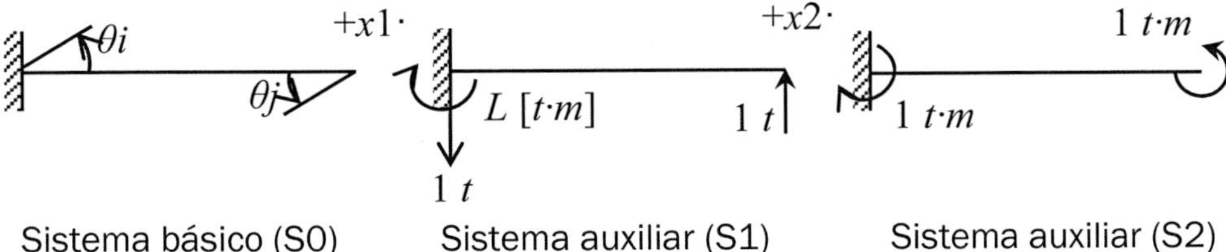

Figura 3.33 Descomposición en sistema básico y auxiliares.

4.- Diagramas de momento

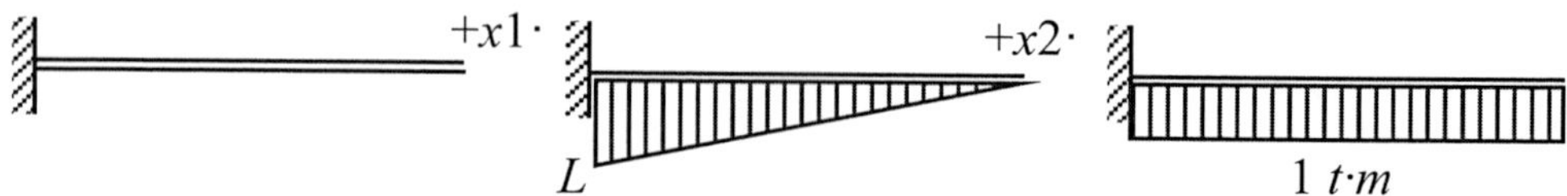

Figura 3.34 Diagramas de momento.

5.- Sistema de ecuaciones de compatibilidad

$$\Delta 11 \cdot x1 + \Delta 12 \cdot x2 = -\,\Delta 10$$

$$\Delta 21 \cdot x1 + \Delta 22 \cdot x2 = -\,\Delta 20$$

$$P \cdot \Delta ij = \int \frac{Mi \cdot Mj}{E \cdot I}\, dx \; - \; \Sigma Ri \cdot \Delta j$$

La integral se la puede resolver por la tabla.

Usando la tabla de integración semigráfica (tabla 3), obtenemos:

$$\Delta 11 = \frac{L \cdot L \cdot L}{3 \cdot E \cdot I} = \frac{L^3}{3 \cdot E \cdot I}$$

$$\Delta 12 = \frac{L \cdot L \cdot 1}{2 \cdot E \cdot I} = \frac{L^2}{2 \cdot E \cdot I}$$

$$\Delta 22 = \frac{L \cdot 1 \cdot 1}{E \cdot I} = \frac{L}{E \cdot I}$$

Utilizando la segunda parte de la fórmula obtenemos:

$$\Delta 10 = -(-L \cdot \theta i) = L \cdot \theta i$$

$$\Delta 20 = -(-1 \cdot \theta i + 1 \cdot \theta j) = \theta i - \theta j$$

Reemplazamos en el sistema de ecuaciones, y obtenemos:

$$\left(\frac{L^3}{3 \cdot E \cdot I}\right) \cdot x1 + \left(\frac{L^2}{2 \cdot E \cdot I}\right) \cdot x2 = -\,L \cdot \theta i$$

$$\left(\frac{L^2}{2 \cdot E \cdot I}\right) \cdot x1 + \left(\frac{L}{E \cdot I}\right) \cdot x2 = -(\theta i - \theta j)$$

Resolviendo este sistema de ecuaciones, obtenemos:

$$x1 = -\frac{6EI\cdot\theta i}{L^2} - \frac{6EI\cdot\theta j}{L^2}$$

$$x2 = \frac{2EI\cdot\theta i}{L} + \frac{4EI\cdot\theta j}{L}$$

6.- Demás reacciones

Ahora calculamos el momento en el extremo i aplicando las ecuaciones de equilibrio estático.

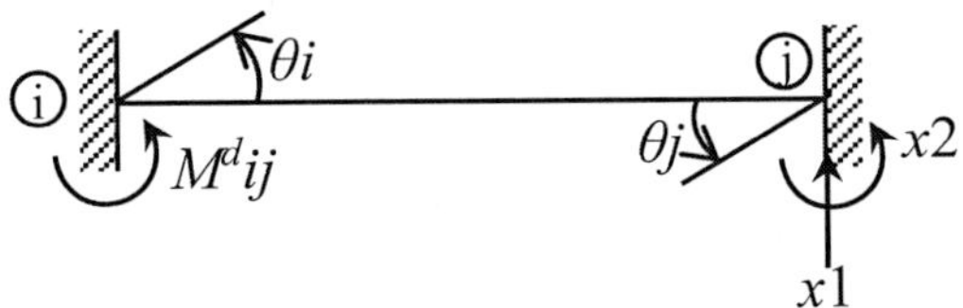

Figura 3.35 Estructura con reacciones.

$$\Sigma Mi = 0 \circlearrowleft \oplus$$

$$M^d ij + x2 + x1\cdot L = 0$$

$$M^d ij = -x2 - x1\cdot L$$

Reemplazamos el valor de x1 y x2 obtenemos:

$$M^d ij = -\left(\frac{2EI\cdot\theta i}{L} + \frac{4EI\cdot\theta j}{L}\right) - \left(-\frac{6EI\cdot\theta i}{L^2} - \frac{6EI\cdot\theta j}{L^2}\right)\cdot L$$

Simplificando la expresión anterior, tenemos:

$$M^d ij = \frac{4EI\cdot\theta i}{L} + \frac{2EI\cdot\theta j}{L}$$

Por lo tanto, la solución de la ***estructura 2*** es:

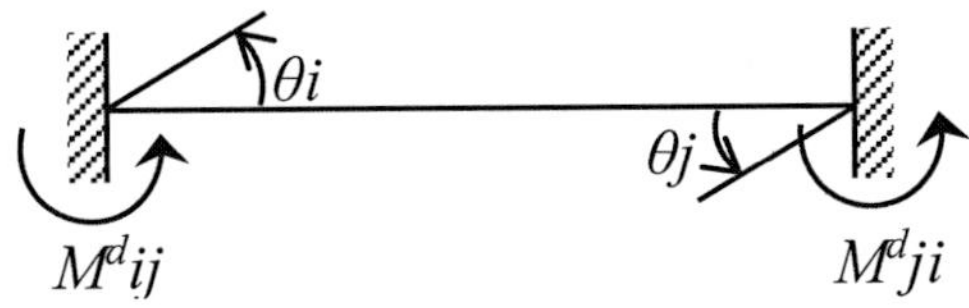

Figura 3.36 Estructura con momentos producidos por los giros.

No olvidemos que $M^d ji$ es igual a x2.

$$M^d ij = \frac{4EI\cdot\theta i}{L} + \frac{2EI\cdot\theta j}{L}$$

$$M^d ij = \frac{2EI\cdot\theta i}{L} + \frac{4EI\cdot\theta j}{L}$$

Sumando los resultados obtenidos al analizar la ***estructura 1*** y la ***estructura 2,*** obtenemos la fórmula general para analizar barras biempotradas afectadas por una carga y dos giros, es decir:

Figura 3.37 Solución de la estructura.

$$Mij = M^e ij + M^d ij$$

$$Mji = M^e ji + M^d ji$$

Reemplazando $M^d ij$ y $M^d ji$ en las fórmulas anteriores, obtenemos:

$$Mij = M^e ij + \frac{4EI\cdot\theta i}{L} + \frac{2EI\cdot\theta j}{L}$$

$$Mji = M^e ji + \frac{2EI\cdot\theta i}{L} + \frac{4EI\cdot\theta j}{L}$$

Estas fórmulas pueden emplearse para analizar cualquier barra biempotrada de una estructura intraslacional, llámese viga o pórtico.

Para otro tipo de barra como empotrado-articulado, articulado-empotrado o articulado-articulado se deberá consultar la tabla 6.

TABLA 6. MOMENTOS EXTREMOS DE BARRA-ESTRUCTURAS INTRASLACIONALES

TIPO DE BARRA	MOMENTOS
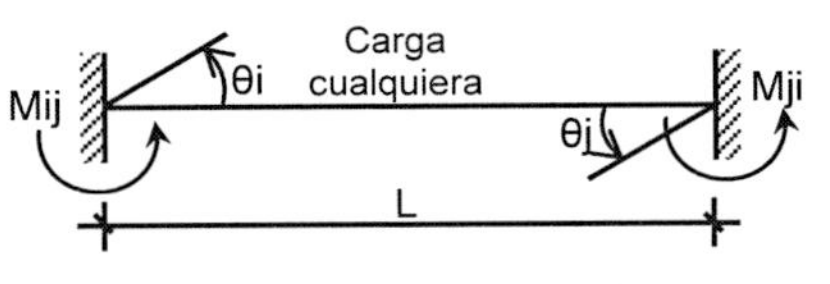 Mij, θi, Carga cualquiera, θj, Mji, L	$M_{ij} = M_{ij}^{C} + \frac{4 \cdot E \cdot I}{L}\theta i + \frac{2 \cdot E \cdot I}{L}\theta j$ $M_{ji} = M_{ji}^{C} + \frac{2 \cdot E \cdot I}{L}\theta i + \frac{4 \cdot E \cdot I}{L}\theta j$
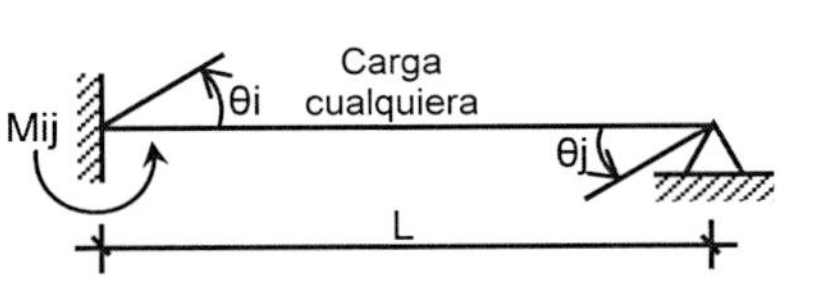 Mij, θi, Carga cualquiera, θj, L	$M_{ij} = M_{ij}^{C} + \frac{3 \cdot E \cdot I}{L}\theta i$ $M_{ji} = 0$
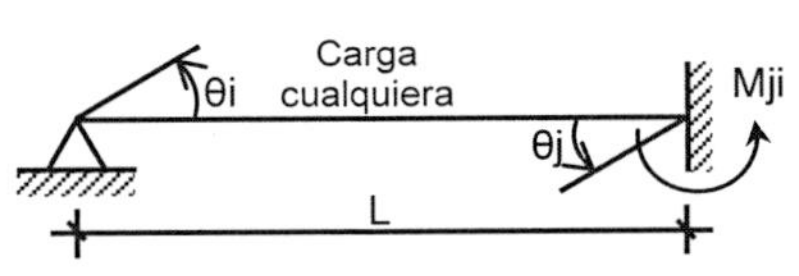 θi, Carga cualquiera, θj, Mji, L	$M_{ij} = 0$ $M_{ji} = M_{ji}^{C} + \frac{3 \cdot E \cdot I}{L}\theta j$
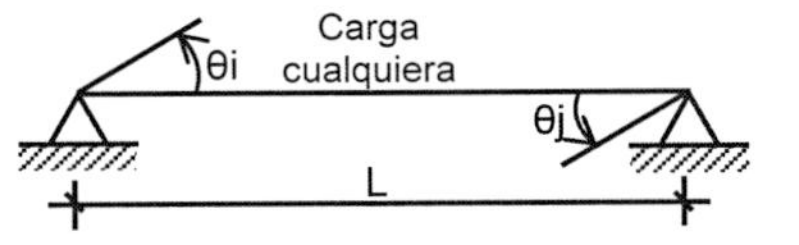 θi, Carga cualquiera, θj, L	$M_{ij} = 0$ $M_{ji} = 0$
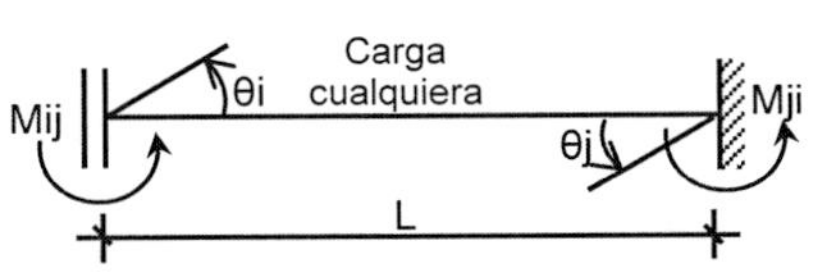 Mij, θi, Carga cualquiera, θj, Mji, L	$M_{ij} = M_{ij}^{C} + \frac{E \cdot I}{L}\theta i - \frac{E \cdot I}{L}\theta j$ $M_{ji} = M_{ji}^{C} - \frac{E \cdot I}{L}\theta i + \frac{E \cdot I}{L}\theta j$
 Mij, θi, Carga cualquiera, θj, Mji, L	$M_{ij} = M_{ij}^{C} + \frac{E \cdot I}{L}\theta i - \frac{E \cdot I}{L}\theta j$ $M_{ji} = M_{ji}^{C} - \frac{E \cdot I}{L}\theta i + \frac{E \cdot I}{L}\theta j$

Mij y Mji = Son momentos producidos debido a una carga cualquiera y a un par de giros dispuestos en los extremos de la barra.

$M^{c}ij$ y $M^{c}ji$ = Son los momentos debido a una carga cualquiera, estos se obtienen de la tabla 5.

L = Longitud de la barra

E = Módulo de elasticidad

I = Inercia

3.6.3. Análisis individual de cada nudo

Para analizar los nudos de la estructura, debemos cargar las reacciones de momento procedentes de las barras que concurren a cada nudo y establecer la condición de equilibrio correspondiente a momento. Por ejemplo, para el nudo 2 tendremos:

② $M23$ $M21$

$$\Sigma M2 = 0 \circlearrowleft \oplus$$

$$M21 + M23 = 0$$

Si reemplazamos en la ecuación anterior las equivalencias de M21 y M23, obtenidas en el paso anterior, obtendremos una ecuación donde la incógnita única es θ2, la cual una vez conocida podrá ser reemplazada en todos los Mij que dependan de ella. De este modo conoceremos todos los momentos en los extremos de cada barra que contenga la estructura. Para nuestro ejemplo, se conocerán los momentos M12, M21, M23 y M42.

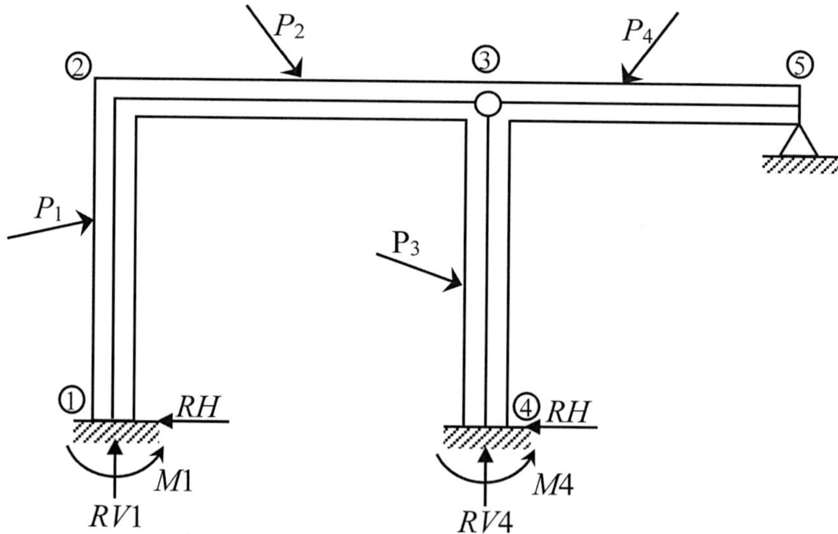

Figura 3.38 Estructura intraslacional.

3.6.4. Cálculo de reacciones

Una vez conocido los momentos en los extremos de cada barra, asumimos el sentido de las reacciones horizontales y verticales para luego aplicar ecuaciones de equilibrio que relacionen a los momentos Mij con las reacciones de los apoyos. Por ejemplo, para calcular la reacción horizontal RH1, cortamos la estructura en el nudo 2, luego tomamos momento en 2 hacia abajo, y obtenemos la reacción RH1. Véase a continuación el desarrollo de estos cálculos.

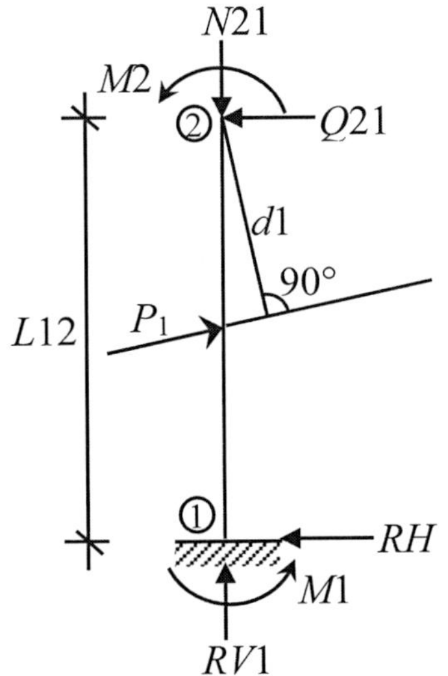

Al cortar el nudo 2 debemos colocar los esfuerzos internos que corresponden a este tipo de nudo, asumiendo el sentido del esfuerzo normal y cortante, no así del momento, pues este ya se conoce.

$$\Sigma M_2 = 0 \circlearrowleft \oplus \ (abajo)$$

$$- RH1 \cdot L12 + M12 + P1 \cdot d1 + M21 = 0$$

$$RH1 = \frac{M12 + P1 \cdot d1 + M21}{L12}$$

Figura 3.39 Estructura seccionada en el nudo 2.

Las demás reacciones se determinan bajo el mismo criterio, efectuando cortes en lugares estratégicos que nos permitan obtener las diferentes reacciones de los apoyos.

Hasta aquí el problema está resuelto, pues una vez conocidas las reacciones es posible determinar sus esfuerzos característicos (N, Q y M).

En este método existe una forma muy práctica de diagramar momento flector; esta consiste en lo siguiente:

Supongamos que para la siguiente estructura hemos aplicado los pasos anteriores 1,2 y 3, de tal manera que hemos obtenido los momentos M12, M21, M23, M32, M34 y M43.

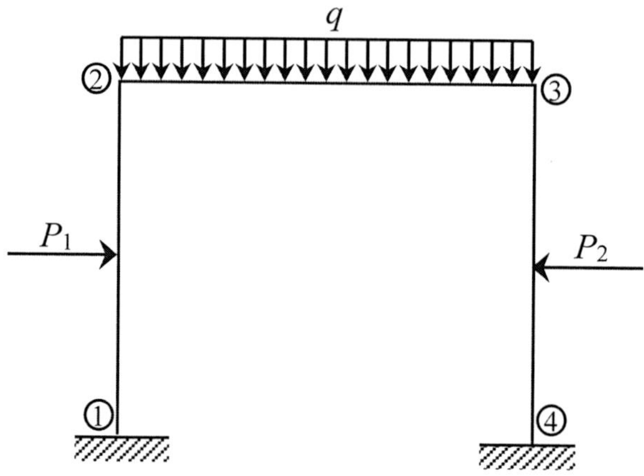

Figura 3.40 Estructura aporticada.

Para diagramar momento a partir de los momentos Mij, debemos de considerar los siguientes pasos:

1.- Dibujar los momentos Mij en sus respectivos extremos de tal manera que giren en torno al nudo que corresponden y corten a su respectiva barra.

Suponiendo que los momentos Mij tienen los siguientes signos, tendríamos:

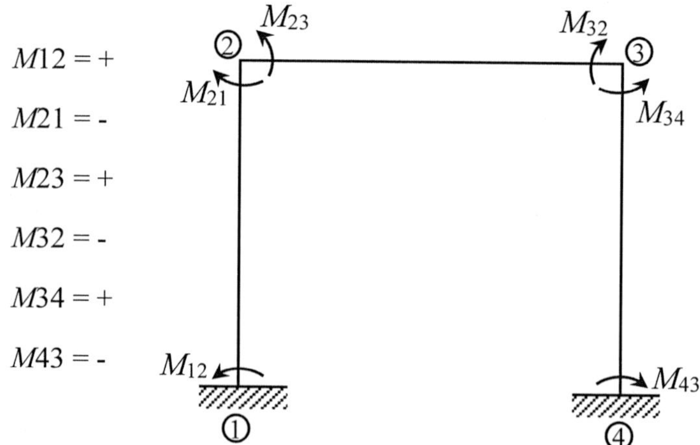

Figura 3.41 Estructura con momentos en ambos extremos de cada barra.

2.- Graficar el valor de Mij en los extremos de cada barra al lado donde se encuentra la flecha del momento Mij y luego unir con una recta segmentada dichos valores.

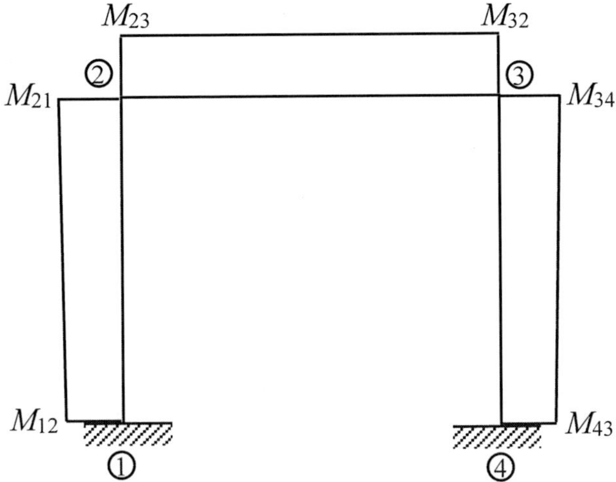

Figura 3.42 Representación gráfica de los momentos en cada extremo.

3.- Según el tipo de carga que tenga cada barra se deberá ajustar su diagrama de momento. Véase la siguiente figura.

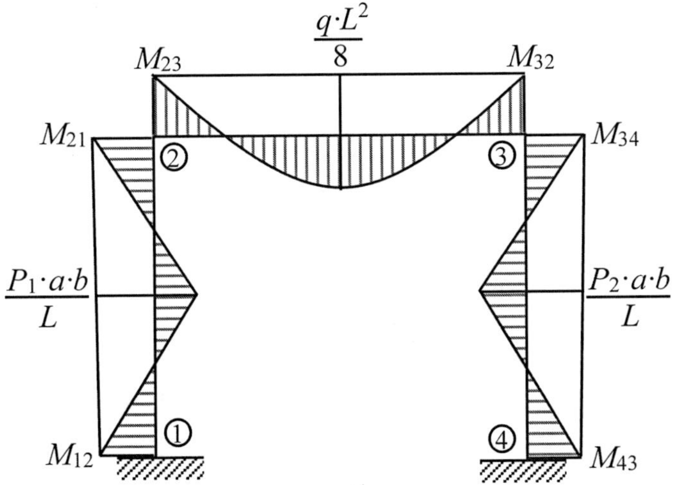

Figura 3.43 Diagrama de momento.

Estos valores de ajuste se pueden obtener de la tabla 7.

TABLA 7. MOMENTOS DE TRAMOS

TIPO DE CARGA	DIAGRAMA DE MOMENTO	FÓRMULA
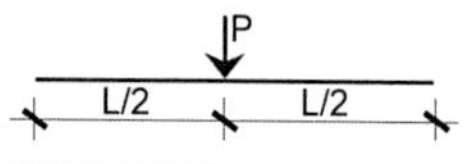 P; L/2, L/2	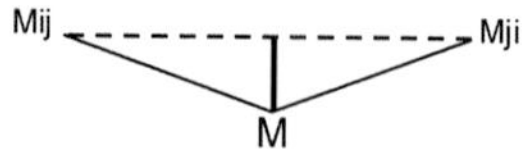 Mij, Mji; M	$M = \frac{P \cdot L}{4}$
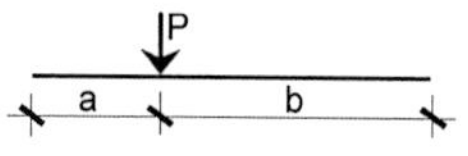 P; a, b	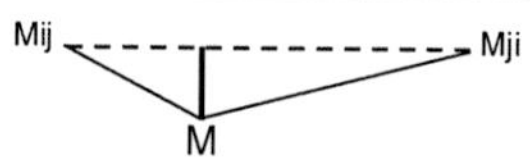 Mij, Mji; M	$M = \frac{P \cdot a \cdot b}{L}$
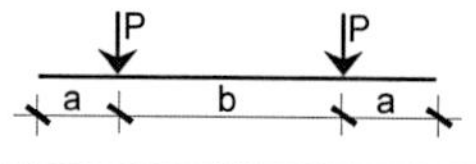 P, P; a, b, a	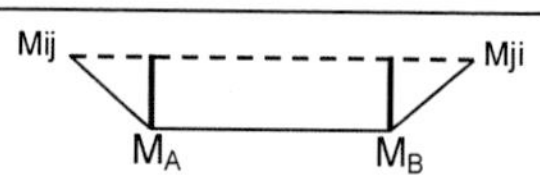 Mij, Mji; M_A, M_B	$M_A = M_B = P \cdot a$
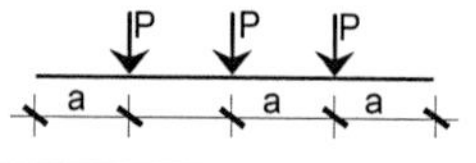 P, P, P; a, a, a	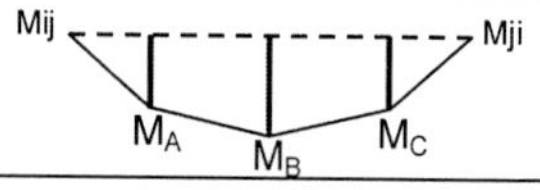 Mij, Mji; M_A, M_B, M_C	$M_A = M_C = \frac{3}{2} P \cdot a$ $M_B = 2 \cdot P \cdot a$
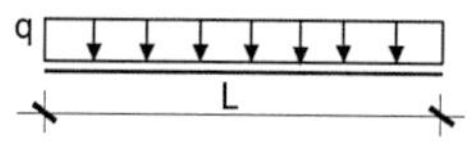 q; L	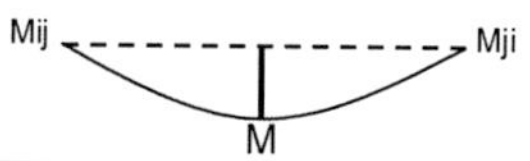 Mij, Mji; M	$M = \frac{q \cdot L^2}{8}$
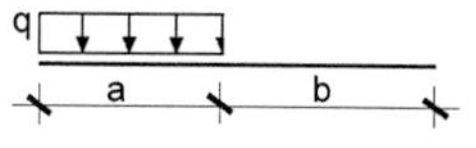 q; a, b	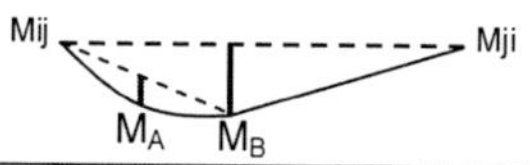 Mij, Mji; M_A, M_B	$M_A = \frac{q \cdot a^2}{8}$ $M_B = \frac{q \cdot a^2 \cdot b}{2 \cdot L}$
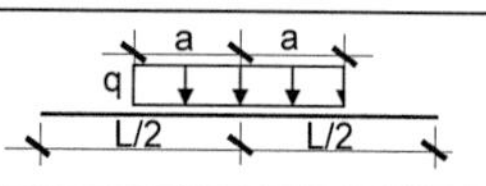 a, a; q; L/2, L/2	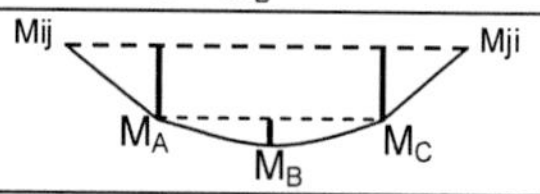 Mij, Mji; M_A, M_B, M_C	$M_A = M_C = q \cdot a \cdot \left(\frac{L}{2} - a\right)$ $M_B = \frac{q \cdot a^2}{2}$
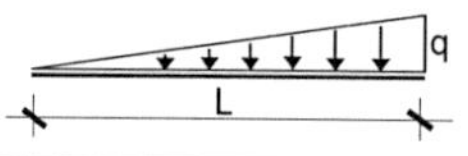 q; L	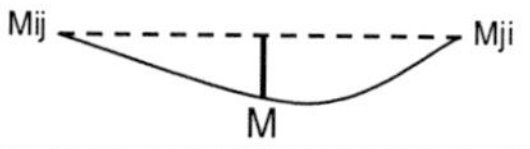 Mij, Mji; M	$M = \frac{q \cdot L^2}{16}$
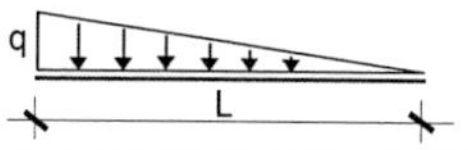 q; L	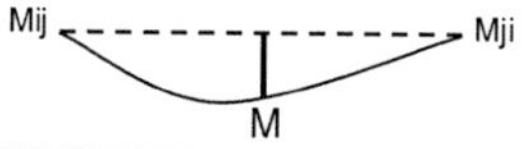 Mij, Mji; M	$M = \frac{q \cdot L^2}{16}$
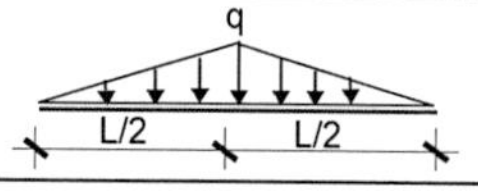 q; L/2, L/2	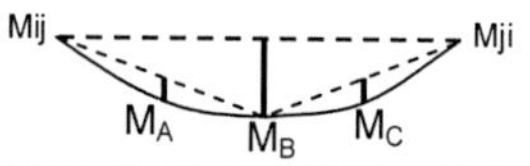 Mij, Mji; M_A, M_B, M_C	$M_A = M_C = \frac{q \cdot L^2}{64}$ $M_B = \frac{q \cdot L^2}{12}$
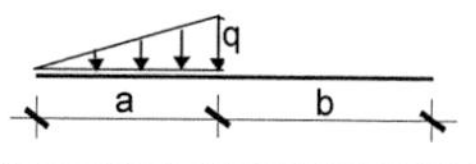 q; a, b	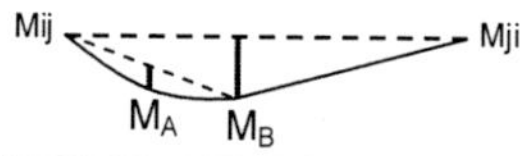 Mij, Mji; M_A, M_B	$M_A = \frac{q \cdot a^2}{16}$ $M_B = \frac{q \cdot a^2 \cdot b}{3 \cdot L}$
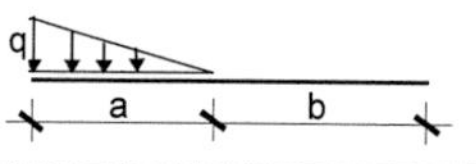 q; a, b	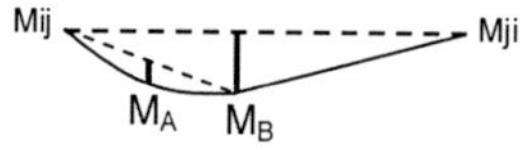 Mij, Mji; M_A, M_B	$M_A = \frac{q \cdot a^2}{16}$ $M_B = \frac{q \cdot a^2 \cdot b}{6 \cdot L}$
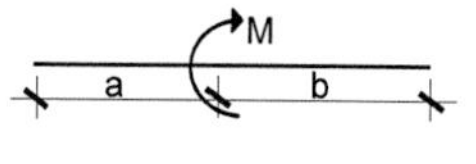 M; a, b	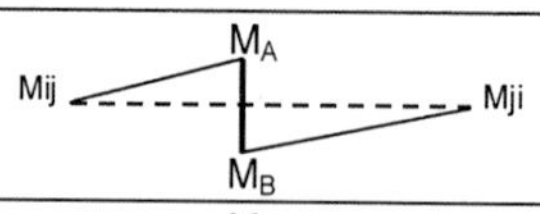 M_A; Mij, Mji; M_B	$M_A = \frac{M \cdot a}{L}$ $M_B = \frac{M \cdot b}{L}$
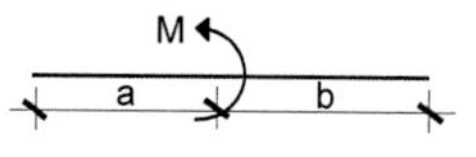 M; a, b	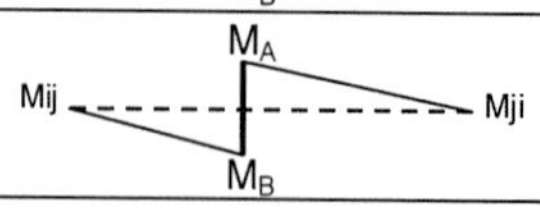 M_A; Mij, Mji; M_B	$M_A = \frac{M \cdot b}{L}$ $M_B = \frac{M \cdot a}{L}$

EJERCICIO 66

Utilizando el método de las deformaciones. resolver la siguiente viga diagramando momento.

Datos

E = $2\cdot10^6$ t/m^2

b/h = 20/30

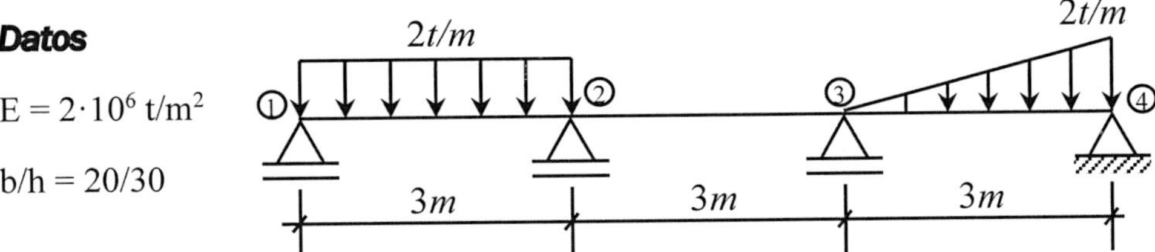

Figura 3.44 Viga intraslacional.

1.- Número de Incógnitas

$$Nd = d_1 + d_e$$
$$Nd = 2 + 0$$
$$Nd = 2 \quad \text{incógnitas } \theta_2 \text{ y } \theta_3 \text{ (estructura indesplazable)}$$

2.- Análisis de barra

a) Barra 1-2 (articulado-empotrado)

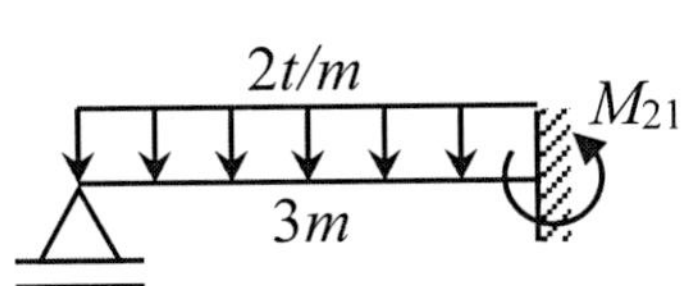

$$M_{21}^{c} = \frac{-q\cdot L^2}{8} = \frac{-2\cdot3^2}{8} = -2{,}25tm$$

$$M_{21} = M_{21}^{C} + \frac{3EI}{L}\theta_2$$

$$M_{21} = -2{,}25 + \frac{3EI}{3}\theta_2$$

$$M_{21} = -2{,}25 + EI\theta_2$$

b) Barra 2-3 (empotrado empotrado)

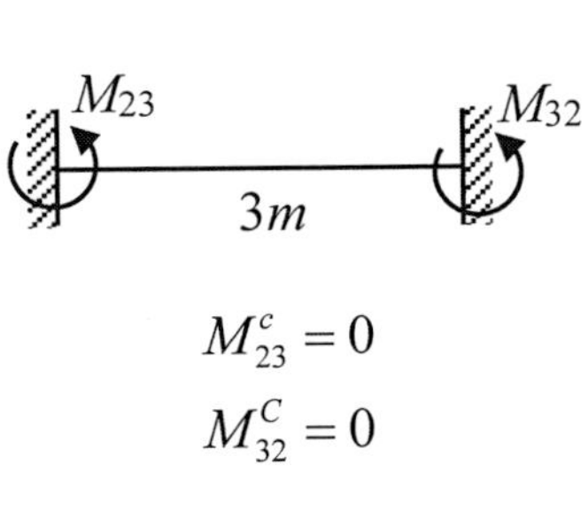

$$M_{23}^{c} = 0$$
$$M_{32}^{C} = 0$$

$$M_{23} = M_{23}^{C} + \frac{4EI}{L}\theta_2 + \frac{2EI}{L}\theta_3$$

$$M_{23} = 0 + \frac{4EI}{3}\theta_2 + \frac{2EI}{3}\theta_3$$

$$M_{23} = 1{,}333EI\theta_2 + 0{,}667EI\theta_3$$

$$M_{32} = M_{32}^{C} + \frac{2EI}{L}\theta_2 + \frac{4EI}{L}\theta_3$$

$$M_{32} = 0 + \frac{2EI}{3}\theta_2 + \frac{4EI}{3}\theta_3$$

$$M_{32} = 0{,}667EI\theta_2 + 1{,}333EI\theta_3$$

c) Barra 3-4 (empotrado-articulado)

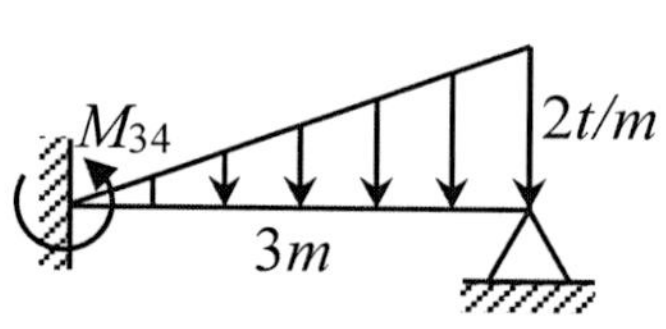

$$M_{34}^{c}=\frac{7qL^2}{120}=\frac{7\cdot 2\cdot 3^2}{120}=1{,}05tm$$

$$M_{34}=M_{34}^{C}+\frac{3EI}{L}\theta_3$$

$$M_{34}=1{,}05+\frac{3EI}{3}\theta_3$$

$$M_{34}=1{,}05+EI\theta_3$$

3.- Análisis de nudos

a) Nudo 2

$$\sum M_2=0 \circlearrowright \oplus$$

$$M_{21}+M_{23}=0$$

$$M_{21}=-2{,}25+EI\theta_2$$

$$M_{23}=\quad 1{,}333EI\theta_2+0{,}667EI\theta_3 \; ①$$

$$0=-2{,}25+2{,}333EI\theta_2+0{,}667EI\theta_3$$

b) Nudo 3

$$\sum M_3=0 \circlearrowright \oplus$$

$$M_{32}+M_{34}=0$$

$$M_{32}=\quad 0{,}667EI\theta_2+1{,}333EI\theta_3$$

$$M_{32}=1{,}05 \quad EI\theta_3$$

$$0=1{,}05+0{,}667EI\theta_2+2{,}333EI\theta_3 \; ②$$

Resolviendo ① y ② obtenemos:

$$EI\theta_2=1{,}19$$

$$EI\theta_3=-0{,}79$$

4.- Momentos finales

$$M21=-2{,}25+1{,}19=-1{,}06tm$$

$$M23=1{,}333(1{,}19)+0{,}667(-0{,}79)=1{,}06tm$$

$$M21=0{,}667(1{,}19)+1{,}333(-0{,}79)=0{,}26tm$$

$$M34=1{,}05+(-0{,}79)=0{,}26tm$$

5.- Diagramas de momento

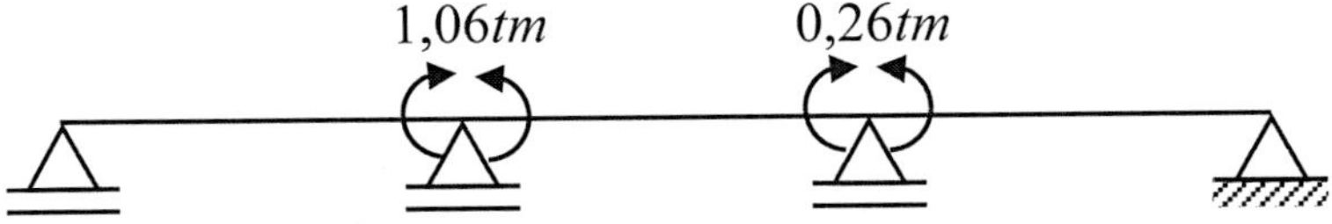

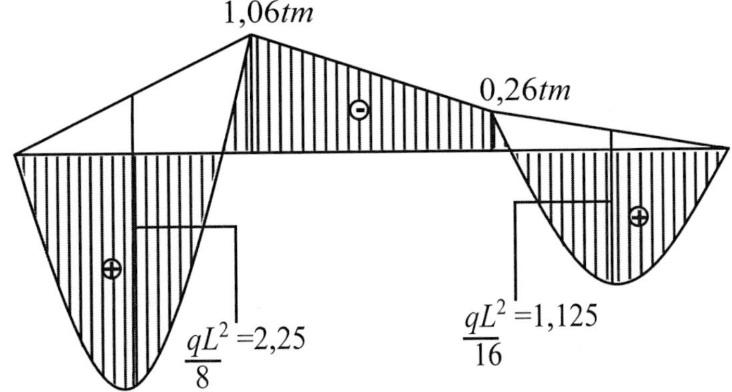

EJERCICIO 67

Calcular reacciones y diagramar esfuerzos.

Datos

E = 2·10⁶ t/m²

b = 15 cm

h = 30 cm

Figura 3.45 Viga intraslacional.

1.- Grado hiperestático

$$G_I = Di + De$$

$$G_I = 1 + 0$$

$$G_I = 1°$$

Esta viga es intraslacional, por lo tanto, la única incógnita es el giro en el nudo 2.

$$\text{Incógnita} = \theta_2$$

2.- Análisis de barras

a) Barra 1-2 (articulado-empotrado)

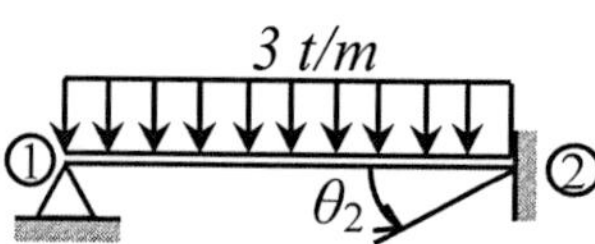

De la tabla 6 obtenemos la fórmula:

$$M_{21} = M_{21}^C + \frac{3 \cdot EI}{L}\theta_2$$

De la tabla 5, obtenemos M_{21}^C

$$M_{21}^C = \frac{-q \cdot l^2}{8} = \frac{-3 \cdot 3^2}{8} = -3{,}375\,tm$$

Reemplazando M_{21}^C y L en M_{21}

$$M_{21} = -3{,}375 + \frac{3 \cdot EI}{3}\theta_2$$

$$M_{21} = -3{,}375 + EI\theta_2$$

b) Barra 2-3 (empotrado-articulado)

De la tabla 6 obtenemos la fórmula:

$$M_{23} = M_{23}^{C} + \frac{3 \cdot EI}{L}\theta_2$$

De la tabla 5 obtenemos M_{23}^{C}:

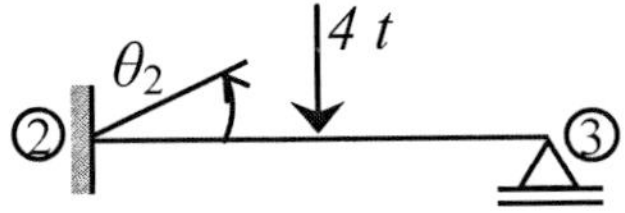

$$M_{23}^{C} = \frac{3 \cdot P \cdot L}{16} = \frac{3 \cdot 4 \cdot 3}{16} = 2{,}25tm$$

Reemplazando M_{23}^{C} y L en M_{23}:

$$M_{23} = 2{,}25 + \frac{3 \cdot EI}{3}\theta_2$$

$$M_{23} = 2{,}25 + EI\theta_2$$

3.- Análisis de nudos

Nudo 2

$\Sigma M_2 = 0$ ↻ ⊕

$$M_{21} + M_{23} = 0$$

$$M_{21} = -3{,}375 + EI\theta_2$$

$$\frac{M_{23} = 2{,}25 + EI\theta_2}{0 = -1{,}125 + 2 \cdot EI\theta_2}$$

$$EI\theta_2 = 0{,}5625$$

4.- Momentos finales

$$M_{21} = -3{,}375 + EI\theta_2$$

$$M_{21} = -3{,}375 + 0{,}5625$$

$$M_{21} = -2{,}8125\ tm$$

$$M_{23} = 2{,}25 + EI\theta_2$$

$$M_{23} = 2{,}25 + 0{,}5625$$

$$M_{23} = 2{,}8125\,tm$$

5.- Reacciones finales

Corte en 2 hacia la derecha.

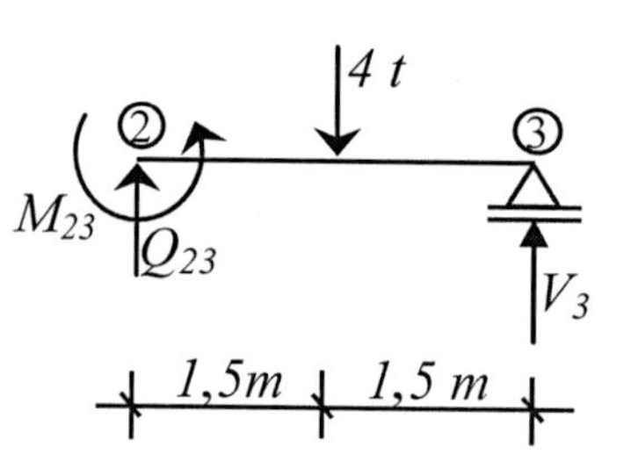

$$\Sigma M_2 = 0 \circlearrowleft \oplus$$

$$M_{23} - 4 \cdot 1{,}5 + V_3 \cdot 3 = 0$$

$$V_3 = \frac{-M_{23} + 4 \cdot 1{,}5}{3}$$

$$V_3 = \frac{-2{,}8125 + 4 \cdot 1{,}5}{3}$$

$$V_3 = 1{,}0625\,t$$

Luego aplicamos las ecuaciones de equilibrio en toda la estructura.

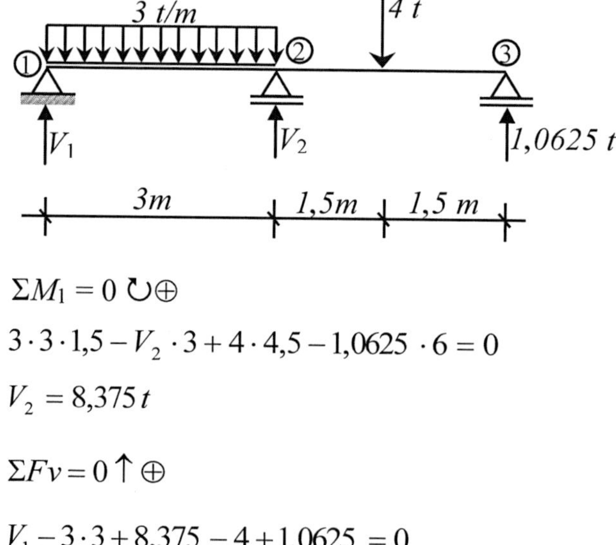

$$\Sigma M_1 = 0 \circlearrowright \oplus$$

$$3 \cdot 3 \cdot 1{,}5 - V_2 \cdot 3 + 4 \cdot 4{,}5 - 1{,}0625 \cdot 6 = 0$$

$$V_2 = 8{,}375\,t$$

$$\Sigma Fv = 0 \uparrow \oplus$$

$$V_1 - 3 \cdot 3 + 8{,}375 - 4 + 1{,}0625 = 0$$

$$V_1 = 3{,}5625\,t$$

6.- Diagramas de esfuerzos internos

a) Diagrama de momento

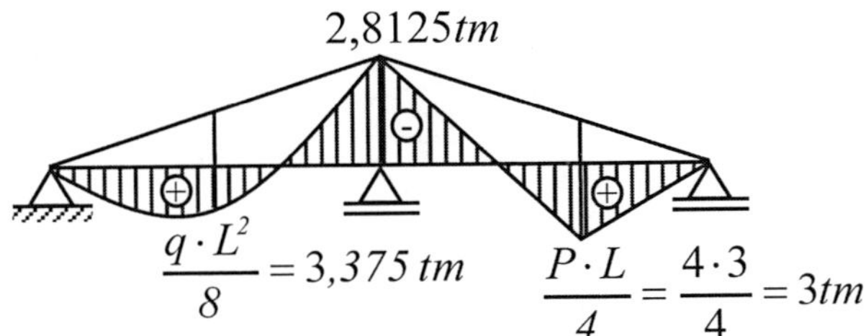

b) Diagrama de corte

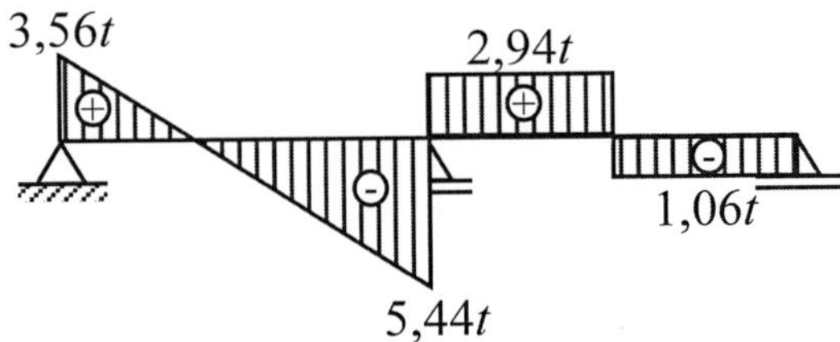

EJERCICIO 68

Calcular reacciones y diagramar esfuerzos.

Datos

$E = 2 \cdot 10^6 \ t/m^2$

$b = 15 \ cm$

$h = 30 \ cm$

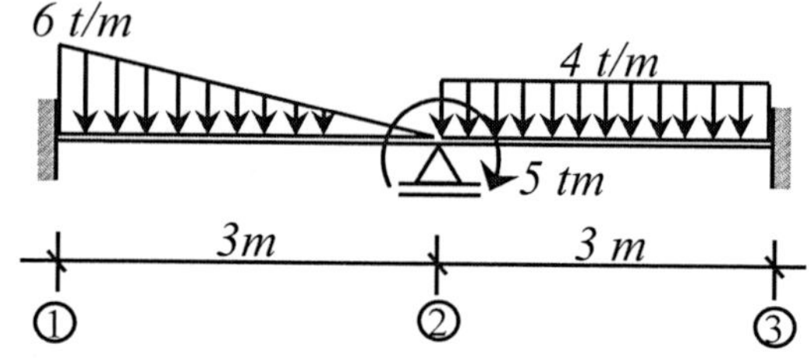

Figura 3.46 Viga intraslacional.

1.- Grado de indeterminación

$$G_I = Di + De$$

$$G_I = 1 + 0$$

$$G_I = 1°$$

Este valor representa el giro del nudo 2.

$$\text{Incógnita} = \theta_2$$

2.- Análisis de barras

a) Barra 1-2 (empotrado-empotrado)

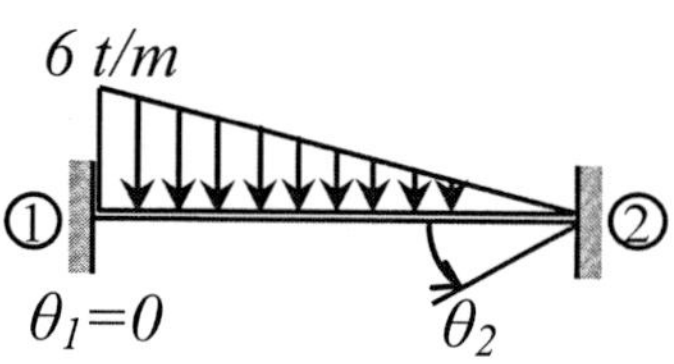

De la tabla 6 obtenemos:

$$M_{12} = M_{12}^C + \frac{4 \cdot EI}{L} \cdot \theta_1 + \frac{2 \cdot EI}{L} \cdot \theta_2$$

$$M_{21} = M_{21}^C + \frac{2 \cdot EI}{L} \cdot \theta_1 + \frac{4 \cdot EI}{L} \cdot \theta_2$$

Pero como $\theta_1 = 0$, entonces:

$$M_{12} = M_{12}^C + \frac{2 \cdot EI}{L} \cdot \theta_2$$

$$M_{21} = M_{21}^C + \frac{4 \cdot EI}{L} \cdot \theta_2$$

De la tabla 5 obtenemos los valores M_{12}^{C} y M_{21}^{C}:

$$M_{12}^{C}=\frac{q\cdot l^{2}}{20}=\frac{6\cdot 3^{2}}{20}=2{,}7tm$$

$$M_{21}^{C}=\frac{-q\cdot l^{2}}{30}=\frac{-6\cdot 3^{2}}{30}=-1{,}8tm$$

Reemplazando $M_{12}{}^{C}$, $M_{21}{}^{C}$ y L en M_{12} y M_{21}:

$$M_{12}=2{,}7+\frac{2\cdot EI}{3}\cdot\theta_2$$

$$M_{12}=2{,}7+0{,}667\cdot EI\theta_2$$

$$M_{21}=-1{,}8+\frac{4\cdot EI}{3}\cdot\theta_2$$

$$M_{21}=-1{,}8+1{,}333\cdot EI\cdot\theta_2$$

b) Barra 2-3 (empotrado-empotrado)

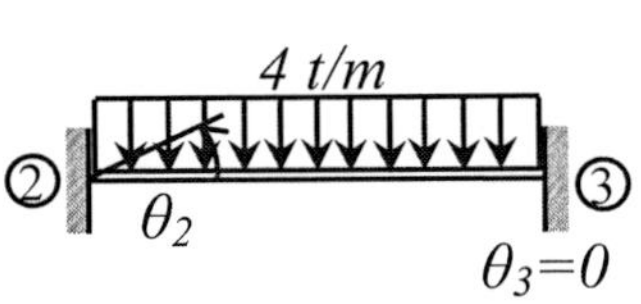

De la tabla 6 obtenemos:

$$M_{23}=M_{23}^{C}+\frac{4\cdot EI}{L}\cdot\theta_2+\frac{2\cdot EI}{L}\cdot\theta_3$$

$$M_{32}=M_{32}^{C}+\frac{2\cdot EI}{L}\cdot\theta_2+\frac{4EI}{L}\cdot\theta_3$$

Pero sabiendo que $\theta_3=0$, tenemos:

$$M_{23}=M_{23}^{C}+\frac{4\cdot EI}{L}\cdot\theta_2$$

$$M_{32}=M_{32}^{C}+\frac{2\cdot EI}{L}\cdot\theta_2$$

De la tabla 5 obtenemos M_{23}^{C} y M_{32}^{C}:

$$M_{23}^{C} = \frac{q \cdot l^2}{12} = \frac{4 \cdot 3^2}{12} = 3tm$$

$$M_{32}^{C} = \frac{-q \cdot l^2}{12} = \frac{-4 \cdot 3^2}{12} = -3tm$$

Reemplazando M_{23}^{C} y M_{32}^{C} y L en M_{23} y M_{32}:

$$M_{23} = 3 + \frac{4 \cdot EI}{3} \cdot \theta_2$$

$$M_{23} = 3 + 1{,}33\, EI\theta_2$$

$$M_{32} = -3 + \frac{2 \cdot EI}{3} \cdot \theta_2$$

$$M_{32} = -3 + 0{,}667\, EI\theta_2$$

3.- Análisis de nudos

Nudo 2

$\Sigma M_2 = 0$ ↻⊕

$$M_{21} + M_{23} + 5 = 0$$

$$\begin{array}{rcll} M_{21} & = & -1{,}8 & +1{,}333 \cdot EI\theta_2 \\ M_{23} & = & 3 & +1{,}333 \cdot EI\theta_2 \\ 5 & = & 5 & \\ \hline 0 & = & 6{,}2 & +2{,}667 \cdot EI\theta_2 \end{array}$$

$$EI\theta_2 = -2{,}3247$$

4.- Momentos finales

$$M_{12} = 2{,}7 + 0{,}667\, EI\theta_2$$

$$M_{12} = 2{,}7 + 0{,}667 \cdot (-2{,}3247)$$

$$M_{12} = 1{,}149\,tm$$

$$M_{23} = 3 + 1{,}333 \cdot EI\theta_2$$

$$M_{21} = -1{,}8 + 1{,}333\,EI\theta_2$$

$$M_{23} = 3 + 1{,}333 \cdot (-2{,}3247\,)$$

$$M_{21} = -1{,}8 + 1{,}333 \cdot (-2{,}3247\,)$$

$$M_{23} = -0{,}099\,tm$$

$$M_{21} = -4{,}899\,tm$$

$$M_{32} = -3 + 0{,}667\,EI\theta_2$$

$$M_{32} = -3 + 0{,}667 \cdot (-2{,}3247\,)$$

$$M_{32} = -4{,}55\,tm$$

5.- Reacciones finales

Corte en 2

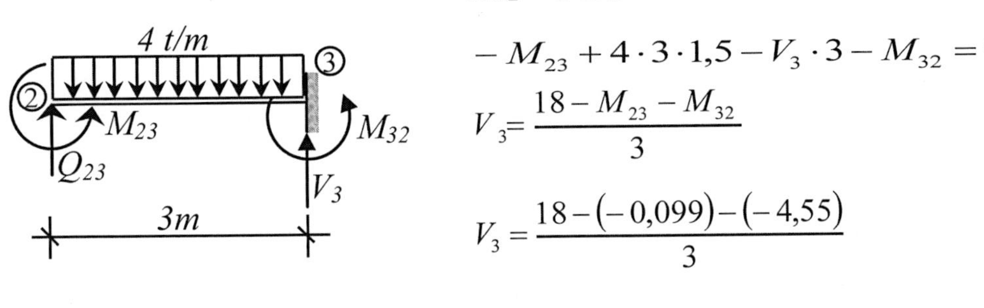

$\Sigma M_2 = 0$ ↻⊕

$$-M_{23} + 4 \cdot 3 \cdot 1{,}5 - V_3 \cdot 3 - M_{32} = 0$$

$$V_3 = \frac{18 - M_{23} - M_{32}}{3}$$

$$V_3 = \frac{18 - (-0{,}099) - (-4{,}55)}{3}$$

$$V_3 = 7{,}55\,t$$

Luego aplicamos las ecuaciones de equilibrio en toda la estructura:

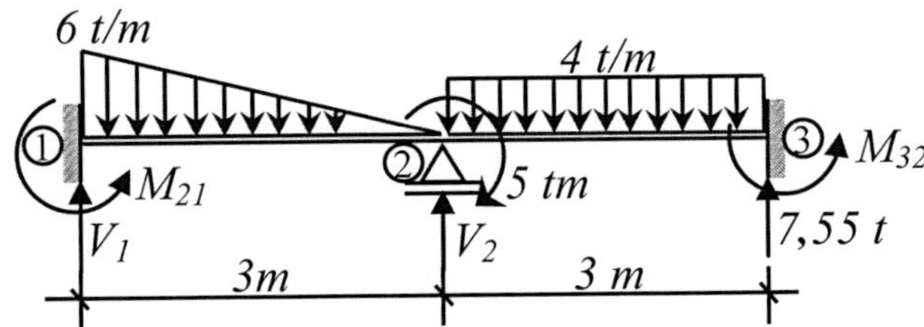

$\Sigma M_1 = 0 \circlearrowleft \oplus$

$$-M_{12} + \frac{6 \cdot 3 \cdot 1}{2} + 5 - V_2 \cdot 3 + 4 \cdot 3 \cdot 4{,}5 - 7{,}55 \cdot 6 - M_{32} = 0$$

$$V_2 = \frac{-M_{12} - M_{32} + 22{,}7}{3} = \frac{-1{,}149 - (-4{,}55) + 22{,}7}{3} = 8{,}7t$$

$\Sigma F_V = 0 \uparrow \oplus$

$$V_1 - \frac{6 \cdot 3}{2} + 8{,}7 - 4 \cdot 3 + 7{,}55 = 0$$

$$V_1 = 4{,}75t$$

6.- Diagramas de esfuerzos Internos

a) Momento flector

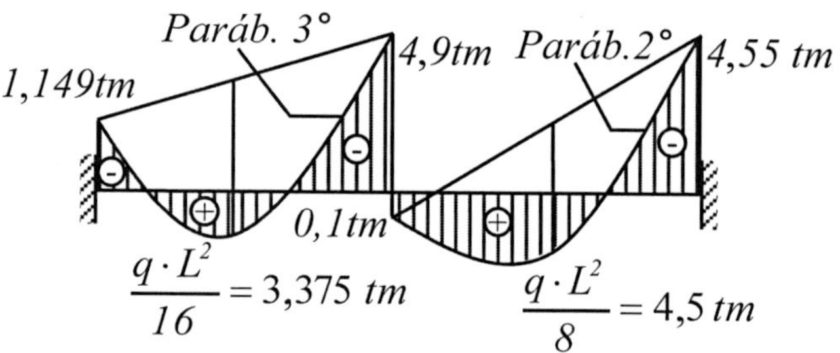

b) Cortante

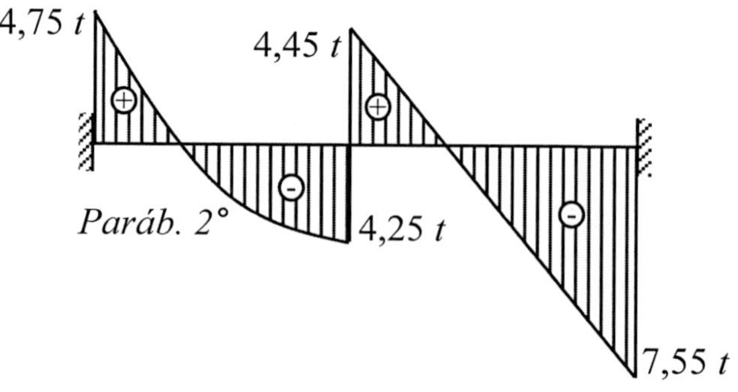

EJERCICIO 69

Por el método de las deformaciones, resolver la siguiente estructura diagramando momento flector:

Datos

$E = 2 \cdot 10^6$ t/m²

b/h = 20/30

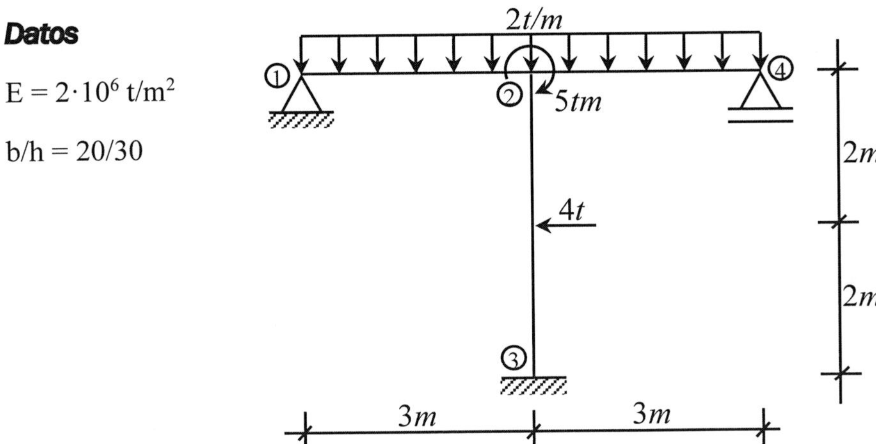

Figura 3.47 Portico intraslacional.

1.- Número de Incógnitas

$$Nd = d_1 + d_e$$
$$Nd = 1 + 0$$
$$Nd = 1 \quad \text{Incógnita: Giro } \theta_2$$

2.- Análisis de barras

a) Barra 1-2 (articulado-empotrado)

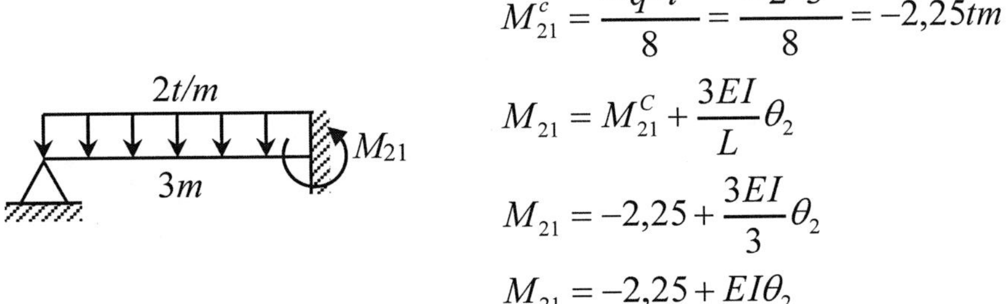

$$M_{21}^{c} = \frac{-q \cdot l^2}{8} = \frac{-2 \cdot 3^2}{8} = -2{,}25tm$$

$$M_{21} = M_{21}^{C} + \frac{3EI}{L}\theta_2$$

$$M_{21} = -2{,}25 + \frac{3EI}{3}\theta_2$$

$$M_{21} = -2{,}25 + EI\theta_2$$

b) Barra 2-3 (empotrado-empotrado)

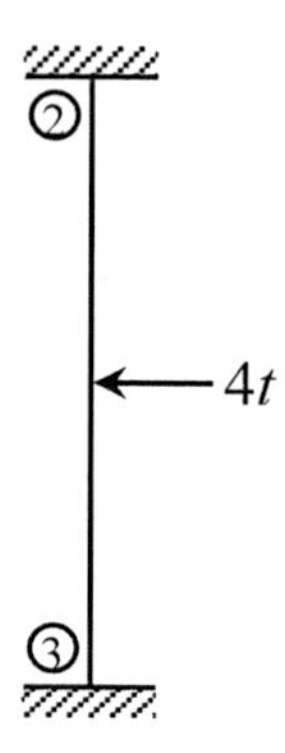

$$M_{23}^{C} = \frac{PL}{8} = \frac{4\cdot 4}{8} = 2tm$$

$$M_{32}^{c} = \frac{-PL}{8} = \frac{-4\cdot 4}{8} = -2tm$$

$$M_{23} = M_{23}^{C} + \frac{4EI}{L}\theta_2 + \frac{2EI}{L}\theta_3^{\,0}$$

$$M_{23} = 2 + \frac{4EI}{4}\theta_2$$

$$M_{23} = 2 + EI\theta_2$$

$$M_{32} = M_{32}^{C} + \frac{2EI}{L}\theta_2 + \frac{4EI}{L}EI\theta_3^{\,0}$$

$$M_{32} = -2 + \frac{2EI}{4}\theta_2$$

$$M_{32} = -2 + 0{,}5EI\theta_2$$

c) Barra 2-4 (empotrado-articulado)

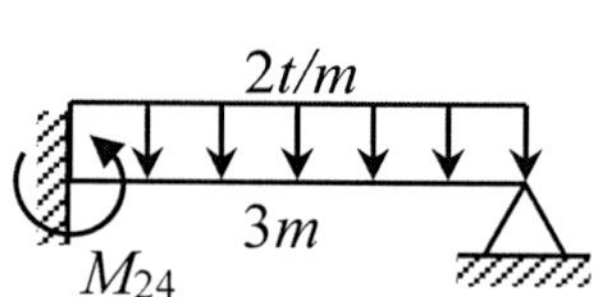

$$M_{24}^{c} = \frac{q\cdot l^2}{8} = \frac{2\cdot 3^2}{8} = 2{,}25tm$$

$$M_{24} = M_{24}^{C} + \frac{3EI}{L}\theta_2$$

$$M_{24} = 2{,}25 + \frac{3EI}{3}\theta_2$$

$$M_{24} = 2{,}25 + EI\theta_2$$

3.- Análisis de nudos

a) Nudo 2

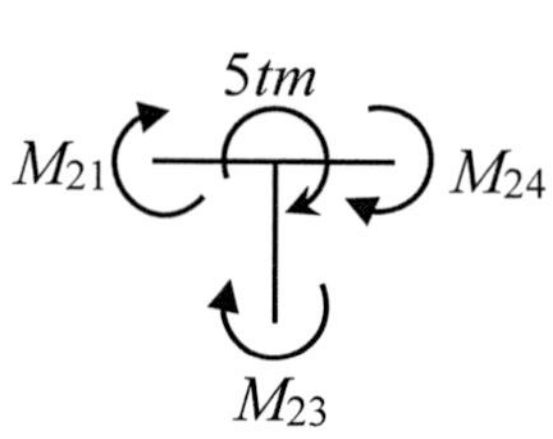

$$\sum M_2 = 0 \;\circlearrowleft\; \oplus$$

$$M_{21} + M_{23} + M_{24} + 5 = 0$$

$$M_{21} = -2{,}25 + EI\theta_2$$

$$M_{23} = 2 + EI\theta_2$$

$$M_{24} = 2{,}25 + EI\theta_2$$

$$5 = 5$$

$$\overline{0 = 7 + 3EI\theta_2}$$

$$EI\theta_2 = -2{,}333$$

4.- Momentos finales

$$M21 = -2{,}25 + (-2{,}333) = -4{,}583tm$$
$$M23 = 2 + (-2{,}333) = -0{,}333tm$$
$$M32 = -2 + 0{,}5(-2{,}333) = -3{,}1665tm$$
$$M24 = 2{,}25 + (-2{,}333) = -0{,}083tm$$

5.- Diagrama de momento

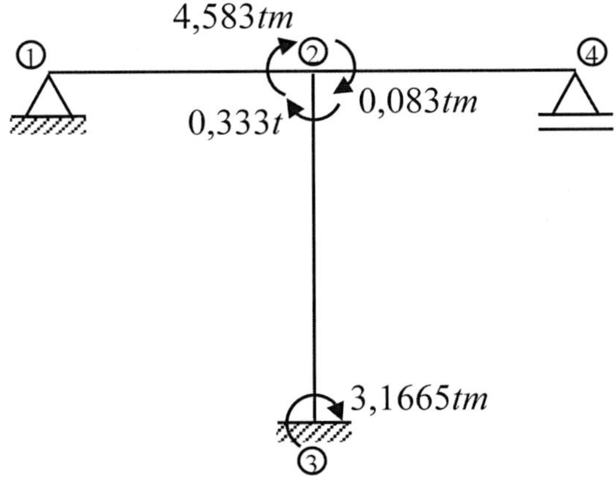

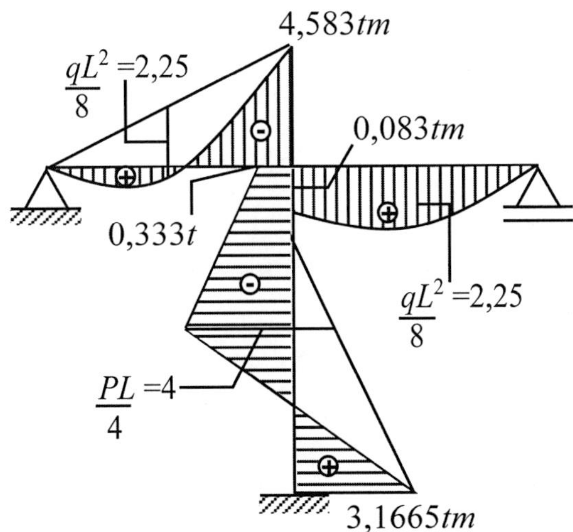

EJERCICIO 70

Calcular reacciones y diagramar esfuerzos.

Datos

$E = 2 \cdot 10^6$ t/m^2

b = 15 cm

h = 30 cm

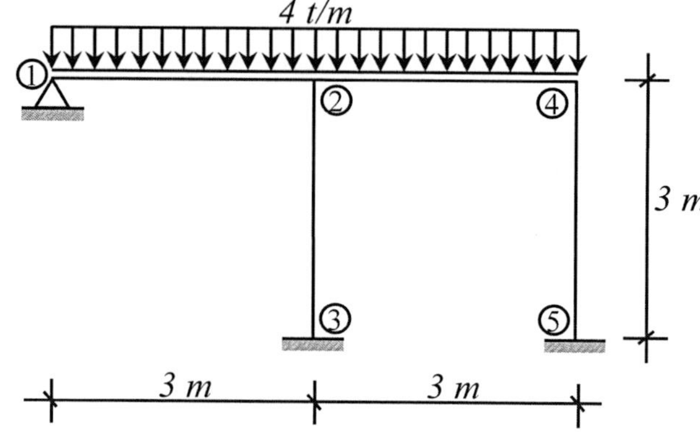

Figura 3.48 Pórtico intraslacional.

1.- Grado de Indeterminación

$$G_I = D_i + D_e$$

$$G_I = 2 + 0$$

$$G_I = 2° \quad \text{Incógnitas } \theta_2 \text{ y } \theta_4$$

2.- Análisis de barras

a) Barra 1-2 (articulado-empotrado)

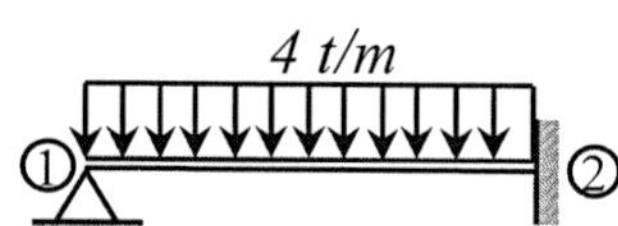

De la tabla 6 obtenemos:

$$M_{21} = M_{21}^C + \frac{3 \cdot EI}{L}\theta_2$$

De la tabla 5 obtenemos:

$$M_{21}^C = -\frac{q \cdot l^2}{8} = -\frac{4 \cdot 3^2}{8} = -4{,}5tm$$

Reemplazamos M_{21}^C, L en M_{21}:

$$M_{21} = -4{,}5 + \frac{3 \cdot EI}{3}\theta_2$$

$$M_{21} = -4{,}5 + EI \cdot \theta_2$$

b) Barra 2-4 (empotrado-empotrado)

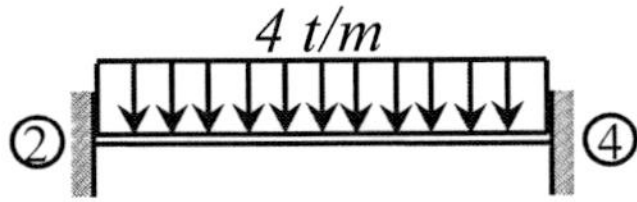

De la tabla 6 obtenemos la fórmula:

$$M_{24} = M_{24}^{C} + \frac{4 \cdot EI}{L}\theta_2 + \frac{2 \cdot EI}{L}\theta_4$$

$$M_{42} = M_{42}^{C} + \frac{2 \cdot EI}{L}\theta_2 + \frac{4 \cdot EI}{L}\theta_4$$

De la tabla 5 obtenemos el valor de M_{24}^{C} y M_{42}^{C}

$$M_{24}^{C} = \frac{q \cdot l^2}{12} = \frac{4 \cdot 3^2}{12} = 3tm$$

$$M_{42}^{C} = -\frac{q \cdot l^2}{12} = -\frac{4 \cdot 3^2}{12} = -3tm$$

Reemplazamos M_{24}^{C}, M_{42}^{C} y L en M_{24} y M_{42}:

$$M_{24} = 3 + \frac{4 \cdot EI}{3}\theta_2 + \frac{2 \cdot EI}{3}\theta_4$$

$$M_{24} = 3 + 1{,}333 \cdot EI\theta_2 + 0{,}667 \cdot EI\theta_4$$

$$M_{42} = -3 + 0{,}667 \cdot EI\theta_2 + 1{,}333 \cdot EI\theta_4$$

c) Barra 2-3 (empotrado-empotrado)

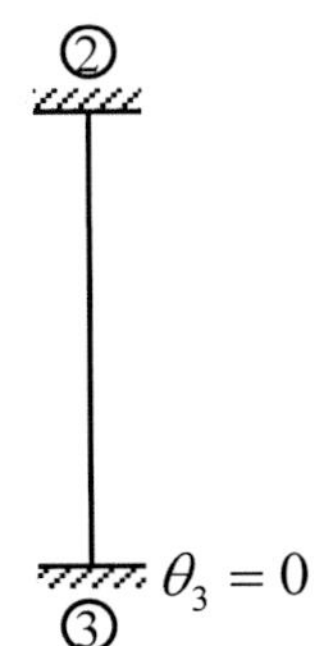

De la tabla 6 obtenemos las fórmulas:

$$M_{23} = M_{23}^{C} + \frac{4 \cdot EI}{L}\theta_2 + \frac{2 \cdot EI}{L}\theta_3$$

$$M_{32} = M_{32}^{C} + \frac{2 \cdot EI}{L}\theta_2 + \frac{4 \cdot EI}{L}\theta_3$$

Sabiendo que no existe carga y que $\theta_3 = 0$, tenemos:

$$M_{23} = \frac{4 \cdot EI}{L}\theta_2$$

$$M_{32} = \frac{2 \cdot EI}{L}\theta_2$$

Reemplazamos *L* en M_{23} y M_{32}:

$$M_{23} = \frac{4}{3} \cdot EI\theta_2 = 1{,}333 \cdot EI\theta_2$$

$$M_{32} = \frac{2 \cdot EI}{3}\theta_2 = 0{,}667 \cdot EI\theta_2$$

d) Barra 4-5 (empotrado-empotrado)

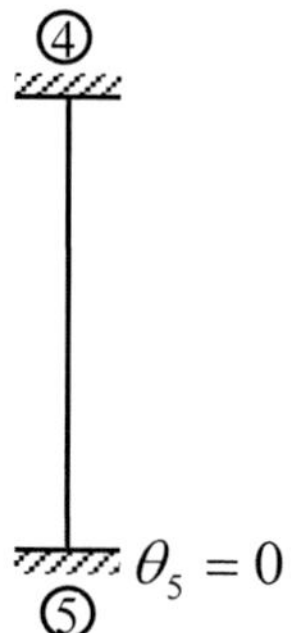

De la tabla 6 obtenemos las fórmulas:

$$M_{45} = M_{45}^C + \frac{4 \cdot EI}{L}\theta_4 + \frac{2 \cdot EI}{L}\theta_5$$

$$M_{54} = M_{54}^C + \frac{2 \cdot EI}{L}\theta_4 + \frac{4 \cdot EI}{L}\theta_5$$

Sabiendo que no existe carga y que $\theta_5 = 0$, tenemos:

$$M_{45} = \frac{4 \cdot EI}{L}\theta_4$$

$$M_{54} = \frac{2 \cdot EI}{L}\theta_4$$

Reemplazamos *L* en M_{45} y M_{54}:

$$M_{45} = \frac{4 \cdot EI}{3}\theta_4 = 1{,}333 \cdot EI\theta_4$$

$$M_{54} = \frac{2 \cdot EI}{3}\theta_4 = 0{,}667 \cdot EI\theta_4$$

3.- Análisis de nudos

a) Nudo 2

$\Sigma M_2 = 0$ ↻⊕

$M_{21} + M_{23} + M_{24} = 0$

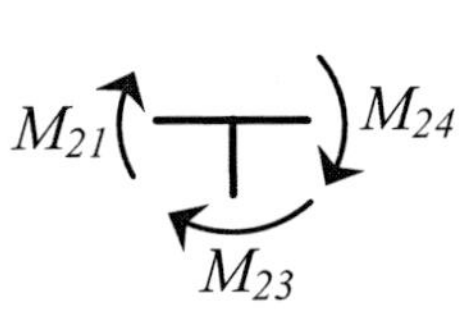

$$
\begin{array}{rcccc}
M_{21} = & -4{,}5 & +EI\theta_2 & & \\
M_{23} = & & 1{,}333\cdot EI\theta_2 & & \\
M_{24} = & 3 & +1{,}333\cdot EI\theta_2 & +0{,}667\cdot EI\theta_4 \\
\hline
0 = & -1{,}5 & +3{,}666\cdot EI\theta_2 & +0{,}667\cdot EI\theta_4
\end{array}
$$

$$3{,}666\cdot EI\theta_2 + 0{,}667\cdot EI\theta_4 = 1{,}5 \quad ①$$

b) Nudo 4

$\Sigma M_4 = 0$ ↻⊕

$M_{42} + M_{45} = 0$

$$
\begin{array}{rcccc}
M_{42} = & -3 & +0{,}667\cdot EI\theta_2 & +1{,}333\cdot EI\theta_4 \\
M_{45} = & & & 1{,}333\cdot EI\theta_4 \\
\hline
0 = & -3 & +0{,}667\cdot EI\theta_2 & +2{,}666\cdot EI\theta_4
\end{array}
$$

$$0{,}667\cdot EI\theta_2 + 2{,}666\cdot EI\theta_4 = 3$$

Resumiendo 1 y 2:

$$3{,}666\cdot EI\theta_2 + 0{,}667\cdot EI\theta_4 = 1{,}5$$

$$0{,}667\cdot EI\theta_2 + 2{,}666\cdot EI\theta_4 = 3$$

Resolviendo el sistema de ecuaciones, obtenemos:

$$EI\theta_2 = 0{,}21418$$

$$EI\theta_4 = 1{,}07170$$

4.- Momentos finales

$$M_{21} = -4{,}5 + EI\theta_2$$

$$M_{21} = -4{,}5 + 0{,}21418$$

$$M_{21} = -4{,}286\ tm$$

$$M_{24} = 3 + 1{,}333 \cdot EI\theta_2 + 0{,}667 \cdot EI\theta_4$$

$$M_{24} = 3 + 1{,}333 \cdot (0{,}21418) + 0{,}667 \cdot (1{,}0717)$$

$$M_{24} = 4\ tm$$

$$M_{42} = -3 + 0{,}667 \cdot EI\theta_2 + 1{,}333 \cdot EI\theta_4$$

$$M_{42} = -3 + 0{,}667 \cdot (0{,}21418) + 1{,}333 \cdot (1{,}0717)$$

$$M_{42} = -1{,}429\ tm$$

$$M_{23} = 1{,}333 \cdot EI\theta_2$$

$$M_{23} = 1{,}333 \cdot (0{,}21418)$$

$$M_{23} = 0{,}2855\ tm$$

$$M_{32} = 0{,}667 \cdot EI\theta_2$$

$$M_{32} = 0{,}667 \cdot (0{,}21418)$$

$$M_{32} = 0{,}1429\ tm$$

$$M_{45} = 1{,}333 \cdot EI\theta_4$$

$$M_{45} = 1{,}333 \cdot (1{,}0717)$$

$$M_{45} = 1{,}429\ tm$$

$$M_{54} = 0{,}667 \cdot EI\theta_4$$

$$M_{54} = 0{,}667 \cdot (1{,}0717)$$

$$M_{54} = 0{,}7148\ tm$$

5.- Reacciones finales

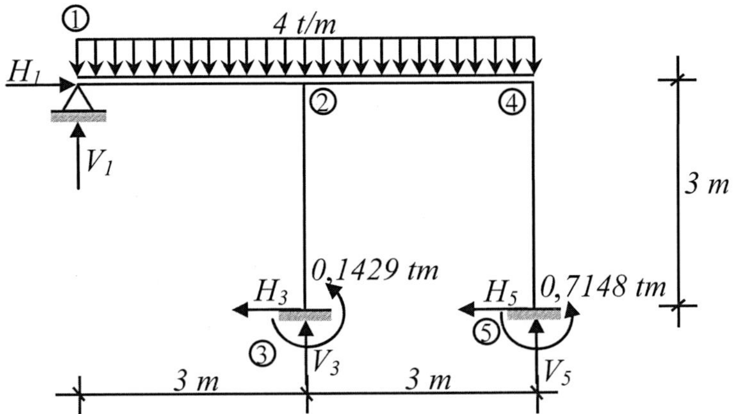

Corte en 2 hacia la izquierda.

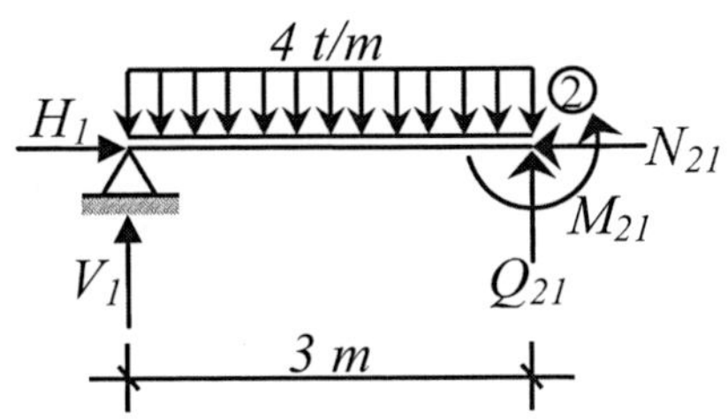

$\Sigma M_2 = 0$ ↻⊕

$$V_1 \cdot 3 - 4 \cdot 3 \cdot 1{,}5 - M_{21} = 0$$

$$V_1 = \frac{M_{21} + 18}{3} = \frac{-4{,}286 + 18}{3}$$

$$V_1 = 4{,}57\, t$$

Corte en 2 hacia abajo.

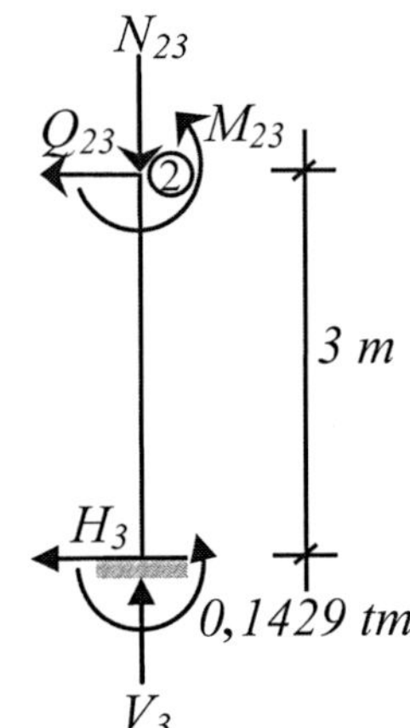

$\Sigma M_2 = 0$ ↻⊕

$$-M_{23} - 0{,}1429 + H_3 \cdot 3 = 0$$

$$H_3 = \frac{M_{23} + 0{,}1429}{3} = \frac{0{,}2855 + 0{,}1429}{3}$$

$$H_3 = 0{,}1428\, t$$

Corte en 4 hacia abajo.

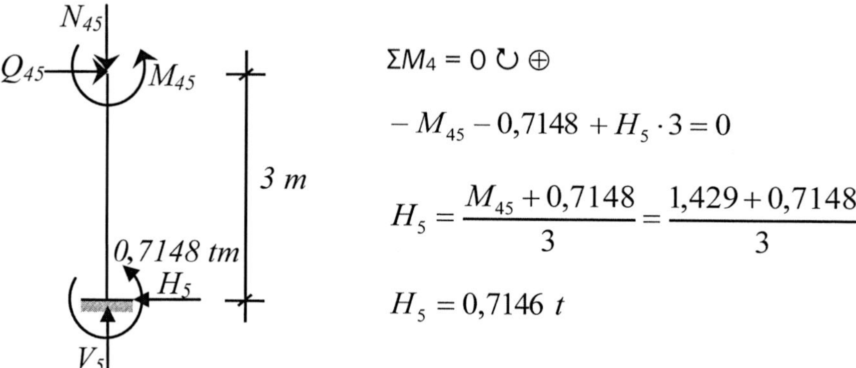

$\Sigma M_4 = 0 \circlearrowleft \oplus$

$$-M_{45} - 0{,}7148 + H_5 \cdot 3 = 0$$

$$H_5 = \frac{M_{45} + 0{,}7148}{3} = \frac{1{,}429 + 0{,}7148}{3}$$

$$H_5 = 0{,}7146\ t$$

Luego aplicamos las ecuaciones de equilibrio en toda la estructura.

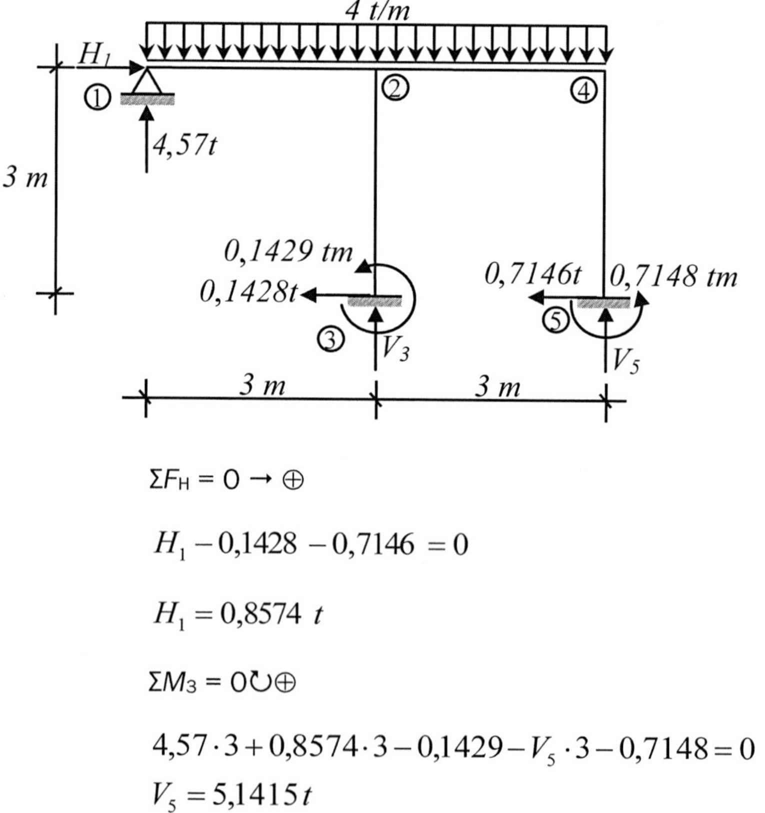

$\Sigma F_H = 0 \rightarrow \oplus$

$$H_1 - 0{,}1428 - 0{,}7146 = 0$$

$$H_1 = 0{,}8574\ t$$

$\Sigma M_3 = 0 \circlearrowleft \oplus$

$$4{,}57 \cdot 3 + 0{,}8574 \cdot 3 - 0{,}1429 - V_5 \cdot 3 - 0{,}7148 = 0$$

$$V_5 = 5{,}1415\, t$$

$\Sigma F_V = 0 \uparrow \oplus$

$$4{,}57 - 4 \cdot 6 + V_3 + 5{,}1415 = 0$$

$$V_3 = 14{,}2885\ t$$

6.- Diagrama de esfuerzos internos

a) Momento flector

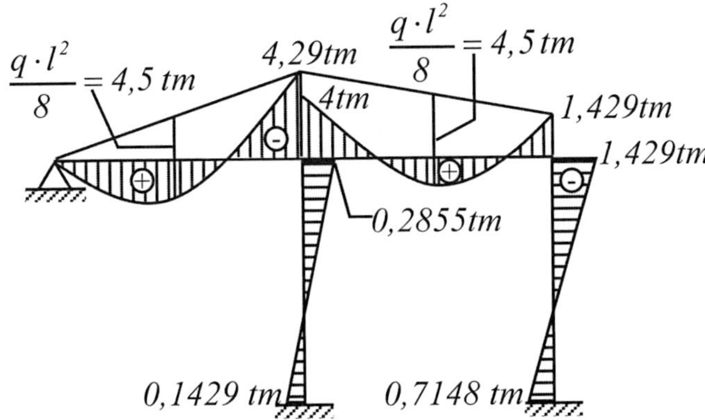

b) Cortante

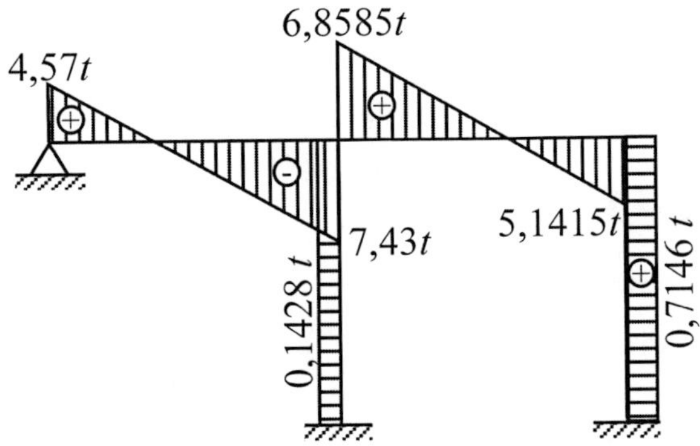

c) Normal

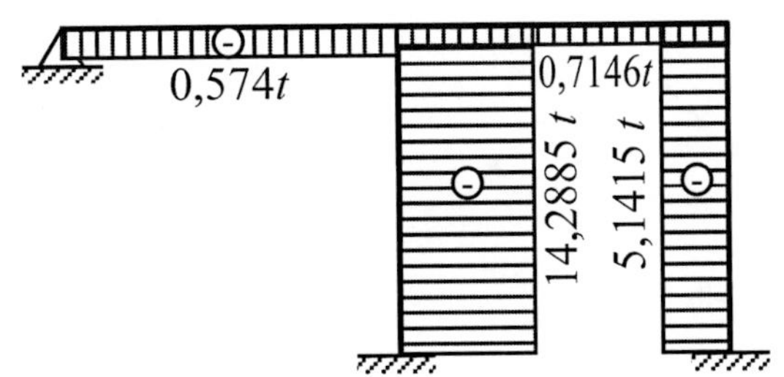

EJERCICIO 71

Calcular reacciones y diagramar esfuerzos.

Datos

$E = 2 \cdot 10^6 \; t/m^2$

$b = 15 \, cm$

$h = 35 \, cm$

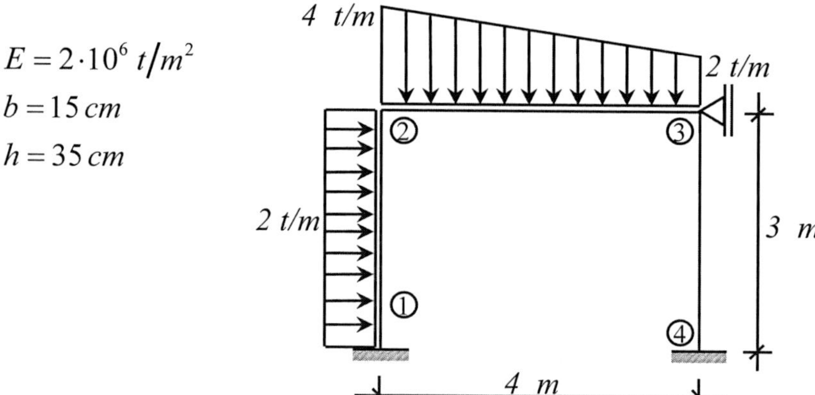

Figura 3.49 Pórtico intraslacional.

1.- Grado de indeterminación

$$G_I = Di + De$$
$$G_I = 2 + 0$$
$$G_I = 2$$

Este valor se refiere a los giros en los nudos 2 y 3.

2.- Análisis de barras

a) Barra 1-2 (empotrado-empotrado)

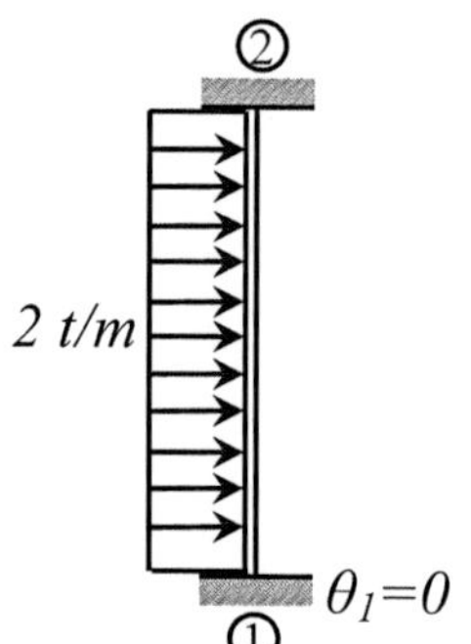

De la tabla 6 obtenemos las fórmulas:

$$M_{12} = M_{12}^C + \frac{4 \cdot EI \cdot \theta_1}{L} + \frac{2 \cdot EI \cdot \theta_2}{L}$$

$$M_{21} = M_{21}^C + \frac{2 \cdot EI \cdot \theta_1}{L} + \frac{4 \cdot EI \cdot \theta_2}{L}$$

Sabiendo que $\theta_1 = 0$ tenemos:

$$M_{12} = M_{12}^C + \frac{2 \cdot EI \cdot \theta_2}{L}$$
$$M_{21} = M_{21}^C + \frac{4 \cdot EI \cdot \theta_2}{L}$$

De la tabla 5 obtenemos M_{12}^C y M_{21}^C:

$$M_{12}^C = \frac{q \cdot L^2}{12} = \frac{2 \cdot 3^2}{12} = 1{,}5\,tm$$
$$M_{21}^C = -\frac{q \cdot L^2}{12} = -\frac{2 \cdot 3^2}{12} = -1{,}5\,tm$$

Reemplazamos M_{12}^C, M_{21}^C y L en

M_{12} y M_{21} :

$$M_{12} = 1{,}5 + \frac{2 \cdot EI \cdot \theta_2}{3}$$
$$M_{12} = 1{,}5 + 0{,}667 \cdot EI \cdot \theta_2$$
$$M_{21} = -1{,}5 + \frac{4 \cdot EI \cdot \theta_2}{3}$$
$$M_{21} = -1{,}5 + 1{,}333 \cdot EI \cdot \theta_2$$

b) Barra 2-3 (empotrado-empotrado)

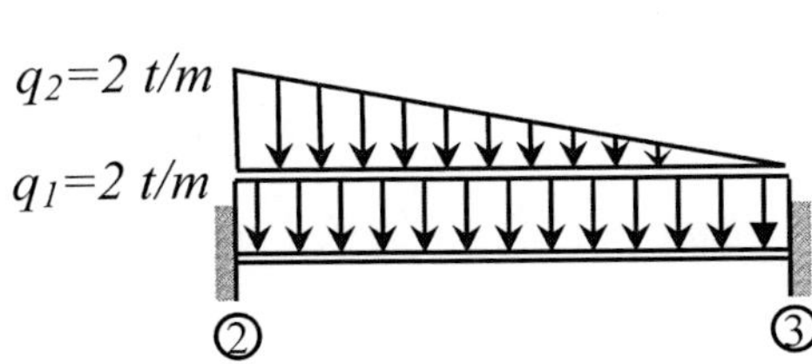

De la tabla 6 obtenemos las fórmulas:

$$M_{23} = M_{23}^C + \frac{4 \cdot EI \cdot \theta_2}{L} + \frac{2 \cdot EI \cdot \theta_3}{L}$$
$$M_{32} = M_{32}^C + \frac{2 \cdot EI \cdot \theta_2}{L} + \frac{4 \cdot EI \cdot \theta_3}{L}$$

De la tabla 5 obtenemos:

$M_{23}{}^C$ y $M_{32}{}^C$

$$M_{23}^{C} = \frac{q_1 \cdot L^2}{12} + \frac{q_2 \cdot L^2}{20}$$

$$M_{23}^{C} = \frac{2 \cdot 4^2}{12} + \frac{2 \cdot 4^2}{20} = 4{,}267\,tm$$

$$M_{32}^{C} = -\frac{q_1 \cdot L^2}{12} - \frac{q_2 L^2}{30}$$

$$M_{32}^{C} = -\frac{2 \cdot 4^2}{12} - \frac{2 \cdot 4^2}{30} = -3{,}733\,tm$$

Reemplazamos M_{23}^{C}, M_{32}^{C} y L en M_{23} y M_{32}

$$M_{23} = 4{,}267 + \frac{4 \cdot EI \cdot \theta_2}{4} + \frac{2 \cdot EI \cdot \theta_3}{4}$$

$$M_{23} = 4{,}267 + EI \cdot \theta_2 + 0{,}5 \cdot EI \cdot \theta_3$$

$$M_{32} = -3{,}733 + 0{,}5 \cdot EI \cdot \theta_2 + EI \cdot \theta_3$$

c) Barra 3-4 (empotrado-empotrado)

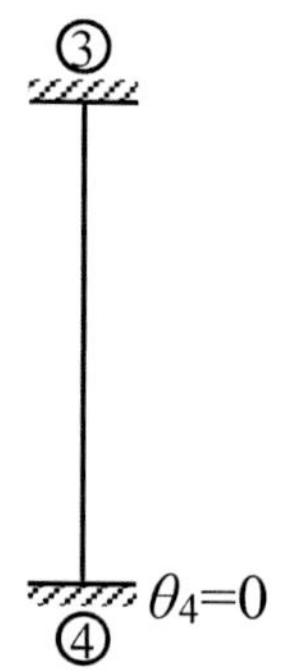

De la tabla 6 obtenemos las fórmulas:

$$M_{34} = M_{34}^{C} + \frac{4 \cdot EI \cdot \theta_3}{L} + \frac{2 \cdot EI \cdot \theta_4}{L}$$

$$M_{43} = M_{43}^{C} + \frac{2 \cdot EI \cdot \theta_3}{L} + \frac{4 \cdot EI \cdot \theta_4}{L}$$

La barra no tiene carga y que θ_4=0 tenemos:

$$M_{34} = \frac{4 \cdot EI \cdot \theta_3}{L}$$

$$M_{43} = \frac{2 \cdot EI \cdot \theta_3}{L}$$

Reemplazamos L en M_{34} y M_{43}:

$$M_{34} = \frac{4 \cdot EI \cdot \theta_3}{3} = 1{,}333 \cdot EI \cdot \theta_3$$

$$M_{43} = \frac{2 \cdot EI \cdot \theta_3}{3} = 0{,}667 \cdot EI \cdot \theta_3$$

3.- Análisis de nudos

a) Nudo 2

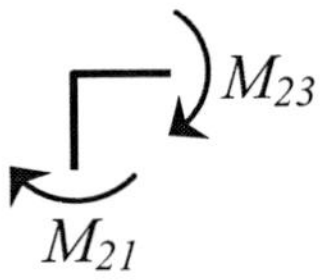

M_{23}

M_{21}

$$\Sigma M_2 = 0 \circlearrowright \oplus$$

$$M_{21} + M_{23} = 0$$

$$\begin{array}{llll} M_{21} = & -1{,}5 & +1{,}333 \cdot EI \cdot \theta_2 & \\ M_{23} = & 4{,}267 & +EI \cdot \theta_2 & +0{,}5 \cdot EI \cdot \theta_3 \\ \hline 0 = & 2{,}767 & +2{,}333 \cdot EI \cdot \theta_2 & +0{,}5 \cdot EI \cdot \theta_3 \end{array}$$

$$2{,}333 \cdot EI \cdot \theta_2 + 0{,}5 \cdot EI \cdot \theta_3 = -2{,}767$$

b) Nudo 3

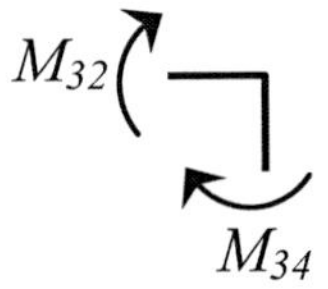

M_{32}

M_{34}

$$\Sigma M_3 = 0 \circlearrowright \oplus$$

$$M_{32} + M_{34} = 0$$

$$\begin{array}{llll} M_{32} = & -3{,}733 & +0{,}5 \cdot EI \cdot \theta_2 & +EI \cdot \theta_3 \\ M_{34} = & & & +1{,}333 \cdot EI \cdot \theta_3 \\ \hline 0 = & -3{,}733 & +0{,}5 \cdot EI \cdot \theta_2 & +2{,}333 \cdot EI \cdot \theta_3 \end{array}$$

Resumiendo, las ecuaciones 1 y 2:

$$\begin{array}{lll} 2{,}333 \cdot EI \cdot \theta_2 & +0{,}5 \cdot EI \cdot \theta_3 & = -2{,}767 \\ 0{,}5 \cdot EI \cdot \theta_2 & +2{,}333 \cdot EI \cdot \theta_3 & = 3{,}733 \end{array}$$

Resolviendo este sistema de ecuaciones, obtenemos:

$$EI \cdot \theta_2 = -1{,}6026$$

$$EI \cdot \theta_3 = 1{,}9435$$

4.- Momentos finales

$$M_{12} = 1{,}5 + 0{,}667 \cdot EI \cdot \theta_2$$
$$M_{12} = 1{,}5 + 0{,}667 \cdot (-1{,}6026)$$
$$M_{12} = 0{,}431\,tm$$

$$M_{34} = 1{,}333 \cdot EI \cdot \theta_3$$
$$M_{34} = 1{,}333(1{,}9435)$$
$$M_{34} = 2{,}59tm$$

$$M_{21} = -1{,}5 + 1{,}333 \cdot EI \cdot \theta_2$$
$$M_{21} = -1{,}5 + 1{,}333 \cdot (-1{,}6026)$$
$$M_{21} = -3{,}64tm$$

$$M_{43} = 0{,}667 \cdot EI \cdot \theta_3$$
$$M_{43} = 0{,}667(1{,}9435)$$
$$M_{43} = 1{,}296tm$$

$$M_{23} = 4{,}267 + EI \cdot \theta_2 + 0{,}5 \cdot EI \cdot \theta_3$$
$$M_{23} = 4{,}267 + (-1{,}6026) + 0{,}5(1{,}9435)$$
$$M_{23} = 3{,}64tm$$

$$M_{32} = -3{,}733 + 0{,}5 \cdot EI \cdot \theta_2 + EI \cdot \theta_3$$
$$M_{32} = -3{,}733 + 0{,}5(-1{,}6026) + 1{,}9435$$
$$M_{32} = -2{,}59tm$$

5.- Reacciones finales

Corte en 2 hacia abajo.

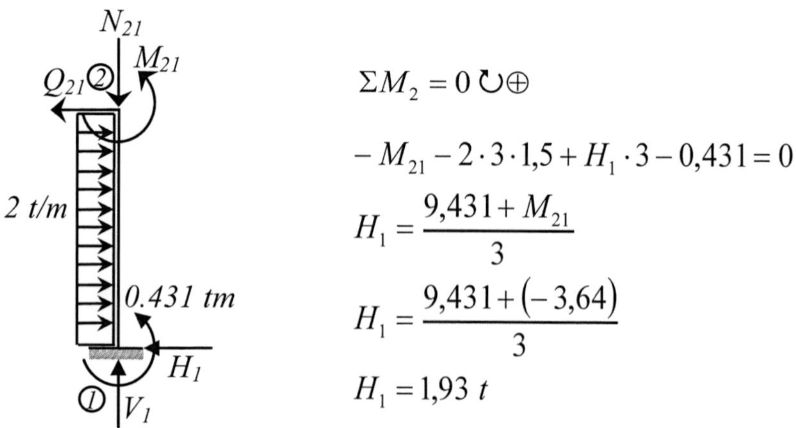

Corte en 3 hacia abajo.

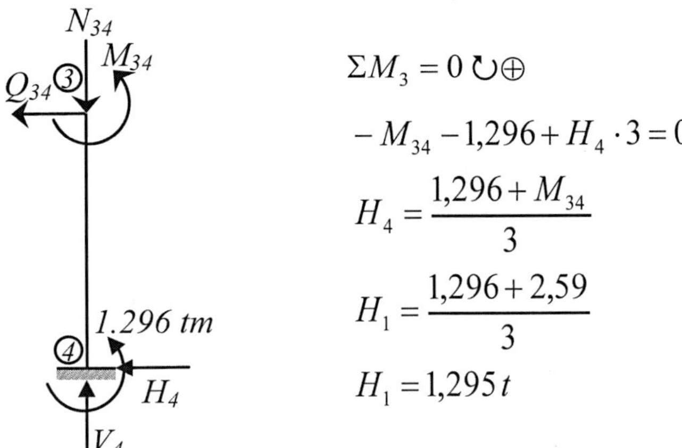

$$\Sigma M_3 = 0 \circlearrowleft \oplus$$

$$-M_{34} - 1{,}296 + H_4 \cdot 3 = 0$$

$$H_4 = \frac{1{,}296 + M_{34}}{3}$$

$$H_1 = \frac{1{,}296 + 2{,}59}{3}$$

$$H_1 = 1{,}295\,t$$

Luego aplicamos las ecuaciones de equilibrio en toda la estructura:

$$\Sigma F_H = 0 \rightarrow \oplus$$

$$-1{,}93 + 2 \cdot 3 - H_3 - 1{,}295 = 0$$

$$H_3 = 2{,}775\,t$$

$$\Sigma M_1 = 0 \circlearrowleft \oplus$$

$$-0{,}431 + 2 \cdot 3 \cdot 1{,}5 + 2 \cdot 4 \cdot 2 + \frac{2 \cdot 4}{2} \cdot \frac{4}{3} - 2{,}775 \cdot 3$$

$$-1{,}296 - V_4 \cdot 4 = 0$$

$$V_4 = 5{,}07\,t$$

$$\Sigma F_V = 0 \uparrow \oplus$$

$$V_1 - \left(\frac{2+4}{2}\right) \cdot 4 + 5{,}07 = 0$$

$$V_1 = 6{,}93\,t$$

6.- Diagramas de esfuerzos Internos

a) Momento flector

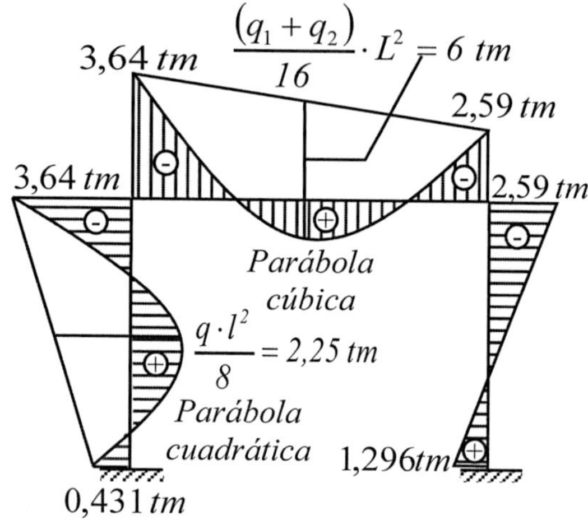

b) Cortante

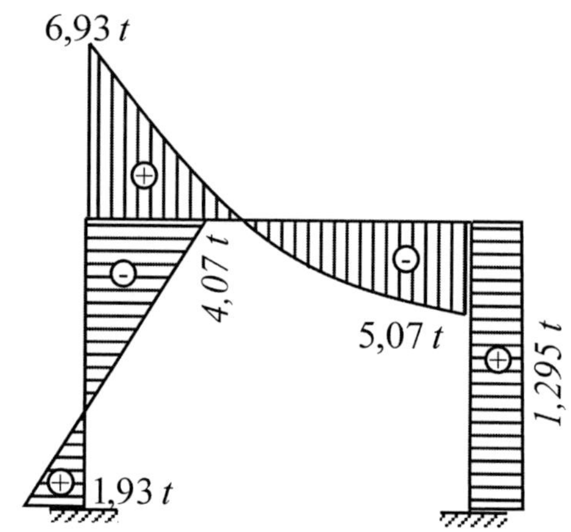

c) Normal

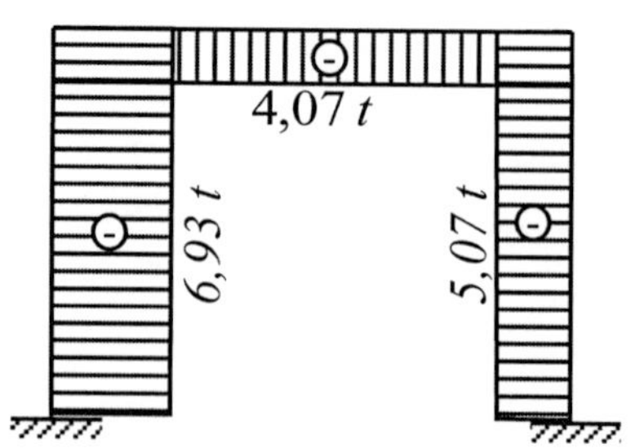

EJERCICIO 72

Calcular reacciones y diagramas de esfuerzos.

Datos

$E = 2 \cdot 10^6 \ t/m^2$

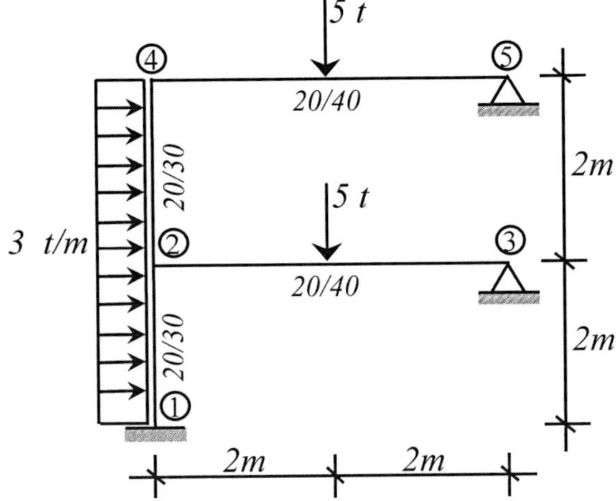

Figura 3.50 Pórtico intraslacional.

1.- Grado de indeterminación

$$GI = Di + De$$

$$GI = 2 + 0$$

$$GI = 2$$

Este valor representa los giros en los nudos 2 y 4.

2.- Análisis de barras

a) Barra 1-2 (empotrado-empotrado)

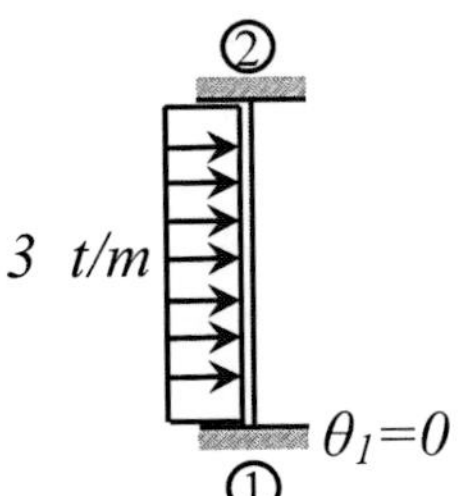

De la tabla 6 obtenemos las fórmulas:

$$M_{12} = M_{12}^C + \frac{4 \cdot EI \cdot \theta_1}{L} + \frac{2 \cdot EI \cdot \theta_2}{L}$$

$$M_{21} = M_{21}^C + \frac{2 \cdot EI \cdot \theta_1}{L} + \frac{4 \cdot EI \cdot \theta_2}{L}$$

$$EI = 2 \cdot 10^6 \cdot \frac{0{,}2 \cdot 0{,}3^3}{12}$$
$$EI = 900$$

Sabiendo que $\theta_1 = 0$ tenemos:

$$M_{12} = M_{12}^C + \frac{2 \cdot EI \cdot \theta_2}{L}$$

$$M_{21} = M_{21}^C + \frac{4 \cdot EI \cdot \theta_2}{L}$$

De la tabla 5 obtenemos M_{12}^C y M_{21}^C:

$$M_{12}^C = \frac{q \cdot L^2}{12} = \frac{3 \cdot 2^2}{12} = 1\,tm$$

$$M_{21}^C = -\frac{q \cdot L^2}{12} = -\frac{3 \cdot 2^2}{12} = -1\,tm$$

Reemplazamos M_{12}^C, M_{21}^C, *EI* y L en

M_{12} y M_{21} :

$$M_{12} = 1 + 2 \cdot \frac{900}{2} \cdot \theta_2$$
$$M_{12} = 1 + 900 \cdot \theta_2$$

$$M_{21} = -1 + 4 \cdot \frac{900}{2} \cdot \theta_2$$
$$M_{21} = -1 + 1800 \cdot \theta_2$$

b) Barra 2-3 (empotrado-articulado)

De la tabla 6 tenemos la fórmula:

$$M_{23} = M_{23}^C + \frac{3 \cdot EI \cdot \theta_2}{L}$$

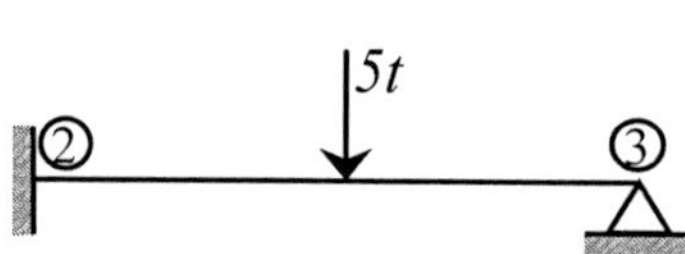

De la tabla 5 obtenemos M_{23}^C:

$$M_{23}^C = \frac{3 \cdot P \cdot L}{16} = \frac{3 \cdot 5 \cdot 4}{16} = 3{,}75\,tm$$

$$EI = 2 \cdot 10^6 \cdot \frac{0{,}2 \cdot 0{,}4^3}{12}$$
$$EI = 2133{,}33$$

Reemplazamos $M_{23}{}^{C}$, EI y L en M_{23}:

$$M_{23} = 3{,}75 + \frac{3 \cdot 2133{,}33 \cdot \theta_2}{4}$$

$$M_{23} = 3{,}75 + 1600 \cdot \theta_2$$

c) Barra 2-4 (empotrado-empotrado)

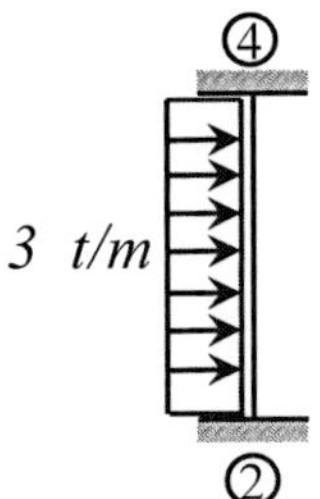

De la tabla 6 obtenemos las fórmulas:

$$M_{24} = M_{24}^{C} + \frac{4 \cdot EI \cdot \theta_2}{L} + \frac{2 \cdot EI \cdot \theta_4}{L}$$

$$M_{42} = M_{42}^{C} + \frac{2 \cdot EI \cdot \theta_2}{L} + \frac{4 \cdot EI \cdot \theta_4}{L}$$

De la tabla 5 obtenemos M_{24}^{C} y M_{42}^{C}:

$$M_{24}^{C} = \frac{q \cdot L^2}{12} = \frac{3 \cdot 2^2}{12} = 1\, tm$$

$$M_{42}^{C} = -\frac{q \cdot L^2}{12} = -\frac{3 \cdot 2^2}{12} = -1\, tm$$

$$EI = 2 \cdot 10^6 \cdot \frac{0{,}2 \cdot 0{,}3^3}{2}$$

$$EI = 900$$

Reemplazamos M_{24}^{C}, M_{42}^{C}, EI y L en M_{24} y M_{42} :

$$M_{24} = 1 + \frac{4 \cdot 900 \cdot \theta_2}{2} + \frac{2 \cdot 900 \cdot \theta_4}{2}$$

$$M_{24} = 1 + 1800 \cdot \theta_2 + 900 \cdot \theta_4$$

$$M_{42} = -1 + 900 \cdot \theta_2 + 1800 \cdot \theta_4$$

d) Barra 4-5 (empotrado-articulado)

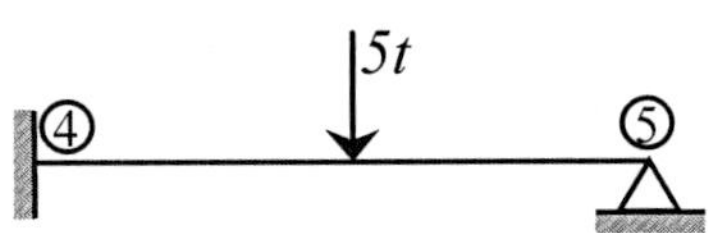

De la tabla 6 tenemos la fórmula:

$$M_{45} = M_{45}^{C} + \frac{3 \cdot EI \cdot \theta_4}{L}$$

$$EI = 2 \cdot 10^6 \cdot \frac{0{,}2 \cdot 0{,}4^3}{12}$$

$$EI = 2133{,}33$$

De la tabla 5 obtenemos M_{45}^C:

$$M_{45}^C = \frac{3 \cdot P \cdot L}{16} = \frac{3 \cdot 5 \cdot 4}{16} = 3{,}75\, tm$$

Reemplazamos M_{45}^C, EI y L en M_{45} :

$$M_{45} = 3{,}75 + \frac{3 \cdot 2133{,}33 \cdot \theta_4}{4}$$

$$M_{45} = 3{,}75 + 1600 \cdot \theta_4$$

3.- Análisis de nudos

a) Nudo 2

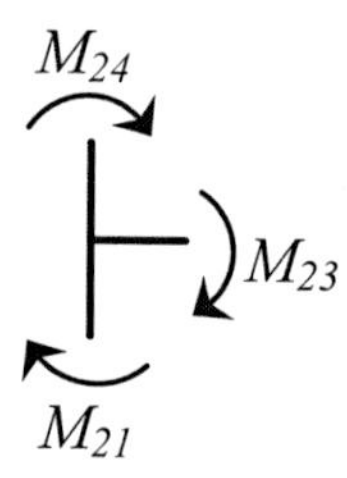

$$\Sigma M_2 = 0 \circlearrowright \oplus$$

$$M_{21} + M_{23} + M_{24} = 0$$

$$\begin{array}{llll} M_{21} = & -1 & +1800 \cdot \theta_2 & \\ M_{23} = & 3.75 & +1600 \cdot \theta_2 & \\ M_{24} = & 1 & +1800 \cdot \theta_2 & +900 \cdot \theta_4 \\ \hline \end{array}$$

$$0 = 3{,}75 + 5200 \cdot \theta_2 + 900 \cdot \theta_4$$

$$5200 \cdot \theta_2 + 900 \cdot \theta_4 = -3{,}75 \quad ①$$

b) Nudo 4

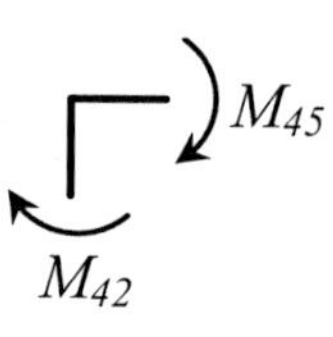

$$\Sigma M_4 = 0 \circlearrowright \oplus$$

$$M_{42} + M_{45} = 0$$

$$\begin{array}{llll} M_{42} = & -1 & +900 \cdot \theta_2 & +1800 \cdot \theta_4 \\ M_{45} = & 3{,}75 & & +1600 \cdot \theta_4 \\ \hline 0 = & 2{,}75 & +900 \cdot \theta_2 & +3400 \cdot \theta_4 \end{array}$$

$$900 \cdot \theta_2 + 3400 \cdot \theta_4 = -2{,}75 \quad ②$$

Resumiendo 1 y 2 tenemos:

$$\begin{array}{lll} 5200 \cdot \theta_2 & +900 \cdot \theta_4 & = -3{,}75 \\ 900 \cdot \theta_2 & +3400 \cdot \theta_4 & = -2{,}75 \end{array}$$

Resolviendo el sistema de ecuaciones obtenemos:

$$\theta_2 = -0{,}00060907$$

$$\theta_4 = -0{,}0006476$$

4.- Momentos finales

$$M_{12} = 1 + 900 \cdot \theta_2$$
$$M_{12} = 1 + 900 \cdot (-0{,}00060907)$$
$$M_{12} = 0{,}4518\, tm$$
$$M_{21} = -1 + 1800 \cdot \theta_2$$
$$M_{21} = -1 + 1800 \cdot (-0{,}00060907)$$
$$M_{21} = -2{,}096\, tm$$
$$M_{23} = 3{,}75 + 1600 \cdot \theta_2$$
$$M_{23} = 3{,}75 + 1600 \cdot (-0{,}00060907)$$
$$M_{23} = 2{,}775\, tm$$
$$M_{24} = 1 + 1800 \cdot \theta_2 + 900 \cdot \theta_4$$
$$M_{24} = 1 + 1800 \cdot (-0{,}00060907) + 900 \cdot (-0{,}0006476)$$
$$M_{24} = -0{,}6792\, tm$$
$$M_{42} = -1 + 900 \cdot \theta_2 + 1800 \cdot \theta_4$$
$$M_{42} = -1 + 900 \cdot (-0{,}00060907) + 1800 \cdot (-0{,}0006476)$$
$$M_{42} = -2{,}714\, tm$$
$$M_{45} = 3{,}75 + 1600 \cdot \theta_4$$
$$M_{45} = 3{,}75 + 1600 \cdot (-0{,}0006476)$$
$$M_{45} = 2{,}714\, tm$$

5.- Cálculo de reacciones

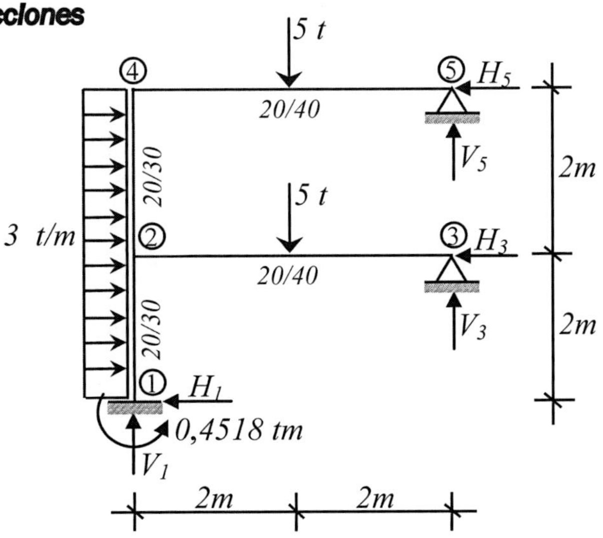

Corte en 2 (hacia abajo):

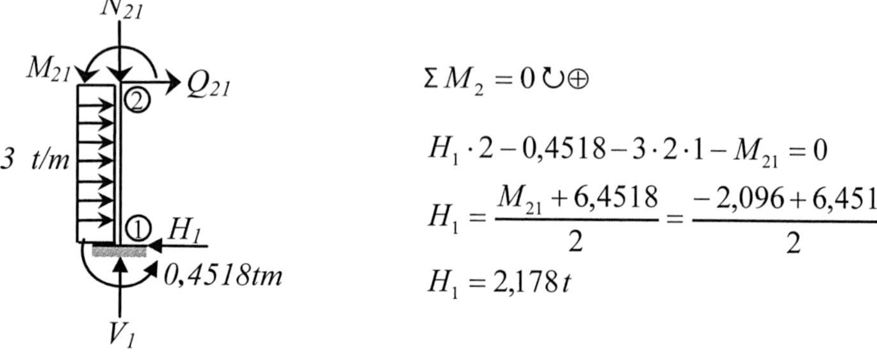

$$\Sigma M_2 = 0 \circlearrowleft \oplus$$

$$H_1 \cdot 2 - 0{,}4518 - 3 \cdot 2 \cdot 1 - M_{21} = 0$$

$$H_1 = \frac{M_{21} + 6{,}4518}{2} = \frac{-2{,}096 + 6{,}4518}{2}$$

$$H_1 = 2{,}178\,t$$

Corte en 2 (hacia la derecha):

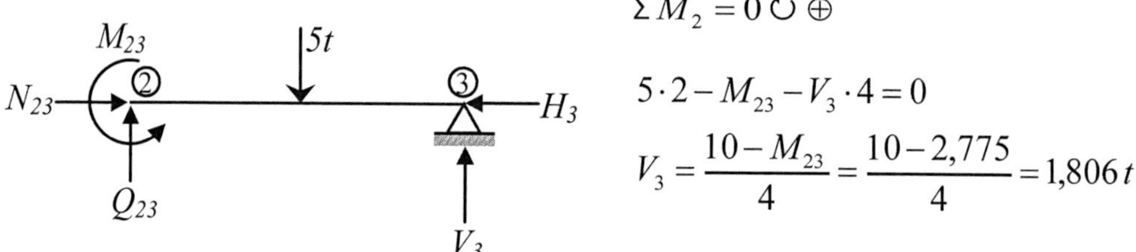

$$\Sigma M_2 = 0 \circlearrowleft \oplus$$

$$5 \cdot 2 - M_{23} - V_3 \cdot 4 = 0$$

$$V_3 = \frac{10 - M_{23}}{4} = \frac{10 - 2{,}775}{4} = 1{,}806\,t$$

Corte en 4 (hacia la derecha):

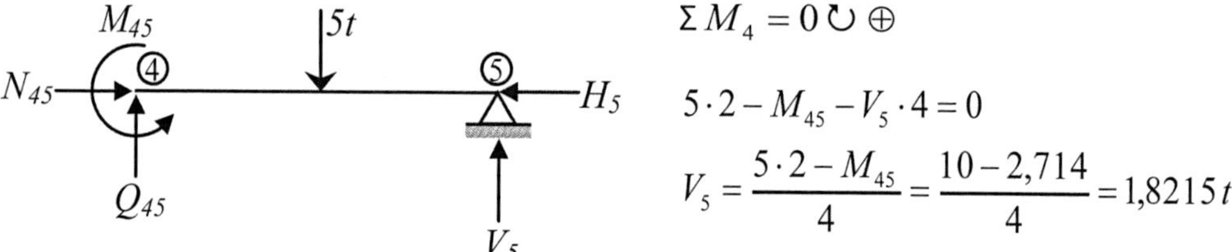

$$\Sigma M_4 = 0 \circlearrowleft \oplus$$

$$5 \cdot 2 - M_{45} - V_5 \cdot 4 = 0$$

$$V_5 = \frac{5 \cdot 2 - M_{45}}{4} = \frac{10 - 2{,}714}{4} = 1{,}8215\,t$$

Luego aplicamos las ecuaciones de equilibrio en toda la estructura.

$$\Sigma M_2 = 0 \circlearrowleft \oplus$$

$$2{,}178 \cdot 2 - 0{,}4518 + 5 \cdot 2 + 5 \cdot 2 - 1{,}806 \cdot 4 - 1{,}8215 \cdot 4 - H_5 \cdot 2 = 0$$

$$H_5 = 4{,}6971\,t$$

$$\Sigma F_H = 0 \rightarrow \oplus$$

$$-2{,}178 + 3 \cdot 4 - 4{,}6971 - H_3 = 0$$

$$H_3 = 5{,}1249\,t$$

$$\Sigma F_V = 0 \ \uparrow\oplus$$

$$V_1 - 5 - 5 + 1{,}806 + 1{,}8215 = 0$$

$$V_1 = 6{,}3725\,t$$

6.- Diagramas de esfuerzos

a) Momento flector

2,714 tm
2,714 tm
2,78tm
$\frac{qL^2}{8} = 1{,}5tm$
3,643 tm
2,096 tm
0,68
$\frac{qL^2}{8} = 1{,}5tm$
3,612 tm
0,4518 tm

b) Cortante

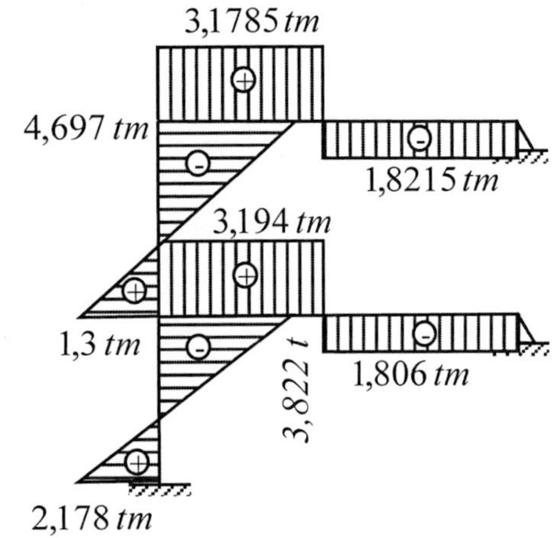

b) Normal

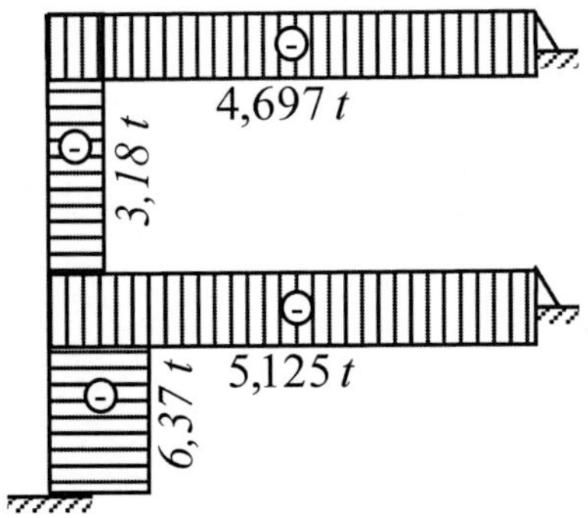

3.7. PLANTEAMIENTO Y FORMULACIÓN DEL MÉTODO DE LAS DEFORMACIONES PARA ESTRUCTURAS TRASLACIONALES

Sea la siguiente estructura traslacional sometida a un conjunto de cargas cualquiera.

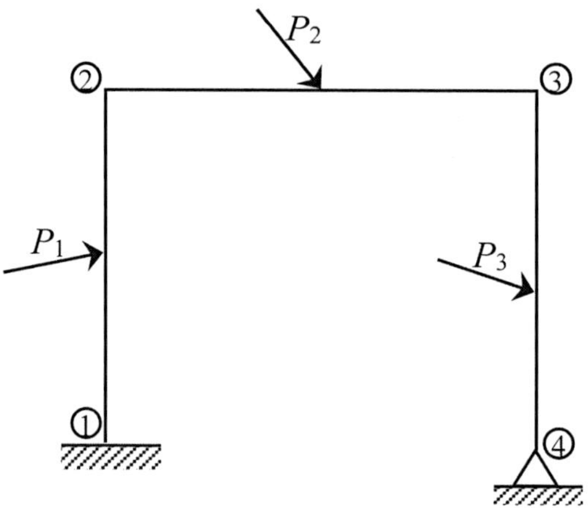

Figura 3.51 Estructura traslacional.

La deformación de este pórtico, considerando despreciables las deformaciones debidas a corte y normal, se dispone de la siguiente manera:

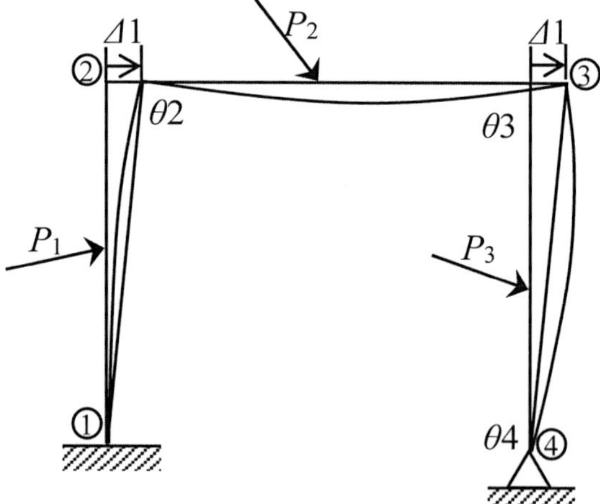

Figura 3.52 Pórtico con deformación simplificada en su comportamiento.

El razonamiento que se sigue para plantear la solución de estos sistemas estructurales son los siguientes:

Para nuestro ejemplo, el comportamiento de cada barra es como sigue:

Barra 1-2: Esta barra se flexiona provocando un giro θ en el nudo 2 y además rota según el valor Δ1.

Barra 2-3: Esta pieza se desplaza horizontalmente un valor Δ1 y posteriormente se flexiona generando en sus extremos los giros θ2 y θ3.

Barra 3-4: La barra se flexiona provocando los giros θ3 y θ4 en los extremos y además rota según el valor Δ1.

Vemos que el comportamiento de una barra puede ser traslacional o rotacional; sin embargo, con el objetivo de obtener un método general con fórmulas también generales, debemos suponer un comportamiento que incluya ambos efectos. Por ejemplo, la figura siguiente resume este hecho.

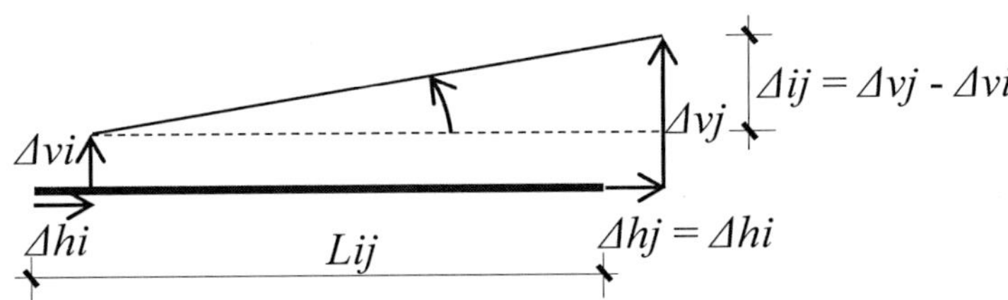

Figura 3.53 Comportamiento traslacional de una barra.

La figura anterior representa la situación más general de comportamiento, en esta se puede observar que la barra se traslada horizontalmente una distancia Δhi, luego se ubica en la posición de la línea segmentada trasladándose una distancia Δvi, para finalmente rotar una distancia Δij.

La traslación constante horizontal y/o vertical de una barra no produce ningún esfuerzo en los extremos, pues simplemente estamos moviendo la barra de una posición a otra sin deformarla; para que un desplazamiento produzca esfuerzo debe cambiar en la barra, ***o su forma, o su dirección***. En la figura anterior, la traslación Δij cambia la dirección de la barra i-j y, por lo tanto, produce momento en los extremos de las barras.

Así pues, la barra de una estructura traslacional (viga o pórtico) estará afectada por una carga cualquiera, dos giros en sus extremos θi, θj y un desplazamiento Δij que provoca la rotación absoluta de la barra. Véase en la siguiente figura representado lo anteriormente expuesto en una barra biempotrada.

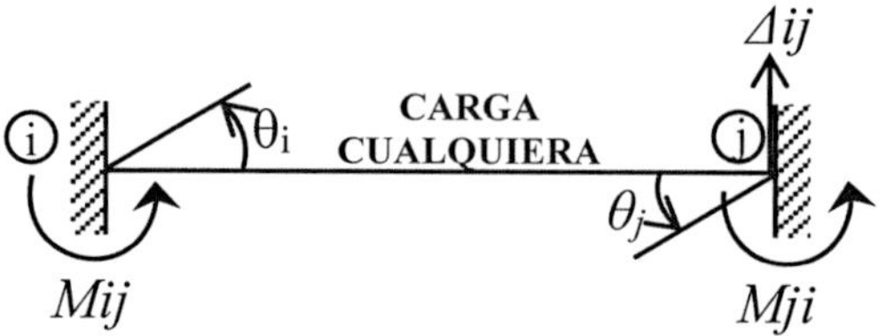

Figura 3.54 Barra biempotrada con carga y desplazamientos.

En esta figura podemos ver asumidos los sentidos positivos para los momentos y los desplazamientos, por ejemplo, para las magnitudes Mij, Mji, θi y θj podemos observan que se disponen en sentido antihorario y el desplazamiento Δij se dispone de tal modo que la barra i-j rote en sentido antihorario.

Este sistema estructural se puede descomponer aplicando el principio de superposición de efectos.

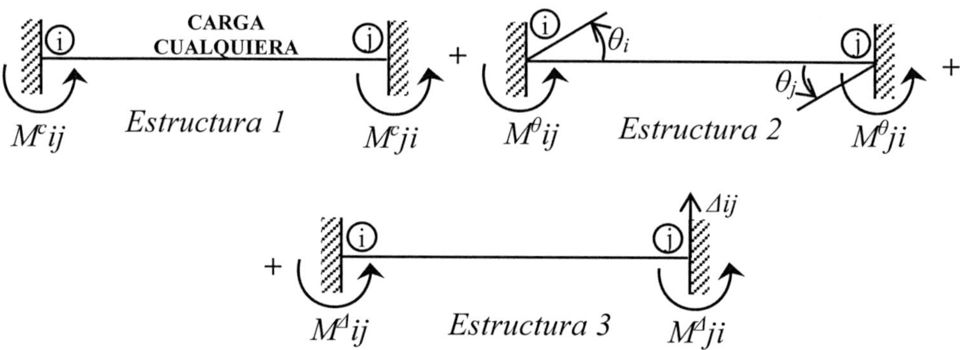

Figura 3.55 Descomposición de la estructura.

En el caso de la ***estructura 1*** se tendrá que resolver está viga para todos los casos posibles de carga. El análisis de esta estructura es exactamente igual al expuesto en el apartado 3.7. Además, para analizar esta estructura se puede consultar la tabla 5.

La ***estructura 2*** también ha sido resuelta en el apartado anterior, arrojando los siguientes resultados:

$$M^{\theta}ij = \frac{4EI}{L}\cdot\theta i + \frac{2EI}{L}\cdot\theta j \qquad M^{\theta}ji = \frac{2EI}{L}\cdot\theta i + \frac{4EI}{L}\cdot\theta j$$

La ***estructura 3*** se analiza como se muestra a continuación.

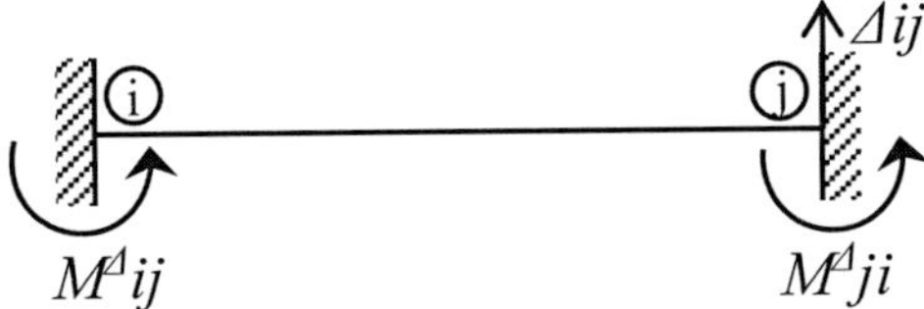

Figura 3.56 Reacciones de momento debido a Δij.

1.- Grado hiperestático

$$G_H = 3\cdot N_A - G_L$$

$$G_H = 3\cdot 1 - 0$$

$$G_H = 3$$

Como no hay desplazamientos horizontales, el grado hiperestático se reduce en uno.

$$G_H = 2$$

2.- Sistema isostático equivalente

Asumimos el sentido antihorario para el momento.

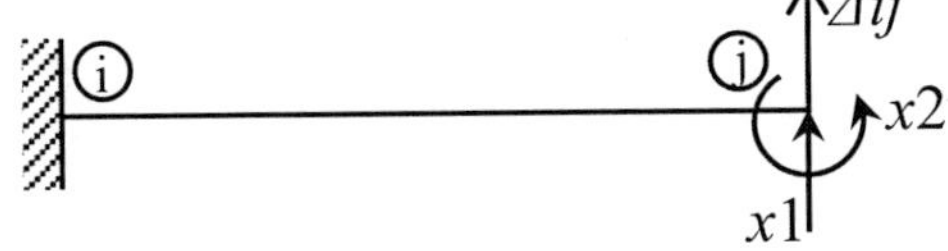

Figura 3.57 Reacciones hiperestáticas.

3.- Sistema básico y auxiliares (reacciones)

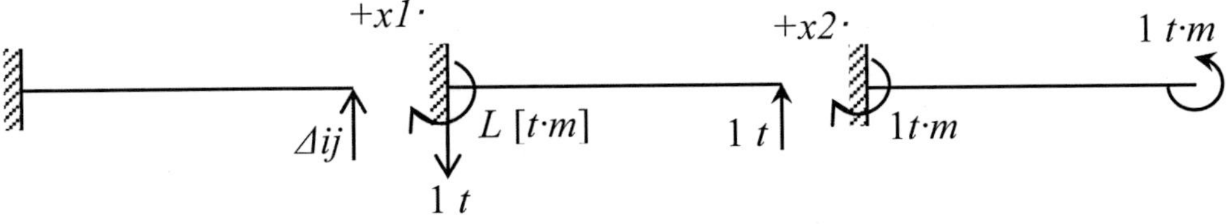

Figura 3.58 Descomposición de la estructura.

4.- Diagramas de momento

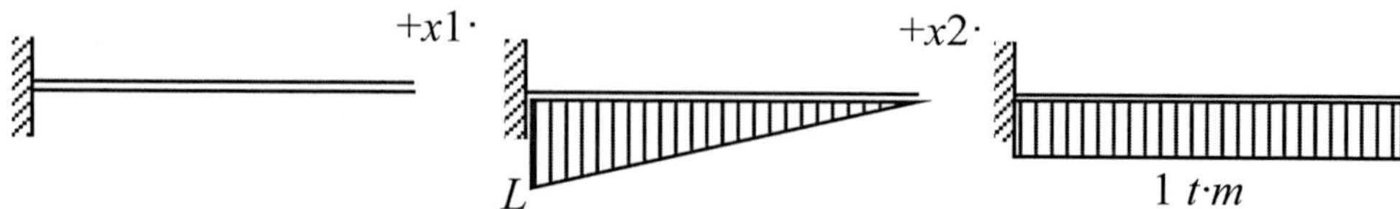

Figura 3.59 Diagramas de momento.

5.- Sistema de ecuaciones de compatibilidad

$$\Delta 11 \cdot x1 + \Delta 12 \cdot x2 = -\Delta 10$$

$$\Delta 21 \cdot x1 + \Delta 22 \cdot x2 = -\Delta 20$$

$$P \cdot \Delta ij = \int \frac{Mi \cdot Mj}{E \cdot I}\, dx - \Sigma Ri \cdot \Delta j$$

La integral se la puede resolver con la tabla.

Usando la tabla de integración semigráfica (tabla 3), obtenemos:

$$\Delta 11 = \frac{L \cdot L \cdot L}{3 \cdot E \cdot I} = \frac{L^3}{3 \cdot E \cdot I}$$

$$\Delta 12 = \frac{L \cdot L \cdot 1}{2 \cdot E \cdot I} = \frac{L^2}{2 \cdot E \cdot I}$$

$$\Delta 22 = \frac{L \cdot 1 \cdot 1}{E \cdot I} = \frac{L}{E \cdot I}$$

Utilizando la segunda parte de la fórmula, obtenemos:

$$\Delta 10 = -(1 \cdot \Delta ij) = -\Delta ij$$

$$\Delta 20 = 0$$

Reemplazamos en el sistema de ecuaciones:

$$\left[\frac{L^3}{3 \cdot E \cdot I}\right] \cdot x1 + \left[\frac{L^2}{2 \cdot E \cdot I}\right] \cdot x2 = -(-\Delta ij)$$

$$\left[\frac{L^2}{2 \cdot E \cdot I}\right] \cdot x1 + \left[\frac{L}{E \cdot I}\right] \cdot x2 = 0$$

Resolviendo este sistema de ecuaciones, obtenemos:

$$x1 = \frac{12EI \cdot \Delta ij}{L^3}$$

$$x2 = -\frac{6EI \cdot \Delta ij}{L^2}$$

6.- Demás reacciones

Ahora calculamos el momento en el extremo i aplicando las ecuaciones de equilibrio estático.

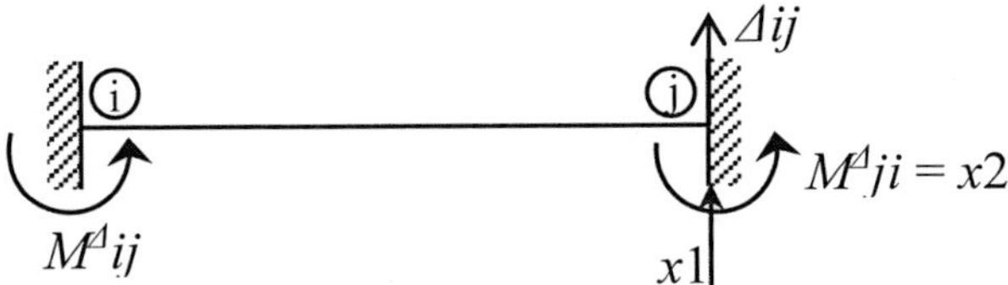

Figura 3.60 Reacciones de momento.

$$\Sigma Mi = 0 \circlearrowleft \oplus$$

$$M^{\Delta}ij + x2 + x1 \cdot L = 0$$

$$M^{\Delta}ij = -x2 - x1 \cdot L$$

Reemplazamos el valor de x1 y x2 y obtenemos:

$$M^{\Delta}ij = \frac{6EI \cdot \Delta ij}{L^2} - \frac{12EI \cdot \Delta ij \cdot L}{L^3}$$

Simplificando la expresión anterior, tenemos:

$$M^{\Delta}ij = -\frac{6EI \cdot \Delta ij}{L^2}$$

Por lo tanto, la solución de la ***estructura 3*** es:

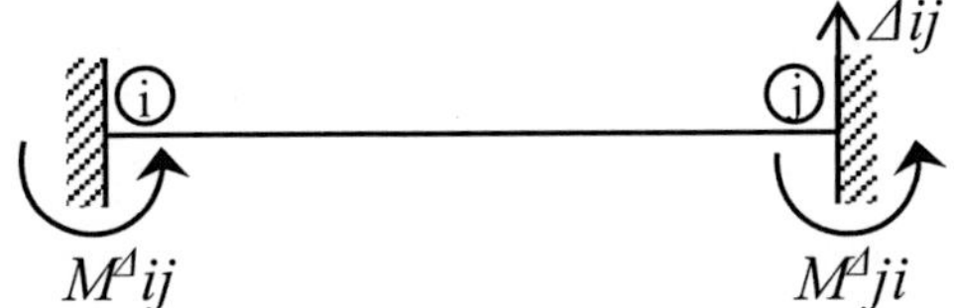

Figura 3.61 Reacciones de momento debido a Δij.

No olvidemos que $M^d ji$ es igual a x2.

$$M^{\Delta}ij = \frac{-6EI \cdot \Delta ij}{L^2}$$

$$M^{\Delta}ij = \frac{-6EI \cdot \Delta ij}{L^2}$$

Sumando los resultados obtenidos de analizar las ***estructuras 1, 2*** y ***3*** obtenemos la fórmula general para analizar barras biempotradas en sistemas estructurales traslacionales:

Figura 3.62 Estructura con carga y giros.

$$Mij = M^c ij + M^{\theta} ij + M^{\Delta} ij$$

$$Mji = M^c ji + M^{\theta} ji + M^{\Delta} ji$$

Reemplazando **M^θij, M^θji, M^Δij** y **M^Δji** en las fórmulas anteriores tenemos:

$$Mij = M^c ij + \frac{4EI \cdot \theta i}{L} + \frac{2EI \cdot \theta j}{L} - \frac{6EI \cdot \Delta ij}{L^2}$$

$$Mji = M^c ji + \frac{2EI \cdot \theta i}{L} + \frac{4EI \cdot \theta j}{L} - \frac{6EI \cdot \Delta ij}{L^2}$$

Estas fórmulas pueden emplearse para analizar cualquier barra biempotrada de una estructura traslacional, llámese viga o pórtico.

Para otro tipo de barra como empotrado-articulado, articulado-empotrado o articulado-articulado se deberá consultar la tabla 8.

Una vez conocidas todas las ecuaciones de momentos Mij, se procederá a establecer el equilibrio de momentos en todos los nudos de la estructura; de esta operación se formará un sistema de ecuaciones donde el número de incógnitas supera a la cantidad de ecuaciones disponible. Esta diferencia se debe a las incógnitas traslacionales, las cuales exigen el planteamiento de ecuaciones adicionales de momentos que complementadas a las anteriores nos permitirán calcular los valores de los giros θ y los desplazamientos Δ.

La ***ecuación adicional de momento*** no es más que una ecuación de equilibrio cuyas variables están representadas por los momentos Mij y Mji de las diferentes barras. Para determinar esta ecuación no existe ninguna receta o procedimiento que nos instruya acerca de su obtención; sin embargo, se cuenta con las ecuaciones de equilibrio (∑FH, ∑FV y ∑M), las mismas que pueden ser aplicadas a toda la estructura o a cierta parte de ella. Una vez se conozca la ecuación adicional de momentos se reemplazarán sus equivalentes Mij y Mji para obtener una ecuación que esté en función de los giros θ y los desplazamientos Δ. Esta nueva ecuación, sumada a las obtenidas del análisis de nudos, nos permitirá obtener un sistema de ecuaciones completo, de cuya solución obtendremos las incógnitas del método.

Conocidos los giros θ y los desplazamientos Δ, se reemplazarán estos valores en los momentos Mij y Mji de todas las barras y, finalmente, se determinarán sus reacciones y esfuerzos internos, tal como se han explicado en el apartado 3.7 (paso cuarto).

De los pasos a ejecutarse para resolver una estructura intraslacional, se exige mayor cuidado y razonamiento en:

- La disposición gráfica de la estructura desplazada.

- En la ecuación adicional de momentos.

Veamos con qué criterios podemos encarar estos requerimientos.

TABLA 8. MOMENTOS EXTREMOS DE BARRAS – ESTRUCTURAS TRASLACIONALES

TIPO DE BARRA	MOMENTOS
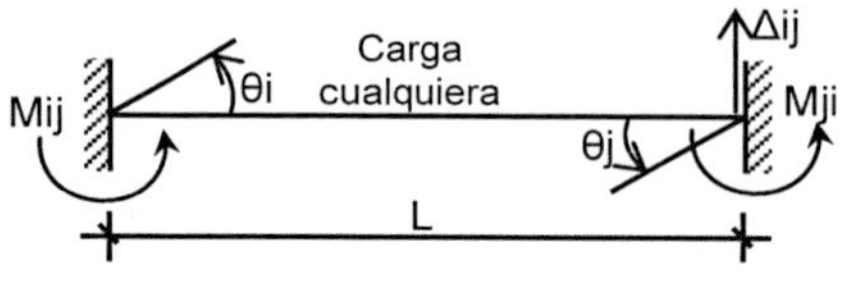 Mij θi Carga cualquiera Δij Mji θj L	$M_{ij} = M_{ij}^{C} + \frac{4\cdot E\cdot I}{L}\theta i + \frac{2\cdot E\cdot I}{L}\theta j - \frac{6\cdot E\cdot I}{L^2}\Delta_{ij}$ $M_{ji} = M_{ji}^{C} + \frac{2\cdot E\cdot I}{L}\theta i + \frac{4\cdot E\cdot I}{L}\theta j - \frac{6\cdot E\cdot I}{L^2}\Delta_{ij}$
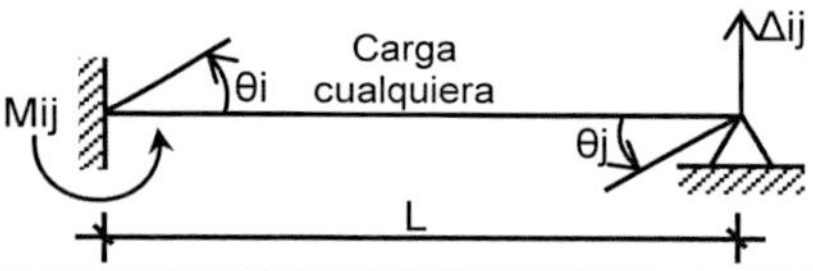 Mij θi Carga cualquiera Δij θj L	$M_{ij} = M_{ij}^{C} + \frac{3\cdot E\cdot I}{L}\theta i - \frac{3\cdot E\cdot I}{L^2}\Delta ij$ $M_{ji} = 0$
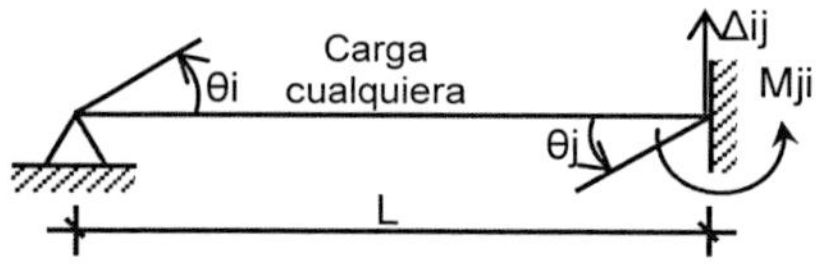 θi Carga cualquiera Δij Mji θj L	$M_{ij} = 0$ $M_{ji} = M_{ji}^{C} + \frac{3\cdot E\cdot I}{L}\theta j - \frac{3\cdot E\cdot I}{L^2}\Delta ij$
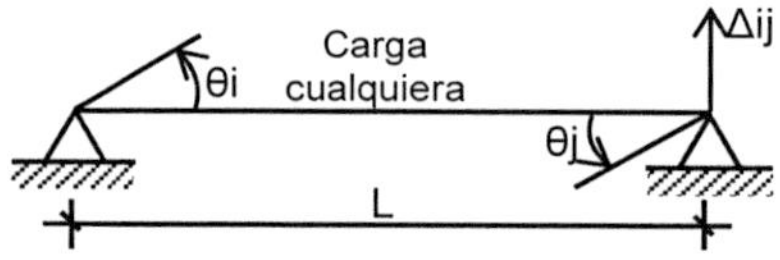 θi Carga cualquiera Δij θj L	$M_{ij} = 0$ $M_{ji} = 0$
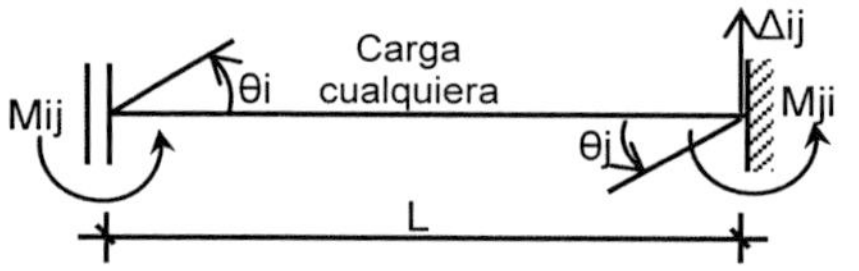 Mij θi Carga cualquiera Δij Mji θj L	$M_{ij} = M_{ij}^{C} + \frac{E\cdot I}{L}\theta i - \frac{E\cdot I}{L}\theta j$ $M_{ji} = M_{ji}^{C} - \frac{E\cdot I}{L}\theta i + \frac{E\cdot I}{L}\theta j$
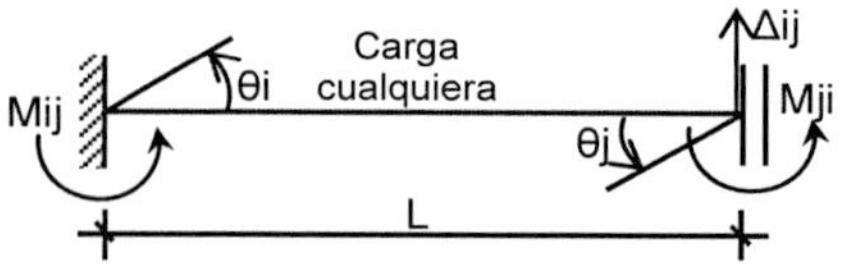 Mij θi Carga cualquiera Δij Mji θj L	$M_{ij} = M_{ij}^{C} + \frac{E\cdot I}{L}\theta i - \frac{E\cdot I}{L}\theta j$ $M_{ji} = M_{ji}^{C} - \frac{E\cdot I}{L}\theta i + \frac{E\cdot I}{L}\theta j$

Mij y Mji = Son momentos en los extremos de la barra.

$M^c ij$ y $M^c ji$ = Son los momentos debido a una carga cualquiera; estos se obtienen de la tabla 5.

L = longitud de la barra.

E = Módulo de elasticidad.

I = Inercia.

3.7.1. Disposición gráfica de la estructura desplazada

Se refiere a plantear de forma coherente el desplazamiento que sufre la estructura, sin considerar las deformaciones debido a esfuerzos normales ni a las curvaturas de flexión debido a cargas.

Para lograr la gráfica que defina la estructura desplazada se debe considerar los siguientes pasos:

1.- Identificar la cantidad de traslaciones que tiene la estructura, para ello puede consultar el apartado 3.4.2 (Estructuras traslacionales). Por ejemplo, la siguiente estructura tiene dos traslaciones, definidas en los nudos 2 y 4. Véase la siguiente figura.

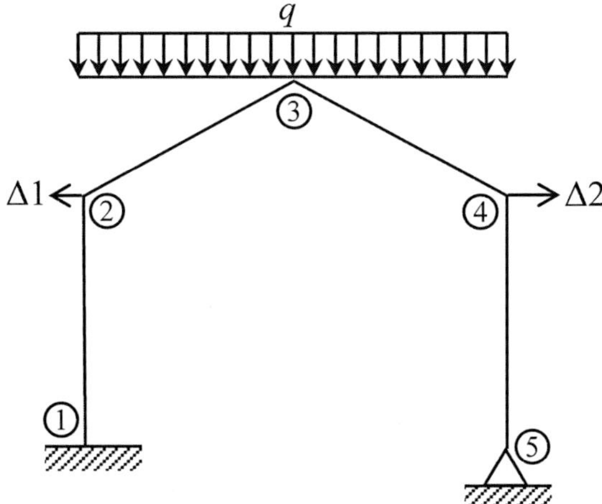

Figura 3.63 Estructura con desplazamientos laterales.

Las magnitudes asumidas de estos desplazamientos no deben ser iguales; además, podemos asumir su sentido.

2.- Las barras modificarán su posición según estos desplazamientos. Veamos cómo las barras se trasladan y rotan según Δ1 y Δ2.

- La barra 1-2 está restringida a traslación en el nudo 1; por lo tanto, la única posibilidad de movimiento es la de rotar hasta ubicarse en la posición final del vector Δ1. No olvidemos que la rotación de una barra se la define perpendicular a su propio eje.

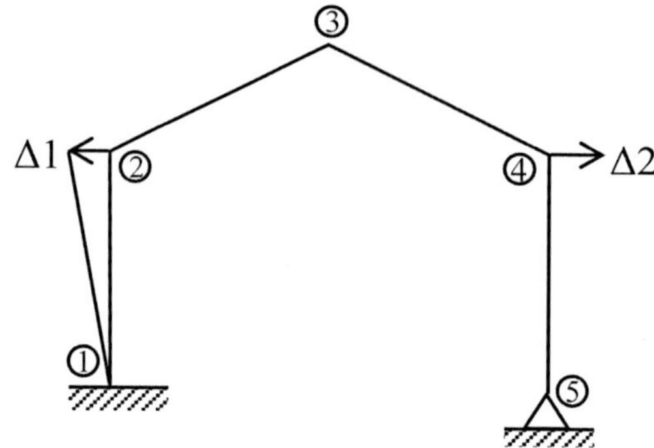

Figura 3.64 Estructura con barra 1-2 girada.

- La barra 4-5 está fija en el nudo 5; por lo tanto, solo puede rotar hasta ubicarse en la posición final del vector Δ2.

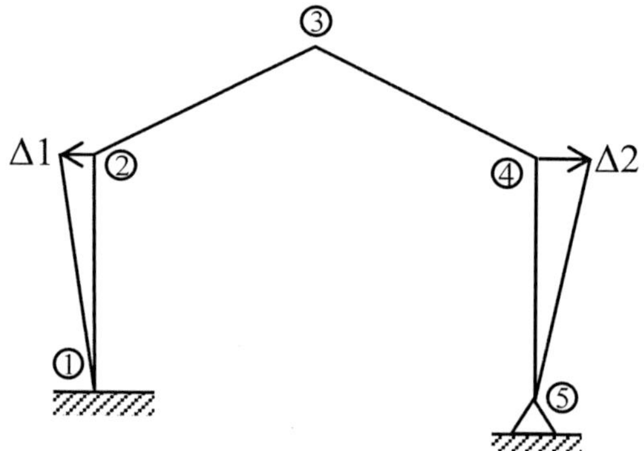

Figura 3.65 Estructura con barra 4-5 girada.

- Las barras 2-3 y 3-4 se trasladarán paralelamente a su respectiva posición según los valores Δ1 y Δ2, respectivamente.

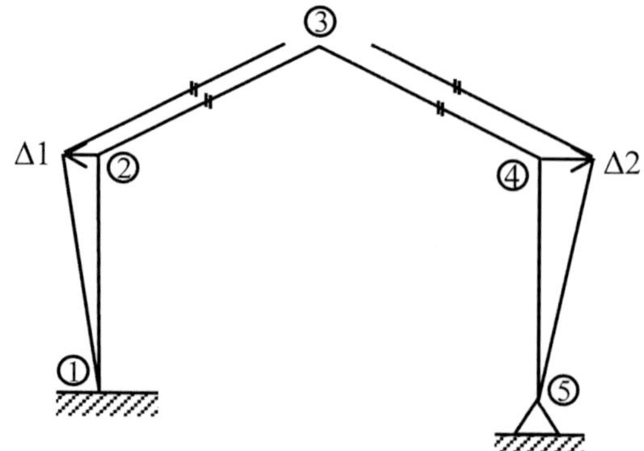

Figura 3.66 Traslación paralela de las barras 2-3 y 3-4.

- Finalmente, las barras 2-3 y 3-4 rotan perpendicularmente a su propio eje hasta intersectarse en un mismo punto.

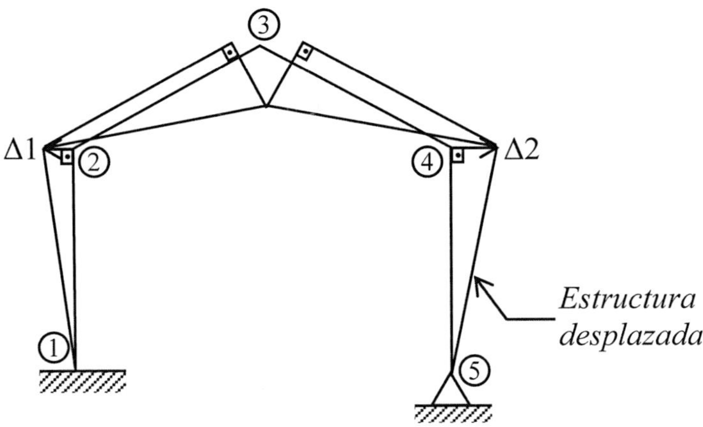

Figura 3.67 Rotación de las barras 2-3 y 3-4.

3.- Identificar o calcular el valor de Δij para cada barra; veamos en qué consiste.

El valor Δij es un desplazamiento transversal que define la rotación absoluta de cada barra.

- Para la barra 1-2 tenemos que Δ12 es igual a Δ1:

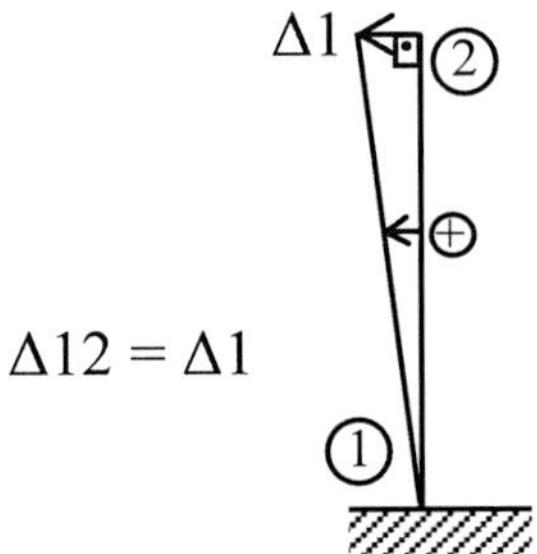

Figura 3.68 Desplazamiento lateral de la barra 1-2.

- Para la barra 2-3, obtener el valor de Δ23 es motivo de cálculo, pues este representa:

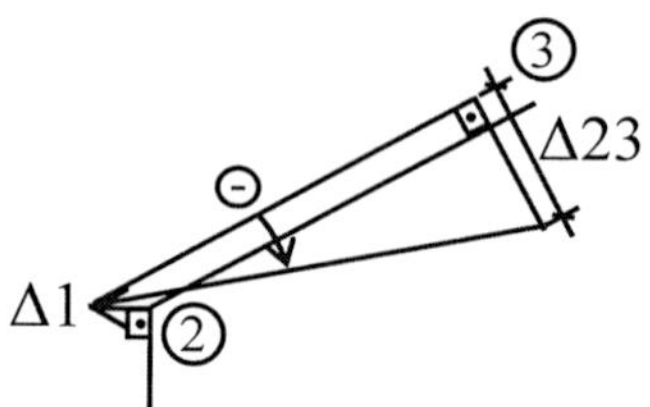

Figura 3.69 Desplazamiento lateral de la barra 2-3.

Este desplazamiento es negativo porque la barra rota en sentido horario y además está en función de los desplazamientos Δ1 y Δ2.

- Para la barra 3-4, obtener el valor de Δ34 es motivo de cálculo, pues este representa:

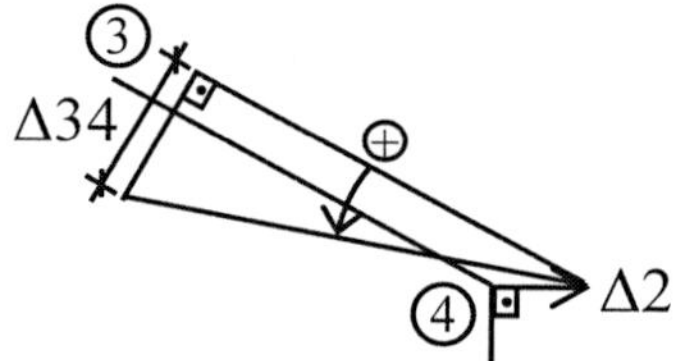

Figura 3.70 Desplazamiento lateral de la barra 3-4.

Este desplazamiento es positivo porque la barra rota en sentido antihorario y además está en función de los desplazamientos Δ1 y Δ2.

- Para la barra 4-5 tenemos que Δ45 es igual a -Δ1:

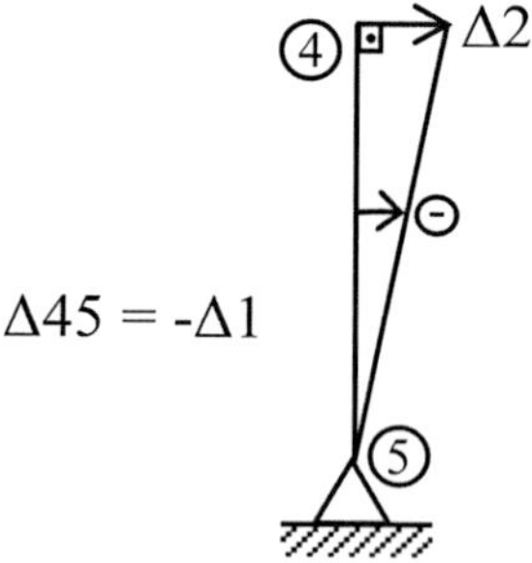

Figura 3.71 Desplazamiento lateral de la barra 4-5.

Hasta aquí hemos visto cómo se encara la disposición gráfica de la estructura desplazada.

3.7.2. Ecuación adicional de momentos

El número de ecuaciones adicionales que debemos encontrar para resolver una estructura traslacional es equivalente a la cantidad de traslaciones que tenga la estructura.

Esta ecuación adicional de momento consiste en obtener una ecuación donde las únicas variables sean los momentos Mij y Mji de las diferentes barras de la estructura; para ello podemos plantear ecuaciones de equilibrio estático aplicadas en ciertas partes de la estructura o en todo el sistema. Es decir:

$$\Sigma F_H = 0; \quad \Sigma F_V = 0; \quad \Sigma M = 0$$

Para la estructura anterior, podríamos efectuar una sumatoria de fuerzas horizontales para toda la estructura.

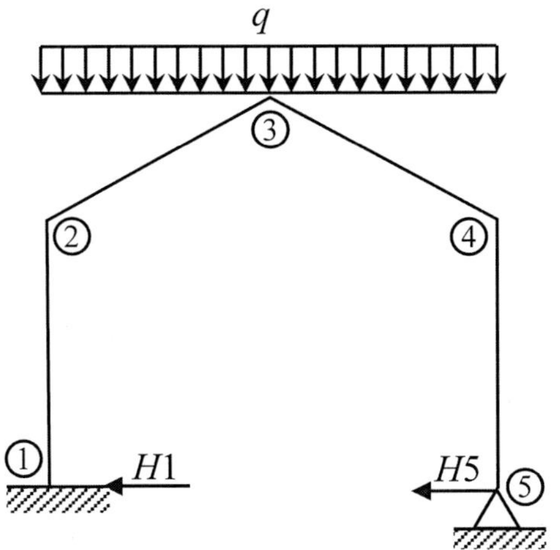

Figura 3.72 Barra 1-2 desensamblada.

$\Sigma F_H = 0 \rightarrow \oplus$

$H1 + H5 = 0$ ①

Luego cortamos la estructura en el nudo 2 y tomamos momento en 2.

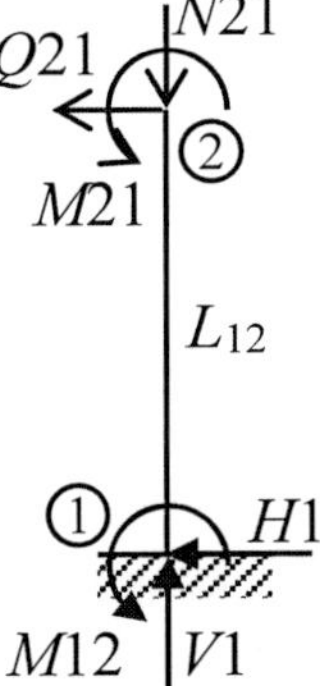

$\Sigma M_2 = 0 \circlearrowleft \oplus$

$$-H1 \cdot L_{12} + M12 + M21 = 0$$

$$H1 = \frac{M12 + M21}{L_{12}}$$

Ahora podemos cortar la estructura en 4 y tomar momento en el mismo nudo.

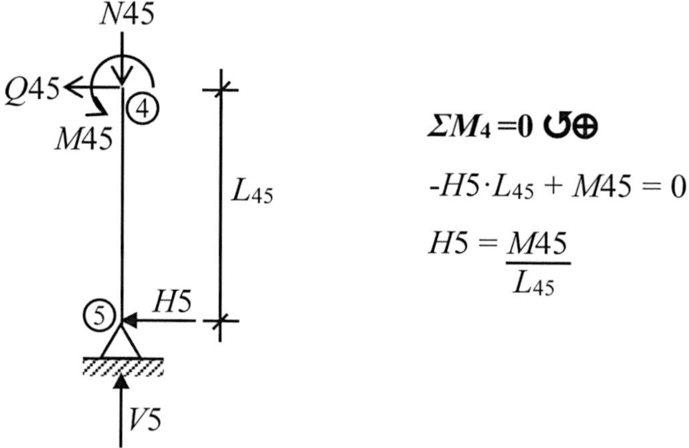

Figura 3.73 Barra 4-5 desensamblada.

Una vez obtenidos H1 y H5 podemos reemplazarlos en la ecuación 1, obteniendo así la ecuación adicional de momentos.

$$H1 + H5 = 0$$

$$\frac{M12 + M21}{\mathrm{L}_{12}} + \frac{M45}{L_{45}} = 0 \quad \text{Ecuación adicional de momento}$$

No olvidemos que el número de ecuaciones adicionales depende de la cantidad de traslaciones que tenga la estructura, para nuestro ejemplo es 2 y, por lo tanto, nos faltaría encontrar una segunda ecuación adicional de momento, la cual quedara como tarea para el lector.

Finalmente, podemos indicar que las ecuaciones adicionales de momentos se pueden obtener de diferentes formas, y bajo diferentes procesos, que dependerán de la habilidad del estudiante para identificar las ecuaciones de equilibrios que vayan a utilizar, el orden en que las vayan a emplear y el espacio al cual vayan a afectar.

EJERCICIO 73

Resolver la siguiente viga diagramando momento flector.

Datos

$E = 2 \cdot 10^6 \ t/m^2$

$b/h = 20/40$

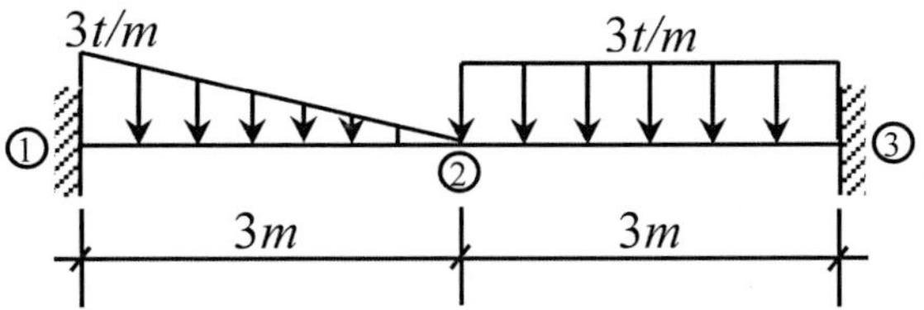

Figura 3.74 Viga traslacional.

1.- Número de Incógnitas

$$Nd = d_1 + d_e$$
$$Nd = 1 + 1$$
$$Nd = 2 \quad \text{Incógnitas } \theta_2 = \text{giro en 2}$$
$$\Delta = \text{desplazamiento vertical en 2}$$

2.- Estructura desplazada

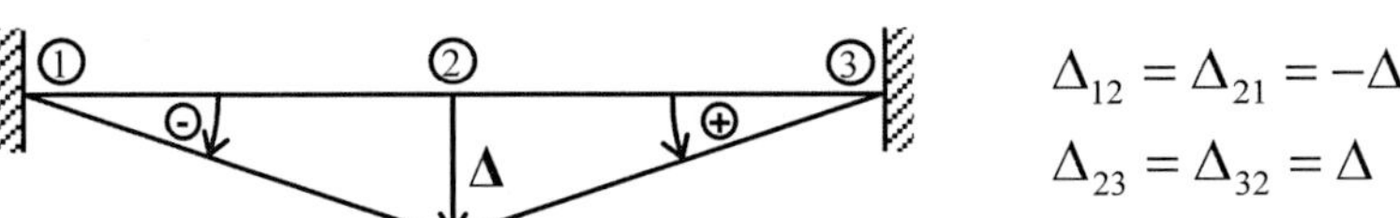

$$\Delta_{12} = \Delta_{21} = -\Delta$$
$$\Delta_{23} = \Delta_{32} = \Delta$$

3.- Análisis de barra

a) Barra 1-2 (empotrado-empotrado)

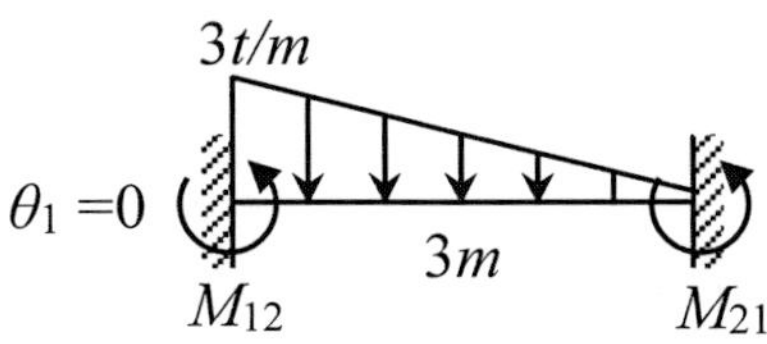

$$M_{12}^{C} = \frac{qL^2}{20} = \frac{3 \cdot 3^2}{20} = 1{,}35tm$$

$$M_{21}^{c} = \frac{-qL^2}{30} = \frac{-3 \cdot 3^2}{30} = -0{,}9tm$$

$$M_{12} = M_{12}^{C} + \frac{4EI}{L}\overset{0}{\cancel{\theta_1}} + \frac{2EI}{L}\theta_2 - \frac{6EI}{L^2}\Delta_{12}$$

$$M_{12} = 1{,}35 + \frac{2EI}{3}\theta_2 - \frac{6EI}{3^2}(-\Delta)$$

$$M_{12} = 1{,}35 + 0{,}667EI\theta_2 + 0{,}667EI\Delta$$

$$M_{21} = M_{21}^{C} + \frac{2EI}{L}\cancelto{0}{\theta_1} + \frac{4EI}{L}EI\theta_2 - \frac{6EI}{L^2}\Delta_{21}$$

$$M_{21} = -0{,}9 + \frac{4EI}{3}\theta_2 - \frac{6EI}{3^2}(-\Delta)$$

$$M_{21} = -0{,}9 + 1{,}333EI\theta_2 + 0{,}667EI\Delta$$

b) Barra 2-3 (empotrado-empotrado)

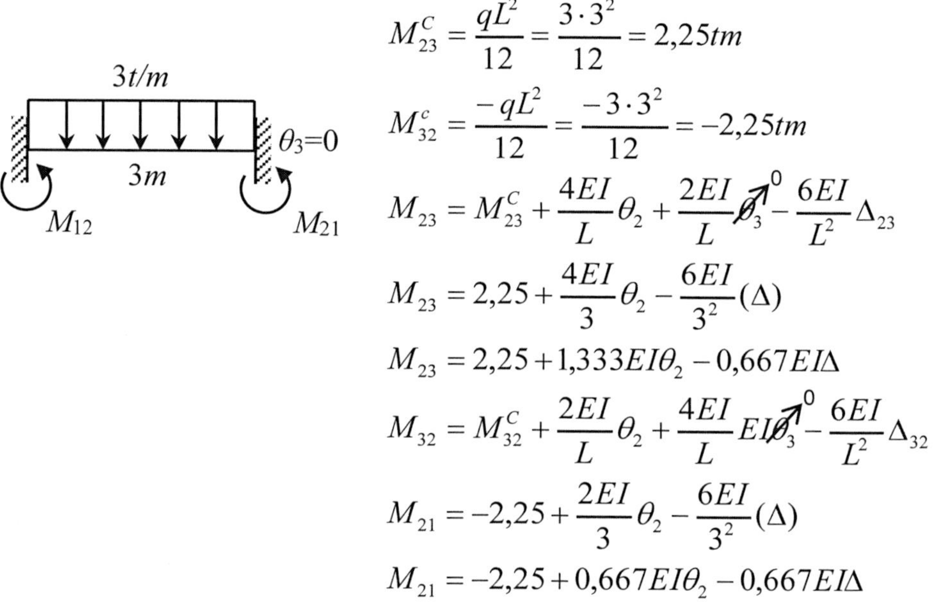

$$M_{23}^{C} = \frac{qL^2}{12} = \frac{3\cdot 3^2}{12} = 2{,}25tm$$

$$M_{32}^{c} = \frac{-qL^2}{12} = \frac{-3\cdot 3^2}{12} = -2{,}25tm$$

$$M_{23} = M_{23}^{C} + \frac{4EI}{L}\theta_2 + \frac{2EI}{L}\cancelto{0}{\theta_3} - \frac{6EI}{L^2}\Delta_{23}$$

$$M_{23} = 2{,}25 + \frac{4EI}{3}\theta_2 - \frac{6EI}{3^2}(\Delta)$$

$$M_{23} = 2{,}25 + 1{,}333EI\theta_2 - 0{,}667EI\Delta$$

$$M_{32} = M_{32}^{C} + \frac{2EI}{L}\theta_2 + \frac{4EI}{L}EI\cancelto{0}{\theta_3} - \frac{6EI}{L^2}\Delta_{32}$$

$$M_{21} = -2{,}25 + \frac{2EI}{3}\theta_2 - \frac{6EI}{3^2}(\Delta)$$

$$M_{21} = -2{,}25 + 0{,}667EI\theta_2 - 0{,}667EI\Delta$$

4.- Análisis de nudo

a) Nudo 2

M_{21} ② M_{23}

$$\sum M_2 = 0 \quad \circlearrowleft \oplus$$

$$M_{21} + M_{23} = 0$$

$$M_{21} = -0{,}9 + 1{,}333EI\theta_2 + 0{,}667EI\Delta$$

$$M_{23} = 2{,}25 + 1{,}333EI\theta_2 - 0{,}667EI\Delta$$

$$\overline{0 = 1{,}35 + 2{,}666EI\theta_2 + 0}$$

$$EI\theta_2 = -0{,}506$$

5.- Ecuación adicional de momento

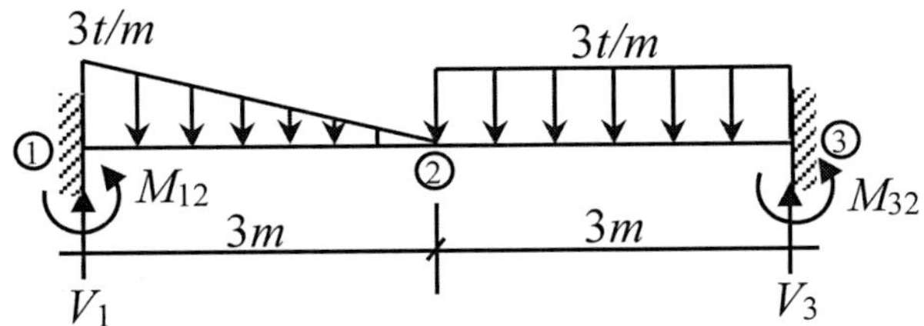

$$\sum FV = 0 \uparrow \oplus$$

$$V_1 + V_3 - \frac{3\cdot 3}{2} - 3\cdot 3 = 0$$

$$V_1 + V_3 = 13{,}5 \quad ①$$

$$\sum M_1 = 0 \circlearrowleft \oplus$$

$$-M_{12} - M_{32} - V_3\cdot 6 + \frac{3\cdot 3}{2}\cdot 1 + 3\cdot 3\cdot 4{,}5 = 0$$

$$V_3 = \frac{45 - M_{12} - M_{32}}{6} \quad ②$$

Corte en 2 izquierda:

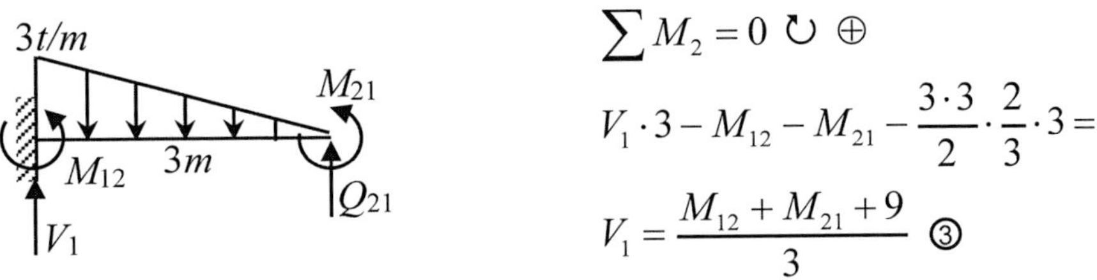

$$\sum M_2 = 0 \circlearrowleft \oplus$$

$$V_1\cdot 3 - M_{12} - M_{21} - \frac{3\cdot 3}{2}\cdot\frac{2}{3}\cdot 3 = 0$$

$$V_1 = \frac{M_{12} + M_{21} + 9}{3} \quad ③$$

Sustituir ② y ③ en ①

$$\frac{M_{12} + M_{21} + 9}{3} + \frac{45 - M_{12} - M_{32}}{6} = 13{,}5 \qquad *(6)$$

$$2M_{12} + 2M_{21} + 18 + 45 - M_{12} - M_{32} = 81$$

$$M_{12} + 2M_{21} - M_{32} - 18 = 0$$

$$M_{12} = 1{,}35 + 0{,}667EI\theta_2 + 0{,}667EI\Delta$$

$$2M_{21} = -1{,}8 + 2{,}666EI\theta_2 + 1{,}334EI\Delta$$

$$-M_{32} = 2{,}25 - 0{,}667EI\theta_2 + 0{,}667EI\Delta$$

$$-18 = -18$$

$$0 = -16{,}2 + 2{,}666EI\theta_2 + 2{,}668EI\Delta$$

Sabiendo que $E \cdot I \cdot \theta_2 = -0{,}506$ tenemos:

$$E \cdot I \cdot \Delta = 6{,}578$$

6.- Momentos finales

$$M_{12} = 1{,}35 + 0{,}667(-0{,}506) + 0{,}667(6{,}578) = 5{,}4tm$$
$$M_{21} = -0{,}9 + 1{,}333(-0{,}506) + 0{,}667(6{,}578) = 2{,}813tm$$
$$M_{23} = 2{,}25 + 1{,}333(-0{,}506) - 0{,}667(6{,}578) = -2{,}813tm$$
$$M_{32} = -2{,}25 + 0{,}667(-0{,}506) - 0{,}667(6{,}578) = -6{,}975tm$$

7.- Diagrama de momento

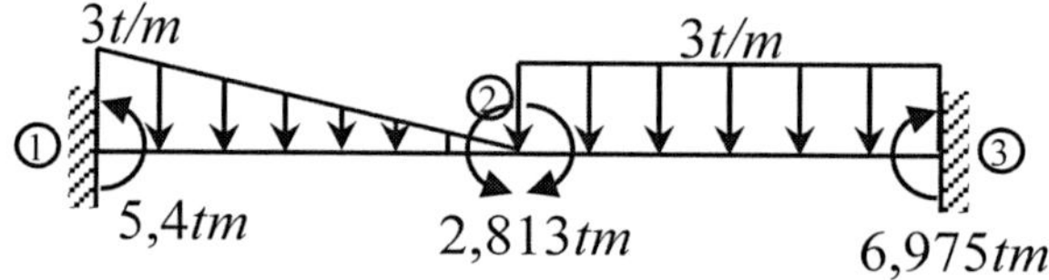

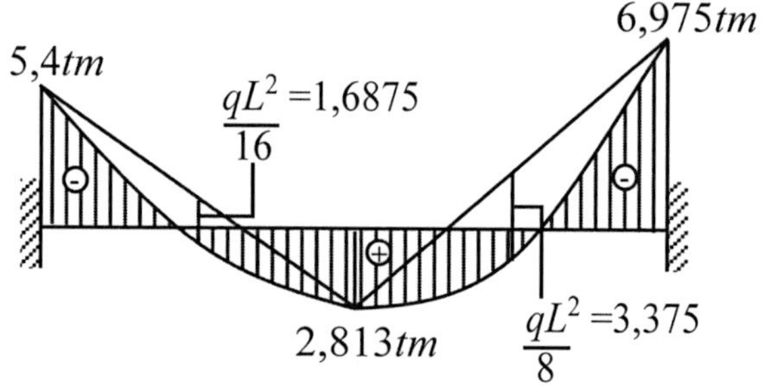

EJERCICIO 74

Calcular reacciones y diagramar esfuerzos.

Datos

$E = 2 \cdot 10^6 \ t/m^2$

$b = 15 \ cm$

$h = 20 \ cm$

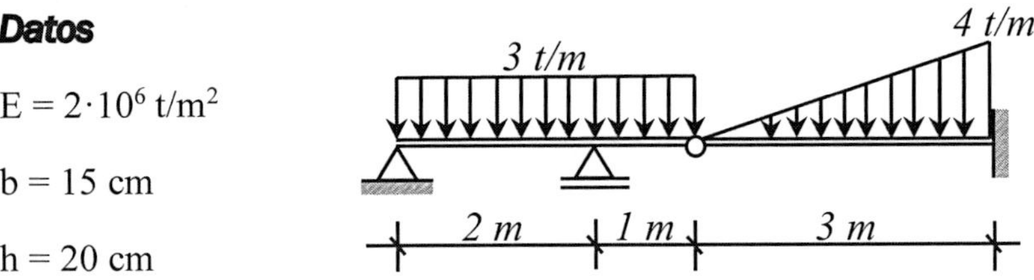

Figura 3.75 Viga traslacional.

1.- Grado de Indeterminación

$$G_I = Di + De$$

$$G_I = 1 + 1$$

$$G_I = 2°$$

Este valor representa el giro en el nudo 2 y el desplazamiento vertical en 3.

2.- Estructura desplazada

$$\Delta_{12} = 0$$

$$\Delta_{23} = -\Delta_1$$

$$\Delta_{34} = \Delta_1$$

3.- Análisis de barras

a) Barra 1-2 (articulado-empotrado)

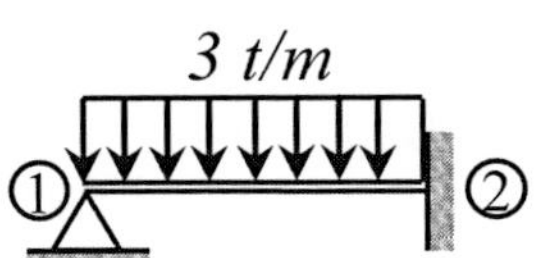

De la tabla 8 obtenemos:

$$M_{21} = M_{21}^C + \frac{3 \cdot EI}{L}\theta_2 - \frac{3 \cdot EI}{L^2}\Delta_{12}$$

Pero $\Delta_{12} = 0$

De la tabla 5 obtenemos:

$$M_{21}^C = -\frac{q \cdot l^2}{8} = -\frac{3 \cdot 2^2}{8} = -1{,}5 \ tm$$

Reemplazamos M_{21}^{C} y *L* en *M*21:

$$M_{21} = -1{,}5 + \frac{3 \cdot EI}{2}\theta_2$$

$$M_{21} = -1{,}5 + 1{,}5 \cdot EI \cdot \theta_2$$

b) Barra 2-3 (empotrado-articulado)

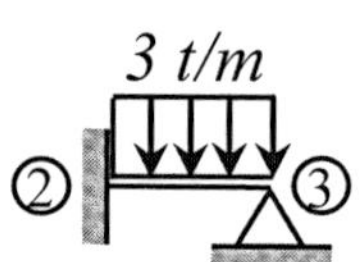

De la tabla 8 obtenemos:

$$M_{23} = M_{23}^{C} + \frac{3 \cdot EI}{L}\theta_2 - \frac{3 \cdot EI}{L^2}\Delta_{23}$$

De la tabla 5 obtenemos:

$$M_{23}^{C} = \frac{q \cdot l^2}{8} = \frac{3 \cdot 1^2}{8} = 0{,}375\ tm$$

Reemplazamos M_{23}^{C}, *L* y Δ_{23} en *M*23:

$$M_{23} = 0{,}375 + \frac{3 \cdot EI}{1}\theta_2 - \frac{3 \cdot EI}{1^2}(-\Delta_1)$$

$$M_{23} = 0{,}375 + 3 \cdot EI\theta_2 + 3 \cdot EI\Delta_1$$

c) Barra 3-4 (articulado-empotrado)

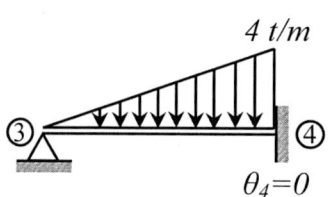

De la tabla 8 obtenemos:

$$M_{43} = M_{43}^{C} + \frac{3 \cdot EI}{L}\theta_4 - \frac{3 \cdot EI}{L^2}\Delta_{34}$$

Sabiendo que $\theta_4 = 0$ tenemos:

$$M_{43} = M_{43}^{C} - \frac{3 \cdot EI}{L^2}\Delta_{34}$$

De la tabla 5 obtenemos M_{43}^{C}:

$$M_{43}^{C} = -\frac{q \cdot l^2}{15} = -\frac{4 \cdot 3^2}{15} = -2{,}4\ tm$$

Reemplazamos M_{43}^{C}, *L* y Δ_{34} en M_{43}:

$$M_{43} = -2{,}4 - \frac{3 \cdot EI}{3^2} \cdot \Delta_1$$

$$M_{43} = -2{,}4 - 0{,}333 \cdot EI\Delta_1$$

4.- Análisis de nudos

Nudo 2

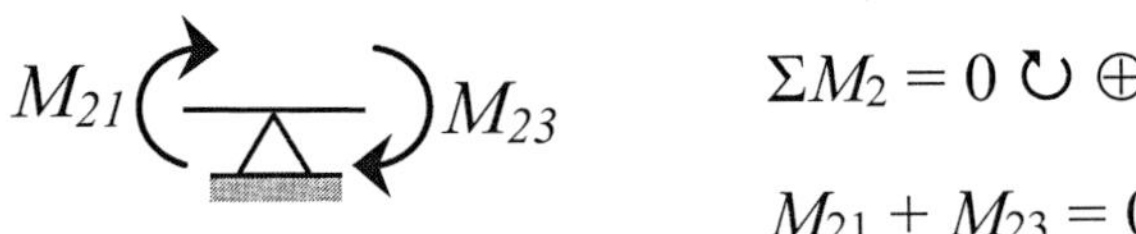

$\Sigma M_2 = 0$ ↻ ⊕

$$M_{21} + M_{23} = 0$$

Reemplazamos los valores de los momentos:

$$\begin{array}{rrrr} M_{21} = & -1{,}5 & +1{,}5 \cdot EI\theta_2 & \\ M_{23} = & 0{,}375 & +3 \cdot EI\theta_2 & +3 \cdot EI\Delta_1 \\ \hline 0 = & -1{,}125 & +4{,}5 \cdot EI\theta_2 & +3 \cdot EI\Delta_1 \end{array}$$

$$4{,}5 \cdot EI\theta_2 + 3 \cdot EI\Delta_1 = 1{,}125 \quad ①$$

5.- Ecuación adicional de momentos

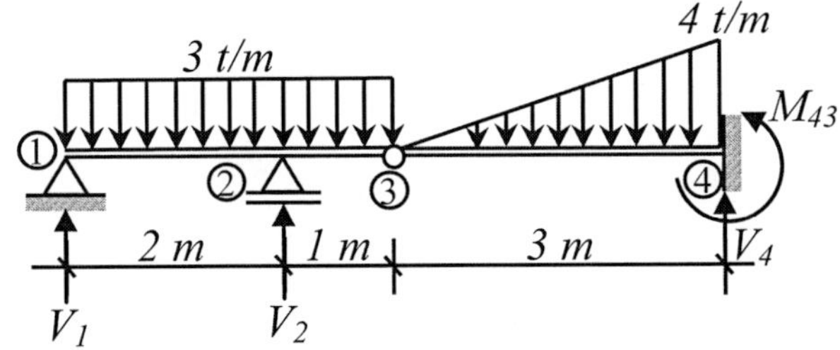

$\Sigma M_3 = 0$ ↻⊕ (*izquierda*)

$$V_1 \cdot 3 + V_2 \cdot 1 - 3 \cdot 3 \cdot 1{,}5 = 0$$

$$3 \cdot V_1 + V_2 = 13{,}5 \quad Ⓐ$$

Corte en el nudo 2

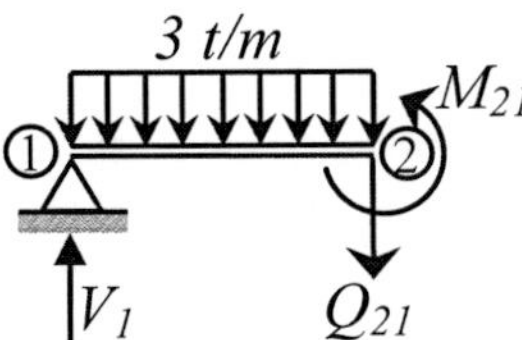

$\Sigma M_2 = 0$ ↻ ⊕

$$V_1 \cdot 2 - 3 \cdot 2 \cdot 1 - M_{21} = 0$$

$$V_1 = \frac{M_{21} + 6}{2} \quad Ⓑ$$

En toda la estructura tomamos momento en 4:

$$\Sigma M_4 = 0 \circlearrowleft \oplus$$

$$V_1 \cdot 6 - 3 \cdot 3 \cdot 4{,}5 + V_2 \cdot 4 - \frac{4 \cdot 3}{2} \cdot 1 - M_{43} = 0$$

$$6 \cdot V_1 - 40{,}5 + 4 \cdot V_2 - 6 - M_{43} = 0$$

$$6 \cdot V_1 - 46.5 + 4 \cdot V_2 - M_{43} = 0$$

$$6 \cdot \left(\frac{M_{21} + 6}{2} \right) - 46{,}5 + 4 \cdot V_2 - M_{43} = 0$$

$$3 \cdot M_{21} + 18 - 46{,}5 + 4 \cdot V_2 - M_{43} = 0$$

$$V_2 = \frac{28{,}5 + M_{43} - 3 \cdot M_{21}}{4} \quad \text{Ⓒ}$$

Reemplazar B y C en A:

$$3 \cdot \left(\frac{M_{21} + 6}{2} \right) + \frac{28{,}5 + M_{43} - 3 \cdot M_{21}}{4} = 13{,}5 \quad *(4)$$

$$6 \cdot M_{21} + 36 + 28{,}5 + M_{43} - 3M_{21} = 54$$

$$3 \cdot M_{21} + M_{43} + 10{,}5 = 0$$

$$\begin{array}{rllll} 3M_{21} = & -4{,}5 & +4{,}5 \cdot EI\theta_2 & & \\ M_{43} = & -2{,}4 & & & -0{,}333 \cdot EI\Delta_1 \\ 10{,}5 = & 10{,}5 & & & \\ \hline 0 = & 3{,}6 & +4{,}5 \cdot EI\theta_2 & & -0{,}333 \cdot EI\Delta_1 \end{array}$$

$$4{,}5 \cdot EI\theta_2 - 0{,}333 \cdot EI\Delta_1 = -3{,}6 \quad \text{②}$$

Resumiendo 1 y 2, tenemos:

$$4{,}5 \cdot EI\theta_2 + 3 \cdot EI\Delta_1 = 1{,}125$$

$$4{,}5 \cdot EI\theta_2 - 0{,}333 \cdot EI\Delta_1 = -3{,}6$$

Resolviendo este sistema de ecuaciones, obtenemos:

$$EI\theta_2 = -0{,}6951$$

$$EI\Delta_1 = 1{,}4176$$

6.- Momentos finales

$$M_{21} = -1{,}5 + 1{,}5 \cdot EI\theta_2$$

$$M_{21} = -1{,}5 + 1{,}5 \cdot (-0{,}6951)$$

$$M_{21} = -2{,}54\ tm$$

$$M_{23} = 0{,}375 + 3 \cdot EI\theta_2 + 3 \cdot EI\Delta_1$$

$$M_{23} = 0{,}375 + 3 \cdot (-0{,}6951) + 3 \cdot (1{,}4176)$$

$$M_{23} = 2{,}5425\ tm$$

$$M_{43} = -2{,}4 - 0{,}333 \cdot EI\Delta_1$$

$$M_{43} = -2{,}4 - 0{,}333 \cdot (1{,}4176)$$

$$M_{43} = -2{,}872\ tm$$

7.- Reacciones finales

Reemplazamos en las ecuaciones B y C los momentos correspondientes:

$$V_1 = \frac{M_{21} + 6}{2} = \frac{-2{,}54 + 6}{2} = 1{,}73\,t$$

$$V_2 = \frac{28{,}5 + M_{43} - 3 \cdot M_{21}}{4} = \frac{28{,}5 - 2{,}872 - 3 \cdot (-2{,}54)}{4} = 8{,}312\,t$$

Luego aplicamos las ecuaciones de equilibrio a toda la estructura:

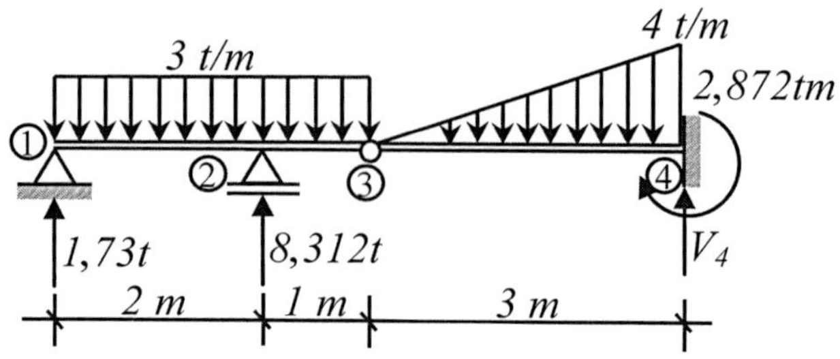

$$\Sigma F_V = 0 \uparrow \oplus$$

$$1{,}73 - 3 \cdot 3 + 8{,}312 - \frac{4 \cdot 3}{2} + V_4 = 0$$

$$V_4 = 4{,}958\ t$$

8.- Diagrama de esfuerzos

a) Momento flector

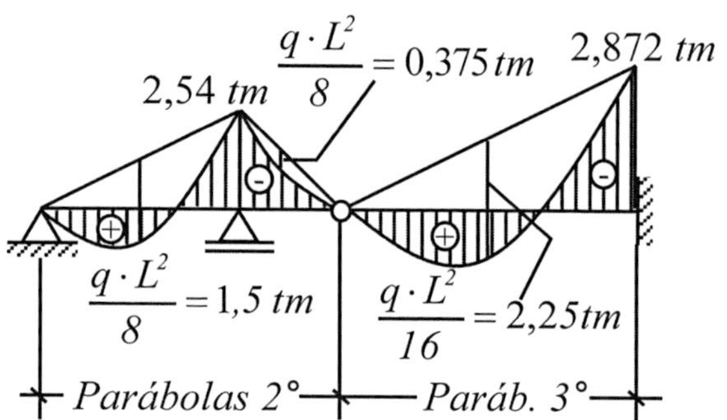

b) Cortante

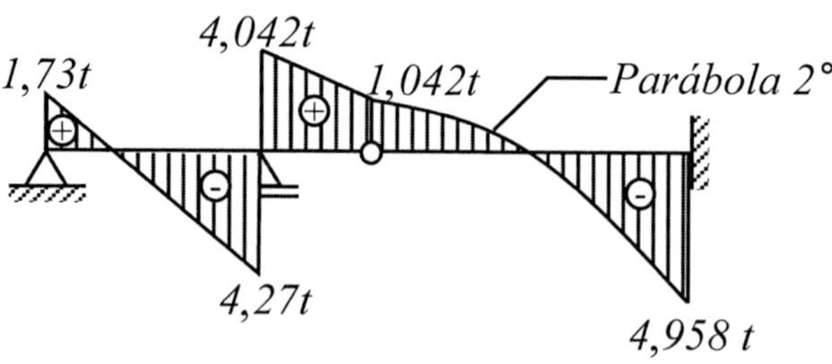

EJERCICIO 75

Calcular reacciones y diagramar esfuerzos.

Datos

$E = 2 \cdot 10^6$ t/m^2

$b = 15$ cm

$h = 30$ cm

Figura 3.76 Viga traslacional.

1.- Grado de indeterminación

$$G_I = D_i + D_e$$

$$G_I = 1 + 1$$

$$G_I = 2°$$

Este valor se refiere al desplazamiento vertical que se produce en el nudo 2 y el giro del nudo 3.

Incógnitas: $\Delta_1 \ y \ \theta_3$

2.- Estructura desplazada

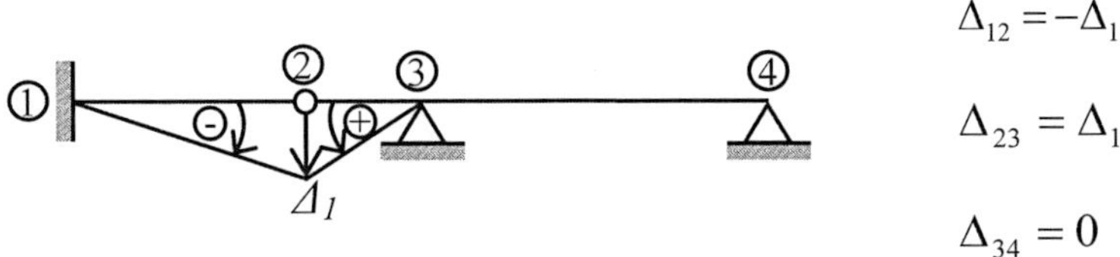

$$\Delta_{12} = -\Delta_1$$

$$\Delta_{23} = \Delta_1$$

$$\Delta_{34} = 0$$

3.- Análisis de barras

a) Barra 1-2 (empotrado-articulado)

De la tabla 8 obtenemos la fórmula:

$\theta_1 = 0$

$$M_{12} = M_{12}^C + \frac{3 \cdot EI}{L}\theta_1 - \frac{3 \cdot EI}{L^2}\Delta_{12}$$

Sabiendo que $\theta_1 = 0$ y que la viga no tiene carga, tenemos:

$$M_{12} = -\frac{3 \cdot EI}{L^2} \Delta_{12}$$

Reemplazando *L* y Δ_{12} tenemos:

$$M_{12} = \frac{-3 \cdot EI}{2^2} \cdot (-\Delta_1) = 0{,}75 \cdot EI\Delta_1$$

b) Barra 2-3 (articulado-empotrado)

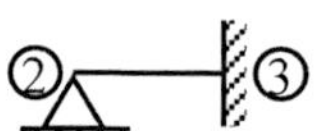

De la tabla 8 obtenemos la fórmula:

$$M_{32} = M_{32}^C + \frac{3 \cdot EI}{L} \theta_3 - \frac{3 \cdot EI}{L^2} \Delta_{23}$$

Sabiendo que la viga no tiene carga, tenemos:

$$M_{32} = \frac{3 \cdot EI}{L} \theta_3 - \frac{3 \cdot EI}{L^2} \Delta_{23}$$

Reemplazamos *L* y Δ_{23}:

$$M_{32} = \frac{3 \cdot EI}{1} \theta_3 - \frac{3 \cdot EI}{1^2} (\Delta_1)$$

$$M_{32} = 3 \cdot EI\theta_3 - 3 \cdot EI\Delta_1$$

c) Barra 3-4 (empotrado-articulado)

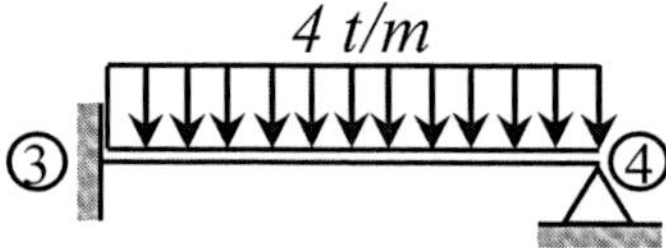

De la tabla 8 obtenemos la fórmula:

$$M_{34} = M_{34}^C + \frac{3 \cdot EI}{L} \theta_3 - \frac{3 \cdot EI}{L^2} \Delta_{34}$$

De la tabla 5 obtenemos el valor de M_{34}^C:

$$M_{34}^C = \frac{q \cdot l^2}{8} = \frac{4 \cdot 3^2}{8} = 4{,}5\, tm$$

Reemplazamos M_{34}^{C}, L y Δ_{34} en M_{34}:

$$M_{34} = 4{,}5 + \frac{3 \cdot EI}{3}\theta_3 - \frac{3 \cdot EI}{3^2}(0)$$

$$M_{34} = 4{,}5 + EI\theta_3$$

4.- Análisis de nudos

Nudo 3

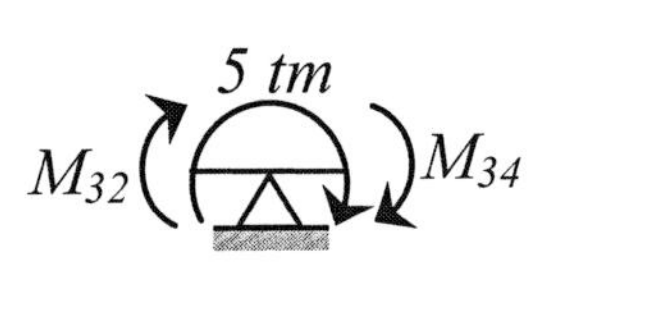

$\Sigma M_3 = 0$ ↻ ⊕

$M_{32} + M_{34} + 5 = 0$

$$\begin{aligned} M_{32} &= \quad\quad 3 \cdot EI\theta_3 \quad -3 \cdot EI\Delta_1 \\ M_{34} &= 4{,}5 \quad + EI\theta_3 \\ 5 &= 5 \\ \hline 0 &= 9{,}5 \quad +4 \cdot EI\theta_3 \quad -3 \cdot EI\Delta_1 \quad ① \end{aligned}$$

$$4 \cdot EI\theta_3 - 3 \cdot EI\Delta_1 = -9{,}5$$

5.- Ecuación adicional de momentos

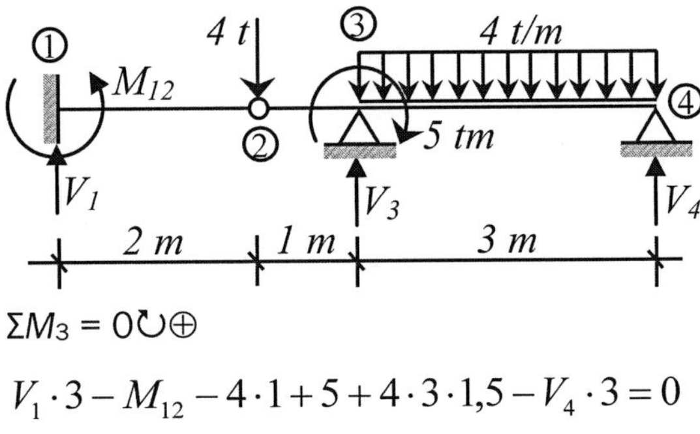

$\Sigma M_3 = 0$↻⊕

$$V_1 \cdot 3 - M_{12} - 4 \cdot 1 + 5 + 4 \cdot 3 \cdot 1{,}5 - V_4 \cdot 3 = 0$$

$$3 \cdot V_1 - 3V_4 - M_{12} + 19 = 0 \quad Ⓐ$$

Corte en el nudo 3

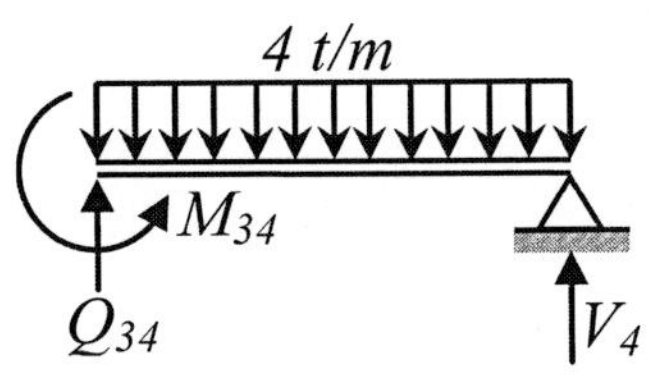

$\Sigma M_3 = 0$ ↻ ⊕

$$-M_{34} + 4 \cdot 3 \cdot 1{,}5 - V_4 \cdot 3 = 0$$

$$-M_{34} + 18 - 3 \cdot V_4 = 0$$

$$V_4 = \frac{18 - M_{34}}{3} \quad Ⓑ$$

En la estructura tomamos momento en 2 hacia la izquierda:

$\Sigma M_2 = 0$ ↻⊕ (*izquierda*)

$$V_1 \cdot 2 - M_{12} = 0$$

$$V_1 = \frac{M_{12}}{2} \quad Ⓒ$$

Reemplazar B y C en A:

$$3 \cdot \frac{M_{12}}{2} - 3 \cdot \left(\frac{18 - M_{34}}{3} \right) - M_{12} + 19 = 0$$

$$1{,}5 \cdot M_{12} - 18 + M_{34} - M_{12} + 19 = 0$$

$$0{,}5 \cdot M_{12} + M_{34} + 1 = 0 \quad Ⓓ$$

Adicional de momentos

Reemplazamos los valores correspondientes de M_{12} y M_{34} de la ecuación anterior (D):

$$\begin{array}{rcccc} 0{,}5M_{12} & = & & & +0{,}375 \cdot EI\Delta_1 \\ M_{34} & = & 4{,}5 & +EI\theta_3 & \\ 1 & = & 1 & & \\ \hline 0 & = & 5{,}5 & +EI\theta_3 & +0{,}375 \cdot EI\Delta_1 \end{array}$$

$$EI\theta_3 + 0{,}375 \cdot EI\Delta_1 = -5{,}5 \quad ②$$

Resumiendo, las ecuaciones 1 y 2:

$$4 \cdot EI\theta_3 - 3 \cdot EI\Delta_1 = -9{,}5$$

$$EI\theta_3 + 0{,}375 \cdot EI\Delta_1 = -5{,}5$$

Resolviendo este sistema de ecuaciones, obtenemos:

$$EI\theta_3 = -4{,}4583$$

$$EI\Delta_1 = -2{,}778$$

6.- Momentos finales

$$M_{12} = 0{,}75 \cdot EI\Delta_1$$

$$M_{12} = 0{,}75 \cdot (-2{,}778)$$

$$M_{12} = -2{,}0835\ tm$$

$$M_{32} = 3 \cdot EI\theta_3 - 3 \cdot EI\Delta_1$$

$$M_{32} = 3 \cdot (-4{,}4583) - 3 \cdot (-2{,}778)$$

$$M_{32} = -5{,}041\ tm$$

$$M_{34} = 4{,}5 + EI\theta_3$$

$$M_{34} = 4{,}5 + (-4{,}4583)$$

$$M_{34} = 0{,}042\ tm$$

7.- Reacciones finales

Reemplazamos en las ecuaciones B y C los momentos correspondientes:

$$V_1 = \frac{M_{12}}{2} = \frac{-2{,}0835}{2} = -1{,}0418t$$

$$V_4 = \frac{18 - M_{34}}{3} = \frac{18 - 0{,}042}{3} = 5{,}986t$$

Luego aplicamos las ecuaciones de equilibrio a toda la estructura.

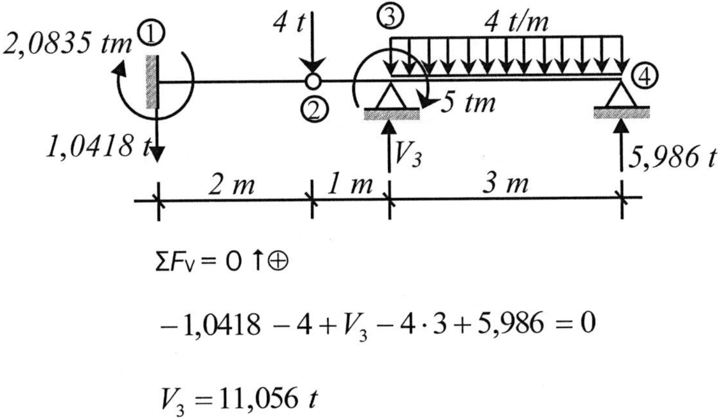

$\Sigma F_V = 0$ ↑⊕

$$-1{,}0418 - 4 + V_3 - 4 \cdot 3 + 5{,}986 = 0$$

$$V_3 = 11{,}056\ t$$

8.- Diagrama de esfuerzos

a) Momento flector

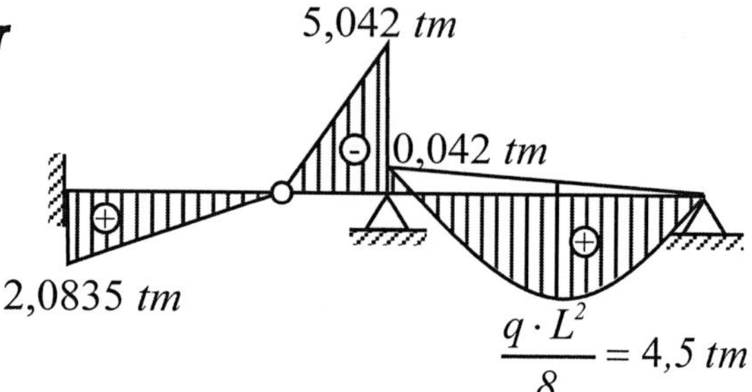

b) Cortante

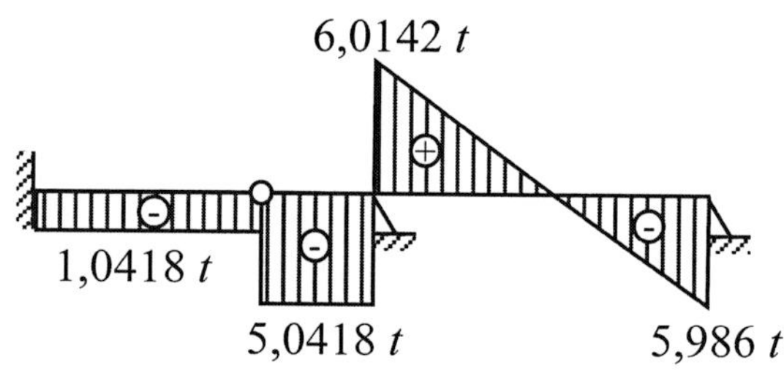

EJERCICIO 76

Resolver la siguiente estructura diagramando momento flector.

Datos

$E = 2 \cdot 10^6$ t/m^2

b/h = 20/30

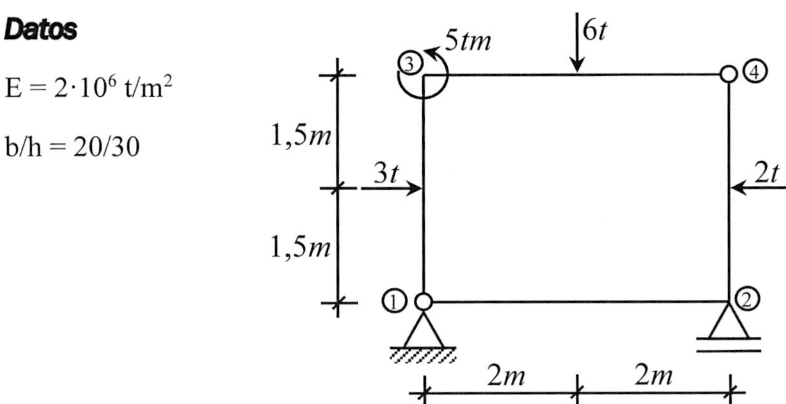

Figura 3.77 Pórtico traslacional.

1.- Número de Incógnitas

$$Nd = d_1 + d_e$$

$$Nd = 2 + 1$$

$$Nd = 3 \text{ Incógnitas}$$

Giros: θ_2 y θ_3

Desplazamiento lateral en la barra 3-4: Δ_1

2.- Estructura desplazada

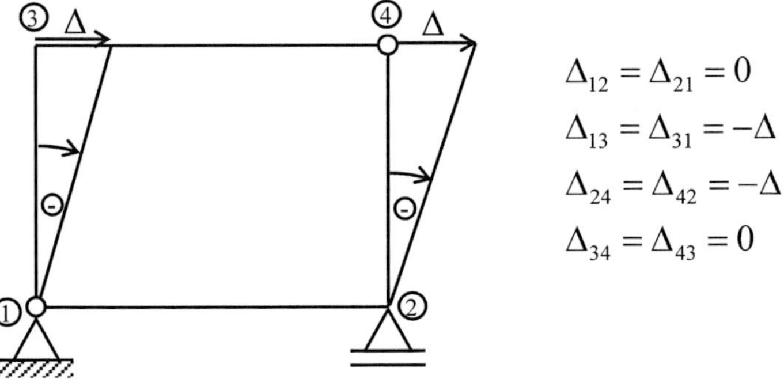

$$\Delta_{12} = \Delta_{21} = 0$$

$$\Delta_{13} = \Delta_{31} = -\Delta$$

$$\Delta_{24} = \Delta_{42} = -\Delta$$

$$\Delta_{34} = \Delta_{43} = 0$$

3.- Análisis de barras

a) Barra 1-2 (articulado-empotrado)

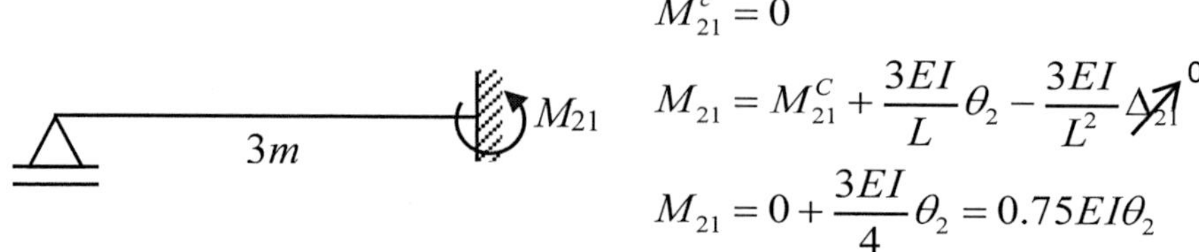

$$M_{21}^{c} = 0$$

$$M_{21} = M_{21}^{C} + \frac{3EI}{L}\theta_2 - \frac{3EI}{L^2}\cancelto{0}{\Delta_{21}}$$

$$M_{21} = 0 + \frac{3EI}{4}\theta_2 = 0.75EI\theta_2$$

b) Barra 1-3 (articulado-empotrado)

$$M_{31}^{C} = \frac{-3PL}{16} = \frac{-3\cdot 3\cdot 3}{16} = -1{,}6875tm$$

$$M_{31} = M_{31}^{c} + \frac{3EI}{L}\theta_3 - \frac{3EI}{L^2}\Delta_{31}$$

$$M_{31} = -1{,}6875 + \frac{3EI}{3}\theta_3 - \frac{3EI(-\Delta)}{3^2}$$

$$M_{23} = -1{,}6875 + EI\theta_2 + 0{,}333EI\Delta$$

c) Barra 2-4 (empotrado-articulado)

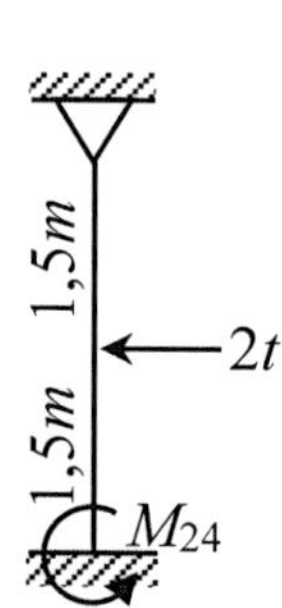

$$M_{24}^{C} = \frac{-3PL}{16} = \frac{-3\cdot 2\cdot 3}{16} = -1{,}125tm$$

$$M_{24} = M_{24}^{c} + \frac{3EI}{L}\theta_2 - \frac{3EI}{L^2}\Delta_{24}$$

$$M_{24} = -1{,}125 + \frac{3EI}{3}\theta_2 - \frac{3EI(-\Delta)}{3^2}$$

$$M_{24} = -1{,}125 + EI\theta_2 + 0{,}333EI\Delta$$

d) Barra 3-4 (empotrado-articulado)

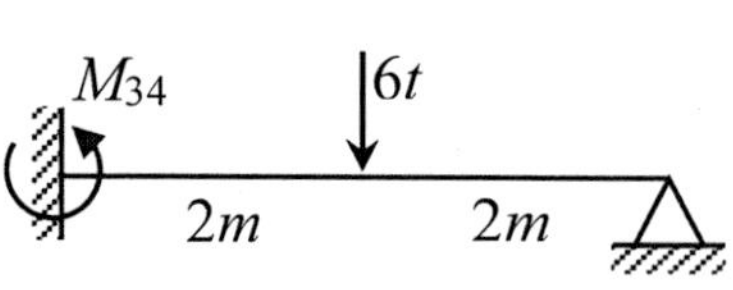

$$M_{34}^{c} = \frac{3PL}{16} = \frac{3\cdot 6\cdot 4}{16} = 4{,}5$$

$$M_{34} = M_{34}^{C} + \frac{3EI}{L}\theta_3 - \frac{3EI}{L^2}\cancelto{0}{\Delta_{34}}$$

$$M_{34} = 4{,}5 + \frac{3EI}{4}\theta_3$$

$$M_{34} = 4{,}5 + 0{,}75EI\theta_3$$

4.- Análisis de nudos

a) Nudo 2

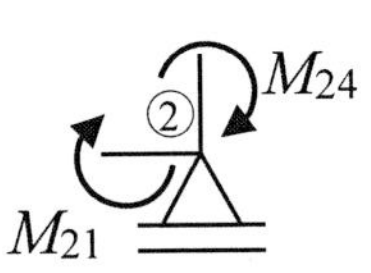

$$\sum M_2 = 0 \circlearrowright \oplus$$

$$M_{21} + M_{24} = 0$$

$$M_{21} = \quad 0{,}75EI\theta_2$$

$$M_{23} = -1{,}125 + EI\theta_2 - 0{,}333EI\Delta$$

$$0 = -1{,}125 + 1{,}75EI\theta_2 + 0{,}333EI\Delta \quad ①$$

b) Nudo 3

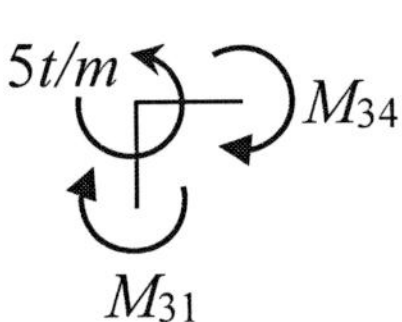

$$\sum M_2 = 0 \circlearrowright \oplus$$

$$M_{31} + M_{34} - 5 = 0$$

$$M_{31} = -1{,}6875 + EI\theta_3 + 0{,}333EI\Delta$$

$$M_{34} = 4{,}5 + 0{,}75EI\theta_3$$

$$-5 = -5$$

$$0 = -2{,}1875 + 1{,}75EI\theta_3 + 0{,}333EI\Delta \quad ②$$

5.- Ecuación adicional

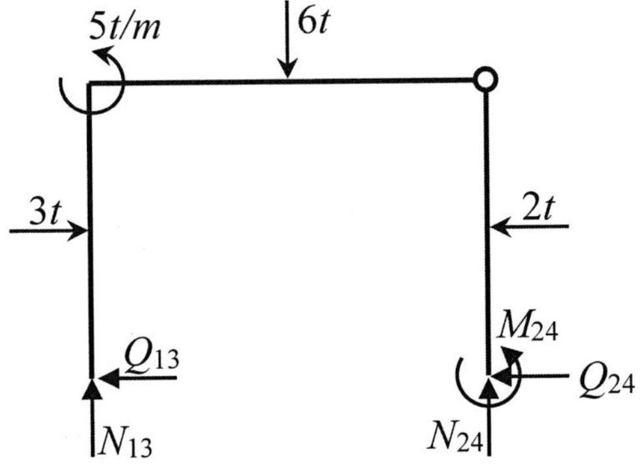

$$\sum FH = 0 \rightarrow \oplus$$

$$3 - 2 - Q_{13} - Q_{23} = 0$$

$$Q_{13} + Q_{23} = 1 \quad ⓐ$$

Corte 2-4

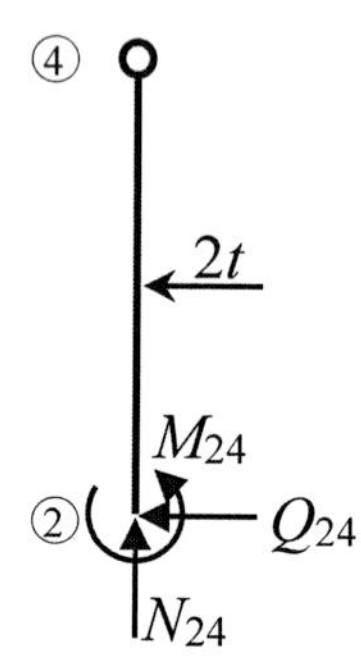

$$\sum M_2 = 0 \quad ↻ \oplus$$

$$2 \cdot 1{,}5 + Q_{24} \cdot 3 - M_{24} = 0$$

$$Q_{24} = \frac{M_{24} - 3}{3} \quad ⓑ$$

Corte 1-3

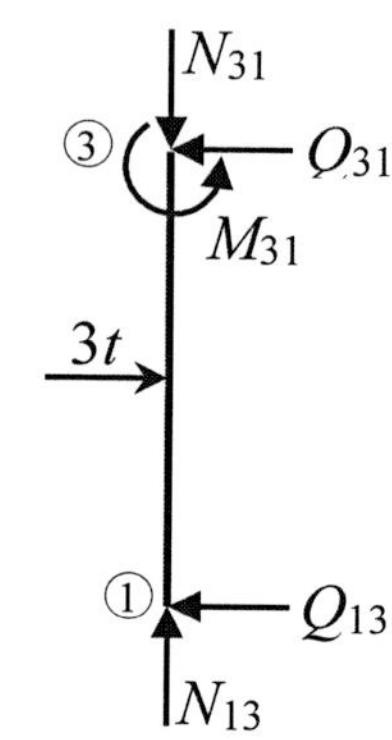

$$\sum M_3 = 0 \quad ↻ \oplus$$

$$-M_{31} - 3 \cdot 1{,}5 + Q_{13} \cdot 3 = 0$$

$$Q_{13} = \frac{M_{31} + 4{,}5}{3} \quad ⓒ$$

Sustituir b y c en a:

$$\frac{M_{31} + 4{,}5}{3} + \frac{M_{24} - 3}{3} = 1 \quad *(3)$$

$$M_{31} + 4{,}5 + M_{24} - 3 = 3$$

$$M_{31} + M_{24} - 1{,}5 = 0$$

$$M_{31} = -1{,}6875 \qquad + \mathrm{EI}\theta_3 + 0{,}333EI\Delta$$

$$M_{24} = -1{,}125 + EI\theta_2 \qquad + 0{,}333EI\Delta$$

$$-1{,}5 = -1{,}5$$

$$0 = -4{,}3125 + EI\theta_2 + \mathrm{EI}\theta_3 + 0{,}666EI\Delta \quad ③$$

Resolviendo ①, ② y ③:

$$\left.\begin{array}{r} 1{,}75EI\theta_2 \qquad\qquad + 0{,}333EI\Delta = 1{,}125 \\ 1{,}75EI\theta_3 + 0{,}333EI\Delta = 2{,}1875 \\ EI\theta_2 + EI\theta_3 + 0{,}666EI\Delta = 4{,}3125 \end{array}\right\} \begin{array}{l} EI\theta_2 = -0{,}97 \\ EI\theta_3 = -0{,}36 \\ EI\Delta = 8{,}48 \end{array}$$

6.- Momentos finales

$$M_{21} = 0{,}75(-0{,}97) = -0{,}73tm$$
$$M_{31} = -1{,}6875 + (-0{,}36) + 0{,}333(8{,}48) = 0{,}77tm$$
$$M_{24} = -1{,}125 + (-0{,}97) + 0{,}333(8{,}48) = 0{,}73tm$$
$$M_{34} = 4{,}5 + 0{,}75(-0{,}36) = 4{,}23tm$$

7.- Diagramas de momento

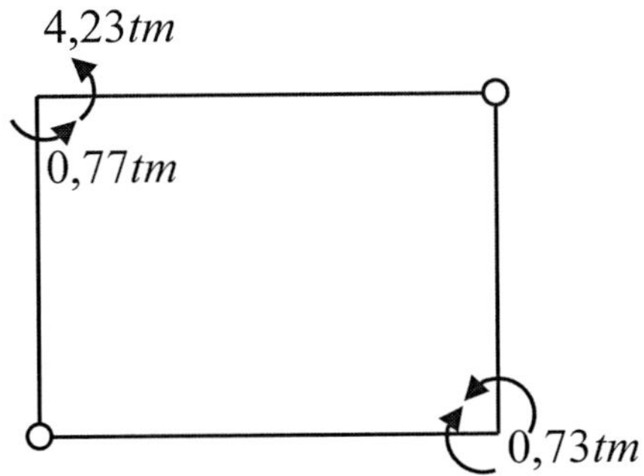

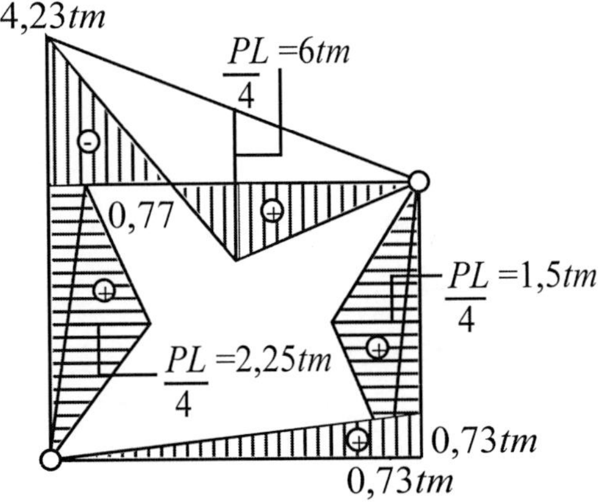

EJERCICIO 77

Calcular reacciones y diagramar esfuerzos.

Datos

$E = 2 \cdot 10^6 \; t/m^2$

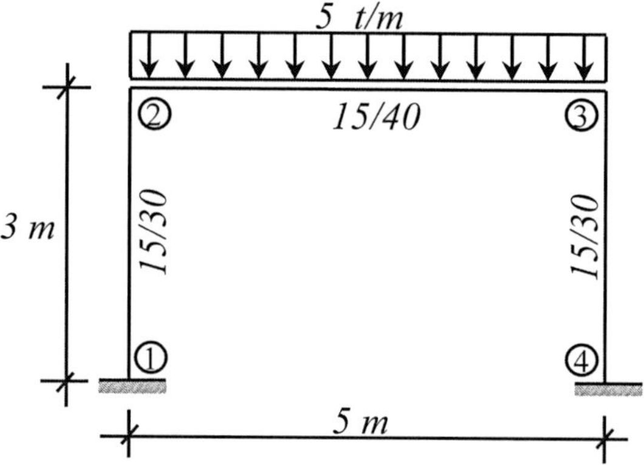

Figura 3.78 Pórtico traslacional.

1.- Grado de Indeterminación

$$G_I = Di + De$$
$$G_I = 2 + 1$$
$$G_I = 3$$

Este valor representa el giro en los nudos 2 y 3 y el desplazamiento lateral del cabezal 2-3.

Incógnitas: θ_2, θ_3 y Δ_1

2.- Estructura desplazada

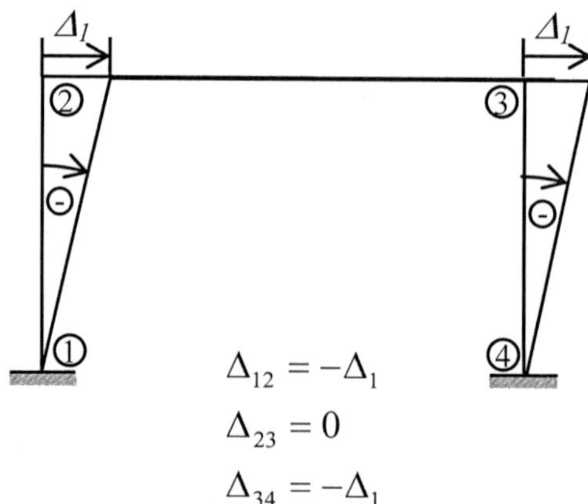

$$\Delta_{12} = -\Delta_1$$
$$\Delta_{23} = 0$$
$$\Delta_{34} = -\Delta_1$$

3.- Análisis de barras

a) Barra 1-2 (empotrado-empotrado)

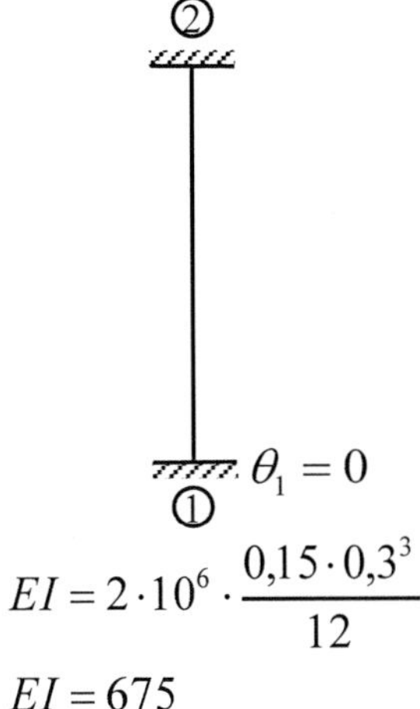

$$EI = 2 \cdot 10^6 \cdot \frac{0{,}15 \cdot 0{,}3^3}{12}$$

$$EI = 675$$

De la tabla 8 obtenemos las fórmulas:

$$M_{12} = M_{12}^C + \frac{4 \cdot EI \cdot \theta_1}{L} + \frac{2 \cdot EI \cdot \theta_2}{L} - \frac{6 \cdot EI \cdot \Delta_{12}}{L^2}$$

$$M_{21} = M_{21}^C + \frac{2 \cdot EI \cdot \theta_1}{L} + \frac{4 \cdot EI \cdot \theta_2}{L} - \frac{6 \cdot EI \cdot \Delta_{12}}{L^2}$$

Sabiendo que no existen cargas y que $\theta_1=0$, tenemos:

$$M_{12} = \frac{2 \cdot EI \cdot \theta_2}{L} - \frac{6 \cdot EI \cdot \Delta_{12}}{L^2}$$

$$M_{21} = \frac{4 \cdot EI \cdot \theta_2}{L} - \frac{6 \cdot EI \cdot \Delta_{12}}{L^2}$$

Reemplazamos EI, L y Δ_{12} en M_{12} y M_{21}:

$$M_{12} = \frac{2 \cdot 675 \cdot \theta_2}{3} - \frac{6 \cdot 675}{3^2} \cdot (-\Delta_1)$$

$$M_{12} = 450 \cdot \theta_2 + 450 \cdot \Delta_1$$

$$M_{21} = \frac{4 \cdot 675 \cdot \theta_2}{3} - \frac{6 \cdot 675}{3^2} \cdot (-\Delta_1)$$

$$M_{21} = 900 \cdot \theta_2 + 450 \cdot \Delta_1$$

b) Barra 2-3 (empotrado-empotrado)

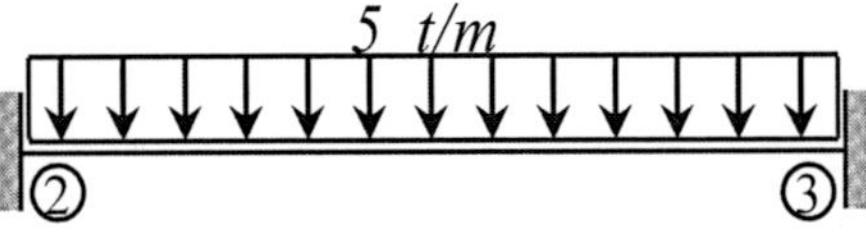

De la tabla 8 obtenemos las fórmulas:

$$M_{23} = M_{23}^C + \frac{4 \cdot EI \cdot \theta_2}{L} + \frac{2 \cdot EI \cdot \theta_3}{L} - \frac{6 \cdot EI \cdot \Delta_{23}}{L^2}$$

$$M_{32} = M_{32}^C + \frac{2 \cdot EI \cdot \theta_2}{L} + \frac{4 \cdot EI \cdot \theta_3}{L} - \frac{6 \cdot EI \cdot \Delta_{23}}{L^2}$$

De la tabla 5 obtenemos M_{23}^C y M_{32}^C:

$$M_{23}^C = \frac{q \cdot L^2}{12} = \frac{5 \cdot 5^2}{12} = 10{,}417\,tm$$

$$M_{32}^C = -\frac{q \cdot L^2}{12} = -\frac{5 \cdot 5^2}{12} = -10{,}417\,tm$$

$$EI = 2 \cdot 10^6 \cdot \frac{0.15 \cdot 0.4^3}{12}$$

$$EI = 1600$$

Reemplazamos M_{23}^C, M_{32}^C, EI, L y Δ_{23} en M_{23} y M_{32}:

$$M_{23} = 10{,}417 + \frac{4 \cdot 1600 \cdot \theta_2}{5} + \frac{2 \cdot 1600 \cdot \theta_3}{5} - \frac{6 \cdot 1600 \cdot (0)}{5^2}$$

$$M_{23} = 10{,}417 + 1280 \cdot \theta_2 + 640 \cdot \theta_3$$

$$M_{32} = -10{,}417 + 640 \cdot \theta_2 + 1280 \cdot \theta_3$$

c) Barra 3-4 (empotrado-empotrado)

De la tabla 8 obtenemos las fórmulas:

③

$\theta_4 = 0$ ④

$$M_{34} = M_{34}^C + \frac{4 \cdot EI \cdot \theta_3}{L} + \frac{2 \cdot EI \cdot \theta_4}{L} - \frac{6 \cdot EI \cdot \Delta_{34}}{L^2}$$

$$M_{43} = M_{43}^C + \frac{2 \cdot EI \cdot \theta_3}{L} + \frac{4 \cdot EI \cdot \theta_4}{L} - \frac{6 \cdot EI \cdot \Delta_{34}}{L^2}$$

Sabiendo que no existen cargas y que $\theta_4 = 0$ tenemos:

$$M_{34} = \frac{4 \cdot EI \cdot \theta_3}{L} - \frac{6 \cdot EI \cdot \Delta_{34}}{L^2}$$

$$M_{43} = \frac{2 \cdot EI \cdot \theta_3}{L} - \frac{6 \cdot EI \cdot \Delta_{34}}{L^2}$$

$$EI = 2 \cdot 10^6 \cdot \frac{0{,}15 \cdot 0{,}3^2}{12}$$

$$EI = 675$$

Reemplazamos EI, L y Δ_{34} en M_{34} y M_{43}:

$$M_{34} = \frac{4 \cdot 675 \cdot \theta_3}{3} - \frac{6 \cdot 675}{3^2} \cdot (-\Delta_1)$$
$$M_{34} = 900 \cdot \theta_3 + 450 \cdot \Delta_1$$

$$M_{43} = \frac{2 \cdot 675 \cdot \theta_3}{3} - \frac{6 \cdot 675}{3^2} \cdot (-\Delta_1)$$
$$M_{43} = 450 \cdot \theta_3 + 450 \cdot \Delta_1$$

4.- Análisis de nudos

a) Nudo 2

$\Sigma M_2 = 0$ ↻⊕

M23

M21

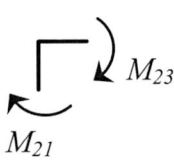

$$M_{21} + M_{23} = 0$$
$$M_{21} = \quad 900 \cdot \theta_2 \quad + 450 \cdot \Delta_1$$
$$M_{23} = \quad 10{,}417 \quad + 1280 \cdot \theta_2 \quad + 640 \cdot \theta_3$$
$$0 = \quad 10{,}417 \quad + 2180 \cdot \theta_2 \quad + 640 \cdot \theta_3 \quad + 450 \cdot \Delta_1$$

$$2180 \cdot \theta_2 + 640 \cdot \theta_3 + 450 \cdot \Delta_1 = -10{,}417 \quad ①$$

b) Nudo 3

$\Sigma M_3 = 0$ ↻⊕

M32

M34

$$M_{32} + M_{34} = 0$$
$$M_{32} = \quad -10{,}417 \quad + 640 \cdot \theta_2 \quad + 1280 \cdot \theta_3$$
$$M_{34} = \quad + 900 \cdot \theta_3 \quad + 450 \cdot \Delta_1$$
$$0 = \quad -10{,}417 \quad + 640 \cdot \theta_2 \quad + 2180 \cdot \theta_3 \quad + 450 \cdot \Delta_1$$

$$640 \cdot \theta_2 + 2180 \cdot \theta_3 + 450 \cdot \Delta_1 = 10{,}417 \quad ②$$

5.- Ecuación adicional de momento

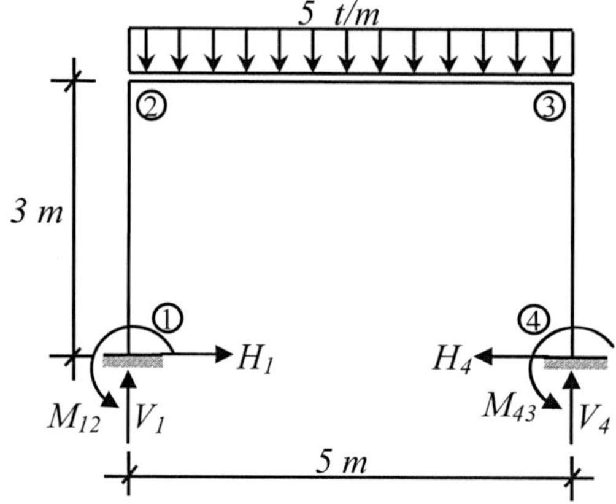

$\Sigma M_1 = 0$ ↻⊕

$$-M_{12} + 5 \cdot 5 \cdot 2{,}5 - M_{43} - V_4 \cdot 5 = 0$$

$$-M_{12} - M_{43} + 62{,}5 - 5 \cdot V_4 = 0 \quad ⓐ$$

Por simetría

$$V_1 = V_4 = \frac{5 \cdot 5}{2} = 12{,}5\,t \quad ⓑ$$

Reemplazar b en a:

$$-M_{12} - M_{43} + 62{,}5 - 5 \cdot 12{,}5 = 0$$

$$-M_{12} - M_{43} = 0 \quad *(-1)$$

$$M_{12} + M_{43} = 0 \quad ⓒ$$

Reemplazamos M_{12} y M_{43} en c:

$$\begin{array}{lllll} M_{12} = & & 450 \cdot \theta_2 & & +450 \cdot \Delta_1 \\ M_{43} = & & & 450 \cdot \theta_3 & +450 \cdot \Delta_1 \\ \hline 0 = & 0 & +450 \cdot \theta_2 & +450 \cdot \theta_3 & +900 \cdot \Delta_1 \quad ③ \end{array}$$

Resumiendo, las ecuaciones 1, 2 y 3:

$$\begin{array}{llll} 2180 \cdot \theta_2 & +640 \cdot \theta_3 & +450 \cdot \Delta_1 & = -10{,}417 \\ 640 \cdot \theta_2 & +2180 \cdot \theta_3 & +450 \cdot \Delta_1 & = 10{,}417 \\ 450 \cdot \theta_2 & +450 \cdot \theta_3 & +900 \cdot \Delta_1 & = 0 \end{array}$$

Resolviendo el sistema de ecuaciones anterior, tenemos:

$$\theta_2 = -0{,}0067643$$

$$\theta_3 = 0{,}0067643$$

$$\Delta_1 = 0$$

Por simetría es lógico el valor de $\Delta_1 = 0$.

6.- Momentos finales

$$M_{12} = 450 \cdot \theta_2 + 450 \cdot \Delta_1$$
$$M_{12} = 450 \cdot (-0{,}0067643) + 450 \cdot (0)$$
$$M_{12} = -3{,}044\,tm$$

$$M_{21} = 900 \cdot \theta_2 + 450 \cdot \Delta_1$$
$$M_{21} = 900 \cdot (-0{,}0067643) + 450 \cdot (0)$$
$$M_{21} = -6{,}088\,tm$$

$$M_{23} = 10{,}417 + 1280 \cdot \theta_2 + 640 \cdot \theta_3$$
$$M_{23} = 10{,}417 + 1280 \cdot (-0{,}0067643) + 640 \cdot (0{,}0067643)$$
$$M_{23} = 6{,}088\,tm$$

$$M_{32} = -10{,}417 + 640 \cdot \theta_2 + 1280 \cdot \theta_3$$
$$M_{32} = -10{,}417 + 640 \cdot (-0{,}0067643) + 1280 \cdot (0{,}0067643)$$
$$M_{32} = -6{,}088\,tm$$

$$M_{34} = 900 \cdot \theta_3 + 450 \cdot \Delta_1$$
$$M_{34} = 900 \cdot (0{,}0067643) + 450 \cdot (0)$$
$$M_{34} = 6{,}088\,tm$$

$$M_{43} = 450 \cdot \theta_3 + 450 \cdot \Delta_1$$
$$M_{43} = 450 \cdot (0{,}0067643) + 450 \cdot (0)$$
$$M_{43} = 3{,}044\,tm$$

7.- Reacciones finales

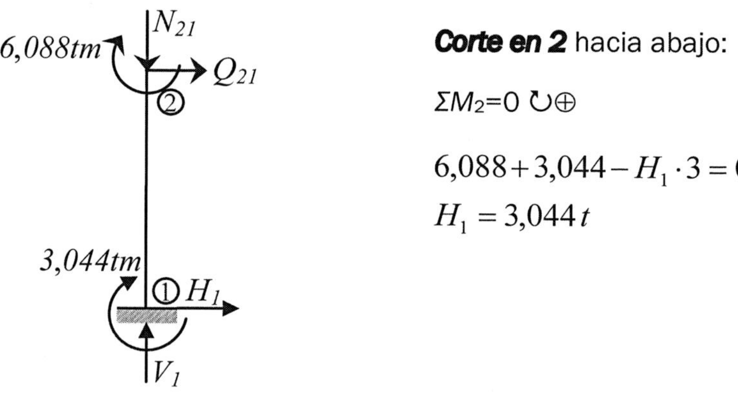

Corte en 2 hacia abajo:

$\Sigma M_2 = 0$ ↻⊕

$$6{,}088 + 3{,}044 - H_1 \cdot 3 = 0$$
$$H_1 = 3{,}044\,t$$

Aplicamos las ecuaciones de equilibrio a la estructura completa:

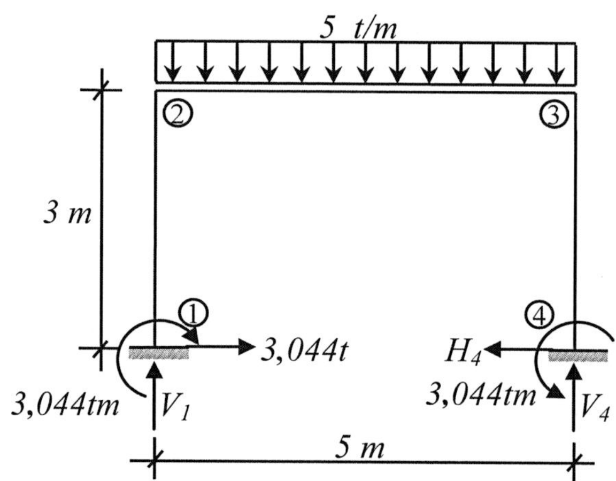

$\Sigma F_H = 0$ →⊕

$$3{,}044 - H_4 = 0$$
$$H_4 = 3{,}044\,t$$

$\Sigma M_1 = 0$ ↻⊕

$$3{,}044 + 5 \cdot 5 \cdot 2{,}5 - 3{,}044 - V_4 \cdot 5 = 0$$
$$V_4 = 12{,}5\,t$$

$\Sigma F_V = 0$ ↑⊕

$$V_1 - 5 \cdot 5 + 12{,}5 = 0$$
$$V_1 = 12{,}5\,t$$

8.- Diagramas de esfuerzos internos

a) Momento flector

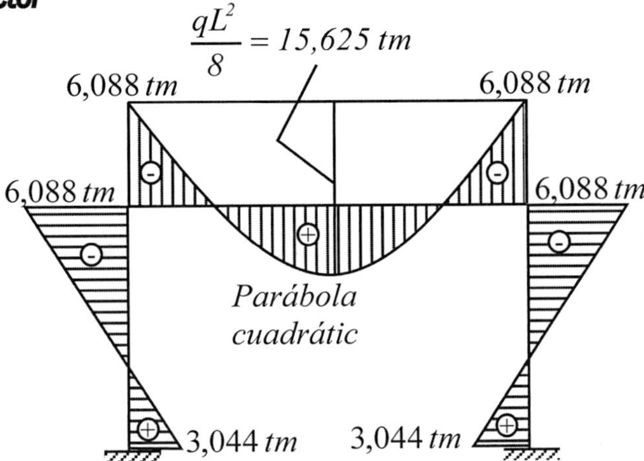

b) Cortante

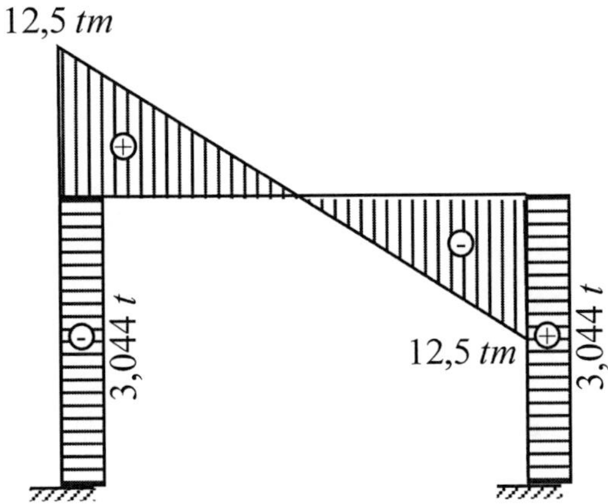

c) Normal

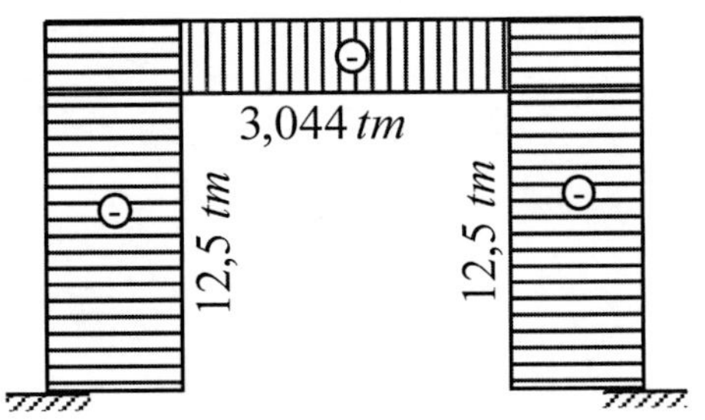

EJERCICIO 78

Calcular reacciones y diagramas de esfuerzos.

Datos

$E = 2 \cdot 10^6 \ t/m^2$

$b = 15\,cm$

$h = 30\,cm$

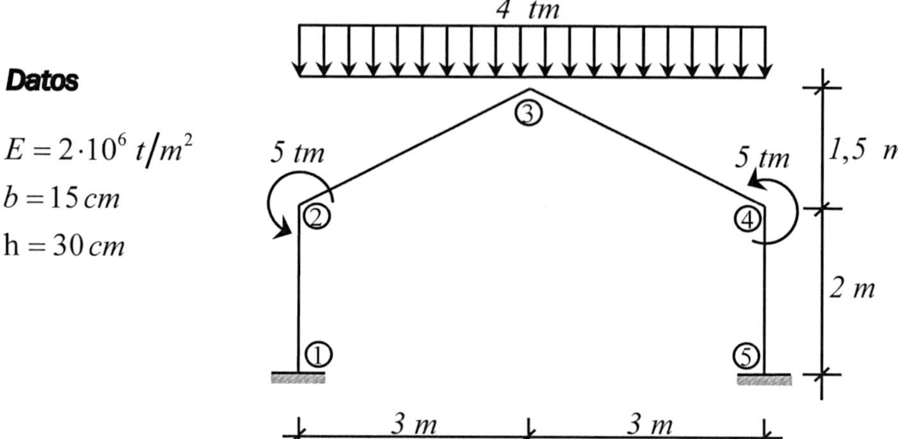

Figura 3.79 Pórtico traslacional.

1.- Grado de Indeterminación

$$GI = Di + De$$

$$GI = 3 + 2 = 5$$

Este valor representa los giros en los nudos 2, 3 y 4 y el desplazamiento lateral de los nudos 2 y 4.

Aclaración: No se considera el desplazamiento lateral del nudo 3 porque este depende de los desplazamientos del nudo 2 y 4.

Incógnitas: θ_2, θ_3, θ_4, Δ_1 y Δ_2

2.- Estructura desplazada

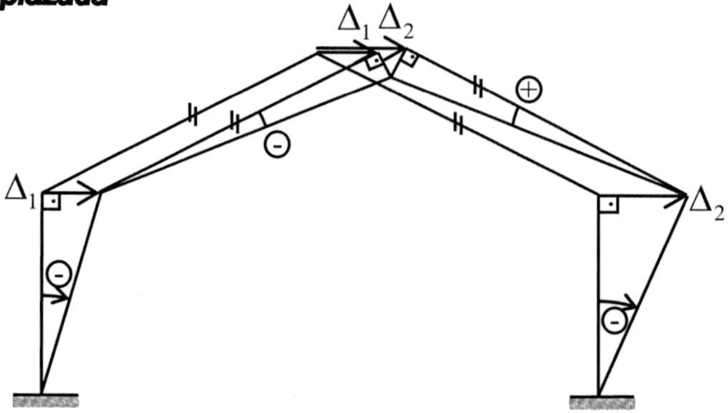

3.- Cálculo de los desplazamientos Δ_{ij}

a) Barras 2-3 y 3-4

De la barra 2-3 tenemos:

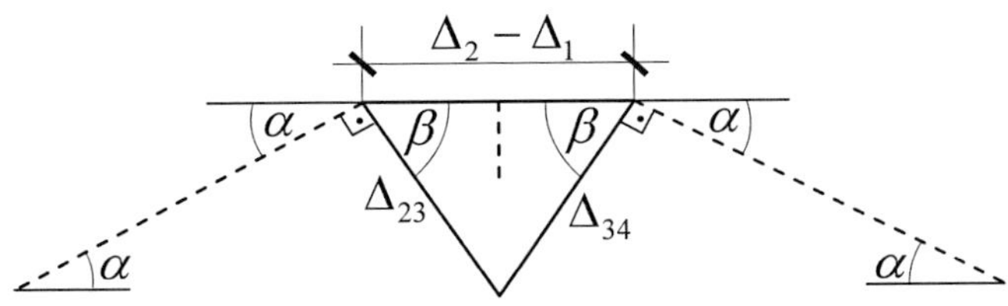

$$\alpha = Arctg\left(\frac{1,5}{3}\right) = 26,565$$

$$\alpha + \beta = 90$$

$$\beta = 90 - \alpha = 90 - 26,565 = 63,435^{\circ}$$

Del siguiente triangulo tenemos:

$$Cos\beta = \frac{\dfrac{\Delta_2 - \Delta_1}{2}}{\Delta_{23}}$$

$$\Delta_{23} = \frac{\Delta_2 - \Delta_1}{2 \cdot Cos\beta}$$

$$\Delta_{23} = 1,118 \cdot \Delta_2 - 1,118 \cdot \Delta_1$$

Como la rotación de la barra es horario (ver estructura desplazada), multiplicamos por (-1) al valor de Δ_{23}, es decir:

$$\Delta_{23} = 1,118 \cdot \Delta_1 - 1,118 \cdot \Delta_2$$

Del siguiente triángulo se obtiene:

$$Cos\beta = \frac{\dfrac{\Delta_2 - \Delta_1}{2}}{\Delta_{34}}$$

$$\Delta_{34} = \frac{\Delta_2 - \Delta_1}{2 \cdot Cos(63,435)}$$

$$\Delta_{34} = -1,118 \cdot \Delta_1 + 1,118 \cdot \Delta_2$$

b) Barras 1-2 y 4-5

$$\Delta_{12} = -\Delta_1$$
$$\Delta_{45} = -\Delta_2$$

Resumiendo los Δ_{ij} de cada barra tenemos:

Barra	Δ_{ij}
1-2	$-\Delta_1$
2-3	$1{,}118\cdot\Delta_1 - 1{,}118\cdot\Delta_2$
3-4	$-1{,}118\cdot\Delta_1 + 1{,}118\cdot\Delta_2$
4-5	$-\Delta_2$

4.- Análisis de barras

a) Barra 1-2 (empotrado-empotrado)

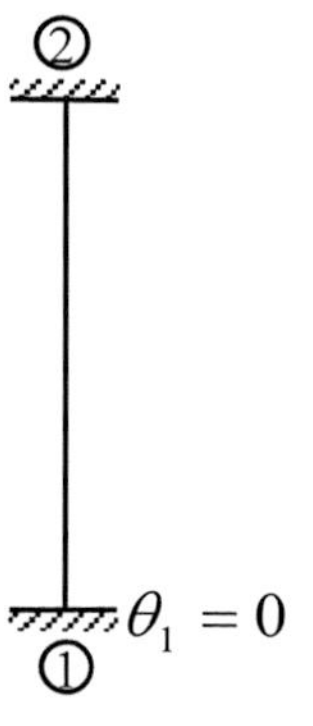

De la tabla 8 tenemos las siguientes fórmulas:

$$M_{12} = M_{12}^C + \frac{4\cdot EI\cdot\theta_1}{L} + \frac{2\cdot EI\cdot\theta_2}{L} - \frac{6\cdot EI\cdot\Delta_{12}}{L^2}$$
$$M_{21} = M_{21}^C + \frac{2\cdot EI\cdot\theta_1}{L} + \frac{4\cdot EI\cdot\theta_2}{L} - \frac{6\cdot EI\cdot\Delta_{12}}{L^2}$$

Sabiendo que no existen cargas y que θ_1=0, tenemos:

$$M_{12} = \frac{2\cdot EI\cdot\theta_2}{L} - \frac{6\cdot EI\cdot\Delta_{12}}{L^2}$$
$$M_{21} = \frac{4\cdot EI\cdot\theta_2}{L} - \frac{6\cdot EI\cdot\Delta_{12}}{L^2}$$

Reemplazamos L y Δ_{12} en M_{12} y M_{21}:

$$M_{12} = \frac{2\cdot EI\cdot\theta_2}{2} - \frac{6\cdot EI}{2^2}\cdot(-\Delta_1)$$
$$M_{12} = EI\theta_2 + 1{,}5\cdot EI\cdot\Delta_1$$
$$M_{21} = \frac{4\cdot EI\cdot\theta_2}{2} - \frac{6\cdot EI}{2^2}\cdot(-\Delta_1)$$
$$M_{21} = 2\cdot EI\cdot\theta_2 + 1{,}5\cdot EI\cdot\Delta_1$$

c) **Barra 2-3** (empotrado-empotrado)

De la tabla 8 obtenemos las fórmulas:

$$M_{23} = M_{23}^{C} + \frac{4 \cdot EI \cdot \theta_2}{L} + \frac{2 \cdot EI \cdot \theta_3}{L} - \frac{6 \cdot EI \cdot \Delta_{23}}{L^2}$$

$$M_{32} = M_{32}^{C} + \frac{2 \cdot EI \cdot \theta_2}{L} + \frac{4 \cdot EI \cdot \theta_3}{L} - \frac{6 \cdot EI \cdot \Delta_{23}}{L^2}$$

De la tabla 5 obtenemos M_{23}^{C} y M_{32}^{C}:

Lc = 3 m

(longitud de la carga)

$$M_{23}^{C} = \frac{q \cdot L_c^{\ 2}}{12} = \frac{4 \cdot 3^2}{12} = 3\,tm$$

$$M_{32}^{C} = -\frac{q \cdot L_c^{\ 2}}{12} = -\frac{4 \cdot 3^2}{12} = -3\,tm$$

Reemplazamos M_{23}^{C}, M_{32}^{C}, L y Δ_{23} en M_{23} y M_{32}:

$$M_{23} = 3 + \frac{4 \cdot EI \cdot \theta_2}{3{,}354} + \frac{2 \cdot EI \cdot \theta_3}{3{,}354} - \frac{6 \cdot EI}{3{,}354^2} \cdot (1{,}118\Delta_1 - 1{,}118\Delta_2)$$

$$M_{23} = 3 + 1{,}193 \cdot EI \cdot \theta_2 + 0{,}596 \cdot EI \cdot \theta_3 - 0{,}5963 \cdot EI \cdot \Delta_1 + 0{,}5963 \cdot EI \cdot \Delta_2$$

$$M_{32} = -3 + \frac{2 \cdot EI \cdot \theta_2}{3{,}354} + \frac{4 \cdot EI \cdot \theta_3}{3{,}354} - \frac{6 \cdot EI}{3{,}354^2} \cdot (1{,}118\Delta_1 - 1{,}118\Delta_2)$$

$$M_{32} = -3 + 0{,}596 \cdot EI \cdot \theta_2 + 1{,}193 \cdot EI \cdot \theta_3 - 0{,}5963 \cdot EI \cdot \Delta_1 + 0{,}5963 \cdot EI \cdot \Delta_2$$

c) Barra 3-4 (empotrado-empotrado)

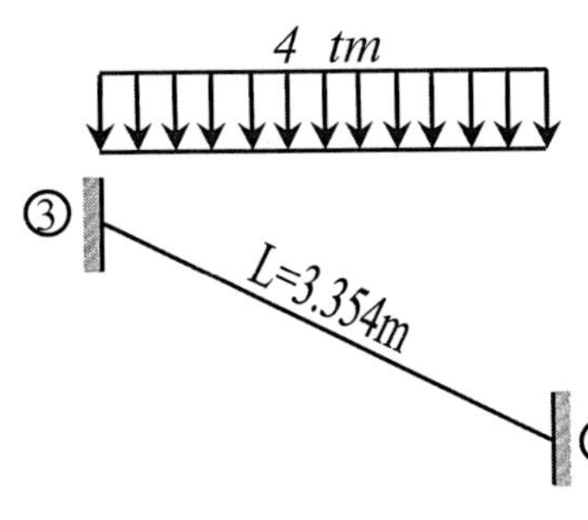

De la tabla 8 obtenemos las fórmulas:

$$M_{34} = M_{34}^{C} + \frac{4 \cdot EI \cdot \theta_3}{L} + \frac{2 \cdot EI \cdot \theta_4}{L} - \frac{6 \cdot EI \cdot \Delta_{34}}{L^2}$$

$$M_{43} = M_{43}^{C} + \frac{2 \cdot EI \cdot \theta_3}{L} + \frac{4 \cdot EI \cdot \theta_4}{L} - \frac{6 \cdot EI \cdot \Delta_{34}}{L^2}$$

De la tabla 5 obtenemos M^{c}_{34} y M^{c}_{43}:

$$M_{34}^{C} = \frac{q \cdot L_C^{\ 2}}{12} = \frac{4 \cdot 3^2}{12} = 3\,tm$$

Lc = 3 m

(Longitud de la carga)

$$M_{43}^{C} = -\frac{q \cdot L_C^{\ 2}}{12} = -\frac{4 \cdot 3^2}{12} = -3\,tm$$

Reemplazamos M_{34}^C, M_{43}^C, L y Δ_{34} en M_{34} y M_{43}:

$$M_{34} = 3 + \frac{4 \cdot EI \cdot \theta_3}{3{,}354} + \frac{2 \cdot EI \cdot \theta_4}{3{,}354} - \frac{6 \cdot EI}{3{,}354^2} \cdot (-1{,}118\Delta_1 + 1{,}118\Delta_2)$$
$$M_{34} = 3 + 1{,}193 \cdot EI \cdot \theta_3 + 0{,}596 \cdot EI \cdot \theta_4 + 0{,}5963 \cdot EI \cdot \Delta_1 - 0{,}5963 \cdot EI \cdot \Delta_2$$

$$M_{43} = -3 + \frac{2 \cdot EI \cdot \theta_3}{3{,}354} + \frac{4 \cdot EI \cdot \theta_4}{3{,}354} - \frac{6 \cdot EI}{3{,}354^2} \cdot (-1{,}118\Delta_1 + 1{,}118\Delta_2)$$
$$M_{43} = -3 + 0{,}596 \cdot EI \cdot \theta_3 + 1{,}193 \cdot EI \cdot \theta_4 + 0{,}5963 \cdot EI \cdot \Delta_1 - 0{,}5963 \cdot EI \cdot \Delta_2$$

b) Barra 4-5 (empotrado-empotrado)

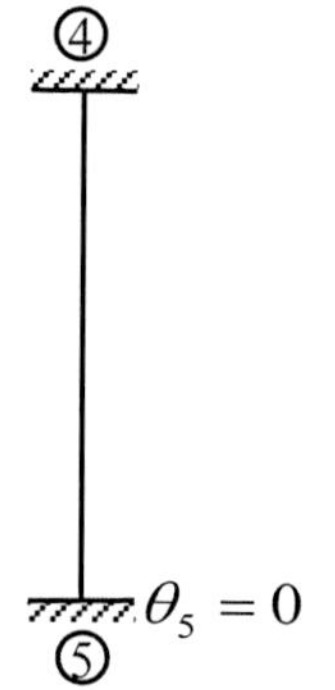

De la tabla 8 tenemos las siguientes fórmulas:

$$M_{45} = M_{45}^C + \frac{4 \cdot EI \cdot \theta_4}{L} + \frac{2 \cdot EI \cdot \theta_5}{L} - \frac{6 \cdot EI \cdot \Delta_{45}}{L^2}$$
$$M_{54} = M_{54}^C + \frac{2 \cdot EI \cdot \theta_4}{L} + \frac{4 \cdot EI \cdot \theta_5}{L} - \frac{6 \cdot EI \cdot \Delta_{45}}{L^2}$$

Sabiendo que no existen cargas y que $\theta_5 = 0$ tenemos:

$$M_{45} = \frac{4 \cdot EI \cdot \theta_4}{L} - \frac{6 \cdot EI \cdot \Delta_{45}}{L^2}$$
$$M_{54} = \frac{2 \cdot EI \cdot \theta_4}{L} - \frac{6 \cdot EI \cdot \Delta_{45}}{L^2}$$

Reemplazamos L y Δ_{45} en M_{45} y M_{54}:

$$M_{45} = \frac{4 \cdot EI \cdot \theta_4}{2} - \frac{6 \cdot EI}{2^2} \cdot (-\Delta_2)$$
$$M_{45} = 2 \cdot EI \cdot \theta_4 + 1.5 \cdot EI \cdot \Delta_2$$

$$M_{54} = \frac{2 \cdot EI \cdot \theta_4}{2} - \frac{6 \cdot EI}{2^2} \cdot (-\Delta_2)$$
$$M_{54} = EI \cdot \theta_4 + 1{,}5 \cdot EI \cdot \Delta_2$$

5.- Análisis de nudos

a) Nudo 2

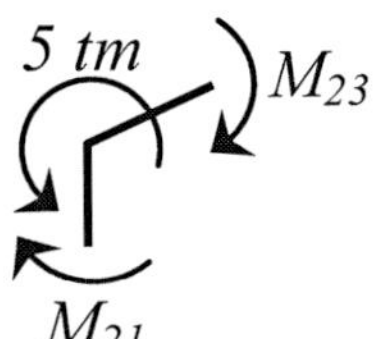

$\Sigma M_2=0$ ↻⊕

$$M_{21}+M_{23}-5=0$$

$$\begin{aligned}
M_{21} &= \quad 2\cdot EI\cdot\theta_2 \quad +1{,}5\cdot EI\cdot\Delta_1\\
M_{23} &= 3 \quad +1{,}193EI\cdot\theta_2 \quad +0{,}596\cdot EI\cdot\theta_3 \quad -0{,}5963\cdot EI\cdot\Delta_1 \quad +0{,}5963\cdot EI\cdot\Delta_2\\
-5 &= -5\\
\hline
0 &= -2 \quad +3{,}193\cdot EI\cdot\theta_2 \quad +0{,}596\cdot EI\cdot\theta_3 \quad +0{,}9037\cdot EI\cdot\Delta_1 \quad +0{,}5963\cdot EI\cdot\Delta_2 \text{ ①}
\end{aligned}$$

b) Nudo 3

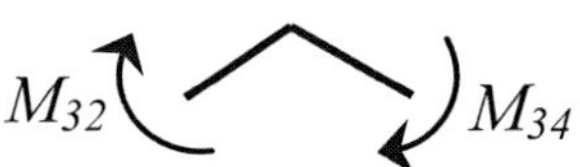

$\Sigma M_3=0$ ↻⊕

$$M_{32}+M_{34}=0$$

$$\begin{aligned}
M_{32} &= -3 \quad +0{,}596\cdot EI\cdot\theta_2 \quad +1{,}193\cdot EI\cdot\theta_3 \quad -0{,}5963\cdot EI\cdot\Delta_1 \quad +0{,}5963\cdot EI\cdot\Delta_2\\
M_{34} &= 3 \quad +1{,}193\cdot EI\cdot\theta_3 \quad +0{,}596\cdot EI\cdot\theta_4 \quad +0{,}5963\cdot EI\cdot\Delta_1 \quad -0{,}5963\cdot EI\cdot\Delta_2\\
\hline
0 &= 0 \quad +0{,}596\cdot EI\cdot\theta_2 \quad +2{,}386\cdot EI\cdot\theta_3 \quad +0{,}596\cdot EI\cdot\theta_4 \text{ ②}
\end{aligned}$$

c) Nudo 4

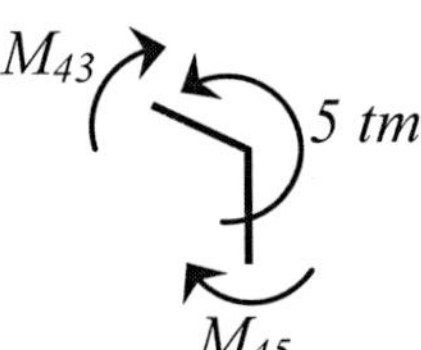

$\Sigma M_4=0$ ↻⊕

$$M_{43}+M_{45}-5=0$$

$$\begin{aligned}
M_{43} &= -3 \quad +0{,}596\cdot EI\cdot\theta_3 \quad +1{,}193\cdot EI\cdot\theta_4 \quad +0{,}5963\cdot EI\cdot\Delta_1 \quad -0{,}5963\cdot EI\cdot\Delta_2\\
M_{45} &= \quad 2\cdot EI\cdot\theta_4 \quad +1{,}5\cdot EI\cdot\Delta_2\\
-5 &= -5\\
\hline
0 &= -8 \quad +0{,}596\cdot EI\cdot\theta_3 \quad +3{,}193\cdot EI\cdot\theta_4 \quad +0{,}5963\cdot EI\cdot\Delta_1 \quad +0{,}9037\cdot EI\cdot\Delta_2 \text{ ③}
\end{aligned}$$

6.- Ecuaciones adicionales de momento

a) Primera ecuación

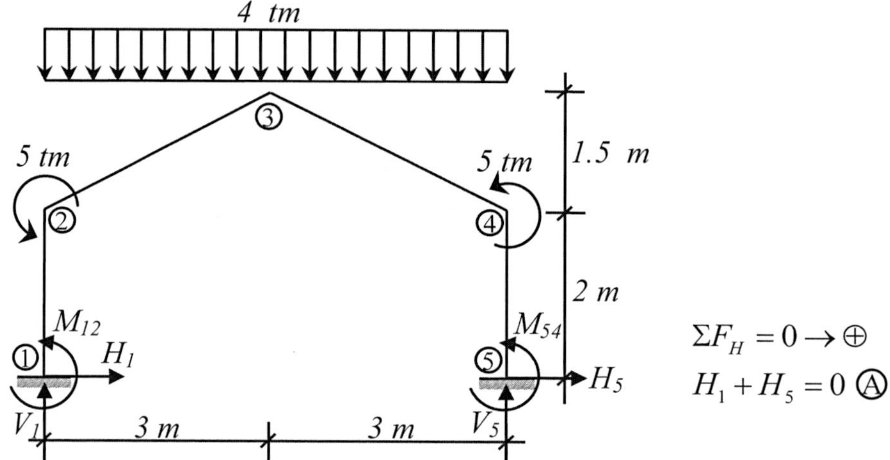

$$\Sigma F_H = 0 \rightarrow \oplus$$

$$H_1 + H_5 = 0 \text{ (A)}$$

- Corte en 2

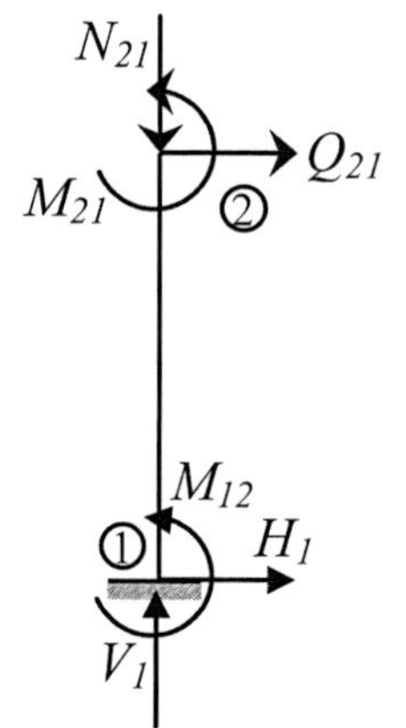

$$\Sigma M_2 = 0 \circlearrowleft \oplus$$

$$H_1 \cdot 2 + M_{12} + M_{21} = 0$$

$$H_1 = -\frac{M_{12}}{2} - \frac{M_{21}}{2} \text{ (B)}$$

- Corte en 4

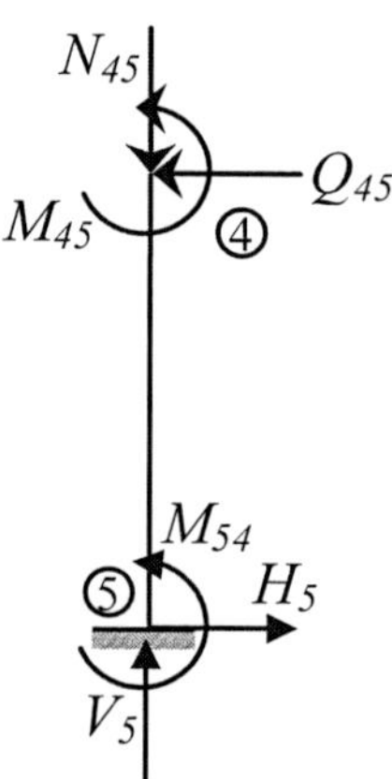

$$\Sigma M_4 = 0 \circlearrowleft \oplus$$

$$H_5 \cdot 2 + M_{45} + M_{54} = 0$$

$$H_5 = -\frac{M_{45}}{2} - \frac{M_{54}}{2} \text{ (C)}$$

Reemplazamos B y C en A:

$$-\frac{M_{12}}{2}-\frac{M_{21}}{2}-\frac{M_{45}}{2}-\frac{M_{54}}{2}=0 \quad *(-2)$$

1.ª ecuación adicional de momentos:

$$M_{12}+M_{21}+M_{45}+M_{54}=0$$

$$\begin{aligned}
M_{12} &= EI\cdot\theta_2 && && +1{,}5\cdot EI\cdot\Delta_1 && \\
M_{21} &= 2\cdot EI\cdot\theta_2 && && +1{,}5\cdot EI\cdot\Delta_1 && \\
M_{45} &= && +2\cdot EI\cdot\theta_4 && && +1{,}5\cdot EI\cdot\Delta_2 \\
M_{54} &= && +EI\cdot\theta_4 && && +1{,}5\cdot EI\cdot\Delta_2
\end{aligned}$$

$$0= 3\cdot EI\cdot\theta_2 \quad +3\cdot EI\cdot\theta_4 \quad +3\cdot EI\cdot\Delta_1 \quad +3\cdot EI\cdot\Delta_2 \quad *\left(\frac{1}{3}\right)$$

$$EI\cdot\theta_2+EI\cdot\theta_4+EI\cdot\Delta_1+EI\cdot\Delta_2=0 \ ④$$

b) Segunda ecuación

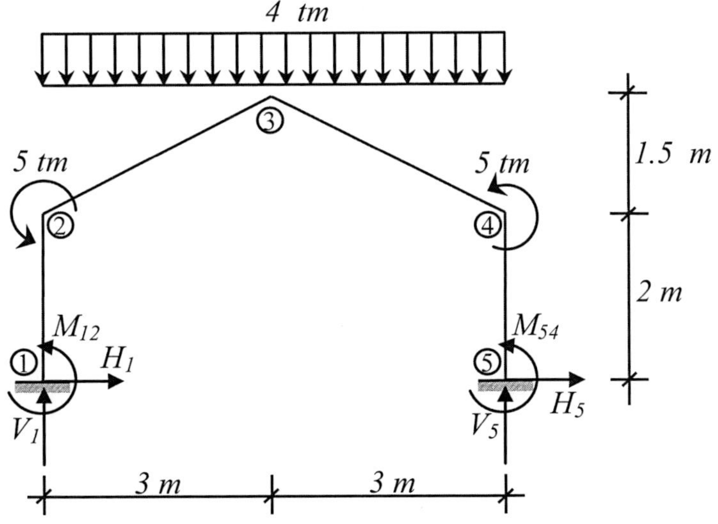

$$\Sigma M_1=0 \circlearrowleft \oplus$$

$$-M_{12}-5+4\cdot 6\cdot 3-5-M_{54}-V_5\cdot 6=0$$

$$-M_{12}-M_{54}-6\cdot V_5+62=0 \ Ⓓ$$

- Corte en 3

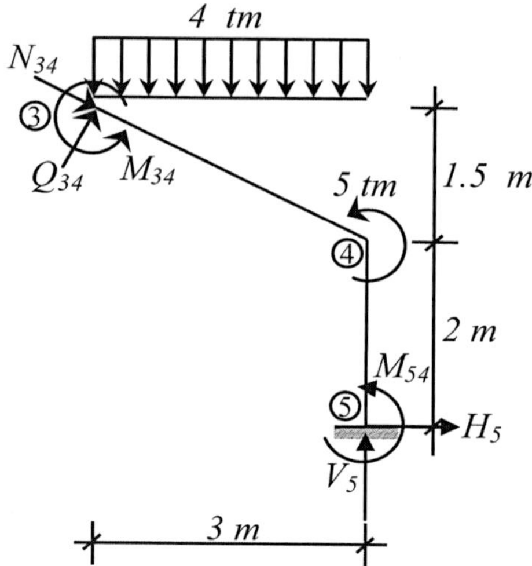

$$\Sigma M_3 = 0 \circlearrowright \oplus$$

$$-M_{34} + 4 \cdot 3 \cdot 1{,}5 - 5 - M_{54} - H_5 \cdot 3{,}5 - V_5 \cdot 3 = 0$$

$$-M_{34} - M_{54} - 3{,}5 \cdot H_5 - 3 \cdot V_5 + 13 = 0$$

$$V_5 = \frac{13 - 3{,}5 \cdot H_5 - M_{34} - M_{54}}{3} \quad \text{Ⓔ}$$

Reemplazamos C en E:

$$V_5 = \frac{13 - 3{,}5 \cdot \left(\frac{-M_{45}}{2} - \frac{M_{54}}{2} \right) - M_{34} - M_{54}}{3}$$

$$V_5 = \frac{13 + 1{,}75 \cdot M_{45} + 1{,}75 \cdot M_{54} - M_{34} - M_{54}}{3}$$

$$V_5 = \frac{13 - M_{34} + 1{,}75 \cdot M_{45} + 0{,}75 \cdot M_{54}}{3} \quad \text{Ⓕ}$$

Reemplazamos F en D:

$$-M_{12} - M_{54} - 6 \cdot \left(\frac{13 - M_{34} + 1{,}75 \cdot M_{45} + 0{,}75 \cdot M_{54}}{3} \right) + 62 = 0$$

$$-M_{12} - M_{54} - 26 + 2 \cdot M_{34} - 3{,}5 \cdot M_{45} - 1{,}5 \cdot M_{54} + 62 = 0$$

$$-M_{12} + 2 \cdot M_{34} - 3{,}5 \cdot M_{45} - 2{,}5 \cdot M_{54} + 36 = 0$$

Multiplicando por (-1):

$$M_{12}-2\cdot M_{34}+3{,}5\cdot M_{45}+2{,}5\cdot M_{54}-36=0 \qquad \textit{Segunda ecuación adicional de momentos}$$

$$\begin{array}{llllllll}
M_{12}= & & EI\cdot\theta_2 & & & +1{,}5\cdot EI\cdot\Delta_1 & \\
-2M_{34}= & -6 & & -2{,}386\cdot EI\cdot\theta_3 & -1{,}192\cdot EI\cdot\theta_4 & -1{,}1926\cdot EI\cdot\Delta_1 & +1{,}1926\cdot EI\cdot\Delta_2 \\
3{,}5M_{45}= & & & & 7\cdot EI\cdot\theta_4 & & +5{,}25\cdot EI\cdot\Delta_2 \\
2{,}5M_{54}= & & & & 2{,}5\cdot EI\cdot\theta_4 & & +3{,}75\cdot EI\cdot\Delta_2 \\
-36= & -36 & & & & & \\
\hline
0= & -42 & +\cdot EI\cdot\theta_2 & -2{,}386\cdot EI\cdot\theta_3 & +8{,}308\cdot EI\cdot\theta_4 & +0{,}3074\cdot EI\cdot\Delta_1 & +10{,}1926\cdot EI\cdot\Delta_2 \quad (5)
\end{array}$$

Resumiendo, las ecuaciones 1, 2, 3, 4 y 5, tenemos:

$$3{,}193\cdot EI\cdot\theta_2+0{,}596\cdot EI\cdot\theta_3+0{,}9037\cdot EI\cdot\Delta_1+0{,}5963\cdot EI\cdot\Delta_2=2$$
$$0{,}596\cdot EI\cdot\theta_2+2{,}386\cdot EI\cdot\theta_3+0{,}596\cdot EI\cdot\theta_4=0$$
$$0{,}596\cdot EI\cdot\theta_3+3{,}193\cdot EI\cdot\theta_4+0{,}5963\cdot EI\cdot\Delta_1+0{,}9037\cdot EI\cdot\Delta_2=8$$
$$EI\cdot\theta_2+EI\cdot\theta_4+EI\cdot\Delta_1+EI\cdot\Delta_2=0$$
$$EI\cdot\theta_2-2{,}386\cdot EI\cdot\theta_3+8{,}308\cdot EI\cdot\theta_4+0{,}3074\cdot EI\cdot\Delta_1+10{,}1926\cdot EI\cdot\Delta_2=42$$

Resolviendo este sistema de ecuaciones tenemos:

$$EI\cdot\theta_2=3{,}01242$$
$$EI\cdot\theta_3=-1{,}79029$$
$$EI\cdot\theta_4=4{,}15475$$
$$EI\cdot\Delta_1=-7{,}41$$
$$EI\cdot\Delta_2=0{,}24293$$

7.- Momentos finales

$$M_{12}=EI\cdot\theta_2+1{,}5\cdot EI\cdot\Delta_1$$
$$M_{12}=3{,}01242+1{,}5\cdot(-7{,}41)$$
$$M_{12}=-8{,}10\,tm$$
$$M_{21}=2\cdot EI\cdot\theta_2+1{,}5\cdot EI\cdot\Delta_1$$
$$M_{21}=2\cdot 3{,}01242+1{,}5\cdot(-7{,}41)$$
$$M_{21}=-5{,}09\,tm$$

$$M_{23} = 3 + 1{,}193 \cdot EI \cdot \theta_2 + 0{,}596 \cdot EI \cdot \theta_3 - 0{,}5963 \cdot EI \cdot \Delta_1 + 0{,}5963 \cdot EI \cdot \Delta_2$$
$$M_{23} = 3 + 1{,}193 \cdot (3{,}01242) + 0{,}596 \cdot (-1{,}79029) - 0{,}5963 \cdot (-7{,}41) + 0{,}5963 \cdot (0{,}24293)$$
$$M_{23} = 10{,}09\, tm$$
$$M_{32} = -3 + 0{,}596 \cdot EI \cdot \theta_2 + 1{,}193 \cdot EI \cdot \theta_3 - 0{,}5963 \cdot EI \cdot \Delta_1 + 0{,}5963 \cdot EI \cdot \Delta_2$$
$$M_{32} = -3 + 0{,}596 \cdot (3{,}01242) + 1{,}193 \cdot (-1{,}79029) - 0{,}5963 \cdot (-7{,}41) + 0{,}5963 \cdot (0{,}24293)$$
$$M_{32} = 1{,}223\, tm$$
$$M_{34} = 3 + 1{,}193 \cdot EI \cdot \theta_3 + 0{,}596 \cdot EI \cdot \theta_4 + 0{,}5963 \cdot EI \cdot \Delta_1 - 0{,}5963 \cdot EI \cdot \Delta_2$$
$$M_{34} = 3 + 1{,}193 \cdot (-1{,}79029) + 0{,}596 \cdot (4{,}15475) + 0{,}5963 \cdot (-7{,}41) - 0{,}5963 \cdot (0{,}24293)$$
$$M_{34} = -1{,}223\, tm$$
$$M_{43} = -3 + 0{,}596 \cdot EI \cdot \theta_3 + 1{,}193 \cdot EI \cdot \theta_4 + 0{,}5963 \cdot EI \cdot \Delta_1 - 0{,}5963 \cdot EI \cdot \Delta_2$$
$$M_{43} = -3 + 0{,}596 \cdot (-1{,}79029) + 1{,}193 \cdot (4{,}15475) + 0{,}5963 \cdot (-7{,}41) - 0{,}5963 \cdot (0{,}24293)$$
$$M_{43} = -3{,}674\, tm$$
$$M_{45} = 2 \cdot EI \cdot \theta_4 + 1{,}5 \cdot EI \cdot \Delta_2$$
$$M_{45} = 2 \cdot (4{,}15475) + 1{,}5 \cdot (0{,}24293)$$
$$M_{45} = 8{,}674\, tm$$
$$M_{54} = EI \cdot \theta_4 + 1.5 \cdot EI \cdot \Delta_2$$
$$M_{54} = 4{,}15475 + 1{,}5 \cdot (0{,}24293)$$
$$M_{54} = 4{,}519\, tm$$

8.- Reacciones finales

Reemplazamos en B, C y F los momentos correspondientes.

$$H_1 = \frac{-M_{12}}{2} - \frac{M_{21}}{2} = -\frac{(-8{,}10)}{2} - \frac{(-5{,}09)}{2}$$
$$H_1 = 6{,}595\, t$$
$$H_5 = \frac{-M_{45}}{2} - \frac{M_{54}}{2} = -\frac{8{,}674}{2} - \frac{4{,}519}{2}$$
$$H_5 = -6{,}595\, t$$
$$V_5 = \frac{13 - M_{34} + 1{,}75 \cdot M_{45} + 0{,}75 \cdot M_{54}}{3}$$
$$V_5 = \frac{13 - (-1{,}223) + 1{,}75 \cdot (8{,}674) + 0{,}75 \cdot (4{,}519)}{3}$$
$$V_5 = 10{,}93\, t$$

Aplicamos las ecuaciones de equilibrio en toda la estructura para calcular las restantes reacciones.

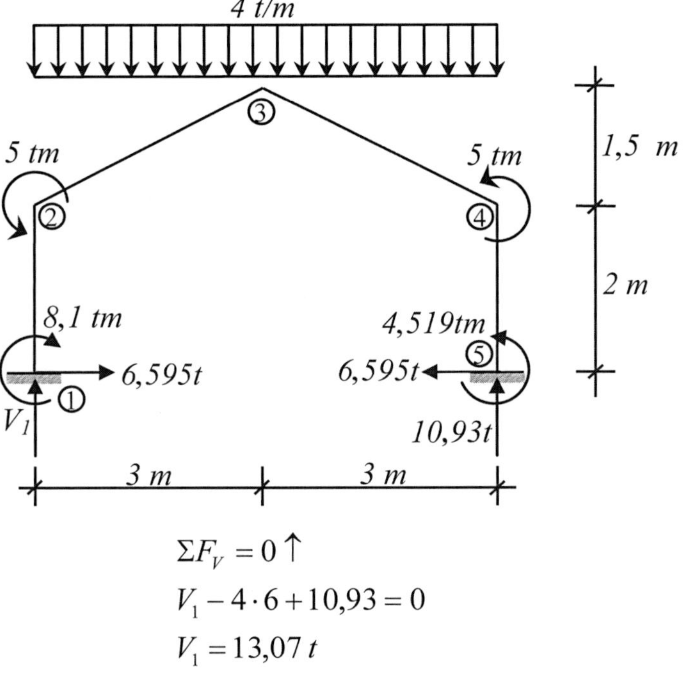

$$\Sigma F_V = 0 \uparrow$$

$$V_1 - 4 \cdot 6 + 10{,}93 = 0$$

$$V_1 = 13{,}07\,t$$

9.- Diagramas de esfuerzos característicos

a) Momento flector

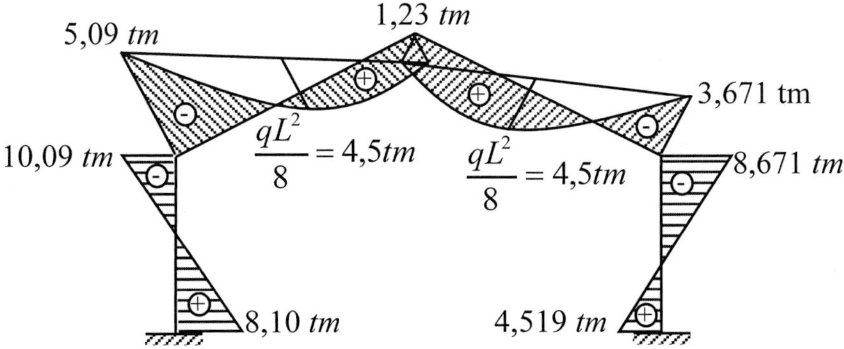

Para diagramar corte y normal las cargas deben estar dispuestas paralela y perpendicularmente a las barras.

Barra 2-3

$\alpha = 26,565$

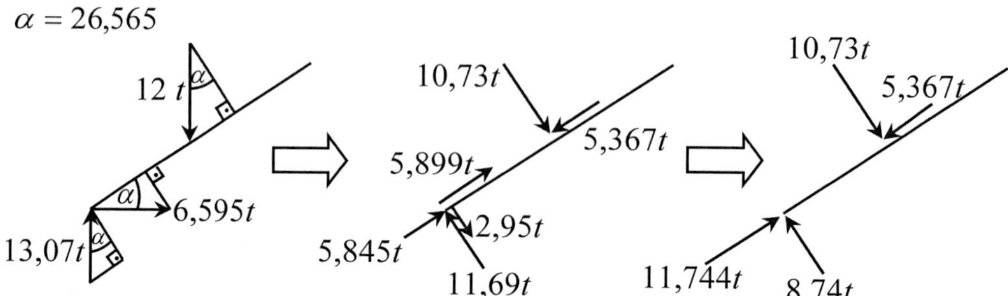

Barra 3-4

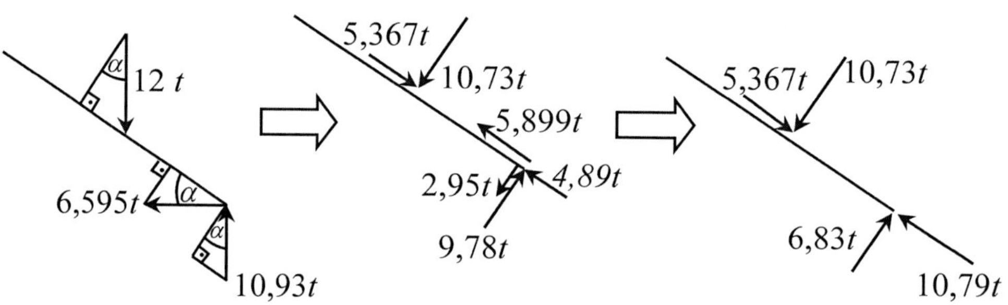

b) Cortante

c) Normal

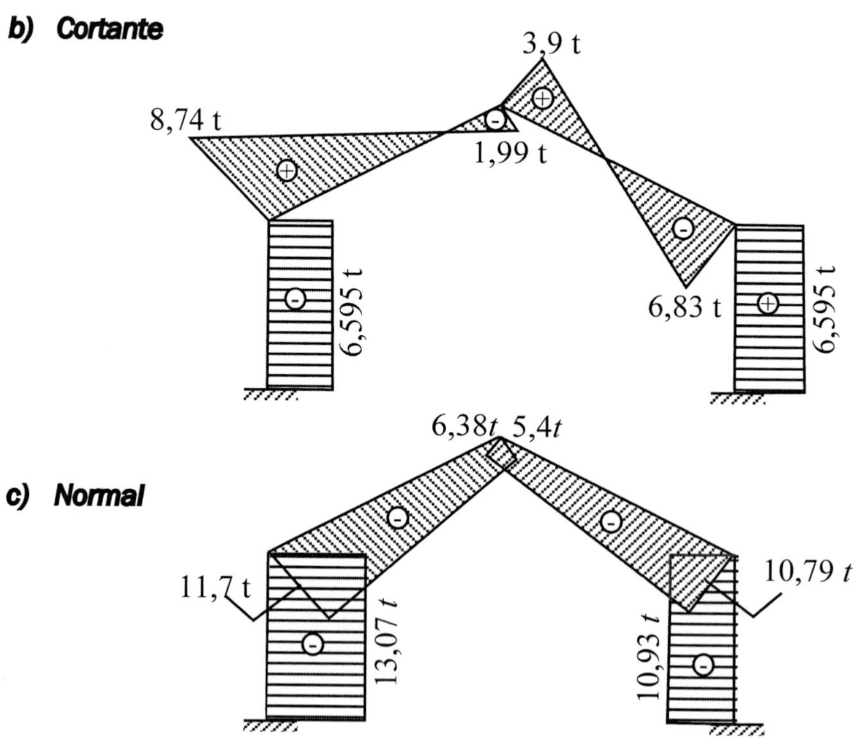

3.8. RETICULADOS

Los principales esfuerzos internos que accionan los elementos estructurales de un reticulado se denominan normales; esta fuerza, al actuar sobre un elemento biarticulado, produce deformaciones axiales. La interacción de estas deformaciones en un conjunto de barras concurrentes que constituyen un esqueleto estructural se traducen en desplazamientos globales en las direcciones X y Y en sus diferentes uniones. La relación entre estos desplazamientos, las deformaciones axiales y los esfuerzos normales constituyen las ecuaciones fundamentales que permiten el análisis estructural de sistemas hiperestáticos reticulares.

Para encontrar estas ecuaciones supongamos un sistema de uniones articuladas cuyas cargas son aplicadas tal como se muestran a continuación:

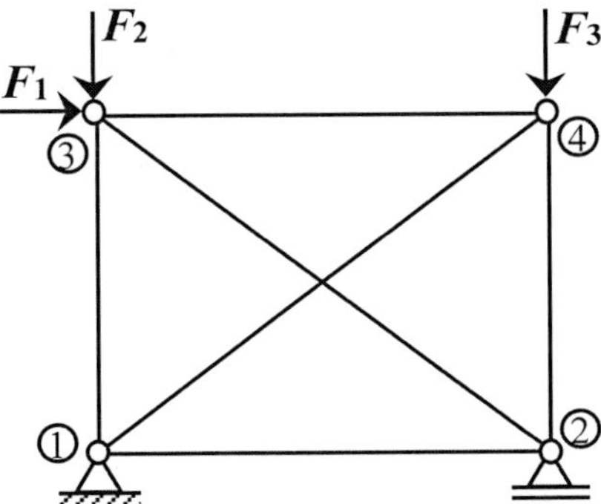

Figura 3.80 Reticulado.

Si analizamos el comportamiento global de sus deformaciones observaremos las traslaciones en las direcciones X y Y de sus uniones:

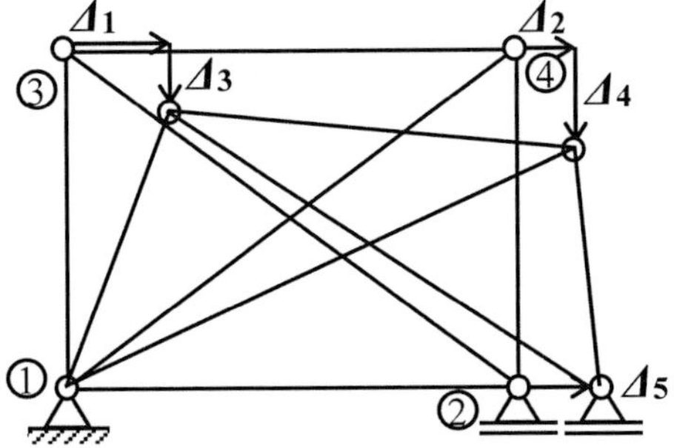

Figura 3.81 Reticulado deformado.

El comportamiento más generalizado es el que experimenta la barra 3-4, en la cual ambos extremos se desplazan. Véase la siguiente figura:

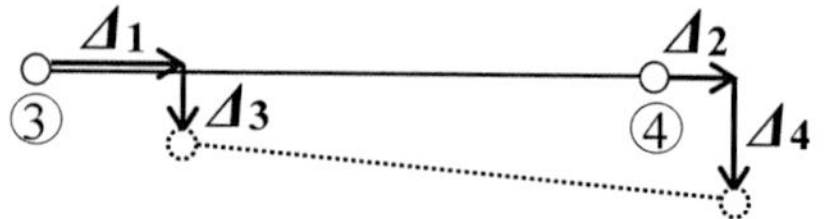

Figura 3.82 Estructura.

Los desplazamientos 1 y 2 son producidos por el esfuerzo normal de la barra 3-4, mientras que los desplazamientos Δ_3 y Δ_4 por las deformaciones de los restantes elementos que se vinculan a las uniones ③ y ④, por lo cual el análisis local de este elemento (barra 3-4) estará en función de los desplazamientos Δ_1 y Δ_2. Para generalizar este comportamiento consideraremos la siguiente notación:

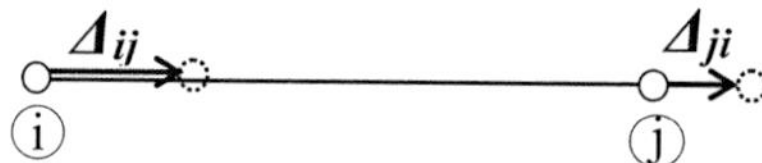

Figura 3.83 Comportamiento de una barra.

La deformación axial de este elemento es:

$$\Delta Lij = \Delta ij - \Delta ji \quad ①$$

La relación entre el esfuerzo normal y su deformación se determina a partir de la Ley de Hooke:

$$\Delta Lij = \frac{Nij \cdot Lij}{E \cdot A} \quad ②$$

Donde:

ΔLij = Deformación axial de la barra ij

Nij = Esfuerzo normal de la barra ij

Lij = Longitud de la barra ij

E = Módulo de elasticidad

A = Área de la sección transversal

Reemplazando ① en ② tenemos:

$$\Delta ij - \Delta ji = \frac{Nij \cdot Lij}{E \cdot A}$$

Despejamos el esfuerzo normal *Nij*:

$$Nij = \left(\frac{E \cdot A}{Lij}\right)\Delta ij - \left(\frac{E \cdot A}{Lij}\right)\Delta ji \quad ③$$

Para determinar la normal Nji aplicada en extremos j de la barra podemos aplicar la siguiente condición de equilibrio estático:

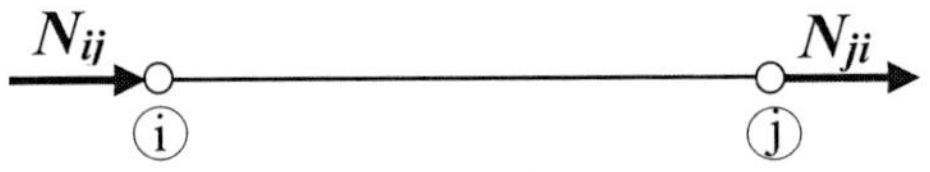

Figura 3.84 Esfuerzos normales.

$$\sum F_H = 0 \rightarrow \oplus$$

$$Nij + Nji = 0$$

$$Nji = -Nij \quad ④$$

Reemplazamos ③ en ④:

$$Nji = -\left(\frac{E \cdot A}{Lij}\right)\Delta ij + \left(\frac{E \cdot A}{Lij}\right)\Delta ji$$

En resumen, las ecuaciones que permiten el análisis estructural en sistemas de barras biarticuladas como cerchas, reticulados o armaduras son las siguientes:

$$Nij = \left(\frac{E \cdot A}{L}\right)\Delta ij - \left(\frac{E \cdot A}{L}\right)\Delta ji$$

$$Nij = -\left(\frac{E \cdot A}{L}\right)\Delta ij + \left(\frac{E \cdot A}{Lj}\right)\Delta ji$$

EJERCICIO 79

Calcular los esfuerzos normales.

Datos

$E = 2 \cdot 10^6 \; t/m^2$

$b = 10 \, cm$

$h = 20 \, cm$

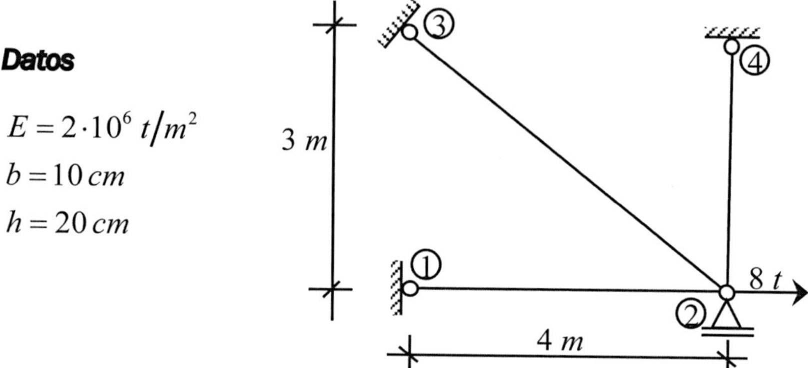

Figura 3.85 Reticulado.

1.- Grado de Indeterminación

$$GI = 1$$

Este valor se refiere al desplazamiento horizontal del nudo 2.

2.- Estructura deformada

Adoptemos una deformación coherente:

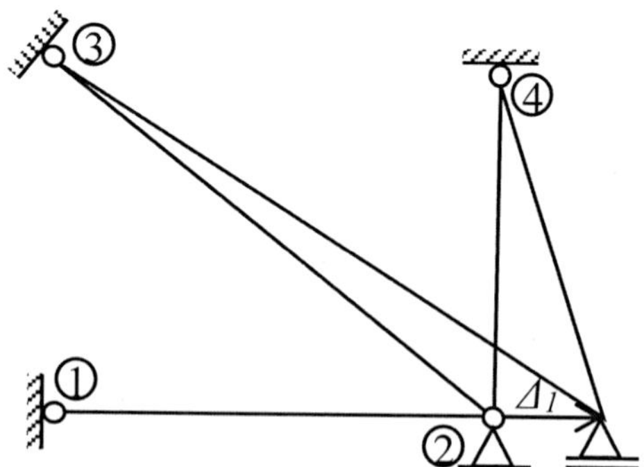

Ahora analicemos el comportamiento individual de cada barra.

a) Barra 1-2

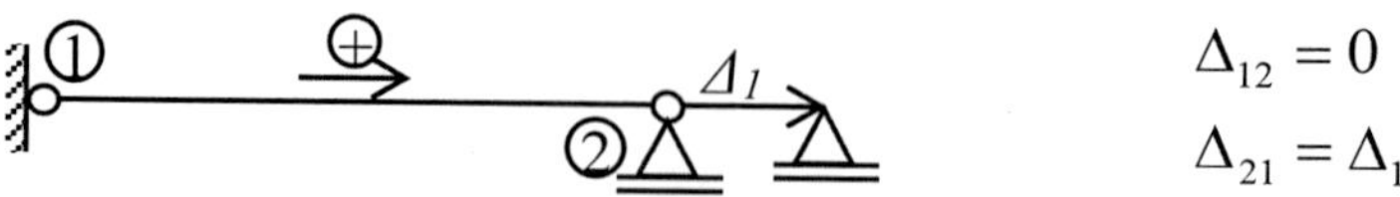

$$\Delta_{12} = 0$$

$$\Delta_{21} = \Delta_1$$

b) Barra 2-3

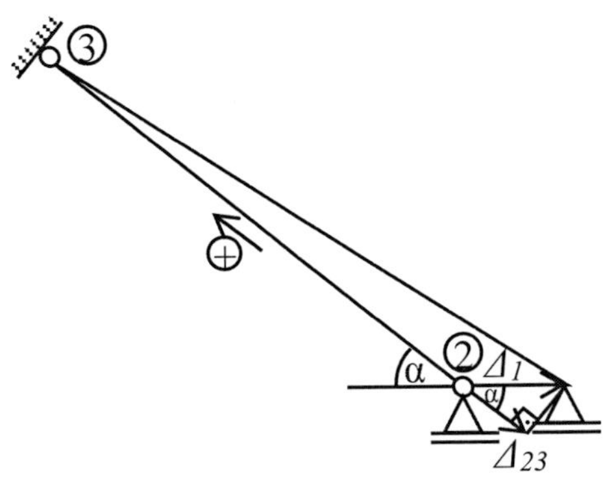

$$\alpha = Arctg\left(\frac{3}{4}\right) = 36{,}87^\circ$$

$$Cos\left(36{,}87^\circ\right) = \frac{\Delta_{23}}{\Delta_1}$$

$$\Delta_{23} = 0{,}8 \cdot \Delta_1$$

A este valor le ponemos signo menos, pues es contrario al signo positivo mostrado en la barra.

$$\Delta_{23} = -0{,}8 \cdot \Delta_1$$

$$\Delta_{32} = 0$$

c) Barra 2-4

Esta barra no se deforma solo gira $\therefore\ \Delta_{24} = 0$ y $\Delta_{42} = 0$.

3.- Análisis de barras

a) Barra 1-2

Utilizamos las siguientes fórmulas:

$$N_{12} = \frac{EA}{L} \cdot \Delta_{12} - \frac{EA}{L} \cdot \Delta_{21}$$

$$N_{21} = -\frac{EA}{L} \cdot \Delta_{12} + \frac{EA}{L} \cdot \Delta_{21}$$

Sabiendo que $\Delta_{12} = 0$, tenemos:

$$N_{12} = -\frac{EA}{L} \cdot \Delta_{21}$$

$$N_{21} = \frac{EA}{L} \cdot \Delta_{21}$$

Reemplazando valores, tenemos:

$$N_{12} = -\frac{2 \cdot 10^6 \cdot 0{,}1 \cdot 0{,}2}{4} \cdot \left(\Delta_1\right)$$

$$N_{12} = -10000 \cdot \Delta_1$$

$$N_{21} = 10000 \cdot \Delta_1$$

b) Barra 2-3

Utilizamos las siguientes fórmulas:

$$N_{23} = \frac{EA}{L} \cdot \Delta_{23} - \frac{EA}{L} \cdot \Delta_{32}$$

$$N_{32} = -\frac{EA}{L} \cdot \Delta_{23} + \frac{EA}{L} \cdot \Delta_{32}$$

Sabiendo que $\Delta_{32} = 0$, tenemos:

$$N_{23} = \frac{EA}{L} \cdot \Delta_{23}$$

$$N_{32} = -\frac{EA}{L} \cdot \Delta_{23}$$

Reemplazando valores, tenemos:

$$N_{23} = \frac{2 \cdot 10^6 \cdot 0{,}1 \cdot 0{,}2}{5} \cdot (-0{,}8 \cdot \Delta_1)$$

$$N_{23} = -6400 \cdot \Delta_1$$

$$N_{32} = 6400 \cdot \Delta_1$$

c) Barra 2-4

Como $\Delta_{24} = 0$ y $\Delta_{42} = 0$, entonces $N_{24} = 0$ y $N_{42} = 0$.

4.- Análisis de nudos

Las normales se orientan de mayor a menor numeración (opuesto al sentido positivo de cada barra).

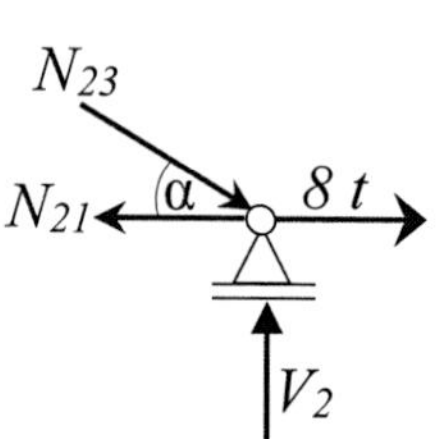

$$\Sigma F_H = 0 \to \oplus$$

$$-N_{21} + N_{23} \cdot Cos\alpha + 8 = 0$$

$$-N_{21} + 0{,}8 \cdot N_{23} + 8 = 0$$

$$\begin{aligned} -N_{21} &= -10000 \cdot \Delta_1 \\ 0{,}8 \cdot N_{23} &= -5120 \cdot \Delta_1 \\ 8 &= 8 \\ \hline 0 &= 8 - 15120 \cdot \Delta_1 \end{aligned}$$

$$\Delta_1 = 5{,}291 \cdot 10^{-4}$$

5.- Esfuerzos normales finales

$$N_{12} = -10000 \cdot \Delta_1$$
$$N_{12} = -10000 \cdot \left(5{,}291 \cdot 10^{-4}\right)$$
$$N_{12} = -5{,}291\,t$$

$$N_{21} = 5{,}291\,t$$

$$N_{23} = -6400 \cdot \Delta_1$$
$$N_{23} = -6400 \cdot \left(5{,}291 \cdot 10^{-4}\right)$$
$$N_{23} = -3{,}386\,t$$

$$N_{32} = 3{,}386\,t$$

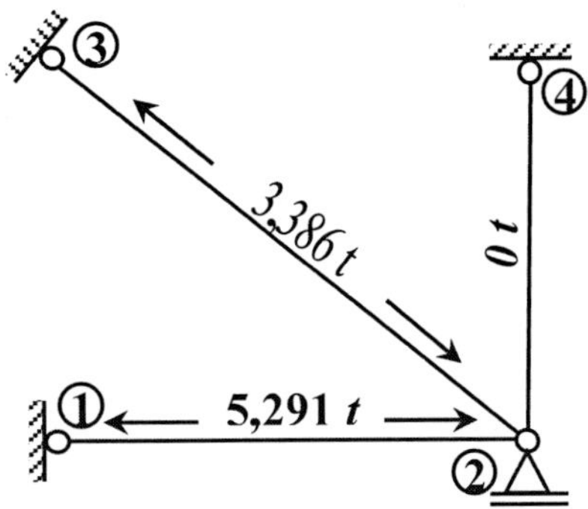

EJERCICIO 80

Calcular reacciones y esfuerzos normales.

Datos

$E = 2 \cdot 10^6 \ t/m^2$

$D = 10 \ cm$

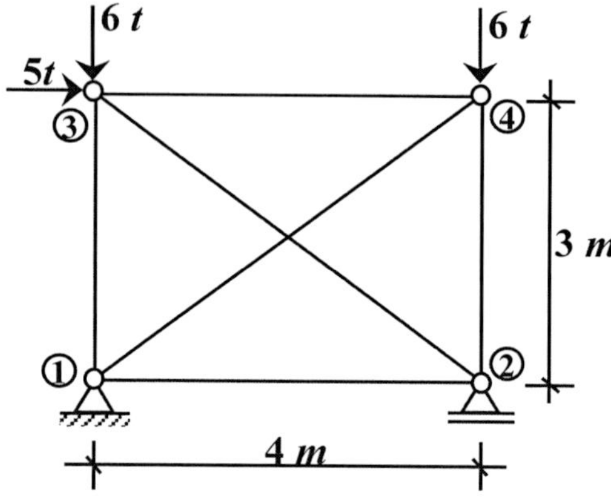

Figura 3.86 Reticulado.

1.- Grado hiperestático

$$GI = dh + dv$$

$$GI = 3 + 2$$

$$GI = 5°$$

El número dh = 3 representa los desplazamientos horizontales de los nudos 2, 3 y 4, y el número dv = 2 expresa los desplazamientos verticales de los nudos 3 y 4.

2.- Estructura deformada

Para estudiar la deformación de este reticulado inicialmente restringimos todos los desplazamientos, tal como se muestra a continuación.

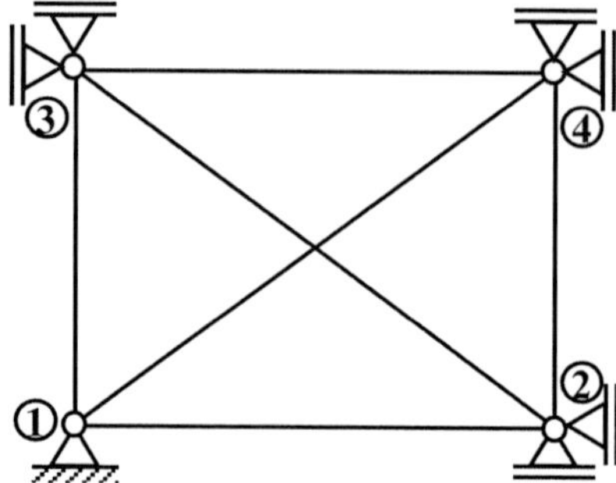

△ = apoyos ficticios

Ahora liberemos los apoyos ficticios de cada nudo, uno a uno, y analicemos su comportamiento deformativo.

a) Nudo 2

El sentido de la deformación se asume de forma coherente.

El sentido positivo de cada barra se orienta de menor a mayor numeración.

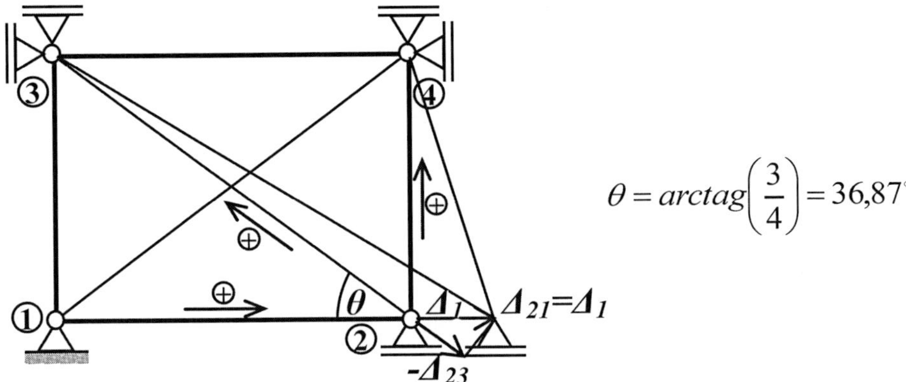

$$\theta = arctag\left(\frac{3}{4}\right) = 36{,}87^{\circ}$$

Analicemos el triángulo que se forma en el reticulado:

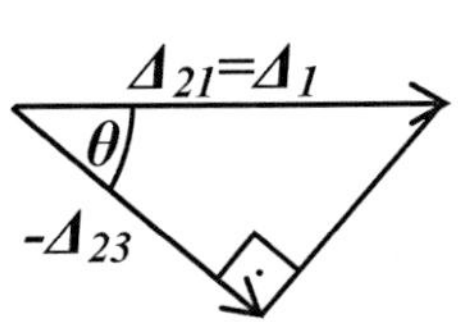

$$\cos(36{,}87^{\circ}) = \frac{-\Delta_{23}}{\Delta_1}$$

$$-\Delta_{23} = \cos(36{,}87^{\circ}) \cdot \Delta_1$$

Multiplicando por (-1)

$$\Delta_{23} = -0{,}8 \cdot \Delta_1$$

Del triángulo tenemos: $\Delta_{21} = \Delta 1$

b) Nudo 3

El sentido de los desplazamientos Δ_2 y Δ_3 se asumen de forma coherente.

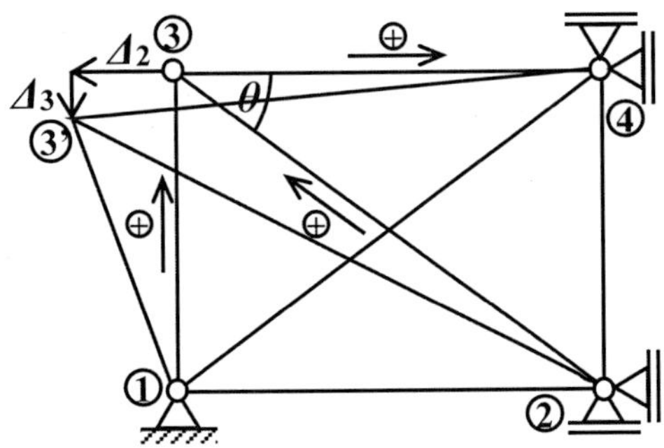

Amplificamos la escala y analizamos el comportamiento de cada barra:

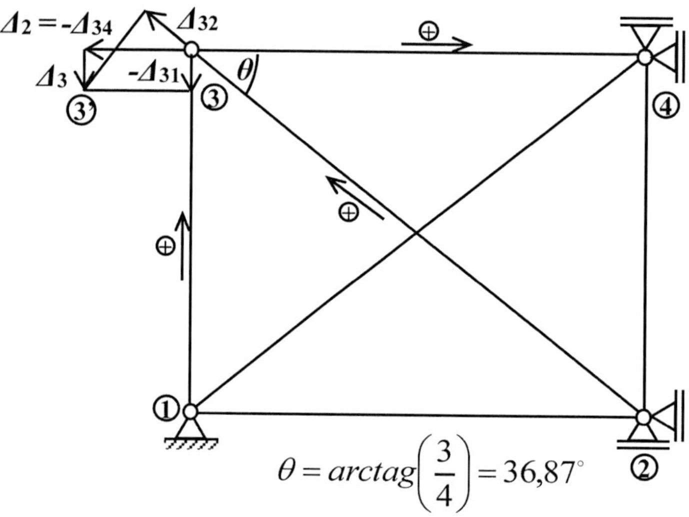

- La barra 1-3 se acorta y rota hasta ubicarse en 3':

$$-\Delta_{31} = \Delta_3$$

Multiplicando por (-1), tenemos:

$$\Delta_{31} = -\Delta_3$$

- **La barra 2-3** se alarga y rota hasta ubicarse en 3':

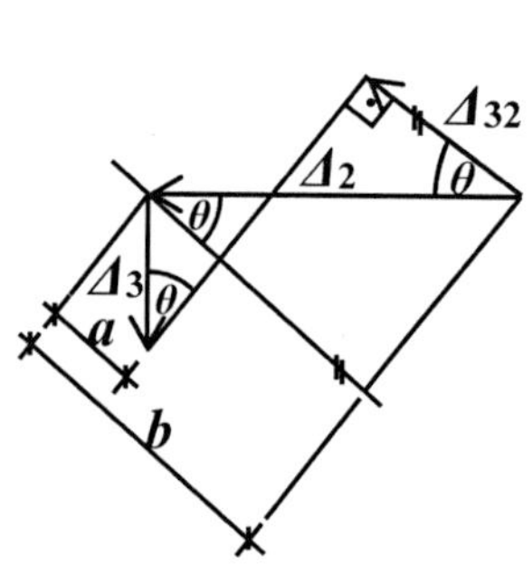

$$a = \Delta_3 \cdot sen(\theta)$$

$$a = \Delta_3 \cdot sen(36{,}87^\circ)$$

$$a = 0{,}6 \cdot \Delta_3$$

$$b = \Delta_2 \cdot \cos(\theta)$$

$$b = \Delta_2 \cdot \cos(36{,}87^\circ)$$

$$b = 0{,}8 \cdot \Delta_2$$

$$\Delta_{32} = b - a$$

$$\Delta_{32} = 0{,}8 \cdot \Delta_2 - 0{,}6 \cdot \Delta_3$$

- **La barra 3-4** se alarga y rota hasta ubicarse en 3'.

$$-\Delta_{34} = \Delta_2$$

Multiplicando por (-1), tenemos:

$$\Delta_{34} = -\Delta_2$$

c) Nudo 4

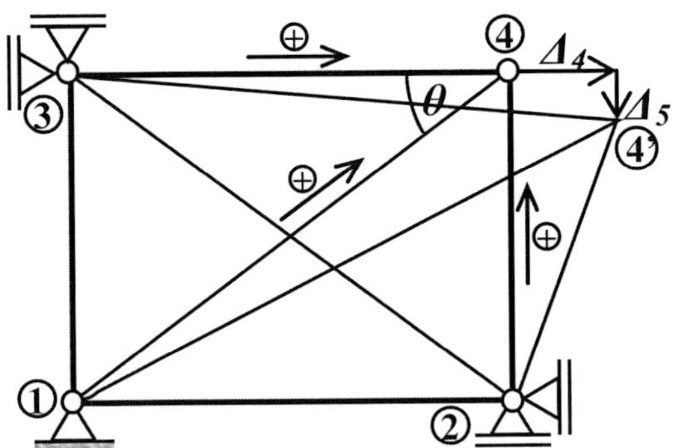

El sentido de los desplazamientos Δ_4 y Δ_5 se asumen de forma coherente.

Amplificamos la escala y analizamos el comportamiento de cada barra:

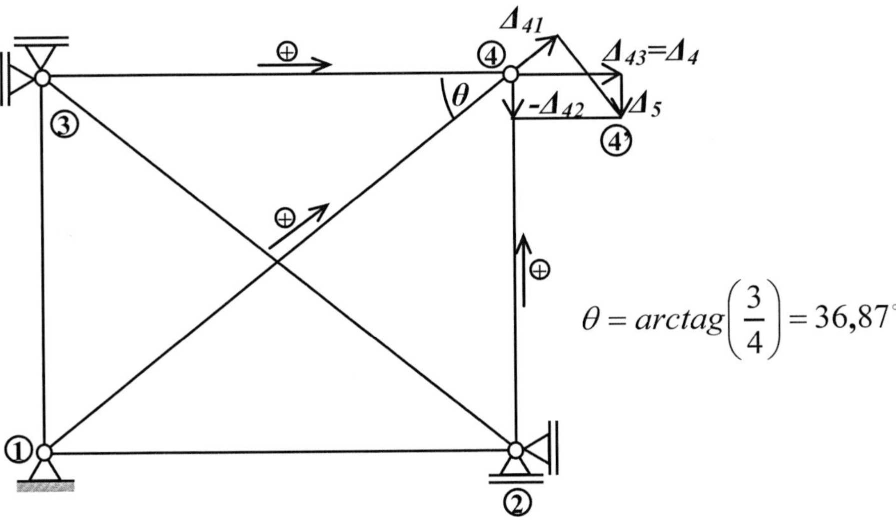

$$\theta = arctag\left(\frac{3}{4}\right) = 36{,}87^{\circ}$$

- ***La barra 2-4*** se acorta y rota hasta ubicarse en 4':

$$-\Delta_{42} = \Delta_5$$

Multiplicando por (-1), tenemos:

$$\Delta_{42} = -\Delta_5$$

- ***La barra 1-4*** se alarga y rota hasta ubicarse en 4':

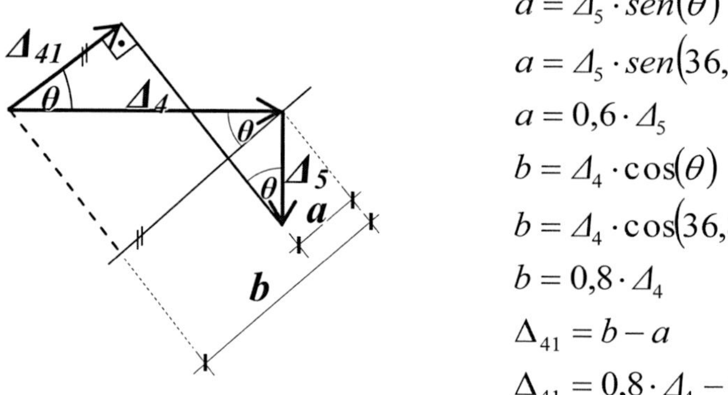

$$a = \Delta_5 \cdot sen(\theta)$$
$$a = \Delta_5 \cdot sen(36{,}87^\circ)$$
$$a = 0{,}6 \cdot \Delta_5$$
$$b = \Delta_4 \cdot \cos(\theta)$$
$$b = \Delta_4 \cdot \cos(36{,}87^\circ)$$
$$b = 0{,}8 \cdot \Delta_4$$
$$\Delta_{41} = b - a$$
$$\Delta_{41} = 0{,}8 \cdot \Delta_4 - 0{,}6 \cdot \Delta_5$$

- ***La barra 3-4*** se alarga y rota hasta ubicarse en 4':

$$\Delta_{43} = \Delta_4$$

Resumen:

Barra	***L***	***Δij***	***Δji***
1-2	4	0	Δ1
1-3	3	0	-Δ3
1-4	5	0	0,8·Δ4-0,6·Δ5
2-3	5	-0,8· Δ1	0,8·Δ2-0,6·Δ3
2-4	3	0	-Δ5
3-4	4	-Δ2	Δ4

3.- Análisis de barras

a) Barra 1-2

Empleamos las siguientes fórmulas:

$$N_{12} = \frac{EA}{L} \cdot \Delta_{12} - \frac{EA}{L} \cdot \Delta_{21}$$
$$N_{21} = -\frac{EA}{L} \cdot \Delta_{12} + \frac{EA}{L} \cdot \Delta_{21}$$

Como E·A es el mismo para todas, no es necesario incluir las barras en las fórmulas anteriores.

$$N_{12} = \frac{EA}{4} \cdot 0 - \frac{EA}{4} \cdot \Delta_1$$
$$N_{12} = -0{,}25 \cdot EA \cdot \Delta_1$$
$$N_{21} = 0{,}25 \cdot EA \cdot \Delta_1$$

b) Barra 1-3

Empleamos las siguientes fórmulas:

$$N_{13} = \frac{EA}{L} \cdot \Delta_{13} - \frac{EA}{L} \cdot \Delta_{31}$$
$$N_{31} = -\frac{EA}{L} \cdot \Delta_{13} + \frac{EA}{L} \cdot \Delta_{31}$$

Como E·A es el mismo para todas las barras, no es necesario incluirlas en las fórmulas anteriores.

$$N_{13} = \frac{EA}{3} \cdot 0 - \frac{EA}{3} \cdot (-\Delta_3)$$
$$N_{13} = 0{,}333 \cdot EA \cdot \Delta_3$$
$$N_{31} = -0{,}333 \cdot EA \cdot \Delta_3$$

c) Barra 1-4

Empleamos las siguientes fórmulas:

$$N_{14} = \frac{EA}{L} \cdot \Delta_{14} - \frac{EA}{L} \cdot \Delta_{41}$$
$$N_{41} = -\frac{EA}{L} \cdot \Delta_{14} + \frac{EA}{L} \cdot \Delta_{41}$$

Como E·A es el mismo para todas las barras, no es necesario incluirlas en las fórmulas anteriores.

$$N_{14} = \frac{EA}{5} \cdot 0 - \frac{EA}{5} \cdot (0{,}8 \cdot \Delta_4 - 0{,}6 \cdot \Delta_5)$$
$$N_{14} = -0{,}16 \cdot EA \cdot \Delta_4 + 0{,}12 \cdot EA \cdot \Delta_5$$
$$N_{41} = 0{,}16 \cdot EA \cdot \Delta_4 - 0{,}12 \cdot EA \cdot \Delta_5$$

d) Barra 2-3

Empleamos las siguientes fórmulas:

$$N_{23} = \frac{EA}{L} \cdot \Delta_{23} - \frac{EA}{L} \cdot \Delta_{32}$$

$$N_{32} = -\frac{EA}{L} \cdot \Delta_{23} + \frac{EA}{L} \cdot \Delta_{32}$$

Como E·A es el mismo para todas las barras, no es necesario incluirlas en las fórmulas anteriores.

$$N_{23} = \frac{EA}{5} \cdot (-0{,}8 \cdot \Delta_1) - \frac{EA}{5} \cdot (0{,}8 \cdot \Delta_2 - 0{,}6 \cdot \Delta_3)$$

$$N_{23} = -0{,}16EA \cdot \Delta_1 - 0{,}16EA \cdot \Delta_2 + 0{,}12EA \cdot \Delta_3$$

$$N_{32} = 0{,}16EA \cdot \Delta_1 + 0{,}16EA \cdot \Delta_2 - 0{,}12EA \cdot \Delta_3$$

e) Barra 2-4

Empleamos las siguientes fórmulas:

$$N_{24} = \frac{EA}{L} \cdot \Delta_{24} - \frac{EA}{L} \cdot \Delta_{42}$$

$$N_{42} = -\frac{EA}{L} \cdot \Delta_{24} + \frac{EA}{L} \cdot \Delta_{42}$$

Como E·A es el mismo para todas las barras, no es necesario incluirlas en las fórmulas anteriores.

$$N_{24} = \frac{EA}{3} \cdot 0 - \frac{EA}{3} \cdot (-\Delta_5)$$

$$N_{24} = 0{,}333 \cdot EA \cdot \Delta_5$$

$$N_{42} = -0{,}333 \cdot EA \cdot \Delta_5$$

f) Barra 3-4

Empleamos las siguientes fórmulas:

$$N_{34} = \frac{EA}{L} \cdot \Delta_{34} - \frac{EA}{L} \cdot \Delta_{43}$$

$$N_{43} = -\frac{EA}{L} \cdot \Delta_{34} + \frac{EA}{L} \cdot \Delta_{43}$$

Como E·A es el mismo para todas las barras, no es necesario incluirlas en las fórmulas anteriores.

$$N_{34} = \frac{EA}{4} \cdot (-\Delta_2) - \frac{EA}{4} \cdot (\Delta_4)$$
$$N_{34} = -0{,}25 \cdot EA \cdot \Delta_2 - 0{,}25 \cdot EA \cdot \Delta_4$$
$$N_{43} = 0{,}25 \cdot EA \cdot \Delta_2 + 0{,}25 \cdot EA \cdot \Delta_4$$

4.- Análisis de Nudos

a) Nudo 1

El sentido de las reacciones se asume y el sentido de los esfuerzos normales es opuesto al sentido positivo de cada barra:

N13, N14, θ, H1, N12, V1

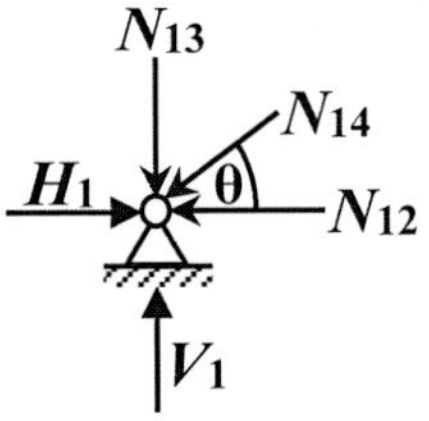

$$\Sigma F_H = 0 \rightarrow \oplus$$
$$H_1 - N_{14} \cdot Cos(36{,}87^\circ) - N_{12} = 0$$
$$H_1 = N_{12} + 0{,}8 \cdot N_{14} \quad ⓐ$$
$$\Sigma F_V = 0 \uparrow \oplus$$
$$V_1 - N_{14} \cdot Sen(36{,}87^\circ) - N_{13} = 0$$
$$V_1 = N_{13} + 0{,}6 \cdot N_{14} \quad ⓑ$$

b) Nudo 2

El sentido de las reacciones se asume y el sentido de los esfuerzos normales es opuesto al sentido positivo de cada barra:

N24, N23, θ, N21, V2

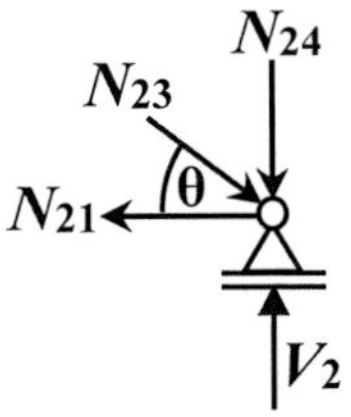

$$\Sigma F_H = 0 \rightarrow \oplus$$
$$N_{23} \cdot Cos(36{,}87^\circ) - N_{21} = 0$$
$$0{,}8 \cdot N_{23} - N_{21} = 0$$

Reemplazamos N21 y N23

$$-N_{21} = -0{,}25 \cdot EA \cdot \Delta_1$$
$$0{,}8 \cdot N_{23} = -0{,}128 \cdot EA \cdot \Delta_1 - 0{,}128 \cdot EA \cdot \Delta_2 + 0{,}096 \cdot EA \cdot \Delta_3$$
$$0 = -0{,}378 \cdot EA \cdot \Delta_1 - 0{,}128 \cdot EA \cdot \Delta_2 + 0{,}096 \cdot EA \cdot \Delta_3 \quad (I)$$

$$\Sigma F_V = 0 \uparrow \oplus$$
$$V_2 - N_{23} \cdot Sen(36{,}87^\circ) - N_{24} = 0$$
$$V_2 = 0{,}6 \cdot N_{23} + N_{24} \text{ ⓒ}$$

c) Nudo 3

El sentido de los esfuerzos normales es opuesto al sentido positivo de cada barra.

6 t, 5 t, N_{34}, θ, N_{32}, N_{31}

$$\Sigma F_H = 0 \rightarrow \oplus$$
$$5 + N_{32} \cdot Cos(36{,}87^\circ) - N_{34} = 0$$
$$0{,}8 \cdot N_{32} - N_{34} + 5 = 0$$

Reemplazamos N32 y N34:

$$\begin{array}{lcl} 0{,}8 \cdot N_{32} & = & 0{,}128 \cdot EA \cdot \Delta_1 + 0{,}128 \cdot EA \cdot \Delta_2 - 0{,}096 \cdot EA \cdot \Delta_3 \\ -N_{34} & = & 0{,}25 \cdot EA \cdot \Delta_2 + 0{,}25 \cdot EA \cdot \Delta_4 \\ 5 & = & 5 \\ \hline 0 & = & 5 + 0{,}128 \cdot EA \cdot \Delta_1 + 0{,}378 \cdot EA \cdot \Delta_2 - 0{,}096 \cdot EA \cdot \Delta_3 + 0{,}25 \cdot EA \cdot \Delta_4 \text{ (II)} \end{array}$$

$$\Sigma F_V = 0 \uparrow \oplus$$
$$-6 - N_{32} \cdot Sen(36{,}87^\circ) - N_{31} = 0$$
$$-N_{31} - 0{,}6 \cdot N_{32} - 6 = 0$$

Multiplicamos por (-1):

$$N_{31} + 0{,}6 \cdot N_{32} + 6 = 0$$

Reemplazamos N31 y N32:

$$\begin{array}{lcl} N_{31} & = & -0{,}333 \cdot EA \cdot \Delta_3 \\ 0{,}6 \cdot N_{32} & = & 0{,}096 \cdot EA \cdot \Delta_1 + 0{,}096 \cdot EA \cdot \Delta_2 - 0{,}072 \cdot EA \cdot \Delta_3 \\ 6 & = & 6 \\ \hline 0 & = & 6 + 0{,}096 \cdot EA \cdot \Delta_1 + 0{,}096 \cdot EA \cdot \Delta_2 - 0{,}405 \cdot EA \cdot \Delta_3 \text{ (III)} \end{array}$$

d) Nudo 4

El sentido de los esfuerzos normales es opuesto al sentido positivo de cada barra.

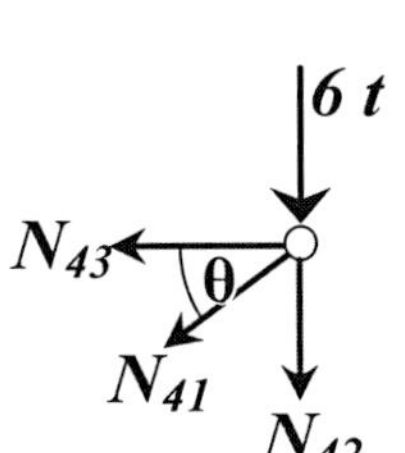

$$\Sigma F_H = 0 \leftarrow \oplus$$
$$N_{41} \cdot Cos(36{,}87^\circ) + N_{43} = 0$$
$$0{,}8 \cdot N_{41} + N_{43} = 0$$

Reemplazamos N41 y N43:

$$0{,}8 \cdot N_{41} = 0{,}128 \cdot EA \cdot \Delta_4 - 0{,}096 \cdot EA \cdot \Delta_5$$
$$N_{43} = 0{,}25 \cdot EA \cdot \Delta_2 + 0{,}25 \cdot EA \cdot \Delta_4$$
$$\text{(IV)}\quad 0 = 0{,}25 \cdot EA \cdot \Delta_2 + 0{,}378 \cdot EA \cdot \Delta_4 - 0{,}096 \cdot EA \cdot \Delta_5$$

$$\Sigma F_V = 0 \uparrow \oplus$$
$$-6 - N_{41} \cdot Sen(36{,}87^\circ) - N_{42} = 0$$
$$-0{,}6 \cdot N_{41} - N_{42} - 6 = 0$$

Multiplicamos por (-1):

$$0{,}6 \cdot N_{41} + N_{42} + 6 = 0$$

Reemplazamos N41 y N42:

$$0{,}6 \cdot N_{41} = 0{,}096 \cdot EA \cdot \Delta_4 - 0{,}072 \cdot EA \cdot \Delta_5$$
$$N_{42} = -0{,}333 \cdot EA \cdot \Delta_5$$
$$6 = 6$$
$$0 = 6 + 0{,}096 \cdot EA \cdot \Delta_4 - 0{,}405 \cdot EA \cdot \Delta_5 \quad \text{(V)}$$

Agrupamos las ecuaciones I, II, III, IV y V:

$$-0{,}378 \cdot EA \cdot \Delta_1 - 0{,}128 \cdot EA \cdot \Delta_2 + 0{,}096 \cdot EA \cdot \Delta_3 = 0$$
$$0{,}128 \cdot EA \cdot \Delta_1 + 0{,}378 \cdot EA \cdot \Delta_2 - 0{,}096 \cdot EA \cdot \Delta_3 + 0{,}25 \cdot EA \cdot \Delta_4 = -5$$
$$0{,}096 \cdot EA \cdot \Delta_1 + 0{,}096 \cdot EA \cdot \Delta_2 - 0{,}405 \cdot EA \cdot \Delta_3 = -6$$
$$0{,}25 \cdot EA \cdot \Delta_2 + 0{,}378 \cdot EA \cdot \Delta_4 - 0{,}096 \cdot EA \cdot \Delta_5 = 0$$
$$0{,}096 \cdot EA \cdot \Delta_4 - 0{,}405 \cdot EA \cdot \Delta_5 = -6$$

Resolviendo este sistema de ecuaciones obtenemos:

$$EA \cdot \Delta 1 = 14{,}003$$

$$EA \cdot \Delta 2 = -33{,}754$$

$$EA \cdot \Delta 3 = 10{,}133$$

$$EA \cdot \Delta 4 = 27{,}757$$

$$A \cdot \Delta 5 = 21{,}394$$

5.- Esfuerzos normales finales

Reemplazamos los resultados anteriores en el paso 3:

a) Barra 1-2

$$N_{12} = -0{,}25 \cdot EA \cdot \Delta_1$$
$$N_{12} = -0{,}25 \cdot 14{,}003$$
$$N_{12} = -3{,}5t$$
$$N_{21} = 3{,}5t$$

b) Barra 1-3

$$N_{13} = 0{,}333 \cdot EA \cdot \Delta_3$$
$$N_{13} = 0{,}333 \cdot 10{,}133$$
$$N_{13} = 3{,}374t$$
$$N_{31} = -3{,}374t$$

c) Barra 1-4

$$N_{14} = -0{,}16 \cdot EA \cdot \Delta_4 + 0{,}12 \cdot EA \cdot \Delta_5$$
$$N_{14} = -0{,}16 \cdot 27{,}757 + 0{,}12 \cdot 21{,}394$$
$$N_{14} = -1{,}874t$$
$$N_{41} = 1{,}874t$$

d) Barra 2-3

$$N_{23} = -0{,}16 \cdot EA \cdot \Delta_1 - 0{,}16 \cdot EA \cdot \Delta_2 + 0{,}12 \cdot EA \cdot \Delta_3$$
$$N_{23} = -0{,}16 \cdot 14{,}003 - 0{,}16 \cdot (-33{,}754) + 0{,}12 \cdot 10{,}133$$
$$N_{23} = 4{,}376t$$
$$N_{32} = -4{,}376t$$

e) Barra 2-4

$$N_{24} = 0{,}333 \cdot EA \cdot \Delta_5$$
$$N_{24} = 0{,}333 \cdot 21{,}394$$
$$N_{24} = 7{,}124t$$
$$N_{42} = -7{,}124t$$

f) Barra 3-4

$$N_{34} = -0{,}25 \cdot EA \cdot \Delta_2 - 0{,}25 \cdot EA \cdot \Delta_4$$
$$N_{34} = -0{,}25 \cdot (-33{,}754) - 0{,}25 \cdot (27{,}757)$$
$$N_{34} = 1{,}5t$$
$$N_{43} = -1{,}5t$$

Esfuerzos normales

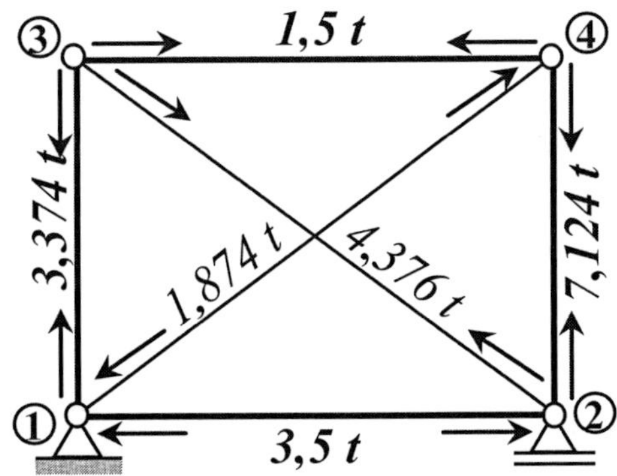

6.- Reacciones finales

Reemplazamos los resultados del paso 5, en las ecuaciones a, b y c del paso 4.

$$H_1 = N_{12} + 0{,}8 \cdot N_{14}$$
$$H_1 = -3{,}5 + 0{,}8 \cdot (-1{,}874)$$
$$H_1 = -5t$$
$$V_1 = N_{13} + 0{,}6 \cdot N_{14}$$
$$V_1 = 3{,}374 + 0{,}6 \cdot (-1{,}874)$$
$$V_1 = 2{,}25t$$
$$V_2 = 0{,}6 \cdot N_{23} + N_{24}$$
$$V_2 = 0{,}6 \cdot 4{,}376 + 7{,}124$$
$$V_2 = 9{,}75t$$

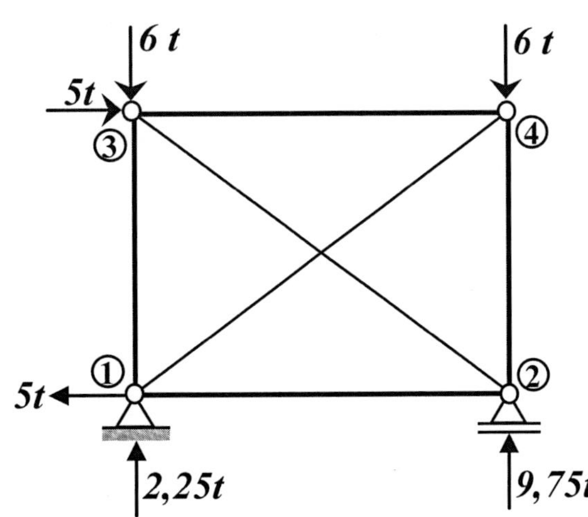

EJERCICIO 81

Calcular reacciones, esfuerzos normales y dibujar su línea deformada.

Datos

E = $2 \cdot 10^7$ t/m²

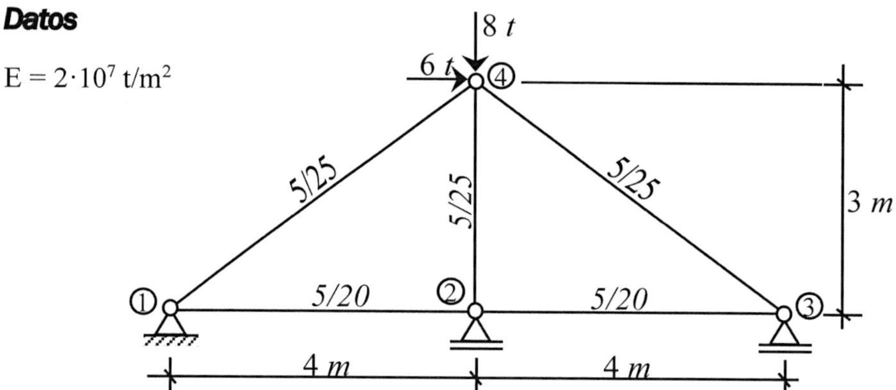

Figura 3.87 Reticulado tipo cercha.

1.- Grado hiperestático

$$GI = dh + dv$$

$$GI = 3 + 1$$

$$GI = 4°$$

El número dh = 3 representa los desplazamientos horizontales de los nudos 2, 3 y 4, y el número dv = 1 expresa el desplazamiento vertical en el nudo 4.

2.- Estructura deformada

Para estudiar la deformación de este reticulado inicialmente restringimos todos los desplazamientos, tal como se muestra a continuación.

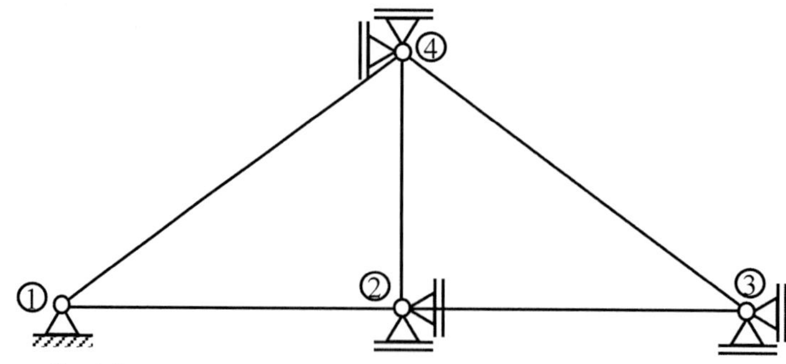

Ahora liberemos los apoyos ficticios de cada nudo, uno a uno, y analicemos su comportamiento deformativo.

a) Nudo 2

El sentido positivo de cada barra se orienta de menor a mayor numeración y el sentido de Δ1 se asume.

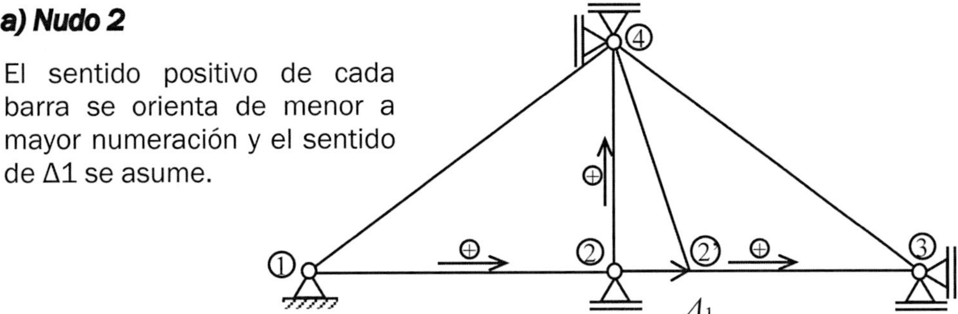

La barra 1-2 se alarga hasta ubicarse en 2' $\Delta 21 = \Delta 1$

La barra 2-3 se acorta hasta ubicarse en 2' $\Delta 23 = \Delta 1$

b) Nudo 3

Del reticulado.

El sentido del desplazamiento Δ_2 se asume.

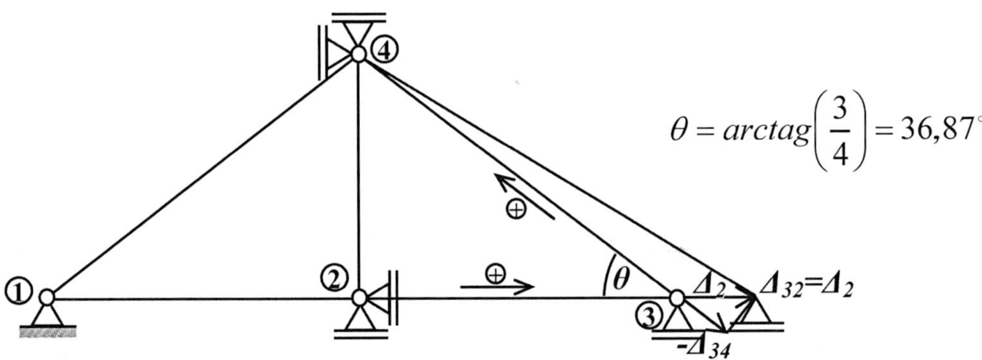

Analicemos el triángulo que se forma aumentando su escala.

$$\cos(36{,}87^\circ) = \frac{-\Delta_{34}}{\Delta_2}$$

$$-\Delta_{34} = \cos(36{,}87^\circ)\cdot\Delta_2$$

Multiplicando por (-1):

$$\Delta_{34} = -0{,}8 \cdot \Delta_2$$

Del triángulo tenemos: $\Delta_{32} = \Delta_2$

c) Nudo 4

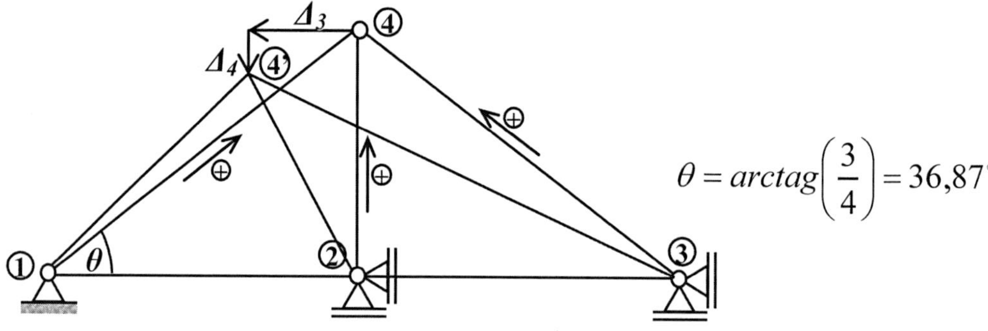

$$\theta = arctag\left(\frac{3}{4}\right) = 36{,}87^\circ$$

Amplificamos la escala y analizamos el comportamiento de cada barra:

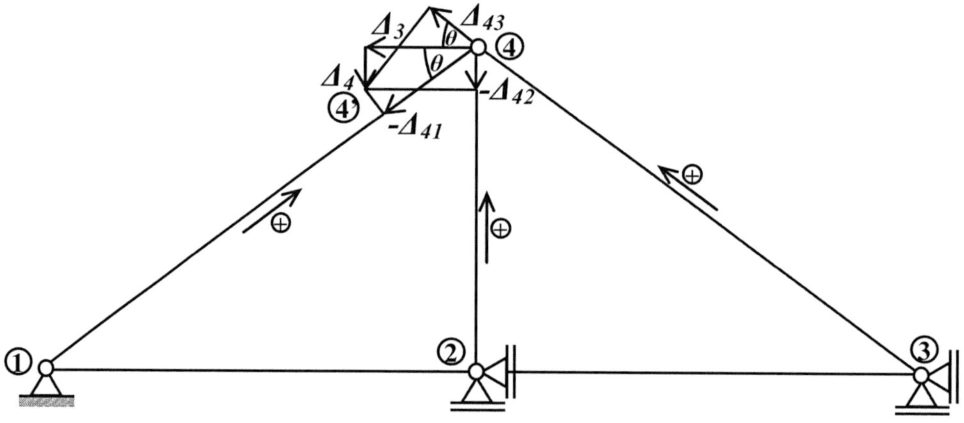

- ***La barra 1-4*** se acorta y rota hasta ubicarse en 4':

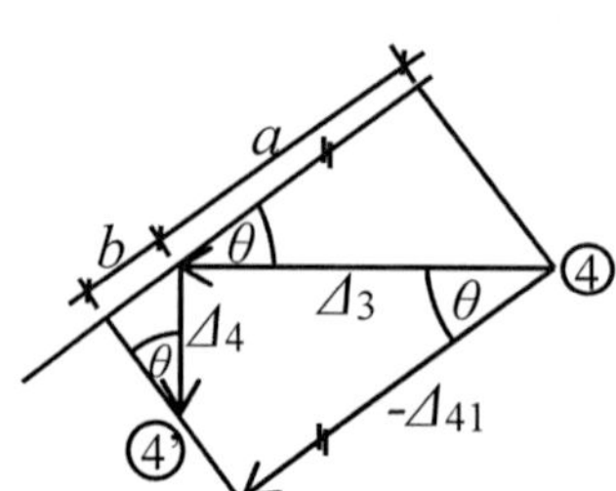

$$a = \Delta_3 \cdot \cos(\theta)$$
$$a = \Delta_3 \cdot \cos(36{,}87^\circ)$$
$$a = 0{,}8 \cdot \Delta_3$$
$$b = \Delta_4 \cdot sen(\theta)$$
$$b = \Delta_4 \cdot sen(36{,}87^\circ)$$
$$b = 0{,}6 \cdot \Delta_4$$

$$-\Delta_{41} = a + b$$
$$-\Delta_{41} = 0{,}8 \cdot \Delta_3 + 0{,}6 \cdot \Delta_4$$

Multiplicando por (-1):

$$\Delta_{41} = -0{,}8 \cdot \Delta_3 - 0{,}6 \cdot \Delta_4$$

- ***La barra 2-4*** se acorta y rota hasta ubicarse en 4':

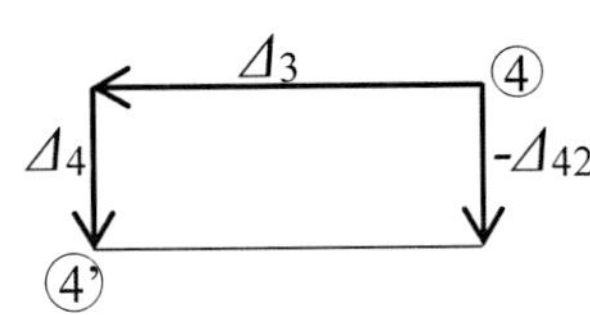

De la figura:

$$-\Delta_{42} = \Delta_4$$

Multiplicando por (-1):

$$\Delta_{42} = -\Delta_4$$

- ***La barra 3-4*** se alarga y rota hasta ubicarse en 4':

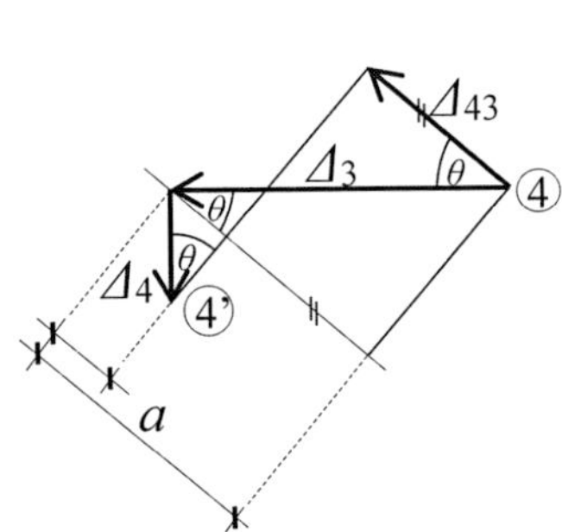

$$a = \Delta_3 \cdot \cos(\theta)$$
$$a = \Delta_3 \cdot \cos(36{,}87^\circ)$$
$$a = 0{,}8 \cdot \Delta_3$$
$$b = \Delta_4 \cdot sen(\theta)$$
$$b = \Delta_4 \cdot sen(36{,}87^\circ)$$
$$b = 0{,}6 \cdot \Delta_4$$
$$\Delta_{43} = a - b$$
$$\Delta_{43} = 0{,}8 \cdot \Delta_3 - 0{,}6 \cdot \Delta_4$$

Resumen

Barra	***L***	***E·A***	***Δij***	***Δji***
1-2	4	200000	0	Δ1
1-4	5	250000	0	-0,8·Δ3 – 0,6·Δ4
2-3	4	200000	Δ1	Δ2
2-4	3	250000	0	- Δ4
3-4	5	250000	-0,8·Δ2	0,8·Δ3 – 0,6·Δ4

3.- Análisis de barras

a) Barra 1-2

Empleamos las siguientes fórmulas:

$$N_{12} = \frac{E \cdot A}{L} \cdot \Delta_{12} - \frac{E \cdot A}{L} \cdot \Delta_{21}$$

$$N_{21} = -\frac{E \cdot A}{L} \cdot \Delta_{12} + \frac{E \cdot A}{L} \cdot \Delta_{21}$$

Como E·A no es el mismo para todas las barras, debemos incluirlas en las fórmulas anteriores.

$$N_{12} = \frac{200000}{4} \cdot 0 - \frac{200000}{4} \cdot \Delta_1$$

$$N_{12} = -50000 \cdot \Delta_1$$

$$N_{21} = 50000 \cdot \Delta_1$$

b) Barra 1-4

Empleamos las siguientes fórmulas:

$$N_{14} = \frac{E \cdot A}{L} \cdot \Delta_{14} - \frac{E \cdot A}{L} \cdot \Delta_{41}$$

$$N_{41} = -\frac{E \cdot A}{L} \cdot \Delta_{14} + \frac{E \cdot A}{L} \cdot \Delta_{41}$$

Como E·A no es el mismo para todas las barras, debemos incluirlas en las fórmulas anteriores.

$$N_{14} = \frac{250000}{5} \cdot 0 - \frac{250000}{5} \cdot \left(-0{,}8 \cdot \Delta_3 - 0{,}6 \cdot \Delta_4\right)$$

$$N_{14} = 40000 \cdot \Delta_3 + 30000 \cdot \Delta_4$$

$$N_{41} = -40000 \cdot \Delta_3 - 30000 \cdot \Delta_4$$

c) Barra 2-3

Empleamos las siguientes fórmulas:

$$N_{23} = \frac{E \cdot A}{L} \cdot \Delta_{23} - \frac{E \cdot A}{L} \cdot \Delta_{32}$$

$$N_{32} = -\frac{E \cdot A}{L} \cdot \Delta_{23} + \frac{E \cdot A}{L} \cdot \Delta_{32}$$

Como E·A es el mismo para todas las barras, no es necesario incluirlas en las fórmulas anteriores.

$$N_{23} = \frac{200000}{4} \cdot \Delta_1 - \frac{200000}{4} \cdot \Delta_2$$
$$N_{23} = 50000 \cdot \Delta_1 - 50000 \cdot \Delta_2$$
$$N_{32} = -50000 \cdot \Delta_1 + 50000 \cdot \Delta_2$$

d) Barra 2-4

Empleamos las siguientes fórmulas:

$$N_{24} = \frac{E \cdot A}{L} \cdot \Delta_{24} - \frac{E \cdot A}{L} \cdot \Delta_{42} \qquad N_{42} = -\frac{E \cdot A}{L} \cdot \Delta_{24} + \frac{E \cdot A}{L} \cdot \Delta_{42}$$

Como E·A es el mismo para todas las barras, no es necesario incluirlas en las fórmulas anteriores.

$$N_{24} = \frac{250000}{3} \cdot 0 - \frac{250000}{3} \cdot (-\Delta_4)$$
$$N_{24} = 83333{,}333 \cdot \Delta_4$$
$$N_{42} = -83333{,}333 \cdot \Delta_4$$

e) Barra 3-4

Empleamos las siguientes fórmulas:

$$N_{34} = \frac{E \cdot A}{L} \cdot \Delta_{34} - \frac{E \cdot A}{L} \cdot \Delta_{43} \qquad N_{43} = -\frac{E \cdot A}{L} \cdot \Delta_{34} + \frac{E \cdot A}{L} \cdot \Delta_{43}$$

Como E·A es el mismo para todas las barras, no es necesario incluirlas en las fórmulas anteriores.

$$N_{34} = \frac{250000}{5} \cdot (-0{,}8 \cdot \Delta_2) - \frac{250000}{5} \cdot (0{,}8 \cdot \Delta_3 - 0{,}6 \cdot \Delta_4)$$
$$N_{34} = -40000 \cdot \Delta_2 - 40000 \cdot \Delta_3 + 30000 \cdot \Delta_4$$
$$N_{43} = 40000 \cdot \Delta_2 + 40000 \cdot \Delta_3 - 30000 \cdot \Delta_4$$

4.- Análisis de nudos

a) Nudo 1

El sentido de las reacciones se asume y el sentido de los esfuerzos normales es opuesto al sentido positivo de cada barra.

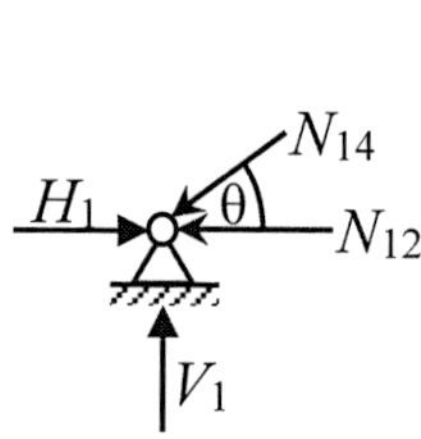

$$\Sigma F_H = 0 \rightarrow \oplus$$

$$H_1 - N_{14} \cdot \cos(36{,}87^\circ) - N_{12} = 0$$

$$H_1 = N_{12} + 0{,}8 \cdot N_{14} \text{ ⓐ}$$

$$\Sigma F_V = 0 \uparrow \oplus$$

$$V_1 - N_{14} \cdot sen(36{,}87^\circ) = 0$$

$$V_1 = 0{,}6 \cdot N_{14} \text{ ⓑ}$$

b) Nudo 2

El sentido de las reacciones se asume y el sentido de los esfuerzos normales es opuesto al sentido positivo de cada barra.

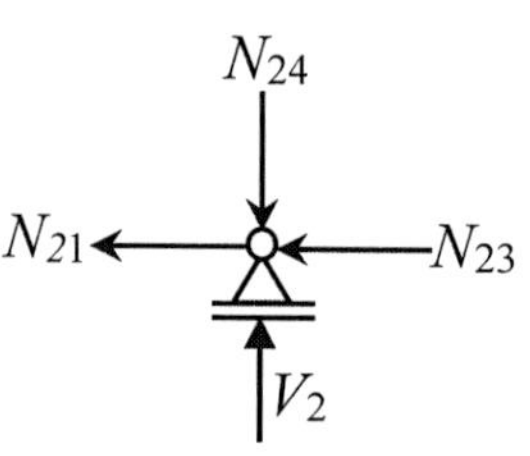

$$\Sigma F_H = 0 \leftarrow \oplus$$

$$N_{21} + N_{23} = 0$$

Reemplazamos N21 y N23

$$N_{21} = 5000_1$$

$$N_{23} = 50000 \cdot \Delta_1 - 50000 \cdot \Delta_2$$

$$0 = 100000 \cdot \Delta_1 - 50000 \cdot \Delta_2 \text{ (I)}$$

$$\Sigma F_V = 0 \uparrow \oplus$$

$$V_2 - N_{24} = 0$$

$$V_2 = N_{24} \text{ ⓒ}$$

c) Nudo 3

El sentido de las reacciones se asume y el sentido de los esfuerzos normales es opuesto al sentido positivo de cada barra.

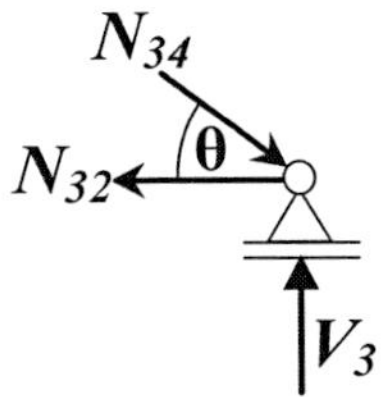

$$\Sigma F_H = 0 \rightarrow \oplus$$
$$N_{34} \cdot Cos(36{,}87^\circ) - N_{32} = 0$$
$$0{,}8 \cdot N_{34} - N_{32} = 0$$

Reemplazamos N34 y N32:

$$
\begin{array}{lcl}
-N_{32} & = & 50000\cdot \Delta_1 - 50000\cdot\Delta_2 \\
0{,}8\cdot N_{34} & = & \qquad\qquad\quad - 32000\cdot \Delta_2 - 32000\cdot\Delta_3 + 24000\cdot\Delta_4 \\
\hline
0 & = & 50000\cdot \Delta_1 - 82000\cdot\Delta_2 - 32000\cdot\Delta_3 + 24000\cdot\Delta_4 \quad \text{(II)}
\end{array}
$$

$$\Sigma F_V = 0 \uparrow \oplus$$
$$V_3 - N_{34} \cdot Sen(36{,}87^\circ) = 0$$
$$V_3 = 0{,}6 \cdot N_{34} \quad \text{(d)}$$

d) Nudo 4

El sentido de los esfuerzos normales es opuesto al sentido positivo de cada barra.

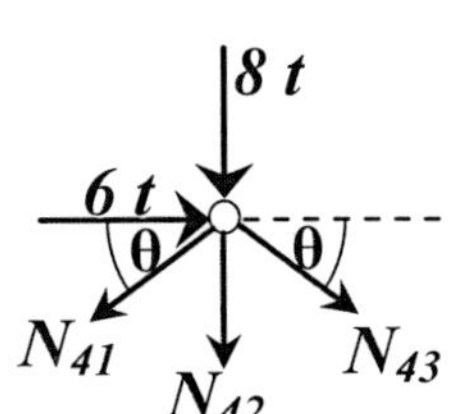

$$\Sigma F_H = 0 \rightarrow \oplus$$
$$6 - N_{41} \cdot Cos(36{,}87^\circ) + N_{43} \cdot Cos(36{,}87^\circ) = 0$$
$$-0{,}8 \cdot N_{41} + 0{,}8 \cdot N_{43} + 6 = 0$$

Dividiendo entre (-0.8):

$$N_{41} - N_{43} - 7{,}5 = 0$$

Reemplazamos N41 y N43:

$$
\begin{array}{lcl}
N_{41} & = & \qquad\qquad\qquad\qquad -40000\cdot\Delta_3 - 30000\cdot\Delta_4 \\
-N_{43} & = & \qquad - 40000\cdot\Delta_2 - 40000\cdot\Delta_3 + 30000\cdot\Delta_4 \\
-7{,}5 & = & -7{,}5 \\
\hline
0 & = & -7{,}5 - 40000\cdot\Delta_2 - 80000\cdot\Delta_3 \quad \text{(III)}
\end{array}
$$

$$\Sigma F_V = 0 \downarrow \oplus$$
$$+8 + N_{41} \cdot Sen(36{,}87^\circ) + N_{42} + N_{43} \cdot Sen(36{,}87^\circ) = 0$$
$$0{,}6 \cdot N_{41} + N_{42} + 0{,}6 \cdot N_{43} + 8 = 0$$

Reemplazamos N41, N42 y N43:

$$
\begin{array}{lcl}
0{,}6\cdot N_{41} = & & -24000\cdot\Delta_3 \quad -18000\cdot\Delta_4 \\
N_{42} \quad = & & -83333{,}333\cdot\Delta_4 \\
0{,}6\cdot N_{43} = & 24000\cdot\Delta_2 + 24000\cdot\Delta_3 & -18000\cdot\Delta_4 \\
8 \quad = & 8 & \\
\hline
0 \quad = & 8+24000\,\Delta_2 & -119333{,}333\cdot\Delta_4 \quad \text{(IV)}
\end{array}
$$

Agrupamos las ecuaciones I, II, III y IV

$$100000\cdot\Delta 1 - 50000\cdot\Delta 2 = 0$$

$$50000\cdot \Delta 1 - 82000\cdot\Delta 2 - 32000\cdot\Delta 3 + 24000\cdot\Delta 4 = 0$$

$$-40000\cdot\Delta 2 - 80000\cdot\Delta 3 = 7{,}5$$

$$24000\,\Delta 2 - 119333{,}333\cdot\Delta 4 = -8$$

Resolviendo este sistema de ecuaciones obtenemos:

$\Delta 1 = 6{,}3706\cdot 10\text{-}5$

$\Delta 2 = 0{,}00012741$

$\Delta 3 = -0{,}00015745$

$\Delta 4 = 9{,}2664\cdot 10\text{-}5$

El signo nos indica si el sentido asumido de los desplazamientos es correcto u opuesto.

5.- Línea deformada

Con los valores calculados anteriormente dibujamos la línea deformada.

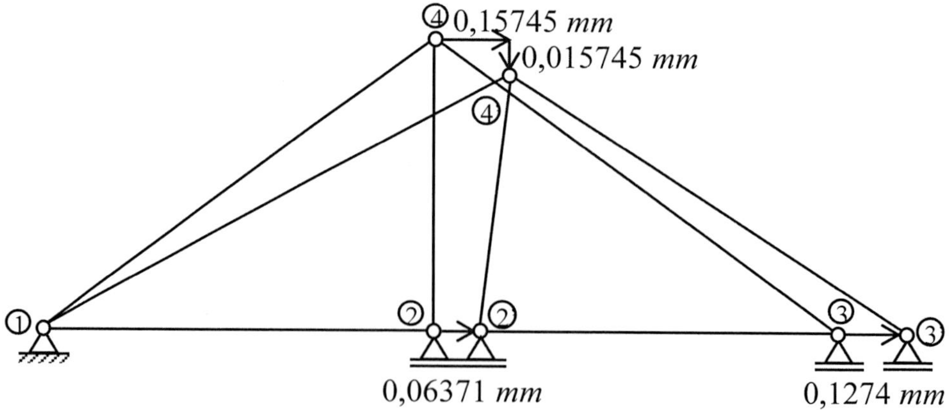

6.- Esfuerzos normales finales

Reemplazamos los resultados anteriores en el paso 3.

a) Barra 1-2

$$N_{12} = -50000 \cdot \Delta_1$$
$$N_{12} = -50000 \cdot (6{,}3706 \cdot 10^{-5})$$
$$N_{12} = -3{,}185t$$
$$N_{21} = 3{,}185t$$

b) Barra 1-4

$$N_{14} = 40000 \cdot \Delta_3 + 30000 \cdot \Delta_4$$
$$N_{14} = 40000 \cdot (-0{,}00015745) + 30000 \cdot (9{,}2664 \cdot 10^{-5})$$
$$N_{14} = -3{,}518t$$
$$N_{41} = 3{,}518t$$

c) Barra 2-3

$$N_{23} = 50000 \cdot \Delta_1 - 50000 \cdot \Delta_2$$
$$N_{23} = 50000 \cdot (6{,}3706 \cdot 10^{-5}) - 50000 \cdot (0{,}00012741)$$
$$N_{23} = -3{,}185t$$
$$N_{32} = 3{,}185t$$

d) Barra 2-4

$$N_{24} = 83333{,}333 \cdot \Delta_4$$
$$N_{24} = 83333{,}333 \cdot (9{,}2664 \cdot 10^{-5})$$
$$N_{24} = 7{,}722t$$
$$N_{42} = -7{,}722t$$

e) Barra 3-4

$$N_{34} = -40000 \cdot \Delta_2 - 40000 \cdot \Delta_3 + 30000 \cdot \Delta_4$$
$$N_{34} = -40000 \cdot (0{,}00012741) - 40000 \cdot (-0{,}00015745) + 30000 \cdot (9{,}2664 \cdot 10^{-5})$$
$$N_{34} = 3{,}9815t$$
$$N_{43} = -3{,}9815t$$

Esfuerzos normales

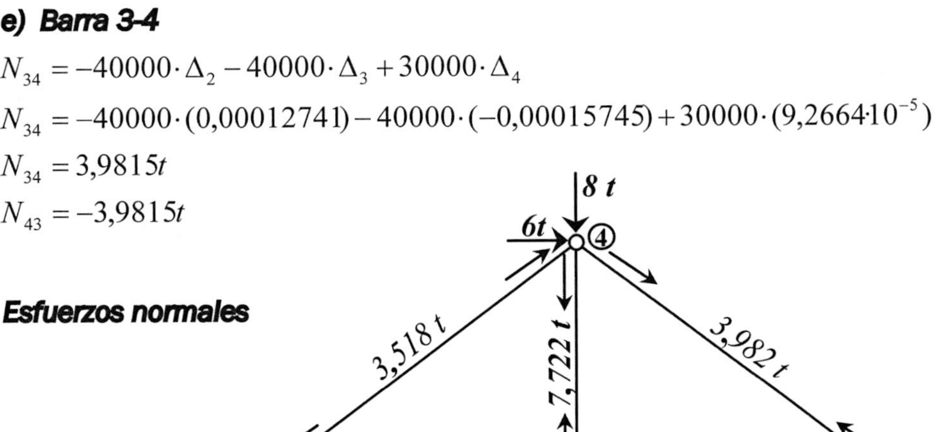

7.- Reacciones finales

Reemplazamos los resultados del paso 6, en las ecuaciones a, b y c, del paso 4:

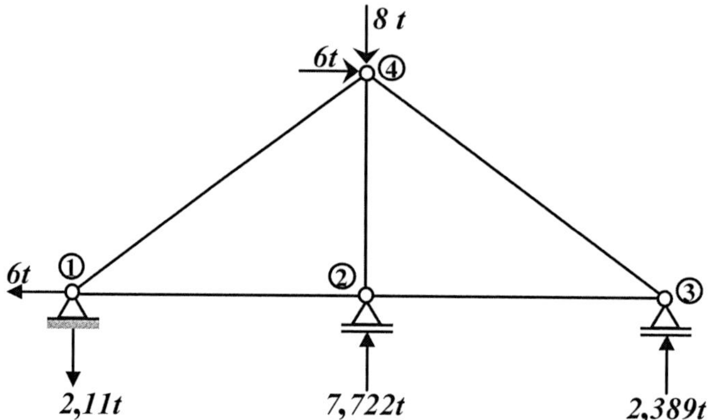

$$H_1 = N_{12} + 0{,}8 \cdot N_{14}$$
$$H_1 = -3{,}185 + 0{,}8 \cdot (-3{,}518)$$
$$H_1 = -6t$$

$$V_1 = 0{,}6 \cdot N_{14}$$
$$V_1 = 0{,}6 \cdot (-3{,}518)$$
$$V_1 = -2{,}111t$$

$$V_2 = N_{24}$$
$$V_2 = 7{,}722t$$

$$V_3 = 0{,}6 \cdot N_{34}$$
$$V_3 = 0{,}6 \cdot (3{,}9815)$$
$$V_3 = 2{,}389t$$

CAPÍTULO 4

MÉTODO DE HARDY CROSS

4.1. OBJETIVOS

Los siguientes objetivos serán alcanzados al término del presente capítulo:

- Transformar el método de las deformaciones en un proceso matemático de interacciones numéricas sucesivas.
- Identificar los diferentes tipos de estructuras hiperestáticas según el método de Cross.
- Calcular reacciones y diagramar esfuerzos internos en estructuras hiperestáticas mediante la aplicación del proceso de Cross.

4.2. INTRODUCCIÓN

El método de Hardy Cross, llamado también método de la distribución de los momentos fue publicado en el año 1930 en una revista de la Sociedad Americana de Ingenieros Civiles, ASCE (*American Society of Civil Engineers*). Desde el momento de su publicación hasta la década de 1960, fue el método más empleado para resolver vigas y estructuras aporticadas de naturaleza hiperestática; luego, con la aparición de los ordenadores personales fue sustituido por métodos matriciales, como el método de la rigidez.

El método de Cross consiste en la transformación del método de las deformaciones en un proceso matemático interactivo el cual tiene como principales incógnitas a los momentos concurrentes en las uniones y sus correspondientes giros. Su análisis parte de la rigidez a flexión que aportan los elementos al interactuar en sus uniones, permitiendo determinar una nueva distribución de los momentos por aproximación. En cada interacción, los momentos flectores se van equilibrando en sus uniones y transportándose de un extremo a otro de cada barra, hasta lograr su compensación.

El ciclo de operaciones sucesivas concluye cuando los momentos distribuidos admitan valores despreciables que no generen cambios significativos en los momentos finales. Los momentos finales se obtienen sumando el conjunto de momentos debido a carga, momentos distribuidos y momentos transportados que suscitan en los extremos de cada barra.

4.3. CLASIFICACIÓN DE LAS ESTRUCTURAS HIPERESTÁTICAS

Al ser el proceso de Cross una transformación del método de las deformaciones (estudiado en el capítulo 3), la clasificación de sus estructuras mantiene el mismo criterio de discriminación, es decir, se clasifican en estructuras intraslacionales y estructuras traslacionales.

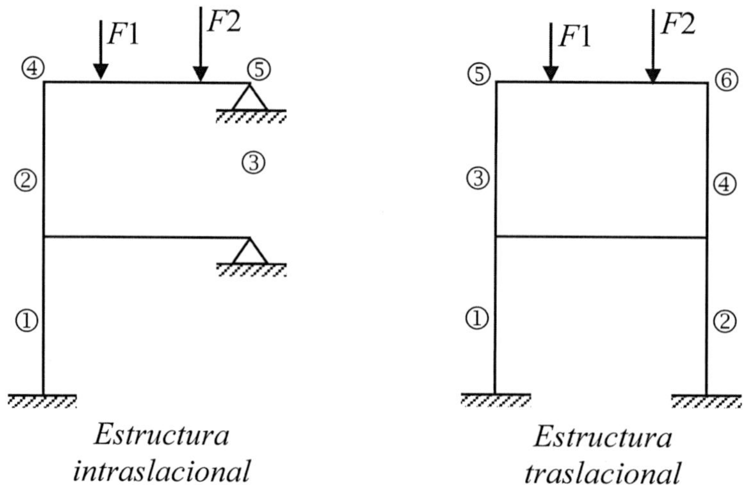

Figura 4.1 Tipos de estructuras.

Para la *estructura intraslacional*, sus incógnitas fundamentales son los giros en los nudos ② y ④, los cuales pueden considerarse uniones no articuladas o rígidas.

En el caso de la *estructura traslacional*, sus incógnitas fundamentales son los giros en las uniones ③, ④, ⑤ y ⑥, pero también las traslaciones laterales de las barras 3-4 y 5-6.

4.4. MÉTODO DE CROSS

Los siguientes conceptos son pertinentes para abordar la aplicación del método de Cross.

4.4.1. Coeficientes de rigidez de las barras

La rigidez a flexión es equivalente al momento necesario para producir un giro unitario en la misma dirección. Los coeficientes de rigidez de cada barra dependerán del tipo de vínculo o conexión con los restantes elementos de una estructura.

$Kij = Kji = \frac{4EI}{L}$ Empotrado en el nudo i y empotrado en el nudo j

$Kij = \frac{3E}{L}$ Empotrado en el nudo i y articulado en el nudo j

Kij = coeficiente de rigidez en el extremo i

E = Módulo de elasticidad

I = Momento de Inercia

L = Longitud de la barra

4.4.2. Factores de distribución

Los factores de distribución de los momentos en cada elemento son la relación entre la rigidez que aporta cada barra y la rigidez total de la unión:

$$Dij = \frac{-Kij}{\sum Ki}$$

Kij = coeficiente de rigidez de la barra ij.

ΣKi = Sumatoria de la rigidez de todas las barras que concurren en el nudo i.

4.4.3. Momento debido a cargas

Estos momentos se calculan considerando las cargas que actúan de manera independiente en cada barra como si fuesen elementos aislados; se describen en la tabla 5 del capítulo 3.

Los valores más representativos se muestran a continuación:

Carga distribuida rectangular

a) Barra: empotrada-empotrada

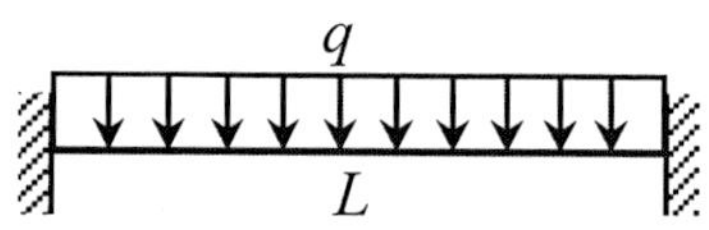

$$Mij^{C} = \frac{q \cdot L^2}{12}$$

$$Mji^{C} = -\frac{q \cdot L^2}{12}$$

b) Barra: empotrada-articulada

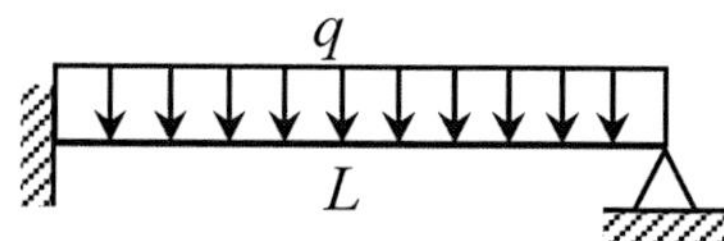

$$Mij^{C} = \frac{q \cdot L^2}{8}$$

c) Barra: articulada-empotrada

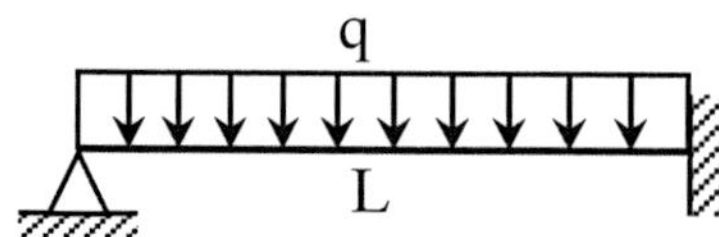

$$Mji^{C} = -\frac{q \cdot L^2}{8}$$

Carga distribuida triangular

a) Barra: empotrada-empotrada

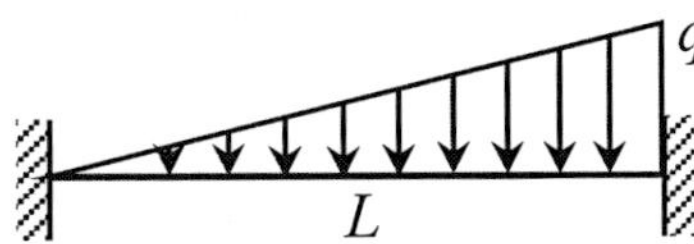

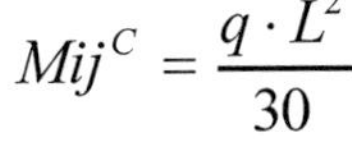

$$Mij^C = \frac{q \cdot L^2}{30}$$

$$Mji^C = -\frac{q \cdot L^2}{20}$$

$$Mij^C = \frac{q \cdot L^2}{20}$$

$$Mji^C = -\frac{q \cdot L^2}{30}$$

b) Barra: empotrada-articulada

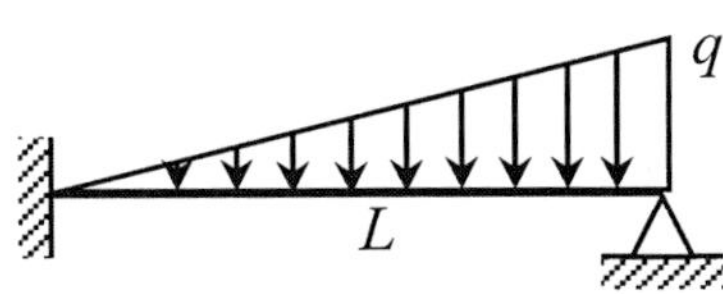

$$Mij^C = \frac{7 \cdot q \cdot L^2}{120}$$

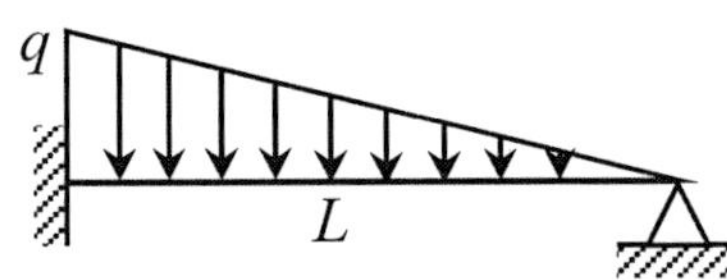

$$Mij^C = \frac{q \cdot L^2}{15}$$

c) Barra: articulada-empotrada

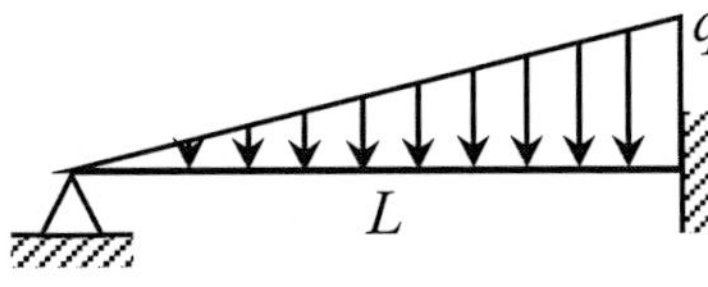

$$Mji^C = -\frac{q \cdot L^2}{15}$$

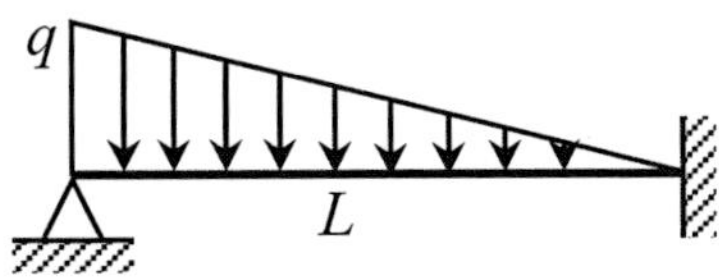

$$Mji^C = -\frac{7 \cdot q \cdot L^2}{120}$$

Carga distribuida trapezoidal

Este tipo de carga se descompone en una carga rectangular y otra triangular, tal como se muestra a continuación:

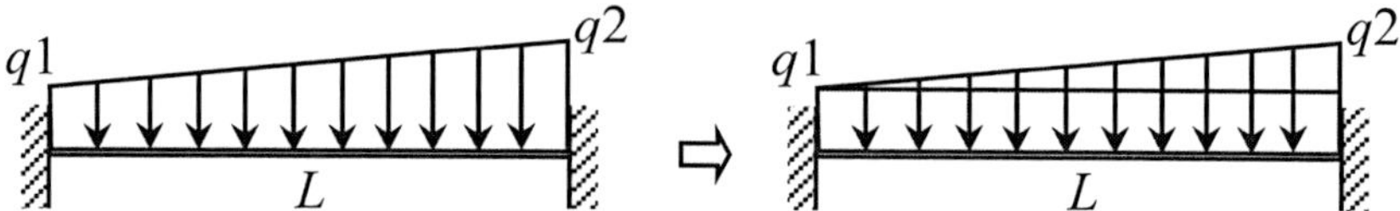

Figura 4.2 Descomposición de la carga trapezoidal.

Luego se aplican las fórmulas de los casos anteriores a las respectivas cargas q_A y q_B.

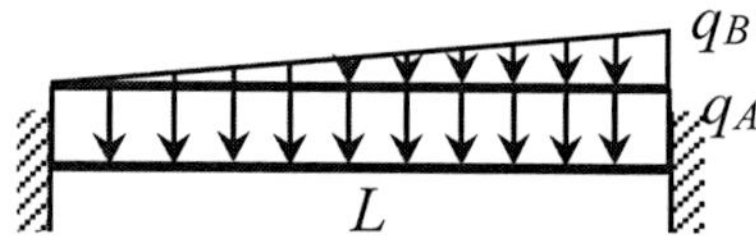

Figura 4.3 Carga rectangular más carga triangular.

$$q_A = q_1$$
$$q_B = q_2 - q_1$$

Carga puntual

a) Barra: empotrada-empotrada

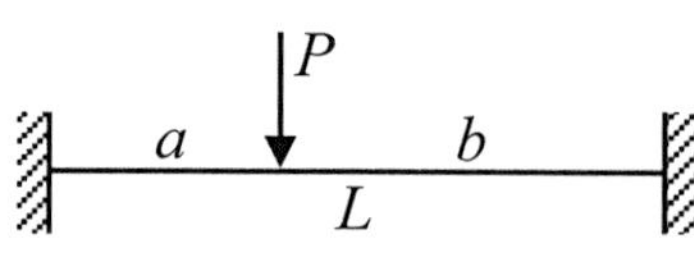

$$Mij^C = \frac{P \cdot a \cdot b^2}{L^2}$$

$$Mji^C = -\frac{P \cdot a^2 \cdot b}{L^2}$$

b) Barra: empotrada-articulada

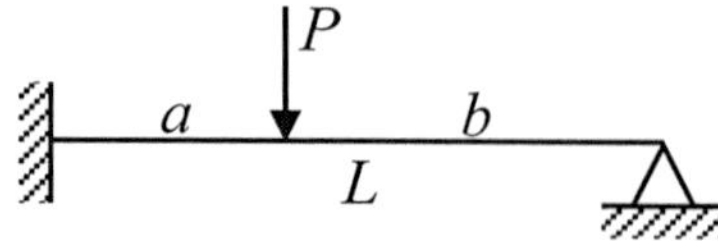

$$Mij^C = \frac{P \cdot a \cdot b \cdot (L+b)}{2 \cdot L^2}$$

c) Barra: articulada-empotrada

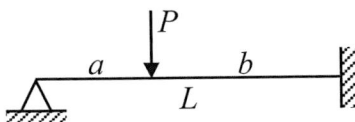

$$Mji^C = -\frac{P \cdot a \cdot b \cdot (L+a)}{2 \cdot L^2}$$

Momento puntual

a) Barra: empotrada-empotrada

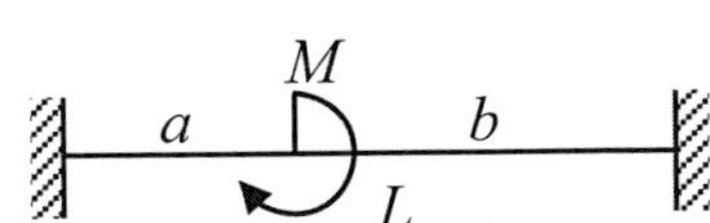

$$Mij^C = -\frac{M \cdot b}{L}\left(2 - \frac{3b}{L}\right)$$

$$Mji^C = -\frac{M \cdot a}{L}\left(2 - \frac{3a}{L}\right)$$

b) Barra: empotrada-articulada

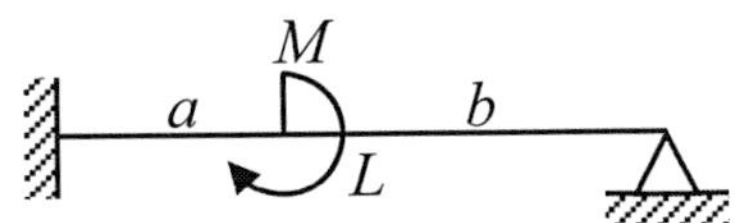

$$Mij^C = -\frac{M}{2}\left(1 - \frac{3 \cdot b^2}{L^2}\right)$$

c) Barra: articulada-empotrada

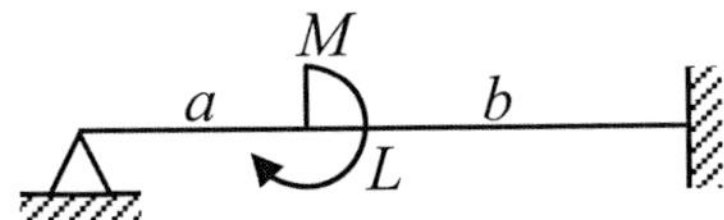

$$Mji^C = -\frac{M}{2}\left(1 - \frac{3 \cdot a^2}{L^2}\right)$$

4.4.4. Momento debido a traslaciones

En sistemas estructurales traslacionales, los desplazamientos laterales producidos en la estructura generan reacciones de momento en los extremos de cada barra siempre y cuando sus vínculos admitan este tipo de esfuerzo. La intensidad de estos momentos dependerá de la afectación del desplazamiento lateral y del tipo de vínculos que tenga la barra en sus extremos.

$$M_{ij}^{\Delta} = M_{ji}^{\Delta} = \frac{-6EI}{L^2}\Delta_{ij}$$ Empotrado en i y empotrado en j

$$M_{ij}^{\Delta} = \frac{-3EI}{L^2}\Delta_{ij}$$ Empotrado en i y articulado en j

Donde: M_{ji}^{Δ} = Momento debido a traslaciones

E = Módulo de elasticidad

I = Momento de inercia

L = Longitud de la barra

Δij = Desplazamiento lateral de la barra ij

4.4.5. Momento distribuido

Es el grado de absorción o intensidad de momentos que le toca a cada extremo de barra, cuando un conjunto de momentos interactúa en su correspondiente unión.

$$M_{ij}^{D} = \sum M_i \cdot D_{ij}$$

Donde:

M_{ij}^{D} = Momento distribuido.

$\sum M_i$ = Sumatoria de los momentos que concurren en la unión.

Dij = Coeficiente de distribución de momentos.

4.4.6. Momento transportado

Es la afectación del momento distribuido en el extremo opuesto de cada barra.

$$M_{ij}^{T} = \frac{M_{ji}^{D}}{2}$$

Donde:

M_{ij}^{T} = Momento transportado en el extremo i

M_{ji}^{D} = Momento distribuido en el extremo j

4.4.7. Momento resultante y número de interacciones

El momento resultante es la suma del momento debido a cargas, más la sumatoria de los momentos distribuidos y los momentos transportados obtenidos de las interacciones.

$$Mij = Mij^{C} + \sum_{i=1}^{n}(Mij^{D} + Mij^{T})$$

Donde:

Mij = Momento resultante

M_{ij}^{C} = Momento debido a carga

M_{ij}^{D} = Momento distribuido

M_{ij}^{T} = Momento transportado

n = Número de interacciones

A medida que el número de interacciones aumenta, el momento distribuido tiende a cero; es precisamente este el momento en el cual podemos estar seguro de que los resultados obtenidos tendrán una buena precisión.

4.4.8. Proceso de cálculo

Este proceso numérico de cálculo se puede realizar de dos maneras, sobre la misma estructura o en una tabla de cálculo.

Las operaciones en la misma estructura se realizarían como sigue:

1.º: Se empieza colocando los factores de distribución de las uniones donde concurren dos o más barras, los nudos que albergan una sola barra no tienen coeficiente de distribución de momentos.

2.º: En la segunda fila se deberán colocar los momentos producidos por las cargas que actúan en cada tramo de la estructura; este cálculo se resuelve mediante las fórmulas expuestas antes (apartado 4.4.3).

3.º: La primera interacción de momentos que involucra al momento distribuido y momento transportado se resuelven de la siguiente manera:

- El momento distribuido es el producto de su correspondiente factor de distribución con la resultante de sumar todos los momentos debido a carga que suscitan en el nudo.
- El momento transportado es equivalente al 50% de transferir el momento distribuido de un extremo a otro de cada barra.

4.º: La segunda interacción se realizará de la siguiente manera:

- El momento distribuido será el producto de su correspondiente factor de distribución con la resultante de sumar todos los momentos transportados que se obtuvieron en la primera interacción y que concurren en cada nudo.
- El momento transportado equivale al 50% del momento distribuido de un extremo a otro de cada barra.

5.º: Las interacciones deben concluir cuando el momento distribuido tienda a cero, en este momento se deberán sumar todos los momentos anteriores para obtener el momento final o momento resultante.

En el siguiente esquema se sintetiza lo expuesto:

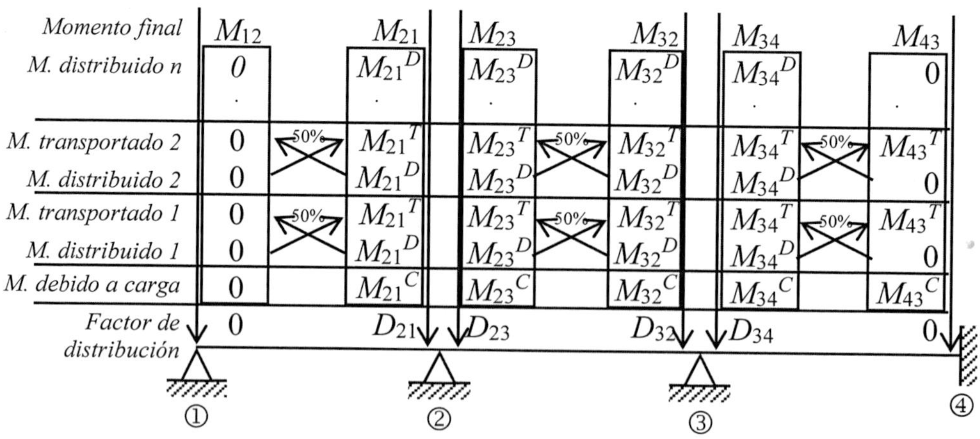

Figura 4.4 Cálculo interactivo propuesto por Hardy Cross.

El mismo proceso se puede realizar en la siguiente tabla:

Nudo	Barra	Dij	Mij^C	1.ª Interacc.		2.ª Ineracc.		n Interacc.		Mij
				Mij^D	Mij^T	Mij^D	Mij^T		Mij^D	
①	1-2	0	0	0	0	0	0	.	0	0
②	2-1	D_{21}	$M_{21}{}^C$	$M_{21}{}^D$	$M_{21}{}^T$	$M_{21}{}^D$	$M_{21}{}^T$	.	$M_{21}{}^D$	M_{21}
	2-3	D_{23}	$M_{23}{}^C$	$M_{23}{}^D$	$M_{23}{}^T$	$M_{23}{}^D$	$M_{23}{}^T$	.	$M_{23}{}^D$	M_{23}
③	3-2	D_{32}	$M_{32}{}^C$	$M_{32}{}^D$	$M_{32}{}^T$	$M_{32}{}^D$	$M_{32}{}^T$	.	$M_{32}{}^D$	M_{32}
	3-4	D_{34}	$M_{34}{}^C$	$M_{34}{}^D$	$M_{34}{}^T$	$M_{34}{}^D$	$M_{34}{}^T$	.	$M_{34}{}^D$	M_{34}
④	4-3	0	$M_{43}{}^C$	0	$M_{43}{}^T$	0	$M_{43}{}^T$	.	0	M_{43}

Tener en cuenta lo siguiente:

- Los apoyos fijos que vinculan una sola barra mantienen un valor nulo en todo el proceso y solo aportan en el momento transportado en el extremo opuesto de la barra.
- Los apoyos empotrados presentan momentos distribuidos nulos.

EJERCICIO 82

Calcular reacciones y diagramar esfuerzos.

Datos

$E = 2 \cdot 10^6 t/m^2$

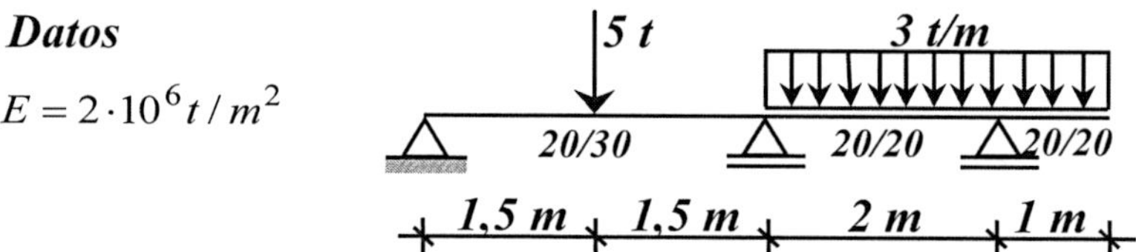

Figura 4.5 Viga con carga puntual y distribuida.

1.- Estructura sin voladizos

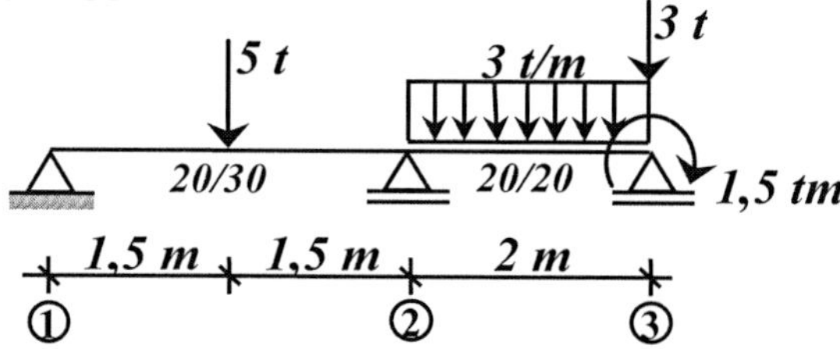

2.- Coeficiente de rigidez y distribución

Solo se analizan los nudos no articulados donde concurren dos o más barras.

Para este paso se utilizarán las siguientes fórmulas:

$$Kij = \frac{4EI}{L} \text{ Empotrado en i y empotrado en j}$$

$$Kij = \frac{3E}{L} \text{ Empotrado en i y articulado en j}$$

a) Nudo 2

Primero calculamos E·I:

Barra 1-2 $\quad EI = 2 \cdot 10^6 \cdot \frac{0{,}2 \cdot 0{,}3^3}{12} = 900$

Barra 2-3 $\quad EI = 2 \cdot 10^6 \cdot \frac{0{,}2 \cdot 0{,}2^3}{12} = 266{,}667$

$$K_{21} = \frac{3EI}{L} = \frac{3 \cdot 900}{3} = 900$$

$$K_{23} = \frac{3EI}{L} = \frac{3 \cdot 266,667}{2} = 400$$

$$\sum K_2 = 1300$$

$$D_{21} = \frac{-K_{21}}{\sum K_2} = \frac{-900}{1300} = -0,6923$$

$$D_{23} = \frac{-K_{23}}{\sum K_2} = \frac{-400}{1300} = -0,3077$$

3.- Momentos fijos

a) Barra 1-2 (articulado-empotrado)

De la tabla 5 obtenemos la siguiente fórmula:

5 t

① ②

1,5 m 1,5 m

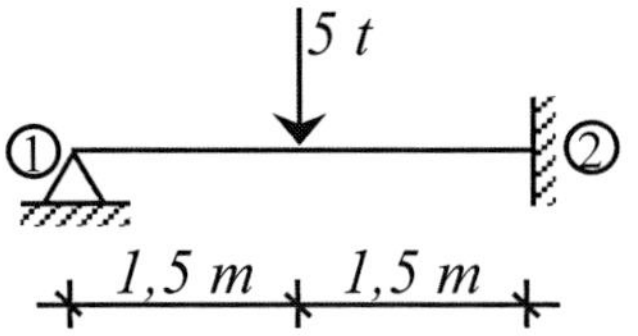

$$M_{21}^F = \frac{-3 \cdot P \cdot L}{16} = \frac{-3 \cdot 5 \cdot 3}{16} = -2,8125tm$$

b) Barra 2-3 (empotrado-articulado)

De la tabla 5 obtenemos la siguiente fórmula:

3 t

3 t/m

1,5 tm

2 m

② ③

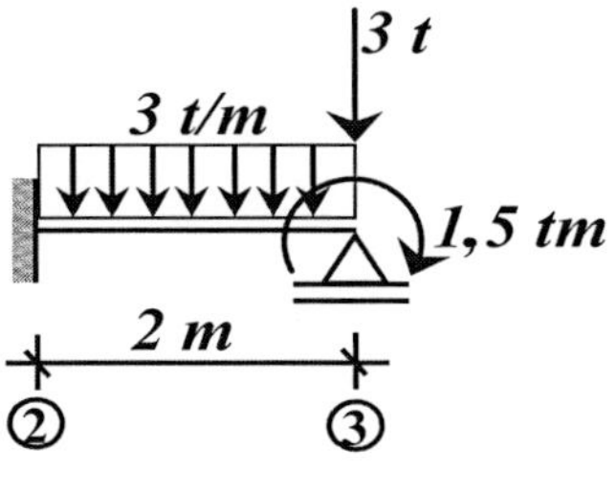

$$M_{23}^q = \frac{q \cdot L^2}{8} = \frac{3 \cdot 2^2}{8} = 1,5tm$$

$$M_{23}^P = \frac{P \cdot a \cdot b \cdot (L+b)}{2 \cdot L^2} = \frac{3 \cdot 2 \cdot 0 \cdot (2+0)}{2 \cdot 2^2} = 0tm$$

$$M_{23}^M = \frac{M}{2}\left(\frac{3 \cdot b^2}{L^2} - 1\right) = \frac{1,5}{2}\left(\frac{3 \cdot 0^2}{2^2} - 1\right) = -0,75tm$$

$$M_{23}^F = M_{23}^q + M_{23}^P + M_{23}^M$$

$$M_{23}^F = 1,5 + 0 - 0,75 = 0,75tm$$

4.- Proceso de Cross

Armamos la siguiente tabla:

Nudo	Barra	D_{ij}	M_{ij}^F	M_{ij}^D	M_{ij}^T	M_{ij}^D	M_{ij}
1	1-2	articulación	0	0	0	0	0
2	2-1	-0,6923	-2,8125	1,4279	0	0	-1,3846
	2-3	-0,3077	0,75	0,6346	0	0	1,3846
3	3-2	articulación	-5	0	0	0	-5

M_{ij}^D = Momento distribuido

M_{ij}^T = Momento transportado

Las interacciones se terminan cuando M_{ij}^D tiende a cero y M_{ij} es la suma de todos los momentos anteriores.

En los nudos articulados, los momentos M_{ij}^D y M_{ij}^T siempre se colocan a cero.

Para los restantes nudos:

$$M_{ij}^D = \sum M_i \cdot D_{ij} \ ,$$

Donde $\sum M_i$ = sumatoria de los momentos correspondiente a cada nudo de la anterior columna.

$$M_{ij}^T = \frac{M_{ji}^D}{2}$$

Representamos gráficamente los momentos obtenidos.

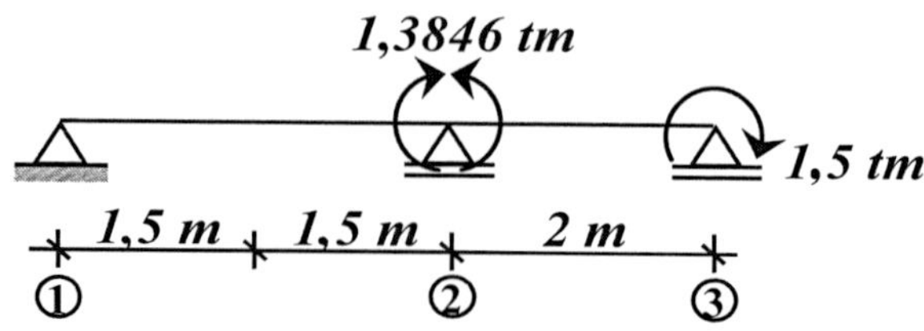

Otra forma de hacer las Interacciones (4 decimales):

Mij	**0**	**-1,3846**	**1,3846**	**-1,5**
M_T	0	0	0	0
M_D	0	1,4279	0,6346	0
$M^F ij$	0	-2,8125	0,75	-1,5
Dij	**Art.**	**-0,6923**	**-0,3077**	**Art.**

5.- Reacciones finales

Cortamos en 2 hacia la izquierda:

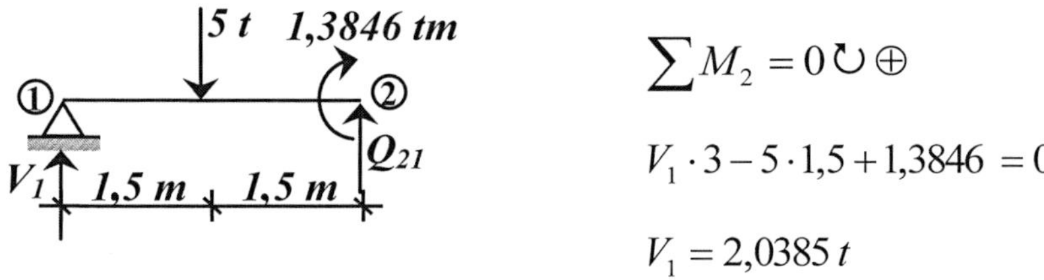

$$\sum M_2 = 0 \circlearrowright \oplus$$

$$V_1 \cdot 3 - 5 \cdot 1{,}5 + 1{,}3846 = 0$$

$$V_1 = 2{,}0385\,t$$

Aplicamos las ecuaciones de equilibrio a toda la estructura.

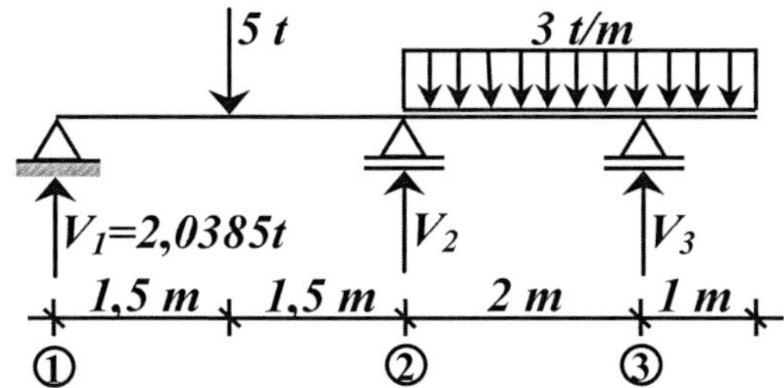

$$\sum M_2 = 0 \circlearrowright \oplus$$

$$2{,}0385 \cdot 3 - 5 \cdot 1{,}5 + 3 \cdot 3 \cdot 1{,}5 - V_3 \cdot 2 = 0$$

$$V_3 = 6{,}0578t$$

$$\sum F_v = 0 \uparrow \oplus$$

$$2{,}0385 - 5 + V_2 - 3 \cdot 3 + 6{,}0578 = 0$$

$$V_2 = 5{,}9037t$$

6.- Diagrama de esfuerzos finales

a) Momento flector

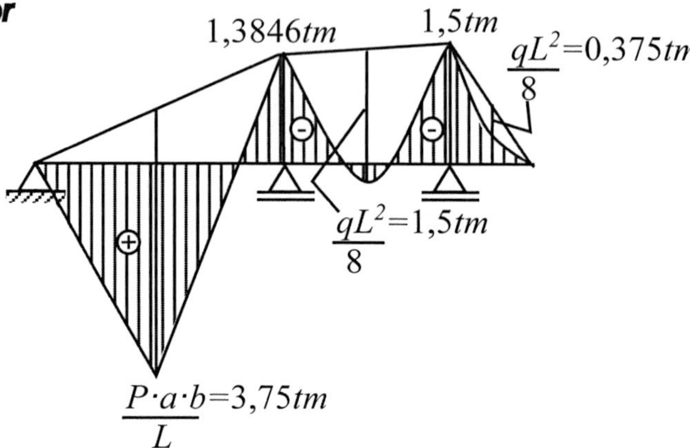

b) Cortante

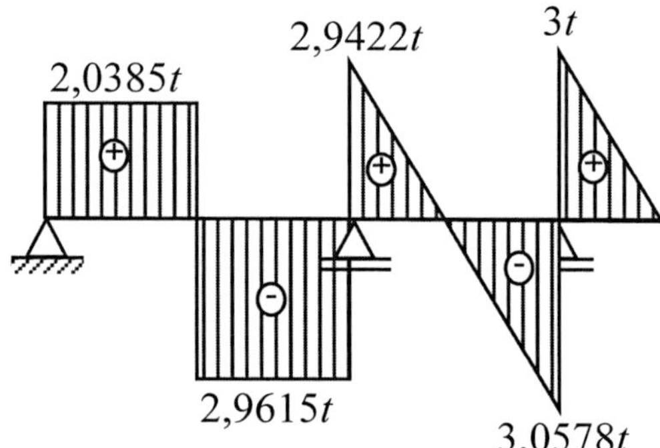

EJERCICIO 83

Calcular reacciones y diagramar esfuerzos.

Datos

$E = 2 \cdot 10^6 \, t/m^2$

$b = 20cm$

$h = 30cm$

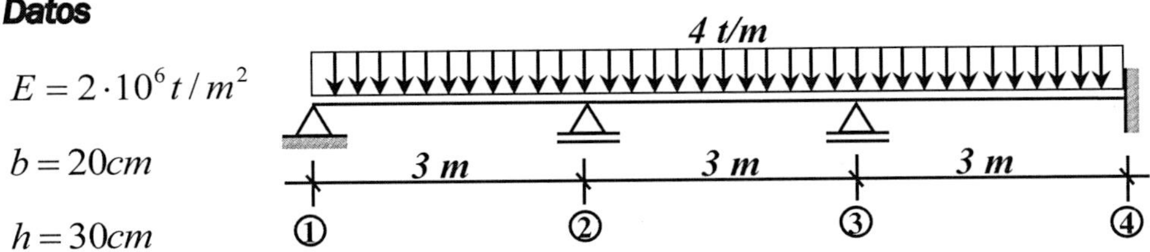

Figura 4.6 Viga continua.

1.- Coeficiente de rigidez y distribución

Solo se analizan los nudos no articulados donde concurren dos o más barras.

Para este paso se utilizan las siguientes fórmulas:

$$K_{ij} = \frac{4EI}{L} \text{ Empotrado en i y empotrado en j}$$

$$K_{ij} = \frac{3EI}{L} \text{ Empotrado en i y articulado en j}$$

a) Nudo 2

$$K_{21} = \frac{3EI}{L} = \frac{3EI}{3} = EI$$

$$K_{23} = \frac{4EI}{L} = \frac{4EI}{3} = 1{,}333EI$$

$$\sum K_2 = 2{,}333EI$$

$$D_{21} = \frac{-K_{21}}{\sum K_2} = \frac{-EI}{2{,}333EI} = -0{,}4286$$

$$D_{23} = \frac{-K_{23}}{\sum K_2} = \frac{-1{,}333EI}{2{,}333EI} = -0{,}5714$$

b) Nudo 3

$$K_{32} = \frac{4EI}{L} = \frac{4EI}{3} = 1{,}333EI$$

$$K_{34} = \frac{4EI}{L} = \frac{4EI}{3} = 1{,}333EI$$

$$\sum K_3 = 2{,}666EI$$

$$D_{32} = \frac{-K_{32}}{\sum K_3} = \frac{-1{,}333EI}{2{,}666EI} = -0{,}5$$

$$D_{34} = \frac{-K_{34}}{\sum K_3} = \frac{-1{,}333EI}{2{,}666EI} = -0{,}5$$

2.- Momentos fijos

a) Barra 1-2 (articulado-empotrado)

De la tabla 5 obtenemos la siguiente fórmula:

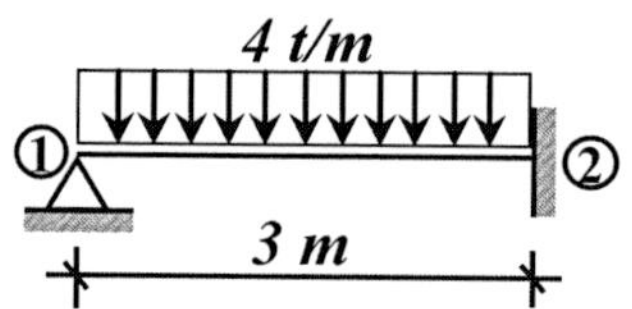

$$M_{21}^{F} = \frac{-qL^2}{8} = \frac{-4\cdot 3^2}{8} = -4{,}5tm$$

b) Barra 2-3 (empotrado-empotrado)

De la tabla 5 obtenemos las siguientes fórmulas:

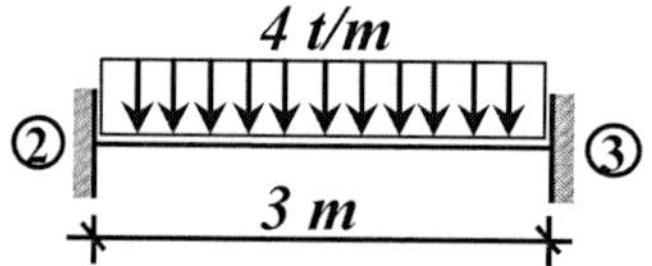

$$M_{23}^{F} = \frac{q\cdot L^2}{12} = \frac{4\cdot 3^2}{12} = 3tm$$

$$M_{23}^{F} = \frac{-q\cdot L^2}{12} = -\frac{4\cdot 3^2}{12} = -3tm$$

c) Barra 3-4 (empotrado-empotrado)

De la tabla 5, obtenemos las siguientes fórmulas:

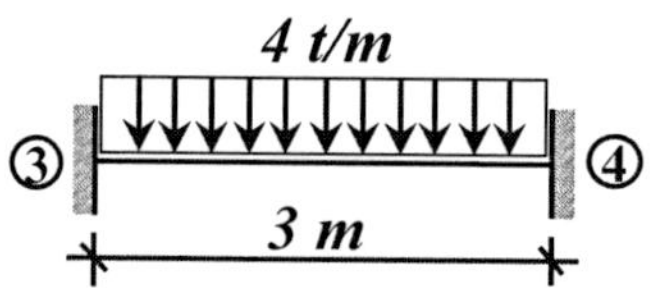

$$M_{34}^{F} = \frac{q\cdot L^2}{12} = \frac{4\cdot 3^2}{12} = 3tm$$

$$M_{43}^{F} = \frac{-q\cdot L^2}{12} = -\frac{4\cdot 3^2}{12} = -3tm$$

3.- Proceso de Cross

Elaboramos la siguiente tabla:

Nudo	Barra	D_{ij}	M_{ij}^{F}	M_{ij}^{D}	M_{ij}^{T}	M_{ij}^{D}
1	1-2	Articul.	0	0	0	0
2	2-1	-0,4286	-4,5	0,6429	0	0
	2-3	-0,5714	3	0,8571	0	0
3	3-2	-0,5	-3	0	0,42855	-0,2143
	3-4	-0,5	3	0	0	-0,2143
4	4-3	Empotra.	-3	0	0	0

Continuación:

Barra	M_{ij}^T	M_{ij}^D	M_{ij}^T	M_{ij}^D	M_{ij}
1-2	0	0	0	0	0
2-1	0	0,0459	0	0	-3,8112
2-3	-0,10715	0,0612	0	0	3,8112
3-2	0	0	0,0306	-0,0153	-2,7705
3-4	0	0	0	-0,0153	2,7704
4-3	-0,10715	0	0	0	-3,1072

En los nudos articulados los momentos M_{ij}^D y M_{ij}^T son nulos.

Para los nudos empotrados los momentos M_{ij}^D siempre son nulos.

Para los restantes nudos y M_{ij}^T de los nudos empotrados, tenemos:

$$M_{ij}^D = \sum M_i \cdot D_{ij} \qquad M_{ij}^T = \frac{M_{ji}^D}{2}$$

Representamos gráficamente los momentos obtenidos:

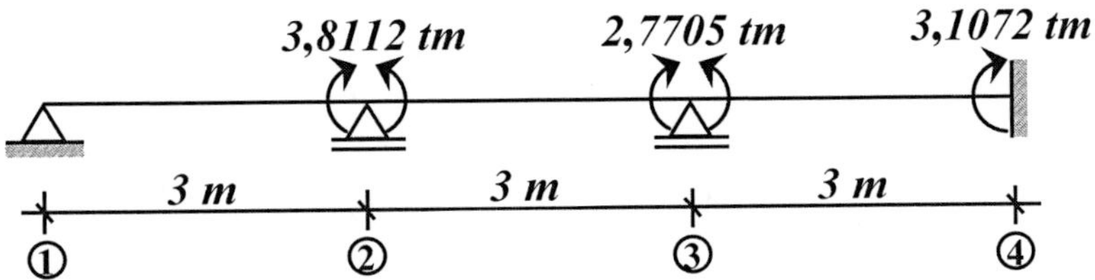

Otra forma de hacer las interacciones (4 decimales):

	1	2	2	3	3	4
Mij	**0**	**-3,8112**	**3,8112**	**-2,7704**	**2,7703**	**-3,1072**
MD	0	0	0	-0,0154	-0,0154	0
MT	0	0	0	0,0307	0	0
MD	0	0,0459	0,0613	0	0	0
MT	0	0	-0,1072	0	0	-0,1072
MD	0	0	0	-0,2143	-0,2143	0
MT	0	0	0	0,4286	0	0
MD	0	0,6429	0,8571	0	0	0
M^Fij	0	-4,5	3	-3	3	-3
Dij	***Art.***	**-0,4286**	**-0,5714**	**-0,5**	**-0,5**	***Emp.***

4.- Reacciones finales

Cortamos en 2 hacia la izquierda:

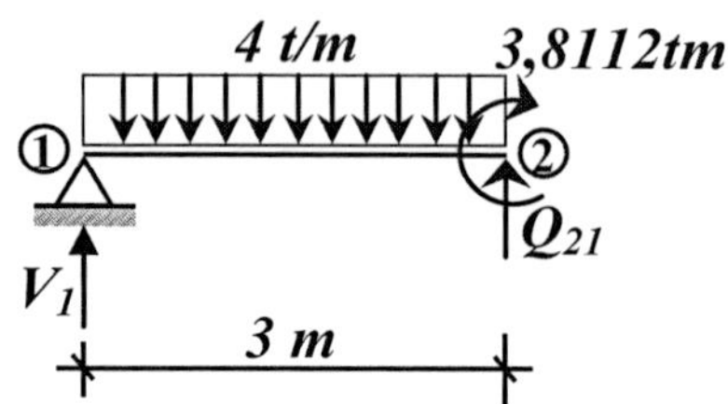

$$\sum M_2 = 0 \circlearrowright \oplus$$

$$V_1 \cdot 3 - 4 \cdot 3 \cdot 1{,}5 + 3{,}8112 = 0$$

$$V_1 = 4{,}7296t$$

Cortamos en 3 hacia la derecha:

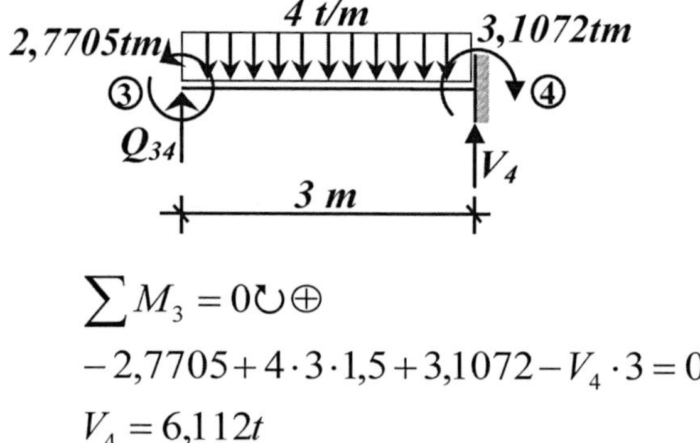

$$\sum M_3 = 0 \circlearrowright \oplus$$

$$-2{,}7705 + 4 \cdot 3 \cdot 1{,}5 + 3{,}1072 - V_4 \cdot 3 = 0$$

$$V_4 = 6{,}112t$$

Ahora aplicamos las ecuaciones de equilibrio en toda la estructura:

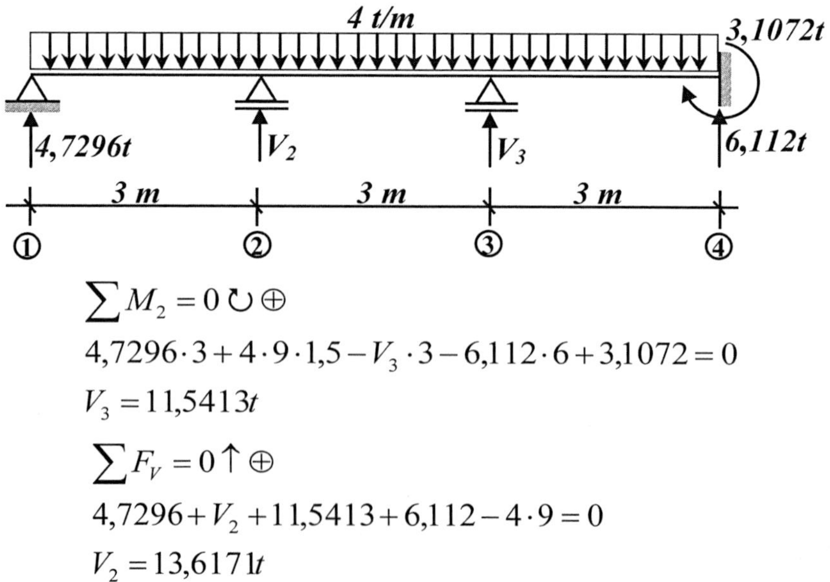

$$\sum M_2 = 0 \circlearrowright \oplus$$

$$4{,}7296 \cdot 3 + 4 \cdot 9 \cdot 1{,}5 - V_3 \cdot 3 - 6{,}112 \cdot 6 + 3{,}1072 = 0$$

$$V_3 = 11{,}5413t$$

$$\sum F_V = 0 \uparrow \oplus$$

$$4{,}7296 + V_2 + 11{,}5413 + 6{,}112 - 4 \cdot 9 = 0$$

$$V_2 = 13{,}6171t$$

5.- Diagramas de esfuerzos Internos

a) Momento flector

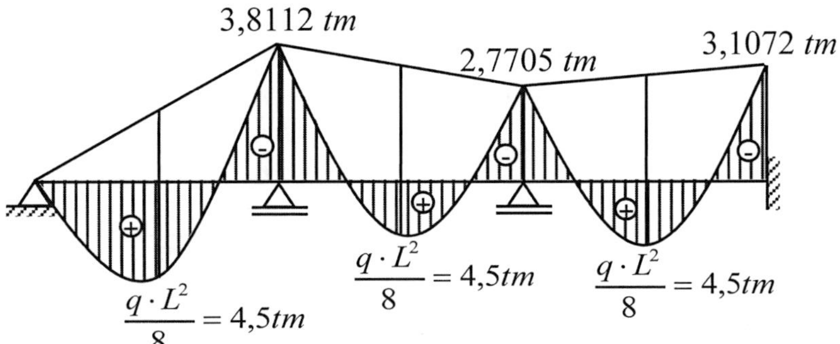

b) Cortante

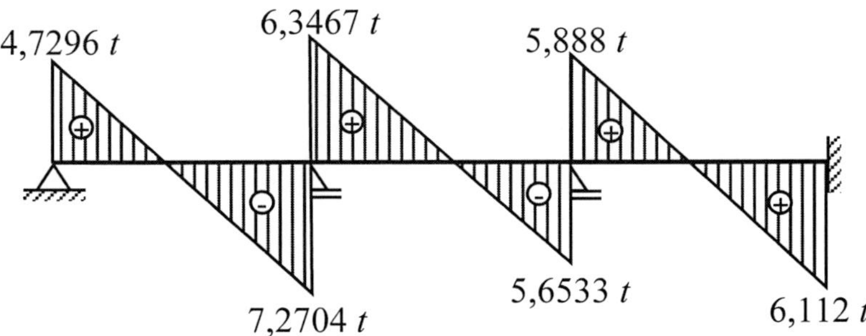

EJERCICIO 84

Calcular reacciones y diagramar esfuerzos.

Datos

$$E = 2 \cdot 10^6 t/m^2$$
$$b = 15cm$$
$$h = 30cm$$

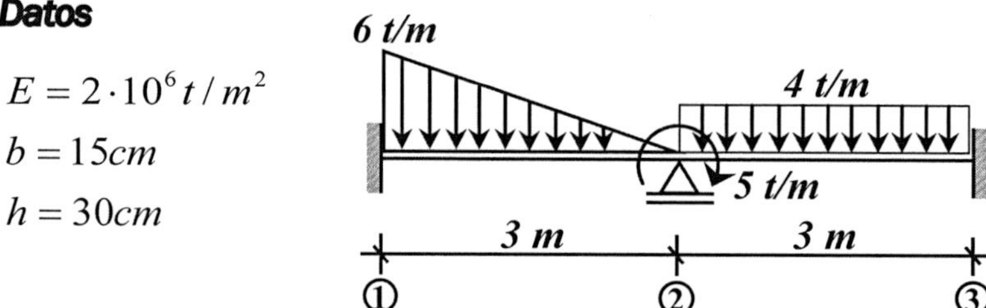

Figura 4.7 Viga con carga triangular, rectangular y momento puntual.

1.- Coeficiente de rigidez y distribución

Solo se analizan los nudos no articulados donde concurren dos o más barras.

Para este paso se utilizan las siguientes fórmulas:

$$K_{ij} = \frac{4EI}{L}$$ Empotrado en i y empotrado en j

$$K_{ij} = \frac{3E}{L}$$ Empotrado en i y articulado en j

a) Nudo 2

$$K_{21} = \frac{4EI}{L} = \frac{4EI}{3} = 1{,}333EI$$

$$K_{23} = \frac{4EI}{L} = \frac{4EI}{3} = 1{,}333EI$$

Cuando EI es constante se simplifican en los coeficientes Dij y, por lo tanto, no es necesario incluirlos en este cálculo.

$$\sum K_2 = 2{,}666EI$$

$$D_{21} = \frac{-K_{21}}{\sum K_2} = \frac{-1{,}333EI}{2{,}666EI} = -0{,}5$$

$$D_{23} = \frac{-K_{23}}{\sum K_2} = \frac{-1{,}333EI}{2{,}666EI} = -0{,}5$$

2.- Momentos fijos

a) Barra 1-2 (empotrado-empotrado)

De la tabla 5 obtenemos las siguientes fórmulas:

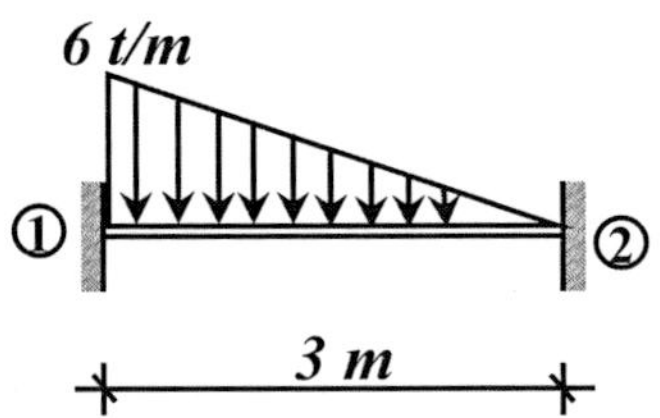

$$M_{12}^{F} = \frac{qL^2}{20} = \frac{6 \cdot 3^2}{20} = 2{,}7tm$$

$$M_{21}^{F} = -\frac{qL^2}{30} = -\frac{6 \cdot 3^2}{30} = -1{,}8tm$$

b) Barra 2-3 (empotrado-empotrado)

De la tabla 5 obtenemos las siguientes fórmulas:

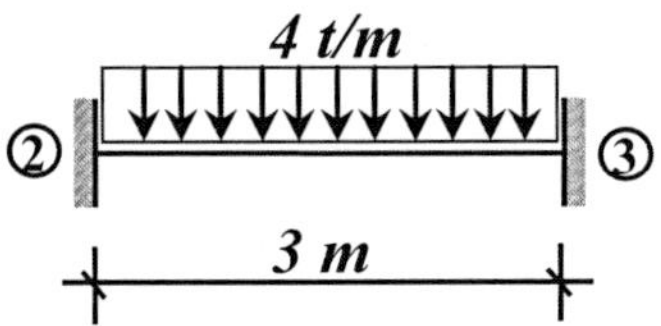

$$M_{23}^{F} = \frac{qL^2}{12} = \frac{4 \cdot 3^2}{12} = 3tm$$

$$M_{32}^{F} = -\frac{qL^2}{12} = -\frac{4 \cdot 3^2}{12} = -3tm$$

3.- Proceso de Cross

Elaboramos la siguiente tabla:

				↻⊕				↺⊕
Nudo	**Barra**	D_{ij}	M_{ij}^F	**Mext**	M_{ij}^D	M_{ij}^T	M_{ij}^D	M_{ij}
1	1-2	Emp.	2,7	0	0	-1,55	0	1,15
2	2-1	-0,5	-1,8	5	-3,1	0	0	-4,9
	2-3	-0,5	3		-3,1	0	0	-0,1
3	3-2	Emp.	-3	0	0	-1,55	0	-4,55

Las interacciones terminan cuando M_{ij}^D tiende a cero.

M_{ij} es la suma de todos los momentos anteriores excepto del momento Mext.

Los momentos MijD para los nudos empotrados siempre son cero.

$M_{ij}^{D} = \sum M_i \cdot D_{ij}$ Para el primer M_{ij}^D se suman los momentos M_{ij}^F y Mext.

$$M_{ij}^{T} = \frac{M_{ji}^{D}}{2}$$

Representamos gráficamente los momentos obtenidos.

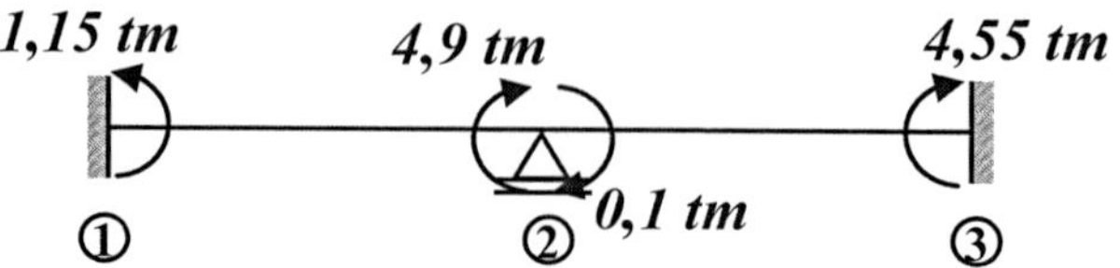

Otra forma de hacer las interacciones.

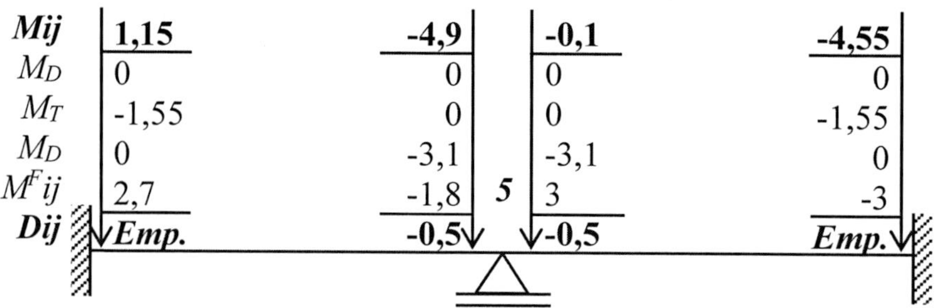

4.- Reacciones finales

Cortamos en 2 hacia la derecha.

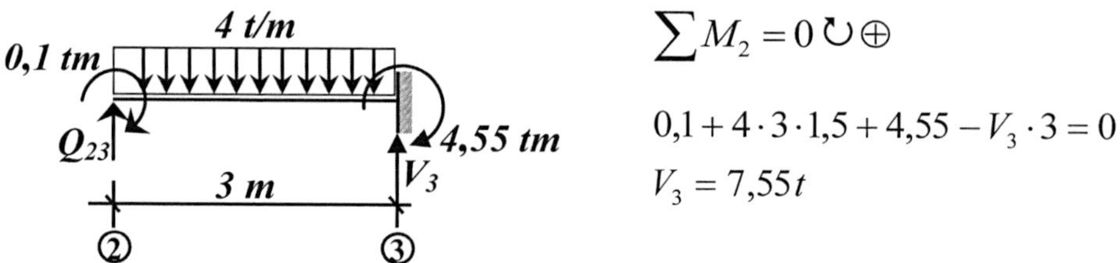

$$\sum M_2 = 0 \circlearrowright \oplus$$

$$0{,}1 + 4 \cdot 3 \cdot 1{,}5 + 4{,}55 - V_3 \cdot 3 = 0$$

$$V_3 = 7{,}55t$$

Aplicamos las ecuaciones de equilibrio a toda la estructura.

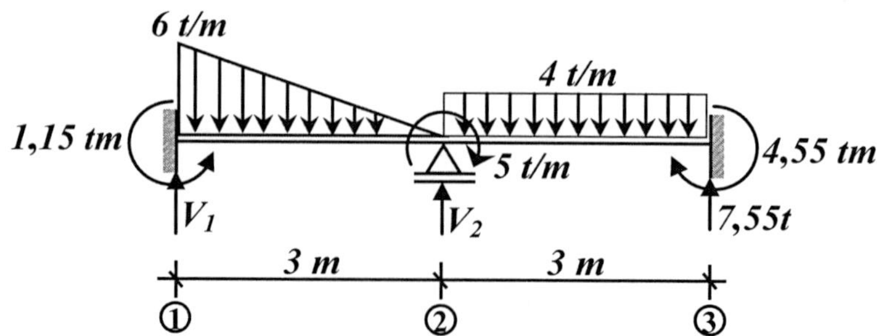

$$\sum M_1 = 0 \circlearrowleft \oplus$$

$$-1{,}15 + \frac{6 \cdot 3}{2} \cdot 1 - V_2 \cdot 3 + 4 \cdot 3 \cdot 4{,}5 + 4{,}55 - 7{,}55 \cdot 6 + 5 = 0$$

$$V_2 = 8{,}7t$$

$$\sum F_V = 0 \uparrow \oplus$$

$$V_1 - \frac{6 \cdot 3}{2} + 8{,}7 - 4 \cdot 3 + 7{,}55 = 0$$

$$V_1 = 4{,}75t$$

5.- Diagrama de esfuerzos finales

a) Momento flector

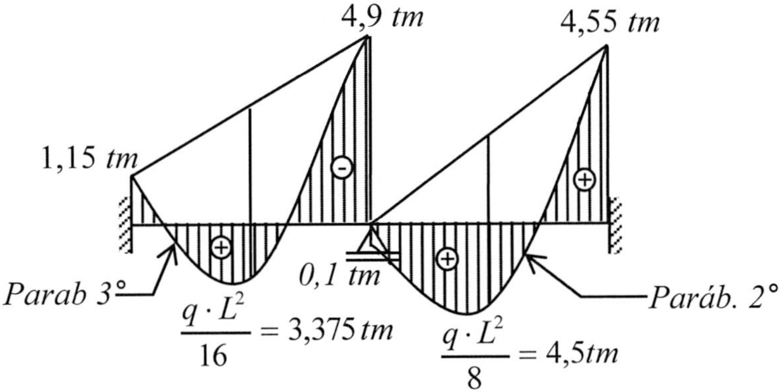

b) Cortante

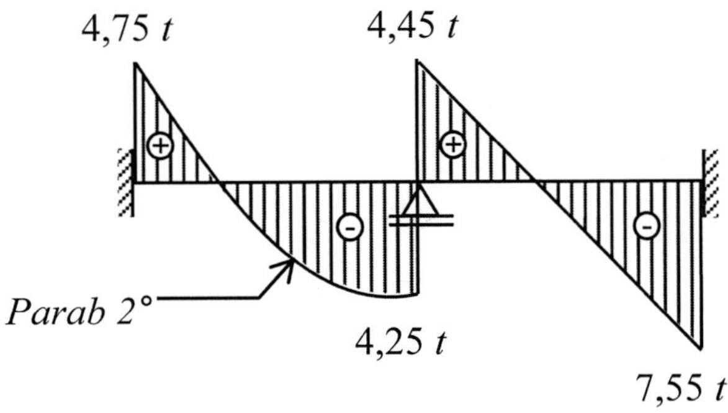

EJERCICIO 85

Calcular reacciones y diagramar esfuerzos.

Datos

$E = 2 \cdot 10^6 t/m^2$

$b = 15cm$

$h = 30cm$

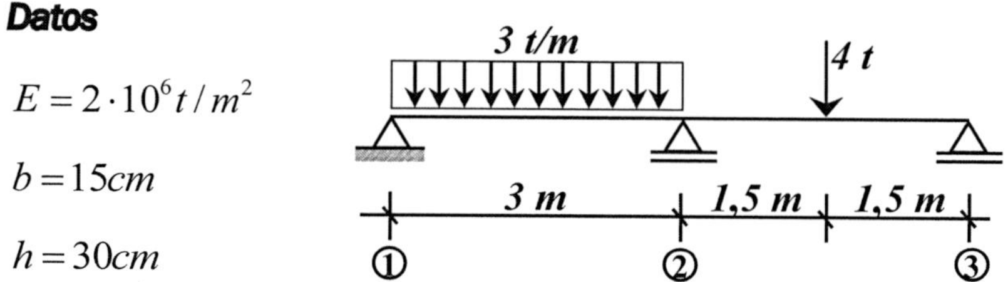

Figura 4.8 Viga continua con carga rectangular y puntual.

1.- Coeficiente de rigidez y distribución

Solo se analizan los nudos no articulados donde concurren dos o más barras.

Para este paso se utilizan las siguientes fórmulas:

$$Kij = \frac{4EI}{L}$$ Empotrado en i y empotrado en j

$$Kij = \frac{3EI}{L}$$ Empotrado en i y articulado en j

a) Nudo 2

$$K_{21} = \frac{3EI}{L} = \frac{3EI}{3} = EI$$

$$K_{23} = \frac{3EI}{L} = \frac{3EI}{3} = EI$$

$$\sum K_2 = 2EI$$

Cuando EI es el mismo en toda la estructura no es necesario incluirlas en estas fórmulas, pues se simplifican en el cálculo de los coeficientes de distribución.

$$D_{21} = \frac{-K_{21}}{\sum K_2} = \frac{-EI}{2EI} = -0{,}5$$

$$D_{23} = \frac{-K_{23}}{\sum K_2} = \frac{-EI}{2EI} = -0{,}5$$

2.- Momentos fijos

a) Barra 1-2 (articulado-empotrado)

De la tabla 5 obtenemos la siguiente fórmula:

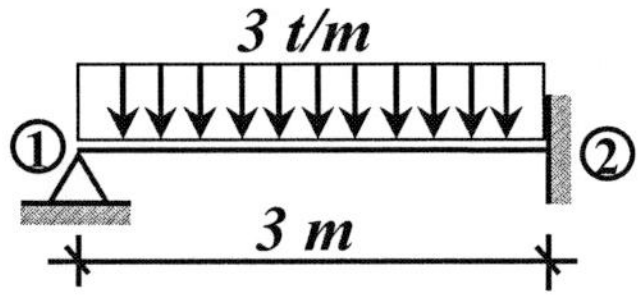

$$M_{21}^{F} = -\frac{q \cdot L^2}{8} = -\frac{3 \cdot 3^2}{8} = -3{,}375\,tm$$

b) Barra 2-3 (empotrado–articulado)

De la tabla 5 obtenemos la siguiente fórmula:

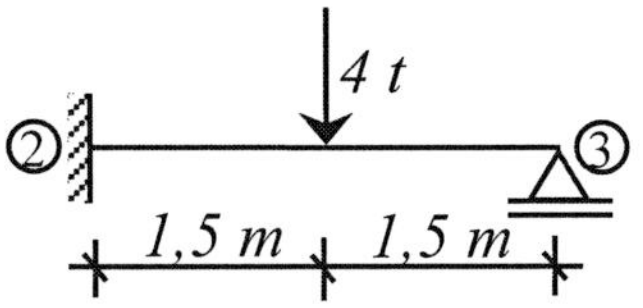

$$M_{23}^{F} = \frac{3 \cdot P \cdot L}{16} = \frac{3 \cdot 4 \cdot 3}{16} = 2{,}25tm$$

3.- Proceso de Cross

Elaboramos la siguiente tabla:

Nudo	Barras	D_{ij}	M_{ij}^F	M_{ij}^D	M_{ij}^T	M_{ij}^D	M_{ij}↺⊕
1	1-2	Art.	0	0	0	0	0
2	2-1	-0,5	-3,375	0,5625	0	0	-2,8125
	2-3	-0,5	2,25	0,5625	0	0	2,8125
3	3-2	Art.	0	0	0	0	0

M_{ij}^D = Momentos distribuidos

M_{ij}^T = Momentos transportados

En los nudos articulados, los M_{ij}^D y M_{ij}^T siempre se colocan a cero.

Para los restantes nudos:

$$M_{ij}^D = \sum M_i \cdot D_{ij}$$

Donde $\sum M_i$ = Sumatoria de los momentos correspondiente a cada nudo de la anterior columna.

$$M_{ij}^T = \frac{M_{ji}^D}{2}$$

La interacción se termina cuando M_{ij}^{D} tiende a cero.

M_{ij} es la suma de todos los momentos anteriores.

Representado gráficamente los momentos obtenidos, tenemos:

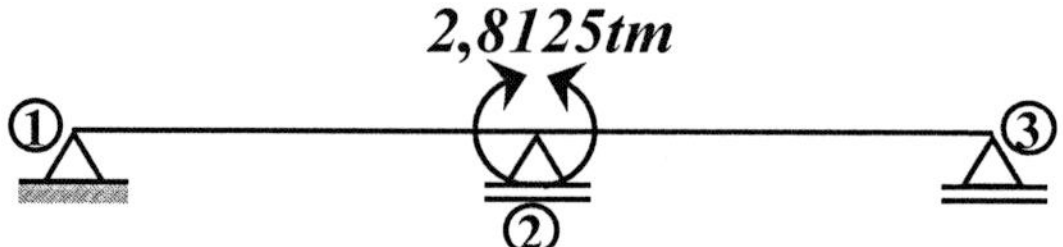

Otra forma de realizar las Interacciones:

	①	② izq.	② der.	③
Mij	**0**	**-2,8125**	**2,8125**	**0**
M_D	0	0	0	0
M_T	0	0	0	0
M_D	0	0,5625	0,5625	0
$M^F ij$	0	-3,375	2,25	0
Dij	***Art.***	**-0,5**	**-0,5**	***Art.***

4.- Reacciones finales

Cortamos en 2 hacia la derecha.

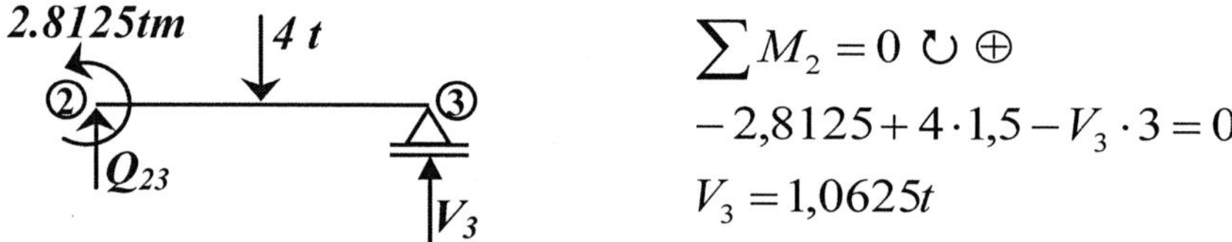

$$\sum M_2 = 0 \circlearrowleft \oplus$$

$$-2{,}8125 + 4 \cdot 1{,}5 - V_3 \cdot 3 = 0$$

$$V_3 = 1{,}0625t$$

Luego aplicamos las ecuaciones de equilibrio en toda la viga:

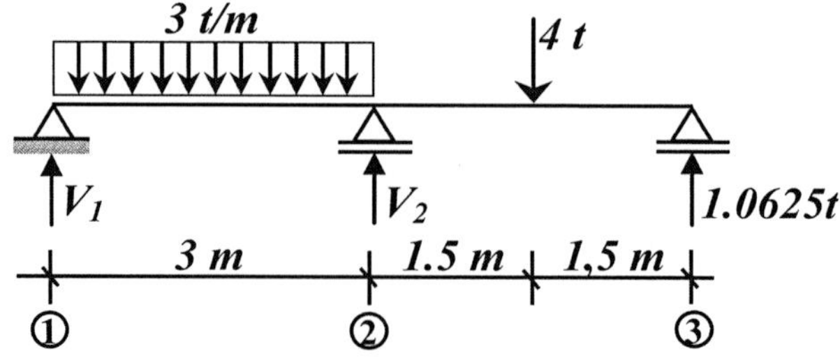

$$\sum M_1 = 0 \circlearrowleft \oplus$$

$$3 \cdot 3 \cdot 1{,}5 - V_2 \cdot 3 + 4 \cdot 4{,}5 - 1{,}0625 \cdot 6 = 0$$

$$V_2 = 8{,}375t$$

$$\sum F_V = 0 \uparrow \oplus$$

$$V_1 - 3 \cdot 3 + 8{,}375 - 4 + 1{,}0625 = 0$$

$$V_1 = 3{,}5625t$$

5.- Diagramas de esfuerzo finales.

a) Momento flector

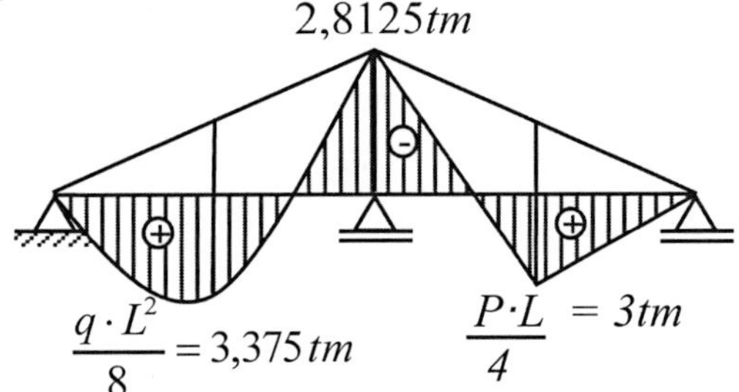

b) Cortante

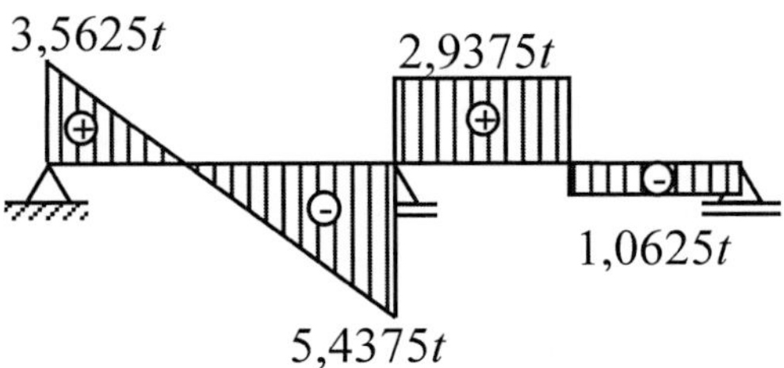

EJERCICIO 86

Para la siguiente estructura diagramar el momento flector.

Datos

$E = 2 \cdot 10^6 t/m^2$

$b = 20cm$

$h = 35cm$

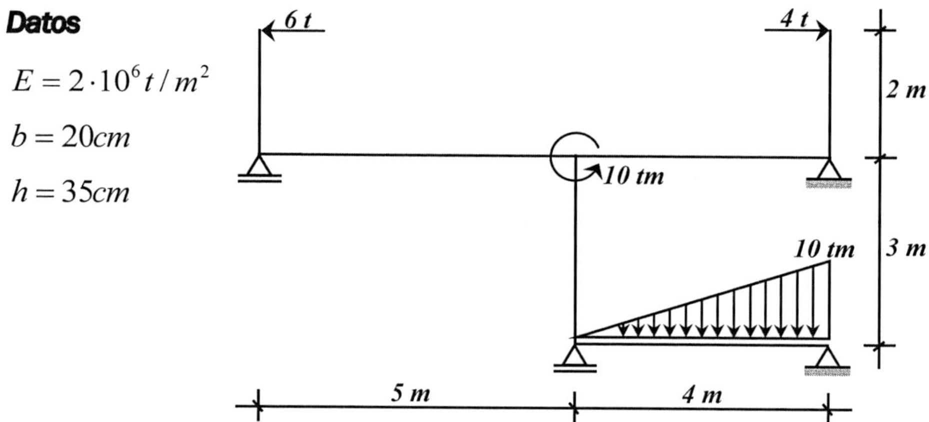

Figura 4.9 Pórtico con segmentos en voladizos.

1.- Estructura sin voladizos

Trasladamos las fuerzas procedentes de los voladizos hasta su apoyo próximo.

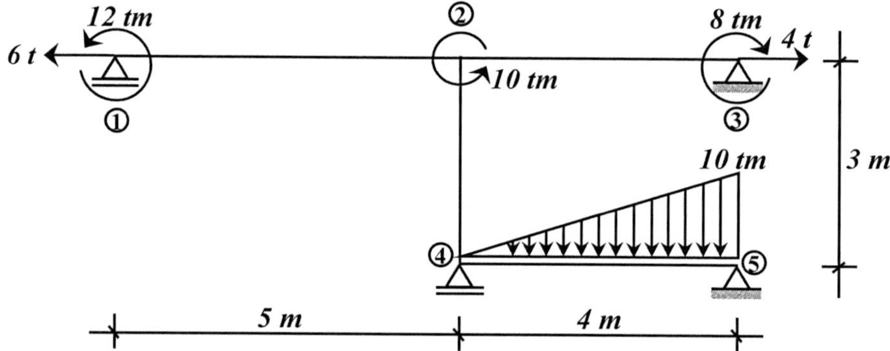

2.- Coeficiente de rigidez y distribución

a) Nudo 2

$$K_{21} = \frac{3EI}{L} = \frac{3EI}{5} = 0{,}6EI \quad \Rightarrow D_{21} = \frac{-K_{21}}{\sum K_2} = \frac{-0{,}6EI}{2{,}683EI} = -0{,}223$$

$$K_{23} = \frac{3EI}{L} = \frac{3EI}{4} = 0{,}75EI \quad \Rightarrow D_{23} = \frac{-K_{23}}{\sum K_2} = \frac{-0{,}75EI}{2{,}683EI} = -0{,}280$$

$$K_{24} = \frac{4EI}{L} = \frac{4EI}{3} = 1{,}333EI \Rightarrow D_{24} = \frac{-K_{24}}{\sum K_2} = \frac{-1{,}333EI}{2{,}683EI} = -0{,}497$$

$$\sum K_2 = 2{,}683EI$$

b) Nudo 4

$$K_{42} = \frac{4EI}{L} = \frac{4EI}{3} = 1{,}333EI \Rightarrow D_{42} = \frac{-K_{42}}{\sum K_4} = \frac{-1{,}333EI}{2{,}083EI} = -0{,}64$$

$$K_{45} = \frac{3EI}{L} = \frac{3EI}{4} = 0{,}75EI \quad \Rightarrow D_{45} = \frac{-K_{45}}{\sum K_4} = \frac{-0{,}75EI}{2{,}083EI} = -0{,}36$$

$$\sum K_4 = 2{,}083EI$$

3.- Momentos fijos

a) Barra 1-2 (articulado-empotrado)

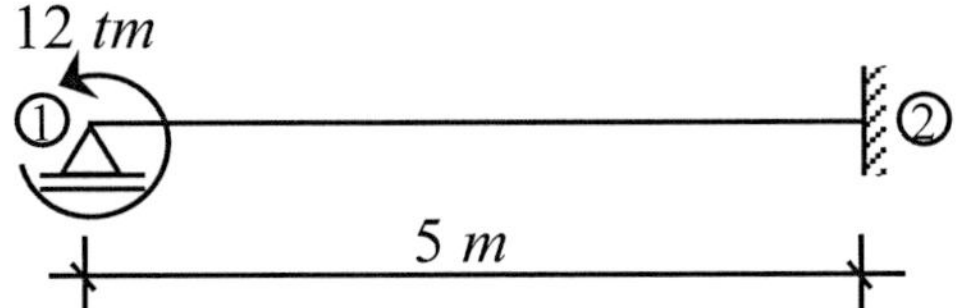

De la tabla 5 obtenemos la siguiente fórmula:

$$M_{21}^F = \frac{-M}{2}\left(\frac{3a^2}{L^2} - 1\right) = \frac{-12}{2}\left(\frac{3 \cdot 0^2}{5^2} - 1\right) = -6(-1)$$

$$M_{21}^F = 6tm$$

b) Barra 2-3 (empotrado-articulado)

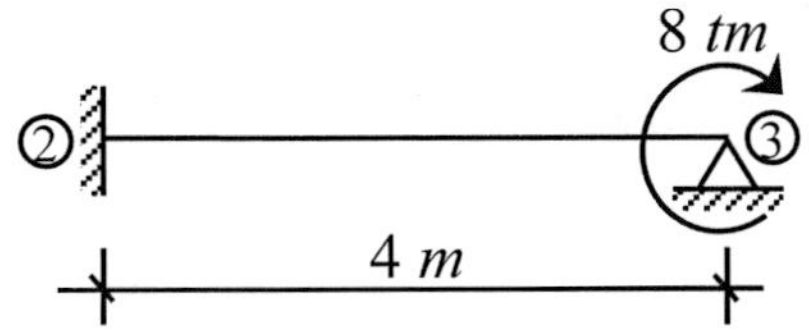

De la tabla 5 obtenemos la siguiente fórmula:

$$M_{23}^F = \frac{M}{2}\left(\frac{3b^2}{L^2}-1\right) = \frac{8}{2}\left(\frac{3\cdot 0^2}{4^2}-1\right)$$

$$M_{23}^F = -4tm$$

c) Barra 2-4 (empotrado-empotrado)

Como la barra no tiene cargas $M_{24}^F = M_{42}^F = 0$

d) Barra 4-5 (empotrado-articulado)

De la tabla 5 obtenemos las siguientes fórmulas:

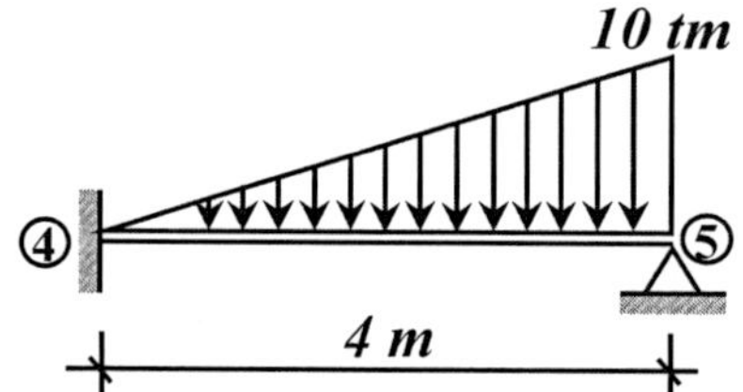

$$M_{45}^F = \frac{7qL^2}{120} = \frac{7\cdot 10\cdot 4^2}{120} = 9{,}333\,tm$$

4.- Proceso de Cross

Elaboramos la siguiente tabla:

Nudo	Barra	D_{ij}	M_{ij}^F	*Mext* ↻⊕	M_{ij}^D	M_{ij}^T	M_{ij}^D
1	1-2	Articulac.	12	0	0	0	0
2	2-1	-0,223	6	-10	1,784	0	0,666
	2-3	-0,280	-4		2,24	0	0,836
	2-4	-0,497	0		3,976	-2,987	1,485
3	3-2	Articulac.	-8	0	0	0	0
4	4-2	-0,64	0	0	-5,973	1,988	-1,272
	4-5	-0,36	9,333		-3,36	0	-0,716
5	5-4	Articulac.	0	0	0	0	0

Barra	M_{ij}^T	M_{ij}^D	M_{ij}^T	M_{ij}^D	M_{ij}^T	M_{ij}^D	M_{ij}
1-2	0	0	0	0	0	0	12
2-1	0	0,142	0	0,053	0	0,011	8,656
2-3	0	0,178	0	0,067	0	0,014	-0,665
2-4	-0,636	0,316	-0,238	0,118	-0,051	0,025	2,008
3-2	0	0	0	0	0	0	-8
4-2	0,743	-0,476	0,158	-0,101	0,059	-0,038	-4,912
4-5	0	-0,267	0	-0,057	0	-0,021	4,912
5-4	0	0	0	0	0	0	0

Representamos gráficamente los momentos obtenidos.

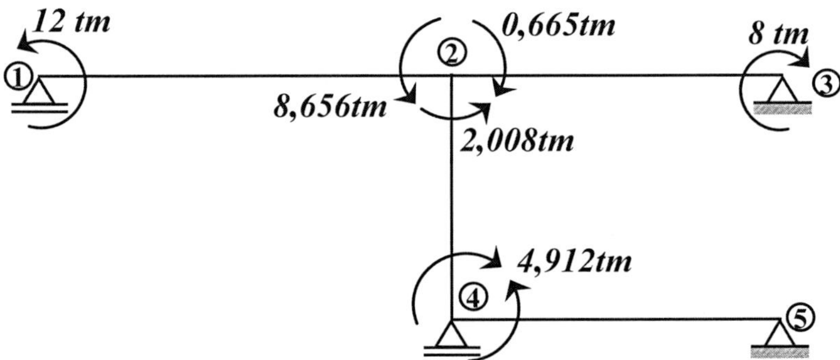

Dibujamos estos momentos rotando en torno a cada nudo y cortando a su correspondiente barra para poder luego diagramar el momento.

5.- Diagrama de momento

Para representar este esfuerzo puede:

- Dibujar los momentos hacia el lado que apunta la flecha del gráfico anterior.
- Para los momentos de tramo puede consultar la tabla 7.

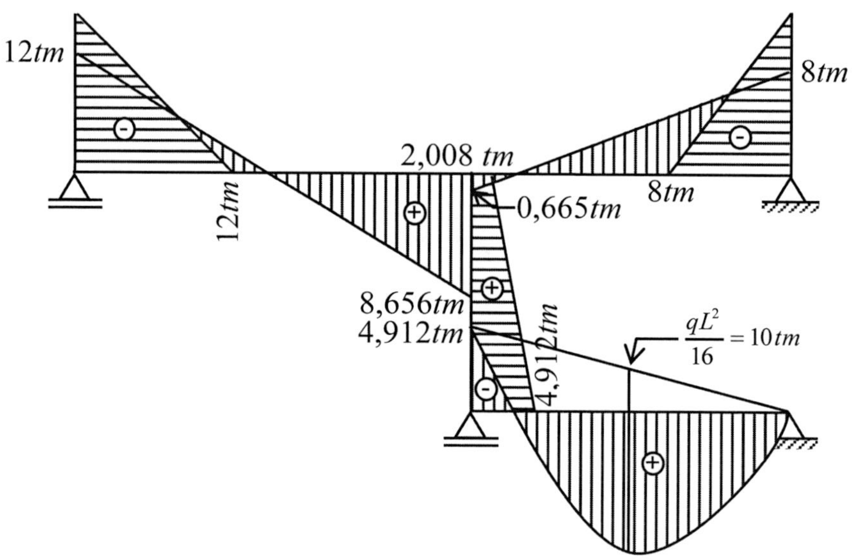
12tm
8tm
2,008 tm
8tm
12tm
0,665tm
8,656tm
4,912tm
4,912tm
$\frac{qL^2}{16} = 10tm$

EJERCICIO 87

Para la siguiente estructura diagramar el momento.

Datos

$E = 2 \cdot 10^6 t/m^2$

$b = 20cm$

$h = 40cm$

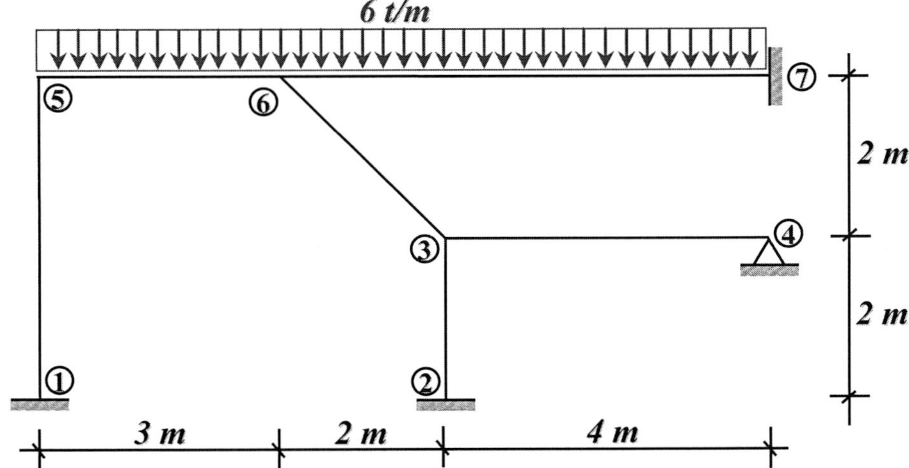

Figura 4.10 Pórtico intraslacional.

1.- Coeficientes de rigidez y distribución

a) Nudo 3

$$K_{32} = \frac{4EI}{L} = \frac{4EI}{2} = 2EI \qquad \Rightarrow D_{32} = \frac{-K_{32}}{\sum K_3} = \frac{-2EI}{4{,}164EI} = -0{,}48$$

$$K_{34} = \frac{3EI}{L} = \frac{3EI}{4} = 0{,}75EI \quad \Rightarrow D_{34} = \frac{-K_{34}}{\sum K_3} = \frac{-0{,}75EI}{4{,}164EI} = -0{,}18$$

$$K_{36} = \frac{4EI}{L} = \frac{4EI}{\sqrt{8}} = 1{,}414EI \Rightarrow D_{36} = \frac{-K_{36}}{\sum K_3} = \frac{-1{,}414EI}{4{,}164EI} = -0{,}34$$

$$\sum K_3 = 4{,}164EI$$

b) Nudo 5

$$K_{51} = \frac{4EI}{L} = \frac{4EI}{4} = EI \qquad \Rightarrow D_{51} = \frac{-K_{51}}{\sum K_5} = \frac{-EI}{2{,}333EI} = -0{,}429$$

$$K_{56} = \frac{4EI}{L} = \frac{4EI}{3} = 1{,}333EI \Rightarrow D_{56} = \frac{-K_{56}}{\sum K_5} = \frac{-1{,}333EI}{2{,}333EI} = -0{,}571$$

$$\sum K_5 = 2{,}333EI$$

c) Nudo 6

$$K_{63} = \frac{4EI}{L} = \frac{4EI}{\sqrt{8}} = 1{,}414EI \Rightarrow D_{63} = \frac{-K_{63}}{\sum K_6} = \frac{-1{,}414EI}{3{,}414EI} = -0{,}414$$

$$K_{65} = \frac{4EI}{L} = \frac{4EI}{3} = 1{,}333EI \Rightarrow D_{65} = \frac{-K_{65}}{\sum K_6} = \frac{-1{,}333EI}{3{,}414EI} = -0{,}39$$

$$K_{67} = \frac{4EI}{L} = \frac{4EI}{6} = 0{,}667EI \Rightarrow D_{67} = \frac{-K_{67}}{\sum K_6} = \frac{-0{,}667EI}{3{,}414EI} = -0{,}195$$

$$\sum K_6 = 3{,}414EI$$

2.- Momentos fijos

a) Barra 1-5

$$M_{15}^F = 0,\ M_{51}^F = 0$$

b) Barra 2-3

$$M_{23}^F = 0,\ M_{32}^F = 0$$

c) Barra 3-4

$$M_{34}^F = 0$$

d) Barra 3-6

$$M_{36}^F = 0,\ M_{63}^F = 0$$

Estas barras no tienen carga, por eso sus momentos fijos son nulos.

e) Barra 5-6 (empotrado-empotrado)

De la tabla 5 obtenemos la siguiente fórmula:

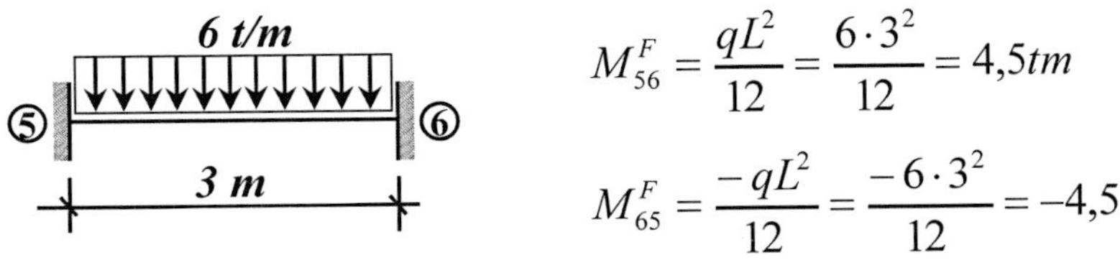

$$M_{56}^{F} = \frac{qL^2}{12} = \frac{6 \cdot 3^2}{12} = 4{,}5tm$$

$$M_{65}^{F} = \frac{-qL^2}{12} = \frac{-6 \cdot 3^2}{12} = -4{,}5tm$$

f) Barra 6-7 (empotrado-empotrado)

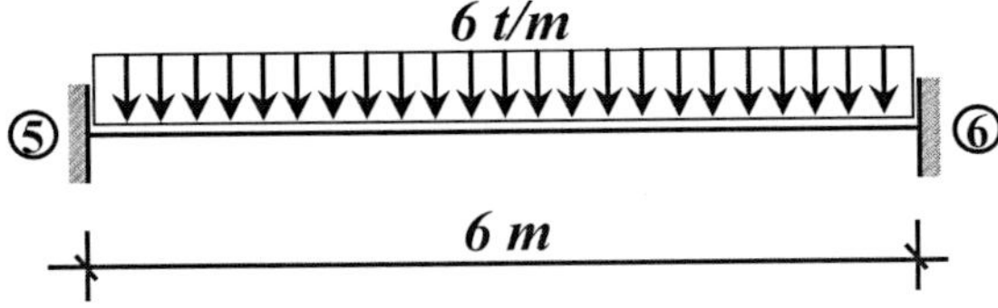

De la tabla 5 obtenemos la siguiente fórmula:

$$M_{67}^{F} = \frac{qL^2}{12} = \frac{6 \cdot 6^2}{12} = 18tm$$

$$M_{76}^{F} = \frac{-qL^2}{12} = \frac{-6 \cdot 6^2}{12} = -18tm$$

3.- Proceso de Cross

Nudo	*Barra*	D_{ij}	M_{ij}^{F}	M_{ij}^{D}	M_{ij}^{T}	M_{ij}^{D}	M_{ij}^{T}	M_{ij}^{D}
1	1-5	Emp.	0	0	-0,9653	0	0,5647	0
2	2-3	Emp.	0	0	0	0	0,6707	0
3	3-2	-0,48	0	0	0	1,3414	0	-0,1277
	3-4	-0,18	0	0	0	0,5030	0	-0,0479
	3-6	-0,34	0	0	-2,7945	0,9501	0,266	-0,0904
4	4-3	Artic.	0	0	0	0	0	0
5	5-1	-0,429	0	-1,9305	0	1,1293	0	-0,1075
	5-6	-0,571	4,5	-2,5695	-2,6325	1,5032	0,2506	-0,1431
6	6-3	-0,414	0	-5,589	0	0,5319	0,4751	-0,5079
	6-5	-0,390	-4,5	-5,265	-1,2848	0,5011	0,7516	-0,4784
	6-7	-0,195	18	-2,6325	0	0,2505	0	-0,2392
7	7-6	Emp.	-18	0	-1,3163	0	0,1253	0

Continúa…

Barra	M_{ij}^T	M_{ij}^D	M_{ij}^T	M_{ij}^D	M_{ij}^T	M_{ij}^D	M_{ij} ↺⊕
1-5	-0,0538	0	0,0513	0	-0,0049	0	-0,408
2-3	-0,0639	0	0,061	0	-0,0058	0	0,662
3-2	0	0,1219	0	-0,0116	0	0,0111	1,335
3-4	0	0,0457	0	-0,0044	0	0,0042	0,5006
3-6	-0,2540	0,0864	0,0242	-0,0082	-0,0231	0,0079	-1,836
4-3	0	0	0	0	0	0	0
5-1	0	0,1026	0	-0,0098	0	0,0094	-0,807
5-6	-0,2392	0,1366	0,0228	-0,0130	-0,0218	0,0124	0,807
6-3	-0,0452	0,0484	0,0432	-0,0462	-0,0041	0,0044	-5,089
6-5	-0,0716	0,0456	0,0683	-0,0435	-0,0065	0,0041	-10,28
6-7	0	0,0228	0	-0,0217	0	0,0021	15,382
7-6	-0,1196	0	0,0114	0	-0,0109	0	-19,31

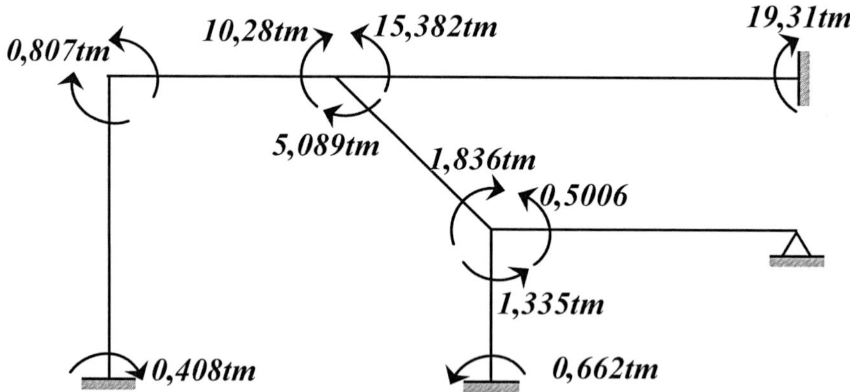

4.- Diagrama de momento

Para representar este esfuerzo puede:

- Dibujar los momentos hacia el lado que apunta la flecha del gráfico anterior.
- Para los momentos de tramo puede consultarla tabla 7.

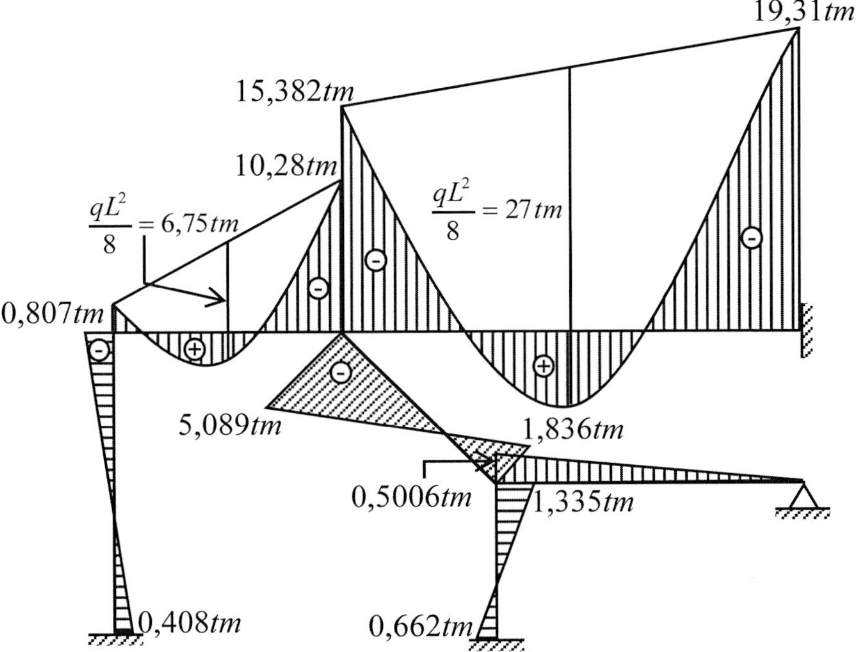

EJERCICIO 88

Para la siguiente estructura diagramar el momento flector.

Datos

$E = 2 \cdot 10^6 t/m^2$

$b = 20cm$

$h = 40cm$

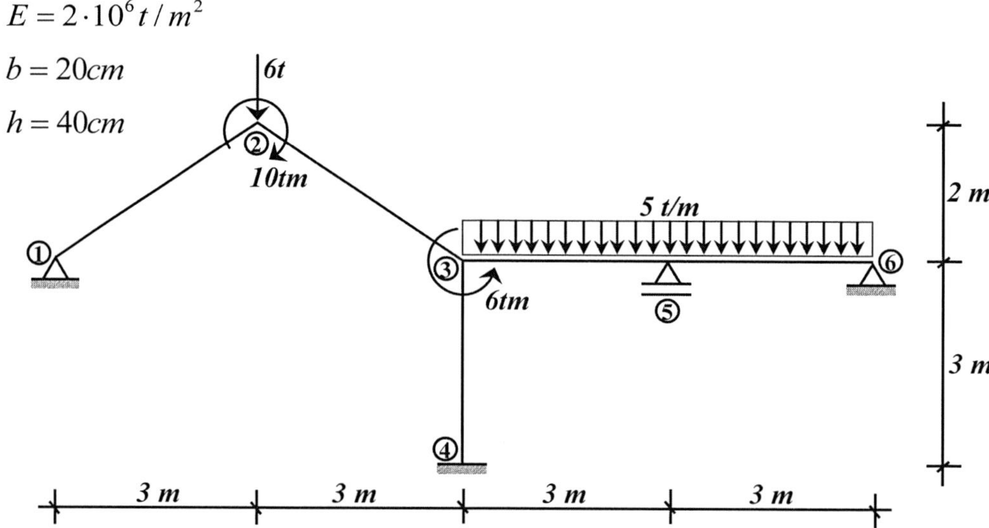

Figura 4.11 Pórtico intraslacional.

Representamos gráficamente los valores obtenidos.

Se dibujan los momentos rotando en torno al nudo correspondiente y cortando a su respectiva barra.

1.- Coeficientes de rigidez y distribución

a) Nudo 2

$$K_{21} = \frac{3EI}{L} = \frac{3EI}{3{,}606} = 0{,}832EI \Rightarrow D_{21} = \frac{-K_{21}}{\sum K_2} = \frac{-0{,}832EI}{1{,}941EI} = -0{,}429$$

$$K_{23} = \frac{4EI}{L} = \frac{4EI}{3{,}606} = 1{,}109EI \Rightarrow D_{23} = \frac{-K_{23}}{\sum K_2} = \frac{-1{,}109EI}{1{,}941EI} = -0{,}571$$

$$\sum K_2 = 1{,}941EI$$

b) Nudo 3

$$K_{34} = \frac{4EI}{L} = \frac{4EI}{3} = 1{,}333EI \Rightarrow D_{34} = \frac{-K_{34}}{\sum K_3} = \frac{-1{,}333EI}{3{,}775EI} = -0{,}353$$

$$K_{32} = \frac{4EI}{L} = \frac{4EI}{3{,}606} = 1{,}109EI \Rightarrow D_{32} = \frac{-K_{32}}{\sum K_3} = \frac{-1{,}109EI}{3{,}775EI} = -0{,}294$$

$$K_{35} = \frac{4EI}{L} = \frac{4EI}{3} = 1{,}333EI \Rightarrow D_{35} = \frac{-K_{35}}{\sum K_3} = \frac{-1{,}333EI}{3{,}775EI} = -0{,}353$$

$$\sum K_3 = 3{,}775EI$$

c) Nudo 5

$$K_{53} = \frac{4EI}{L} = \frac{4EI}{3} = 1{,}333EI \Rightarrow D_{53} = \frac{-K_{53}}{\sum K_5} = \frac{-1{,}333EI}{2{,}333EI} = -0{,}571$$

$$K_{56} = \frac{3EI}{L} = \frac{3EI}{3} = EI \Rightarrow D_{56} = \frac{-K_{56}}{\sum K_5} = \frac{-EI}{2.333EI} = -0.429$$

$$\sum K_5 = 2.333EI$$

2.- Momentos fijos

a) Barra 1-2

$$M_{12} = 0, \quad M_{21} = 0$$

b) Barra 2-3

$$M_{23} = 0, \quad M_{32} = 0$$

c) Barra 3-4

$$M_{34} = 0, \quad M_{43} = 0$$

Estas barras no tienen carga, por eso sus momentos fijos son nulos.

d) Barra 3-5 (empotrado-empotrado)

De la tabla 5 obtenemos la siguiente fórmula:

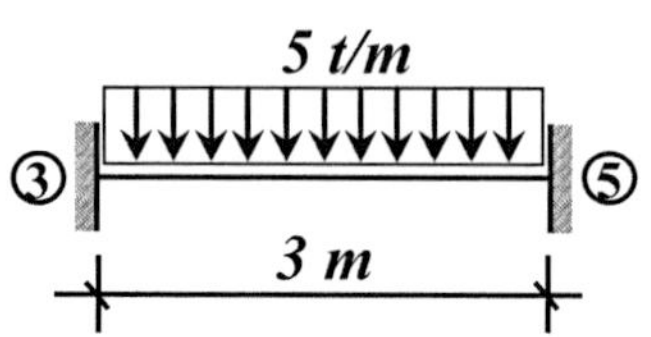

$$M_{35}^{F} = \frac{qL^2}{12} = \frac{5 \cdot 3^2}{12} = 3{,}75\,tm$$

$$M_{53}^{F} = \frac{-qL^2}{12} = \frac{-5 \cdot 3^2}{12} = -3{,}75\,tm$$

e) Barra 5-6 (empotrado-articulado)

De la tabla 5 obtenemos la siguiente fórmula:

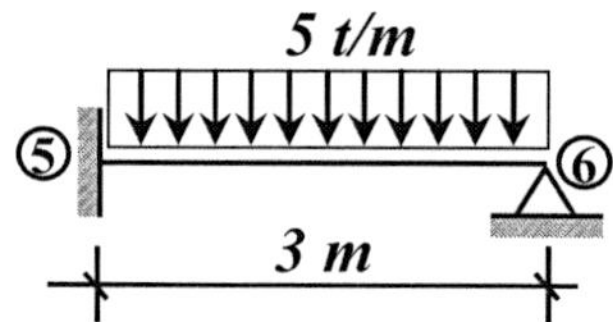

$$M_{56}^{F} = \frac{qL^2}{8} = \frac{5 \cdot 3^2}{8} = 5{,}625\,tm$$

3.- Proceso de Cross

Nudo	*Barra*	D_{ij}	M_{ij}^F	*Mext*	M_{ij}^D	M_{ij}^T	M_{ij}^D	M_{ij}^T
1	1-2	Artic.	0	0	0	0	0	0
2	2-1	-0,429	0	10	-4,290	0	-0,170	0
	2-3	-0,571	0		-5,710	0,397	-0,227	0,599
3	3-2	-0,353	0	-6	0,794	-2,855	1,197	-0,114
	3-4	-0,294	0		0,662	0	0,997	0
	3-5	-0,353	3,750		0,794	-0,536	1,197	-0,114
4	4-3	Emp.	0	0	0	0,331	0	0,499
5	5-3	-0,571	-3,750	0	-1,071	0,397	-0,227	0,599
	5-6	-0,429	5,625		-0,804	0	-0,170	0
6	6-5	Artic.	0	0	0	0	0	0

Continúa…

Barra	M_{ij}^D	M_{ij}^T	M_{ij}^D	M_{ij}^T	M_{ij}^D	M_{ij}↺⊕
1-2	0	0	0	0	0	0
2-1	-0,257	0	-0,017	0	-0,026	-4,760
2-3	-0,342	0,040	-0,023	0,061	-0,035	-5,24
3-2	0,080	-0,171	0,121	-0,012	0,008	-0,952
3-4	0,067	0	0,101	0	0,007	1,834
3-5	0,080	-0,171	0,121	-0,012	0,008	5,117
4-3	0	0,034	0	0,051	0	0,915
5-3	-0,342	0,040	-0,023	0,061	-0,035	-4,351
5-6	-0,257	0	-0,017	0	-0,026	4,351
6-5	0	0	0	0	0	0

Representación gráfica de los momentos obtenidos.

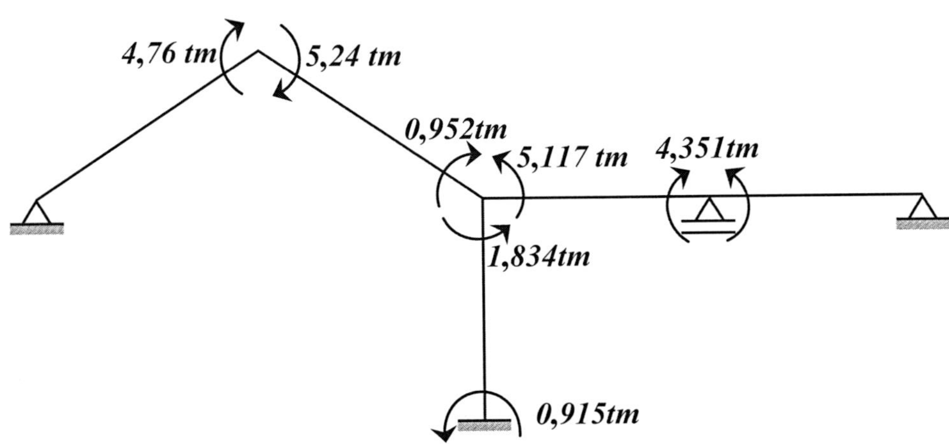

4.- Diagrama de momento

Para representar este esfuerzo puede:

- Dibujar los momentos hacia el lado que apunta la flecha del gráfico anterior.
- Para los momentos de tramo puede consultar la tabla 7.

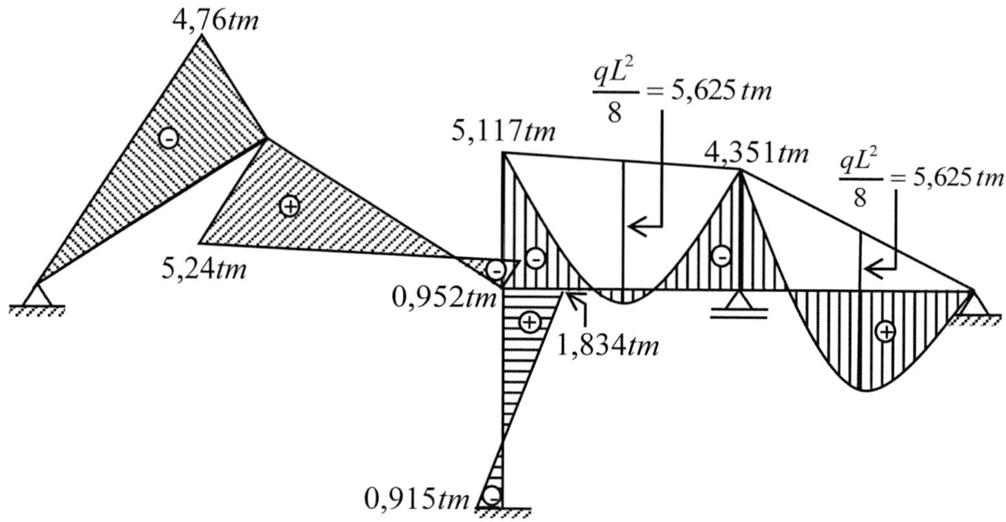
4,76tm
$\frac{qL^2}{8} = 5{,}625\,tm$
5,117tm
4,351tm
$\frac{qL^2}{8} = 5{,}625\,tm$
5,24tm
0,952tm
1,834tm
0,915tm

EJERCICIO 89

Calcular reacciones y diagramar esfuerzos.

Datos

$E = 2 \cdot 10^6 t/m^2$

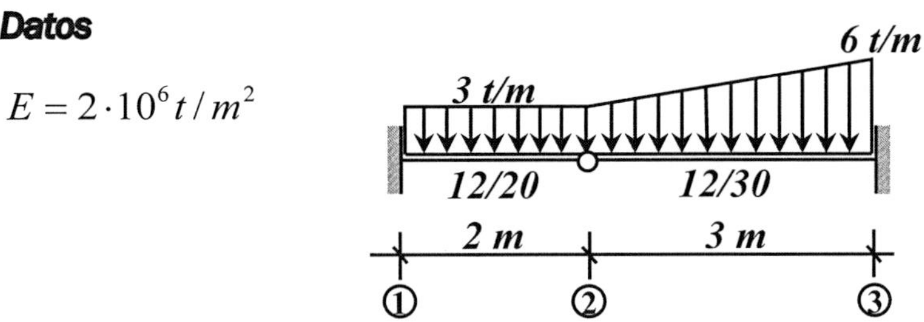

Figura 4.12 Viga articulada traslacional.

1.- Sistema fijo y desplazable

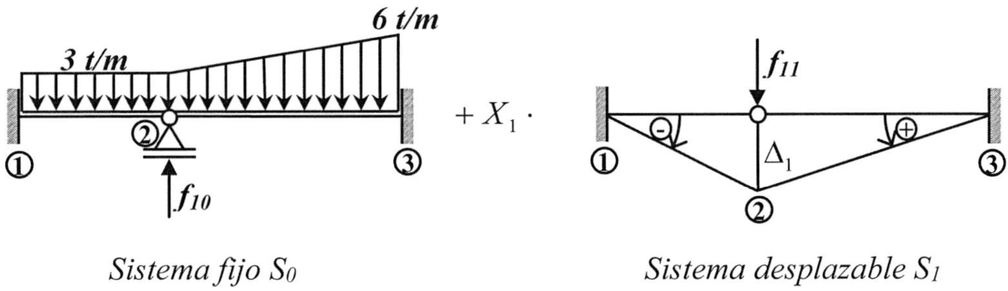

Sistema fijo S0

Sistema desplazable S1

$$f_{10} + X1 \cdot f_{11} = 0$$

$$X1 = \frac{-f_{10}}{f_{11}}$$

2.- Coeficiente de rigidez y distribución

Solo se analizan los nudos no articulados donde concurren dos o más barras.

En ambos sistemas no existe un nudo con estas características $\therefore$ no se efectúa este paso.

3.- Solución del sistema fijo.

3.1.- Momentos fijos

a) Barra 1-2 (empotrado-articulación)

De la tabla 5 obtenemos las siguientes fórmulas:

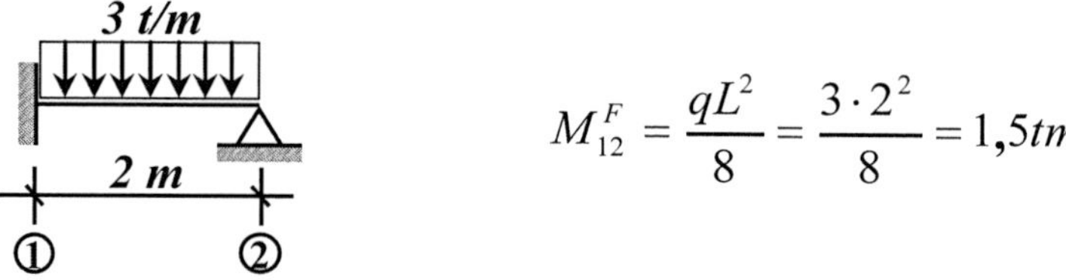

$$M_{12}^{F} = \frac{qL^2}{8} = \frac{3 \cdot 2^2}{8} = 1{,}5tm$$

b) Barra 2-3 (articulado-empotrado)

De la tabla 5 obtenemos las siguientes fórmulas:

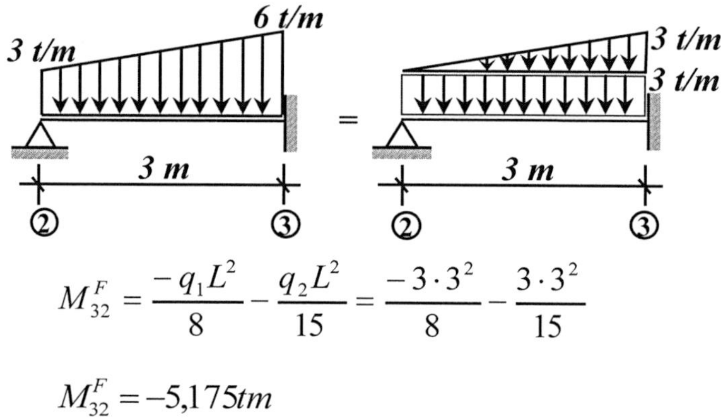

$$M_{32}^{F} = \frac{-q_1 L^2}{8} - \frac{q_2 L^2}{15} = \frac{-3 \cdot 3^2}{8} - \frac{3 \cdot 3^2}{15}$$

$$M_{32}^{F} = -5{,}175tm$$

3.2.- Proceso de Cross

Elaboramos la siguiente tabla:

Nudo	Barra	D_{ij}	M_{ij}^{F}	M_{ij}^{D}	M_{ij}
1	1-2	empotrado	1,5	0	1,5
2	2-1	articulado	0	0	0
	2-3	articulado	0	0	0
3	3-2	empotrado	-5,175	0	-5,175

Las interacciones terminan cuando M_{ij}^{D} tienden o son igual a cero.

M_{ij} es la suma de todos los momentos anteriores.

Representamos gráficamente los momentos obtenidos.

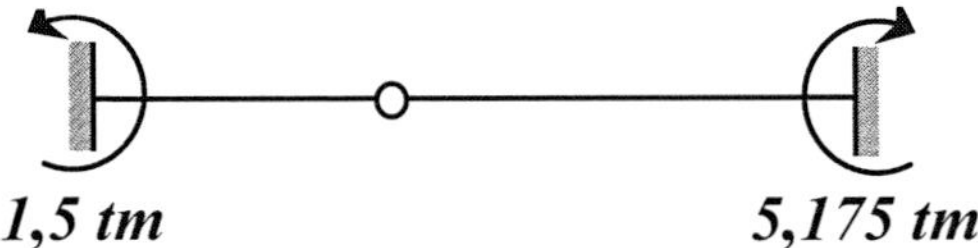

3.3.- Cálculo de f_{10}

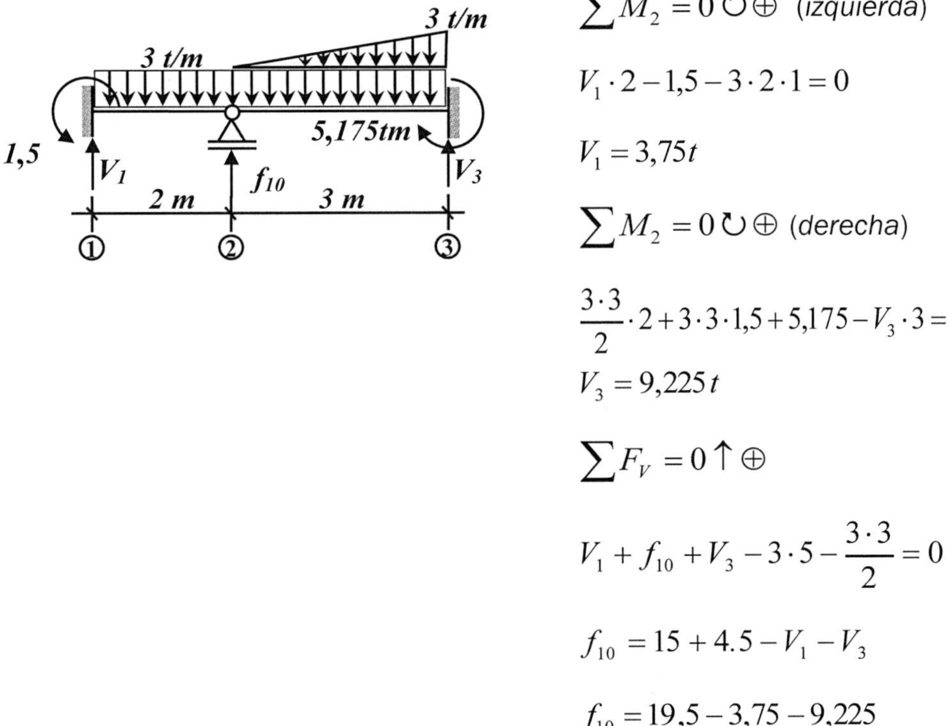

$$\sum M_2 = 0 \circlearrowleft \oplus \text{ (izquierda)}$$

$$V_1 \cdot 2 - 1{,}5 - 3 \cdot 2 \cdot 1 = 0$$

$$V_1 = 3{,}75t$$

$$\sum M_2 = 0 \circlearrowleft \oplus \text{ (derecha)}$$

$$\frac{3 \cdot 3}{2} \cdot 2 + 3 \cdot 3 \cdot 1{,}5 + 5{,}175 - V_3 \cdot 3 = 0$$

$$V_3 = 9{,}225\,t$$

$$\sum F_V = 0 \uparrow \oplus$$

$$V_1 + f_{10} + V_3 - 3 \cdot 5 - \frac{3 \cdot 3}{2} = 0$$

$$f_{10} = 15 + 4.5 - V_1 - V_3$$

$$f_{10} = 19{,}5 - 3{,}75 - 9{,}225$$

$$f_{10} = 6{,}525\,t$$

4.- Solución del sistema desplazable

4.1.- Momentos debidos al desplazamiento

Del sistema desplazable del paso 1, tenemos:

Barra	$\Delta_{ij} = \Delta_{ji}$
1-2	$-\Delta_1$
2-3	Δ_1

Para este paso se utilizan las siguientes fórmulas:

$$M_{ij}^{\Delta} = M_{ji}^{\Delta} = \frac{-6EI}{L^2}\Delta_{ij}$$ Empotrado en i y empotrado en j

$$M_{ij}^{\Delta} = \frac{-3EI}{L^2}\Delta_{ij}$$ Empotrado en i y articulado en j

Primero calculamos EI para cada barra:

$$EI_1 = 2 \cdot 10^6 \cdot \frac{0{,}12 \cdot 0{,}2^3}{12} = 160 \quad \text{(Barra 1-2)}$$

$$EI_2 = 2 \cdot 10^6 \cdot \frac{0{,}12 \cdot 0{,}3^3}{12} = 540 \quad \text{(Barra 2-3)}$$

a) Barra 1-2 (empotrado-articulado)

$$M_{12}^{\Delta} = \frac{-3EI_1\Delta_{12}}{L^2} = \frac{-3 \cdot 160}{2^2}\left(-\Delta_1\right) = 120\Delta_1$$

b) Barra 2-3 (articulado-empotrado)

$$M_{32}^{\Delta} = \frac{-3EI_2}{L^2}\Delta_{23} = \frac{-3 \cdot 540}{3^2}\left(\Delta_1\right) = -180\Delta_1$$

Asumimos un valor para Δ_1 , se sugiere el valor de 1.

$$M_{12}^{\Delta} = 120\,tm$$

$$M_{32}^{\Delta} = -180tm$$

4.2.- Proceso de Cross

Elaboramos la siguiente tabla:

Nudo	**Barra**	D_{ij}	M_{ij}^{Δ}	M_{ij}^{D}	M_{ij}
1	1-2	empotrado	120	0	120
2	2-1	articulado	0	0	0
	2-3	articulado	0	0	0
3	3-2	empotrado	-180	0	-180

Como no existen coeficientes de distribución no es necesario realizar interacciones, pues $M^D{}_{ij}$ converge directamente a cero.

Representamos gráficamente los momentos obtenidos:

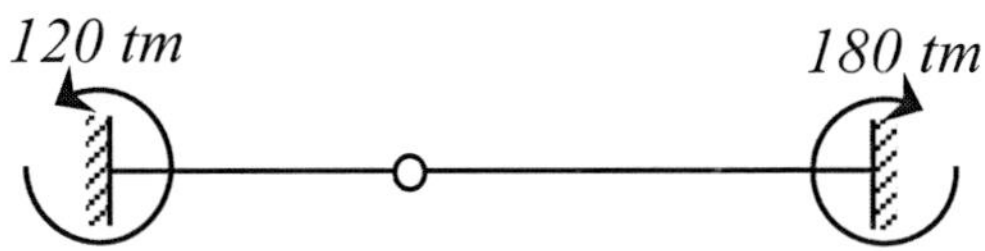

4.3.- Cálculo de f_{11}

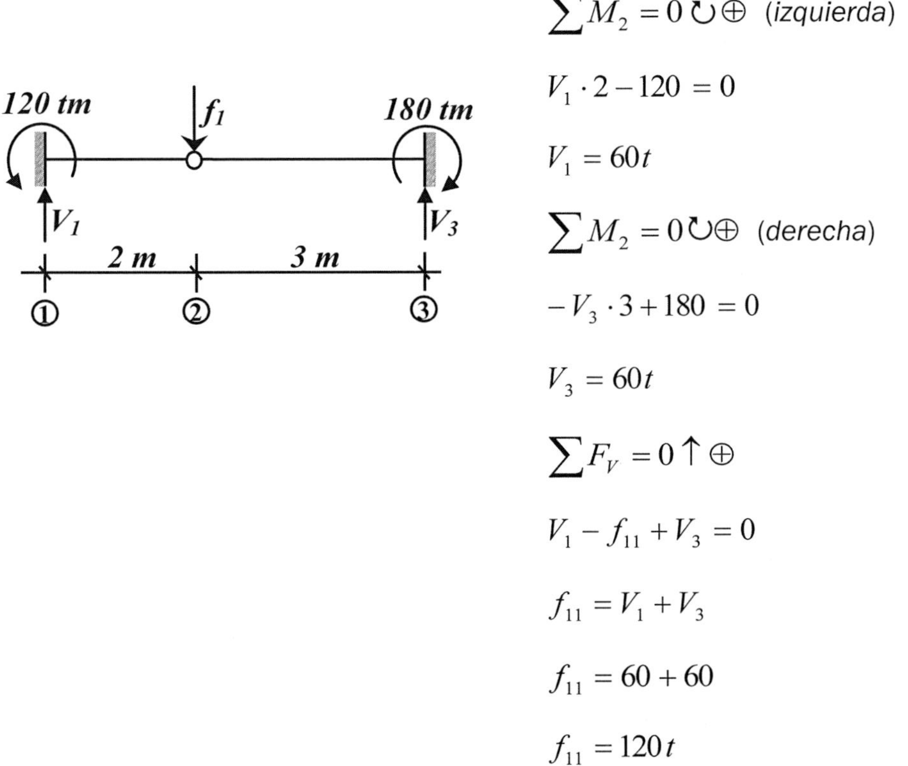

$$\sum M_2 = 0 \circlearrowright \oplus \text{ (izquierda)}$$

$$V_1 \cdot 2 - 120 = 0$$

$$V_1 = 60t$$

$$\sum M_2 = 0 \circlearrowright \oplus \text{ (derecha)}$$

$$-V_3 \cdot 3 + 180 = 0$$

$$V_3 = 60t$$

$$\sum F_V = 0 \uparrow \oplus$$

$$V_1 - f_{11} + V_3 = 0$$

$$f_{11} = V_1 + V_3$$

$$f_{11} = 60 + 60$$

$$f_{11} = 120t$$

5.- Cálculo de X_1

$$X_1 = -\frac{f_{10}}{f_{11}} = -\frac{6,525}{-120} = 0,054375$$

Asumimos como sentido positivo para las fij hacia arriba (↑).

6.- Momentos finales

Barra	M_{ij}^{0}	X1	M_{ij}^{1}	M_{ij}
1-2	1,5	0,054375	120	8,025
3- 2	-5,175	0,054375	-180	-14,963

Para: $M_{ij} = M_{ij}^{O} + X_1 \cdot M_{ij}^{1}$

M_{ij}^{0} = Momentos del sistema fijo

M_{ij}^{1} = Momentos del sistema desplazable

Representamos gráficamente los resultados:

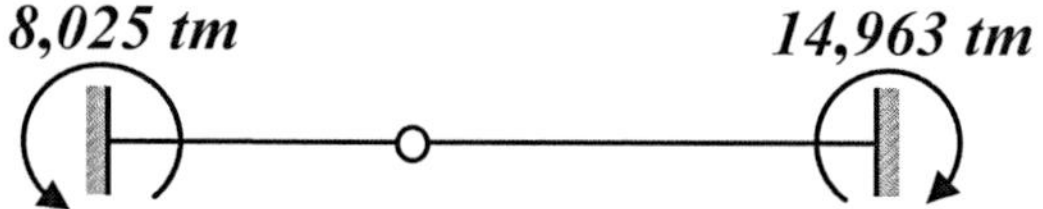

7.- Reacciones finales

Reacciones (↑⊕)	Sistema "S_0"	X_1	Sistema S_1	Resultado
V_1	3,75	0,054375	60	7,0125
V_3	9,225	0,054375	60	12,4875

Representación gráfica de los resultados:

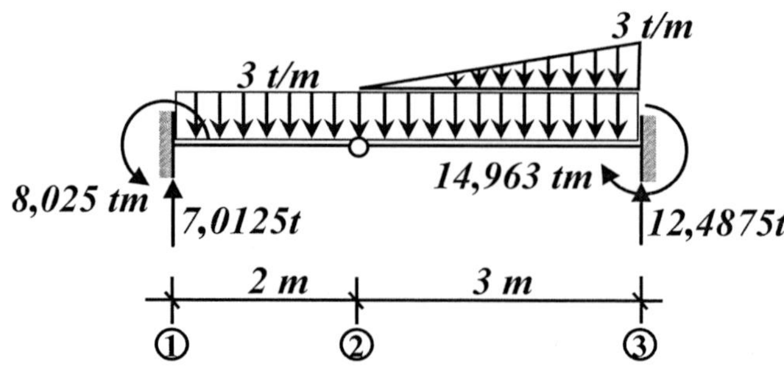

8.- Diagrama de esfuerzos Internos

a) Momento flector

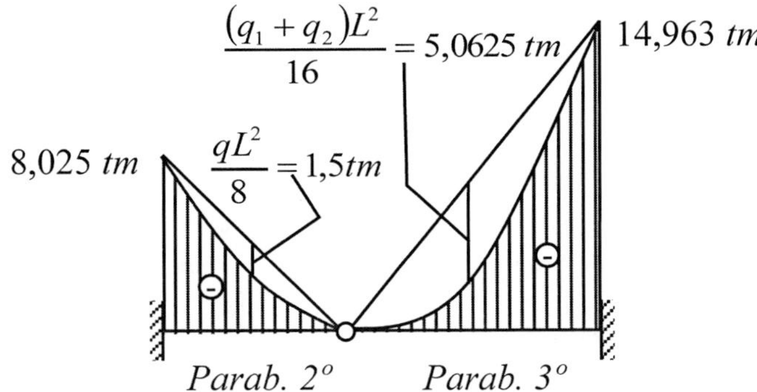

b) Esfuerzo cortante

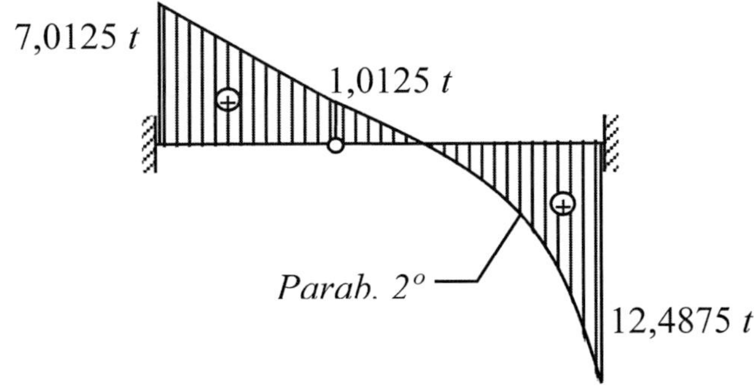

EJERCICIO 90

Calcular reacciones y diagramar esfuerzos.

Datos

$E = 2 \cdot 10^6 t/m^2$

$b = 12cm$

$h = 25cm$

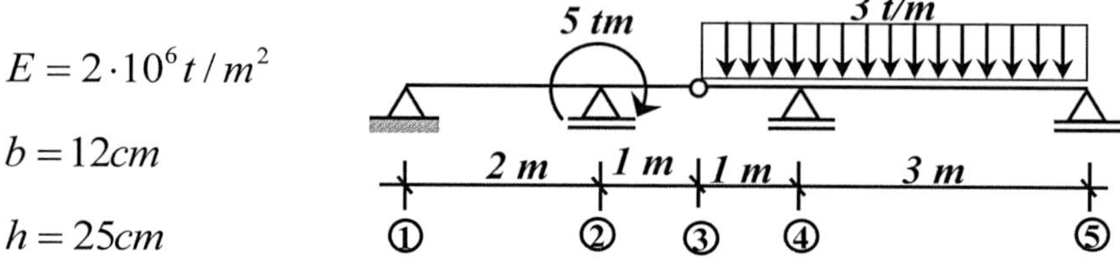

Figura 4.13 Viga articulada traslacional.

1.- Sistema fijo y desplazable

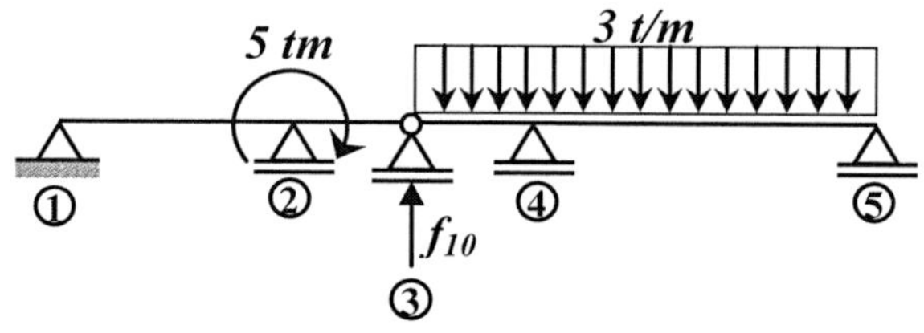

Sistema fijo S_0

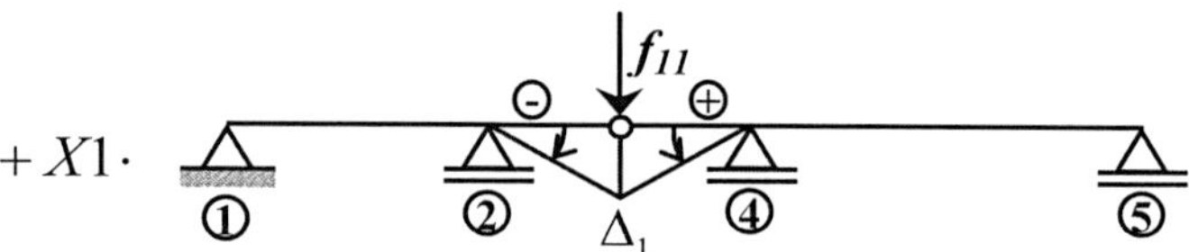

Sistema desplazable S_1

$$f_{10} + X1 \cdot f_{11} = 0$$

$$X1 = \frac{-f_{10}}{f_{11}}$$

2.- Coeficiente de rigidez y distribución

Solo analizamos los nudos no articulados donde concurren dos o más barras.

Para este paso se utilizan las fórmulas:

$$Kij = \frac{4EI}{L}$$ Empotrado en i y empotrado en j

$$Kij = \frac{3EI}{L}$$ Empotrado en i y articulado en j

a) Nudo 2

$$K_{21} = \frac{3EI}{L} = \frac{3EI}{2} = 1{,}5EI \quad \Rightarrow \quad D_{21} = \frac{-1{,}5EI}{4{,}5EI} = -0{,}3333$$

$$K_{23} = \frac{3EI}{L} = \frac{3EI}{1} = 3EI \quad \Rightarrow \quad D_{23} = \frac{-3EI}{4{,}5EI} = -0{,}6667$$

$$\sum K_2 = 4{,}5EI$$

b) Nudo 4

$$K_{43} = \frac{3EI}{L} = \frac{3EI}{1} = 3EI \quad \Rightarrow \quad D_{43} = \frac{-3EI}{4EI} = -0{,}75$$

$$K_{45} = \frac{3EI}{L} = \frac{3EI}{3} = EI \quad \Rightarrow \quad D_{45} = \frac{-EI}{4EI} = -0{,}25$$

$$\sum K_4 = 4EI$$

3.- Soluciones del sistema fijo

3.1.- Momentos fijos

a) Barra 1-2 (articulado-empotrado)

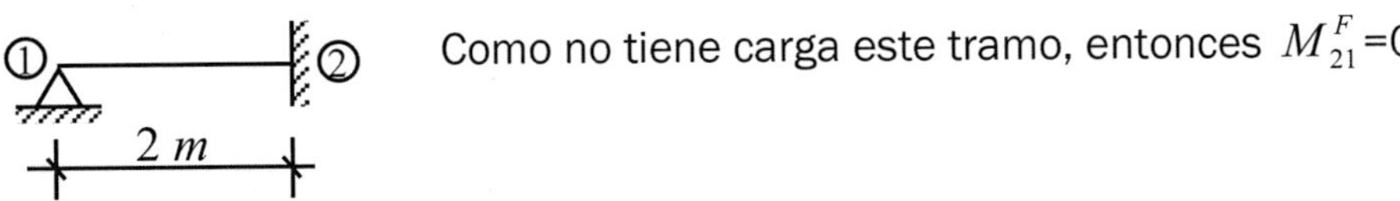

Como no tiene carga este tramo, entonces M^F_{21}=0

b) Barra 2-3 (empotrado-articulado)

Idéntico al anterior: M^F_{23} =0

c) Barra 3-4 (articulado-empotrado)

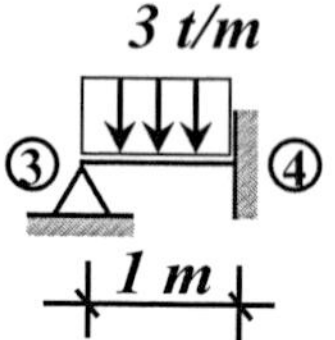

De la tabla 5 obtenemos las siguientes fórmulas:

$$M_{43}^{F} = \frac{-qL^2}{8} = \frac{-3\cdot 1^2}{8} = -0{,}375\ tm$$

d) Barra 4-5 (empotrado-articulado)

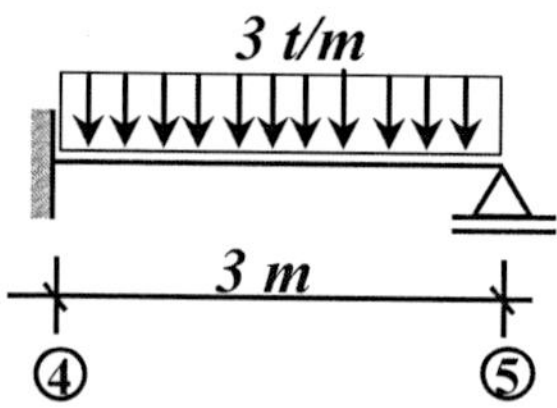

De la tabla 5 obtenemos las siguientes fórmulas:

$$M_{45}^{F} = \frac{qL^2}{8} = \frac{3\cdot 3^2}{8} = 3{,}375\,tm$$

3.2.- Proceso de Cross

Elaboramos la siguiente tabla:

Nudo	Barra	D_{ij}	M_{ij}^{F}	↻⊕ Mext	M_{ij}^{D}	M_{ij}^{T}	M_{ij}^{D}	↺⊕ M_{ij}
1	1-2	Artic.	0	0	0	0	0	0
2	2-1	-0,3333	0	5	-1,6665	0	0	-1,6665
	2-3	-0,667	0		-3,3335	0	0	-3,3335
3	3-2	Artic.	0	0	0	0	0	0
	3-4	Artic.	0		0	0	0	0
4	4-3	-0,75	-0,375	0	-2,25	0	0	-2,625
	4-5	-0,25	3,375		-0,75	0	0	2,625
5	5-4	Artic.	0	0	0	0	0	0

Las interacciones se terminan cuando M_{ij}^{D} tiende a cero.

M_{ij} es la suma de todos los momentos anteriores excepto del $Mext$.

$M_{ij}^{D} = \sum M_i \cdot D_{ij}$ para el primer M_{ij}^{D} se suman los momentos M_{ij}^{F} con $Mext$

$$M_{ij}^{T} = \frac{M_{ji}^{D}}{2}$$

Representamos gráficamente los momentos obtenidos.

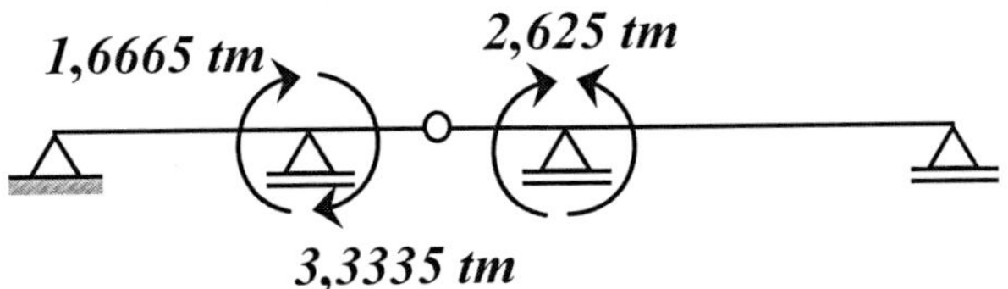

3.3.- Cálculo de f_{10}

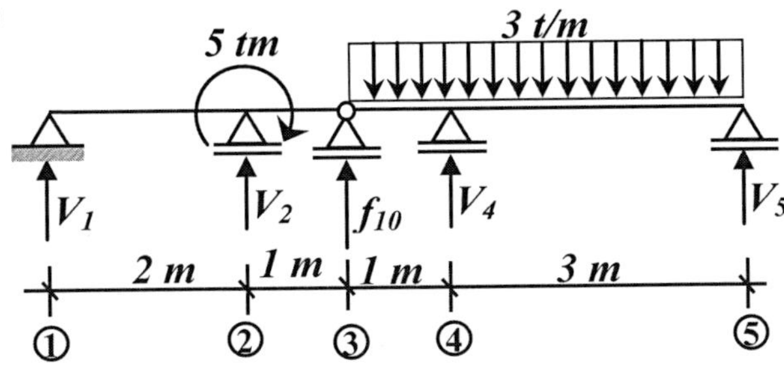

Cortamos en 2 hacia la izquierda:

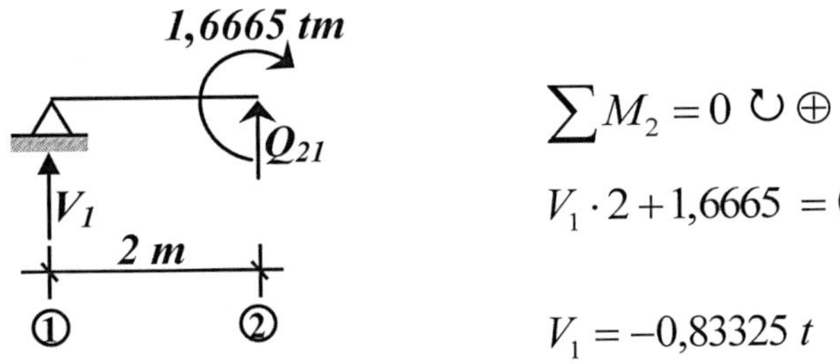

$$\sum M_2 = 0 \circlearrowleft \oplus$$

$$V_1 \cdot 2 + 1{,}6665 = 0$$

$$V_1 = -0{,}83325\ t$$

Cortamos en 4 hacia la derecha:

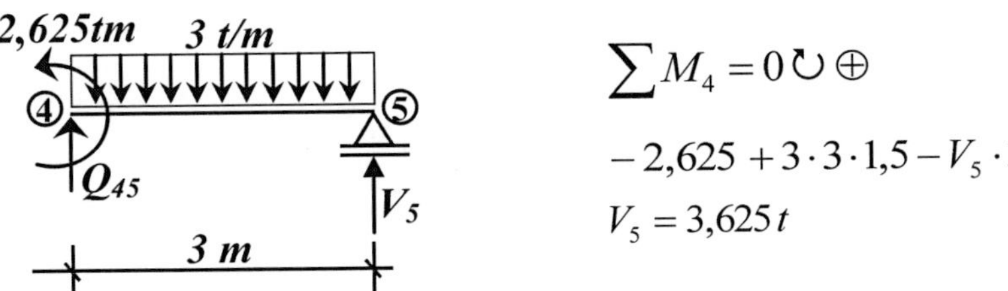

$$\sum M_4 = 0 \circlearrowleft \oplus$$

$$-2{,}625 + 3 \cdot 3 \cdot 1{,}5 - V_5 \cdot 3 = 0$$

$$V_5 = 3{,}625\, t$$

Para toda la viga:

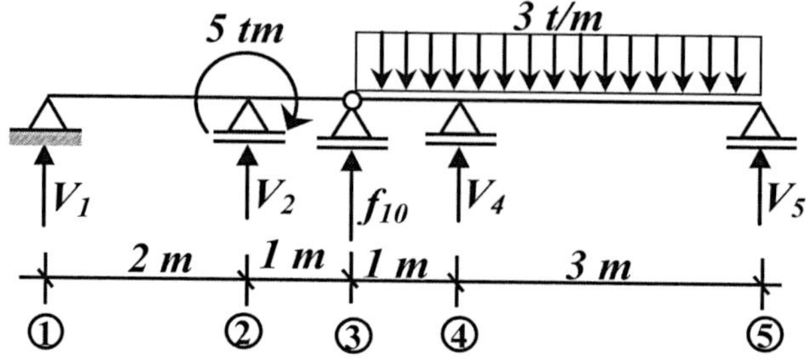

$\sum M_3 = 0 \circlearrowleft \oplus$ (*izquierda*)

$V_1 \cdot 3 + V_2 \cdot 1 + 5 = 0$

$V_2 = -5 - 3 \cdot V_1 = -5 - 3(-0{,}83325)$

$V_2 = -2{,}5t$

$\sum M_3 = 0 \circlearrowleft \oplus$ (*derecha*)

$3 \cdot 4 \cdot 2 - V_4 \cdot 1 - V_5 \cdot 4 = 0$

$V_4 = 24 - 4 \cdot V_5 = 24 - 4(3{,}625)$

$V_4 = 9{,}5t$

$\sum F_V = 0 \uparrow \oplus$

$V_1 + V_2 + f_{10} + V_4 + V_5 - 3 \cdot 4 = 0$

$f_{10} = 12 - V_1 - V_2 - V_4 - V_5$

$f_{10} = 12 - (-0{,}83325) - (-2{,}5) - 9{,}5 - 3{,}625$

$f_{10} = 2{,}20825\ t$

4.- Solución del sistema desplazable

4.1.- Momentos debido al desplazamiento

Del sistema desplazable del paso 1 obtenemos:

Barra	$\Delta_{ij} = \Delta_{ji}$
1-2	0
2-3	$-\Delta_1$
3-4	Δ_1
4-5	0

Para este paso se utilizan las siguientes fórmulas:

$M_{ij}^{\Delta} = M_{ji}^{\Delta} = \dfrac{-6EI}{L^2}\Delta_{ij}$ Empotrado en i y empotrado en j

$M_{ij}^{\Delta} = \dfrac{-3EI}{L^2}\Delta_{ij}$ Empotrado en i y articulado en j

*a) **Barra 1-2*** (articulado-empotrado)

$$M_{21}^{\Delta} = 0$$

*b) **Barra 2-3*** (empotrado-articulado)

$$M_{23}^{\Delta} = \frac{-3EI}{1^2}(-\Delta_1) = 3EI\Delta_1$$

*c) **Barra 3-4*** (articulado-empotrado)

$$M_{43}^{\Delta} = \frac{-3EI}{1^2}\Delta_1 = -3EI\Delta_1$$

*d) **Barra 4-5*** (empotrado-articulado)

$$M_{45}^{\Delta} = 0$$

Resumiendo, obtenemos:

$$M_{21}^{\Delta} = 0$$

$$M_{23}^{\Delta} = 3EI\Delta_1$$

$$M_{43}^{\Delta} = -3EI\Delta_1$$

$$M_{45}^{\Delta} = 0$$

Adoptamos para $EI\Delta_1$ un valor numérico, podemos sugerir valores como: 1, 10, 100, 1000, etc. Para nuestro caso adoptamos $EI\Delta_1 = 1$

$$M_{21}^{\Delta} = 0$$

$$M_{23}^{\Delta} = 3$$

$$M_{43}^{\Delta} = -3$$

$$M_{45}^{\Delta} = 0$$

4.2.- Proceso de Cross

Elaboramos la siguiente tabla:

Nudo	*Barra*	*Dij*	*Mij^Δ*	*Mij^D*	*Mij^T*	*Mij^D*	*Mij* ↺⊕
1	1-2	Articul.	0	0	0	0	0
2	2-1	-0,3333	0	-0,9999	0	0	-0,9999
	2-3	-0,6667	3	-2,0001	0	0	0,9999
3	3-2	Articul.	0	0	0	0	0
	3-4	Articul.	0	0	0	0	0
4	4-3	-0,75	-3	2,25	0	0	-0,75
	4-5	-0,25	0	0,75	0	0	0,75
5	5-4	Articul.	0	0	0	0	0

Las interacciones terminan cuando M_{ij}^{D} tiende a cero:

$$M_{ij}^{D} = \sum M_i \cdot D_{ij}$$

$$M_{ij}^{T} = \frac{M_{ji}^{D}}{2}$$

Las filas correspondientes a las articulaciones se llenan de ceros.

Representamos gráficamente los momentos obtenidos.

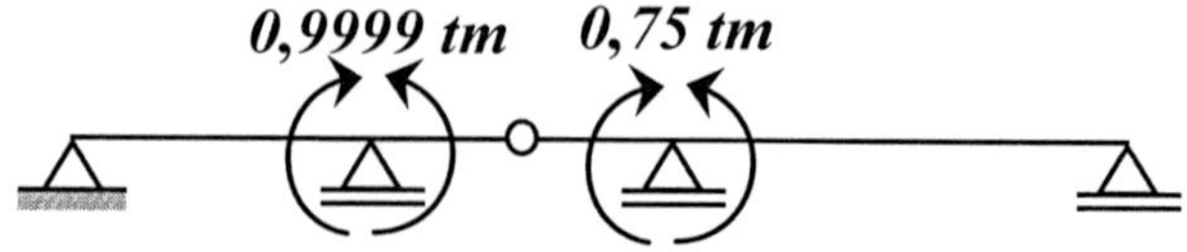

4.3.- Cálculo de f_{11}

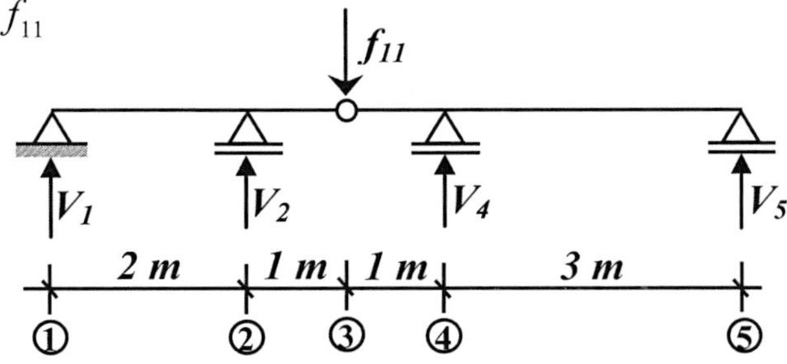

Cortamos en 2 hacia la izquierda:

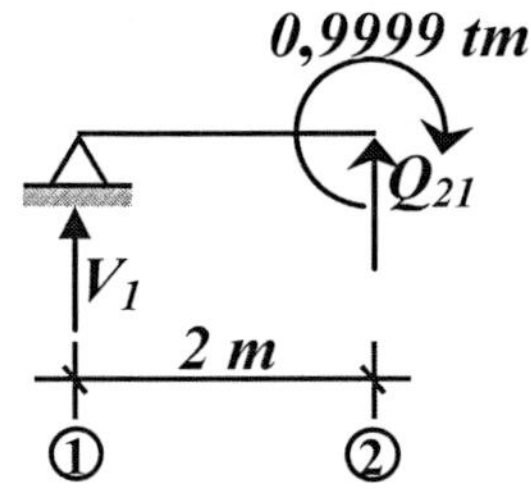

$$\sum M_2 = 0 \circlearrowright \oplus$$

$$V_1 \cdot 2 + 0{,}9999 = 0$$

$$V_1 = -0{,}4995\, t$$

Cortamos en 4 hacia la derecha:

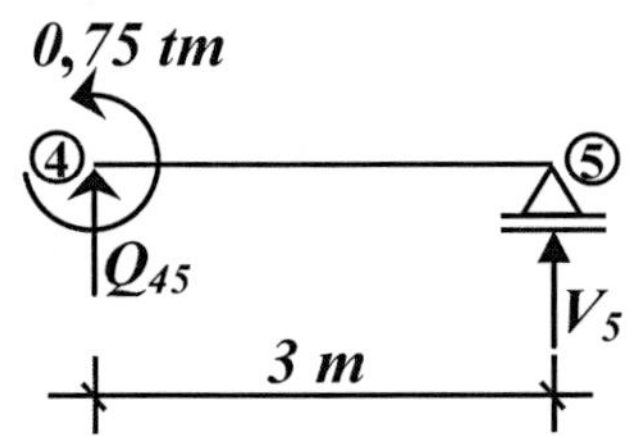

$$\sum M_4 = 0 \circlearrowright \oplus$$

$$-0{,}75 - V_5 \cdot 3 = 0$$

$$V_5 = -0{,}25 t$$

Para toda la viga:

$\sum M_3 = 0 \circlearrowright \oplus$ (*izquierda*)

$$V_1 \cdot 3 + V_2 \cdot 1 = 0$$

$$V_2 = -3 \cdot V_1 = -3(-0{,}4995)$$

$$V_1 = 1{,}49985\, t$$

$\sum M_3 = 0 \circlearrowright \oplus$ (*derecha*)

$$-V_4 \cdot 1 - V_5 \cdot 4 = 0$$

$$V_4 = -4 \cdot V_5 = -4(-0{,}25)$$

$$V_4 = 1t$$

$$\sum F_V = 0 \uparrow \oplus$$

$$V_1 + V_2 + V_4 + V_5 - f_{11} = 0$$

$$f_{11} = V_1 + V_2 + V_4 + V_5$$

$$f_{11} = -0{,}49995 + 1{,}49985 + 1 - 0{,}25$$

$$f_{11} = 1{,}7499\, t$$

5.- Cálculo de X_1

$$X_1 = \frac{-f_{10}}{f_{11}} = \frac{-2{,}20825}{-1{,}7499} = 1{,}26193$$

Para los *f* consideramos como sentido positivo (↑).

6.- Momentos finales

Barra	*Mij⁰*	*X₁*	*Mij¹*	*Mij*↺⊕
2-1	-1,6665	1,26193	-0,9999	-2,928
2-3	-3,3335	1,26193	0,9999	-2,072
4-3	-2,625	1,26193	-0,75	-3,571
4-5	2,625	1,26193	0,75	3,571

Para $Mij = Mij^0 + X_1 \cdot Mij^1$

Mij^0 = Momentos del sistema fijo

Mij^1 = Momentos del sistema desplazable

Representamos gráficamente los momentos obtenidos:

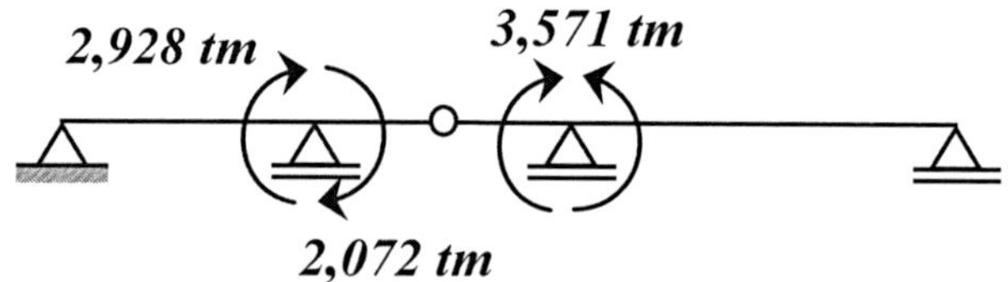

7.- Reacciones finales

Reacciones ↑⊕	*Sistema S_0*	*X_1*	*Sistema S_1*	*Resultado*
V1	-0,83325	1,26193	-0,49995	-1,464
V2	-2,5	1,26193	1,49985	-0,6073
V4	9,5	1,26193	1	10,762
V5	3,625	1,26193	-0,25	3,3095

Representamos gráficamente los resultados:

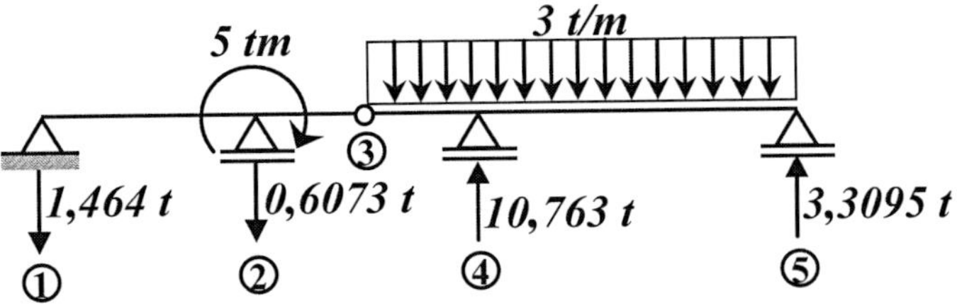

8.- Diagramas de esfuerzos

a) Momento flector

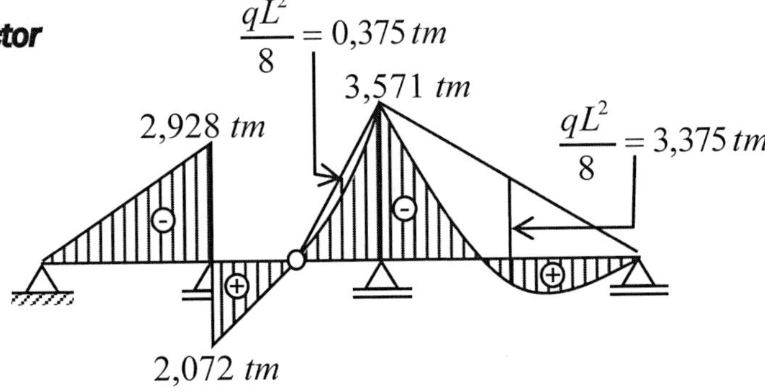

b) Cortante

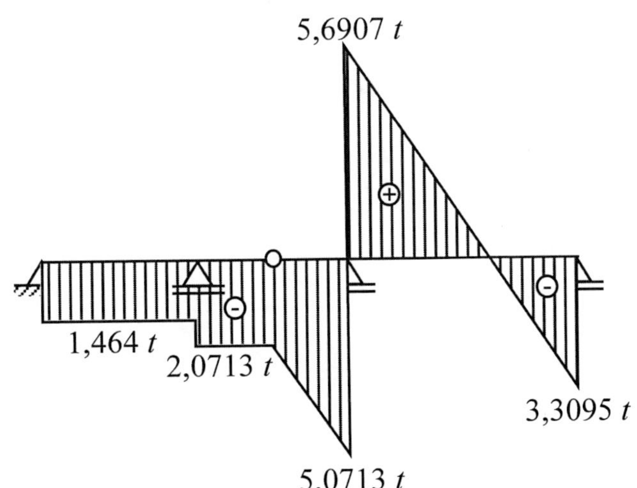

EJERCICIO 91

Para la siguiente estructura diagramar el momento.

Datos

$E = 2 \cdot 10^6 t / m^2$

$b = 20cm$

$h = 40cm$

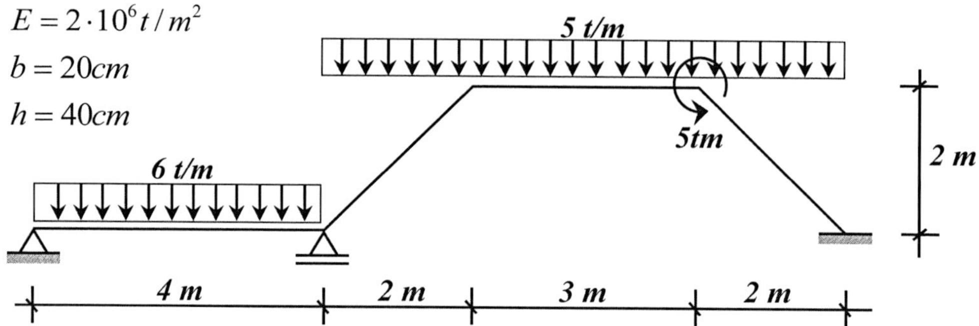

Figura 4.14 Pórtico traslacional.

1.- Sistema fijo y desplazable

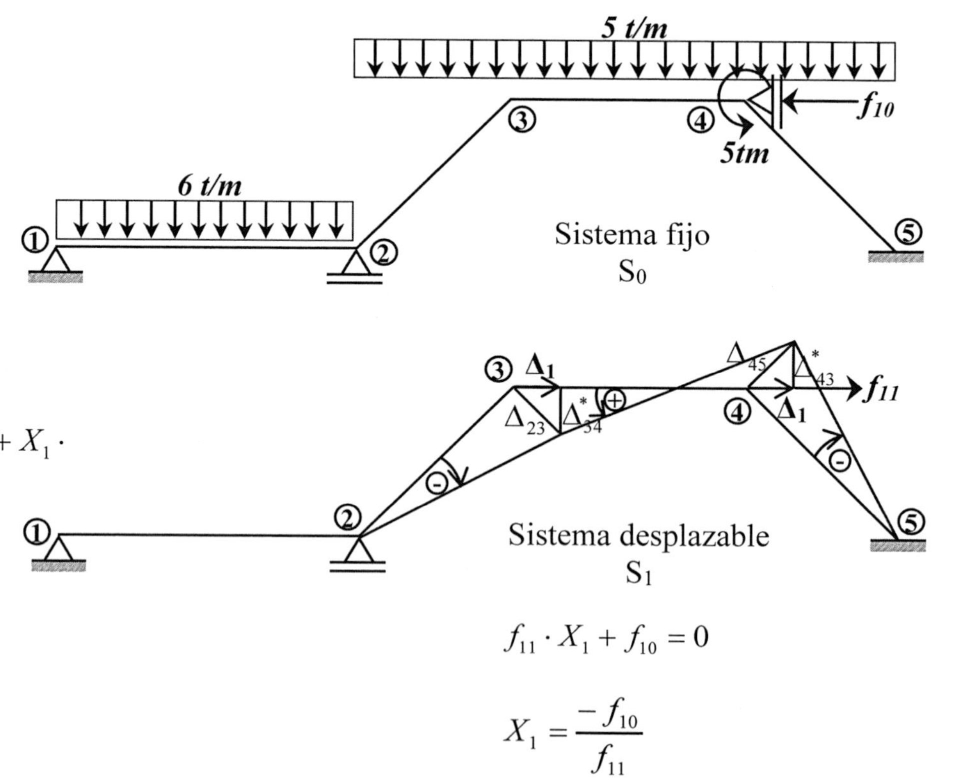

$$f_{11} \cdot X_1 + f_{10} = 0$$

$$X_1 = \frac{-f_{10}}{f_{11}}$$

2.- Coeficientes de rigidez y distribución

a) Nudo 2

$$K_{21} = \frac{3EI}{L} = \frac{3EI}{4} = 0{,}75EI \Rightarrow D_{21} = \frac{-K_{21}}{\sum K_2} = \frac{-0{,}75EI}{2{,}164EI} = -0{,}347$$

$$K_{23} = \frac{4EI}{L} = \frac{4EI}{\sqrt{8}} = 1{,}414EI \Rightarrow D_{23} = \frac{-K_{23}}{\sum K_2} = \frac{-1{,}414EI}{2{,}164EI} = -0{,}653$$

$$\sum K_2 = 2{,}164EI$$

b) Nudo 3

$$K_{32} = \frac{4EI}{L} = \frac{4EI}{\sqrt{8}} = 1{,}414EI \Rightarrow D_{32} = \frac{-K_{32}}{\sum K_3} = \frac{-1{,}414EI}{2{,}747EI} = -0{,}515$$

$$K_{34} = \frac{4EI}{L} = \frac{4EI}{3} = 1{,}333EI \Rightarrow D_{34} = \frac{-K_{34}}{\sum K_3} = \frac{-1{,}333EI}{2{,}747EI} = -0{,}485$$

$$\sum K_3 = 2{,}747EI$$

c) Nudo 4

$$K_{43} = \frac{4EI}{L} = \frac{4EI}{3} = 1{,}333EI \Rightarrow D_{43} = \frac{-K_{43}}{\sum K_4} = \frac{-1{,}333EI}{2{,}747EI} = -0{,}485$$

$$K_{45} = \frac{4EI}{L} = \frac{4EI}{\sqrt{8}} = 1{,}414EI \Rightarrow D_{45} = \frac{-K_{45}}{\sum K_4} = \frac{-1{,}414EI}{2{,}747EI} = -0{,}515$$

$$\sum K_4 = 2{,}747EI$$

3.- Solución del sistema fijo

3.1.- Momentos fijos

a) Barra 1-2 (articulado-empotrado)

De la tabla 5 obtenemos la siguiente fórmula:

$$M_{21}^{F} = \frac{-qL^2}{8} = \frac{-6 \cdot 4^2}{8} = -12\,tm$$

b) Barra 4-5 (empotrado-empotrado)

De la tabla 5 obtenemos la siguiente fórmula:

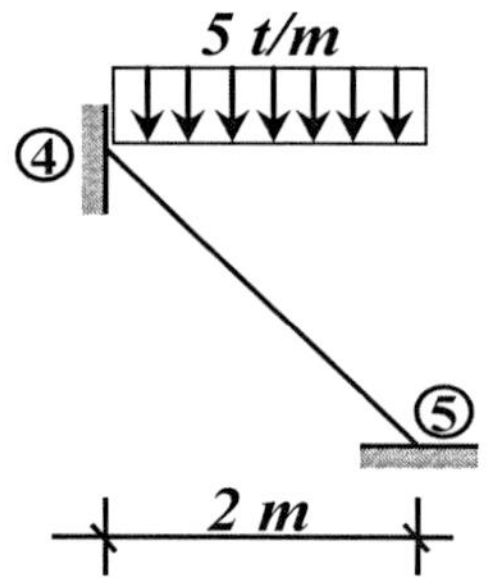

$$M_{45}^{F} = \frac{qL^2}{12} = \frac{5 \cdot 2^2}{12} = 1{,}667\,tm$$

$$M_{54}^{F} = \frac{-qL^2}{12} = \frac{-5 \cdot 2^2}{12} = -1{,}667\,tm$$

c) Barra 2-3 (empotrado-empotrado)

De la tabla 5 obtenemos la siguiente fórmula:

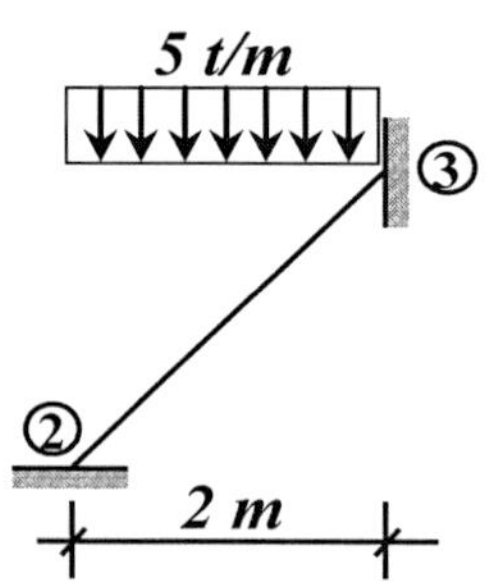

$$M_{23}^{F} = \frac{qL^2}{12} = \frac{5 \cdot 2^2}{12} = 1{,}667\,tm$$

$$M_{32}^{F} = -\frac{qL^2}{12} = \frac{-5 \cdot 2^2}{12} = -1{,}667\,tm$$

d) Barra 3-4 (empotrado-empotrado)

De la tabla 5 obtenemos la siguiente fórmula:

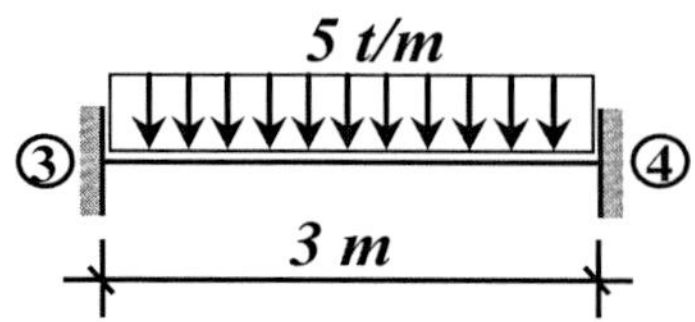

$$M_{34}^{F} = \frac{qL^2}{12} = \frac{5 \cdot 3^2}{12} = 3{,}75\,tm$$

$$M_{43}^{F} = \frac{-qL^2}{12} = \frac{-5 \cdot 3^2}{12} = -3{,}75\,tm$$

3.2.- Proceso de Cross

Elaboramos la siguiente tabla:

Nudo	Barra	D_{ij}	M_{ij}^{F}	Mext	M_{ij}^{D}	M_{ij}^{T}	M_{ij}^{D}	M_{ij}^{T}
1	1-2	Articul.	0	0	0	0	0	0
2	2-1	-0,347	-12	0	3,586	0	0,186	0
	2-3	-0,653	1,667		6,747	-0,537	0,351	-1,311
3	3-2	-0,515	-1,667	0	-1,073	3,374	-2,622	0,176
	3-4	-0,485	3,75		-1,01	1,718	-2,47	0,123
4	4-3	-0,485	-3,75	5	3,435	-0,505	0,245	-1,235
	4-5	-0,515	1,667		3,648	0	0,260	0
5	5-4	Empotr.	-1,667	0	0	1,824	0	0,13

Continúa...

Barra	M_{ij}^{D}	M_{ij}^{T}	M_{ij}^{D}	M_{ij}^{T}	M_{ij}^{D}	M_{ij}^{T}	M_{ij}^{D}	M_{ij}
1-2	0	0	0	0	0	0	0	0
2-1	0,455	0	0,027	0	0,065	0	0,004	-7,677
2-3	0,856	-0,077	0,05	-0,188	0,123	-0,011	0,007	7,677
3-2	-0,154	0,428	-0,375	0,025	-0,022	0,062	-0,01	-1,858
3-4	-0,145	0,30	-0,353	0,018	-0,021	-0,043	-0,009	1,858
4-3	0,599	-0,073	0,035	0,177	-0,086	-0,011	0,005	-1,164
4-5	0,636	0	0,038	0	-0,091	0	0,006	6,164
5-4	0	0,318	0	0,019	0	-0,046	0	0,578

Representamos gráficamente los momentos obtenidos.

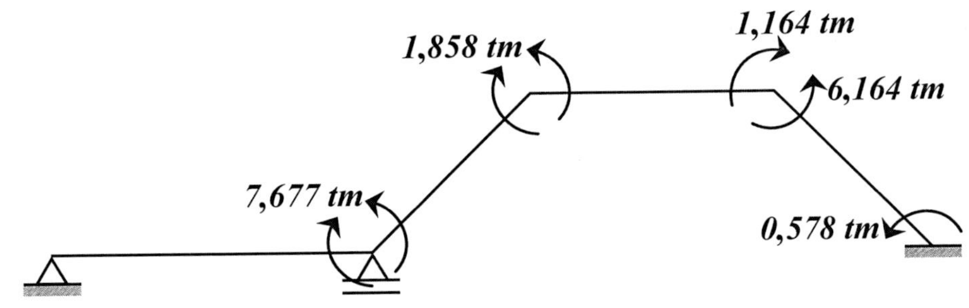

3.3.- Cálculo de f_{10}

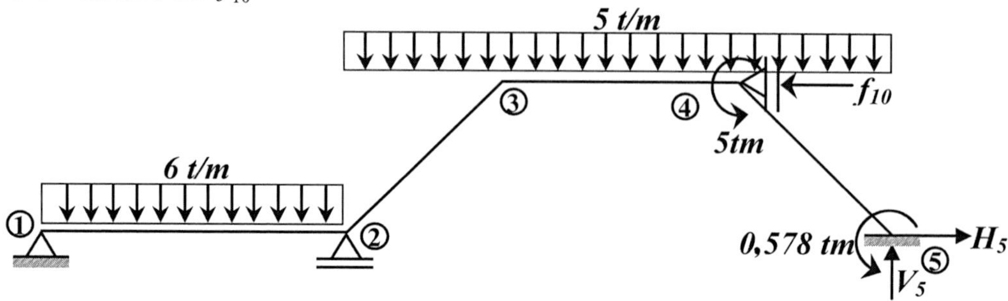

a) Corte en 4 (derecha)

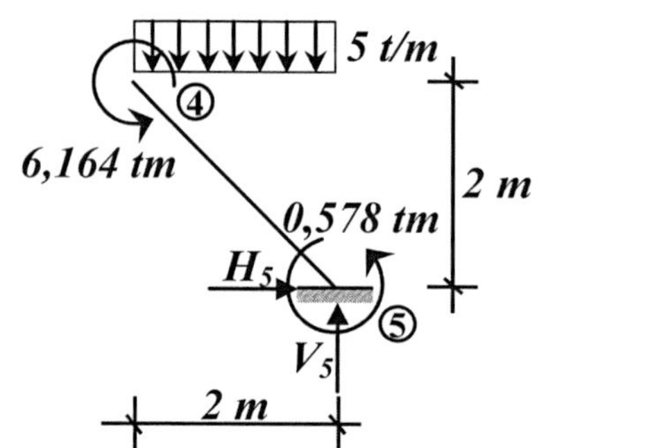

$$\sum M_4 = 0 \circlearrowleft \oplus \quad \text{(barra 4-5)}$$

$$V_5(2) + H_5(2) + 0{,}578 + 6{,}164 - 5(2)(1) = 0$$

$$2V_5 + 2H_5 - 3{,}258 = 0 \quad ⓐ$$

b) Corte en 3 (derecha)

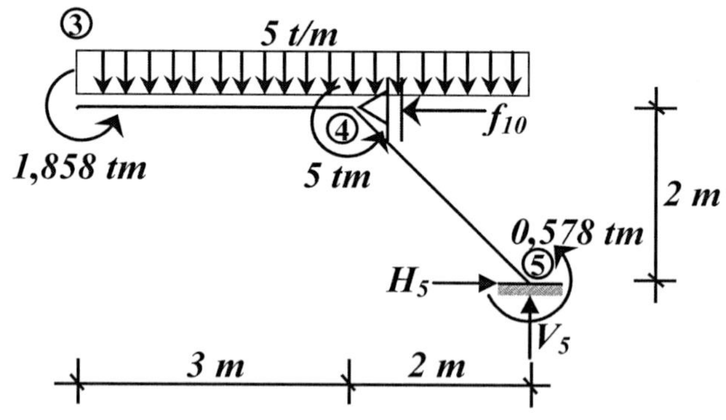

$$\sum M_3 = 0 \circlearrowleft \oplus \quad \text{(barra 3-4-5)}$$

$$V_5(5) + H_5(2) + 0{,}578 + 5 - 5(5)(2{,}5) + 1{,}858 = 0$$

$$5V_5 + 2H_5 - 55{,}064 = 0$$

$$2H_5 = 55{,}064 - 5V_5 \quad ⓑ$$

Remplazamos b en a:

$$2V_5 + (55{,}064 - 5V_5) - 3{,}258 = 0$$

$$V_5 = 17{,}269\,t$$

$$H_5 = -15{,}641\,t$$

c) Corte en 2 (derecha)

$\sum M_2 = 0 \circlearrowleft \oplus$ *(barras 2-3-4-5)*

$$V_5(7) + 0{,}578 + 5 + f_{10}(2) - 5(7)(3{,}5) + 7{,}677 = 0$$

$$f_{10} = -5{,}819\,t$$

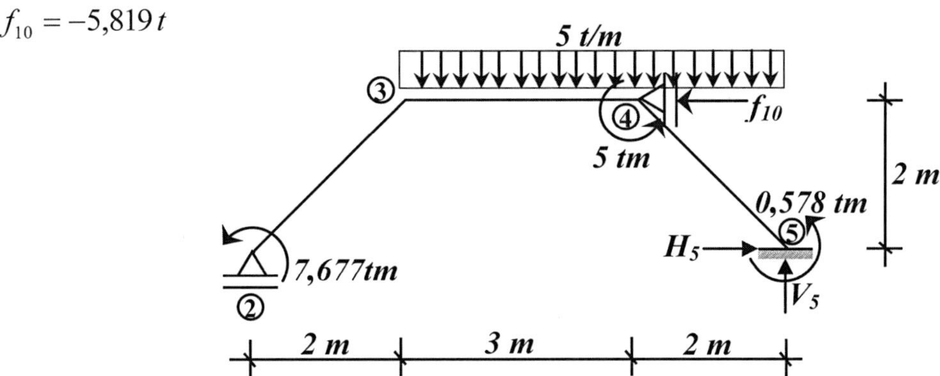

4.- Solución del sistema desplazable

4.1.- Cálculo de Δ_{ij}

Del sistema desplazable tenemos:

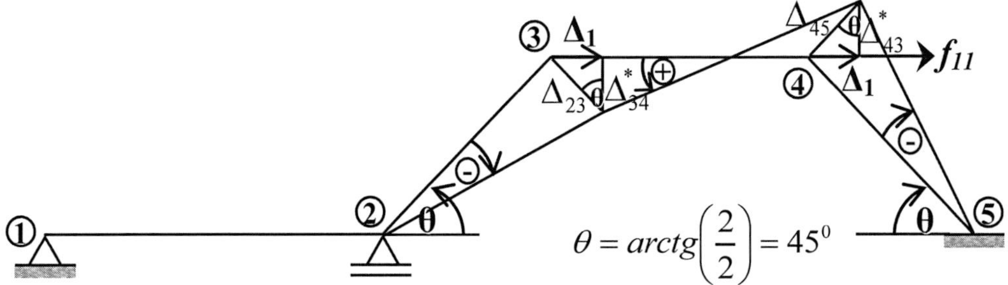

Del 1,er triángulo:

$$Tag45 = \frac{\Delta_1}{\Delta^*_{34}} \qquad Sen45 = \frac{\Delta_1}{-\Delta_{23}}$$

$$\Delta^*_{34} = \Delta_1 \qquad \Delta_{23} = -\sqrt{2}\Delta_1$$

$$\Delta^*_{34} = \Delta_1 \qquad \Delta_{23} = -\sqrt{2}\Delta_1$$

Del 2.º triángulo

$$\Delta^*_{43} = \Delta_1 \qquad \Delta_{45} = -\sqrt{2}\Delta_1$$

$$\Delta_{34} = \Delta^*_{34} + \Delta^*_{43} = 2\Delta_1$$

Resumiendo, tenemos:

Barra	$\Delta_{ij} = \Delta_{ji}$
1-2	0
2-3	$-\sqrt{2}\Delta_1$
3-4	$2\Delta_1$
4-5	$-\sqrt{2}\Delta_1$

4.2.- Momentos debido al desplazamiento Δ_{ij}

a) Barra 1-2 (articulado-empotrado)

$$M_{21} = \frac{-3EI\Delta_{12}}{L^2} = \frac{-3EI(0)}{4^2} = 0$$

b) Barra 2-3 (empotrado-empotrado)

$$M_{23} = M_{32} = \frac{-6EI\Delta_{23}}{L^2} = \frac{-6EI(-\sqrt{2}\Delta_1)}{(\sqrt{8})^2} = 1{,}061EI\Delta_1 = 1{,}061tm$$

c) Barra 3-4 (empotrado-empotrado)

$$M_{34} = M_{43} = \frac{-6EI\Delta_{34}}{L^2} = \frac{-6EI(2\Delta_1)}{(3)^2} = -1{,}333\,EI\Delta_1 = -1{,}333\,tm$$

d) Barra 4-5 (empotrado-empotrado)

$$M_{45} = M_{54} = \frac{-6EI\Delta_{45}}{L^2} = \frac{-6EI(-\sqrt{2}\Delta_1)}{(\sqrt{8})^2} = 1{,}061EI\Delta_1 = 1{,}061tm$$

Nudo	*Barra*	D_{ij}	M_{ij}^{A}	M_{ij}^{D}	M_{ij}^{T}	M_{ij}^{D}	M_{ij}^{T}	M_{ij}^{D}
1	1-2	Artic.	0	0	0	0	0	0
2	2-1	-0,347	0	-0,368	0	-0,024	0	-0,025
	2-3	-0,653	1061	-0,693	0,070	-0,046	0,073	-0,048
3	3-2	-0,515	1,061	0,140	-0,347	0,14,5	-0,023	0,020
	3-4	-0,485	-1,333	0,132	0,066	0,136	-0,016	0,019
4	4-3	-0,485	-1,333	0,132	0,066	-0,032	0,068	-0,033
	4-5	-0,515	1,061	0,14	0	-0,034	0	-0,035
5	5-4	Emp.	1,061	0	0,07	0	-0,017	0

Continúa...

Barra	M_{ij}^{T}	M_{ij}^{D}	Mij^{T}	M_{ij}^{D}	M_{ij}^{T}	M_{ij}^{D}	M_{ij}↺⊕
1-2	0	0	0	0	0	0	0
2-1	0	-0,003	0	-0,004	0	-0,001	-0,425
2-3	0,01	-0,007	0,011	-0,007	0,002	-0,001	0,425
3-2	-0,024	0,021	-0,004	0,004	-0,004	0,004	0,993
3-4	-0,017	0,020	-0,003	0,003	-0,003	0,003	-0,993
4-3	0,010	-0,005	0,010	-0,005	0,002	-0,001	-1,121
4-5	0	-0,005	0	-0,005	0	-0,001	1,121
5-4	-0,018	0	-0,003	0	-0,003	0	1,090

4.3.- Cálculo de f_{11}

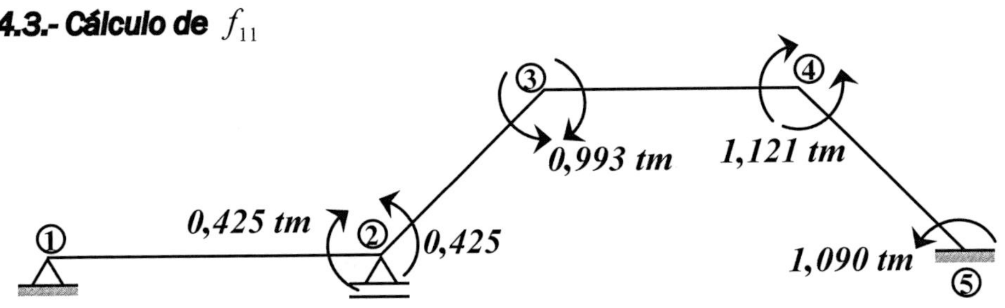

a) Corte en 4 (derecha)

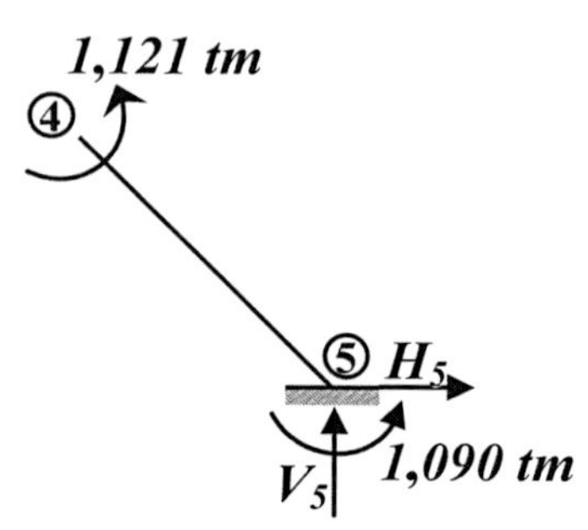

$$\sum M_4 = 0 \circlearrowleft \oplus$$

$$1{,}121 + 1{,}090 + V_5(2) + H_5(2) = 0$$

$$2H_5 + 2V_5 + 2{,}211 = 0 \text{ ⓐ}$$

b) Corte en 3 (derecha)

$$\sum M_3 = 0 \circlearrowleft \oplus$$

$$-0{,}993 + 1{,}090 + V_5(5) + H_5(2) = 0$$

$$2H_5 = -0{,}097 - 5V_5 \text{ ⓑ}$$

Remplazamos b en a

$$-0{,}097 - 5V_5 + 2V_5 + 2{,}211 = 0$$

$$V_5 = 0{,}705\,t$$

c) Corte en 2 (derecha)

$$\sum M_2 = 0 \circlearrowleft \oplus$$

$$0{,}425 + 1{,}090 + 0{,}705(7) - f_{11}(2) = 0$$

$$f_{11} = 3{,}225\,t$$

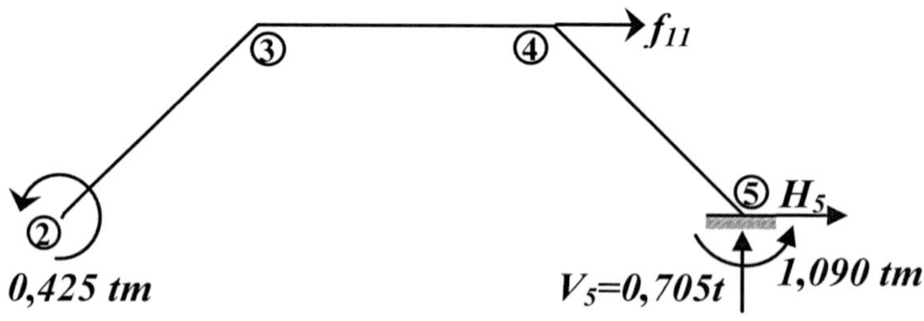

5.- Cálculo de X_1

$$f_{11}X_1 + f_{10} = 0$$

$$X_1 = \frac{-f_{10}}{f_{11}} = \frac{-5{,}819}{3{,}225} = -1{,}804$$

6.- Momentos finales

Barra	Momento S_0	X1	Momento S_1	Momento final
2-1	-7,677	-1,804	-0,425	-6,9103
2-3	7,677	-1,804	0,425	6,9103
3-2	-1,858	-1,804	0,993	-3,649
3-4	1,858	-1,804	-0,993	3,649
4-3	-1,164	-1,804	-1,121	0,858
4-5	6,164	-1,804	1,121	4,142
5-4	0,578	-1,804	1,090	-1,388

Representamos gráficamente los momentos obtenidos:

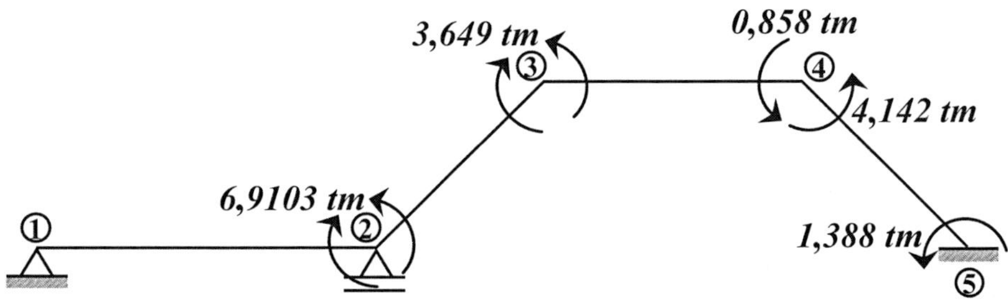

7.- Diagrama de momento

Para representar este esfuerzo puede:

- Dibujar los momentos hacia el lado que apunta la flecha del gráfico anterior.
- Para los momentos de tramo puede consultar la tabla 8.

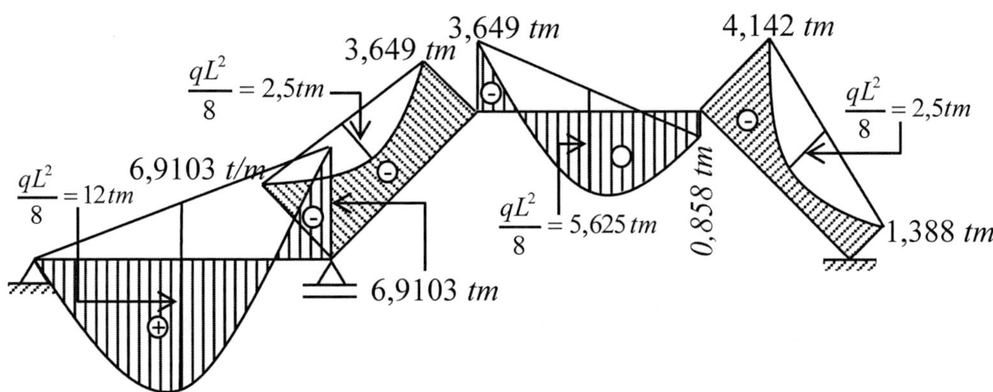

EJERCICIO 92

Para la siguiente estructura diagramar momento flector.

Datos

$E = 2 \cdot 10^6 t/m^2$

$b = 20cm$

$h = 30cm$

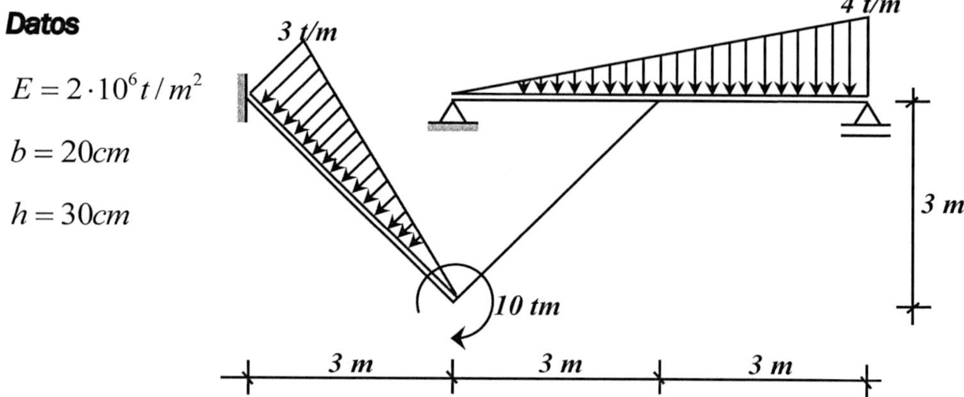

Figura 4.15 Estructura traslacional.

1.- Sistema fijo y desplazable

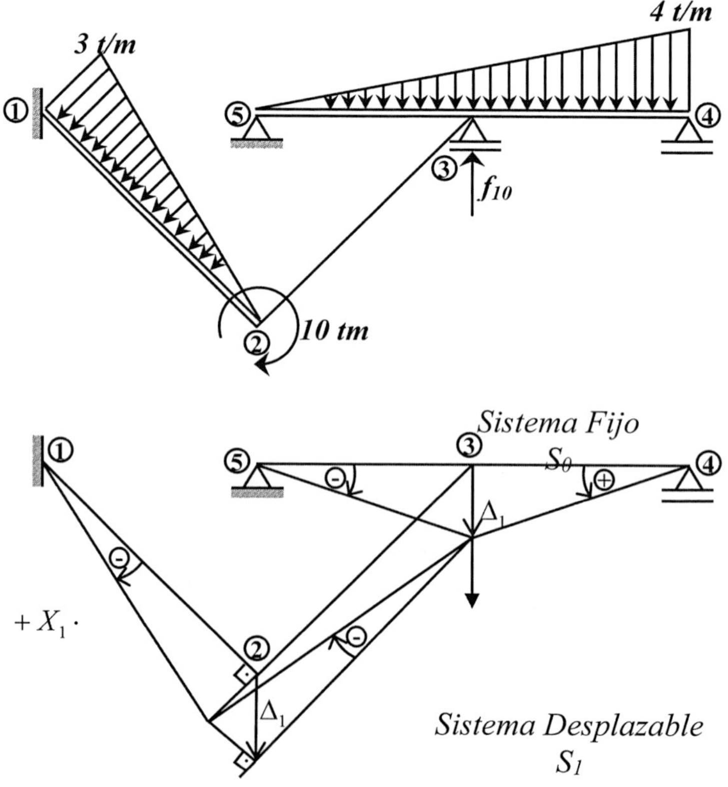

2.- Coeficiente de rigidez y distribución

a) Nudo 2

$$k_{21} = \frac{4EI}{L} = \frac{4EI}{\sqrt{18}} = 0{,}943EI \Rightarrow D_{21} = \frac{-K_{21}}{\sum K_2} = \frac{-0{,}943EI}{1{,}886EI} = -0{,}5$$

$$k_{23} = \frac{4EI}{L} = \frac{4EI}{\sqrt{18}} = 0{,}943EI \Rightarrow D_{21} = \frac{-K_{21}}{\sum K_2} = \frac{-0{,}943EI}{1{,}886EI} = -0{,}5$$

$$\Sigma K_2 = 1{,}886\,EI$$

b) Nudo 3

$$k_{32} = \frac{4EI}{L} = \frac{4EI}{3\sqrt{2}} = 0{,}943EI \Rightarrow D_{32} = \frac{-K_{32}}{\sum K_3} = \frac{-0{,}943EI}{2{,}943EI} = -0{,}32$$

$$k_{34} = \frac{3EI}{L} = \frac{3EI}{3} = EI \Rightarrow D_{34} = \frac{-K_{34}}{\sum K_3} = \frac{-EI}{2{,}943EI} = -0{,}34$$

$$k_{35} = \frac{3EI}{L} = \frac{3EI}{3} = EI \Rightarrow D_{35} = \frac{-K_{35}}{\sum K_3} = \frac{-EI}{2{,}943EI} = -0{,}34$$

$$\Sigma K_3 = 2{,}943\,EI$$

3.- Solución del sistema fijo

3.1.- Momentos fijos

a) Barra 1-2

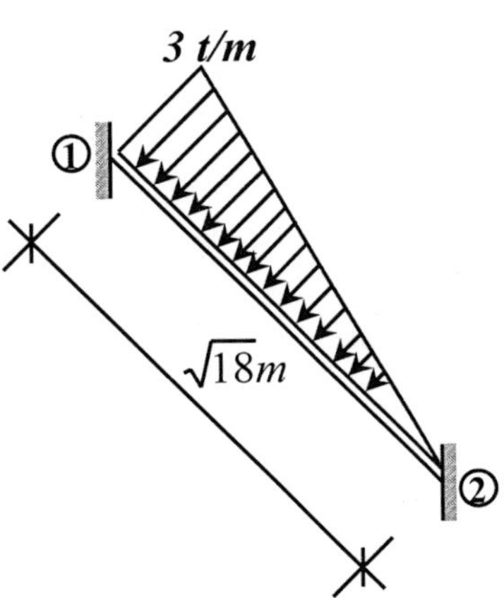

De la tabla 5 obtenemos la siguiente fórmula:

$$M_{12}^F = \frac{qL^2}{20} = \frac{3(\sqrt{18})^2}{20} = 2{,}7tm$$

$$M_{21}^F = \frac{-qL^2}{30} = \frac{-3(\sqrt{18})^2}{30} = -1{,}80tm$$

b) Barra 3-4

De la tabla 5 obtenemos la siguiente fórmula:

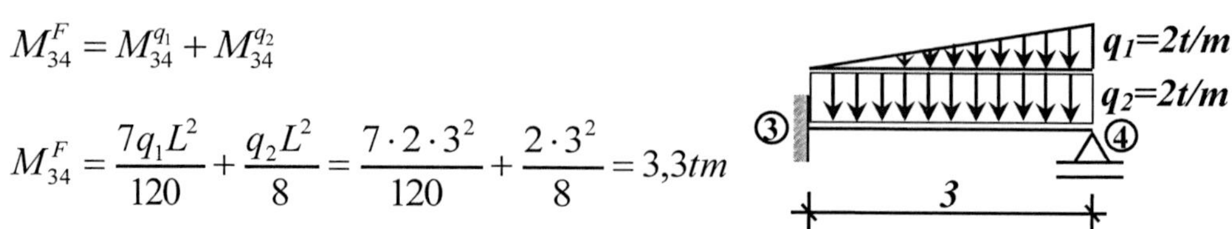

$$M_{34}^{F} = M_{34}^{q_1} + M_{34}^{q_2}$$

$$M_{34}^{F} = \frac{7q_1L^2}{120} + \frac{q_2L^2}{8} = \frac{7\cdot 2\cdot 3^2}{120} + \frac{2\cdot 3^2}{8} = 3{,}3tm$$

c) Barra 3-5

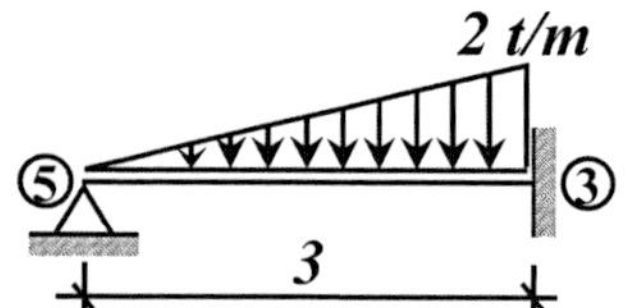

De la tabla 5 obtenemos la siguiente fórmula:

$$M_{35}^{F} = \frac{-q\ L^2}{15} = \frac{-2\cdot 3^2}{15} = -1{,}2tm$$

Nudo	Barra	D_i	M_i^F	Mext↻⊕	M_i^D	M_i^T	M_i^D	M_i^T
1	1-2	Emp.	2,7	0	0	-2,050	0	0,084
2	2-1	-0,5	-1,8	10	-4,100	0	0,168	0
	2-3	-0,5	0		-4,100	-0,336	0,168	0,328
3	3-2	-0,32	0	0	-0,672	-2,050	0,656	0,084
	3-4	-0,34	3,30		-0,714	0	0,697	0
	3-5	-0,34	-1,20		-0,714	0	0,697	0
4	4-3	artic.	0	0	0	0	0	0
5	5-3	artic.	0	0	0	0	0	0

Continúa...

Barra	M_i^D	M_i^T	M_i^D	M_i^T	M_i^D	M_i^T	M_i^D	M_i
1-2	0	-0,082	0	0,004	0	-0,004	0	0,652
2-1	-0,164	0	0,007	0	-0,007	0	0	-5,895
2-3	-0,164	-0,014	0,007	0,013	-0,007	-0,0005	0	-4,105
3-2	-0,027	-0,082	0,026	0,004	-0,001	-0,004	0,001	-2,065
3-4	-0,029	0	0,028	0	-0,001	0	0,001	3,282
3-5	-0,029	0	0,028	0	-0,001	0	0,001	-1,218
4-3	0	0	0	0	0	0	0	0
5-3	0	0	0	0	0	0	0	0

Representamos gráficamente los momentos obtenidos.

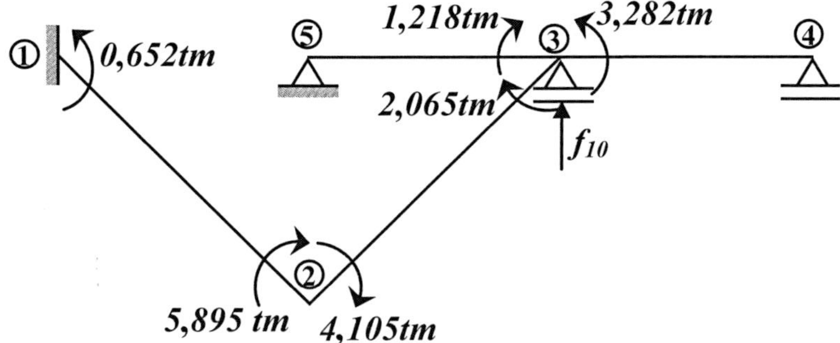

3.2.- Cálculo de f_{10}

a) Cortamos en 3 hacia la derecha

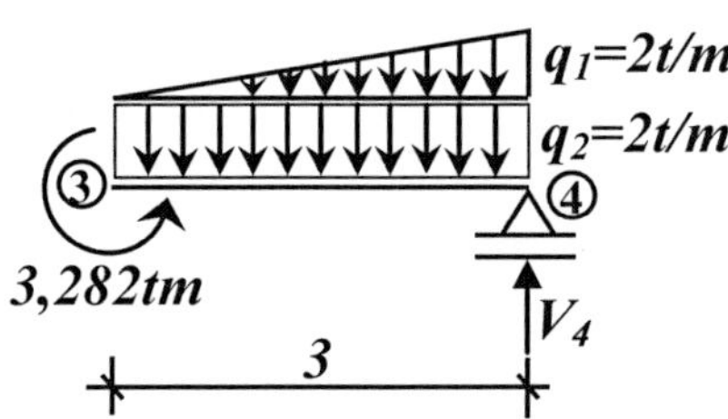

$$\sum M_3 = 0 \circlearrowleft \oplus$$

$$V_4(3) - 2(3)(1{,}5) - \frac{2(3)(2)}{2} + 3{,}282 = 0$$

$$V_4 = 3{,}906\,t$$

b) Cortamos en 3 hacia la izquierda

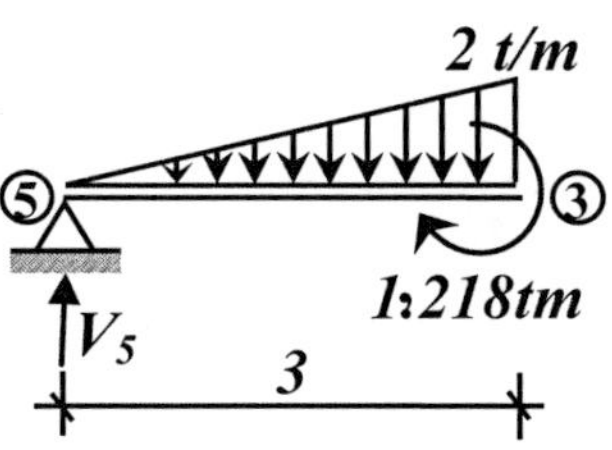

$$\sum M_3 = 0 \circlearrowleft \oplus$$

$$-V_5(3) - \frac{2(3)(1)}{2} - 1{,}218 = 0$$

$$V_5 = 0{,}594\,t$$

c) Hacemos $\sum M_1$ en toda la estructura

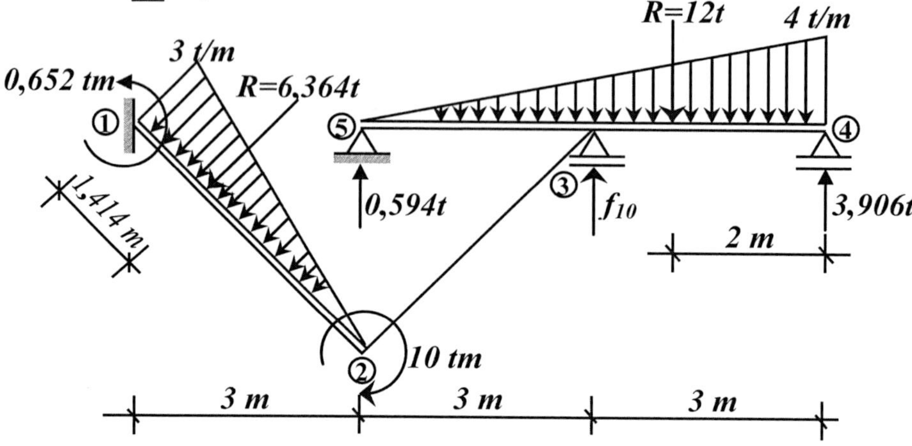

$$\sum M_1 = 0 \circlearrowleft \oplus$$

$$0{,}652 - 6{,}364(1{,}414) - 10 + 0{,}594(3) - 12(7) + f_{10}(6) + 3{,}906(9) = 0$$

$$f_{10} = 10{,}902\,t$$

4.- Solución del sistema desplazable

4.1.- Cálculo de Δ_{ij}

Del nudo 2 del sistema desplazable, tenemos:

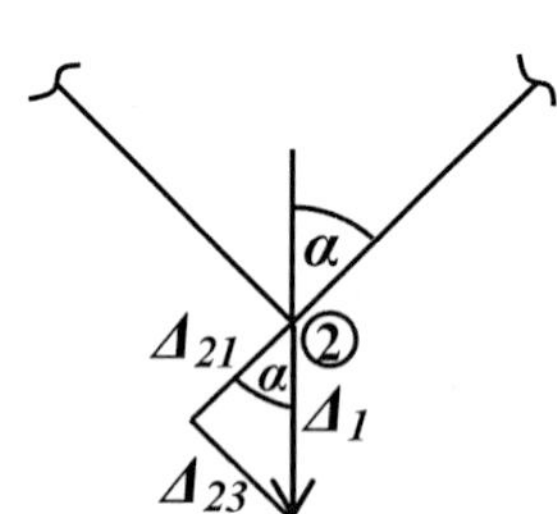

$$\alpha = arctag\left(\frac{3}{3}\right) = 45^{o}$$

$$\Delta_{23} = \Delta_{21} = \Delta_1 \cdot Sen45^{o}$$

$$\Delta_{23} = \Delta_{21} = 0{,}707\,\Delta_1$$

Barra	***Δij = Δji***
1-2	$-0{,}707\,\Delta_1$
2-3	$-0{,}707\,\Delta_1$
3-4	Δ_1
3-5	$-\Delta_1$

4.2.- Momentos debido al desplazamiento Δ_{ij}

a) Barra 1-2

$EI\Delta_1 = 10$ (asumido)

$$M_{21}{}^{\Delta} = M_{21}{}^{\Delta} = \frac{-6EI\Delta_{12}}{L^2} = \frac{-6EI(-0{,}707\,\Delta_1)}{(4{,}243)^2} = 0{,}236\,EI\Delta_1 = 2{,}36tm$$

b) Barra 2-3

$$M_{23}{}^{\Delta} = M_{32}{}^{\Delta} = \frac{-6EI\Delta_{23}}{L^2} = \frac{-6EI(-0.707\,\Delta_1)}{(4{,}243)^2} = 0{,}236\,EI\Delta_1 = 2{,}36tm$$

c) Barra 3-4

$$M_{34}{}^{\Delta} = \frac{-3EI\Delta_{34}}{L^2} = \frac{-3EI(\Delta_1)}{(3)^2} = -0{,}333\,EI\Delta_1 = -3{,}33tm$$

d) Barra 3-5

$$M_{35}{}^{\Delta} = \frac{-3EI\Delta_{35}}{L^2} = \frac{-3EI(-\Delta_1)}{(3)^2} = 0{,}333\,EI\Delta_1 = 3{,}331tm$$

4.3.- Proceso de Cross

Nudo	***Barra***	D_{ij}	M_{ij}^{Δ}	M_{ij}^{D}	M_{ij}^{T}	M_{ij}^{D}	M_{ij}^{T}	M_{ij}^{D}
1	1-2	Emp.	2,36	0	-1,180	0	0,095	0
2	2-1	-0,5	2,36	-2,36	0	0,189	0	-0,095
	2-3	-0,5	2,36	-2,36	-0,378	0,189	0,189	-0,095
3	3-2	-0,32	2,36	-0,755	-1,18	0,378	0,095	-0,030
	3-4	-0,34	-3,33	-0,802	0	0,401	0	-0,032
	3-5	-0,34	3,33	-0,802	0	0,401	0	-0,032
4	4-3	artic.	0	0	0	0	0	0
5	5-3	artic.	0	0	0	0	0	0

Continúa...

Barra	M_{ij}^T	M_{ij}^D	M_{ij}^T	M_{ij}^D	M_{ij}^T	M_{ij}^D	M_{ij} ↺⊕
1-2	-0,048	0	0,004	0	-0,002	0	1,229
2-1	0	0,008	0	-0,004	0	0	0,099
2-3	-0,015	0,008	0,008	-0,004	-0,0005	0	-0,099
3-2	-0,048	0,015	0,004	-0,001	-0,002	0,001	0,837
3-4	0	0,016	0	-0,001	0	0,001	-3,747
3-5	0	0,016	0	-0,001	0	0,001	2,913
4-3	0	0	0	0	0	0	0
5-3	0	0	0	0	0	0	0

Representamos gráficamente los momentos obtenidos:

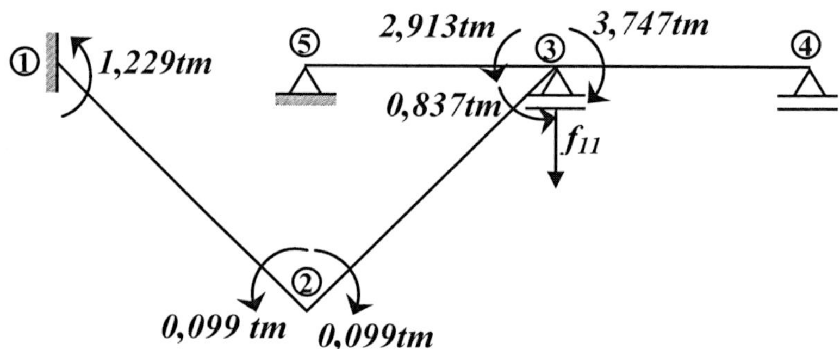

4.4.- Cálculo de f_{11}

a) 1.º Calculamos V₄, cortando en 3 hacia la derecha

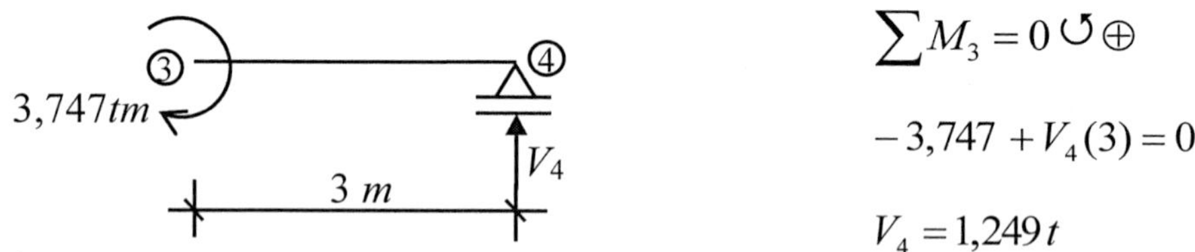

$$\sum M_3 = 0 \circlearrowleft \oplus$$

$$-3{,}747 + V_4(3) = 0$$

$$V_4 = 1{,}249\,t$$

b) 2.º Calculamos V₅, cortando en 3 hacia la izquierda

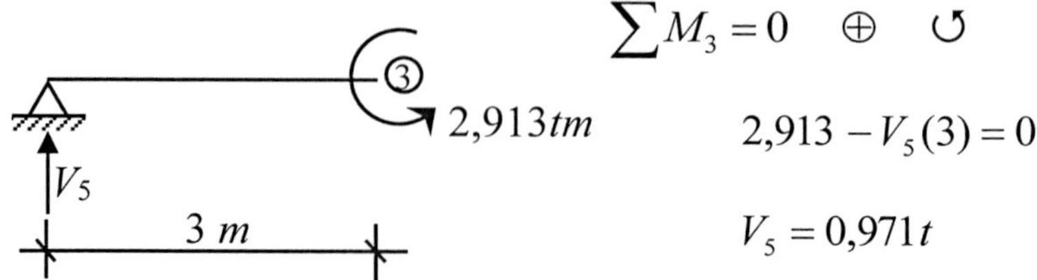

$$\sum M_3 = 0 \quad \oplus \quad \circlearrowleft$$

$$2{,}913 - V_5(3) = 0$$

$$V_5 = 0{,}971\,t$$

c) 3.º $\sum M_1$ en toda la estructura

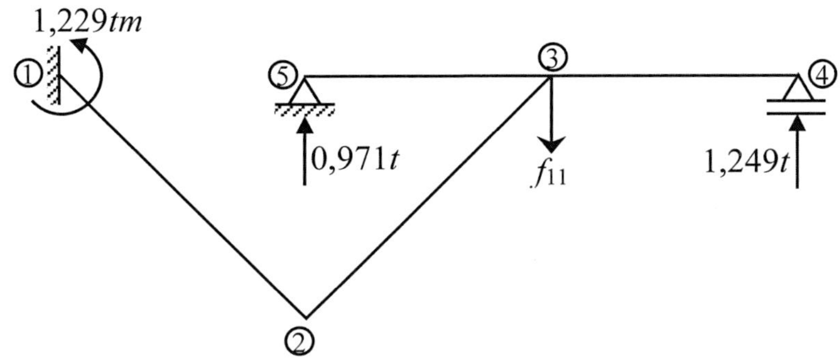

$$\sum M_1 = 0 \circlearrowleft \oplus$$

$$1{,}229 + 0{,}971(3) - f_{11}(6) + 1{,}249(9) = 0$$

$$f_{11} = 2{,}564\,t$$

5.- Cálculo de X_1

$$X_1 = \frac{-f_{10}}{f_{11}} = \frac{-(10{,}906)}{-2{,}564}$$

$$X_1 = 4{,}254$$

Se adopta hacia arriba el sentido positivo de los f_{ij} :

6.- Momentos finales

11	**Mij0**	**X1**	**Mij1**	**Mij**
1-2	0,652	4,254	1,229	5,880
2-1	-5,895	4,254	0,099	-5,474
2-3	-4,105	4,254	-0,099	-4,526
3-2	-2,065	4,254	0,837	1,496
3-4	3,282	4,254	-3,747	-12,658
3-5	-1,218	4,254	2,913	11,174

Representamos gráficamente los momentos obtenidos.

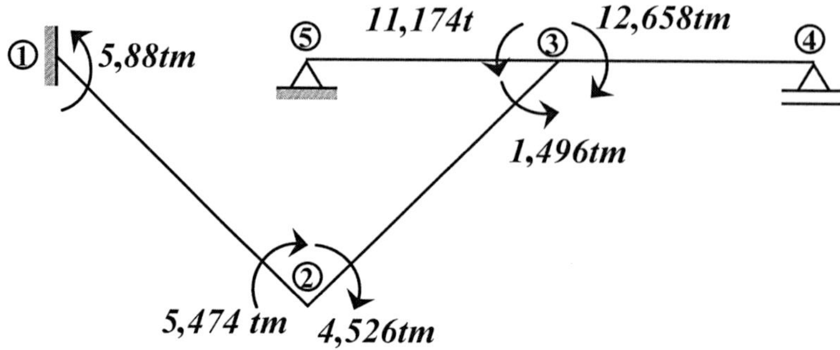

7.- Diagrama de momento flector

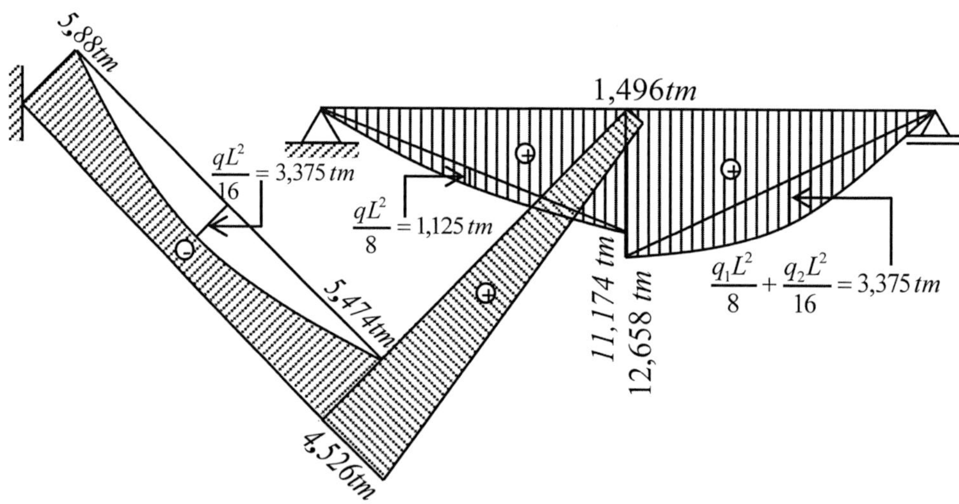

ANEXO

FORMULARIO

TABLA 1. CARGA VIRTUAL

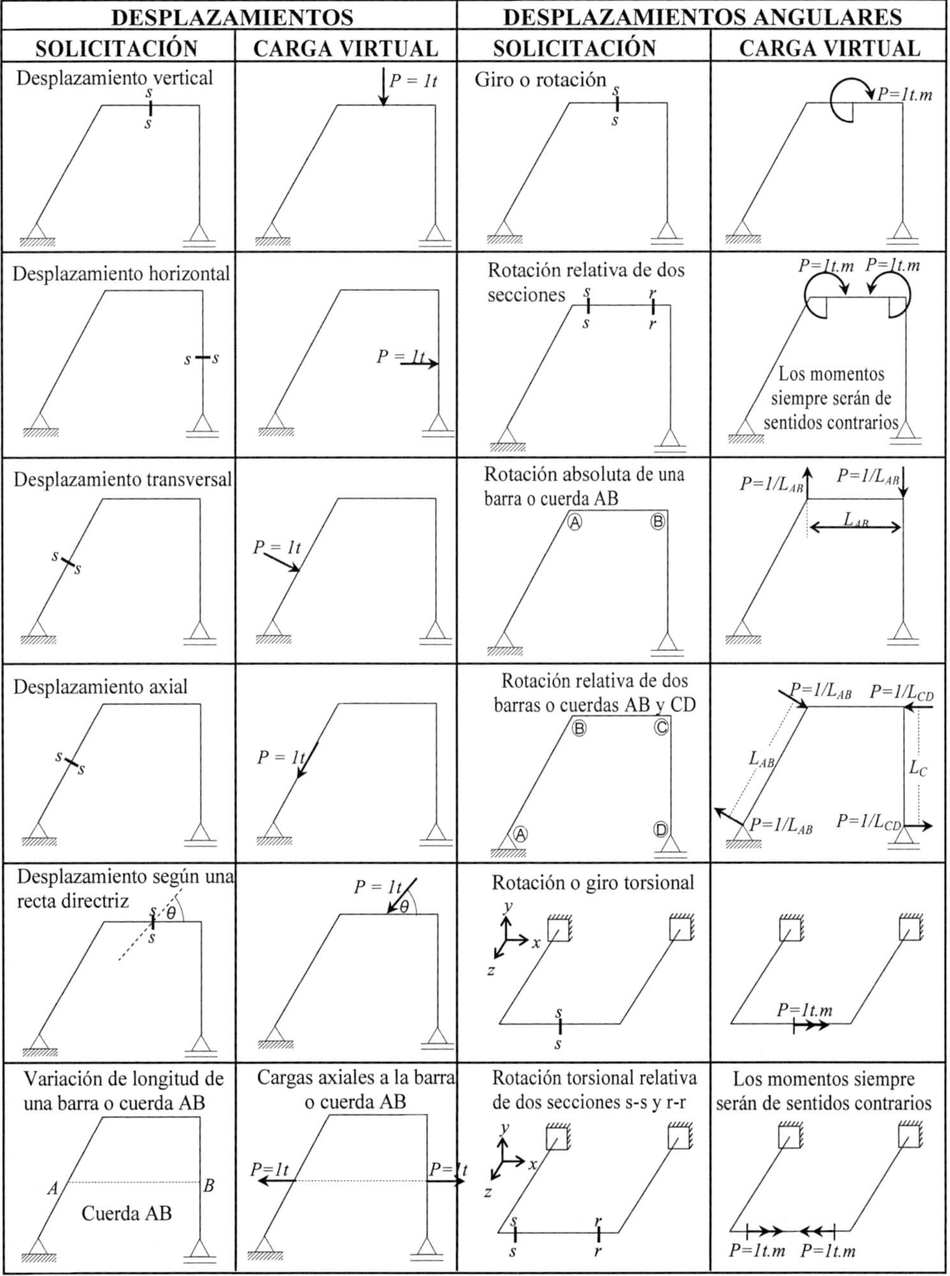

DESPLAZAMIENTOS		DESPLAZAMIENTOS ANGULARES	
SOLICITACIÓN	**CARGA VIRTUAL**	**SOLICITACIÓN**	**CARGA VIRTUAL**
Desplazamiento vertical s s	P = 1t	Giro o rotación s s	P=1t.m
Desplazamiento horizontal s s	P = 1t	Rotación relativa de dos secciones s s r r	P=1t.m P=1t.m Los momentos siempre serán de sentidos contrarios
Desplazamiento transversal s s	P = 1t	Rotación absoluta de una barra o cuerda AB A B	$P=1/L_{AB}$ $P=1/L_{AB}$ L_{AB}
Desplazamiento axial s s	P = 1t	Rotación relativa de dos barras o cuerdas AB y CD B C A D	$P=1/L_{AB}$ $P=1/L_{CD}$ L_{AB} L_C $P=1/L_{AB}$ $P=1/L_{CD}$
Desplazamiento según una recta directriz s θ s	P = 1t θ	Rotación o giro torsional y x z s s	P=1t.m
Variación de longitud de una barra o cuerda AB A B Cuerda AB	Cargas axiales a la barra o cuerda AB P=1t P=1t	Rotación torsional relativa de dos secciones s-s y r-r y x z s r s r	Los momentos siempre serán de sentidos contrarios P=1t.m P=1t.m

TABLA 2. ESFUERZOS A CONSIDERAR

TIPO DE ESTRUCTURA	FÓRMULA PARA CALCULAR EL DESPLAZAMIENTO	
Barras con carga axial 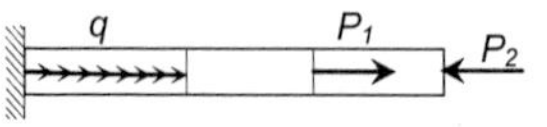	Si "N" es variable a lo largo de un tramo $P\cdot\Delta = \int_{L_O}^{L_F} \frac{N\cdot N'}{E\cdot A} ds$	Si "N" es constante a lo largo de un tramo $P\cdot\Delta = \sum \frac{N\cdot N'\cdot L}{E\cdot A}$
Vigas con carga transversal 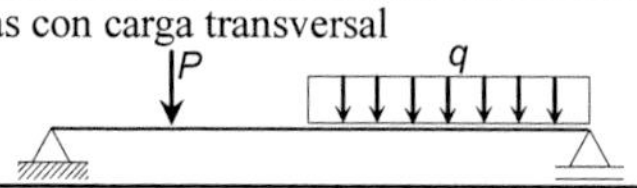	$P\cdot\Delta = \int_{L_O}^{L_F} \frac{M\cdot M'}{E\cdot I} ds$	
Vigas con carga axial y transversal 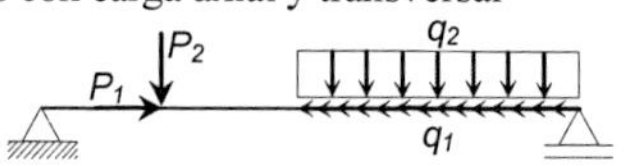	Si "N" es variable a lo largo de un tramo $P\cdot\Delta = \int_{L_O}^{L_F} \frac{M\cdot M'}{E\cdot I} ds + \int_{L_O}^{L_F} \frac{N\cdot N'}{E\cdot A} ds$	Si "N" es constante a lo largo de un tramo $P\cdot\Delta = \int_{L_O}^{L_F} \frac{M\cdot M'}{E\cdot I} ds + \sum \frac{N\cdot N'\cdot L}{E\cdot A}$
Pórticos 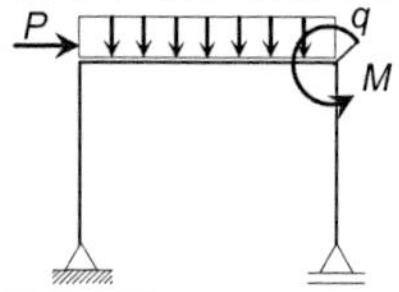	$P\cdot\Delta = \int_{L_O}^{L_F} \frac{M\cdot M'}{E\cdot I} ds$	Resultado de mayor precisión $P\cdot\Delta = \int_{L_O}^{L_F} \frac{M\cdot M'}{E\cdot I} ds + \int_{L_O}^{L_F} \frac{N\cdot N'}{E\cdot A} ds$
Reticulados 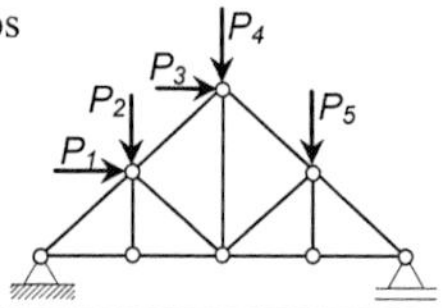	Si "N" es variable a lo largo de un tramo $P\cdot\Delta = \int_{L_O}^{L_F} \frac{N\cdot N'}{E\cdot A} ds$	Si "N" es constante a lo largo de un tramo $P\cdot\Delta = \sum \frac{N\cdot N'\cdot L}{E\cdot A}$
Arcos circulares 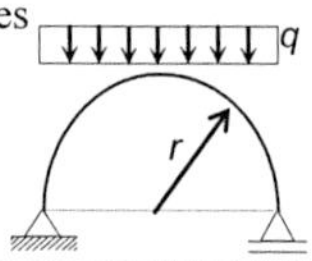	$P\cdot\Delta = \int^{L_F} \frac{M\cdot M'}{E\cdot I} ds$	Resultado de mayor precisión $P\cdot\Delta = \int_{L_O}^{L_F} \frac{M\cdot M'}{E\cdot I} ds + \int_{L_O}^{L_F} \frac{N\cdot N'}{E\cdot A} ds$
Parrillas sin torsión 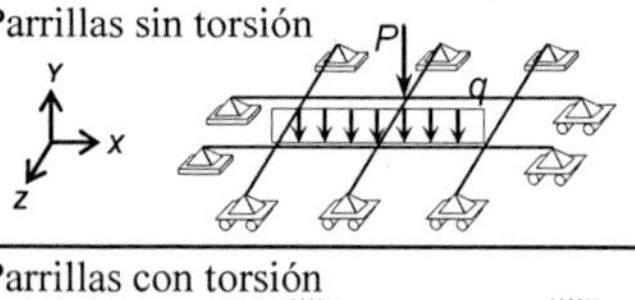	$P\cdot\Delta = \int_{L_O}^{L_F} \frac{M\cdot M'}{E\cdot I} ds$	
Parrillas con torsión 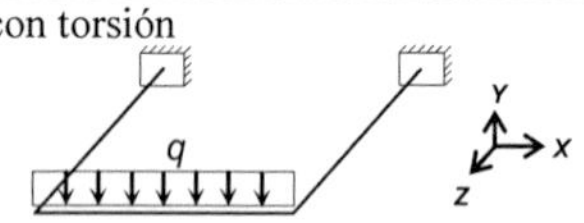	Si "T" es variable a lo largo de un tramo $P\cdot\Delta = \int_{L_O}^{L_F} \frac{M\cdot M'}{E\cdot I} ds + \int_{L_O}^{L_F} \frac{T\cdot T'}{G\cdot I_T} ds$	Si "T" es constante a lo largo de un tramo $P\cdot\Delta = \int_{L_O}^{L_F} \frac{M\cdot M'}{E\cdot I} ds + \sum \frac{T\cdot T'\cdot L}{G\cdot I_T}$
Reticulado 3D 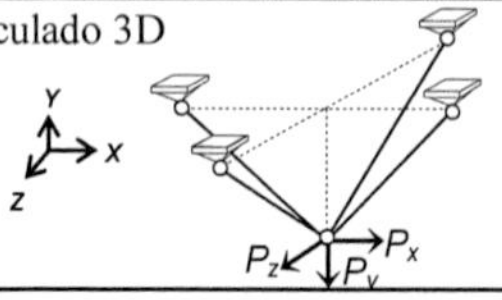	Si "N" es variable a lo largo de un tramo $P\cdot\Delta = \int_{L_O}^{L_F} \frac{N\cdot N'}{E\cdot A} ds$	Si "N" es constante a lo largo de un tramo $P\cdot\Delta = \sum \frac{N\cdot N'\cdot L}{E\cdot A}$
Pórtico 3D 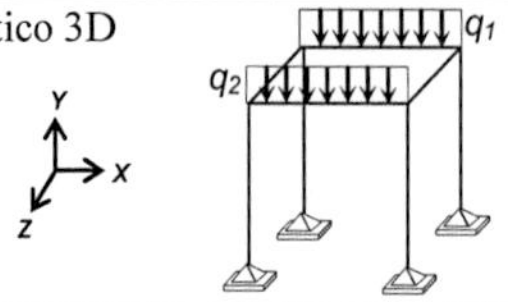	$P\cdot\Delta = \int_{L_O}^{L_F} \frac{M_V\cdot M'_V}{E\cdot I_V} ds + \int_{L_O}^{L_F} \frac{M_W\cdot M'_W}{E\cdot I_W} ds + \int_{L_O}^{L_F} \frac{T\cdot T'}{G\cdot I_T} ds + \int_{L_O}^{L_F} \frac{N\cdot N'}{E\cdot A} ds$	

TABLA 3. INTEGRACIÓN SEMIGRÁFICA

Válido para los diagramas de momento, cortante, normal y momento de torsión.		**SISTEMAS VIRTUALES**			
		M	M'_B	M'_A, M'_B	M', α', β'
SISTEMAS REALES	M	$L \cdot M \cdot M'$	$\frac{1}{2} L \cdot M \cdot M'_B$	$\frac{1}{2} L \cdot M \cdot (M'_A + M'_B)$	$\frac{1}{2} L \cdot M \cdot M'$
	M_B	$\frac{1}{2} L \cdot M_B \cdot M'$	$\frac{1}{3} L \cdot M_B \cdot M'_B$	$\frac{1}{6} L \cdot M_B \cdot (M'_A + 2M'_B)$	$\frac{1}{6} L(1+\alpha) \cdot M_B \cdot M'$
	M_A	$\frac{1}{2} L \cdot M_A \cdot M'$	$\frac{1}{6} L \cdot M_A \cdot M'_B$	$\frac{1}{6} L \cdot M_A \cdot (2M'_A + M'_B)$	$\frac{1}{6} L(1+\beta) \cdot M_A \cdot M'$
	M_A, M_B	$\frac{1}{2} L \cdot (M_A + M_B) \cdot M'$	$\frac{1}{6} L(M_A + 2M_B) \cdot M'_B$	$\frac{1}{6} L[M'_A \cdot (2M_A + M_B) + M'_B(M_A + 2M_B)]$	$\frac{1}{6} L[(1+\beta) \cdot M_A + (1+\alpha) \cdot M_B]M'$
	M_A, M_B	$\frac{1}{2} L \cdot (M_A + M_B) \cdot M'$	$\frac{1}{6} L(M_A + 2M_B) \cdot M'_B$	$\frac{1}{6} L[M'_A \cdot (2M_A + M_B) + M'_B(M_A + 2M_B)]$	$\frac{1}{6} L[(1+\beta) \cdot M_A + (1+\alpha) \cdot M_B]M'$
	Paráb. 2°, M_M	$\frac{2}{3} L \cdot M_M \cdot M'$	$\frac{1}{3} L \cdot M_M \cdot M'_B$	$\frac{1}{3} L \cdot M_M \cdot (M'_A + M'_B)$	$\frac{1}{3} L(1+\alpha \cdot \beta) \cdot M_M \cdot M'$
	Tang. horizontal, M_B, Paráb. 2°	$\frac{2}{3} L \cdot M_B \cdot M'$	$\frac{5}{12} L \cdot M_B \cdot M'_B$	$\frac{1}{12} L \cdot M_B(3M'_A + 5M'_B)$	$\frac{1}{12} L(5-\beta-\beta^2) \cdot M_B \cdot M'$
	Tang. horizontal, Paráb. 2°	$\frac{2}{3} L \cdot M_A \cdot M'$	$\frac{1}{4} L \cdot M_A \cdot M'_B$	$\frac{1}{12} L \cdot M_A(5M'_A + 3M'_B)$	$\frac{1}{12} L(5-\alpha-\alpha^2) \cdot M_A \cdot M'$
	Paráb. 2°, M_B, *Tang. horizontal*	$\frac{1}{3} L \cdot M_B \cdot M'$	$\frac{1}{4} L \cdot M_B \cdot M'_B$	$\frac{1}{12} L \cdot M_B(M'_A + 3M'_B)$	$\frac{1}{12} L(1+\alpha+\alpha^2) \cdot M_B \cdot M'$
	Paráb. 2°, M_A, *Tang. horizontal*	$\frac{1}{3} L \cdot M_A \cdot M'$	$\frac{1}{12} L \cdot M_A \cdot M'_B$	$\frac{1}{12} L \cdot M_A(3M'_A + M'_B)$	$\frac{1}{12} L(1+\beta+\beta^2) \cdot M_A \cdot M'$
	M, α', β'	$\frac{1}{2} L \cdot M \cdot M'$	$\frac{1}{6} L(1+\alpha) \cdot M \cdot M'_B$	$\frac{1}{6} L \cdot M[(1+\beta) \cdot M'_A + (1+\alpha) \cdot M'_B]$	$\frac{1}{3} L \cdot M \cdot M'$
	Paráb. 3°, $M_M = qL^2/16$	$\frac{2}{3} L \cdot M_M \cdot M'$	$\frac{16}{45} L \cdot M_M \cdot M'_B$	$\frac{2}{45} L \cdot M_M(7M'_A + 8M'_B)$	$\frac{2 \cdot L \cdot M_M \cdot M'}{45 \cdot \alpha \cdot \beta}[8(\beta-1) + 3\alpha^5 - 10\alpha^3 + 15\alpha]$
	Paráb. 3°, $M_M = qL^2/16$	$\frac{2}{3} L \cdot M_M \cdot M'$	$\frac{14}{45} L \cdot M_M \cdot M'_B$	$\frac{2}{45} L \cdot M_M(8M'_A + 7M'_B)$	$\frac{2 \cdot L \cdot M_M \cdot M'}{45 \cdot \alpha \cdot \beta}[7(\beta-1) - 3\alpha^5 + 15\alpha^4 - 20\alpha^3 + 15\alpha]$

Para los valores de $\alpha = \alpha'/L$ y $\beta = \beta'/L$.

TABLA 4. ARTIFICIOS PARA INTEGRACIÓN SEMIGRÁFICA

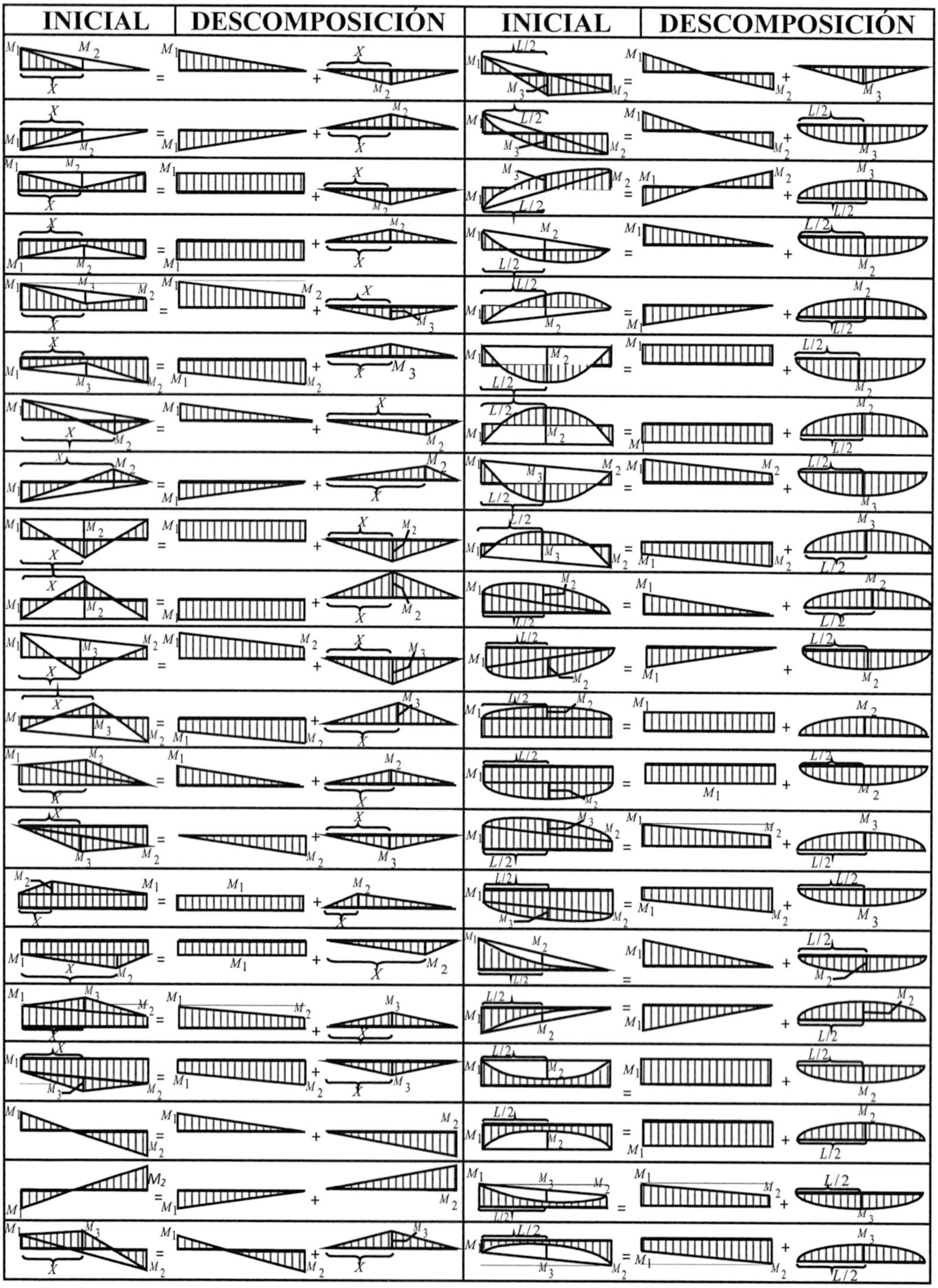

INICIAL	DESCOMPOSICIÓN	INICIAL	DESCOMPOSICIÓN

TABLA 5. MOMENTOS DEBIDO A CARGA

CARGAS	CONDICIONES DE APOYOS EN LOS EXTREMOS			
	EMPOTRADO-EMPOTRADO		EMPOTRADO-ARTICULADO	ARTICULADO-EMPOTRADO
P; L/2, L/2	$\frac{P.L}{8}$	$-\frac{P.L}{8}$	$\frac{3.P.L}{16}$	$-\frac{3.P.L}{16}$
P; a, b	$\frac{P.a.b^2}{L^2}$	$-\frac{P.a^2.b}{L^2}$	$\frac{P.a.b.(L+b)}{2.L^2}$	$-\frac{P.a.b.(L+a)}{2.L^2}$
P, P; a, b, a	$\frac{P.a.(L-a)}{L}$	$-\frac{P.a.(L-a)}{L}$	$\frac{3.P.a.(L-a)}{2.L}$	$-\frac{3.P.a.(L-a)}{2.L}$
P, P, P; a, a, a, a	$\frac{5.P.L}{16}$	$-\frac{5.P.L}{16}$	$\frac{15.P.L}{32}$	$-\frac{15.P.L}{32}$
q; L	$\frac{q.L^2}{12}$	$-\frac{q.L^2}{12}$	$\frac{q.L^2}{8}$	$-\frac{q.L^2}{8}$
q; a, b	$\frac{q.a^2}{12}.\left[6-\frac{a}{L}.\left(8-\frac{3.a}{L}\right)\right]$	$-\frac{q.a^3}{12.L}.\left(4-\frac{3.a}{L}\right)$	$\frac{q.a^2}{8.L^2}.(L+b)^2$	$-\frac{q.a^2}{8.L^2}.\left(2.L^2-a^2\right)$
q; a, b	$\frac{q.b^3}{12.L}.\left(4-\frac{3.b}{L}\right)$	$-\frac{q.b^2}{12}.\left[6-\frac{b}{L}.\left(8-\frac{3.b}{L}\right)\right]$	$\frac{q.b^2}{8.L^2}.\left(2.L^2-b^2\right)$	$-\frac{q.b^2}{8.L^2}.(L+a)^2$
a, a; q; L/2, L/2	$\frac{q.a}{12.L}.\left(3.L^2-4.a^2\right)$	$-\frac{q.a}{12.L}.\left(3.L^2-4.a^2\right)$	$\frac{q.a}{8.L}.\left(3.L^2-4.a^2\right)$	$-\frac{q.a}{8.L}.\left(3.L^2-4.a^2\right)$
q; L	$\frac{q.L^2}{30}$	$-\frac{q.L^2}{20}$	$\frac{7.q.L^2}{120}$	$-\frac{q.L^2}{15}$
q; L	$\frac{q.L^2}{20}$	$-\frac{q.L^2}{30}$	$\frac{q.L^2}{15}$	$-\frac{7.q.L^2}{120}$
q; L/2, L/2	$\frac{5.q.L^2}{96}$	$-\frac{5.q.L^2}{96}$	$\frac{5.q.L^2}{64}$	$-\frac{5.q.L^2}{64}$
q; a, b	$\frac{q.a^2}{30}.\left[10-\frac{a}{L}.\left(15-\frac{6.a}{L}\right)\right]$	$-\frac{q.a^3}{20.L}.\left(5-\frac{4.a}{L}\right)$	$\frac{q.a^2}{120}.\left(40-\frac{3.a}{L}.\left(15-\frac{4.a}{L}\right)\right)$	$-\frac{q.a^2}{30}.\left(5-\frac{3.a^2}{L^2}\right)$
q; a, b	$\frac{q.b^3}{20.L}.\left(5-\frac{4.b}{L}\right)$	$-\frac{q.b^2}{30}.\left[10-\frac{b}{L}.\left(15-\frac{6.b}{L}\right)\right]$	$\frac{q.b^2}{30}.\left(5-\frac{3.b^2}{L^2}\right)$	$-\frac{q.b^2}{120}.\left(40-\frac{3.b}{L}.\left(15-\frac{4.b}{L}\right)\right)$
q; a, b	$\frac{q.a^2}{60}.\left[3.\frac{a^2}{L^2}+10.\frac{b}{L}\right]$	$-\frac{q.a^2}{60.L}.\left(5-\frac{3.a}{L}\right)$	$\frac{q.a^2}{120}.\left(20-\frac{3.a}{L}.\left(5-\frac{a}{L}\right)\right)$	$-\frac{q.a^2}{120}.\left(10-\frac{3.a^2}{L^2}\right)$
q; a, b	$\frac{q.b^3}{60.L}.\left(5-\frac{3.b}{L}\right)$	$-\frac{q.b^2}{60}.\left[3.\frac{b^2}{L^2}+10.\frac{a}{L}\right]$	$\frac{q.b^2}{120}.\left(10-\frac{3.b^2}{L^2}\right)$	$-\frac{q.b^2}{120}.\left(20-\frac{3.b}{L}.\left(5-\frac{b}{L}\right)\right)$
M; a, b	$-\frac{M.b}{L}.\left(2-\frac{3.b}{L}\right)$	$-\frac{M.a}{L}.\left(2-\frac{3.a}{L}\right)$	$\frac{M}{2}.\left(\frac{3.b^2}{L^2}-1\right)$	$\frac{M}{2}.\left(\frac{3.a^2}{L^2}-1\right)$
M; a, b	$\frac{M.b}{L}.\left(2-\frac{3.b}{L}\right)$	$\frac{M.a}{L}.\left(2-\frac{3.a}{L}\right)$	$-\frac{M}{2}.\left(\frac{3.b^2}{L^2}-1\right)$	$-\frac{M}{2}.\left(\frac{3.a^2}{L^2}-1\right)$

Cuando las cargas son contrarias a las expuestas se multiplicará por (-1) las fórmulas anteriores.

TABLA 6. MOMENTOS EXTREMOS DE BARRA-ESTRUCTURAS INTRASLACIONALES

TIPO DE BARRA	MOMENTOS
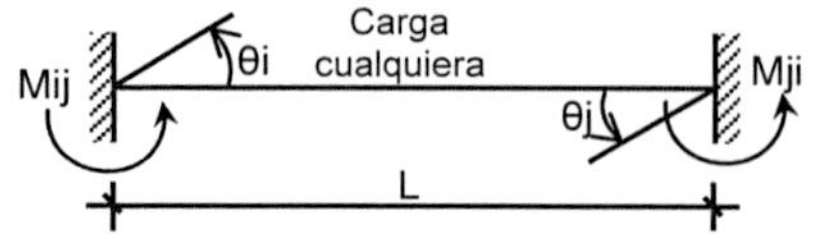 Mij, θi, Carga cualquiera, θj, Mji, L	$M_{ij} = M_{ij}^C + \frac{4 \cdot E \cdot I}{L}\theta i + \frac{2 \cdot E \cdot I}{L}\theta j$ $M_{ji} = M_{ji}^C + \frac{2 \cdot E \cdot I}{L}\theta i + \frac{4 \cdot E \cdot I}{L}\theta j$
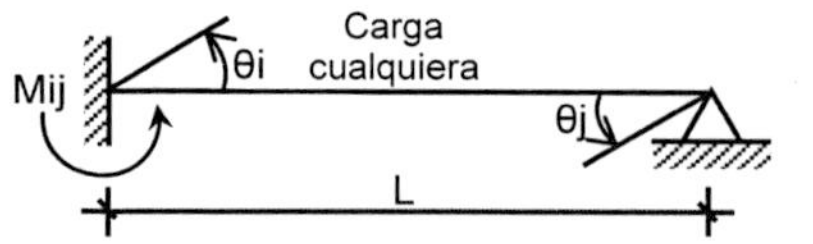 Mij, θi, Carga cualquiera, θj, L	$M_{ij} = M_{ij}^C + \frac{3 \cdot E \cdot I}{L}\theta i$ $M_{ji} = 0$
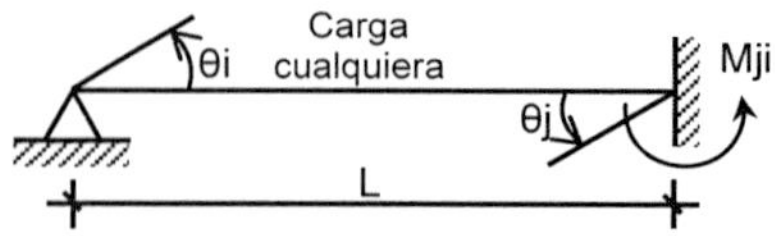 θi, Carga cualquiera, θj, Mji, L	$M_{ij} = 0$ $M_{ji} = M_{ji}^C + \frac{3 \cdot E \cdot I}{L}\theta j$
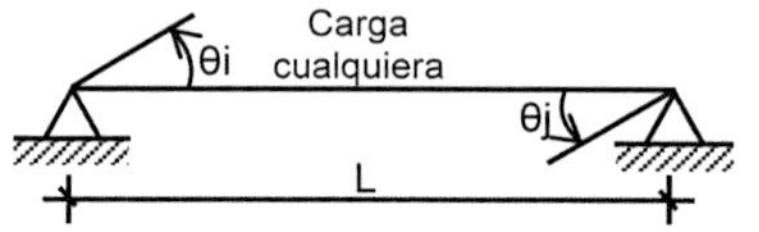 θi, Carga cualquiera, θj, L	$M_{ij} = 0$ $M_{ji} = 0$
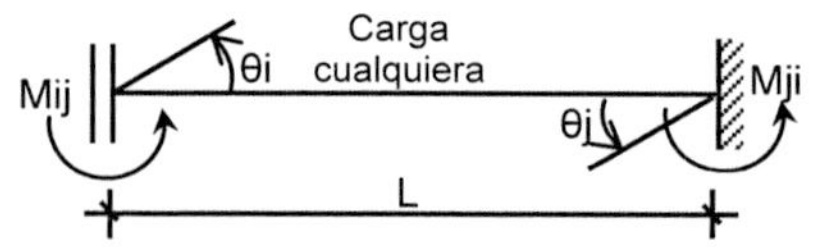 Mij, θi, Carga cualquiera, θj, Mji, L	$M_{ij} = M_{ij}^C + \frac{E \cdot I}{L}\theta i - \frac{E \cdot I}{L}\theta j$ $M_{ji} = M_{ji}^C - \frac{E \cdot I}{L}\theta i + \frac{E \cdot I}{L}\theta j$
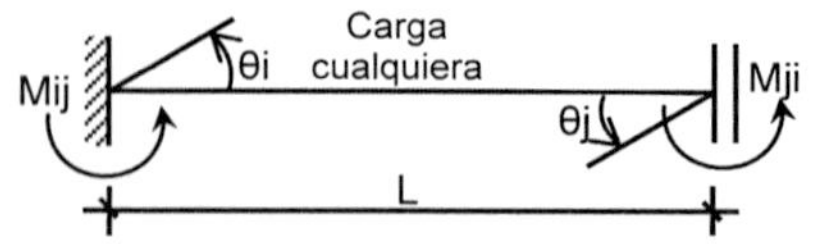 Mij, θi, Carga cualquiera, θj, Mji, L	$M_{ij} = M_{ij}^C + \frac{E \cdot I}{L}\theta i - \frac{E \cdot I}{L}\theta j$ $M_{ji} = M_{ji}^C - \frac{E \cdot I}{L}\theta i + \frac{E \cdot I}{L}\theta j$

Mij y Mji = Son momentos producidos debido a una carga cualquiera y a un par de giros dispuestos en los extremos de la barra.

$M^c ij$ y $M^c ji$ = Son los momentos debido a una carga cualquiera, estos se obtienen de la tabla 5.

L = Longitud de la barra

E = Módulo de elasticidad

I = Inercia

TABLA 7. MOMENTOS DE TRAMOS

TIPO DE CARGA	DIAGRAMA DE MOMENTO	FÓRMULA
P; L/2, L/2	Mij, Mji, M	$M = \frac{P \cdot L}{4}$
P; a, b	Mij, Mji, M	$M = \frac{P \cdot a \cdot b}{L}$
P, P; a, b, a	Mij, Mji, M_A, M_B	$M_A = M_B = P \cdot a$
P, P, P; a, a, a	Mij, Mji, M_A, M_B, M_C	$M_A = M_C = \frac{3}{2} P \cdot a \qquad M_B = 2 \cdot P \cdot a$
q; L	Mij, Mji, M	$M = \frac{q \cdot L^2}{8}$
q; a, b	Mij, Mji, M_A, M_B	$M_A = \frac{q \cdot a^2}{8} \qquad M_B = \frac{q \cdot a^2 \cdot b}{2 \cdot L}$
a, a; q; L/2, L/2	Mij, Mji, M_A, M_B, M_C	$M_A = M_C = q \cdot a \cdot \left(\frac{L}{2} - a\right) \qquad M_B = \frac{q \cdot a^2}{2}$
q; L	Mij, Mji, M	$M = \frac{q \cdot L^2}{16}$
q; L	Mij, Mji, M	$M = \frac{q \cdot L^2}{16}$
q; L/2, L/2	Mij, Mji, M_A, M_B, M_C	$M_A = M_C = \frac{q \cdot L^2}{64} \qquad M_B = \frac{q \cdot L^2}{12}$
q; a, b	Mij, Mji, M_A, M_B	$M_A = \frac{q \cdot a^2}{16} \qquad M_B = \frac{q \cdot a^2 \cdot b}{3 \cdot L}$
q; a, b	Mij, Mji, M_A, M_B	$M_A = \frac{q \cdot a^2}{16} \qquad M_B = \frac{q \cdot a^2 \cdot b}{6 \cdot L}$
M; a, b	M_A, Mij, Mji, M_B	$M_A = \frac{M \cdot a}{L} \qquad M_B = \frac{M \cdot b}{L}$
M; a, b	M_A, Mij, Mji, M_B	$M_A = \frac{M \cdot b}{L} \qquad M_B = \frac{M \cdot a}{L}$

TABLA 8. MOMENTOS EXTREMOS DE BARRAS – ESTRUCTURAS TRASLACIONALES

TIPO DE BARRA	MOMENTOS
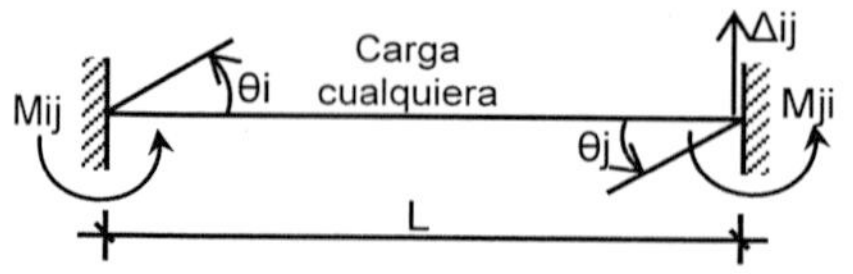 Mij θi Carga cualquiera Δij Mji θj L	$M_{ij} = M_{ij}^{C} + \frac{4 \cdot E \cdot I}{L}\theta i + \frac{2 \cdot E \cdot I}{L}\theta j - \frac{6 \cdot E \cdot I}{L^2}\Delta_{ij}$ $M_{ji} = M_{ji}^{C} + \frac{2 \cdot E \cdot I}{L}\theta i + \frac{4 \cdot E \cdot I}{L}\theta j - \frac{6 \cdot E \cdot I}{L^2}\Delta_{ij}$
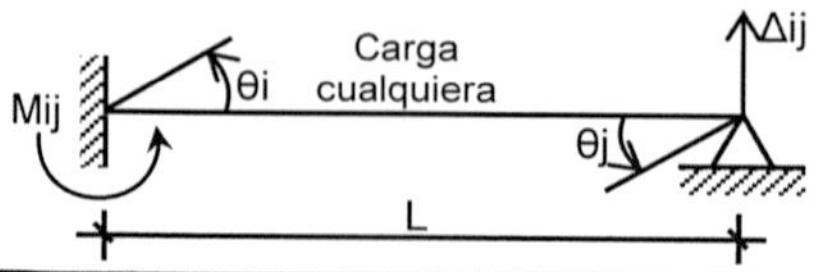 Mij θi Carga cualquiera Δij θj L	$M_{ij} = M_{ij}^{C} + \frac{3 \cdot E \cdot I}{L}\theta i - \frac{3 \cdot E \cdot I}{L^2}\Delta ij$ $M_{ji} = 0$
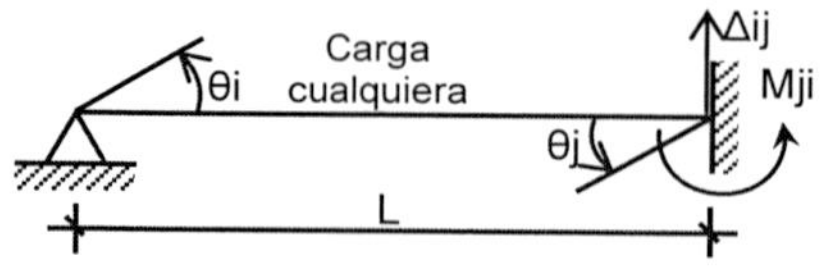 θi Carga cualquiera Δij Mji θj L	$M_{ij} = 0$ $M_{ji} = M_{ji}^{C} + \frac{3 \cdot E \cdot I}{L}\theta j - \frac{3 \cdot E \cdot I}{L^2}\Delta ij$
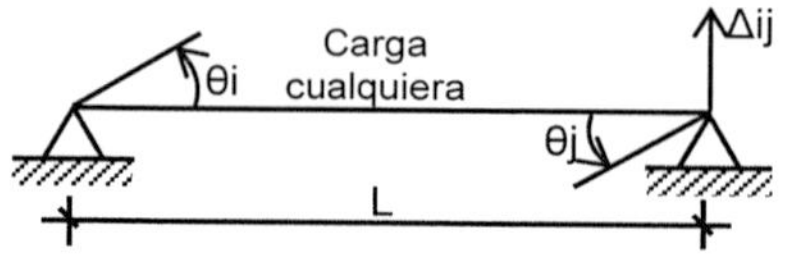 θi Carga cualquiera Δij θj L	$M_{ij} = 0$ $M_{ji} = 0$
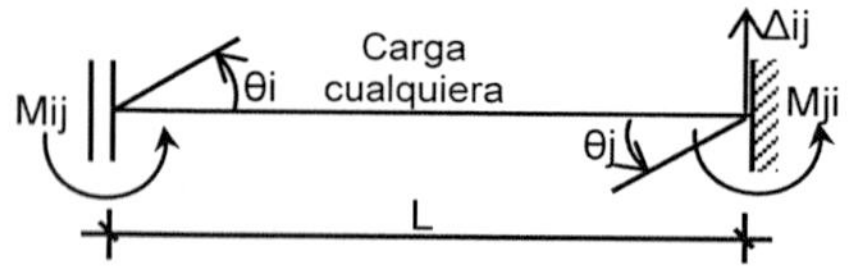 Mij θi Carga cualquiera Δij Mji θj L	$M_{ij} = M_{ij}^{C} + \frac{E \cdot I}{L}\theta i - \frac{E \cdot I}{L}\theta j$ $M_{ji} = M_{ji}^{C} - \frac{E \cdot I}{L}\theta i + \frac{E \cdot I}{L}\theta j$
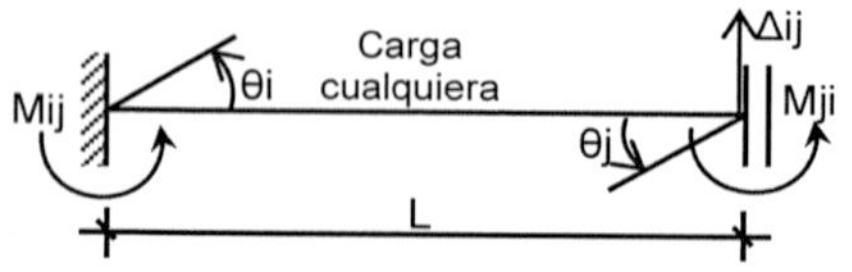 Mij θi Carga cualquiera Δij Mji θj L	$M_{ij} = M_{ij}^{C} + \frac{E \cdot I}{L}\theta i - \frac{E \cdot I}{L}\theta j$ $M_{ji} = M_{ji}^{C} - \frac{E \cdot I}{L}\theta i + \frac{E \cdot I}{L}\theta j$

Mij y Mji = Son momentos en los extremos de la barra.

$M^{c}ij$ y $M^{c}ji$ = Son los momentos debido a una carga cualquiera; estos se obtienen de la tabla 5.

L = longitud de la barra.

E = Módulo de elasticidad.

I = Inercia.